国家出版基金项目
NATIONAL PUBLICATION FOUNDATION

中国航天技术进展丛书
吴燕生　总主编

# 运载火箭增压输送系统

王亚军 等　编著

中国宇航出版社
·北京·

图书在版编目（CIP）数据

运载火箭增压输送系统 / 王亚军等编著. -- 北京：
中国宇航出版社，2020.12
ISBN 978-7-5159-1826-6

Ⅰ.①运… Ⅱ.①王… Ⅲ.①运载火箭—增压系统—研究②运载火箭—推进剂输送—系统—研究 Ⅳ.①V475.1

中国版本图书馆 CIP 数据核字(2020)第 269879 号

责任编辑 张丹丹　　封面设计 宇星文化

出版发行 中国宇航出版社
社　址 北京市阜成路 8 号　邮　编 100830
(010)60286808　(010)68768548
网　址 www.caphbook.com
经　销 新华书店
发行部 (010)60286888　(010)68371900
(010)60286887　(010)60286804(传真)
零售店 读者服务部　(010)68371105
承　印 天津画中画印刷有限公司

版　次 2020 年 12 月第 1 版
2020 年 12 月第 1 次印刷
规　格 787×1092
开　本 1/16
印　张 35.5　彩　插 12 面
字　数 864 千字
书　号 ISBN 978-7-5159-1826-6
定　价 168.00 元

# 《中国航天技术进展丛书》
# 编 委 会

# 《运载火箭增压输送系统》
# 编 委 会

# 总 序

中国航天事业创建60年来，走出了一条具有中国特色的发展之路，实现了空间技术、空间应用和空间科学三大领域的快速发展，取得了“两弹一星”、载人航天、月球探测、北斗导航、高分辨率对地观测等辉煌成就。航天科技工业作为我国科技创新的代表，是我国综合实力特别是高科技发展实力的集中体现，在我国经济建设和社会发展中发挥着重要作用。

作为我国航天科技工业发展的主导力量，中国航天科技集团公司不仅在航天工程研制方面取得了辉煌成就，也在航天技术研究方面取得了巨大进展，对推进我国由航天大国向航天强国迈进起到了积极作用。在中国航天事业创建60周年之际，为了全面展示航天技术研究成果，系统梳理航天技术发展脉络，迎接新形势下在理论、技术和工程方面的严峻挑战，中国航天科技集团公司组织技术专家，编写了《中国航天技术进展丛书》。

这套丛书是完整概括中国航天技术进展、具有自主知识产权的精品书系，全面覆盖中国航天科技工业体系所涉及的主体专业，包括总体技术、推进技术、导航制导与控制技术、计算机技术、电子与通信技术、遥感技术、材料与制造技术、环境工程、测试技术、空气动力学、航天医学以及其他航天技术。丛书具有以下作用：总结航天技术成果，形成具有系统性、创新性、前瞻性的航天技术文献体系；优化航天技术架构，强化航天学科融合，促进航天学术交流；引领航天技术发展，为航天型号工程提供技术支撑。

雄关漫道真如铁，而今迈步从头越。“十三五”期间，中国航天事业迎来了更多的发展机遇。这套切合航天工程需求、覆盖关键技术领域的丛书，是中国航天人对航天技术发展脉络的总结提炼，对学科前沿发展趋势的探索思考，体现了中国航天人不忘初心、不断前行的执着追求。期望广大航天科技人员积极参与丛书编写、切实推进丛书应用，使之在中国航天事业发展中发挥应有的作用。

雷凡培

2016年12月

# 序　一

习近平总书记指出："探索浩瀚宇宙，发展航天事业，建设航天强国，是我们不懈追求的航天梦。"运载火箭可以说是托起航天梦的基础，经过几代人50余年的努力，长征系列液体运载火箭家族不断发展壮大，技术不断创新发展，为我国航天事业的进步做出了重要贡献。本书的作者们都是中青年科技工作者，他们承上启下，既传承了老一辈增压输送系统工作者们的智慧和经验，也对很多理论与产品进行了探索和创新。

增压输送系统是运载火箭推进系统的组成部分，承担的功能贯穿了运载火箭发射和飞行过程，在任何一个环节发生故障，都可能产生严重影响，造成火箭发射推迟甚至任务失败。在世界航天史上，由于增压输送系统问题造成飞行故障的情况屡见不鲜。部分问题的发生与对系统的认识和理解不够清楚有关，因此，明确的系统概念、清晰的系统功能划分，对理解增压输送系统和做好系统研制工作具有重要意义。本书在总结前人工作的基础上，对增压输送系统的定义和内涵进行了新的阐述，即增压输送系统是实现箭上推进剂供给功能的系统，包含增压系统、输送系统和贮存系统。

要把这样一本书写好并非易事，主要在于增压输送系统包含的学科专业较多，科学问题和工程实践交织，既有低温推进剂流动相变和结构随机振动疲劳等复杂艰深的基础科学问题，又有系统、管路、阀门、气瓶等产品研制的具体工程实践。本书分为上、下两篇。上篇对增压系统、输送系统、贮存系统和可靠性度量四方面进行了详细论述。通过在增压输送系统工程设计中合理引入相关理论，使读者能够很好地理解和掌握增压输送系统的基础知识；通过对增压输送系统中关键技术的专题探讨，对当前增压输送系统设计所面临的难题和现有的解决方法进行了阐述。下篇对管路、阀门、气瓶、蓄压器和密封结构等组件进行了详细介绍。从增压输送系统组件设计和使用过程中的常见问题和难点出发，对组件的应力应变疲劳、冲击振动破坏、运动导向、自激振动、稳定性、无损检测、安装和减振等内容进行了专题论述。全书内容重点突出，专业性强，饱含了作者丰富的研制经验，凸显了作者在增压输送系统领域的积累，一定会对读者有所启发。

薪火相传、历久弥新。当前世界正处于百年未有之大变局，我国也正处于“十三五”结束、“十四五”开端的关键时刻。本书的出版承载着作者团队多年来孜孜探索的专业成果，希望能够帮助和激励更多的航天工程师，承前启后，再接再厉，进一步提升增压输送系统专业技术水平，为我国运载火箭技术的发展做出更大的贡献。

龙乐豪

# 序　二

浩瀚宇宙充满无尽的未知和挑战，人类对于太空的渴望促进航天技术不断地发展和完善。从发射第一颗人造地球卫星“东方红一号”起，到新世纪先后完成载人航天、月球探测和建立“北斗”全球卫星导航系统，中国运载火箭支撑了国家航天战略的发展。当前，我国新一代液体运载火箭已陆续服役，可以预见在相当长的一段时间内，液体动力火箭仍将以其性能上的优势，继续作为进入太空的主要运载工具。

增压输送系统作为液体火箭的重要系统，承担一系列气体、液体的贮存、输送和增压功能。它系统功能复杂，产品种类多样，涵盖了火箭从零件生产到总装，从加注到飞行的整个生命周期。其功能正常与否，与每一发火箭任务的成败休戚相关。经过一代代工程师的不懈努力，一个又一个的科学和工程问题得到解决，增压输送系统的可靠性逐步提升，为上述重大工程任务的成功提供了有力支持。

增压输送系统的发展与推进剂种类的选择和运载火箭的规模息息相关。首先，为适应推进剂从常温的酒精、煤油、四氧化二氮和偏二甲肼转变为低温的液氢、液氧，增压输送系统研究了绝热、气封、预冷等技术，以消除低温给加注、停放和输送等过程带来的影响。其次，为保证不同种类推进剂可靠、高效地从贮箱输送给发动机，增压输送系统从用氮气为贮箱增压开始，发展出用推进剂蒸气或燃气为贮箱增压、用常温或低温贮存的氦气为贮箱增压等增压方式，以适应不同火箭的特点。再次，随着运载火箭规模的增大，增压输送系统产品从几十毫米的小口径、小规模发展到数百毫米的大口径、大规模，系统和产品的性能和效率越来越高。

本书从增压输送系统功能需求出发，围绕系统工程实现这一主线，汲取国内外设计应用经验，从系统和组件的理论、设计到验证均进行了很好的总结和提炼。本书不仅体现了增压输送系统的全局性和系统性，还体现出实践性强、理论与工程结合紧密的特点。与同类书籍相比，对深低温增压输送系统及其组件进行了较为深入的论述。

全书体系完备、结构清晰、内容翔实，凝聚了我国液体运载火箭增压输送系统几十年的研制成果，是集体智慧和心血的结晶，具有较高的学术水平。不仅能对我国液体运载火箭工程师和相关技术人员提供有意义的指导和帮助，书中分析和解决相关问题的方法也能对相关专业的高校师生提供借鉴和参考。

刘竹生

# 前　言

推进系统是运载火箭的重要系统，为运载火箭提供推力。液体运载火箭推进系统一般由发动机和增压输送系统构成。目前介绍运载火箭发动机原理、设计、试验的书籍、文献较为丰富，而介绍增压输送系统的相对较少。北京宇航系统工程研究所作为我国主要的运载火箭总体研制单位，50余年来研制的各型运载火箭为中国航天事业的发展做出了卓越贡献，同时增压输送系统专业也同步发展，经过几代人多年的努力，积累了很多宝贵的经验。通过本书的编写，对相关知识进行总结和提炼，可为后续增压输送系统研制和专业发展提供帮助。同时，也想通过本书的编写进一步加强航天知识的普及与应用，为相关从业者和高校师生提供借鉴和参考。

在推进系统中，发动机燃烧推进剂为运载火箭提供推力，增压输送系统则负责给发动机提供推进剂。在本书中，对推进剂加注、贮箱排气、气封吹除、预冷、增压、输送、消漩防塌、水击、间歇泉抑制、POGO抑制、微重力推进剂管理等增压输送系统各功能进行了梳理，归纳为增压、输送和贮存三个系统。其中，增压系统为推进剂贮箱提供增压气体，并控制贮箱气枕压力，起到保护贮箱和抑制推进剂汽化的作用；输送系统是将推进剂按要求的温度、压力和流量从贮箱输送到发动机的系统；贮存系统是实现推进剂加泄、存放功能的系统，包括为此服务的贮箱排气、气封吹除、微重力推进剂管理等功能。

增压输送系统在系统实现过程中，第一，需要依据总体要求，开展系统功能需求分析，完成包含增压计算、出流分析、推进剂管理等内容的增压、输送和贮存系统设计、分析和试验；第二，要完成贮箱、阀门、管路、蓄压器、气瓶、密封等各种组件的设计、分析和试验；第三，要完成各组件产品在运载火箭上的总装设计、分析和试验工作；第四，可靠性工作要贯穿始终。为掌握相关设计方法，需要开展贮箱内气液固传热、不同过载条件下推进剂的流动特性、推进剂和结构耦合振动、振动条件下的结构疲劳、导向结构破坏机理等基础理论研究工作。本书在介绍系统和组件构成的基础上，着重介绍工程实践过程中涉及的理论和方法。

全书除第1章绪论和第11章展望外，分为系统和组件两篇。章标题以系统和组件名称划分，涉及的试验和仿真内容放在相关章节中。

上篇“系统”以系统设计为主，包含增压系统、输送系统、贮存系统和可靠性内容，共4章。第2章为增压系统，介绍了增压方式、增压换热数学模型、增压流量控制、增压气体消能，对增压系统的性能仿真和试验也进行了讨论。第3章为输送系统，以推进剂输送为主线，对输送系统布局方案、贮箱出流、POGO抑制、水击、发动机预冷、推进剂剩余控制、间歇泉抑制、分叉流压力跳变抑制等问题进行分析。第4章为贮存系统，主要介绍了推进剂加泄、贮箱排气保险、气封吹除、低温推进剂贮存管理和微重力推进剂管理等内容。第5章为增压输送系统可靠性度量，从可靠性模型、可靠性预计、可靠性指标分配、可靠性评估、可靠性试验五个方面对增压输送系统可靠性工作进行了阐述。

下篇“组件”以增压输送系统常用组件为主，包括管路、阀门、气瓶、蓄压器和密封结构等内容。第6章为管路，包括管路结构及附件、管路材料介质相容性、管路补偿、管路热防护、管路应力分析与评定、管路振动疲劳分析及评估、管路应变疲劳分析、管路稳定性、管路试验等内容。第7章为阀门，讲述了阀门结构原理，同时对阀门的运动导向，自激振动及稳定性，冲击、振动与疲劳进行了论述。第8章为气瓶，对金属材料气瓶、复合材料气瓶、试验与检测、安装和减振进行了论述。第9章为蓄压器，主要对蓄压器结构形式进行介绍，对金属膜盒柱失稳、金属膜盒疲劳寿命、注气式蓄压器防晃设计进行了专题分析。第10章为密封结构，主要对结构形式、预紧力设计、漏率模型及检测方法进行了介绍。

大型液体火箭推进剂贮箱除了承担推进剂贮存功能外，还是传递载荷的主要结构之一。在国内现有运载火箭设计分工上，贮箱由结构专业设计完成。增压输送系统用传感器主要包括压力、温度、脉动压力、流量、位置传感器，它们从功能上属于增压输送系统，在实际工作中，箭上传感器由测量系统负责研制和齐套。本书不再论述这两部分内容，详细内容可参考相关文献。消能器、消漩防塌装置、引射器等组件的结构相对简单，下篇也不再对其进行详细介绍。

本书得到龙乐豪院士、刘竹生院士、厉彦忠教授、李来风教授、梁国柱教授、常永恒研究员、张成文研究员、张福忠研究员、张善群研究员和黄兵研究员的审阅和指导，在此表示由衷的感谢。在编著过程中，北京宇航系统工程研究所的王道连、修建生、丁建春、张立强、马飞、贺启林、李文钊、刘敏、张志广、王洪锐、岳兵、赵涛、吴云峰、武园浩、杨燕、霍毅、崔景芝、李娟娟、史刚、梁景媛、赵春宇、耿屹、岳婷、李敏行、张宇、满满、王丛飞、方红荣、叶超等提供了大力协助，在此一并致谢。

本书的编著人员均为航天一线的工程技术人员，受水平所限，书中难免有错误和不足之处，望广大读者批评指正。

编著者

# 目　录



# 上篇　系统

# 下篇　组件

# 第1章　绪　论

## 1.1　引言

运载火箭是以火箭发动机为动力，由控制系统控制其按预定弹道飞行，将有效载荷送入预定轨道的飞行器[1]。运载火箭技术水平代表了人类进入宇宙空间的能力，是人类探索宇宙奥秘、开发空间资源、构筑空间产业的基础。航天运载技术水平是一个国家高科技综合国力的重要指标之一[2]。

1970年4月24日，在中程导弹基础上，中国研制了首枚液体运载火箭长征-1，成功发射了中国第一颗人造卫星东方红一号，从此拉开了中国航天的序幕。1984年，长征-3发射成功，实现了氢氧低温推进剂在运载火箭的应用。1990年，长征-2E发射成功，标志着运载火箭捆绑助推技术得到掌握。2016年11月3日，长征-5运载火箭在中国文昌航天发射场首飞成功，成为中国运载能力最大的火箭。经过50余年的艰苦努力，运载火箭技术不断发展，实现了从常温推进剂到低温推进剂、从串联到捆绑、从发射卫星到发射载人飞船的飞跃，运载能力和可靠性不断提高，为中国航天事业的发展提供了有力支撑。中国主要长征运载火箭如图1-1所示。

运载火箭一般由箭体结构、推进系统、控制系统、飞行测量及安全系统、附加系统等分系统组成[3]。其中推进系统又称为动力系统，其利用反作用原理为运载火箭提供动力，是运载火箭重要分系统之一。火箭推进系统一般可分为化学推进系统和特种火箭推进系统。化学推进系统包括液体火箭推进系统、固体火箭推进系统和固液混合火箭推进系统等；特种火箭推进系统分为电推进系统、核火箭推进系统、激光推进系统等[4]。经综合分析，各种推进系统使用的推进剂一般分为固体、气体、液体三种形态。固体推进剂提前装填到发动机燃烧室内，燃烧室既是装填推进剂的场所，又是推进剂燃烧的场所；气体推进剂一般用于冷气推进和电推进，不作为运载火箭主动力；液体推进剂贮存在贮箱里，为运载火箭主动力的主要推进剂。在液体火箭推进系统中，为了保证发动机正常工作，通过管路进入发动机的推进剂需满足一定的压力、温度、流量等要求，实现上述功能的系统就是增压输送系统。随着国内运载火箭所使用的推进剂从常温变到低温，增压输送系统也随之由简单变得复杂。

国外在划分运载火箭推进系统功能时，没有明确提出增压输送系统的概念，但在土星-5的介绍中提出了推进剂系统（Propellant System）的概念[5]，内涵与增压输送系统类似，主要包括7个子系统：置换子系统（Purge Subsystem）、加注泄出子系统（Fill and Replenish Subsystem）、循环预冷子系统（Recirculation Subsystem）、排气子系统（Venting

Subsystem）、贮箱增压系统（Pressurization System）、输送系统（Propellant Feed System）、推进剂管理系统（Propellant Management System）①。

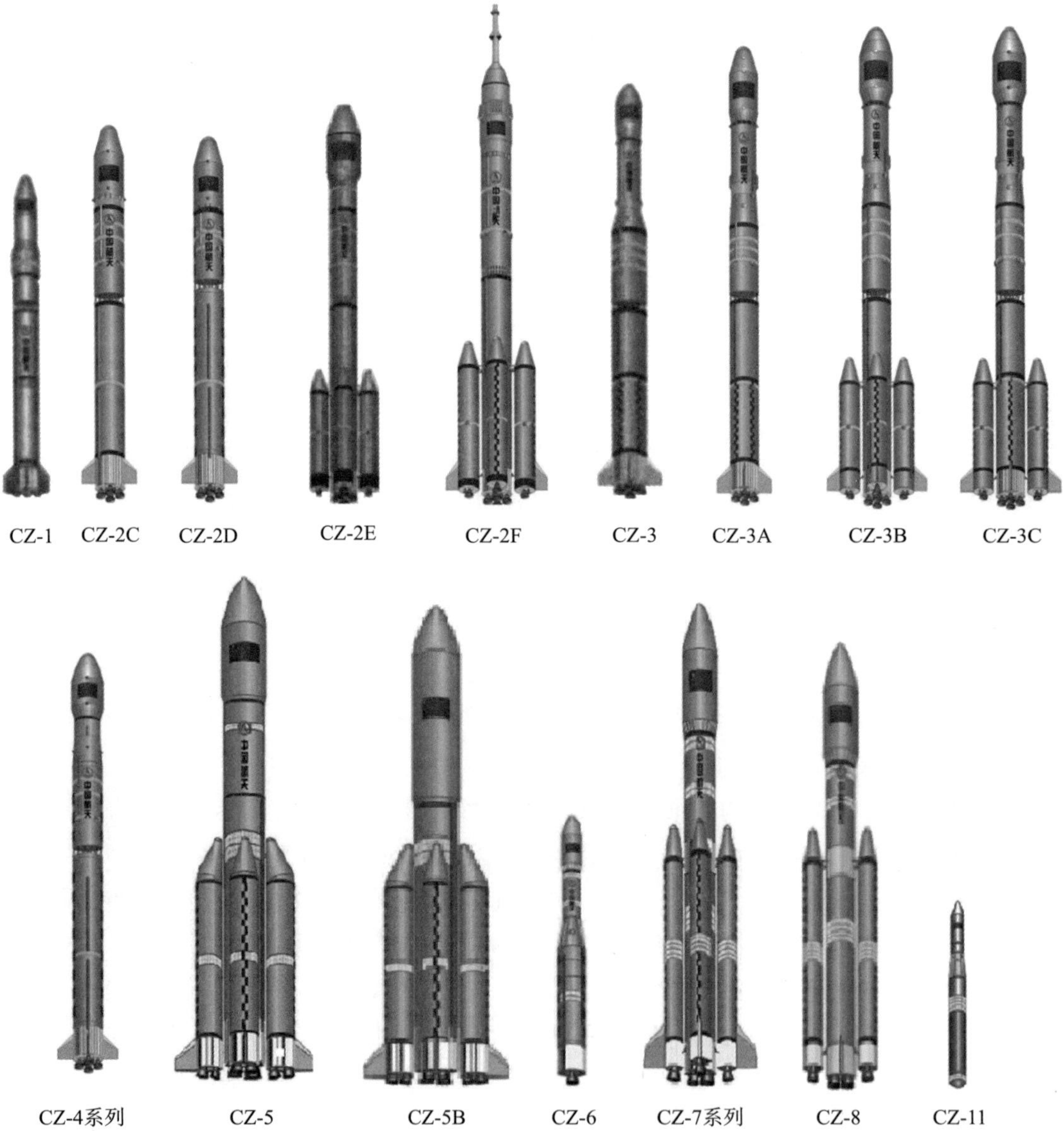


图 1－1 中国主要长征运载火箭

《导弹与航天丛书》将动力系统分为发动机和推进剂供应系统。其中，推进剂供应系统包括推进剂贮箱、贮箱增压系统、推进剂加注泄出及供应管路、利用系统和推进剂管理系统；低温动力系统还包括吹除、置换和预冷系统[6]。《液体火箭推进增压输送系统》认为，液体运载火箭由发动机和增压输送系统两大部分组成，增压输送系统是控制推进剂箱

① 原文献对 propellant management 解释为 simultaneous depletion of tanks，engine cutoff，更接近推进剂利用系统功能。

内气枕压力，按规定的压力、流量将推进剂输送到发动机泵或燃烧室，连接推进剂箱、发动机及地面设备的增压和输送系统的综合[7]。

增压输送系统的概念可分为狭义和广义两种。狭义的增压输送系统只包含增压和输送两个系统，按需提供贮箱增压气体和输送推进剂。广义的增压输送系统为推进系统除去发动机后的剩余部分，可定义为：增压输送系统是实现箭上推进剂供给功能的系统，包含增压系统、输送系统和贮存系统。增压系统为推进剂贮箱提供增压气体，并控制贮箱气枕压力，起到保护贮箱和抑制推进剂汽化的作用；输送系统是将推进剂按要求的温度、压力和流量从贮箱输送到发动机的系统；贮存系统是实现推进剂加泄、存放功能的系统。本书按广义的增压输送系统概念进行阐述。

根据推进剂供给方式不同，增压输送系统主要分为挤压式和泵压式两类。挤压式系统利用气枕压力将推进剂挤入发动机的燃烧室，通常需要较高的气枕增压压力，增压气体用量大，贮箱及增压系统的结构质量比较大，一般适用于推力比较小的推进系统，例如辅助动力系统、姿控系统等。泵压式系统由涡轮泵提高推进剂压力并输送至发动机燃烧室，泵对入口压力需求较低，因此贮箱增压压力相对低，贮箱壁薄质量小，适用于大推力的推进系统。目前大多数液体运载火箭主动力采用泵压式系统，本书内容以泵压式系统为主。

增压输送系统有两个主要特点。一是在全箭承担的功能较多，贯穿火箭发射飞行的整个过程，若在任何一个环节发生故障，都可能产生严重影响，造成发射推迟甚至任务失败。苏联 N-1 火箭前四次失败发射中有三次与增压输送系统相关；2004 年，德尔它-4 火箭飞行过程中提前关机，原因是输送路低温氧发生汽化；2016 年 9 月 1 日，美国太空探索技术公司猎鹰-9 运载火箭在肯尼迪航天中心的发射塔架上发生了爆炸，造成了卫星和发射塔架的毁坏。其官方网站披露，故障发生与重复使用的复合材料增压气瓶破坏相关。二是设计和试验验证难度大。增压输送系统涵盖固体力学、流体力学、机械设计、材料学、制冷及低温工程、航空宇航推进理论与工程、电机与电气等学科知识，在使用过程中涉及高低温、振动冲击、过载、真空、高压等环境因素，在实际工作中需要解决系统动特性、流固耦合、振动环境下的疲劳、变过载的热交换、深低温下材料的特性和密封等问题。多学科交叉、多环境因素耦合给增压输送系统设计和验证带来了困难。

按照系统工程的方法，增压输送系统采用 V 字形的开发模型，开发流程如图 1-2 所示。在这一流程中，研制人员通过反复迭代的设计、分析等活动，形成了系统指标要求、各组件设计图样和技术要求，通过生产部门转化为实物，再经过组件和系统试验、系统总装和系统测试，最终交付给上游单位参加全箭测试和飞行活动。

对照增压输送系统的开发流程，增压输送系统研制工作主要包括系统设计、组件设计、总装设计以及与之相关的试验、仿真、可靠性验证工作，其中系统设计和组件设计为开发的主要工作量，在后续章节主要论述。总装设计与组件设计关联较大，在下篇组件里进行论述。试验和仿真工作与系统和组件息息相关，在系统设计和组件设计中一起介绍；可靠性理论和方法相对独立，单独论述。

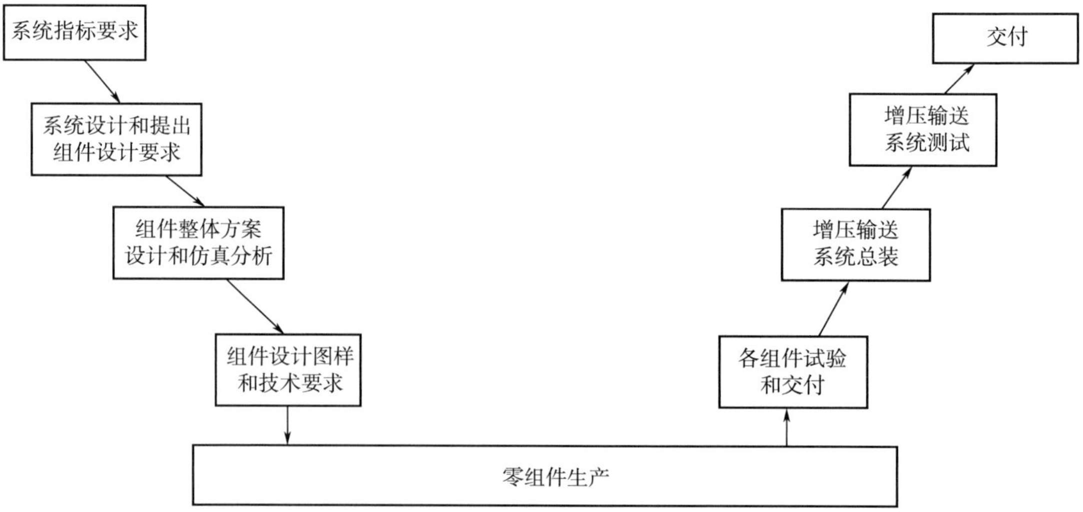


图 1-2　增压输送系统开发流程

## 1.2　增压输送系统组成及总装

### 1.2.1　系统

增压输送系统主要包含贮存系统、增压系统和输送系统。其中每一个系统能实现多种功能，主要包括加注泄出、排气保险、推进剂贮存、地面增压、箭上增压、贮箱出流、POGO 抑制、推进剂利用等功能。对于低温火箭，还需要实现低温推进剂间歇泉抑制、气封吹除、低温发动机预冷等功能。对于部分火箭，还需要实现微重力推进剂管理、均衡输送和交叉输送等功能。系统功能需要通过各种组件实现，组件通过总装在火箭上形成系统。具体功能划分和组件组成如图 1-3 所示。

贮存系统主要实现推进剂加注泄出、贮箱排气保险、气封吹除、低温推进剂贮存管理和微重力推进剂管理等功能。加注是发射准备过程的重要工序，安全高效并精确地向火箭贮箱内加入定量的推进剂，并在流程终止等情况下，把推进剂从火箭中泄出。对于低温推进剂加注过程，还需要尽可能降低箱压，保证推进剂品质；在测试、飞行或者加注过程中，由于各种原因可能导致贮箱超压，需要安装安全阀排出贮箱多余气体，降低贮箱压力，防止贮箱超压破坏；低温推进剂开始加注后，通过增加箭上气封，给大气连通的开敞部位提供低露点气体，防止组件结冰失效；箭上吹除实现两种功能：一是向舱段提供干燥高温气体，维持舱段环境条件，二是在发动机起飞前吹除加注管路内的推进剂；低温推进剂的贮存管理保证推进剂的品质和蒸发量满足任务需求；在微重力条件下，通过推进剂管理装置对贮箱内的推进剂进行管理，避免推进剂悬浮与增压气体混合。

增压系统实现维持贮箱压力的功能，主要包含地面增压和箭上增压。通过对贮箱增压，防止推进剂汽化引起发动机泵发生气蚀；根据需要，一些火箭还须设置补压系统，满

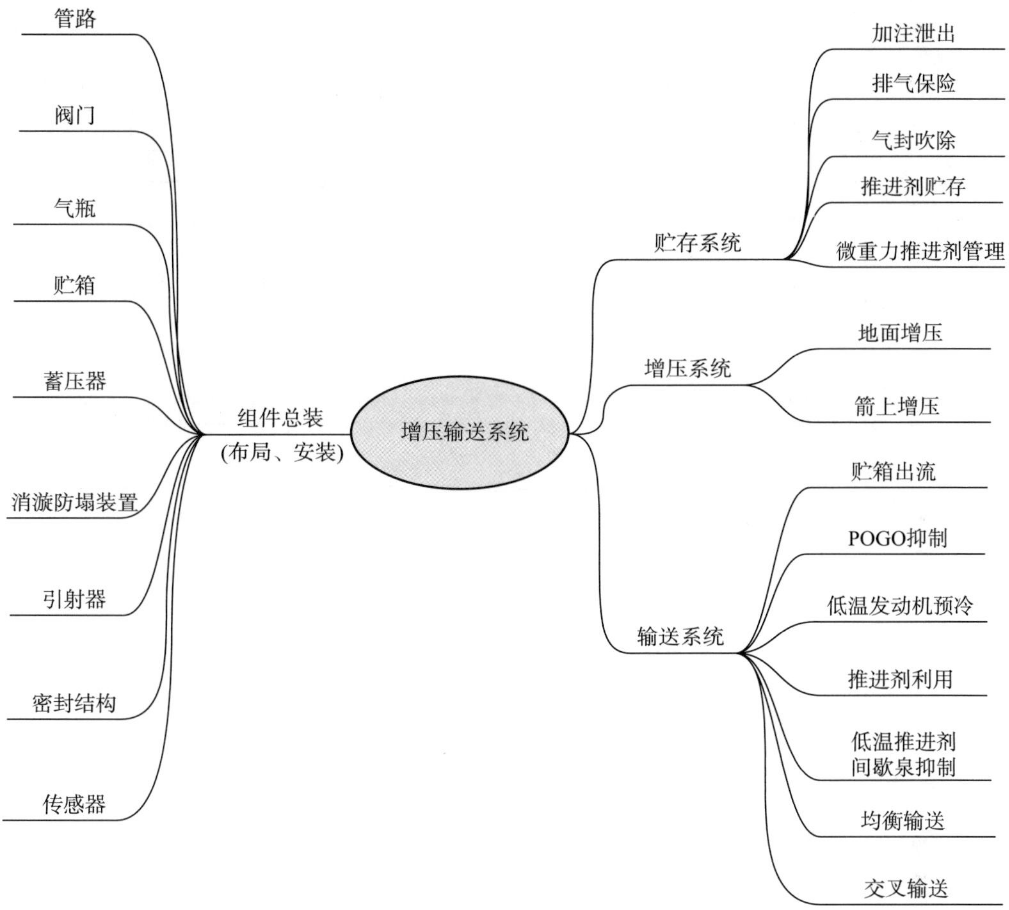


图 1－3　增压输送系统功能划分和组件组成

足发动机启动时较高的泵前压力需求；增压压力提高了贮箱的承载能力，防止贮箱破坏；一般在末级发动机关机后，系统还要排放气瓶内的剩余增压气体，进行钝化处理。

输送系统实现从贮箱向发动机输送推进剂的功能。为顺利实现推进剂贮箱出流，通过消漩防塌装置防止推进剂夹气引起发动机气蚀，通过合理型面设计防止推进剂汽化；通过纵向耦合振动（POGO）抑制装置改变液路频率，消除或减轻火箭的纵向耦合振动；低温火箭预冷单元在发动机启动前对发动机内结构件进行冷却，将发动机管路、泵和阀门冷却到较低温度，防止发动机启动后推进剂汽化引起泵气蚀；在发动机工作期间，利用单元调节推进剂的混合比，提高推进剂的利用率；在推进剂存放期间，应预防由于热传递产生的间歇泉现象；对于并联贮箱结构，应考虑各个贮箱推进剂均衡输送问题；存在级间推进剂输送的，应该考虑推进剂交叉输送技术的应用。

增压输送系统工作贯穿于火箭总装、测试、加注和飞行等全过程，其中以推进剂加注后功能最为重要。下面以低温氢氧火箭为例，对增压输送系统在加注和发射前和飞行过程中的功能进行说明。具体系统组成如图 1－4 所示，其中标示出部分发动机结构，以便于理解增压输送系统的功能，气封管路连接与大气相通的低温管路，图中未标示。

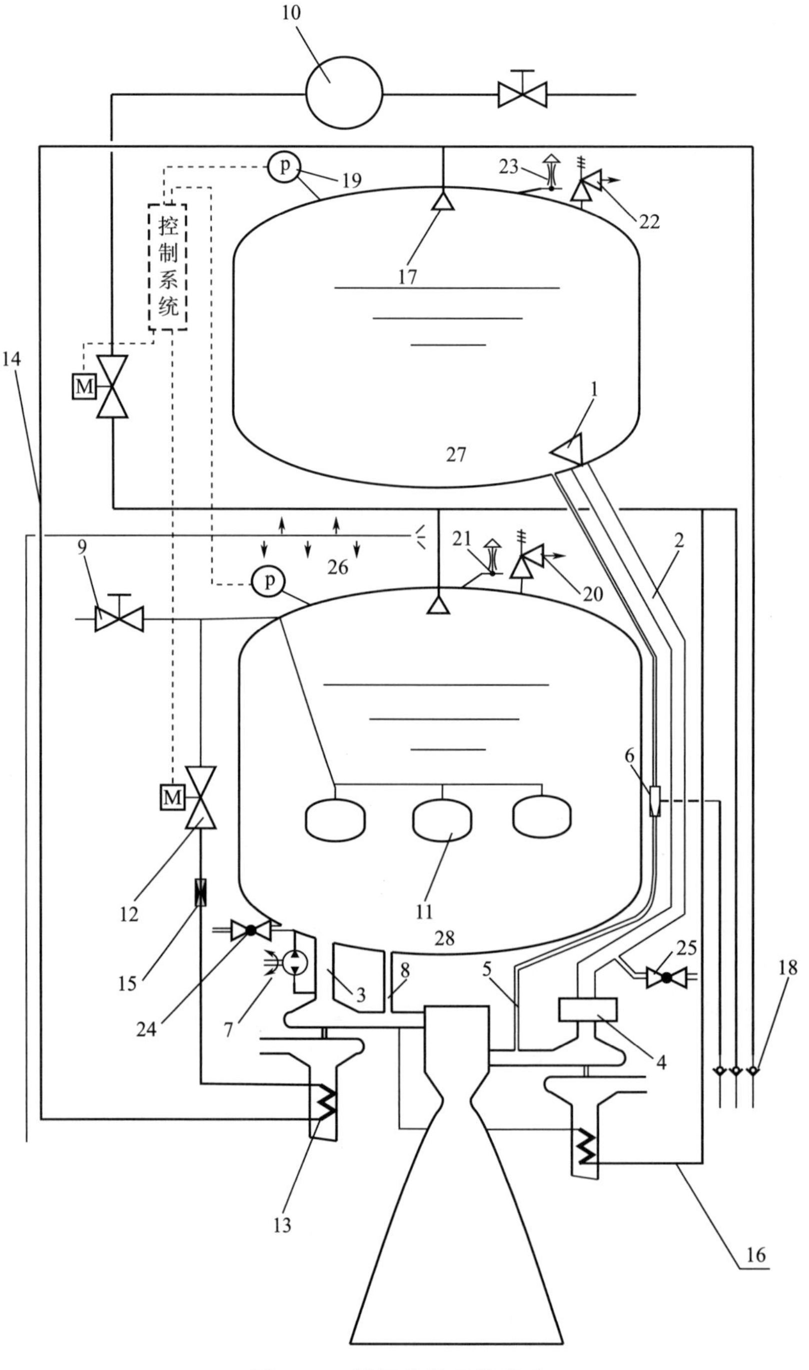


图 1-4　增压输送系统组成

输送系统：1—消漩防塌装置；2—氧输送管；3—氢输送管；4—蓄压器；5—氧预冷管路；6—引射器；7—氢循环泵；8—氢预冷回流管路

增压系统：9—充气开关；10—补压气瓶；11—低温增压气瓶；12—电磁阀；13—换热器；14—氧增压管；15—增压孔板；16—氢增压管；17—消能器；18—地面增压单向阀；19—贮箱测压传感器

贮存系统：20—氢保险阀；21—氢排气阀；22—氧保险阀；23—氧排气阀；24—氢加注阀；25—氧加注阀；26—吹除管路；27—氧贮箱；28—氢贮箱

1）加注准备阶段：用低凝固点气体（一般为氦气、氢气和氮气等）完成推进剂贮箱的置换和气瓶的置换，防止空气中的水汽、二氧化碳等气体在低温环境下凝固，形成多余物；一般在此阶段完成补压气瓶充气。

2）液氧加注阶段：打开氧加注阀和氧排气阀，氧贮箱压力降低后，开始加注；启动吹除，维持箱间段温度环境；必要时启动气封，防止潮湿空气倒吸使阀门管路结冰。起始阶段小流量加注以对贮箱进行预冷，预冷完成后开始大流量加注；加注完成后继续打开氧排气阀，排出蒸发的气氧。

3）液氢加注阶段：打开氢加注阀和氢排气阀，氢贮箱压力降低后，开始加注；必要时启动氢系统气封，防止潮湿空气倒吸使阀门管路结冰；起始阶段小流量加注以对贮箱进行预冷，预冷完成后开始大流量加注；加注完成后继续打开氢排气阀，排出气氢；在氢系统加注过程中，同时给氢贮箱内低温增压气瓶充氦气，可通过贮箱内的液氢对氦气降温，也可以直接充入低温氦气。

4）预冷阶段：通过引射器驱动高温液氧从氧预冷管路回流贮箱，低温液氧从贮箱进入发动机，实现氧路预冷；液氢通过氢循环泵驱动流入发动机，通过氢预冷回流管路流回贮箱，实现氢路预冷。

5）射前准备：针对减少推进剂蒸发损失和加注过冷推进剂的需求，对贮箱补加推进剂，补加完成后，关闭箭上加注阀和排气阀，通过地面增压单向阀完成贮箱地面增压。

6）点火：贮箱内推进剂通过输送管路填充到发动机，贮箱压力急剧下降，通过补压系统在发动机启动阶段进行贮箱增压，满足发动机启动压力需求（主要针对二级及以上子级）。

7）飞行过程：输送系统持续输送推进剂给发动机；为了抑制推进剂液路系统的压力和流量脉动与结构系统耦合产生纵向耦合振动，在输送管路设置蓄压器等 POGO 抑制装置；增压系统持续给贮箱增压，维持贮箱压力在一定范围，避免进入发动机的推进剂汽化引起的泵气蚀；同时增压气体的压力也提高了贮箱承载能力，防止贮箱破坏；贮箱压力过高时，通过保险阀排放多余的气体，防止贮箱超压破坏；通过利用系统调节推进剂混合比。

8）滑行阶段：二次工作的火箭子级在滑行阶段处于微重力环境，推进剂和增压气体混合，再次启动时会出现推进剂夹气，通过设置沉底火箭或推进剂管理装置解决此问题。

9）二次工作末段：由于推进剂剩余量变少，在贮箱内推进剂会出现漩涡和塌陷现象，存在气体夹杂在推进剂中输送到发动机的风险，通过在输送系统设置消漩防塌装置抑制漩涡和塌陷。

10）钝化阶段：为了防止贮箱、气瓶等组件高压爆破产生在轨碎片，需要对剩余推进剂和增压气体进行排放钝化处理，其中推进剂一般通过发动机排放，增压气体一般通过电磁阀排放到贮箱，再通过发动机排放。

### 1.2.2 组件

增压输送系统组件是实现增压输送系统各项功能的硬件，按照箭上功能的不同，可以分为管路、阀门、气瓶、蓄压器、密封结构、贮箱、消能器、消漩防塌装置、引射器、循环泵、孔板和传感器等。

管路的基本功能是把指定的介质输送到使用部位，具有推进剂输送、贮箱增压、泄压、测压、气动阀门启闭控制、发动机供气、吹除、气封、气瓶增压和地面操作辅助等多项功能，为火箭动力系统的正常运转、功能测试和健康监测提供主要通道。

阀门的功能主要是实现流体通路的启闭、换向、流量和压力的调节以及保护系统的安全等。运载火箭增压输送系统中广泛地采用加注阀、电磁阀、保险阀、排气阀、单向阀、手动开关、破裂膜片、电爆阀和减压器等阀门。

气瓶的主要功能是贮存高压气体，用于贮箱增压、气控和惯性器件供气。根据制造材料不同，气瓶一般分为金属气瓶和复合材料气瓶；根据工作温度不同，气瓶一般分为低温气瓶和常温气瓶。

蓄压器是抑制火箭 POGO 的重要组件，常安装于火箭推进剂输送管路上，可有效改变输送液路振动频率，错开运载火箭箭体结构纵向振动固有频率与推进剂输送液路系统固有频率，阻止闭合回路自激振动的产生。

密封结构的作用是防止介质泄漏，主要包括法兰密封结构、管接头密封结构和阀门密封结构。

贮箱用于推进剂的贮存；消能器主要用于控制增压气体进入贮箱内的角度和速度；消漩防塌装置主要用于抑制推进剂从贮箱到输送管输送过程产生的漩涡、塌陷和夹气；引射器和循环泵用于低温火箭的强制预冷；孔板用于气体流量控制；传感器用于增压输送系统压力、液位、流量和温度等参数的测量。

作为运载火箭的一部分，增压输送系统组件需要满足轻质高效和高可靠的要求。轻质高效是航天产品基本要求。增压输送系统一般从结构优化、新材料选择和新技术应用等方面进行重量优化。增压输送系统组件发生问题可能产生全箭失败的后果，且工作环境条件严酷，飞行中不能维护，因此增压输送系统组件须具有较高的可靠性。

### 1.2.3 总装

增压输送系统总装是指以系统原理图为依据，根据火箭总体构型及结构状态，在保证功能、性能的前提下，将阀门、气瓶和管路等增压输送系统组件安装固定在箭体结构上的设计和生产过程。主要工作内容包括布局和安装两部分。

（1）布局

增压输送系统布局是指在运载火箭上确定系统各组件安装位置的过程。一般应考虑如下原则：

1）系统布局以满足各组件性能和功能要求为前提；

2）各组件布局位置和方向应综合飞行使用工况，考虑过载、冲击、振动、热环境等影响，选择力热环境条件较好的区域进行布局；

3）满足增压输送系统各箭地接口操作与总装工位、发射塔固定平台的协调性；

4）充分考虑通用化、系列化和模块化的要求，减少零组件的规格和种类，提高机械接口的标准化程度；

5）考虑操作性，手动开关、充气测压开关等需人工操作的阀门一般布置在箭体易操作的位置；

6）考虑维修性，发生故障概率较高的阀门，布局时应尽量靠近箭体操作舱口盖，便于维护。

以往的增压输送系统总装布局一般在部段模型和模样箭上开展，通过1∶1部段模型和模样箭来协调组件与其他系统的空间关系。部段模型一般用来协调关系比较复杂的舱段，如仪器舱、尾段等；模样箭是较为真实的结构箭，在模样箭总装布局中可以确定导管的样件。随着数字化技术的兴起，集成化、虚拟化、协同化设计、试验和制造等先进理念和手段得到不断应用，尤其是数字样机并行协同设计，缩短了研制周期，同时通过用全箭数字样机替代实物样机，能够在生产试验前进行多次验证，降低了研制成本。

（2）安装

安装是根据运载火箭增压输送系统的组成和布局，在保证功能和性能的前提下，将所属的管路、阀门、气瓶和蓄压器等产品，可靠地安装固定在箭体结构的过程。安装结构主要有卡箍、支架、衬垫、紧固件、包带和拉杆等形式。通常根据产品外形、接口、安装位置、安装空间、载荷和力热环境等条件确定安装结构形式。

安装结构如果发生损坏，可能会导致增压输送系统产品脱落、泄漏、失稳或断裂，从而影响推进系统的工作性能和火箭安全，后果很严重。2015年，猎鹰-9运载火箭在执行第7次国际空间站货运补给任务时，因火箭上面级液氧贮箱中的氦气瓶支架失效，氦气泄漏导致液氧贮箱压力过高破坏，最终导致火箭升空约2 min爆炸。因此应正确选择和设计安装结构，进行必要的强度分析和试验验证。

## 1.3 增压输送系统仿真与试验

### 1.3.1 仿真

仿真是用模型代替实际系统进行试验和研究，即把实际系统建成物理模型或数学模型，然后把对模型试验研究的结果应用到实际系统中的方法。仿真需遵循几何相似、环境相似和性能相似等基本相似原则。

近年来，随着技术的进步、认识的深入、条件的改善和能力的提高，仿真技术已逐渐成为增压输送系统设计的重要组成部分，贯穿于方案设计、试验验证、结果分析和问题处理整个过程，已经变成增压输送研制过程中不可或缺的一个利器。相对于传统的设计方法，仿真具有如下几个方面的优势：

1）可实现系统和组件精细化设计。通过仿真，可快速发现系统或组件设计方案中的薄弱环节。在原有的参数化设计方法的基础上，利用仿真手段，可精细化分析局部的流场、应力应变和接口载荷等，对设计方案开展精细化校核，同时还可开展设计状态的偏差、极限和故障等工况的功能性能验证。

2）可以大幅度缩短研制周期。传统的系统和组件设计中，遵循着方案设计—出图—生产—试验验证的流程。从方案设计开始到验证成功，经常反复迭代，周期冗长。通过仿真分析，可以大幅度缩短研制周期，减少中间验证迭代过程，达到设计方案验证一次成功。

3）降低研制成本。没有仿真介入的研制需开展大量地面验证试验，需要建设试验系统、测试系统、采集系统，并开展消防、安全等方面的各类准备工作，投入经费少则几十万元，多则上千万元。通过仿真开展虚拟验证，可以大幅减少甚至取消部分验证试验，降低研制成本。

4）为问题快速处理提供有效手段。通过仿真，可以快速定位问题，对采取措施的有效性进行快速验证。

增压输送系统仿真涉及多个学科，包括结构力学、流体力学、传热学、电磁学、动力学和多物理场耦合等。仿真内容主要包括：增压系统性能分析，管路、阀门、蓄压器等组件结构的强度、刚度、稳定性和振动疲劳寿命分析，管路阀门类结构的内流场分析和传热特性分析，密封性能分析，力、热、磁多物理场耦合分析，以及各类参数和拓扑优化分析等，常见的仿真算例如图 1-5～图 1-9 所示。增压输送系统常见的仿真类型和所用软件见表 1-1。

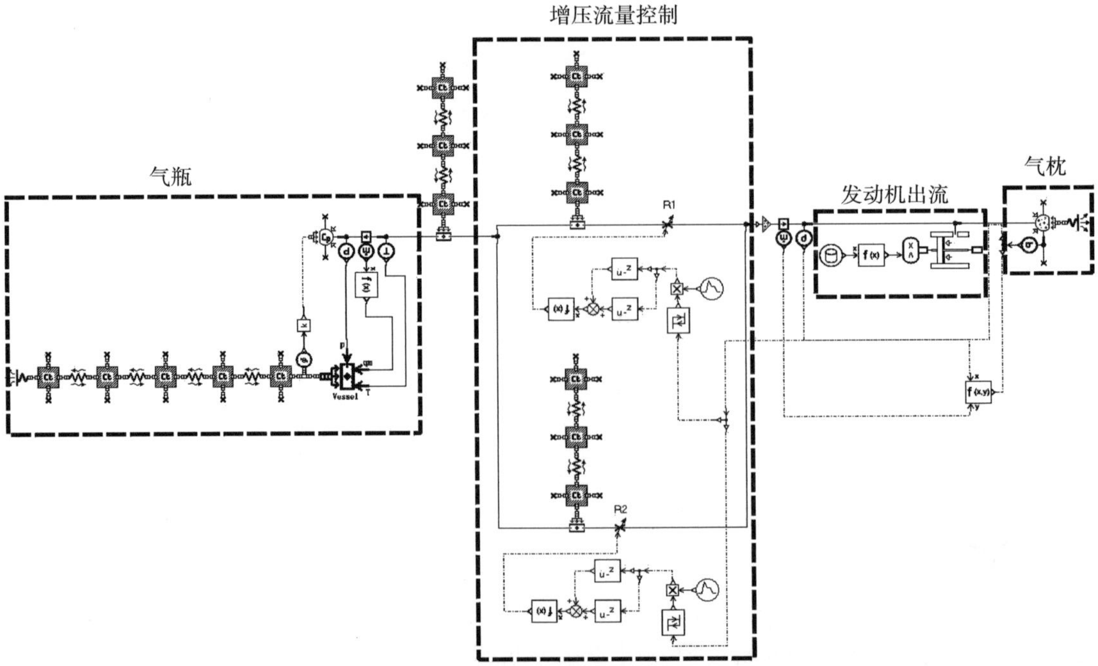


图 1-5　增压性能仿真

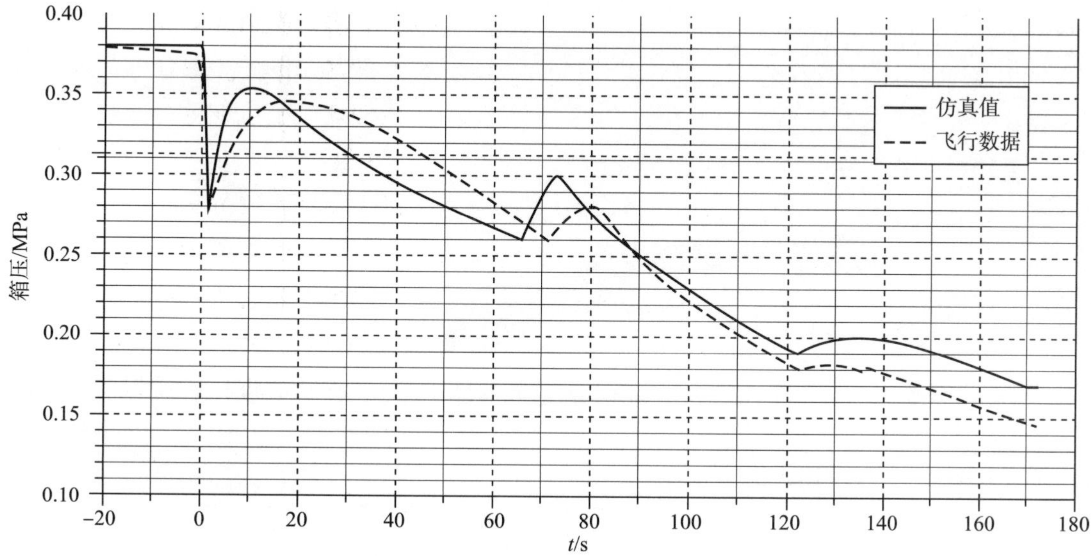


图 1-5 增压性能仿真（续）

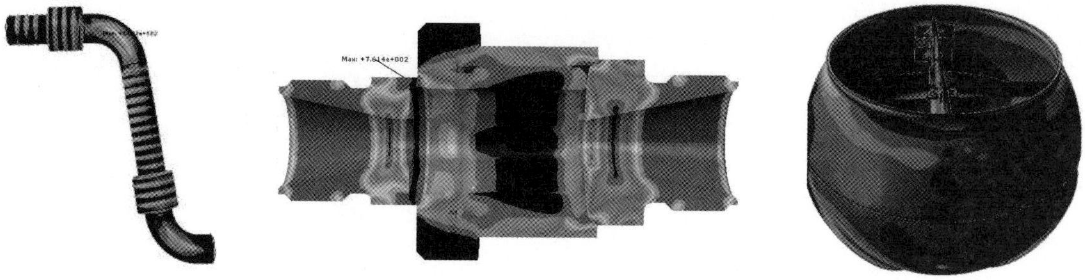

图 1-6 结构强度分析

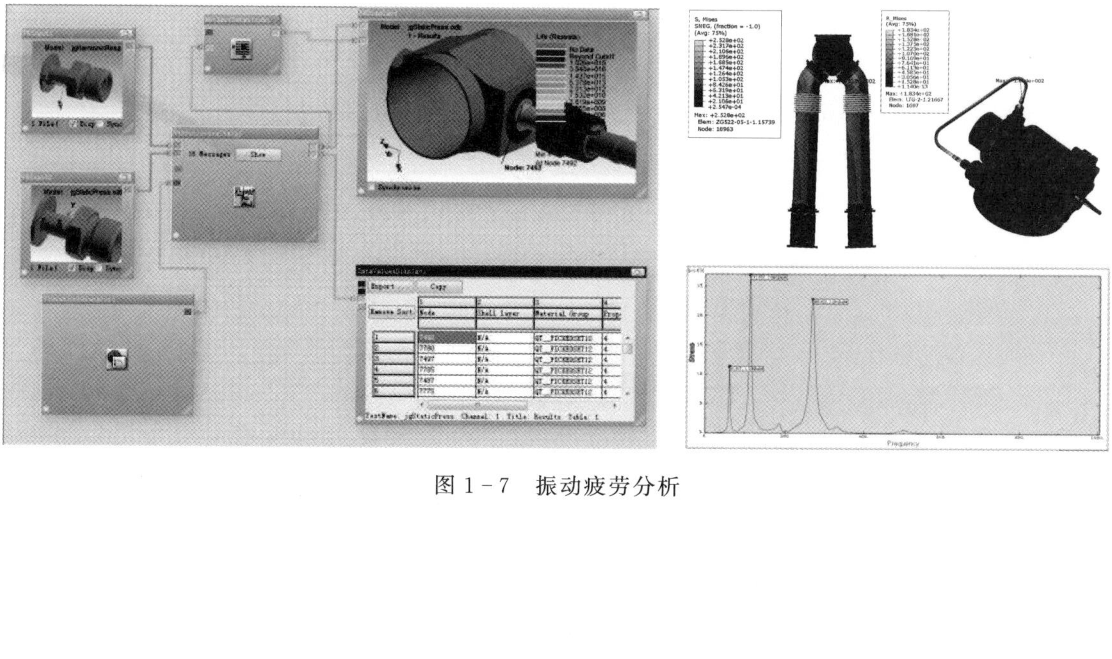

图 1-7 振动疲劳分析

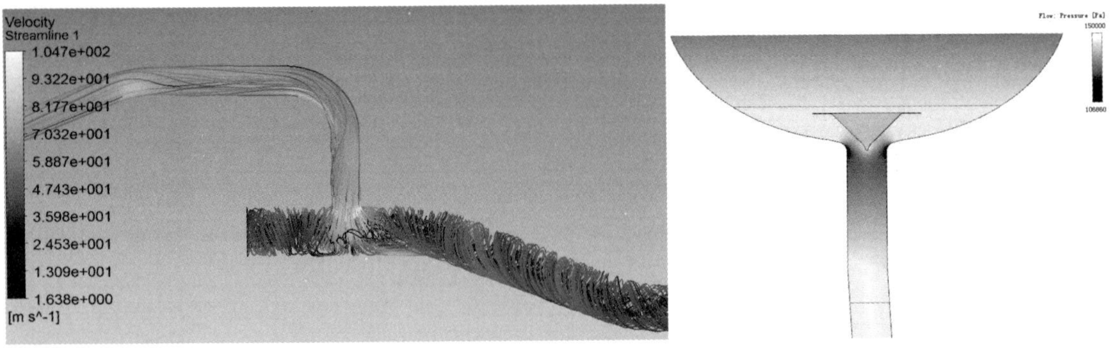


图 1-8　流场分析

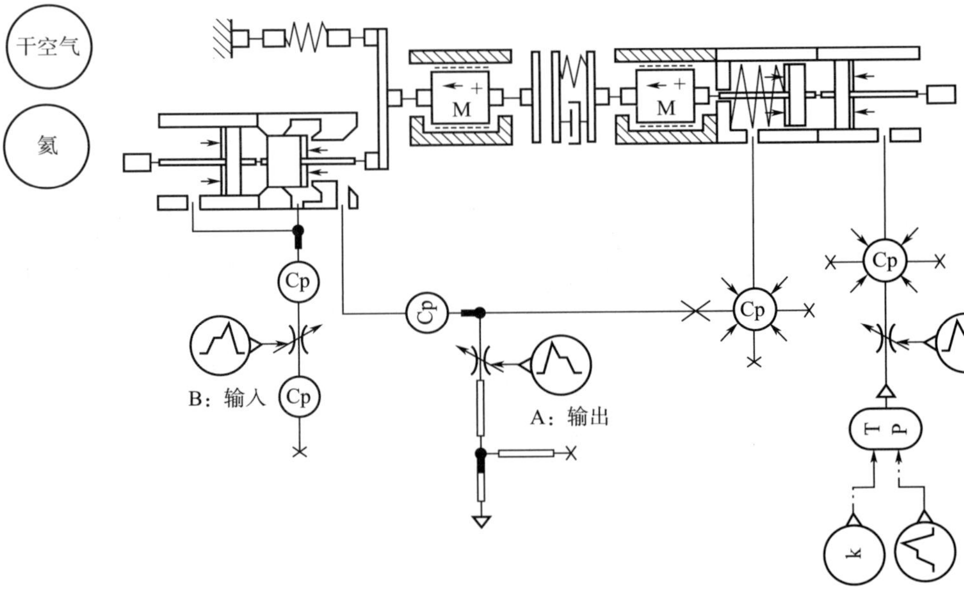


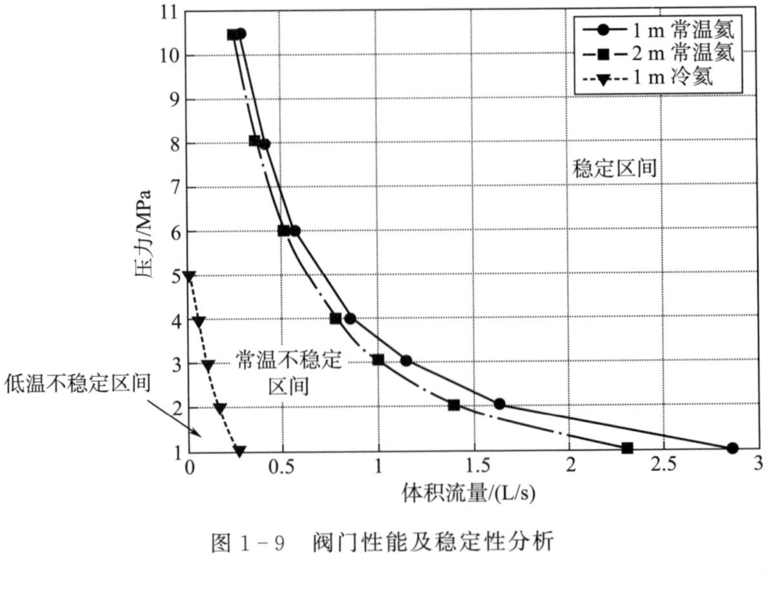


图 1-9　阀门性能及稳定性分析

**表1-1 增压输送系统常见的仿真类型及所用软件**

| 仿真类型 | 分析对象 | | 仿真软件 |
| --- | --- | --- | --- |
| 结构强度 | 强度:内压、位移、温度载荷、支反力等 | 管路、阀门、支架、气瓶、蓄压器、破裂膜片、补偿器、膜盒等 | ABAQUS、ANSYS等 |
| | 刚度 | 波纹管、补偿器、膜盒等 | |
| | 结构稳定性 | 管路、膜盒、波纹管、气瓶等 | |
| | 振动:模态频率、定频、正弦、随机振动等 | 管路、阀门、气瓶、支架、蓄压器、膜盒、补偿器等 | |
| | 疲劳:静载疲劳、振动疲劳等 | 管路、阀门、气瓶、支架、蓄压器、膜盒、补偿器等 | FE-Safe、Fatigue、nCode等 |
| 流场 | 流动特性:流阻、流速、流量等 | 贮箱、阀门、管路、过滤器等 | Fluent、CFX等 |
| | 传热特性:温度、热流密度、传热系数等 | 贮箱、阀门、管路等 | |
| | 两相流:出流、沸腾传热等 | 贮箱及出流装置、管路等 | Flow3D、Fluent、CFX等 |
| 动特性及稳定性 | 动态特性:时程分析 | 系统、阀门等 | AMESim、Easy5等 |
| | 稳定性:线性与非线性稳定性分析 | 系统、阀门等 | |
| | 三维动态特性分析 | 阀门等 | Fluent、CFX、PumpLinx等 |
| 多场耦合 | 电磁热耦合、结构声学耦合等 | 电磁阀、蓄压器、柔性管路等 | ABAQUS、ANSYS Workbench等 |
| 仿真优化 | 参数优化 | 增压系统性能优化等 | AMESim、ABAQUS、Isight等 |
| | 拓扑优化 | 卡箍支架结构优化、法兰结构优化、悬浮导向结构优化等 | |

### 1.3.2 试验

试验是指根据一定目的，运用必要的手段，观察研究事物的实践活动。增压输送系统试验是实践验证增压输送系统原理、功能和性能的过程，是验证系统及组件功能原理、性能参数和可靠性的主要手段。根据试验目的不同，增压输送系统试验一般可分为研制试验、验收试验、鉴定试验和可靠性试验。根据试验对象层级不同，增压输送系统试验一般可分为：材料级试验、零部件级试验、组件级试验、系统级试验和全系统动力试车试验，如图1-10～图1-13所示。

材料级试验主要开展金属和非金属材料的物理和力学性能、介质相容性和耐蚀性等试验，主要为零件设计中的材料选用提供数据。

零部件级试验主要包括波纹管补偿器、金属膜盒、法兰密封结构、金属密封圈、小导管接头和紧固件等零部件的性能试验、疲劳强度试验和力矩试验等，用以验证零部件的功能和性能。

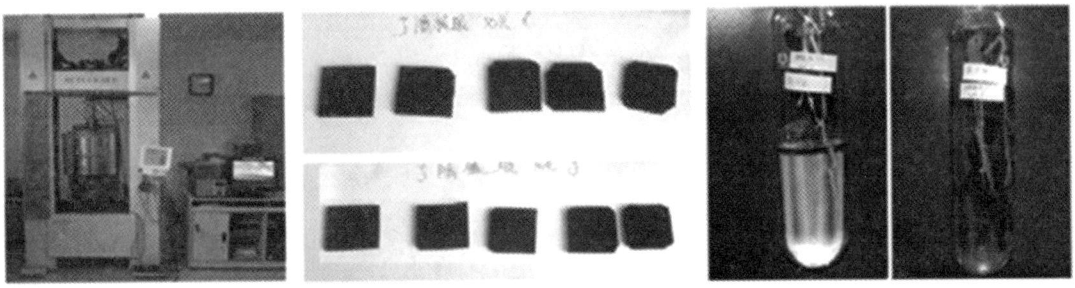

图 1－10　材料级试验

图 1－11　零部件级试验

图 1－12　组件级试验

图 1－13　系统级试验

组件级试验主要包括管路、阀门、气瓶和蓄压器等组件的液压强度试验、气密试验、动作灵活性试验、常温和高低温性能试验、低气压热真空试验、振动试验、冲击试验、运输试验、电磁兼容试验、疲劳寿命试验和爆破试验等。

系统级试验主要包括增压和输送系统级地面研制试验、系统级验收试验等，用以验证系统功能、性能及各组件匹配性。

全系统动力试车试验是动力系统的重要试验，是对增压输送系统较为真实的试验和考核，是增压输送系统研制的重要鉴定环节。该试验可验证增压输送系统设计方案的正确性、参数设计的合理性，还可验证增压输送系统与箭体结构系统、发动机、控制系统、测量系统和发射支持系统的接口匹配关系。

## 1.4　增压输送系统可靠性

可靠性的概念最早是从电子产品领域提出来的。在朝鲜战争中，美国军方痛感电子产品的可靠性问题严重，1952 年 8 月成立了国防部电子设备可靠性顾问团，并根据顾问团报告建立了一套可靠性管理程序。1958 年，美国成立了电子元器件可靠性委员会，为电子设备可靠性奠定了基础[8]。

可靠性是指产品在规定的条件下和规定的时间内，完成规定功能的能力。运载火箭可靠性一般分为发射可靠性和飞行可靠性。其中发射可靠性是指从推进剂加注起，在规定的发射条件下和规定的时间内，完成规定的发射准备工作并正常点火、起飞的能力。飞行可靠性是指火箭从起飞时刻起，在规定的飞行环境下和规定的时间内，按照规定的要求将有效载荷送入预定轨道的能力。增压输送系统可靠性也分为发射可靠性和飞行可靠性，一般包括可靠性设计与分析、可靠性试验和可靠性评估。

增压输送系统是影响火箭任务成败的系统，其可靠性工作既是增压输送系统工作的重点，也是一个难点。

1）组件直接影响运载火箭任务成败，可靠性要求高，指标高。增压输送系统组件主要为管路和阀门，种类较多。当组件发生故障时，会造成推进剂的泄漏或贮箱压力降低，可能导致发射失败，因此对系统和组件都有较高的可靠性要求。

2）子样数少，验证难度大。增压输送系统飞行过程工况复杂，涉及高低温、振动冲击、过载、真空和高压等几个工况的耦合，这些环境条件很难同时满足，给增压输送系统的试验验证带来了难度。研制过程受到经费和周期等影响，地面和飞行验证的数量少，验证可靠性指标难度较大。

增压输送系统可靠性工作基本原则为：遵循“预防为主、早期投入”的方针，及早发现缺陷、消除故障；将可靠性工作纳入研制工作计划，统一规划，协调进行；必须遵循采用成熟设计的可靠性设计原则，控制新技术所占的比例，并分析已有的类似产品在使用可靠性方面的缺陷，采取有效的改进措施，以提高其可靠性；应采用有效的方法和控制程序，减少制造过程对可靠性带来的不利影响，如利用故障模式及影响分析和环境应力筛选等方法来保证产品的可靠性水平。

# 参 考 文 献


［1］ 龙乐豪．总体设计：上［M］．北京：宇航出版社，1992.

［2］ 张庆伟．运载火箭技术的现状及其发展［J］. 科技导报，1998（2）：3－6.

［3］ 李福昌，余梦伦．运载火箭及总体设计要求概论——运载火箭概况［J］. 航天技术与产品，2002（5）：43－47.

［4］ 陈新华．运载火箭推进系统［M］．北京：国防工业出版社，2002.

［5］ ROGER E Bilstein. Stages to Saturn：A Technological History of the Apollo/Saturn Launch Vehicles［R］. NASA SP：4206，1980.

［6］ 龙乐豪，方心虎．总体设计：中［M］. 北京：宇航出版社，1994.

［7］ 廖少英．液体火箭推进增压输送系统［M］. 北京：国防工业出版社，2007.

［8］ 胡昌寿．可靠性工程——设计、试验、分析、管理［M］. 北京：宇航出版社，1988.

# 上篇　系统

# 第2章　增压系统

## 2.1　概述

增压系统为运载火箭液体推进剂贮箱提供增压气体，并控制贮箱气枕压力，满足发动机启动及飞行最低工作压力和贮箱结构承载所需的内压要求。其主要工作过程为[1]：增压气体进入推进剂贮箱气枕，膨胀后占据推进剂排出后的气枕空间，对液体推进剂产生压力，从而使推进剂克服输送系统的阻力进入发动机。

增压系统方案及工作性能与发动机、贮箱结构密切相关。一方面要满足发动机泵启动的最低压力需求，保证泵的无气蚀工作条件；另一方面还要考虑增压压力不能过高，减轻以内压为主要载荷的贮箱质量，同时还要兼顾贮箱在火箭跨声速飞行段等工况下可能的承载要求。根据其工作的任务阶段不同，又可分为地面增压系统和箭上增压系统。地面增压系统是在火箭发射前、推进剂加注完成后，通过地面管路及地面气源给箭上贮箱气枕增压，以获得需要的初始气枕压力。增压气体来源于地面，可减少箭上携带的增压气体质量。箭上增压系统是指火箭点火后，通过预先贮存在箭上的增压介质给贮箱增压的系统。增压系统箭上部分主要包括增压介质的贮存装置（气瓶或贮箱）、阀门、孔板、管路、蒸发器（或换热器）、消能器和安全阀等，如图2-1所示。

火箭发射前，为箭上增压气瓶充入增压气体，或加注推进剂作为箭上增压介质来源。通过地面增压系统为各模块贮箱气枕增压至所需的气枕压力。发动机点火，贮箱内的推进剂在初始气枕压力的作用下进入发动机，填充发动机内部的流道，此时贮箱内气枕膨胀，压力降低，箭上增压系统开始工作。控制增压的阀门打开，将贮存在高压气瓶内的增压气体（或将贮箱内的推进剂液体经过发动机加温汽化产生的增压气体）按照一定的流量和温度引入贮箱气枕增压。为了减小气体对贮箱内推进剂的扰动，增压气体进入贮箱之前，通过消能器降低气流速度。火箭飞行过程中，随着贮箱内推进剂的消耗，贮箱气枕容积增大，增压系统控制增压流量使气枕压力始终维持在所需的范围内，保证发动机泵入口最低压力和贮箱承载所需的内压要求。当在某些工况下贮箱压力过高时，设置在贮箱上的安全阀开启泄压。当发动机关机时，增压气体仍保留在贮箱气枕内，成为火箭结构的“死重”。因此，在计算增压系统质量时，除增压系统结构之外，还要考虑增压气体的质量。

增压介质是用于火箭贮箱增压的气体，如何选择增压气体的来源和种类是影响增压系统性能与质量的关键。增压介质的来源一般包括贮存化学性能稳定的气体（气态、液态或超临界态）、推进剂蒸发汽化和燃烧反应产物等。增压介质的选择应遵循以下原则：

1）与推进剂有良好的相容性，相互不溶解或溶解性低。增压气体在推进剂中的溶解

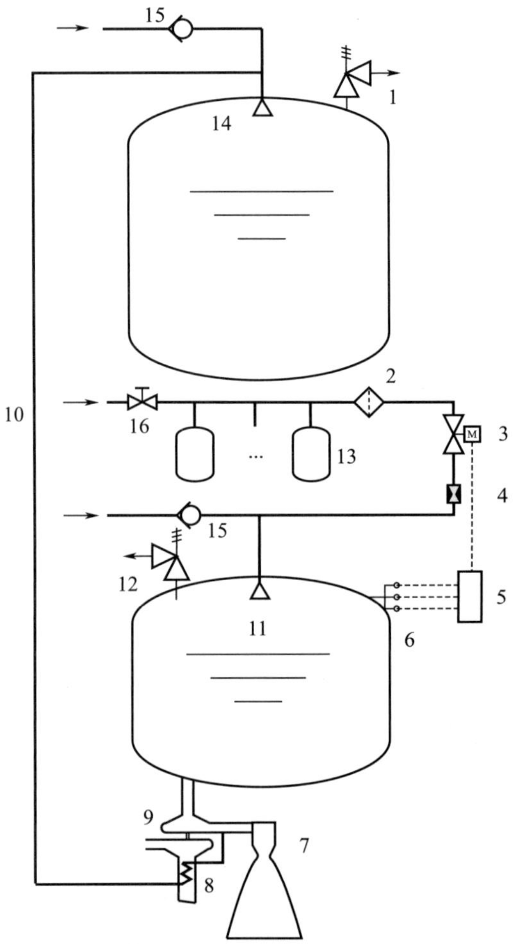


图 2-1 增压系统的组成

1—安全阀；2—过滤器；3—电磁阀；4—孔板；5—控制器；6—压力传感器；7—发动机；8—蒸发器；9—涡轮泵；10—增压管；11—消能器；12—安全阀；13—气瓶；14—消能器；15—地面增压单向阀；16—气瓶充气阀

可能对发动机产生不利的影响，并增加了用气量。

2）相对分子质量小。增压气体的总质量取决于气体的相对分子质量，相对分子质量越小，箭上所携带的用于增压的气体质量越小。

3）沸点低。增压介质的沸点应低于推进剂温度，防止增压气体进入贮箱后发生冷凝，影响增压效果。

4）使用方便。增压介质应易于贮存、运输及使用。

5）成本低。气体成本低，来源广，市场供应充足。

常用的增压气体物性参数见表 2-1。表中大部分气体都是可供选择的增压气体介质，因为不能够同时满足上述所有原则，所以在选择增压介质时要结合液体火箭本身综合考虑，以便获得最轻质、最合适的增压气体介质。

**表 2-1　常用的增压气体物性参数**

| 气体 | 相对分子质量 $M$ | 比热比 $\gamma$ | 沸点/K(0.1 MPa) | 与推进剂的相容性 | | | |
|---|---|---|---|---|---|---|---|
| | | | | $LO_2$ | $LH_2$ | $N_2O_4$ | 偏二甲肼 |
| $H_2$ | 2 | 1.4 | 20 | 否 | 是 | 否 | 是 |
| He | 4 | 1.66 | 4.4 | 是 | 是 | 是 | 是 |
| $N_2$ | 28 | 1.4 | 77.7 | 冷凝 | 冷凝 | 是 | 是 |
| $O_2$ | 32 | 1.4 | 90 | 是 | 否 | 是 | 否 |
| $N_2O_4$ | 46～92 | 1.14 | 294 | 冷凝 | 冷凝 | 是 | 否 |

从表 2-1 中可以看出，增压气体中相对分子质量最小的是氢气。但氢气在常温常压下易燃易爆：点火能量低，最小为 0.019 mJ；爆炸极限较宽，当空气中的氢气体积分数为 4%～75%时，遇到火源可引起爆炸。美国的 Aqurius（宝瓶座）运载火箭[2]设想的是在海上发射的低成本、小型火箭，曾进行过高压氢气给液氧贮箱增压的试验，但未见有实际应用的报道。氢气直接与液氧接触，从介质相容性角度看，存在极大的风险。因此，箭上一般不采用压缩贮存氢气方式作为增压介质，但采用液氢推进剂的火箭，将液氢加热汽化产生的氢气用于氢箱自生增压是最佳的选择。

目前箭上贮气增压一般选用相对分子质量小的惰性气体——氦气。氦气的沸点低，常用的低温推进剂（如液氢、液氧）都可用氦气增压。氦气的相对分子质量是氮气的 1/7，是一种较理想的增压气体介质，也是目前最常用的增压气体。含氦气的天然气是迄今工业化生产氦气的唯一来源，但我国是贫氦国家，含量很低，提取难度大，成本高，大部分氦气依靠进口。在选择氦气增压时要进行综合考量。

氮气化学性质稳定，但是相对分子质量较大。用气量较少时，例如作为常温自生增压系统的补压系统，从经济性和介质的易获得性方面考虑，可以采用成本相对较低的氮气作为增压介质。当使用液氧和四氧化二氮作为推进剂时，可以将推进剂加热汽化，进行相应推进剂贮箱的增压。

增压气体进入贮箱后的一系列物理化学过程较为复杂，涉及气体膨胀、气体与箱壁换热、箱壁与大气换热、推进剂气液界面的传质传热、推进剂解离等过程[3]。低温推进剂贮箱增压相对于常温推进剂贮箱增压过程更加复杂，低温推进剂液面与增压气体换热更加剧烈，造成增压气体温度降低，在气枕内轴向形成热分层。推进剂液面从增压气体中吸收热量使液体表面温度升高，贮箱内推进剂通过贮箱壁面和绝热层与外界换热，在贮箱内壁面形成边界层，推进剂在轴向形成热分层。在贮箱内气液界面处，当液体表面温度高于当地压力下的饱和温度时，表面液体会蒸发；当液体表面温度低于当地压力下的饱和温度时，表面会出现冷凝现象。因此，低温推进剂贮箱增压系统的设计相比常温推进剂贮箱增压系统更加复杂，需要考虑的因素更多。

增压系统方案的确定还涉及气体介质的贮存、增压气体用量、增压流量的控制、增压气体温度控制、增压系统结构质量、使用维护和可靠性等方面。同时，应考虑增压系统及其组件工作时的动态特性，合理设置动作时序和工作区间，防止产生系统压力振荡、颤振等问题。在开展方案论证时需要结合任务要求，综合各方面的因素考虑，以获得最优的增压系统方案，而其中增压系统的质量是关键因素之一。贮箱增压计算模型的正确性决定了最终增压系统设计的正确性。目前想要精确地模拟上述复杂换热过程是非常困难的，可在理论计算及仿真基础上，进行增压系统的初步设计。同时，要结合工程实践开展组件试验、增压系统试验及搭载动力系统试车试验，获取所需的参数，验证增压系统方案正确性，验证系统工作匹配性及动态特性，并根据试验结果对设计进行适当修正，使增压系统在满足飞行任务要求的前提下，达到系统结构质量小、工作可靠的目的。

## 2.2 增压方式

增压方式的确定需要结合发动机特性和推进剂种类开展论证，同时还要考虑以下因素：

1）火箭任务需求和布局；

2）增压能力和适应性；

3）增压系统的工作可靠性；

4）增压系统的结构重量；

5）增压系统的成本；

6）增压技术的复杂性；

7）增压技术的继承性；

8）使用维护性。

综合上述几种因素，结合液体运载火箭的特点，根据不同的增压介质来源对增压方式进行分类，如图 2-2 所示。常用的增压方式一般分为贮气式增压、自生增压、化学增压和活塞泵式增压。贮气式增压方式根据介质贮存状态的不同又可分为常温高压气态贮存增压、低温高压气态贮存增压和低温低压液态（超临界态）贮存增压。自生增压根据气体获得方式的不同又可分为推进剂汽化增压和燃气降温增压。以增压流量是否根据反馈的贮箱压力进行控制区分，增压方式又可以分为开式增压和闭式增压。

### 2.2.1 贮气式增压

贮气式增压是指预先贮存在火箭贮气装置中的增压介质以一定流量进入贮箱增压的方式。一般会配备独立贮存的增压介质，专门用于贮箱增压，增压气体一般为化学性质不活泼的气体，如氮气、氦气等。贮气式增压方式的主要优点是：由于单独配置了增压系统，适应性好，系统设计灵活，易于实现主要组件的冗余设计；主要缺点是：需要提供高压气瓶等独立的增压气源贮存装置，以及配套的管路和阀门，系统组成相对复杂，成本较高。且对于大型、重型运载火箭，尤其对低温火箭贮箱增压，所需气体量较大，贮气装置数量多[1]。

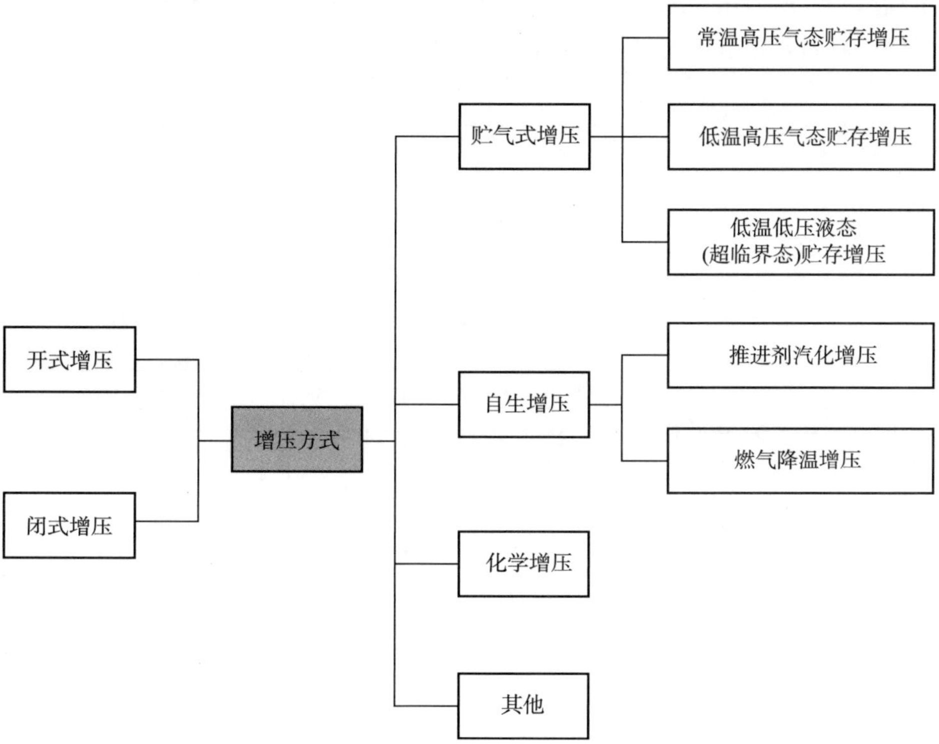


图 2－2　增压方式分类

对于贮气式增压方式而言，当贮存的介质质量及温度确定后，决定贮气装置结构质量的主要因素是压力和单个贮气装置的容积。在相同的温度下，当压力越大时，介质的密度越大，所需要的贮气装置的容积越小，但是随着压力升高，相同体积和材料的贮气装置结构质量越大。另外，随着贮气压力的升高，对于系统中的阀门及密封件承压能力要求越高，组件设计更加困难。因此，在选择贮气装置压力时，需要综合考虑，以达到结构质量（含增压介质）最优的目的。同时，为了兼顾系统使用维护及测试，贮气装置压力应与地面保障系统最大充气能力相匹配。贮气装置一般安装于箭体的舱段内或贮箱内部，其容积受安装空间的限制，因此需要将增压气体贮存在多个贮气装置中。单个贮气装置的容积越小，需要的数量就越多，考虑到安装支架、管路等，贮气装置的结构质量就越大。需要将安装空间、结构质量及产品化等方面进行综合考虑，确定单个贮气装置的容积。

（1）常温高压气态贮存增压

常温高压气态贮存增压是将增压气体在环境温度下高压贮存在气瓶里，从气瓶引出气体经过减压装置或限流元件进入推进剂贮箱增压。这种增压方式的优点是增压气体的贮存及操作简单，系统设计灵活，射前流程简单，无论采用常温或低温推进剂的火箭均可适用，例如宇宙神－5、德尔它二级、我国长征－4 等均采用了常温高压气态贮存增压方式；缺点是贮气效率低，造成贮气结构质量偏大。

我国长征系列火箭煤油箱采用常温氦增压，如图 2－3 所示。通过气瓶充气阀将氦气充入增压气瓶。常温增压气瓶引出后分为 2～3 路，传感器感受贮箱压力，传递给控制系统控制电磁阀启闭，调节增压气体流量，从而控制贮箱的压力。

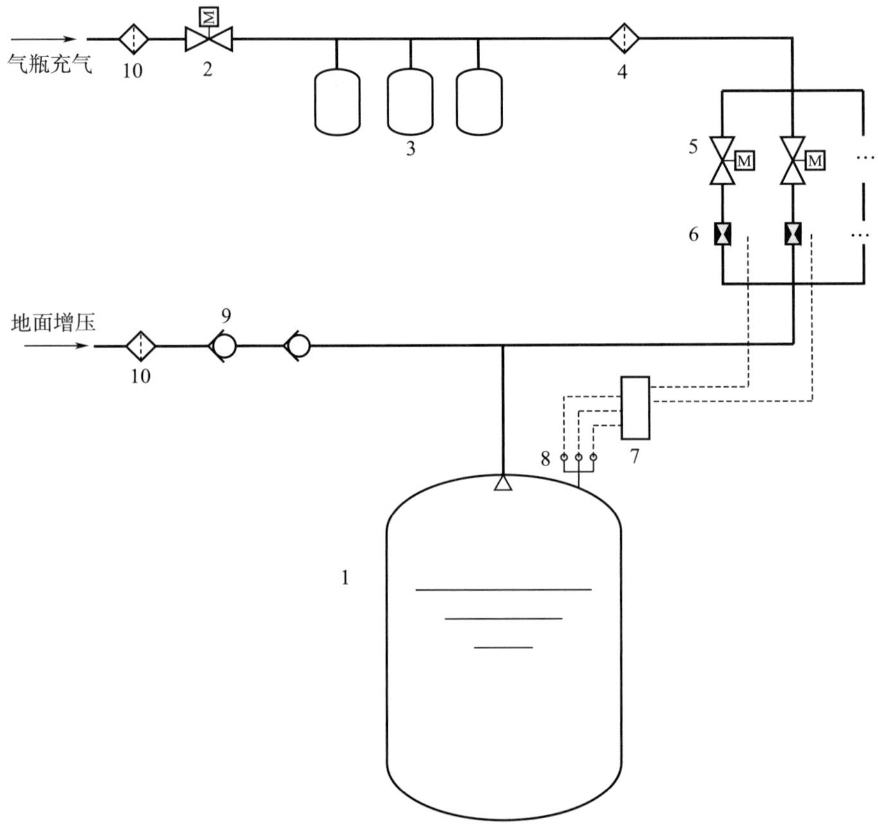


图 2-3　常温氦增压

1—煤油箱；2—气瓶充气阀；3—增压气瓶；4，10—过滤器；5—增压电磁阀；6—增压孔板；7—综控器；8—压力传感器；9—地面增压单向阀

由于火箭贮箱容积确定后，增压气体的用气量主要取决于飞行终了时气枕内的压力、温度，提高进入贮箱的增压气体温度可提高增压效率。根据增压气体介质进入贮箱之前是否通过换热器加温，增压方式可分为常温增压和常温“加温”增压。常温氦加温增压如图 2-4 所示，增压气体进入贮箱前先经过氦换热器升温，再进入贮箱增压，从而提高了增压效率。

美国宇宙神-5 火箭芯一级液氧箱与煤油箱均采用常温氦加温增压方式。增压系统包括 5 个复合材料氦气瓶、增压流量控制组件、单向阀、过滤器和压力传感器。发动机系统设置了氦换热器，用于对常温氦气进行加温增压，以提高增压能力。半人马座上面级增压系统采用闭式、冗余常温氦气增压[4]，如图 2-5 所示。每个贮箱都有 3 个压力传感器用来测量箱压，并反馈给控制系统，由控制系统按设定的压力带控制多个串、并联电磁阀的打开、关闭，进而控制贮箱压力。通过电磁阀的串、并联可提高增压系统的可靠性，降低系统故障率。液氢、液氧增压共用 2 个氦气瓶，气瓶压力为 22.7 MPa，容积分别为

120 L、76 L。在增压气瓶充放气路设置一个电磁阀控制气瓶充放气，可实现远程自动控制。

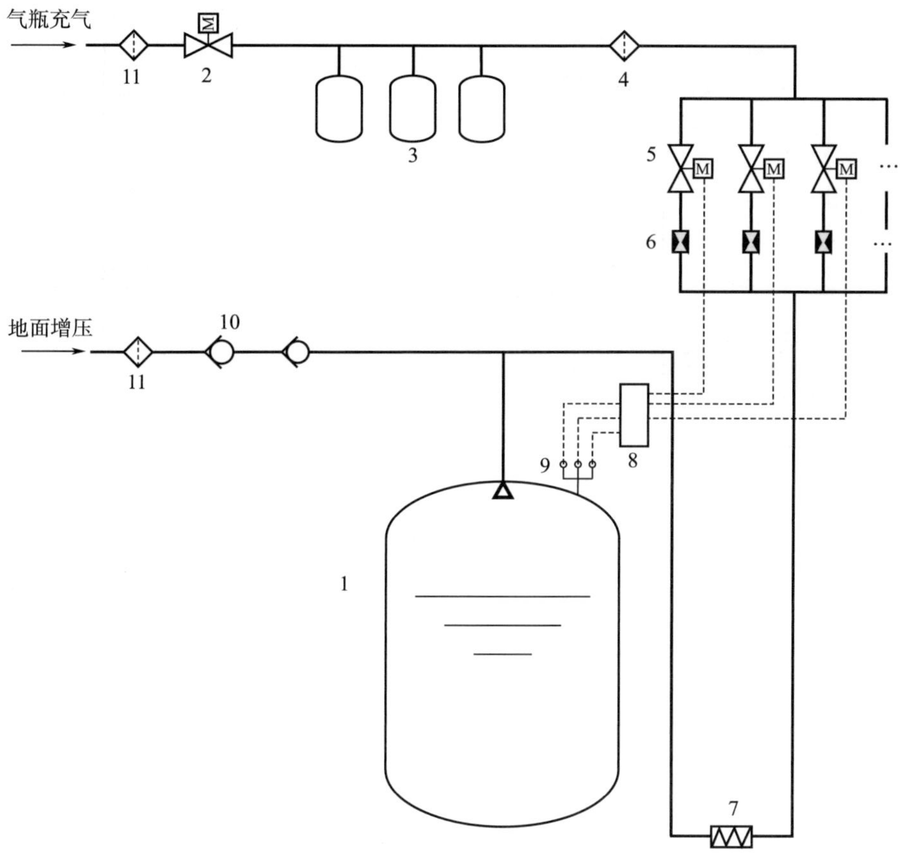


图 2-4　常温氦加温增压

1—液氧箱；2—气瓶充气阀；3—增压气瓶；4，11—过滤器；5—增压电磁阀；6—增压孔板；7—氦换热器；8—综控器；9—压力传感器；10—地面增压单向阀

上述增压方式中，控制系统通过贮箱压力传感器测量得到的贮箱气枕压力值按照设定的逻辑控制电磁阀启闭，对增压气体流量进行闭环反馈调节，一般又可以称之为“闭式增压”；增压过程不进行闭环调节控制的增压方式一般称为“开式增压”。

常见上面级开式增压系统如图 2-6 所示。增压系统采用气瓶组件贮存增压介质，其中增压电爆阀、增压电磁阀等采用并联冗余设计。主发动机工作段需要贮箱增压时，箭上控制系统按照预定的工作程序给增压电爆阀发出起爆指令，先依次打开 2 个增压电爆阀，然后通电打开 2 个增压电磁阀，气瓶内氦气开始给贮箱增压。发动机工作结束时，控制系统断电关闭增压电磁阀，气瓶内氦气停止贮箱增压。主发动机再次启动时，再次通电打开增压电磁阀，增压系统实现多次启动。该增压方式适用于增压气体长时间封装贮存的上面级火箭增压系统，通过增压电爆阀与下游贮箱实现物理隔离，可长时间带压封装贮存，同时可满足多次启动要求。这种开式增压系统虽然结构简单，不需要复杂的贮箱压力控制装置，但是由于增压流量随着气瓶压力的下降而减小，贮箱内气枕压力也逐渐降低，贮箱压力范围较宽。

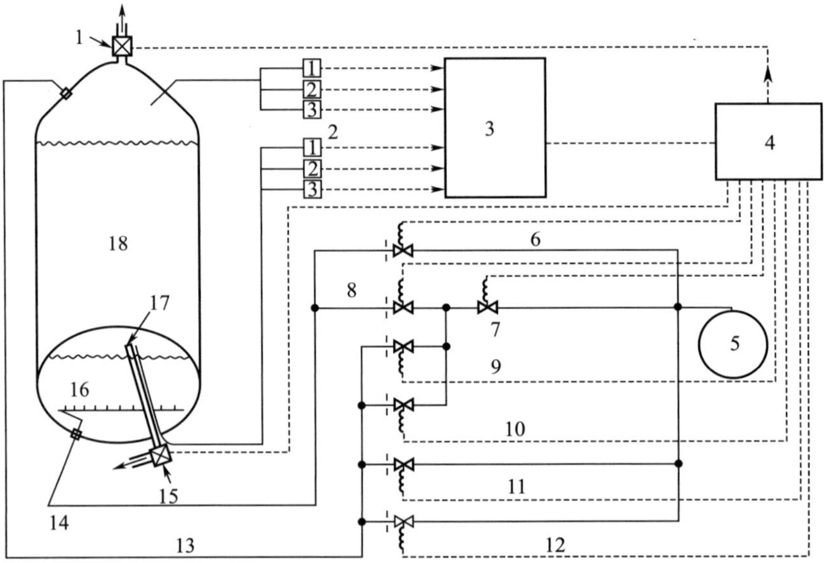


图 2-5　半人马座上面级增压系统

1—氢排气阀；2—传感器；3—数字计算机单元（DCU）；4—时序控制单元（SCU）；5—氦气瓶；6—氧箱冗余增压路；7—增压电磁阀；8—氧箱主增压路；9—氢箱主增压路；10—氢箱辅增压路（仅 TC-1）；11—氢箱冗余增压路；12—氢箱第二冗余增压路（仅 TC-1）；13—氢箱增压路；14—氧箱增压路；15—氧排气阀；16—液氧箱；17—氧箱增压排气管；18—液氢箱

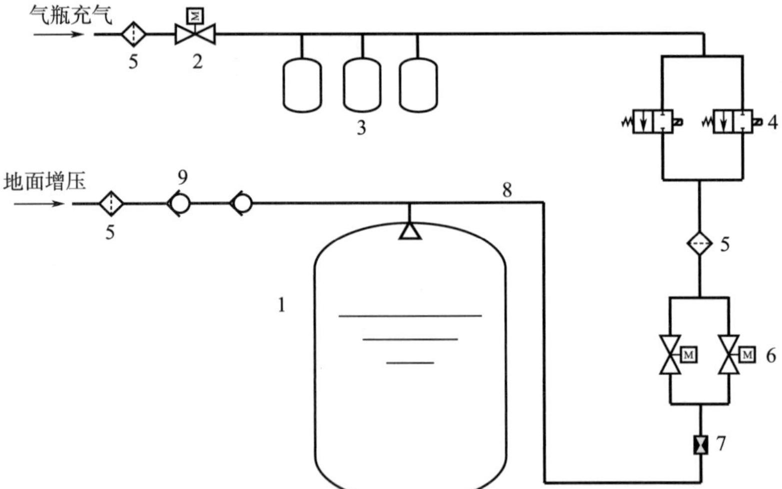


图 2-6　上面级开式增压系统

1—贮箱；2—气瓶充气阀；3—增压气瓶；4—增压电爆阀；5—过滤器；6—增压电磁阀；7—增压孔板；8—增压管；9—地面增压单向阀

(2) 低温高压气态贮存增压

为了提高增压介质的贮存效率，减小贮气装置的结构质量，将低温气体高压贮存在气瓶中，一般将气瓶安装于低温推进剂贮箱（例如液氧箱、液氢箱）内。氦气的沸点低，因此，它是低温增压气体介质的首选。表 2-2 中列出了不同贮存状态下的氦气密度，从中可以看出，35 MPa 下，液氧温区（90 K）冷氦密度是常温（288 K）氦气密度的 2.41 倍，液氢温区（20 K）冷氦密度是常温（288 K）氦气密度的 4.56 倍。因此，采用低温高压气态贮存，可提高气体介质的贮存密度，减少贮存容器的数量，从而减小增压系统的结构质量。工作时，将低温气体加热后送入推进剂贮箱增压，提高增压效率。在液氢温区下，贮气压力从 23 MPa 增大到 35 MPa，氦气密度增加 13.3%，而相应贮气装置的质量增加较多，综合来看系统总质量反而增大，因此，目前在液氢温区下优选 23 MPa 压力贮存氦气。

**表 2-2　不同贮存状态下的氦气密度**

| 序号 | 气体状态 | 温度/K | 压力/MPa | 密度/($kg/m^3$) |
|---|---|---|---|---|
| 1 | 常温氦 | 288 | 23 | 34.604 |
| 2 | 常温氦 | 288 | 35 | 50.061 |
| 3 | 冷氦 | 90 | 23 | 90.097 |
| 4 | 冷氦 | 90 | 35 | 120.67 |
| 5 | 冷氦 | 20 | 23 | 201.23 |
| 6 | 冷氦 | 20 | 35 | 228.05 |
| 7 | 超临界氦 | 4.2 | 1.0 | 150.83 |

由于冷氦增压方案效率较高，与常温氦气增压相比具有显著的优势，因此国内外低温推进剂运载火箭大多采用这种方案。

美国土星-5 一级煤油箱采用液氧温区冷氦加温增压方案，增压系统组成如图 2-7 所示[5]。将 4 个柱形金属氦气瓶安装在液氧贮箱中，单个气瓶容积为 877.82 L，常温下增压至 10.7 MPa，低温加注后充冷氦气体至 21.7 MPa，飞行过程中通过 5 个并联的电磁阀控制增压流量，增压气体进入发动机换热器加温后进入煤油箱增压，将气枕压力控制在 0.167～0.205 MPa。该系统主要特点是，飞行中 1 个电磁阀处于常开状态，3 个电磁阀通过时序控制开启，最后一个电磁阀通过燃料箱的压力开关控制。当贮箱压力下降到 0.134 MPa 时开启，上升到 0.148 MPa 时关闭[6]。除冷氦气瓶充气阀外，单独设置了应急充气及排放阀，确保故障工况下高压冷氦系统安全。

美国 SpaceX 公司的猎鹰-9 火箭芯一级、芯二级氧箱及煤油箱均采用液氧温区冷氦加温增压系统。火箭一级氧箱内放置了 8 个碳纤维复合材料气瓶，二级氧箱内放置了 3 个碳纤维复合材料气瓶，工作压力为 37.9 MPa，如图 2-8 所示。液氧箱与煤油箱共用冷氦增压气瓶，冷氦增压气体进入发动机换热器加温后分别进入氧箱、煤油箱气枕增压。复合材料气瓶在液氧箱内的成功应用，进一步减小了增压系统的结构质量。同时，发动机的泵腔吹除、着陆支腿的解锁供气和级间冷气分离装置供气均使用冷氦气瓶内的气体，使全箭系统更加优化，结构效率更高。

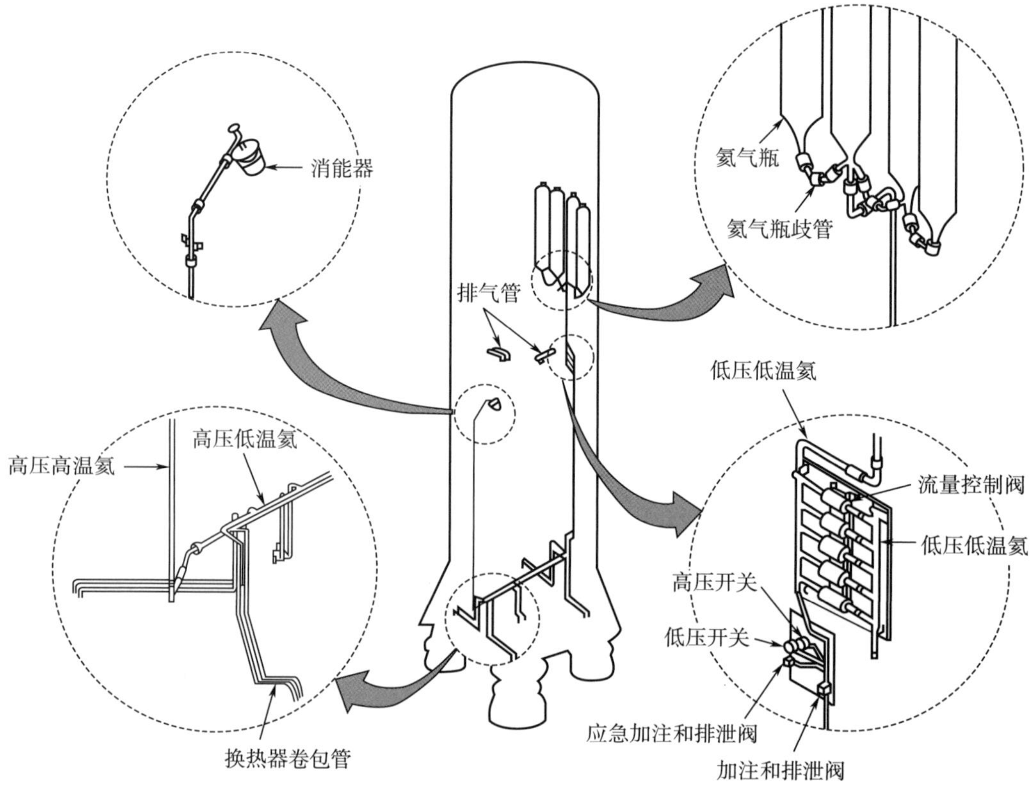


图 2－7　土星－5 一级煤油箱冷氦增压系统

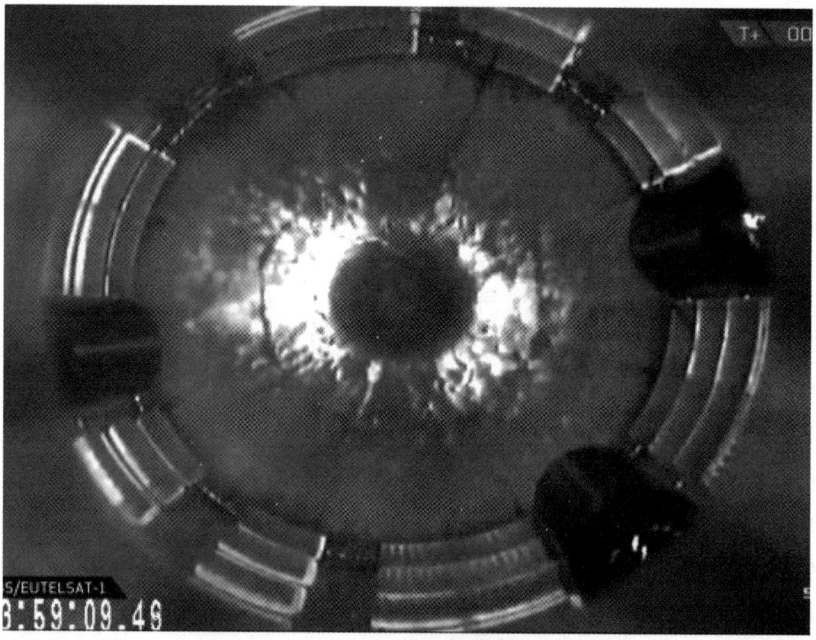


图 2－8　猎鹰－9 二级氧箱内的碳纤维复合材料气瓶

能源号助推器，天顶号火箭一、二级氧箱、煤油箱均采用冷氦增压方式[7-10]，增压系统原理图如图 2 - 9、图 2 - 10 所示。氧箱、煤油箱增压用的冷氦气瓶均浸泡在液氧贮箱内，其中一级采用了 23 MPa、130 L 容积的钛合金球形冷氦气瓶，共计 10 个，其中 7 个用于液氧箱增压，3 个用于煤油箱增压。并联的增压电磁阀通过压力信号器控制，氧箱增压用氦气经加温器加热后温度最高可达 250～400 ℃。煤油箱增压用的冷氦气体直接进入煤油箱增压。

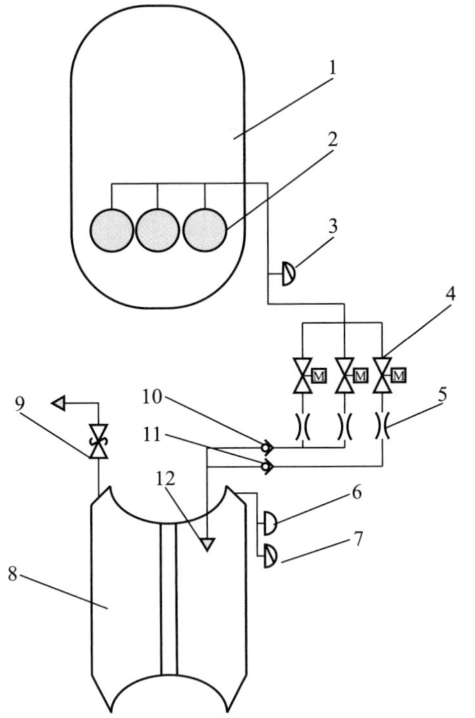


图 2 - 9　天顶号一级煤油箱增压系统原理图

1—氧化剂贮箱；2—气瓶；3，7—压力传感器；4—电磁阀；5—孔板；6—压力信号器；8—燃料贮箱；9—安全阀；10，11—单向阀；12—消能器

液氧温区冷氦增压方式与常温氦增压方式相比，氦气贮存密度提高约 2.41～3.66 倍，使氦气瓶的数量减少，减小了增压系统的结构质量，可用于使用液氧煤油作为推进剂的火箭中。而对于采用液氢液氧作为推进剂的火箭来说，液氢的温度更低，为了进一步提高密度，可将增压氦气贮存在液氢温区。

我国长征- 5 甲系列二子级，将冷氦气瓶浸泡在液氢箱使氦气冷却至 20 K，冷氦通过增压电磁阀及孔板控制，经换热器加温后进入液氧箱增压。由于二级发动机多次启动，长时间滑行，为确保增压系统可靠启闭，增压电磁阀采用先并联再串联的方式，防止产生打不开或关不上的故障。增压电磁阀由控制系统根据贮箱压力传感器（三路并联）反馈的贮箱压力值按照设定的逻辑控制启闭，从而控制冷氦增压流量。该增压方案适用于多次启动的末级火箭，可提高增压系统的故障适应能力。

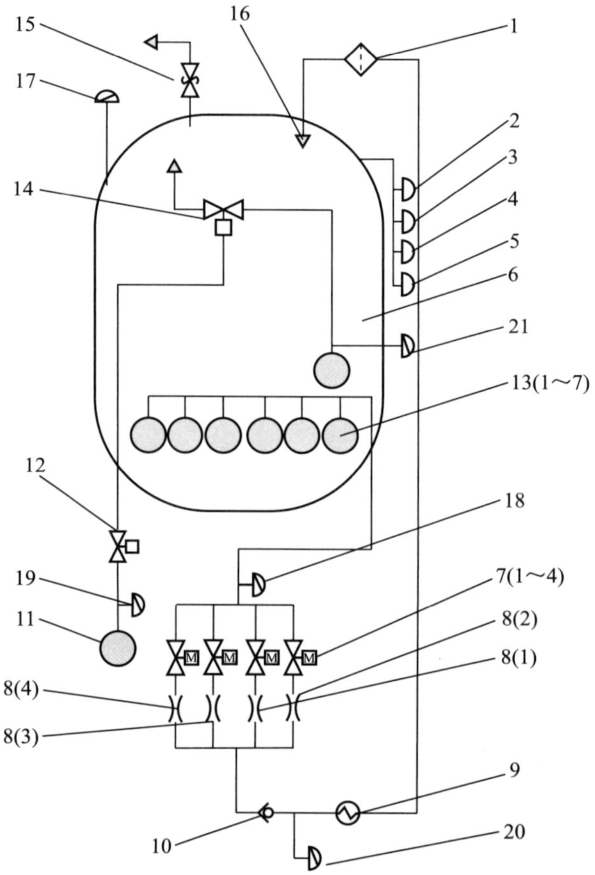


图 2-10　天顶号一级液氧箱主增压系统原理图

1—过滤器；2～5—压力信号器；6—贮箱；7（1～4）—电磁阀；8（1～4）—孔板；9—换热器；10—单向阀；11，13（1～7）—气瓶；12—电动增压阀；14—气动阀；15—安全阀；16—消能器；17～21—压力传感器

美国土星-5 三级氧箱采用了液氢温区冷氦加温增压方式[6,11]，如图 2-11 所示。8 个球形氦气瓶放置在液氢箱中，射前充气至（21.38±0.69）MPa（绝压），通过减压器、电磁阀和孔板，由 J-2 发动机氦气加温器加热后进入液氧箱增压。通过两路冗余压力开关控制电磁阀启闭，实现了飞行过程中增压流量的控制。如果一个压力开关在飞行中发生故障，那么另一个压力开关将充当备份。该系统的特点是，三级发动机一次点火前贮箱的补压采用冷氦气瓶补压，发动机二次启动前的贮箱补压采用常温氦气补压。

俄罗斯能源号芯一级液氧箱采用液氢温区（20 K）冷氦增压系统，氦气瓶浸泡在液氢箱的下部，气瓶充气压力为 22.56 MPa，气瓶使用末压到 1.96 MPa。冷氦经发动机系统加温器加温至 100～150 ℃后，经压力调节器进入液氧箱。靠压力调节器将液氧箱的增压压力控制在（0.137±0.001）MPa 范围内。

日本 H 系列火箭芯一级、二级采用低温液氢/液氧发动机，其中 H-2 采用单台 LE-7 发动机，如图 2-12 所示，液氧箱采用的是液氢温区冷氦加温增压[12]。将冷氦气瓶浸泡在液氢箱内，经过两路并联的压力调节器后进入发动机换热器加温，加温后的气

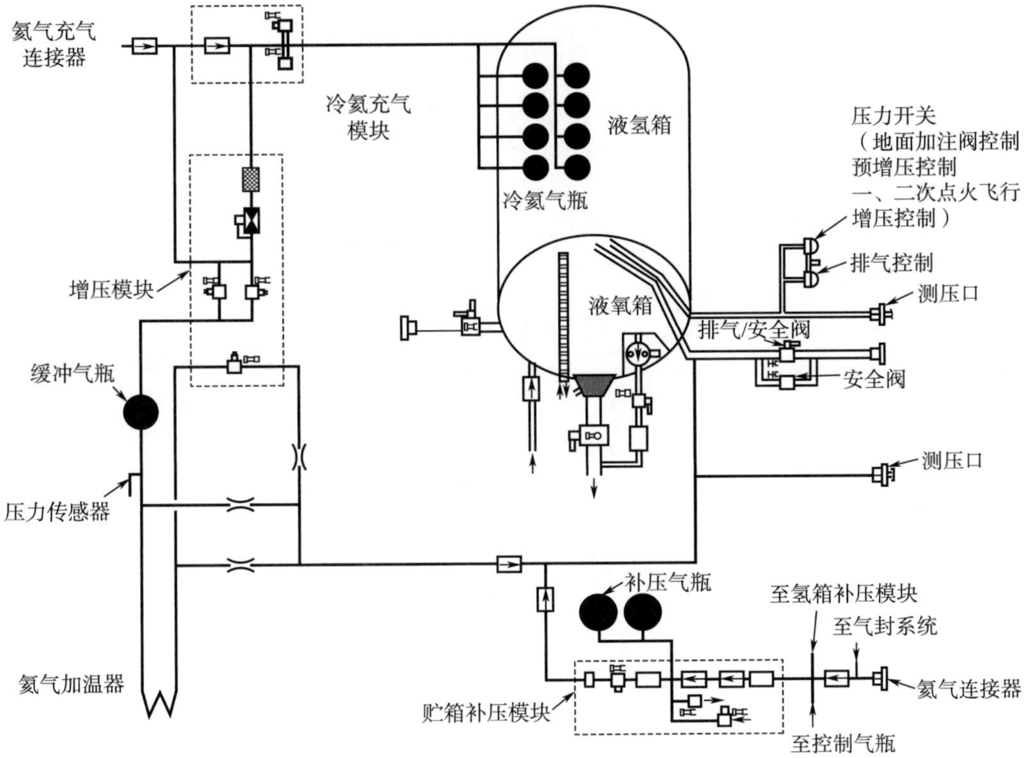


图 2－11　土星－5 三子级增压原理图

体经过两路电磁阀孔板、一路常开孔板并联的三路增压控制单元后，进入液氧箱增压。其特点是采用两级压力流量调节单元，换热器前的减压阀可使进入发动机换热器的压力更加稳定。

（3）低温低压液态（超临界态）贮存增压

低温低压液态（超临界态）贮存增压是将增压气体在其临界压力和临界温度状态下液化，以低温低压液态或超临界态贮存，提高介质贮存密度，降低贮存容器的压力和质量。工作时，将低温超临界态工质引出，经发动机换热器加热后进入推进剂贮箱增压。这种增压方式的优点：降低了增压介质贮存容器的工作压力，提高了火箭和航天器的安全性[13]。由图 2－13 可见[14]，氦的临界压力 $p_c$（228.995 kPa）以下的等压线必定与饱和曲线①和②相交，沿两交点的水平等温等压线（在区域Ⅰ中）从左向右移动代表了液体的沸腾过程，此时气液共存。随着压力的升高，水平等温线向上移动（即沸点升高），两交点逐渐靠拢，这意味着气液两相之间的差别以及汽化热都逐渐缩小。当压力增加到 $p_c$时，两交点重合于临界点 $c$，气液两相的差别完全消失，汽化热为零。当压力超过 $p_c$时，等压线不再与饱和曲线相交，这时已不再有气液共存的状态了。随着温度的升高，液氦连续地过渡到超临界氦、气氦，期间没有相变发生。无论是超临界氦还是液氦都是单相存在的，它们之间没有明显的分界线，两者之间的过渡是在临界等温线④附近连续进行的，各种性质都是连续变化的。在实际应用中，有时把Ⅲ和Ⅳ区的氦统称为超临界氦[15]。

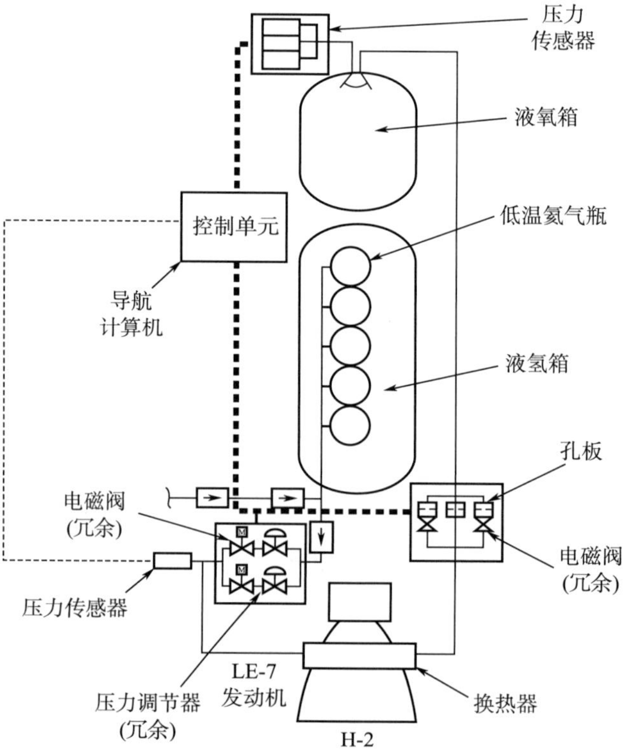


图 2－12　H－2 火箭芯一级液氧箱冷氦增压

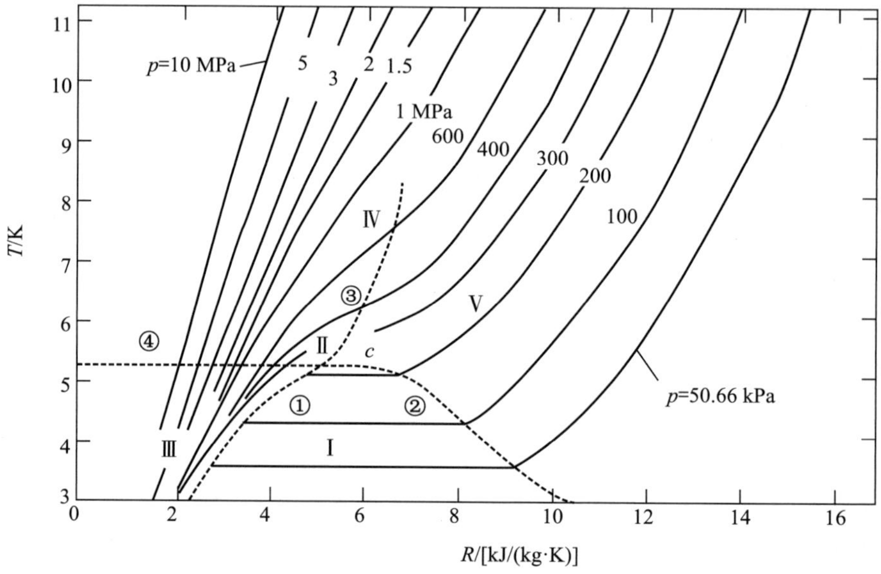


图 2－13　氦的温熵图

①—液态饱和线；②—蒸汽饱和线；③—最大比热容线（即外延临界温度线）；④—临界等温线；

Ⅰ—两相区域；Ⅱ—近临界区域；Ⅲ—液态区域；Ⅳ—超临界区域；Ⅴ—气态区域

同时，如图 2-14 所示，在临界温度和临界压力之上的超临界态氦的黏度和比热容随温度的变化相比液氦更为平缓，且黏度与气态时的相近，这更有利于增压控制。

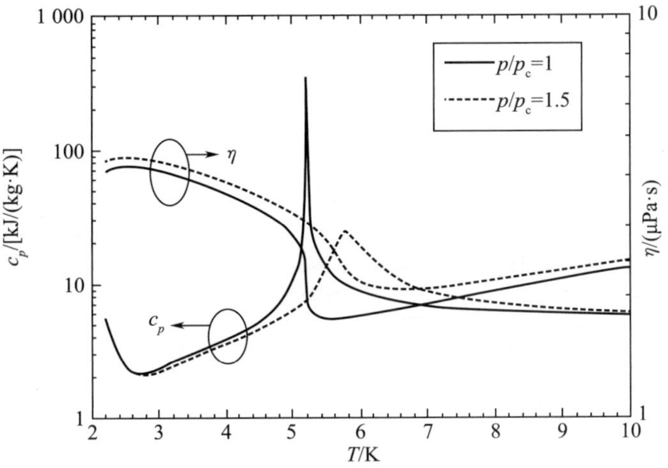


图 2-14　氦的黏度 $\eta$ 及比热容 $c_p$ 变化

超临界氦增压系统是采用超临界氦作为贮存介质（4～10 K），并通过加温器加热汽化后进入贮箱增压。其具有如下优势：

1）贮气效率高，压力低，系统安全性好。由于饱和态的液氦的可压缩性，当压力升高时，可以获得更高的密度。在 0.101 325 MPa 绝压下，饱和液氦的密度为 124.73 kg/m$^3$。在压力为 0.55 MPa、温度为 5.13 K 的超临界状态下，其密度为 128.72 kg/m$^3$，密度提高 3.2%。因此，液氦贮罐工作压力低，具有系统结构紧凑、质量小的优点，避免了高压贮存，增加了火箭的安全性[16]。

2）超临界氦到气氦的转变过程是连续的，无相变，其换热过程中不会出现剧烈相变而引起“气阻”现象。

3）超临界氦黏度低，具有良好的流动性能。

缺点：介质不易获得和保持，成本高；地面贮存及加注设备复杂，对推迟发射适应性不足，液氦贮罐绝热要求高，维护成本高。

自 20 世纪 60 年代起，国际上针对超临界氦增压系统已开展了探索性的研究，并成功地应用于运载火箭及深空探测方面，其中比较有代表性的是欧空局的阿里安-5 运载火箭[17]和美国的阿波罗登月舱下降级[18]。

随着阿波罗登月舱的不断改进，系统的质量成为关键性因素。美国在 1964 年的可行性改进报告中首次提出采用超临界氦增压系统的方案，如图 2-15 所示。登月舱的下降级选择低温超临界氦增压系统可以减小 160 kg 系统质量。将氦贮存在真空夹层绝热的氦贮罐内可以减少漏热，并且在待发射和飞行期间可以保持正常的压力范围。登月舱超临界氦增压系统的主要特点是氦高密度贮存。另外，采用燃料为低温氦气提供热量保证了氦贮罐的压力，以减小剩余氦气的质量。阿波罗登月舱下降级的超临界氦增压系统主要由氦贮罐、贮罐内部的换热器、双通道的外部燃料-氦换热器，以及一组控制阀门组成[18]，如图 2-15 所示。

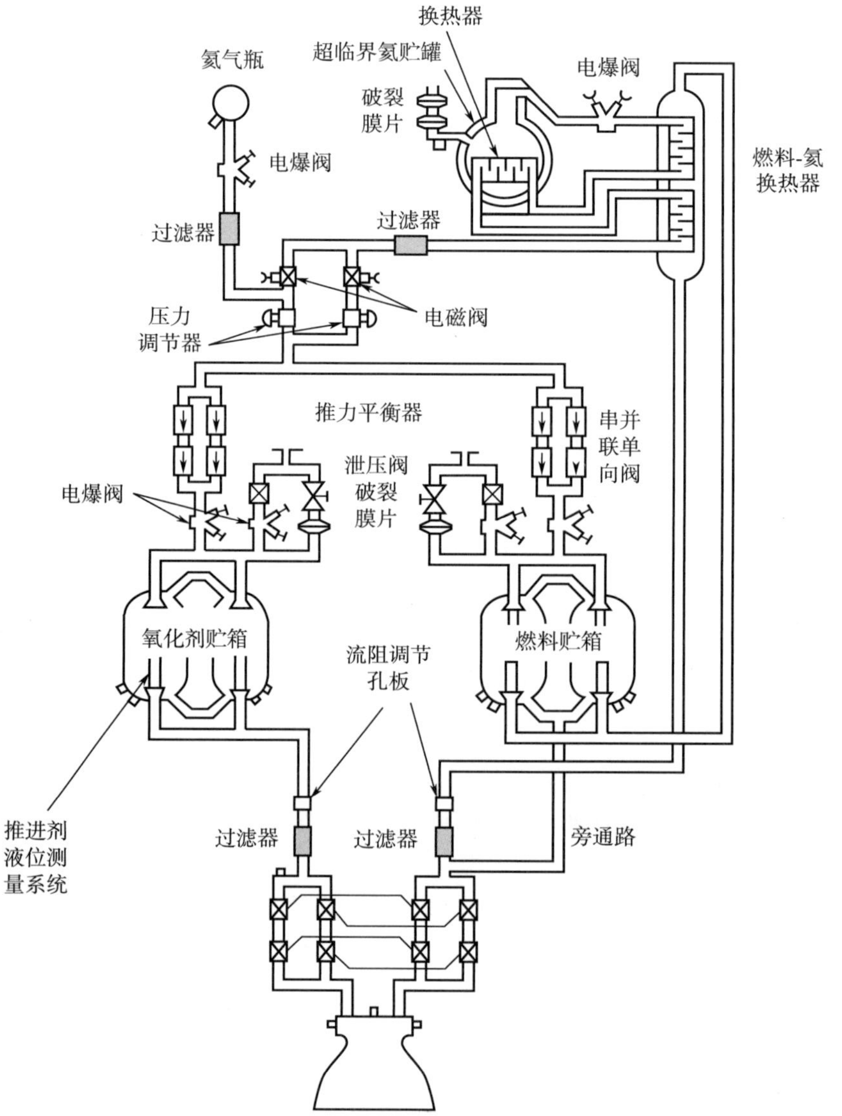


图 2-15 登月舱下降级超临界氦增压系统结构图

系统工作时，常温氦气瓶首先给贮箱增压，待燃料流动后，控制氦贮罐启闭的电爆阀开启，超临界氦从氦贮罐里流出。氦首先通过燃料-氦换热器第一通道，从燃料中吸收热量，温度从 22 K 升高到 222 K 后的氦流过位于氦贮罐内的换热器，将热量传输给贮罐里的超临界氦；热氦气与超临界氦换热以后，再流经燃料-氦换热器的第二通道；氦气进入控制阀门前被加热到接近 266 K，随后进入贮箱进行增压。这样，发动机工作期间氦贮罐始终处于超临界压力状态，在任务飞行终了时贮罐也处于低压，氦剩余量最少，整个系统质量较小。登月舱超临界氦增压系统设计参数见表 2-3。

**表 2-3　登月舱超临界氦增压系统设计参数**

| 参数 | 设计值 |
| --- | --- |
| 最小氦气使用量 | 19 kg |
| 持续工作时间 | 131.5 h |
| 最大环境温度 | 326 K |
| 最小环境温度 | 291 K |
| 推进剂温度范围 | (309±12)K |
| 推进剂总重 | 8 164.67 kg |
| 推进剂贮箱工作压力 | 1.62 MPa |
| 推进剂贮箱总体积 | 7.121 42 $m^3$ |
| 氦贮罐最小压力(放气结束) | 2.0 MPa |
| 氦贮罐最大压力 | 11.793 MPa |
| 氦贮罐启动最大压力(起竖后) | 9.655 MPa |
| 外部换热器效率 | 第一次换热 0.6,流量(2.132±0.02) kg/min<br>第二次换热 0.84,流量 2.132 kg/min |
| 内部换热器出口最小温度 | 151 K |
| 氦气饱和密度 | 128.7 kg/$m^3$ |
| 初始氦贮罐充气压力 | 0.55 MPa |
| 内壳体直径 | 0.685 8 m |
| 外壳体直径 | 0.838 2 m |

阿波罗登月舱所采用的超临界氦增压系统结构复杂，是历史上第一次采用低温低压空间长期贮存技术，系统设计紧凑，减小了系统质量，同时能够满足登月任务的要求。但超临界氦气瓶最大工作压力较高，需要保持较长的待发射时间，绝热要求高。

阿里安-5 火箭一级液氧箱采用了超临界氦加温增压方案，如图 2-16 所示[17]，贮箱压力通过流量控制装置调节，流量控制单元包括 3 个电磁阀和 3 个节流孔板，电磁阀根据传感器的测量数据由计算机指令控制。飞行过程中，第一个电磁阀保持打开状态以提供常通流量（常通阀），第二个则是调节动作，第三个电磁阀冗余设计（冗余阀）。在正常工况下，常通路保持打开对贮箱增压；调节路根据反馈的贮箱压力断续工作，保证贮箱在某一压力范围内。当常通路或调节路出现卡滞关闭时，冗余路调节工作；当调节路卡滞在某大开度时，常通路关闭，调节路和冗余路通过反馈的贮箱压力进行调节工作。氦贮罐内压力保持在（2.1±0.103）MPa，通过氦加温器后的氦气温度为 200～300 K。

阿里安-5 一级氧箱所采用的超临界氦增压方案系统较为简单，并有效地减小了系统的结构质量。通过额外的增压装置对氦贮罐增压，能够保持氦贮罐始终处于相对稳定的工

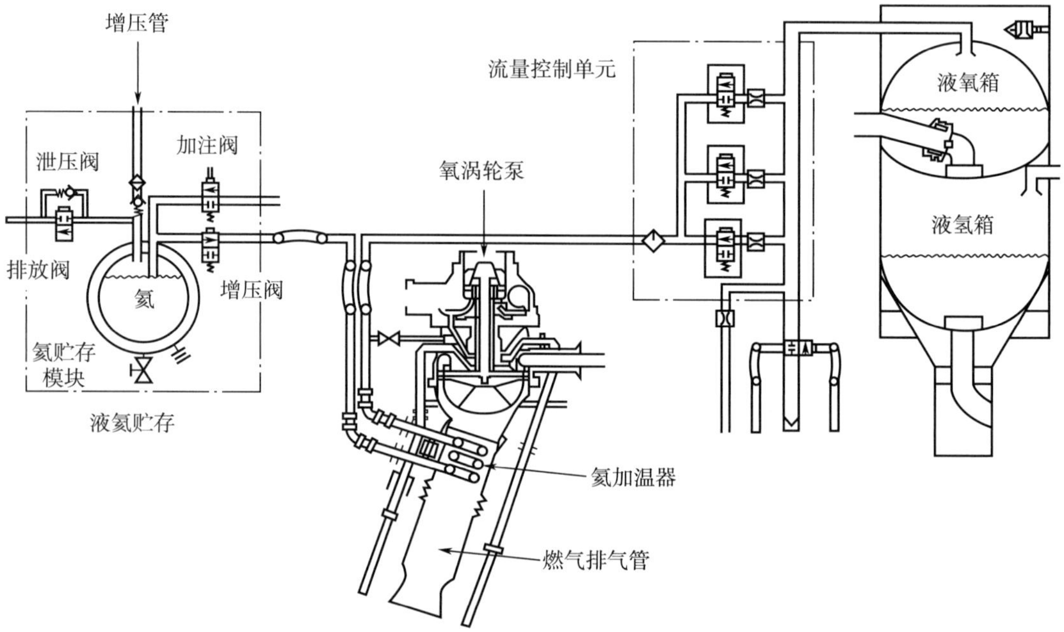


图 2-16　阿里安-5 超临界氦增压系统原理图

作压力，最高工作压力不超过 3 MPa，较低的工作压力能够增大贮罐的体积、减小贮罐质量，同时由于氦贮罐内没有换热装置，氦贮罐结构简单，绝热性能好。阿里安-5 采用的超临界氦增压方案技术难度较低，可行性高，适用于大、重型运载火箭。其主要设计参数见表 2-4。

**表 2-4　阿里安-5 超临界氦增压系统主要设计参数**

| 参数 | 设计值 | 参数 | 设计值 |
|---|---|---|---|
| 最大氦加注量 | 142 kg | 最大氦气流量 | 0.31～0.90 kg/s |
| 最大可用氦气量 | 136 kg | 氦贮罐工作压力(飞行中) | 2.1 MPa |
| 最大贮罐结构质量 | 250 kg | 氦贮罐最大工作压力 | 2.3 MPa |
| 氦贮罐容积(4 K 时) | 1.146 $m^3$ | 氦贮罐安全压力 | 3.0 MPa |
| 氦贮罐容积(300 K 时) | 1.158 $m^3$ | 氦贮存时间 | 24 h |
| 氦贮罐内径(球形) | 1.303 m | 氦加注温度 | 4.22 K |
| 氦贮罐外径(橄榄球形) | 1.413 m | 氦加温器出口温度 | 200～300 K |

表 2-5 为箭上不同贮气方式所需的容器结构质量对比，可以看出超临界氦贮气效率与液氢温区金属气瓶相当，在一定程度上能够减小系统质量、提高运载能力，具有良好的应用前景和研究价值。但超临界氦贮罐及阀门等组件处在液氦温区，设计及研制难度大，射前需要一系列复杂的加注增压操作，使用维护复杂，因此，目前较少采用该增压方式。

**表 2－5　箭上不同贮气方式所需的容器结构质量对比[13]**

| 序号 | 贮气温度 | 贮气容器 | 贮存 1 kg 氦气所需结构质量 |
| --- | --- | --- | --- |
| 1 | 常温 | 金属气瓶 | 11.6 kg |
| 2 | 常温 | 复合材料气瓶 | 7.5 kg |
| 3 | 90 K | 金属气瓶 | 4.5 kg |
| 4 | 20 K | 金属气瓶 | 2 kg |
| 5 | 4.2 K | 超临界氦贮罐 | 2 kg |

## 2.2.2　自生增压

自生增压是指贮存在液体火箭贮箱中的推进剂进入发动机后，由发动机产生增压气体回到贮箱进行增压的方式。自生增压系统组成相对简单，增压气体来源于贮箱中的推进剂，不需要额外设置增压介质的贮存装置，系统测试及射前操作简便，成本低。除液氢推进剂外，其他推进剂的蒸气相对分子质量比较大，因此增压气体的质量较大，通常用于基础级运载火箭的增压。受发动机启动时间及内部加热部件性能的影响，自生增压流量及温度达到额定状态需要一定的时间。

根据增压气体产生方式不同，分为推进剂汽化增压和燃气降温增压。

(1) 推进剂汽化增压

推进剂汽化增压系统是使用发动机加热汽化后的推进剂蒸气对贮箱进行增压。一般是从发动机的泵后高压区引出一部分推进剂，在发动机加热部件（蒸发器）中加热汽化产生所需的增压气体，并将温度加热到要求值，通过自生增压管路直接引入贮箱气枕增压，原理如图 2－17 所示。采用 $N_2O_4$ 作为氧化剂的火箭，其基础级增压系统大多采用自生增压方式。例如我国长征系列运载火箭一级、二级和助推器氧化剂贮箱均采用推进剂汽化增压。

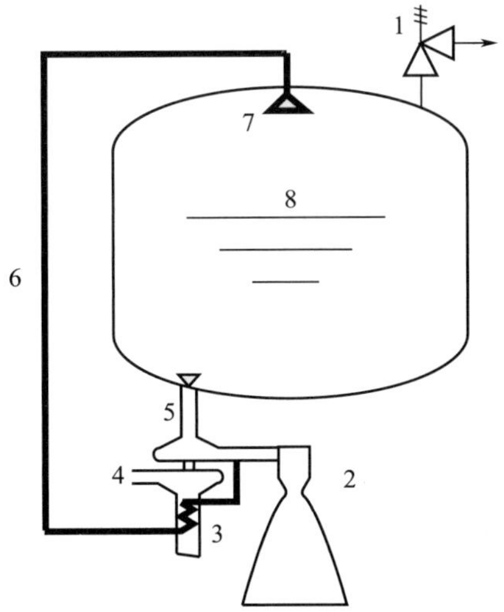


图 2－17　推进剂汽化增压原理图

1—安全阀；2—发动机；3—蒸发器；4—涡轮泵；5—输送管；6—增压管；7—消能器；8—贮箱

$N_2O_4$区别于其他推进剂的显著特点是，当$N_2O_4$加热汽化时，还会有离解，其离解度与温度有关

$$N_2O_4 \rightleftharpoons 2NO_2$$

当$N_2O_4$ 100%离解时，气体的相对分子质量从92减小到46。增压气体的工作能力提高了1倍。

表2-6中给出了推进剂汽化增压系统的应用实例。

**表2-6　推进剂汽化增压系统的应用实例**

| 运载火箭 | V2 | 宇宙号 | 大力神-2 | 土星-5 | 航天飞机 | 长征-3系列 | 长征-5 |
|---|---|---|---|---|---|---|---|
| 模块 | 氧箱 | 氧箱 | 氧化剂箱 | 氧箱 | 氧箱 | 氧化剂箱 | 氢箱 |
| 增压工质 | 气氧 | 气氧 | $N_2O_4$蒸气 | 气氧 | 气氧 | $N_2O_4$蒸气 | 气氢 |

就低温液体运载火箭而言，采用氢氧推进剂组合的火箭，液氢箱基本均采用自生增压方案。由于氢气的相对分子质量小，液氢容易汽化，因此采用液氢汽化自生增压是一种设计简单而增压效率又较高的增压方式。

土星-5火箭二级氢箱采用自生增压[6,19]。在二子级动力飞行段，气氢从周围4台J-2发动机推力室氢喷注器歧管中引出，通过增压调节器、自生增压管路进入氢箱气枕增压。增压气体流量随液氢箱气枕压力变化而变化。二子级发动机工作后约5 min时，增压调节器完全打开，液氢箱中压力达到0.227 MPa。液氢箱的排气/保险阀控制贮箱中压力不超过额定值。

土星-5火箭三级氢箱采用自生增压，增压系统组成如图2-18所示[6,19]。从J-2发动机推力室氢喷注器歧管中引出的气氢（5.17 MPa，110 K）通过增压控制模块进入液氢箱增压。增压控制模块由3路并联组成，其中一路为常开孔板，两路为电磁阀+孔板。电磁阀通过“地面加注/预增压/二次点火压力开关”和“一次点火压力开关”控制，使氢箱压力保持在0.193～0.213 MPa。在滑行段结束、发动机二次启动前需要贮箱增压时，使用7个氦气瓶中的常温氦气进行增压。

日本的H-2火箭一级、二级均采用液氢/液氧推进剂，氢箱增压系统采用自生增压[12,20]。气氢由LE-7发动机冷却夹套中引出。增压流量通过并联的电磁阀和节流孔板控制。后来的H-2B火箭为了提高可靠性进行了改进，将电磁阀换成了气动阀，且来自2台发动机的增压路都分别通过并联的气动阀控制。

美国航天飞机氢箱自生增压系统组成如图2-19所示[21]。来自3台发动机加热汽化的氢气，经过3路气氢流量控制阀汇总后，进入氢箱气枕增压。氢箱压力依靠流量控制阀组和压力传感器进行调节。流量控制阀组由3个气氢流量控制阀组成，每个气氢流量控制阀对应一个氢箱压力传感器，各阀独自受控。当氢箱压力超过0.229 MPa时，电磁阀打开（低流量）；当氢箱压力低于0.226 MPa时，电磁阀关闭（高流量）。

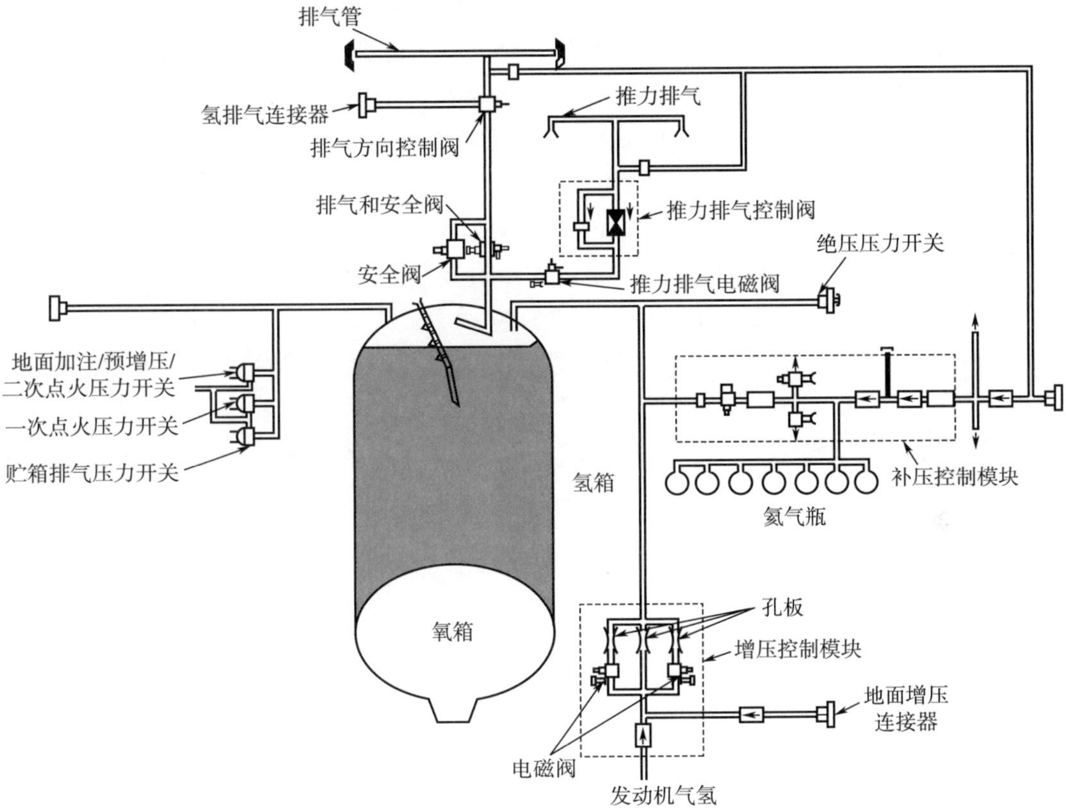


图 2-18　土星-5 三级氢箱自生增压系统组成

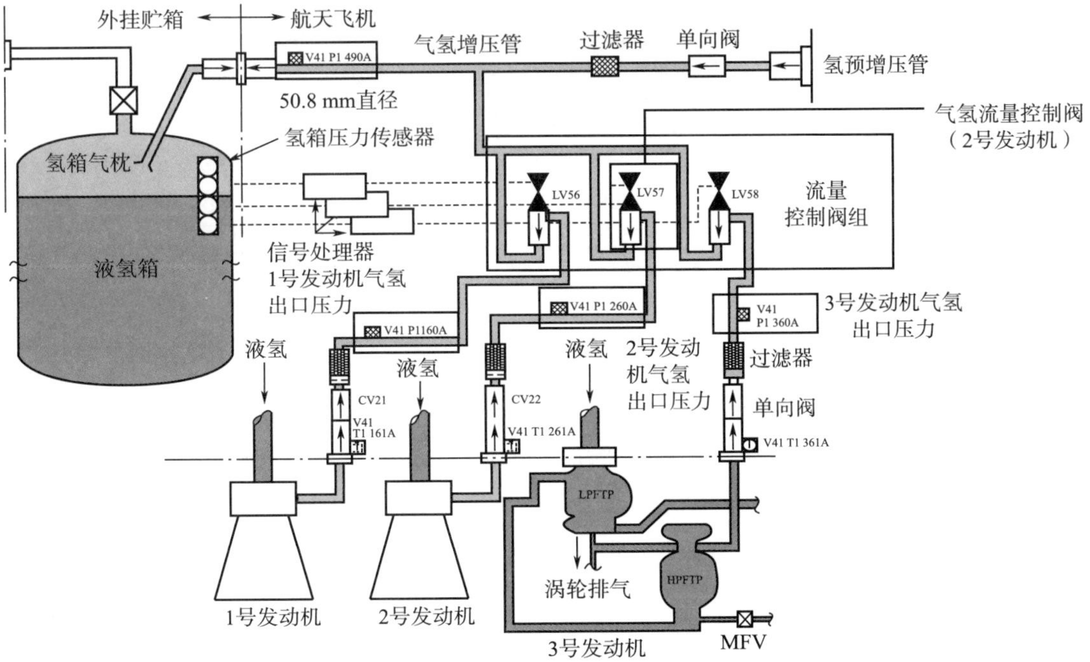


图 2-19　美国航天飞机氢箱自生增压系统组成

对于液氧箱的增压方式来说，氧气的相对分子质量大，氧自生增压与贮气式氦气瓶增压相比，增压效率并不占优势。目前有部分氢氧火箭采用引出液氧加热汽化增压，例如我国长征-5火箭的芯一级氧箱、土星-5火箭二级氧箱、土星-5火箭一级氧箱、航天飞机氧箱、德尔它-4火箭一级氧箱、H-2A火箭一级氧箱等。

土星-5二级利用液氧涡轮泵出口引出液氧，经过加热变成气氧进行增压。从5台发动机换热器出来的气氧进入汇总增压管，通过增压调节器进入贮箱增压。增压调节器根据时序控制，满足不同飞行阶段的增压需求，贮箱超压时通过保险阀开启排气。

航天飞机氧箱自生增压系统组成如图2-20所示[22]。由3台发动机氧泵后引出的液氧经过蒸发器加热产生增压气氧，经过3路气氧流量控制阀，最高工作压力为30 MPa，氧气温度可达649 K。增压气体汇总后通过增压管路引入氧箱气枕增压，气氧流量控制阀通过氧箱压力传感器及信号处理单元反馈控制，将氧箱压力控制在0.138～0.152 MPa。

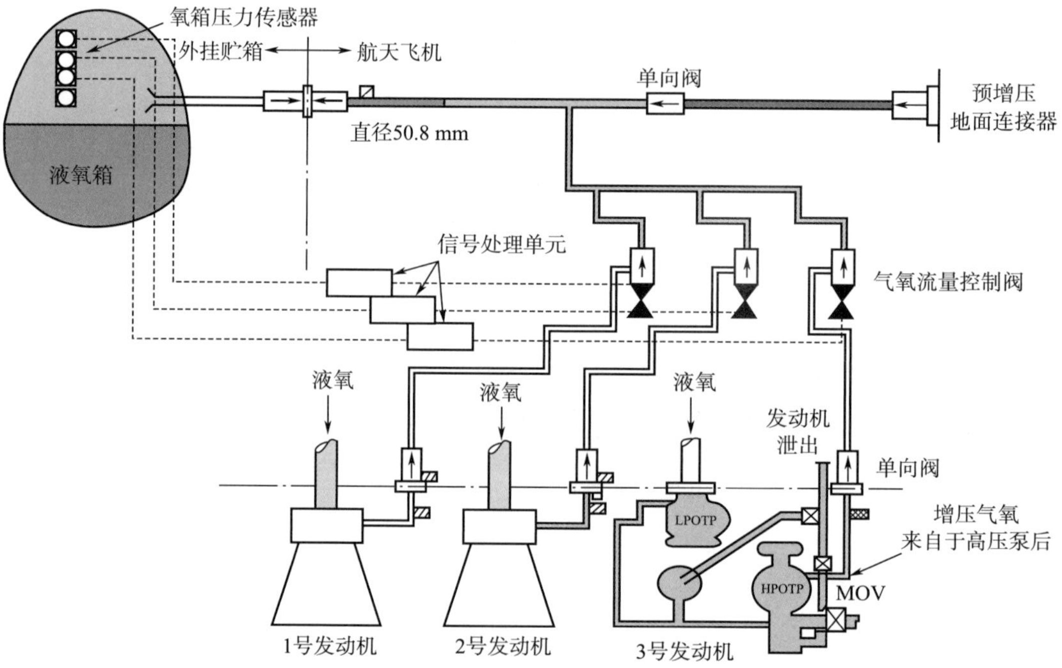


图2-20　航天飞机氧箱自生增压系统原理图

土星-5火箭一级氧箱自生增压系统如图2-21所示[5]。一级采用了5台F-1液氧煤油发动机，采用燃气发生器循环，氧箱增压采用液氧加热汽化自生增压：从发动机涡轮泵高压端引出少量液氧，液氧流经发动机换热器，此处发动机涡轮排气的热量将液氧加热转变成气氧。气氧从各发动机换热器进入汇总管，经过流量控制阀进入氧箱增压。该阀调节氧箱的气氧流量为9.07～18.14 kg/s，使氧箱气枕压力保持在0.124～0.137 MPa。如果氧箱超压，通过控制排气阀或安溢阀排气泄压。

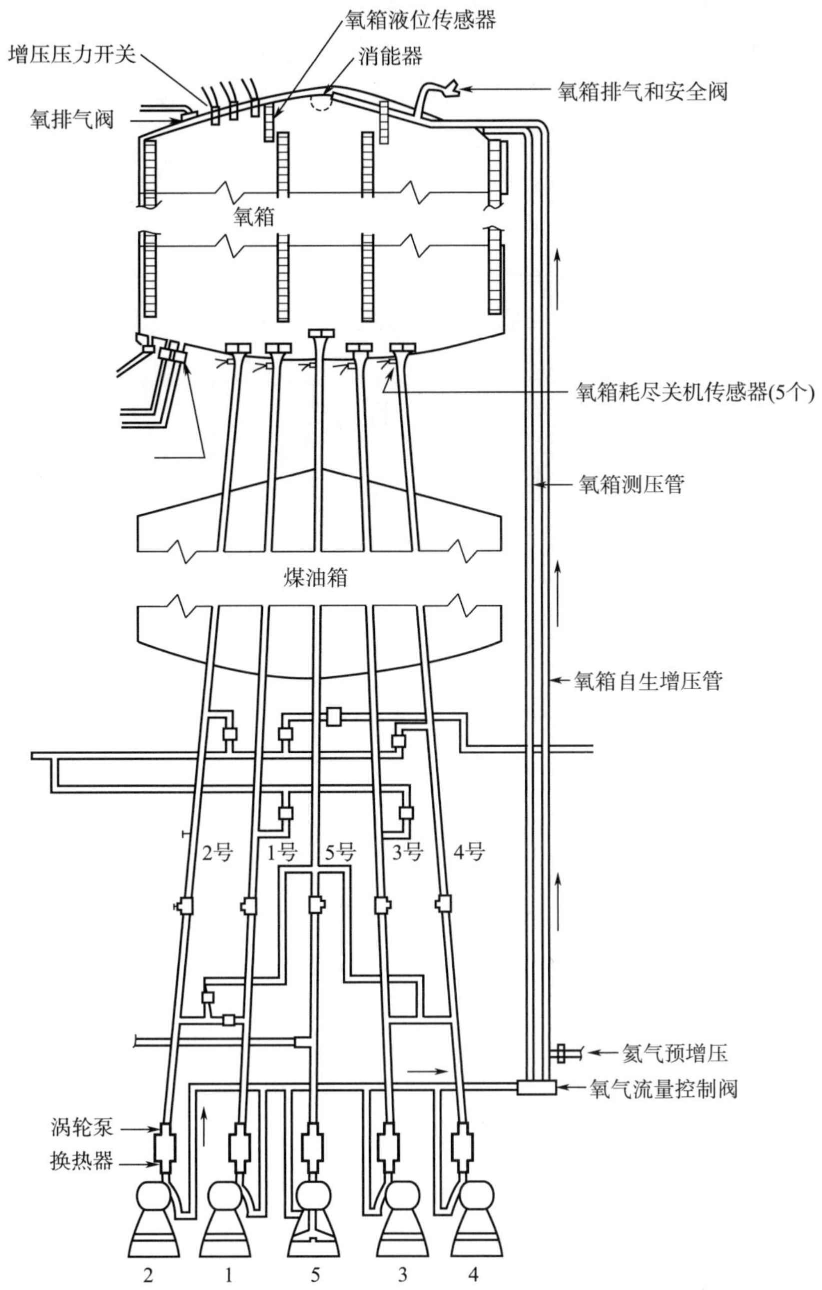


图 2-21 土星-5 火箭一级氧箱自生增压系统原理图

(2) 燃气降温增压

燃气降温增压是指利用两种推进剂在发动机燃气发生器反应产生的部分燃烧产物作为增压气体，通过降温冷却的方法达到所需的增压介质温度，并通过自生增压管路引入贮箱气枕的增压方式[1]。

燃气降温增压的优点是系统简单，成本低。缺点是燃气成分与贮箱内的推进剂成分不同，燃气的使用存在局限，只能对相容性好的推进剂贮箱进行增压，且适应性较差。可以用富燃燃气发生器引出的燃气给燃料箱增压，用富氧燃气发生器引出的燃气给氧箱增压。

与推进剂汽化增压系统类似，燃气降温增压系统主要由孔板、燃气降温器、旁通孔板、增压管、单向阀和消能器等结构组成，如图 2-22 所示。增压气体流量由发动机的孔板控制，温度一般由降温器的旁通孔板控制。

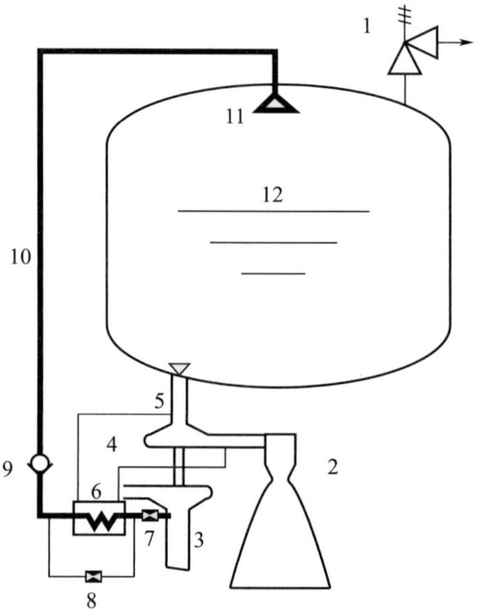


图 2-22　燃气降温增压系统组成图

1—安全阀；2—发动机；3—涡轮排气管；4—涡轮泵；5—输送管；6—燃气降温器；7—孔板；8—旁通孔板；9—单向阀；10—增压管；11—消能器；12—贮箱

煤油贮箱使用燃气降温增压系统可提高有效载荷质量[8-9]。例如，液氧煤油火箭的氧箱如采用氧自生增压（最经济），煤油箱采用燃气降温增压，可完全去掉子级上所安装的高压气瓶。但是一系列因素制约了燃气降温增压系统在液氧煤油火箭燃箱上的应用，如燃气的温度控制问题和燃烧固体颗粒物问题等。

液氧箱自生增压方式也可采用从燃气发生器后引出富氧燃气进行增压（简称富氧燃气增压）。增压气体中将含有少量的水蒸气和二氧化碳，这些高沸点的水蒸气和二氧化碳在进入液氧箱气枕后，与液氧接触会凝结成固体颗粒，如颗粒物尺寸较大并进入发动机可能会影响发动机泵正常工作。虽然冰与干冰的密度均小于液氧，正常状态应浮于表面，同时颗粒物尺寸也不一定会超出发动机容许尺寸，但基于可靠性和安全性的考虑，在使用前还是应进行充分的验证。

根据增压气体控制方式的不同，自生增压也可分为开式自生增压和闭式自生增压两种[1]。

在开式自生增压方案中，发动机将各个分机增压管汇总后与总体增压管路对接。从发动机引出的增压气体直接进贮箱增压，开式自生增压系统简单、可靠，但增压流量在系统工作过程中不可控，且设计过程中与发动机耦合，增压流量的确定需要多次迭代过程。为确保增压满足系统工作要求，增压压力设计一般偏高，增压流量过高导致保险阀开启，增压流量过低导致飞行末期增压压力不足，不具备故障冗余能力。

在闭式自生增压方案中，从发动机引出的增压气体通过调节流量后进入贮箱增压。例如航天飞机、土星-5 火箭、日本 H-2 火箭等。闭式自生增压系统既不需要单独携带高压气体，又能通过箱压反馈控制，易实现冗余功能。

另外，自生增压系统在发动机启动时，由于贮箱内气枕容积迅速增大，压力下降很快。推进剂经发动机的蒸发器加热汽化至额定温度需要一定的时间，自生增压气体不能及时满足增压需要，这时需要设置气瓶补压系统，补充启动初期自生增压能力的不足。自生增压温度及流量稳定后，主要以自生增压作为主增压系统。例如我国长征系列常温推进剂火箭一级、二级氧化剂贮箱均设置了常温氮气补压系统。气瓶补压系统通常由手动开关、增压气瓶、电爆阀、孔板及增压管路组成，射前通过手动开关充入高压氮气。发动机启动时，给电爆阀通电起爆，增压气体通过限流孔板控制流量进入贮箱增压。

对于低温运载火箭来说，上面级火箭在一级飞行段，初始气枕内的预增压气体温度高于推进剂温度，由于气枕与推进剂换热，会造成气枕压力逐渐下降。另外对于多次启动的上面级火箭，发动机一次工作结束后，贮箱气枕内的增压气体温度较高，在火箭滑行段，由于气枕与推进剂的换热，同样存在气枕压力降低的问题，再加上发动机启动前若采用排放预冷，也会使贮箱压力降低。发动机启动前，自生增压系统尚未工作，贮箱压力不满足发动机启动压力要求。因此，为了保证火箭飞行时尤其是跨声速段的结构承载所需的贮箱气枕压力，同时满足上面级火箭发动机启动段的泵前压力需求，若主增压方式采用自生增压，则需要设置贮气式气瓶补压系统，即采用自生增压为主、气瓶补压为辅的增压方案，将贮箱内的压力始终保持在所需的范围内。美国的土星-5 三子级和欧空局阿里安-5 低温上面级设置了常温氦气补压系统。

### 2.2.3　化学反应增压

化学反应增压是指单独贮存一种或多种能够产生化学反应的气体、液体或固体，通过燃烧或催化产生化学反应，利用反应生成的高温气体进行增压，或者向主推进剂贮箱中直接喷射反应物质，在贮箱内产生化学反应，生产增压气体。例如固体燃气增压、主贮箱喷射增压和三合气增压等。

固体燃气增压是在气枕上部设置固体推进剂增压装置，需要增压时，点燃固体药柱，利用其产生的高温燃气作为增压气体，进入推进剂贮箱进行增压。这种增压方式系统简单，没有多余的阀门、管路等控制部件，使用维护方便，增压反应快速，可以通过电气冗余起爆提高可靠性，适用于小气枕快速增压。对于大型推进剂贮箱，固体药柱燃烧过程控制、燃烧产物与推进剂的相容性及系统质量等方面存在一定的缺点。

主贮箱喷射增压也可称为热增压系统，一般适用于常温推进剂的贮箱。喷射增压系统是将能够与贮箱中的推进剂发生燃烧反应的流体喷注入贮箱中，由贮箱内生成的燃烧反应产物来增压。例如，向燃料贮箱内喷射氧化剂，同理向氧化剂贮箱内喷射燃料等。该增压方式有两个重要因素需要考虑：推进剂的相容性和燃气温度高低。目前，仅美国和苏联早期的导弹武器应用了该增压系统，可用于射前快速增压，缩短增压系统的响应时间。这种方法应考虑燃气对推进剂的影响和推进剂对燃气降温的影响。

三合气增压[2,23-24]的工作原理是将氦气（或氮气等作为增压介质的惰性气体）及少量的氧气和氢气预先贮存在气瓶里，由于氧气、氢气含量很少，贮存的安全性可以得到保证，在对贮箱增压过程中将 3 种气体混合并通过催化床进行催化反应，少量的氧气和氢气反应后生成水蒸气并释放大量的热，将氦气、氧气、氢气、水蒸气加温后进入贮箱增压。美国天蝎座的小型运载火箭采用了三合气增压技术，其原理是将体积分数为 94.8％的氦气和 2.5％的氢气的混合气体以 41.4 MPa 的高压贮存在 8 个高压气瓶里，剩余的 2.7％氧气以 20.7 MPa 的高压贮存在另外 2 个高压气瓶里。当增压系统工作时，两种气体混合后通过压力调节器稳压后进入催化床反应，加温后进入液氧贮箱增压。目前未见该运载火箭飞行的消息。

## 2.2.4　活塞泵式增压

活塞泵式增压系统工作原理如图 2－23 所示。系统由活塞泵、燃气发生器、压力调节器和燃气阀组成。由于在泵的初始工作阶段需要利用贮箱的压力对活塞泵进行充填，为减小输送管流阻造成的影响，需要将活塞泵安装在贮箱底部[25]。

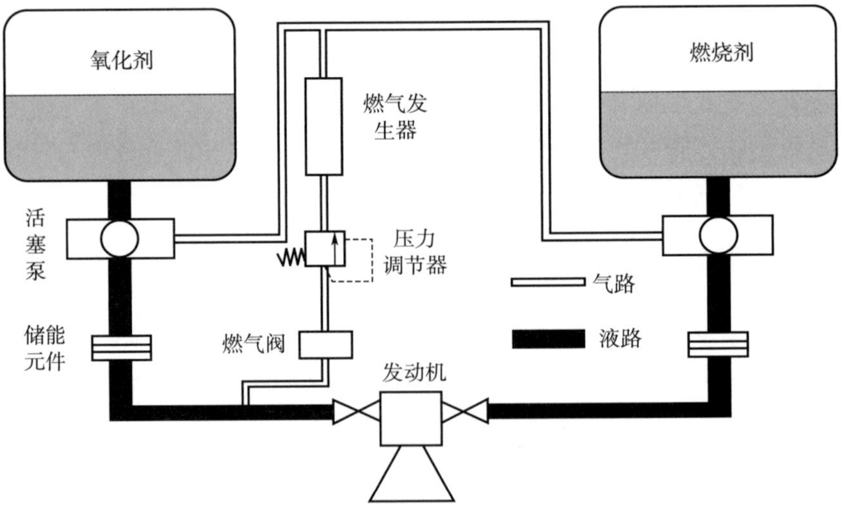


图 2－23　活塞泵式增压系统工作原理图

当系统开始工作时，推进剂在初始压力作用下通过活塞泵流向下游至燃气阀和压力调节器。由于初始压力较低，压力调节器为完全流通状态。推进剂进入燃气发生器后产生燃气进入活塞泵，燃气驱动活塞泵工作使下游推进剂压力升高。同时，下游推进剂压力传递到压力调节器，当压力低于压力调节器的调节范围时，压力调节器增大燃气发生器的推进剂供应量，提高活塞泵驱动气压力，使液体推进剂的压力继续升高，直到下游推进剂压力达到压力调节器压力上限时，供应活塞泵的燃气压力不再升高，活塞泵出口达到稳定的推进剂供应压力。驱动活塞的燃气可直接对外排放，也可以引入发动机进行燃烧。驱动活塞泵的推进剂流量约占总流量的 1%～2%。

活塞泵原理如图 2-24 所示，活塞泵由四个气缸和四个换向阀组成，在驱动气体压差作用下，1、3 号气缸的换向阀打开，2、4 号气缸的换向阀关闭，驱动气先进入 1、3 号气缸，并推动 1、3 号活塞向内运动，压缩液体推进剂使推进剂压力升高。2、4 号气缸向外运动，进行液体充填。1、3 号气缸的活塞运动至最大行程时，缸内驱动气体泄压，1、3 号气缸的活塞向外运动，同时 2、4 号气缸换向阀打开，驱动气进入 2、4 号气缸推动活塞向内运动。如此往复运动，使液体推进剂压力持续升高。

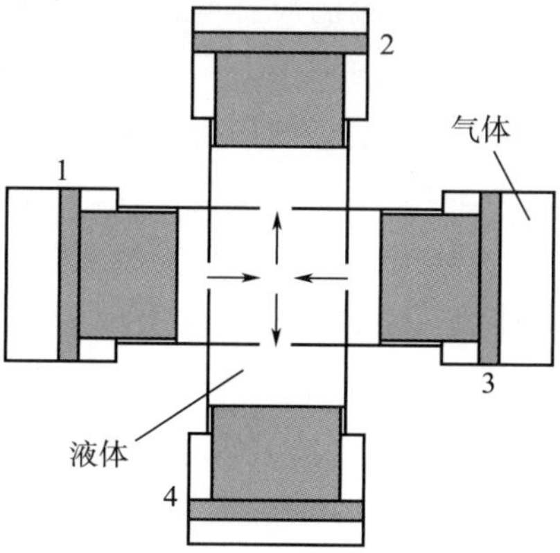


图 2-24　四缸活塞泵增压原理

根据活塞泵的工作性能可以考虑在泵出口增加储能元件，降低泵出口推进剂的压力波动，满足发动机的工作压力要求。经分析，采用活塞泵增压系统后可取消气瓶、阀门等产品及涡轮泵系统，减小系统质量，提高运载能力[25]。

国际上针对活塞泵增压系统的研究工作起步于 1980 年，并且大部分工作集中在美国。从 1980 年初步提出活塞泵式增压方案发展至今，相关研究工作已经从活塞泵增压特性、单组元活塞泵增压系统，逐步向双组元活塞泵增压系统及深低温（液氢）领域拓展。

从 1988 年开始，美国劳伦斯·利弗莫尔国家实验室将单组元高压活塞泵作为一项高技术项目展开研究。期间针对进排气阀和泵头腔内高温驱动气泄漏问题，从材料选用、结构形式方面进行了大量研究及试验[26-28]，验证了活塞泵增压可行性。同时经比对，若采用肼单组元活塞泵增压系统，德尔它-5 上面级动力系统质量有可能减小约 27%。1993 年，劳伦斯·利弗莫尔国家实验室进行了单组元活塞泵增压系统飞行试验[29]。试验用微型火箭长 1.9 m，净重 8.25 kg，其中活塞泵质量为 365 g，压力调节器为 27 g，燃气发生器为 233 g，燃气阀为 16 g。火箭采用肼类推进剂，试验飞行过程约 1 min，泵出口压力达到入口压力的 8～10 倍。本次试验是首次活塞泵系统飞行试验，验证了活塞泵增压系统的可行性。1998 年，美国空军研究院对活塞泵增压系统开展了原理性研究。2003 年进行了过氧化氢单组元活塞泵增压系统点火试验[25,30]。

2005 年，劳伦斯·利弗莫尔国家实验室使用氦气驱动活塞泵，使用水模拟推进剂进行活塞泵增压系统试验[31]。本次试验采用 9 $m^3$ 容积贮箱，空气增压，泵安装在贮箱底部出口。试验过程中使用 4.2 MPa 的氦气驱动活塞泵，出口压力约 6 MPa，与驱动压力之比为 1.43，接近活塞（气缸面积与液体活塞面积）的面积比 1.5。该泵的使用工况能满足推进剂总流量 600 g/s、推力 1 800 N 的发动机使用。同时，该实验室已开展双组元活塞泵增压系统的研究工作，目标是为美国火星探测器的地质标本返回飞行器提供上升的姿控动力。

2013 年 9 月，美国 XCOR 公司宣布完成液氢活塞泵全流量试验，该组件由 XCOR 公司与联合发射联盟（ULA）公司合作研制，将用于 ULA 公司德尔它-4 和宇宙神-5 火箭的新型上面级，代替燃料贮箱和液氧贮箱的原有增压系统，标志着应用于液氢环境的活塞泵增压系统的研制取得重要成功。其他国家中，乌克兰南方设计局研制成功了一种共用气缸热气驱动双组元活塞泵，该系统可将推进剂压力由泵入口的 0.25 MPa 增压至 5.3 MPa，已经成功应用于 RD-860 发动机[25]中。

国内方面，西安航天动力研究所对活塞泵增压系统在轨道姿控发动机上的应用前景进行了分析[30]，认为活塞泵增压系统结构紧凑，系统工作压力大，有利于提高推力室性能，其系统的干质量相当于传统姿控动力系统的 20%～50%；系统湿重（含推进剂质量）可以减轻 10%～20%。西北工业大学对无水肼燃气驱动的活塞泵增压系统的动态特性进行了研究[32]，给出了蓄压器对泵出口压力的影响、流量对泵工作频率的影响。结果表明活塞泵增压系统启动迅速，工作过程中能够达到 4～5 MPa 的泵出口压力，蓄压器对初始启动点的稳压功能比较好，且对压力调节器打开和关闭引起的压力波动影响不大。

高可靠、低成本是未来运载火箭发展的趋势，决定着火箭在国际上的竞争力。活塞泵式增压系统是一种全新的增压方式，与传统增压方式相比，活塞泵式增压系统可简化动力系统构成，在减少产品数量的同时将系统质量减小约 20%，可有效提高运载能力，在火箭上面级、空间探测器飞行和轨道姿控动力上，具有一定的应用价值。

### 2.2.5 增压方式选择

前文介绍了贮气式增压、自生增压、化学反应增压和活塞泵式增压。其中化学反应增压主要应用于有长期贮存、快速增压需求的火箭，活塞泵主要满足上面级及其他小型运载火箭的增压需求。目前国外主流火箭主要采用贮气式增压和自生增压，增压方式统计见表 2-7。从表中可以看出：

1）采用 $N_2O_4$/偏二甲肼推进剂的火箭增压系统，一般基础级火箭均采用自生增压，其中，氧化剂贮箱多采用推进剂汽化增压，燃烧剂贮箱多采用燃气降温自生增压；发动机启动前的补压系统采用贮气式氮气增压。对于多次启动的常温推进剂上面级，一般采用贮气式氦气增压。

2）采用液氧/煤油推进剂的火箭增压系统中，高压补燃循环发动机的氧箱主要为常温氦加温增压、冷氦加温增压，而采用燃气发生器循环发动机的氧箱主要为自生增压、冷氦增压；煤油箱主要采用常温氦增压、冷氦加温增压。

3）采用液氢/液氧推进剂的火箭增压系统中，氢箱主要采用自生增压，氧箱主要采用冷氦加温增压或超临界氦增压，部分基础级火箭采用自生增压。

4）对于采用贮气式增压的，普遍采用“闭式增压”，而对于采用自生增压的，绝大多数采用“开式增压”，部分采用“闭式增压”。

**表 2-7　国外运载火箭贮箱增压系统方案**

| 火箭 | | 发动机 | 推进剂 | 氧箱 | 燃箱 | 备注 |
|---|---|---|---|---|---|---|
| 土星-5 | 芯一级 | F-1 | RP-1/ $O_2$ | 自生增压 | 冷氦加温 | |
| | 芯二级 | J-2 | $H_2/O_2$ | 自生增压 | 自生增压 | |
| | 芯三级 | J-2 | $H_2/O_2$ | 冷氦加温 | 自生增压 | |
| | 登月舱 | LMDE | $N_2O_4$/混肼 50 | 超临界氦 | 超临界氦 | |
| 航天飞机 | 外挂箱 | SSME | $H_2/O_2$ | 自生增压 | 自生增压 | |
| 德尔它-4 | 芯一级 | RS-68 | $H_2/O_2$ | 自生增压 | 自生增压 | |
| | 芯二级 | RL10B-2 | $H_2/O_2$ | 自生增压 | 常温氦增压 | |
| 宇宙神-5 | 芯一级 | RD-180 | RP-1/ $O_2$ | 常温氦加温 | 常温氦增压 | |
| | 芯二级 | RL10A-4-2 | $H_2/O_2$ | 常温氦增压 | 常温氦增压 | |
| 阿瑞斯-1 | 芯二级 | J-2X | $H_2/O_2$ | 冷氦加温 | 自生增压 | |
| 猎鹰-9 V1.1 | 芯一级 | Merlin-1D | RP-1/$LO_2$ | 冷氦加温 | 冷氦加温 | |
| | 芯二级 | Merlin Vc | RP-1/$LO_2$ | 冷氦加温 | 冷氦加温 | |
| SLS | 芯一级 | RS-25D | $H_2/O_2$ | 自生增压 | 自生增压 | |
| | 芯二级 | J-2X | $H_2/O_2$ | 氦气增压 | 自生增压 | |
| 能源号 | 助推级 | RD-170 | RP-1/$O_2$ | 冷氦加温 | 冷氦加温 | |
| | 芯一级 | RD-0120 | $H_2/O_2$ | 冷氦加温 | 自生增压 | |
| 天顶号 | 芯一级 | RD-171 | RP-1/ $O_2$ | 冷氦加温 | 冷氦加温 | |
| | 芯二级 | RD-120 | RP-1/ $O_2$ | 冷氦加温 | 冷氦加温 | |
| 安加拉 | 芯一级 | RD-191 | RP-1/ $O_2$ | 冷氦加温 | 冷氦加温 | |
| 联盟 2-1b | 助推器 | RD-117 | RP-1/ $O_2$ | $LN_2$加温增压 | $LN_2$加温增压 | |
| | 芯一级 | RD-118 | RP-1/ $O_2$ | $LN_2$加温增压 | $LN_2$加温增压 | |
| | 芯二级 | RD-0124 | RP-1/ $O_2$ | 冷氦增压 | 冷氦增压 | |
| 阿里安-5 | 芯一级 | Vulcain2 | $H_2/O_2$ | 超临界氦加温 | 自生增压 | |
| | 芯二级 | HM-7B | $H_2/O_2$ | 冷氦加温 | 自生增压 | |
| H-2 | 芯一级 | LE-7 | $H_2/O_2$ | 冷氦加温 | 自生增压 | |
| H-2A | 芯一级 | LE-7A | $H_2/O_2$ | 自生增压 | 自生增压 | |
| | 芯二级 | LE-5B | $H_2/O_2$ | 冷氦加温 | 自生增压 | |
| H-2B | 芯一级 | 2×LE-7A | $H_2/O_2$ | 自生增压 | 自生增压 | |
| 天蝎座 | 芯级 | — | RP-1/ $O_2$ | 三合气增压 | — | 未首飞 |
| 宝瓶座 | 芯级 | — | $H_2/O_2$ | 氢气增压 | 氢气增压 | 未首飞 |

增压方案的选择要在特定的型号任务需求下，在贮箱结构、箭体包络、发动机类型、推进剂种类、火箭子级特点、飞行时间、滑行时间、启动次数等多种约束条件下进行，一般在满足发动机增压要求及贮箱增压需求的前提下，要求系统简单可靠，采取必要的冗余设计确保飞行过程中系统工作正常，避免因个别组件故障造成整个增压系统的故障，进而造成飞行失败。同时要考量系统结构复杂性、工作可靠性、使用维护性、经济性等因素。在上述约束条件下选择最轻的系统结构质量，满足计划成本及可靠性目标要求。通过总体多方论证，最终确定适用于本型号液体火箭的增压系统方案。在方案选择时一般要考虑以下几个方面：

（1）技术的继承性

一个新的增压技术应用存在技术风险性，因此选择方案时一般考虑现有技术能否满足要求。如四氧化二氮/偏二甲肼的推进剂火箭优先选用技术成熟的自生增压。

（2）系统工作可靠性

在选择方案时需要在系统复杂程度与可靠性间进行权衡，一般选择可靠性高、安全性好的系统，避免系统中出现单点故障。开式自生增压方案工作原理简单，可靠性高，但是贮箱压力不受控，易单点失效，一般应用于对增压压力控制要求不高的系统。贮气式增压系统组成较为复杂，相对可靠性低，但系统结构效率高，能够满足多次启动要求，通过冗余可提高系统对故障工况的任务适应能力和工作可靠性。

（3）使用维护及测试性

自生增压方案使用维护及测试简单，但系统中的破裂膜片属于不可检测项目，系统的功能也只在飞行中能够考核，地面无法进行测试。贮气式增压方案需要进行气瓶保压、电磁阀测试等，射前需要进行气瓶补气、低温充气等操作，使用维护复杂。特别是超临界氦增压方案，系统中使用深低温阀门，测试项目较多，射前需要进行贮罐置换、液氮预冷、氦气置换、液氦加注、增压等操作，使用维护最为复杂。虽然贮气式增压系统使用维护复杂，但系统的测试性好，系统的各项功能性能可在地面进行测试。

（4）系统结构质量

系统结构质量方面，自生增压系统结构质量小，但包含增压气体介质（氢除外）后质量较大。常温氦加温增压方案的增压气体贮存效率低，气瓶数量较多，系统结构质量大。冷氦加温增压方案的气体贮存效率高，结构质量较小。

（5）经济性

增压系统一般应选择成熟且具有较低的生产和使用成本的产品。相同功能的产品应尽量选用同一种型号，如增压电磁阀、过滤器、气瓶等产品，实现批量生产，降低齐套和试验成本。

例如，比较某型号液氧贮箱采用不同增压方案时的增压系统的结构质量，其中贮箱容积 103 $m^3$、液氧加注容积 99 $m^3$，初始气枕压力 0.45 MPa 绝压，初始气枕温度 150 K，加温器出口温度 550 K，采用氧自生增压与贮气式气瓶增压的系统质量，见表 2-8。

**表 2-8　不同增压方案质量对比分析**

（单位：kg）

| 项目 | 氧自生增压 | 冷(90 K)氦加温增压 | | | 常温(288 K)氦加温增压 | | |
|---|---|---|---|---|---|---|---|
| | | 单个重 | 数量 | 总重 | 单个重 | 数量 | 总重 |
| 气瓶类型 | — | 35 MPa,130 L | | | 35 MPa,130 L | | |
| 气瓶 | — | 45 | 4 | 180 | 42 | 10 | 420 |
| 过滤器 | 0 | 0.6 | 1 | 0.6 | 0.6 | 1 | 0.6 |
| 充气手阀 | 0 | 1.5 | 1 | 1.5 | 1.5 | 1 | 1.5 |
| 电磁阀 | — | 2.1 | 4 | 8.4 | 2.1 | 4 | 8.4 |
| 气体质量 | 558 | — | — | 67.5 | — | — | 64.8 |
| 换热器 | 100 | 100 | 1 | 100 | 100 | 1 | 100 |
| 增压管路 | 100 | — | — | 130 | — | — | 130 |
| 质量合计 | 758 | — | — | 488 | — | — | 725.3 |

由表 2-8 可知，在该种情况下，常温氦增压与自生增压方案质量相当，但相同情况下箱压受控。液氧箱采用冷氦加温增压方案比氧自生增压系统质量小约 270 kg，这对于上面级火箭来说是相当可观的。但对于大型低温基础级运载火箭来说，由于增压气体用量较大，要综合考虑气瓶数量、系统复杂程度、经济性等因素，一般选择自生增压方案较多。

液氧箱增压方案对比见表 2-9。一般从技术成熟度、工作可靠性、复杂程度、测试维护性、系统质量等方面进行评价。

**表 2-9　增压方案对比**

| 方案 / 指标 | 方案一<br>自生增压 | 方案二<br>冷氦增压 | 方案三<br>常温氦加温增压 |
|---|---|---|---|
| 技术继承性 | 高 | 较高 | 较高 |
| 工作可靠性 | 高 | 较高 | 较高 |
| 复杂程度 | 简单 | 较复杂 | 较简单 |
| 测试维护性 | 简单 | 较复杂 | 较简单 |
| 系统质量 | 大 | 较小 | 较大 |

## 2.3　增压换热数学模型

为了确定增压气体的用量、飞行终了时刻贮箱内气体质量以及贮箱内压力温度的变化过程，需要建立贮箱气枕增压模型。本节分别介绍常温贮箱、低温贮箱和增压气瓶增压换热模型。

### 2.3.1 常温贮箱增压换热模型

贮箱内换热是气枕、推进剂、固壁三者之间的传热过程，同时还伴随着气液两相之间的传质过程。常温推进剂贮箱模型如图 2－25 所示，增压计算时，主要考虑的换热过程包括推进剂液体与贮箱壁之间的换热，增压气体与推进剂液体表面之间的换热，增压气体与贮箱壁之间的换热，气枕部分贮箱壁与外部环境之间的换热，液相部分贮箱壁与外部环境之间的换热。

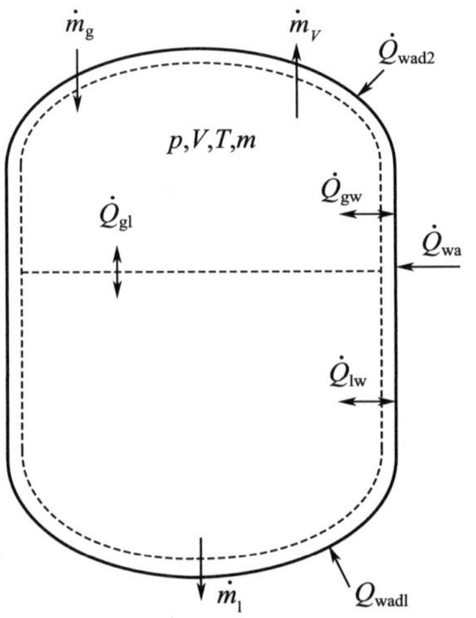

图 2－25 常温推进剂贮箱模型

为了简化计算，进行如下假设：

1）贮箱内的气体压力和温度是均匀的；

2）不考虑气体与推进剂之间的质量传递；

3）与气体接触的贮箱壁和与推进剂接触的贮箱壁面温度都是均匀的；

4）气体满足理想气体状态方程。

（1）贮箱内压力、温度

当增压气体进入贮箱之前，贮箱内气体自由膨胀时，贮箱内压力和温度计算式为

$$p=\frac{\text{Const}}{V^n} \tag{2-1}$$

$$T=\frac{\text{Const}}{V^{n-1}} \tag{2-2}$$

式中，$n$ 为多变指数，由试验确定；$p$ 为气枕压力（Pa）；$V$ 为气枕容积（$m^3$）；$T$ 为气枕温度（K）。

当有增压气体进入贮箱或流出贮箱时，温度、压力计算式为

$$Tmc_V=m_0c_{V0}T_0+\sum\int\dot{m}_ic_{pi}T_i\,\mathrm{d}t-\int p\,\mathrm{d}V-\int\dot{m}_vc_pT\,\mathrm{d}t-\sum\int\dot{Q}_i\,\mathrm{d}t \tag{2-3}$$

$$pV=mRT \tag{2-4}$$

$$c_p = \frac{m_0 c_{p0} + \sum \int \dot{m}_i c_{pi} \mathrm{d}t}{m} \tag{2-5}$$

$$c_V = \frac{m_0 c_{V0} + \sum \int \dot{m}_i c_{Vi} \mathrm{d}t}{m} \tag{2-6}$$

$$R = \frac{m_0 R_0 + \sum \int \dot{m}_i R_i \mathrm{d}t}{m} \tag{2-7}$$

$$m = m_0 + \sum \int \dot{m}_i \mathrm{d}t - \int \dot{m}_\mathrm{v} \mathrm{d}t \tag{2-8}$$

$$V = V_0 + \int \dot{V} \mathrm{d}t \tag{2-9}$$

式中，$m$ 为气体质量（kg）；$c_V$ 为比定容热容［J/（kg·K）］；$c_p$ 为比定压热容［J/（kg·K）］；$R$ 为气体常数［J/（kg·K）］；$\dot{m}_\mathrm{v}$ 为保险阀的排气量（kg/s）；下标 0 表示初始状态；下标 $i$ 表示计算中第 $i$ 部分（如气体与推进剂、气体与贮箱壁面等）；$\dot{Q}_i$ 为增压工质与其接触的第 $i$ 部分物质的换热热流量（W）。

（2）增压气体温度及流量

在贮箱增压系统设计中，为了减少增压气体的用量，一方面可以通过提高增压气体的温度来实现，然而结合国内外开展的增压试验可知，增压过程中能量的 35%～65%将用于对贮箱壁面加热（壁面热量吸收率＝壁面吸收热量÷增压气体总输入热量），且呈现出随增压气体温度增加而增加的趋势，显然，增压气体温度的增加必然会引起贮箱壁面温度的升高。而另一方面，贮箱结构大都采用铝合金薄壁结构，其材料的强度随壁面温度的升高而降低。壁面温度的变化会影响贮箱壁厚设计参数的确定，最终也会影响贮箱结构的质量和全箭的弹性特性。因此，贮箱内气体的最高温度是由贮箱结构的最大允许值（强度）、箱内附件和推进剂特性等要求决定的，对于铝合金贮箱，一般不超过 120 ℃。另外，需要考虑发动机换热器所能够具备的性能。

增压流量可根据贮箱需要的增压压力上、下限和推进剂消耗的体积流量确定。由于受到发动机蒸发器或降温器性能偏差的影响，自生增压流量及温度偏差较大，尤其是发动机启动时，从发动机启动到增压气体被加热到额定温度需要一定的时间，会导致初期增压能力不足，需要设置气瓶补压系统。为了适应发动机的流量和温度偏差并兼顾整个飞行过程中的增压能力，一般开式自生增压系统设计时给出的增压流量较大，多余的增压气体通过保险阀排出箭外。随着飞行子样的增加，可对增压气体流量进行调整，在偏差工况保证增压需求的前提下，尽可能不开启保险阀。

（3）换热模型

在多数任务阶段，贮箱热传递的方式主要为自然对流，包括气枕箱壁与气枕内气体、气枕内气体与液体推进剂以及液体推进剂与液体箱壁之间的热传递。自然对流的换热热流量计算一般方程式为

$$\dot{Q} = hA\Delta T \tag{2-10}$$

其中

$$h = 0.135\left(\frac{\beta n_x g \rho^2 \lambda^2 c_p \left|\Delta T\right|}{\mu}\right)^{\frac{1}{3}} \tag{2-11}$$

式中，$h$ 为表面传热系数；$A$ 为换热面积（$m^2$）；$\Delta T$ 为两换热物质的温度差（K）；$\beta$ 为体积膨胀系数（$K^{-1}$）；$n_x$ 为过载系数；$g$ 为重力加速度（$m/s^2$）；$\rho$ 为介质密度（$kg/m^3$）；$\lambda$ 为热导率［W/（m·K）］；$c_p$ 为比定压热容［J/（kg·K）］；$\mu$ 为动力黏度（Pa·s）。

式（2－11）中的 0.135 为经验系数，可根据实际情况对其进行修正，例如利用地面试验的数据、飞行数据等。除特征长度和加速度以外，其他所有变量均使用气枕的平均温度以及液体温度进行计算。体积膨胀系数估算为平均温度的倒数。

用下标 g 表示气体，下标 l 表示液体，下标 w 表示箱壁，则增压气体与推进剂液面间的换热热流量 $\dot{Q}_{gl}$、增压气体与贮箱壁面的换热热流量 $\dot{Q}_{gw}$ 和液体推进剂与贮箱壁面间的换热热流量 $\dot{Q}_{lw}$ 均可采用式（2－10）、式（2－11）计算。

（4）贮箱壁面与外界大气间的换热

贮箱壁面与外界大气间的换热模型可采用强迫对流换热公式，即

$$\dot{Q}_{wa} = h_{wa} A_{wa} (T_w - T_{ar}) \tag{2-12}$$

$$h_{wa} = 1.81 c_{pa} \rho_a v_a \frac{T_a}{T_w} \left\{ \lg\left[ Re \left(\frac{T_a}{T_w}\right)^{1.75} \right] \right\}^{-2.584} \tag{2-13}$$

$$Re = \frac{L_{cp} \rho_a v_a}{\mu_a} \tag{2-14}$$

$$T_{ar} = 0.89 T_a (1 + 0.2 Ma^2) \tag{2-15}$$

式中，下标 a 表示外界大气；$c_{pa}$ 为外界大气的比定压热容［J/（kg·K）］；$\rho_a$ 为外界大气密度（$kg/m^3$）；$v_a$ 为外界气流相对火箭的相对速度（m/s）；$L_{cp}$ 为理论尖点到计算点的距离（m）；$T_{ar}$ 为大气恢复温度（K）；$\mu_a$ 为外界大气的动力黏度（Pa·s）；$T_a$ 为大气温度（K）；$T_w$ 为贮箱壁面温度（K）；$Ma$ 为火箭飞行马赫数；$Re$ 为雷诺数。

当火箭在大气层中飞行时，圆柱段的换热热流量 $\dot{Q}_{wa}$ 按照式（2－12）计算。火箭在真空中飞行时，外壁与大气的对流换热可不计。贮箱底部（包括上底和下底）换热时，外壁与大气的换热热流量 $\dot{Q}_{wad1}$、$\dot{Q}_{wad2}$ 要根据自然对流换热式（2－10）、式（2－11）进行计算。

### 2.3.2 低温贮箱增压换热模型

（1）质量传递模型

低温推进剂贮箱增压及换热模型如图 2－26 所示。与常温推进剂贮箱相比，低温推进剂贮箱内部气枕压力更易受贮箱内部质量交换的影响，这是因为质量交换影响增压气体的用量。质量交换主要取决于所用的增压系统类型，以及推进剂和增压气体的物理性质[33]。

一种情况是使用低温液体推进剂，最常见的质量交换现象是液体表面的蒸发和冷凝现象，液体表面层的温度是与蒸气分压相对应的饱和温度。如果气枕内的气体大部分是推进剂的蒸气，或者增压系统是推进剂蒸气自生增压系统，界面层上部空间的蒸气分压就近似

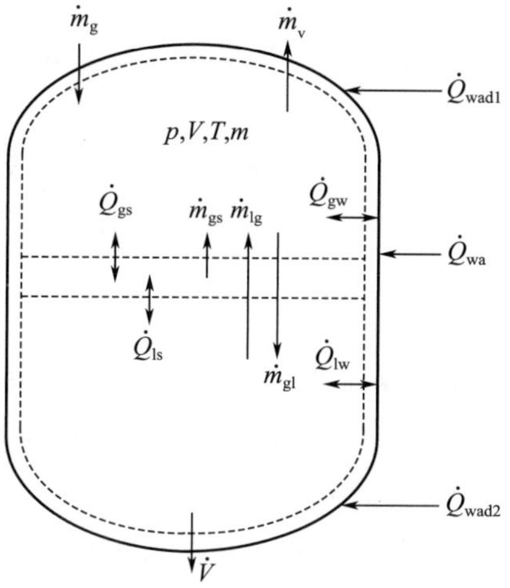


图 2-26　低温推进剂贮箱增压及换热模型

等于气枕压力。此时，表面层质量交换进行的方向和程度取决于界面层两侧两相（气体与表面层、表面层与液体）的焓差和热交换。

另一种情况是增压系统使用在工作温度下非冷凝性的增压气体。比如，液氧推进剂由氦气来增压。在这种情况下，液体的饱和蒸气压远远高于贮箱气枕内蒸气的分压，所以界面上质量交换主要以蒸发的形式进行。气体的传热系数特别低，以至于界面层的温度和液体推进剂的温度相接近，界面层的蒸气压与液体的饱和蒸气压相接近[34]。

在建立低温推进剂贮箱增压计算模型时，一般应考虑低温推进剂的热分层及气枕与推进剂表面层的质量传递特性。考虑不同的贮箱条件，有三个不同机理进行质量传递，包括推进剂蒸发、整体沸腾以及蒸气冷凝。

当从气枕气体到饱和表层的传热速率大于从饱和表层到液体的传热速率时，推进剂蒸发。

$$\dot{m}_{gs}=\frac{\dot{Q}_{ls}-\dot{Q}_{gs}}{h_s} \tag{2-16}$$

$$\dot{Q}_s=\dot{m}_{gs}h_s \tag{2-17}$$

式中，$\dot{m}_{gs}$ 为饱和表层蒸气的质量流量（kg/s）；$\dot{Q}_{gs}$ 为气枕气体与推进剂饱和表面层之间的换热热流量（W）；$\dot{Q}_{ls}$ 为推进剂饱和表面层与推进剂液体之间的换热热流量（W）；$h_s$ 为推进剂饱和表面层蒸气的焓（J/kg）。

注意：如果从饱和表层到液体的热流量比气枕气体和饱和表层之间的热流量高，则蒸气质量流量在模型内应保持为 0。

其次，当贮箱压力 $p$ 降至推进剂液体饱和蒸气压力 $p_{vl}$ 以下时，推进剂液体发生整体沸腾。推进剂液体整体沸腾的蒸发质量流量应按照下式进行计算。即当 $p<p_{vl}$ 时

$$\dot{m}_{lg}=\frac{(p_{vl}-p)V}{R_l T_l \mathrm{d}t} \tag{2-18}$$

式中，$\dot{m}_{\mathrm{lg}}$ 为推进剂整体沸腾的蒸发质量流量（kg/s）；$p$ 为贮箱气枕压力（Pa）；$V$ 为贮箱气枕容积（$\mathrm{m}^3$）；$R_1$ 为推进剂气体常数；$T_1$ 为推进剂温度（K）。

第三，如果贮箱气体温度 $T$ 降至气枕推进剂蒸气的饱和温度以下，则可能发生推进剂蒸气冷凝，当前气枕温度下对应的蒸气饱和压力 $p_{\mathrm{vcl}}(T)$ 降至气枕推进剂蒸气分压 $p_{\mathrm{pvl}}$ 以下。计算冷凝质量流量所采用的方程式如下。即当 $p_{\mathrm{vcl}}(T) < p_{\mathrm{pvl}}$ 时

$$\dot{m}_{\mathrm{gl}} = \frac{(p_{\mathrm{pvl}} - p_{\mathrm{vcl}})V}{R_1 T \mathrm{d}t} \tag{2-19}$$

式中，$\dot{m}_{\mathrm{gl}}$ 为推进剂蒸气冷凝质量流量（kg/s）；$p_{\mathrm{vcl}}$ 为当前气枕温度下对应的蒸气饱和压力（Pa）；$V$ 为贮箱气枕容积（$\mathrm{m}^3$）；$R_1$ 为推进剂气体常数；$T$ 为贮箱气枕温度（K）。

（2）无增压气体进入贮箱的增压计算

当无增压气体进入贮箱时，例如射前预增压后的地面停放阶段，上面级发动机启动前的火箭飞行段和上面级无主动力滑行段等，由于贮箱处于密封状态，当受到外部热流的影响时，贮箱内的低温液体会产生热分层，同时贮箱气枕压力也会随着变化。

假设：

1）经贮箱下底传入的热量均匀地分布在液体中，经过贮箱侧壁传入推进剂液体的热量使靠近侧壁的液体变热而形成自由对流边界层，当边界层中的热流体上升到液面时，会形成液体热分层，在热分层中，液体温度按照指数分布。

2）贮箱初始增压及气液界面处的热交换，使液体在界面的热透入深度内温度上升，并按照指数分布，该温度与外界热流引起的热分层温度相叠加。

3）当液面处的温度大于气枕气体压力所对应的饱和温度时，部分液体要蒸发，反之，气体要冷凝。

4）贮箱气枕空间中的气体与推进剂为同种介质。

气体温度计算式为

$$T_{i+1} = T_i + \dot{T}\Delta t \tag{2-20}$$

$$\dot{T} = \frac{-\dot{Q}_{\mathrm{gw}} + \left(\dfrac{\Delta p}{\Delta t}\right)V - \dot{Q}_{\mathrm{gl}}}{c_p m} \tag{2-21}$$

式中，$\dot{Q}_{\mathrm{gw}}$ 为气壁间换热热流量（W）；$\dot{Q}_{\mathrm{gl}}$ 为气液间换热热流量（W）；$\Delta t$ 为计算时间步长（s）；$\Delta p$ 为单个时间步长内气枕压力变化（Pa）；$i$ 为计算中的第 $i$ 步，$i+1$ 为下一个计算步；$m$ 为气枕内的气体质量（kg）；$V$ 为气枕容积，（$\mathrm{m}^3$）；$c_p$ 为比定压热容［J/（kg·K）］。

气体压力计算式为

$$p = \frac{ZmTR}{V} \tag{2-22}$$

式中，$Z$ 为气体的压缩系数。

与气体接触的贮箱壁温计算式为

$$T_{\mathrm{w}(i+1)} = \frac{1}{c_{\mathrm{w}}\rho_{\mathrm{w}}l_{\mathrm{w}}}\left[h_{\mathrm{gw}}(T - T_{\mathrm{w}}) + \frac{\lambda_{\mathrm{I}}}{l_{\mathrm{I}}}(T_{\mathrm{Ig}} - T_{\mathrm{w}})\right]\Delta t + T_{\mathrm{w}i} \tag{2-23}$$

式中，$T_{Ig}$ 为气枕绝热层外部温度（K）；$c_w$ 为贮箱壁面的比热容［J/（kg·K）］；$\rho_w$ 为贮箱壁面的密度（kg/m³）；$l_w$ 为贮箱壁面的换热特征长度（m）；$h_{gw}$ 为气体与贮箱壁面的传热系数；$\lambda_I$ 为绝热层的热导率［J/（m·K）］；$l_I$ 为贮箱绝热层特征长度（m）。

气枕绝热层外部温度计算为

$$T_{Ig(i+1)}=2T_{Im(i+1)}-T_{w(i+1)} \tag{2-24}$$

$$T_{Im(i+1)}=\frac{1}{c_I\rho_I l_I}\left[h_a(T_{ar}-T_{Ig})+\frac{1}{\pi}\beta_s q_s\cos\varphi_s-\varepsilon\sigma T_{Ig}^4-\frac{\lambda_I}{l_I}(T_{Ig}-T_w)\right]\Delta t+T_{Imi} \tag{2-25}$$

式中，$T_{ar}$ 为大气恢复温度（K）；$T_{Im}$ 为绝热层平均温度（K）；$c_I$ 为贮箱绝热层的比热容［J/（kg·K）］；$\rho_I$ 为贮箱绝热层的密度（kg/m³）；$l_I$ 为贮箱绝热层的换热特征长度（m）；$q_s$ 为太阳辐射热流密度（W/m²）；$\beta_s$ 为太阳辐射吸收率；$\varphi_s$ 为日照角度（rad）；$\varepsilon$ 为热辐射率；$\sigma$ 为斯忒藩—玻耳兹曼常量，$5.670\,51\times10^{-8}$ W/（m²·K⁴）。

在真空中绝热层与外界没有对流换热，即 $h_a=0$。

地面停放时

$$h_a=0.012\frac{\lambda_a}{\gamma}\left(\frac{2\rho_a v_a\gamma_a}{\mu_a}\right)^{0.805} \tag{2-26}$$

$$T_{ar}=T_a \tag{2-27}$$

式中，$\gamma$ 为比热比。

在大气中飞行时：

当 $Re\leqslant10^6$ 时

$$h_a=3.26Re^{-0.5}\left(\frac{T_a}{T_{Ig}}\right)^{0.125}\rho_a v_a c_{pa} \tag{2-28}$$

$$T_{ar}=T_a(1+0.166Ma^2) \tag{2-29}$$

当 $Re\geqslant10^6$ 时

$$h_a=1.81c_{pa}\rho_a v_a\frac{T_a}{T_{Ig}}\left\{\lg\left[Re\left(\frac{T_a}{T_{Ig}}\right)^{1.75}\right]\right\}^{-2.584} \tag{2-30}$$

$$T_{ar}=T_a(1+0.178Ma^2) \tag{2-31}$$

气体质量计算式为

$$m_{i+1}=m_i+\Delta m \tag{2-32}$$

$$\Delta m=\frac{E_l}{L_{fg}} \tag{2-33}$$

式中，$E_l$ 为气液之间质量交换时释放或吸收的热量（J）；$L_{fg}$ 为汽化热（J/kg）。

液体热分层区温度分布计算式为

$$T_{lj}=T_{lj1}+T_{lj2} \tag{2-34}$$

式中，$T_{lj1}$ 为外部热流引起的液体热分层区域温度分布（K）；$T_{lj2}$ 为突然增压引起的液体热分层区域温度分布（K）。

通过贮箱底部和贮箱侧壁传入推进剂液体的热量，使靠近贮箱侧壁的液体变热并形成

自由对流边界层，液体边界层厚度和边界层内速度分布计算式为

$$\frac{\mathrm{d}U_1}{\mathrm{d}Z}=A(U_1,\delta_1,Z)+B(U_1,\delta_1)\frac{\mathrm{d}\delta_1}{\mathrm{d}Z} \tag{2-35}$$

$$\frac{\mathrm{d}\delta_1}{\mathrm{d}Z}=C(U_1,\delta_1,Z)+D(U_1,\delta_1)\frac{\mathrm{d}U_1}{\mathrm{d}Z} \tag{2-36}$$

$$U_1=U(\delta_1,Z) \tag{2-37}$$

式中，$U_1$ 为液体边界层速度（m/s）；$\delta_1$ 为液体边界层厚度（m）；$Z$ 为边界层与箱底的距离（m）；$A$、$B$、$C$、$D$、$U$ 函数式由边界层理论求得[35]。

当边界层中的热流体上升到液面时，会形成液体热分层，假设热分层内温度按指数分布，外部热流引起的流体热分层计算式为

$$\begin{aligned}T_{\mathrm{lj}1}=&\frac{(n+1)\left[\varepsilon_T\dot{q}_{01\mathrm{m}}A_1t-\sum L_{\mathrm{fg}}\Delta m\right]}{\pi\rho_1c_{p_1}r_j^2\Delta l}\left(\frac{\Delta l-x_1}{\Delta l}\right)^n+\\&\frac{2(n+1)\int_0^{\Delta l}\int_0^{\delta_l}\frac{\theta_\delta(r_j-y)}{1+\beta_1\theta_\delta}\mathrm{d}y\,\mathrm{d}x}{r_j^2\Delta l}\left(\frac{\Delta l-x_1}{\Delta l}\right)^n+\\&\frac{(1-\varepsilon_T)\dot{q}_{01\mathrm{m}}A_1t+\dot{q}_{01\mathrm{b}}A_\mathrm{b}t}{c_{p_1}m_1}+T_\mathrm{B}\end{aligned} \tag{2-38}$$

式中，$A_b$ 为贮箱底部面积（$m^2$）；$A_1$ 为贮箱侧壁沾湿面积（$m^2$）；$n$ 为液体热分层温度分布指数，取 $n=2$； $\dot{q}_{01b}$ 为贮箱底部的热流密度（$W/m^2$）；$\dot{q}_{01m}$ 为贮箱侧壁热流密度和内部构件热流密度和（$W/m^2$）；$T_B$ 为热分层以下的流体温度（K）；$x_1$ 为热分层与液面的距离（m）；$y$ 为边界层与箱壁的距离（m）；$\Delta l$ 为液体热分层厚度（m）；$\varepsilon_T$ 为热分层能力分配系数，通过试验确定；$\theta_\delta$ 为边界层内温度分布，由边界层参数、推进剂热物理性能确定；$\beta_1$ 为液体的体积膨胀系数（$K^{-1}$）。

突然增压引起的界面处流体热分层计算式为

$$T_{\mathrm{lj}2}=T_2\left[1-2\left(1-\frac{T_1}{T_2}\right)\frac{x_1}{H_1}+\left(1-\frac{T_1}{T_2}\right)\left(\frac{x_1}{H_1}\right)^2\right] \tag{2-39}$$

式中，$T_1$ 为突然增压前箱压所对应的推进剂饱和温度（K）；$T_2$ 为突然增压后箱压所对应的推进剂饱和温度（K）；$H_1$ 为突然增压引起的液体热透入深度（m）。

气液之间质量交换和热交换时释放或吸收的热量，按照下述两种情况计算：

1）蒸发情况，即 $T_{l0}>T_{ls}$，液体表面温度高于液体饱和温度，计算式为

$$E_1=\pi\rho_1c_{p_1}\int_0^{x_{11}}r_j^2(T_{\mathrm{lj}1}-T_{\mathrm{sv}0})\mathrm{d}x_1+\dot{Q}_{\mathrm{gl}}\Delta t \tag{2-40}$$

2）冷凝情况，即 $T_{l0}<T_{ls}$，液体表面温度低于液体饱和温度，计算式为

$$E_1=\pi\rho_1c_{p_1}\int_0^{x_{11}}r_j^2(T_{\mathrm{lj}1}-T_{\mathrm{sc}j})\mathrm{d}x_1+\dot{Q}_{\mathrm{gl}}\Delta t \tag{2-41}$$

式中，$x_{11}$ 为蒸发或冷凝影响区到液面的距离（m）；$T_{sv0}$ 为蒸发影响区的液体温度分布（K）；$T_{scj}$ 为冷凝影响区的液体温度分布（K）；$j$ 表示网格点；$r_j$ 表示第 $j$ 个网格点上的贮箱半径（m）。

上述参数通过迭代计算得到。

(3) 有增压气体进入贮箱的增压计算

把液体推进剂贮箱气枕容积分成一组小单元体，建立起从贮箱顶部到气液界面处沿贮箱轴线的一系列等距离空间网格点，每个容积里的气体与贮箱壁、液面进行对流换热（见图 2-27）。外部热流通过绝热层将部分热量传递给贮箱内部。

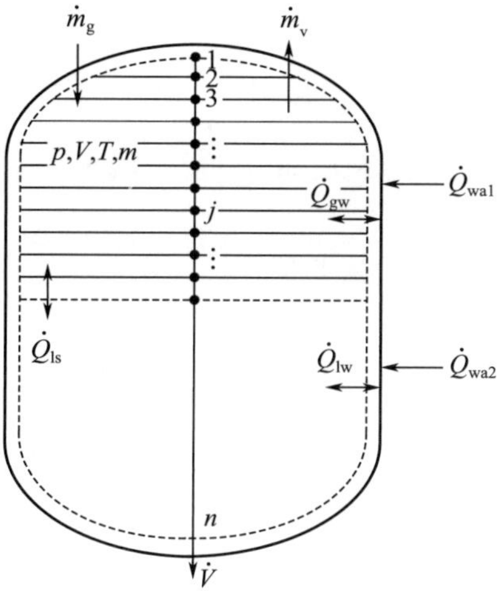


图 2-27　增压计算模型

当有增压气体进入贮箱时，为简化计算做如下假设：

1）气枕内气体按单元气体处理；

2）考虑气液界面处的能量传递，忽略冷凝或蒸发现象的质量传递；

3）气枕气体流动方向均平行于箱体轴线；

4）气枕气体温度和箱壁温度仅在箱体轴线方向有变化；

5）气体和箱壁中均无轴向热传导，只考虑对流，不考虑辐射；

6）气枕形状是轴对称的；

7）不考虑飞行中推进剂的晃动影响。

气体压缩性系数为

$$Z_j = \frac{p}{\rho_j R T_j} \tag{2-42}$$

气体速度为

$$\frac{\partial v}{\partial x} = \left[\frac{1}{T} + \frac{1}{Z}\left(\frac{\partial Z}{\partial T}\right)_p\right]\left(\frac{\partial T}{\partial t} + v\frac{\partial T}{\partial x}\right) + \left[\frac{1}{Z}\left(\frac{\partial Z}{\partial p}\right)_r - \frac{1}{p}\right]\frac{\partial p}{\partial t} - \frac{2v}{r}\frac{\partial r}{\partial x} \tag{2-43}$$

气枕内气体质量计算式为

$$m = \sum_{j=1}^{N} \rho_j \Delta x A_j \tag{2-44}$$

增压气体流量计算式为

$$\dot{m} = \frac{\Delta m}{\Delta t} \tag{2-45}$$

式中，$\Delta x$ 为分层间距（m）；$N$ 为分层网格点数。

气枕气体能量及其变化率为

$$E_{\mathrm{u}}=\sum_{j=1}^{N} c_{p_j} T_j \rho_j A_j \Delta x \tag{2-46}$$

$$\dot{E}_{\mathrm{u}}=\frac{\Delta E_{\mathrm{u}}}{\Delta t} \tag{2-47}$$

式中，$E_{\mathrm{u}}$ 为气枕能量（J）。

气液间换热热流量计算式为

$$\dot{Q}_{\mathrm{gl}}=h_{\mathrm{gl}} A_{\mathrm{gl}}(T_{\delta}-T_{\mathrm{ls}}) \tag{2-48}$$

$$T_{\delta}=\zeta_{\delta} T_{\mathrm{lsa}}\left(\frac{p}{p_{\delta \mathrm{a}}}\right)^{\frac{\kappa_{\delta}-1}{\kappa_{\delta}}} \tag{2-49}$$

$$Q_{\mathrm{gl}}=\int_0^{t_{\mathrm{f}}} \dot{Q}_{\mathrm{gl}} \mathrm{d} t \tag{2-50}$$

式中，$T_{\delta}$ 为气液边界处的气体温度（K）；$T_{\mathrm{lsa}}$ 为液体在标准大气压下的饱和温度（K）；$\zeta_{\delta}$ 为修正系数，由经验给出；$\kappa_{\delta}$ 为等熵指数；$p_{\delta \mathrm{a}}$ 为标准大气压力（Pa）。

气壁换热热流量计算式为

$$\dot{Q}_{\mathrm{u}}=\sum_{j=1}^{N} 2 r_j \pi l_{\mathrm{w} j} \Delta x\left[1+\left(\frac{\Delta r}{\Delta x}\right)_j^2\right]^{0.5} \rho_{\mathrm{w}} c_{\mathrm{w} j} \frac{\Delta T_{\mathrm{w} j}}{\Delta t} \tag{2-51}$$

$$T_{\mathrm{w} j}^{\prime}=\frac{1}{1+\left(\frac{h_{\mathrm{gw}} \Delta t}{l_{\mathrm{w}} \rho_{\mathrm{w}} c_{\mathrm{w}}}\right)}\left[T_{\mathrm{w} j}+\left(\frac{h_{\mathrm{gw}} \Delta t}{l_{\mathrm{w}} \rho_{\mathrm{w}} c_{\mathrm{w}}}\right)_j T_j+\left(\frac{\dot{q} \Delta t}{l_{\mathrm{w}} \rho_{\mathrm{w}} c_{\mathrm{w}}}\right)_j\right] \tag{2-52}$$

$$h_{\mathrm{gw} j}=0.13\left(\frac{n_{\mathrm{x}} g \rho^2 \lambda^2 c_p\left|T_{\mathrm{w}}-T\right|}{\mu T}\right)^{\frac{1}{3}}+\frac{0.06 \lambda_j}{r_0}\left(\frac{\dot{m}}{\pi r_0 \mu}\right)_j^{0.8}\left(\frac{c_p \mu}{\lambda}\right)_j^{1/3} \mathrm{e}^{-0.041\,32 r_0^2 x j} \tag{2-53}$$

$$Q_{\mathrm{w}}=\int_0^{t_{\mathrm{f}}} \dot{Q}_{\mathrm{w}} \mathrm{d} t \tag{2-54}$$

式中，$\dot{q}$ 为外部热流密度（$\mathrm{W/m^2}$）；$\Delta T_{\mathrm{w}j}$ 为在 $\Delta t$ 时刻内壁的温升（K）；$\mathrm{T}_{\mathrm{w}j}^{\prime}$ 为新时刻壁温（K）。

内部构件热流量计算式为

$$\dot{Q}_{\mathrm{H}}=\frac{Q_{\mathrm{H}}}{t_{\mathrm{f}}} \tag{2-55}$$

$$\Delta Q_{\mathrm{H}}=\sum_{j=1}^{N} h_{\mathrm{H} j} A_{\mathrm{H}}(T_j-T_{\mathrm{H} j}) \Delta x \Delta t \tag{2-56}$$

式中，$T_{\mathrm{H}}$ 为构件温度（K）；$A_{\mathrm{H}}$ 为构件单位高度换热面积（$\mathrm{m^2}$）。

式（2-56）中 $h_{\mathrm{H}}$ 的计算同 $h_{\mathrm{gw}}$，将式（2-53）中的 $T_{\mathrm{w}}$ 改为 $T_{\mathrm{H}}$，得

$$Q_{\mathrm{H}}=\sum_{t=0}^{t_{\mathrm{f}}} \Delta Q_{\mathrm{H}} \tag{2-57}$$

外部热流密度及热流量计算式为

$$\dot{q}_j = \frac{\lambda_{\mathrm{I}j}}{\delta_{\mathrm{I}j}}(T_{\mathrm{I}j} - T_{\mathrm{w}j}) \tag{2-58}$$

$$\dot{Q} = \sum_{j=1}^{N} 2r_j \pi \Delta x \left[1 + \left(\frac{\Delta r}{\Delta x}\right)_j^2\right]^{0.5} \dot{q}_j \tag{2-59}$$

$$Q = \int_0^{t_f} \dot{Q} \mathrm{d}t \tag{2-60}$$

式中，绝热层温度 $T_{\mathrm{I}j}$ 按照式（2-24）、式（2-25）计算。

气体温度计算式为

$$\frac{\partial T}{\partial x} = \frac{2h_{\mathrm{gw}}ZRT}{rpc_p}(T_{\mathrm{w}} - T)\left[1 + \left(\frac{\mathrm{d}r}{\mathrm{d}x}\right)^2\right]^{0.5} - v\frac{\partial T}{\partial x} + \frac{TRZ_1}{pc_p}\frac{\partial p}{\partial t} + \frac{\dot{Q}_{\mathrm{H}}}{V\rho c_p} + \frac{\dot{Q}_{\mathrm{L}}}{V\rho c_p} \tag{2-61}$$

$$Z_1 = Z - \frac{p}{R\rho^2 T}\left(\frac{\Delta\rho}{\Delta T}T + \rho\right) \tag{2-62}$$

工作段的增压压力按照下列方法计算。

1）开式系统增压计算：先进行几种不同贮箱压力的增压计算，得出结果

$$\dot{m} = f(t, p) \tag{2-63}$$

然后用给定的流量 $\dot{m}_{\mathrm{c}}$ 插值，求出不同时间 $t$ 对应的压力 $p$ 为

$$p = f(t, \dot{m}_{\mathrm{c}}) \tag{2-64}$$

2）闭式系统增压计算：对给定的贮箱压力进行计算，求出所需要的增压气体流量。

### 2.3.3 增压气瓶增压换热模型

增压气瓶放置在常温或低温环境中，如常温增压系统将常温气瓶放置在箭体结构舱段内，低温增压系统的低温气瓶浸泡在液氢或者液氧贮箱内，气瓶外部介质与气瓶壁面换热，同时气瓶内部气体介质与气瓶壁面换热。结合自然对流、强迫对流的经验公式模拟箭上冷氦气瓶放气过程。

冷氦气瓶放气过程中，气瓶内侧为氦气对流换热，气瓶外侧为液氢或者气枕对流换热，同时气瓶内外壁面之间存在导热，如图2-28所示。

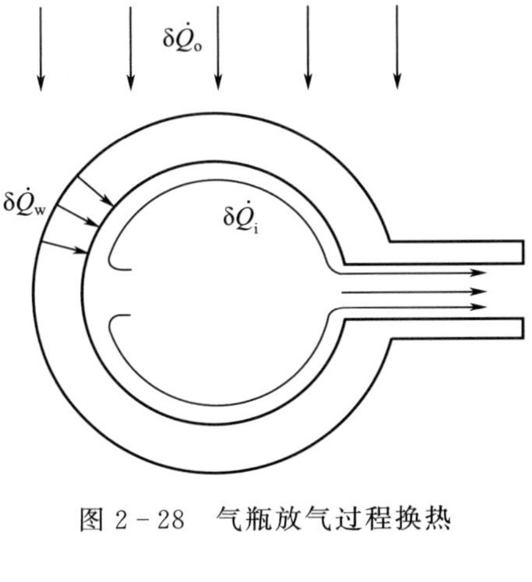


图2-28　气瓶放气过程换热

气瓶内压力和温度同样可通过式（2-3）、式（2-4）计算，密度、焓对压力、温度的偏导数根据 P-R 气体状态方程计算。

气瓶内气体与壁面之间的换热热流量由下式计算，即

$$\delta\dot{Q}_{i}=h_{i}A_{i}(T_{i}-T) \tag{2-65}$$

式中，$\delta\dot{Q}_{i}$ 为气体与壁面之间的对流换热热流量（W）；$A_{i}$ 为气瓶内壁面换热面积（$m^2$）；$T_{i}$ 为气瓶内壁面温度（K）；$h_{i}$ 为气瓶内壁面表面传热系数［W/（$m^2$·K）］。

气瓶放气过程中，气体与内壁间换热方式为强迫对流换热，这里参考管内湍流换热公式计算内壁面表面传热系数 $h_{i}$ 为

$$h_{i}=0.023Re^{0.8}\cdot Pr^{0.4}\cdot\frac{\lambda}{L} \tag{2-66}$$

式中，$L$ 为特征长度（m）；$Re$、$Pr$ 分别为气瓶内气体的雷诺数、普朗特数。

以球形气瓶为例，瓶壁导热热流量由下式计算，即

$$\delta\dot{Q}_{w}=\frac{4\pi\lambda_{w}(T_{o}-T_{i})}{1/r_{i}-1/r_{o}} \tag{2-67}$$

式中，$\delta\dot{Q}_{w}$ 为气瓶壁导热热流量（W）；$T_{o}$ 为气瓶外壁面温度（K）；$T_{i}$ 为气瓶内壁面温度（K）；$r_{o}$ 为气瓶外壁面半径（m）；$r_{i}$ 为气瓶内壁面半径（m）。

球形气瓶外壁面的换热热流量由下式计算，即

$$\delta\dot{Q}_{o}=h_{o}A_{o}(T_{tank}-T_{o}) \tag{2-68}$$

式中，$\delta\dot{Q}_{o}$ 为气瓶外壁面换热热流量（W）；$h_{o}$ 为气瓶外壁面表面传热系数［W/（$m^2$·K）；$A_{o}$ 为气瓶外壁面换热面积（$m^2$）；$T_{tank}$ 为贮箱内推进剂或气枕温度（K）。

其中，参考自然对流换热公式计算冷氦气瓶外壁面与贮箱推进剂或气枕之间的表面传热系数，即

$$h_{o}=0.27(Gr\cdot Pr)^{0.25}\cdot\frac{\lambda_{tank}}{L} \tag{2-69}$$

式中，$\lambda_{tank}$ 为贮箱内推进剂或气枕的热导率［W/（m·K）］；$Gr$ 为格拉晓夫数。

### 2.3.4 管路的换热模型

增压工质在增压管路中流动时流速较快，采用强迫对流换热模型，公式为

$$\dot{Q}_{qw}=h_{qw}A_{qw}(T_{g}-T_{qw}) \tag{2-70}$$

$$h_{qw}=0.018\frac{\lambda}{D_{q}}Re^{0.8} \tag{2-71}$$

$$\dot{T}_{qw}=\frac{\dot{Q}_{qw}-\dot{Q}_{q}}{A_{qw}l_{qw}\rho_{qw}c_{qw}} \tag{2-72}$$

式中，$\dot{Q}_{q}$ 为增压管与外界的换热热流量（W）；$D_{q}$ 为管路内径（m）；$l_{qw}$ 为管路长度（m）。

管路外部换热需要根据不同情况来计算，当增压管路在舱段内、导管整流罩内时，采用自然对流换热公式（2-10）、公式（2-11）计算；当导管暴露在外部大气中时，采用

强迫对流换热公式（2－12）、公式（2－13）计算。

## 2.4　增压流量控制

增压流量控制是根据发动机和贮箱在飞行不同时刻的压力需求，控制进入贮箱的增压气体流量，使增压气体按照一定的流量和温度进入贮箱，从而达到控制贮箱气枕压力的目的，同时使所需的增压气体量最少。在开式增压中，增压气体按照设定的流量进入贮箱，不进行流量的控制，当贮箱压力超出额定工况时，安全阀开启排气，将过量的增压气体排出。在闭式增压中，增压气体流量可通过流量调节阀控制，或通过控制电磁阀的通断，由下游孔板控制增压流量，飞行过程中不会有增压气体排出。闭式增压方式压力控制精度更高，使增压气体用量最少，同时也使贮箱结构载荷的设计更加精细化，通过优化可达到减小结构质量的目的。

### 2.4.1　增压控制方式

贮箱增压压力及增压流量的控制方式主要有以下三种。

（1）压力传感器与电磁阀（孔板）组合

采用压力传感器测量贮箱气枕压力，将压力信号反馈给控制系统，控制系统预先设置箱压控制逻辑，通过控制系统控制增压电磁阀打开、关闭，实现对贮箱压力的控制。该控制方式的优点是通过软件设计可以实现对贮箱压力控制带的灵活设置和调整，并且压力控制带不局限于确定的数值，可以随着火箭飞行过程变化，三路电磁阀控制的压力带如图 2－29 所示。一般采用 3 个及以上的压力传感器感受箱压，可采用“三取二”模式（即当其中任意两个压力信号满足箱压控制逻辑判断要求时，判断成立），起到冗余的作用，同时可以对多个测量值取平均值，减小测量误差，使贮箱压力控制更加精确，可靠性更高。

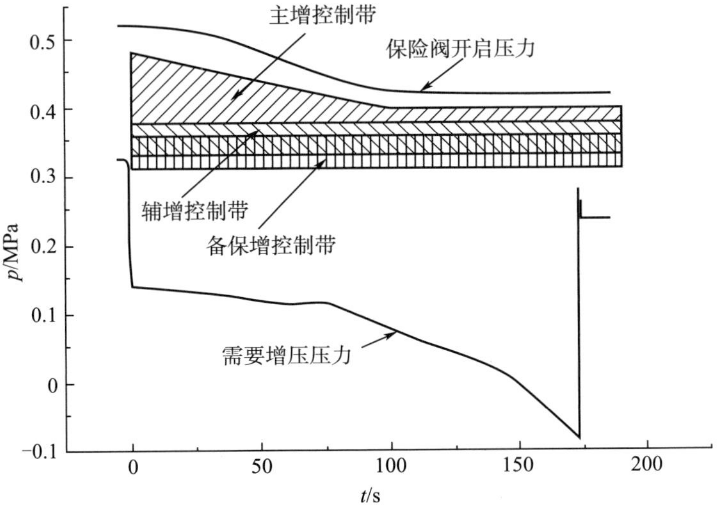


图 2－29　压力控制带（压力传感器模式）

（2）压力信号器与电磁阀（孔板）组合

采用机械式压力信号器敏感贮箱压力，通过压力信号器上的触点接通或者断开来实现信号通断，从而控制增压电磁阀的开启、关闭，实现对贮箱压力的控制。我国长征-3甲系列三级、土星-5、天顶号火箭一二级冷氦增压均采用压力信号器控制方式。该控制方式的优点是通过压力信号器敏感箱压，在设置的压力点自动实现对电磁阀打开/关闭的控制。缺点是对于同一个压力信号器，其控制压力点固定，压力控制带（见图2-30）的设置受限，且不能调节。对多个电磁阀进行控制时，需要多个压力信号器。当某个压力信号器出现故障时，该增压路失效。

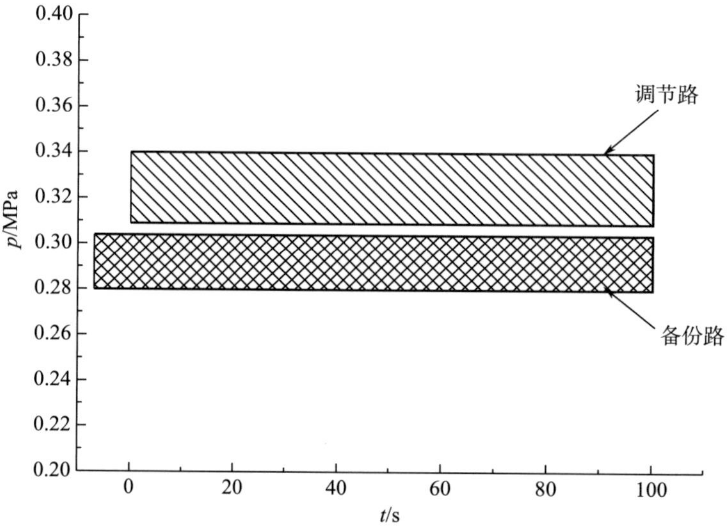


图2-30　压力控制带（压力信号器）

（3）减压器与压力调节器组合

采用减压器与压力调节器组合方式，减压器将气源压力从高压降低至中压或低压，再通过压力调节器敏感贮箱压力，调节压力调节器开度，实现对增压气体流量的实时控制。这种方式的优点是贮箱内压力始终受控，贮箱压力调节精度高，增压气体利用率较高。缺点是系统组成较为复杂，减压器、压力调节器的可靠性要求高，产品设计和制造难度大，同时，对于不同贮箱控制压力和增压流量，需要配备不同的压力调节器。

压力信号器、压力传感器的压力控制带设计除了受贮箱增压压力范围限定外，一般结合以下几方面内容进行：

1）压力信号器、压力传感器的压力控制带下限不低于所需的最低增压压力，压力控制带上限不高于保险阀的开启压力；

2）控制不同电磁阀的压力控制带可不重叠，当压力控制带重叠时，应保证系统工作的协调性；

3）应考虑控制响应延迟造成的影响；

4）压力信号器、压力传感器的压力控制带宽的确定，一般应考虑传感器测量波动、测量误差、测量失效等因素造成的影响。

### 2.4.2　增压响应时间

如前所述，根据贮气式增压系统的特点，为实现增压控制，首先由压力传感器敏感贮箱压力，然后由控制系统综合控制器进行增压判断，再由控制系统发出贮箱是否增压的控制指令，增压电磁阀接到指令后，电磁阀打开，增压气体经过发动机换热器及增压管后进入贮箱增压（电磁阀至贮箱管路一般跨过整个火箭氧箱和燃料箱，增压管路可长达几十米）。因此，增压系统存在一定的响应时间，尤其是在发动机及增压系统启动初期，由于气枕容积较小，贮箱压力下降快，增压系统的响应时间将显得尤为重要。通过对增压链路在各部分的延迟进行分析，增压系统的响应时间主要受到控制系统压力信号延迟、电磁阀开启延迟和增压气体传递时间延迟三方面因素的影响[36]。

（1）控制系统压力信号延迟

控制系统采集的箱压信号，基于控制周期实施增压控制，假设控制周期为 200 ms，压力传感器每 20 ms 发送一组压力数据，根据最小二乘法取 10 个压力测量值进行滤波，箱压信号控制系统处理的固有周期为 0.2 s。另外，受信号传递等的影响，控制系统最大压力控制延迟时间不超过 0.3 s。

（2）电磁阀打开延迟

考虑阀门的打开延迟时间，阀门收到控制指令后，开启、关闭均需要一定的时间。根据阀门实测，一般先导式电磁阀打开动作延迟时间不超过 0.08 s，直动式电磁阀打开动作延迟时间不超过 0.02 s。

（3）增压气体传递时间延迟

电磁阀开启后，增压气体以声速传播，表 2－10 为根据理论公式，计算获得不同状态的气体声速值。对于 35 MPa、288 K 氦气，声速波传递速度约为 1 155 m/s。对于箭上管路，从电磁阀打开到箭上贮箱开始有气体增压，时间约为 0.02 s。

**表 2－10　氦气在不同压力下的声速**

| 序号 | 温度/K | 压力/MPa | 密度/(kg/m³) | 声速/(m/s) |
|---|---|---|---|---|
| 1 | 288 | 35 | 50.061 | 1 155.0 |
| 2 | 288 | 30 | 43.807 | 1 132.9 |
| 3 | 288 | 20 | 30.488 | 1 088.2 |
| 4 | 288 | 3 | 4.943 6 | 1 011.8 |
| 5 | 288 | 1 | 1.663 6 | 1 002.9 |

综上所述，可以得出贮箱初始增压时刻，箱压下降至需要开始增压的压力至增压气体实际进入贮箱的系统最大延迟时间。

增压系统的关闭响应时间决定了增压“后效”，当控制系统通过贮箱压力传感器判断为已到达设定的贮箱压力上限后，发出电磁阀关闭信号，先导式电磁阀关闭需要一定的响应时间，一般为 200～600 ms。同时，管路内孔板前的高压气体继续进入贮箱，使贮箱压力略高于设定的压力点。在增压系统工作的初期，由于气枕容积较小，所产生的增压后效较大，在设置增压压力控制带时应考虑增压后效的影响，防止增压后效压力高于保险阀开启压力。应综合优化增压流量和压力控制带，减少电磁阀的关闭次数，提高系统工作可靠性。

### 2.4.3 孔板流量计算

限流孔板是常用的限流装置，由于其结构简单，价格低廉，限流效果好，在液体火箭发动机、推进剂输送系统、贮箱增压系统中大量使用。运载火箭贮箱增压系统应用电磁阀和孔板组合将高压气瓶内的气体减压后充入推进剂贮箱，保持贮箱气枕压力，从而满足发动机启动及火箭飞行中所需的推进剂流量和燃烧室需要的最低压力需求。

对于气体孔板，按孔板内的流动特征可分为临界流动和亚临界流动两种状态。假定初始孔板上下游压力相同，随着上游压力提高或下游压力降低，孔板内介质的流速越来越大，此时称为亚临界流动；当最大流速达到当地声速时，孔板的流量不再随下游压力的降低而增大，此时称为临界流动。但孔板流量可以随上游压力的升高而增大。亚临界流动中，压力损失主要是由涡流和摩擦造成的；而临界流动中，压力损失主要是由激波造成的。运载火箭增压输送系统中使用的孔板一般都工作在临界流动状态。

(1) 基于理想气体假设的孔板流量计算方法

孔板计算的主要内容是在给定入口压力、温度、压降的条件下确定孔径。计算方法是以一维等熵流动为基础的，其基本假设是气体介质以绝热等熵的方式从孔板元件入口流动到小孔内部，在小孔内某一最小截面处达到声速。声速截面的平均流速为 $c_1$，声速截面的气体密度为 $\rho_1$，则孔板的质量流量 $q_m$ 可表达为

$$q_m = C_q \frac{1}{4}\pi d^2 \rho_1 c_1 \tag{2-73}$$

式中，$d$ 是小孔直径；$C_q$ 是孔板的几何流量系数，主要与孔板的流道结构有关，突变截面、锐边等因素造成的流量损失都反映在几何流量系数中，几何流量系数难以进行理论分析，只能通过试验确定。

在给定质量流量、入口气流参数情况下，由式（2-73）即可计算出所需孔板的直径。由入口截面气流参数（$p_0$ 和 $T_0$）计算临界截面的气流参数 $c_1$ 的过程如下。绝热等熵过程满足如下方程

$$H_0 = H_1 + \frac{c_1^2}{2} \tag{2-74}$$

$$S_0 = S_1 \tag{2-75}$$

式中，$H_0$ 是入口截面气体的滞止焓，由于孔板元件入口流速一般较低，滞止参数和静参数相差很小；$H_1$ 是临界截面的静焓。对于理想气体，气流的压力 $p$、温度 $T$ 和密度 $\rho$ 之间满足理想气体状态方程，即

$$p = \rho RT \tag{2-76}$$

式中，$R$ 是气体常数。对比定压热容 $c_p$ 气体，焓可以表达为

$$H(T)=H_f+c_pT \tag{2-77}$$

式中，$H_f$ 为某一基准温度下的生成焓。根据热力学第一、第二定律，有

$$T\mathrm{d}S=\mathrm{d}H-\frac{\mathrm{d}p}{\rho} \tag{2-78}$$

式中，$S$ 为气体的熵。对式（2-78）积分，并联立式（2-76），得到入口与最小通流面积处（临界截面）的参数换算关系为

$$\frac{p_1}{p_0}=\left(\frac{T_1}{T_0}\right)^{\gamma/(\gamma-1)}=\left(\frac{\rho_1}{\rho_0}\right)^{\gamma} \tag{2-79}$$

式中，下标 1 为临界截面参数；下标 0 为入口截面参数；$\gamma$ 为气体的比热比。理想气体在最小通流面积处的声速为

$$c_1=\sqrt{\gamma\left.\frac{\partial p}{\partial\rho}\right|_T}=\sqrt{\gamma RT_1} \tag{2-80}$$

联立式（2-80）与式（2-74），推导可知当最小通流面积处的流速为声速时，该位置温度 $T_1$ 与入口温度 $T_0$ 的关系为

$$\frac{T_0}{T_1}=\frac{\gamma+1}{2} \tag{2-81}$$

因此，最小通流面积处声速可写成与入口温度 $T_0$ 相关的函数

$$c_1=\sqrt{\frac{2\gamma}{\gamma+1}RT_0} \tag{2-82}$$

联立式（2-82），孔板质量流量为

$$q_m=C_q\frac{1}{4}\pi d^2\rho_1c_1=C_q\frac{1}{4}\pi d^2\sqrt{\frac{2\gamma}{R(\gamma+1)}}\left(\frac{2}{\gamma+1}\right)^{\frac{1}{\gamma-1}}\frac{p_0}{\sqrt{T_0}} \tag{2-83}$$

式（2-83）即基于理想气体状态方程的孔板质量流量计算公式。

（2）考虑真实气体效应的孔板流量计算方法

理想气体状态方程是对气体真实物理特性的简化近似处理，高压或低温下，气体介质的状态与理想气体存在一定偏差，称为真实气体效应。为了更精确地计算孔板流量，可以采用更贴近真实气体的状态方程，例如 V-D-W（范德瓦耳斯）方程、Redlich-Kwong（雷德利希-邝）方程、Redlich-Kwong-Soave（雷德利希-邝-索阿韦）方程、Peng-Robinson（P-R，彭-罗宾森）方程、MBWR 方程等。

以运载火箭典型的增压介质 He 为例，对比 35 MPa 下、20～500 K 温度范围内各种状态方程计算的密度，并与 NIST 标准物性数据进行对比，如图 2-31 所示。结果显示，在低温、高压工况下，理想气体状态方程、范德瓦耳斯方程计算的密度值与 NIST 数据相比存在明显偏差，而 P-R 方程与 MBWR 方程都与 NIST 物性数据吻合良好，其中 MBWR 方程的计算精度最高。

考虑真实气体效应时，描述孔板流动的完备方程组为

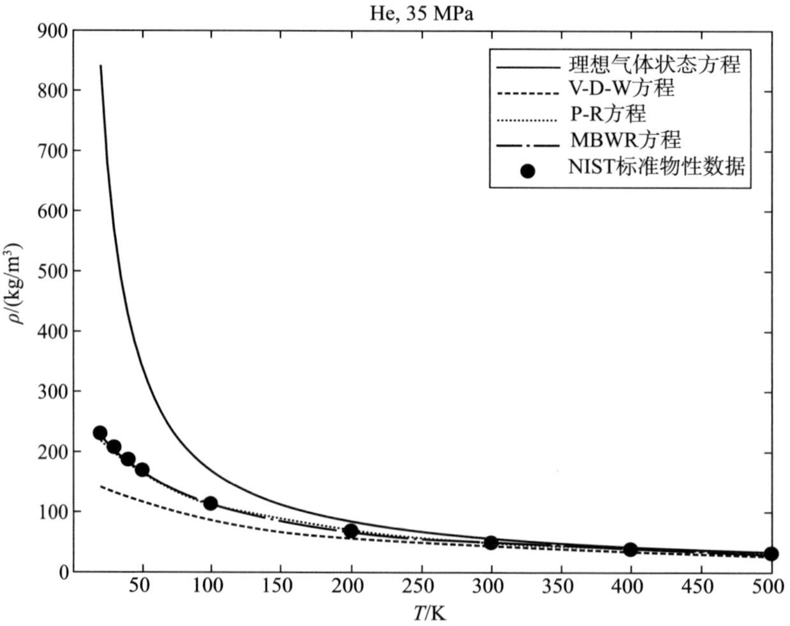


图 2-31　氦气密度计算结果对比

$$\begin{cases} H_0 = H_1 + \dfrac{c_1^2}{2} \\ S_0 = S_1 \\ T\mathrm{d}S = \mathrm{d}H - \dfrac{\mathrm{d}p}{\rho} \\ c_1 = \sqrt{\gamma \left.\dfrac{\partial p}{\partial \rho}\right|_T} \\ H = g(T) \\ p = f(\rho, T) \end{cases} \tag{2-84}$$

其中，第一项为绝热过程控制方程，第二项为等熵过程控制方程，第三项为热力学定律，第四项为声速的定义，第五项是气体的比焓，仅与气体温度有关，最后一项即气体的状态方程。共有 $H$、$S$、$c$、$p$、$\rho$、$T$ 这 6 个变量，求解这组方程即可得到孔板流动的全部参数。

MBWR 方程是一种由 32 个参数组成的状态方程，可以较精确地计算孔板流量，其形式是压力的显函数，即

$$p = \sum_{n=1}^{9} a_n \rho^n + \exp\left[-\left(\frac{\rho}{\rho_c^2}\right)^2\right] \sum_{n=10}^{15} a_n \rho^{2n-17} \tag{2-85}$$

式中，$\rho_c$为临界点（227.46 kPa、5.19 K）对应的密度，其余参数为：

$a_1 = RT$

$a_2 = b_1 T + b_2 T^{1/2} + b_3 + b_4/T + b_5/T^2$

$a_3 = b_6 T + b_7 + b_8/T + b_9/T^2$

$a_4 = b_{10} T + b_{11} + b_{12}/T$

$a_5 = b_{13}$

$a_6 = b_{14}T + b_{15}/T^2$

$a_7 = b_{16}/T$

$a_8 = b_{17}T + b_{18}/T^2$

$a_9 = b_{19}/T^2$

$a_{10} = b_{20}/T^2 + b_{21}/T^3$

$a_{11} = b_{22}/T^2 + b_{23}/T^4$

$a_{12} = b_{24}/T^2 + b_{25}/T^3$

$a_{13} = b_{26}/T^2 + b_{27}/T^4$

$a_{14} = b_{28}/T^2 + b_{29}/T^3$

$a_{15} = b_{30}/T^2 + b_{31}/T^3 + b_{32}/T^4$

其中，参数 $b_1 \sim b_{32}$ 的取值见表 2-11。

**表 2-11　MBWR 方程参数取值（氦气）**

| | | | |
|---|---|---|---|
| $b_1 \sim b_3$ | 4.559 0E−04 | 1.260 7E−02 | −7.139 7E−02 |
| $b_4 \sim b_6$ | 9.728 9E−02 | −1.589 3E−01 | 1.454 2E−05 |
| $b_7 \sim b_9$ | −4.708 2E−04 | 1.132 9E−02 | 2.410 8E−02 |
| $b_{10} \sim b_{12}$ | −5.093 5E−08 | 2.699 7E−05 | −3.954 1E−04 |
| $b_{13} \sim b_{15}$ | 1.552 0E−08 | 1.050 7E−07 | −5.501 2E−07 |
| $b_{16} \sim b_{18}$ | −1.037 7E−09 | 6.446 9E−12 | 3.299 0E−10 |
| $b_{19} \sim b_{21}$ | −3.555 6E−12 | −6.885 4E−02 | 9.166 1E−02 |
| $b_{22} \sim b_{24}$ | −6.544 3E−05 | −3.315 4E−04 | −2.067 7E−07 |
| $b_{25} \sim b_{27}$ | 3.850 2E−07 | −1.399 0E−10 | −1.888 5E−11 |
| $b_{28} \sim b_{30}$ | −4.595 1E−14 | 6.872 6E−14 | −6.097 2E−18 |
| $b_{31} \sim b_{32}$ | −7.636 2E−17 | 3.848 7E−17 | |

使用这一方法对测试孔板（流量系数 $C_q$ 取 1，最小通流面积取 1 $mm^2$，出口压力取 0.3 MPa）进行了计算，对比几种典型工况下的 MBWR 方程计算结果与理想气体方程计算结果，如图 2-32 所示，数据显示，300 K 和 100 K 低温工况下，两种算法数据吻合良好；20 K 低温工况下，在上游压力 1～20 MPa 范围内两种算法的最大相对偏差为 7%，需要根据精度需求选择合适的方程进行计算。

除了利用 MBWR 方程显式地计算气体状态参数外，另一种方法是利用试验测量数据插值计算状态参数，从而隐式地求解方程组（2-84）。NIST 数据库中包含了增压输送系统中常用气体介质不同温度和压力下的状态参数，包括密度、焓、熵等。基于求解非线性方程组的二分法，可以利用 NIST 数据库进行如下插值计算：

1）由 $p_0$、$T_0$，通过插值 NIST 数据库求得比焓 $h_0$、比熵 $s_0$。

2）令 $p_{下} = 0$，$p_{上} = p_0$。

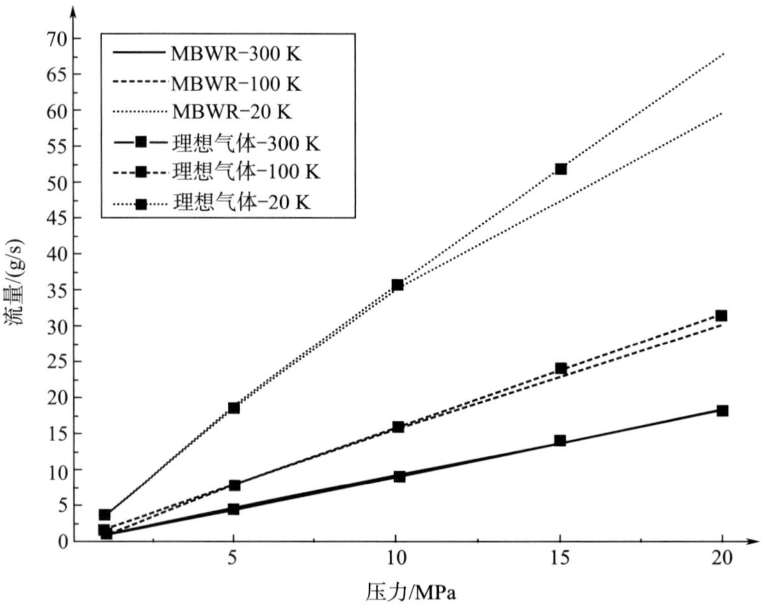


图 2-32　流量计算结果对比

3）令临界截面压力 $p_1=0.5(p_上+p_下)$，根据 $p_1$、$s_0$，通过插值 NIST 数据库求临界截面声速 $a_c$、比焓 $h_1$。

4）由公式 $\frac{c_1^2}{2}=h_0-h_1$ 计算临界截面速度 $c_1$。

5）若 $c_1<a_c$，则 $p_上=p_1$；若 $c_1>a_c$，$p_下=p_1$。

6）重复 3）～5），直到 $|c_1-a_c|/a_c\leqslant eps$（可以接受的误差，一般可选 0.001）。

7）此时即获得孔板喉部临界截面的气体压力 $p_1$、声速 $a_c$，通过插值 NIST 数据库求得孔板喉部气体密度 $\rho_1$。

8）孔板流量为 $q_m=C_q\frac{1}{4}\pi d^2\rho_1 a_1$。

这种插值方法计算量小，计算精度高，便于程序实现。

由于孔板内实际的流动并非是严格的一维绝热等熵流动，因此试验测量到的孔板流量与理论计算的流量之间存在差异，这一差异可利用流量系数 $C_q$ 进行修正。小孔进出口的锐边造成流动分离、孔内粗糙壁面带来摩擦、气体流动过程中与壁面发生换热，这些因素都使孔板流动不再是一维绝热等熵流动。流动分离使实际通流面积减小、摩擦导致附面层厚度增加，这两个因素都使得实际流量小于理论流量，因此孔板的流量系数通常是小于 1 的数。流量系数主要与孔板的形状和几何尺寸有关，包括小孔的长径比、进口圆角半径、进出口锥面角度、进口直径与孔径之比等。这些尺寸因素对流动的影响非常复杂，因而孔板流量系数的获取仍主要依赖于试验[37-40]。

国际标准 ISO 9300 给出了用于文丘里流量计的孔板流量系数计算公式[41]，对于图 2-33 所示结构的孔板，其流量系数主要由雷诺数决定，即

$$C_q = a - bRe^{-n} \tag{2-86}$$

其雷诺数 $Re$ 以孔板进口直径截面上的黏度、孔径和孔板质量流量作为特征参数，即

$$Re = \frac{4q_m}{\pi d\mu} \tag{2-87}$$

其余参数见表 2-12。

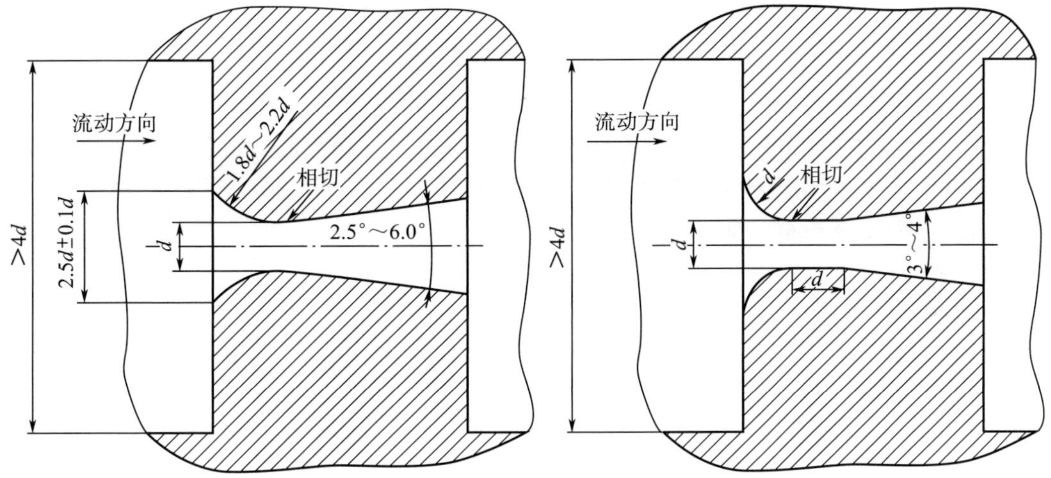


图 2-33　环形、筒喉部孔板

文丘里孔板进口圆角半径大，加工精度高，气体在流入孔板时不会发生附面层分离，因而其流量系数较为稳定，计算与试验符合得较好。表 2-11 中的参数是从大量试验数据中拟合得出的，在给定的雷诺数范围内，流量系数的计算精度能够达到 0.3%。

**表 2-12　ISO 9300 孔板的流量系数公式中各参数**

| 孔板类型 | 适用范围 | 参数 |
|---|---|---|
| 环形喉部孔板(一般加工型面) | $2.1\times10^4 < Re < 3.2\times10^7$ | $a=0.9959$<br>$b=2.720$<br>$n=+0.5$ |
| 环形喉部孔板(精密加工型面) | $2.1\times10^4 < Re < 1.4\times10^6$ | $a=0.9985$<br>$b=3.412$<br>$n=+0.5$ |
| 圆筒段喉部孔板 | $3.5\times10^5 < Re < 1.1\times10^7$ | $a=0.9976$<br>$b=0.1388$<br>$n=+0.2$ |

由于精确的圆角加工较为困难，增压输送系统中常使用锐边孔板，气流在锐边处容易发生分离，产生回流漩涡，造成箍缩现象。Howell[42] 等人提出孔板的流量系数主要由速度系数 $C_V$ 和收缩系数 $C_c$ 决定。$C_V$ 表示摩擦使速度减小的程度，$C_c$ 表示气流流经孔板后截面进一步收缩的程度。在孔板入口流速近似为0的条件下，这两个系数的乘积 $C_V \cdot C_c$ 即为流量系数 $C_q$。 在入口流速不能忽略的情况下，需乘以一个逼近系数，即

$$C_q = \frac{C_V C_c}{\sqrt{1-(C_V C_c)^2 \left(\frac{d}{d_0}\right)^4}} \tag{2-88}$$

式中，$d_0$ 为孔板入口管路通径。当孔板直径与入口直径相比很小时，逼近系数接近 1。对于长径比较大的锐边孔板，流量系数一般为 0.6～0.85。

除雷诺数这一基本特征参数外，影响锐边孔板的要素还包括进出口的倒角和上下游压力比。NASA 戈达德航天飞行中心的 Graham 等人通过试验测量了小长径比锐边孔板的流量系数[43]。其中，无倒角孔板［见图 2-34（a）］流量系数与压力比的关系曲线如图 2-35（a）所示，有倒角孔板［见图 2-34（b）］流量系数曲线如图 2-35（b）所示。从图中可以看出，除压力比这类无量纲参数外，小孔直径也对流量系数产生了较大影响，这也说明了锐边孔板流量系数的复杂性。

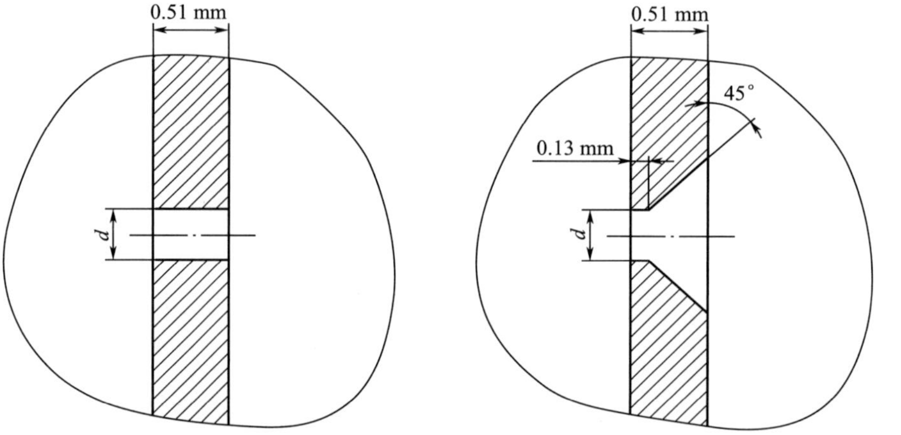


(a) 无倒角　　(b) 有倒角

图 2-34　出口有倒角（无倒角）的锐边孔板（$d$=0.4 mm、0.5 mm）

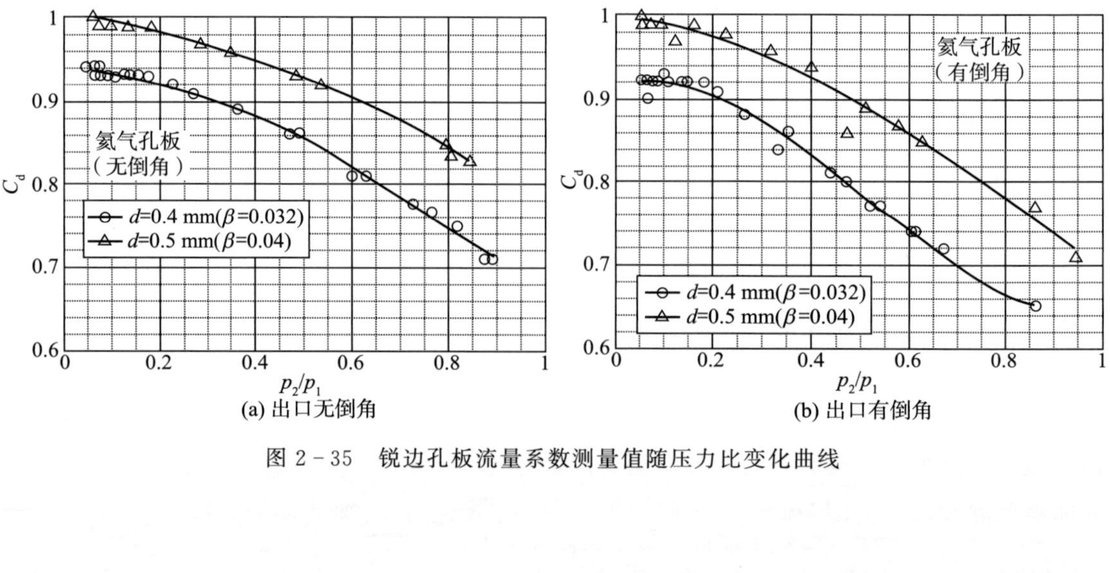


(a) 出口无倒角　　(b) 出口有倒角

图 2-35　锐边孔板流量系数测量值随压力比变化曲线

鉴于锐边孔板流量系数的影响因素较多，不同形式孔板流量系数公式的参数差异较大，通用性较差。因此，针对增压输送系统中某一具体形式的孔板，获取流量特性最有效的方法是利用试验对流量进行标定。图 2 - 36 给出了一种标定试验系统，其由气源、过滤器、减压器、质量流量计、手动截止阀、压力传感器和温度传感器等组成。为保证试验结果的精确性和稳定性，孔板前应具有较长的直管段，使来流均匀稳定。如果直边段较短，根据 ISO 9300 的建议[41]，应在上游增加稳流器，以减少导管内漩涡流动对测量带来的影响，如图 2 - 37 所示。

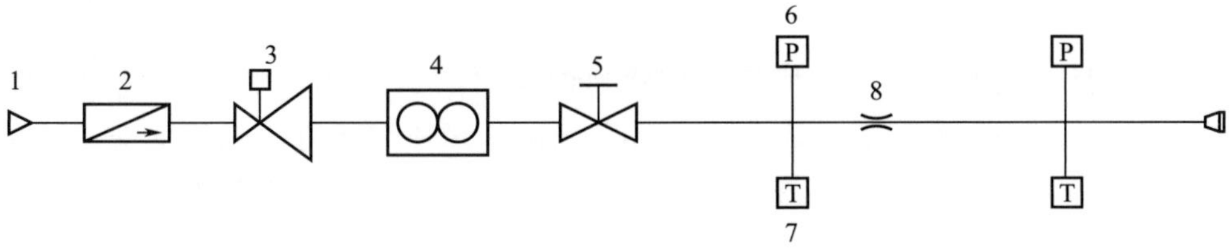


图 2 - 36　标定试验系统

1—气源；2—过滤器；3—减压器；4—质量流量计；5—手动截止阀；6—压力传感器；7—温度传感器；8—被测元件（孔板）

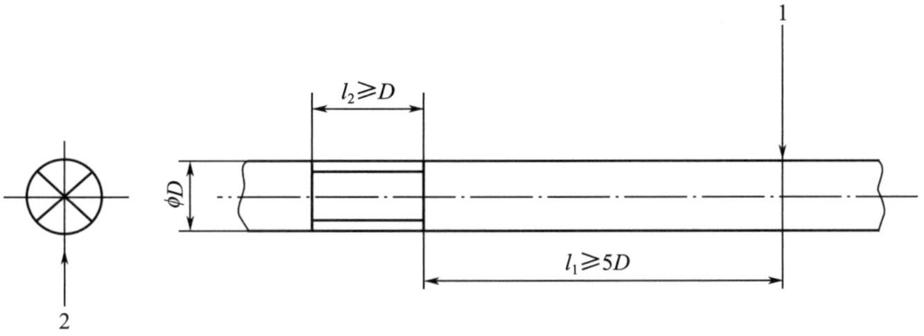


图 2 - 37　稳流器安装示意

1—孔板位置；2—稳流器

## 2.5　增压气体消能

消能器是推进剂贮箱中增压气体的管理元件，主要功能是在较短距离内将气流速度降低，防止高速气流吹起的低温推进剂在气枕中汽化吸热而引起气枕压力降低，进而维持液面稳定及贮箱压力稳定。

根据不同低温火箭子级的需求，增压系统在选择上往往存在一些差别。一般来讲，对于采用高温气体进行增压的系统，原则上需要避免与箱壁的直接换热，这一方面是由于直接冲刷换热会导致贮箱壁温增加过快，另一方面也导致了能量的大量损耗，降低了增压效率。同时，也需要考虑减小对推进剂液面的直接冲击，尤其是自生增压系统，以避免增压气体冷凝导致箱压大幅下降。但对于采用闭式非冷凝高温气体（如氦气）增压系统而言，一方面增压气体不会像自生增压那样产生冷凝；另一方面，闭式增压可根据箱压进行流量补充和调节。因此，可考虑采用轴向出流方式的消能器。

对于采用低温气体的增压系统，为了减少对于增压气体的消耗，往往需要考虑通过加强与壁面的换热来提升增压效率。对于这种情况，宜采用径向出流方式消能器，在壁面对气流冲击适应能力较强的情况下，宜考虑提高增压气体的出口速度来进一步强化换热。

### 2.5.1 消能器结构

降低进入推进剂贮箱气枕的增压气体流速的主要实现途径为：不断增大流通截面，使之速度降低，在较短距离（200～300 mm）内降低增压气体进入贮箱的动能，保证增压气流不造成液体飞溅；经过多级筛孔，利用小孔群消声原理，降低噪声，并使流速均匀化。一般要求增压气流通过消能器后压降小。

在参数相等的情况下，消能器的类型（径向或者轴向）对热质交换有显著的影响。国内外专家针对消能器中高压高速气体流动的流体动力学行为做了许多理论研究与试验验证工作。NASA 提出了多层孔板、截面扩大和中心蜂窝桶的消能器形式［半人马座（Centaur）AC－8］[44]。

从 NASA 开展的相关试验分析来看，消能器对于增压气体的用量和气枕内的温度分布都具有较大的影响[45]。1966 年，美国刘易斯（Lewis）研究中心针对液氢贮箱的增压气体消能器的几何形状对增压过程的影响做了理论分析和大量试验，并发现在锥形、半球形、圆盘形、径向形、多重筛网和直管型六种结构形式的消能器中，如图 2－38 所示，前 5 种扩散型的压降不如直管型的好，即相同工况下气体经过直管型的消能器后压力损失最小，但直管型消能器射出的是集中束流，会带来推进剂液面的波动和飞溅。在 5 种扩散型消能器中，锥形的增压效果最佳。对消能器几何形状的研究为消能器的整体设计提供了思路，且试验数据与理论计算的结果贴切，证明理论算法可靠度较高。

1968 年，美国刘易斯研究中心针对阿特拉斯半人马座－4 运载火箭的液氢贮箱设计了消能器，用于减小增压气体的动能，以防止液体飞溅到气枕上。设计消能器的主要思路是使增压气体在其内经历一系列的焓变过程，把动能转化为热能，减小增压气体的速度。在增压消能器的设计中，有两个问题需要考虑：1）增压气体所经过的流域长度要控制在一定范围内，这样消能器才能高效工作。针对这个问题，可以设置多孔孔板来耗散气体动能，孔板的开孔率根据开孔率—阻力系数的试验数据进行选择。为了提供结构强度，孔板设置成弧形能够更好地承受各种作用产生的载荷。2）在进入消能器之前的增压管路内，可能会存在声速流。针对这个问题，可以在消能器的入口处设置一个产生高压降的集气室，达到首轮耗能的效果。

针对增压气体进入气枕的过程，设计了蜗壳流线型消能器，如图 2－39 所示；针对用于吹气及预冷的循环管道，设计了管道循环筛滤消能器，如图 2－40 所示[45]。

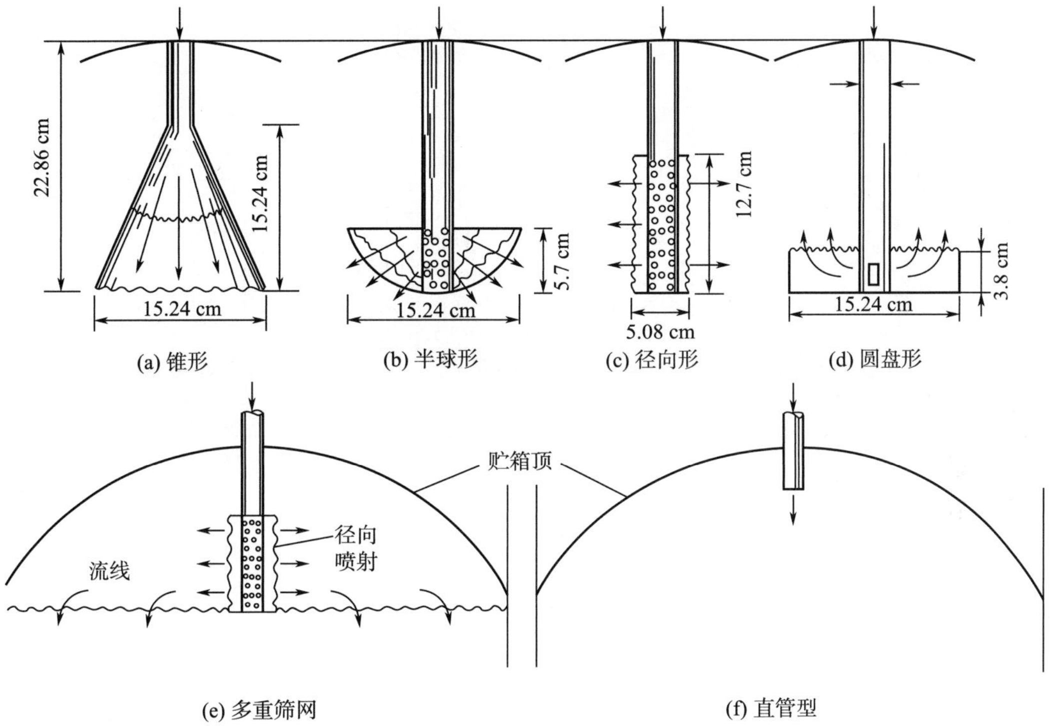


图 2-38　NASA 试验中所采用的消能器结构形式

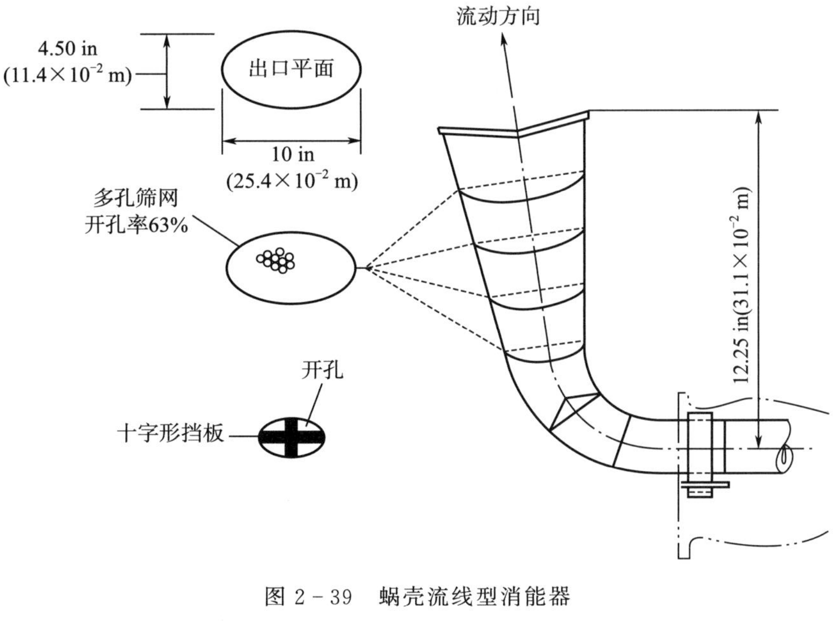


图 2-39　蜗壳流线型消能器

试验表明，计算结果与试验数据高度吻合，消能器出、入口的面积比是 34∶1，整体压降是 7 000 Pa，出口处增压气体的动能降到了 20 J，相比未设置消能器的 AC-4 入口处增压气体动能 11 000 J，消能降速的效果非常明显。贮箱壁上设置了传感器以观测液体燃

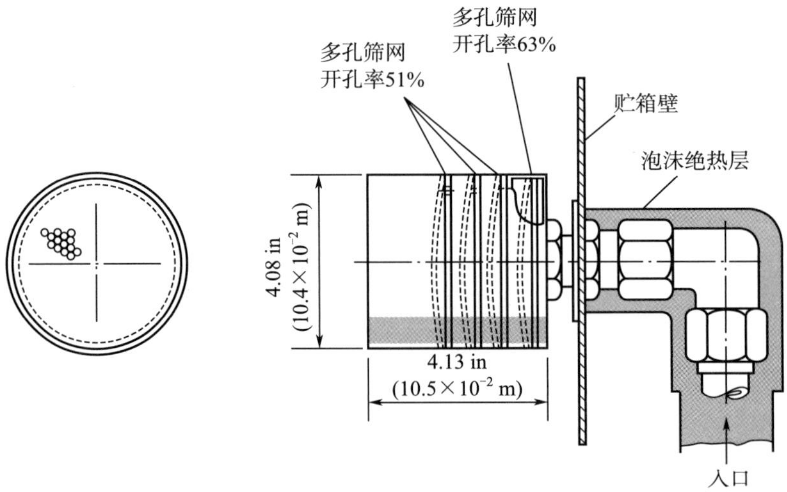


图 2-40　管道循环筛滤消能器

料的波动情况。试验证明，经过消能器再进入气枕的增压气体，没有引起任何的液体大幅度波动、飞溅情况，效果很好。

1972 年，美国刘易斯研究中心将 1968 年设计的消能器进行了改进，适用于半人马座-8 运载火箭 RL10 发动机的液氢贮箱，是一种喇叭开口形的增压消能器，形状示意图和安装位置如图 2-41[44]、图 2-42 所示[45]。

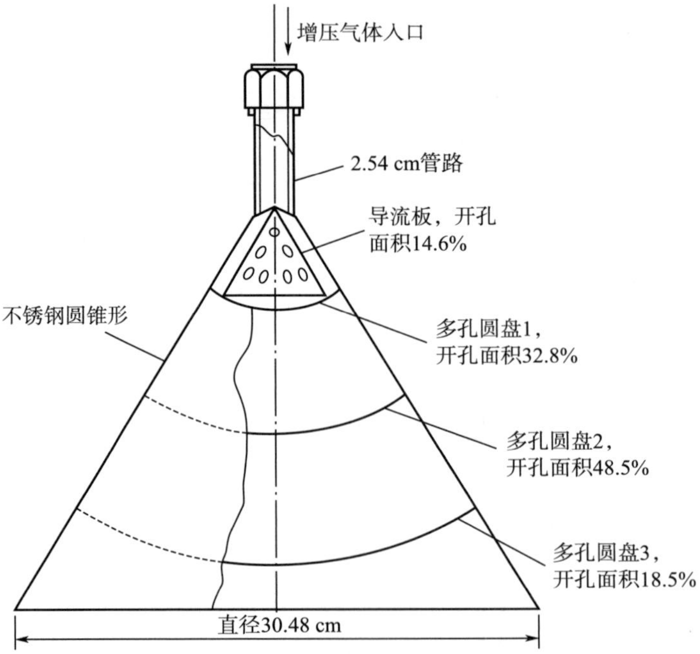


图 2-41　半人马座-8 液氢贮箱增压消能器形状示意图

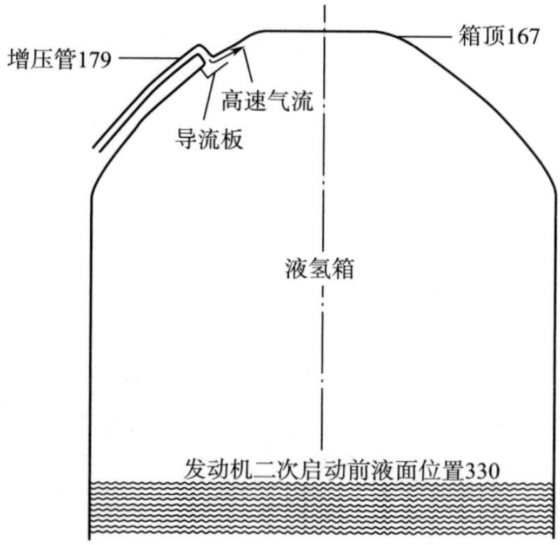


(a) AC-4

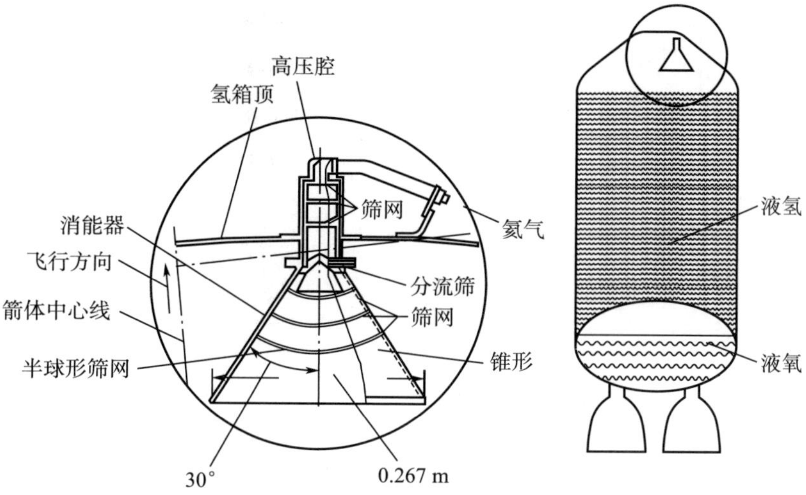


(b) AC-8

图 2-42　半人马座-8 增压消能器安装位置

这种消能器结构简单，整体形状是一个扩张锥形，由入口导管、锥形分流筛、三层孔板组成，设置在贮箱顶部，增压气体从上面级流下后经过消能器再进入气枕，能够平稳、低速地起到增压作用。根据刘易斯研究中心做的 1∶1 完全实物试验，液氢贮箱在启动段采用氦气增压，氦气流量为 0.15 kg/s，消能器入口最大马赫数为 0.37，出口马赫数降至 0.05；在稳定工作段采用氢气增压，氢气流量为 0.035 kg/s，消能器出口马赫数不高于 0.01[45]。

增压气流通过增压管口进入箱体内部后，要通过多孔挡板和筛孔来降低气流速度，达到消能的目的。如前所述，消能器可将入口气流的动能从 11 000 J 降低到出口能量为20 J，增压气流动能降低至入口气流的 1/500，从而起到消能稳压的作用。半人马座 AC－4［见图 2－42（a）］[46]与改进后的 AC－8［见图 2－42（b）］相比，由于后者安装了锥形消能器，在发动机第二次启动时，氢箱的增压压力较 AC－4 约高 0.09 MPa，而 AC－4 则由于未加控制，导致其增压压力较起初降低 0.05 MPa（见图 2－43）。由此可见消能器是增压系统的重要元件之一。

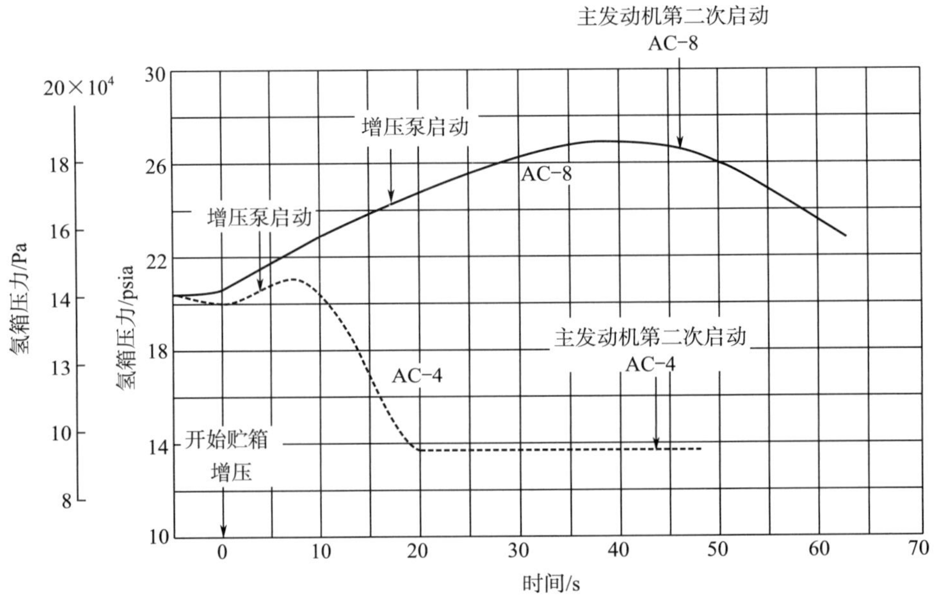


图 2－43　AC－4 和 AC－8 氢箱在发动机第二次启动时的增压压力比较

### 2.5.2　消能器仿真

消能器的仿真可采用商用流体动力学软件进行。考虑某消能器三维模型，入口直径为 20 mm，出口为 28 个小孔。设计工况条件贮箱气枕压力为 0.33 MPa，增压介质为 80 K 氦气，设计流量为 55 g/s。采用 ANSYS Fluent 12 对低温贮箱消能器的三维流场特性进行数值模拟，了解消能器的流阻特性、出口流速均匀性及参数影响特性。消能器对称面上的速度和压力分布如图 2－44 所示，出口平均速度及压力损失见表 2－13，增压气体从增压管路进入消能器入口，此时平均速度约为 88.8 m/s，经过消能器的上部孔板结构进入消能器环形腔体，再经过腔内孔板到达出口处，平均速度降到 14.8 m/s，并相对均匀地流出消能器进入贮箱增压，消能器在设计流量的最大压力损失为 1 351.2 Pa。

**表 2－13　消能器仿真分析结果**

| 进口流量 | 进口平均速度 | 出口平均速度 | 压力损失 | 速度降 |
|---|---|---|---|---|
| 55 g/s | 88.8 m/s | 14.80 m/s | 1 351.2 Pa | 83.33% |

消能器出口由 4×7 个小孔组成，为了分析消能器出口的流速分布情况，图 2－45 给出了消能器各个出口速度分布情况。消能器出口速度在 11.04～25.04 m/s 之间，分布较为均匀。

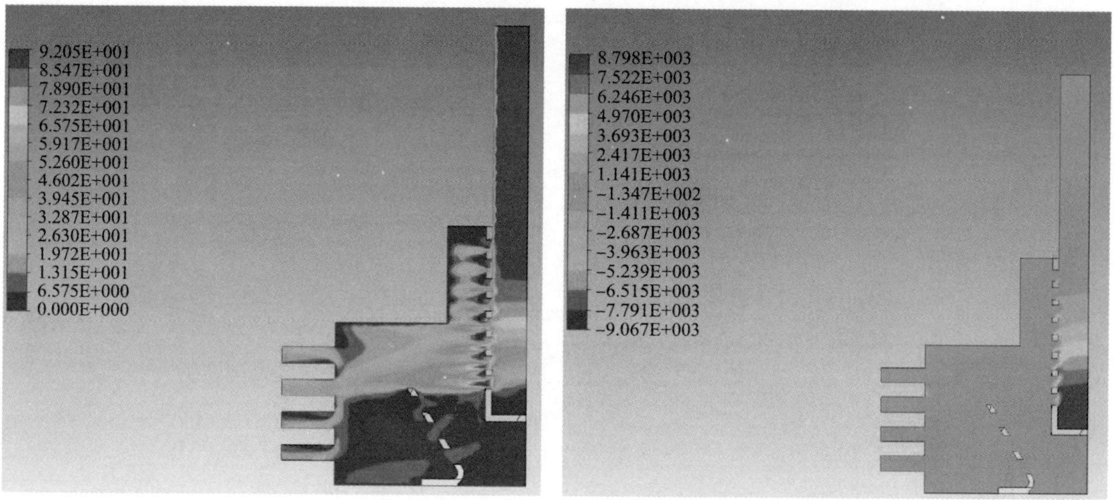


(a) 对称面上的速度(m/s)　　(b) 压力(Pa)

图 2-44　对称面上的速度和压力分布图（见彩插）

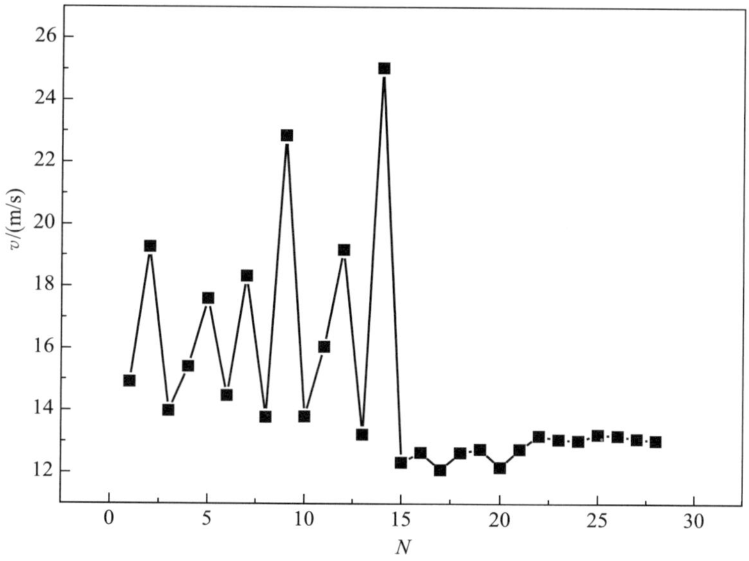


图 2-45　各小孔出口速度分布情况

由于消能器增压入口结构会影响贮箱顶端温度场的分布，进而对压力变化规律产生影响，因此有必要对不同消能器结构条件下的增压过程进行分析，比较各种结构对增压过程的影响，并在此基础上选择最合适的消能器结构[47-51]。通过商用软件建立了 4 种消能器结构（入口水平且直径 0.32 m、入口水平且直径 0.16 m、入口竖直向下、半球形入口）的 CFD 仿真模型。

图 2-46 展示了不同消能器结构对贮箱压力的影响。

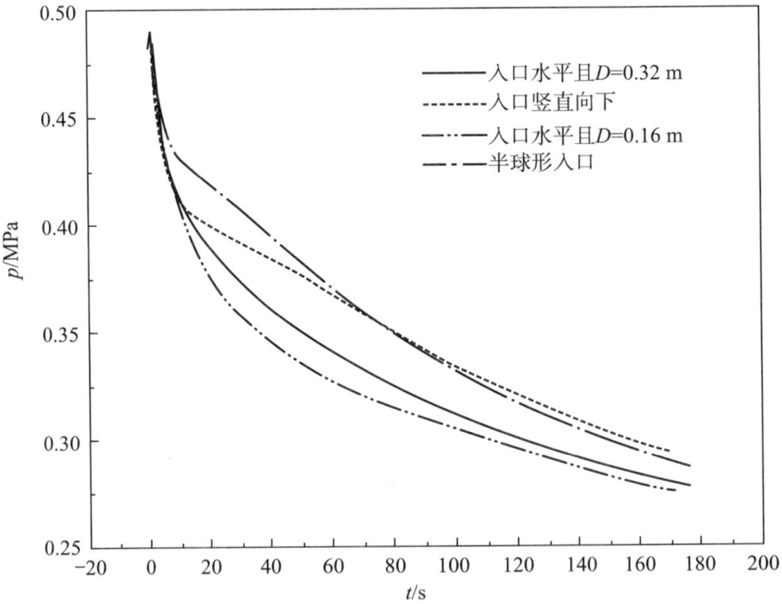


图 2－46　增压入口结构对贮箱压力的影响

通过对比可以看出，增压入口竖直向下或者通过半球形出口时，所得气枕压力较水平入口结构的消能器更高，这主要是由于消能器开口向下，高温气流并不直接冲刷固壁，增压气体传递给壁面的能量更少，有更多能量留在气枕区起增压作用，同时气体直接冲刷液面造成的扰动使液体推进剂蒸发更剧烈。

图 2－47～图 2－50 分别展示了不同消能器结构对终了时刻气枕温度场及速度场的影响，其中图（a）为温度场分布云图，图（b）为对应的速度矢量图。对比图 2－48 和图 2－47 可以看出，图 2－47 所展示的贮箱顶端平均温度高于图 2－48，这是因为当增压出口均为水平开口时，消能器直径越小，说明出口面积越小，导致出口速度越大，进而对箱内流场及温度场扰动越强，贮箱顶端温度径向分布越明显。

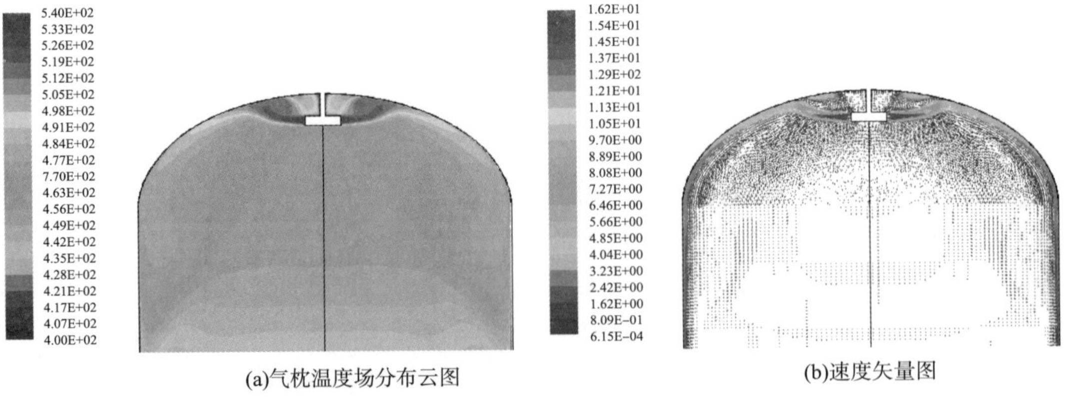


(a)气枕温度场分布云图　　(b)速度矢量图

图 2－47　出口水平，$D=0.32$ m（见彩插）

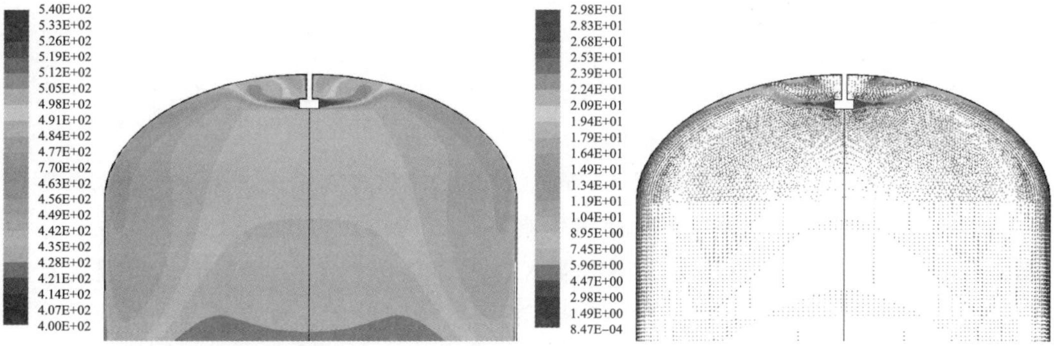


(a)气枕温度场分布云图　(b)速度矢量图

图 2-48　出口水平，$D=0.16$ m（见彩插）

图 2-49 展示了增压出口竖直向下时的温度场与速度场分布，可见增压来流对气枕物理场的扰动非常明显，造成温度沿径向存在明显的梯度。图 2-50 所展示的半球形出口结果对应的温度场与速度场分布图中，出口流速并非沿出口面均匀分布。

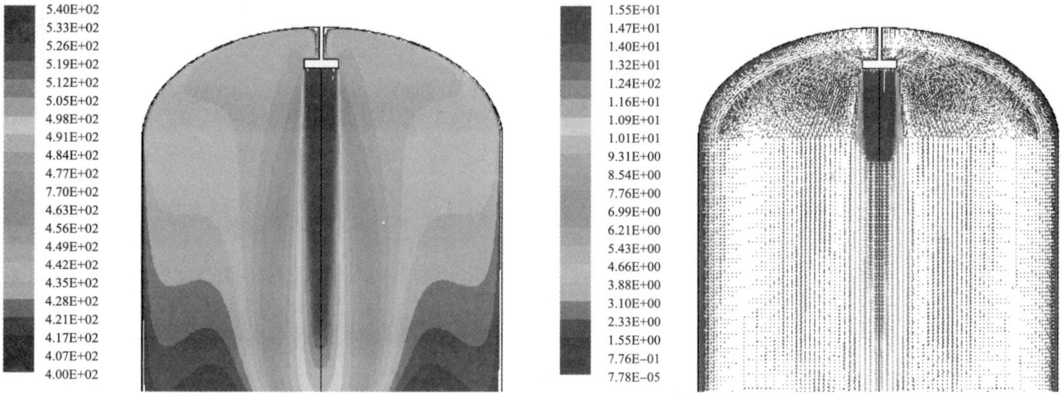


(a)气枕温度场　(b)速度矢量图

图 2-49　出口竖直向下（见彩插）

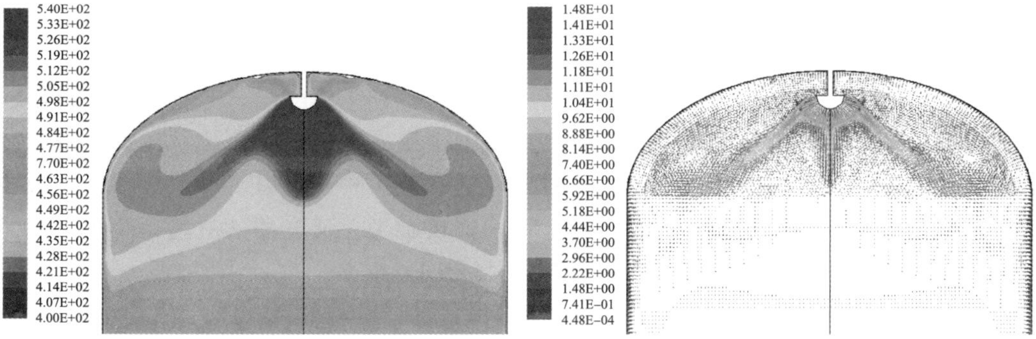


(a)气枕温度场　(b)速度矢量图

图 2-50　半球形增压出口（见彩插）

### 2.5.3 消能器试验

通过理论分析完成消能器的初步设计后，由于理论分析与实际工况还存在一定的差异，因此，需要通过试验对设计过程的正确性进行验证。

消能器性能测试试验系统包括气源、配气系统、流量控制系统、测量采集系统等，主要由过滤器、气源阀、自动减压器、输出手阀、孔板入口压力传感器 P2、孔板入口温度传感器 T1、孔板、孔板出口压力、消能器入口压力传感器 P3、消能器入口温度传感器 T2、消能器试验件、手持式测速仪、容器、减压器控制设备、数采设备等组成。该系统可为消能器提供所需流量的空气，试验系统原理图如图 2－51 所示。

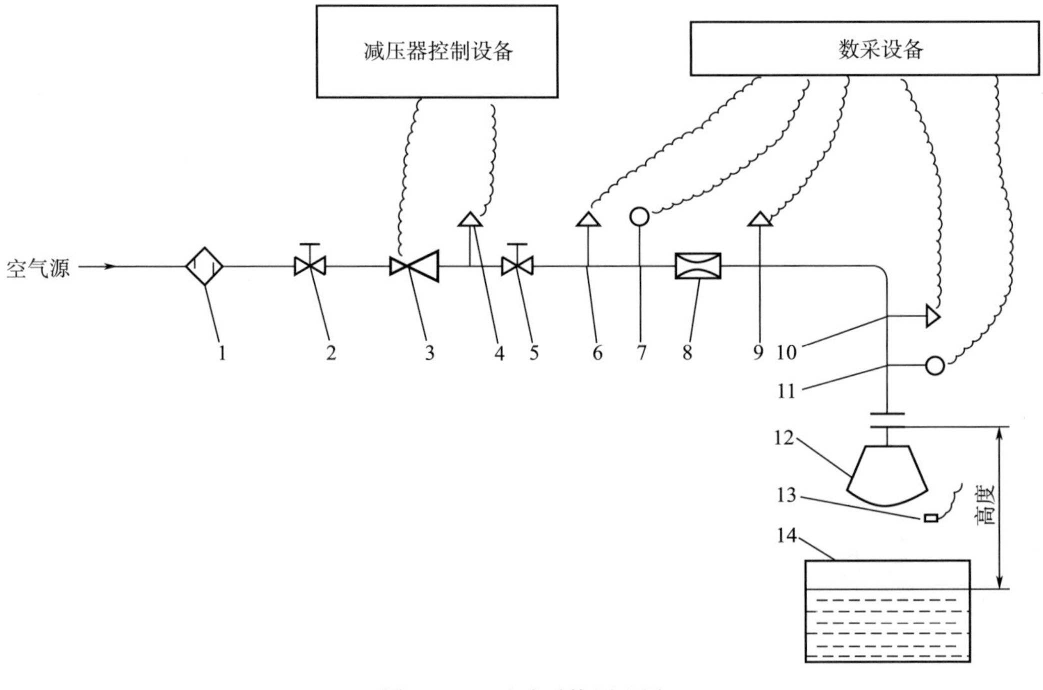


图 2－51　试验系统原理图

1—过滤器；2—气源阀；3—自动减压器；4—减压器后压力传感器 P1；5—输出手阀；6—孔板入口压力传感器 P2；7—孔板入口温度传感器 T1；8—孔板；9—孔板出口压力传感器；10—消能器入口压力传感器 P3；11—消能器入口温度传感器 T2；12—消能器试验件；13—测速仪；14—容器

通过消能器试验，能够获得其在给定入口压力、温度下的出口流速及压力参数，从而可评价消能器的减速效果及流阻特性。通过定性的试验观察，可以了解消能器结构对推进剂液面的扰动影响，为判断消能器是否满足要求提供参考。消能器试验过程中得到的消能器出口距离液面高度 $H$ 对液面的影响如图 2－52 所示。

上述试验在开敞空间进行，与消能器在贮箱封闭气枕中的实际工作过程还存在一定的差异，因此目前消能器的试验系统主要用来考核消能器的流阻及减速特性，其对于液面的影响只作为参考。消能器的流阻特性将决定增压系统的设计压力，甚至影响增压孔板的流

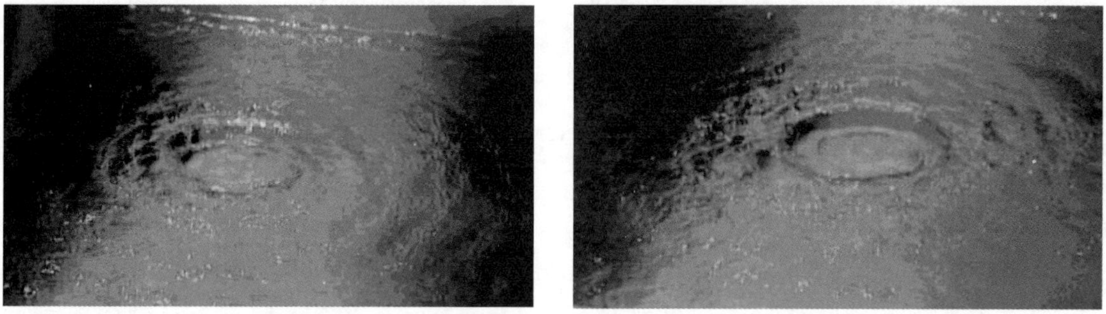

$H$=300 mm　　$H$=600 mm

图 2-52　$H$ 对液面的扰动影响

量及增压气瓶的最低工作压力。对于贮箱安全阀设置在增压管路上的系统来说，消能器的流阻特性也影响了安全阀的开启压力和贮箱最高压力。因此，消能器流阻特性的确定起着至关重要的作用。

## 2.6　增压系统性能仿真

增压系统的增压方式及各模块的基本参数确定后，需要根据增压系统组成建立整个系统的仿真分析模型，开展系统的性能仿真。增压系统性能仿真的主要目的是验证贮箱增压系统是否能够满足推进剂的供应压力需求，是否能够满足贮箱结构承载所需的气枕压力需求。通过仿真计算确定增压流量、增压气体介质用量、气枕温度、气枕压力等参数。开展系统性能仿真的优势还在于：可以对飞行中可能发生的任意故障模式进行模拟，对系统在故障工况下的适应能力进行仿真分析，验证系统在一度故障下工作的适应能力。通过系统性能仿真对实际贮箱压力是否满足要求进行评估，首先要确定贮箱需要增压压力的上、下限和初始气枕容积压力等边界条件和初始条件，再结合前述相关公式开展。

### 2.6.1　需要的增压压力

贮箱需要的增压压力要满足发动机泵入口压力的最低需求，还需要满足在各类工况下贮箱强度、刚度的压力需求。需要指出的是，这里“贮箱需要的增压压力”包含两部分内容，一部分是满足发动机泵入口的最低压力需求，另一部分是满足贮箱结构本身需要的增压压力，是两者综合考虑的结果。为了确保增压故障工况下的贮箱结构安全，在贮箱上设置安全阀，一般来说贮箱能够承载的最高压力值即为安全阀的开启压力上限值。因此，启动和飞行过程中实际的贮箱气枕压力应不大于安全阀的开启压力，不小于发动机和贮箱需求的最低增压压力。

贮箱需要的增压压力确定时，需要考虑的因素及必要的输入条件一般包括：

1）发动机泵入口压力需求（一般分为启动段和稳定工作段）；

2）发动机的流量数据（一般分为启动段和稳定工作段）；

3）贮箱内的液位高度（液面至发动机泵）随飞行时间的变化曲线；

4）飞行过载随时间的变化曲线；

5）推进剂介质种类、推进剂温度变化；

6）输送管路布局，弯头种类、数量、口径、长度、材料等信息；

7）初始气枕容积，初始气枕压力；

8）贮箱结构在各工况下的压力需求。

贮箱需要的增压压力是进行增压系统设计时的目标或边界条件，增压压力的确定均以满足需要的最低增压压力来设计，并留有一定的余量，但不应该过大，避免增加不必要的贮箱箱壁厚度，增大贮箱结构质量。

（1）满足发动机泵入口需要的贮箱增压压力

按照增压系统的特点，根据发动机泵入口的压力需求、输送管路的最大压力损失、推进剂饱和蒸气压力、飞行中过载形成的液柱压力可计算出贮箱需要的增压压力，计算公式为

$$p_x = p_{bx} + \Delta p_\Sigma + \Delta p_{af} - n_x \rho g h \tag{2-89}$$

式中，$p_{bx}$ 为发动机泵入口需求压力（含负水击项，总压，Pa）；$n_x$ 为飞行过载系数；$h$ 为贮箱至泵入口的液位高度（m）；$\Delta p_{af}$ 为发动机启动时液体加速度损失（Pa）；$\Delta p_\Sigma$ 为流动阻力损失（Pa）。

流动阻力损失包括管路阻力和各种局部阻力损失，在工程上用下式来计算，即

$$\Delta p_\Sigma = \left(\lambda \frac{L}{d} + \sum \xi_i + 1\right) \cdot \frac{\rho v^2}{2} \tag{2-90}$$

式中，$\lambda$ 为摩擦损失系数；$L$ 为管长；$d$ 为管内径；$\xi_i$ 为各种局部阻力系数，可查相关水力学手册或试验确定；$\rho$ 为流体密度；$v$ 为流动速度。这部分损失包括输送管路产生的摩擦损失，消漩防塌装置、蓄压器、弯头、收缩扩张接头、多通、波纹管等产生的局部损失和动压头损失。其中，沿程流阻损失系数按下式计算，即

$$\lambda = 0.003\,2 + 0.221 Re^{-0.237} \tag{2-91}$$

$$Re = \frac{\rho d u}{\mu} \tag{2-92}$$

$$u = \frac{4\dot{m}}{\pi d^2 \rho} \tag{2-93}$$

式中，$Re$ 为雷诺数；$\mu$ 为流体动力黏度；$\dot{m}$ 为推进剂的质量流量；$u$ 为沿管路轴线的速度。

波纹管的流阻系数可按下式计算，即

$$\xi = \frac{L_{nf}}{d\left(1 + 2\ln \dfrac{d_{nf}}{2H_{nf}}\right)^2} \tag{2-94}$$

式中，$L_{nf}$ 为波纹管长度（m）；$d_{nf}$ 为波纹管内径（m）；$H_{nf}$ 为波纹管的波纹高度（m）；$d$ 为输送管路内径（m）。

（2）防止推进剂流经消漩防塌装置进入输送管路时出现空化现象

当贮箱内的推进剂流入输送管路时，由于消漩防塌装置的流阻损失 $\Delta p_1$ 及动压头 $\Delta p_2$，使输送管路入口静压 $p_j$ 变小。如果静压小于该处的推进剂饱和蒸气压，则在输送管入口处会出现空化现象。因此，要保证该处的静压始终大于推进剂的饱和蒸气压，即

$$p_j = p_x + p_h - (\Delta p_1 + \Delta p_2) > p_s \tag{2-95}$$

式中，$p_s$ 为输送管入口处的推进剂饱和蒸气压（Pa）；$\Delta p_1$ 为消漩防塌装置的流阻损失（Pa）；$\Delta p_2$ 为推进剂流过消漩防塌装置的动压头（Pa）；$p_x$ 为贮箱气枕压力（Pa）；$p_h$ 为液柱压力（Pa）。

对于低温推进剂火箭飞行末期，贮箱压力较低，且箱内推进剂即将耗尽时的情况更需要引起注意。对贮箱出流的详细讨论见 3.3 节。

（3）贮箱结构需要的增压压力

贮箱需要的增压压力计算除需考虑发动机入口需要的增压压力外，还需满足不同飞行状态贮箱结构载荷需要的增压压力，如起飞前、跨声速段、发动机关机及级间分离等。最终贮箱需要的增压压力范围取发动机泵入口需要的贮箱增压压力和贮箱结构需要的增压压力值的最大包络。

（4）安全阀开启压力上限

安全阀开启压力上限是由需要的增压压力确定的，安全阀的开启压力值一般取贮箱需要的增压压力的绝压最大值加上设计余量。安全阀的开启压力越低，结构效率越高，而增压系统的设计压力带越窄，则增压系统的设计难度越大。同时安全阀的开启压力决定了贮箱设计压力。为获得更佳的结构效率，需要增压系统与结构系统进行多次迭代确定。

综上所述，贮箱需要的增压压力下限是由发动机泵入口需要的增压压力与贮箱结构需要的增压压力的最大值决定的，增压压力上限是安全阀的开启压力，如图 2－53 所示。贮箱增压压力的上下限确定后，飞行过程中的贮箱压力应介于两者之间。

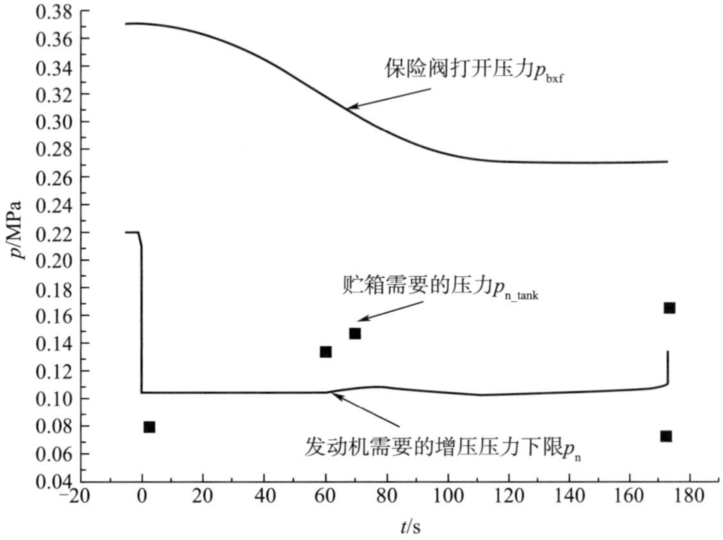


图 2－53　贮箱设计压力范围示意图

### 2.6.2 初始容积及压力

射前地面增压系统用于维持在发射前和发动机点火至起飞段的推进剂贮箱内的气枕压力。一子级飞行时，二级、三级推进剂贮箱内的初始气枕压力或补压系统应确保可满足飞行过程中的贮箱结构强度和稳定性要求，也要满足主增压系统进入工作状态前，发动机启动所需的泵入口压力。

一般在发动机点火前，贮箱由地面增压系统进行充气，并达到某一特定初始压力 $p_0$。在发动机点火时刻，贮箱推进剂开始消耗，气枕内压力由于主增压气体的增压延迟导致压力骤降。这是自生增压系统一定有的特性。贮气式增压系统可以通过时序控制提前增压弥补，只不过对增压流量控制要求较高。它的充气延迟是由控制系统及电磁阀的启动和气体输送时间决定的，其延迟大约有零点几秒钟。自生增压系统初期的温度、流量、压力等参数达到稳定状态需要的时间更长，需要充分考虑对贮箱压力变化的影响，压力降低值由主增压系统工作开始前的初始气枕体积和贮箱推进剂消耗决定。涡轮泵组件的泵前压力如不满足发动机入口压力最低需求，会导致发动机启动失败或点火中止。因此，应通过对初始气枕容积的设计、提高发射前贮箱气枕初始压力或增加补压系统来避免此类情况发生。

最小初始气枕容积和火箭最大推进剂加注量决定了贮箱的总容积。推进剂加注后最高液位水平面与贮箱上底形成最小气枕，此时应确保不会对增压系统启动和工作造成影响。即当贮箱内气枕容积最小时，增压消能器及安全阀、排气阀出口不会浸在液体推进剂中，以避免增压系统工作异常。

贮箱初始气枕容积的确定需要考虑如下因素[36]：

1）推进剂加注后停放期间的温度变化造成的气枕容积变化的影响；

2）贮箱增压管口消能器和溢出管口挡浪罩的要求；

3）加注偏差对初始气枕的影响；

4）贮箱加工造成的容积偏差对初始气枕的影响；

5）考虑启动段气枕压力变化范围对初始气枕容积的需求。

当贮箱的初始气枕压力和容积选定后，在发动机启动段，将增压气体在过渡过程变化的流量、温度参数和发动机启动段的流量变化参数，代入增压计算模型，得到贮箱气枕压力、温度的变化结果。如果不能满足发动机正常启动和工作要求，则需要调整贮箱初始气枕压力和容积值，或者增加补压系统。

初始气枕容积一般取贮箱容积的 4%～10%。

初始气枕压力值（$p_0$）应确保在以下范围内，即

$$p_{\min} < p_0 < p_{\max} \tag{2-96}$$

式中，$p_{\max}$ 为贮箱内最大允许压力，一般为安全阀的开启压力；$p_{\min}$ 为贮箱需要的增压压力下限值。

通过设计时对贮箱初始容积进行选择或在主增压系统进入稳定工作状态前进行补给，

可避免贮箱压力低于允许的最小压力下限值。

若在发动机点火前无气枕补给，那么在考虑到贮箱内气体膨胀过程时应取绝热状态，最小初始气枕体积由下列公式确定，即

$$V_0^{\min}=\frac{p_{\min}V_{\max}}{p_0-p_{\min}} \tag{2-97}$$

$$V_{\max}=V_g+V_f \tag{2-98}$$

式中，$V_{\max}$ 为主增压系统进入工作状态前从贮箱内泄出的推进剂的最大体积；$V_g$ 为发动机隔离阀后的管道填充需要的推进剂体积；$V_f$ 为主增压系统进入工作状态前发动机消耗的推进剂体积。

动力系统管路体积 $V_g$ 可由动力系统的结构确定。发动机消耗的推进剂体积是从发动机启动充填点 $t_0$ 开始到主增压系统进入工作状态前 $t_1$ 时间段内体积流量的积分

$$V_f=\int_{t_0}^{t_1}\dot{V}\mathrm{d}t \tag{2-99}$$

式中，$\dot{V}$ 为发动机推进剂体积流量。

### 2.6.3　系统性能仿真

增压系统通常由气瓶、阀门、换热器、贮箱及管路等构成。依据增压系统原理图和图样、技术文件，分析增压系统的组成和工作原理，了解增压系统及重要部件的基本性能指标，形成全面系统的建模思路。具体包括以下内容：

1）分析增压系统的工作原理，对系统功能进行划分，按照功能模块进行初步建模。

2）对工况进行梳理，确定系统的工作介质、工作压力及工作温度，选择合适的气体模型。

3）参照 2.3.1 节～2.3.3 节，根据增压过程中贮箱气枕压力、温度变化建立合理的贮箱增压模型，同时考虑贮箱内的增压气体与金属壁的换热、气液相变、气液相热交换及液体推进剂与金属壁间的换热。

4）参照 2.3.3 节，根据气瓶放气过程中的压力温度变化采用合理的计算模型，同时需考虑气瓶内增压介质与金属壁的换热。

5）参照 2.3.4 节，考虑长管路沿程流阻损失、高速流动的气体压缩性及惯性效应，一般采用合理的气动管路模型；低温管路或加温增压管，需考虑管路热容对初始增压性能的影响，管路热容建模由结构热容模块、热传导模块、热对流模块、热辐射模块等组成；弯管、变径管、三通等存在局部流阻损失，需根据具体工况建立合适的局部流阻模型。

6）参照 2.4.3 节，根据具体工况选择合适的限流孔板模型。

7）增压系统的仿真分析流程如图 2－54 所示。

根据上述公式，以典型的 $N_2O_4$ 贮箱自生增压为例，建立贮箱增压计算程序，蒸发器出口温度分别取 523 K 和 623 K，如图 2－55 所示。图中 $p$（523 K）、$p$（623 K）分别表示

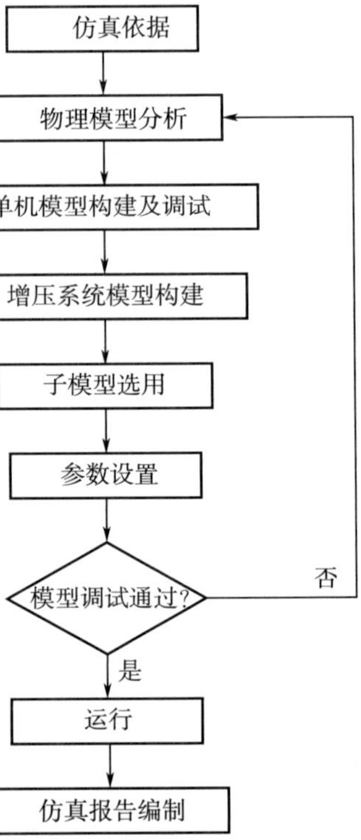


图 2－54　增压系统的仿真分析流程

在对应换热器出口温度下的贮箱气枕压力，$p_{xy}$ 表示为满足发动泵入口最低压力所需的最低贮箱气枕压力，$p_k$ 表示安全阀的开启压力。从图 2－55 中可以看出，飞行过程中，贮箱压力均大于发动机泵入口的最低压力需求，同时低于安全阀的开启压力。

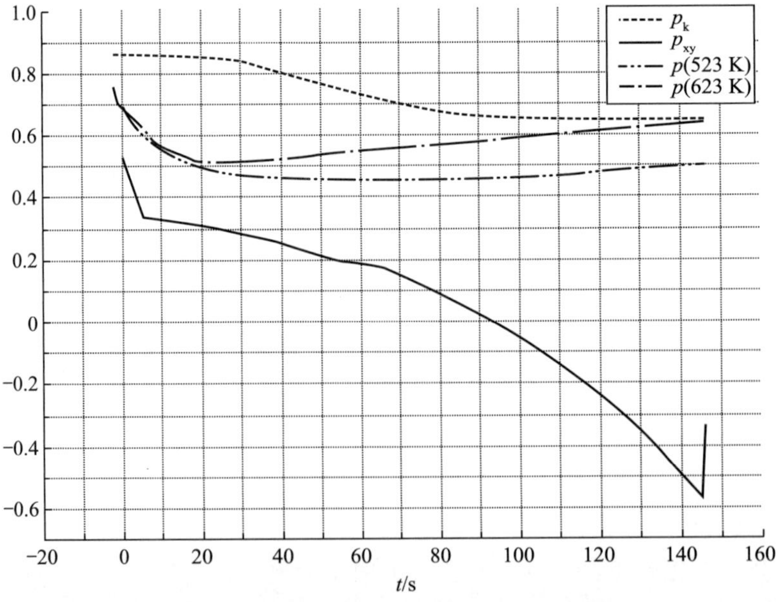


图 2－55　典型自生增压贮箱压力计算结果

除通过 2.3 节中的计算公式编程仿真外，也可通过商业软件 AMESim 来建立仿真模型。以典型的氦增压系统为例，对氦增压系统原理、工作时序、环境条件、仿真工况进行分析，确定如下内容：

1）根据增压系统原理及构成，将氦增压系统划分为氦气瓶、电磁阀、孔板、氦换热器、常温补压气瓶、管路、贮箱、安溢阀等组件。

2）工质为氦气。

3）氦增压系统工作段，贮箱、氦气瓶内为增压气体与低温贮箱之间的强制对流换热；滑行段，贮箱内近似看作气枕与低温贮箱之间的自然对流换热，氦气瓶内近似看作冷氦气体与气瓶金属固壁之间的自然对流换热；根据工作时序，选择合适的传热系数计算模型。

4）根据限流孔板设计参数，确定孔板模型的通流面积和流量系数。

5）根据管路系统的实际结构和工况，确定管路模型的初始温度和管壁金属热容参数，考虑管路热容对低温管路换热的影响。

基于 AMESim 软件搭建增压系统模型，如图 2-56 所示。

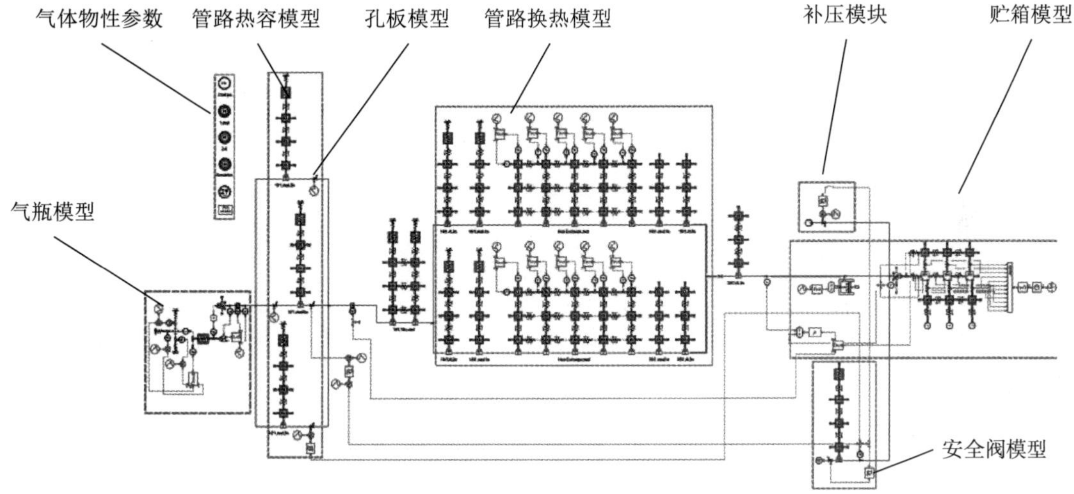


图 2-56　系统仿真模型

根据增压系统原理及仿真工况，确定模型中的状态参数和初值参数。状态参数主要包括：气瓶容积、气瓶固壁热容、孔板通流面积、管路长度、管路内径、管路壁厚、贮箱固壁热容等；初值参数主要包括：初始气瓶压力和温度、初始气枕压力和温度、初始气枕体积、初始液面高度、管路初始温度等。以气枕压力为例，仿真结果如图 2-57 所示。图中 $p_{xy}$ 表示为满足发动泵入口最低压力所需的最低贮箱气枕压力；$p_{Tank}$ 表示保证贮箱结构强度和刚度所需的气枕压力；$p_{zstand}$ 表示额定工况下的贮箱气枕压力；$p_{zlow}$ 表示考虑换热器出口温度最低工况下的贮箱气枕压力；$p_{bxf}$ 表示贮箱安全阀的开启压力。其中对应换热器出口温度较低的工况和温度较高的工况下，贮箱气枕压力始终高于满足发动机泵工作需要的气枕压力，同时高于贮箱结构强度和刚度所需要的气枕压力。气枕最高压力低于安全阀的开启压力，说明贮箱气枕压力设计合理。

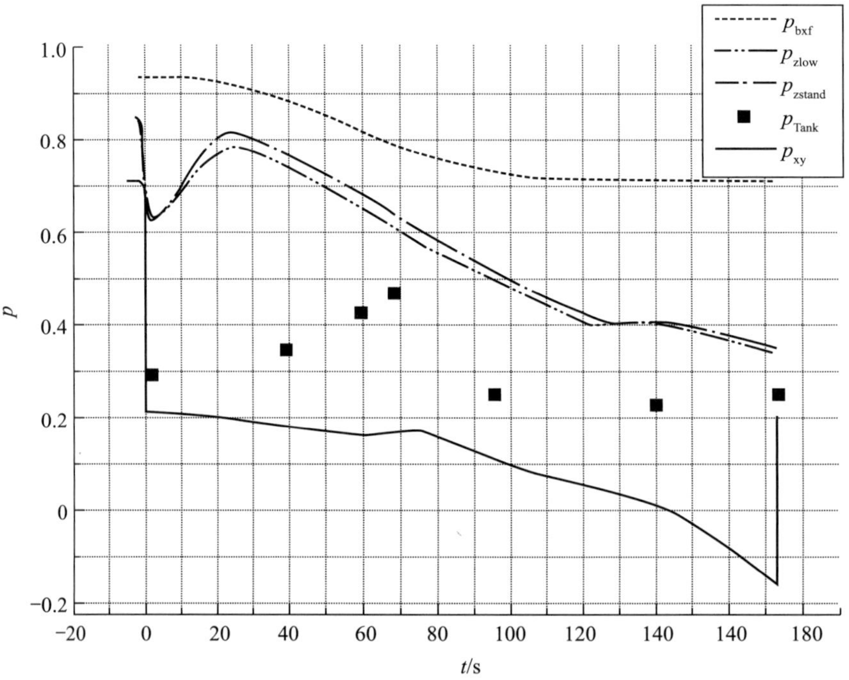


图 2-57　典型氦气瓶增压系统气枕压力计算曲线

## 2.7　增压系统试验

前面对增压系统的模型和仿真都进行了介绍，由于理论和仿真模型与实际物理模型存在差异，必要时需要开展地面试验，验证增压气体量设计的充足性，气瓶放气过程的温度压力变化规律，获取增压气体与管路、贮箱及推进剂的换热特性，验证各组件的工作匹配性，验证系统在各故障工况下的适应能力等。一般包括气瓶充放气试验、增压流量匹配试验、模拟增压系统试验、模拟故障工况试验等。如果采用自生增压方案或贮气式加温增压方案，增压系统的气体由发动机提供或者由发动机加热到一定的温度，需要对增压气体的流量、压力、温度等选取的合理性进行系统联合增压试验。应充分模拟发动机换热器的加温特性，以确保增压系统设计满足要求。

### 2.7.1　试验参数确定

开展 1∶1 的试验是最真实的，但当经费、周期和试验条件受限时，进行缩比试验成为现实的选择。

对地面模拟试验提出的主要要求是在增压系统工作期间，真实贮箱和模拟贮箱内的气体压力 $p$ 相等

$$p_{h}=p_{m} \tag{2-100}$$

式中，下角 h 表示实际工作状态；下角 m 表示地面试验模拟状态。

相应地

$$\left(\frac{\mathrm{d}p}{\mathrm{d}t}\right)_{\mathrm{h}}=\left(\frac{\mathrm{d}p}{\mathrm{d}t}\right)_{\mathrm{m}} \tag{2-101}$$

缩比系数 $n$ 通常取决于试验台开展模拟试验的能力，即

$$n=\frac{L_{\mathrm{h}}}{L_{\mathrm{m}}} \tag{2-102}$$

式中，$L$ 为特征尺寸，一般取火箭贮箱的直径（m）。

相应的，试验模型和真实产品几何参数的公式如下。

面积 $S$ 计算式为

$$S_{\mathrm{m}}=\frac{S_{\mathrm{h}}}{n^2} \tag{2-103}$$

体积 $V$ 计算式为

$$V_{\mathrm{m}}=\frac{V_{\mathrm{h}}}{n^3} \tag{2-104}$$

贮箱推进剂自由面及贮箱壁面和增压气体之间的热交换能应该表示为

$$[h_{\mathrm{gw}}A_{\mathrm{gw}}(T-T_{\mathrm{w}})]_{\mathrm{m}}=\frac{1}{n^3}\ [h_{\mathrm{gw}}A_{\mathrm{gw}}(T-T_{\mathrm{w}})]_{\mathrm{h}} \tag{2-105}$$

$$[h_{\mathrm{gw}}(T-T_{\mathrm{w}})]_{\mathrm{m}}=\frac{1}{n}\ [h_{\mathrm{gw}}(T-T_{\mathrm{w}})]_{\mathrm{h}} \tag{2-106}$$

因此，试验时气体温度偏低。

实际上，对贮箱增压系统工作全过程的精确模拟很难实现，一般增压过程的试验模型应该符合下列要求：

1）试验系统的结构材料、推进剂组元和增压气体的种类应该与真实状态相同；

2）模拟试验和真实状态的参数应该符合表 2－14 中列出的主要缩比尺度关系式。

**表 2－14　缩比尺度关系式**

| 参数名称 | 参数的计算比例式 |
|---|---|
| 贮箱的线性尺寸 | $L_{\mathrm{m}}=\frac{L_{\mathrm{h}}}{n}$ |
| 贮箱容积 | $V_{\mathrm{m}}=\frac{V_{\mathrm{h}}}{n^3}$ |
| 贮箱的推进剂流量 | $\dot{V}_{\mathrm{m}}=\frac{\dot{V}_{\mathrm{h}}}{n^3}$ |
| 贮箱入口处的增压气体温度 | $T_{\mathrm{m}}=T_{\mathrm{h}}$ |
| 贮箱壁厚度 | $\delta_{\mathrm{Wm}}\approx\frac{\delta_{\mathrm{Wh}}}{n}$ |
| 增压气体流量 | $\dot{G}_{\mathrm{m}}=\frac{\dot{G}_{\mathrm{h}}}{n^3}$ |

需要指出的是，在满足上述要求的情况下，模拟贮箱中的气体压力会比真实贮箱中的小，这主要是因为增压气体与推进剂自由面及贮箱壁面之间有较强的热交换过程。在采用所提出的近似模拟方法的前提下，可针对具体条件确定火箭贮箱增压系统的模拟贮箱参数和试验状态。试验结果可以确定某一因素对贮箱内增压过程的影响，验证额定增压系统的参数；也可通过对试验状态仿真，验证增压计算模型的正确性，间接证明实际状态仿真结果的可信性。

### 2.7.2 系统试验状态

试验过程应尽量模拟射前贮箱低温加注、射前增压、飞行中增压等，流程与控制方式应尽量与真实工况相同。射前将贮箱加注至一定的初始气枕容积，按照射前流程对贮箱及各部件进行预冷。射前增压时，设置一定的压力控制带，由贮箱压力信号器反馈控制，当贮箱气枕压力达到所设定的值时，自动停止射前增压过程。通过按照一定的流量排出贮箱内的推进剂来模拟发动机的出流流量，当贮箱压力出现变化时，箭上增压系统自动工作。在工作过程中记录贮箱压力、温度，增压气瓶的压力温度，换热器入口、出口的增压气体流量、温度等参数。通过开展试验模拟工作可获得大量试验数据，利用这些数据深入分析增压系统的性能，并将试验结果用于完善增压系统参数的设计。

在进行任何一种试验时都不可避免地产生最优选择试验状态的问题，试验状态首先取决于试验目的，以及试验自身的效果。试验的充分性和所得结果的可信性为运载火箭正式飞行提供有力数据支撑。

在进行贮箱增压系统的试验研究时，必须开展的试验状态一般应包括：

1）确定全部状态下的增压系统参数，包括射前增压和推进剂消耗及增压系统启动/关闭状态下贮箱工作压力的变化范围，贮箱完全排空时的增压气体流量和增压系统阀门开启次数；

2）确定保险排气系统的动力学特性，包括保证增压系统有流量和无流量工作状态下，排气系统与增压系统共同工作时贮箱压力的变化范围；

3）确定高压气瓶内气体余量的充分性。

因为增压系统的工作实际上是由增压气体温度和流量、贮箱推进剂流量、增压系统初始参数（推进剂温度、加注之后的贮箱自由气体体积、预增压压力和增压部件的启动时间）及其变化范围等参数决定的，所以根据最小、额定和最大状态的组合选择增压系统的极限状态。所有这些必须要在试验大纲中加以说明。此外，指出该状态下必须要做的试验次数（不少于 3 个），再加上足够的试验精度可以证明试验结果的可信度。

表 2-15 中给出了典型常温氦气瓶给常温推进剂贮箱增压的参数组合工况下的试验状态。

表 2-15　增压系统的试验状态

| 增压系统参数 | 试验状态(参数值) | | |
|---|---|---|---|
| | 贮箱增压压力最大值 | 贮箱增压压力额定值 | 贮箱增压压力最小值 |
| 初始气枕容积 | 最大 | 额定 | 最小 |
| 射前增压压力 | 最大 | 额定 | 最小 |
| 初始气枕温度 | 最高 | 额定 | 最低 |
| 推进剂流量 | 最小 | 额定 | 最大 |
| 贮箱内推进剂的温度 | 最高 | 额定 | 最低 |
| 气瓶内气体的初始温度 | 最高 | 额定 | 最低 |
| 贮箱增压气体的流量 | 最大 | 额定 | 最小 |
| 试验次数不少于 | 3 | 3 | 3 |

由表 2-15 可知，试验量不少于 9 次验证试验。通常在正式试验阶段之前计划进行 2～3 个工况的调试试验。实际在进行试验状态的选取时，要充分考虑研制进度、试验条件、产品状态及试验成本等多种因素，根据实际情况及试验验证目的的侧重点适当合并和删减。

### 2.7.3　系统试验实施

一般情况下采用新型增压系统时，应在方案阶段开展增压原理性试验，以验证增压方案的合理性和可行性，为后续系统详细设计提供依据。增压系统验证试验应在动力系统试车前完成，而动力系统试车是直接验证增压系统是否满足要求的最真实有效的地面试验。

增压系统的系统级试验是指在搭建的系统级试验平台上，将整个增压系统作为研究对象，考核其工作能力是否能够满足系统的设计指标。系统级试验与一般组件试验有较大区别，组件试验系统与箭上系统存在较大差别，而且组件试验系统着重考核组件功能和性能，而增压输送系统工作过程中，组件产品的动态性能互相影响，各组件之间的匹配特性必须在系统级试验中进行考核。

增压输送系统级试验根据试验目的不同，具有不同的系统构成，可能包括介质供给子系统、环境模拟子系统、预增压子系统、排放子系统、预冷子系统、模拟加温器、模拟贮箱、测量子系统、控制子系统，如图 2-58 所示。此外还有监控子系统、通信子系统等，未在图中显示。上述组成部分可根据实际情况进行取舍。每个子系统针对不同的任务要求进行方案设计，构成系统级试验系统。

(1) 冷氦气瓶增压试验系统

以冷氦气瓶增压系统为例介绍典型增压系统试验。试验的主要目的是确定增压用冷氦气体的质量，确定气瓶内气体温度、压力变化，确定增压调节路各路孔板的尺寸，确定贮箱内压力、温度变化曲线，确定换热器出口温度对增压能力的影响，模拟射前增压过程，获得射前增压至起飞前气枕压力、温度变化规律。

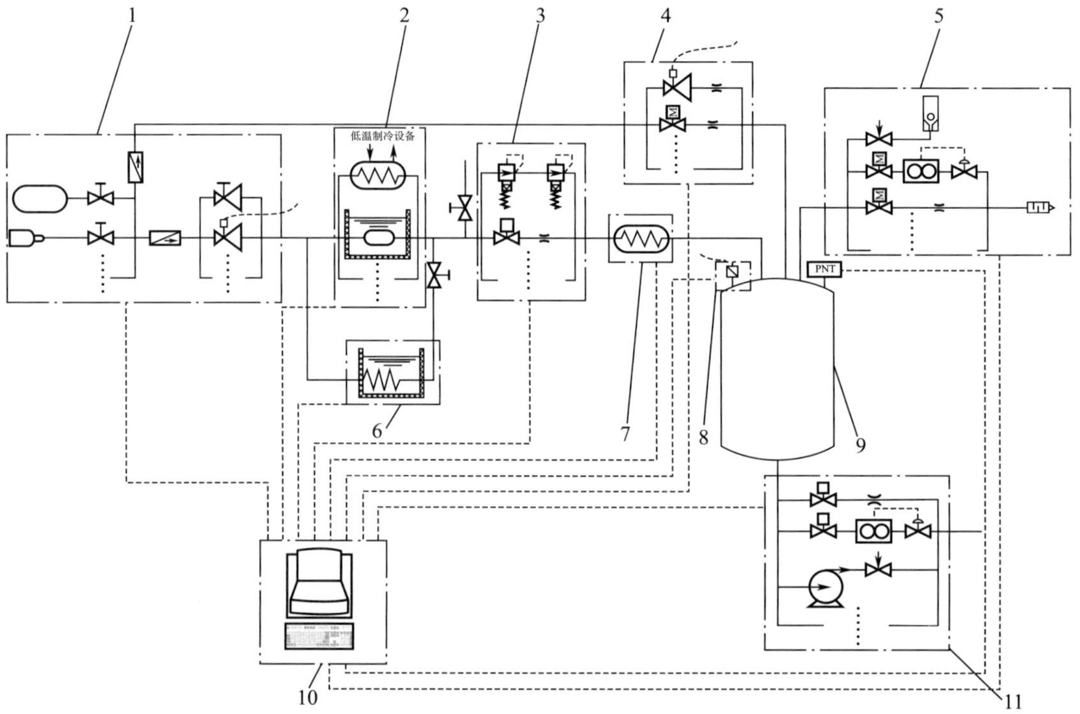


图 2-58 增压输送系统级试验系统构成

1—介质供给子系统；2—环境模拟子系统（低温气源）；3、8—待试产品；4—预增压子系统；5—排放子系统（排气）；6—预冷子系统；7—模拟加温器；9—模拟贮箱；10—测量、控制子系统；11—排放子系统（排液）

增压试验系统主要结构包括模拟液氧贮箱、箭上主增压系统（包含增压气瓶、过滤器、充气阀、增压电磁阀、增压孔板、增压管路、消能器等）、模拟发动机氦加温器、地面预增压系统、液氧加注系统、保险排气系统、液氧出流流量模拟系统、增压控制系统、参数测量系统等。

试验系统原理图如图 2-59 所示。试验前将冷氦气瓶组放置在液氢贮槽内，并充氦气至 21 MPa，通过液氢与冷氦气瓶组的换热使氦气降温至 20 K；贮箱容积为 14 m$^3$，在贮箱内加注液氧，保证贮箱 0.8 m$^3$的初始气枕容积；系统通过地面加温换热器对低温氦气加温，通过排液装置来调节氧箱内液氧的排放速率，用来模拟发动机工作时的液氧流量。通过分析试验过程中增压氦气流量和贮箱压力的情况，验证了主电磁阀、主孔板、调节电磁阀、调节孔板、备份电磁阀、备份孔板及调节压力信号器、备份压力信号器工作匹配的协调性，获得了该增压输送系统的工作性能。试验结果表明电磁阀与孔板组合可以将贮箱压力维持在设计范围内，是一种简单、可行的液体火箭液氧贮箱增压方案。试验现场如图 2-60 所示。

(2) 超临界氦增压试验系统

超临界氦增压系统是利用氦气在其临界压力和临界温度状态下液化，以低压液氦贮存，从而获得相对大的密度和较轻的贮存容器。工作时，将液氦加温增压后转变为超临界

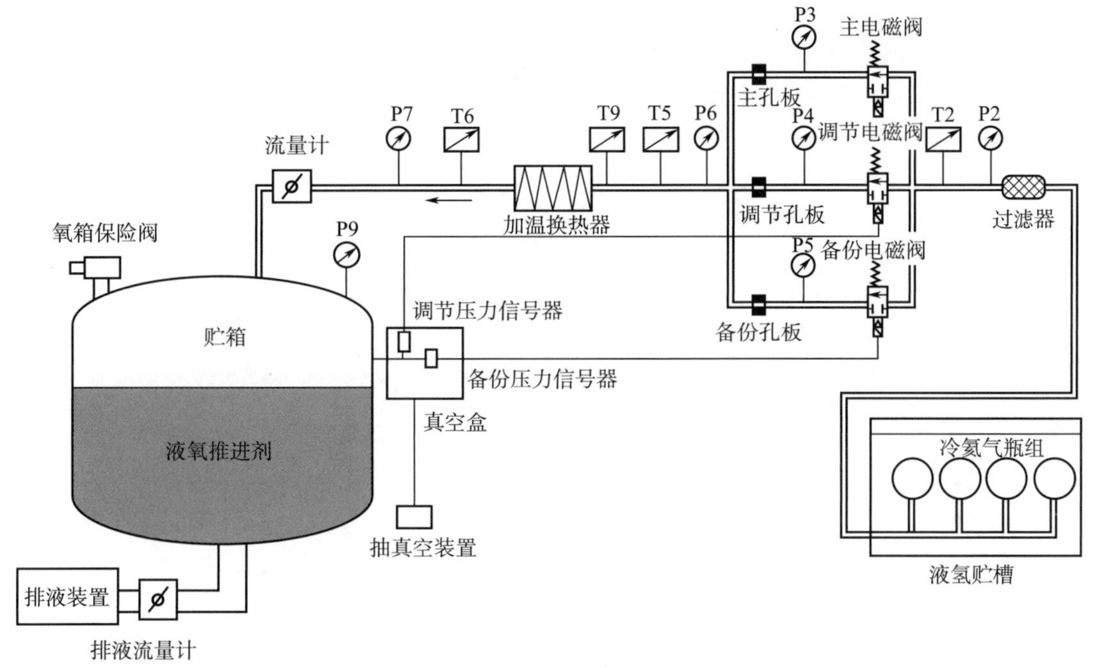


图 2-59　冷氦增压系统低温试验原理图

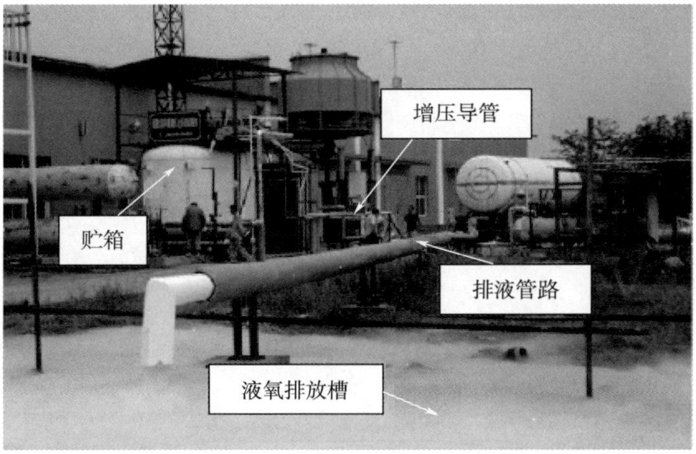


图 2-60　冷氦增压试验现场

态，然后通过加温器加热汽化后送到推进剂贮箱增压。这种增压形式大幅度减小了系统质量，系统工作压力较小，提高了火箭和航天器的安全性。

为了验证超临界氦增压技术应用的可行性，对超临界氦加温增压系统性能及匹配性进行研究，建立了超临界氦加温增压系统试验平台，通过该平台进行了系统级试验。

该平台包括氦气源、配气台、充气开关、气瓶、常温高压电磁阀、常温过滤器、截止阀、减压器、压力表、安全阀、排气口、置换手动开关、超临界氦贮罐、加注口、电子秤、空浴汽化器、水浴加热管、增压电磁阀、孔板、质量流量计、预增压系统、水浴槽、模拟贮箱、排气电磁阀、排气孔板、控制器、贮箱入口电磁阀等，系统原理如图 2-61 和图 2-62 所示。试验时将液氦加注到超临界氦贮罐中，通过常温气瓶配合减压器向超临界氦贮罐增压，使罐内液氦达到超临界状态，对模拟贮箱增压，模拟贮箱通过排气法模拟推进剂的排出。

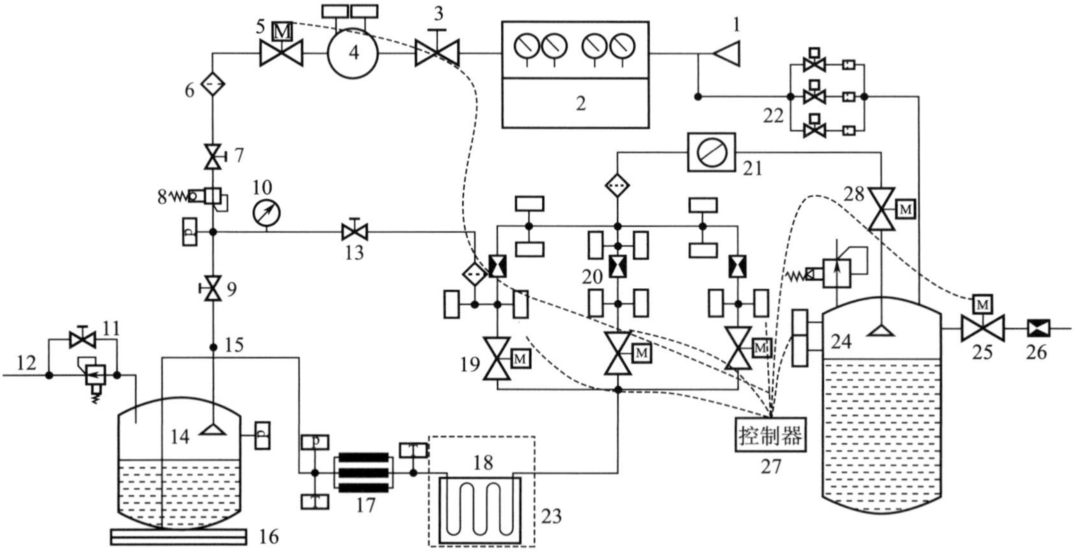


图 2-61 超临界氦加温增压试验系统图

1—氦气源；2—配气台；3—充气开关；4—气瓶；5—常温高压电磁阀；6—常温过滤器；7，9—截止阀；8—减压器；10—压力表；11—安全阀；12—排气口；13—置换手动开关；14—超临界氦贮罐；15—加注口；16—电子秤；17—空浴汽化器；18—水浴加热管；19—增压电磁阀；20—孔板；21—质量流量计；22—预增压系统；23—水浴槽；24—模拟贮箱；25—排气电磁阀；26—排气孔板；27—控制器；28—贮箱入口电磁阀

图 2-62 超临界氦加温增压试验系统实物

在试验中通过分析比对超临界氦增压系统的各项参数，获得超临界氦增压系统的增压性能，同时验证超临界氦的置换、预冷、加注等流程。试验表明，在适当的参数匹配条件下，超临界氦增压系统增压性能稳定，是一种具有较高效率和可靠性的液体火箭的增压方案。

# 参 考 文 献


[1] 范瑞祥，田玉蓉，黄兵．新一代运载火箭增压技术研究 [J]. 火箭推进，2012，38 (4)：9－16.

[2] Dr. SHYAMA CHAKROBORTY. Development and Optimization of a Tridyne Pressurization System for Pressure Fed Launch Vehicles [R]. AIAA，2006－4716.

[3] 廖少英．液体火箭推进增压输送系统 [M]. 北京：国防工业出版社，2007.

[4] CLEVELAND，OHIO. Centaur D－1T propulsion and propellant systems [R]. AIAA，1973－1180.

[5] LEVINE S H. A description of the S－IC stage propellant and propellant pressurization system [R]. NASA，1967.

[6] GEORGE C，JOHN F. Saturn Ⅴ news reference [M]. Washington D. C：NASA Press. 1967.

[7] Совершенствование газобаллонной системы полетного наддува [J]. Восточно－Европейский журнал передовых технологий，2012.

[8] Модернизация системы наддува бака впрыском горячего керосина [J]. Резервы производства，2013.

[9] Комбинированный наддув бака с углеводородным горючим－сверххолодная и высокотемпературная подсистемы [J]. Авиационно－космическая техника и технология，2013.

[10] Комплексный анализ горячих газобаллонных систем наддува топливных баковсов ременных ракетных двигателей [R]. 第聂伯国立技术大学，2014.

[11] J GRILA，O FERRANDON. Status of Ariane 5 Cryogenic Upper Stage Programme ESC－A Propulsion System qualification [R]. AIAA，2000－3785.

[12] KIYOSHI KOBAYASHI. Development Status of H－ⅡB Launch VehiclePropulsion system [R]. AIAA，2007－5451.

[13] 帅彤，满满，等．超临界氦增压系统及试验研究 [J]．低温工程，2014 (6)：56－62.

[14] 阎守胜，陆果．低温物理试验的原理与方法 [M]. 北京：科学出版社，1985.

[15] 邢力超，程翔，等．超临界氦加温增压系统试验研究 [J]. 液压与气动，2015 (7)：96－102.

[16] 满满，张立强，等．超临界氦贮罐试验研究及漏热分析 [J]. 低温工程．2013 (4)：33－37.

[17] GABRIAL DUSSOLLIER，ALAIN TEISSIER. ARIANE5 mainstage oxygen tank pressurization [R]. AIAA 29th Joint Propulsion Conference and Exhibit，1993.

[18] R H WILLIAM，C C ELDON，E F ARLIE. Apollo experience report descent propulsion system [R]. NASA TN，1973.

[19] MULLER，P L，Jr. Propellant feed ducting and engine gimbal lines for the Saturn vehicle [R]. NASA，1966－TM X－53532.

[20] A WATNABE，M ENDO. Battleship tank firing test of H－Ⅱ launch vehiche first stage [R]. AIAA－91－2051.

[21] Calibrating the Helium Pressurization System for the Space Shuttle Liquid－Hydrogen Tank [R]. NASA，2009.

[22] LAWRENCE NORQUIST. External Tank for the Space Shuttle main propulsion system [R].

AIAA，1977：358－364.

［23］ J M MUELLER，J S McFARLANE. Design of Tridyne pressurization system for liquid oxygen polybutadiene hybrid rocket motors［R］. AIAA，1991－2406.

［24］ Dr SHYAMA CHAKROBORTY. Using Pressure－Fed Propulsion Technology to Lower Space Transportation Costs［R］. AIAA，2004－3358.

［25］ 李德权，马方超，等．活塞泵增压系统技术研究进展［J］. 2016（5）：10－13.

［26］ WHITEHEAD J C. Test results for a reciprocating pump powered bydecomposed hydrogen peroxide［C］. AIAA，2001－3839，2001.

［27］ FREI T E，MAYBEE J C，WHITEHEAD J C. Recent test results of a warm gaspumped monopropellant propulsion system［C］. AIAA，94－3393，1994.

［28］ WHITEHEAD J C. Thermal performance of a reciprocating pump［C］. AIAA，2006－4692，2006.

［29］ WHITEHEAD J C，PITTENGER L C，COLELLA N J. Design and flight testing of areciprocating pump fed rocket［C］. AIAA，1994－3031，1994.

［30］ 邹宇，李平．自增压系统在轨姿控动力系统中的应用［J］. 火箭推进，2010，36（2）：15－19.

［31］ WHITEHEAD J C. Hydrogen peroxide gas generator cycle with a reciprocatingpump［C］. AIAA，2002－3702，2002.

［32］ 肖明杰，毛根旺．活塞泵增压系统动态特性研究［J］. 西北工业大学学报，2012，32（8）：626－630.

［33］ 张超，鲁雪生，等．火箭低温液体推进剂增压系统数学模型［J］. 低温与超导，2005，33（2）：35－38.

［34］ JEREMY H Corpening. Analytic modeling of pressurization and cryogenic propellant conditions for liquid rocket based vehicle design［R］. NASA，2010.

［35］ 航天工业部一院一部，708 所．液体战略导弹（火箭）输送系统增压计算方法：QJ2115［S］. 北京：中华人民共和国航空航天工业部，1991.

［36］ 邵业涛，罗庶，等．液体运载火箭启动过程气枕压力变化分析［J］. 导弹与航天运载技术，2017（4）.

［37］ 聂俊领．旋转条件下小孔流量系数试验研究与数值分析［D］. 南京：南京航空航天大学，2014.

［38］ DECKKER B E，CHANG U F. An investigation of steady compressible flow through thick orifices［J］. Proc. Instn Mech. Engrs，1965（180）：312－346.

［39］ MILLER R W. Flow Measurement Engineering Handbook［M］. New York：Cambridge University Press，1996.

［40］ HAY N LAMPARD，et al. Discharge coeffcient of turbine cooling holes［J］. A review. Journal of Turbomachinery，1998，120：314－319.

［41］ ASME. Mesurement of gas flow by means of critical flow Venturi nozzles. ISO 9300：2005［S］. ES－AENOR，2006.

［42］ G W HOWELL，T M WAITERS. 美国阀门管件设计手册［M］. 北京：机械工业出版社，1984.

［43］ GRAHAM K W，GREGORY T C. Compressibility Effects on the Discharge Coefficient of Small Diameter Ratio Sharp－Edged Orifices With and Without Downstream Chamfer［R］. AIAA Aviation Forum，2019.

［44］ STEVEN V，SZABO，Jr. Centaur space vehicle pressurized propellant feed system tests［R］.

NASA TN D - 6876. 1972：41 - 44.

[45] RAYMOND F LACONIC, FREDERICK C YEB, STEVEN V SZABO, et al. Management of cryogenic propellants in full - scale orbiting space vehicle [R]. NASA TN D - 4571, 1968：50 - 52.

[46] JEREMY H. CORPENING. Analytic modeling of pressurization and cryogenic propellant conditions for liquid rocket based vehicle design [R]. NASA 2010.

[47] LEI WANG, SHIXUAN YE, YUAN MA, et al. CFD investigation on helium pressurization behaviors in liquid hydrogen tank [J]. Int J Hydrogen Energy, 2017, 42 (52)：30792 - 30803.

[48] WANG LEI, LI YANZHONG, LIU ZHAN, et al. Numerical investigation of thermal distribution and pressurization behavior in helium pressurized cryogenic tank by introducing a multi - component model [J]. Physics Procedia, 2015 (67)：392 - 397.

[49] WANG LEI, LI YANZHONG, ZHAO ZHIXIANG, et al. Transient thermal and pressurization performance of $LO_2$ tank during helium pressurization combined with outside aerodynamic heating [J]. International Journal of Heat and Mass Transfer, 2013 (62)：263 - 271.

[50] LIU ZHA, LI YANZHONG, JIN YONGHUA, et al. Thermodynamic performance of pre - pressurization in a cryogenic tank [J]. Applied Thermal Engineering, 2017 (112)：801 - 810.

[51] 王磊，厉彦忠，李翠，等．液体火箭贮箱增压排液过程三种气枕模型的数值对比 [J]. 航空动力学报，2011，9 (26)：1995 - 2001.

# 第 3 章　输送系统

## 3.1　概述

输送系统是液体运载火箭中将推进剂按要求的温度、压力和流量，从贮箱输送到发动机的系统，以确保发动机获得足够的推进剂推动火箭飞行，其包含的主要功能、性能及其实现方式如图 3-1 所示。

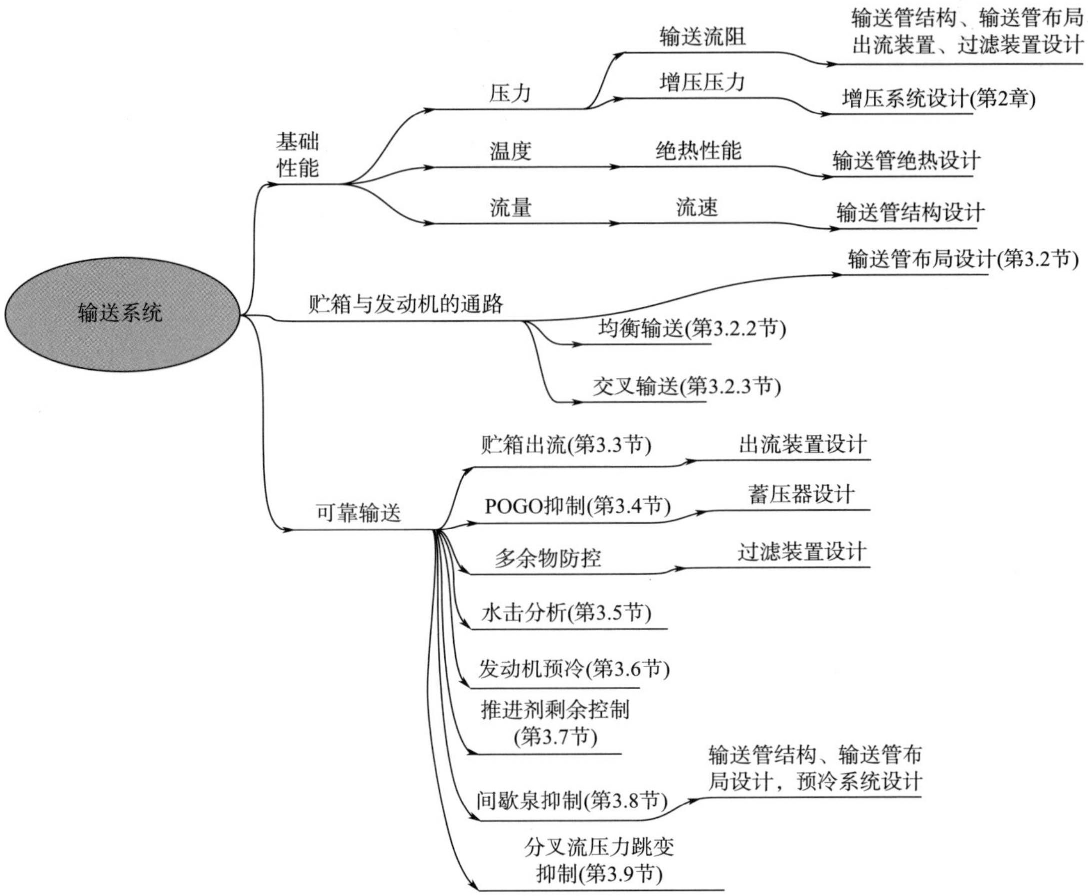


图 3-1　输送系统主要功能、性能及其实现方式

为实现输送系统基础功能，应通过输送管绝热设计满足流经输送系统的推进剂温度要求，并通过增压设计和输送流阻设计满足推进剂输送压力要求。输送流量一般由发动机控制，输送系统通常按经验的流速范围设计输送管通径。

输送系统需针对推进剂贮箱和发动机的数量和布局，选择适宜的输送管结构布局方案，建立起贮箱与发动机的输送通路。单个贮箱给多台发动机输送，可选择汇总管—分支管的基础布局；火箭同一级多个同类贮箱给单台发动机输送，可选择分支管—汇总管的基础布局；贮箱跨越本子级给其他子级的发动机输送，可选择交叉输送的基础布局。

在此基础上，为确保贮箱中推进剂可靠地输送到发动机，输送系统还需要考虑以下因素：

1）输送系统要最大程度提高推进剂的利用量，并保证从贮箱进入输送管的推进剂不夹气。在推进剂输送过程中，尤其是输送末期，由于贮箱边界、出口和外界干扰等因素对局部流动特性的影响，会在贮箱出流口上方出现液面塌陷、漩涡等现象，从而使大量气体夹杂于输送的推进剂中，影响发动机正常工作，因此贮箱出口处需要设置出流装置，以推迟或消除推进剂输送后期可能出现的塌陷、漩涡等造成推进剂液体夹气的现象。同时，输送系统应避免局部压力低于推进剂饱和蒸气压，防止发生空化造成推进剂夹气。

2）液体运载火箭在飞行时，推进系统中的压力和流量脉动与结构系统弹性振动之间的耦合作用会产生 POGO 的闭环自激振动。POGO 振动使运载器的安全性和可靠性受到了很大的潜在威胁。不同火箭 POGO 振动的产生和持续时间、频率、振级和影响各不相同，需要针对具体火箭开展研究。解决办法一般是通过在输送系统中设置蓄压器，改变液路脉动压力的频率和幅值，满足运载火箭 POGO 抑制需求。

3）为确保无多余物进入发动机造成发动机故障，输送系统一般可结合出流装置设计一体化过滤装置，也可在输送管末段或发动机入口设置过滤装置。

4）液体运载火箭发动机在启动、关机的瞬间会引起输送管路中流体流速突然变化，进而引起输送管路内压力产生急剧变化，引起水击现象。此时管路内的压力值远高于系统的正常工作压力，有可能引起管路系统结构振动、变形和破坏。输送管设计时，应分析考虑水击压力对结构强度的影响，必要时采取适当的抑制措施。

5）低温液体发动机启动前必须充分预冷，如果预冷不充分，当发动机启动时，低温推进剂因为输送管路及发动机涡轮泵组件的“高温”将发生剧烈相变，以气相或气液两相混合流体的状态进入管路和泵等组件，引起涡轮泵的气蚀、飞转，延长启动时间和推力爬升的时间，导致压力和流量波动，引起发动机的工作异常，甚至导致发动机启动失败。

6）低温推进剂加注及停放过程中，输送管路与发动机之间形成了底部封闭的竖直管路，由于外界漏热的影响，输送管内的液体汽化会产生气泡，气泡不断增多并聚集，有可能堵塞管路，大气泡在浮力的作用下最终将液柱挤出管路并产生喷发，喷发后管道上方冷流体回流对管道底部结构造成一定的冲击，形成间歇泉现象。间歇泉会像水击一样，对输送管路产生压力冲击，造成结构破坏，需要采取适当的抑制措施。

7）运载火箭的每种推进剂采用一个贮箱供应多台发动机时，输送系统中可能包含三通、四通、五通等多通分流结构，形成分叉流，飞行及地面试验数据分析表明，分叉流的螺旋流动可能会使管路内压力产生跳变现象，需采取相应措施，以消除其不利影响。

8）运载火箭同一级中，多个同类贮箱同时给单台发动机输送时，由于分支输送系统流阻差异，造成各分支输送管的流量不同，导致贮箱推进剂的不均衡消耗，引起飞行器质心偏移，对飞行器产生干扰力矩；同时流量大的贮箱推进剂先消耗完，发动机被迫关机，此时其他贮箱可能还剩余较多推进剂，降低了飞行器的运载能力，需通过并联贮箱均衡输送技术解决此问题。

9）对于双组元或多组元液体运载火箭，输送系统还要保证不同种类贮箱内的推进剂尽可能同步耗尽，采用推进剂利用单元，提高推进剂利用率，增加运载能力，使各贮箱里的推进剂剩余量最少。该系统的功能就是通过适时改变发动机混合比的方式，控制不同贮箱中的推进剂在飞行中尽可能同步消耗。

## 3.2　布局方案

输送系统组件一般包括出流装置、输送管路、蓄压器、过滤装置、补偿器、预冷回流管路等。输送系统布局与推进剂贮箱和发动机的数量相关，与火箭整体布局相关，同时与贮箱的结构（如是否采用共底）、管路安装结构、出流装置结构等具体因素密切相关，因此在火箭研制之初需综合考虑组件结构重量、全箭气动外形、工艺性、研制周期及成本的影响。

火箭基础级最常见的布局是贮箱前后串联布置，少数火箭（典型代表为质子号）的布局是贮箱并联布置；上面级由于空间结构紧凑，会采取多个贮箱并联布置，输送系统布局时除了考虑空间因素，还需要考虑推进剂均衡输送问题；为了挖掘火箭的运载能力，发展出了子级相互之间输送推进剂的交叉输送方案，其布局方案需考虑更多的因素。

### 3.2.1　串联贮箱布局

串联贮箱布局通常取决于前贮箱输送管的布局方式。前箱输送管布局有侧壁、隧道管两种方案；后箱输送管布局比较简单，一般从贮箱后底引出输送管后与发动机直接相连。

前箱输送管侧壁布局方案实现难度相对较低，经常用于共底贮箱或氢氧火箭模块，如美国的阿特拉斯-5 一级、德尔它-4 芯一级、SLS（空间发射系统）火箭一级和二级、俄罗斯的安加拉火箭一级。

SLS 火箭一级采用 4 台液氢液氧发动机，液氢输送管与发动机直接连接，两根液氧输送管沿氢箱侧壁向下，进入尾舱重新分配后与发动机直接连接，如图 3-2 所示。二级（探索上面级）采用 4 台 RL-10C1 液氢液氧发动机，4 根液氢输送管沿氧箱侧壁向下，进入尾舱后与发动机直接连接，液氧输送管与发动机直接连接，如图 3-3 所示[1]。

安加拉火箭一级采用 1 台液氧煤油发动机，液氧输送管沿煤油箱侧壁向下，进入尾舱后与发动机直接连接，一子级增压输送示意图如图 3-4 所示。芯二级采用 1 台液氧煤油发动机，煤油输送管沿液氧箱侧壁向下，进入尾舱后与发动机直接连接，煤油和氧输送管在贮箱内均采用虹吸管，以减少剩余推进剂，如图 3-5 所示[2]。

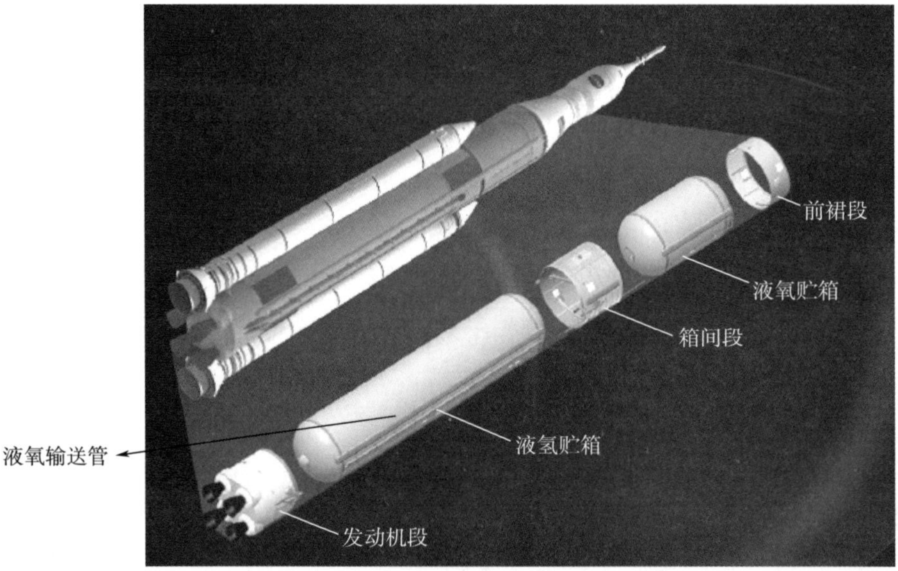


图 3-2　SLS 火箭一级氧输送管示意图

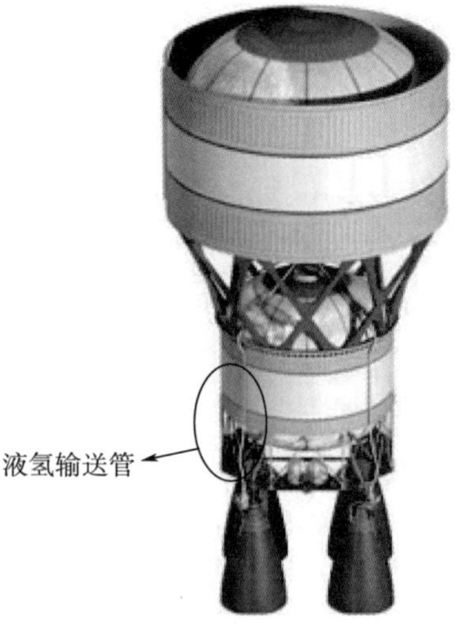


图 3-3　SLS 火箭二级输送示意图

隧道管布局方案的代表有长征-2 系列火箭一级、土星-5 火箭一级、法尔肯-9 火箭一级和二级。采用隧道管布局有利于提高结构效率，且不会存在输送管侧壁布局方案对火箭气动外形和质心偏移的影响，但结构实现难度大于侧壁布局。

长征-2 系列火箭一级氧箱通过一根输送管，穿过煤油箱后，采用五通分流到四台发动机，如图 3-6 所示[3]。

土星-5 一级采用 5 台液氧煤油发动机，5 根液氧输送管穿过煤油贮箱与发动机直接连接，如图 3-7 所示，每台发动机需要 2 根煤油输送管，共计 10 根煤油输送管，均从煤油箱后底直接与发动机相连[4]。

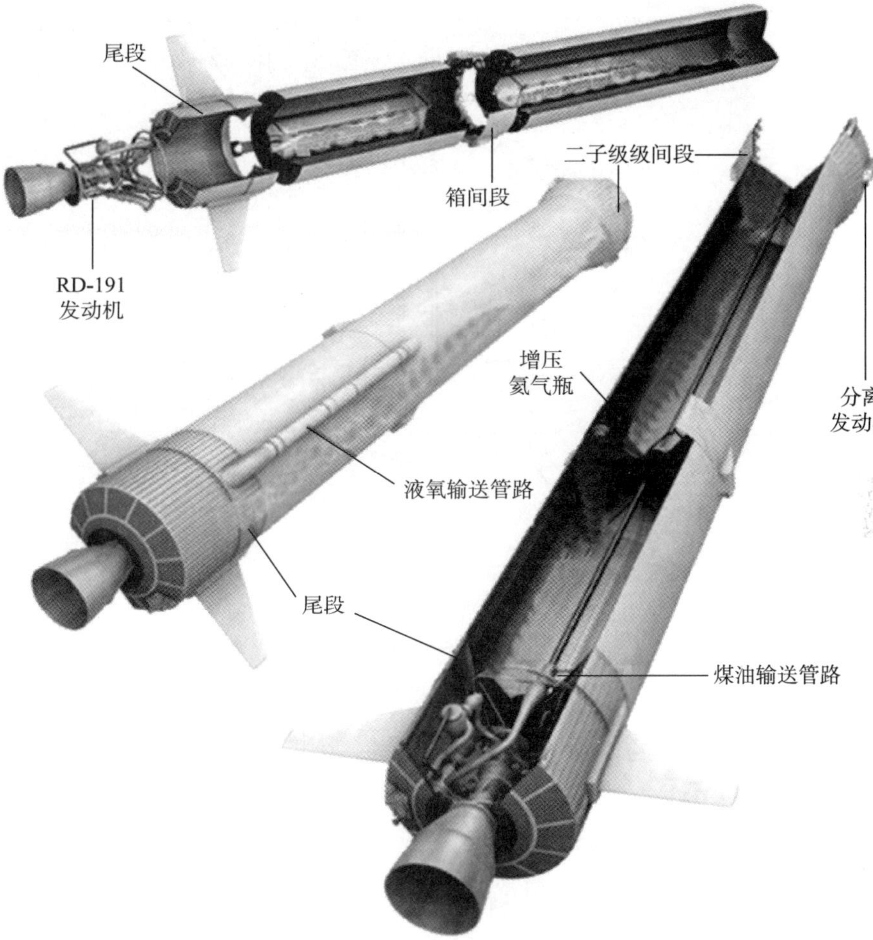


图 3-4　安加拉一子级增压输送示意图

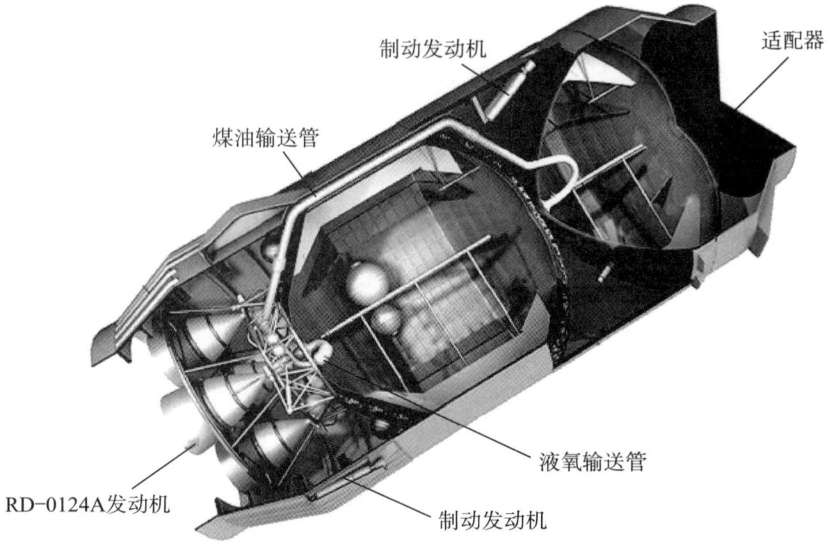


图 3-5　安加拉二子级增压输送示意图

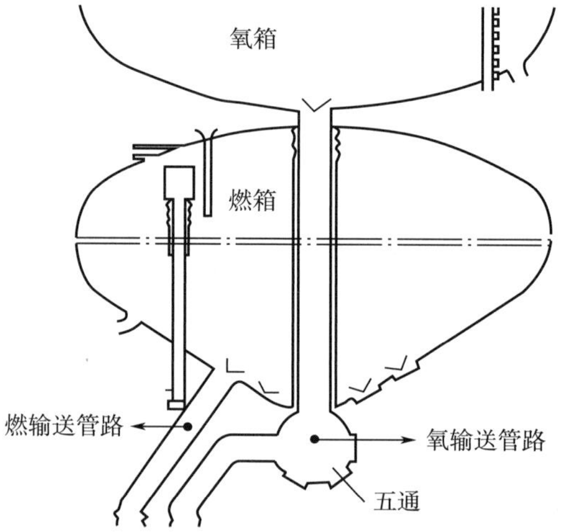


图 3-6 长征-2 系列一级输送系统示意图

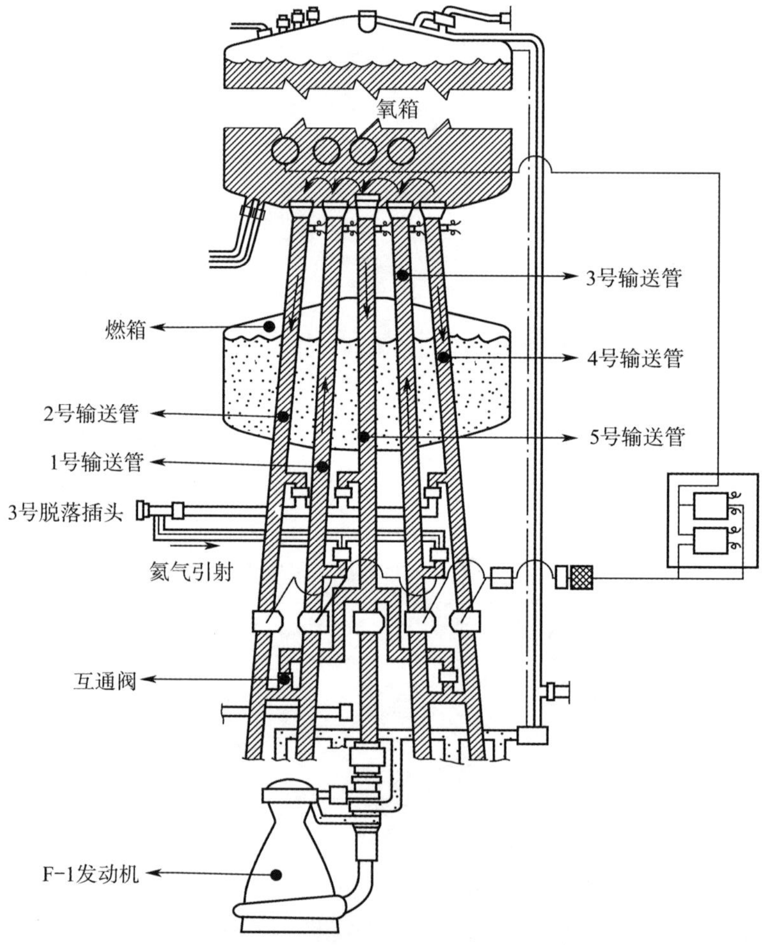


图 3-7 土星-5 一级氧系统组成

法尔肯-9 火箭一级采用 9 台液氧煤油发动机，液氧输送管采用单根隧道管方案，进入尾舱后分为 9 根输送管进入发动机；二级采用 1 台液氧煤油发动机，液氧输送管采用单根隧道管方案，二级输送系统布局如图 3-8 所示[5]。

图 3-8　法尔肯-9 火箭二级输送系统布局

### 3.2.2　并联贮箱布局

并联贮箱布局相对单一，一般为并联输送方案，从多个贮箱引出分支后汇总输送至发动机。有代表性的是阿波罗下降级、阿里安-5 上面级以及我国的远征系列上面级，各型号的布局关键技术之一均为确保各贮箱均衡输送。贮箱增压压力和输送分支管流阻差异等因素导致并联贮箱推进剂输送不同步，造成贮箱推进剂剩余量不同，导致不可用量增加，并造成质心偏移，增加了飞行控制难度，一般采用调节输送管路流阻或增加贮箱连通管的方法解决。

阿波罗下降推进系统（见图 2-13）共有 4 个推进剂贮箱，包含 2 个氧化剂贮箱和 2 个燃烧剂贮箱，同种推进剂的 2 个贮箱采用并联方案，氧贮箱和燃贮箱具有相同的内部和外部结构，单箱体积约为 1.93 $m^3$。在同种推进剂的 2 个贮箱的气枕和箱底分别设置了气路和液路连通管，使气枕压力相同、液面等高，解决了推进剂均衡输送问题。从LM-10 登月舱开始，取消了连通管，在分支管上设置了流阻调节孔板，通过调节液路流阻解决了推进剂均衡输送问题。

阿里安-5 上面级（即 EPS 上面级）主动力系统中包含“并联流动设备”（Parallel Flow Equipment），根据 EPS 的组成判断，“并联流动设备”为贮箱至发动机入口之间的输送管路系统。从 EPS 上面级分支输送管示意图（见图 3-9[6]）中可看出，在贮箱下游分支输送管路中，设置了流阻调节元件，通过匹配并联贮箱分支输送管流阻的方法实现均衡输送。

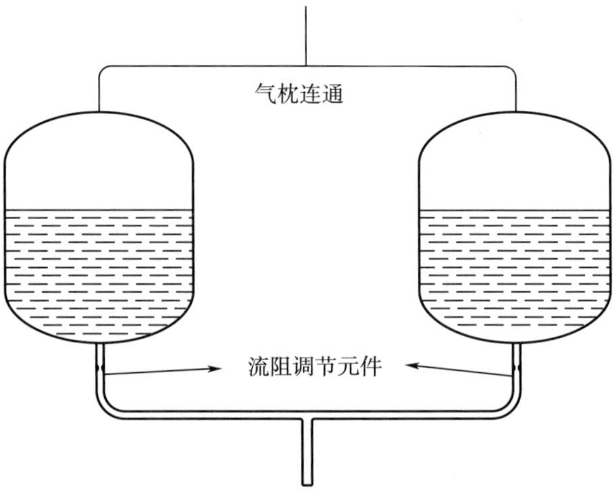


图 3－9　EPS 上面级分支输送管示意图

我国远征系列上面级采用四贮箱构型，4 个贮箱沿圆周均布，2 个贮箱为氧箱，另 2 个贮箱为燃箱，推进剂介质为四氧化二氮、偏二甲肼，发动机氧、燃输送口不在同种推进剂贮箱的对称位置，造成输送管路不对称。为解决并联贮箱的均衡输送问题，贮箱气枕连通，并在输送管的短支管上增加了流阻调节元件，以匹配两分支输送管的流阻，同时在两氧箱之间、两燃箱之间增加连通管，作为冗余措施，其输送系统原理图如图 3－10 所示。

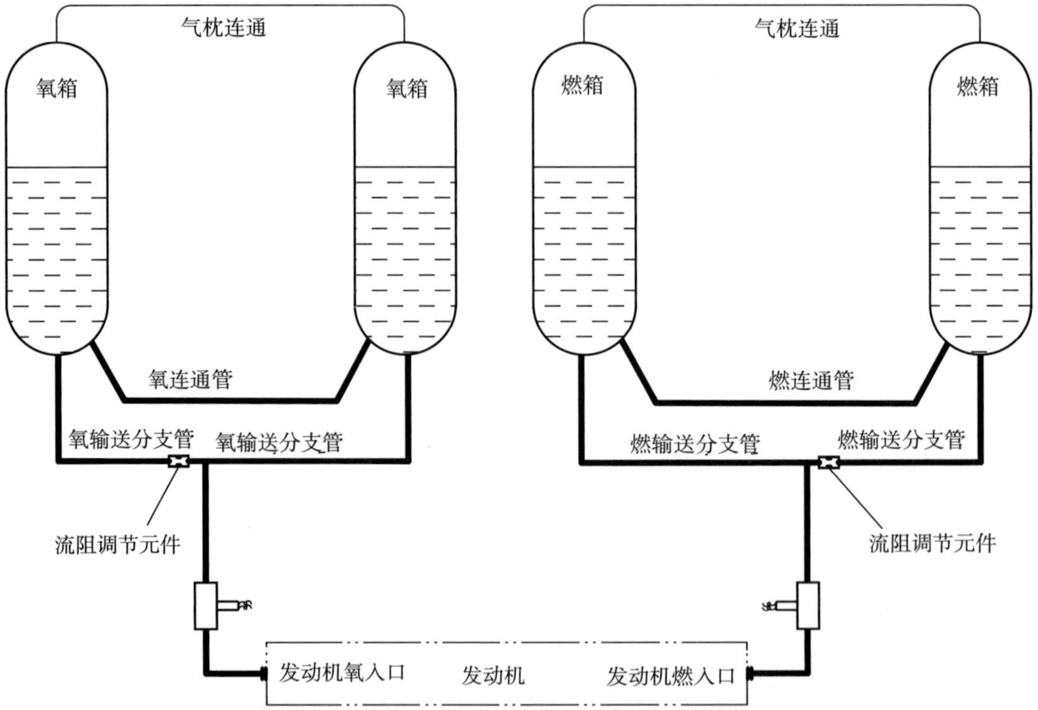


图 3－10　远征系列上面级输送系统原理图

### 3.2.3　交叉输送

交叉输送一般应用于级间并联贮箱，通常在助推器与芯级之间，按照结构不同可分为贮箱之间的交叉输送和输送管路之间的交叉输送。贮箱之间的交叉输送是指在助推器贮箱和芯级贮箱之间设置交叉输送管路，使助推器与芯级贮箱中的推进剂能够共用，如图 3 - 11（a）所示。输送管路间交叉输送系统是指在助推器与芯级输送管进入发动机之前的管路之间设置交叉输送管路，使助推器与芯级发动机能够共用推进剂，如图 3 - 11（b）所示[7]。

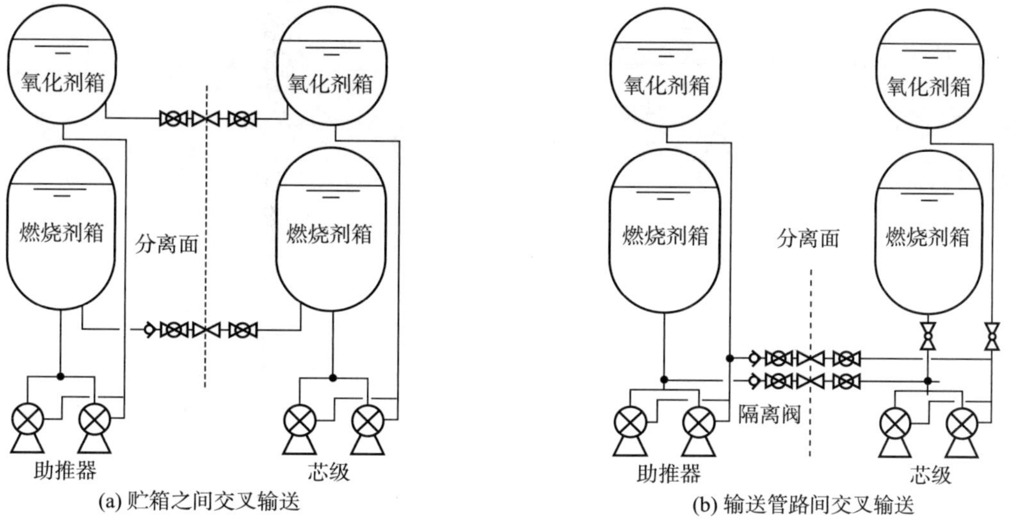


图 3 - 11　贮箱推进剂交叉输送概念及分类布局

按照功能不同，交叉输送又可分为单向交叉输送和双向交叉输送。

单向交叉输送是指在助推飞行段，按照助推器和芯级发动机的消耗量，仅由助推器贮箱通过交叉输送管路分别向助推发动机和芯级发动机输送推进剂，芯级贮箱不输送推进剂。当助推器分离时，芯级贮箱处于满箱状态。单向交叉输送技术的优势是能够显著提高液体运载火箭的运载能力，如图 3 - 12（a）所示。

双向交叉输送是指在助推飞行段，助推器和芯级贮箱通过交叉输送管路连接，共用推进剂。助推器和芯级贮箱中的推进剂连通后分别输送给助推器发动机和芯级发动机使用。当推进剂消耗到关机液位时，关闭交叉输送管路，助推器和芯级同时分离。双向交叉输送技术的优势是能够实现动力系统冗余，当其中一台发动机出现故障时，可以将推进剂输送给其他发动机使用，如图 3 - 12（b）所示。

国外推进剂交叉输送技术应用情况见表 3 - 1。典型代表为航天飞机、宇宙神 D。

为提高运载效率，航天飞机的液氢和液氧推进剂全部贮存在轨道运载器的外贮箱（外置推进剂箱，ET）中，ET 是航天飞机上唯一的推进剂供给模块。飞行过程中，ET 为轨道器的 3 个主发动机装载并供给液氢（$LH_2$）以及液氧（$LO_2$），实现了航天飞机推进剂的交叉输送，结构示意图和原理示意图如图 3 - 13 所示。

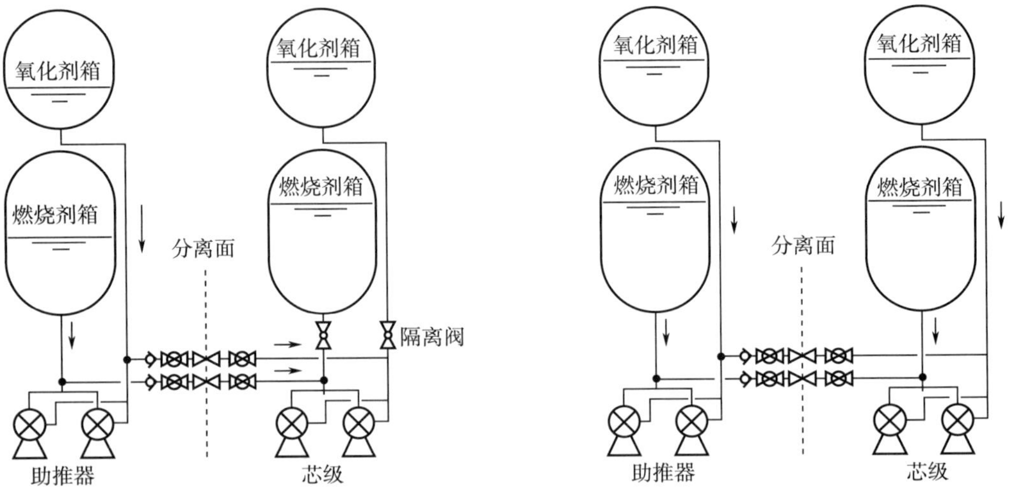


(a) 管路间单向交叉输送　　　　(b) 管路间双向交叉输送

图 3-12　输送管路间推进剂交叉输送概念及分类布局

**表 3-1　国外推进剂交叉输送技术应用情况**

| 分类 1 | 分类 2 | 运载器型号 | 主要功能 |
|---|---|---|---|
| 贮箱间交叉输送 | — | 第二代航天飞机 | 提高运载能力 |
| 管路间交叉输送 | 单向交叉输送 | 波音 RLV | 提高运载能力 |
| 管路间交叉输送 | 单向交叉输送 | 法尔肯-9 重型 | 动力系统冗余 |
| 管路间交叉输送 | 双向交叉输送 | 土星-1 | 动力系统冗余 |
| 其他相似结构 | 外挂贮箱 | 航天飞机 | 发动机重复使用 |
| 其他相似结构 | 外挂发动机 | 宇宙神 D | 提高运载能力 |

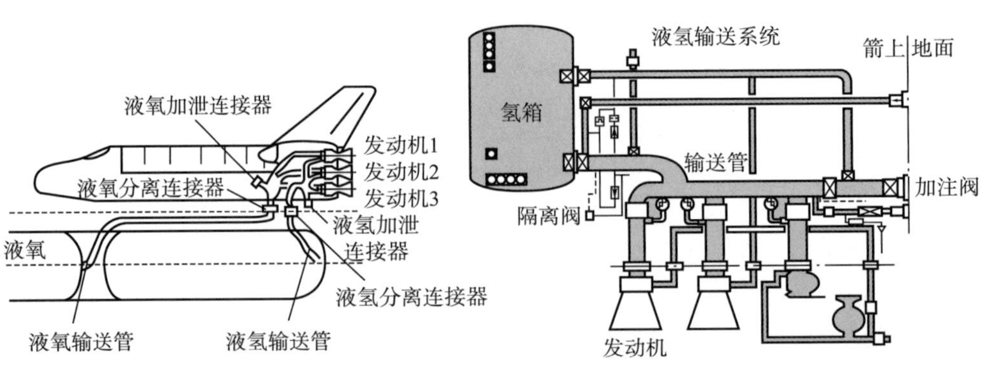


(a) 结构示意图　　　　(b) 原理示意图

图 3-13　航天飞机推进剂交叉输送系统

宇宙神 D 火箭采用外挂发动机结构，主发动机与助推级发动机交叉输送系统如图 3-14 所示，该火箭设有助推级发动机，但无助推级贮箱。助推飞行段，芯级贮箱在向芯级发动机输送推进剂的同时，还通过交叉输送管路向助推级发动机输送推进剂。助推级发动机完成任务后与芯级分离脱落，芯级主发动机继续工作。

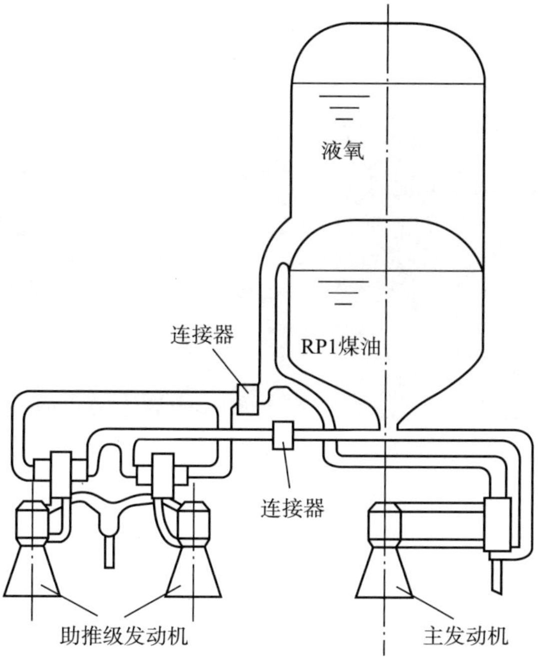


图 3-14　宇宙神 D 火箭推进剂交叉输送系统

## 3.3　贮箱出流

液体推进剂由贮箱经输送管进入发动机的出流过程较为复杂，涉及液体汽化、液面塌陷、出流漩涡等两相流动现象，要避免推进剂夹杂气泡进入发动机涡轮泵，影响发动机的正常工作；同时还要尽量提高推进剂利用率，降低推进剂剩余量。在设计输送系统时需要重点关注。

### 3.3.1　液体汽化

汽化是液态变为气态的过程，常见的汽化方式有两种：蒸发和沸腾。蒸发是液体在任何温度下都能发生的汽化现象，通常指在液体表面发生的缓慢汽化现象，如贮箱停放过程中的相界面蒸发现象；沸腾是液体在一定温度（沸点）下，继续加热，在液体表面和内部同时发生的剧烈的汽化现象，比较典型的包括低温贮箱加注时的池沸腾现象、管路预冷过程中的流动沸腾现象。

因流体动力因素作用而在液体内部或在液体和固体界面上发生的液体与其蒸气的相变过程和现象称为空化[8]，典型的空化图像如图 3-15 所示[9]，其中对于图（b），灰度越小代表液体含量越大。空化作为一种特殊的两相流动现象，其本质是属于减压蒸发。液体在输送系统中流动时，存在流动加速、转弯和压力损失较大的局部区域，可能会使管路内局部区域压力低于推进剂对应温度下的饱和蒸气压，产生液体空化，使得流动阻力增加，同时，空化可能会向下游逐渐发展，进而影响下游发动机的正常工作，严重时会造成发动机故障并导致飞行失败。因此，出流口和流道型面需要通过设置圆角等措施，确保型面连续光滑，必要时，通过仿真分析，确认系统是否会发生空化现象。

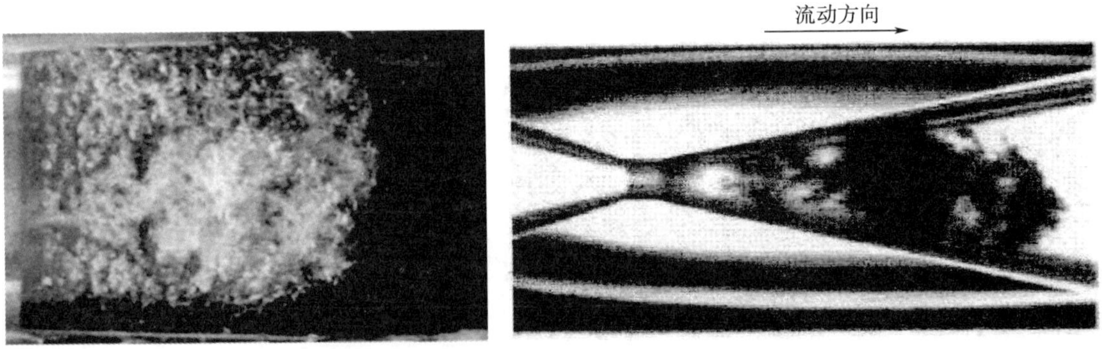


(a) Cervone 70 ℃热水空化　　(b) 液氮文丘里管空化

图 3-15　典型的空化图像

贮箱出流口易发生空化，在实际工程中应重点关注。贮箱出流口不发生空化所需的输送管管径理论分析如下。

图 3-16 为贮箱出流过程示意图，忽略液面下降速度，根据伯努利方程可得到输送管内的静压为

$$p = p_0 + \rho n_x g h - \frac{1}{2}\zeta\rho v_r^2 - \frac{1}{2}\rho v_r^2 \tag{3-1}$$

式中，$p_0$ 为气枕压力；$\rho$ 为推进剂密度；$h$ 为液深；$n_x$ 为过载系数；$g$ 为重力加速度；$v_r$ 为出流管内液体流速；$\zeta$ 为阻力系数。

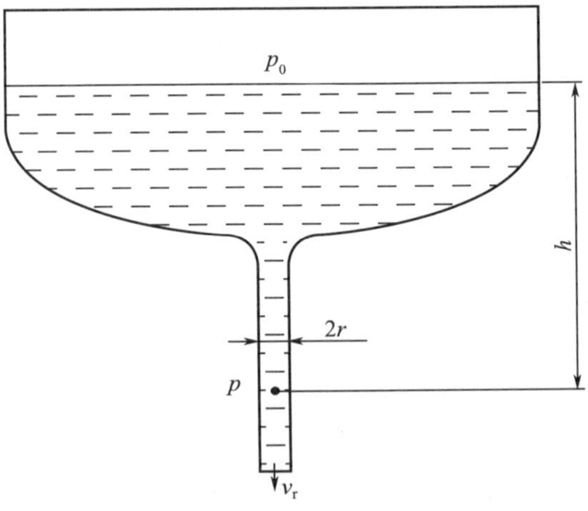


图 3-16　贮箱出流过程示意图

若 $p_s$ 为推进剂饱和蒸气压，则输送管内液体不空化的条件为：$p > p_s$，由此可得不发生空化的输送管半径为[10]

$$r > \left[\frac{(1+\zeta)\rho Q^2}{2\pi^2(p_0 - p_s + \rho n_x g h)}\right]^{1/4} \tag{3-2}$$

式中，$Q$ 为贮箱出流体积流量。

由式（3-2）可以看到，当输送流量确定后，出流口不发生空化所需的输送管半径与气枕压力、过载系数、液深和推进剂饱和蒸气压相关。由于输送末期贮箱内的液位高度较低，液深影响较小，因此输送末期影响输送管直径的因素主要是气枕压力，输送管越细，所需的气枕压力越高。同时，对于液氢、液氧等低温推进剂，饱和蒸气压通常较高，如果采用较大的过冷度，推进剂饱和蒸气压大幅降低，可减小对气枕压力的需求。

实际的输送系统出流口设计中，由于出流口的收缩变径，使得出流口截面静压分布不均匀，因此，为避免出流口局部空化，选择输送管半径时应留有足够的裕度，并在出流口设置圆角或采用光滑过渡；同时，对于贮箱侧面出口或复杂的出口型面，应开展出流过程的流场仿真，确保输送系统内推进剂不发生空化。

### 3.3.2　液面塌陷

贮箱内液体匀速流出，在液体耗尽之前，出流口上方液面会出现一个不带旋转的凹坑，如图 3-17 所示。当凹坑到达出流口时，气体即进入输送管，液面发生崩塌现象，气液一起排出，这时出口四周还残存着一定量液体，这称为塌陷夹气现象。

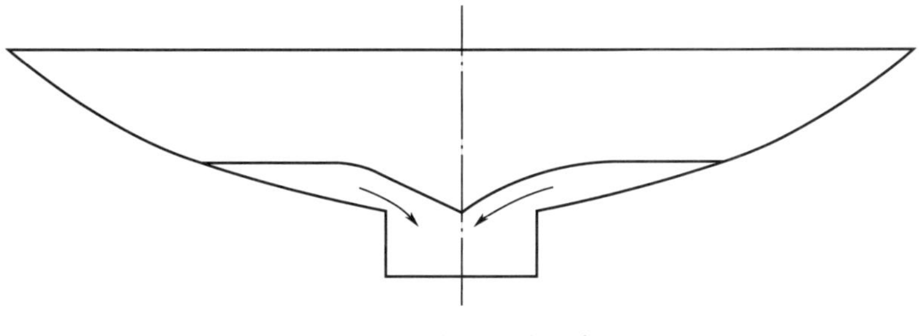

图 3-17　液面塌陷示意图

（1）液面塌陷的形成机理及影响因素

塌陷现象主要是由于贮箱出流流量大或出口相对较大时，中间流速快，边缘液体来不及补充而造成自由液面的速度不一致，形成凹陷曲面。塌陷现象的主要影响因素如下：

1）几何结构方面，出流口直径越大，塌陷越易形成；锥形箱底由于液体有向中心填补的趋势，有利于防止塌陷产生。

2）过载大、液面较高时，有利于塌陷的减小或消除。这是由于排液口中心塌陷有凹曲面时，四周液体在液柱压力作用下能向中心填补，避免塌陷的形成。

3）表面张力越大，越利于表面张力维持气液自由界面，液面越不易崩塌[11]。

4）液面晃动对塌陷有积极的影响，因为晃动提供了四周液体向中心塌陷处填补的条件。但对于输送口在贮箱侧壁的异形结构，当液体晃动发生在输送口的轴线方向时，则可能造成气体提前进入输送管路，产生破坏性的影响[11]。实际液面晃动是贮箱出流中应避免的因素，在防塌陷的设计中不可利用。

（2）理想无塌陷出流口型面

贮箱出流口处的几何形状直接决定液体在该处的流动向量的分布，因此，贮箱出流口的型面设计对控制出流液面塌陷十分重要。当推进剂的液面不出现液面下凹现象时，液面以水平面流过出口。由此，可以近似地得到一个避免产生液面下凹的流动条件：出流口处的型面，应使沿流线的轴向速度分量从箱壁到管路中心均等于该截面的平均流速。按此目标，可获得一个理想的无塌陷出流口型面[12]。

以出流口位于箱底中心处的构型为例，如图 3－18 所示，针对不可压缩流体，可得到微分形式的沿流线的伯努利方程，即

$$\frac{\mathrm{d}p}{\rho}+n_x g\,\mathrm{d}h+\frac{1}{2}\mathrm{d}\,v_s^2+g\,\mathrm{d}\,E_f=0 \tag{3-3}$$

式中，$v_s$ 为流线的切向速度；$g$ 为重力加速度；$n_x$ 为火箭飞行过载系数；$E_f$ 为摩擦损失。在满足每一个截面上轴向速度分量等于平均流速、静压头在流经出口时为常数的条件下，通过求解，获得型面曲线方程，即

$$\frac{\mathrm{d}^2h}{\mathrm{d}r^2}+\frac{2}{r}\left[1-\frac{g}{c}\sqrt{1+\left(\frac{\mathrm{d}h}{\mathrm{d}r}\right)^2}\right]\left[\left(\frac{\mathrm{d}h}{\mathrm{d}r}\right)^3+\left(\frac{\mathrm{d}h}{\mathrm{d}r}\right)\right]-\frac{\pi^2 n_x g\, r^4}{Q^2}\left(\frac{\mathrm{d}h}{\mathrm{d}r}\right)^4=0 \tag{3-4}$$

式中，$c$ 为 Chezy 常数，与出口表面粗糙度相关；$Q$ 为体积流量。

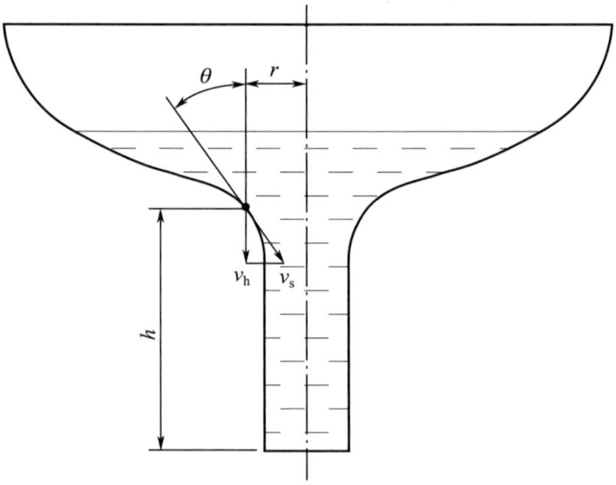


图 3－18　出口处的流动状态

实际上，式（3－4）得到的理想无塌陷出流口型面外形很长，这将造成结构空间的浪费，增大结构质量，在实际工程中无法应用。当出流口长度被截短时，对液面下凹的影响将是不可避免的。在实际的火箭贮箱出流结构中，通常设置防塌装置来控制塌陷的发生。

### 3.3.3　出流漩涡

当贮箱中液位高时，底部边界对液面的影响较小，故液面平稳下降；当液位降低，底部边界特别是出口对箱内液面会产生越来越大的影响。箱内液面极易产生涡流，发展为漩涡，漩涡形成后，漩涡中心处液体旋转速度加快，静压降低，会形成漩涡穿通气柱[12]，进入出流口及输送管，这就是漩涡夹气。

（1）出流漩涡的形成机理及运动形态

贮箱出流过程中的漩涡是一种典型的盆池涡现象。盆池涡是在盆池排水时在盆池中央的排水管道入口处形成的漏斗状漩涡，它是由外来扰动或流道截面几何形状的不规则或表面粗糙度不均匀引起速度场切向流动而诱发出来的漩涡，其旋转方向是随机的，但与形成的切向流动方向一致。

理想流体中不变漩涡的经典理论建立在动量矩不变的基础上，即 $\rho r v_r = \mathrm{const}$ 。当流体做漩涡运动时，设半径 $r$ 处切向速度为 $v_r$ ，在 $r = r_0$（最外圆周）处切向速度为 $v_0$，则根据动量矩相等定理可知：$\rho r_0 v_0 = \rho r v_r$ ，可得 $v_r = v_0 \dfrac{r_0}{r}$ 。在实际液体中，由于黏性力的影响，使得按 $\rho r v_r = \mathrm{const}$ 规律围绕漩涡流动的速度场，向着角速度不变（$\omega = \mathrm{const}$）的规律重新分布，如图 3－19 所示。当 $r > r_a$ 时，速度场为 $\rho r v_r = \mathrm{const}$ ，剖面线为双曲线；当 $r < r_a$ 时，速度场为 $\omega = \mathrm{const}$ ，剖面线为抛物线[12]。然而实际流体出流引起的漩涡问题更加复杂，至今尚没有一个统一的公式进行描述。

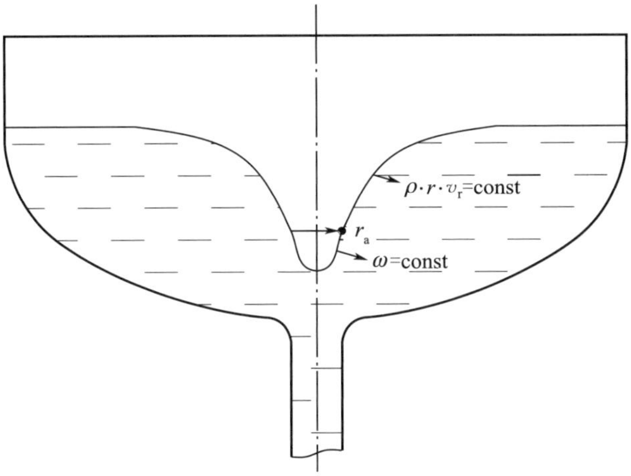


图 3－19　漩涡剖面和速度场

漩涡的运动形态较为复杂，有大尺度的准稳定性漩涡和小尺度的随机漩涡。根据其运动形态可分为三大类（见图 3－20）：表面凹陷漩涡、间歇吸气漩涡和穿通式漩涡[13]。

1）表面凹陷漩涡［见图 3－20（a）］表现为液面轻微凹陷，基本不吸气。

2）间歇吸气漩涡［见图 3－20（b）］表现为液面下凹较深，形成带有尾部的漩涡，间歇性的气泡带入下游输送管路。

3）穿通式漩涡［见图3－20（c）］存在贯通连续的空气通道，尾部经常吸气，形成挟气涡流带甚至气囊，进入下游输送管路。进液口后积聚的气囊对流动具有阻滞作用，气囊在低压区会突然膨胀。一般情况下，液体运载火箭出流装置在液面塌陷之前，应消除穿通式漩涡。

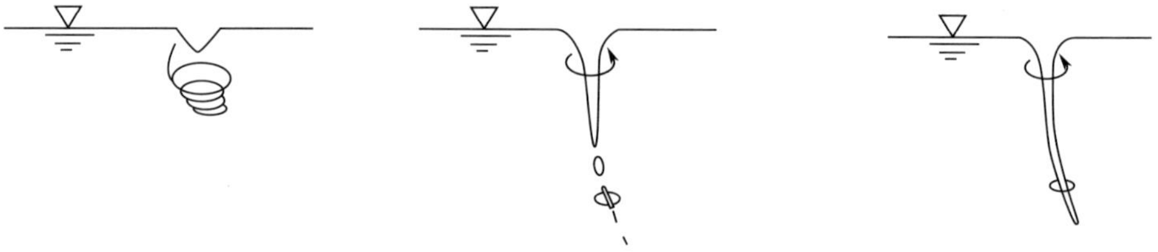

(a) 表面凹陷漩涡　(b) 间歇吸气漩涡　(c) 穿通式漩涡

图3－20　出流口附近漩涡分类示意图

（2）出流漩涡的主要影响因素

运载火箭贮箱出流中，影响漩涡运动的主要因素包括：贮箱几何参数、排液速度、流体性质、过载和晃动等。贮箱出流产生漩涡运动，主要是由于中心流速快，边缘慢，产生径向压力梯度，引起辐射流动，加上扰动影响产生切向速度而造成。其主要影响因素如下[11]：

1）出流流速越快，出口直径 $d$ 越大，漩涡运动形成及穿通就越早；锥形箱底对防漩有利，这与管路直径收缩使得液体加速原理相同。

2）过载本身对漩涡形成并无影响，但当漩涡运动发展到液流中间有夹气时，过载有消除夹气的倾向，漩涡穿通就更难。这是由于当液流中心夹气时，空心处的静压是贮箱的增压压力，而空心四周的液体静压除增压压力外，还有过载压力 $\rho n_x gh$ ，液体在过载压力作用下向空心填补的趋势增大，由此可见过载对消除漩涡运动有益。

3）适当的扰动可破坏液体的旋转运动，使漩涡不易产生，但当运载火箭的振动频率与液体的晃动频率耦合而产生严重晃动（如POGO振动）时，会形成严重的夹气现象。

### 3.3.4　出流装置分类

由于贮箱内相关设施的存在以及加工过程难以保证贮箱内壁完全对称，出流末期漩涡的产生可以说是必然的，且在外界的振动、冲击、晃动作用下，漩涡和涡流发展加速，同时考虑到出流口也无法完全采用理想无塌陷出口型面设计，若不采取有效的抑制措施，漩涡和塌陷会使大量气体夹杂于推进剂中，流经输送管到发动机，影响发动机正常工作，甚至导致发动机爆炸。选用适当的出流装置（消漩防塌装置）来防止或推迟漩涡、塌陷的发生，减小贮箱内不可用推进剂的质量，提高贮箱内推进剂的利用率，是保证运载火箭动力系统正常工作、提高火箭运载能力的有效途径。

试验观测表明，各种夹气现象多发生在贮箱出流末期，漩涡、塌陷夹气都有一定的液深范围。因此一般在贮箱低液位区域设计抑制漩涡和塌陷的结构，称为出流装置（即消漩防塌装置），其设计目标应包括：

1）供应发动机的液体推进剂应不夹气；

2）推进剂剩余量尽可能少；

3）出流装置的流阻小，工艺性好。

（1）出流装置设计的基本准则

塌陷和漩涡虽然产生的机理和影响因素不同，但都发生在贮箱出流末期，工程实际中消漩和防塌通常是一起解决的，使用的结构组件要既能满足消漩要求，又能满足防塌要求。

出流装置的选取主要是基于以下原理：

1）分散并减弱漩涡能量，如消漩叶片、十字隔板、米字隔板，既可以减弱局部漩涡，其本身又可以提供阻尼；

2）通过增加流体之间的干扰来减弱漩涡能量，如在消漩隔板、叶片上分布一定大小的孔，这样会引起二次流动，从而耗散给定旋转方向的漩涡强度；

3）改变流道的几何形状以减小轴向速度梯度，如在出流口上方安放圆形盖板、半盖板或倒锥体，这是防止液面塌陷的有效方法。

依据这些原理，可用的出流装置有：

1）倒锥体出流装置，如图 3－21（a）所示，液体流过倒锥时，相当于增加了出流管的长度，这是通过倒锥体改变了出流口的几何形状，增加了防塌效果。倒锥下面布置隔板、叶片，起着液流分散和减弱漩涡强度的效能。倒锥角度影响消漩防塌性能和出流口几何形状，试验表明，倒锥角度以 30°为最佳，但此时锥体长度太长，结构效率低，工程应用中一般采用 45°。出流关心的另外一个参数是通流截面与输送管截面之比，通常在 3∶1 左右。因此，对于倒锥体，锥角 $\alpha$ 和锥体高度 $L$ 是影响消漩防塌效果的主要因素。

2）盖板（挡板），如图 3－21（b）所示，这种出流装置主要用来防止液面的塌陷，因为圆形盖板在贮箱出口处，其作用仍然是改变出流口处的几何形状，有利于减小轴向速度梯度。若在圆形盖板下面安放隔板，可起到消漩的作用，这种盖板实质上是倒锥出流装置的一个衍生或者叫退化结构。对于输送口偏离中心轴线的情况，圆形盖板的边缘离贮箱较近时，这时候会在盖板与贮箱壁之间的狭窄通道内首先夹气，为抑制这种现象，出现了半盖板结构。

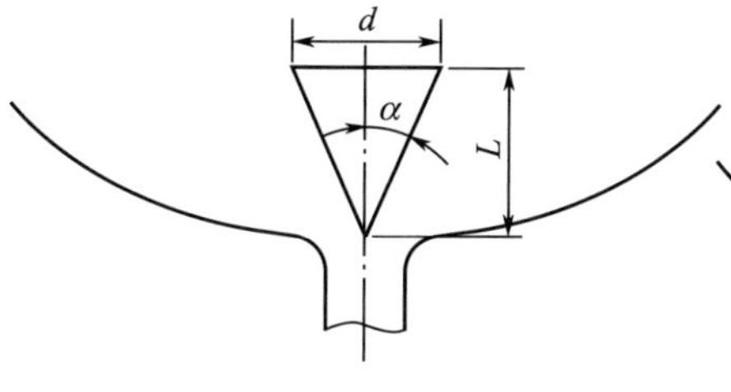

(a) 倒锥体

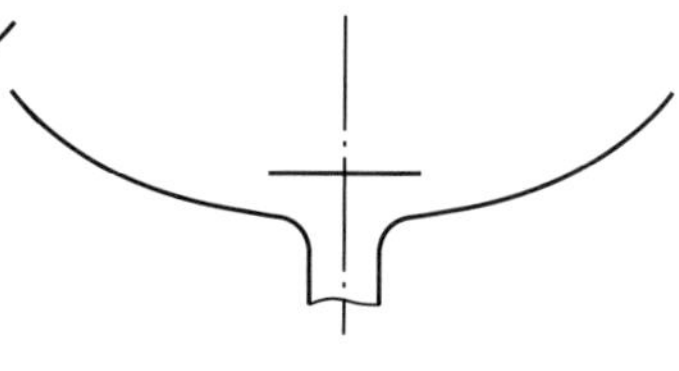
(b) 盖板

图 3－21　挡板或倒锥体出流装置

3）十字隔板（消涡栅），如图 3－22 所示，在隔板上开孔，孔径由试验来确定；在分隔的四个象限间，流体可以从这些小孔流至另一个象限里，这就是二次扰流；不难理解，二次扰流的流速和方向都和原象限的流场参量不一致，由此就产生有利于减弱漩涡强度的扰动；通常出流与防晃十字隔板的需求会被统一考虑，十字隔板的高度主要由防晃需求确定。

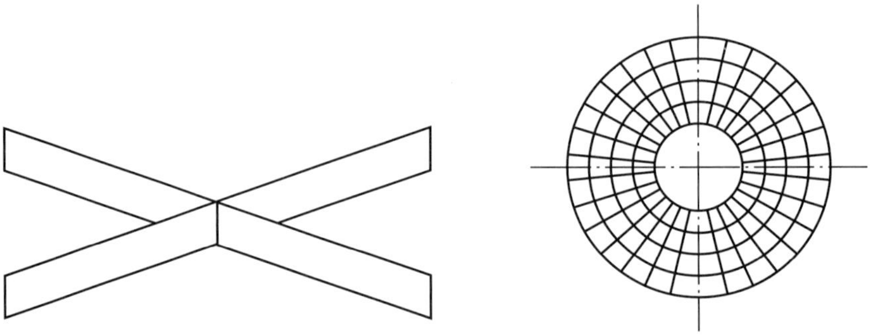

(a) 十字隔板　　(b) 消涡栅

图 3-22　十字隔板（消涡栅）出流装置

4）蝶形出流装置，如图 3-23 所示，这种装置主要适用于共底贮箱（下箱的气枕为椭球底）的上箱出流口的出流，其基本原理仍然是分隔式隔板的效能。

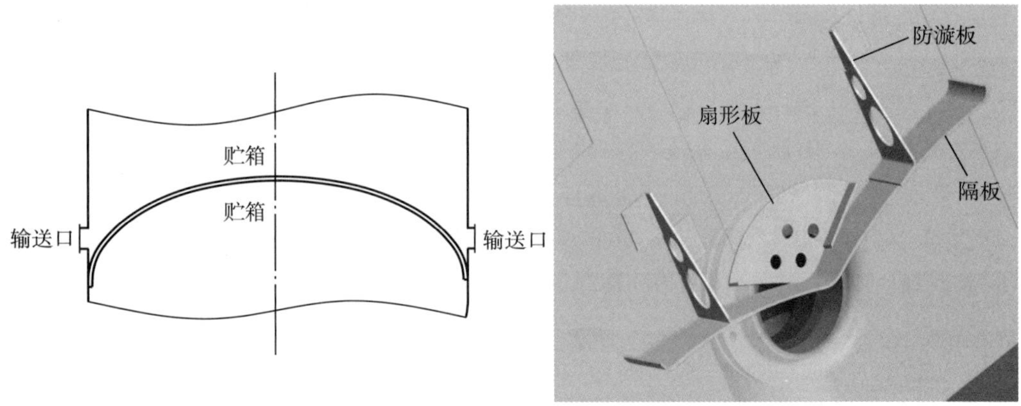


(a) 贮箱形式　　(b) 出流装置

图 3-23　蝶形出流装置

5）虹吸出流装置，如图 3-24 所示，这种装置主要适用于贮箱输送开口位置较高的情况，其基本原理为降低出流口高度。

6）另外，可参考水利系统对进水口防涡措施的研究成果，在出流装置结构和参数设计上予以借鉴[14-16]。

在液体运载火箭工程应用方面，出流装置一般遵循如下应用原则：

1）对于液体运载火箭一级、二级这样的大流量输送系统，常在输送口处设置挡板或倒锥体这样的消漩防塌装置；

2）对于火箭三级以及上面级等小流量输送系统，输送口直径较小，不易产生塌陷现象，主要考虑防止漩涡产生，因此，通常在输送口处设置十字隔板或消涡栅这样的简易消

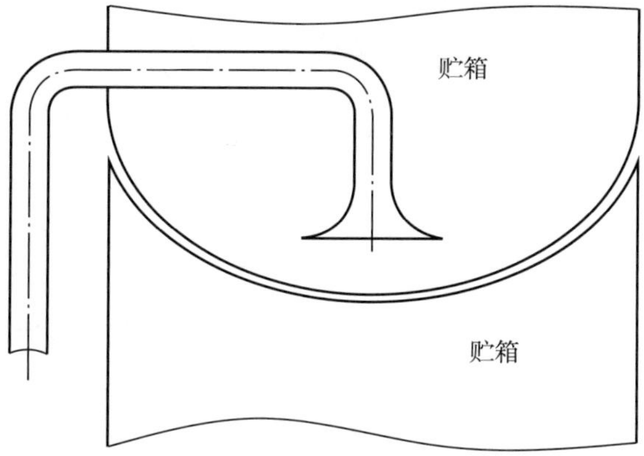


图3-24 虹吸出流装置

漩防塌装置；

3）共底贮箱的上箱等异形贮箱出流口可采用碟形出流装置，输送口位置较高时可采用虹吸出流装置；

4）贮箱底部的收缩型面、输送口的形式和偏心率、多输送口的设置也都是消漩防塌的影响因素，需综合考虑，以达到最终较好的消漩防塌效果。

（2）典型贮箱出流装置介绍

航天飞机外贮箱为轨道飞行器提供液氢、液氧推进剂。氧箱在上部，氢箱在下部。贮箱直径为8.38 m，液氧质量为604 t，液氢质量为106 t，推进剂总消耗量约为1.4 t/s。氧箱出流装置如图3-25所示，主要由出口型面、涡流挡板、水平段输送管组成，并设置了防间歇泉挡板、过滤器，实现了消漩防塌、过滤、间歇泉抑制一体化功能设计。出流装置的特点主要体现在出口型面选择上，综合采用了出流型面优化、十字隔板、挡板等措施，出口型面曲线满足使出流口各截面上出流口中心流速与管壁流速相等的原则，该型面经试验证实，基本实现了贮箱内推进剂无塌陷剩余[17]。

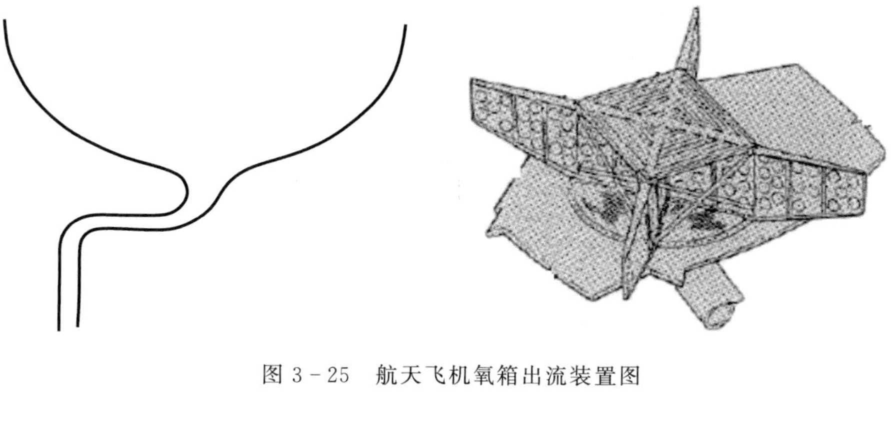

图3-25 航天飞机氧箱出流装置图

航天飞机外挂氢箱采用内置在贮箱内的虹吸式输送管方案，由虹吸装置、涡流挡板、过滤屏等组成，如图3-26所示。安加拉火箭二级箭体直径3.6 m，为了降低推进剂液体剩余量，煤油箱、氧箱均采用虹吸式出流装置，以显著降低出液口位置（见图 3－5）。这两种火箭的出流装置综合采用了虹吸、涡轮挡板（消涡栅）等措施。

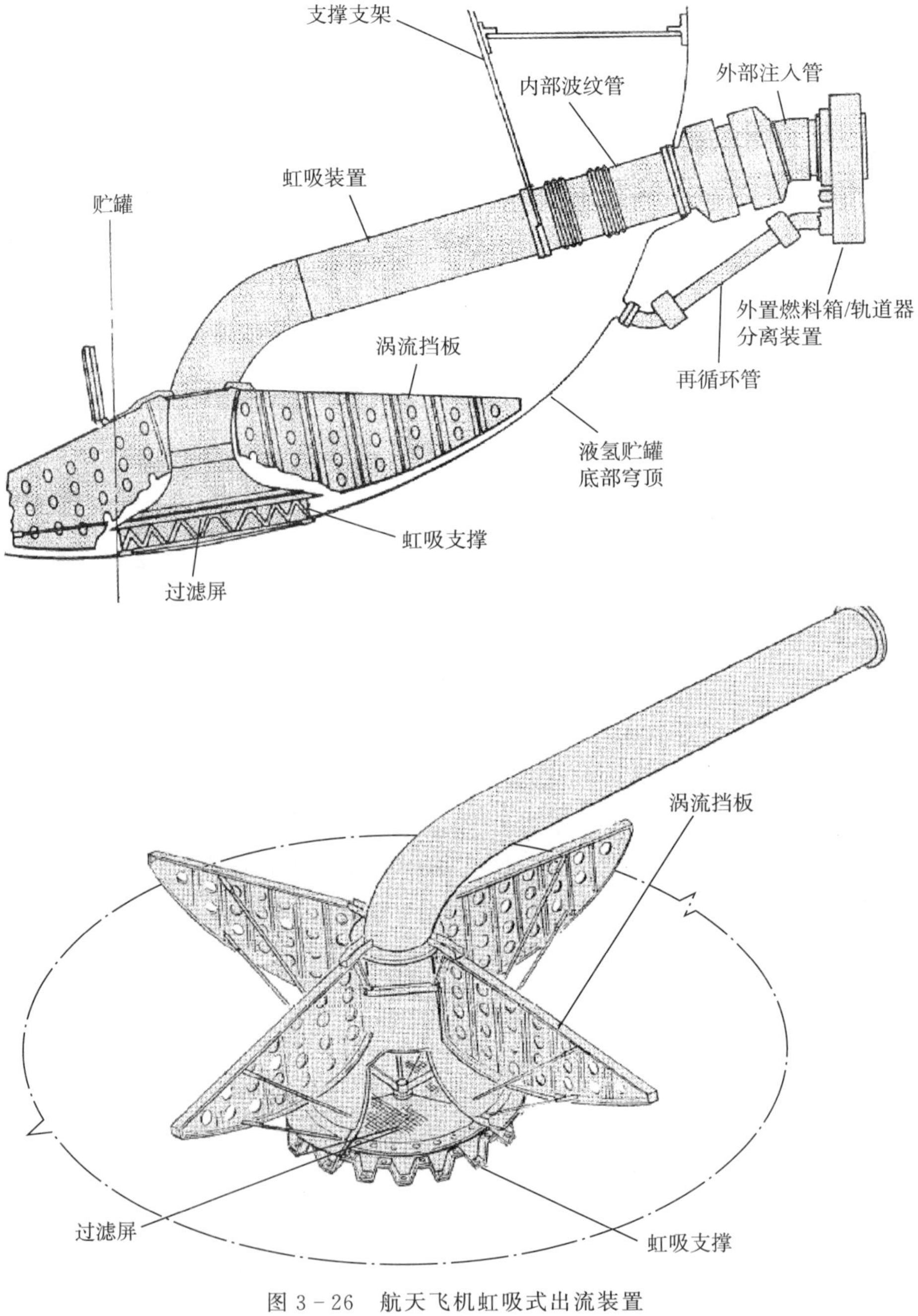


图 3－26　航天飞机虹吸式出流装置

战神－1 火箭二级氧箱采用的出流装置称为涡流挡板（Anti－vortex Baffle），类似于消涡栅结构，由 8 块挡板组成，可有效消除漩涡引起的穿通夹气。具体如图 3－27[18] 所示，主要采取了消涡栅（十字隔板）措施。

盖板（挡板）式出流装置又可细分为 90°圆锥消漩器、圆盘消漩器加防断流隔板、十

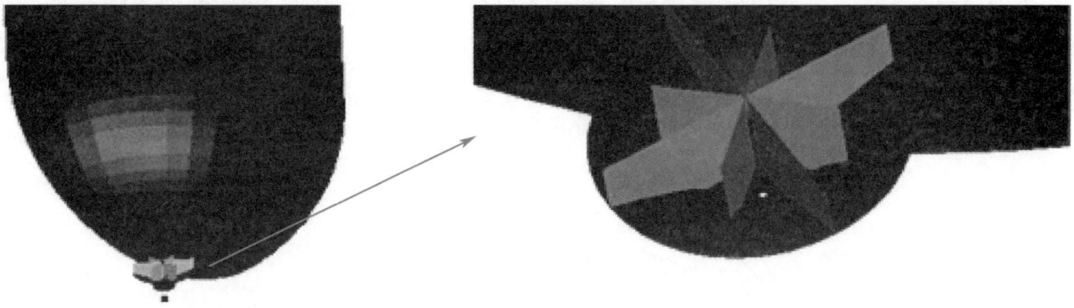

图 3－27　战神－1 二级氧箱涡流挡板结构

字隔板加圆形盖板、半盖板加消漩叶片，如图 3－28 所示。这类出流装置在我国液体运载火箭上广泛使用，对于贮箱单出口出流，90°圆锥消漩器、圆盘消漩器加防断流隔板可起到较好的效果。对于液体运载火箭贮箱多出口出流，弗劳德数较低时，采用 90°圆锥消漩器、圆盘消漩器加防断流隔板可起到较好的效果；弗劳德数较高时，可采用带有十字隔板的消漩装置。

(a) 90°圆锥消漩器　　(b) 圆盘消漩器加防断流隔板

(c) 十字隔板加圆形盖板　　(d) 半盖板加消漩叶片

图 3－28　消漩防塌装置示意图

长征-3A系列火箭三级采用共底贮箱，氢箱在上，氧箱在下，共底朝向氢箱一侧，如图3-29所示。氢箱设置2个输送口，分别连接2台发动机，采用蝶形出流装置，输送口附近的出流装置示意如图3-23所示，主要由扇形板、防漩板、隔板组成，起到输送口上下方液体分配、消漩、推迟液面塌陷的作用。

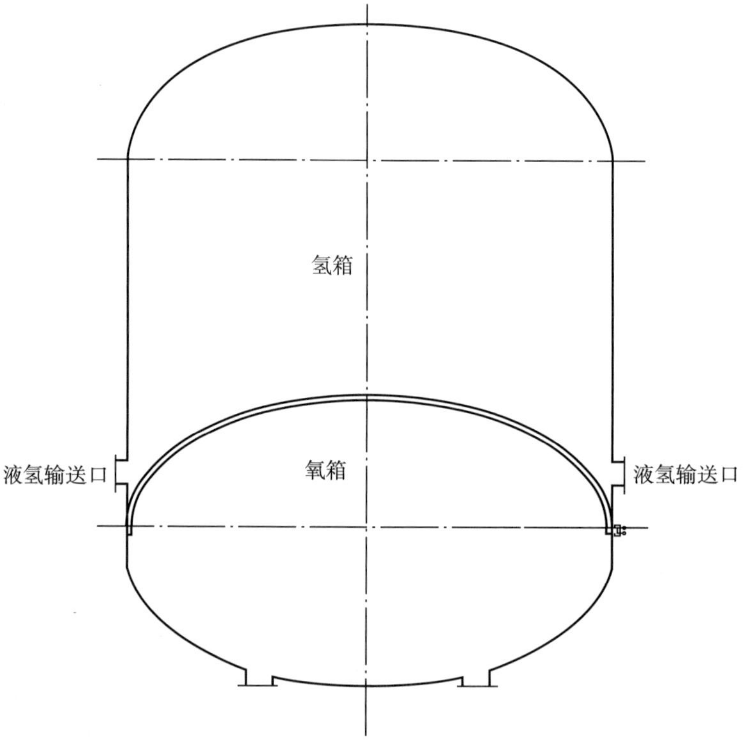


图3-29　长征-3A系列三级贮箱示意

H-2B火箭贮箱出流口上方设置有防涡流/防晃十字隔板，十字隔板下安装直径700 mm的圆形过滤平板，过滤平板上设有挡板。芯一级氢箱和氧箱均有两根输送管，为了减少出流不可用量，同时采用了图3-30[19]所示的三通分流形式，在贮箱箱底设置一个球形凸起，再连接两根输送管。采用三通一方面可以将出流口设置在贮箱最底部，另一方面相当于增加了贮箱输送口直径，减小了弗劳德数，更有利于出流。该出流装置综合采取了圆形盖板（挡板）、十字隔板（消涡栅）等措施。

### 3.3.5　出流试验

鉴于贮箱内通常装有防晃挡板、液位传感器、低温气瓶、管路等附件，结构比较复杂，边界条件也非常复杂，甚至很难确定，在实际工程应用中，通常对边界条件和流体流动进行一定的简化，经过分析、仿真后选择适当的方案进行试验，最终确定消漩防塌装置的结构形式及参数[20]。

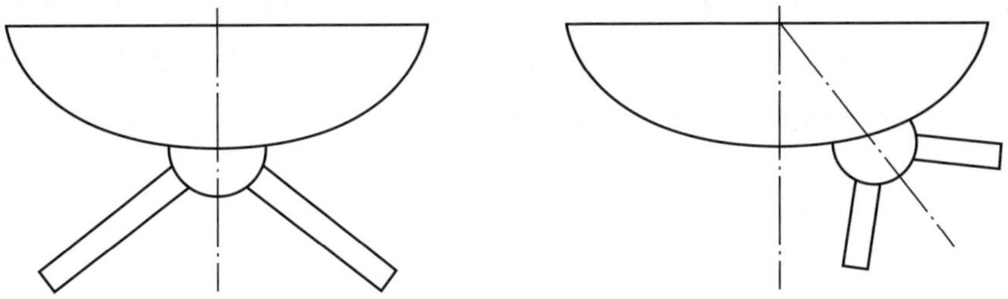

图 3 - 30　H - 2B 火箭芯一级出流装置示意图

(1) 相似准则

液体火箭研制过程中，地面模拟试验是研究出流漩涡行之有效的重要方法，它通常需要根据相似准则来等效。相似准则对确定各种试验方案、指导试验进行、分析试验结果、确定实际状态是否满足设计要求，进而肯定或改进原方案设计，都有着重要的理论指导作用。学者们根据各自的需求，从 N - S 方程用因次分析或 π 定理推导出各种相似准则，具体见表 3 - 2[20]。水利系统对进水口漩涡特性及临界淹没水深的研究[13]表明，液位高度、$Fr$、$Re$、$We$ 及初始液流环量数 $N_\Gamma$（环流参数）是出流时影响漩涡的主要因素，进行缩比试验时应优先考虑。

另一方面，从模拟试验结果代表原型时可能出现“失真”现象，即“缩尺效应”问题[21]，在试验系统进行几何相似时也需额外关注。

**表 3 - 2　相似准则表**

| 准则数名称 | 表达式 | 模型与原型相似关系 | 物理意义 | 主要应用 |
|---|---|---|---|---|
| 斯特劳哈尔数 | $Sr = L/(vt)$ | $L_m/(v_m t_m) = L_p/(v_p t_p)$ | 变位惯性力/局部惯性力 | 时间相似 |
| 弗劳德数 | $Fr = v/\sqrt{gL}$ | $v_m^2/(g_m L_m) = v_p^2/(g_p L_p)$ | 惯性力/重力 | 重力相似 |
| 欧拉数 | $Eu = \Delta p/(\rho v^2)$ | $\Delta p_m/(\rho_m v_m^2) = \Delta p_p/(\rho_p v_p^2)$ | 压力/惯性力 | 压力场相似 |
| 雷诺数 | $Re = vL/\nu$ | $v_m L_m/\nu_m = v_p L_p/\nu_p$ | 惯性力/黏性力 | 速度场相似 |
| 邦德数 | $B_0 = \rho g L^2/\sigma$ | $\rho_m g_m L_m^2/\sigma_m = \rho_p g_p L_p^2/\sigma_p$ | 重力/表面张力 | 低重力(过载)稳定相似 |
| 韦伯数 | $We = \rho l v^2/\sigma$ | $\rho_m L_m v_m^2/\sigma_m = \rho_p L_p v_p^2/\sigma_p$ | 惯性力/表面张力 | 低重力(过载)流动相似 |

注：$p$ 表示原型各参数下标；$m$ 表示模型各参数下标；$\rho$ 为液态密度；$\nu$ 为液体运动黏度；$\sigma$ 为表面张力系数；$L$ 为特征长度；$v$ 为液体运动速度。

液体运载火箭在研制过程中，都要做模型或实物的出流试验，以确定并不断改善消漩防塌效果。这些试验一般都在地面进行，但一、二级运载火箭工作末期，贮箱内剩余液体通常承受几个 $g$ 的过载，要在 $1g$ 地面模拟几个 $g$ 过载下贮箱内液体的运动现象，一般都选用 $Fr$ 做相似准则[20]，采用水作为试验介质，满足模型与原型的弗劳德数相等。低重力（过载）出流（如上面级），由于重力很小，表面张力影响突出，还要考虑 $We$ 相似，需要根据 $Fr$、$We$ 确定试验流体和流量。

(2) 出流试验方案及结果

出流试验目的是确定出流装置的最佳参数，即具有最小的漩涡穿通高度，结构简单，质量小，工艺性好。试验介质通常用水，因为用水做出的试验结果一般能满足工程需要。试验的规模可以是全尺寸的，由此获得的结果可直接采用。对于大型贮箱，一般用缩比尺寸时，要通过相似准则满足几何相似与动力相似条件。一般情况下，缩比试验只能确定出流方案。

①H-2 火箭缩比出流试验[19]

为验证方案的合理性，H-2 火箭进行了 1/4 缩比模型试验，如图 3-31 所示。试验中采用了几何相似和 *Fr* 相似，并采用了模拟贮箱底部和出口的 1/4 缩比透明贮箱以及1/4 缩比透明推进剂输送管。试验过程中，用水代替实际的推进剂（液氧、液氢），通过控制流量保证模型试验中的 *Fr* 与飞行相同，氧箱出流试验结果见表 3-3。

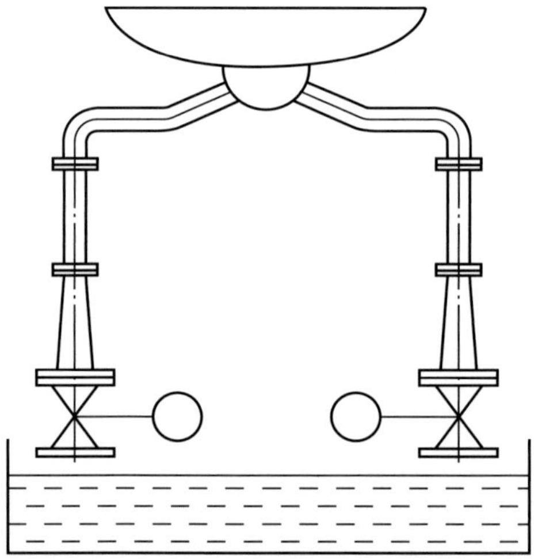

图 3-31　H-2 芯一级出流试验简图

②航天飞机外贮箱缩比出流试验[17]

航天飞机外贮箱为轨道飞行器提供液氢、液氧推进剂。其氧箱采用防气蚀、防塌陷的一体化贮箱底部和输送管入口方案；其氢箱采用内置在贮箱内的虹吸式输送管方案，如图 3-32 所示。出流试验采用 1/3 缩比贮箱模型，满足几何相似和 *Fr* 相似。航天飞机氧箱 *Fr* 为 1.8，氢箱的 *Fr* 为 19.2 左右。

**表 3-3　H-2 液氧贮箱出流试验结果**

| 项目 | 飞行工况 | 地面试车工况 |
|---|---|---|
| 过载/ *g* | 3.6 | 1.0 |
| *Fr* | 2.43 | 4.59 |
| 气体开始流出时液面至贮箱底部的高度/mm | 22 | 38 |
| 气体开始流出时贮箱中水的体积/L | 1.37 | 2.85 |
| 气体开始流出时实际贮箱中液氧的体积/L | 88 | 182 |

注：实际火箭中，液氧在输送管的流速为 6.4 m/s，输送管直径为 200 mm。

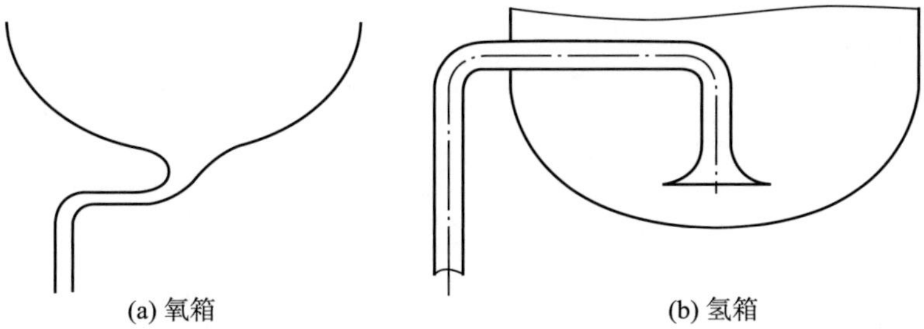


图 3－32　航天飞机外贮箱缩比试验结构图

航天飞机缩比出流试验获得以下结论（见图 3－33～图 3－37）：

1）推进剂剩余量分为贮箱液体剩余量与输送管液体剩余量两部分。

2）氧箱如使用下凹出流口及水平管路方案，可大幅减少剩余量。

3）氧箱使用优化曲线出流口［见图 3－32（a）］与凹坑出流口均可以大幅减少剩余量，相对来说使用优化曲线出流口比使用凹坑出流口能使管路内剩余量减少 25%～50%；氢箱使用虹吸式出流口能使氢箱夹气高度实现最小化。虹吸口试验了入口安装高度为 76.2 mm（3.0 in）与 114.3 mm（4.5 in）的虹吸装置，剩余量接近，但是考虑流阻因素，最终选择了安装高度为 114.3 mm 的消漩装置。

4）液氧贮箱中的不可用推进剂量为 0，输送管中推进剂量可继续使用。

5）液氢贮箱中推进剂不可用量为 1 000 L，输送管中推进剂不可用量为 627 L。

6）使用等速度出流口（优化曲线）使氧箱塌陷剩余量由 500 L 减至 0 L。

7）使用弯管、水平管与无塌陷出口型面使气液混合长度变短。

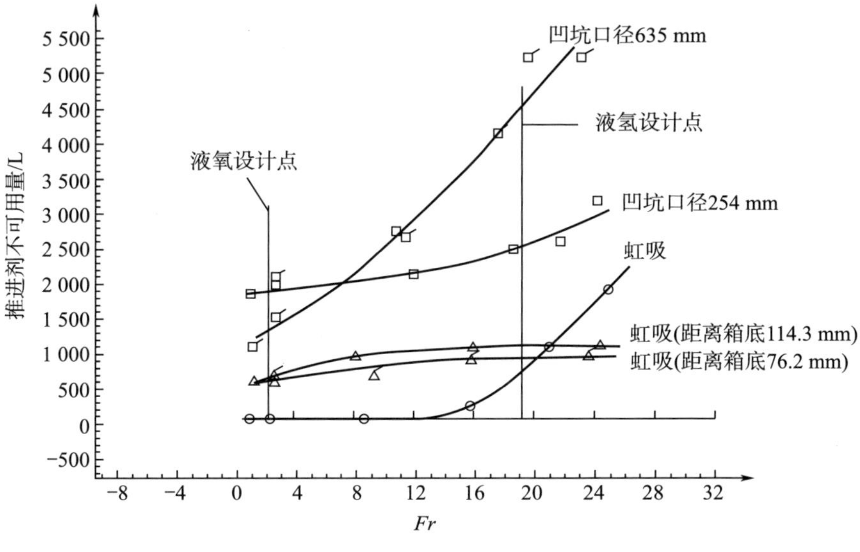


图 3－33　贮箱内推进剂剩余量（气体穿通时）

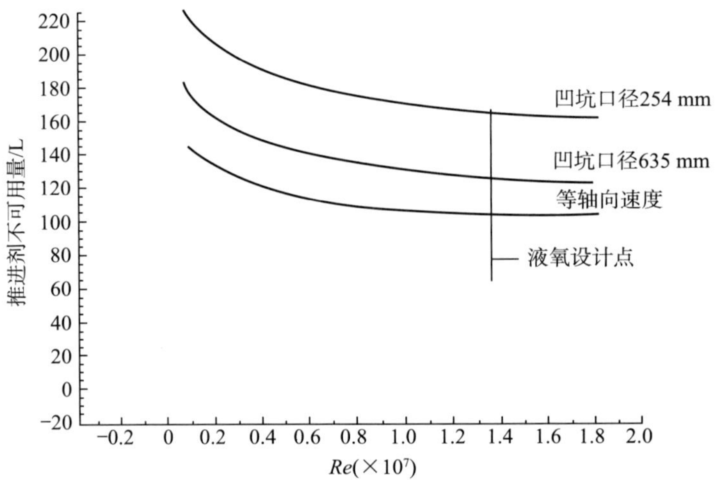


图 3-34　液氧输送管中不可用推进剂量

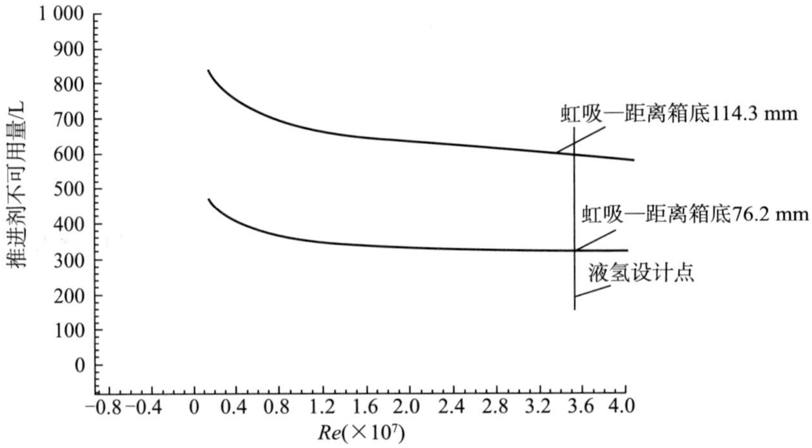


图 3-35　液氢输送管中不可用推进剂量

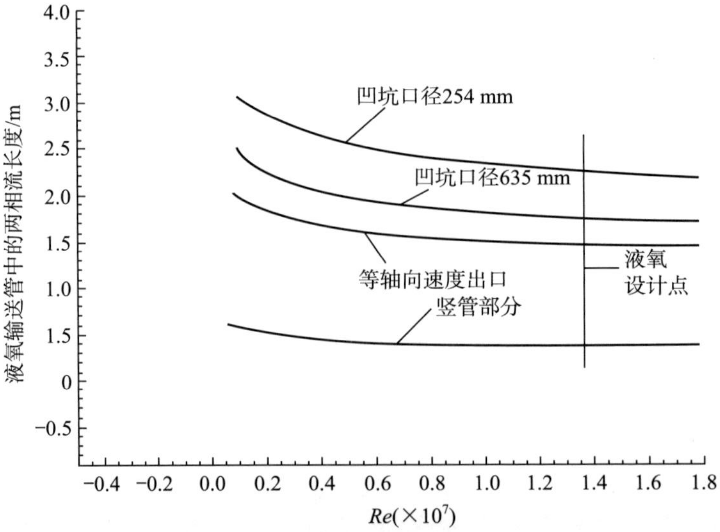


图 3-36　液氧输送管中两相流长度

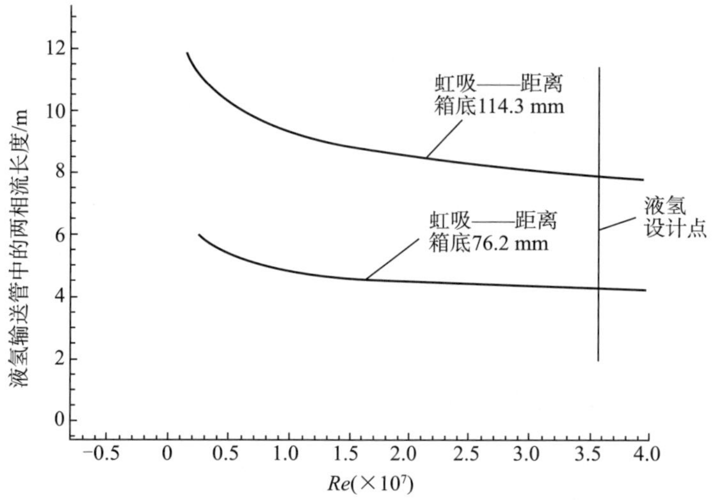


图 3-37　液氢输送管中两相流长度

## 3.4　POGO 抑制

液体火箭的 POGO 振动可能使有效载荷受损或超出航天员的承受极限，甚至导致飞行失败。POGO 振动的分析除输送系统外，还涉及箭体结构、发动机等相关系统，是较为复杂的系统性问题，本书仅对输送系统相关内容进行介绍，包括 POGO 振动简介、动特性分析和 POGO 抑制分析。

### 3.4.1　POGO 振动简介

POGO 指液体运载火箭结构系统与推进系统动特性相互耦合而产生的纵向不稳定低频振动，由于其振动形态类似于弹跳棒（Pogo Stick）而被命名，如图 3-38 所示[22]。POGO 通常表现为自发性的低频轴向振动，在无抑制措施的情况下，其振动时间最长可达近 50 s，振动量级在有效载荷处最大可达 17$g$（钻石-B），在发动机处最大可达 34$g$（土星-5/阿波罗-13）[23,24]。POGO 振动不仅会对箭体结构、有效载荷造成影响，同时由于其与输送系统的耦合特性，对发动机也会产生不利的影响，载人航天运载器更要考虑其对航天员人身安全带来的隐患。苏联 N-1 火箭 Y4、日本 H-2 火箭 Y7/Y8 曾因 POGO 振动导致飞行失败；美国大力神-2、土星-5、阿波罗-13 均因 POGO 振动导致发动机提前关机；美国雷神/阿金纳火箭为了适应 POGO 振动环境，对阿金纳上面级进行了加强设计，导致有效载荷能力受限；美国的双子星计划执行过程中曾因 POGO 导致航天员视力模糊、身体不适；我国长征-2F 载人运载火箭也因“8 Hz”的 POGO 振动导致航天员身体极度不适。

在早期的航天发射中，由于 POGO 复杂的耦合机理，并没有认识到问题的根本原因及其发生机理。国外对 POGO 的研究起始于 1962—1966 年美国的双子星计划，1962 年 3

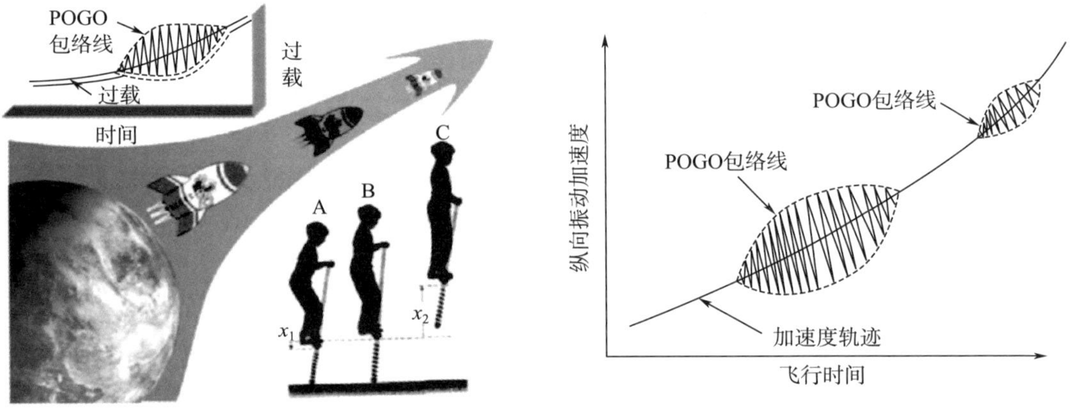


图 3-38　POGO 振动示意图

月 16 日，大力神-2 火箭（双子星计划执飞火箭）一级飞行至 90 s 时出现了 10～13 Hz、持续时间 30 s 左右的箭体轴向振动，其最大振幅在 11 Hz 处达到±2.5$g$，这样的振动量级已经超出美国空军对有效载荷要求的承受能力（±1$g$），更是远远超出了 NASA 提出的航天员承受能力（±0.25$g$）。为解决此问题，先后尝试了在氧输送管上安装充氮缓冲管、增加贮箱压力、氧燃输送管上分别安装充氮缓冲管和机械蓄压器等方法，经历了 4 年攻关，共计 29 发飞行试验数据积累，仍未完全解决大力神-2 火箭的 POGO 振动问题，但验证了 POGO 振动原理的正确性和对其开展理论分析的可行性。值得一提的是，在此期间成立了由 Sheldon Rubin 带领的 POGO 分析团队，开始针对 POGO 开展系统的理论分析及数学建模[23]。

在 1967—1971 年美国的阿波罗计划执行期间，虽然已针对 POGO 振动开展了分析及预防工作，但土星-5 火箭（阿波罗计划执飞火箭）仍多次发生 POGO 振动。1967 年 9 月，在土星-5/阿波罗-4 一级飞行段曾发生小幅 POGO 振动，但当时未引起注意；在后续的阿波罗-6、阿波罗-8 中均发现了 POGO 振动，NASA 采用了泵前阀腔充氦的方式对其进行抑制，但未进一步采取措施。直到 1970 年 4 月，阿波罗-13 二级飞行段发生了严重的 POGO 振动，最大量级达到 34$g$，导致中心发动机提前关机。针对此问题，后续的阿波罗任务中均在二级中心发动机前安装了蓄压器进行抑制，基本上解决了 POGO 振动问题[24]。在此期间，Rubin 团队于 1970 年 10 月整合了前期研究工作的成果和经验，形成了系统性的 POGO 分析及抑制方法，明确指出 POGO 振动是一种不稳定的耦合振动，需要对其进行抑制，而不仅仅是加强结构[23]。利用这项理论，在后续的航天飞机研制中，单独成立了 POGO 工作小组，经过大量的设计、分析及试验验证，最终在主发动机前设置了球形蓄压器作为 POGO 抑制装置，经飞行试验验证效果明显[25]。至此，可认为对 POGO 的研究进入了较为成熟的阶段。

此外，具备航天研制能力的苏联、日本、欧洲等也针对 POGO 抑制开展了大量研究，但相较而言，美国的研究更加系统化，因此不再赘述[26-28]。Rubin 团队在后续德尔它系列火箭、宇宙神系列火箭、阿瑞斯火箭研制期间对其理论做了进一步完善，提出了更为先进的状态变量法[29]，本书中不做过多介绍，有兴趣的读者可以自行查阅相关文献。

国内对 POGO 的研究始于 1975—1984 年 331 工程阶段，考虑到长征-3 相对于过去型号全箭结构更长更重，结构低频振动频段更易与输送系统频率交错，因此在 1979 年 12 月成立了 POGO 专题工作组，对 POGO 理论分析方法、抑制措施及试验验证手段开展系统性研究。专题组建立了基于传递函数法的 POGO 分析模型，结合输送系统动态试验、泵特性试验、动力系统冷流试验等地面试验对分析模型进行了验证和比对，该模型也成为后续火箭研制的 POGO 分析理论基础。专题组研制了皮囊式蓄压器和液位可控注气式蓄压器作为长征-3 的 POGO 抑制装置，经过多次特性试验及发动机试车考核，最终选择了皮囊式蓄压器，经过不断迭代更替，最终演变为金属膜盒式蓄压器，即目前国内在飞型号应用最为广泛的蓄压器。

在 1999—2008 年载人航天工程研制阶段，长征-2F 火箭曾经发生过“8 Hz”振动，由于其量级较小（约 0.2$g$），最初并未作为 POGO 问题深入研究。但在 2003 年首次载人航天飞行至 120 s 时，该振动在航天员座椅处增加至 1.16$g$，导致航天员身体极度不适，随后针对“8 Hz”问题及 POGO 振动对载人航天的影响开展了系统性研究。建立了针对捆绑式液体火箭的稳定性分析模型，可对结构纵向一阶、二阶，助推器局部模态等各阶模态联合分析，并对发动机涡轮泵气蚀柔度进行了修正，经飞行试验数据比对认为模型较为准确，为后续并联火箭的 POGO 抑制提供了理论基础。为了更好地抑制长征-2F 的 POGO 振动，使助推器输送系统频率在飞行全程都处于安全频率窗口内，研制了变能量蓄压器。这是一种特殊的高低压金属膜盒式蓄压器，在飞行初始段仅有低压膜盒工作，飞行至特定时刻后高低压膜盒连通，使输送系统频率进一步降低，在飞行全程均处于安全频率窗口内[30]。

自 2007 年起，国内开展了新一代运载火箭研制，采用液氧/煤油、液氧/液氢等新型低温推进系统。与航天飞机研制类似，在新一代运载火箭研制之初即将 POGO 抑制作为专项研究课题。针对低温推进剂两相流、低温发动机动特性、大口径长跨度低温管路流固耦合等方面开展了大量的理论分析及试验研究，基于模块化思想开发了适用于大型低温液体运载火箭的通用化 POGO 稳定性分析平台，可结合新研发动机特性更为便捷地开展 POGO 分析[31]。为了适应低温环境，分别论证了新型低温高压膜盒式蓄压器和注气式蓄压器，其中低温高压膜盒式蓄压器能量值最大可达 2.1 MPa · L（84 K），已成功应用于长征-5 及长征-7 运载火箭，注气式蓄压器也将应用于未来的重型运载火箭。

### 3.4.2　动特性分析

POGO 振动稳定性分析是复杂的系统性问题，通常采用传递函数法或状态变量法对输送系统及箭体结构系统进行耦合分析。前者把火箭动力系统的所有特征单元的动力学方程在频域内表示为出口和入口之间脉动压力、脉动流量和结构振动参量的传递矩阵，并结合结构动力方程，根据矩阵特征方程的解来判断系统的稳定性；后者则是采用有限元方法来描述动力系统各元件，同时在模态空间内描述箭体结构主要模态的动力学方程，通过多样的连接单元来定义部件之间的连接关系，这种方法可以严格处理推进系统和结构之间所有作用力，可以直接进行特征根计算并分析系统稳定性[31]。在全面复杂的稳定性分析之前，有必要对输送系统开展动特性分析，以确保输送系统的固有频率与箭体结构频率无明显交错，从根本上降低或消除 POGO 发生的可能性。

输送系统的动特性分析主要关注包括贮箱、输送管、蓄压器、泵在内的输送系统固有频率，为安全频率窗口提供设计参考。输送系统的动特性分析可采用集总参数分析法，并将系统内的元件等效为 LRC 电路进行分析，这种分析方法比较直观便捷。等效电路中电感对应流体质量带来的惯性，即液感 $I$；电阻对应流体流动带来的阻力，即液阻 $R$；电容对应输送系统的柔性，即液容 $C$。假设输送系统内流体是理想的一维流动，且满足小扰动假设。

输送系统构成示意图如图 3-39（a）所示，分别在贮箱出口处、蓄压器入口处、蓄压器出口处、泵入口处、泵出口处设分界面，在分界面上分别用 $p$、$Q$、$A$ 代表该分界面附近流体的压力、质量流量、有效面积，上标“$^-$”“$^\sim$”分别代表平均量和脉动量，下标 1、2、3、4、t、$p$ 分别代表 4 个分界面、贮箱、泵。

（1）贮箱

将贮箱内的推进剂及气枕看作弹簧-质量块振动系统，不考虑贮箱内流动阻力及推进剂与贮箱的相互作用，那么有

$$\tilde{p}_1=(\mathrm{i}\omega I_t-\mathrm{i}\frac{1}{\omega C_t})\tilde{Q}_t \tag{3-5}$$

将贮箱简化为圆柱体结构，且贮箱内推进剂为不可压缩流体，由连续方式可得

$$\tilde{Q}_t=\tilde{Q}_1 \tag{3-6}$$

式（3-5）可写为

$$\frac{\tilde{p}_1}{\tilde{Q}_1}=\mathrm{i}\omega I_t-\mathrm{i}\frac{1}{\omega C_t} \tag{3-7}$$

其中

$$I_t=\frac{H_t}{A_1} \tag{3-8}$$

$$C_t=\frac{A_1\rho\bar{V}_t}{A_t\gamma\bar{P}_t}=\frac{A_1\rho h_t}{\kappa\bar{p}_t} \tag{3-9}$$

式中，$H_t$ 为贮箱内推进剂高度；$h_t$ 为贮箱内气枕高度；$A_t$ 为贮箱内有效面积；$\bar{p}_t$ 为气枕平均压力；$\bar{V}_t$ 为贮箱气枕容积；$\tilde{Q}_t$ 为贮箱内液体的脉动质量流量；$\tilde{p}_1$ 为输送管与贮箱分界面脉动压力；$\tilde{Q}_1$ 为输送管与贮箱分界面的脉动质量流量；$A_1$ 为输送管与贮箱分界面有效面积；$I_t$ 为贮箱等效液感；$C_t$ 为贮箱等效液容；i 为虚数单位；$\omega$ 为角频率；$\rho$ 为推进剂密度；$\kappa$ 为气枕内气体等熵指数（绝热指数）。

贮箱内推进剂质量及气枕容积均远大于下游管路中其他元件，可认为其等效电容 $C_t$

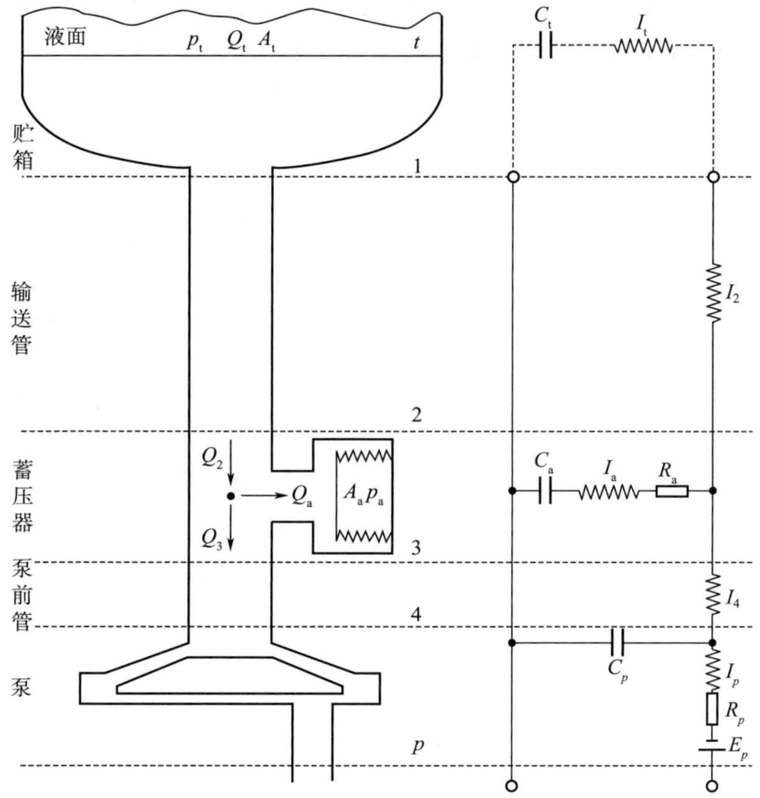


图 3-39　输送系统构成示意图及等效电路图

无限大，因此贮箱部分电路可做开路处理［见图 3-39（b）中虚线部分电路］。

（2）输送管

将输送管内推进剂简化为不可压缩的质量块，不考虑管路阻力，同理可将其等效为一个感抗为 $I_2$ 的电感，即

$$\frac{\tilde{p}_2-\tilde{p}_1}{\tilde{Q}_2}=-\mathrm{i}\omega I_2 \tag{3-10}$$

其中

$$I_2=\frac{L_2}{A_2} \tag{3-11}$$

式中，$\tilde{p}_2$ 为输送管与蓄压器分界面脉动压力；$\tilde{Q}_2$ 为输送管与蓄压器分界面脉动质量流量；$L_2$ 为输送管内推进剂高度；$A_2$ 为输送管有效面积；$I_2$ 为输送管等效液感。

（3）蓄压器

实际中蓄压器串联在输送管上的长度很短，可认为图 3-39（b）中的 2、3 分界面之间的厚度为零，不考虑串联段的阻抗。将蓄压器与输送管路连接处视为 3 个重叠的节点，其脉动压力相同，即 $\tilde{p}_2=\tilde{p}_3=\tilde{p}_a$（$\tilde{p}_3$ 为蓄压器和泵前管分界面上的脉动压力），流入节点、

流出节点、流入蓄压器的脉动质量流量分别为 $\tilde{Q}_2$、$\tilde{Q}_3$、$\tilde{Q}_a$ 。假设蓄压器膜盒内气体变化为绝热过程，将蓄压器简化为一个弹簧—质量振子，那么可得

$$\tilde{Q}_2 = \tilde{Q}_3 + \tilde{Q}_a \tag{3-12}$$

$$\frac{\tilde{p}_a}{\tilde{Q}_a} = \mathrm{i}\omega I_a + R_a - \mathrm{i}\frac{1}{\omega C_a} \tag{3-13}$$

其中

$$I_a = \frac{m_a}{\rho A_a^2} \tag{3-14}$$

$$C_a = \frac{\rho \bar{V}_a}{\gamma \bar{p}_a} = \frac{\rho \bar{p}_0 \bar{V}_0}{\gamma \bar{p}_a^2} \tag{3-15}$$

式中，$\tilde{Q}_3$ 为蓄压器和泵前管分界面上的脉动质量流量；$\tilde{Q}_a$ 为流入蓄压器的脉动质量流量；$A_a$ 为通向蓄压器膜盒的有效面积；$m_a$ 为蓄压器的有效动质量；$\bar{V}_a$ 为蓄压器膜盒工作时刻的平均容积；$\bar{p}_a$ 为膜盒内气体工作时刻的平均压力；$\bar{p}_0$ 为蓄压器膜盒初始充压压力；$\bar{V}_0$ 为蓄压器膜盒初始容积；$C_a$ 为蓄压器等效液容；$I_a$ 为蓄压器等效液感；$R_a$ 为蓄压器等效液阻。结合式（3-8）和式（3-9），蓄压器可等效为并联在主电路上的液容 $C_a$、液感 $I_a$ 和液阻 $R_a$ 的组合，它们之间是串联关系，$C_a$ 也被称为蓄压器的柔度。

（4）泵前管

与输送管类似，可将泵前管等效为一个感抗为 $I_4$ 的液感，即

$$\frac{\tilde{p}_4 - \tilde{p}_3}{\tilde{Q}_4} = -\mathrm{i}\omega I_4 \tag{3-16}$$

其中

$$I_4 = \frac{L_4}{A_4} \tag{3-17}$$

式中，$\tilde{p}_4$ 为泵前管和泵分界面脉动压力；$\tilde{Q}_4$ 为泵前管和泵分界面脉动质量流量；$L_4$ 为泵前管内推进剂高度；$A_4$ 为泵前管有效面积。

（5）泵

通常认为泵的入口存在气蚀，将推进剂在泵叶轮通道中的流动简化为不可压缩流动，分别对气蚀区和叶轮通道区建立方程可得[31]

$$\tilde{Q}_p - \tilde{Q}_4 = -\mathrm{i}\omega C_p \tilde{p}_4 \tag{3-18}$$

$$\frac{\tilde{p}_p - \tilde{p}_4 - E_p}{\tilde{Q}_p} = -\mathrm{i}\omega I_p - R_p \tag{3-19}$$

其中

$$E_p = m\tilde{p}_4 \tag{3-20}$$

式中，$\tilde{p}_p$ 为泵出口脉动压力；$\tilde{Q}_p$ 为泵出口脉动质量流量；$C_p$ 为泵的气蚀柔度；$I_p$ 为泵的等效液感；$R_p$ 为泵的等效液阻；$E_p$ 为泵的等效扬程压力；$m$ 为泵的增益。

结合式（3－14）及式（3－15），可将泵的气蚀区等效为与主电路并联的液容 $C_p$，将泵的叶轮通道等效为液压 $E_p$、液感 $I_p$ 和液阻 $R_p$ 的串联组合。

结合上述（1）～（5）部分，可将输送系统等效为图 3－39（b）中的电路。通常，由于 $I_2 \gg I_4$、$I_2 \gg I_a$，可进一步简化并近似得出其一阶固有频率 $f_1$ 及二阶固有频率 $f_2$ 分别为

$$f_1 \approx \frac{1}{2\pi}\sqrt{\frac{1}{I_2(C_a + C_p)}} \tag{3-21}$$

$$f_2 \approx \frac{1}{2\pi}\sqrt{\frac{C_a + C_p}{(I_4 + I_a)C_a C_p}} \tag{3-22}$$

### 3.4.3　POGO 抑制分析

在完成输送系统动特性分析后，可将输送系统的固有频率与箭体结构的主要频率绘在窗口图中，通过调整输送系统 POGO 抑制装置参数，使两者频率保持不相交的状态，这就是 POGO 抑制的安全频率窗口分析法[30]。

在安全频率窗口中，重点关注输送系统一阶固有频率与箭体结构一阶频率、二级频率的交错情况。由式（3－21）可知，影响输送系统一阶固有频率的参数有 $I_2$、$C_a$ 及 $C_p$，在箭体结构及输送管流量参数的约束下，输送管的液感 $I_2$ 几乎无法改变，而泵的气蚀在超过一定程度后会产生破坏性的影响，因此最为可行的方案是调整 POGO 抑制装置蓄压器的柔度 $C_a$。国外土星－5 火箭曾采用在输送管中直接注入气体的方式来抑制 POGO 振动，也可将其视为蓄压器的一种［即将图 3－39（b）中的 $C_a$ 平移至 $I_2$ 之后，同时去除 $I_a$、$R_a$ 项］。

结合式（3－15）及式（3－21）可知，增加蓄压器的初始充压压力 $\bar{p}_0$ 及容积 $\bar{V}_0$ 可有效地增大蓄压器柔度 $C_a$，从而降低输送系统一阶固有频率 $f_1$。下面以长征－2F 助推蓄压器的改进为例说明蓄压器设计参数与其 POGO 抑制作用之间的关系[30]。

图 3－40 为长征－2F 第 6 次飞行（第 2 次载人飞行）的安全频率窗口图，从中可以看出，芯一级输送系统一阶频率与箭体结构纵向及横向频率均无交错，飞行试验也证明芯一级是稳定的，并未参与 POGO 振动。但助推器输送系统一阶频率在飞行至 130 s 附近时与助推器局部纵向频率交错，经过进一步稳定分析认为这是导致飞行中产生“8 Hz”POGO 振动的原因。

针对此问题，将原有助推器的蓄压器更改为变能蓄压器（由高压膜盒、低压膜盒、壳体、电爆阀及连接管路组成）。高低压膜盒的最大容积及充压压力分别为 1.0 L、0.66 MPa 和 1.293 L、0.16 MPa，在飞行初始阶段，由于高压膜盒内压力高于管路压力，膜盒处于顶死状态，并不工作，此时蓄压器的 $\bar{p}_0\bar{V}_0$ 约为 0.207 MPa · L；在飞行至 72 s 时，电爆阀打开使高低压膜盒连通，两个膜盒同时工作，此时其 $\bar{p}_0\bar{V}_0$ 约为 0.867 MPa · L，可有效降低输送系统固有频率。

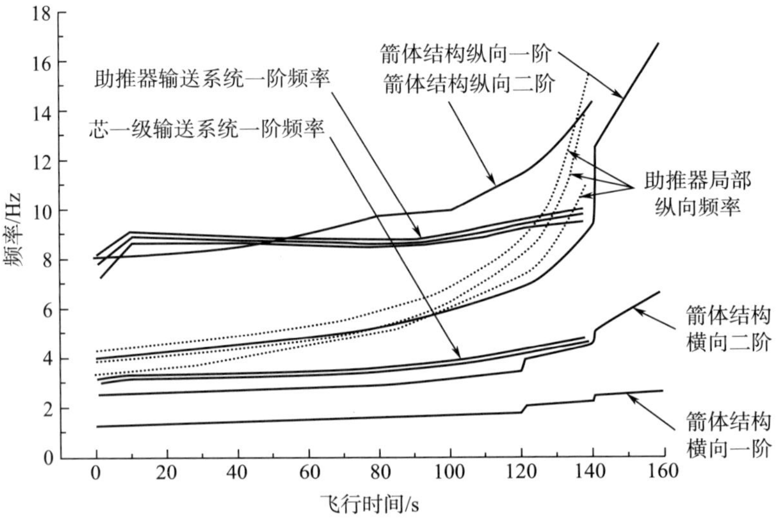


图 3-40　长征-2F 第 6 次飞行安全频率窗口

图 3-41 为长征-2F 第 7 次飞行的安全频率窗口图，此次飞行采用了变能蓄压器，从图中可看出，在 72 s 附近电爆阀打开后，助推器输送系统一阶频率从 8 Hz 降低至 4 Hz 左右，有效地避开了助推器局部纵向频率。从飞行试验数据来看，全程未发生 POGO 振动，证明了变能蓄压器的 POGO 抑制能力，也充分说明了蓄压器参数调整对输送系统动特性的影响。

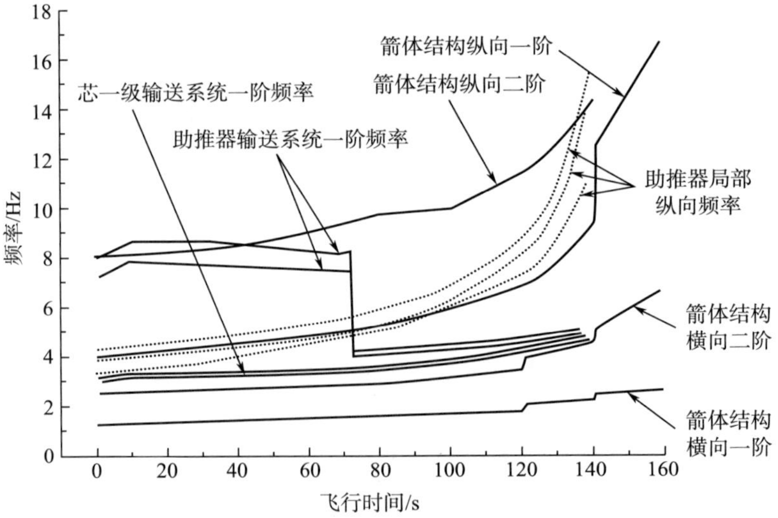


图 3-41　长征-2F 第 7 次飞行安全频率窗口

此外，POGO 分析方法还有传递函数法和状态空间法，与结构系统、发动机系统等相关，超出了输送系统范畴，本书中不做过多介绍，有兴趣的读者可以自行查阅相关文献。

## 3.5　水击分析

水击现象是一种压力瞬变过程，是管路中不稳定流动过程所引起的一种特殊现象。液体火箭发动机在启动、转级和关机的瞬间会引起管路中流体流速突然变化，进而引起输送管路内压力急剧变化，产生水击现象。水击分为直接水击和间接水击，若阀门动作时间小于水击压力波往返所需的时间，为直接水击，反之为间接水击。发生水击现象时，管路内的压力值可数倍甚至数十倍于系统正常工作压力，可能造成管路系统结构振动、变形和破坏等，甚至危及人员人身安全，如美国土星-5 液氧加注系统由于水击导致了管路突然断裂、接头损坏；俄罗斯低温加注系统也曾出现由于水击而导致的气动阀门固定杆断裂、壳体破裂、波纹管变形和容器封头损坏等事故[32]。

当发动机启动时产生负水击［即压力首先下降，见图 3－42（a）］，关机时产生正水击［即压力首先上升，见图 3－42（b）］[12]，其水击压力峰值常常很大，甚至可达到工作压力的数倍，给管路结构的强度和稳定性造成很大的威胁，必须予以重视。一般情况下，关机时水击比启动时水击严重。对于采用高压、大流量的发动机，由于启动阀（尤其是采用电爆阀启动）和断流阀开启/关闭时间很短（一般为 0.002～0.12 s），导致推进剂管路内压力短时间内剧增，产生的水击现象更为严重。水击压力与液体流速、管路长度、液体密度等相关，由于氧化剂密度较大，故一般氧化剂输送管的水击压力较燃烧剂输送管严重。

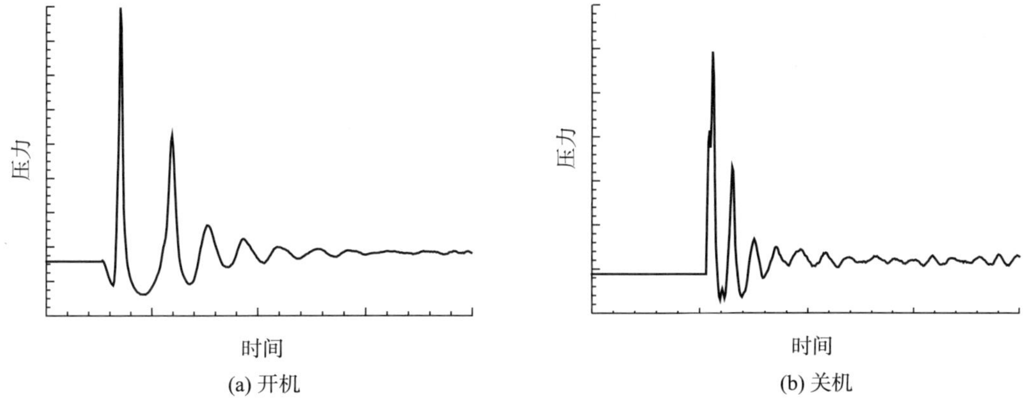


图 3－42　水击波曲线示意

与一般水力系统相比，液体运载火箭输送管路水击具有以下特点：

1）火箭发动机的启动和关机都是极迅速的，尤其是使用电爆阀实现发动机开机、关机时，其动作时间在几毫秒内，水击的压力上升率比较高，压力峰值持续时间也比较短，具有压力变化迅速的特点。

2）压力衰减快，火箭输送管大多管壁很薄，且常有波纹管一类的补偿元件，氧化剂输送管部分型号安装蓄压器，管路的弹性较大，压力沿导管从下游到上游或压力随时间衰减较快。

3）火箭输送管虽然总长不长，有的甚至很短，但其构成复杂，管系中有直管、空间弯管，还有波纹管、启动阀、泵、摇摆软管、断流阀等，有的还有三通或五通的分支、汇总，同一系统的导管壁厚、材料、直径并不一样，因而水击波的传播速度沿管道是变化的，水击波的传播与反射情况相当复杂，计算分析难度也较大。

### 3.5.1 水击计算

（1）水击压力

水击压力的常用计算方法有儒可夫斯基计算法和能量法，其中儒可夫斯基计算法为能量法在忽略阻尼力情况下的简化结果，该方法由于忽略了阻尼力，使得压力随时间变化的误差较大，能量法考虑了流体动能和势能转化过程中骤升的压力随着流体的摩擦和管路变形导致的能量消耗，与实际流体运动过程更加贴合，该方法较儒可夫斯基计算法更精确。

①儒可夫斯基计算法[33]

管路直接水击和间接水击最大压力升高值可用下式计算，即

直接水击时

$$\Delta p = a\rho \cdot \Delta v \tag{3-23}$$

间接水击时

$$\Delta p = a\rho \cdot \Delta v \frac{\tau}{T_s} \tag{3-24}$$

式中，$T_s$ 为阀门开启或关闭的时间；$\tau$ 为水击压力波往返所需的时间，$\tau = \frac{2L}{a}$；$L$ 为管路从动作阀门到入口端的长度；$a$ 为水击波的传播速度；$\rho$ 为管内液体密度；$\Delta v$ 为液流流速换向前后之差。

当阀门关闭且为直接水击时，关机前管内液体工作流速为 $v_0$，则 $\Delta v = v_0$，所以管内压力升高值为

$$\Delta p = a\rho v_0 \tag{3-25}$$

其中

$$a = \frac{1}{\sqrt{\rho\left(\frac{1}{\beta_1} + \frac{d}{\delta E_t}\right)}} \tag{3-26}$$

式中，$\beta_1$ 为液体体积弹性模量；$d$ 为管路直径；$\delta$ 为管壁厚；$E_t$ 为管路材料弹性模量。

从式中可以看出水击波速随着管壁弹性模量、液体体积弹性模量的增大而增大。

液体的体积弹性模量 $\beta_1$ 值随着压力和温度的变化而变化，并与压缩过程有关，等温压缩和绝热压缩略有不同。在计算动态性能时可认为是绝热的。

液体运载火箭输送管路并非单一的等径等厚管，传播速度 $a$ 是变化的。为了求得 $a$ 值可以将管系分段，各段都以简单管来考虑，在计算中将各段综合取其加权平均值。设管路由长度为 $L_1$ 、$L_2$ 、$L_3$ 、…、$L_n$ 的 $n$ 段导管串联组成，则波速的平均值为

$$a_{\mathrm{pj}}=\frac{L}{\sum_{i=1}^{n}\frac{L_i}{a_i}} \tag{3-27}$$

②能量法[33]

阀门、管道系统的水击过程可用图 3－43 所示的物理等效模型描述，$m$ 表示管道中的流体质量，可用通道面积 $A$、管道长度 $L$ 和流体密度 $\rho$ 的乘积表示，即

$$m=AL\rho \tag{3-28}$$

刚度 $k_1$ 可由管道与流体的有效弹性模量 $\beta_{\mathrm{ef}}$ 表示为

$$k_1=\frac{A}{L}\beta_{\mathrm{ef}} \tag{3-29}$$

其中

$$\beta_{\mathrm{ef}}=\frac{\beta_{\mathrm{t}}\beta_{\mathrm{l}}}{\beta_{\mathrm{t}}+\beta_{\mathrm{l}}},\ \beta_{\mathrm{t}}=\frac{\delta E_{\mathrm{t}}}{d(1-0.5\mu)}$$

式中，$\mu$ 为管道材料的泊松比。

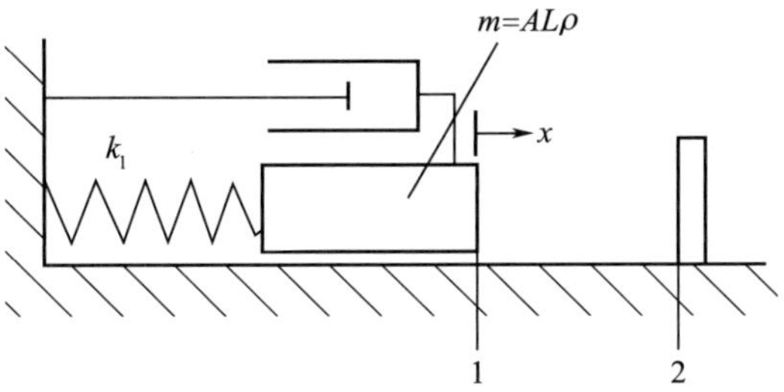


图 3－43　水击过程的物理模型

当流体 $m$ 移动到截面 2 时突然停止，这相当于阀门突然关闭。水击过程则相当于流体的动能 $E_{\mathrm{k}}$ 和势能 $E_{\mathrm{p}}$ 在 1、2 截面间的相互转化。当流体的能量以势能形式出现时，压力骤升。骤升的压力随后又因系统内流体的摩阻和管道变形时能量的消耗而逐渐减弱。水击压力可表示为

$$\Delta p_{\mathrm{t}}=\frac{\rho a v_0}{\sqrt{1-\zeta^2}}\mathrm{e}^{-\frac{\zeta}{L}at}\sin\left(\frac{a}{L}\sqrt{1-\zeta^2}\,t\right) \tag{3-30}$$

其中

$$\zeta=\frac{\tau_0}{2L}\sqrt{\frac{\beta_{\mathrm{ef}}}{\rho}},\ \tau_0=10^{-3}\ \mathrm{s}$$

（2）水击基本方程

当需要通过计算管路中任意截面的瞬时压力增量 $\Delta p$ 及速度增量 $\Delta v$ 来获得压力沿管路的分布时，用水击基本方程求解获得。一般水击计算多采用液压压头 $H$，压头增量为

$$\Delta H=H-H_0 \tag{3-31}$$

式中，$H_0$ 为初始压头。

速度增量为

$$\Delta v = v - v_0 \tag{3-32}$$

式中，$v_0$ 为初始速度。

把管路内的水击流动视为一维不稳定流动，根据牛顿第二定律和介质的连续性可以导出如下水击运动微分方程、连续方程

$$\frac{\partial v}{\partial t} + v\frac{\partial v}{\partial x} + n_x g\frac{\partial H}{\partial x} + \chi v|v| = 0 \tag{3-33}$$

$$\frac{a^2}{g}\frac{\partial v}{\partial x} + v\left(\frac{\partial H}{\partial x} + \sin\alpha\right) + \frac{\partial H}{\partial t} = 0 \tag{3-34}$$

$$\chi = f/(2D) \tag{3-35}$$

式中，$x$ 为管长坐标，为沿管的中心线的坐标轴，取和 $v_0$ 相反的方向为正方向，以末端阀门为原点；$v$ 为液体工作流速；$H$ 为液压压头；$a$ 为水击波传播速度；$f$ 为摩擦损失系数；$\alpha$ 为管路中心线与水平面夹角；$g$ 为重力加速度，取 9.81 $\mathrm{m/s^2}$；$n_x$ 为过载系数。

如果忽略压头损失（不计摩阻）和省略微量项并进行数学处理，可将式（3－33）和式（3－34）简化得到波动方程（其中 $a$ 为水击波传播速度）的形式为

$$\frac{\partial^2 H}{\partial x^2} = \frac{1}{a^2}\frac{\partial^2 H}{\partial t^2} \tag{3-36}$$

$$\frac{\partial^2 v}{\partial x^2} = \frac{1}{a^2}\frac{\partial^2 v}{\partial t^2} \tag{3-37}$$

（3）水击流固耦合研究

上述水击基本方程（经典水击理论）考虑了管壁的变形和管道约束对水击波速的影响，实际上是认为水击波总是在没有运动的管道中传播，同时管壁的变形等同于静态时的变形。这种分析方法至少存在以下几点不足[34]：

1）实际应用中的管道在水击压力作用下往往会发生运动，这种运动直接改变了水击理论的流动边界条件；

2）在水击波传播过程中忽略了管壁的惯性；

3）水击理论的水击波速本身忽略了管道和流体的径向惯性。

经典水击理论能够比较好地反映约束刚度很大的管道系统的水击现象，而对于弱约束管道系统，管道结构的动态特性及运动状态对流体的影响是不容忽略的。同时，水击波的传播也会改变管道结构的特性，两者将相互作用，相互影响，因此需要考虑管道的流体-结构相互作用（Fluid－Structure Interaction，FSI），或者叫流体-结构耦合。

在流固耦合条件下，水击波动的理论是流体瞬变运动理论和结构动力学理论的结合。Wiggert 用图 3－44 所示的管道互动关系说明了流体结构耦合的复杂性和多样性[35]。

### 3.5.2 特殊水击现象

（1）波纹管内的水击

由于波纹管的形状并非圆管状，且弹性较大，计算波纹管水击波传播速度 $a_{波}$，一般可利用下式求出波纹管等效体积弹性模量 $K_1$，即

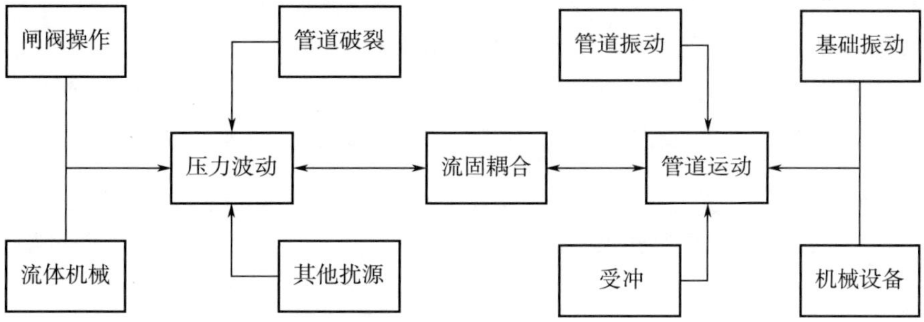


图 3-44　管道互动关系

$$K_1 = \frac{\delta p}{\delta V_{波} / V_{波}} \tag{3-38}$$

式中，$\delta p$ 为压力变化量；$V_{波}$ 为波纹管内腔容积；$\delta V_{波}$ 为波纹管容积变化量。

$K_1$ 值可以由试验求得，其随压力的变化而变化，在弹性变形区与塑性变形区变化大不相同。波纹管内的 $a_{波}$ 可以按照下式求得

$$a_{波} = \sqrt{\frac{\beta_1 K_1}{\rho(\beta_1 + K_1)}} = \sqrt{\frac{\frac{\beta_1}{\rho}}{1 + \frac{\beta_1}{K_1}}} \tag{3-39}$$

一般来说，整个输送管路系统中带有补偿器的波纹管与直管相比是管路系统的薄弱环节，因为波纹管的强度、刚度等性能指标均小于同直径的直管，水击同样对波纹管的威胁更大，因此在波纹管研制时必须给予足够的重视。研究表明[36]：

1）在波纹管弹性变形区内，水击压力与流量呈线性关系，随着流量的增大，水击压力增大。但是由于波纹管的吸收和缓冲，直线的斜率比直管略小。当波纹管进入塑性变形区后，波纹管吸收水击的作用明显增强，水击压力比直管状态下降得更快。当波纹管完全贴合时，波纹管的吸收作用反而会减小，与直管状态接近。

2）含有波纹管补偿器的推进剂输送管路比不带有波纹管的管路，产生的水击传播速度和水击压力要小。增加波纹管补偿器后，水击对于管路系统结构的动载冲击变得缓和，有利于管路系统结构的正常工作。

3）水击产生后，由于一般直管比波纹管强度指标高，因此必须校核波纹管的强度、刚度、失稳压力和自振频率，同时应该力求避免液体和波纹管的频率耦合。

4）增加波纹管补偿器可以吸收水击产生的能量，特别是在波纹管的塑性变形区内，以防止其他管路变形。

（2）断流弥合水击

当由于水击波作用，系统管道某些特殊位置压力降到液体饱和蒸气压力以下时，液体汽化形成蒸气穴，蒸气穴会随着液体流动、聚集甚至长大到占据该管道整个截面，这样便会将液柱拉断产生液柱分离的现象。当分离的液柱再遇到一起时，因为蒸气穴破灭的时间非常短，会产生极高的冲击压力，可能导致管道爆破，破坏整个推进剂输送系统。

图 3－45 所示为断流弥合水击的发展过程，主要包括空穴的形成（液柱分离）和断流弥合。若管道中低压波的压力值低于管内液体温度对应的饱和压力，就可能会形成空穴进而发展成断流弥合水击。在某些情况下，由断流弥合形成的水击甚至要高于水击正压波带来的压力峰值，这种现象在低温液体运载火箭管道中需要充分考虑。

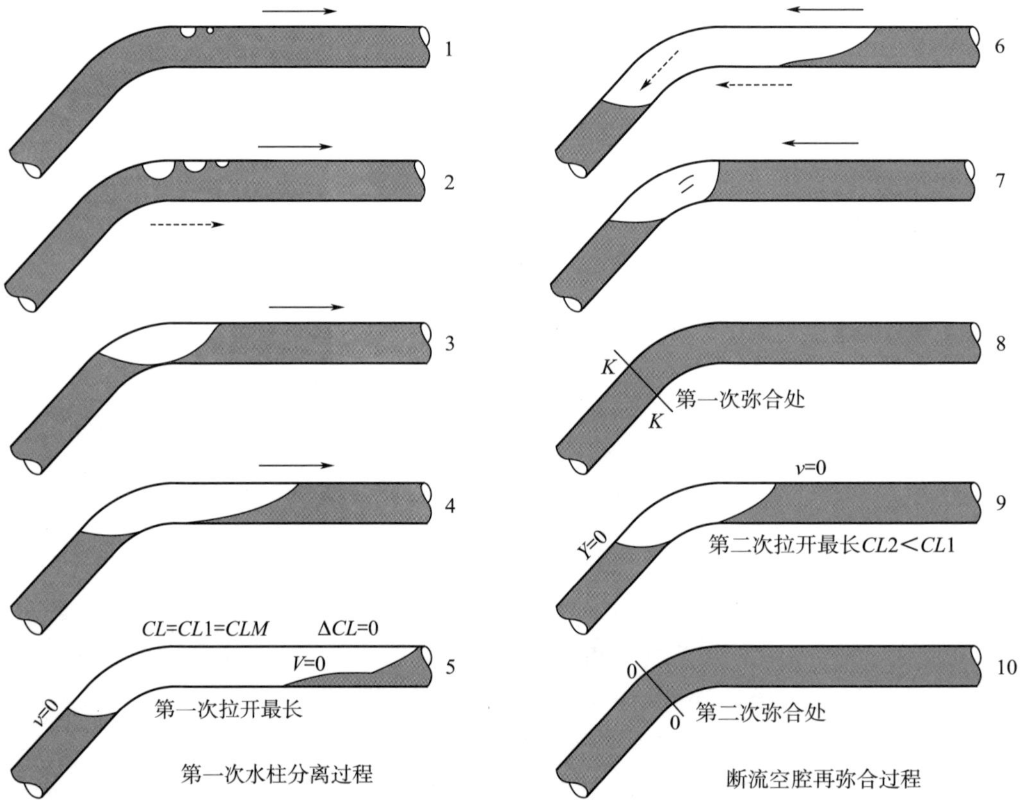


图 3－45　断流弥合水击的发展过程

### 3.5.3　水击抑制方法

通过对水击计算及特殊水击现象的分析，结合增压输送系统管路研制经验，抑制水击一般从以下几方面开展：

1）延长阀门开启/关闭时间，防止流速突然变化，从而降低水击压力。但阀门动作时间延长也不是越长越好，需综合考虑对发动机后效冲量的影响。

2）从水击计算的过程来看，降低阀门、管道系统的有效弹性模量将减小水击压力峰值。因此在输送管路设计中增加波纹管、金属软管、蓄压器等柔性部件，是降低水击压力峰值的有效措施。

3）适当增加管路直径，不仅可以降低流速，而且可以减小水击压力的传播速度。

4）对于间接水击，在管路布局设计中尽可能缩短管路长度，减少水击压力波传播时间，从而减小水击压力。

5）针对断流弥合水击，在火箭输送系统设计中，受结构重量、空间限制，主要防止方法为给贮箱增压，该方法基于消除断流弥合水击的原理，即避免输送管路中出现低于饱和蒸气压的条件。

## 3.6　发动机预冷

发动机预冷是在低温发动机启动前，利用贮箱内的推进剂或地面低温介质对输送系统和发动机冷却的过程。

### 3.6.1　预冷方式分类

按预冷方式不同，发动机预冷可以分为排放预冷和循环预冷[37]，排放预冷可分为自流排放预冷和增压排放预冷，循环预冷可分为自然循环预冷和强制循环预冷。根据预冷时段，发动机预冷可分为火箭发射前的地面预冷和飞行中的空中预冷，如图3-46所示。地面预冷是指运载火箭起飞前，在地面时对发动机进行的预冷；空中预冷是指运载火箭起飞离开地面后至发动机点火前，在飞行中进行的预冷。火箭的助推、一级发动机一般只有地面阶段的发射前预冷，而对二级及以上使用的空中点火的发动机，除地面预冷外，一般在火箭起飞后还需进行空中预冷。

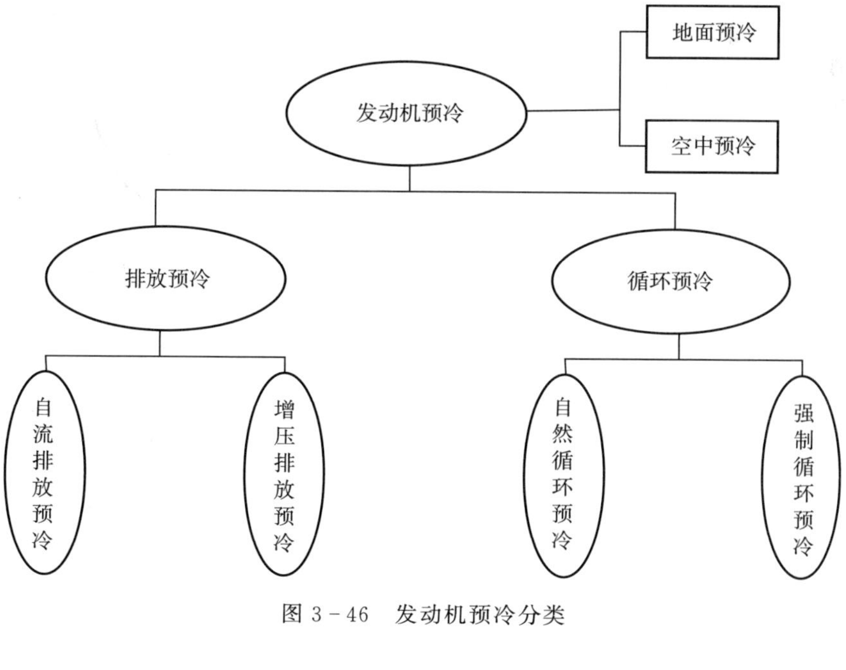


图3-46　发动机预冷分类

（1）排放预冷

排放预冷就是低温推进剂在冷却发动机系统后，温度升高的推进剂不再流回贮箱进行回收，而是将其排放的一种预冷方式。排放预冷时，低温推进剂流过输送管道和涡轮泵组件，之后从泄出阀排到火箭箭体以外，在这一过程中对输送管路和泵组件进行预冷。

发动机的预冷驱动力可分为依靠自身液位高度的自流排放预冷和依靠外加压力的增压排放预冷，如图 3-47 所示。自流排放预冷是指贮箱在环境大气压情况下，以贮箱的液位与发动机系统高度差作为驱动力的一种预冷方式。增压排放预冷是在自流预冷驱动力的基础上，通过对贮箱进行增压加速推进剂排放的一种预冷方式。该方式可以提高贮箱压力，增大排放流量，以满足在规定时间内达到预冷的要求。

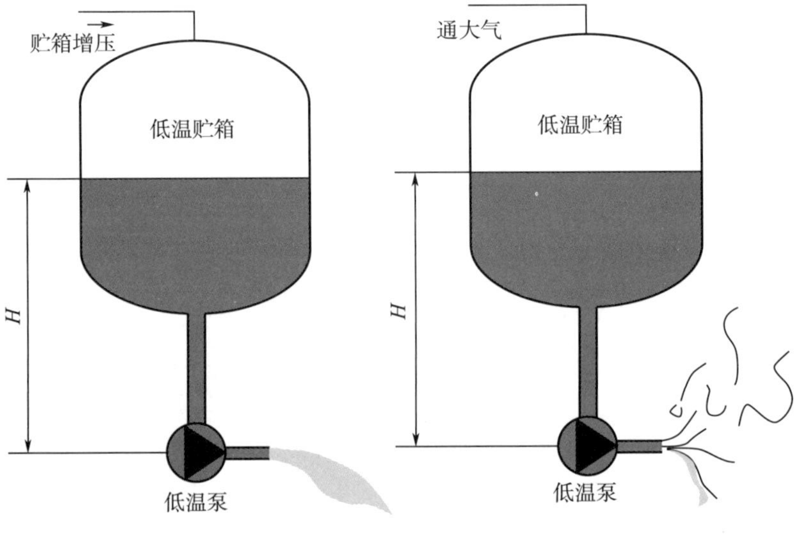


图 3-47　排放预冷原理示意图

排放预冷可以使管路和泵体迅速降温，不需要循环泵和回流管等附加组件，预冷系统较简单。在地面排放预冷时，由于推进剂在短时间内大量排出，一般需要进行射前补加。如果排出的是液氢，出于安全性考虑，需经地面排气管引至离火箭一定距离后进行高空排放，或者进入燃烧池进行燃烧处理。如果介质是液氧，虽然不存在爆炸的危险，但仍然需要进行一些必要的处理。因此，排放预冷方式不仅对推进剂的消耗量大，而且增加了射前补加推进剂的操作。

从发射流程上看，增压预冷需要贮箱卸压后再进行推进剂补加，而自流预冷可以在预冷的同时进行推进剂的补加，所以增压预冷的流程更复杂。典型的射前增压排放预冷流程和自流排放预冷流程如图 3-48 和图 3-49 所示。

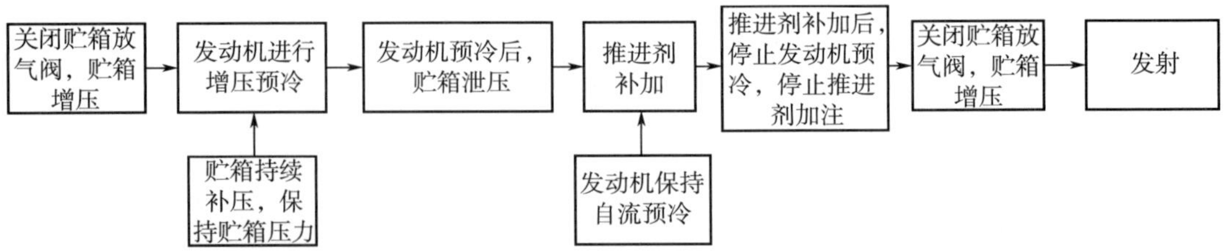


图 3-48　射前增压排放预冷流程

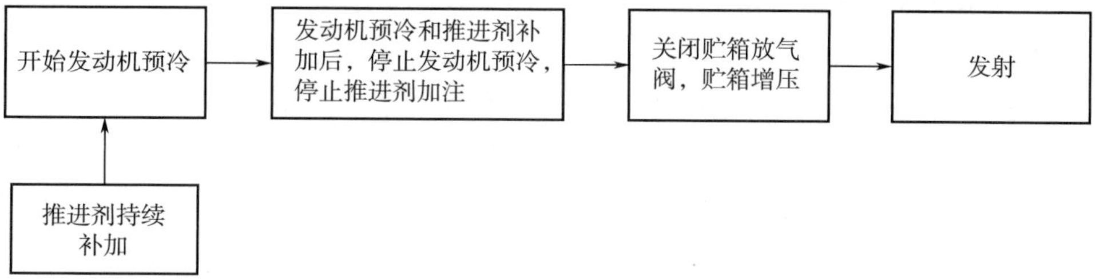


图 3-49　自流排放预冷流程

从预冷速度上看，自流排放预冷比增压排放预冷慢，达到预冷要求的时间长。根据试验统计，某膨胀循环发动机射前自流预冷用时约 15 min，而增压预冷用时为 5 min[38]。

目前国内外发动机预冷方式采用排放预冷的典型火箭如下。

①欧洲阿里安

欧洲阿里安系列的火箭发动机采用了排放预冷技术，一级采用火神发动机(Vulcain)，上面级采用 HM-7 或 VINCI 发动机，推进剂为液氧/液氢，氢系统和氧系统均采用排放预冷方案[39]。

②日本 H-2A

H-2A 火箭的一子级采用 LE-7A 氢氧发动机，它由 H-2 火箭上的 LE-7 发动机改进而来，推力比 LE-7 高 2%。氢系统和氧系统均采用排放预冷，火箭起飞前通过向外排放液氢、液氧以满足发动机启动条件[40]，发动机原理图如图 3-50 所示。

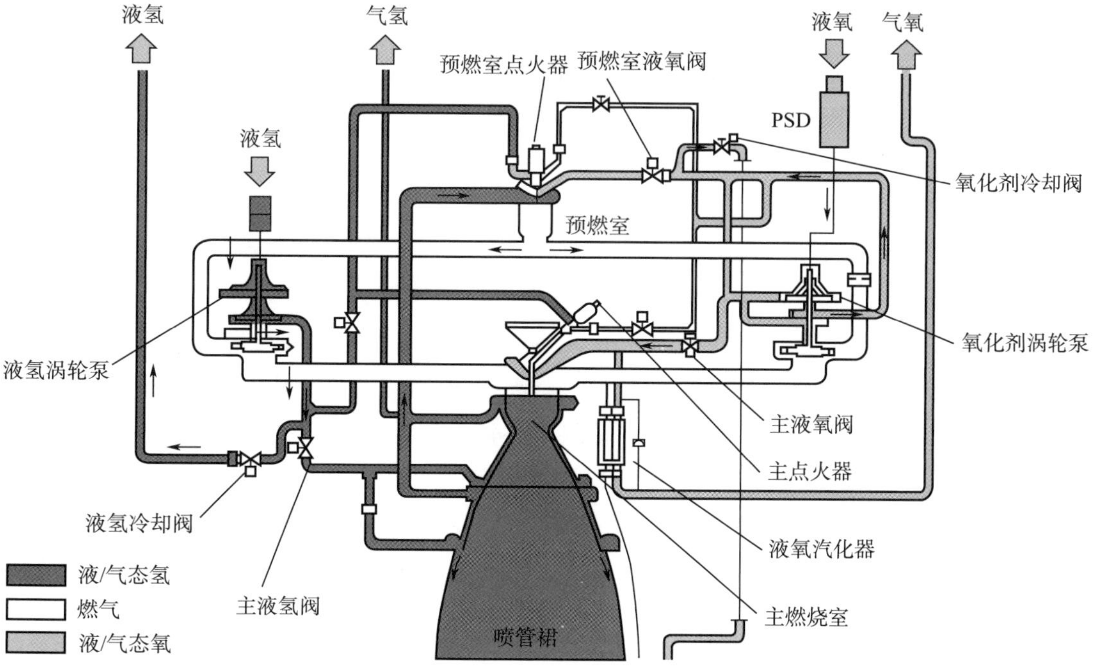


图 3-50　H-2A 一级发动机原理图

③航天飞机推进系统氧预冷

航天飞机推进系统氧预冷采用排放预冷方案，射前打开排放阀门，进行排放预冷。液氧通过泵前阀、主阀、排液止回阀、排液阀和脱落插头，排出航天飞机外。

④半人马座

半人马座上面级采用了排放预冷的方式[41]，发动机地面预冷采用液氦，射前－15 min用液氦将涡轮泵温度降至－190 ℃以下，液氦从地面高压容器通过箭地脱落插头、预冷单向阀送往发动机泵，从齿轮箱排泄孔和冷却阀流出，再通过级间分离导管从级间段收集器管路排入大气。飞行中，发动机启动前－8 s时（二次启动－17 s或24 s）打开液氢入口断流阀，利用预压泵驱动液氢，预冷涡轮泵，再通过发动机排泄阀排出箭体外；与此同时，进行氧系统预冷，液氧从预压泵经氧入口阀、涡轮泵、流量控制阀、喷注器进入推力室。预压泵均浸泡在箱底的推进剂内，利用过氧化氢燃烧的燃气进行驱动。

⑤长征系列

长征-3A系列火箭三子级采用2台YF-75发动机，射前和高空都是采用排放预冷方式，发动机二次点火前的滑行段采用间歇排放预冷方式。

长征-5芯二级采用2台YF-75D氢氧发动机，氢系统采用地面和高空排放预冷方案，氧系统采用高空排放预冷方案。

（2）循环预冷

循环预冷是在低温发动机后设置预冷回流管路，与输送管路或预冷输送旁通管路形成循环回路从而达到预冷要求的一种方式，分为强制循环预冷和自然循环预冷。自然循环预冷是通过回流管路的外界漏热而导致推进剂密度减小，与输送管路内的低温推进剂形成密度差，从而产生驱动力进行循环，其流动特性由外界条件和系统管路特性所决定，属于被动预冷方式。强制循环预冷在回流管路或者输送管路入口处设置驱动装置，如引射器、循环泵，通过输入外能源加强循环流动，是一种主动预冷方式。

①自然循环预冷（见图3-51）

外界空气相对低温推进剂来说是一个高温热源，回流管内推进剂受热升温，密度变小。对自然循环预冷过程产生影响的主要因素有管路特性、贮箱气枕压力和推进剂过冷度。管路特性主要体现在管路的绝热性能、流阻以及回流口的位置。输送管和回流管的漏热差决定了管路中的密度差，密度差越大，驱动力越大；管路流阻决定了系统流通能力，流阻小则预冷流量大，预冷效果好；管路回流口位置影响循环驱动力，回流口位置越高，驱动力越大。

回流管是预冷系统设计的关键。回流管通径小，则管路换热面积小，流阻大，不利于循环流动。回流管通径大，则换热面积大，流阻小，有利于循环流动，但系统重量及管路内不可用推进剂量增加，因此回流管路通径的大小要结合发动机需求、系统绝热要求、输送管路尺寸等综合确定。

②强制循环预冷

强制循环预冷使用的驱动装置一般为循环泵或引射器，如图3-52所示。循环泵一般

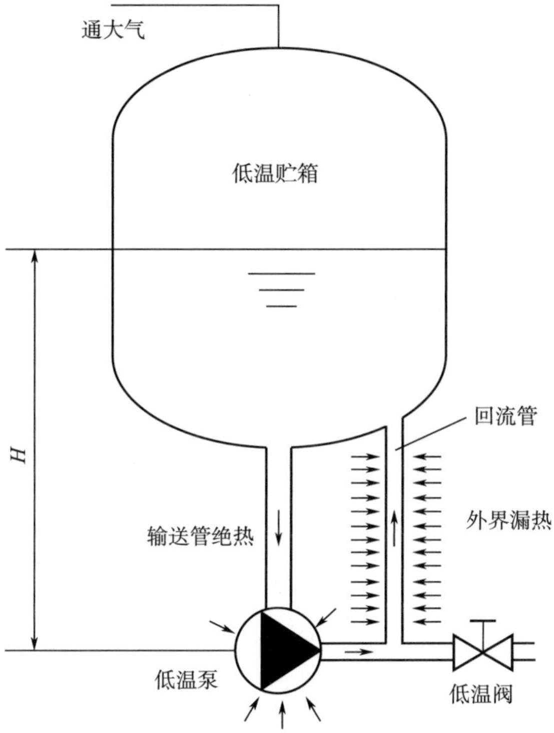


图 3-51　自然循环预冷原理示意图

安装在发动机上游的输送管或预冷输送旁通管上，引射器一般安装在发动机至贮箱的回流管上。两种方式都可以有效地增强循环驱动力。

循环预冷与排放预冷相比，可以减少推进剂的消耗，避免了液氢、液氧等推进剂排放的安全问题，降低了射前操作的复杂程度，但增加了箭上设备，增大了火箭的结构重量。目前国内外发动机预冷采用循环预冷的典型火箭如下。

(a) 土星-5

土星-5 火箭一级采用 5 台液氧煤油发动机 F-1，二级采用 5 台氢氧发动机 J-2，三级采用 1 台氢氧发动机 J-2[4]。

一级发动机氧系统采用氦引射循环预冷方案，利用 5 根液氧输送管组合的方式来实现循环预冷，在输送管之间设置有专门的互通阀，未设置回流管；氦气通过“3 号脱落插头”进入 1 号、3 号输送管，氦气气泡向上引射液氧进入贮箱，液氧从输送管 2 号、4 号、5 号向下流动进入发动机，如图 3-7 所示。氧系统预冷从射前-10.75 min 持续到-3.1 min，地面氦气吹入液氧管路内，通过互通阀，与贮箱形成对流循环，一旦循环形成，循环就持续进行，一直持续到发射前互通阀关闭为止。

土星-5 二级氢系统采用循环预冷方案（见图 3-53），液氢采用循环泵进行强制循环预冷，预冷时间从射前-30 min 开始持续至二级发动机点火前。5 条输送管各自都备有一台独立的再循环泵，用再循环泵使燃料通过再循环旁通阀，进入前置阀下游的液氢输送管，通过液氢涡轮泵、液氢泄出阀、再循环回流阀，最后回到氢箱中。

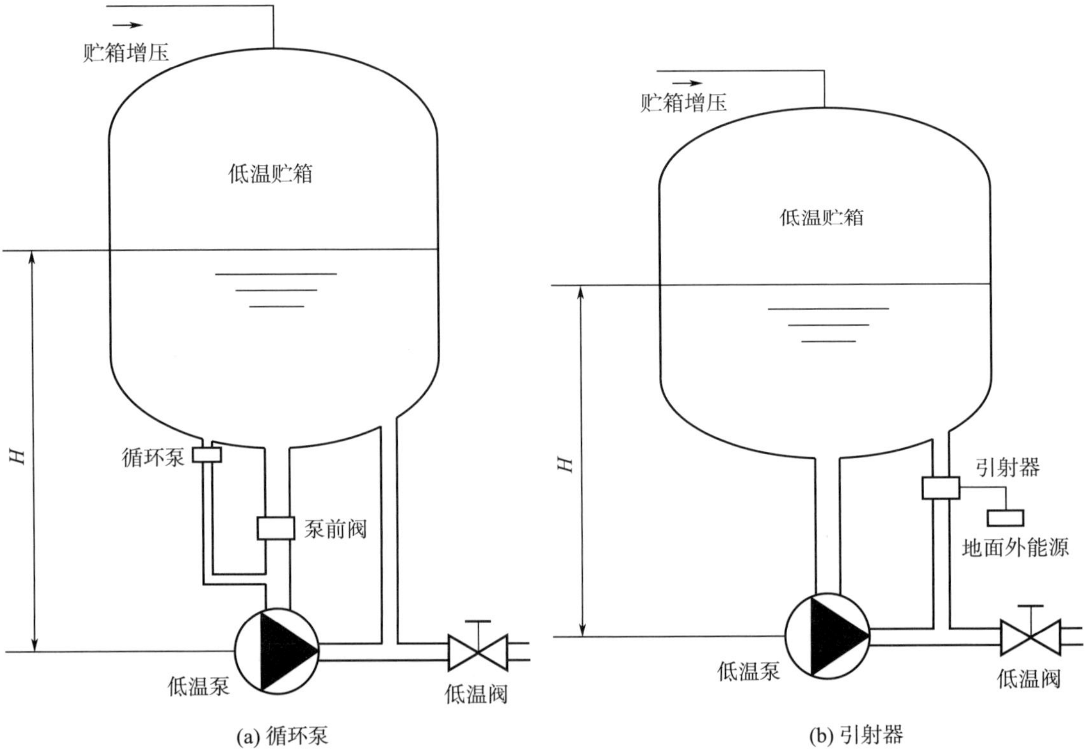


图 3-52　强制循环预冷（引射器）原理示意图

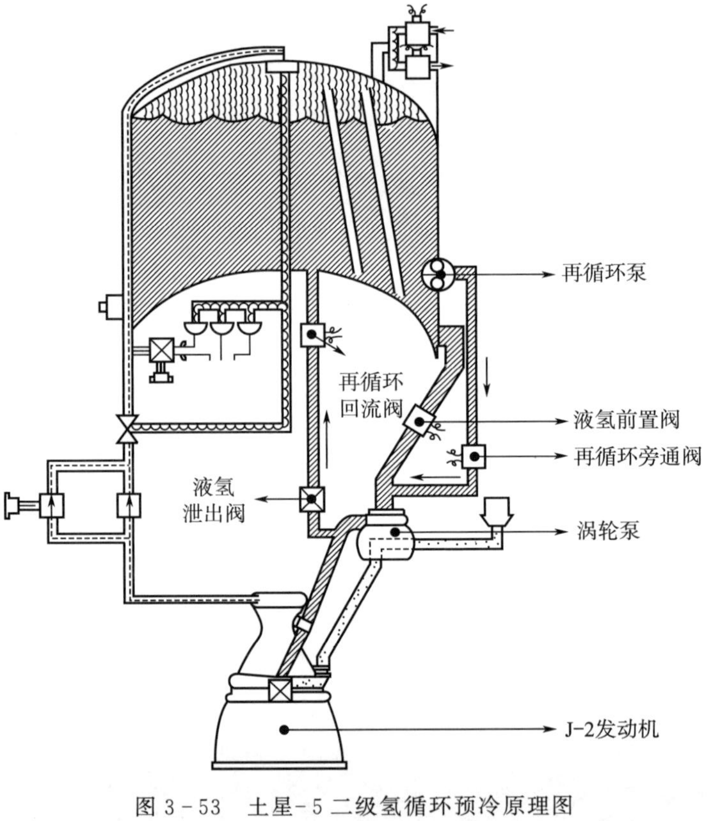


图 3-53　土星-5 二级氢循环预冷原理图

二级发动机氧系统采用氦引射循环预冷方案（见图3-54），设置有专门的回流管路和控制阀。二级发动机氧系统在射前－33 min开始氦引射强制循环预冷，持续至二级发动机点火前停止，火箭起飞后引射的氦气由氦气瓶供应。

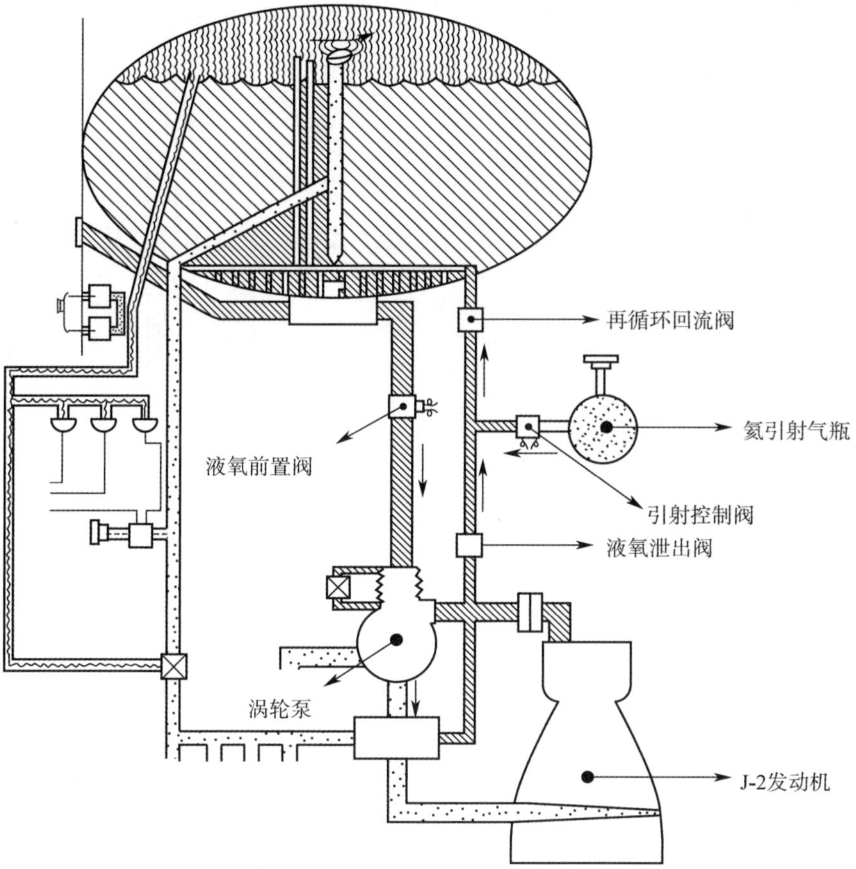


图3-54　土星-5二级氧系统预冷原理图

土星-5三级循环预冷原理图如图3-55所示。土星-5三级氢系统采用循环预冷方案，液氢采用循环泵进行强制循环预冷，预冷时间从射前－5 min开始持续至三级发动机点火前。再循环泵使氢通过再循环控制阀，进入液氢前置阀下游的液氢输送管，通过液氢涡轮泵、排放阀，最后回到氢箱中。三级发动机氧系统采用循环泵循环预冷方案，以适应2.5 h长时间滑行预冷的需求，此系统设置有专门的回流管路和控制阀。三级发动机氧系统在液氧加注时，液氧前置阀一直处于打开状态，进行浸泡冷却。射前－10 min关闭前置阀，开始循环预冷，液氧经过再循环泵、预冷输送管、再循环控制阀、涡轮泵、排放阀，最后进入贮箱，氧循环泵输出压力约为0.103 MPa，流量约为2.5 kg/s，持续至发动机点火前停止。

(b) 航天飞机氢系统

美国航天飞机主推进系统氢预冷采用循环泵方案，与土星-5二、三级方案类似，在射前进行强制循环预冷，由关闭液氢输送管路泵前阀和启动液氢再循环泵两个程序组成。

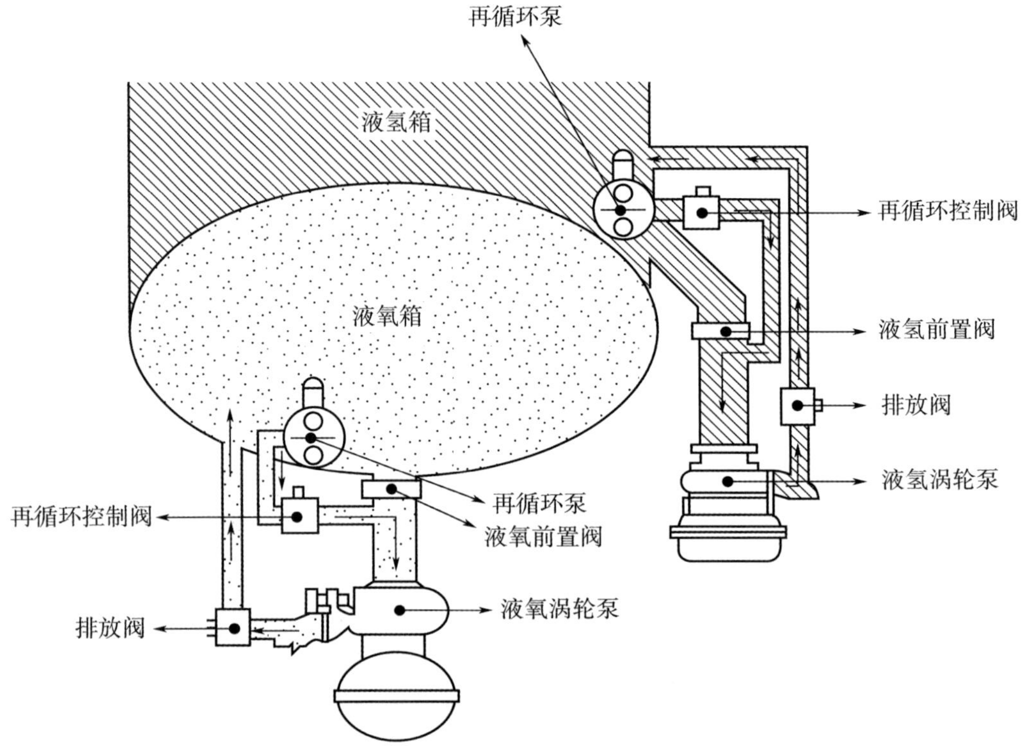


图 3-55　土星-5 三级循环预冷原理图

循环泵使燃料通过再循环旁通阀，进入前置阀下游的液氢输送管，通过液氢涡轮泵、再循环回流阀，最后回到氢箱中。打开前置阀，循环泵停止工作并关闭再循环回流阀，强制循环预冷终止。

(c) 宇宙神-5

宇宙神-5 一级采用 RD-180 发动机，氧系统采用自然循环预冷＋氦气引射强制循环的预冷方式，增加了一套贮箱回流管路，主要包括氦引射器及相应的管路配套，地面引射氦气管路设置在 0 s 插拔组合连接器上。预冷回流阀为两位三通气动控制阀，常通路接回贮箱，通控制气后接通液氧加泄管路，以完成加注阀以下液氧的泄出工作，如图 3-56 所示。

(3) 小结

目前国内外主要火箭的预冷方式见表 3-4[41]，从中可以看出：美国和苏联的低温发动机大部分采用循环预冷方案，其中氧系统采用带氦气引射的循环预冷，氢系统采用循环泵的循环预冷方案。欧洲、日本火箭以及我国长征-3A 三级、长征-5 二级采用排放预冷，其他火箭模块均采用循环预冷。

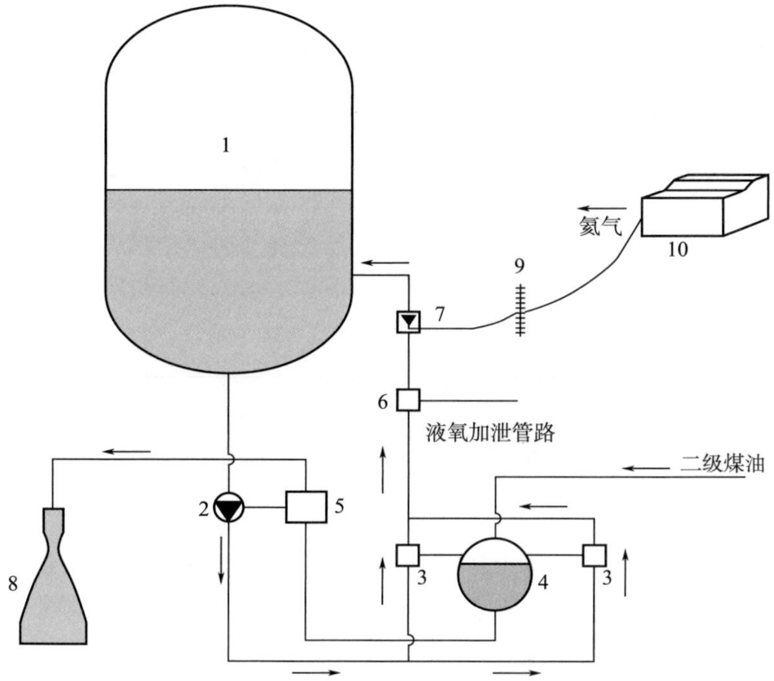


图 3-56　宇宙神-5 一级氧系统预冷原理图

1—液氧贮箱；2—液氧泵；3—液氧主阀；4—预燃室；5—主涡轮；6—预冷回流阀；7—氦引射器；8—推力室；9—0 s 插拔组合连接器；10—地面配气台

**表 3-4　国内外常见低温火箭预冷方式统计表**

| 国别 | 火箭 | 低温级 | 推进剂组合 | 预冷方式 |
|---|---|---|---|---|
| 美国 | 土星-5 | S-ⅠC F-1 | 液氧/煤油 | $O_2$:氦引射循环预冷 |
| | | S-Ⅱ J-2 | 液氢/液氧 | $O_2$:氦引射循环预冷<br>$H_2$:循环泵预冷 |
| | | S-ⅣB J-2 | 液氢/液氧 | $O_2$:循环泵预冷<br>$H_2$:循环泵预冷 |
| | 航天飞机 | SSME | 液氢/液氧 | $O_2$:排放预冷<br>$H_2$:循环泵预冷 |
| | 德尔它-4 | 公用芯级 RS-68 | 液氢/液氧 | 循环预冷 |
| 欧洲 | 阿里安-5 | 第一级 Vulcain2 | 液氢/液氧 | 排放预冷 |
| | | 上面级 ESC-B VINCI | 液氢/液氧 | 排放预冷 |
| 日本 | H-2A | 第一级 LE-7A | 液氢/液氧 | 长时间小流量排放预冷 |
| | | 上面级 LE-5B | 液氢/液氧 | 长时间小流量排放预冷 |
| 苏联 | 能源号助推<br>天顶号一级 | RD-170 | 液氧/煤油 | 氦气引射 |

续表

| 国别 | 火箭 | 低温级 | 推进剂组合 | 预冷方式 |
|---|---|---|---|---|
| 中国 | 长征-3A系列 | 三子级 YF-75 | 液氢/液氧 | 排放预冷 |
| | 长征-5 | 芯一级 YF-77 | 液氢/液氧 | $O_2$:氦引射循环预冷<br>$H_2$:循环泵预冷 |
| | | 芯二级 YF-75D | 液氢/液氧 | $O_2$:排放预冷<br>$H_2$:排放预冷 |
| | 长征-7 | 助推、芯一级 YF-100、芯二级 YF-115 | 液氧/煤油 | $O_2$:氦引射循环预冷 |

### 3.6.2 预冷系统设计须考虑因素

(1) 预冷方式的选择

发动机的预冷方式决定了低温火箭射前操作程序，要确定最佳预冷方案，需结合发动机的预冷条件，推进剂类型，发动机所在的子级，对射前流程、推迟发射的影响和适应性等因素综合考虑。

①发动机的预冷条件

发动机需要达到的预冷温度条件是预冷方案选择的首要因素，不同预冷方式达到的发动机预冷温度不同，所以发动机需要达到的预冷条件往往直接决定了预冷方式。

②推进剂类型

对于氢氧推进剂来说，都可以采用排放式预冷方式；如果采用循环预冷方式，目前氢系统大部分采用循环泵来增强循环的驱动力，而氧系统除土星-5三级外，均采用自然循环结合引射循环预冷方式，这样的选择主要是由推进剂液体及蒸气的密度差决定的。

液氢常压下的密度为 71 kg/m$^3$，密度低，密度变化范围小，在输送管路和回流管路中由于密度差产生的驱动力小，难以建立起有效的循环。因此氢系统大部分采用循环泵来进行强制循环预冷。

液氧常压下的密度为 1 141 kg/m$^3$，利用输送管路和回流管路中密度差产生的压差可以建立起有效的循环。在回流管路中加入引射装置，增加回流推进剂的含气量，进一步降低推进剂的密度，可有效增加循环驱动力，通常引射气体采用氦气。

③发动机所在的子级

火箭的二级及以上发动机点火前，考虑有效载荷和排放推力影响，应在地面进行充分的预冷。射前预冷可以采取排放预冷或循环预冷；火箭起飞后，二级及以上发动机为了减少预冷推进剂消耗量，提高运载效率，大多采用循环预冷。

④对射前流程、推迟发射的影响和适应性

预冷方式不同，射前的操作流程就不同，一般来讲，采用大流量排放预冷较为复杂，其次为小流量排放、强制循环预冷、自然循环预冷。由于小流量排放、自然循环预冷属于被动预冷，其预冷效果受外界因素的影响较大，较难保证预冷效果；而大流量排放预冷和强制循环预冷为主动预冷，可以通过调整相应参数，直接保证达到预冷要求。大流量排放预冷不但和箭上系统特性相关，而且和地面系统联系紧密，而强制循环预冷则主要和箭上系统相关，因此强制循环预冷具有更好的适应性，尤其是对推迟发射的适应性更好。

（2）贮箱布局

目前国内外大型运载火箭普遍采用二级半构型，火箭加注推进剂后质心尽量居于火箭中心位置。对于采用液氧液氢、液氧煤油推进剂的火箭而言，因为液氧密度比较大，所以往往助推、一级氧箱为前箱，氢箱、煤油箱为后箱；二级氧箱为后箱，氢箱、煤油箱为前箱。

当氧箱为前箱时，输送管和预冷回流管越长，回流管内推进剂温升就越高，产生的密度差就越大，产生的循环驱动力就越大，有利于循环预冷。

（3）回流管设计

按理论分析，回流管如果不进行绝热，推进剂温升应该比进行绝热更加明显，密度更低，循环驱动力更大，对循环更有利。但试验结果表明，回流管路不进行绝热与进行绝热相比，效果基本相同，这是因为不绝热时，管路结霜、结冰起到了绝热作用，但绝热效果不可靠。为了避免回流管路产生结霜、结冰的现象，往往回流管路都要进行绝热，一般比输送管路绝热厚度要小[42]。

回流管内径太小，则外界对管路的加热面积变小，循环流动阻力加大，产生的循环驱动力小，不利于预冷循环。回流管内径太大，则外界对管路的加热面积大，循环流动阻力小，产生的循环驱动力大，但循环负载增加。因此设计回流管内径时要综合考虑循环预冷时间、循环流量及与输送管路的匹配性等因素。

回流口理论上可以设置在贮箱气枕部位、贮箱底部和液面以下靠近液面的位置。回流口若在贮箱气枕部位，则回流的气液两相流会使气枕气体产生凝结现象，一般不采用。回流口若在贮箱底部，在氦气引射阶段，会引起贮箱底部的过冷推进剂与贮箱上部的常规推进剂的热交换，造成推进剂的消耗，为解决此问题，可以把回流管路伸入贮箱一定长度。回流口若在液面以下靠近液面的位置，较好地解决了回流口在贮箱气枕和底部产生的问题。

对某氧箱（长度约 10 m）预冷回流模型进行仿真，发现回流管出口位于下端封头上部 6～7 m 之间时，火箭发动机预冷时间最短，泵体温度相对最低，预冷效果最好[43-44]。

氦气引射装置应设置在回流管路上，尽量靠近回流管下部，以保证有更长的回流管路为气液两相流，从而增加由于密度差引起的驱动力。考虑到引射时效性，引射的时间一般在发动机启动前，与发射流程密切相关。

（4）预冷所需时间

从预冷速度上看，增压排放预冷比自流排放预冷效果好，达到预冷要求的时间短。根据试验统计，某膨胀循环发动机射前自流预冷用时约 15 min，而增压预冷用时为 5 min[38]。因此采用增压排放预冷还是自流排放预冷需要结合射前流程进行设计。循环预冷一般从低温推进剂加注开始，射前推进剂过冷补加前后，开启引射或循环泵进行强制循环预冷，一般不单独占用射前程序，可以与其他工作并行。

### 3.6.3 预冷分析

发动机及管路预冷是一个非稳态、多流型、换热工况复杂的两相流动与传热过程，在此过程中，管路内可能存在的流型经历了从单相气体、弥散流、反环状流、弹状流、泡状流到单相液体的过渡过程，相应的传热阶段分别为单相气体传热、弥散流膜态沸腾、反环状流膜态沸腾、饱和核态沸腾、过冷沸腾、单相液体传热。特别地，当采用自然循环预冷，涉及自然循环和回路预冷的耦合作用时，液体火箭发动机预冷回路中的流动与传热特性分析将会变得更加复杂。

预冷管路内的流型及流动传热特性研究长期以来是工程技术和科技人员十分关注的课题，至今已有许多学者对此进行了研究。Laverty 和 Rohsenow[45]研究了均匀加热竖直管路中饱和液氮的膜态沸腾流动与传热过程，认为存在两种基本流型：反环状流和弥散流，并在此基础上分析了相应的传热特征及其流型间转化的临界韦伯数。Kawaji 和 Banerjee[46]以水为工质通过可视化试验给出了均匀加热竖直管路预冷过程中典型的流型变化，并根据预冷管路内的流型划分为四个不同的流动区域：全液体，反环状流（低流率时为环状流）膜态沸腾，弥散流膜态沸腾，全气体。认为在激冷面（Quench Front，QF）前为全液体，在激冷面后为反环状流膜态沸腾，流型中没有考虑预冷过程中的核态沸腾。Hedayatour 等[47-48]在此基础上分析了各种流型可能存在的传热机理，并在试验测得激冷面前流速的基础上，采用两流体模型计算研究了水和液氮在竖直管路预冷中的流动与传热特性。Velat 和 Liao 等人[49-50]认为：低温流体在预冷过程中先后经历膜态沸腾、核态沸腾、单相强制对流换热阶段，不考虑时间短暂的过渡沸腾；低温流体在水平预冷管路中的流型以分层流为主，在竖直预冷管路中以均匀流为主，应分别以两流体模型和均相流模型求解；在此基础上针对水平预冷管路中的分层流建立了二维准稳态流动与传热模型，并用数值预示了预冷过程中管壁温度的变化趋势。尼瓦费林等人采用温度突变模型并借助于试验数据，得到了中短管路及长管路冷却时间的半经验关系式[51]；符锡理利用总体能量平衡法得到了管路预冷时间的表达式[52]；Sabnick 和 Krulle 通过建立一维模型对水平液氢加注管路的预冷过程进行了数值模拟，并对预冷过程中管路的温度分布及预冷时间做了初步探讨[53]；高芳和陈阳等人[54]采用一维均相平衡态流体动力学模型和涵盖预冷过程中主要传热工况的传热模型，模拟计算了低温推进剂对管路的冷却充填过程，并重点针对液体火箭发动机试验台液路系统及长距离液氢输运管道进行了预冷过程仿真。孙恒和李兆慈等人[55]试验研究了不同管长和不同入口压力下预冷管路中的温度及压力变化规律，分析了预冷过程中的流动不稳定特性。

核反应堆中的“高速再淹没”概念，最早被用于描述冷却水流过炽热管路的流动及传热过程，可以引入到预冷管路的流动与传热分析中。低温流体预冷管路的过程实际上是一种典型的高速再淹没传热过程[56]，随着低温流体的推进，开始出现的是弥散流膜态沸腾（DFB），而后由于低温流体量较大，炽热的壁面来不及把低温流体蒸干，靠近壁面虽有气膜出现，但流道中心仍有很大的液柱，出现反环状流膜态沸腾（IAFB）；当壁面温度降低到膜态沸腾起始点温度以下时，过渡到反环状流过渡沸腾（IATB），而后逐渐恢复到核态沸腾，单相液体强制对流换热阶段，恢复受热面的正常冷却。陈二锋、厉彦忠[57-60]等人从管路预冷过程中的典型流型和沸腾曲线出发，构建了一组涵盖预冷过程中主要流型及传热工况的管壁与低温流体间的传热模型，模型有效性采用 Hedayatour 等人[47-48]的竖直管路液氮预冷试验验证，详细内容可参见文献［42］；并在此基础上，针对强制循环预冷、自然循环预冷和引射循环预冷，建立了液体火箭发动机循环预冷的一维非稳态均相流动数学模型，并针对典型的氢、氧自然循环回路，开展了预冷效果的仿真分析，具体可参见文献［58－60］。

以下对管路预冷的高速再淹没传热机理、管壁与推进剂换热的多流型模型构建、发动机循环预冷的数学模型和计算流程，以及自然循环预冷效果分析等开展详细介绍。

（1）管路预冷的高速再淹没传热机理

当低温流体进入输送管路时流体会急剧汽化，使管路内呈现两相流动状态，直至管壁温度下降到无法提供使低温流体沸腾的过热度时，管路中才开始出现单相流动。在此过程中，管路内气液两相流流型随时间的延续而不断发生变化，与之相对应的，管路内的流动与传热特性也随之发生变化。图 3－57 展示了竖直管路高速再淹没预冷过程中的典型流型及其传热特征[56]，从图 3－57（a）中可以看出，在竖直管路的高速再淹没预冷过程中，管路内可能存在的流型经历了从单相气体、弥散流、反环状流、弹状流、泡状流到单相液体的过渡过程，相应的传热阶段分别为单相气体传热、弥散流膜态沸腾、反环状流膜态沸腾、饱和核态沸腾、过冷沸腾、单相液体传热。

沸腾曲线可分为两类：可控热流和可控温度，前者当增大或减小热流密度时会出现壁面温度的跳跃，而后者沸腾曲线则是连续的[56]。预冷过程属于一种可控温度的沸腾过程，沸腾曲线如图 3－57（b）所示，它经历了弥散流膜态沸腾、反环状流膜态沸腾、反环状流过渡沸腾、饱和核态沸腾、过冷沸腾等沸腾阶段；图中 $C$ 点为第二临界点，是维持膜态沸腾的最小热流密度点，即 Leidenfrost 点；$B$ 点为第一临界点，为核态沸腾的最大热流密度点，壁面温度在此热流密度作用下发生突降，是气膜消失和湿壁形成的临界状态点。$C-B$ 段为反环状流过渡沸腾，这是一个不稳定的过程，时间很短，因此在图 3－57（a）中没有考虑反环状流过渡沸腾，认为从 $C$ 点直接过渡到 $B$ 点。

对于以往的预冷模型，Hedayatour 模型[48]没有考虑预冷过程中的饱和核态沸腾和反环状流过渡沸腾，在激冷面处采用一个很大的热流密度使壁面温度从 Leidenfrost 温度以上降低到低温流体温度。Liao 模型[49]没有考虑反环状流过渡沸腾，从 $C$ 点到 $B$ 点的过渡是一个热流密度跳跃的过程，两者的物理过程都是不连续的。本节从管路预冷过程中的典型流型和沸腾曲线出发，构建了一组涵盖预冷过程中主要流型及传热工况的管壁与低温流体间的传热模型。为了使预冷的物理过程连续，对于反环状流过渡沸腾热流密度可采用 $B$ 点和 $C$ 点线性插值，由于 $B$ 点处热流密度很大且 $B$、$C$ 两点温差较小，仍可以使得该过渡沸腾阶段时间很短，与实际预冷过程较为相符。

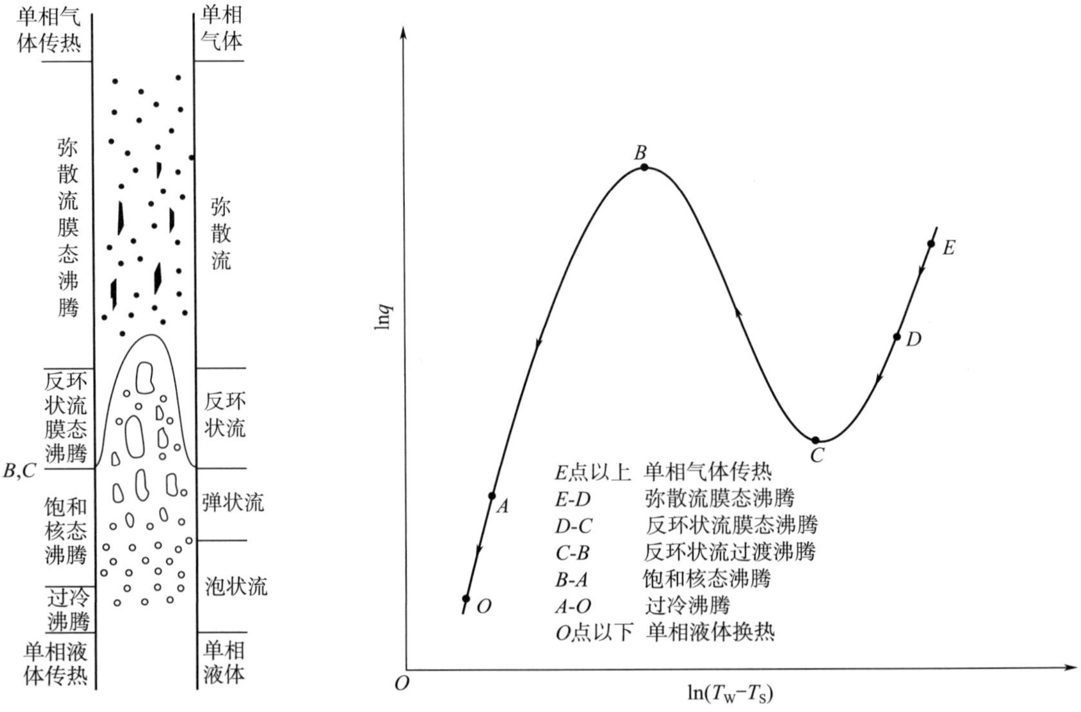


(a) 流型　　(b) 沸腾曲线

图 3-57　高速再淹没预冷过程中的典型流型及其传热特征

(2) 管壁与推进剂换热的多流型模型构建

①流动传热的流动模型

低温火箭发动机预冷过程中，系统管路内的低温流体流动与传热具有非稳态、分布参数和经历气液两相态的特点，为统一描述流体处于不同状态下的流动和传热过程。通常假设管流为一维，并认为管壁和流体间传热遵循与准稳态流动同样的规律。由于低温流体的相关传热试验数据较少，并且现有的试验数据表明它们与常规流体的传热几乎遵循相同的规律，因此假设流体处于两相态时是热力平衡的，则通过管流压力和密度，或者压力和焓，即刻画了流体状态。上述假设构成了均相流传热计算模型的基础，现有的大部分传热经验公式都是在此基础上发展起来的，或者再加上一些非平衡效应修正。

②流动传热工况分析

首先从液体推进剂进入管路开始考虑，这时将推进剂与管壁结构之间的传热按机理可简单分为三种工况，即单相流体的强制对流传热、泡核沸腾传热、膜态沸腾传热。三种工况之间的分界点，一般采用如下公式计算。

(a) 由单相液体对流转入流动沸腾的起始点壁温 $T_{ONB}$

液体发生流动沸腾时，贴近壁面的局部流体达到饱和状态；从流动沸腾传热图来看，则是单相液体对流传热与过冷泡核沸腾传热工况的交接点，许多热工水力学分析程序以该点同时满足两种工况的传热关系式准则来计算对应的管壁温度。计算公式为

$$q_{\mathrm{ONB}}=\underbrace{\frac{\lambda_{\mathrm{sat}}H_{\mathrm{LG}}\rho_{\mathrm{G}}\Delta T_{\mathrm{sat}}^{2}}{8\sigma_{\mathrm{sat}}T_{\mathrm{sat}}}Pr_{\mathrm{sat}}^{2}}_{\text{沸腾传热}}=\underbrace{h_{\mathrm{c}}(T_{\mathrm{w}}-T_{\mathrm{sat}})}_{\text{单相对流传热}} \tag{3-40}$$

其中

$$\Delta T_{\mathrm{sat}}=(T_{\mathrm{w}}-T_{\mathrm{sat}})$$

式中，$H_{\mathrm{LG}}$ 为汽化热（J/kg）；$\Delta T_{\mathrm{sat}}$ 为壁面过热度（K）；$T_{\mathrm{sat}}$ 为当地压力下的饱和温度（K）；$T_{\mathrm{w}}$ 为壁面温度（K）；$\sigma_{\mathrm{sat}}$ 为饱和温度下液体的表面张力系数（N/m）；$\lambda_{\mathrm{sat}}$ 为饱和液体的热导率［W/（m·K）］；$Pr_{\mathrm{sat}}$ 为饱和液体的普朗特数；$\rho_{\mathrm{G}}$ 为饱和蒸气的密度（$\mathrm{kg/m^3}$）；$h_{\mathrm{c}}$ 为单相液体的表面传热系数［W/（$\mathrm{m^2}$·K）］，以流体饱和温度为定性温度。

（b）过冷或饱和流体泡核沸腾传热的最高壁温 $T_{\mathrm{CHF}}$（第一临界点温度）

在流体发生泡核沸腾传热工况下，热流密度是很大的，并随壁温与流体温度差的增大而增大；但当管壁与液体之间的温差超过一定幅度时，在壁面与流体主流之间会形成气膜，传热系数骤然下降。上述机制决定了存在允许发生泡核沸腾传热工况的最大壁温及最大热流密度。泡核沸腾传热热流密度 $q_{\mathrm{bub}}$ 关联式由单相对流传热和池内泡核沸腾传热两部分组成

$$q_{\mathrm{bub}}=\underbrace{5.59\times10^{-14}\left(\frac{c_{p\mathrm{L}}}{H_{\mathrm{LG}}\rho_{\mathrm{G}}}\right)^{0.2}\left(\frac{\lambda_{\mathrm{L}}\rho_{\mathrm{L}}^{1.282}p^{1.75}}{\sigma_{\mathrm{sat}}^{0.906}\mu_{\mathrm{L}}^{0.626}}\right)(T_{\mathrm{w}}-T_{\mathrm{sat}})^{2.5}}_{\text{池内泡核沸腾传热}}+\underbrace{h_{\mathrm{c}}(T_{\mathrm{w}}-T_{\mathrm{sat}})}_{\text{单相对流传热}} \tag{3-41}$$

式中，$c_{p\mathrm{L}}$ 为液体比定压热容［J/（kg·K）］；$p$ 为压力（MPa）；$\rho_{\mathrm{L}}$ 为液体密度（$\mathrm{kg/m^3}$）；$\lambda_{\mathrm{L}}$ 为液体热导率［W/（m·K）］；$\mu_{\mathrm{L}}$ 为液体动力黏度（Pa·s）。

通过求解上述热流密度达到泡核沸腾最大热流密度时来确定泡核沸腾传热的最高壁温，最大热流密度一般可采用 Kutateladze 关系式[61]，即

$$q_{\max}=0.16H_{\mathrm{LG}}\sqrt{\rho_{\mathrm{G}}}\ [\sigma_{\mathrm{sat}}(\rho_{\mathrm{L}}-\rho_{\mathrm{G}})n_{\mathrm{x}}\cdot g]^{0.25}\left[1+\frac{0.1}{H_{\mathrm{LG}}}\left(\frac{\rho_{\mathrm{L}}}{\rho_{\mathrm{G}}}\right)^{0.75}(T_{\mathrm{sat}}-T_{\mathrm{b}})\right]+h_{\mathrm{c}}(T_{\mathrm{w}}-T_{\mathrm{sat}}) \tag{3-42}$$

式中，$g$ 为重力加速度，取 9.81 $\mathrm{m/s^2}$；$n_{\mathrm{x}}$ 为过载系数；$q_{\max}$ 为泡核沸腾传热最大热流密度（$\mathrm{W/m^2}$）；$T_{\mathrm{b}}$ 为液体主流温度（K）。

令式（3-41）、式（3-42）上述两式相等即可确定最高壁温 $T_{\mathrm{CHF}}$，式（3-41）中液体比热容的定性温度为 $0.5(T_{\mathrm{sat}}+T_{\mathrm{b}})$。

（c）过冷或饱和流体膜态沸腾传热的最低壁温 $T_{\mathrm{L}}$（第二临界点温度）

当管壁与液体之间的温差超过一定幅度时，在壁面与液体主流之间形成一层较稳定的气膜，传热系数骤然下降，其传热系数比饱和沸腾低1～2个数量级。这个温差幅度按照当地流体参数转换成相应的壁温，通常采用 Leiden-Frost 温度 $T_{\mathrm{L}}$ 进行计算，即

$$T_{\mathrm{L}}=\left(0.87+0.13\frac{p}{p_{\mathrm{cr}}}\right)T_{\mathrm{cr}} \tag{3-43}$$

式中，$T_{\mathrm{cr}}$ 为临界点温度（K）；$p_{\mathrm{cr}}$ 为临界点压力（Pa）。

实际工程中，认为当壁温超过 $T_{\mathrm{L}}$ 时即进入膜态沸腾。

③流动传热系数与驱动势

以下针对各个流型及传热工况下选用的传热系数与传热驱动势进行描述。

(a) 单相流体强制对流换热

若流体为单相液态或气液两相态且壁温低于流动沸腾起始点壁温，或流体为单相气态或超临界态，则按单相流体强迫对流换热选用 Dittus - Boelter 关系计算传热量，即

$$q = 0.023 Re^{0.8} Pr^{0.4} \frac{\lambda}{D_e}(T_w - T_b) \tag{3-44}$$

式中，定性温度为流体的整体温度；$D_e$为管道直径。

(b) 膜态沸腾

若壁温高于局部流体参数确定的最低膜态沸腾温度 $T_L$，且空泡份额小于1，则为膜态沸腾。考虑到膜态沸腾传热机理与其气液两相流流型息息相关，膜态沸腾阶段主要的流型是反环状流和弥散流，与之相对应的换热区域可分为反环状流膜态沸腾与弥散流膜态沸腾。当空泡份额较小时，低温流体在加热壁面会形成完整稳定的气膜，而在流体内部形成液芯，热量通过气膜导热到液面，产生膜态蒸发，同时管壁与液芯、气膜间会存在辐射换热，这是反环状流膜态沸腾的传热机理；而当空泡份额逐渐变大时，气液两相间增大的流速差会产生一个更大的相间拖拽力，液芯在此相间拖拽力的作用下被撕裂成较小的液芯或者液滴，从而逐步过渡到弥散流膜态沸腾，此时壁面与液滴、蒸气间的换热主要是强制对流换热与辐射换热；当空泡份额逐渐接近 1 时，弥散流膜态沸腾向全气相强制对流换热过渡。在此根据质量含气率大小引入反环状流膜态沸腾和弥散流膜态沸腾。

若质量含气率 $0 \leqslant x \leqslant 0.1$，可认为流动处于反环状流膜态沸腾区，采用修正的 Bromley 公式计算，即

$$h_{tr} = 0.673 \lambda_w^{-0.25} \left[ n_x g \rho_G (\rho_L - \rho_G) \lambda' \lambda_G^3 / (\mu_G \Delta T_s) \right]^{0.25} + h_{tr,R} \tag{3-45}$$

其中

$$\lambda_w = 2\pi \{\sigma / [n_x g (\rho_L - \rho_G)]\}^{0.5}, \lambda' = H_{LG} + 0.4 \Delta T_s c_{pg}, \Delta T_s = T_w - T_{sat}$$

式中，$c_{pg}$ 为蒸气比定压热容 [J/ (kg · K)]；$h_{tr,R}$ 为辐射传热系数 [W/ (m² · K)]；$\lambda_G$ 为蒸气热导率 [W/ (m · K)]；$\sigma$ 为液体的表面张力系数 (N/m)；$\mu_G$ 为蒸气动力黏度 (Pa · s)。

当质量含气率 $x > 0.1$ 时，可认为流动处于弥散流膜态沸腾，采用 Dougall - Rohsenow 提出的稳定热平衡公式；当 $x = 1.0$ 时，采用全气相的强制对流公式，即

$$Nu = 0.023 \left\{ \frac{G D_e}{\mu_G} \left[ x + (1 - x) \frac{\rho_G}{\rho_L} \right] \right\}^{0.8} Pr_G^{0.4} \tag{3-46}$$

式中，$G$ 为面积质量流率 [kg/ (m² · s)]；$Nu$ 为努塞尔数；$Pr_G$ 为气体的普朗特数；$x$ 为质量含气率。

(c) 核态沸腾

若壁温低于 $T_{CHF}$ 而高于 $T_{ONB}$，则为沸腾传热，视流体整体温度是否达到饱和温度分为以下两种情况：

1) 对于饱和沸腾传热，采用将单相强制对流换热机制与池内沸腾机制加权叠合的

Chen 关系式，即

$$q = h_{FC}(T_w - T_{sat})F + h_{PB}(T_w - T_{sat})S \tag{3-47}$$

其中

$$F = \begin{cases} 1.0, & x_{tt} \geqslant 10 \\ 2.35\,(1/x_{tt} + 0.213)^{0.736}, & x_{tt} < 10 \end{cases}$$

$$S = \begin{cases} [1 + 0.12\,(Re/10^4)^{1.14}] - 1, & Re < 3.25 \times 10^5 \\ [1 + 0.42(Re/10^4)^{0.78}] - 1, & 3.25 \times 10^5 \leqslant Re \leqslant 7 \times 10^5 \\ 0.1, & Re > 7 \times 10^5 \end{cases}$$

式中，$x_{tt}$ 为 Martinelli 参量，定义为

$$x_{tt} = \left(\frac{1-x}{x}\right)^{0.9} \left(\frac{\rho_G}{\rho_L}\right)^{0.5} \left(\frac{\mu_L}{\mu_G}\right)^{0.1} \tag{3-48}$$

该阶段质量含气率为热力学平衡态质量含气率。$h_{FC}$ 取液体单相对流传热系数的形式，按饱和液体的物性计算，即

$$h_{FC} = 0.023 \left[\frac{G(1-x)D_e}{\mu_L}\right]^{0.8} Pr_L^{0.4} \frac{\lambda_L}{D_e} \tag{3-49}$$

$h_{PB}$ 形式为

$$h_{PB} = 0.001\ 22\left(\frac{\lambda_L^{0.79} c_{pL}^{0.45} \rho_L^{0.49}}{\sigma^{0.5} \mu_L^{0.29} H_{LG}^{0.24} \rho_G^{0.24}}\right) \Delta T_s^{0.24} \Delta p^{0.75} \tag{3-50}$$

式中，L 和 G 分别为按饱和液体、饱和蒸气决定的物性；$\Delta p = p_s - p$；$p_s$ 为 $T_w$ 温度下的饱和压力（Pa）。

2）对于过冷核态沸腾，$x$ 为负值，气相作用很小。通常采用扩展的 Chen 关系式，即 $F=1$，如

$$q = h_{FC}(T_w - T_b) + h_{PB}(T_w - T_{sat})S \tag{3-51}$$

其中

$$h_{FC} = 0.023\left[\frac{GD_e}{\mu_L}\right]^{0.8} Pr_L^{0.4} \frac{\lambda_L}{D_e}$$

（d）过渡沸腾

当壁温高于 $T_{CHF}$，低于 $T_L$，且流体空泡份额小于 1 时，传热处于过渡沸腾工况，根据壁温由最大泡核或饱和沸腾传热热流密度与最低膜态沸腾热流密度进行线性插值。

表 3－5 展示了各种传热工况所选用的传热模型及其相对应的判定条件。

**表 3－5　管壁与低温流体间传热模型及判定条件**

| 传热工况 | | 判定条件 | | 传热模型 |
|---|---|---|---|---|
| | | 壁面温度 | 空泡份额 | |
| 膜态沸腾 | 反环状流膜态沸腾 | $T_w > T_L$ | $0 \leqslant x < 0.1$ | 式(3－45) |
| | 弥散流膜态沸腾 | | $0.1 \leqslant x < 1$ | 式(3－46) |
| 过渡沸腾 | | $T_{CHF} < T_w < T_L$ | $0 \leqslant x < 1$ | 线性插值 |

**续表**

| 传热工况 | | 判定条件 | | 传热模型 |
|---|---|---|---|---|
| | | 壁面温度 | 空泡份额 | |
| 核态沸腾 | 过冷沸腾 | $T_{ONB} < T_w < T_{CHF}$ | $x = 0$ | 式(3-47) |
| | 饱和沸腾 | | $0 < x < 1$ | |
| 单相强制对流换热 | 全液相 | $T_w < T_{ONB}$ | $x = 0$ | 式(3-49) |
| | 全气相 | — | $x = 1$ | 式(3-46) |
| 过冷或饱和流体膜态沸腾传热的最低壁温(Leiden Frost 温度):式(3-43)<br>过冷或饱和流体泡核沸腾传热的最高壁温(Kutateladze 关系式):式(3-42)<br>核态沸腾起始点温度:式(3-40) | | | | |

④管壁及保温层释热控制方程

管路受填充低温流体的冲击，其温度将由环境温度经历瞬态过程达到与低温流体的热力平衡。在低温下，热传导过程的计算必须考虑物性的变化，对于热导率和比热容这两个物性参数尤其如此。管壁及保温层的一维非稳态热传导（即循环回路的释热）问题在忽略轴向导热情况下的描述方程为

$$\frac{\partial T}{\partial t}=\frac{\lambda}{\rho_w c_{pw}}\left(\frac{\partial^2 T}{\partial r^2}+\frac{1}{r}\frac{\partial T}{\partial r}\right)-\frac{P_i}{\rho_w c_{pw} A_w}q_w \tag{3-52}$$

式中，$\rho_w$ 为管壁材料密度；$c_{pw}$ 为管壁材料比热容；$A_w$ 为管壁截面面积；$P_i$ 为管路内周长；$q_w$ 为管壁与低温流体间热流量；$r$ 为坐标原点在管道中心的径向坐标，如图 3-58 所示。

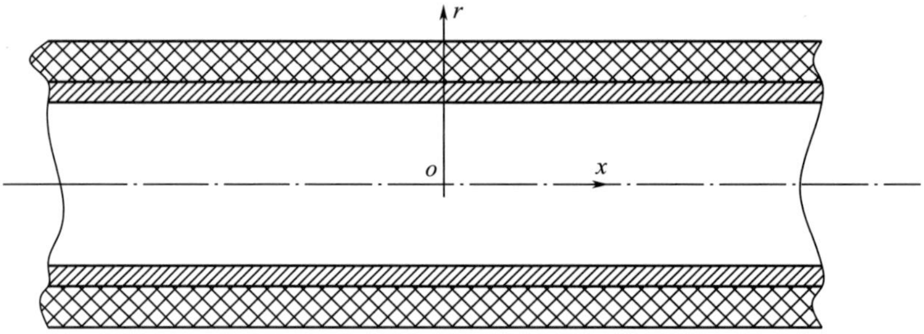


图 3-58 坐标示意

(3) 发动机循环预冷的数学模型和计算流程

①基本假设

本节采用一维均相平衡态流体计算模型来描述低温流体管路及泵体的预冷过程，假设：

1) 管道流动为一维流动，不考虑回流管出口处的压力波动，认为回流管处的压力为贮箱内气枕压力加液柱压力；

2) 忽略管壁的轴向导热，管壁与保温层间存在径向一维非稳态导热；

3) 气液两相均匀混合；

4) 两相之间处于热力平衡。

②控制方程

根据上述基本假设，则可得到描述管路中流动与换热的控制方程为

$$\frac{\partial(\rho A)}{\partial t}+\frac{\partial(\rho uA)}{\partial x}=0 \tag{3-53}$$

$$\frac{\partial(\rho uA)}{\partial t}+\frac{\partial(\rho u^2 A)}{\partial x}=-A\frac{\partial p}{\partial x}-\rho Af_{\mathrm{R}}-\rho An_{\mathrm{x}}g\cos\theta \tag{3-54}$$

$$\frac{\partial(\rho hA)}{\partial t}+\frac{\partial(\rho uhA)}{\partial x}=-p\frac{\partial u}{\partial x}+S_{\mathrm{h}} \tag{3-55}$$

式中，$f_{\mathrm{R}}=\lambda u^2/(2D)$；$\theta$ 为重力场与管流方向的夹角；$S_{\mathrm{h}}$ 为单元体预冷回路与低温流体间的换热量；$u$ 为流体速度；$A$ 为管道截面面积；$h$ 为流体的比焓。并补充流体的状态方程，$\rho=\rho(p,T)$，$h=h(p,T)$。

管壁与保温层内的一维非稳态导热方程为

$$\frac{\partial T}{\partial t}=\frac{\lambda}{\rho c}\left(\frac{\partial^2 T}{\partial r^2}+\frac{1}{r}\frac{\partial T}{\partial r}\right)-\frac{P_{\mathrm{i}}}{\rho cA_{\mathrm{w}}}q_{\mathrm{w}} \tag{3-56}$$

式中，$c$ 为材料的比热容。

为了分析自然循环的非稳态预冷过程，需要对以上方程在空间和时间上进行离散，得到沿预冷介质流动方向的离散方程为

$$p_{\mathrm{i}}^n=p_{i-1}^n-\Delta p_{\mathrm{i}}^n+\rho_{i-1}^n n_{\mathrm{x}}g(L_{i-1}^n-L_{\mathrm{i}}^n)+\rho_{i-1}^n(u_{i-1}^n\cdot u_{i-1}^n-u_{\mathrm{i}}^n\cdot u_{\mathrm{i}}^n)/2 \tag{3-57}$$

$$q_m[x_{i-1}^n h_{g,i-1}^n+(1-x_{i-1}^n)h_{1,i-1}^n]+Q_{\mathrm{i}}^n=q_m[x_{\mathrm{i}}^n h_{g,i}^n+(1-x_{\mathrm{i}}^n)h_{1,i}^n] \tag{3-58}$$

式中，下标表示节点位置，上标表示时间步长。沿程阻力压降 $\Delta p_i^n$ 根据流动状态选择相应公式计算。对于两相流压降采用 L－M 经验关联式计算，即

$$\left(\frac{\Delta p}{\Delta L}\right)_{\mathrm{TP}}=\phi_{\mathrm{L}}^2\left(\frac{\Delta p}{\Delta L}\right)_{\mathrm{L}} \tag{3-59}$$

其中

$$\phi_{\mathrm{L}}^2=1+\frac{C}{X}+\frac{1}{X^2},\ X^2=\frac{\rho_{\mathrm{G}}}{\rho_{\mathrm{L}}}\left(\frac{1-x}{x}\right)^{2-n}\left(\frac{\mu_{\mathrm{L}}}{\mu_{\mathrm{G}}}\right)^n\ (\text{工程中一般建议 } n=0.2)$$

参数 $C$ 的取值见表 3－6。

**表 3－6　L－M 关联式参数**

| 液体 | 蒸气 | C |
|---|---|---|
| 层流 | 层流 | 5 |
| 湍流 | 层流 | 10 |
| 层流 | 湍流 | 12 |
| 湍流 | 湍流 | 20 |

管内液体流的压降为

$$\left(\frac{\Delta p}{\Delta L}\right)_{\mathrm{L}}=\frac{2f_{\mathrm{L}}G^2(1-x)^2}{D_{\mathrm{e}}\rho_{\mathrm{L}}} \tag{3-60}$$

式中摩擦因子按下式计算，即

层流

$$f_L = 64/Re_L$$

湍流

$$当\ 2\,000 \leqslant Re_L \leqslant 50\,000\ 时 \quad f_L = 0.317 Re_L^{-0.25}$$

$$当\ Re_L > 50\,000\ 时 \quad f_L = 0.184 Re_L^{-0.20}$$

③节点布置

沿管长方向上等间距布置节点，计算的时间步长由节点间距和质量流量共同确定。以预冷介质刚进入循环管路的时间为计算初始时刻，把进入循环管路的定量工质视为一个控制体，用一节点表示。当预冷介质流经一节点间距的步长时，定量工质用下一个节点表示，依次类推，直至管道出口位置，并可以确定预冷介质在流经每一段节点间距的时间，即时间步长。在预冷介质到达回流管出口处后，按定时间步长计算。对于预冷介质开始段的变时间步长可用下式表示，即

$$\Delta t_i = (\rho_i \cdot A \cdot L_i)/q_m \tag{3-61}$$

由于预冷过程中管壁及保温层径向存在较大的温度梯度，所以对管壁和保温层沿径向划分若干层，其径向长度与对应的工质控制体相同，网格划分示意图如图 3-59 所示。

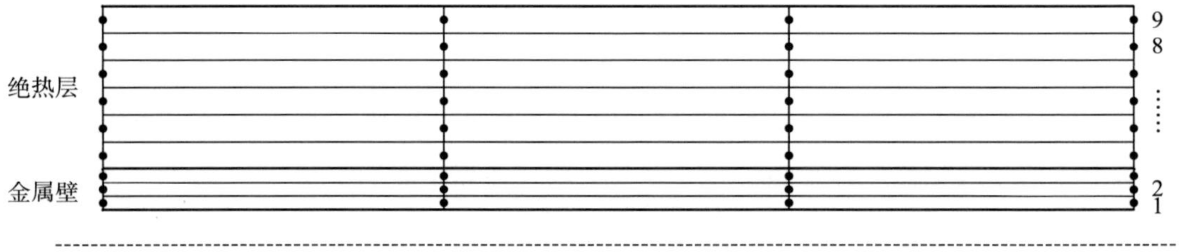


图 3-59　网格划分示意

④计算流程

(a) 自然循环预冷

为了反映自然循环预冷的非稳态过程，假设预冷介质到达回流管出口处后的每一个时刻，循环回路系统都处于准稳态。在不考虑系统压力波动的情况下可认为进出口压力恒定，即为输送管入口处、回流管出口处的静压。在此可采用二分法确定自然循环的流量。首先假定输送管进口循环流速，判断各节点低温流体与壁面间的传热工况，计算管壁与低温流体间的换热量，继而逐步确定流动方向上各节点的气液两相平均流速、空泡份额及压力损失，并计算管壁和保温层的降温过程，直至回流管出口。若出口压力为回流管出口已知静压时，该输送管进口循环流速即为真实值；否则根据二分法继续迭代求解输送管进口循环流速。详细计算流程如图 3-60 所示。

(b) 强制循环预冷

对于强制循环预冷，输送管入口为定流量边界，预冷过程计算流程如图 3-61 所示。

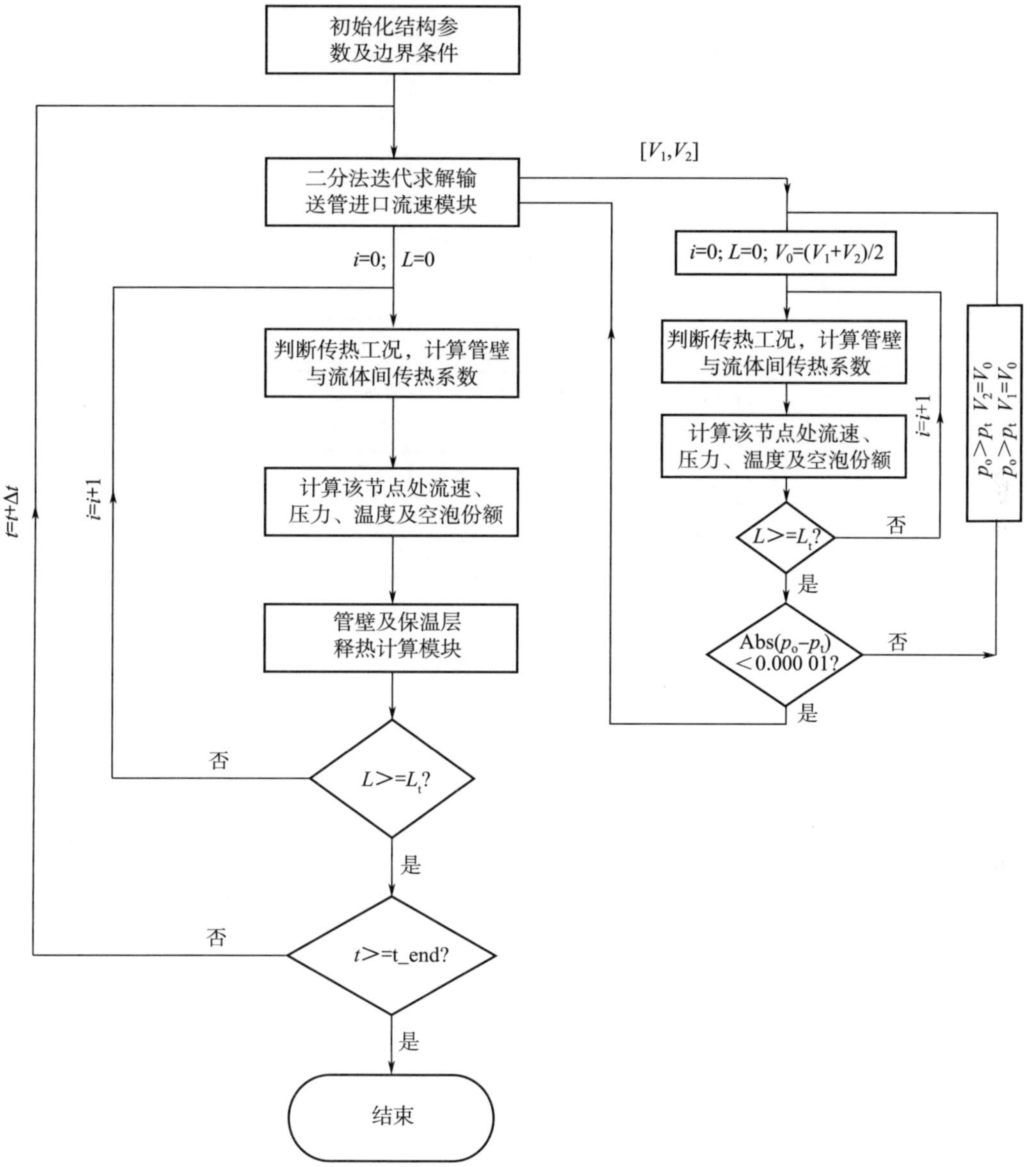


图 3-60　自然循环预冷计算流程图

(c) 带引射器的强制循环预冷

对于带引射器的强制循环预冷，可在强制循环预冷模型中引入引射系数概念，定义为单位质量工作流体通过引射器所能抽吸的引射流体的量。根据引射器所在节点的流体压力和引射介质的流量，确定循环预冷的推进剂介质流量，同时对该引射器后的所有节点，采用均相模型（含氦气、液体推进剂及蒸气），计算每个节点的平均速度、平均密度、含气率及相应的流动传热及预冷特性。

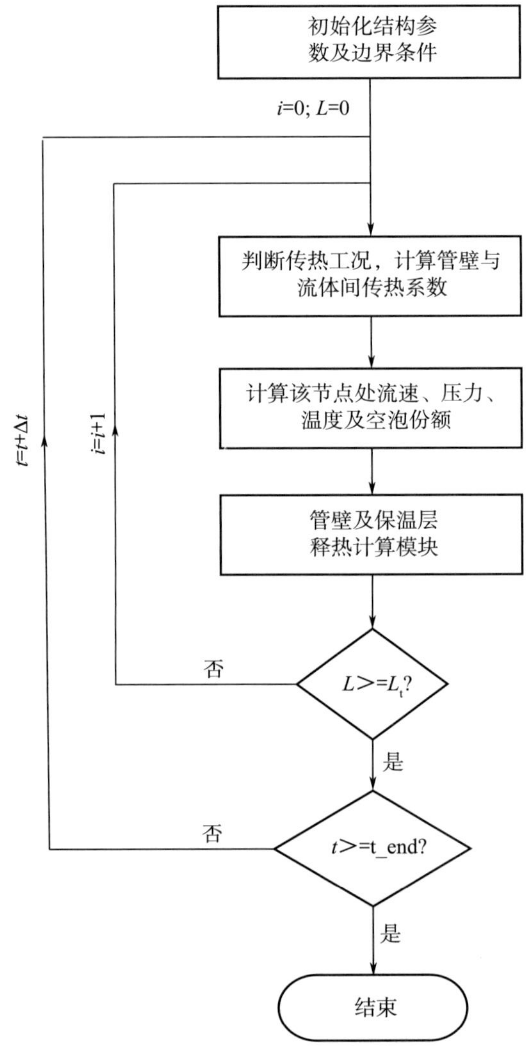


图 3-61　强制循环预冷计算流程图

(4) 自然循环预冷效果分析

①研究对象

研究对象为图 3-62 所示的液氧贮箱及自然循环预冷回路。液氧贮箱主体由圆柱形筒体及上、下两椭圆形封头组成，上部设置排气阀，用来排放气氧，从而保持气枕压力为定值，底部封头正中设有排液管路，液氧流经发动机并通过封头左侧的回流口再次进入箱内，完成预冷循环。自然循环预冷回路主要由输送管、发动机入口至泵入口管道、泵流道、泵出口至排放阀管道和回流管等组成，共同完成火箭发动机及管路的自然循环预冷过程。

以图 3-62 为例，假设在泵出口与回流管（V）之间的 $A$ 点存在一挡板，右侧压力为

$$p_1 = p_a + \rho_L g h_1 \tag{3-62}$$

式中，$p_a$ 为气枕压力。

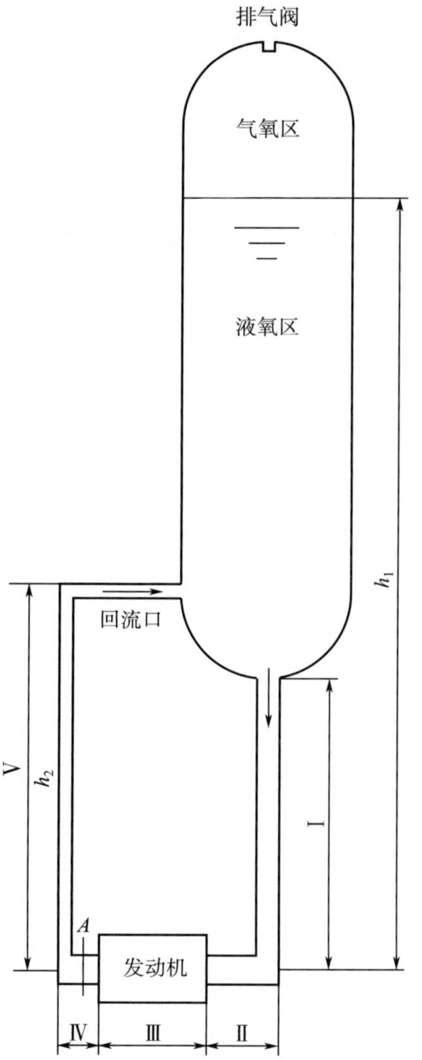


图 3-62　低温液体火箭发动机自然循环预冷

段Ⅰ—输送管段；段Ⅱ—发动机入口至泵入口管道；段Ⅲ—泵流道；段Ⅳ—泵出口至排放阀管道；段Ⅴ—回流管

左侧压力为

$$p_2 = p_a + \rho_L g(h_1 - h_2) + \rho_{mix} g h_2 \tag{3-63}$$

两侧压差为

$$\Delta p = p_1 - p_2 = (\rho_L - \rho_{mix}) g h_2 \tag{3-64}$$

式中，$p$ 为介质压力；$h$ 为液位高度；$\rho$ 为密度；$g$ 为重力加速度；下标 L 和 mix 分别代表液体密度和两相混合密度；下标 1 和 2 分别代表液面位置和回流口位置；下标 a 代表气枕。

由于 $\rho_L > \rho_{mix}$，因此去掉挡板时，推进剂贮箱和泵前管路的流体就会在静压差作用下流过泵体，然后流经泵后管路和回流管，最后回到贮箱，这就是产生自然循环的机理。

各段管路的结构参数见表 3－7，其中输送管和回流管材料为 LF6（5A06），发动机入口至泵入口管道、泵流道、泵出口至排放阀管道的材料为 GH4169。前四段管路外侧均采用发泡绝热，回流管路无绝热材料，按 10 mm 霜层计算。回流管的长度由回流口位置及输送管长度决定，在此认为发动机入口至泵入口管道、泵流道、泵出口至排放阀管道为水平管路，回流管和输送管为竖直管路。

**表 3－7　自然循环管路结构参数**

| 参数名称 | 项目 | 单位 | 数值 |
|---|---|---|---|
| 介质 | — | — | $LO_2$ |
| 输送管 | 内径 | mm | 220 |
| | 厚度 | mm | 2.5 |
| | 长度 | mm | 7 600 |
| | 材料 | — | LF6 |
| | 绝热形式 | — | 20 mm 厚发泡绝热 |
| 发动机入口至泵入口管道 | 内径 | mm | 220 |
| | 厚度 | mm | 3 |
| | 长度 | mm | 1 000 |
| | 绝热形式 | — | 7 mm 厚发泡绝热 |
| | 材料 | — | GH4169 |
| 泵出口至排放阀管道 | 内径 | mm | 90 |
| | 厚度 | mm | 8 |
| | 长度 | mm | 750 |
| | 绝热形式 | — | 7 mm 厚发泡绝热 |
| | 材料 | — | GH4169 |
| 泵 | 泵质量 | kg | 120 |
| | 泵壳质量 | kg | 83.8 |
| | 泵腔管道最小面积 | $mm^2$ | 2 300 |
| | 泵内流道长度 | mm | — |
| | 泵壳外表面积 | $mm^2$ | $0.75\times10^6$ |
| | 泵外绝热形式 | — | 7 mm 厚发泡绝热 |
| | 泵和泵壳材料 | — | GH4169 |
| 回流管 | 内径 | mm | 42 |
| | 厚度 | mm | 1.5 |
| | 材料 | — | LF6 |
| | 绝热情况 | — | 不绝热 |
| | 出口位置(进入贮箱的位置) | | 下封头处 |
| 外界环境 | 温度 | ℃ | 15 |

为了实现自然循环预冷非稳态过程中的流动与传热特性研究，需要对模型进行一定程度的简化。现将自然循环预冷回路划分为五段，依次为：输送管（段Ⅰ），发动机入口至泵入口管道（段Ⅱ），泵流道（段Ⅲ），泵出口至排放阀管道（段Ⅳ）和回流管（段Ⅴ）。其中泵流道参数是根据泵及泵壳的质量、泵腔管道最小面积、泵壳外表面积等参数，将泵体结构简化为几何尺寸已知的圆环体，过冷低温流体从圆环中心管道流过。整个管路的简化结构参数见表 3-8。

**表 3-8　循环回路的简化结构参数**

| 结构参数 | 输送管 | 发动机入口至泵入口管道 | 泵流道(折算值) | 泵出口至排放阀管道 | 回流管 |
|---|---|---|---|---|---|
| 内径/mm | 220 | 220 | 54 | 90 | 42 |
| 壁厚/mm | 2.5 | 3 | 49 | 8 | 1.5 |
| 长度/mm | 7 600 | 1 000 | 1 579 | 750 | 8 404 |
| 绝热形式 | 20 mm 发泡绝热 | 7 mm 发泡绝热 | 7 mm 发泡绝热 | 7 mm 发泡绝热 | 不绝热（10 mm 霜层） |
| 材料 | LF6 | GH4169 | GH4169 | GH4169 | LF6 |

②边界条件

(a) 进、出口边界

初始液位高为 8.02 m（自下封头处算起），气枕压力为 0.12 MPa（绝压），预冷介质进入输送管的温度为 91.837 K。输入管位于贮箱底部，回流管位于下封头处。

(b) 外壁面热边界条件

由于非稳态过程中保温层外侧换热量难以确定，并且在预冷过程开始阶段外侧换热量相比金属壁与泵体的热容小得多，外侧的表面传热系数可采用稳态时的空气侧表面传热系数来进行计算。稳态时由于预冷回路内壁与管内液氧之间属于流固对流换热，其表面传热系数相对于空气侧表面传热系数大得多，故认为在达到稳态时预冷管内壁温度为液氧温度。由于其空气侧表面传热系数比较难以确定，需要采用试算法进行求解。管路换热过程中的热阻如图 3-63 所示，对于无保温层状态，需考虑结霜效应的影响。

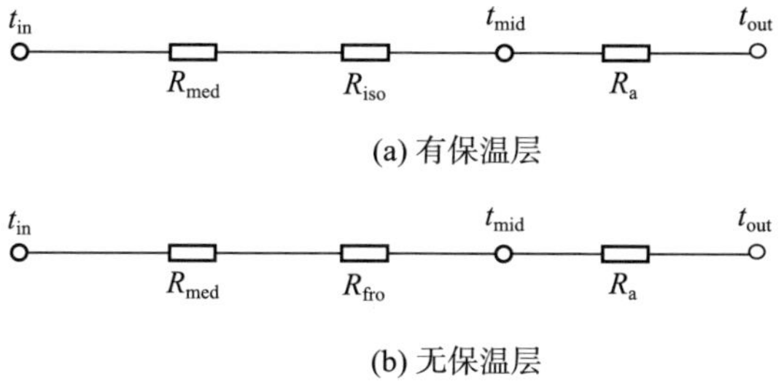


图 3-63　换热过程热阻示意图

$t_{in}$—管路内液氧温度（K）；$R_{med}$—管壁热阻（K/W）；$R_{iso}$—保温层热阻（K/W）；$R_{fro}$—霜层热阻（K/W）；$R_a$—空气侧热阻（K/W）；$t_{mid}$—外壁温度（K）；$t_{out}$—空气侧温度（K）

由于外壁温度 $t_{mid}$ 是个未知数，在此采用二分法进行 $t_{mid}$ 的计算和空气侧强制表面传热系数的计算。下面以输送管为例进行计算。

1）计算管壁和保温层的等效热阻为

$$R_{med+iso}=\frac{\ln\left(\frac{d_2}{d_1}\right)/\lambda_1+\ln\left(\frac{d_3}{d_2}\right)/\lambda_2}{2\pi l}=\frac{\ln\left(\frac{225}{220}\right)/100.3+\ln\left(\frac{265}{225}\right)/0.027}{2\pi\times 7\ 600\times 10^{-3}}\ \mathrm{K/W}=0.127\ 0\ \mathrm{K/W}$$

式中，$d_1$ 为管路内径；$d_2$ 为管路外径；$d_3$ 为绝热层外径。

2）假定保温层外表面温度 $t_{mid}=270$ K，计算稳态漏热量及空气侧的等效表面传热系数 $h_A$。

$$Q=\frac{t_{mid}-t_{in}}{R_{med+iso}}=\frac{270-91.837}{0.127\ 0}\ \mathrm{W}=1\ 402.9\ \mathrm{W}$$

$$h_A=\frac{Q}{S(t_{out}-t_{mid})}=\frac{Q}{\pi d_3 l(t_{out}-t_{mid})}$$

$$=\frac{1\ 402.9}{\pi\times 265\times 10^{-3}\times 7\ 600\times 10^{-3}\times(288.15-270)}\ \mathrm{W/(m^2\cdot K)}$$

$$=12.216\ \mathrm{W/(m^2\cdot K)}$$

3）根据保温层外表面温度和空气温度，计算空气侧表面传热系数 $h_B$。

空气特征温度为

$$t_{m3}=\frac{t_{mid}+t_{out}}{2}=\frac{270+288.15}{2}\ \mathrm{K}=279.08\ \mathrm{K}$$

空气侧采用强制对流换热式计算。

$Re=u\cdot d_3/\nu_a$，式中风速取 $u=2\mathrm{m/s}$，$\nu_a=1.755\times 10^{-5}$ Pa·s，$Re=\dfrac{2\times 265\times 10^{-3}}{1.775\times 10^{-5}}=$ 29 859。

$$Nu=0.3+\frac{0.62Re^{\frac{1}{2}}Pr^{\frac{1}{3}}}{[1+(0.4/Pr)^{\frac{2}{3}}]^{\frac{1}{4}}}\left[1+\left(\frac{Re}{282\ 000}\right)^{\frac{5}{8}}\right]^{\frac{4}{5}}$$

$$=0.3+\frac{0.62\times 29\ 859^{\frac{1}{2}}\times 0.723^{\frac{1}{3}}}{[1+(0.4/0.723)^{\frac{2}{3}}]^{\frac{1}{4}}}\left[1+\left(\frac{29\ 859}{282\ 000}\right)^{\frac{5}{8}}\right]^{\frac{4}{5}}=101.1$$

$$h_B=Nu\cdot\lambda/d_3=\frac{101.1\times 0.024\ 44}{265\times 10^{-3}}\ \mathrm{W/(m^2\cdot K)}=9.324\ \mathrm{W/(m^2\cdot K)}$$

式中，空气的热导率取 0.024 4 W/（m·K）。

4）对比 $h_A$、$h_B$，通过二分法调整 $t_{mid}$，使得 $h_A$、$h_B$ 接近。

由于 $h_A$、$h_B$ 相差较大，需采用二分法调整 $t_{mid}$，使得 $\delta=|h_A-h_B|/h_A\leqslant 0.05$。经反复迭代，各段管路漏热量和外壁面温度计算结果见表 3-9。

**表 3-9　稳态时各段管路漏热量及外壁面温度**

| 稳态换热参数 | 输送管 | 发动机入口至泵入口管道 | 泵流道（折算值） | 泵出口至排放阀管道 | 回流管 |
| --- | --- | --- | --- | --- | --- |
| 保温层外壁温/K | 267 | 241 | 248 | 251 | 152 |
| 表面传热系数/[W/(m² · K)] | 10.83 | 11.46 | 13.25 | 15.16 | 21.50 |
| 漏热量/W | 1 408.5 | 420.49 | 459.68 | 162.65 | 5 169.2 |
| 总漏热量/W | 7 620.52 | | | | |

③非稳态自然循环预冷过程流动特性分析

图 3-64 展示了循环流量随循环回路预冷时间的变化规律。从图中可以看出，循环流量在预冷过程中是不稳定的，整体上具有先增大而后减小的变化趋势，并在局部时间段会出现循环流量的峰值点。其循环流量的峰值点可由循环驱动力——预冷过程循环回路的释热量（单位时间内液体推进剂介质带走的热量）解释。

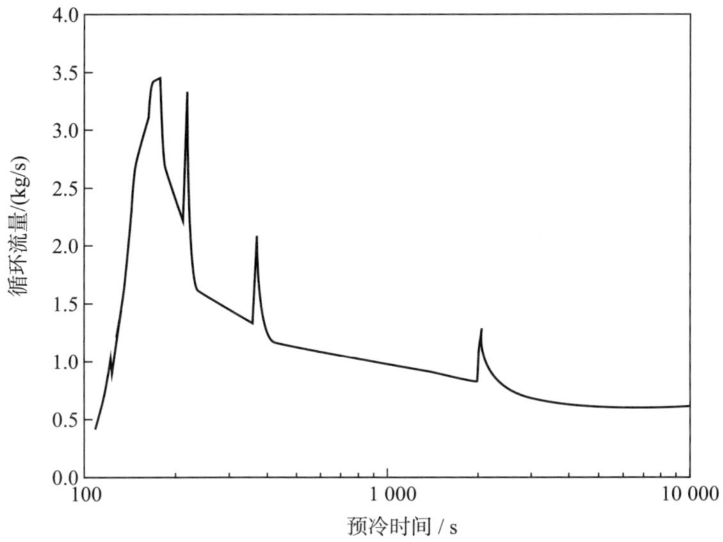


图 3-64　预冷过程中回路循环流量随预冷时间变化曲线

预冷过程属于一种可控温度的沸腾过程，图 3-65 为定工况下（管径 220 mm、流速 0.5 m/s、压力 0.2 MPa）不同质量含气率时的沸腾曲线。从图中可以看出，随预冷过程壁面过热度的减小，循环回路节点经历从膜态沸腾、过渡沸腾、核态沸腾直至液相强制对流的转换过程。图中 $B$ 点为第一临界点，是核态沸腾的最大热流密度点，在此热流密度作用下，壁面温度发生突降，是气膜消失和湿壁形成的临界状态点。相应地，金属内壁面与低温推进剂间热流密度随预冷过程具有先减小后增大，而后再减小的趋势。这种变化趋势的积累效应使得管路会在局部时间段出现循环回路释热量的峰值，对应出现自然循环流量的峰值。在预冷初始阶段，循环回路中大部分节点处于膜态沸腾阶段或全气相对流换热阶段，其传热能力相对较弱，循环回路释热量相对较小；随着预冷过程的进行，回路中输送管和回流管大部分节点从膜态沸腾逐步过渡到传热能力较强的核态沸腾阶段，循环回路释热量逐渐增大；此后随着这部分节点逐步向单相强制对流换热阶段过渡，循环回路释热量总体趋势减小，在此期间，伴随着发动机入口至泵入口管路、泵管路、泵出口至排放阀管路分别从膜态沸腾逐步过渡到核态沸腾阶段，在预冷过程中会出现三个循环回路释热量及循环流量的峰值；预冷过程后期相对稳定状态时，循环回路释热量仅为管路壁面和泵体表面与空气侧的对流换热量，为定值。

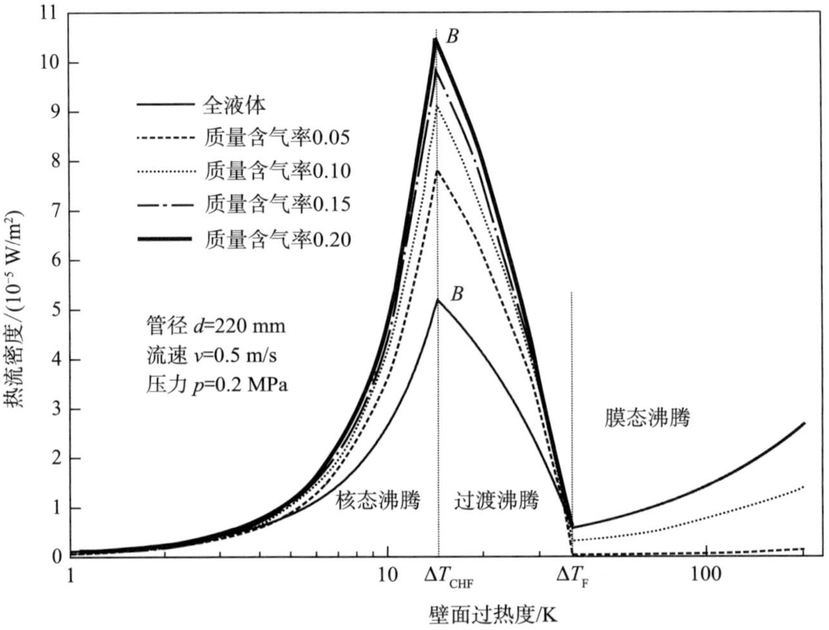


图 3-65　定工况下不同质量含气率时的沸腾曲线

④非稳态自然循环预冷过程传热特性

取泵流道一点为特征点，研究预冷过程中传热工况的过渡特征。从特征点预冷过程中传热工况过渡曲线（图 3-66）可以看出：预冷过程中该特征点依次经历膜态沸腾、过渡沸腾、核态沸腾以及单相液体强制对流四个典型换热阶段，其中膜态沸腾是预冷过程中最重要的一种传热机理，约 80％的管路内壁面温度下降是由膜态沸腾所引起的。

预冷初始阶段，由于特征点处内壁面温度高于膜态沸腾起始点温度 $T_F$，且当地的质量含气率大于 0.1，处于弥散流膜态沸腾；随着预冷过程的进行，该特征点处的质量含气率逐渐减小，约在 135 s 时该点的质量含气率开始小于 0.1，从而过渡到反环状流膜态沸腾；反环状流膜态沸腾所经历的时间较长，约在 2 000 s 时金属内壁面温度开始低于膜态沸腾起始点温度 $T_F$ 而处于过渡沸腾；随着壁面过热度的减小，热流密度逐渐增大，当壁面过热度降低到核态沸腾最高壁面过热度 $\Delta T_{CHF}$ 时，可认为该点处热流密度为临界热流密度，在此壁面过热度附近，由于热流密度很大，金属壁内壁面温度发生突降，突降点为气膜消失和湿壁形成的临界状态点；而后随着壁面过热度的减小而进入核态沸腾控制区，并随壁面过热度的减小热流密度也逐渐减小，并根据质量含气率等于零或大于零判断是否处于过冷沸腾或饱和沸腾；当壁面过热度继续减小而低于过冷沸腾核化所需的最小过热度

$\Delta T_{ONB}$ 时，在 3 000 s 左右进入单相强制对流换热阶段，流动传热特性趋于稳定。循环回路其余各点具有相类似的温度变化规律。

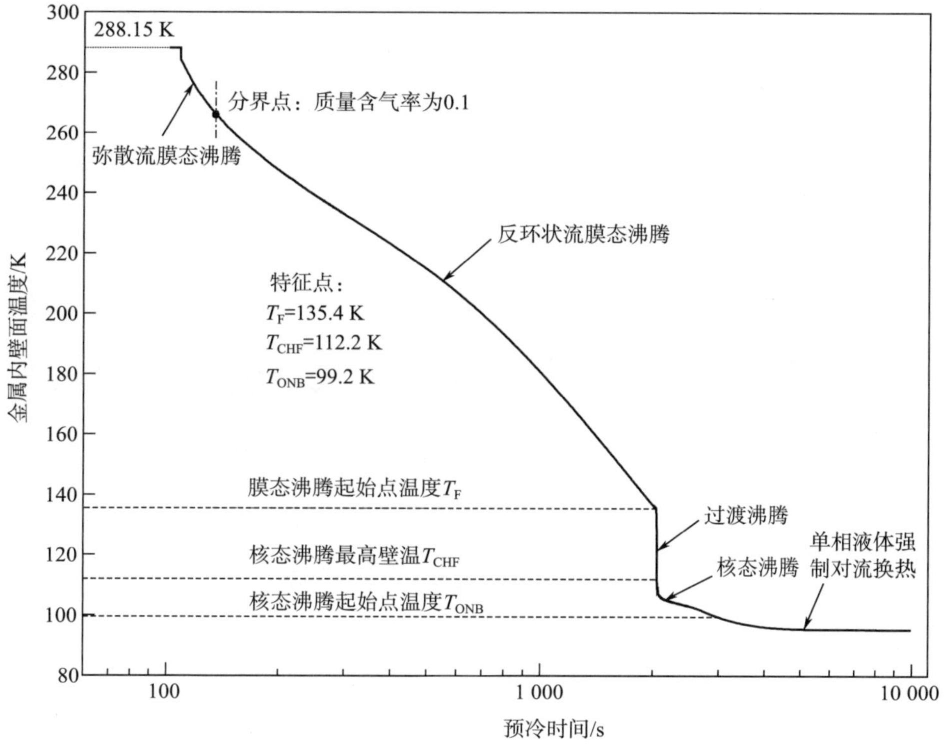


图 3-66　特征点预冷过程中传热工况过渡曲线

⑤液体火箭发动机自然循环预冷影响因素分析

自然循环预冷过程中输送管进口流速由回路中流动驱动力（即金属壁面传递给预冷介质的热量）和流动阻力决定，是自然循环预冷回路中流动驱动势大小的直观反映，也是泵体及循环回路预冷时间的决定因素。回流管出口参数则表征预冷介质进入液氧贮箱的气液两相状态，是影响液氧贮箱内温度场及流场分布的重要参数。以下从泵体预冷时间、稳态时输送管进口流速、回流管出口两相流速及空泡份额参数入手，分析了回流口位置提高、气枕增压及增加输送管液氧过冷度对液体火箭发动机自然循环预冷的影响。

（a）泵体所需预冷时间

泵流道是液体火箭发动机泵体的简化模型，它是一个具有厚金属壁的圆形管道。泵流道径向布置有 23 个节点，从泵体金属壁内壁面到金属壁外壁面为节点 1～12，金属壁外壁面到保温层外壁面为节点 12～23。由于泵流道相对较短，预冷过程泵体的轴向温度梯度并不明显，因此以泵体同一径向位置处各轴向节点的平均温度分析其自然循环预冷过程的温降特性。图 3-67 展示了预冷过程中泵体各径向位置处轴向平均温度随时间的变化曲线，从图中可以看出，随着预冷过程中泵体各径向节点平均温度逐渐下降，且泵体金属壁及保温层从内至外各节点温度变化趋势逐渐变缓，并逐步趋于稳定。同时，由于金属壁热阻相对保温层热阻较小，因此在泵体金属壁厚方向上温度梯度较小，在保温层厚度方向上温度梯度较大。为便于分析，定义泵体金属壁外壁面温度降低到 120 K 的时间为泵体所需预冷时间。

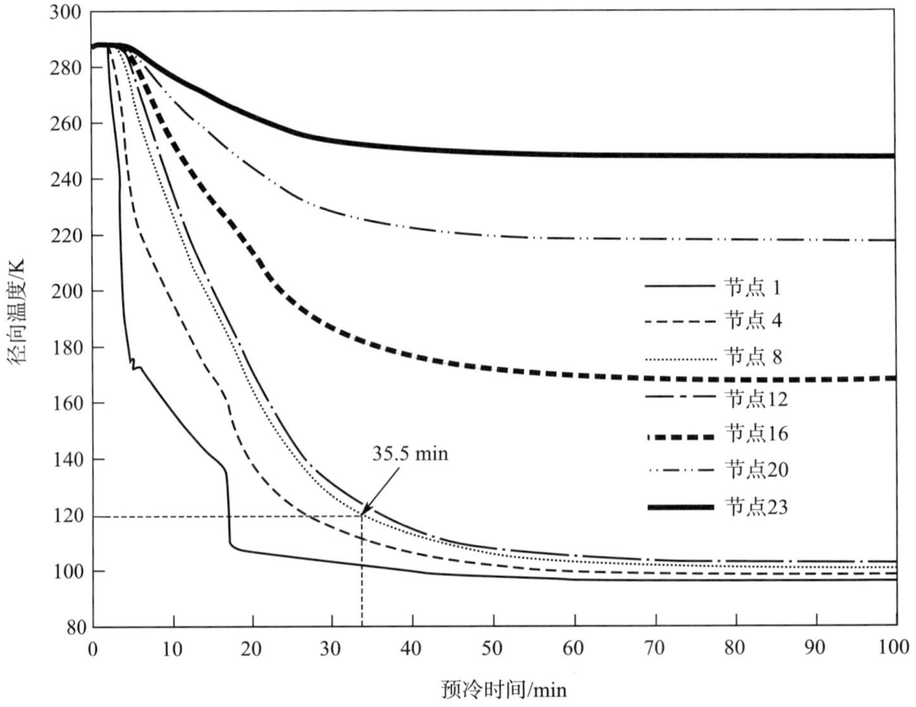


图 3 - 67　泵体各径向位置处轴向平均温度随时间的变化曲线

（b）回流口位置变化对自然循环预冷的影响

计算条件：初始液位高为 8.02 m（自下封头处算起），气枕压力为 0.12 MPa，预冷介质进入输送管的温度为 91.837 K。图 3 - 68 展示了回流口位置的改变对泵体预冷时间、稳态输送管进口流速及回流管出口参数等的影响。从图中可以看出，当回流口位置提高时，稳态输送管进口流速先逐渐增大，而后趋于平缓，相应的泵体所需预冷时间逐渐减短并最终有略微增加的趋势。稳态回流管出口空泡份额及两相流速随回流口位置提高增加趋势逐渐变大。同时，可认为存在一个较佳的回流口位置（在下封头以上 4～6 m），输送管进口流速增加的趋势最大，而后输送管进口流速增加的趋势平缓，因此依靠提高回流口位置而加强自然循环预冷的措施已变得没有必要，另一方面也能保证回流管出口两相流体对液氧箱内流场的扰动相对较小。

（c）气枕增压对自然循环预冷的影响

计算条件：初始液位高为 9.54 m（自下封头处算起），预冷介质进入输送管的温度为 91.837 K，气枕压力选取 0.12 MPa、0.25 MPa、0.35 MPa、0.45 MPa、0.51 MPa、0.54 MPa 作为计算工况。图 3 - 69 展示了气枕增压对泵体预冷时间、稳态输送管进口流速及回流管出口参数等的影响，由图可知，气枕增压对自然循环预冷有较明显的抑制作用，这是由于气枕增压时输送管入口液体过冷度增大，金属壁面传递给预冷介质的热

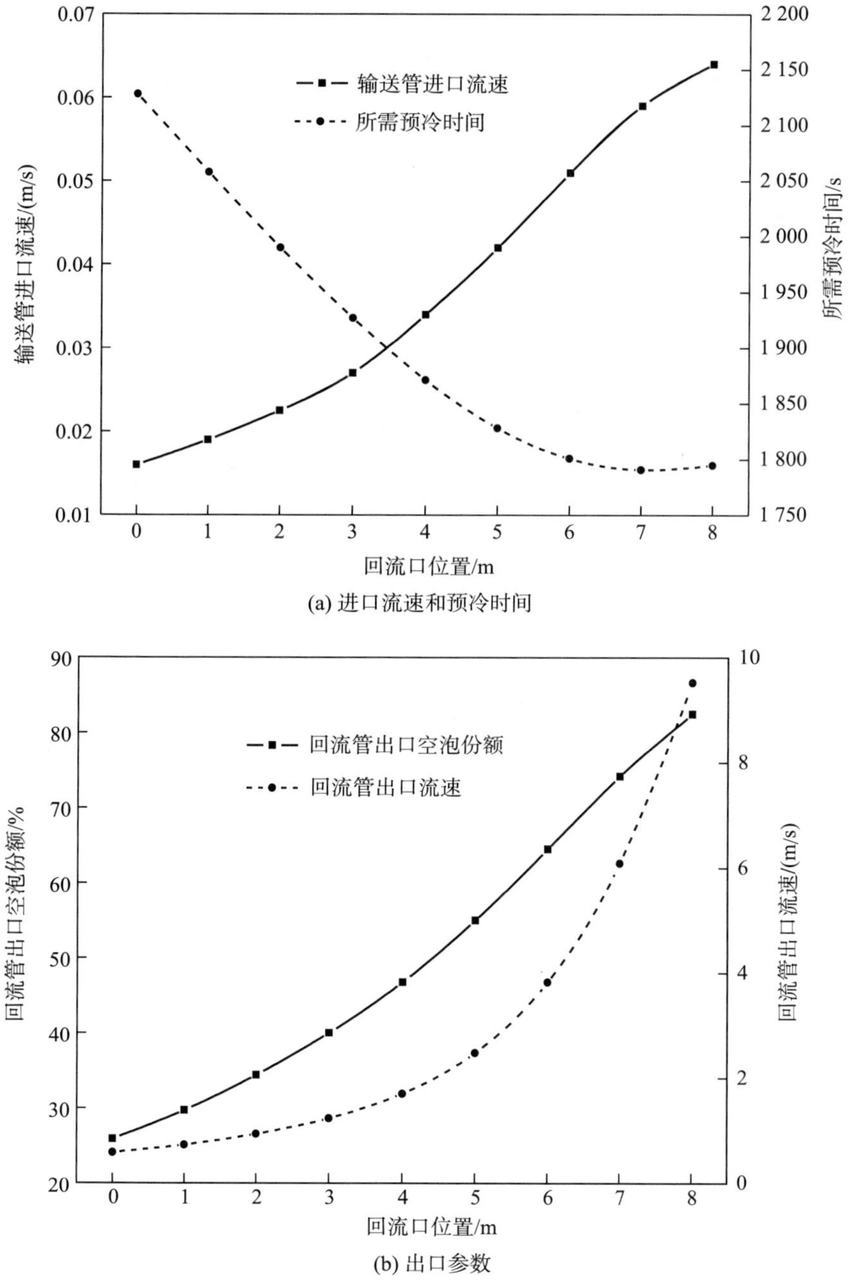


(a) 进口流速和预冷时间

(b) 出口参数

图 3-68　回流口位置对自然循环预冷影响

量更多地用来增加过冷液体的显热，从而使输送管和回流管中密度差减小，自然循环流动驱动势减小。考虑到回路驱动力为输送管和回流管中的两相密度差，而阻力为循环回路中的阻力压降和加速压降，则出口处的空泡份额应与循环回路中的流速保持相一致的变化规律。因此，当气枕压力增大时，稳态输送管进口流速和回流管出口两相流速及气氧空泡份额逐渐减小并趋于平缓，相应的泵体所需预冷时间也逐渐增长并趋于平缓。

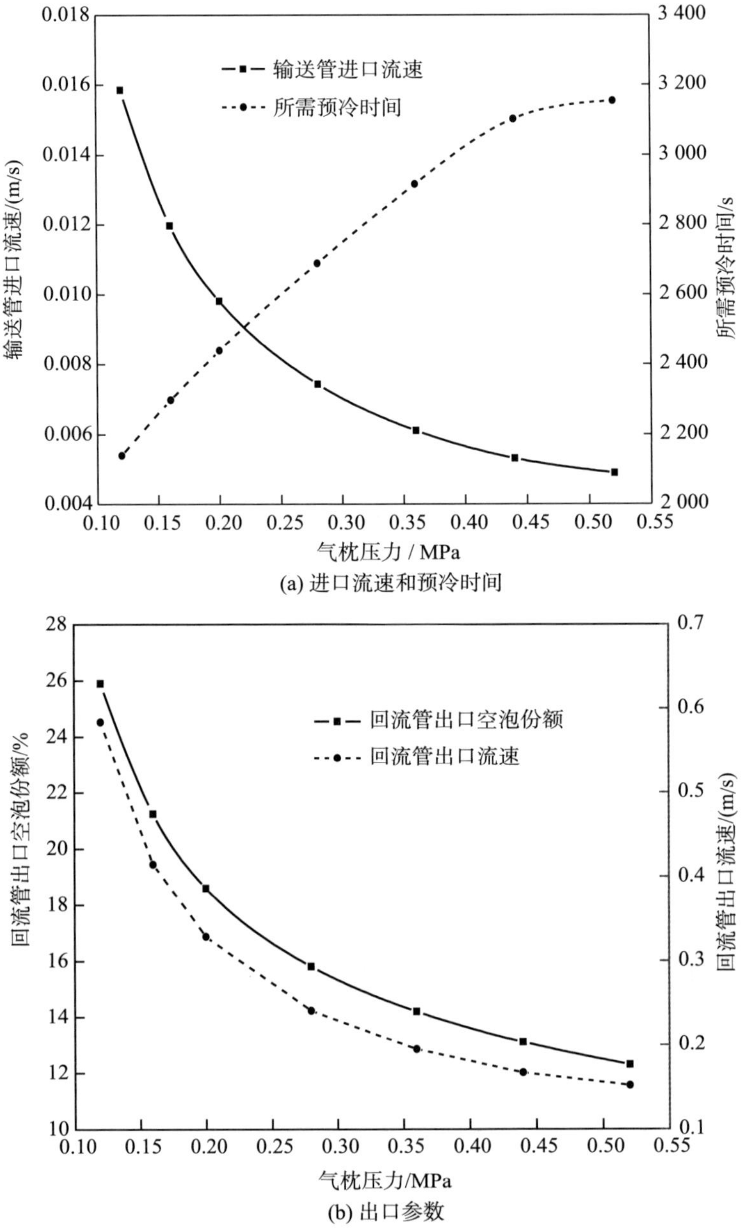


图 3-69 气枕压力对自然循环预冷影响

(d) 过冷补加对循环预冷的影响

计算条件：初始液位高为 9.54 m（自下封头处算起），气枕压力为 0.12 MPa，选取预冷介质进入输送管的温度 84 K、86 K、88 K、90 K、92 K 作为计算工况。图 3-70 展示了液氧输送管进口温度对泵体预冷时间、稳态输送管进口流速及回流管出口参数等的影响，从图中可以看出，增加输送管进口液氧过冷度与气枕增压对自然循环预冷具有相类似的影响规律，对自然循环预冷均有较明显的抑制作用。当输送管进口液氧过冷度增加时，稳态输送管进口流速和回流管出口两相流速及气氧空泡份额逐渐减小，泵体所需预冷时间增长。

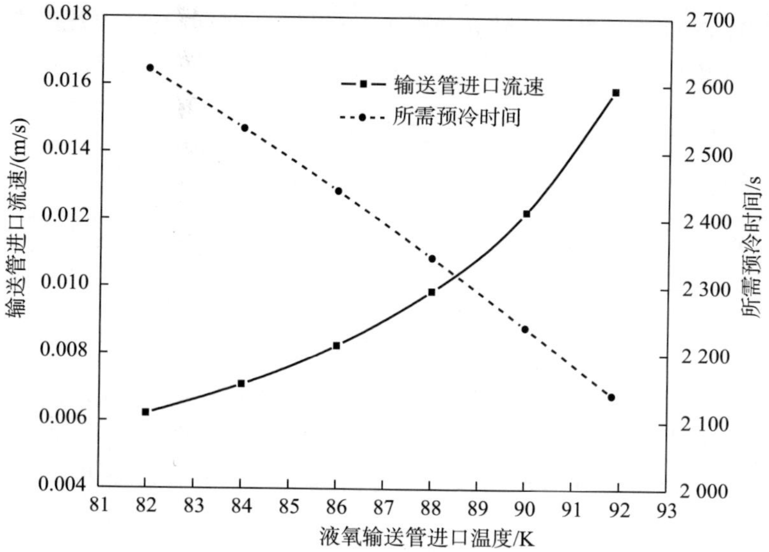


(a) 进口流速和预冷时间

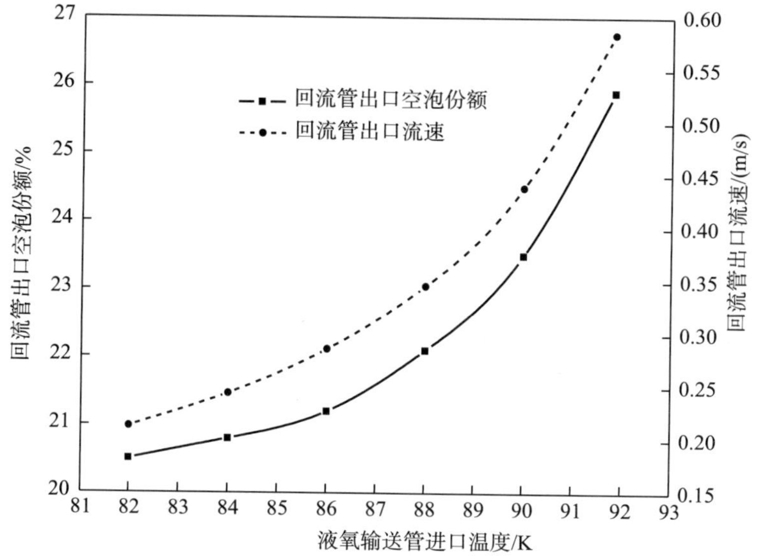


(b) 出口参数

图 3-70　进口过冷度对自然循环预冷影响

### 3.6.4　强制循环预冷装置

强制循环预冷装置一般为氦引射器和循环泵。循环泵主要应用在氢循环预冷系统中，主要考虑泵的入口压力、扬程、流量、密封性、工作时间、电性能、温升、机械接口、重量、材料和力学/热/电磁环境/自然环境要求等因素，核心为扬程流量曲线，详见泵的相关专业书籍，这里主要介绍氦引射器。

引射器是利用高速射流的紊动扩散作用，使两股流体相互混合，并引发能量交换的流体机械设备，其结构示意如图 3-71 所示。在化工行业中，常利用喷嘴中喷出的高速液体射流来引射吸入室中的另一种液体，从而实现有效的掺混。在真空工业领域常用的蒸汽引射泵中，喷嘴中喷出超声速水蒸气射流，用来引射吸入室中的气体，从而在引射器上游创造一定的低气压环境。

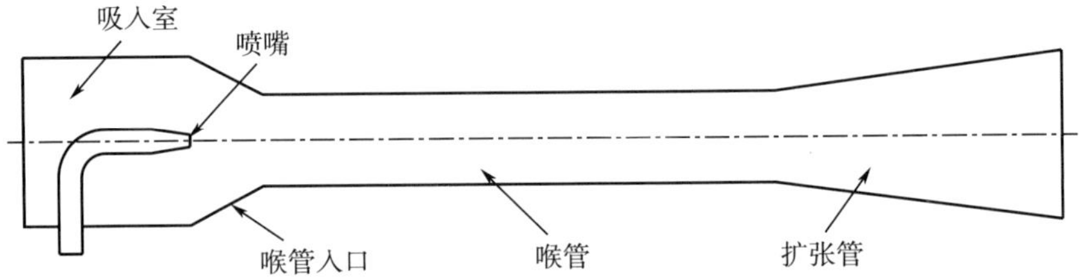


图 3－71　引射器结构示意图

循环预冷引射器利用气体对液体进行引射，其工作原理是[62]：高压氦气自喷嘴射出，引射低温液体，喷嘴下游附近两种流体的流型为分层流，随着流动发展，气-液界面发生强烈波动和破碎，两相流体在引射器喉管内混合，进行动量及能量交换，氦气射流在气-液交界面破碎成小气泡，分散于液体中形成气-液两相泡沫流，最终通过引射器出口管路向贮箱输送。

与引射器主要性能有关的无量纲参数如下。

（1）引射系数 $u$

$$u=\frac{G_s}{G_p} \tag{3-65}$$

式中，$G_p$ 为工作气体质量流量；$G_s$ 为被引射液体质量流量。

（2）压力比 $h$

$$h=\frac{\Delta p_c}{\Delta p_p}=\frac{\left(p_c+\frac{v_c^2}{2g}\gamma_c+z_c\gamma_c\right)-\left(p_s+\frac{v_s^2}{2g}\gamma_s+z_s\gamma_s\right)}{\left(p_p+\frac{v_p^2}{2g}\gamma_p+z_p\gamma_p\right)-\left(p_s+\frac{v_s^2}{2g}\gamma_s+z_s\gamma_s\right)}=\frac{\text{引射器压力}}{\text{工作压力}} \tag{3-66}$$

式中，$p_p$ 为工作气体压力；$v_p$ 为工作气体流速；$z_p$ 为工作气体入口断面位置高度；$\gamma_p$ 为工作气体密度；$p_s$ 为被引射液体压力；$v_s$ 为被引射液体流速；$z_s$ 为被引射液体入口断面位置高度；$\gamma_s$ 为被引射液体密度；$p_c$ 为混合流体出口压力；$v_c$ 为混合流体出口流速；$z_c$ 为混合流体出口断面位置高度；$\gamma_c$ 为混合流体密度。

（3）面积比 $m$

$$m=\frac{f_3}{f_{px}} \tag{3-67}$$

式中，$f_{px}$ 为喷嘴临界面积；$f_3$ 为喉管面积。

针对图 3－72 所示的液氧引射器，选用 Realizable $k-\varepsilon$ 湍流模型[63]进行仿真研究，结果表明：液氧引射器吸入室的最佳锥角 $\theta$ 为 0～3°；最佳喷嘴出口位置在混合室入口处；增加面积比（一般是增加混合室直径）可以提升引射器的性能。仿真得到了液氧引射器的引射性能三维图，具体如图 3－73、图 3－74 所示，其中液氧的压力范围为：0.25～1.1 MPa（绝压），氦气的工作压力范围为 1.0～3.0 MPa（绝压）。

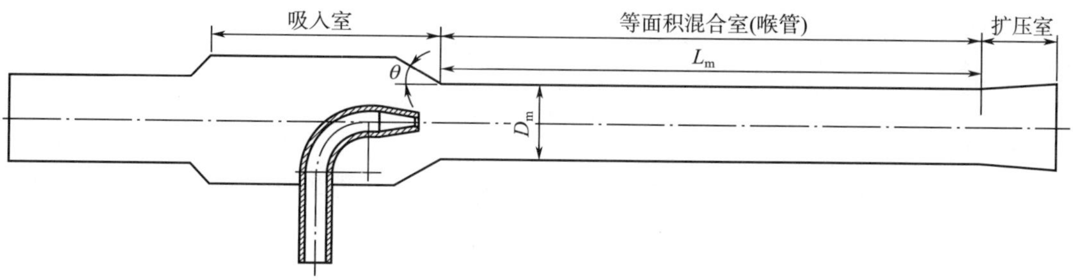


图 3-72　变型面液氧引射器结构图

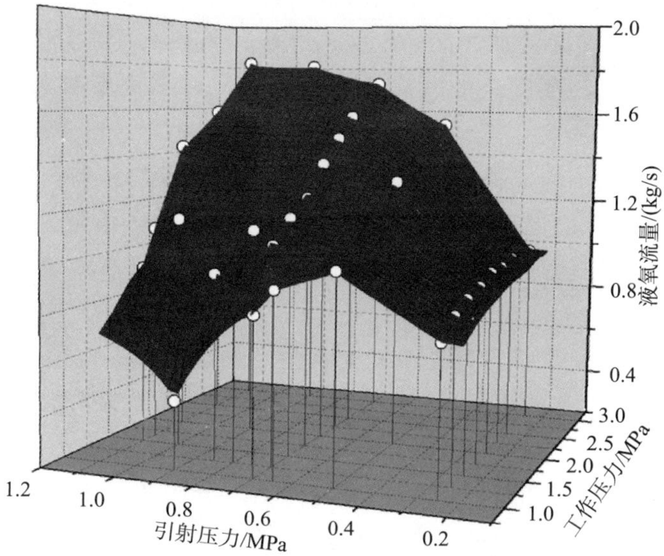


图 3-73　液氧引射器液氧流量三维示意图

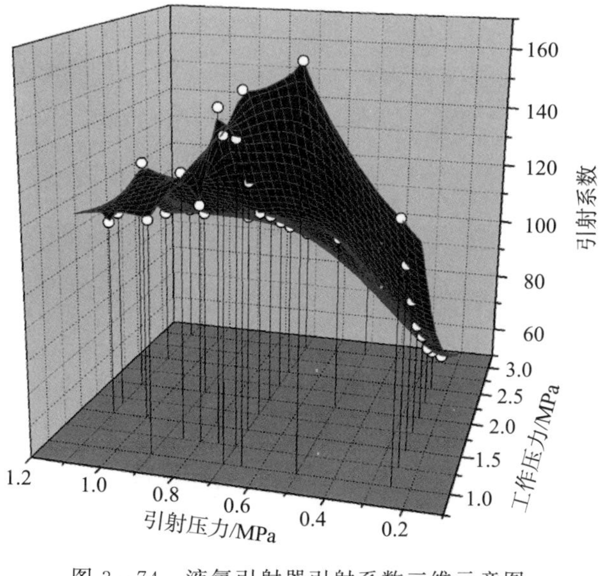


图 3-74　液氧引射器引射系数三维示意图

## 3.7 推进剂剩余控制

所谓推进剂剩余，是指在双组元液体运载火箭中，当一种推进剂的整个可用的供给已经耗尽时，另一种推进剂（燃烧剂或氧化剂）不能给发动机产生推力而剩余在贮箱里的可用推进剂量[64]。

液体运载火箭动力系统工作结束时，在贮箱中的剩余推进剂是一种死重，是未能被利用的能量，这对火箭的运载能力影响很大。理想的情况是把推进剂剩余量减少到零，但是由于对每次飞行的推进剂密度、发动机混合比、推进剂流量及发动机性能参数等测得不准确和在发射前对实际的加注量确定得不准确，致使火箭在动力飞行结束时总要剩余一些推进剂[65]。为了降低剩余推进剂的不利影响，许多火箭都相应地采取了一些必要的措施：

1）额外多加注密度小的推进剂（比如燃烧剂），使推进剂总剩余质量最小，如采用氢氧的火箭子级，发动机燃烧混合比约为 5∶1，即所带的氧化剂质量为燃烧剂的 5 倍。少剩氧化剂对降低火箭总的推进剂剩余质量有好处，若能预先向火箭多加注氢，或者能做到发动机耗尽氧化剂关机，就会减少推进剂总剩余量。

2）采用混合比调节，使推进剂几乎同时耗尽。剩余的推进剂没有用来产生火箭的冲量，并使火箭发动机停火点的质量（死重）增加，从而降低了火箭的运载能力，一般需要进行发动机混合比的控制、调节。

混合比调节可由开环或闭环系统来实现，闭环混合比调节系统一般指推进剂利用单元，此单元在火箭飞行中不断测量和调节推进剂的流量从而改变混合比，使不同种类贮箱中的剩余推进剂的比例相匹配，从而使各贮箱中的总推进剂剩余量最小[12]。开环混合比调节系统一般按照预先设定好的策略进行混合比调节，不进行闭环控制。实现发动机混合比调节的措施一般是在推力室的供应管路中安装节流调节装置，节流调节装置可以采用节流圈、气蚀管或调节器。固定通流面积的节流圈和气蚀管只能实现固定混合比的调节。调节器不仅能实现固定混合比的调节，还能实现变混合比的调节[66]，实现飞行过程中混合比的实时调节。

### 3.7.1 混合比调节

在推力室供应管路中安装节流圈或气蚀管是混合比调节最常用，也是最简单的形式。节流圈一般可使混合比偏差控制在设置值的± (3～5)%范围内，气蚀管控制精度略高一些，一般可使混合比偏差控制在设置值的± (2～3)%范围内[66]，具体可参考表 3 - 10。开环混合比调节一般可采取以下措施来减少发动机关机时各贮箱的推进剂总剩余量。

1）精确确定加注混合比。加注混合比是推进剂加注完毕之后或发射之前贮箱中可用氧化剂质量与可用燃烧剂质量之比。可以采用高精度的流量计或者通过贮箱顶部的液位计来确定加注混合比，这种方法设备简单，但精度一般不高；对于上面级等在厂房提前加注的子级也可采用将火箭置于称重台上，对实际加注的推进剂组元重量进行称重，这种方法精度高，但需要大型的称重设备。

2）采用可调整的节流圈，通过校准试车验证。开环混合比调节系统结构简单可靠，但混合比调节精度低，不能消除飞行轴向加速度等干扰因素对混合比的影响。

**表 3-10　各类调节系统调节精度数据统计表**

| 主系统节流装置 | 副系统节流装置 | 混合比偏差(%) | 推力偏差(%) |
|---|---|---|---|
| 节流圈 | 气蚀管 | 3～5 | 3～3.5 |
| 节流圈 | 调节器(发动机提前调好,飞行中不调节) | 3～5 | 2～3 |
| 节流圈 | 调节器($p_c$反馈,发动机自身调节) | 3～5 | 1.5～2 |
| 气蚀管 | 气蚀管 | 2～3 | 2.5 |
| 节流圈(校准试车) | 调节器(校准试车) | 2～3 | 2 |
| 推进剂利用单元 | 涡轮旁通流量调节器 | 1.2 | 3 |

由于混合比偏差对运载能力影响大，液体运载火箭各级尤其是末级一般采用闭环混合比调节系统，也就是推进剂利用单元。推进剂利用单元主要由液位传感器、计算装置和执行结构三部分组成，具体如图 3-75 所示[12]。液位传感器用于测量火箭飞行中贮箱液位高

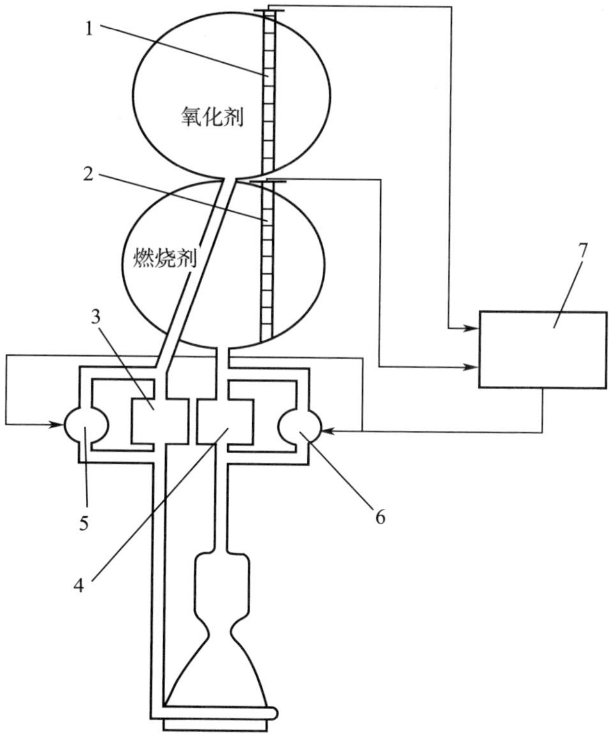


图 3-75　推进剂利用单元示意图

1—氧化剂液位传感器；2—燃烧剂液位传感器；3—氧化剂泵；4—燃烧剂泵；5—氧化剂调节阀；6—燃烧剂调节阀；7—计算机

度信号，将液位信号发送给计算机。计算机对收到的两个贮箱的液位信号经过计算与变换，按照预先设计好的控制逻辑，发出指令信号，控制执行机构完成发动机推进剂流量调节，从而改变混合比。

### 3.7.2 推进剂利用单元调节原理

以图 3-76 为例，图中 $m_y$ 表示总的氧化剂质量，$m_{y0}$ 表示不可用的氧化剂量，$m_{y1}$ 表示实际可用氧化剂量，$m_r$ 表示总的燃烧剂质量，$m_{r0}$ 表示不可用的燃烧剂量，$m_{r1}$ 表示实际可用燃烧剂量。对于推进剂利用单元而言，调节的目的就是在有效工作时间内使得实际可用氧化剂和燃烧剂按某一设定推进剂混合比同时耗尽或控制在某一范围内。

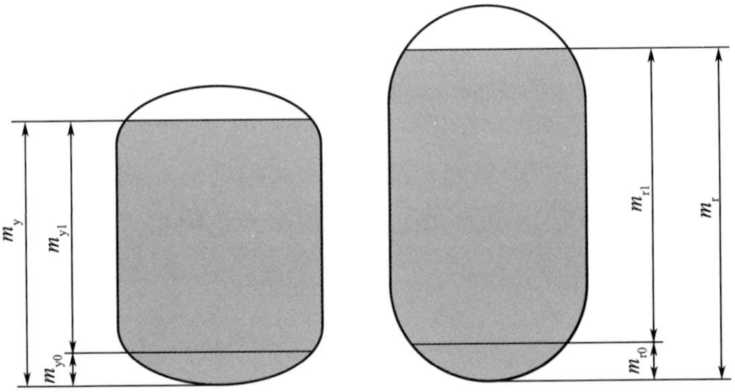


(a) 氧化剂箱　　(b) 燃烧剂箱

图 3-76　推进剂利用单元调节原理示意图

实际可用氧化剂量为

$$m_{y1} = m_y - m_{y0} \tag{3-68}$$

实际可用燃烧剂量为

$$m_{r1} = m_r - m_{r0} \tag{3-69}$$

调节目标为

$$m_{y1} - K_r m_{r1} \rightarrow 0(\text{或设定值}) \tag{3-70}$$

其中 $K_r$ 为目标推进剂混合比，考虑到发动机工作特性，一般为推进剂质量比。

由以上 3 个式子可得

$$\begin{aligned} m_y - m_{y0} - K_r(m_r - m_{r0}) &= m_y - K_r m_r - \underbrace{(m_{y0} - K_r m_{r0})}_{G_0} \\ &= m_y - K_r m_r - G_0 \rightarrow 0(\text{或设定值}) \end{aligned} \tag{3-71}$$

式（3-71）表明，在推进剂不可用量和目标混合比为已知量的情况下，对实际可用推进剂量的调节控制可转化为对贮箱内总推进剂量（剩余推进剂量）的控制来实现。根据推进剂利用单元的习惯，一般将 $m_y - K_r m_r$ 值称为 $G$ 值，将 $m_y - K_r m_r - G_0$ 称为 $B$ 值，即

$$B = m_y - K_r m_r - G_0 \tag{3-72}$$

对上式求导可得

$$B' = K_r \mathrm{d}m_{re} - \mathrm{d}m_{ye} \tag{3-73}$$

式中，$\mathrm{d}m_{ye}$ 为发动机氧化剂流量；$\mathrm{d}m_{re}$ 为发动机燃烧剂流量。

根据 $B'$ 和 0 的关系，有如下情况，即

$$\begin{cases} B' < 0 \Rightarrow K_r \mathrm{d}m_{re} - \mathrm{d}m_{ye} < 0 \Rightarrow K_r < \left(\dfrac{\mathrm{d}m_{ye}}{\mathrm{d}m_{re}} = K_{re}\right) \\ B' = 0 \Rightarrow K_r \mathrm{d}m_{re} - \mathrm{d}m_{ye} = 0 \Rightarrow K_r = \left(\dfrac{\mathrm{d}m_{ye}}{\mathrm{d}m_{re}} = K_{re}\right) \\ B' > 0 \Rightarrow K_r \mathrm{d}m_{re} - \mathrm{d}m_{ye} > 0 \Rightarrow K_r > \left(\dfrac{\mathrm{d}m_{ye}}{\mathrm{d}m_{re}} = K_{re}\right) \end{cases} \tag{3-74}$$

式中，$K_{re}$ 为发动机实际工作混合比。从中可以看出：1）当发动机实际工作混合比高于目标混合比时，$B$ 值下降；2）当发动机实际工作混合比等于目标混合比时，$B$ 值不变；3）当发动机实际工作混合比小于目标混合比时，$B$ 值增大。

对于推进剂剩余量的控制，结合发动机工作特性，一般为对推进剂质量的控制。目前贮箱内推进剂质量的常用获取方法为通过箱内设置的液位传感器来获取液位高度信息，综合贮箱容积和液位高度的对应关系，得到飞行中推进剂容积信息，进而通过推进剂密度与容积得到贮箱内推进剂质量。由此，对 $B$ 的控制进一步转化为

$$B = m_y - m_r K_r - G_0 = \underbrace{m_{y,\mathrm{ini}} - \int \rho_y V_y{}' \mathrm{d}t}_{m_y} - \left(\underbrace{m_{r,\mathrm{ini}} - \int \rho_r V_r{}' \mathrm{d}t}_{m_r}\right) K_r - G_0 \tag{3-75}$$

显然，这样的方式是一种间接方式，涉及液位传感器、液位和对应容积的转换、推进剂容积和质量转化。

当得到贮箱内推进剂容积后，要得到关于推进剂的质量信息，就需要采用推进剂密度进行转换。对于低温推进剂而言，在实际工作过程中，由于外界热量的输入、过冷推进剂加注等原因，贮箱内的推进剂液体往往呈现出温度上的分布，而密度往往又和温度存在密切关系，这就是上式中将密度纳入积分项的原因，图 3-77 给出了一个典型的低温贮箱推进剂温度分布。

### 3.7.3　推进剂利用单元设计考虑因素

推进剂利用单元中的液位传感器按其工作原理有超声式、光电式、压差式、电容式和干簧式等。按工作方式可以分为连续式和点式两类，点式液位传感器发出触点信号，连续式液位传感器发出连续液位信号。液位传感器设计应考虑液面晃动，尤其是低过载下的液面晃动，由于晃动会产生信号误差，推进剂利用单元可能会出现误调节。因此，除了贮箱内部设置防晃装置外，液位传感器本身也要采取安装挡浪套等措施，以使得晃动的影响最小。

计算装置把传感器送来的信号进行运算，得到每种推进剂的剩余量和发动机混合比，按照预定的控制策略计算出所需的调节量，发出调节指令信号。计算装置可以是推进剂利用单元专用，也可与控制系统合用。

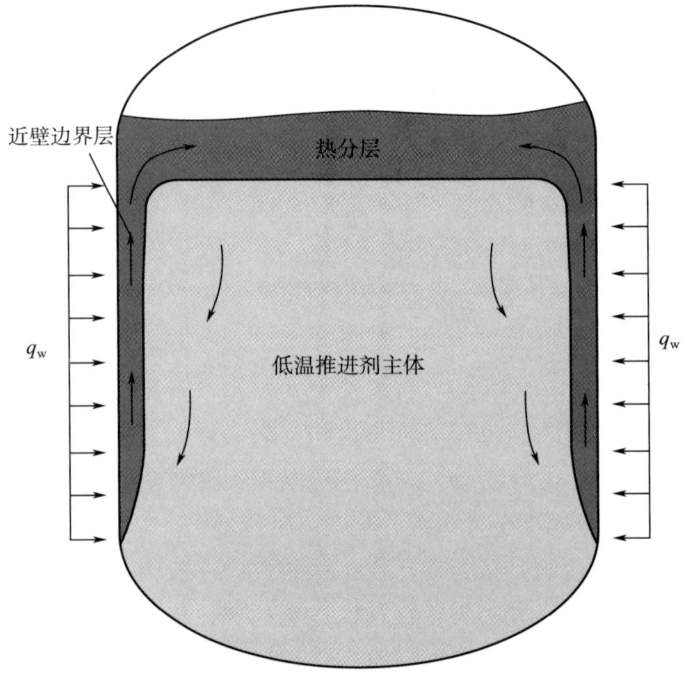


图 3-77　低温贮箱推进剂温度分布

推进剂利用单元中的执行结构包括伺服控制组件和调节阀，一般情况下，这两者会做成一个部件。调节阀分为比例调节阀和开关调节阀两种。比例调节阀的流量可由零调至最大值。开关调节阀的流量是常值或零两种状态。如果两种推进剂泵后都装有比例调节阀，则该系统既可以调节混合比，又可以调节发动机推力。

调节阀的调节范围是利用单元取得成效的关键，只有具有足够的调节能力，才能实现理想的调节。选择调节范围的主要依据是加注混合比偏差、发动机工作混合比偏差和流量偏差。提高液位传感器精度可提高调节精度，一般采取对液位信号点的液位及体积值进行精确标定并采取安装挡浪套防晃措施。同时选择合适的控制方程能有效地改善调节过程，提高调节精度。

### 3.7.4　典型推进剂利用单元介绍

国内外很多火箭均使用了推进剂利用单元，以下进行简要介绍。

（1）宇宙神（Atlas）主发动机推进剂利用单元

宇宙神使用的发动机 MA-5 由 1 台助推发动机、1 台主发动机、2 台游动发动机组成，所使用的推进剂为液氧/煤油。主发动机系统设置了推进剂利用单元，采用阶梯式间断调节法，系统示意图如图 3-78 所示[67]。在每个贮箱内装有 6 个水银电容点液位传感器，两贮箱中的点液位传感器的位置按预定的混合比两两对应。当贮箱中的液体推进剂消耗速率与预定值相同时，两个贮箱的对应液位点同时露出液面。反之，两个对应液位点就不能同时到达，根据出现的时间差，通过计算机进行比较运算，发出偏差信号，传到液压伺服控制组件，由它根据信号情况，控制安装在燃烧剂主管路中的推进剂利用阀，将其调节到全开、中间或关闭位置，进而间接地控制氧化剂压头控制阀的位置。液氧管路上的压头控制阀实际上是液氧主阀，它的开度方向与推进剂利用阀的开度方向相反，目的是使通向主机的总流量保持不变。通过燃烧剂主管路上的推进剂利用阀和液氧主管路上的压头控制阀的共同作用，既保证了贮箱中推进剂的剩余量最小，又保证了主发动机所产生的推力基本保持不变。

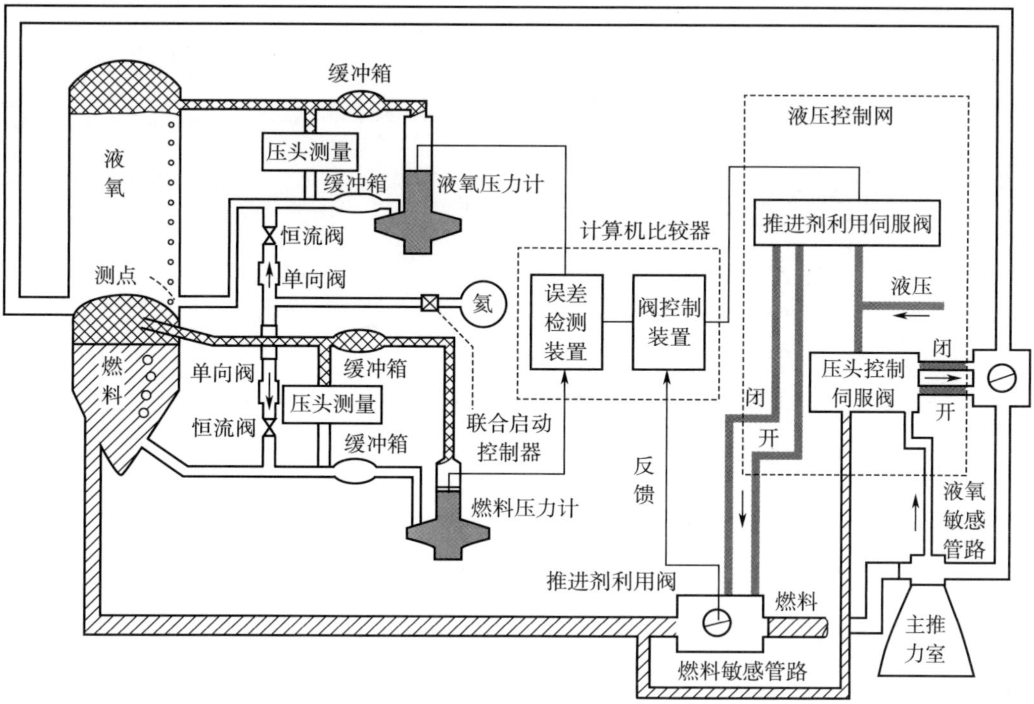


图 3-78　宇宙神推进剂利用单元（AC-20 和 AC-19）

（2）J-2 发动机推进剂利用单元

J-2 发动机用于土星 1B 火箭二级、土星-5 火箭二级和三级，这两种火箭使用的 J-2 发动机均设置了推进剂利用单元，该系统是通过调节液氧泵后到泵前的回流管上的推进剂利用单元阀实现的，利用单元阀位于氧化剂泵的出口蜗壳上。J-2 发动机推进剂利用单元示意如图 3-79[67] 所示，2 个贮箱内各装有 1 个电容式液位传感器，发动机工作时，贮箱液位下降，液位传感器的电容发生变化，该变化传给电桥回路，之后传给计算机，通过一套电气组件，经过放大来控制伺服电动机，调节推进剂利用阀，从而调节发动机的混合比。

（3）长征-2F 火箭推进剂利用单元

长征-2F 火箭二级推进剂利用单元采用发动机燃烧剂泵后分流开环调节方式，以干簧式液位传感器作为敏感元件，调节阀门为执行机构。推进剂利用单元由燃烧剂液位传感器、氧化剂液位传感器、控制器、电机驱动器、电池、调节阀门和电缆网组成。其中，控制器的 CPU 及电路采用了三冗余[68]。

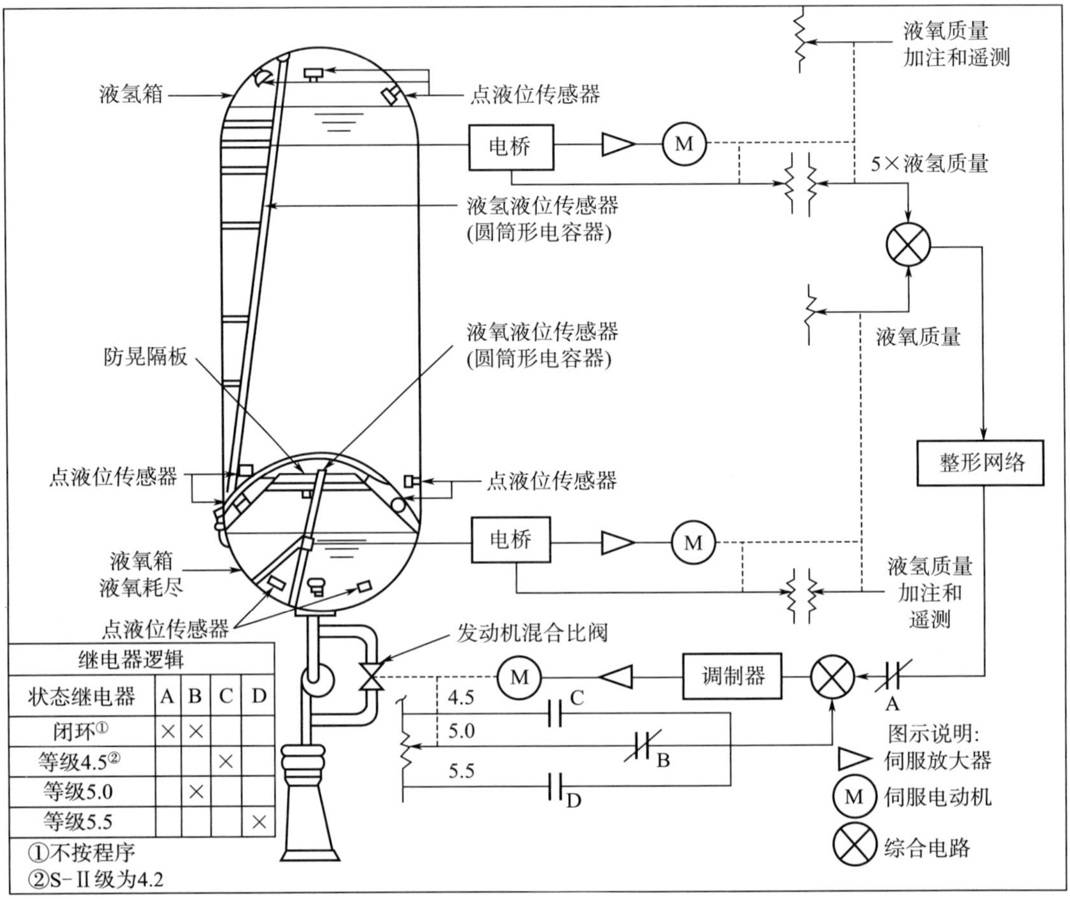


图 3-79　J-2 发动机推进剂利用单元

(4) 长征-3A 系列火箭三级推进剂利用单元

长征-3A 系列火箭三级采用氢氧发动机，推进剂利用单元由氧箱液位传感器、氧箱液位变换器、氢箱液位传感器、氢箱液位变换器、计算控制装置（控制机）、推进剂利用阀（旁通阀）组成，如图 3-80[69] 所示。液氢和液氧的液位传感器、变换器在原理和结构方面都相同，仅尺寸和电气参数不同。传感器为分节式电容，电容的两极为同心圆筒，液位改变将导致两极之间的介电常数变化，从而使电容量发生变化。变换器将传感器输出的电容转换成直流电压信号，送往计算控制装置。计算控制装置根据两个贮箱的液位高度计算出两种推进剂的剩余量，如果液氧与液氢的比例大于发动机的额定质量混合比（$k=5$），则令两个推进剂利用阀（指单台发动机）全部打开，以增大进入推力室的液氧流量；当该比例小于发动机的额定混合比时，则令两个推进剂利用阀全部关闭，以减小液氧的流量；如果该比例等于发动机的混合比，则令两个阀门一开一闭，维持正常的流量。推进剂利用单元开始工作和停止工作的时间受控制系统控制。贮箱中推进剂的液位变化信息，在飞行状态下，同时送往推进剂利用单元和遥测系统，而在加注推进剂时，则送往地面的加注控制台。

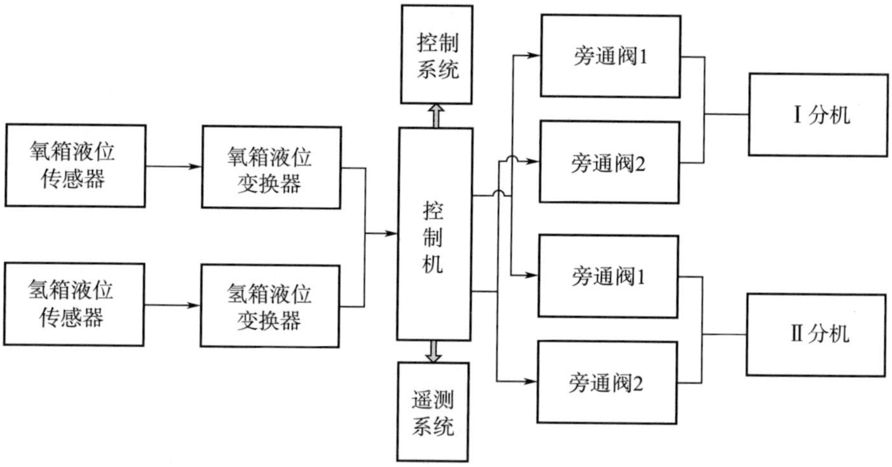


图 3－80　长征－3A 系列火箭三级推进剂利用单元示意图

## 3.8　间歇泉抑制

间歇泉又称涌泉（Geyser），属于两相流中不稳定性流动的一种，常出现在充满液体的竖直管路内，以液体周期性汽化、快速喷涌和过冷液体高速回流为表征，伴随温度、压力、流量、空泡份额等参数的周期性大幅度脉动变化。间歇泉的发生过程可分为沸腾停滞、液体汽化、气液喷发和冷流体回流等四个阶段。根据管内液体是否有宏观流动，间歇泉又可分为底部封闭管路内的间歇泉现象和有循环流动管路内的间歇泉现象（也称为间歇振荡）[70]。

以图 3－81 所示的底部封闭竖直管路为例，推进剂依靠管内的自然对流带走漏热，一旦自然对流过程受阻或管路漏热的速率大于对流带走热量的速率，管内液体温度逐渐升高，使部分液体达到饱和状态。漏热继续进行会使液体中产生弥散小气泡，小气泡在壁面产生、脱落，在液体上升过程中不断聚合长大，当蒸气气泡增加到一定的程度，即气泡横截面面积与管道流道面积之比达到 0.55～0.60 时，就会聚合成一个缓慢移动的气块或单个大气泡（即弹状气泡也称 Taylor 气泡）。同时，其他以较快速度在下面移动的气泡将不断地加入大气泡，使它以很快的速度增大，进而造成液柱静压迅速下降。而当静压下降引起饱和温度降低的速率大于急剧蒸发引起液体温度下降的速率时，管路中就会聚积越来越多的蒸气。最后，在气泡浮力的挤压下，推进剂从管路中喷涌而出。管内一部分液体喷射出去后，由于重力作用，管子顶部贮箱内的液体会重新充入管道。液体的回流会产生类似水击的压力波动，对管道、阀门等系统结构产生危害。

有循环流动管路内的间歇泉现象在核反应堆领域研究较多，研究者一般将其和自然循环振荡以及密度波振荡等流动不稳定现象结合起来进行研究。有循环流动管路中的间歇泉的产生机理和底部封闭管路内的间歇泉类似。

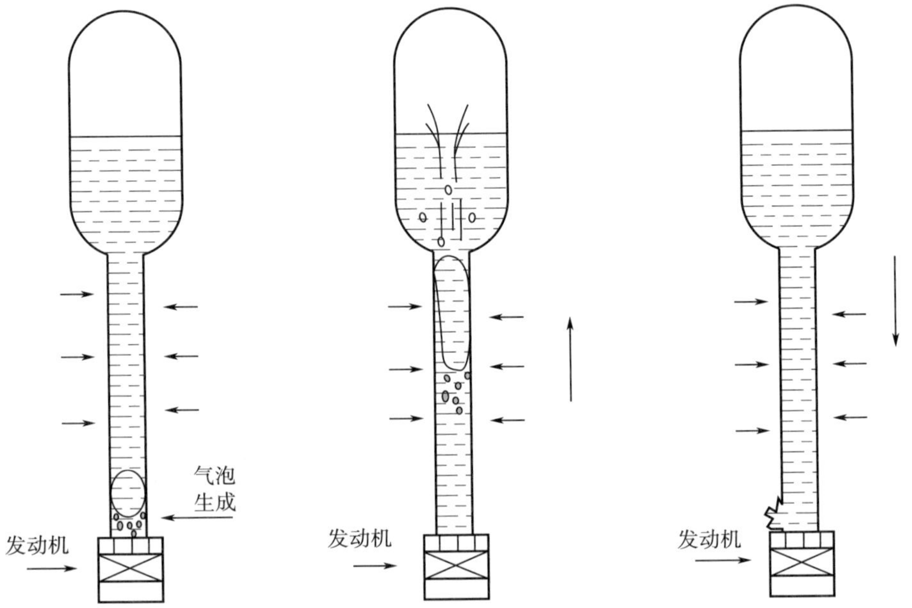


图 3-81　低温推进剂输送管路中的间歇泉现象

### 3.8.1　影响因素分析

（1）发生边界及其影响因素

研究表明输入热流密度过大和过小都不会发生间歇泉现象[71-73]。若输入热流过大，管路内会产生剧烈沸腾现象；若输入热流过小，液体吸收的热量不足以产生气泡或气泡较少。同时，当热流密度在一定范围内，随着热流密度增大、长径比增大，间歇泉发生频率增大[74-75]，有的研究表明管路结构长径比的大小决定了间歇式流动的发生与否[76]。

目前，针对推进剂输送管道中间歇泉现象的研究，多采用简化后的竖直管道进行试验，如缩短管道长度、减小管径、工质替换等[71,77]，试验结论的普适性仍值得进一步深入研究确认。Murphy [78]以水、R113、液氮和液氢为工质，对不同直径和长度的竖直管道做过大量试验，研究主要涉及大口径、大长度的管道内部间歇泉现象，认为管道几何尺寸(长径比 $L/D$)、加热速率和流体性质对间歇泉的发生影响很大。

对于初始过冷度的影响，研究表明在一定的热流密度条件下，随着高位贮箱初始水温的升高，即初始过冷度的减小，间歇流动出现的频率越来越高，间歇流动周期越来越小，间歇流动强度越来越弱[75]。

绝大多数针对低温推进剂输送管路中间歇泉现象的试验研究中，都采用底部封闭的竖直管道，而低温推进剂输送系统中包含发动机预冷系统，停放过程中，推进剂输送管路内一般存在流动或循环流动，因此推进剂输送管道更类似于有循环流动的管路。相比底部封闭管路内的间歇泉，有循环流动管路内的间歇泉还有一个重要的影响因素，即管路入口流速。若入口流速较大，液体来不及吸热汽化便流出管路，此时间歇泉不会发生，因此间歇泉发生存在一个临界入口流速。研究试验得出，随着入口流速的增大，可产生间歇泉的热流密度范围减小。当流速大到一定程度时，间歇泉现象将消失[73,79]。

从目前国内外学者的研究来看，系统压力、输入热流密度、长径比、流体热物理性质、初始过冷度和流速都会对间歇泉的发生与否产生影响，但关于间歇泉的发生边界还没有定论，有待进一步的探索。

（2）周期及其影响因素

间歇泉包含喷发、回流及沸腾停滞等几个过程，学者们一致认为，影响间歇泉周期的主要因素是沸腾停滞时间，即液体回流后受热、温度上升至沸腾点的时间。通过试验和理论研究认为，间歇泉的发生周期与管道上方贮箱内水的过冷度成正比，与输入热流密度成反比[71]。有学者试验得出喷涌周期取决于沸腾停滞时间，它占整个周期的 92%[80]。

（3）强度及其影响因素

以间歇泉对管路底部造成的最大峰值压力定义间歇泉的强度，热流密度、回流时间、系统压力等对间歇泉强度均有影响。在能引起间歇泉的热流密度范围内，热流密度减小，间歇泉强度增大，回流时间增加可以减小压力峰值[71]。增大系统压力可以减小间歇泉的强度，当压力增大到一定程度后间歇泉现象会消失[75,81]。

### 3.8.2　解决途径

间歇泉由管路内热量的聚集而产生，因此如何使火箭加注、停放至发射前管路中的低温液体始终处于饱和温度以下，即过冷状态，是抑制和消除间歇泉的关键[82]。在火箭实际应用中一般考虑惰性气体（氦气）注入法、补充加注冷却法和循环回流法来抑制低温推进剂在竖直管路中产生的间歇泉现象。实际火箭推进剂输送系统中间歇泉的抑制通常和发动机的预冷、推进剂热管理相结合。下面对各种间歇泉抑制方法进行介绍。

（1）惰性气体注入法

惰性气体注入法是采用不冷凝的惰性气体（氦气）注入液氧管路底部，以抑制间歇泉产生。主要机理为：注入的氦气气泡里氧气的分压为 0，液氧的饱和蒸气压与氦气气泡中氧气的分压间存在压差，使氧气扩散入氦气，从而产生冷却效果。

美国大力神-1、土星-5 运载火箭与航天飞机的液氧输送系统均采用此方法。对于大力神-1，理论计算表明，当液氧输送系统中注入的氦气量为 0.566 $m^3/s$ 时，足以抑制喷泉的发生，这个理论数据低于从实验室和静态试验台得到的数据（约 1.642 $m^3/s$）[82]。

氦气注入法的主要缺点是：1）氦气是系统里的多余气体；2）由于环境漏热量不停发生变化，因此必须考虑最坏条件，以保证足够的氦气注入量，因而导致氦气的浪费。

（2）补充加注冷却法

当蒸气气泡横截面面积与导管流动面积之比达到某一比例（0.55～0.6）时，就会聚合成一个缓慢移动的气块或单个巨大气泡[82]。若该比例继续增大，就会产生间歇泉效应，低于这一临界值则不会产生间歇泉效应。根据这个原理，在管路中补充加注一定流量、一定温度的低温液体，使管路中气泡横截面面积与导管流动面积之比不超过临界值，即可抑制间歇泉的产生。可从试验或理论角度推算出适宜的补充加注液体流量和加注液体温度。

通过如图 3－82 所示的试验系统，获得了如图 3－83 所示的不同入口温度、加注流量与产生间歇泉的关系曲线[82]。

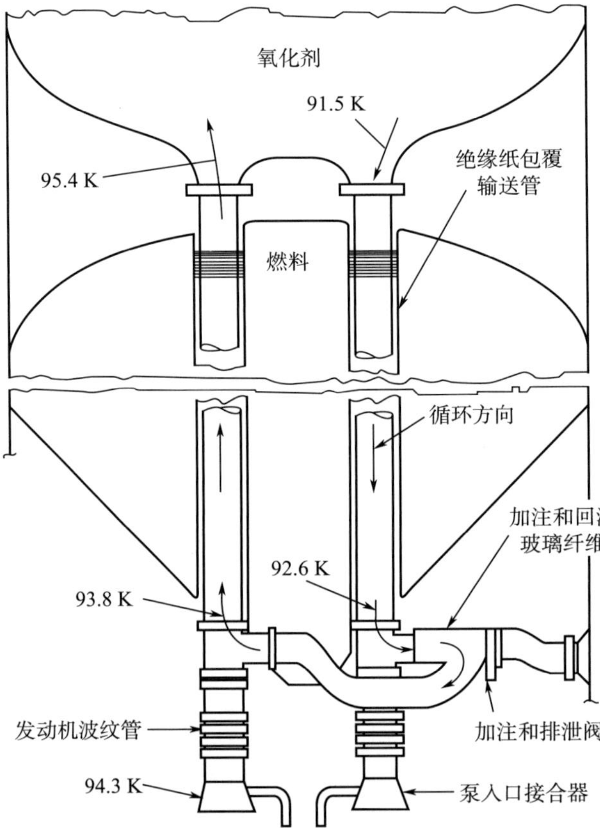


图 3－82　补充加注原理图

一般从输送管进行推进剂加注的液体运载火箭可以考虑采用此方案。

（3）循环回流法

对于低温推进剂贮箱，如果热量漏入容器，被加热的低温液体通过自然对流循环流到容器的液体表面，在液体表面由于液体蒸发带走了热量，使液体表面产生了一个有效的冷却效应。这种冷却效应将剩余的液体冷却，并将冷的液体循环到容器底部。通过这种方式，低温液体可自己消除漏入容器的热量。但由于低温推进剂输送管道的长径比很大，很大程度上阻止了管路中的自然对流（边界层逐渐增厚，至管道中心时，阻止了冷流体向下流动）。增加循环管路就是通过创造自然循环条件从而使冷却效应更加有效的一种方法，根据形式不同，可分为外加循环管和内加循环管。

①外加循环管

利用自然对流循环原理，在输送管路底部（发动机泵入口前）接出一根直径较小的管路，连接到贮箱，形成贮箱—输送管回路，如图 3－84 所示。这样，直径较小管路中的低温液体将比主输送管路中的低温液体更快地变热，密度小于主输送管路中推进剂的密度，

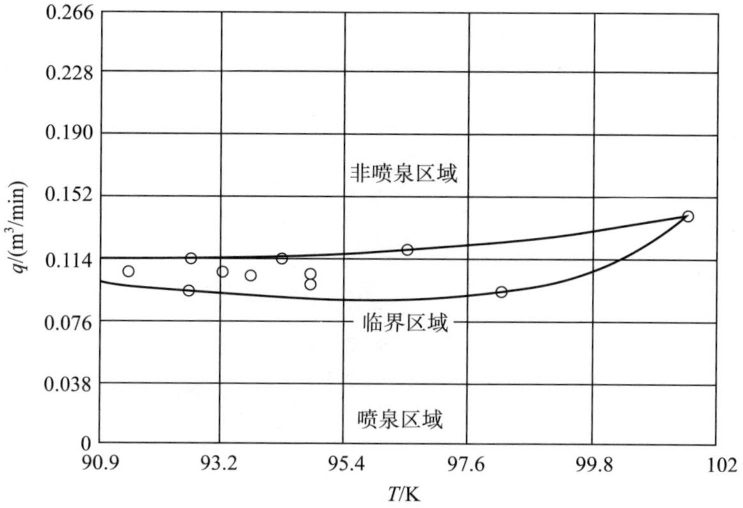


图 3-83 补充加注流量与温度的关系

在密度差的作用下形成贮箱-输送管的循环回路，这与发动机循环预冷管相似。

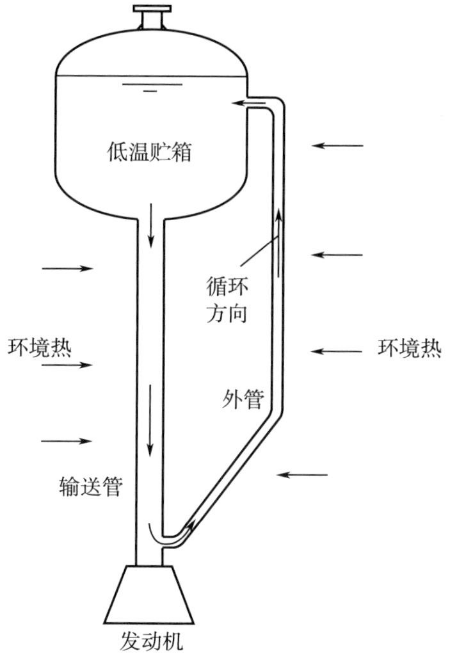


图 3-84 外加循环管原理图

外加循环管的代表为航天飞机外贮箱（External Tank，ET），其间歇泉抑制系统如图 3-85[83]所示，用一根直径为 4 in（1 in=25.4 mm）的管子（间歇泉抑制管），连接 $LO_2$ 主输送管道底部和液氧贮箱，氦气通过氦气注入口注入间歇泉抑制管。根据两根管子漏热不同产生的密度差，以及注入氦气来驱动 $LO_2$ 在两管路中的循环流动，保证间歇泉抑制管内的液氧持续地上升进入贮箱，以此保证管道内液氧处于过冷状态，抑制间歇泉的产生。

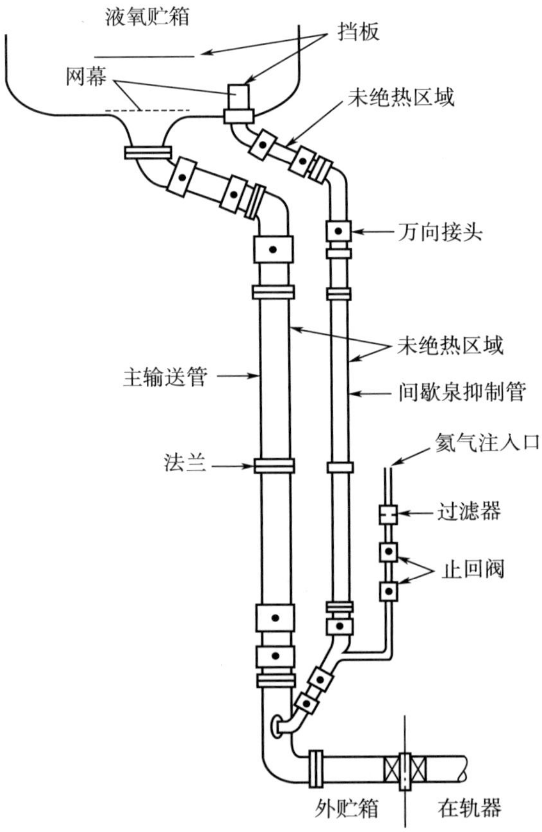


图 3-85　航天飞机液氧贮箱间歇泉抑制系统

土星-5 一级液氧贮箱其实是一种利用自身特点变异的外加循环管方案，液氧输送系统如图 3-7 所示，其抑制间歇泉的机理为：氦气从氦气注入口（3 号脱落插头）注入管路 1、3，引起液氧上升，从而牵引液氧通过管路 2、4、5 下降，通过互通阀形成环流，起到冷却液体、抑制间歇泉的效果。一旦该循环建立，便会维持下去，直到发射前连接各输送管道的阀门关闭为止。该系统集多种功能于一身，在消除间歇泉的同时，还具有发动机循环预冷的作用，可维持较低的涡轮泵入口液氧温度[84]。

②内加循环管

内加循环管的方法由 Howard[85] 首先提出，如图 3-86 所示，在低温输送管路的加注管路中固定一个内管，内管用热导率较小的连接件与输送管相连。内管与输送管同心，在内外管之间形成一个环形空间，周围环境向输送管路漏热，环形空间在内管外形成了一个绝热屏障，使环形空间内的液体温度上升，这时内管内的液体与外部环形空间内的液体形成了一个密度差。在密度差的驱动下，内管内的流体将环形空间内的受热流体从底部挤出，低温容器中的液体从顶部流入内管，形成循环。Howard 通过试验表明，增加内管后间歇泉现象被明显抑制，过热度降低，压力波动减小。该种方案由于结构复杂，目前在液体运载火箭上使用较少。

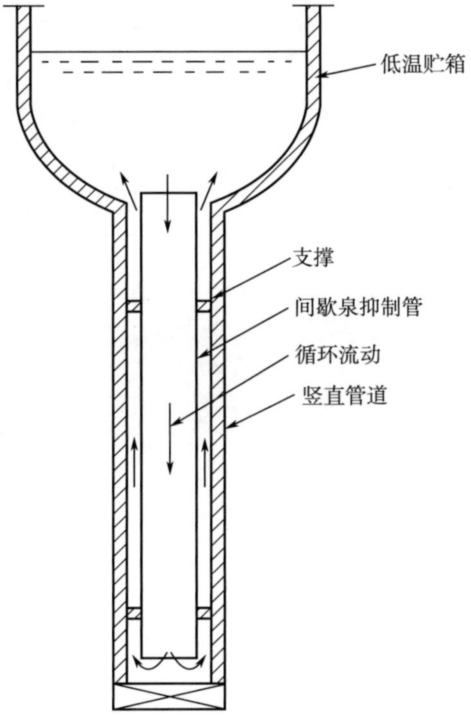


图 3－86　内加循环管方案示意图

## 3.9　分叉流压力跳变抑制

液体运载火箭采用一个贮箱供应多台发动机时，输送系统中可能包含三通、四通、五通等球形多通分流结构，从而形成分叉流。遥测及地面试验数据分析表明，分叉流管路内的流体流动可能会产生压力跳变现象。以某型号低温运载火箭为例，二级氧输送系统采用五通进行分流，将总管路中的液氧推进剂分别输送到四台发动机，飞行至某一时间后，发动机入口压力出现跳变。压力跳变的原因一般认为是多通及其下游输送管路流型发生转变造成流阻变化引起的，根据入口条件的不同，五通内可能形成四漩涡、两漩涡、单漩涡三种流场[86]。

### 3.9.1　压力跳变机理

圆管内流型除了常见的直线流外，还存在一种特殊的流动形式——螺旋流，如图 3－87 所示。由于螺旋流介质在管内的旋转特性，在工业中常被用于强化换热、清洗污垢。一般来说，工业上螺旋流通常由涡流发生器（切向进流、安装导流片或旋转管道）产生。图 3－88 展示了一种典型的螺旋纽带装置，通过在换热管进口端安装一根塑料纽带，利用流体自身的动能使纽带旋转，产生螺旋流，不断地刮扫和撞击管内壁，从而达到清洗管内污垢、抑制污垢沉积和强化传热的目的。

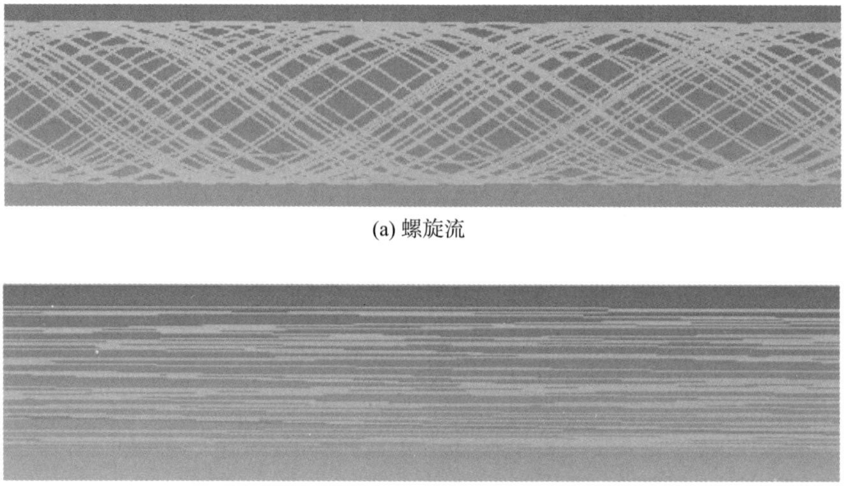

(a) 螺旋流

(b) 直线流

图 3-87　圆管内的两种典型流型

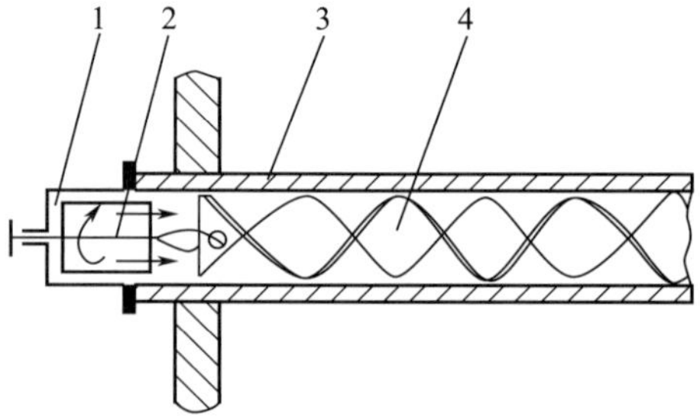


图 3-88　螺旋纽带装置

1—进口支撑；2—转轴；3—传热管；4—自清洁纽带

除涡流发生器外，国外学者试验发现一些特殊的管路结构也会产生螺旋流。Horii 等[87]用空气作为流动介质，在雷诺数分别为 $1.0\times10^5$ 及 $1.6\times10^5$ 的条件下，针对图 3-89（a）的装置，在子午面内小孔径向以向心射入的进流方式，通过粒子显示出有非常稳定的螺旋流存在。其后又发现流体通过扩散管+弯头+收缩管［见图 3-89（b）］的装置也能产生螺旋流。Horii 等人认为前者是扩张段产生的效果，后者产生螺旋流效果的原因之一是收缩段。随后再次提出了一种环状轴对称开口径向进流加锥形收缩管［见图 3-89（c）］的螺旋流发生装置，并进行了工业应用。然而，上述三种类型的装置为何会产生螺旋流以及管道结构形状、几何参数对螺旋流的形成与发展有何影响却不甚清楚。

国内方面，熊鳌魁[88]等人针对图 3-89（a）的装置开展了水介质的验证试验。试验证实本装置产生螺旋流的过程是不对称的双涡在相互作用后卷并为一个涡，但形成不对称性的原因目前尚不清楚，而这一原因很可能正是下游最终形成螺旋流的根本机制。

仔细分析 Horii 提出的产生螺旋流的三种装置，可以发现它们有两个共同点：一是装

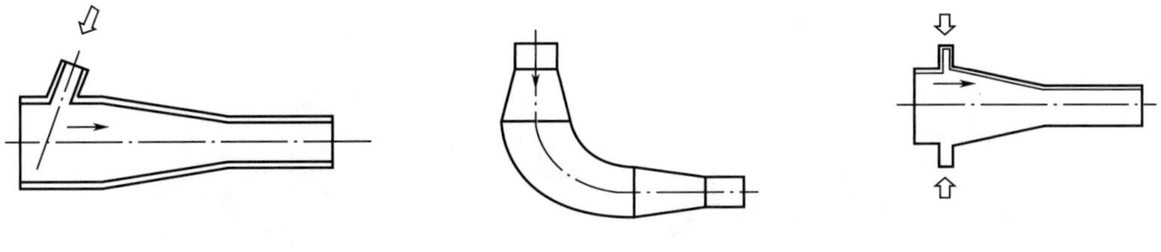

(a) 子午面内小孔径向以向心射入的进流方式　(b) 能产生螺旋流的弯头　(c) 环状轴对称开口径向进流方式

图 3-89　几种产生螺旋流的特殊结构

置几何形状都有一段收缩段；二是流体都经过较大角度的转弯。液体运载火箭输送系统一般采用球形多通进行分流，也具备这两个特征：球形多通与分支管连接处有收缩变径，管路也有多处较大角度的折弯，该结构存在产生螺旋流的可能。当流动形式从直线流转变为螺旋流后，流阻会增加，引起压力跳变。

Horii[89] 认为螺旋流是由 Coanda 效应与非线性流动特性产生的。Coanda 效应也称为边界层吸附效应或射流效应。Coanda 效应一般针对外流，是指平顺流动的流体经过具有一定弯度的凸表面的时候，有向凸表面吸附的趋向。而在三通、五通内部，流体也会存在向凸表面吸附的趋向，在某种条件下会形成沿内壁的大涡结构，进而导致螺旋流的产生。

火箭输送系统中的五通、三通作为典型的非线性管路结构，会导致管路流动具有较强的非线性特点，在特定条件下管路流动存在多解及分叉的可能。管路内的螺旋流作为一种特殊的非线性流体力学现象，目前相关研究很少，对其内部机理及流场转换特性仍有待进一步的深入研究。

### 3.9.2　数值分析

以前文提到的含五通结构的某型号低温液体运载火箭一级氧输送系统为例，系统结构如图 3-90 所示，输送总管内径 240 mm，通过球形五通分流至四个分支输送管后进入Ⅰ、Ⅱ、Ⅲ、Ⅳ四台发动机，分支管内径为 120 mm，分支管与总管接近成直角。

运载火箭飞行过程中，Ⅱ、Ⅳ分机氧入口压力在某一时间段会突然出现压力下跳，量级为 0.085 MPa 左右，压力下跳前后，发动机流量、液氧温度、与之连通的氧箱气枕压力、过载、振动环境等并无明显变化[90]，压力发生跳变的时刻具有一定的随机性。

采用商用流体力学计算软件 ANSYS CFX，湍流模型采用 RNG $k-\varepsilon$ 模型。介质为液氧，采用“Isothermal”流体模型，液体密度为 1 142.8 $kg/m^3$，动力黏度为 $1.96\times10^{-4}$ Pa·s。

五通入口为压力边界，压力为 0.40 MPa；出口为流量边界，各分支管流量为 38.6 kg/s。

边界条件完全对称时，仿真计算结果如图 3-91 所示，从图中可以看出，在五通内部形成了对涡，五通内流场为镜面对称，四个分支管出口压力一致，分支管流型为直线流。

通过在五通压力入口处引入速度方向的偏离，进行稳态计算，使五通内产生初始扰

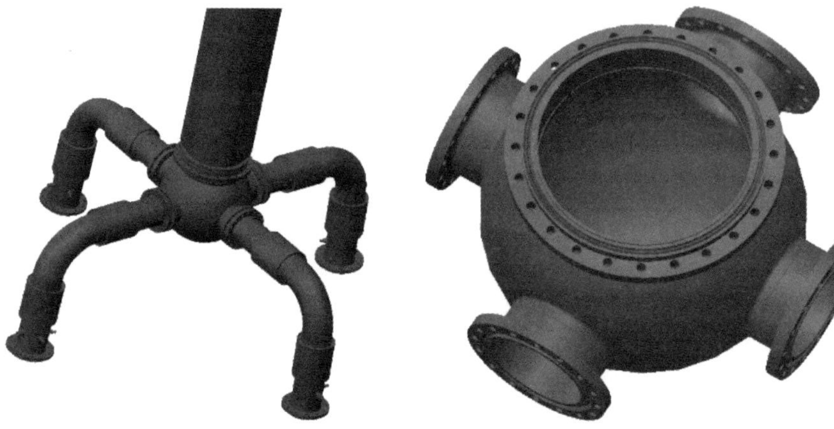

(a) 输送管　　(b)五通

图 3－90　氧输送系统结构图

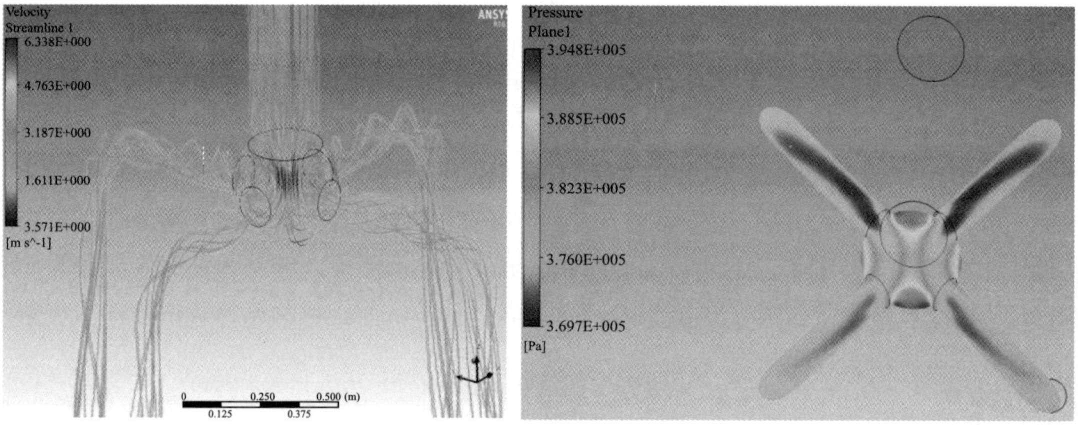


(a) 输送管系流线　　(b) 五通压力

图 3－91　氧输送管系流场图（边界条件对称，见彩插）

动，在此基础上开展瞬态计算。仿真计算结果如图 3－92 所示，从图中可以看出，扰动条件下，五通内形成了一个稳定的纵向涡结构，使得两对称分支管形成明显的螺旋流，局部流阻明显增加。由于五通入口压力不变，从而使两分支管出口压力出现明显下跳。相比其余两分支管，压力下跳的幅值为 0.062 MPa，与飞行下跳量级 0.085 MPa 相近。

### 3.9.3　解决途径

管系结构中存在的收缩段变径、较大角度的弯管段都可能会导致螺旋流的产生，管路设计中应尽量避免类似结构，以避免产生螺旋流，引起额外的流阻。例如采用 Y 型多通而不采用直角多通，可降低流体转弯的角度，并最终可能消除压力跳变；在多通内设置强制分流结构，也可增加流动的稳定性，避免螺旋流的产生，消除压力跳变。

前文提到的低温液体运载火箭，为了消除螺旋流，在五通内增加了十字分流板，并进

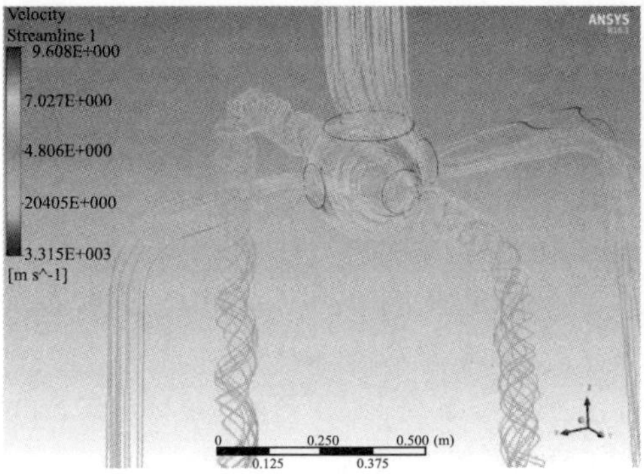


(a) 输送管系流线

(b) 五通压力

图 3-92 氧输送管系流场图（入口有干扰，见彩插）

行了地面模拟液氧流动试验。试验表明：不增加十字分流板会出现压力跳变现象，且压力跳变的时机具有一定的随机性；增加十字分流板后，就再也没有发生过压力跳变现象。

# 参考文献


[1] 任奇野，曲晶．美国 SLS 重型运载火箭最新进展分析［J］．国家太空，2018（5）：61－63.

[2] www. RussianSpaceWeb. com/angara5. html.

[3] 邸乃庸，朱维增，吴瑞华．长征系列运载火箭介绍：长征二号系列（二）［J］．中国航天，1997（9）：13.

[4] 裴鸣远，张振华，文隆枝．土星Ⅴ飞行手册 SA507［J］．国外导弹技术，1979：75－79.

[5] www. spacex. com. vehicles/falcon－9.

[6] 刘宝芬．阿里安 5 的 EPS 上面级［J］．世界导弹与航天，1991（2）：27－32.

[7] 马方超，刘文川，丁建春，等．推进剂交叉输送技术综述及概念研究［J］．载人航天，2014，20（5）：474－479.

[8] 潘森森，彭晓星．空化机理［M］．北京：国防工业出版社，2013.

[9] 朱佳凯．低温空化非稳态特性和机理研究［D］．杭州：浙江大学，2018.

[10] 张景芳．推进剂贮箱出流与夹气［J］．强度与环境，1987（2）：38－43.

[11] 孙礼杰．液体火箭漩涡与塌陷现象的机理及其抑制措施［J］．上海航天，2016（1）：80－84，89.

[12] 龙乐豪．总体设计：中［M］．北京：宇航出版社，2001.

[13] 郑双凌，马吉明，陈浩波，等．进水口漩涡特性及邻近淹没水深的研究进展［J］．南水北调与水利科技，2010（10）：129－132.

[14] 裴少锋．闸前漩涡水力特性及消除措施试验研究［D］．大连：大连理工大学，2012.

[15] 邹敬民，高树华，于艳丽，等．进水口防涡措施研究［J］．水动力学研究与进展，2000（12）：463－465.

[16] 党媛媛，韩昌海．进水口漩涡问题研究综述［J］．水利水电科技进展，2009（2）：90－94.

[17] 航天飞机手册［M］．美国路易斯安那州：马丁玛瑞埃塔公司，1983.

[18] H Q YANG，JOHN W PEUGEOT，JEFF S WEST. A computational fluid dynamics study of swirling flow reduction by using anti－vortex baffle［C］．49th AIAA/ASME/SAE/ASEE Joint Propulsion Conference & Exhibit and 11th International Energy Conversion Engineering Conference. 2－14.

[19] H NAGAI，吴宏斌，等．H－Ⅱ运载火箭第一级推进系统的现状［J］．国外导弹与航天运载器，1989（6）：26－31.

[20] 张景芳．推进剂的某些相似准则与应用［J］．强度与环境，1987（6）：7－14.

[21] 张磊．进水口漩涡缩尺效应研究［D］．天津：天津大学，2009：5－8.

[22] 王小军，于子文，张兵，等．国内外运载火箭 POGO 抑制技术研究进展［J］．中国科学，2014，44（5）：492－502.

[23] RUBIN S. Prevention of coupled structure－propulsion on instability（POGO）［R］．NASA SP－8055，1970.

[24] LARSEN C E. NASA experience with POGO in human spaceflight vehicles［R］．2008.

[25] LOCK M H, RUBIN S. Active suppression of POGO on the space shuttle [R]. NASA CR - 134749, 1974.

[26] PILIPENKO V. Providing the LPRE - rocket structure dynamic compatibility [R]. AIAA - 93 - 2422, 1993.

[27] IACOPOEEI W, LIGNAROLO V, PREVEL D. POGO characterisation of ariane V turbopump LOX pump with hot water [R]. AIAA - 93 - 2124, 1993.

[28] UJINO T. POGO analysis on the H - Ⅱ launch vehicle [C]. 30th ASME, ASCE, AHS, and ASC, Structures, Structural Dynamics and Materials Conference, Mobile, AL, 1989.

[29] OPPENHEIM B W, RUBIN S. Advanced POGO stability analysis for liquid rockets [R]. AIAA - 92 - 2454 - cp, 1992.

[30] 张智，王楠，刘竹生．中国载人运载火箭 POGO 抑制技术研究 [J]. 中国科学（技术科学），2014 (44)：504 - 509.

[31] 张青松，张兵．大型液体运载火箭 POGO 动力学模型研究 [J]. 中国科学（技术科学），2014 (44)：525 - 531.

[32] 刘照智，丁鹏飞，田青亚．液氢加注系统水击问题数值分析 [J]. 导弹与航天运载技术，2010 (4)：10 - 12.

[33] 刘国球．液体火箭发动机原理 [M]. 北京：宇航出版社，2001.

[34] 张勇．水击流固耦合的判断准则探索 [J]. 浙江水利科技，2002 (5)：21 - 24.

[35] D C WIGGERT. Coupled Transients Flow and Structural Motion in Liquid - filled Piping Systems: a Survey [C]. Proceedings of the ASME Pressure Vessels and Piping Conference. Chicago USA, 1986, 83 - PVP - 4.

[36] 王英浩．火箭推进剂输送系统中波纹管对水击压力的吸收分析 [D]. 长沙：国防科学技术大学，2004.

[37] 田玉蓉，张福忠．低温推进剂火箭发动机循环预冷方法研究 [J]. 导弹与航天运载技术，2003 (2)：7 - 15.

[38] 李锦江，姜冬玲．某型氢氧火箭发动机射前预冷改进方案试验研究 [J]. 低温工程，2017 (4)：73 - 78.

[39] P ALLIOT, et al. Development status of the VINCI engine for the Ariane 5 upper stage [R]. AIAA 04 - 3530.

[40] K OKITA, Y FUKUSHIMA. Improved LE - 7 engine [R]. AIAA Paper, 95 - 3147.

[41] 孔礼杰，樊宏湍．低温推进剂火箭发动机循环预冷方案研究 [J]. 上海航天，2012，29 (4)：41 - 48.

[42] 陈二锋，厉彦忠，程向华，等．液体火箭发动机自然循环回路预冷非稳态数学模型 [J]. 西安交通大学学报，2008，42 (9)：1127 - 1131.

[43] 程向华，厉彦忠，陈二锋．不同回流位置液体火箭发动机循环预冷回路特性 [J]. 推进技术，2008，29 (6)：646 - 650.

[44] 程向华，陈二锋，厉彦忠．低温液体火箭发动机自然循环预冷研究 [J]. 火箭推进，2012，38 (5)：1 - 6.

[45] LAVERTY W F, ROHSENOW W M. Film boiling of saturated nitrogen flowing in a vertical tube [J]. Journal of Heat Transfer, 1967, 89 (1): 90 - 98.

[46] KAWAJI M, BANERJEE S. Application of a multifield model to reflooding of a hot vertical tube: part I - model structure and interfacial phenomena [J]. Journal of Heat Transfer, Transactions ASME, 1987, 109 (1): 204 - 211.

[47] HEDAYATOUR A. Transient two - phase flow of cryogenic fluid in a vertical transfer line during the cooldown process [D]. Knoxiville, USA: University of Tennessee, 1990.

[48] HEDAYATOUR A, ANTAR B N, KAWAJI M. Cool - down of a vertical line with liquid nit rogen [J]. Journal of Thermophysics and Heat Transfer, 1993, 7 (3): 426 - 434.

[49] LIAO J. Modeling two - phase transport during cryogenic chilldown in a pipeline [D]. Gainesville, USA: University of Florida, 2005.

[50] VELAT C, JACKSON J. KLAUSNER J F, et al. Cryogenic two - phase flow during chilldown [C] //Proceedings of the ASME Heat Transfer/Fluids Engineering Summer Conference. New York, USA: American Society Mechanical Engineers, 2004: 717 - 722.

[51] 尼瓦费林，亚波布拉诺夫．液体低温系统［M］．北京：低温工程编辑部，1993：87 - 88.

[52] 符锡理．低温系统的预冷过程和计算［J］．导弹与航天运载技术，1995（6）：22 - 28.

[53] SABNICK H D, KRULLE G. Numerical simulation of transient in feed systems of cryogenic rocket engines [C] //31st AIAA/ASME/SAE/ASEE Joint Propulsion Conference and Exhibit. San Diego, CA: AIAA 95 - 2967, 1995.

[54] 高芳，陈阳，张振鹏．低温液体推进剂充填管路的数值模拟［J］．航空动力学报，2007，22（1）：108 - 113.

[55] 孙恒，李兆慈，张曙光，等．低温管路预冷过程的实验研究［J］．低温与超导，2007，34（5）：346 - 349.

[56] 鲁钟琪．两相流与沸腾传热［M］．北京：清华大学出版社，2002.

[57] 陈二锋，厉彦忠，程向华，等．管路预冷的高速再淹没传热模型及数值研究［J］．华中科技大学学报，2009，37（2）：104 - 107.

[58] WANG JIAOJIAO, LI YANZHONG, WANG LEI, et al. Transient modeling of cryogenic two - phase flow boiling during chill - down process [J]. Applied Thermal Engineering, 2018, 143: 461 - 471.

[59] CUI LI, YANZHONG LI, CHENG YIWEI, et al. Transient characteristics and performances of passive recirculation system for liquid rocket engine precooling [J]. Applied Thermal Engineering, 2019 (4): 41 - 53.

[60] 王磊，厉彦忠，李翠，等．火箭发动机液氢预冷回路非稳态传热特性研究［J］．西安交通大学学报，2010，44（2）：120 - 124.

[61] 张育林，刘昆，程谋森．液体火箭发动机动力学理论与应用［M］．北京：科学出版社，2005.

[62] 赵静野，孙厚钧，高军．引射器基本工作原理及其应用［J］．北京建筑工程学院学报，2000，16（4）：12 - 15.

[63] 刘培启，王海涛，武锦涛，等．引射器关键结构参数优化设计及验证［J］．大连理工大学学报，2017，57（1）：29 - 35.

[64] 廖少英．液体火箭推进增压输送系统［M］．北京：国防工业出版社，2007.

[65] 鸣远．提高火箭性能的技术途径［J］．国外导弹技术，1983（4）：5.

[66] 朱宁昌．液体火箭发动机设计：上［M］．北京：宇航出版社，1994.

[67] 葛李虎，邹佩华．推进剂利用系统在国外型号上的应用［J］．世界导弹与航天，1987（11）：41－46.

[68] 刘竹生，张智．CZ－2F 载人运载火箭［J］．导弹与航天运载技术，2004（1）：10－11.

[69] 陈国华．长征系列运载火箭介绍：长征三号系列（六）［J］．中国航天，1998（8）：17.

[70] HANDS B A. Problems due to superheating of cryogenic liquids［J］. Advance in Cryogenics，1988，28（12）：823－829.

[71] BURKHALTER J E，SFORZINI R H，TINSLEY C R. Investigations of geysering in vertical tubes［J］. Journal of Spacecraft and Rockets，1968，5（7）：854－857.

[72] MORIOKA M，OBAMA T，KOUDA Y，et al. Simulation of the Geysering Phenomenon in LNG Pipes［J］. Advances in Cryogenic Engineering，1986，31：1111－1119.

[73] OZAWA M，NAKANISHI S，ISHIGAI S，et al. Flow Instabilities in Boiling Channels ：Part 2 Geysering［J］. JSME international journal，1979，22（170）：1119－1126.

[74] 戚展飞，佟立丽，曹学武．加热系统间歇泉流动现象初步实验研究［J］．核动力工程，2012，33（S1）：64－68.

[75] 陈金波．低压竖直加热通道内间歇式两相流动不稳定性研究［D］．上海：上海交通大学，2015.

[76] KUNCORO H，RAO Y F，FUKUDA K. An experimental study on the mechanism of geysering in a closed two－phase thermosyphon［J］. International Journal of Multiphase Flow，1995，21（6）：1243－1252.

[77] ZHANG L，LIN W S，LU X S，et al. Geysering inhibiting research for single feeding－line in cryogenic propellant transfer system［J］. Cryogenics，2004，44（9）：643－648.

[78] MURPHY D W. An Experimental Investigation of Geysering in Vertical Tubes［J］. Advance in Cryogenic Engineering，1965（10）：353－359.

[79] ARITOMI M，NAKAHASHI T，CHIANG J H，et al. Transient behavior of natural circulation for boiling two－phase flow（Experimental Results）［C］. 6th Proc Nuclear Thermal Hydraulic，ANS 1990 Winter Meeting，Washington DC，November，1990.

[80] CHEN J B，YANG S X，LIAO S L，et al. Experimental investigation of effective parameters on geyser periodicity in a vertical heated system［J］. Experimental Thermal and Fluid Science，2015（68）：163－176.

[81] KHAZAEE I，HOSSEINI R，NOIE S H. Experimental investigation of effective parameters and correlation of geyser boiling in a two－phase closed thermosyphon［J］. Applied Thermal Engineering，2010，30（5）：406－412.

[82] 廖少英．低温推进剂火箭喷泉效应及其抑制［J］．上海航天，2002（3）：29－34.

[83] NORQUIST L. External tank for the space shuttle main propulsion system［J］. Journal of Spacecraft and Rockets，1977，14（6）：358－364.

[84] NASA. Saturn V Flight Manual［R］. Washington D. C.：NASA MSFC，1968.

[85] HOWARD F S. Geysering inhibitor for vertical cryogenic transfer piping［J］. Advance in cryogenic engineering，1973（18）：162－169.

[86] 王鑫宝，厉彦忠，王磊，等．液氧输送系统压力异常下降成因分析与数值研究［J］．低温工程，2018（3）：52－57.

[87] HORII K，MURATA T，TAKARADA M，et al. A study of spiral flow：phenomenon in a

cylindrical pipe [J]. Japan Soc. Aero. Space Sci. , 1985, 28 (81): 13 - 21.

[88] 熊鳌魁，魏庆鼎．一种强螺旋流现象的实验研究 [J]. 流体力学实验与测量，1999，13 (4): 8 - 13.

[89] HORII K, MURATA T, TAKARADA M, et al. A study of spiral flow: vortex phenomenon in a specially shaped bend [J]. Japan Soc. Aero. Space Sci. , 1988a, 31: 17 - 24.

[90] 孙善秀，叶超，张鹭，等．复杂管路内压力跳变的螺旋流解释 [J]. 导弹与航天运载技术，2019 (2): 31 - 34, 74.

# 第4章　贮存系统

## 4.1　概述

推进剂贮存系统是实现箭上推进剂加注泄出和存贮管理功能的系统，主要包括推进剂加泄、贮箱排气、气封吹除、常低温推进剂贮存、微重力推进剂管理等功能。

该系统一般由贮箱、加泄阀、排气阀、安全阀、控制电磁阀、加注泄出管路、排气管路、控制气管路、排空吹除管路等组成，低温加排功能中一般还有气封吹除阀门及供气管路等产品，上面级还可能有低温推进剂贮存和微重力推进剂管理的装置。图 4－1 给出了一种典型的低温贮存系统的组成。贮箱作为推进剂装载的容器，是贮存系统的组成部分。贮箱贮存容积通常由发动机消耗的推进剂容积、不可用推进剂容积、初始气枕容积和低温推进剂蒸发消耗容积组成。最常见的贮箱形状是球形和圆柱形。球形贮箱具有最高的容积结构效率，但受限于火箭的结构特征；圆柱形贮箱是火箭贮箱通常采用的形式，同时承担液体运载火箭的结构承载功能，综合结构效率最高。

推进剂加注是液体火箭在发射准备过程中的重要工作程序。安全高效并精确地向火箭贮箱内加入定量的推进剂，并在流程终止等情况下，把推进剂从火箭中泄出，是火箭发射的基本需求[1]。

推进剂加注过程中，贮箱内的气枕容积不断减少，贮箱应具备一定的排气能力，使贮箱压力维持在合理的范围，确保贮箱不憋压；低温推进剂加注及加注好后的停放阶段，应将汽化的推进剂蒸气及时排出，确保贮箱压力在合理范围内，保证推进剂品质。

低温推进剂加注过程中及加注完成后，阀门管路产品工作在低温推进剂的温区，与大气连通的开敞部位会发生低温抽吸和冷凝结霜，造成产品故障；低温系统吸热会造成火箭舱段温度大幅降低，可能超过舱段内电气设备等非低温工况设备使用的温湿度环境要求，造成设备故障[2]。因此，为保证低温火箭在开始加注后正常工作，通常利用常温或者高温气体，对火箭舱段进行吹除，保持环境温度，同时产生惰性氛围，消除推进剂泄漏积存在舱内的安全隐患；同时，对与大气相通并接触低温介质的管路或者阀门进行气封，相对于环境压力保持正压，形成气体保护屏障。

火箭加注完成以及飞行过程中，应考虑推进剂在贮箱中的贮存状态是否满足使用要求，包括：1）低温推进剂在贮箱内的热管理，确保推进剂的品质和蒸发量满足任务需求，这也是排气系统的设计依据之一；2）微重力下推进剂的管理，不发生夹气输送，确保发动机可靠工作。

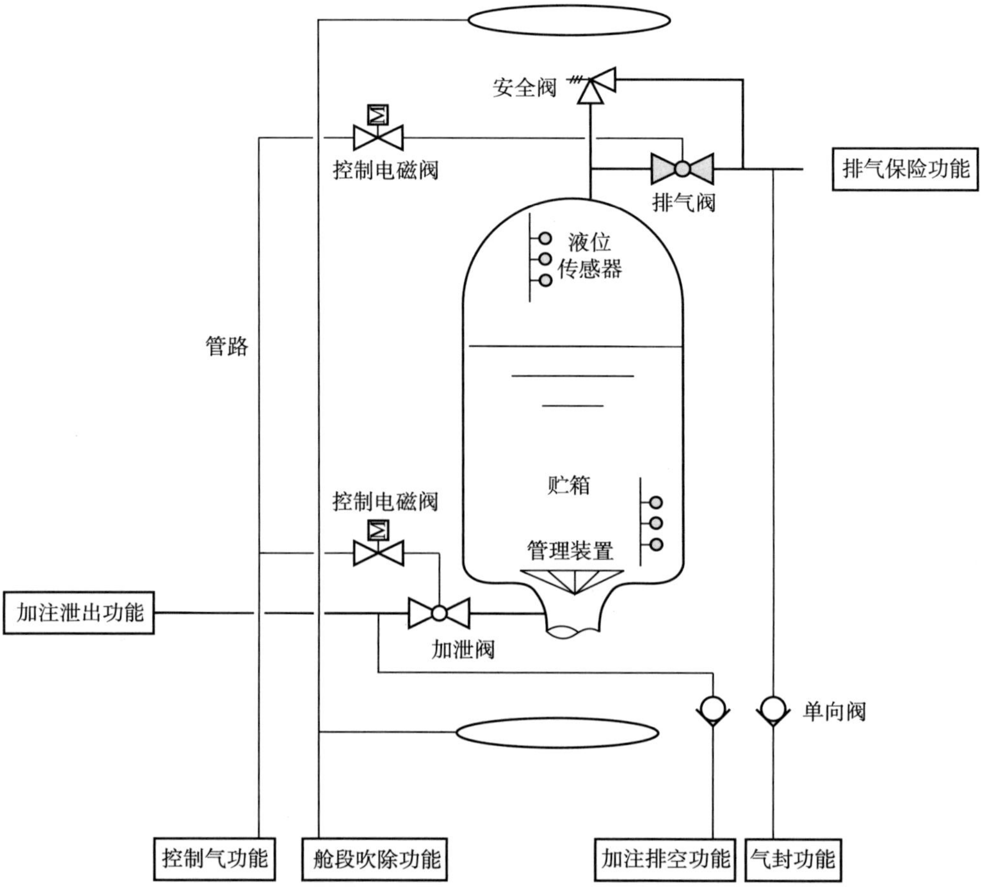


图 4-1 典型的低温贮存系统的组成

本章主要介绍贮存系统中的加泄功能、排气保险功能、气封吹除功能、低温推进剂贮存管理功能和微重力推进剂管理功能。

## 4.2 推进剂加泄

推进剂的加注方式主要有挤压式加注和泵压式加注。挤压式加注利用加注贮罐与箭上贮箱的压力差，把推进剂“挤”进贮箱，一般用于加注量较小时，如上面级贮箱，或者用于密度小的推进剂，如液氢，系统较为简单。泵压式则利用泵做功，提升推进剂的机械能，把推进剂“泵”入贮箱，一般用于加注量较大时，如四氧化二氮、偏二甲肼、液氧和煤油等基础级火箭贮箱。泵压式相比挤压式系统更为复杂。

推进剂加注时机与推进剂的特性和使用方式相关。低温推进剂易蒸发消耗，加注常在发射日当天进行，甚至在射前－35 min 以内，如猎鹰-9 火箭；常温推进剂一般提前加注，例如长征-5 火箭提前一天加注煤油，长征-3A 火箭提前一天加注四氧化二氮和偏二甲肼，而猎鹰-9 火箭采用过冷煤油，过早加注容易回温，因此也在发射日－50 min 以内加注。

以低温推进剂加注流程为例，国内外火箭在加注过程中普遍按照 4 个阶段依次实施[3]：1）小流量加注阶段，该阶段实现对贮箱的逐步预冷，避免急速冷却，防止贮箱超压；2）大流量加注阶段，贮箱预冷至一定程度后，为减少加注时间，提高加注流量；3）减速加注阶段，加注至一定液位后为了保证加注的精度而降低加注速度；4）停放补加阶段，适应飞行需要，补充停放阶段蒸发消耗的推进剂。

当推进剂需要泄出时，液位在加泄阀以上的推进剂一般通过加泄阀泄出。无法通过加泄阀泄出的推进剂，包括液位低于加泄阀和加注泄出管路的推进剂、滞留贮箱底部等结构低点的推进剂，有不同的泄出方式。对于常温推进剂可以通过在发动机舱内的结构低处安装专门的泄出阀泄出，对于低温推进剂来说，可以通过发动机预冷排气、蒸发消耗等方式泄出剩余的推进剂。泄出推进剂时，贮箱内可充入一定压力来提高泄出速度。

贮箱在加注过程中一般通过液位传感器测量，获得液位信息，精确控制推进剂的加注量。液位传感器通常有点式液位传感器和连续液位传感器，前者布置在贮箱内特定的液位高度上，感知某一具体液位高度，后者一般纵向分段布置在贮箱内部和下部，在推进剂加注和输送时，获得液位的连续变化值。

### 4.2.1 系统设计

（1）系统参数

箭上加泄功能系统是全箭包含地面的加注系统的一部分，通常根据火箭加注使用需求进行设计。通常推进剂加注量、加注时长决定了加注流量；当加注流量确定后，选择合理的加注管流动速度，得到加注管、加泄阀的口径，结合布局预估流动损失，获得系统工作压力设计指标，进而得到产品预计的结构质量，反馈迭代完成参数设计，一般可按图 4-2 所示流程进行。

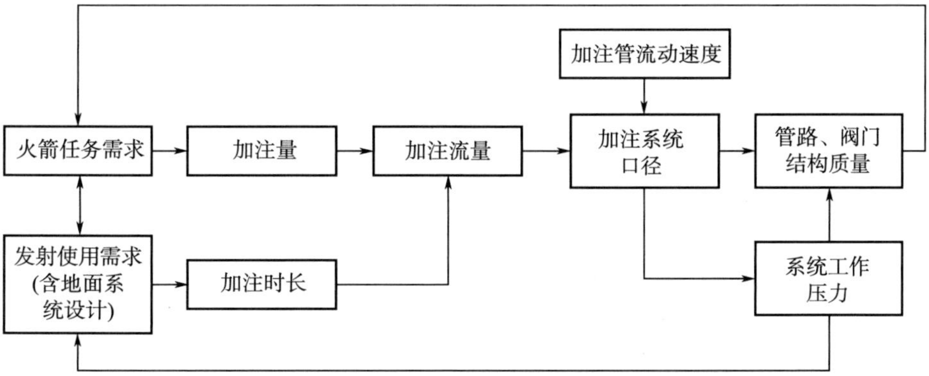


图 4-2　箭上加泄功能系统参数设计过程

需要注意的是，当进行低温推进剂加泄功能系统设计时，应避免流速过快、流动损失、推进剂温度升高等因素造成推进剂汽化形成气液混合的两相流，保持加注管路内流动是单相流状态，确保按预期加注流量加注。对箭上阀门、管路带来的流动损失可按下式进行校核

$$p_1 - p_L > p_s \tag{4-1}$$

式中，$p_1$ 为加注口进箭的静压；$p_L$ 为箭上管路、阀门带来的流动摩擦损失、速度变化和高度变化引起的静压变化的总和；$p_s$ 为推进剂当地温度下的饱和蒸气压，即加注系统中每一处的压力均大于推进剂饱和蒸气压。

（2）系统布局

加泄功能系统的布局，受推进剂类型、贮箱类型和相对位置、箭地接口布置等因素约束，通过协调确定加泄通路布局、加泄阀的类型和安装位置等。

①加泄系统布局方案

加泄系统建立起地面加注系统与贮箱的连接通路，一般至少需满足以下几个条件：

1）结构简单可靠，管路流动阻力小，就近进入贮箱；

2）布局应便于低温推进剂加注的预冷过程；

3）避免局部流道的盲腔，防止气体驻留无法排出；

4）加泄管路应延伸至贮箱底部，当贮箱的加注口不在底部时，箱内应布局延伸管引至底部区域，避免液体冲击箱内结构和产品，同时足以泄出贮箱内大部分推进剂；

5）加泄阀安装位置应便于加泄功能的实现，可在贮箱底部、贮箱侧壁或者火箭的壳段结构上，通过不同的加泄管布局连通贮箱。

②加泄阀的类型

从系统设计角度，加泄阀的类型分为地面控制打开和箭上控制打开两种方式，前者一般采用通过地面顶杆顶开的单向式阀门，后者一般采用气动式或电驱动阀门。

顶开式加泄阀安装在火箭箭壁，通过加注管与贮箱相通，或直接安装在贮箱侧壁，通过箱内管路引至贮箱底部，如图 4-3 所示。在地面测试及加注阶段，通过地面连接器顶杆顶开加泄阀实现贮箱的置换或推进剂的加注。该系统箭上阀门简单，但加泄系统在地面需配套作动系统，连接和作动功能耦合在一起，地面连接器较为复杂。当火箭实现无人值守和自动对接时，技术难度大。

箭上控制启闭的加泄阀安装位置不受箭壁约束，可安装在贮箱底部，或通过加泄管与输送管路连通，如图 4-4 所示。以气动加泄阀为例，在测试和加注阶段，通过提供/撤销控制气实现加泄阀的启闭。一般在阀门上设置位置信号器，监测阀门的启闭状态。箭上和地面的加注接口简单，减少了一套箭地接口的顶杆作动系统，箭地接口的对接和脱落可靠性更高，有利于二次对接，易于火箭实现无人值守加注和发射，缺点是增加了产品重量及控制气供气管路系统。

③产品布局和应用案例

（a）土星-5

土星-5 火箭的特点是贮箱容积大，而加泄阀、加注管通径不大，加注流量并不大，因此需要较早开始加注。

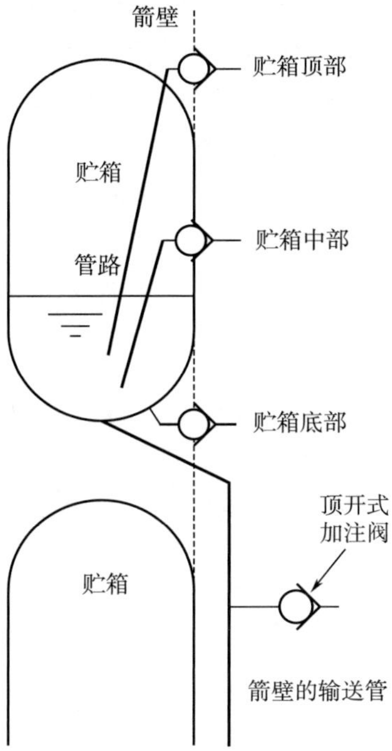


图 4-3　顶杆顶开式加泄阀布局方案

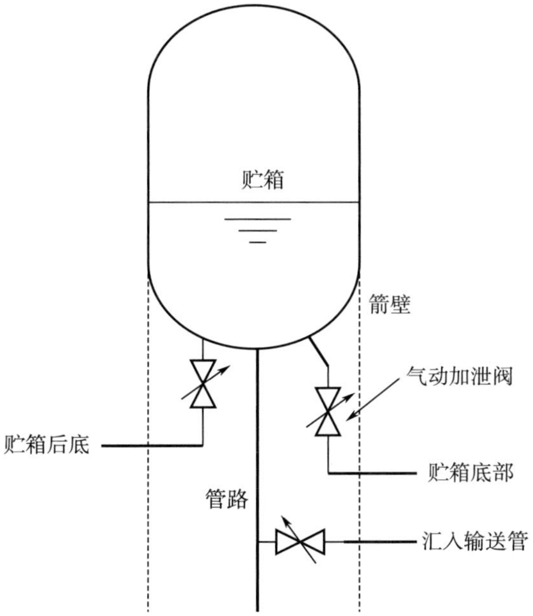


图 4-4　箭上控制加泄阀布局方案

一子级煤油箱箭地之间通过加泄连接器连接，箭上加泄阀为一个气动加泄阀，阀门的打开由地面供应控制气完成。煤油通过贮箱底部一条通径 152.4 mm 的管道加注到燃料贮箱中，如图 4 - 5 所示。一子级火箭约在发射前 30 天就开始加注燃料，加注至 102%，然后停放等待，在射前一60～一35 min 时，地面设备推进剂管理系统发出指令把燃料液位调到预定的飞行加注量，依靠箭上液位传感器测量液位，通过煤油加泄连接器泄出多余的煤油[4-5]。一级液氧通过两根通径 152.4mm 的液氧加泄管路加注到贮箱内。液氧以 5 685 L/min 的流量给贮箱加注 6.5%，完成外观泄漏检查后，加注流量提升到 37 900 L/min，并加注至 95%，然后以 5 685 L/min 的流量加注到满液位。除了两根 152.4 mm 的液氧加注和排放管路外，还有第三根管路，分析认为主要是给五根氧输送管加注液氧，避免冲击，兼具泄出功能，如图 4 - 5 所示。

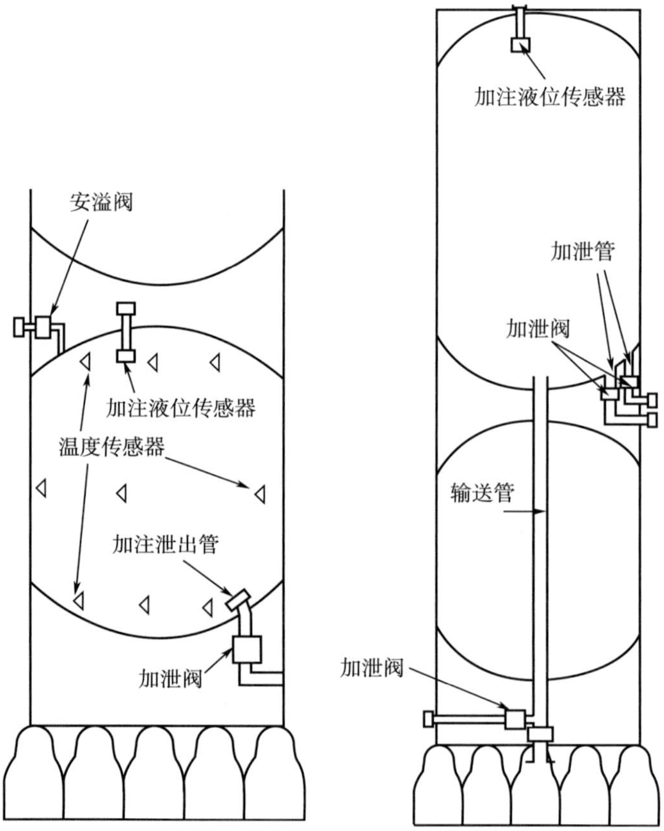

图 4 - 5　一级燃箱（左）和一级氧箱（右）加注单元原理图

（b）航天飞机

航天飞机外挂贮箱的加注系统由串联的两个气动加泄阀和加注管组成，加注管汇总至输送总管与外挂贮箱箱体，如图 4 - 6 和图 4 - 7 所示，箭地加泄连接器接口在轨道器上[6]。通过加泄阀的开度实现不同加注阶段加注流量的控制[3]。

（c）阿里安- 5 和 H - 2 火箭

阿里安- 5 火箭一子级在尾段设有氢氧各一个组合连接器，两个连接器在起飞 0 s 脱落。

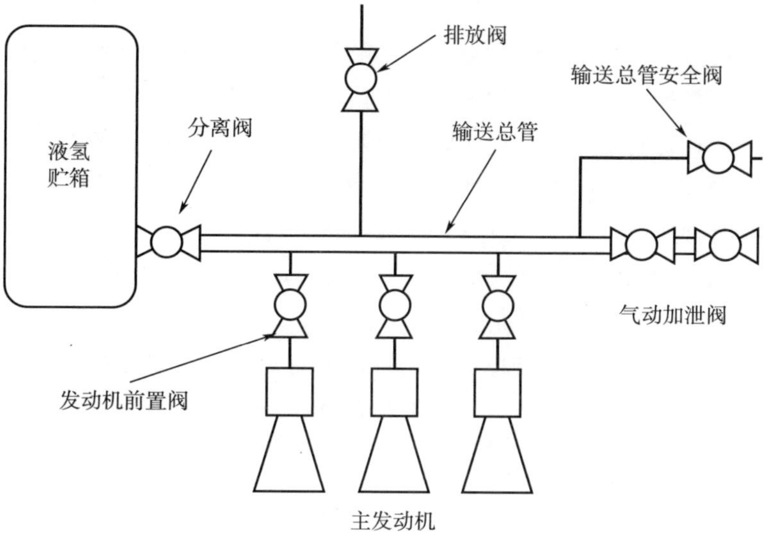


图 4－6　航天飞机氢箱加注系统

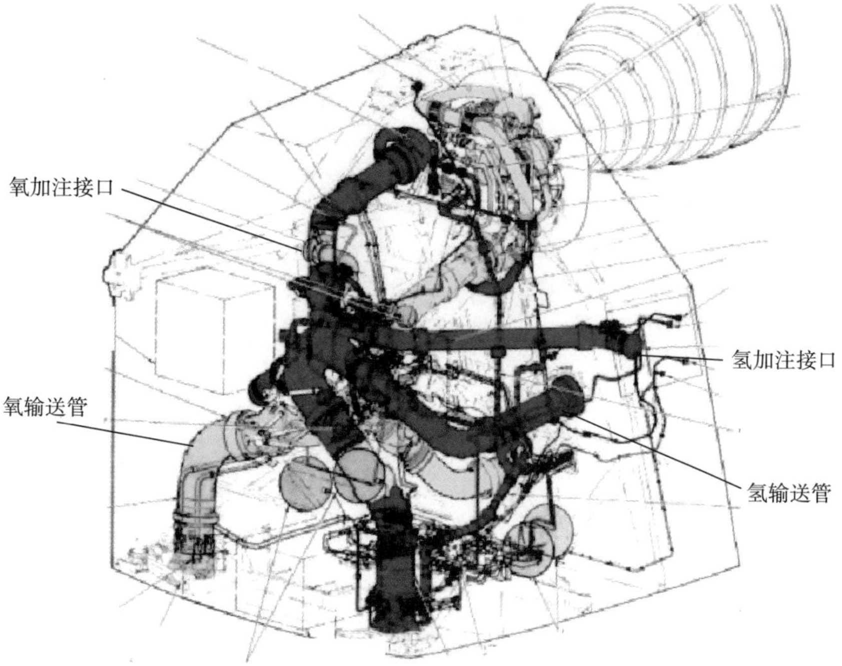


图 4－7　航天飞机输送管及加泄系统布局示意图

阿里安－5 低温二级（见图 4－8）的加注泄出分开设置，加注组合连接器－4 s 脱落，若在－4 s 后再出现发射推迟情况，则打开箭上断流阀、排泄阀，经排泄接头进行推进剂泄出，排泄接头在火箭起飞时脱落。

H－2 火箭推进剂加注泄出方案与阿里安火箭相似，芯一级采用组合连接器方案，加注泄出通路合一，而芯二级推进剂的泄出结合发动机排放预冷通路完成。

(d) 猎鹰-9

猎鹰-9（见图4-9[7]）液氧和煤油加注系统均采用箭上控制的加泄阀，由电磁阀的动作实现控制气的通断，从而实现加泄阀的启闭，液氧和煤油加泄阀均通过加注管路引至加注连接器上，与地面连接器对接后实现液氧和煤油加注。根据火箭设计迭代和任务的发展，猎鹰-9加注时序适时调整，典型的任务通常在－45 min完成贮箱预冷，－34 min 30 s两级煤油箱同时加注，－33 min 30 s一级氧箱加注，－22 min二级煤油箱完成加注，－19 min 30 s二级氧箱加注，－17 min 20 s一级氧加流量调节，－13 min二级氧加流量调节，－5 min 20 s一级煤油箱完成加注，－2 min 40 s一级氧补加到飞行液位，－2 min 05 s二级氧补加到飞行液位[8]。其更接近飞行点火时刻的加注是由使用深度过冷推进剂的特性所决定的。执行龙飞船的任务时，加注会提前至－45 min开始，甚至提前至－3 h开始[7]，与传统的火箭时序相似。

图4-8　阿里安-5

图4-9　猎鹰-9

(e) 天顶号

天顶号火箭（见图4-10）一、二级共用加泄连接器，连接器均在火箭尾段，箭上采用气动加泄阀。煤油和液氧均在射前－90 min时开始加注，一、二级四个贮箱同时加注，加注完成后箭上加泄阀关闭，地面加注管路排空，连接器脱落，－3 min时完成全部连接器的脱落工作。当遇到紧急情况需要泄出推进剂时，一级尾段的连接器可自动对接，从而实现无人化操作。

图 4-10　天顶号

### 4.2.2　特殊加注过程

（1）过冷加注

推进剂过冷是指低温推进剂温度低于其标准状态下的饱和温度。图 4-11 所示为液氧饱和蒸气压和密度随温度的变化趋势，由于低温推进剂密度更大，77 K 液氧相比 90 K 液氧密度大 85 kg/m³，意味着加注同质量的推进剂，相比大气压下饱和态的低温推进剂，贮箱容积更小，或不改变贮箱容积的情况下，加注更多的推进剂。过冷加注对减小贮箱壁厚、提高发动机预冷效果、缩短发射流程等都有显著的效果，也可以提高火箭结构效率，减小总体尺寸和结构质量，大幅提升火箭运载效率。

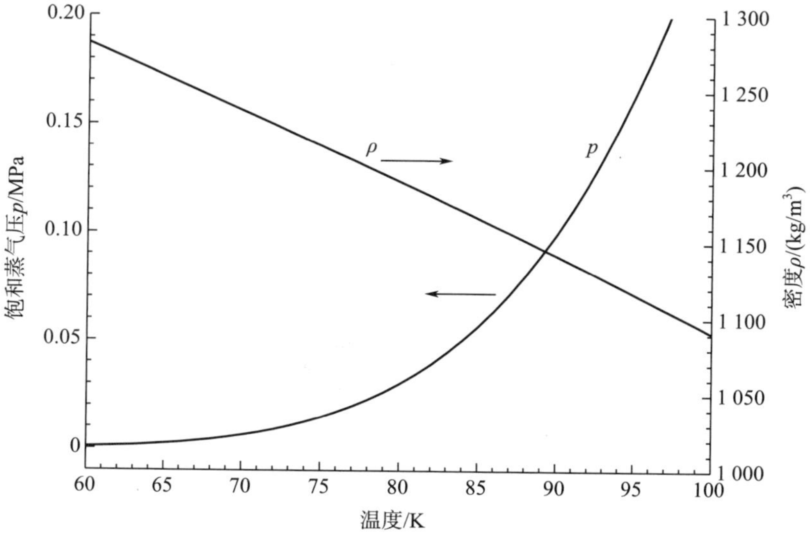


图 4-11　液氧饱和蒸气压和密度随温度的变化趋势

火箭发动机入口压力要求为推进剂饱和蒸气压加上一定数值，以保证泵入口压力需求。如图 4－11 所示，液氧饱和蒸气压随温度的降低而降低。如 77 K 液氧比 90 K 液氧饱和蒸气压低 0.077 MPa，意味着采用过冷推进剂可以降低贮箱增压压力值，减少增压气体用量，提升运载效率。

国外大部分低温火箭液氧应用了全部或部分过冷加注方式，如美国的土星-5、欧洲的阿里安。俄罗斯暴风雪号的液氧采用液氢冷却方案，最终将液氧冷却到接近冰点的 56 K，把过冷的潜力发挥到了极致。猎鹰-9 火箭两级液氧和煤油推进剂全部使用过冷加注方式，液氧过冷至 66K，煤油过冷至 266 K（冰点约 236 K），在贮箱结构尺寸不变的情况下，增加了推进剂加注量，使其运载能力提升 10%以上[9]。

我国长征-3A 系列、长征-5、长征-7 等火箭均在射前采用部分液氧过冷加注技术，确保发动机启动的可靠性。我国运载火箭一般射前约－30 min 进行过冷补加，使用液氮作为冷却剂进行液氧过冷，液氧温度一般小于 84 K，补加量占推进剂总加注量的 20%～40%；液氢加注未应用过冷加注技术，采用加注后蒸发降温的方式。

（2）在轨加注

在轨加注是航天器在轨服务（On－Orbit Servicing，OOS）[10]中备受关注的项目，航天器在轨加注的概念最早提出于 20 世纪 60 年代[11]，指通过航天飞机、飞船等服务航天器对在轨运行航天器的推进剂等耗费品进行在轨补给，也可通过在轨加注站的形式，对执行高轨或深空探测任务的运载火箭进行推进剂补给，典型任务如图 4－12 所示，可成倍提高火箭的运载能力，拓展任务规模，或者在任务规模不变的情况下，成倍缩小运载火箭的起飞规模[12]。

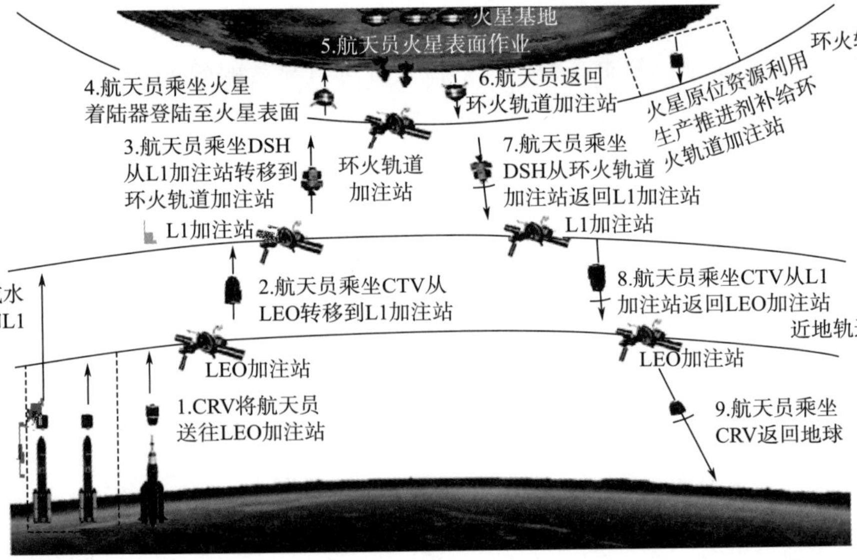


图 4－12　基于低轨、地月拉格朗日 1 点和环火轨道加注站的火星探测任务飞行模式示意[12]

L1—地月拉格朗日 1 点；DSH—深空居住舱；CTV—乘员转移飞行器；CRV—乘员返回飞行器

航天器尤其是中小型卫星通过接受推进剂在轨加注，能够大大提高轨道机动能力，增强执行任务的灵活性，延长航天器寿命和降低成本。正是由于在轨加注巨大的应用前景和重要的战略意义，世界各主要航天大国都相继开展了相关研究工作并进行了飞行验证。美国进行了可贮推进剂管理[13]、流体获取与再加注[14]和排气式贮箱在轨加注[15]等飞行试验，验证了在轨加注的各项关键技术。20 世纪 80 年代，苏联在“礼炮 6 号”上实现了常规推进剂在轨加注，后来在和平号空间站完成多次在轨加注工作[16]。常规推进剂的在轨加注技术得到了验证和应用，补加技术已经较为成熟，低温推进剂的在轨加注技术，在贮箱漏热量控制、推进剂质量的测量、气液分离、对接结构和加注方案等方面仍需开展技术攻关[17]。

## 4.3 贮箱排气安全

排气功能一般与贮箱的保险功能结合，形成贮箱主动排气和安全排气的功能系统，安全功能的参数指标与增压系统设计相关，本章不具体介绍。

### 4.3.1 系统参数

（1）排气功能

排气功能设计时，应充分识别贮箱排气工况。确认工作介质及物理性质，分别计算火箭测试、加注和飞行时对贮箱排气的需求，综合比较，取最大排气流量，作为排气阀门和排气管路的设计要求，获得排气系统的主要参数，包括工作介质、压力、温度、排气阀等效口径、管路口径等。

对于常温贮箱，一般要求在满足所规定的加注流量时贮箱压力不超过要求值。同时，在测试过程中，要求排气阀能够在规定时间内将贮箱压力从气检压力排气至零表压。由于越接近零表压排气流量越小，因此一般要求从气检压力排气至 0.03 MPa 的时间不超过半小时。

对于低温贮箱，低温推进剂贮箱预冷加注时，低温推进剂进入贮箱后又受贮箱加热进一步升温汽化，从排气阀排出，贮箱预冷加注期间应保证贮箱压力上升值在允许的范围内，故一般给出加注阶段的排气阀最大流量要求。

低温推进剂加注结束至发动机地面预冷前，当蒸发量基本稳定后，贮箱压力取决于排气阀的口径，当阀门口径足够大时，贮箱气枕压力等于环境压力。而贮箱压力越低时，贮箱中推进剂饱和温度越低，对推进剂品质越有利。通常，此项考虑对排气阀的口径要求最大，一般按非临界流动考虑阀门最小通流面积 $S$ ，阀门排气量可用下式计算，即

$$\dot{m}=\mu\sqrt{\frac{2\gamma}{(\gamma-1)RT_1}\left[\left(\frac{p_2}{p_1}\right)^{\frac{2}{\gamma}}-\left(\frac{p_2}{p_1}\right)^{\frac{\gamma+1}{\gamma}}\right]}Sp_1 \tag{4-2}$$

式中，$\dot{m}$ 为阀门流量；$\mu$ 为流量系数；$p_1$ 和 $p_2$ 分别为阀门入口和出口压力；$T_1$ 为阀门入口气体温度；$R$ 和 $\gamma$ 为气体的摩尔质量和比热比。

（2）安全功能

应识别安全排气工况，确认工作介质及物理性质，根据经验和增压流量设计，预计各阶段的贮箱安全排气的流量需求，综合考虑发生各种故障的可能性，确定系统里安全阀的设计排气量和最大排气量。安全系统的主要设计参数包括工作介质、温度、压力、安全排气流量、管路口径等，安全阀的打开压力、附加压力等参数一般在增压系统设计时给出。

安全阀设计排气量是飞行过程中贮箱主要增压方式的增压流量与贮箱额定增压流量之差，通常在开式增压系统中应用和考虑。安全阀最大排气量是贮箱各种增压方式中阀门需排出的最大增压气体流量，一般是在系统出现故障或操作不当时才会遇到。贮箱在各阶段有不同的增压方式，例如起飞前贮箱需进行地面增压；发动机启动段有气瓶补压；发动机工作段有主增压方式（如自生增压、气瓶增压等）；循环预冷发动机有循环预冷气体对贮箱增压。在贮箱不消耗推进剂或气枕容积不变的情况下，任一种增压气体连续进入贮箱，安全阀应能将其排出而不造成贮箱超压破坏。安全阀设计排气量一般小于最大排气量（闭式增压系统中，仅考虑最大排气量），在设计排气量和最大排气量情况下，阀门一般都处于临界流动状态，阀门排气量可用下式计算，即

$$\dot{m}=\sqrt{\frac{\gamma\left(\frac{2}{\gamma+1}\right)^{\frac{\gamma+1}{\gamma-1}}}{R}}\frac{\mu S p_1}{\sqrt{T_1}} \tag{4-3}$$

### 4.3.2 系统布局

排气保险功能布局包括阀门类型选择和相应的管路布局，其影响因素包括：

1）合理的阀门类型选择。不同的排气阀门类型有不同的流阻特性以及排气能力设计需求，例如安全和排气阀门一体化设计，在选择阀门排气能力时兼顾安全排气能力需求。

2）阀门的安装和管路的布局结构方案。排气安全类阀门布局时阀门入口应避免与推进剂液体接触，一般安装在推进剂液位以上，安装在液位以下时可通过引管与气枕相通。低温推进剂阀门出口应便于布局排气管。

3）排气冲量的控制和利用。火箭飞行时，贮箱排气会产生干扰力，对火箭末子级滑行时影响最大，因此一般对火箭末子级的排气方向和冲量进行严格的控制，而基础级排气管布局更多地考虑方便发射准备时的需求。末子级一般设计双侧对称排气或过部段质心排气的方案，部分末级火箭利用排气冲量进行推进剂沉底或者提供分离力等。

4）采用排气安全的冗余设计等措施。采用排气安全的冗余设计等措施可提高可靠性，例如设置备份的阀门。

5）排气安全性等使用考虑导致对外排放的方式不同。易燃有毒或对环境不友好推进剂介质，如液氢、四氧化二氮、偏二甲肼等，其排气管一般与地面排气管路连接，介质排放至地面的处理系统。而无害的推进剂，如液氧箱排气一般直排大气。由此，需考虑排气管路地面延长部分带来的排气阻力增大，或直排大气接口的防水防雨设计等结构因素。

燃、氧排气管一般错开一定的角度。

(1) 阀门类型选择

①安全排气一体化阀门

贮箱排气和安全排气用同一个阀门实现，称为安溢阀，如图 4-13 所示，具备气动强制打开及超压自动开启的功能。在地面测试及加注过程中，通过供控制气强制打开安溢阀排气，实现排气阀的功能。当贮箱压力高于安溢阀自动开启压力时，安溢阀自动开启，实现安全排气功能。

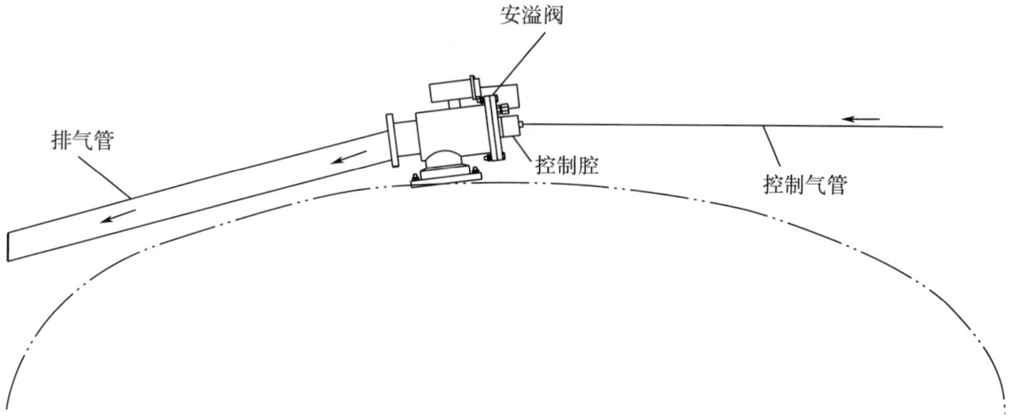


图 4-13　安溢阀排气系统

该方案的优点为系统简单，将安全阀和排气阀功能整合，通过一件阀门产品实现，贮箱开口数量少，缺点是阀门产品相对复杂，可靠性要求高。该方案在国外火箭及国内常温贮箱方案中多有采用。

航天飞机氢氧贮箱的排气系统均采用此方案，如图 4-14 和图 4-15 所示。氧箱安溢阀通径 7 in (177.8 mm)，通过 T 形排气管对称直排大气，实现排气冲量抵消。排气接口采用贴合结构壁面形状的百叶窗式设计，可起防雨防水的作用。氢箱安溢阀安装了位置反馈装置，可实现远程位置监控，氢箱排气管单管排气并通过连接器与地面排气管路相连，氢气排放至地面系统[6]。

②单一排气阀

贮箱排气通过单一功能排气阀门，各自实现加注排气和安全排气功能，排气阀与安全阀出口管路汇总后排出箭外或单独排放，如图 4-16 所示。在测试阶段，需要贮箱排气时，打开排气阀排气。当贮箱压力高于安全阀开启压力时，安全阀开启排气。飞行过程中排气阀不工作。

该排气功能通过单独的阀门实现，阀门产品的实现难度相比安溢阀低，尤其是低温阀门的设计难度，国内的低温火箭、国外天顶号等火箭均采用此方案。但该方案排气和安全一般单独设置贮箱开口，增加了贮箱开口数量，且安装两个阀门及其安装结构、导管等，结构质量大，系统更复杂。

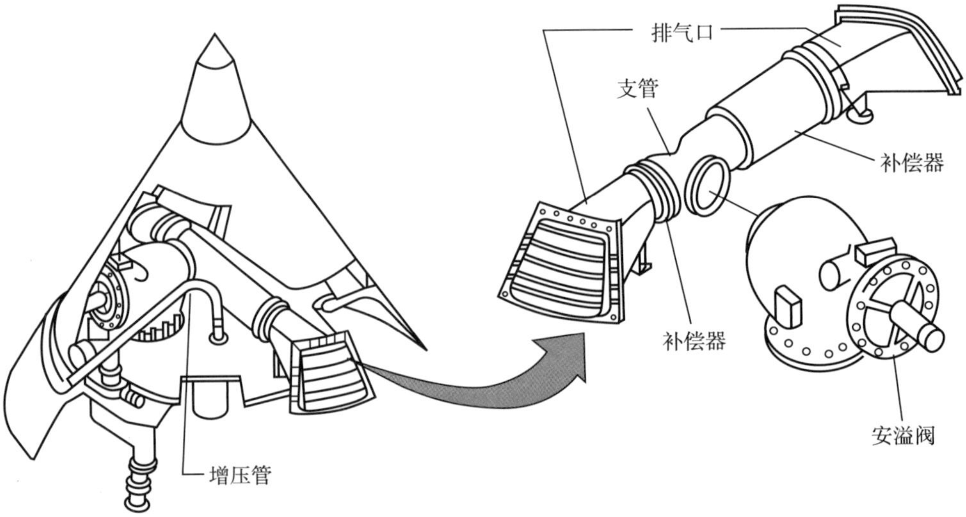


图 4-14　航天飞机的氧箱排气系统

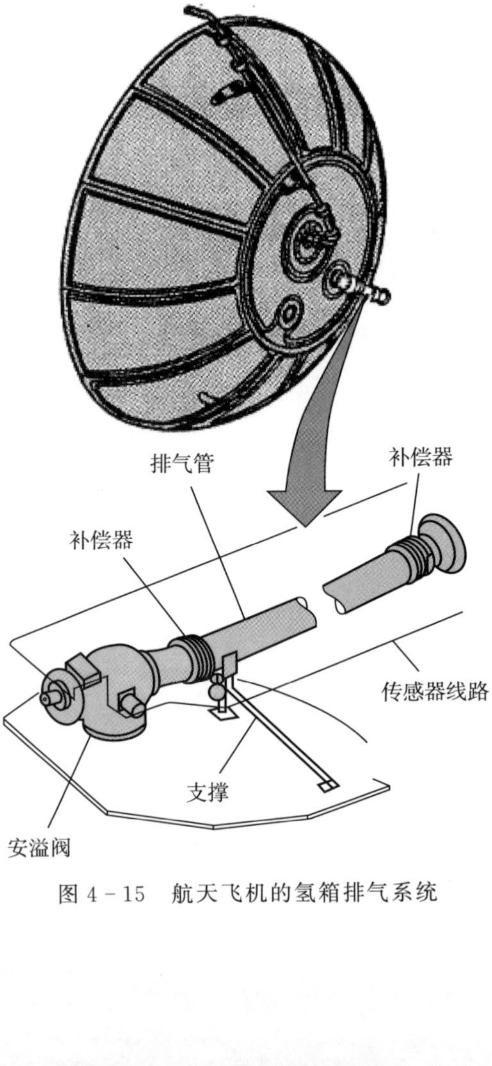


图 4-15　航天飞机的氢箱排气系统

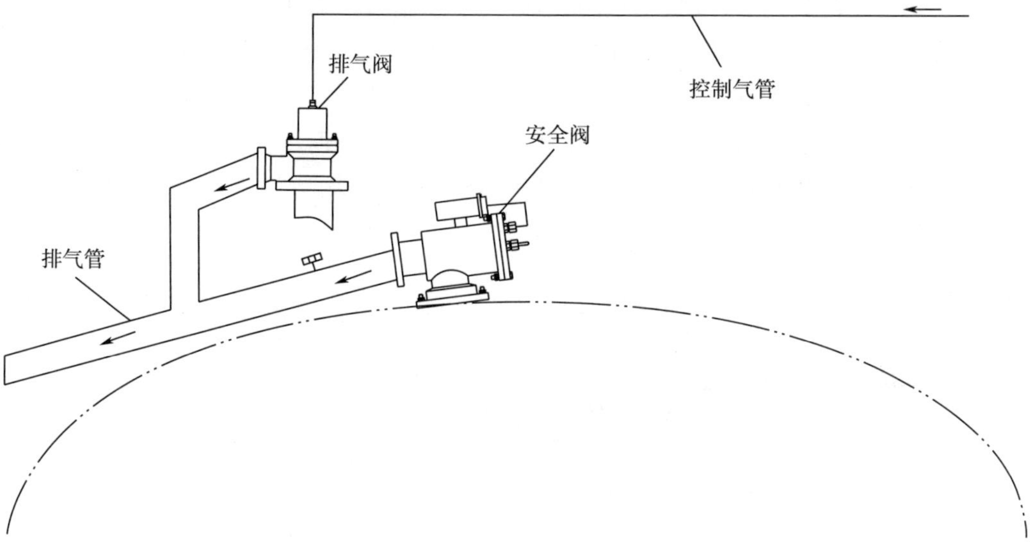


图 4-16 机械式安全阀+排气阀

③并联阀门

贮箱排气应用阀门并联冗余的安全排气系统，适应大的排气量和宽的排气能力范围需求，避免通过研制单一大口径阀门覆盖宽的流量要求，在常用的排气流量范围内避免出现排气功能的单点故障失效，实现排气系统的高可靠性。其通过多个阀门并联安装实现，例如采用安溢阀和排气阀并联方案、双安溢阀并联方案等。

安溢阀和排气阀并联方案主要用于大排气量需求，通过安溢阀增加了排气总通径，分担了排气阀部分功能，减小了排气阀的口径，降低了阀门的实现难度，在一定程度上能够起到减重的效果。该种方案中如果一个产品出现问题，仍可以以较小的排气量维持排气能力。土星-5 一级氧箱采用液氧排气阀、液氧安溢阀组合结构，如图 4-17 所示[5]，阀门有效通径为 170 mm。液氧加注期间的排气需求最大，液氧排气阀与液氧安溢阀均保持打开状态，满足排气能力需求。

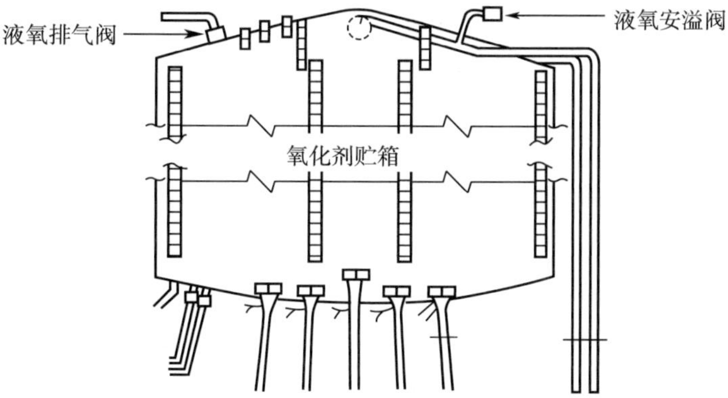


图 4-17 土星-5 一级氧箱排气单元

双排气阀主要起到冗余作用，一般两个阀门产品相同，能够互相代替，一个单独的产品能起到排气安全的功能，满足正常的排气功能。土星-5二级氢箱和氧箱均采用此方案。氢箱排气系统如图4-18所示[5]，氢箱排气系统采用了双排气阀，两个阀门互为备份。贮箱加注推进剂时，通过地面设备的电信号开启排气阀，满足推进剂蒸发产生的气体排出贮箱的需求。同时它们具有安全功能，当贮箱压力超压时，通过一个电磁阀控制强制气使它们强制打开排气。

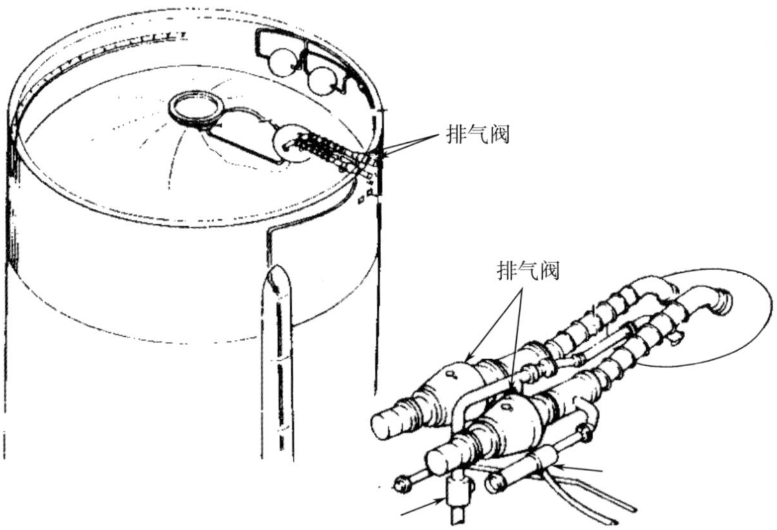


图4-18　土星-5二级氢箱排气系统

（2）排气管布局

基础级火箭排气力求简单，排气管布局时，一般主要考虑方便箭地连接和发射使用维护要求，通常就近引至箭壁；上面级或火箭末级通常设计成冲量抵消的对称管路布局。

半人马座氢氧末级氢箱采用对称排气，半人马座在滑行段通过打开排气电磁阀主动排气，降低贮箱压力，通过推进剂蒸发带走热量控制推进剂温度不升高[18]。氢箱设置两个电磁排气阀，其中一个为主排气阀，另一个为副排气阀。主排气阀设定压力为127.5～147.1 kPa（绝压），为正常工作排气用；副排气阀设定压力高于主排气阀，设定压力为170.6～185.4 kPa（绝压），确保贮箱安全。排气管系统和排气阀、排气管分别如图4-19和图4-20所示，火箭在基础级飞行时，氢箱、氧箱排气管路分别与整流罩和级间箭壁上的排气管路通过连接器连接，整流罩和级间分离后，带动整流罩上和级间的排气管路分离。

土星-5三级氢箱和氧箱均采用对称排气。氢箱为利用排气冲量平行布局了非推力排气和连续推力式排气系统两组排气管，如图4-21所示[5]，在滑行段利用排气冲量进行推进剂沉底。该系统的排气管路起始于安溢阀，终止于呈180°分开设置的两个低推力喷管，并在前裙上朝向尾部安装。利用气动控制的连续推力式排气模块来控制和调节连续排气。第一次点火工作阶段结束，发动机关机后，推进剂沉底发动机启动，以使液体推进剂在关

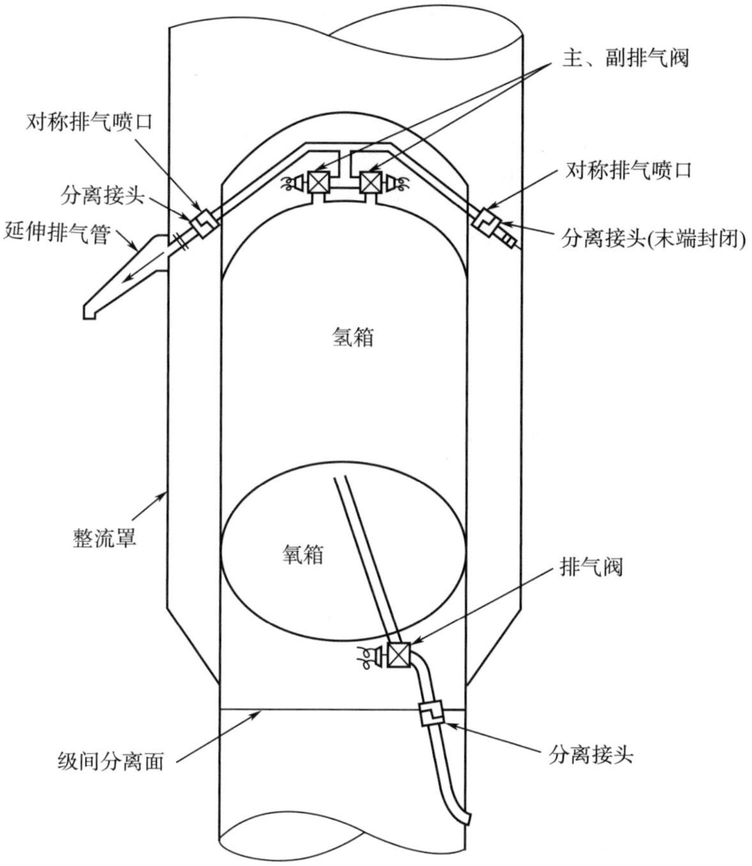


图 4－19　半人马座氢箱、氧箱排气系统

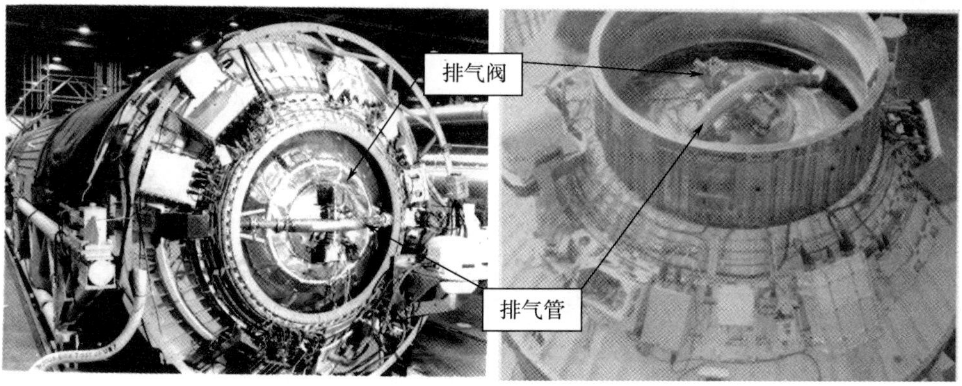


图 4－20　半人马座氢箱排气阀、排气管

机阶段下沉。然后通过连续推力式排气系统排出液氢贮箱气体，为子级提供连续的推进剂沉底推力，保持了对贮箱内推进剂的控制。之后，推进剂沉底发动机关机，推力式排气在整个子级滑行阶段持续工作。

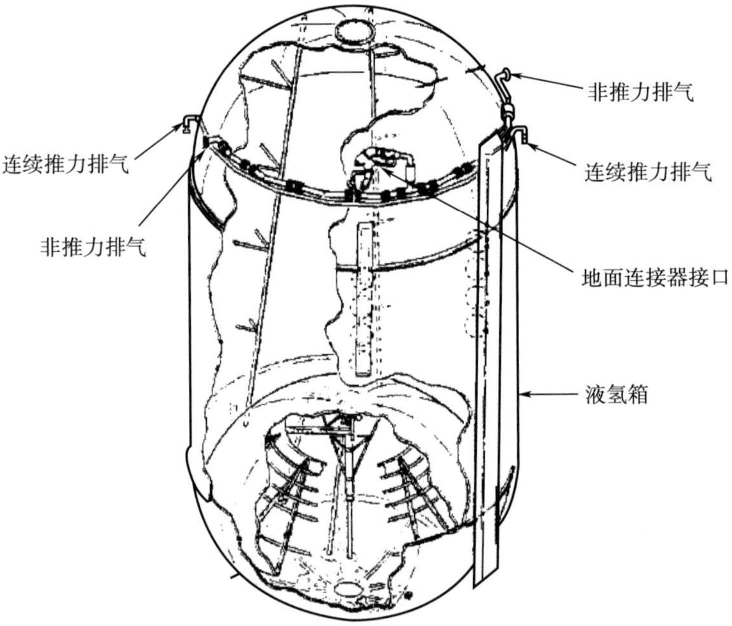


图 4－21　土星－5 三级氢箱排气系统

## 4.4　气封吹除

气封吹除功能需满足加泄系统置换、气封排空功能和舱段吹除功能等用气需求，实现各项任务目标。

### 4.4.1　加泄系统置换

贮箱加注前应进行置换，防止推进剂在贮箱内发生氧化还原反应影响品质或发生燃烧、爆炸的危险，同时防止冷凝杂质的产生影响系统和发动机的正常工作。箭上加注系统、贮箱和地面加注系统一起进行置换，确保加注开始时系统内的氧气、水分及其他气体含量满足加注的标准和技术要求[19]。通常，置换过程通过对加泄系统进行充气排气实现，以氧气为例，置换 $n$ 次后系统中气体成分的含量可按下式计算，即

$$X_n = \prod_1^n \frac{p_{1n}}{p_{2n}}(X_0 - Y_0) + Y_0 \tag{4-4}$$

式中，$X_0$ 为被置换系统中气体成分的初始含量（以氧气为例），$Y_0$ 为置换用气体中氧气的含量，$X_n$ 为置换 $n$ 次后系统中的氧气含量，$p_{1n}$ 和 $p_{2n}$ 分别为各次置换充气前后的压力，$n$ 为充放气置换的次数。以此公式为基础，可计算特定置换目标需要的置换次数、耗气量等参数。

### 4.4.2　气封及排空功能

气封通常指对与大气连通的开口吹气，使内腔隔离大气。对于液氧系统，可采用氮气

进行气封，对于液氢温区，应用氦气进行气封。对于低温系统上的排气阀控制路、排气管、地面增压路、发动机排气路等低温下有排气和动作的管路、阀门，均要有气封措施。排气管路在排放低温气体时一般可自动维持正压状态，当排气停止时，应通过气封继续保持正压状态。气封气压只要始终保持大于外界压力即可，除了大气环境压力，还要考虑其他系统排气产生的压力和发射场风速的影响。

排空功能指用气体把加注管内的推进剂吹除，通常在加注连接器脱落前进行。避免加注连接器脱落后大量的液体推进剂从箭上加注管漏出，导致周围产品故障或产生安全风险。

长征－3A 系列火箭及长征－5、长征－7 等火箭的低温舱段和低温阀门的排气管路、控制管路都设置有气封系统。为了减少箭地接口数量，吹除和气封系统尽量采用统一供气方式。

### 4.4.3 舱段吹除功能

舱段吹除通常指对舱段等空间用气体吹扫，维持环境温度和气体成分，防止结露（结霜）。由结露的两个影响因素——露点温度和水蒸气分压可知，在火箭舱段等特定的空间里，防止结露的措施一是减少外部潮湿空气进入，二是提高舱段温度至露点以上。火箭一般通过向火箭各舱段吹干燥的热空气或热氮气的方法防止结露。

低温火箭的舱段吹除需求设计，实质是稳态工作情况下气体流动问题，吹除气体在一定输入压力、温度、流量的情况下，和箱壁、吹除空间进行充分换热后排出，逐渐达到稳态平衡，此时舱段吹除所需的质量流量与推进剂温度、贮箱热导率、吹除空间、吹除要达到的温度、吹除空间的压力范围、舱段几何外形、气体排出流量等因素有关[2]。

（1）空气露点计算

为满足舱段控制温度需求，需计算出当前环境空气的露点，使火箭舱段的温度高于空气露点温度，防止结露。通过测量得到空气相对湿度，查表得当前温度对应的饱和蒸气压，计算获得当前蒸气分压，进而查表获得对应的饱和温度，即露点。饱和蒸气压除查表得到外，还可以通过戈夫-格雷奇（Goff－Gratch）公式等计算，但需注意公式适用的温度区间[20]。

（2）吹除量计算

典型的火箭舱段空气吹除能量和质量传递过程如下[2]。

在稳态工作情况下，进入舱段和排出舱段的空气之间的热量差等于两个贮箱的吸热，对于如图 4－22 的空气吹除流动过程，根据热力学定律，得到如下能量守恒方程（且空气的比定压热容 $c_p$ 近似相等），即

$$\dot{m}_{\mathrm{i}} c_p T_{\mathrm{i}} - \dot{m}_{\mathrm{o}} c_p T_{\mathrm{o}} = Q_1 + Q_2 \tag{4-5}$$

若进一步认为两个贮箱材料相同，排出舱段的空气质量流量 $\dot{m}_{\mathrm{o}}$ 与进入舱段的空气质量流量 $\dot{m}_{\mathrm{i}}$ 相等，则得到

$$\dot{m}_{\mathrm{i}} c_p (T_{\mathrm{i}} - T_{\mathrm{o}}) = h_{\mathrm{eff}} A_1 (T_{\mathrm{o}} - T_1) + h_{\mathrm{eff}} A_2 (T_{\mathrm{o}} - T_2) \tag{4-6}$$

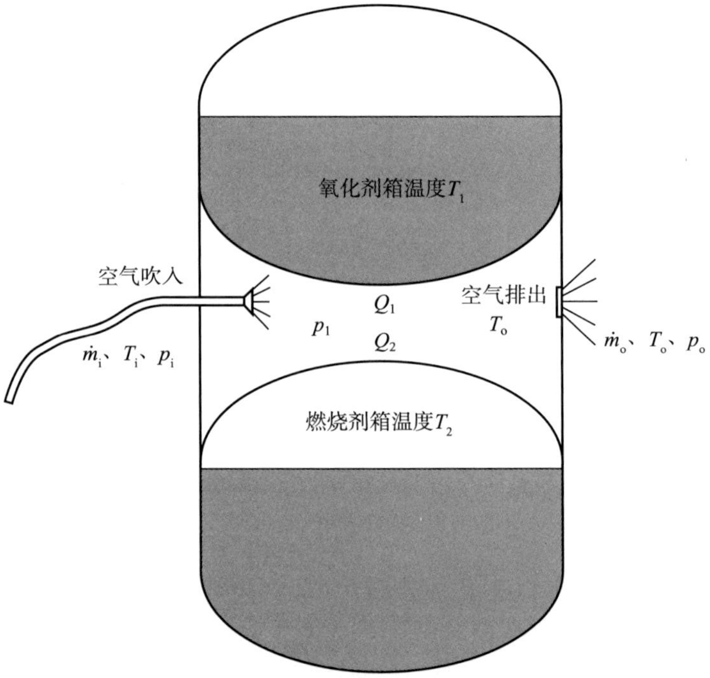


图 4-22　典型的火箭舱段空气吹除示意图

$\dot{m}_i$—进舱入口质量流量；$T_i$—进舱入口温度；$p_i$—进舱入口压力；$Q_1$—氧化剂箱吸热；$\dot{m}_o$—出口质量流量；$T_o$—舱内温度；$p_o$—出口环境压力；$Q_2$—燃烧剂箱吸热；$p_1$—舱内压力

式中，$h_{eff}$ 为当量传热系数，自然表面传热系数一般在 3～8 W/（$m^2$·K）范围；$A_1$、$A_2$ 为舱内空气与贮箱的换热面积。

导出所需要的空气质量流量关系式

$$\dot{m}_i = \frac{h_{eff}A_1(T_o - T_1) + h_{eff}A_2(T_o - T_2)}{c_p(T_i - T_o)} \tag{4-7}$$

上述计算得出的吹除流量，是保持舱内热平衡所需的基本流量，预防舱内结露还需要保证舱内正压，且舱内压力足以抵御风速，所产生的流量应不小于换热所需的基本流量，因此还应从气体流动角度对约束条件加以分析。首先进行流动状态判断，当 $p_o \leqslant p_1\left(\frac{2}{\gamma+1}\right)^{\frac{\gamma}{\gamma-1}}$ 时为超临界流动状态，否则为亚临界流动状态，据此计算流入和流出的流量如下。

超临界流动状态质量流量

$$\dot{m}_i = \mu A_i p_i \sqrt{\frac{\gamma\left(\frac{2}{\gamma+1}\right)^{\frac{\gamma+1}{\gamma-1}}}{RT_i}} \tag{4-8}$$

亚临界流动状态质量流量

$$\dot{m}_i = \mu A_i p_i \sqrt{\frac{2\gamma}{(\gamma-1)RT_i}\left[\left(\frac{p_1}{p_i}\right)^{\frac{2}{\gamma}} - \left(\frac{p_1}{p_i}\right)^{\frac{\gamma+1}{\gamma}}\right]} \tag{4-9}$$

式中，$k$ 为气体比热比；$R$ 为气体常数［J/（kg・K）］；$\mu$ 为流量系数，稳定状态时流入和流出的流量相等；$\gamma$ 为绝热指数。

（3）吹除气体加热

为了提高吹除效率，降低吹除入口压力，一般采用加温后气体进行吹除，采用常规换热器就可以达到吹除气体加温要求；为了控制流量，箭上吹除系统往往设计限流元件进行流量控制。

一般火箭吹除舱段都有电子仪器设备及电缆等，对吹除温度也有要求，所以吹除气体温度一般不高于其使用温度，大概 80℃以下。吹除气体换热器出于简单设计考虑，地面设备可以设计为盘管水浴式，即将地面吹除管路做成盘管式增加管路换热面积，加热器采用水浴加热的方式，水浴加热控制设备采用电加热即可。

气体吸热所需功率为

$$P = \dot{m} c_p \Delta T \tag{4-10}$$

式中，$P$ 是加热气体所需的净功率（W）；$\dot{m}$ 为吹除气体质量流量（kg/s）；$c_p$ 为比定压热容［J/（kg・K）］；$\Delta T$ 为吹除气体需要加热的温度差（K）。

## 4.5　低温推进剂贮存管理功能

低温推进剂贮存在非常低的温度，推进剂贮箱无论在地面还是在太空中都会面临各种热源，包括地面的环境热流、太阳辐射、地球反射和红外辐射、增压气体引入和电气设备发热等。这些热源通过辐射、传导、对流等方式传递给低温推进剂，引起温度和压力升高、推进剂蒸发，贮箱需要排放多余气体，导致推进剂损耗[21]。因此，一方面计算和分析贮箱内低温推进剂的流体和热力性质，获得推进剂蒸发量，在任务设计时考虑这部分额外消耗的推进剂量；另一方面，基于流动和相变分析，在火箭长时间的飞行中采取各种措施减少蒸发消耗。同时，从有效利用蒸发的低温推进剂角度出发，火箭集成流体系统方案为低温推进剂在轨蒸发管理提供了另一种思路。

### 4.5.1　贮箱蒸发相变分析

基于贮箱内推进剂与气枕间的传热传质分析，计算低温推进剂在贮箱内的蒸发量。早期通过集总参数法及分布参数法[22-23]计算，一般未考虑推进剂相变，同时引入了一系列的假设，计算的结果和试验结果相差较大且无法全面模拟物理量的空间分布，在定性上可为工程实践提供一定的支撑。多相流体结合相变的仿真分析方法可获得推进剂贮箱内的温度、压力的空间分布[24-28]，结果更为准确和接近试验工况。

在计算和分析低温推进剂蒸发量的所有影响因素中，相变是重要的考虑因素，相变过程的建模是蒸发量控制研究的焦点问题，而发展相变数值模型的基础是描述相变物理过程的理论模型。相变的理论模型包括相平衡模型和非平衡模型。相平衡模型中，假设液相和气相之间达到平衡时，界面各相之间的温度相等，处于平衡状态；而在非平衡模型中，使用基于麦克斯韦（Maxwell）速度分布来分析液/气界面的传质过程，将界面的相变考虑为两相界面对液/气分子的捕获和逃逸的非平衡过程等[24]。

相平衡理论相变传质公式为

$$\dot{m}=\rho_{1}V\alpha c_{p}(T_{1}-T_{s}) \tag{4-11}$$

非平衡传质理论公式 Hertz - Knudsen 方程为

$$\dot{m}=\frac{2\sigma}{2-\sigma}\frac{1}{\sqrt{2\pi R}}\left(\frac{p_{V}}{\sqrt{T_{V}}}-\frac{p_{i}}{\sqrt{T_{1}}}\right) \tag{4-12}$$

采用非平衡传质理论计算表面张力主导流动下的界面蒸发，对 Hertz - Knudsen 方程进行了简化改进，即

$$\dot{m}=\sigma\rho_{V}h_{fg}\sqrt{\frac{1}{2\pi RT_{s}^{3}}}(T_{1}-T_{s}) \tag{4-13}$$

式中，$\dot{m}$ 为当地质量流量；$\rho_{1}$ 为液体密度；$\alpha$ 为单元内液相体积分数；$V$ 表示单元体积；$c_{p}$ 为液相比热容；$T_{1}$ 为单元内液相温度；$T_{s}$ 为饱和温度；$h_{fg}$ 为潜热；$p_{V}$ 为液面的气体压力；$T_{V}$ 为气体温度；$p_{i}$ 为界面饱和压力；$R$ 为气体常数；$\rho_{V}$ 为气体密度；$\sigma$ 为蒸发/冷凝系数。

基于两种理论模型，假设相变发生在气液交界面、液固交界面（贮箱与液体）[29]或者气液全域等不同区域，可得到不同的数值计算模型，进而获得不同的结果。以土星-1B 火箭（编号 AS-203）的二级（S-ⅣB 级）封闭贮箱压力上升试验[25]为例介绍建模和仿真分析。S-ⅣB 氢箱最上端到最下端的长度为 11.27 m，贮箱直径为 6.70 m。初始液位设为垂直于柱段方向，距上底 7.12 m。微重力环境试验时长为 5 650 s，分析区域如图 4-23 所示[24]。

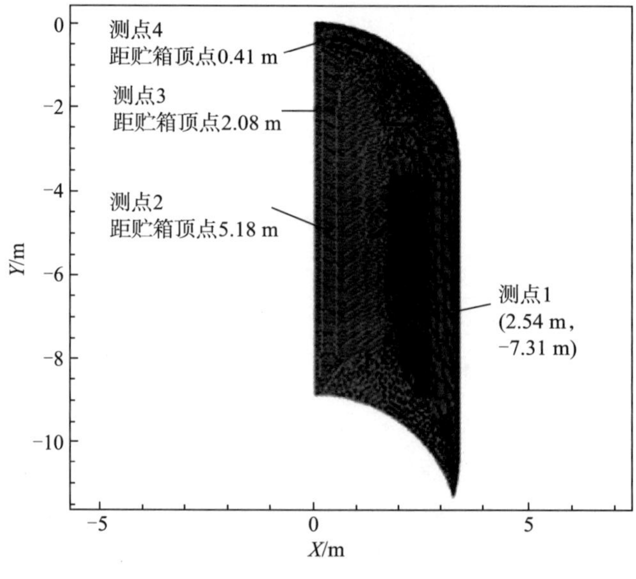


图 4-23 AS-203/S-ⅣB 贮箱上升试验计算分析区域[24]

对于贮箱中有明显分界面的气液两相问题，采用 VOF 方法进行处理，可用商业流体仿真软件，对连续方程、动量方程、能量方程和容积比率方程等完成数值计算。相变模型基于相变传质的理论公式，可应用以下几种仿真模型：1）相变仿真模型 1，基于式（4－11），假设相变均发生在界面处；2）相变仿真模型 2，基于式（4－12），假设相变均发生在界面处；3）相变仿真模型 3，基于式（4－13），假设相变均发生在界面处；4）相变仿真模型 4，基于式（4－13），认为流场中除界面外的其他区域也可发生相变，即考虑液相内部的沸腾，加入转化系数约束气液转化率。

表 4－1 为 AS－203 试验最终压力与采用四种相变模型的压力上升结果。前三个模型与试验一致性较好，压力上升速率偏差均在 8%以内，相变模型 4 对压力的预示与试验有一定的偏差。比较试验与各模型预示的温度分布，温度的分布见表 4－2。温度测点由贮箱底部向顶部选取，温度测点位置如图 4－23 所示，相变模型 1、相变模型 3 对气枕温度的分布趋势与试验整体一致，偏差可以接受。数值仿真前三个模型的结果对测点 2 的温度预示普遍偏高，而对测点 4 的温度预示偏低，气枕温度梯度比试验更平缓。

**表 4－1　仿真分析与试验压力对比[24]**

| 模型 | 模型终压力/Pa | 试验终压力/Pa | 偏差/% |
|---|---|---|---|
| 相变模型 1 | 270 593.7 | 259 941.5 | +6.44 |
| 相变模型 2 | 258 166.6 | 259 941.5 | －1.02 |
| 相变模型 3 | 273 300.8 | 259 941.5 | +7.68 |
| 相变模型 4 | 234 668.7 | 259 941.5 | －14.5 |

**表 4－2　仿真分析与试验温度对比[24]**

（单位：K）

| 测点 | 试验温度 | 相变模型 1 温度 | 相变模型 2 温度 | 相变模型 3 温度 | 相变模型 4 温度 |
|---|---|---|---|---|---|
| 1 | 22.17 | 21.38 | 25.16 | 20.50 | 20.47 |
| 2 | 35.56 | 58.26 | 48.06 | 61.00 | 22.65 |
| 3 | 70.56 | 82.71 | 52.34 | 83.24 | 23.41 |
| 4 | 114.4 | 86.88 | 54.97 | 93.77 | 23.35 |

计算实例显示，相变仿真模型 1 基于相平衡理论，具备对仿真算法的良好适应性，对压力和温度的预示较为合理。模型 2 基于非平衡理论，考虑了传质的非平衡过程，但由于公式复杂，算法的适应性影响了仿真预示的合理性。模型 3 在模型 2 的基础上进行了简化和改进，便于工程问题的简化而突出核心因素，对压力和温度的预示较为合理。模型 4 考虑液相内部的相变，不适合用于热流密度较低条件的仿真。

基于现有的仿真分析的研究和应用表明[24-28]，低温推进剂蒸发相变的分析计算，应根据计算模型与热流密度、过载及其他边界条件的适应性，并结合试验结果对比分析，用于支撑设计和研制。

### 4.5.2 在轨蒸发量控制

低温推进剂贮存系统在轨期间所吸收的热量，来源由两部分组成，如图 4－24 所示[17]：一是内部复杂换热，包括贮箱与推进剂之间耦合换热、仪器舱与低温贮箱间换热、氢氧贮箱间换热、推进剂内部换热等；二是在轨段空间热环境，包括各种空间辐射效应、羽流热效应等。

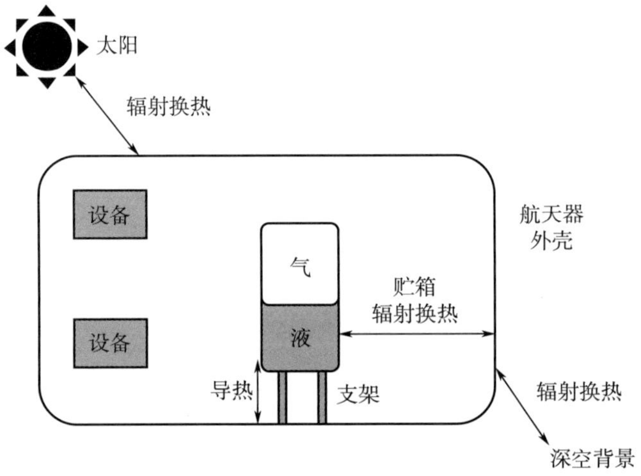


图 4－24　在轨条件下的换热模型

低温推进剂蒸发量控制措施从热量控制角度可分为被动控制和主动控制两大类。对于工作周期比较短的火箭，蒸发量被动控制技术在工程实践中是最为可行的。该技术主要从改进贮箱的隔热措施、合理进行低温贮箱布局、设计遮挡屏等方面减小外界环境对低温推进剂的加热影响，减少低温推进剂蒸发损耗。但被动控制技术并不能彻底消除低温推进剂贮箱的漏热和损耗问题。对于深空探测、在轨组装、在轨加注站等数周、数月乃至数年的飞行任务来说，采用蒸发量被动控制技术无法满足航天器任务需求。采用低温推进剂蒸发量主动控制技术将制冷系统与低温推进剂贮箱耦合，消除进入贮箱内的热量，维持低温推进剂在轨贮存温度和贮箱压力，实现低温推进剂长时间内最小损耗[30]。

（1）被动控制措施

被动控制措施主要通过高性能的绝热材料、遮挡技术和连接隔热技术降低热传递，使贮箱内推进剂吸收的热量降到最低。

对于具有优异绝热性能以及较低密度的多层隔热材料（MLI）与变密度多层隔热材料（VDMLI）的绝热性能，诸多专家已做了大量研究[31]，典型材料结构如图 4－25 所示。试验表明真空中的低温推进剂蒸发量可低至 0.117％/天[32]。另外在发泡材料与多层隔热材料层之间增加一层真空层可继续降低贮箱的漏热量[33]。

火箭或飞行器在轨道飞行时，与外界环境几乎只通过辐射换热，因此，在贮箱外通过高反射率材料遮挡热源，降低贮箱推进剂的温升。图 4－26 给出了半人马座上面级的遮阳

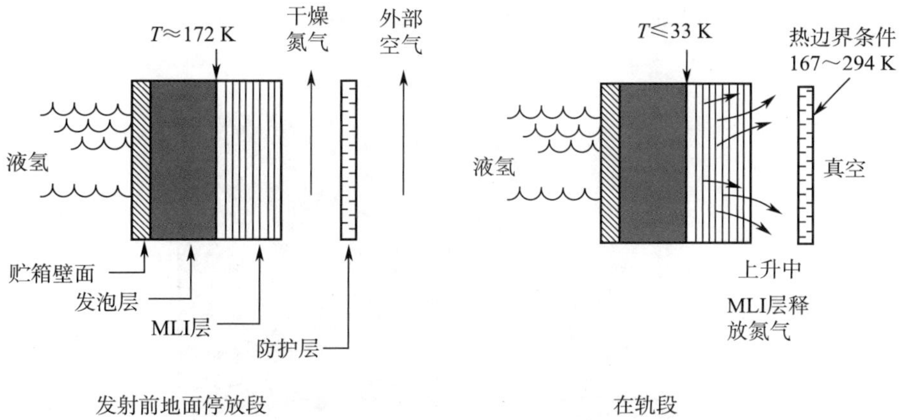


图 4-25　发泡/MLI 材料（FMLI）结构示意图[31]

板系统示意图，根据太阳辐射入射角的改变调整遮阳板的锥角，可以使贮箱系统不受太阳的直接辐射[34]。为了防止辐射屏表面温度过高，面向太阳的辐射屏采用表面发射率较高的材料。对于其他辐射屏，如布置在贮箱之间的辐射屏，则采用表面发射率较低的材料，这样可大大减弱各部件间的辐射换热量。

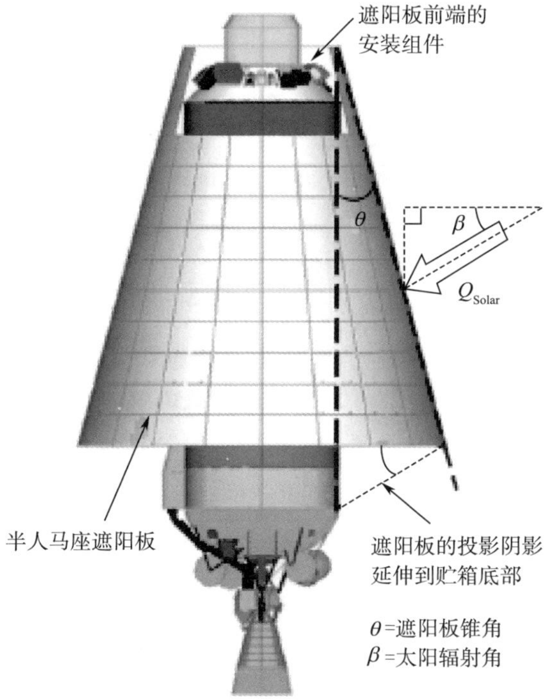


图 4-26　半人马座上面级的遮阳板系统示意图[34]

另外，低温推进剂漏热的一部分来自贮箱连接结构的导热，因此，有必要对连接结构进行隔热设计。图 4-27 给出了隔热设计后的连接结构，该技术通过改变导热的截面面积减少部件导热，使系统通过支撑结构的导热减少 90%[35]。在连接结构优化设计研究中发现，杆系结构的总导热量更低，相比于X形杆，V形杆的结构在减小总质量和总漏热量方面更好[36]。

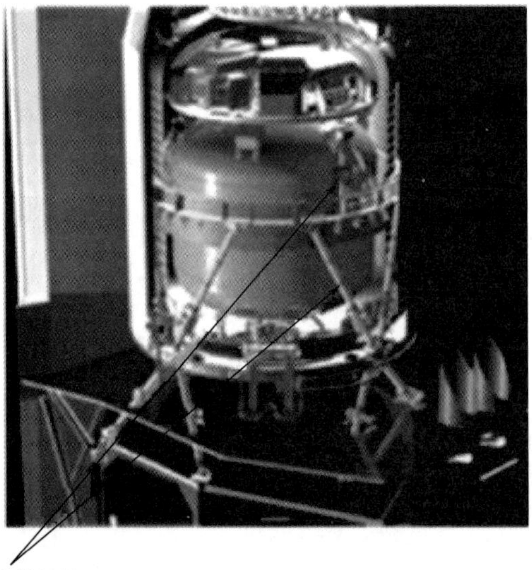


图4-27 连接结构隔热示意图

(2) 主动控制措施

主动控制措施一般在被动控制措施的基础上，通过热力学排气系统（TVS）、低温制冷系统等主动降温手段，减小推进剂蒸发量，甚至达到“零蒸发”的目标[30-31]。

①热力学排气系统

TVS是一种利用贮箱内推进剂节流排放维持贮箱内推进剂温度和压力的装置。TVS的基本工作原理是一部分贮箱内的流体进入J-T膨胀阀进行热力学膨胀，膨胀降温后的流体通过换热器对贮箱内的其余流体进行冷却，从而维持贮箱内低温推进剂的温度和压力。TVS通常由混合（搅拌）器、J-T膨胀阀、换热器以及隔离阀组成，其基本结构如图4-28所示[37]。其热力学过程如图4-29所示，贮箱中的流体（状态1）通过J-T膨胀阀节流至较低的压力（状态2），其平衡温度降低；随后，通过在换热器中与贮箱内流体（状态4）进行热交换，其在换热器出口时达到亚临界状态（状态3）；而换热器另一侧出口的流体则达到过冷状态（状态5）；过冷流体与贮箱中的流体继续混合，以消除贮箱的热分层以及抵消来自外界的漏热。

典型的TVS由于动力装置布置在贮箱内部，动力装置耗功产热部分或全部传给了低温流体，这对贮箱控压极为不利。在气液位置不确定时，该类TVS在消除贮箱内热分层方面作用有限。因此，提出了改进的TVS，如喷雾棒型TVS，结构如图4-30所示[38]。用低温循环泵取代了混合器，用套管式换热器替代了紧凑式换热器。节流后的低温流体通过贯穿于气枕与液相之间的喷雾棒径向喷射，所以无论气液相界面位置如何，喷雾棒型TVS均能很好地消除贮箱内部热分层。其循环泵、J-T膨胀阀均布置在箱外，设备产热

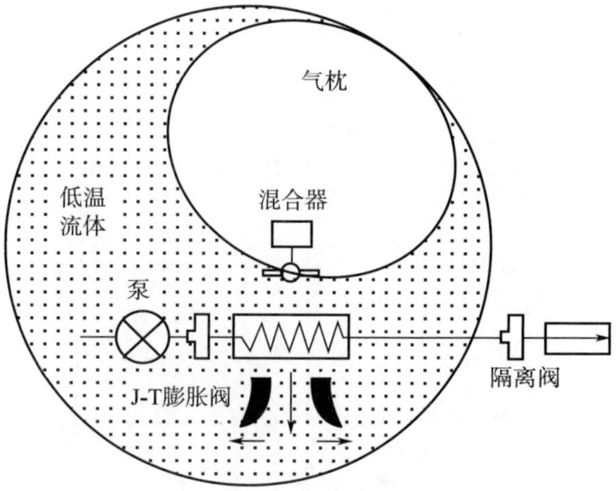


图 4-28　典型 TVS 基本结构示意图

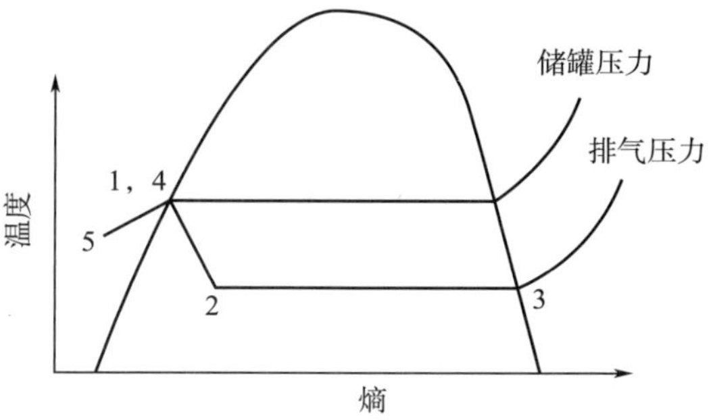


图 4-29　TVS 热力学过程

未带入箱内。该系统具备仅依靠循环泵与喷雾棒就可实现液氢贮箱长达几天甚至几个星期的无损储存的能力。

②低温制冷技术

TVS 排气系统产生冷量仍需消耗推进剂，而引入低温制冷机产生冷量，理论上可以达到低温推进剂的零消耗，达到飞行任务时间不受推进剂消耗所约束的终极目标。应用低温制冷技术，主要包含三方面的关键技术：首先是低温制冷机技术，这是此项应用的技术基础；其次是低温制冷系统冷量传输与利用，即制冷机与贮箱的耦合，这是此项技术的主要途径；最后是系统漏热量控制，可应用被动控制技术的成果，如各种隔热和散热技术。此项技术仍在研究和发展中。

几种可供选择的系统方案如图 4-31[39]、图 4-32[40]、图 4-33[41]所示。图 4-31 显示了一种低温制冷机冷却冷凝器技术，采用两级制冷机（第一级 20 W/35 K；第二级 17.5 W/18 K）。制冷机的第一级冷头带有铜叶片置于隔热材料内，第二级冷头带有一个冷凝器，直接与贮箱内的气枕接触，通过带走气枕热量来降低流体温度、压力。当冷凝器与铜叶片共同作用时，制冷机能够及时带走贮箱漏热，控压效果良好；当仅启动冷凝器对气枕进行冷却降温时，制冷机可以带走贮箱漏热，压降速度较慢。

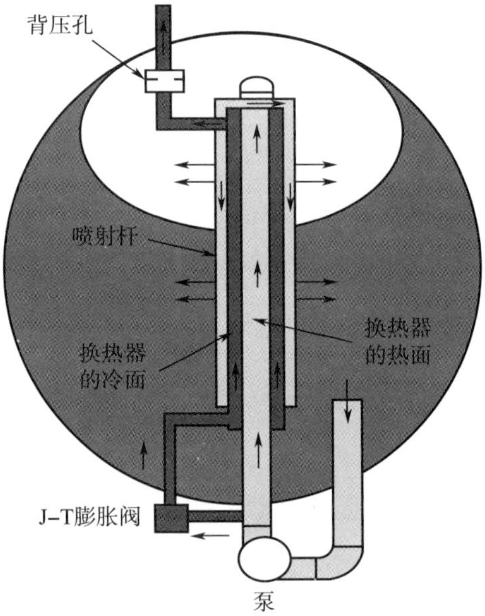


图 4-30　喷雾棒型 TVS 系统示意图

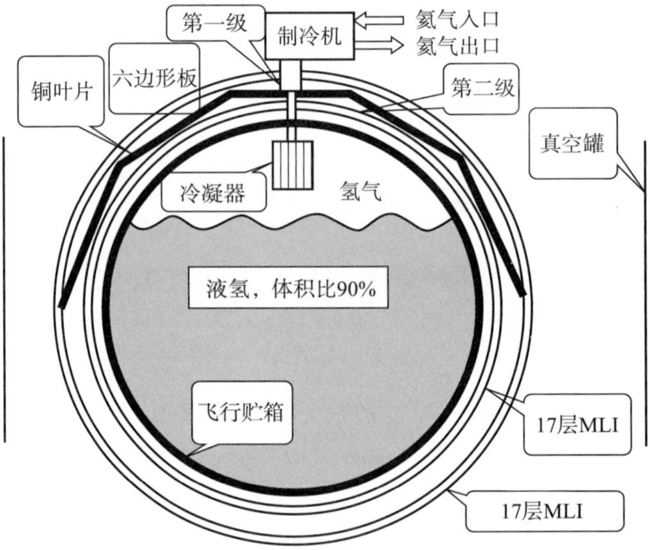


图 4-31　低温制冷机冷却冷凝器技术

图 4-32 显示了一种制冷机结合喷雾棒型 TVS 系统直接冷却液氢的系统，当箱内压力过高时，TVS 开启，在循环泵的作用下，液氢先经低温制冷机降温，被冷却后的低温液氢再经喷雾棒喷射到气枕和液相区。此项技术分别对充罐率为 90%、50%、25%的三种工况开展试验研究。结果表明，在低温制冷机直接冷却作用下，完全可以实现液氢的无损储存。这预示低温推进剂可由几周、几个月的储存时间提升到长达几年的在轨无损储存。

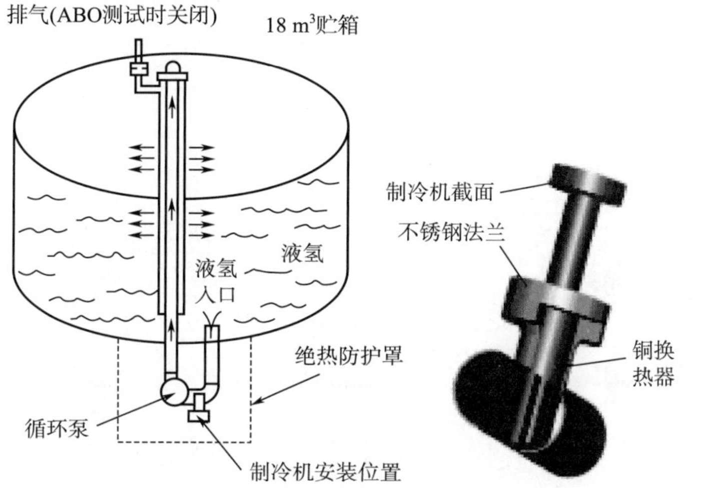


图 4 - 32　低温制冷机直接冷却液氢技术

图 4 - 33 显示了一种低温制冷机与热管结合的技术，该系统将制冷机、热管以及喷管相结合，制冷机的冷量通过热管传至贮箱内部，喷管驱动箱内流体喷向热管冷端，将制冷机产冷量带到贮箱内部。热管系统的试验表明，可以实现“零蒸发”[42]。

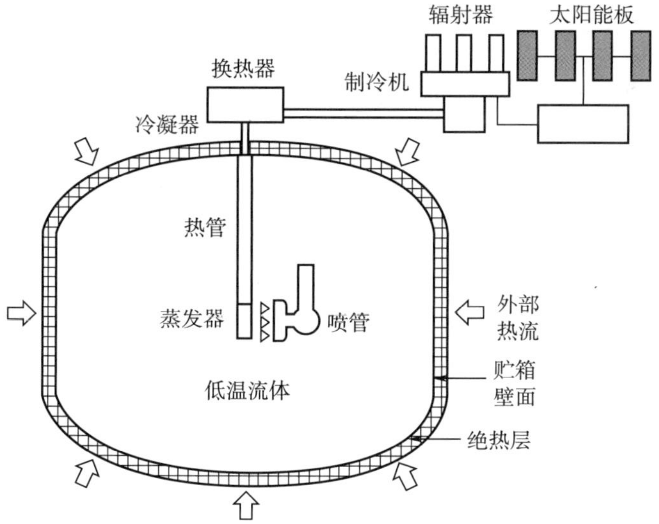


图 4 - 33　低温制冷机与热管结合技术

### 4.5.3　火箭集成流体系统

火箭集成流体（Integrated Vehicle Fluids，IVF）技术最早是美国联合发射联盟(ULA）公司在前期的空间在轨加注研究基础上提出的一种技术（系统原理图如图 4 - 34 所示）。从氢箱、氧箱蒸发排出的氢气、氧气一部分通过换热器后进入氢氧内燃机，另一部分进入氢氧姿控发动机提供推力。氢氧内燃机燃烧做功，用来发电和带动两个压缩机，废气轴向排出，用于贮箱推进剂沉底。氢氧内燃机的冷却系统与换热器相连，冷却液流经换热器冷却。同时换热器内的氢气、氧气（或液氢、液氧）被加热后一部分进入内燃机，另一部分通过压缩机提高压力后（大约 0.5～1.0 MPa）回到贮箱增压[43-45]。

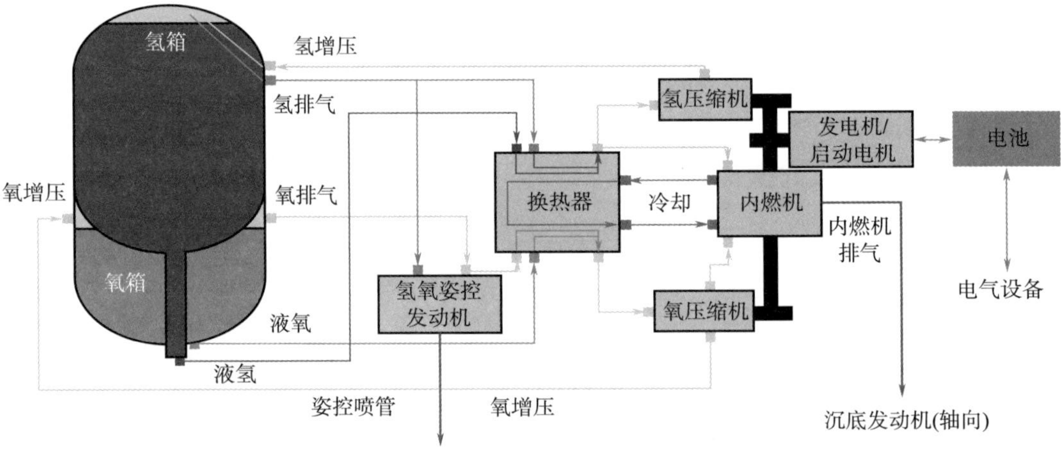


图 4-34　IVF 系统原理图（见彩插）

目前上面级携带了一系列复杂的动力电源、姿控系统和增压系统。每一个子系统都是互相独立的，都需要复杂的管路系统、控制系统和电源模块。将这些相同的功能通过 IVF 模块合并在一起，复杂的系统将变得简化，上面级的尾部空间将不再拥挤，减轻了结构干重。使用 IVF 技术，可进行主动热控，控制低温推进剂蒸发量，上面级在轨运行时间可以从数小时增加至数天。

图 4-35 所示为半人马座上面级采用的 IVF 模块的结构布局。IVF 模块替代了半人马座的增压系统、电源、姿控系统，不仅简化了尾舱内的结构布局，更重要的是减小了结构质量。通过将相同的功能整合成一个 IVF 模块，不仅减小了质量，还简化了生产和测试流程。该布局将减小目前半人马座上面级 5%～10% 的干重，可直接转化为有效载荷运载能力，相当于 200 kg 的有效载荷，等同于在大力神运载火箭上增加了第五个固体火箭助推器。

IVF 模块工作主要包含三个基本功能：发电、贮箱增压和姿态控制，替代了三个互相独立的子系统。IVF 模块各功能可以同步运行，通过 IVF 控制单元检测各系统的运行状态并做出响应，根据需要开启或关闭相应的功能模块，确保上面级正常运行[44-48]。

IVF 是一种氢氧辅助动力单元，使用贮箱蒸发出的氢气、氧气产生电能（代替火箭主电源），提供贮箱增压功能（代替氦气瓶增压系统），供给氢氧反应姿控推力器（代替肼类姿控贮箱系统）。其主要优势如下：

1）降低了重复使用成本；

2）增加了运载能力；

3）点火启动次数不受限制；

4）延长了在轨运行时间；

5）采用绿色推进剂，替代了有毒的肼类推进剂；

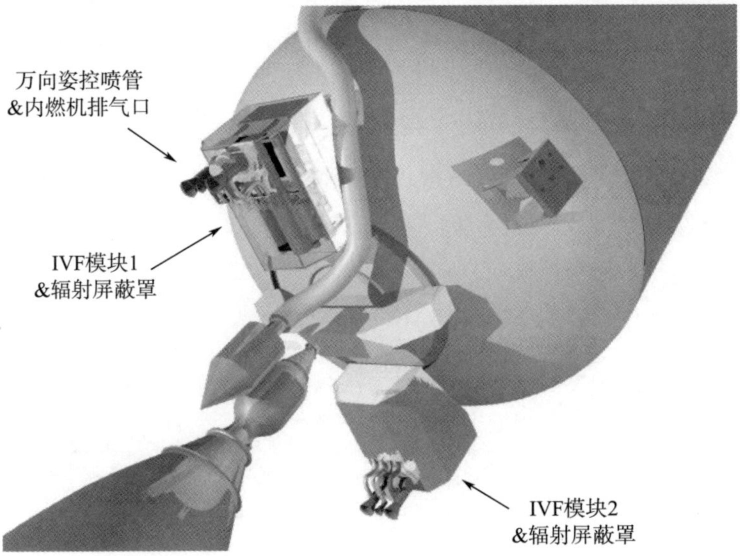


图 4-35　半人马座上面级采用的 IVF 模块

6）消除了高压气体；

7）缩短了推进子系统的出厂测试时间；

8）通过冗余模块提高了可靠性；

9）安全处置方面，可实现 100%钝化处理，运载能力损失较低；

10）具有充足的高压电能，为发动机阀门控制器供电；

11）具有充足的能源供给有效载荷；

12）电池使用时间不受限制；

13）滑行阶段通过沉底发动机，减少了推进剂蒸发。

## 4.6　微重力推进剂管理功能

在低重力、微重力或失重状态下，推进剂在贮箱中漂浮使气液掺混，发动机不能可靠启动，甚至会引起发动机点火失败。而且此时液体推进剂、气体在贮箱内的分布情况无法预计，其质心位置的随机性会给姿态控制系统设计增加困难。为此需要对推进剂采取适当的管理措施，保证连续单质的液体推进剂供给发动机。推进剂管理系统的功能就是根据飞行器的任务，将推进剂的行为限制在规定的条件以内，实现如下目标：

1）为发动机再启动提供足量的液体推进剂；

2）供应发动机的液体推进剂不夹气；

3）使贮箱中推进剂质心的变化在允许的范围内；

4）使贮箱超压排气时不夹带液体。

常用的微重力推进剂管理方案一般包括正推沉底方案和推进剂管理装置方案，前者适用相对较短时间的微重力环境，通常在火箭子级滑行段通过正推力产生连续的小过载，使液体维持在贮箱底部；后者适应更多、更长时间在微重力环境工作的飞行器，采用各种推进剂管理装置，实现推进剂的微重力管理。

### 4.6.1 微重力液体特征

低、微重力或失重状态下，贮箱内推进剂液面的运动和分布情况由表面张力主导，分界面处的表面张力分布如图 4-36 所示。

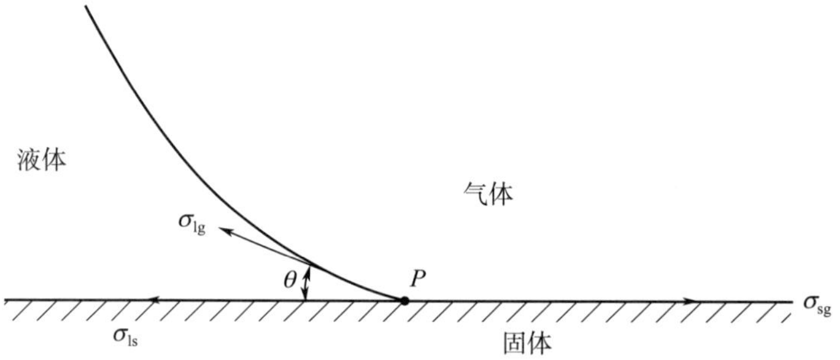


图 4-36　分界面处的表面张力分布图

平衡条件下 $P$ 点的受力满足[49]

$$\sigma_{sg}=\sigma_{ls}+\sigma_{lg}\cos\theta \tag{4-14}$$

式中，$\sigma_{sg}$ 为固—气界面的表面张力；$\sigma_{ls}$ 为液—固界面的表面张力；$\sigma_{lg}$ 为液—气界面的表面张力；$\theta$ 为液—气与液—固界面间的夹角。

非平衡状态下

$$\sigma_{sg}-\sigma_{ls}=\sigma_{lg}\cos\theta+k \tag{4-15}$$

式中，$k$ 为扩展系数（N/m）；($\sigma_{sg}-\sigma_{ls}$) 是液体对箱壁的附着力；$\sigma_{lg}\cos\theta$ 是液体的内聚力。

$k>0$ 时，附着力大于内聚力，液体就要沿着贮箱内壁扩展，直到全部浸润，将气体全部包围为止。液体沿贮箱内壁向上爬升，造成液面凹陷。若给贮箱施加旋转角速度、侧向或反向加速度，则会加剧液体离开贮箱底部的程度，在液体充注率较小的情况下，液体可能完全远离出流口，如图 4-37 所示[50]。

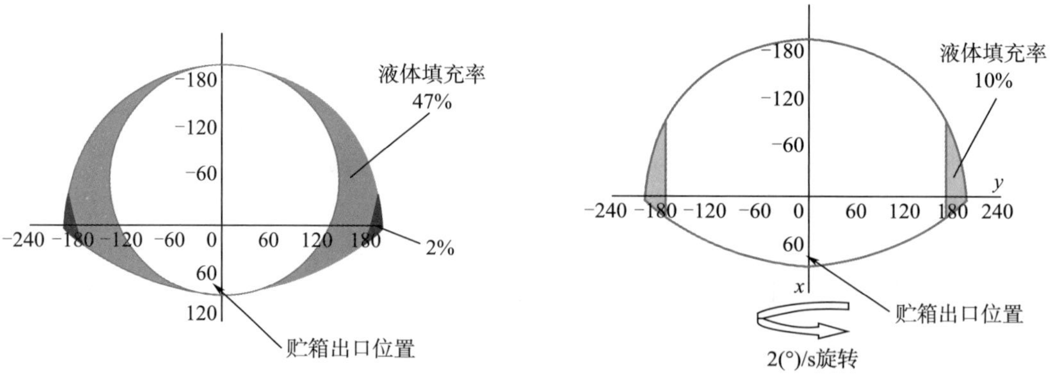


图 4-37　微重力环境中液体推进剂的分布状态

从理论上讲，根据最小表面能原理，被包围的气泡应该是一个球形或接近于球形的大气泡。实际上，由于飞行器承受着各种形式的干扰力，使形成这种大气泡的条件不复存在，而代之以形成许多大小不同的气泡。这就是失重时液体漂浮、气液混杂的原因，这时的液体状态如图 4 - 38 所示。

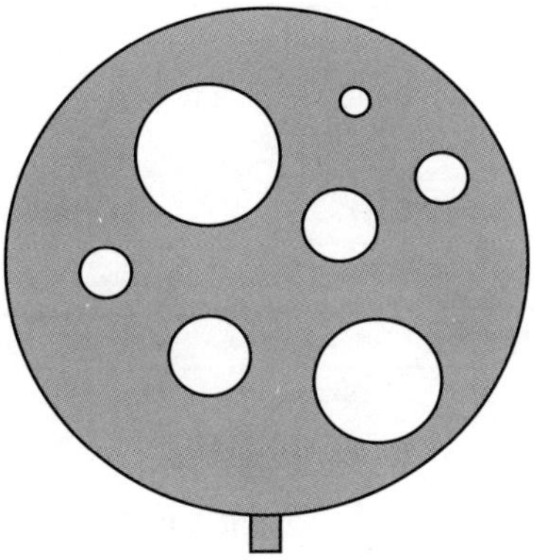

图 4 - 38 失重状态下贮箱内气液分布

### 4.6.2 正推沉底方案

对于贮箱尺寸较大、内部构件较多的低温推进剂火箭来说，较容易实现的方案是采用一个沉底发动机系统产生的正推力，在火箭长时间滑行时人为创造一个较小的惯性力场，使推进剂所获得的惯性力远大于分子力，从而脱离失重状态，在低过载下保持沉底。这种正推沉底方案在尺寸较大的低温推进剂运载火箭上应用得比较普遍，如长征-3A 系列三子级[49]、土星-5 三级[17]、半人马座上面级[51]等。

正推沉底方案需配套相应的正推推力程序，一般包含三个阶段，即推进剂稳定段、小过载维持沉底段和推进剂抑制段[49]。根据正推推力是否连续可分为连续正推沉底和间断正推沉底，推力曲线如图 4 - 39 所示，前者液体推进剂始终保持在贮箱后底的出流口；后者仅在发动机启动前施加一定的推力，使液体重新定位于贮箱后底的出流口，适合长时间滑行的工况，减少推进剂的消耗[17]。

沉底推力数值主要由邦德数确定，邦德数是惯性力与分子力的比值

$$N_B = \frac{F_i}{F_m} = \frac{L^2 a \rho}{\sigma_{lg}} \tag{4-16}$$

式中，$N_B$ 为邦德数；$F_i$ 为惯性力；$F_m$ 为分子力；$L$ 为贮箱的特征尺寸；$a$ 为火箭的轴向加速度；$\rho$ 为推进剂密度；$\sigma_{lg}$ 为液-气界面的表面张力。

当 $N_B < 1$ 时，惯性力小于分子力，分子力占主导地位，推进剂呈失重状态，气液混杂；当 $N_B > 1$ 时，惯性力大于分子力，惯性力占主导地位，此时推进剂的状态由邦德数大小所支配。

实际采用的邦德数称为设计邦德数 $N_{Bd}$，主要根据缩比模型试验所获得的数据以及以往火箭研制经验，结合现有沉底发动机的品种等综合因素后确定，参数确定后可计算维持

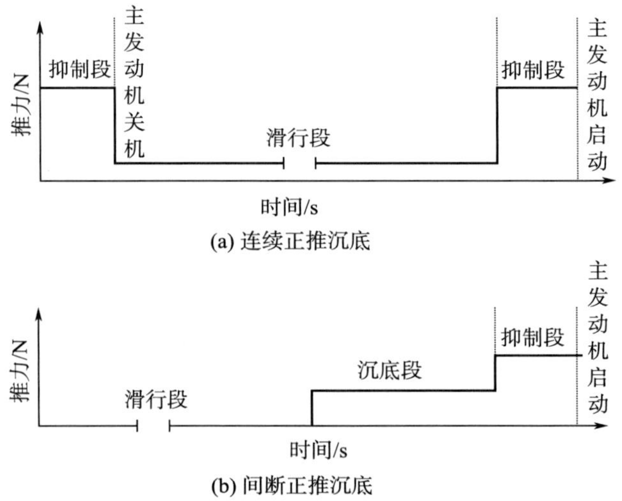


图 4－39　正推沉底推力曲线

沉底力为

$$f \geqslant \sigma_{\mathrm{lg}} m_{\mathrm{c}} N_{\mathrm{Bd}} / (L^2 \rho) \tag{4-17}$$

式中，$f$ 为维持沉底力；$m_c$ 为滑行时火箭的质量。

同时，在正推方案中，单纯通过邦德数不足以确保推进剂可靠沉底，还需要考虑施加给推进剂液体的能量及其他影响因素，例如：

1）通常在贮箱内安装防晃挡板，降低贮箱内液体晃动的幅值[17]。

2）合理布置增压气体消能器，避免增压气体冲击液面产生空穴、飞溅和螺旋管液流等干扰。

3）在安全阀、溢出管、测压管口安装挡浪罩，挡浪罩的功能是防止液体晃动涌入这些接口。

4）平衡排气与对心排气，目的是保证主发动机启动前排出推进剂泵预冷所产生的气体时所造成的反作用力能互相抵消。

### 4.6.3　推进剂管理装置

（1）主动式管理装置

主动式管理装置通过在增压气体和液体推进剂之间设置屏障，对液体推进剂进行挤压操作，实现气液两相的分离并将单相液体挤压至输送管路中，一般采用液囊、隔膜[52]、金属膜盒或活塞等作为屏障（如图 4－40 所示）。隔膜、膜盒或活塞是采用一个可变形的薄膜、膜盒或活塞将液体集中在贮箱出口侧，将增压气体隔离在远离贮箱出口的一侧。液囊装置是将液体推进剂填充在液囊中，在贮箱底部与液体出流口连通，增压气体分布在贮箱壁面与液囊之间。液囊在增压气体的挤压下收缩，将液体挤入出流管路。考虑到装置的重量、材料的性质以及推进剂利用率等因素，主动式出流装置主要应用于小尺寸液体贮箱。

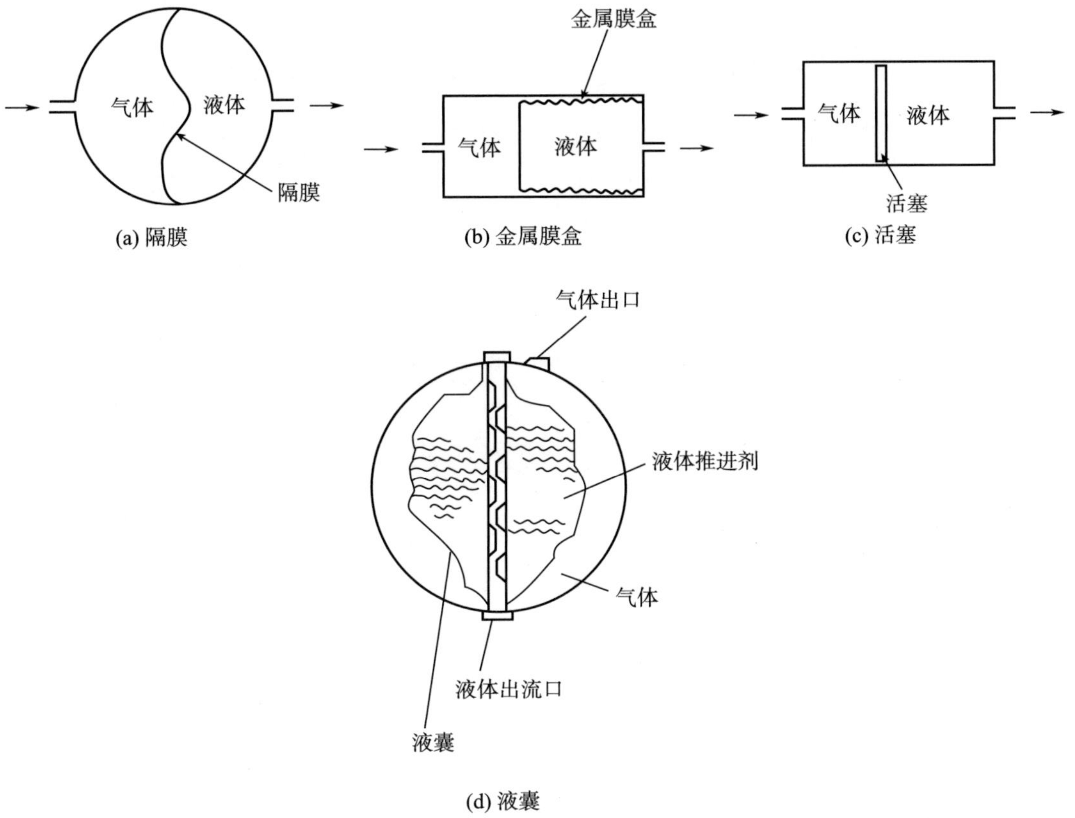


图 4－40　主动式管理装置

（2）被动式管理装置

被动式推进剂管理不对液体施加强制性作用力，主要是通过叶片和网幕等装置的合理布置和使用，使得液体在毛细作用下向贮箱出口流动或者聚集在出口附近，进而实现液体推进剂的获取和蓄留，如图 4－41 所示。采用毛细蓄留时要求推进剂有比较大的表面张力。一般在需要多次启动和滑行时间较长的常规推进剂火箭或上面级上使用。

根据不同装置的工作特点，可将表面张力型液体获取装置分为控制型、联系型、组合型等。控制型装置通过控制（蓄留）贮箱中的部分或者全部液体的分布位置实现向贮箱出流口的纯液体供应。根据被控制液体的量可分为部分控制型（局部蓄留）和完全控制型（全部蓄留）两种。其中完全控制型装置由于质量较大，常用于卫星等较小的飞行器贮箱中，部分控制型装置则可用于火箭上面级推进剂贮箱。联系型装置不对液体的分布状态进行限制，而是通过在贮箱内部广泛布置叶片或网幕通道，建立贮箱出口和贮箱内部不同位置处液体的联系通路，实现液体向出流口的流动。组合型综合了控制型和联系型两者特点共同发挥作用。

①控制型装置

火箭上常见的控制型装置为蓄留阱（见图 4－42）和液槽（见图 4－43）装置[53]，它们属于部分控制型装置。

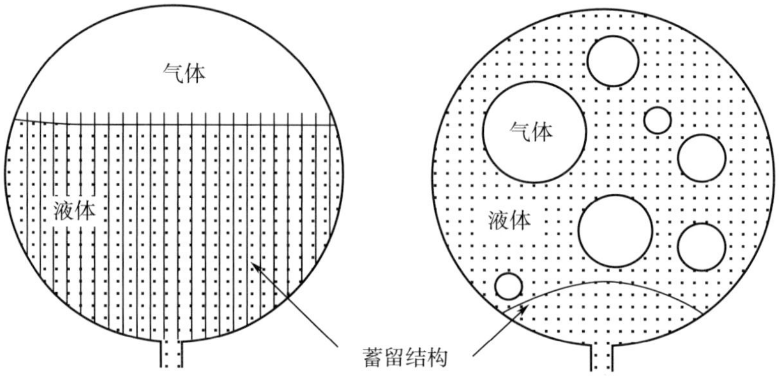


(a) 全部蓄留　　(b) 局部蓄留

图 4-41　被动式管理

蓄留阱是一个封闭结构，常布置在贮箱出流口上方，可为出口蓄留并提供一定量的液体。外侧布置网幕窗口，采用网幕等多孔单元将气体阻挡在装置外，同时允许液体流入，并且具有在较高的反向加速度下蓄留液体的能力。根据结构和功能特点的不同，蓄留阱分为可再填充型和不可再填充型两种。不可再填充型蓄留阱顶部无排气管，随着蓄留阱中液体的消耗，气体被吸入装置中并且不能排出，因此不能实现液体的再次填充。这种类型的蓄留阱可用于只有一次点火过程的任务，也可用于在发射过程中捕获进入网幕通道臂中的气体。可再填充型蓄留阱顶端设置一排气管，在主发动机启动后液体沉底的过程中，蓄留阱中的气体在液体静压和动压的作用下通过排气管排出蓄留阱，从而实现液体再填充。可再填充型蓄留阱在每次点火后都再次充满液体，因此常被用作多次点火的启动篮。

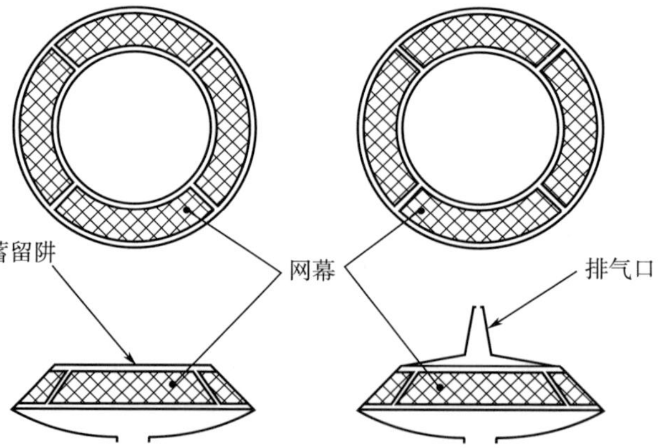


(a) 不可再填充型　　(b) 可再填充型

图 4-42　蓄留阱示意图

与蓄留阱不同，液槽是一个开放的结构，由一组径向布置的平板和上下两块圆形封板组成，安装在贮箱出流口上方，并在与出流口连接处布置网幕[54]。在液槽中，液体在静压作用下实现保存。由于是开放结构，液槽在微重力下也可再次填充。液槽可以承受更高的加速度，提供更大的液体流量，但是对加速度的方向比较敏感。

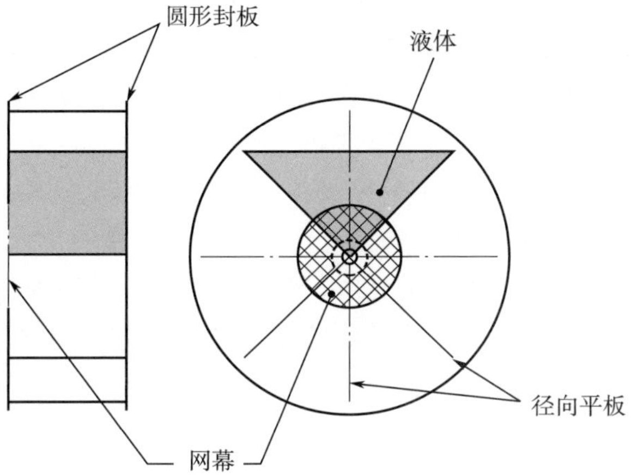


图 4-43　液槽示意图

图 4-44 展示了部分控制型液体出流装置用于微重力下的发动机点火过程的情况[55]。推进剂管理装置安装在推进剂贮箱出口上方，点火前装置中充满液体。在点火过程中，该装置向发动机持续供应液体推进剂。随着加速度水平的提高，位于贮箱顶部的液体逐渐向贮箱底部移动并淹没出流装置。出流装置在从液体淹没到发动机关闭的时间里完成再次填充，为下一次发动机点火做准备。

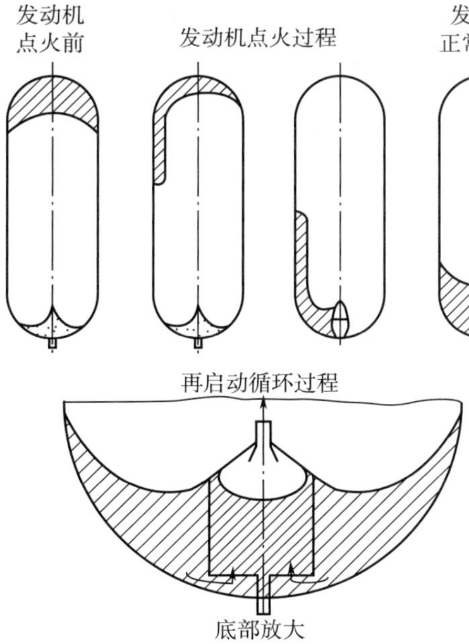


图 4-44　部分控制型推进剂管理装置的工作情况示意图

控制型推进剂管理装置代表为阿金纳系列上面级，是美国第一种具有多次启动能力并能在轨机动飞行的上面级，使用的推进剂组合为红烟硝酸/偏二甲肼。图 4 - 45 展示了阿金纳上面级的推进剂管理系统，每个推进剂贮箱配备一个集液器，集液器为一扁球形腔体，腔体顶部布置一蓄留网，蓄留网伸入推进剂贮箱底部，腔体内部布置一层折痕网。氧化剂贮箱和燃烧剂贮箱下方的集液器分别可以蓄留 19.0 L 和 14.4 L 的液体，足够维持低重力环境中的一次发动机点火和贮箱中液体推进剂的整体重定位过程。液体重定位后再次充满集液器，并持续供应液体推进剂直至发动机熄火或推进剂耗尽。集液器内部的折痕网有两方面的作用：1）在低重力环境下的发动机点火过程中防止气液界面凹陷并透入集液器出流口；2）在集液器液体再填充过程中作为气体屏障，防止较大的气泡透过网幕进入液体输送管路。在氧化剂贮箱的集液器底部布置了一个流速控制板，用来减小液体的局部流速峰值，并在液体即将耗尽时延缓气液界面塌陷的出现，从而进一步提高推进剂利用率。

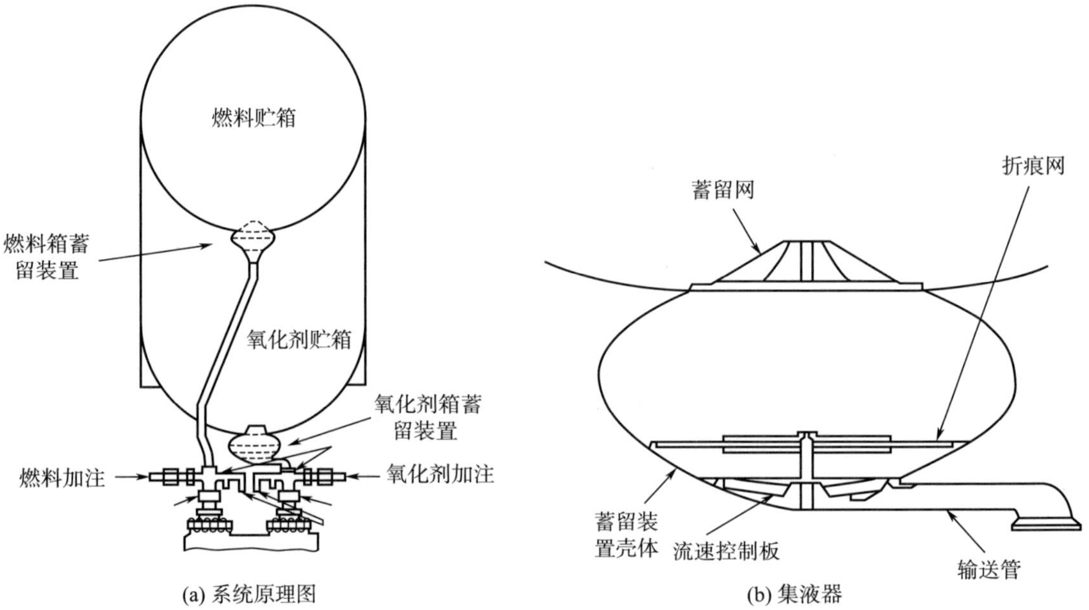


图 4 - 45 阿金纳上面级的推进剂管理系统

②联系型装置

常见的联系型装置为叶片装置，如图 4 - 46[53]所示，由一组仿形金属板组成，垂直布置在贮箱内壁面附近，通过合理设置金属板与贮箱内壁面或者 V 形金属板内侧的夹角、内径沿预定流动方向的分布，可使液体受到的表面张力产生的压差足以克服静压和黏性力，驱动液体推进剂沿夹角向贮箱出口流动，如图 4 - 47[53]所示。叶片装置具有简单、轻质和可靠性高的优点，但是只能用于较低加速度和较小的液体输送流量的场合。

③组合型装置

常见的组合型装置有海绵状装置（Sponge，见图 4 - 48 和图 4 - 49）、折叠网幕内衬（见图 4 - 50）和网幕通道（见图 4 - 51）等[53]。

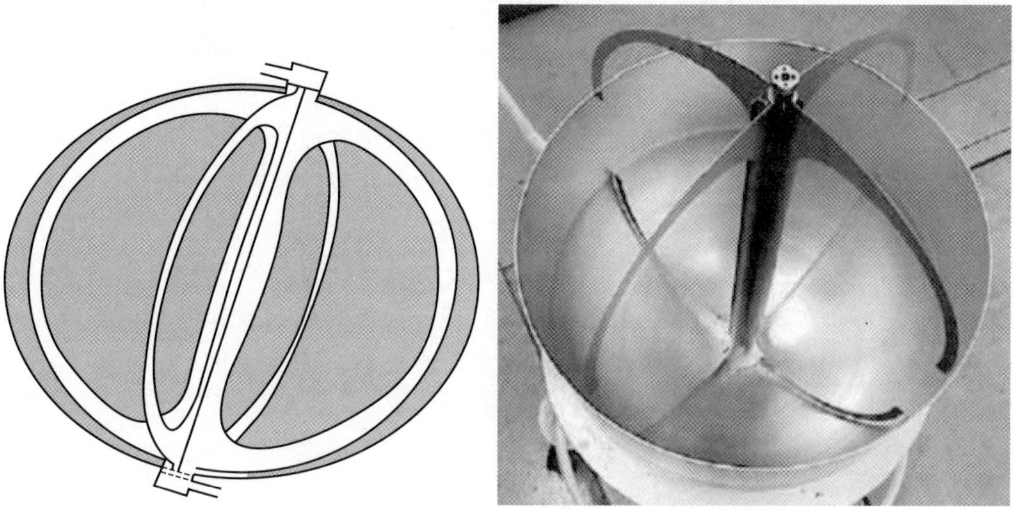

图 4 - 46　叶片示意图及实物图

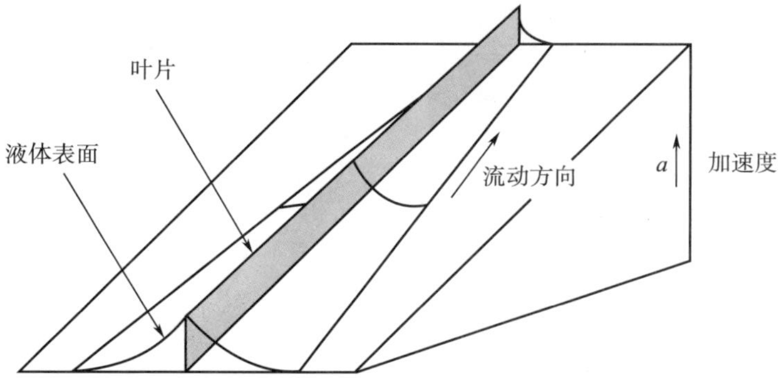


图 4 - 47　叶片工作原理图

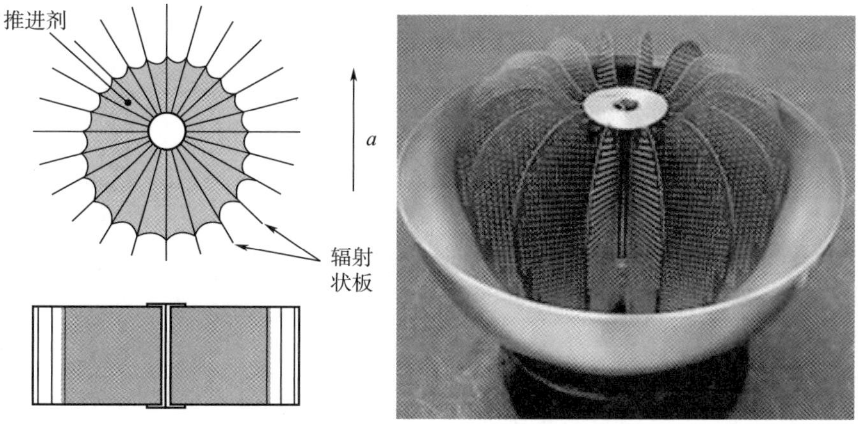


图 4 - 48　海绵状装置示意图及实物图

海绵状装置结合了控制型装置和联系型装置的特点，是一种典型的组合型装置，它与液槽、叶片均有相似之处，由一组径向打孔金属板组成，布置于贮箱出口网幕上方，金属板间的液体在表面张力作用下沿径向向贮箱中心流动[56]。在设计中，根据发动机所需供液流量、贮箱中推进剂量以及加速度大小确定金属板数量和尺寸。由于是开放结构，这种装置在微重力下可以再次填充液体。与叶片相比，海绵状装置对贮箱中液体分布状态控制能力更强，是一种介于控制型和联系型之间的装置（见图 4-49[53]）。与液槽相比，海绵状装置质量更小，适用的加速度水平和供液流量均较小，可用于发动机点火/重新启动（见图 4-50[53]）和需要推进剂较少的短期飞行任务。海绵状装置比叶片装置质量稍大，成本稍高，但是与网幕通道装置相比，结构简单、质量小、易于制造，且具有更高的可靠性，是常温推进剂系统中应用最为广泛的液体获取装置。

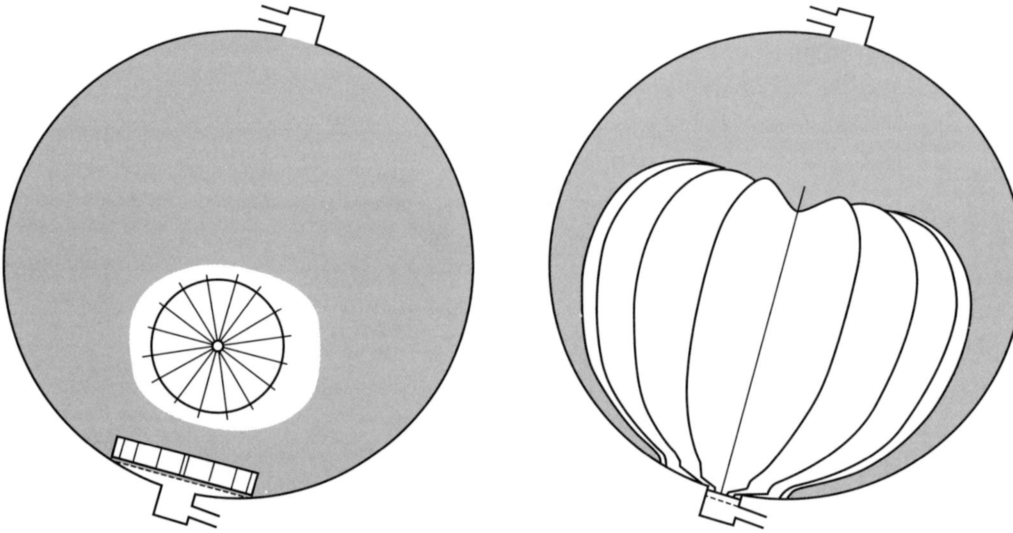

(a) 小蓄留量海绵状装置　　(b) 大蓄留量海绵状装置

图 4-49　不同蓄留量的海绵状装置

网幕通道装置是一个封闭的通道结构，如图 4-51[56]所示。它由若干个与贮箱内壁形状相似的管路组成，各管路贴近贮箱内壁布置，并在贮箱底部与出口连接。通道管路通常为方形结构，与贮箱内壁相对的一侧采用网幕，另外三个侧面为实体金属面。其工作原理与打褶内衬相同，即液体在向贮箱内壁移动时润湿面向贮箱内壁布置的网幕并进入通道，然后沿通道流向出口。与叶片和海绵状装置相比，网幕通道为液体推进剂提供了一个内部的、封闭的流向贮箱出口的流动路径，因此可以在更宽广的热环境和重力环境中进一步稳定地获取液体推进剂。这种装置在中等供液流量和反向加速度下具有较高的性能，但是结构比较复杂，存在由于网幕面积较大导致的夹带气体问题。网幕通道装置在常温推进系统中应用较广，并且是唯一的经低温推进系统飞行任务应用的液体获取装置[52]。

组合型推进剂管理装置的代表为阿波罗服务推进系统（Service Propulsion System）[57]，其需要在微重力滑行过程中进行多次发动机点火。为了保证供应点火过程中

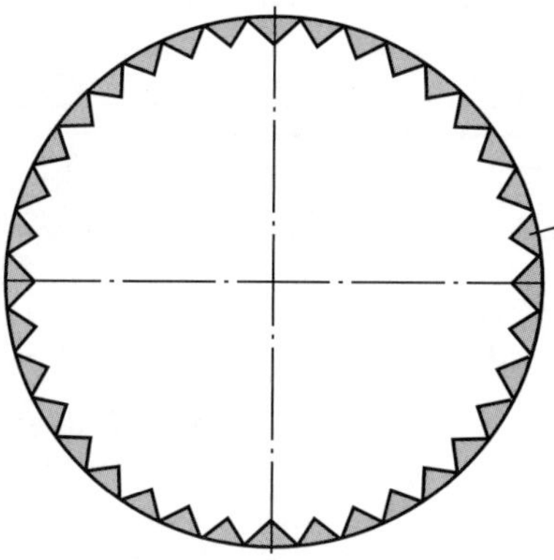


图 4 - 50　折叠网幕内衬示意图

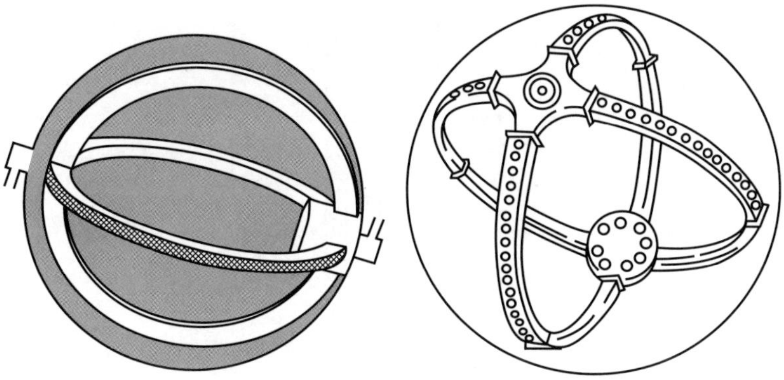

图 4 - 51　网幕通道装置示意图

的液体推进剂并减少沉底系统的推进剂消耗量，将推进剂沉底系统和表面张力型推进剂蓄留装置结合使用。图 4 - 52、图 4 - 53 展示了液体蓄留装置的结构及其在推进剂贮箱中的布置情况。在贮箱底部中心处安装一液体蓄留器，该蓄留器可以在贮箱出口处贮存 113.3 L 的液体。蓄留器内部布置两层毛细网幕，用来抑制蓄留器中液体推进剂的运动并防止大气泡随液体流入输送管路，每层网幕由一层孔径为 1.52 mm 的孔板和两层 3.18 mm 的蜂窝状结构层组成。当网幕两侧的液体流动压降超过了气泡约束压力时，气体会以发动机可以接受的小气泡的方式穿透网幕进入液体输送管路。为了进一步提高蓄留装置的性能，在贮箱下封头与中心蓄留器之间的区域增加了两块伞状打孔屏障，用来抑制零重力滑行过程中蓄留器入口附近液体的运动，并防止泡沫状推进剂进入蓄留器。在液体推进剂沉底过程中，会与增压气体混合并产生对流，进而形成泡沫状流体，伞状打孔屏障可阻挡泡沫状推进剂，只允许液体通过屏幕进入下封头区域。位于蓄留装置底部、贮箱出流口上端的流动转向板（外围覆盖 0.58 mm 孔径滤网）的作用是当贮箱液体充注率小于 50%时，防止液体出流过程中增压气体进入液体输送管路。

阿波罗登月舱推进剂贮箱采用了一种简单的液体蓄留装置，该装置的作用是保持推进剂输送管路中充满液体。推进剂输送管路入口连接一个倒置的金属罐，并在金属罐的底部

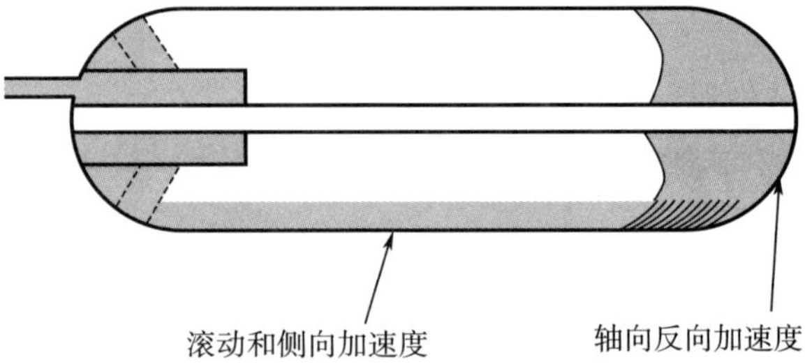


图 4-52　阿波罗服务推进系统表面张力型液体蓄留装置布置示意图

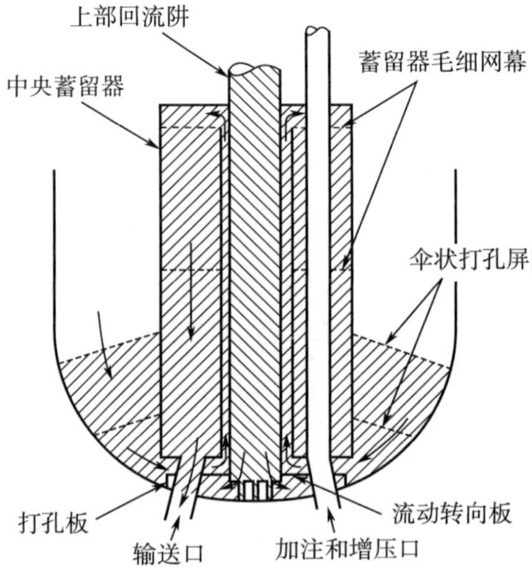


图 4-53　阿波罗服务推进系统表面张力型液体蓄留装置结构图

开口处覆盖打孔屏障，如图 4-54 所示。倒置的金属罐可以在反向加速度下保存一定量的液体，而金属罐开口处的网幕则可以防止罐体中的液体在侧向加速度的作用下洒出，这种简单的液体蓄留装置需要与推进剂沉底系统配合使用。

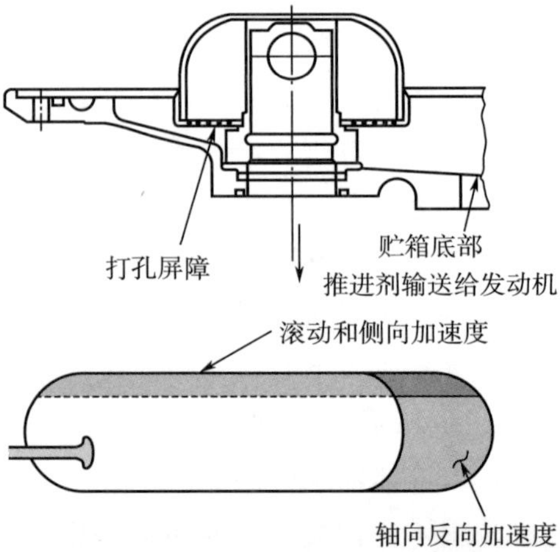


图 4-54　阿波罗登月舱液体推进剂蓄留装置

由于不同液体获取/蓄留推进剂管理装置各自存在一定的优势和不足，在实际应用中，常将几种装置和正推沉底结合使用。

与应用于常温推进剂的液体出流装置相比，应用于低温推进剂的出流装置一方面需要考虑其对低温液体温度的影响，以保证低温推进剂到达泵入口时具有足够的净吸压头；另一方面，也要考虑低温液体汽化对液体出流装置工作性能的影响。对于网幕式装置来说，既要防止网幕通道内部的低温推进剂汽化，也要防止网幕外侧出现液体蒸干，以实现贮箱出口单相液体出流。此外，还需要考虑液体出流装置与低温推进系统中其他部件或子系统之间的相互影响。

# 参 考 文 献


［1］ 李福昌．运载火箭工程［M］．北京：宇航出版社，2002.

［2］ 李大鹏，张博俊，邵业涛，等．液体运载火箭舱段防结露吹除流量控制技术研究［J］．宇航总体技术，2019，3（2）：30－35.

［3］ 黄兵，黄辉，田玉蓉，等．低温液体运载火箭推进剂加注过程分析［J］．低温工程，2015（4）：62－66.

［4］ 王瑞铨．国外运载火箭低温加注系统［J］．导弹与航天运载技术，1997（2）：19－29.

［5］ 艾伦·拉维，罗伯特·戈德温．土星5运载火箭制造和试验全记录及补充资料［Z］.

［6］ HUGO E MARTINEZ，JOHN D ALBRIGHT，STEPHEN J D' AMICO，et al. Lessons Learned from the Design，Certification，and Operation of the Space Shuttle Integrated Main Propulsion System（IMPS）［R］．47th AIAA/ASME/SAE/ASEE Joint Propulsion Conference & Exhibit：AIAA－2011－5838，2011.

［7］ www.nasa.gov/SpaceX CRS－6 Mission Press Kit，2015.

［8］ https：//spaceflight101.com/falcon－9－ft－countdown－timeline.

［9］ 邵业涛，罗庶，王浩苏，等．低温推进剂深度过冷加注技术研究及对运载火箭性能影响分析［J］．宇航总体技术，2019（2）：18－25.

［10］ 陈小前，袁建平，姚雯，等．航天器在轨服务技术［M］．北京：宇航出版社，2009.

［11］ STREET D，WILHITE A. A scalable orbital propellant depot design［R］．Atlanta，USA：Georgia Institute of Technology，2006.

［12］ 鲁宇，汪小卫，等．在轨加注站概念研究［J］．导弹与航天运载技术，2015（1）：1－7.

［13］ CHATO D J. Technologies for refueling spacecraft on－orbit［C］．AIAA Space 2000 Conference and Exposition，Long Beach，USA，September 19－21，2000.

［14］ DOMINICK S. Orbital test results of a vaned liquid acquisition device［C］．The 30th Joint Propulsion Conference，Indianapolis，USA，June 27－29，1994.

［15］ CHATO D J，MARTIN T A. Vented tank resupply experiment：flight test results［J］．Journal of Spacecraft and Rockets，2006，43（5）：1124－1130.

［16］ CHATO D J. Cryogenic fluid transfer for exploration［J］．Cryogenics，2008，48（5）：206－209.

［17］ 李佳超，梁国柱，王夕，等．氢氧推进剂在轨加注若干关键问题研究进展［J］．宇航总体技术，2019，3（6）：60－72.

［18］ WILLIAM E. GOETTE Centaur D－1T PROPULSION AND PROPELLANT SYSTEMS［J］．AIAA Paper 73－1180.

［19］ 周载学．发射技术：下［M］．北京：宇航出版社，1991.

［20］ 张志富，希爽．关于露点温度计算的探讨［J］．干旱区研究，2011，28（2）：275－281.

［21］ MICHAEL L MEYER，et al. Mastering Cryogenic Propellants［J］．Journal of Aerospace Engineering，2013，26（2）：343－351.

[22] AYDELOTT J C. Effect of gravity on self - pressurization of sphericalliquid - hydrogen tank [R]. NASA - TN - D - 4286，1967.

[23] GRAYSON G D，LOPEZ A，CHANDLER F O. Cryogenic tank modelingfor the saturn AS - 203 experiment [C] //Sacramento：42th AIAA/ASME/SAE/ASEE Joint Propulsion Conference &Exibit，2006.

[24] 王夕，王珏，容易，等．基于不同相变模型的微重力液氢贮箱内压力与温度分布仿真预示 [J]. 载人航天，2017，23 (3)：348 - 352.

[25] WARD W D，TOOL L E，PONDER C A，et al. Evaluation of AS - 203low - gravity orbital experiment [R]. NASA CR - 94045，1967.

[26] 刘展，厉彦忠，王磊，等．在轨运行低温液氢箱体蒸发量计算与增压过程研究 [J]. 西安交通大学学报，2015，49 (2)：135 - 140.

[27] 陈亮，梁国柱，邓新宇，等．贮箱内低温推进剂汽化过程的 CFD 数值仿真 [J]. 北京航空航天大学学报，2013，39 (2)：264 - 268.

[28] 罗天培，张伟，李茂，等．液氢贮箱停放过程中的力热分析 [J]. 宇航学报，2019，40 (5)：562 - 569.

[29] 徐济鋆. 沸腾传热和气液两相流 [M]. 北京：原子能出版社，2001.

[30] 刘欣，张晓屿．低温推进剂长期在轨蒸发量主动控制技术发展分析 [J]. 深空探测学报，2017，4 (3)：203 - 211.

[31] 刘展，厉彦忠，王磊，等．低温推进剂长期在轨压力管理技术研究进展 [J]. 宇航学报，2014，35 (3)：254 - 261.

[32] HASTINGS L J，HEDAYAT A，BROWN T M. Analytical modeling andtest correlation of variable density multilayer insulation forcryogenic storage [R]. NASA /TM 2004 — 213175，MarshallSpace Flight Center，May 2004.

[33] NAST T，FRANK D，BURNS K. Cryogenic propellant boil - offreduction approaches [C]. The 49th AIAA Aerospace Sciences Meeting including the New Horizons Forum and Aerospace Exposition，Florida，USA，January 4 - 7，2011.

[34] ALLWEIN K，DEW M，KUTTER B，et al. Atlas Centaur sun shield design and testing，an update [C]. AIAA SPACE 2009 Confenrence & Exposition，2009：6587.

[35] GLAISTER D，SCHMIDT J，MCLEAN C，et al. Long term cryogenic storage technologies overview for NASA exploration applications [C]. 42nd AIAA Thermophysics Conference，2011：3774.

[36] 庄方方，吴胜宝，闫指江，等. 低温贮箱连接支撑结构优化设计 [J]. 载人航天，2016，22 (2)：160 - 163.

[37] HEDAYAT A，BAILEY J W，HASTINGS L J. Test data analysis of a spray bar zero - g liquid hydrogen vent system forupper stages [C]. AIAA/ASME/SAE/ASEE 35th Joint Pro - pulsion Conference and Exhibit，Los Angeles，CA，June 20 - 24，1999.

[38] FLACHBART R H，et al. Testing of a spray bar zero gravitycryogenic vent system for upper stages [C]. AIAA/ASME/SAE/ASEE 35th Joint Propulsion Conference and Exhibit，Los Angeles，CA，June 20 - 24，1999.

[39] PLACHTA D W. Hybrid thermal control testing of a cryogenic propellanttank [R]. NASA /TM

1999 - 209389, Glenn Research Center, August 1999.

[40] HASTINGS L J, TUCKER S P. Marshall space center in - spacecryogenic fluid management program overview [C]. The 41st AIAA/ASME/SAE/ASEE Joint Propulsion Conference &Exhibit, Arizona, USA, July 10 - 13, 2005.

[41] HO S H, RAHMAN M M. Three - dimensional analysis for liquid hydrogenin a cryogenic storage tank with heat pipe - pump system [J]. Cryogenics, 2008 (48): 31 - 41.

[42] PLACHTA D, KITTEL P. An updated zero boil - off cryogenic propellantstorage analysis applied to upper stages or depots in an LEO environment [R]. USA: AIAA, 2002.

[43] Dr. SHYAMA CHAKROBORTY. Using Pressure - Fed Propulsion Technology to Lower Space Transportation Costs [R]. AIAA 2004 - 3358.

[44] FRANK ZEGLER. An Integrated Vehicle Propulsion and Power System for Long Duration Cryogenic Spaceflight [C]. AIAA SPACE Conference and Exposition, California, USA, 27 - 29 September 2011.

[45] JONATHAN BARR. ACES Stage Concept: Higher Performance, New Capabilities, at a Lower Recurring Cost [C]. AIAA SPACE Conference and Exposition, California, USA, 31 Aug - 2 Sep 2015.

[46] HARRY M. CAMERON. Development of hydrogen - oxygen fueled 3 - kilowatt internal - combustion engine [C]. Third Biennial Aerospace Power Systems Conference, Pennsylvania, USA, 1 - 4 September, 1964.

[47] MICHAEL HOLGUIN. Enabling Long Duration Spaceflight via an Integrated Vehicle Fluid System [C]. AIAA SPACE Conferences and Exposition, . California, USA, 13 - 16 September , 2016.

[48] ZEGLER, FRANK. Development status of an integrated propulsion and power system for long duration cryogenic spaceflight [C]. AIAA SPACE Conference and Exposition. California, USA, 2012.

[49] 龙乐豪. 总体设计：中 [M]. 北京：宇航出版社，2001.

[50] BEHRUZI P. Concept Analysis of PMD Designs for Future Upper Stages [C]. 54th International Astronautical Congress of the International Astronautical Federation, Bremen, Germany, 29 September - 3 October, 2003.

[51] BLATT M H, J C AYDELOTT. Centaur Propellant Acquisition System [J]. Journal of Spacecraft & Rockets, 1975. 13 (9): 515 - 521.

[52] HARTWIG J W. A Detailed Historical Review of Propellant Management Devices for Low Gravity Propellant Acquisition [C]. 52nd AIAA/SAE/ASEE Joint Propulsion Conference, Salt Lake City, USA, July 25 - 27, 2016.

[53] HARTWIG J W. Propellant Management Devices for Low - Gravity Fluid Management: Past, Present, and Future Applications [J]. Journal of Spacecraft &Rockets, 2017, 54 (4): 1 - 17.

[54] KUDLAC M, J JURNS. Screen Channel Liquid Acquisition Devices for Liquid Oxygen [C]. 42nd AIAA/ASME/SAE/ASEE Joint Propulsion Conference & Exhibit, Sacramento, California, USA, 9 - 12 July 2006.

[55] JURNS J, J MCQUILLEN. Liquid Acquisition Device Testing with Sub - CooledLiquid Oxygen [C]. 44th AIAA/ASME/SAE/ASEE Joint Propulsion Conference & Exhibit, Hartford, CT, USA, 21 -

23 July 2008.

[56] JAEKLE D. Propellant management device conceptual design and analysis：Vanes [C]. 27th AIAA/SAE/ASME/ASEE Joint Propulsion Conference. Sacramento，CA，USA，June 24 - 26，1991.

[57] BALZER D L，et al. A survey of current developments in surface tension devices for propellant acquisition [J]. Journal of Spacecraft & Rockets，1971，8 (2)：83 - 98.

# 第 5 章　增压输送系统可靠性度量

## 5.1　概述

可靠性的基本定义是：产品在规定条件下和规定时间内，完成规定任务的能力[1]。“规定条件”是指使用工作条件、环境条件等。如电磁阀工作时的电压和电流条件就是使用工作条件；产品外部的热流条件、振动条件等就是环境条件。使用工作条件、环境条件不同，可靠性也不同。“规定时间”是指产品任务时间。任务时间长短随产品对象不同与使用任务不同而异，例如上面级飞行要求时间为几十分钟到几个小时，而火箭常规模块的飞行要求时间为几百秒到几十分钟。“规定任务”是指产品的功能要求，通常用产品应具有的使用性能来描述，例如增压输送系统的规定任务是把推进剂按照规定的压力、流量输送到发动机，保证飞行中贮箱安全等。“能力”是指可能性，也可理解为概率。

运载火箭可靠性可分为发射可靠性和飞行可靠性。发射可靠性一般指火箭从推进剂加注起，在规定的发射环境条件下和规定的时间内，完成规定的发射准备工作并正常点火、起飞的概率；飞行可靠性一般指火箭从起飞时刻起，在规定的飞行环境条件下和规定的时间内，按规定的要求将有效载荷送入预定轨道的概率。增压输送系统作为运载火箭推进系统的重要组成部分，在发射准备和飞行阶段会经历高低温、振动、过载等环境条件，高温能达到 300 ℃以上，低温能达到－253 ℃，随机振动量级能达到近 40$g$ ，给增压输送系统产品可靠性设计和试验验证带来了较大难度。同时增压输送系统产品主要为管路和阀门，种类较多，以某型低温火箭为例，阀门产品有 41 种，管路有 420 种，其中存在 92 种单点故障环节，一旦失效将导致发射推迟甚至飞行失败。因此应开展可靠性相关工作，确保增压输送系统产品可靠性满足火箭飞行任务要求。

航天可靠性工程面临的基本问题是：可靠性度量问题、可靠性赋能问题和可靠性保持问题。可靠性度量是回答产品满足可靠性指标要求的问题；可靠性赋能是回答如何通过设计和工艺研发工作赋予产品良好的固有可靠性的问题；可靠性保持是回答如何保证生产交付用户使用的航天装备达到和保持高可靠性水平的问题[2]。围绕航天可靠性工程，增压输送系统在设计阶段需开展多项可靠性工作，包括可靠性设计、故障模式及影响分析(FMEA)、故障树分析（FTA)、可靠性预计、可靠性指标分配、可靠性试验和可靠性评估等。本章主要介绍可靠性模型、可靠性预计、指标分配、试验和评估内容。

## 5.2　可靠性模型

增压输送系统可靠性模型主要有串联系统、并联系统、表决系统和贮备系统等，包括可靠性框图及可靠性数学模型。

### 5.2.1　串联系统

由若干组件组成，只要有一个组件发生故障，该系统就发生故障，这样的系统就是可靠性串联系统。串联系统可靠性框图如图 5-1 所示。如增压子系统由气瓶、过滤器及导管等组成，气瓶、过滤器和导管中任何一个发生泄漏或堵塞故障，都会导致系统失效，故气瓶、过滤器和导管组成了串联系统。

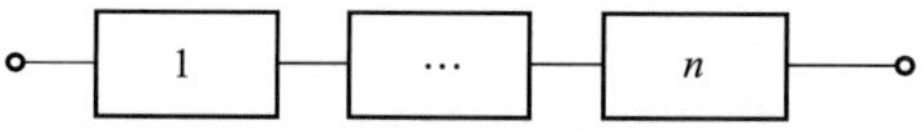


图 5-1　串联系统可靠性框图

若每个组件的可靠性分别为 $R_1$，…，$R_n$ ，则系统可靠性 $R$ 的计算式为

$$R=\prod_{i=1}^{n}R_i \tag{5-1}$$

### 5.2.2　并联系统

只有组成系统的所有组件全部发生故障，整个系统才发生故障，这样的系统就是并联系统。并联系统可靠性框图如图 5-2 所示。如射前为防止增压单向阀发生关闭异常的故障模式，增压路采用两个单向阀串联，针对关闭异常故障模式，两单向阀组成了并联系统。

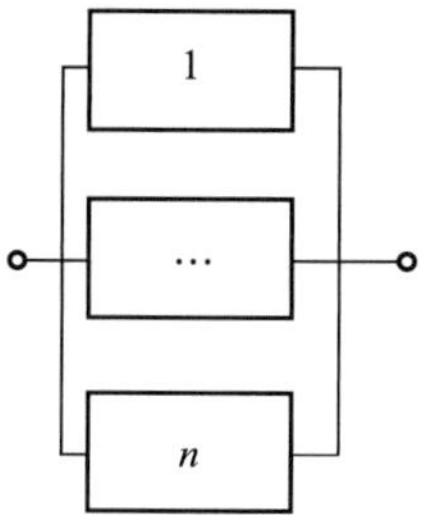


图 5-2　并联系统可靠性框图

若每个组件的可靠性分别为 $R_1$，…，$R_n$ ，则系统可靠性 $R$ 计算式为

$$R=1-\prod_{i=1}^{n}(1-R_i) \tag{5-2}$$

### 5.2.3　表决系统

$n$ 个单元中有 $k$ 个单元以上正常时，则系统正常，这样的系统称为表决系统。表决系统可靠性框图如图 5-3 所示。如某贮箱气枕设置三个压力传感器，实现对同一被测物理量的冗余测试，压力参数传送至控制器，控制器对三个传感器测试到的三个压力值进行两两比较，通过比较两两参数间的差值是否小于传感器的最大允许偏差值，判断传感器测量值是否正常，有两个传感器正常时，即可得到准确的压力值，该三个传感器就组成了表决系统。

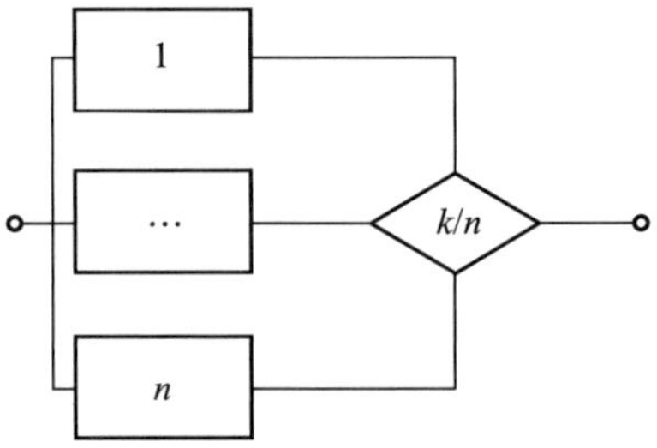

图 5 - 3　表决系统可靠性框图

若表决器完全可靠，第 $n$ 个单元的可靠性为 $R_n$ ，第 $n$ 个单元正常条件下 $n-1$ 个单元中有 $k-1$ 个单元以上正常的概率为 $R_{(k-1)/(n-1)}$ ，第 $n$ 个单元的不可靠性为 $1-R_n$ ，第 $n$ 个单元失效条件下 $n-1$ 个单元中有 $k$ 个单元以上正常的概率为 $R_{k/(n-1)}$ ，则系统可靠性 $R$ 计算式为

$$R_{k/n}=R_nR_{(k-1)/(n-1)}+(1-R_n)R_{k/(n-1)} \tag{5-3}$$

反复应用此定理逐步分解，直到 $R_{0/i}$ 和 $R_{i/i}$ ，其中

$$R_{0/i}=1, R_{i/i}=\sum_{j=1}^{i}R_j$$

### 5.2.4　贮备系统

当工作单元失效时，立即由贮备单元接替，这种系统称为贮备系统。贮备系统可靠性框图如图 5 - 4 所示。与并联系统的区别是：并联系统无转接装置，贮备系统需要进行转接后开始工作。如煤油箱增压系统采用主路电磁阀与备保路电磁阀并联，主路电磁阀出现故障后，箱压降至备保路电磁阀开启压力，控制系统给备保路电磁阀加电继续完成增压功能，主路和备保路电磁阀组成了贮备系统，且为冷贮备系统。

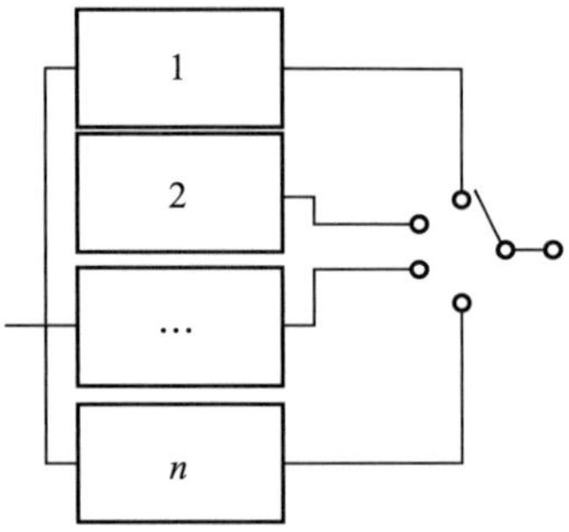

图 5 - 4　贮备系统可靠性框图

若系统中各单元相互独立，各单元的寿命服从指数分布，各单元的失效率为 $\lambda_i$ ，则在转换装置完全可靠的情况下，在给定时间 $t$ 内系统的可靠性 $R$ 计算为

$$R=\sum_{i=1}^{n}e^{-\lambda_i t}\prod_{\substack{j=1\\j\neq i}}\frac{\lambda_i}{\lambda_j-\lambda_i} \tag{5-4}$$

## 5.3　可靠性预计

可靠性预计是产品还处在设计阶段时需要推算产品可能达到的可靠性指标，以便对各种设计方案进行比较，或通过预计发现薄弱环节，以便对方案加以改进。

增压输送系统可靠性预计主要采用相似产品法开展，相似产品法就是利用与该产品相似的已有成熟产品的可靠性数据来估计该产品的可靠性。采用相似产品法的新产品的故障率为[2]

$$\lambda_{新} = k\lambda_{旧} \tag{5-5}$$

其中

$$k = k_1 k_2 k_3 k_4 k_5$$

式中，$k_1$ 为复杂性因子；$k_2$ 为设计技术水平因子；$k_3$ 为工艺水平因子；$k_4$ 为原材料因子；$k_5$ 为环境因子。

系数 $k_1$、$k_2$、$k_3$、$k_4$、$k_5$ 的确定可以对比仿制或改型的国内外产品在这些方面的差异，通过专家综合权衡后以评分的形式给出。

## 5.4　可靠性指标分配

### 5.4.1　可靠性指标分配原则

可靠性指标分配按照以下原则进行：

1）故障会影响飞行成败的组件参与系统的飞行可靠性指标分配；

2）故障会导致任务推迟、点火失败的组件参与系统的发射可靠性指标分配；

3）影响任务成败和安全的组件，分配指标高；

4）继承性好或技术成熟的组件，分配指标高；

5）工艺可实现性好、工艺稳定的组件，分配指标高；

6）设计难度大的组件，分配指标低；

7）组成复杂的组件，分配指标低；

8）工作环境严酷的组件，分配指标低。

### 5.4.2　可靠性指标流程

增压输送系统可靠性指标分配基本流程如下：

1）划分任务阶段；

2）建立可靠性框图；

3）专家评分；

4）计算、分配可靠性指标。

（1）划分任务阶段

按照任务流程，增压输送系统的任务阶段一般分为发射准备阶段和飞行阶段。

（2）建立可靠性框图

1）增压输送系统可靠性模型的建立和框图绘制可参考第 5.2 节。

2）增压输送系统可靠性指标分配共分为三个层次：模块级、子系统级、组件级，可靠性框图按此三个层次建立。模块级一般指芯一级增压输送系统、芯二级增压输送系统、助推器增压输送系统等；子系统级指各模块增压输送系统包含的各子系统，一般分为增压子系统、输送子系统和贮存子系统，增压子系统可进一步分为氧化剂贮箱增压子系统、燃烧剂贮箱增压子系统；组件级指各个子系统以下的管路、阀门、蓄压器、引射器、气瓶等。

（3）专家评分

对于增压输送系统来说，影响可靠性的因素很多，而且一个因素由若干其他因素决定，每个因素还往往有多个层次。为了确定各组件之间影响因素的相互权重关系，采用专家评分方法。

评分可采用 10 分制，分值取整数。评分标准按表 5－1 中的评分等级进行。

**表 5－1　评分等级划分表**

| 评分范围影响因素 | (0,2] | (2,4] | (4,6] | (6,8] | (8,10] |
|---|---|---|---|---|---|
| 重要度 $e$ | 低 | 较低 | 一般 | 较高 | 高 |
| 复杂度 $n$ | 低 | 较低 | 一般 | 较高 | 高 |
| 技术难度 $h$ | 低 | 较低 | 一般 | 较高 | 高 |
| 生产工艺性 $g$ | 差 | 较差 | 一般 | 较好 | 好 |
| 继承性 $m$ | 差 | 较差 | 一般 | 较好 | 好 |
| 环境条件的严酷度 $k$ | 低 | 较低 | 一般 | 较高 | 高 |

制定专家评分表，见表 5－2。由专业内不少于 5 名经验丰富的专家根据专家评分表对各子系统或组件的影响因素进行评分，评分标准按照表 5－1 中的等级划分。

**表 5－2　发射/飞行阶段增压输送系统专家评分表**

| 子系统名称 | 影响因素 | | | | | |
|---|---|---|---|---|---|---|
| | 重要度 $e_i$ | 复杂度 $n_i$ | 技术难度 $h_i$ | 生产工艺性 $g_i$ | 继承性 $m_i$ | 环境条件严酷度 $k_i$ |
| 子系统 1 | | | | | | |
| 子系统 2 | | | | | | |
| …… | | | | | | |
| 子系统 $n$ | | | | | | |

(4) 计算、分配可靠性指标

增压输送系统可靠性指标分配的过程为：对于由串联、并联、贮备或表决组合而成的复杂系统，先把并联、贮备等视为一个单元，按照串联系统进行分配，然后再对并联、贮备及表决部分进行分配，对并联、贮备及表决部分可靠性指标分配一般采用等分配法。

①串联系统可靠性指标分配

1）分别求专家评分表内某组成部分的 6 个影响因素评分的算术平均值。

若有 $n$ 名专家对某子系统的各影响因素进行评分，则该子系统内组件 $i$ 的重要度 $e_i$ 共有 $n$ 个评分值，分别为 $e_{i1}$，$e_{i2}$，…，$e_{in}$，则重要度的算术平均值为

$$\bar{e}_i=\left(\sum_{j=1}^{n}e_{ij}\right)/n \tag{5-6}$$

同样，求出其他 5 个因素的算术平均值 $\bar{n}_i$、$\bar{h}_i$、$\bar{k}_i$、$\bar{g}_i$、$\bar{m}_i$。

2）按照式（5－7）～式（5－9）开展可靠性指标分配

$$Z_i=\frac{\bar{n}_i\bar{k}_i\bar{h}_i}{\bar{m}_i\bar{e}_i\bar{g}_i} \tag{5-7}$$

$$Z=\sum_{i=1}^{n}Z_i \tag{5-8}$$

$$R_i=1-\frac{Z_i}{Z}(1-R_s) \tag{5-9}$$

式中，$R_s$、$R_i$ 分别为子系统、组件的可靠性分配值；$Z_i$ 为专家对组件的评分；$\bar{n}_i$ 为多名专家评分后的平均单元复杂度；$\bar{e}_i$ 为多名专家评分后的平均单元重要度；$\bar{h}_i$ 为多名专家评分后的平均单元技术难度；$\bar{k}_i$ 为多名专家评分后的平均单元环境条件的严酷度；$\bar{m}_i$ 为多名专家评分后的平均单元继承性；$\bar{g}_i$ 为多名专家评分后的平均单元生产工艺性。

②等分配法可靠性指标分配

$$R=1-(1-R_b)^{1/n} \tag{5-10}$$

式中，$R$ 为模块内单个分支或单个产品的可靠度；$R_b$ 为模块的可靠度；$n$ 为模块的分支数或产品数。

## 5.5 可靠性评估

### 5.5.1 可靠性评估的基本定义

产品的可靠性指标无法通过仪器仪表直接进行检测，必须根据可靠性试验数据或使用实测数据，运用一定的统计方法加以评估。可靠性评估就是根据子样（统计学上称为样本）的可靠性试验数据，对产品（统计学上称为母体）可靠度进行估计的方法。可靠性的概率度量为可靠度。

增压输送系统的可靠性评估是指根据产品子样数据对其可靠性进行统计推断，根据可能收集到的有关试验（包括可靠性试验和产品典型试验等）或计算仿真的数据与信息对产

品的可靠度做出估计，从而得出产品可靠性对可靠性指标的符合程度，产品的可靠性评估结果提交系统后，系统将产品可靠性数据转换成成败型数据，根据系统可靠性框图计算可靠度。

### 5.5.2 可靠性评估的工作及评估内容

可靠性评估前期的基础工作是可靠性试验数据的收集、处理、选取。主要内容是数据的一致性检验、异常数据的剔除、分布类型的检验等。通过对这些数据进行处理，为可靠性评估提供有效的样本，然后选取合理有效的评估方法，对产品的可靠性进行评估。

增压输送系统产品一般评估的内容为产品的可靠度点估计及可靠度置信下限。点估计是根据试验件的观测数据，评估出一个接近产品可靠性真值的近似值；置信下限是区间估计的一部分，根据试验件的观测数据，给出产品可靠性真值以某一把握性存在于某一区间，该区间的下限为可靠度置信下限。

### 5.5.3 可靠性评估与可靠性验证的关系

可靠性评估与可靠性验证实质是相同的，都是由样本可靠性推断产品可靠性，但是两者也有不同之处：

1）可靠性验证必须按产品可靠性指标设计一个试验方案，并按此试验方案进行试验，最后由试验结果来判定是否达到了产品可靠性指标；

2）可靠性评估是根据可能收集到的有关试验（包括专门的可靠性试验和其他的工程研制试验）数据与信息对产品可靠度做出估计，从而得出对于产品可靠性指标的符合程度。

### 5.5.4 可靠性评估的意义

1）科学而先进的可靠性评估方法，为充分利用各种试验信息奠定了理论基础。这对减少试验经费、缩短研制周期、合理安排试验项目、协调系统中各单元的试验量等有重要的作用。

2）通过评估，检验产品是否达到了可靠性要求，并验证可靠性设计的合理性，如可靠性分配的合理性，冗余设计的合理性，选用元器件、原材料及加工工艺的合理性等。

### 5.5.5 单元可靠性评估

（1）单元可靠性评估内容

单元可靠性的评估方法有点估计和区间估计两大类：

1）点估计是根据试验件的观测数据，评估出一个接近产品可靠性真值的近似值。

2）区间估计是根据试验件的观测数据，给出产品可靠性真值以某一把握性存在于某一区间的估计方法。

单元的可靠性评估包括以下步骤：

1）通过可靠性试验，获得组成系统的每个单元的可靠性特征量数据；

2）采用异常值检验方法和拟合优度检验方法，剔除异常值和确定单元可靠性特征量分布类型；

3）根据单元可靠性特征量分布类型，选择单元的可靠性评估方法，进行单元的可靠性评估。

（2）增压输送系统组件可靠性评估常用数学模型

①成败型单元的可靠性评估[3]

成败型产品指试验结果仅通过成功与失败或合格与不合格来判定。增压输送系统产品中电爆阀等一般按照成败型进行评估，且试验产品从产品母体中随机抽取，应按照二项型单元开展。

（a）点估计

设 $n$ 为单元的试验次数，$s$ 为试验成功的次数，则单元可靠度的点估计 $\hat{R}$ 为

$$\hat{R} = \frac{s}{n} \tag{5-11}$$

（b）区间估计

置信度为 $\gamma$ 时，单侧置信下限 $R_{\mathrm{L}}$ 由下式确定，即

$$\sum_{x=0}^{f} \binom{n}{x} R_{\mathrm{L}}^{(n-x)} (1 - R_{\mathrm{L}})^{x} = 1 - \gamma \tag{5-12}$$

式中，$x$ 为随机变量，表示试验失败次数；$n$ 为试验次数；$f$ 为失败次数；$\gamma$ 为置信度，即 $P(R_{\mathrm{L}} \leqslant R \leqslant 1) = \gamma$ 。

根据已知的 $n$ 、$f$ 、$\gamma$ ，按式（5－12）用迭代法可求出 $R_{\mathrm{L}}$ 。也可根据 $n$ 、$f$ 、$\gamma$ 直接查 GB/T 4087—2009 中的二项分布置信下限表得 $R_{\mathrm{L}}$ 。

②威布尔寿命型单元的可靠性评估

增压输送系统管路、加注阀等失效具有耗损性质，产品的振动疲劳寿命、压力循环寿命、启闭次数等均符合威布尔分布，即分布密度函数为

$$f(t) = \frac{m}{\eta}\left(\frac{t-\delta}{\eta}\right)^{m-1} \exp\left[-\left(\frac{t-\delta}{\eta}\right)^{m}\right] \tag{5-13}$$

分布函数为

$$F(t) = 1 - \exp\left[-\left(\frac{t-\delta}{\eta}\right)^{m}\right] \tag{5-14}$$

式中，$m$ 为形状参数，衡量寿命的离散程度；$\eta$ 为尺度参数，又称特征寿命；$\delta$ 为位置参数，又称保证寿命。

一般情况下产品一开始工作就有可能失效，可认为 $\delta = 0$，于是三参数威布尔分布变为双参数威布尔分布。

（a）点估计

威布尔寿命型（双参数）单元产品的试验数据为（$n$，$r$，$t_1 \leqslant \cdots \leqslant t_n$），即共投入 $n$ 个产品进行试验，试验中共有 $r$ 个产品失效，$t_1$，…，$t_n$ 代表产品的失效/截止时间或试验

产品的动作次数，$t_0$ 是规定工作时间，则单元产品可靠性点估计 $\hat{R}$ 的计算式为

$$\hat{R}=\exp\left(-r\frac{t_0^m}{\sum_{i=1}^{n}t_i^m}\right) \tag{5-15}$$

（b）区间估计

威布尔寿命型（双参数）单元产品的试验数据为（$n$，$r$，$t_1\leqslant\cdots\leqslant t_n$），即共投入 $n$ 个产品进行试验，试验中共有 $r$ 个产品失效，$t_1$，…，$t_n$ 代表产品的失效/截止时间或试验产品的动作次数，$\chi_\gamma^2(2r+2)$ 为自由度 $2r+2$ 的 $\chi^2$ 分布分位数，则单元产品可靠性置信下限 $R_L$ 的计算式为

$$R_L=\exp\left[-\frac{t_0^m\chi_\gamma^2(2r+2)}{2\sum_{i=1}^{n}t_i^m}\right] \tag{5-16}$$

③正态寿命型产品的可靠性评估

正态分布假设样本大小 $n$，随机变量的取值为 $x_1$，$x_2$，…$x_n$，则均值 $\mu$ 和标准差 $\sigma$ 的点估计为

$$\left.\begin{aligned}\hat{\mu}&=\frac{1}{n}\sum_{i=1}^{n}x_i\\ \hat{\sigma}&=\sqrt{\frac{1}{n-1}\sum_{i=1}^{n}(x_i-\hat{\mu})^2}\end{aligned}\right\} \tag{5-17}$$

式中，$\hat{\mu}$ 为均值 $\mu$ 的点估计；$\hat{\sigma}$ 为标准差 $\sigma$ 的点估计。

均值 $\mu$ 和标准差 $\sigma$ 的区间估计为

$$\left.\begin{aligned}&\hat{\mu}-\frac{\hat{\sigma}}{\sqrt{n}}t_{1-\gamma}\leqslant\mu\leqslant\hat{\mu}+\frac{\hat{\sigma}}{\sqrt{n}}t_{1-\gamma}\\ &\sqrt{\frac{n-1}{\chi^2_{n-1,\frac{1-\gamma}{2}}}}\cdot\hat{\sigma}\leqslant\sigma\leqslant\sqrt{\frac{n-1}{\chi^2_{n-1,\frac{1+\gamma}{2}}}}\cdot\hat{\sigma}\end{aligned}\right\} \tag{5-18}$$

式中，$\gamma$ 为置信水平；$t_{1-\gamma}$ 为自由度为 $n-1$ 的 $t$ 分布的 $1-\gamma$ 水平双侧分位数，可查标准正态分布的分布函数表得；$\chi^2_{n-1,\frac{1-\gamma}{2}}$ 为自由度为 $n-1$ 的 $\chi^2$ 分布的 $\frac{1-\gamma}{2}$ 上侧分位数，可查表得。

若产品的某项性能指标符合正态分布，并规定了其性能指标的允许下限或允许上限，或同时规定了性能指标的下限和上限，可以按照以下公式进行计算（如增压输送系统气瓶强度可靠性）。

（a）点估计

若允许下限为 $L$，则

$$\hat{R}=\Phi\left(\frac{\hat{\mu}-L}{\hat{\sigma}}\right) \tag{5-19}$$

式中，$\Phi(\cdot)$ 为标准正态分布函数。

若允许上限为 $U$ ，则

$$\hat{R}=\Phi\left(\frac{U-\hat{\mu}}{\hat{\sigma}}\right) \tag{5-20}$$

若允许下限为 $L$，允许上限为 $U$， 则

$$\hat{R}=\Phi\left[\left(\frac{U-\hat{\mu}}{\hat{\sigma}}\right)-\left(\frac{L-\hat{\mu}}{\hat{\sigma}}\right)\right] \tag{5-21}$$

（b）区间估计

若允许下限为 $L$ ，则

$$K=\frac{\hat{\mu}-L}{\hat{\sigma}} \tag{5-22}$$

式中，$K$ 为正态单边容许限系数。根据试验数 $n$、$K$ 、置信水平 $\gamma$ ，反查正态单边容许限系数表如 GB/T 4885—2009，并利用线性插值求出 $R_{\mathrm{L}}$ 。

### 5.5.6 系统可靠性评估

（1）系统可靠性评估内容

对系统进行可靠性评估时，首先需要通过明确系统的失效判据，来决定各组成组件与系统之间的关系，继而建立系统可靠性模型。

系统的可靠性评估包括以下步骤：

1）明确系统在发射或飞行阶段的功能；

2）明确不同阶段系统失效判据；

3）建立不同阶段系统可靠性模型；

4）整理组件可靠性评估数据；

5）将组件可靠性评估数据转换为成败型数据；

6）完成系统可靠性综合评估。

（2）增压输送系统可靠性评估常用数学模型

运载火箭增压输送系统主要由管路、阀门、气瓶及蓄压器等产品组成，各产品在系统中一般以串联或并联等形式存在，根据其可靠性模型开展系统可靠性评估。由于复杂系统可靠性置信下限还处于探索研究阶段，尤其是实用方法，因此目前学术界和可靠性工程广泛应用的还是复杂系统可靠性近似限方法，其中包括经典法、Bayes 法等。在包括二项分布单元和指数分布单元的系统中，可以得到系统的可靠性置信下限，至于包含二项、指数、正态、对数正态、威布尔等单元的复杂系统可靠性的置信下限，迄今尚无具有使用价值的精确公式。

由于按照经典估计理论很难得到系统可靠性综合评估的严格方法。经过分析，可以采取两种方法进行系统的可靠性评估。一种是 L－M 方法，另一种为 MML（修正极大似然估计）方法。对于增压输送系统来说，主要是串联结构，因此常采用 L－M 方法开展可靠性评估。

① L－M 方法

L－M 方法根据串联系统可靠性取决于组成系统的最薄弱环节这个事实，将各组成单元试验数据折合成系统等效试验数据，然后进行系统可靠性评估。

(a) 点估计

若系统由 $k$ 个单元组成，试验数据全部为成败型数据，为 $(n_i, F_i)$，$i=1, \cdots, k$，$n_i$ 为第 $i$ 个单元的试验数，$F_i$ 为第 $i$ 个单元的失败数，则系统可靠度的最大似然估计为

$$\hat{R}=\prod_{i=1}^{k}\frac{n_i-F_i}{n_i} \tag{5-23}$$

若系统由 $l$ 个单元组成，有 $k$ 个试验数据为成败型数据，$F_i$ 为第 $i$ 个单元的失败数，其他为非成败型数据。计算系统可靠度的最大似然估计时，首先应按照单元可靠性评估方法进行各类型功能单元的评估，得到 $l$ 个单元的可靠度估计值 $\hat{R}_i$，则系统可靠度的最大似然估计为

$$\hat{R}=\prod_{i=1}^{l}\hat{R}_i \tag{5-24}$$

(b) 区间估计

增压输送系统中各组成组件的可靠性分布类型有威布尔型、成败型和应力强度型，在进行系统的可靠性评估之前，将各类型组件产品的试验数据（或可靠性评估数据）折合成为系统等效成败型数据。

设组件在置信度为 $\gamma$ 时的可靠度置信下限为 $R_L$，折合成为系统等效成败型数据为 $(n^*, f^*)$，则求 $(n^*, f^*)$ 的方程式为

$$\begin{cases}f^*=n^*[1-R_L(0.5)]\\ \int_0^{R_L(\gamma)}x^{n^*-f^*-1}(1-x)^{f^*}\mathrm{d}x=(1-\gamma)\int_0^1 x^{n^*-f^*-1}(1-x)^{f^*}\mathrm{d}x\end{cases} \tag{5-25}$$

式中，$R_L(0.5)$、$R_L(\gamma)$ 分别为置信度为 0.5 和 $\gamma(\gamma>0.5)$ 时的组件可靠性评估得出的可靠度置信下限。$\gamma$ 为置信水平，没有特殊规定时，产品在初样阶段取 0.6～0.7，试样阶段取 0.7～0.8。

组成系统各组件的成败型试验数据为 $(n_i, f_i)$，$i=1, 2, \cdots, N$，则系统等效试验数与等效失败数分别为

$$\left.\begin{aligned}n^*&=\min(n_i,\cdots,n_N)\\ f^*&=n^*\left(1-\prod_{i=1}^{N}\frac{n_i-f_i}{n_i}\right)\end{aligned}\right\} \tag{5-26}$$

按成败型试验数据 $(n^*, [f^*]+1)$、$(n^*, [f^*])$，由以下方程求得系统可靠性精确置信下限 $R_1$、$R_2$，或查 GB/T 4087—2009 数表得到 $R_1$、$R_2$。

$$\left.\begin{aligned}\sum_{x=0}^{[f^*]+1}\binom{n^*}{x}R_1^{n^*-x}(1-R_1)^x&=1-\gamma\\ \sum_{x=0}^{[f^*]}\binom{n^*}{x}R_2^{n^*-x}(1-R_2)^x&=1-\gamma\end{aligned}\right\} \tag{5-27}$$

式中，$[f^*]$ 为不超过 $f^*$ 的整数部分；$\gamma$ 为置信度；$\binom{n^*}{x}=\frac{n^*!}{(n^*-x)!\,x!}$。

按 $f^*$ 值在 $[R_1, R_2]$ 中线性内插，得到相应的系统可靠性下限的近似值 $R_L$ 计算式为

$$R_L = R_2 + (f^* - [f^*])(R_1 - R_2) \tag{5-28}$$

②MML 方法

MML 方法即修正极大似然估计方法，是成败型串联系统几种偏保守方法中最不保守的，即近似限比较准确。

(a) 点估计

与 L－M 方法点估计相同。

(b) 区间估计

当求系统的可靠性置信下限时，把系统视为单元产品，假设试验进行了 $N$ 次，其中成功了 $S$ 次。通过将试验数据进行一、二阶矩拟合，将各单元试验数据折算成系统等效试验数 $N$ 和等效成功数 $S$，开展可靠性评估。

系统组成单元试验数据类型不全是成败型数据时，首先从各自的原始试验数据得到各类型单元的可靠度点估计 $\hat{R}_i$ 与可靠性置信下限 $R_{iL}(\gamma)$，据此可将非成败型数据转换为成败型数据 $(n_i, s_i)$，$(n_i, s_i)$ 即为第 $i$ 个单元转换后的试验数与成功数，它由下列方程组解得

$$\left.\begin{aligned} & s_i = n_i \hat{R}_i \\ & \frac{1}{B(s_i, n_i - s_i + 1)} \int_0^{R_{iL}(\gamma)} x^{s_i} (1-x)^{n_i - s_i} \mathrm{d}x = 1 - \gamma \end{aligned}\right\} \tag{5-29}$$

式 (5－29) 中 $B(s_i, n_i - s_i + 1)$ 是 $B$ 分布函数。为了保证方程组有解，可用 $\gamma = 0.5$ 的 $R_L(0.5)$ 代替 $\hat{R}$。然后按照以下公式进行系统等效试验数和成功数的转换。其中 $N$ 为等效试验次数，$S$ 为等效成功次数

$$N = \frac{\prod_{i=1}^{n} \frac{n_i}{s_i} - 1}{\sum_{i=1}^{n} \frac{1}{s_i} - \sum_{i=1}^{n} \frac{1}{n_i}} \tag{5-30}$$

$$S = N \prod_{i=1}^{n} \frac{s_i}{n_i} \tag{5-31}$$

根据 $(N, S)$，取定置信度 $\gamma$，由下式可解得系统可靠性置信下限 $R_L$，即

$$\sum_{K=0}^{F} C_N^K R_L^{N-K} (1 - R_L)^K = 1 - \gamma \tag{5-32}$$

其中，$F = N - S$。

### 5.5.7　典型阀门产品可靠性评估案例

根据阀门可靠性特征量分布类型的不同，可以分为：威布尔型特征量、正态分布型特

征量、成败型特征量、混合型特征量。根据阀门特征量的分布类型，选择 5.5.5 节单元可靠性评估中相应方法开展阀门可靠性评估。若阀门既有飞行试验数据，又有地面可靠性试验数据，先将地面试验数据转化为成败型试验数据，然后结合飞行数据开展可靠性评估。下面对典型阀门可靠性评估给出示例。

（1）电爆阀产品可靠性评估

①产品概述

某电爆阀为常闭式，在发射阶段仅起密封作用，在飞行阶段通电打开使气瓶内的增压介质进入贮箱，用于贮箱增压，如果通电打不开或通电后冲击过大造成结构损坏（电爆阀外气密不能满足要求），均认为电爆阀失效。

②可靠性特征量及其分布类型

电爆阀发射阶段仅起密封作用（发射可靠性近似为 1），飞行期间通电打开，使增压气体进入推进剂贮箱，故重点评估其飞行可靠性。其任务剖面为：在飞行环境下，当电爆阀供电线路接通时，电爆管通电起爆，阀内杆件凸肩被剪断，向下运动，使电爆阀打开，气瓶中的增压介质进入贮箱增压。

可靠性特征量、分布类型、失效判据见表 5-7。

③数据收集与处理

根据可靠性特征量、失效判据，对电爆阀开展地面可靠性试验，试验件数量为 40 件，其中 20 件进行起爆压力下限试验（起爆容腔增加 36.1%），电爆阀均能正常工作；另外 20 件进行起爆压力上限试验（起爆容腔减小 21%），电爆阀均能正常工作。

另外，电爆阀电爆管起爆输出压力统计参数为：均值 $\mu$ 为 10.54 MPa，均方差 $\sigma$ 为 0.65 MPa。

④可靠性评估

电爆阀可靠性评估计算过程如下：

1）电爆阀起爆压力与起爆容腔成反比（装药量不变），即

$$p_B V = \text{const} \tag{5-33}$$

2）根据式（5-33）计算得到，电爆阀的正常起爆压力下限为 8.30 MPa，起爆压力上限为 14.44 MPa，将上下限代入正态分布型样本的可靠性评估公式，得到双侧容许限系数 $k_1$、$k_2$ 均为 4.3；

3）根据双侧容许限系数 $k_1$、$k_2$，置信水平 $\gamma$ 和试验子样数 $n$，反查正态分布双侧容许限系数表（GB/T 4086.1—1983），得到下侧和上侧概率 $P_1$、$P_2$ 均为 0.000 1；

4）由 $P_1$、$P_2$ 计算阀门可靠度下限为：$R_L = 1 - (P_1 + P_2) = 0.999\,8$。

（2）手动开关产品可靠性评估

①产品概述

某手动开关只在发射阶段为气瓶充放气，气体压力为 $p_1$，在充气完成后需进行压力为 $p_1$ 的气密检查，如果气密检查漏率超标，则认为手动开关失效，不能用于飞行试验；手动开关在充气完成后不能关闭或者放气时不能打开，同样认为手动开关失效，不能用于

飞行试验。根据系统要求，在发射阶段该手动开关需动作 10 次。

②可靠性特征量及分布类型

手动开关发射阶段需动作，飞行期间仅起密封作用（飞行可靠性近似为 1），故重点评估其发射可靠性。其任务剖面为：在射前通过手动开关给气瓶充气，充至工作压力后关闭手阀，飞行期间保持密封防止气瓶内气体泄漏。可靠性特征量、分布类型、失效判据见表 5-7。

③数据收集与处理

根据可靠性特征量、失效判据，对手动开关开展地面可靠性试验，试验件为 6 件，每件进行 100 次的打开、关闭试验，试验过程中没有发生打不开/关不上以及漏率超标故障。另据统计，采用该阀门的型号火箭已成功飞行 20 次，每发箭配 3 件手动开关。飞行试验数据属于成败型，试验件数量为 20×3=60 件。

④可靠性评估

手动开关评估样本既有飞行试验样本，又有地面可靠性试验，采用混合型特征量的可靠性评估方法。计算过程如下：

1）将威布尔型试验样本转化为成败型试验样本。

地面可靠性试验数据为：

试验件数量 $n$ ：6 件；

任务次数 $t_0$ ：10 次；

试验次数 $t$ ：100 次；

形状参数 $m$ ：3。

根据混合型样本的可靠性评估公式，将威布尔型数据转化为成败型数据，具体为：

等效成败数：19 422.088 904，等效失效数：2.243 598。

2）样本数据处理。

将两次试验数据累加，得等效后的成败型试验数据为：

等效成败数：19 422.088 904+60=19 482.088 904，等效失效数：2.243 598。

3）可靠度下限计算。将第二步等效处理后的数据代入成败型单元的可靠性评估公式，得到手动开关的可靠度置信下限为：0.999 800。

### 5.5.8 气瓶产品可靠性评估典型案例

（1）可靠性特征量及其分布类型

常温钛合金球形气瓶装置属于高压容器，气瓶在交付总装至火箭点火前，主要工况为增压系统测试，气瓶承受充气、放气过程的压力循环载荷，并保证强度安全，即可靠性特征量为强度和压力循环次数。火箭点火起飞后，气瓶装置主要承受内压载荷和力学环境载荷，即可靠性特征量为强度和随机振动疲劳寿命。强度和压力循环性能主要对象为气瓶瓶体，随机振动疲劳性能主要对象为气瓶安装结构。

经分析，可以确定常温钛合金球形气瓶装置的可靠性特征量为气瓶强度、压力循环疲劳寿命和随机振动疲劳寿命。

（2）可靠性评估

①强度可靠性评估

根据气瓶的最高工作压力，统计气瓶39件抽典爆破产品的强度因子，在1.87～2.35范围，应用式（5-17）和式（5-22）计算出强度样本的均值$x$、标准差$\hat{\sigma}$和可靠性系数$K$。置信度取0.7，根据GB/T 4885—2009查表得到气瓶强度的可靠度置信下限大于0.999 999 9，可认为其可靠度达到1。

②随机振动疲劳寿命可靠性评估

研制过程中，常温钛合金球形气瓶装置并未进行真实产品的随机振动力学环境试验，无随机振动疲劳寿命试验数据。但常温钛合金球形气瓶装置已经成功进行多发飞行试验，可使用飞行试验数据和成败型模型进行分析。

统计试验中试验数$n$、失效数$f$，在置信水平$\gamma$下，成败型可靠度置信下限按照式（5-12）进行计算。

统计常温钛合金球形气瓶装置历史飞行数据，总计参加159次飞行试验，共计使用1 088个气瓶装置，所有飞行试验任务中未有因气瓶原因导致飞行失败情况，因此失效数为0。置信度$\gamma$取0.7，应用式（5-12）计算得到目前钛合金球形气瓶装置的随机振动疲劳寿命可靠度置信下限为0.998 894。后续随钛合金球形气瓶装置飞行次数增加，其随机振动疲劳寿命可靠度会逐渐提升。

由此可以看出，仅通过飞行试验来考核气瓶可靠性效率比较低，新型号研制过程中应针对气瓶装置安排专门的随机振动疲劳试验，及早对其可靠性指标是否满足要求进行验证。

③压力循环疲劳寿命可靠性评估

常温钛合金气瓶在研制阶段未开展压力循环疲劳寿命试验。根据其多批抽典试验数据进行压力循环疲劳寿命可靠性评估。根据其历史飞行数据，总计有102批，每批气瓶压力循环次数为100次，任务数为25次，失效数为0，置信度取0.7，按照式（5-16）进行计算，获得气瓶的压力循环疲劳寿命可靠性置信下限为0.999 6。

### 5.5.9 系统可靠性评估典型案例[4]

按照5.5.6节系统可靠性评估流程开展可靠性评估工作。以某型号液氧贮箱增压子系统飞行可靠性评估为例，介绍系统的飞行可靠性评估。

（1）系统功能及组成

液氧贮箱增压子系统在飞行阶段的功能是：保证液氧贮箱箱压满足飞行要求。

（2）明确系统失效判据

液氧贮箱增压子系统包括气瓶、过滤器、增压电磁阀及相应导管等。增压介质从气瓶出来后经过滤器、增压电磁阀、孔板和导管后进入贮箱增压。气瓶、过滤器和导管一旦失效，则系统失效；主路电磁阀出现打不开故障时，可以通过辅路电磁阀工作实现贮箱增压，辅路电磁阀为主路电磁阀的储备。

（3）建立系统可靠性模型

根据液氧贮箱增压系统在飞行阶段的功能及失效判据，该子系统飞行阶段可靠性框图由气瓶、过滤器、主增压电磁阀、辅增压电磁阀、主增压孔板、辅增压孔板、管路共七个组件组成，系统飞行可靠性框图模型如图5－5 所示。

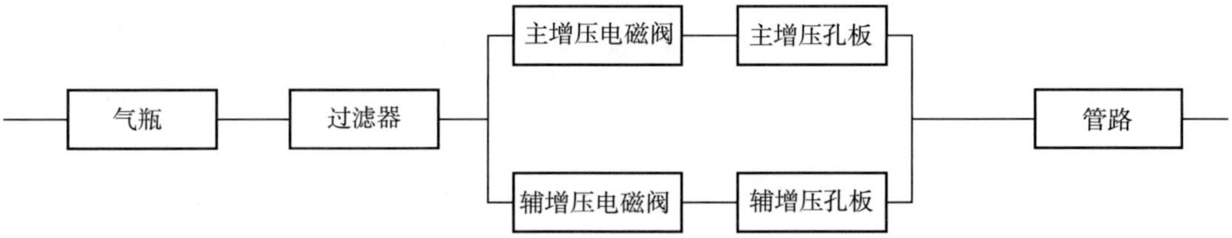


图 5－5　液氧贮箱增压系统可靠性框图

（4）数据整理和处理

整理系统中所有组件的可靠性评估数据，并将数据转换成成败型数据，填入表 5－3。

**表 5－3　液压贮箱增压系统组件可靠性评估数据**

| 序号 | 组件/子系统名称 | 可靠性评估置信度 | 可靠度置信下限 | 可靠度点估计 | 等效成败型试验数 | 等效成败型失败数 |
|---|---|---|---|---|---|---|
| 1 | 管路 | 0.7 | 0.999 992 | 0.999 995 | 811 933.226 8 | 4.225 787 |
| 2 | 气瓶 | 0.7 | 1 | 1 | 10 000 000 | 0 |
| 3 | 主增压电磁阀 | 0.7 | 0.993 1 | 0.996 | 345 | 0 |
| 4 | 辅增压电磁阀 | 0.7 | 0.993 1 | 0.996 | 345 | 0 |
| 5 | 主增压孔板 | 0.7 | 1 | 1 | 10 000 000 | 0 |
| 6 | 辅增压孔板 | 0.7 | 1 | 1 | 10 000 000 | 0 |
| 7 | 过滤器 | 0.7 | 1 | 1 | 10 000 000 | 0 |

（5）可靠性评估

①贮备子系统可靠性评估

主增压电磁阀与主增压孔板、辅增压电磁阀与辅增压孔板分别组成一个串联系统，于是，采用 L－M 方法对该串联系统完成评估。

串联子系统等效试验数为

$$n^{*}=\min\{345,100\ 000\ 00,349\}=345$$

串联子系统等效失败数为

$$f^{*}=345\times\left(1-\frac{345-0}{345}\times\frac{10\ 000\ 000-0}{10\ 000\ 000}\right)=0$$

查表 GB/T 4087—2009，并插值得到串联子系统评估结果，见表 5－4。

**表 5-4 串联子系统可靠性评估数据**

| 系统名称 | 可靠性评估置信度 | 可靠度置信下限 | 可靠度点估计 | 等效成败型试验数 | 等效成败型失败数 |
|---|---|---|---|---|---|
| 串联子系统 | 0.7 | 0.996 516 | 1 | 345 | 0 |

将两个串联子系统作为组成单元，对贮备系统进行评估，并将数据折合成为等效成败型数据，见表 5-5。

**表 5-5 贮备子系统可靠性评估数**

| 系统名称 | 可靠性评估置信度 | 可靠度置信下限 | 可靠度点估计 | 等效成败型试验数 | 等效成败型失败数 |
|---|---|---|---|---|---|
| 贮备子系统 | 0.7 | 0.999 997 | 1 | 396 130.725 709 | 0 |

②系统可靠性评估

将以上贮备子系统作为组成单元，与气瓶、过滤器、导管组成串联系统，进行系统评估。

系统等效试验数为

$$n^* = \min\{811\ 933.226\ 8, 10\ 000\ 000, 10\ 000\ 000, 396\ 130.725\ 709\} = 396\ 130.725\ 709$$

系统等效失败数为

$$f^* = 396\ 130.725\ 709 \times \left(1 - \frac{811\ 933.226\ 8 - 4.225\ 787}{811\ 933.226\ 8} \times \frac{10\ 000\ 000 - 0}{10\ 000\ 000} \times \frac{10\ 000\ 000 - 0}{10\ 000\ 000} \times \frac{396\ 130.725\ 709 - 0}{396\ 130.725\ 709}\right)$$

$$= 2.061\ 7$$

查表 GB/T 4087—2009，并插值得到系统评估结果，见表 5-6。

**表 5-6 液氧贮箱增压系统可靠性评估数**

| 系统名称 | 可靠性评估置信度 | 可靠度置信下限 | 可靠度点估计 | 等效成败型试验数 | 等效成败型失败数 |
|---|---|---|---|---|---|
| 液氧贮箱增压系统 | 0.7 | 0.999 991 | 0.999 995 | 396 130.7 | 2.06 |

## 5.6 可靠性试验

增压输送系统产品可靠性试验是为提高和验证产品可靠性所进行的试验，主要包括可靠性增长试验、可靠性强化试验和可靠性验证试验。

可靠性增长试验指为暴露产品的可靠性薄弱环节，通过采取针对性改进措施加以消除，防止故障再现而进行的可靠性试验。可靠性增长试验一般采用模拟产品真实使用剖面的环境条件。

可靠性强化试验属于可靠性增长试验中的一种特殊试验，通过采用逐步加严的强化应力环境进行试验，快速激发产品的潜在缺陷，使其以故障形式表现出来，通过故障模式分析、故障机理分析和改进措施消除缺陷，提高产品可靠性。可靠性强化试验并不强调试验环境的真实性，而是在保证失效机理不变的情况下，强调试验的激发效率，实现可靠性增长[2]。

可靠性验证试验指为验证产品可靠性指标而进行的可靠性试验，一般分为可靠性鉴定试验和可靠性验收试验。因此要求验证的产品技术状态、生产条件必须具备一致性与稳定性，从中抽样必须是随机的，试验条件必须与产品实际使用任务剖面所遇到的条件相一致或尽量模拟真实使用条件，以保证抽样的代表性。由于采用基于模拟真实环境条件的试验方法，验证试验存在周期长、效率低、耗费大的缺点，因此，增压输送系统在开展可靠性验证试验时采用加速试验方法，在保证失效机理不变的情况下，通过增大可靠性试验振动量级并按 6.7 节产品加速试验转换方法评价产品的可靠性指标。

可靠性验证试验与可靠性增长试验既有区别又有联系，均采用技术状态和生产条件具备一致性和稳定性的产品，按照实际任务剖面条件参加可靠性增长试验取得一次成功，则可以转化为可靠性验证试验；可靠性验证试验若出现重大故障，也必须采取改进措施，使可靠性获得增长，从而演变成可靠性增长试验。

增压输送系统可靠性验证试验主要包括如下内容：

1）确定试验项目和试验目的；

2）明确受试产品的技术状态；

3）规定试验条件；

4）确定试验方案：

a）根据产品薄弱环节确定特征量；

b）根据故障模式确定特性量的分布类型；

c）提出失效判据；

d）规定试验剖面；

e）规定验证指标。

增压输送系统典型组件产品特征量、分布类型和失效判据见表 5－7。

**表 5－7　增压输送系统典型组件产品可靠性特征量**

| 序号 | 产品名称 | 任务剖面 | 主要失效模式 | 可靠性特征量 | 可靠性分布类型 | 失效判据 | 备注 |
|---|---|---|---|---|---|---|---|
| 1 | 导管 | 发射/飞行 | 振动疲劳导致泄漏 | 振动疲劳寿命(时间) | 威布尔分布 | 泄漏 | 发射阶段有振动环境的主要失效为振动疲劳 |
| 2 | 气瓶(含复合材料气瓶) | 发射 | 反复充放气导致破坏 | 充放气次数 | 威布尔分布 | 泄漏 | |
| | | 飞行 | 振动疲劳导致泄漏 | 振动疲劳寿命 | 威布尔分布 | 泄漏 | |
| 3 | 破裂膜片 | 发射 | 泄漏 | 气密性 | 威布尔分布 | 泄漏 | |
| | | 飞行 | 破裂 | 承压极限 | 正态分布 | 破坏 | |
| 4 | 蓄压器 | 发射/飞行 | 振动疲劳导致泄漏 | 振动疲劳寿命 | 威布尔分布 | 泄漏 | |
| | | | 压力循环导致破坏 | 循环次数 | 威布尔分布 | 泄漏 | |
| 5 | 波纹管 | 发射/飞行 | 振动疲劳导致泄漏 | 振动疲劳寿命 | 威布尔分布 | 泄漏 | |
| | | | 反复拉压导致破坏 | 拉压次数 | 威布尔分布 | 泄漏 | |
| 6 | 电磁阀 | 发射/飞行 | 通电打不开及关不上 | 启闭次数 | 威布尔分布 | 通电打不开或关不上 | |
| 7 | 安全阀 | 发射/飞行 | 控制压力带超标 | 满足压力上、下限要求的启闭次数 | 威布尔分布 | 控制压力带超标 | |
| 8 | 安溢阀 | 发射 | 强制打不开或关不上 | 主阀启闭次数 | 威布尔分布 | 打不开或关不上，漏量超标 | |
| | | 发射及飞行 | 控制压力超标 | 满足压力上、下限要求的启闭次数 | 威布尔分布 | 控制压力带超标 | |
| 9 | 加注阀、排气阀、单向阀、手动开关 | 发射 | 打不开或关不上 | 启闭次数 | 威布尔分布 | 打不开或关不上，漏量超标 | |
| | | 飞行 | 泄漏 | 振动疲劳寿命 | 威布尔分布 | 漏量超标 | |
| 10 | 消能器 | 飞行 | 液面飞溅 | 出口流速 | 正态分布 | 气枕压力异常 | |
| 11 | 消漩防塌装置 | 飞行 | 液面出现漩涡或塌陷 | 推进剂剩余量 | 正态分布 | 推进剂剩余量超标 | |
| 12 | 孔板 | 飞行 | 孔板堵塞 | 流量 | 正态分布 | 增压流量超差 | |
| 13 | 引射器 | 发射/飞行 | 振动疲劳导致泄漏 | 振动疲劳寿命 | 威布尔分布 | 泄漏 | |
| 14 | 电爆阀 | 飞行 | 通电打不开或泄漏 | 起爆压力 | 成败型分布 | 通电打不开或打开冲击过大造成结构破坏 | |

# 参 考 文 献


[1] 周正伐．可靠性工程基础［M］．北京：中国宇航出版社，2009．

[2] 王国辉，李文钊，刘轻骑，等．航天可靠性工程技术体系及关键技术研究［J］．宇航总体技术，2020，4（4）：1-6．

[3] 金碧辉．系统可靠性工程［M］．北京：国防工业出版社，2004．

[4] 殷明霞，王明哲．增压输送系统可靠性评估方法及应用［J］．第四届中国航天质量论坛，2012（增刊）：444-449．

# 下篇　组件

# 第6章 管 路

## 6.1 概述

管路是增压输送系统中重要的组成部分，其功能是把指定的介质输送到使用部位。管路主要用于推进剂输送、贮箱增压、泄压、测压、气瓶增压、气动阀门启闭控制、气封吹除等，确保火箭动力系统的功能测试与正常运转。

按输送介质的种类不同，管路可分为液路和气路。液路主要是输送各种液体推进剂，包括常温推进剂（如四氧化二氮、偏二甲肼等）和低温推进剂（如液氧、液氢等）。气路主要是输送各种气态工作介质，如氮气、氦气、高温燃气及低温氢气等[1]。

管路一般由多根导管通过管接头或法兰连接而成，导管是由各类零组件通过焊接的方式形成的装配单元。传统导管研制生产模式是模装或基于正式贮箱壳段进行现场取样，最终结合二维图样和实物样件共同确定管路状态。近年来，随着三维设计软件（如PROE、CATIA等）的应用和普及，使用全箭数字样机替代实物样机进行的全三维数字化管路设计，可在虚拟空间中实现数百根不同走向、不同规格及不同连接形式的导管的布局及装配设计，如图6-1[2]所示。借助三维数字化技术，在导管实物生产前即可通过虚拟装配对管路布局及装配流程进行设计和迭代改进，降低研制成本，提升研制效率。三维数字化研制模式将管路设计与制造紧密结合起来，通过将导管三维设计信息转换成三维制造信息，可指导数字弯管机将管坯弯制成形，从而使管路产品的制造偏差得到精确控制。在长征-5和长征-7等运载火箭研制中，充分考虑了虚拟装配和虚拟维修技术，结合数字化三维模型开展了安装更换流程推演仿真。目前，基于三维模型进行增压输送系统产品安装、更换流程推演的技术手段已经用于型号应急预案制定中，其可行性已得到验证。

管路依据工作介质、温度、压力等功能性能指标开展研制，重点包括：首先要明确管路功能；根据流量需求确定通流面积及管路通径；根据接触介质选择相容性好的材料；根据工作温度和压力确定导管规格，以满足强度要求；根据边界位置确定管路空间走向；根据通径大小和密封要求确定导管连接方式为管接头或法兰；对于部分管路，提出了气液介质的流阻要求，管路流阻评定既要考虑沿程阻力，也要考虑因为弯管、波纹管、突扩突缩、分流汇流等导致的局部阻力；为满足测量需求，在管路的相应位置设置三通用于安装温度或压力传感器。管路研制在满足上述技术指标的同时，还要满足可靠性、维修性、保障性、测试性、安全性、环境适应性等要求。

管路研制过程中，需要考虑管路在工作时所经历的各种条件，包括外部自然环境、内部介质腐蚀、内部工作压力、高低温、边界位移、振动等，需重点关注以下几个方面。

图 6-1 管路三维数字化研制及虚拟装配

（1）结构及附件

大口径导管和小口径导管结构形式不同，应根据管路安装固定需求选择不同的卡箍支架结构形式、安装用紧固件的选用准则及防松措施，以及分离结构方案。

（2）材料选择

管路材料应根据工作介质、自然环境、工作压力、工作温度等因素进行选择。材料的选择要注意与所接触介质的相容性，如推进剂的腐蚀性、液氧气氧的安全性、盐雾及霉菌等环境对管路材料的腐蚀作用；管路工作压力与管路强度直接相关，需根据实际工作压力选择力学性能满足使用要求的材料并合理设置管壁厚度。

（3）补偿

管路及箭体结构在制造、装配过程中不可避免地存在尺寸偏差，不同工况、不同环境载荷下管路自身和边界条件会发生变化，为提高管路适应自身变形及边界变形的能力，需要开展全流程、全工况的管路补偿分析。

（4）热防护

不同管路接触到的工作介质有所不同，有些管路会接触液氢、液氧等低温介质，有些管路会接触高温燃气或工作于高温环境中，因此制定方案时需考虑对管路采用相应的热防护措施，以保证管路内部介质品质，保护管路自身不被高温破坏，并且减少管路对周边环境的影响。

（5）强度、疲劳及稳定性分析

管路主要失效模式包括强度破坏和疲劳破坏。管路工作过程中承受的内压、高低温、冲击、边界变化等均可能引起强度破坏。在管路试验中也曾多次发生由于结构振动而引起的疲劳破坏问题。管路疲劳可分为应力疲劳和应变疲劳，研制过程中选用不同的疲劳寿命分析方法对管路进行评价并优化管路结构。一些长度较长、壁厚较薄的导管或波纹管还存在失稳的可能，需要对失稳机理进行分析并采取相应措施进行预防。

（6）试验验证

地面试验是考核管路对环境适应性最直接的方法。地面试验过程中需重点关注试验介质的选取、控制点与测量点的布置、温度压力位移载荷的施加等，应尽量模拟箭上工况。

基于上述管路研制过程中重点关注的因素，本章从结构、材料介质相容性、补偿、热防护、应力分析、疲劳分析、稳定性、试验等方面开展论述。有关管路用管接头和法兰连接结构的相关内容，可参见第 10 章密封结构。

## 6.2　管路结构及附件

管路一般由多根导管连接而成，如图 6 - 2 所示。管路一般通过卡箍支架等安装结构可靠地固定在箭体结构上。确定固定位置时需考虑过载、冲击、振动、热环境等对产品正常工作的影响，选择力热环境条件较好的区域进行安装。对于重量较大或受地面连接载荷较大的管路，避免安装在箭体刚度薄弱区。

管路除了需具备正常的输送介质、连接、密封等功能外，某些特定场合还需具备分离功能。管路分离结构在分离之前要确保两个分离部件可靠连接与密封，在分离时要保证两个分离部件可靠分离，并确保分离过程中或分离之后，不产生影响上一级正常飞行的危害[3]。

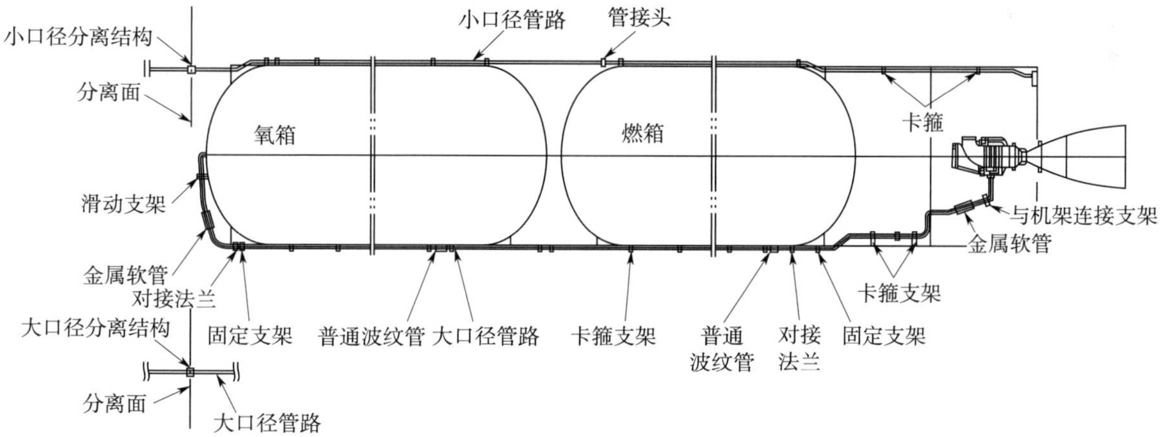


图 6 - 2　管路及附件示意图

导管按照通径大小可分为大口径导管和小口径导管，大口径导管和小口径导管补偿方式、连接方式、强度计算模型是不同的：

1）补偿方式不同：大口径导管一般通过设置特定的补偿元件实现补偿，小口径导管一般通过导管自身补偿能力实现补偿。

2）连接方式不同：大口径导管一般选用法兰密封结构进行相互连接，小口径导管一般选用管接头相互连接。

3）强度计算模型不同：管路元件的基本结构为圆筒结构。根据圆筒壁厚与内径的比例关系，可将管路元件分为薄壁管结构和厚壁管结构。壁厚$\delta$与内径$d$之比不大于1/20的圆筒结构为薄壁管结构。在增压输送系统常用导管中，大口径导管通常属于薄壁管，小口径导管通常属于厚壁管，薄壁管的环向应力在径向上是均匀一致的，而厚壁管的环向应力在径向上是变化的。

### 6.2.1　大口径导管及附件结构

（1）大口径导管结构

大口径导管指内径不小于$\phi$20 mm 的导管，一般包含一段或多段的直管和弯管、用于连接和密封的法兰、用于补偿的各类型补偿器、用于测温或测压的分支接管嘴等，各零件之间通过焊接的方式连接。大口径导管和阀门等其他产品一般采用带密封结构的法兰连接，高低温导管还需要相应的热防护结构，此类管路的结构示意图如图 6-3～图 6-5 所示，上述导管中分别选用了普通波纹管补偿器、钢丝网套波纹管补偿器和金属软管作为补偿元件，不同补偿方案的特点和选用准则详见 6.4.2 节。

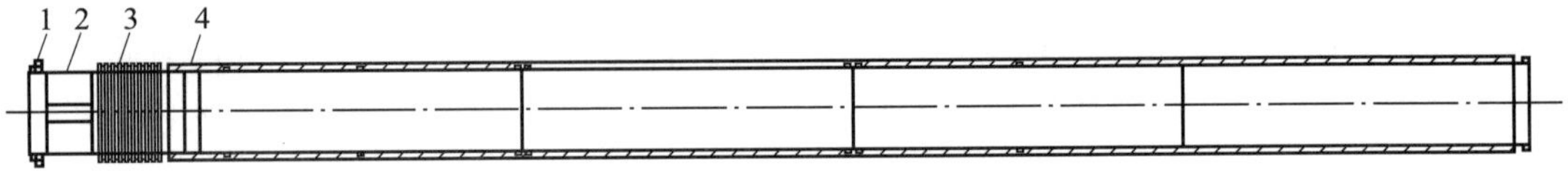


图 6-3　典型大口径导管结构示意图 1

1—法兰；2—直管；3—普通波纹管补偿器；4—绝热层

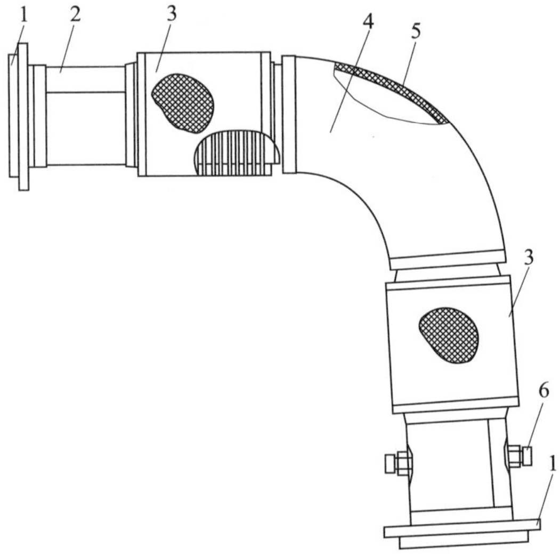


图 6-4　典型大口径导管结构示意图 2

1—法兰；2—直管；3—钢丝网套波纹管补偿器；4—弯管；5—绝热层；6—接管嘴

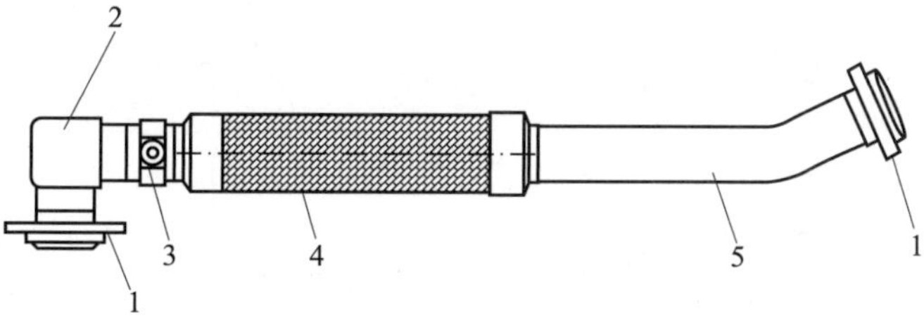


图 6-5　典型大口径导管结构示意图 3

1—法兰；2—弯头；3—接管嘴；4—金属软管；5—弯管

大口径导管的弯管应尽量设计为钝角弯的结构形式，以减小工作介质的流动阻力，同时避免低温推进剂出现反弯夹气。导管中变径位置应平缓圆滑过渡，避免因结构突变导致的激波流场或漩涡流场损害，以及结构突变产生的应力集中。

当一根输送导管需要同时给多台发动机输送推进剂时，通常需要设置多通结构实现推进剂的分流功能，典型多通结构如图 6-6 所示，其中右图为航天飞机夹层五通结构。

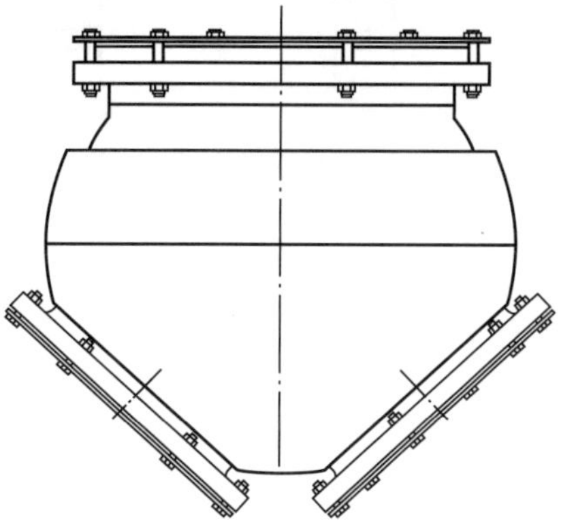

图 6-6　多通结构示意图

(2) 安装结构

安装结构主要包括卡箍、支架两种形式。安装结构的具体形式通常根据产品外形、接口、安装位置、安装空间、载荷、力热环境等条件确定。卡箍、支架位置的确定应在管路受力分析的基础上进行，需考虑管路的挠度、振动位移和管路轴向稳定性和传力等情况。安装结构如果发生损坏，可能会导致管路产品脱落、泄漏、失稳或断裂，造成发动机推力损失，从而影响发动机系统的工作性能和火箭安全，后果很严重。

卡箍典型结构形式如图 6-7 所示。卡箍的选用应考虑安装结构的外形尺寸、约束要求、使用温度、使用载荷、力学环境、空间约束等因素。卡箍结构重量应尽量轻，同时应连续圆滑过渡，以减小应力集中。通常卡箍厚度较薄时采用钣金结构，厚度较厚时采用机加结构。卡箍材料通常选用比强度高、延展性好、成形工艺好的材料，如铝合金 2A12、5A06、不锈钢 0Cr18Ni9 和高温合金 GH4169。当载荷较大、振动环境恶劣时，可选用双面宽型卡箍和双面翻边卡箍。

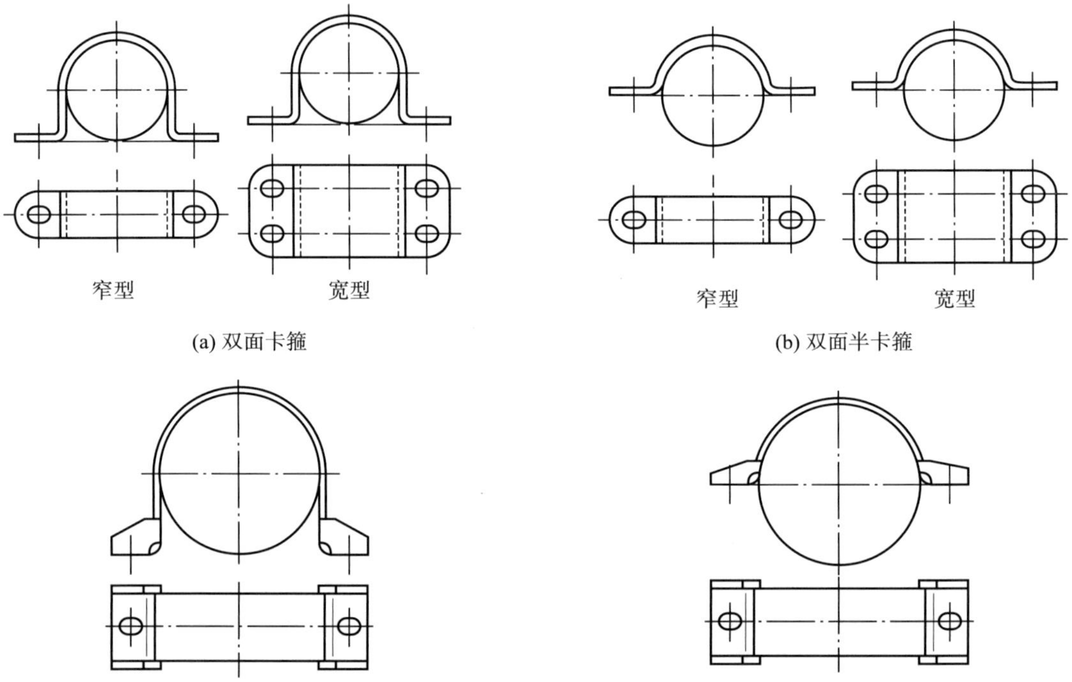


(a) 双面卡箍　(b) 双面半卡箍　(c) 双面翻边卡箍　(d) 双面翻边半卡箍

图 6-7　卡箍典型结构形式

支架典型结构形式如图 6-8 所示。支架形式可分为滑动支架和固定支架。固定支架多设置在非限位补偿器临近处以及补偿分配的分段处，用于承受管段载荷，限制导管轴向位移和径向位移。滑动支架是管路的支撑点，用于限制管路径向位移，增强管路稳定性，提高管路自振频率。支架间距需要合理设计，使管路自振频率避开箭体运输频率和飞行中箭体弯曲振动频率，并防止管路结构失稳。支架的设计应考虑安装部位的结构、管路数量、约束要求、使用温度、使用载荷、力学环境等因素。支架结构重量应尽量轻，可以采用钣金件或机加结构，应连续圆滑过渡，减小应力集中；此外，支架结构可以根据使用需求设计成角度、位移可调的形式，如通过长圆形安装孔进行位移调整，或通过垫楔形片、零件转动进行角度调整。

安装结构一般通过紧固件与管路、箭体连接，紧固件应合理选用，确保安装可靠。增压输送系统常用的紧固件材料有高温合金、钛合金和高强铝合金。目前我国航天产品上用到的紧固件标准较多，同种结构形式、同种材料的紧固件，由于性能指标、使用环境不同而形成了多种标准，如国家军用标准、航天行业标准、航空行业标准以及国家标准、企业标准等[4]。

选用紧固件时有一些基本原则，例如优先从国家军用标准、航天行业标准、航空行业标准中选用紧固件，当其品种规格不能满足需要时，可选用国家标准紧固件作为补充；所选用的紧固件应保证在全寿命周期内能够安全有效地工作；在满足使用要求的前提下，应尽量选用强度高、重量轻、质量可靠的紧固件；紧固件选用目录应压缩优选。

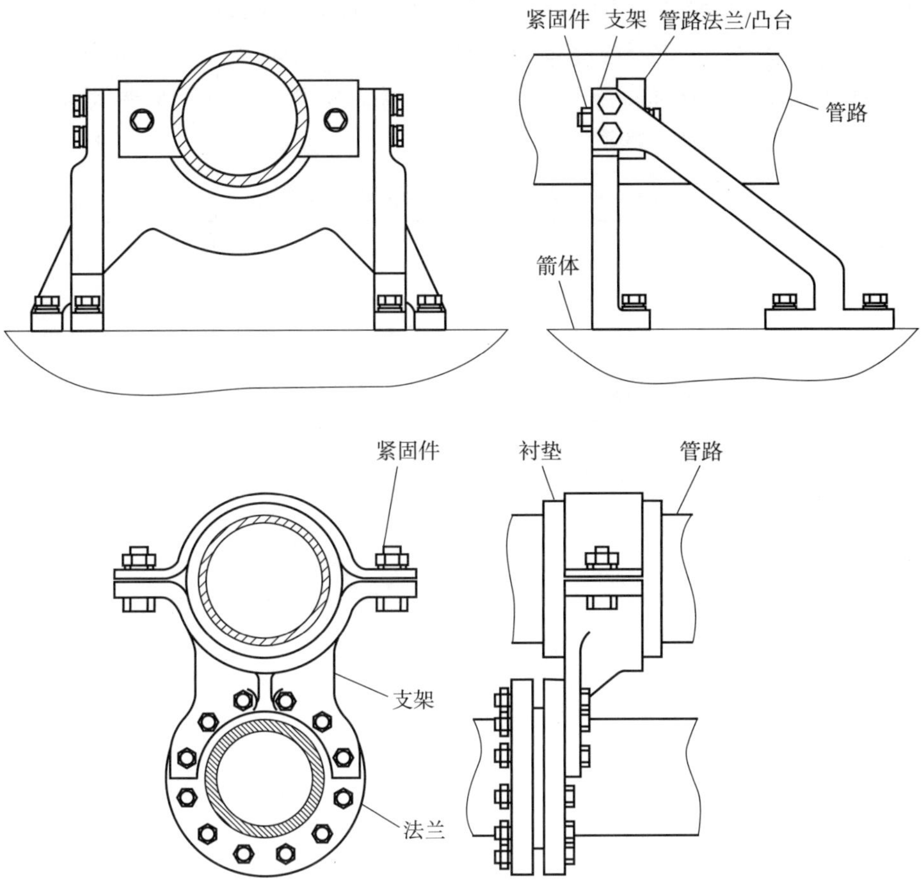


图 6－8　支架典型结构形式

除上述基本原则外，还要根据实际使用要求选用合适的紧固件，主要考虑以下几方面内容：

1）强度和刚度方面：重要承力结构连接部位应选用强度等级高的紧固件（如合金钢、钛合金和镍基合金等材料制成的紧固件）；当使用部位对刚度有要求时，一般应选用弹性模量高的材料制成的紧固件。

2）螺纹方面：细牙螺纹的承载能力和防松能力高于粗牙螺纹，高精度的细牙螺纹可以提高装配精度，改善螺纹受力状况。

3）表面防护方面：对于接触到海洋环境和需要长时间贮存的部位，优选耐腐蚀性能好的原材料；对于耐蚀性不好的原材料可采用表面防护的措施，一般选用电镀镉或锌铬涂层（俗称达克罗涂层），但要注意氢脆、镉脆、锌脆问题。

4）工作温度方面：高温环境应选用抗蠕变性能好、强度衰退小的材料制成的紧固件；低温环境应选用低温性能好并且与组件材料的冷缩率相匹配的材料制成的紧固件；对于要求减小热传导的部位，应采用热导率小的材料制成的紧固件。

5）装配空间方面：对于结构紧凑、装配空间狭小的部位，选用时应考虑对装配空间的适应性以及装配工具的操作空间；对于只能进行单面装配的部位，可选用托板螺母等。

紧固件在工作状态下经常会经受各种变载荷，包括高量级振动和冲击载荷。一般情况下，紧固件螺纹在工作一段时间后会出现连接松脱失效现象，因此应采取必要的防松措施。紧固件常用的防松措施见表 6－1。

**表 6－1　紧固件防松方法的特点及应用**

| 序号 | 方法 | 特点和应用 | 结构简图 |
| --- | --- | --- | --- |
| 1 | 黏合剂黏结 | 在相配的螺纹表面涂环氧树脂或厌氧胶等黏合剂，黏合剂固化后即可牢固地黏结相配的螺纹，达到锁紧防松的目的，可用于不需要拆卸或不常拆卸的螺纹连接 | 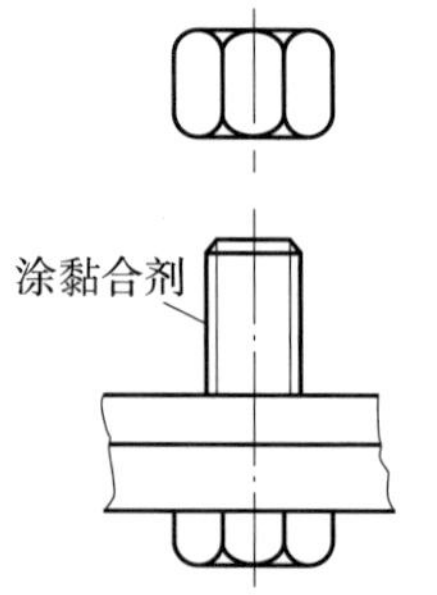 |
| 2 | 止动垫圈 | 用一个止动垫圈把螺母与被连接件固定在一起，或用双联止动垫圈把两个螺母相互固定在一起。防松可靠，可用于工作温度较高部位的防松连接 | 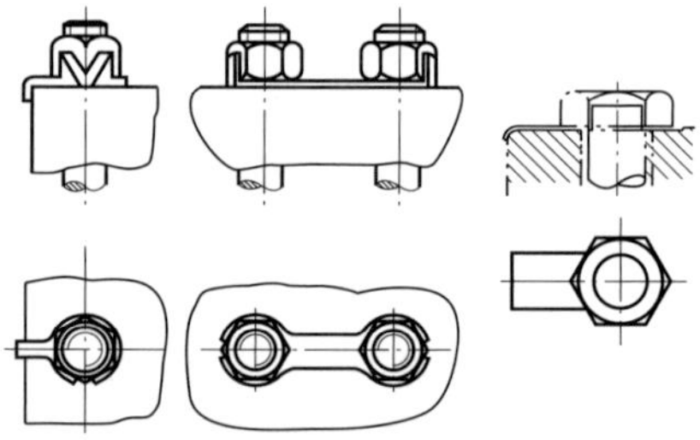 |
| 3 | 保险丝 | 用保险丝穿入螺栓头或螺母的金属丝孔内，使几个螺栓或螺母连接在一起而锁紧。可用于成组的螺栓或螺钉的连接防松 | 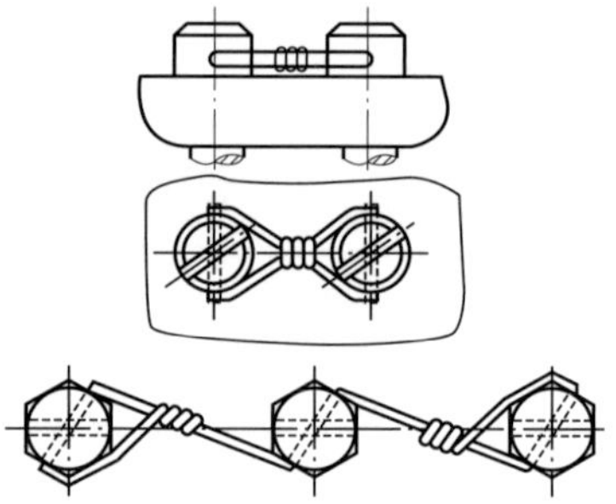 |
| 4 | 全金属自锁螺母 | 在螺母体上端进行非圆收口或开槽后收口。螺栓拧入螺母后，螺母的收口部位向外胀开，利用收口部位的弹性，使螺纹副横向压紧，消除螺纹间隙，增大螺纹摩擦力，使螺栓和螺母牢固地锁紧。<br>特点是体积小，重量轻，温度范围宽，防松效果好 | 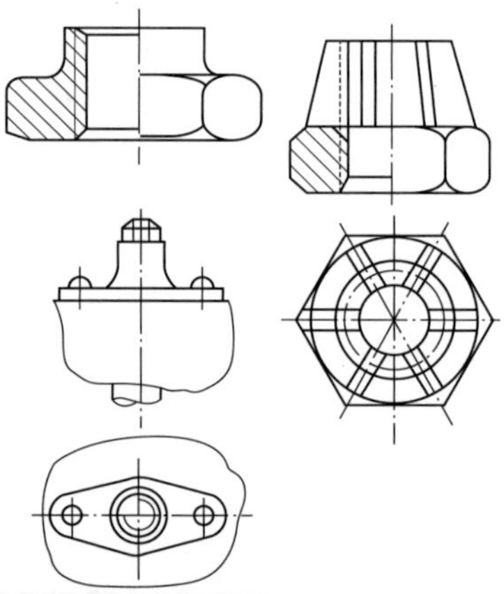 |

**续表**

| 序号 | 方法 | 特点和应用 | 结构简图 |
|---|---|---|---|
| 5 | 弹簧垫圈 | 利用弹簧的张力为螺纹连接提供锁紧作用，结构简单。但防松效果差，不适于承受冲击、振动的部位 | 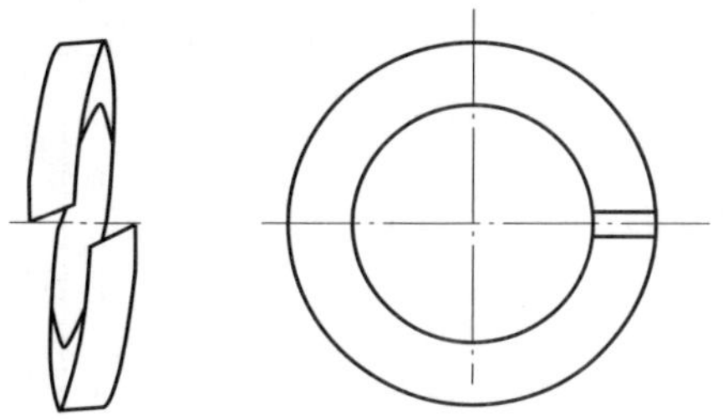 |
| 6 | 双螺母 | 两个对顶螺母拧紧后，在两个螺母与螺栓组成的螺纹副中，螺牙侧面受到的轴线方向的压力方向相反，从而起到防松的作用。双螺母防松结构简单，防松效果较好 | 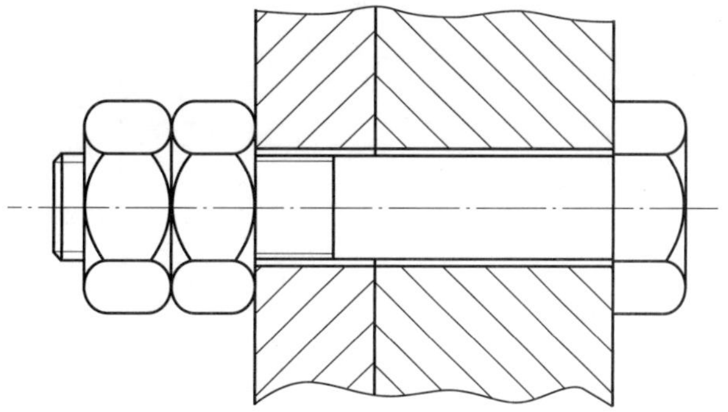 |
| 7 | 楔形螺纹 | 楔形螺纹牙型与普通螺纹牙型基本相同，唯一的区别是在内螺纹的小径上有一个 30°的楔形斜面。楔形螺纹是一种新型的不加任何锁紧机构但具有锁紧功能的内螺纹，其防松能力大大高于普通螺纹，并且可以反复拆装 | 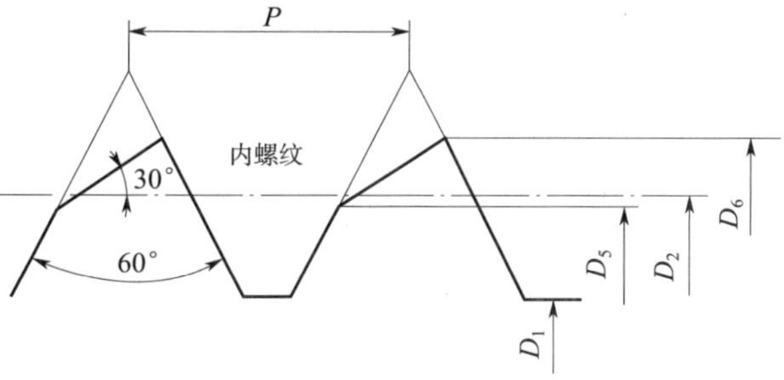<br>$D_1$-内螺纹牙顶小径；<br>$D_2$-内螺纹中径；<br>$D_5$-内螺纹牙底斜面小径；<br>$D_6$-内螺纹牙底斜面大径 |

（3）大口径分离结构

当大口径导管穿过级间分离面时，需设置导管分离结构，用于确保火箭飞行过程中进行级间分离时大口径导管的有效分离。

大口径导管分离可选用火工分离和机械分离两种方案。机械分离可靠性高但轴向拉断力较大，适用于对分离力不敏感的场合。常用的机械式分离结构为削弱槽拉断分离结构，如图 6-9 所示。削弱槽拉断分离结构依靠级间分离力，将管路从削弱槽处拉断，从而实现分离功能。削弱槽可以设计成多个，以提高分离可靠性。削弱槽分离结构简单，但分离时需要一定分离力，会对箭体姿态产生一定影响。

火工分离更适用于对分离力比较敏感的场合。常用的火工分离结构有点式分离装置和线式分离装置[5]。

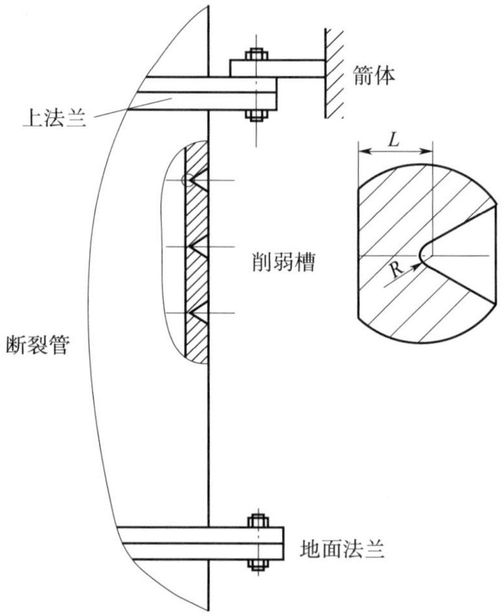


图 6-9　削弱槽分离结构

点式分离装置的代表为爆炸螺栓和分离螺母，普遍应用于航空航天系统多级界面之间。若在管路中应用，需要管路采用法兰的连接形式。爆炸螺栓典型结构形式如图 6-10 所示，电爆炸螺栓需要用电信号起爆，非电爆炸螺栓可用火焰或爆轰信号起爆，采用非电起爆的爆炸螺栓能够有效提高工作同步性[6]。典型的分离螺母结构原理如图 6-11 所示[7]，分离螺母的工作原理是分离段在火药燃气驱动下张开，从而释放连接螺栓。

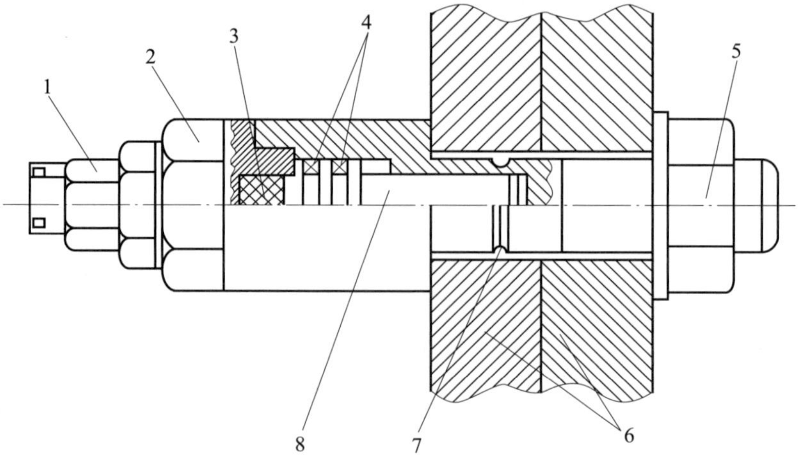


图 6-10　削弱槽式无污染爆炸螺栓

1—电起爆器；2—螺栓体；3—主装药；4—密封圈；5—螺母；6—连接件；7—削弱槽；8—活塞顶杆

线式分离装置一般采用聚能切割索。聚能切割索具有结构简单、定向作用好、能量利用率较高、分离迅速等优点，主要应用于火箭的多级分离、紧急逃逸系统中。典型的聚能

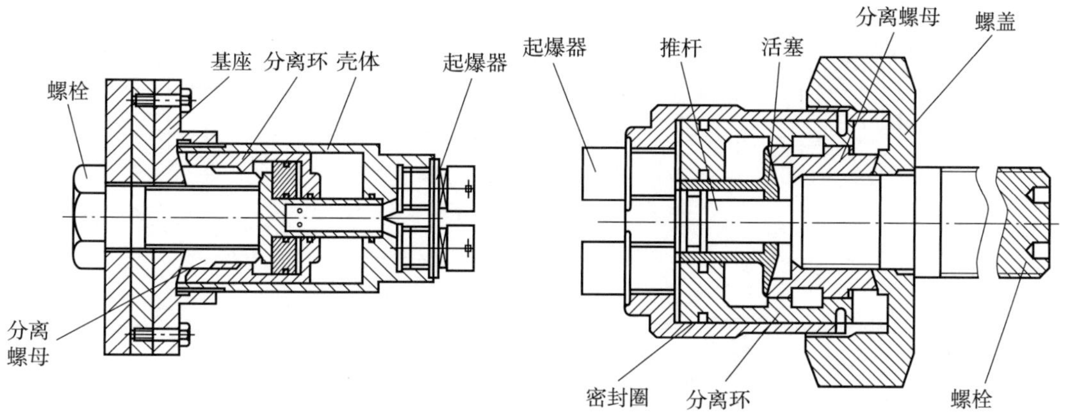


(a) 反推式分离螺母　(b) 直推式分离螺母

图 6-11　典型的分离螺母结构原理

切割索分离装置如图 6-12 所示。线式分离装置的局限性表现为对安装要求较严，安装过程中若药型罩型面发生改变，就有可能影响切割效果，从而最终影响分离[8]。

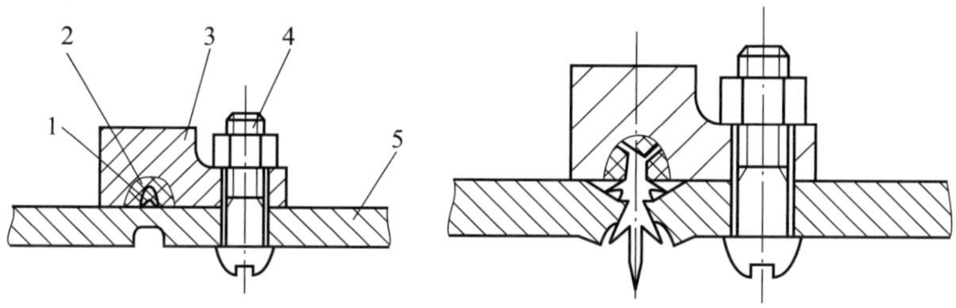


图 6-12　典型的聚能切割索分离装置

1—切割索；2—橡胶护套；3—金属护罩；4—压紧螺钉；5—分离构件

火工分离简单有效、分离力小，但安全性较差。箭上设置过多的火工分离装置不利于可靠性和安全性的提高[9]。

### 6.2.2　小口径导管及附件结构

小口径导管指内径小于 $\phi 20$ mm 的导管，一般包含一段或多段的管材、用于连接和密封的管路接头、带分支的复杂管路，还包括三通或四通。管子与管接头通过氩弧焊或电子束焊接的方式连接，小口径导管之间一般采用带螺纹的管接头连接。此类管路的典型形貌如图 6-13 和图 6-14 所示。

小口径导管一般通过卡箍固定于贮箱或壳段，结构形式如图 6-15 所示。当多路小口径导管并排安装且为高振动环境时，卡箍可采用集合型管夹形式。

部分小口径管路需要在地面测试时从箭体尾部向顶部输送工作介质，如气封气、吹除气、控制气等。这些管路跨越相连的多级火箭，在飞行级间分离过程中，管路需伴随箭体同时分离。小口径的火工分离结构加工制造难度较大，因此小口径导管一般采用机械分离

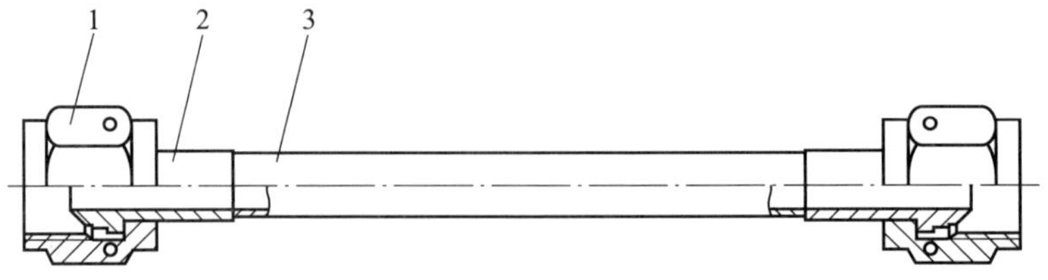


图 6－13　小口径导管示意图

1—外套螺母；2—管接头；3—管子

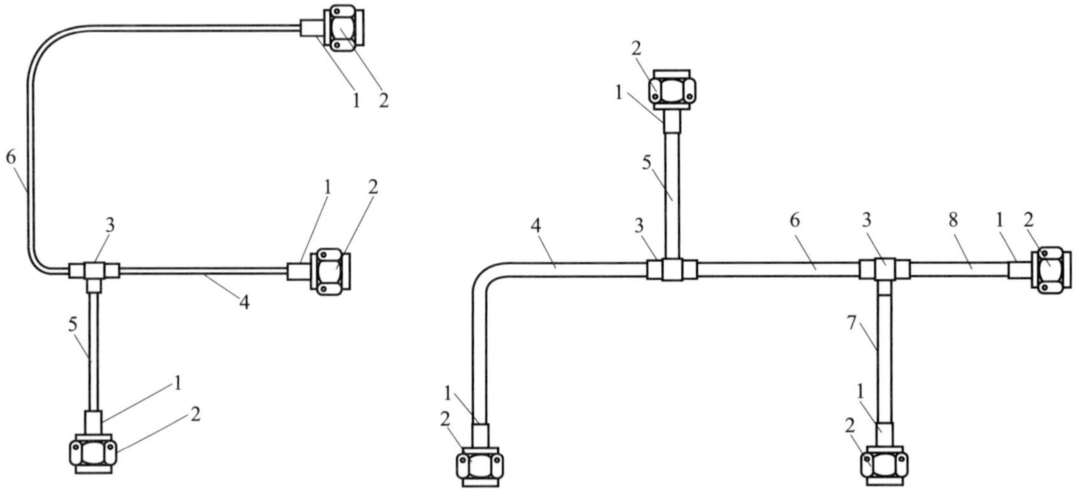


图 6－14　多分支小口径导管示意图

1—管接头；2—外套螺母；3—三通；4～8—管子

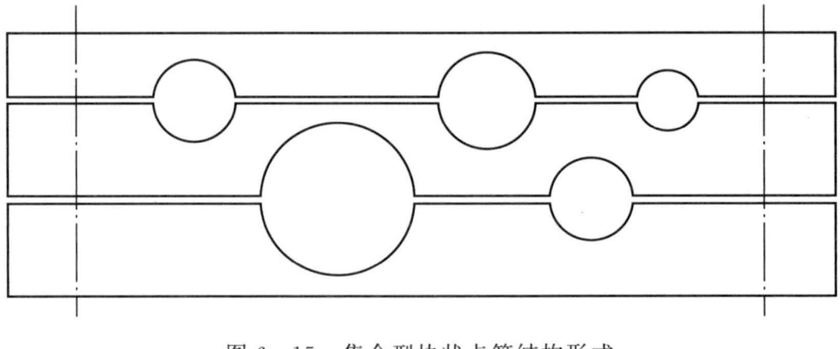

图 6－15　集合型块状卡箍结构形式

方案。常用的小口径导管机械分离装置为非金属密封分离插座，其结构如图 6－16 所示，一组两件分离插座分别安装在固定支板上，中间安装一段短管，通过螺母锁紧非金属密封件。在管路内充压介质流动时，通过挤压非金属密封件使其变形而起到密封作用；火箭级间分离时中间短管克服与非金属密封件的摩擦力完成分离。该结构简单，插拔导向性好，密封性较好，分离力小，不影响分离姿态。此种结构管路内充压时具有一定的轴向载荷，对于分离插座安装固定支板及端框，要求能承受较大的分离结构轴向载荷，防止产生较大变形，影响密封或分离。

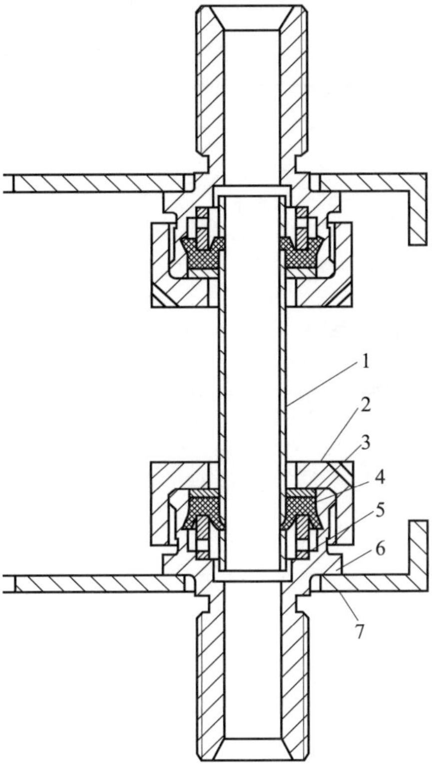


图 6 - 16　非金属密封分离插座结构

1—插管；2—螺母；3—垫片；4—皮碗；5—环；6—插座；7—支架

## 6.3　管路材料介质相容性

材料与所接触介质之间的相互作用和影响，称为材料与介质的相容性[10]。管路材料所接触的介质既包括管路内部接触的工作介质，也包括管路所处的外部环境介质。所以，在管路选材时，首先要分析产品所接触介质的物性化学特征，包括腐蚀性、使用安全性等，并结合材料的成分组成及特性，最终选取满足介质相容性要求的材料。

管路内部所接触的介质中，四氧化二氮和偏二甲肼需要重点关注材料腐蚀性问题；液氧需要重点关注使用安全性问题；煤油需要重点关注非金属相容性问题；一般导管使用的金属材料与液氢相容性较好。

管路产品所接触的外部环境条件中，盐雾、霉菌、湿热等条件也会对材料产生一定的侵蚀作用，在材料选择和使用过程中需要关注。

### 6.3.1　腐蚀性介质相容性

材料与腐蚀性介质的相容性一般以材料在介质中的腐蚀速率作为依据进行分级。目前火箭动力系统中使用最多的推进剂组合为双组元液体推进剂，由液体氧化剂和液体燃料两个组元组成。普通双组元液体推进剂与各种金属、非金属材料的相容性分级标准见表6-2[10]。

**表6-2　普通双组元推进剂与材料相容性的分级标准[10]**

| 级别 | 使用要求 | 材料 | | 用途 |
|---|---|---|---|---|
| | | 金属 | 非金属 | |
| 一 | 使用长久且满意 | 具有优良的耐蚀性，腐蚀速率小于0.025 4 mm/a，不使推进剂分解或质量变化，对冲击不敏感 | 具有良好的耐蚀性，体积变化在0～+25%，硬度变化在-5%～+5%，不影响推进剂质量 | 用于长期与推进剂接触的部件 |
| 二 | 可使用，但持久性受到限制 | 具有良好的耐蚀性，腐蚀速率小于0.127 mm/a，不使推进剂分解或质量变化，对冲击不敏感 | 具有较好的耐蚀性，体积变化在-10%～+25%，硬度变化在-10%～+10%，不影响推进剂质量 | 用于较长时期与一定条件下使用的结构材料 |
| 三 | 短期使用 | 具有较好的耐蚀性，腐蚀速率为0.127～1.27 mm/a，可能引起推进剂缓慢地分解 | 具有一定的耐蚀性，体积变化在-10%～+25%，硬度变化在-10%～+10%，对推进剂质量有微小影响 | 用于短期与推进剂接触的材料 |
| 四 | 不推荐使用 | 耐蚀性不好，腐蚀速率大于1.27mm/a，使推进剂剧烈分解，对冲击敏感，甚至突然着火 | 耐蚀性不好，体积变化小于-10%或者大于+25%，硬度变化小于-10%或大于+10%，材料在推进剂中溶解，严重起泡或者破裂，严重影响推进剂质量 | 不适合用作与推进剂接触的结构材料 |

管路产品接触的腐蚀性介质为常温推进剂四氧化二氮和偏二甲肼。

偏二甲肼在通常条件下为非常易吸湿的液体，具有氨气的气味，易于溶解水、酒精和乙醚。通常条件下，偏二甲肼是稳定的物质，对冲击、摩擦、光和声音脉冲不敏感。加热时能热分解，分解从温度大约400 K（127 ℃）开始，随着温度升高，分解会更剧烈。纯偏二甲肼无论是气相还是液相，对结构材料的腐蚀性都比较弱，碳钢、铸铁、合金钢、铝及其合金、镍、铬、钛及其合金，在常温下长时间与纯偏二甲肼接触几乎不会被腐蚀。但由于用作推进剂的偏二甲肼中通常含有0.3%～0.5%（质量分数）的水，会发生水解反应产生水解离子，导致偏二甲肼与金属发生电化学反应，继而发生腐蚀。对于非金属而言，试验表明氟塑料和聚乙烯对偏二甲肼是稳定的，常用作垫片和密封圈，几种丁基橡胶对偏二甲肼也很稳定。国内近年来开展全氟聚醚橡胶7114的配比和研制工作，目前的浸泡试验结果显示，7114耐偏二甲肼性能良好。

四氧化二氮在常温下为有毒的透明橙黄色液体，具有硝酸的气味。温度升高时其颜色会变成棕色。其沸腾温度为294.3 K（21.2 ℃），易于分解，在285～288 K（12～15 ℃）时就会开始分解，并具有非常强的挥发性。四氧化二氮极易吸水，吸收水分后生成硝酸和亚硝酸，与金属接触形成盐类腐蚀物。环境中的四氧化二氮浓度越高，腐蚀越严重；相对湿度越高，腐蚀速率越大。同时，由于四氧化二氮中含有氯，氯在四氧化二氮中以亚硝酰氯的形式存在。氯的存在一般会引起点腐蚀，所以，四氧化二氮对材料的腐蚀性非常强。

依据四氧化二氮国军标 GJB 1673—1993 要求，军用四氧化二氮含水量不得超过 0.15%（质量分数），对于该状态的四氧化二氮，低碳钢、合金钢、镍、铝及其合金是稳定的，但钛及其合金、银、铜、锌、镉和铅是不稳定的，易发生腐蚀。对于非金属而言，试验研究证实氟塑料对于四氧化二氮具有良好的相容性；羧基亚硝基氟橡胶 7113 胶料在常温下具有较好的耐四氧化二氮性能；全氟醚橡胶 7116B 常温下兼顾耐介质性能和耐高温性能。

在选择具备一级相容材料的同时，为满足更为严苛的腐蚀环境中的特殊应用需求，可以采用一些辅助工艺措施，进一步提高产品的耐蚀性，以确保产品的安全性和系统的可靠性。如不锈钢材料焊接后采用酸洗钝化的措施，提高耐蚀性能[11]；铝合金材料采用表面阳极化等措施，提高耐蚀性[12]。

### 6.3.2　氧相容性

对于使用液氧煤油、液氢液氧推进剂的新一代低温火箭，要对材料在气氧环境下的使用安全性进行分析，这对氧增压系统的安全性评估至关重要。高温气氧具有很强的氧化性和助燃性，且随着气氧压力升高和流速增大，一旦形成“发热点”，很容易导致结构件或多余物燃烧事故。

ASTM（美国材料与试验协会）对氧系统的安全性进行了较为全面的研究，不仅对气氧系统燃烧的机理进行了概括，还完成了部分材料在气氧环境下的易燃性能评估试验和燃点测定试验，同时规定了氧系统中验证安全性的试验标准，为 NASA、ESA 以及国内航天规范所用。ASTM 认为气氧系统中发生燃烧的机制是热量的聚集达到系统中某种材料的燃点。在气氧介质的环境中，颗粒物的冲击、气体的压缩、流动的摩擦、结构的撞击、结构的摩擦以及流场自激谐振[13-14]等运动形式都能产生机械能向热能转换的能量传递，一旦热能积累达到结构材料的燃点，在高浓度的气氧环境下会发生剧烈的燃烧。

氧系统爆燃的诱因是由于机械生热，达到爆燃的根本原因是系统内的热量累积、温度升高达到材料的燃点。因此，要避免气氧中发生爆燃，需要在系统设计和结构设计时减少机械生热的可能性；同时流道表面应光滑无尖角和凸起，避免氧气流速发生急速滞止；结构设计应尽量避免结构件发生大能量的撞击；严格控制多余物进入气氧系统，形成冲击颗粒[15-17]。

结合国内金属材料氧安全性试验结果，以及国外对高压氧安全性使用数据的积累分析，适应于气氧环境中的金属材料包括不锈钢材料、镍-铁基合金、铜及铜合金等。铝合金材料在低压工况（小于 0.6 MPa）下可以使用，在压力较高工况下不推荐使用[18]。

管路密封结构中密封件一般采用非金属密封件或非金属-金属复合密封件，非金属会接触到氧环境，但应杜绝非金属材料直接暴露于气氧流动中。一般通过液氧、气氧浸泡、冲击等试验来验证非金属材料与氧的相容性，目前介质为氧的管路中常用的非金属材料包括：氯丁橡胶 4101，氟橡胶 7108，三元乙丙橡胶 8301B、8301C，石墨。

### 6.3.3　煤油相容性

航天煤油是运载火箭常用推进剂之一，在国外航天器中已经广泛应用，国内航天器也有所应用。煤油对与其接触的材料会产生一定的物理和化学作用，如对金属材料的腐蚀、对非金属材料的溶胀作用等。同时，金属及非金属材料与煤油的接触也会对煤油的化学成分及使用性能产生一定的影响。

对于金属材料，金属腐蚀速率是反映金属与煤油是否相容的最重要的参考依据，一、二、三、四级相容对应的金属腐蚀速率分别要求为：小于 0.01 mm/a（毫米/年），0.01～0.1 mm/a，0.1～1 mm/a，大于 1 mm/a [19]。参考文献［20］还给出了金属腐蚀率计算公式，即

$$R=\frac{2.77\times(M_0-M_1)\times10^{-12}}{DST} \tag{6-1}$$

式中，$R$ 为腐蚀速率（m/s）；$M_0$ 为金属试片的初始质量（kg）；$M_1$ 为试片经试验并清除腐蚀产物后的质量（kg）；$D$ 为金属试片的密度（$kg/m^3$）；$S$ 为试片的表面积（$m^2$）；$T$ 为腐蚀试验的时间（s）。

对于金属材料，在气态、液态煤油中开展浸泡试验，对浸泡后的材料性能、质量、金相开展分析，并对煤油的成分、胶质、电导率、机械杂质等成分进行分析。管路常用的不锈钢和铝合金材料均与航天煤油一级相容。

对于非金属材料，一般开展材料在煤油中的静态气、液相浸泡试验，试验后对非金属材料的力学性能、质量变化率、体积变化率进行测量，并分析煤油的性能指标变化情况，综合结果评价材料与煤油的相容性。

在介质为煤油的管路密封结构中，选用的非金属材料主要有丁腈橡胶 5005B 等，其与煤油的相容性经过试验验证，满足使用要求。

对管路使用的厌氧胶和润滑脂开展了煤油介质相容性试验，结果显示：厌氧胶 4279、抗化学介质润滑脂 7804、抗化学密封脂 7805 的材料性能无明显变化，煤油的主要组成、胶质等性质未发生明显变化，因此相容性良好。

氟塑料在煤油介质中开展浸泡试验结果表明，氟塑料 Fs-3、Fs-46 在煤油中浸泡后，质量、体积基本无变化，硬度变化较小，煤油外观、成分、酸值、胶质、电导率、机械杂质基本没有变化，由此可以判定氟塑料 Fs-46、Fs-3 与航天煤油为一级相容[20]。

### 6.3.4 自然环境腐蚀性

管路产品在自然环境贮存过程中，也会因自然环境中存在的腐蚀性物质，导致产品出现腐蚀现象。湿热环境、霉菌环境和盐雾环境是管路产品可能接触的三种典型环境条件。其中，霉菌主要影响非金属材料，管路产品大部分为金属材料，受霉菌影响较小。湿热环境的腐蚀与盐雾环境的腐蚀基本是同时进行的，所以，本节重点论述材料的耐盐雾腐蚀。

盐雾是指含氯和氯化合物的大气，其对产品的腐蚀主要是由盐雾中的大量氯离子引起的。盐雾对金属的腐蚀是以电化学反应的方式进行的，在可见液膜下或因腐蚀产物吸水润湿时，腐蚀速率主要由阴极过程控制；当水膜很薄时，腐蚀速率主要由阳极过程控制。液膜的厚度、干湿变化的频率均可影响阴、阳极电化学过程。当液膜比较薄时，氧气容易到达金属表面，使某些金属氧化，或者是由于水分太少，从而阻碍了金属离子的水化作用，

这样就延滞了阳极过程。若液膜消失，则电化学过程停止，金属与氧气发生纯粹的化学腐蚀。

此外，氯离子具有很小的水合能，容易被吸附在金属表面；同时氯离子的离子半径很小（只有 0.181 nm），具有很强的穿透本领，容易穿过金属表面氧化层进入金属内部，取代氧化物中的氧，并在吸附点上形成可溶性氯化物，可溶性氯化物会导致金属表面氧化层出现小孔，破坏金属的钝化，加速金属腐蚀。

大气的湿度和温度的变化也会影响盐雾腐蚀的速度。湿度对金属腐蚀的影响不是线性的，当环境相对湿度超过某一值时，金属的腐蚀速率会迅速增加，这被称为临界相对湿度。金属表面越粗糙或金属表面洁净度越低，临界相对湿度就越低。在干燥环境下，无论气温多高，金属腐蚀都很轻微。但当相对湿度达到金属腐蚀的临界相对湿度时，温度每升高 10℃，化学反应速度增加约 1 倍。

分析海洋大气环境下金属的自然环境适应性，需要综合考虑盐雾、温度、湿度等多种因素。根据盐雾腐蚀作用的原理，除选择耐蚀性能优良的材料外，还应在使用过程中采取必要的措施，以提高材料的耐蚀性，如结构上避免积水、消除缝隙结构、做好封胶处理防止水和盐雾的沉积、对材料实施阳极化或钝化等表面处理、涂漆防护等。

考虑到耐自然环境腐蚀，管路常用的不锈钢材料有 0Cr18Ni9、1Cr21Ni5Ti，铝合金材料有 5A03、5A06、2A14。

## 6.4　管路补偿

管路补偿是火箭管路设计中非常重要的一个环节。管路及箭体结构在制造、装配过程中不可避免地存在尺寸偏差，不同工况、不同环境载荷下管路的变形量和边界条件也会发生变化。当管路刚度较大时，易出现无法安装的问题，或者带预应力安装后在内外载荷作用下引起较大应力集中，易导致管路破裂失效。因此，必须通过开展管路补偿设计，以满足管路安装和使用的补偿要求。管路补偿包括补偿需求分析和补偿方案两部分，两者相互关联并存在迭代的过程。一般通过管路子段划分和工况分析进行补偿需求分析并确定初步补偿方案，根据初步确定的补偿器性能数据、导管位移、温度、压力等条件，借助有限元方法计算出每个管路子段的支反力、弯矩、管路子段应力水平等，并基于此综合评定管路系统的整体性能，反过来对管路结构布局、子段划分、支架设计等进行管路系统结构优化，对管路及其相关零组件指标进行进一步完善。

### 6.4.1　补偿需求

在管路布局、分段、固定方式明确之后，根据管路从总装到飞行的全寿命周期不同阶段经历的使用工况，开展补偿需求分析，明确补偿量。管路补偿量通常包括由边界、温度、压力变化导致的径向、轴向和角位移补偿量，每种工况分析时均应考虑补偿量为正、负极限条件下的管路变形情况。

（1）子段划分

在开展管路补偿方案设计之前需要对每个连通的管系进行子段划分，从而获取端部均为固支结构的管路子段作为补偿设计单元，再分别对每个管路子段进行工况分析，根据分析结果选用或设计补偿结构。工程设计过程中，除考虑单个管路子段补偿需求分析以外，还需综合考虑该管系所有管路子段的补偿需求、管路走向和补偿器情况，对管路布局、断点位置及补偿器设计指标进行迭代优化。

子段划分能降低管路整体补偿需求的复杂程度，并便于结合典型补偿器特性开展补偿需求分解。通常通过在管系上布置固支结构（支架）来实现管路子段的划分，如图 6-2 所示。通过对管路路径的初步分析可将管路简化为直线型、“L”形和“Z”形等典型构型的组合，并根据管路补偿需求和对应规格补偿器特点进行初步分段，确定分段位置和数量。此外，分段点布置要考虑实际箭体结构情况，由于固定支架承载要求较高，因此一般布置于承载能力较强、刚度较大、形状稳定性较好的部段位置。例如沿箱体前后底-侧壁布局的管路，一般在贮箱短壳或箱间段设置固定支架，将管系补偿分为侧壁直线型管路子段和箱底“L”形管路子段，侧壁长直管采用普通波纹管进行补偿，箱底管路采用一组网套或金属软管进行补偿。为降低普通波纹管失稳风险，当侧壁管路跨度较长时，在中部增设一处固定支架将长直管分为两段分别补偿。一般普通波纹管应尽量靠近固定支架布置，无法满足时可以通过在管轴上、波纹管两侧安装滑动卡箍，约束管路和波纹管的相对径向位移的方式解决。

（2）工况分析

管路子段从交付总装到发射飞行全寿命周期所经历的各种工况包括：总装工况、总装气检工况、运输工况、技术阵地气检工况、吊装工况、发射阵地气检工况、推进剂加注工况、射前增压工况和飞行工况等，每种工况分析时应考虑正、负两种极限条件下的边界位移和管路变形情况。其中运输与吊装工况一般管路边界不发生变化，并且要保证管路无变形发生。

总装工况主要补偿装配误差，装配误差通常由贮箱、壳段、发动机入口、发动机机架、管路本身等的制造误差与装配偏差等因素综合作用引起，管路装配对沿程滑动卡箍支架的偏差包容性较好，无特殊情况下可忽略不计。装配误差可以分为轴向误差、径向误差、角度误差和环向误差，其中轴向误差、径向误差、环向误差分别为沿箭体轴向、径向、环向的分量总和，包括与管路相关联的箱体、壳段、发动机等结构的轴向偏差、同轴度和位置度偏差等，通过基本加法运算得到。角度误差为与管路安装角度有关的偏差总和，包括法兰制造角度公差，法兰端面与管路轴线垂直度，与管路安装有关的箱体、壳段、发动机等结构对接面平行度，及对接面与相应轴线的垂直度等，通过几何换算得到。

气检工况主要补偿管路在总装车间、靶场技术阵地和发射阵地的气密检查引起的边界变形。贮箱由于气检压力引起结构变形，导致管路与贮箱连接端发生位移；但如果管路并未与贮箱直接相连，则该段管路不承受该变形量。

加注工况主要补偿推进剂输送管路在推进剂加注过程中由于承受推进剂重量和温度载

荷引起的结构变形。对于低温推进剂，还需要考虑贮箱筒段、前后底、低温管路子段的结构收缩变形。

增压工况主要补偿射前增压阶段由于增压压力带来的压力载荷以及贮箱承压变形带来的位移载荷。

飞行工况主要补偿管路在飞行过程中承受的壳段箱体的轴压变形、发动机工作后机架变形量带来的位移载荷，以及工作过程中输送介质压力、温度载荷等引起的变形。

### 6.4.2　补偿方案

为满足补偿需求，在管路设计时需要进行补偿设计。补偿设计的目的在于通过选用合理的补偿方案，使管路结构具备一定柔度，增强管路对各工况下边界和自身变化的适应性，降低管路对连接结构的作用力。按照补偿形式的不同，可将管路补偿方案分为自补偿和补偿器补偿两种方案。小口径管路通常靠自身的柔度提供补偿，工程中一般通过设置弯管增加自补偿能力。大口径管路由于刚度大，自身变形补偿能力十分有限，一般通过设置补偿器进行补偿。

（1）自补偿方案

自补偿方案是根据管路的补偿需求，通过路径和安装设计，在不设置补偿器的情况下，依靠导管的变形适应各工况下自身热变形和边界变形的补偿方法。采用自补偿方案时应确保管路强度、稳定性能够满足要求。自补偿方案一般适用于口径较小、材料延展性较好的管路产品。自补偿管路常用的折弯构型包括L形和Z形，如图6-17所示。

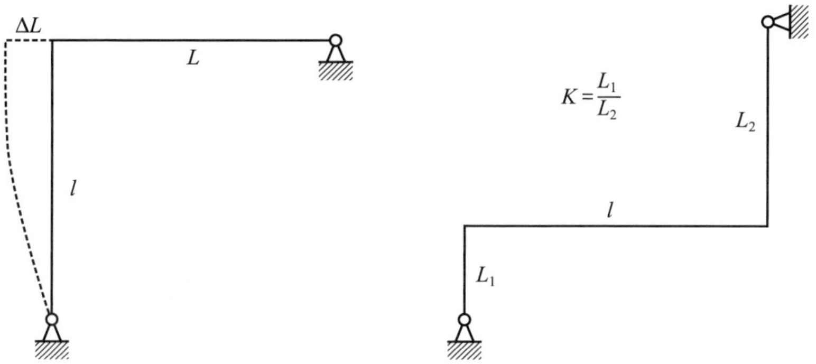


(a) L形折弯构型　　(b) Z形折弯构型

图6-17　自补偿管路常用折弯构型

管路自补偿变形时发生弯曲变形的管段称为导管的补偿臂，导管自补偿能力取决于补偿臂的长度。为了保证导管自补偿变形时的应力水平满足管路强度要求，在补偿设计时需要对补偿臂的位置和长度进行设计。

在热变形补偿问题中，管路边界位置保持不变，导管发生热变形的同时也产生机械变形，两者共同作用使管路与固定边界保持协调。《动力管道手册》[21]中给出了L形和Z形导管热变形补偿时的补偿臂长度计算方法。

L 形直角弯导管补偿臂 $l$（单位：m）的计算公式为

$$l=1.1\sqrt{\frac{\Delta LD}{300}} \tag{6-2}$$

式中，$\Delta L$ 为导管热伸长量（mm）；$D$ 为导管外径（mm）。

Z 形折角弯导管补偿臂 $l$（单位：m）的计算公式为

$$l=\left[\frac{6\Delta tED}{10^3\,[\sigma_{\mathrm{bw}}]\,(1+1.2K)}\right]^{\frac{1}{2}} \tag{6-3}$$

式中，$\Delta t$ 为计算温差（℃）；$E$ 为管路材料弹性模量（MPa）；$D$ 为管道外径（mm）；$K$ 为 Z 形导管两端管段的长度比值；$[\sigma_{\mathrm{bw}}]$ 为弯曲许用应力（MPa）。

使用者可按照强度准则需求选择许用应力 $[\sigma_{\mathrm{bw}}]$ ，代入公式进行相关计算。

在边界变形补偿问题中，管路边界位置发生移动，导管通过发生机械变形与新的边界条件保持协调。确定导管边界位移后，可通过计算小导管跨距变化，对其自补偿能力进行设计和评估。以 L 形直角弯导管为例，导管外径为 $D$ ，壁厚为 $\delta$ 。导管两段补偿臂的长度分别为 $L_1$、$L_2$，自补偿变形前导管的跨距为 $C$ ，如图 6－18 所示。

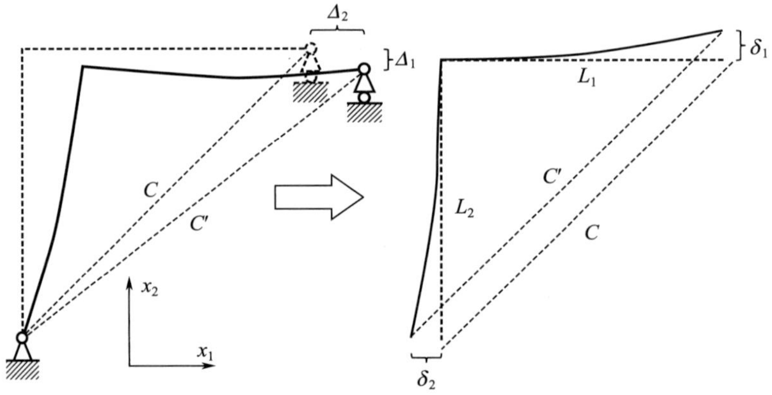


图 6－18　L 形直角弯导管边界变形补偿时的跨距变化

导管未发生变形时的跨距为

$$C=\sqrt{L_1^2+L_2^2} \tag{6-4}$$

当导管发生自补偿变形时，假设两段补偿臂端部挠度分别为 $\delta_1$、$\delta_2$。根据材料力学理论，有

$$\delta_1=\frac{M_1L_1^2}{3EI} \tag{6-5}$$

$$\delta_2=\frac{M_2L_2^2}{3EI} \tag{6-6}$$

式中，$E$ 为导管材料弹性模量；$I$ 为导管截面矩；$M_1$、$M_2$ 为补偿臂承受的最大弯矩。对于 L 形导管，不限制导管端部自由度时，最大弯矩分别位于两段补偿臂连接处，且 $M_1=M_2$。若给定导管最大许用应力为 $[\sigma]$ ，则 $M_1$、$M_2$ 可通过下式计算得到

$$M_1 = M_2 = \frac{2[\sigma]I}{D} \tag{6-7}$$

若忽略补偿臂挠曲变形时轴向长度的变化，并将变形后的补偿臂仍近似为直管，则 L 形导管发生最大自补偿变形后的跨距为

$$C' = \sqrt{L_1^2 + L_2^2 + 2\left[\delta_1 (L_2^2 - \delta_2^2)^{\frac{1}{2}} + \delta_2 (L_1^2 - \delta_1^2)^{\frac{1}{2}}\right]} \tag{6-8}$$

设 L 形导管边界沿管路平面内两个正交方向的位移分别为 $\Delta_1$、$\Delta_2$，并以图 6－18 中坐标系所示方向为正方向，则导管能够满足边界位移补偿要求的条件为

$$C' \geqslant \sqrt{(L_1 + \Delta_1)^2 + (L_2 + \Delta_2)^2} \tag{6-9}$$

对于图 6－17 中 L 形导管的补偿模式，$L_1 = L$、$L_2 = l$、$\delta_1 = 0$。如果认为补偿量 $\Delta L$ 由边界位移产生且远小于 $L$，由式（6－8）、式（6－9）可以得到

$$l \geqslant \sqrt{\frac{3E\Delta LD}{2[\sigma]}} \times 10^{-3}\text{（单位：m）} \tag{6-10}$$

根据管路工作环境确定导管许用应力 $[\sigma]$、材料弹性模量 $E$，代入式（6－10）后可将其转化为与式（6－2）类似的形式。

自补偿方案不需要借助额外的补偿元件即可实现管路边界位移补偿，具有简单、便捷的优势。自补偿方案的局限性在于：管路通过自身变形补偿边界位移时，管路结构内部会产生一定的静应力。在箭体飞行振动环境中，拉伸静应力较高的区域更容易发生疲劳破坏。此外，管路补偿还需要综合考虑管路强度需求、补偿能力需求、箭上布局空间限制等因素，因此管路能否采用自补偿方案要综合考量。

（2）补偿器补偿方案

当管路口径增大时，导管刚度相应增加，导管自身变形补偿能力下降。因此，对于大口径导管，通常需要设置补偿器进行边界位移补偿。补偿器是含有一个或多个挠性元件的装置，可以提供径向、轴向和角位移偏差的补偿，也能对振动和水击能量起到部分吸收、减弱或隔离作用。

管路补偿器中使用的挠性元件通常为波纹管。波纹管是一种母线为周期性波纹结构的回转元件，按照母线波纹结构的特点，可将波纹管分为 U 形、C 形、Ω 形、S 形等。各类波纹管结构和特性见表 6－3。

**表 6－3　常见波纹管结构及特性**[22]

| 波纹管类型 | 结构 | 轴向刚度 | 行程能力 | 抗压能力 |
|---|---|---|---|---|
| U 形 |  | 中等 | 一般 | 一般 |
| C 形 |  | 高 | 差 | 一般 |
| Ω 形 |  | 很高 | 差 | 优良 |
| S 形 | 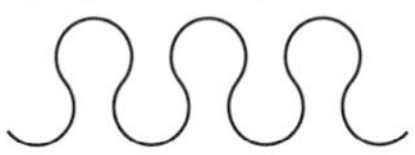 | 中等 | 一般 | 一般 |

管路补偿器由挠性元件（波纹管）以及相应的限动装置构成，可分为普通波纹管补偿器、限位波纹管补偿器、网套补偿器、铰链补偿器、软管补偿器几种类型，典型结构及特点见表 6－4。

**表 6－4　常用管路补偿器的典型结构及特点**

| 名称 | 结构形式 | 补偿特点 | 使用情况 |
| --- | --- | --- | --- |
| 普通波纹管补偿器 | 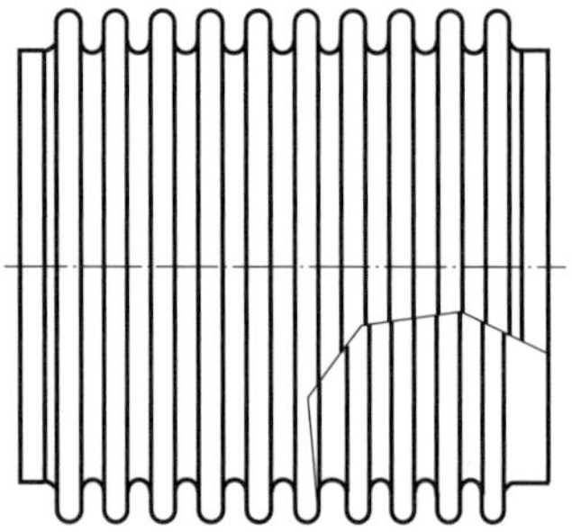 | 普通波纹管补偿器仅由波纹管构成，不包含额外的限动装置。普通波纹管具有较强的轴向、径向和弯曲变形能力，能够对复杂的边界位移进行补偿。然而由于自身柔性较强，补偿设计时需考虑管路结构的变形量以及补偿器的稳定性问题 | 通常在两端限位的独立管段内设置一个普通波纹管补偿器，补偿器位于管路端部靠近支架的位置 |
| 限位波纹管补偿器 | 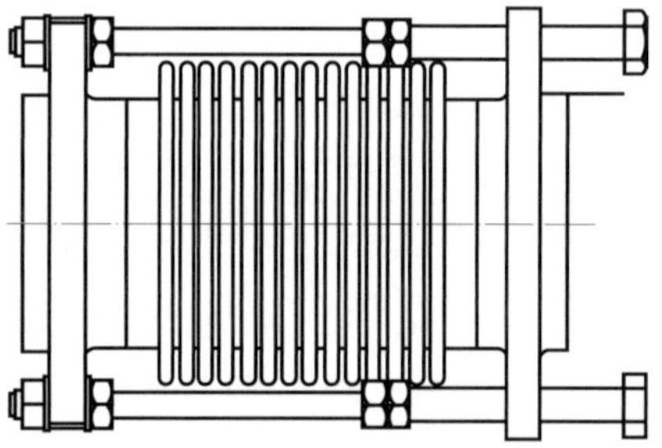 | 通过拉杆等限动装置限制波纹管的最大轴向变形，同时对波纹管角度变形具有一定的限制作用，补偿器稳定性较强，用于对管路轴向变形进行补偿 | 常用于以轴向变形为主要补偿方式的直管路，可多个联合使用 |
| 网套补偿器 | 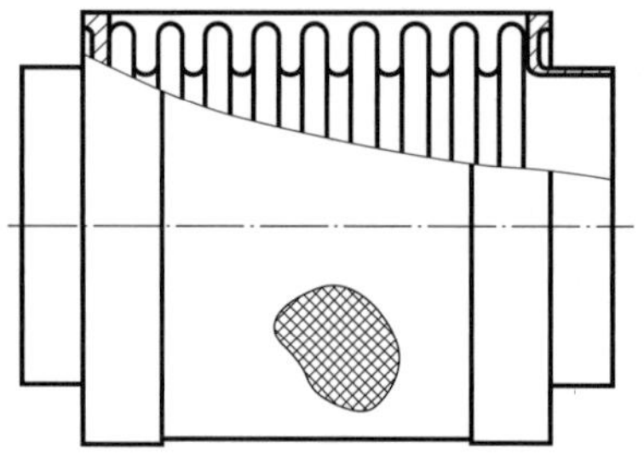 | 钢丝网套具有较高的轴向拉伸刚度，可限制波纹管的轴向膨胀变形。网套补偿器径向刚度小于轴向拉伸刚度，通过径向变形和转角补偿管路的复杂变形 | 通常在两端限位的独立弯曲管段内设置两个或三个网套补偿器，通过径向、弯曲组合变形，使管路补偿能力得到提高。若仅使用一个网套补偿器，则需要增加网套补偿器的长度使其满足补偿要求，详见软管补偿器 |
| 铰链补偿器 | 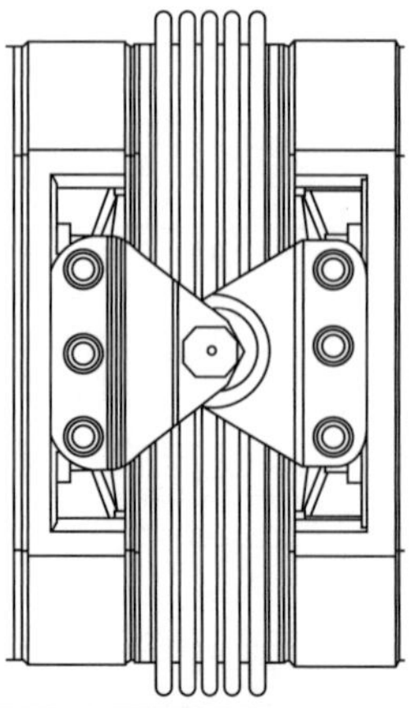 | 铰链补偿器将波纹管与“单向”或“多向”铰链相结合。铰链可限制波纹管的轴向、横向变形，使其仅能够发生弯曲变形。单个铰链补偿器仅能补偿角位移，补偿能力有限。因此通常将管路分为几个子段，设置不在同一条直线上的三个铰链补偿器，形成三铰链杆系结构。三铰链杆系具有充足的自由度，可以补偿较大的角度和位移变形，同时不会产生过大的支反力，缺点是结构体积和重量较大 | 在复杂空间走向管路中设置不在同一条直线上的三个铰链补偿器，实现大补偿量补偿 |

**续表**

| 名称 | 结构形式 | 补偿特点 | 使用情况 |
| --- | --- | --- | --- |
| 软管补偿器 | 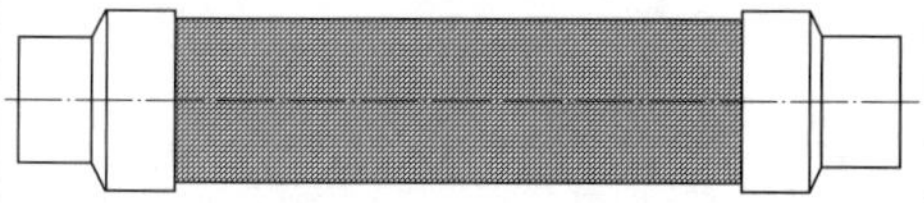 | 软管补偿器包括金属软管补偿器和非金属软管补偿器，主要用于补偿形式复杂、补偿量较大的管路边界。金属软管内部采用不锈钢波纹管，外编一层至多层钢丝或钢带网套，结构形式与网套补偿器类似；非金属软管采用非金属材料（如聚四氟乙烯）作为内衬，外编多层钢丝。软管补偿器变形后的构型相对复杂，因此需要占据一定空间 | 软管补偿器自身补偿能力较大，适用于在空间充裕处的管路补偿。一般将软管布置到总装工序的最后一段导管，用于消除整个管系的累计误差 |

大口径管路补偿器补偿方案的制定需要综合考虑补偿器的补偿能力以及管路构型、用途和边界情况，确保各工况下补偿器的变形均在其能力范围之内。必要时可根据不同工况下的边界位移情况，在总装过程中对补偿器进行预拉伸（压缩）安装，实现补偿器变形量的合理分配。本节列举了几种典型的大口径管路的补偿方案及设计分析方法。

①普通波纹管补偿器

对于径向和角度约束较强的长直管，可采用普通波纹管补偿器补偿方案。典型管路结构形式如图 6 - 19 所示。

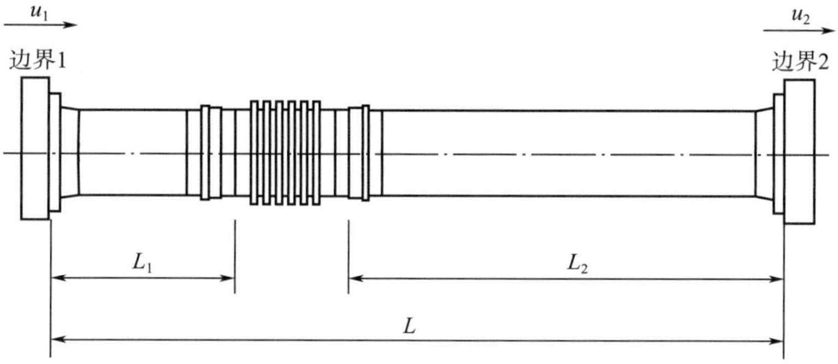


图 6 - 19　采用普通波纹管补偿器补偿方案的典型管路

当给定管路边界 1 和边界 2 的位移 $u_1$ 和 $u_2$ 后，常温管路中普通波纹管补偿器的补偿变形量 $\Delta u$ 可通过管路两端边界位移的差值计算，补偿器拉伸为正，压缩为负，即

$$\Delta u = u_2 - u_1 \tag{6-11}$$

对于高温、低温管路，在计算轴向变形量 $\Delta u$ 时还需要考虑温度变化引起的管路轴向变形，相应的计算公式为

$$\Delta u = u_2 - u_1 - (\Delta L_1 + \Delta L_2) = u_2 - u_1 - \alpha \Delta T (L_1 + L_2) \tag{6-12}$$

式中，$\alpha$ 为管路材料线胀系数；$\Delta T$ 为温升量，温度升高 $\Delta T$ 为正，温度降低 $\Delta T$ 为负。

②网套补偿器

对自由段较长的承压弯管，设计补偿方案时可选用网套补偿器。单个网套补偿器轴向刚度较大，因此主要用于横向和弯曲变形的补偿。当需要补偿复杂的边界位移时，可在管路中设置 2 个或 3 个网套补偿器，并注意不要将其放置于同一条直线上。典型管路结构如图 6－20 所示。

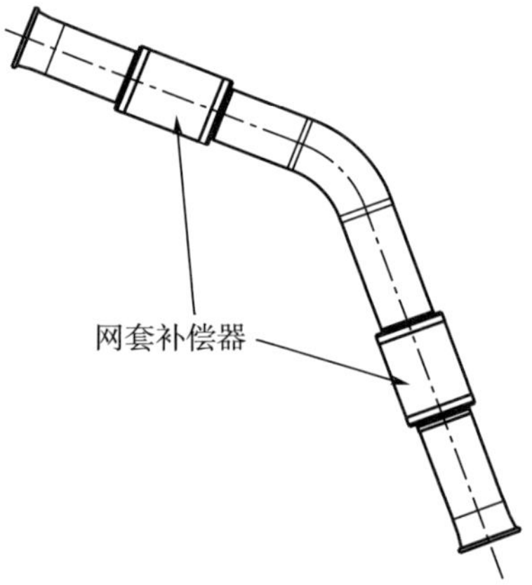


图 6－20　采用网套补偿器补偿方案的典型管路

③铰链补偿器

对于空间走向复杂、补偿量很大的管路，可采用 2～3 个铰链补偿器实现大位移补偿。典型三铰链管路结构形式如图 6－21 所示。

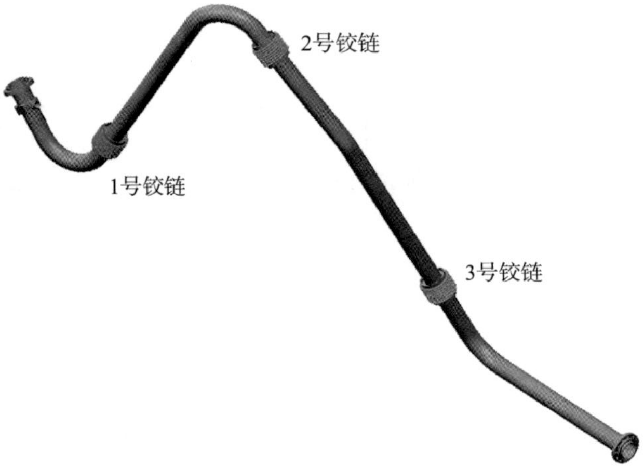


图 6－21　采用铰链补偿器补偿方案的典型管路

平面三铰链管路在给定边界位移下的补偿器变形量可采用美国膨胀节制造商协会标准（EJMA）提供的平面几何方法计算[23]，管路简化示意图如图 6－22 所示。EJMA 方法将各段导管简化为刚体，通过平衡关系计算铰链变形。在 EJMA 方法的基础上，利用以下公式[24]计算三个铰链补偿器的抗弯力矩，可对三铰链管路的支反力进行分析[25]

$$M_\theta = \frac{f_{\text{in}} D_{\text{m}}^2 \theta}{458.37n} \tag{6-13}$$

式中，$M_\theta$ 为铰链补偿器抗弯力矩；$D_m$ 为补偿器波纹管平均直径；$\theta$ 为铰链补偿器角位移；$n$ 为补偿器波纹管波数。

对于空间三铰链管路，可将管系分解为两个正交平面内的平面管路[26]。采用平面几何方法，在正交平面内获得三个铰链补偿器的角位移后，计算其合成角位移。角位移合成量与分量之间的关系为

$$\cos\alpha = \cos\alpha' \cos\alpha'' \tag{6-14}$$

式中，$\alpha'$、$\alpha''$ 分别为合成角 $\alpha$ 绕两个平面法向旋转的分量。

一种更为精确的分析方法是基于空间坐标变换，建立三铰链管路参数化模型[27]。该方法以铰链中心为边界，将管路分四段，并分别等效为四个空间矢量 $\boldsymbol{V}^A$、$\boldsymbol{V}^B$、$\boldsymbol{V}^C$ 和 $\boldsymbol{V}^D$。铰链补偿器的角位移 $\Theta$ 可通过其两端接头的单位轴向矢量 $\boldsymbol{n}_1$、$\boldsymbol{n}_2$ 按照下式计算，即

$$\Theta = \arccos(\boldsymbol{n}_1^{\mathrm{T}} \cdot \boldsymbol{n}_2) = \arccos(\boldsymbol{n}_1^{\mathrm{T}} \cdot \boldsymbol{D} \cdot \boldsymbol{n}_1) \tag{6-15}$$

式中，$\boldsymbol{D}$ 为铰链补偿器变形后两端接头轴向矢量的旋转矩阵。由于万向铰链具有 2 个角度自由度，因此可通过角度参量 $\theta_y$、$\theta_z$ 将 $\boldsymbol{D}$ 表示为

$$\boldsymbol{D} = \boldsymbol{D}_y \cdot \boldsymbol{D}_z = \begin{bmatrix} \cos\theta_y & 0 & -\sin\theta_y \\ 0 & 1 & 0 \\ \sin\theta_y & 0 & \cos\theta_y \end{bmatrix} \cdot \begin{bmatrix} \cos\theta_z & -\sin\theta_z & 0 \\ \sin\theta_z & \cos\theta_z & 0 \\ 0 & 0 & 1 \end{bmatrix} \tag{6-16}$$

如图 6-22 所示，设 1 号、3 号铰链补偿器角位移的面内分量分别为 $\theta_{y1}$、$\theta_{z1}$、$\theta_{y3}$、$\theta_{z3}$，结合管路等效为空间矢量以及 $A_0$、$D_0$ 处的边界条件，建立 2 号铰链补偿器处的管路连续性条件方程，即

$$\begin{Bmatrix} x_1 \\ y_1 \\ z_1 \end{Bmatrix} + \boldsymbol{V}^B = \begin{Bmatrix} x_3 \\ y_3 \\ z_3 \end{Bmatrix} + \boldsymbol{V}^C \tag{6-17}$$

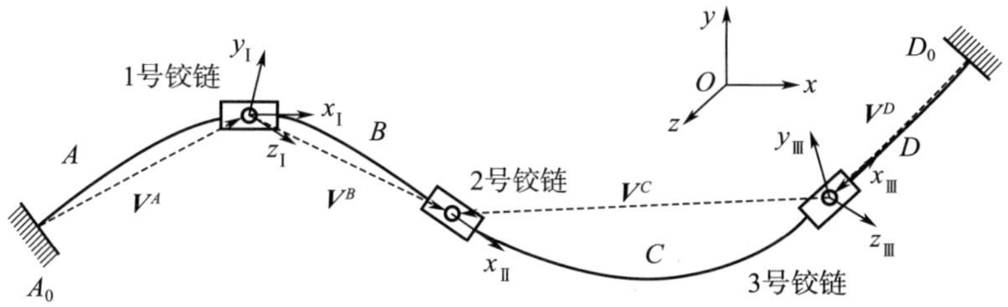


图 6-22　空间三铰链管路参数化模型

同时，考虑三铰链管路变形后的稳定状态应使得三个铰链补偿器的变形能 $u$ 达到最小值，应补充变形能最小条件。当三个铰链补偿器弯曲刚度 $k$ 一致时，该条件可表述为

$$u_{\min} = \frac{k}{2}\left[\min_{\theta_{y1},\theta_{z1},\theta_{y3},\theta_{z3}} (\Theta_1^2 + \Theta_2^2 + \Theta_3^2)\right] \tag{6-18}$$

式（6-17）、式（6-18）构成了关于四个角位移参数 $\theta_{y1}$、$\theta_{z1}$、$\theta_{y3}$、$\theta_{z3}$ 的条件极值问题。求解该问题后，可利用式（6-15）分别计算三个铰链补偿器的角位移。

对于图 6-23 所示的三铰链管路，通过参数化模型分析方法获得补偿器角位移，和真

实值对比见表 6－5，可见两种方法获得的结果几乎完全一致。

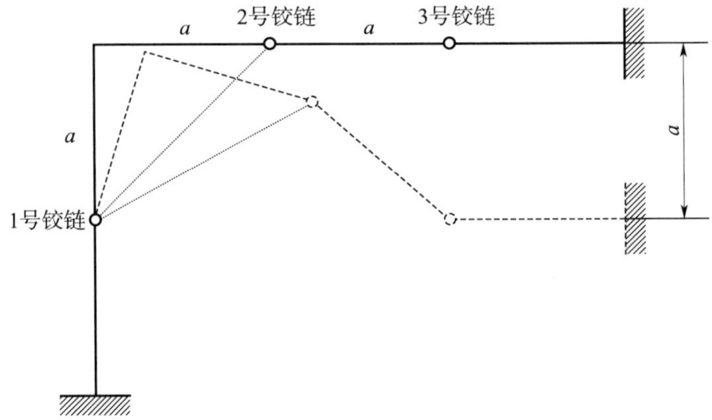


图 6－23　三铰链管路补偿器角位移参数化分析实例

**表 6－5　角位移分析结果**

| 补偿器编号 | 1 | 2 | 3 |
|---|---|---|---|
| 参数化模型计算结果 | 17.12° | 24.30° | 41.41° |
| 真实值 | 17.11° | 24.30° | 41.41° |
| 误差/(°) | 0.01° | 0.00° | 0.00° |

④金属软管补偿器

对于补偿量较大的空间或平面管路，设计补偿方案时还可以采用金属软管。典型管路结构如图 6－24 所示。金属软管自身补偿能力较大，适合于在空间较充裕处使用。一般将金属软管布置到总装工序的最后一段导管，用于消除整个管系的累积误差。除此之外，金属软管装配方便，能解决装配工艺性差的问题，比如级间对接处或相关管路连接操作不便处。金属软管使用时应注意在合适的位置进行固定并保留足够的变形空间。

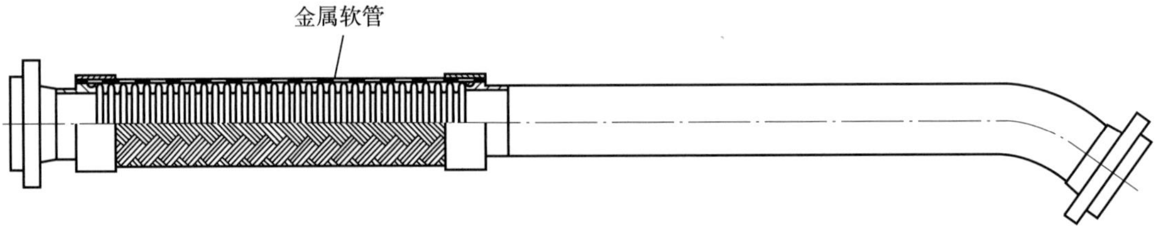


图 6－24　采用金属软管补偿方案的典型导管

## 6.5　管路热防护

管路低温绝热、高温防热是保证管路内部介质品质和管路周围外部环境的一项必要措施。管路低温绝热是设法减少通过对流、传导及辐射等途径进入低温管路的热量而采取的技术措施；管路高温防热是通过增大传热总热阻，借以限制或减弱管路与外界环境热交换而采取的技术措施。

管路热防护应从绝热/防热性能、经济性、坚固性、体积、重量及施工便利性等多种因素综合考虑，一般所遵循的原则是：满足管路的热防护要求；施工、使用安全；尽可能重量轻、体积小；具有良好的工艺性与经济性。

### 6.5.1　管路绝热

低温管路系统由于介质温度远低于环境温度，其绝热不好会导致输送、加注等系统的推进剂汽化产生两相流，进而导致介质流量等参数失真，同时进入发动机的推进剂温度高于设计要求时会影响发动机正常工作；低温排气管路等绝热性能较差时会导致管路周围环境温度降低，不利于箭上设备的正常工作。因此低温管路通常需要满足较严格的绝热性能要求，以便于将介质热量损失控制在一定范围内。

管路绝热方案的选用需综合考虑介质温度要求、管路长短、结构实现难度、导管柔性要求、使用维护性能要求和制造成本等，火箭研制中主要选用外绝热和真空绝热两种方式，各种绝热方式的绝热效果如图 6-25 所示。

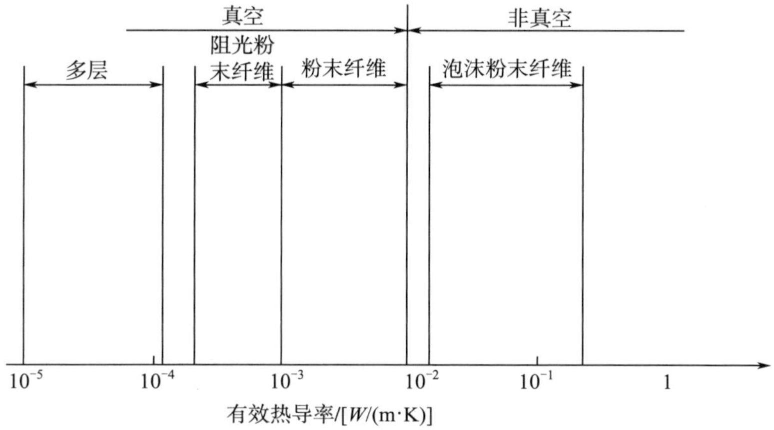


图 6-25　各种绝热方式的绝热效果[1]

(1) 外绝热

外绝热通过在管路外表面包覆绝热层来降低管路与外界的热交换，绝热层材料通常选用聚氨酯泡沫塑料。聚氨酯泡沫塑料是由二元或多元有机异氰酸酯与多元醇化合物，加其他助剂经相互作用发生反应而形成的高分子聚合物，其主要优点是绝热效果好、重量轻、尺寸稳定性好；通过添加阻燃剂，使其具备良好的阻燃性，可以延缓燃烧、阻烟甚至使着火部位自熄。为进一步提高绝热性能，用于火箭上管路绝热的聚氨酯泡沫孔是封闭的，实测热导率在 0.03 W/（m·K）左右，国内研究出的较好的聚氨酯泡沫塑料的热导率为 0.014 W/（m·K）左右[28]。

低温绝热结构可分为硬质绝热结构和软质绝热结构两种，两种结构均由过渡缓冲层、绝热层和防护层三部分组成，如图 6-26 所示。绝热层作为主要结构一般为闭孔泡沫塑料，防护层具备耐高温热反射功能，与过渡缓冲层共同避免产生绝热材料低温脆裂、水蒸气侵入等问题，保证管路在各使用工况下的绝热性能不受影响。管壁外表面通常采用硬质绝热结构，现场浇注或喷涂发泡成型。管路连接部位和补偿器外表面一般采用软质缠绕结构，以便于现场施工，补偿器处发泡层与波纹管间留有一定间隙，使波纹管在拉伸收缩时能够自由活动。管路连接部位的绝热施工也可以提前制成硬质预制件供现场安装使用，施工方便，并且同等绝热效率下硬质绝热结构的厚度比软质绝热结构要小。

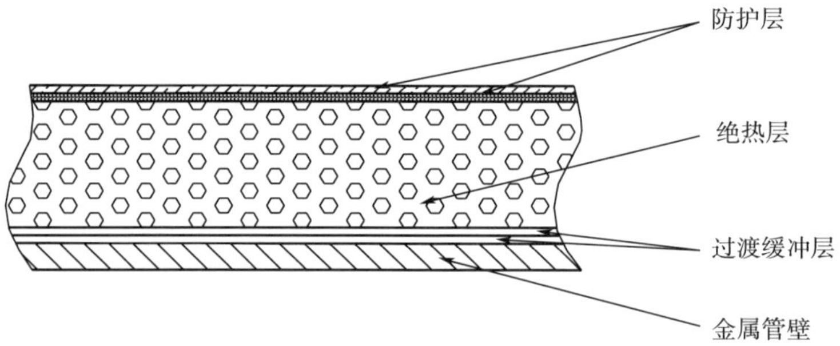


图 6-26　绝热层结构示意图

美国半人马座上面级液氢、液氧输送管外表面用硬质聚氨酯泡沫绝热（见图 6-27），以减少外界对输送管内推进剂的传热[29]。管路外表面包覆聚氨酯泡沫，外面缠绕一层聚酯薄膜带，涂胶的镀银层一面向外，最外层为白色的 Tedtar 胶带，涂胶的一面向内。

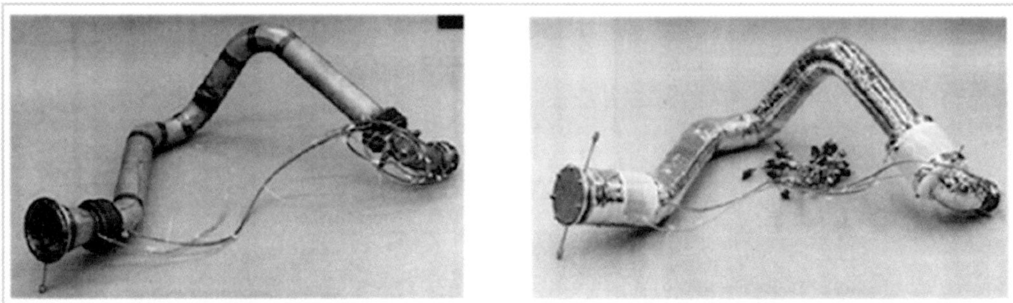

(a) 液氢输送管绝热前后

(b) 液氧输送管绝热前后

图 6-27　美国半人马座发动机试车输送管绝热状态

绝热层的热导率测试一般采用量热法，在稳态下测试已知汽化热的液氮蒸发量，求得从试样绝热层径向传入管路中的总热量，再根据此热流量大小计算得出绝热层热导率 λ，计算式[30]为

$$\lambda = r\rho_0 \frac{p}{T} \frac{T_0}{p_0} \frac{\ln(d_{\text{exf}}/d_{\text{int}})}{2\pi l(T_{\text{exf}} - T_{\text{int}})} q_V \tag{6-19}$$

式中，$\lambda$ 为绝热层热导率［W/（m·K）］；$r$ 为标准状态下液氮的汽化热（J/kg）；$\rho_0$ 为标准状态下饱和气态氮的密度（kg/m$^3$）；$T_0$ 为标准状态下饱和气态氮的温度（K）；$p_0$ 为标准状态下饱和气态氮的压力（Pa）；$T$ 为试验状态测得液氮的温度（K）；$p$ 为试验状态测得液氮的压力（Pa）；$d_{\text{exf}}$ 为绝热层外径（m）；$d_{\text{int}}$ 为绝热层内径（m）；$l$ 为绝热层试验段长度（m）；$T_{\text{exf}}$ 为绝热层外表面温度（K）；$T_{\text{int}}$ 为绝热层内表面温度（K）；$q_V$ 为单位时间内液氮蒸发量（m$^3$）。

在导管结构确定以后，根据所选用外绝热材料的热导率，进行导管的绝热性能分析。计算中假定绝热层外表面与大气温度相等，导管内壁与推进剂温度相等。对于外绝热管路，泡沫外绝热层传入热流量计算式为

$$Q = \frac{2\pi\lambda L}{\ln \dfrac{d_{\text{exf}}}{d_{\text{int}}}} \Delta T \tag{6-20}$$

式中，$Q$ 为传入热流量（W）；$L$ 为管道长度，取单位管道长度 $L=1$ m；$\Delta T$ 为内外温差（K）。

低温管路的绝热性能试验系统如图 6-28 所示。该系统主要由液气路系统、蒸发量测量系统、温度测量系统等组成。液气路系统包括液氢贮箱、液氢供应管路、供配气管路、

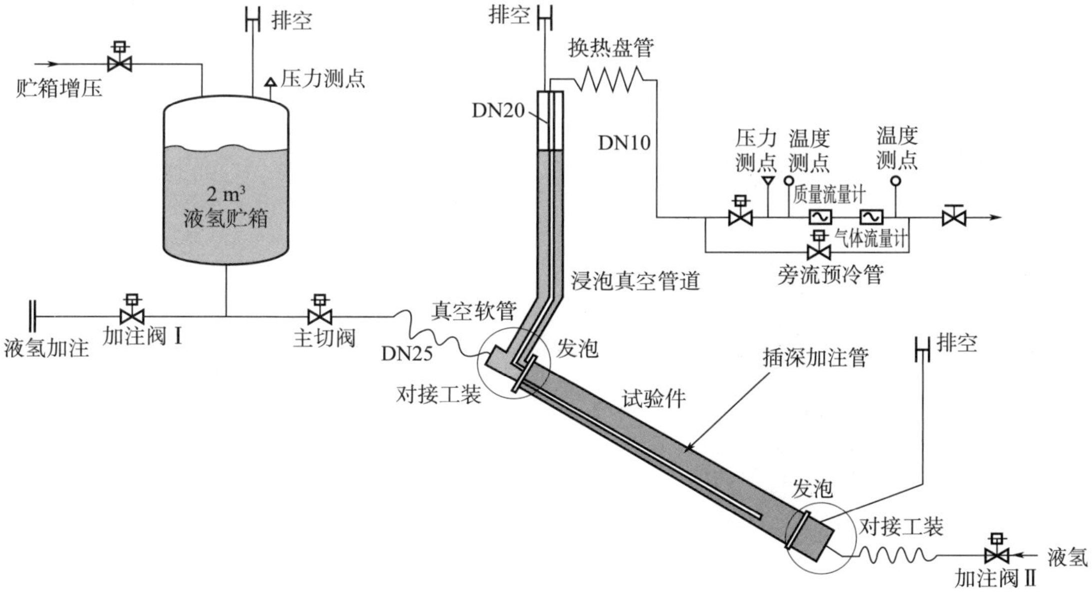


图 6-28　绝热性能试验系统示意图[31]

试验件进出口对接工装、氢排放系统等。蒸发量测量系统包括科氏质量流量计和气体流量计，通过科氏质量流量计测量输送管液氢蒸发量。为了便于对蒸发量进行比对，系统上串联了一个气体流量计进行体积流量测量。温度测量系统包括不同类型温度传感器，采用贴片式温度传感测量试验件内表面温度，流量计前后设置插入式温度传感器，用于监测氢气收集管道内低温氢气的温度，在氢气收集管道前端设置温度传感器实时监测温度，确保管路完全预冷[31]。

(2) 真空绝热

真空绝热是将绝热空间保持在一定的真空度，通过消除气体的对流传热和绝大部分气体导热以达到良好绝热效果的绝热方式，主要包括真空多层绝热和冷凝真空多层绝热两种。不同真空度下绝热结构的表观热导率如图 6 - 29 所示[32]。

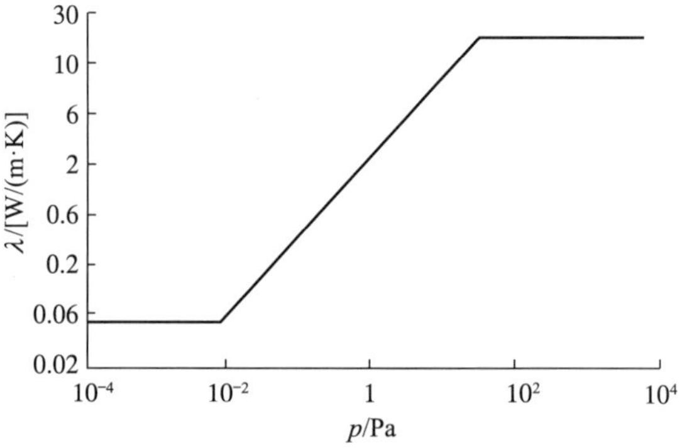


图 6 - 29　真空度与表观热导率关系图

真空绝热主要用于箭上液氢介质管路，如液氢输送管。美国航天飞机上多处使用了夹层真空结构，如液氢输送管（见图 6 - 30）、五通等管路产品[33]。真空管的使用使得航天飞机的输送管路绝热性能大大提高，同时作为薄壁结构，真空管路重量相比外绝热管路并未大幅增加。

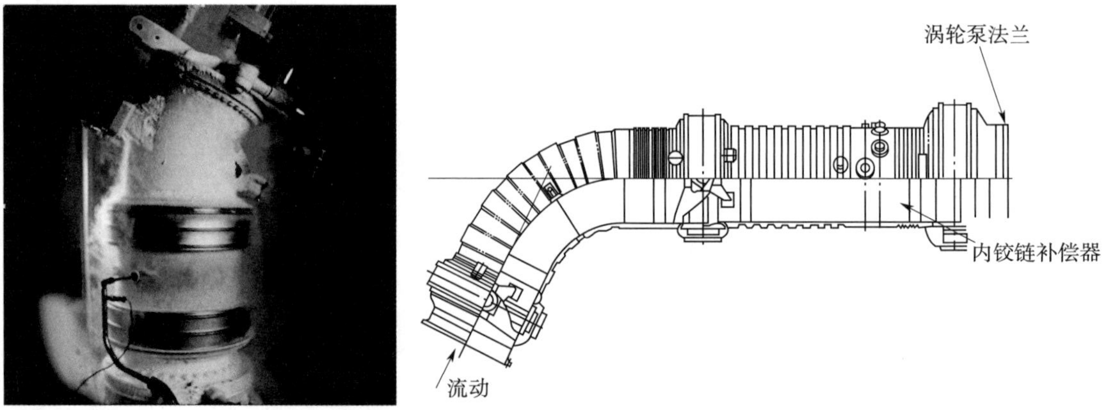


图 6 - 30　航天飞机液氢输送管

低温绝热输送管是典型的长期停放短期使用的真空绝热设备。为了解决低温输送管在长期存放过程中真空腔难以维持高真空度的问题，在真空腔（绝热腔）中充入易于冷凝的气体，其压力略高于环境大气压。平时常温存放时外界气体不易进入绝热腔，绝热腔也不存在真空度的保持与监测问题。工作时低温介质进入导管后，冷凝气体在低温壁上冷凝成固态，绝热腔很快形成真空腔[34]。

绝热结构主要由内管、外管、内外管支块、多层反射屏、端面连接结构、冷凝气体（只有在采用冷凝真空方案时使用）等组成，如图 6 - 31 所示。多层反射屏由高反射能力的辐射屏与低热导率的间隔物构成，用作辐射屏的材料一般选用铝箔；同时多层中放置吸附剂，用于吸附材料放气维持真空腔真空度。

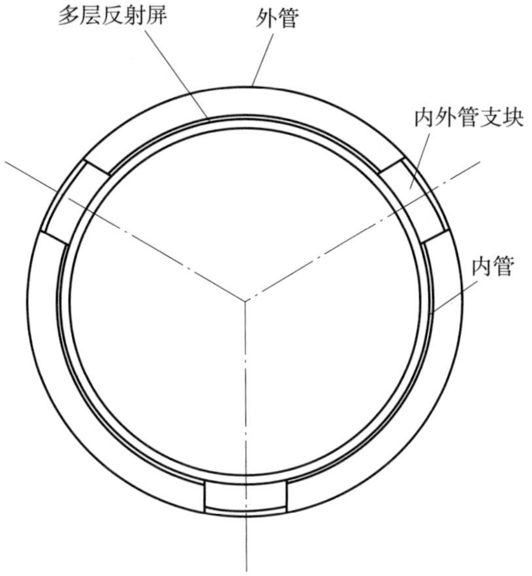


图 6 - 31　绝热结构组成示意图

在真空多层绝热中，传热情况比较复杂，工程上一般采用有效热导率 $\lambda$ 来表征真空多层绝热结构的性能，有效热导率 $\lambda$ 一般通过试验测得，试验测试方法与前文外绝热试验方法类似。

在真空导管结构方案确定以后，根据真空导管结构及夹层热导率，进行导管的绝热性能分析。计算中假定外管壁与大气温度相等，内管壁与推进剂温度相等，管路处于稳定传热状态。

真空腔传热示意图如图 6 - 32 所示。

真空多层绝热管道总传热量 $Q$ 按下式进行计算，即

$$Q = Q_1 + Q_2 \tag{6-21}$$

式中，$Q_1$ 为通过真空腔管壁的传热量（W）；$Q_2$ 为通过真空腔端面的传热量（W）。

通过真空腔管壁的传热量 $Q_1$ 的计算方法为

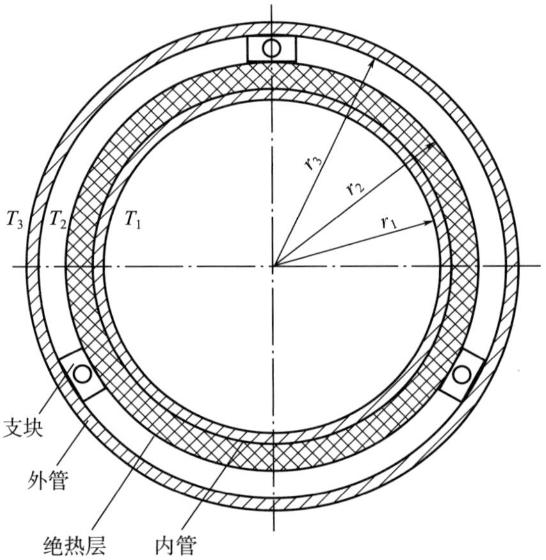


图 6-32　真空腔传热示意图

$$Q_1 = \frac{2\pi \cdot L \cdot \lambda}{\ln \frac{r_2}{r_1}} (T_2 - T_1) \tag{6-22}$$

式中，$L$ 为管路长度（m）；$\lambda$ 为绝热腔表观热导率［W/（m · K）］；$T_1$ 为内管温度（K）；$T_2$ 为绝热腔内多层外表面温度（K）；$r_1$ 为内管半径（m）；$r_2$ 为绝热腔内多层外表面半径（m）。

又有

$$Q_1 = \frac{2\pi \cdot r_2 \cdot L \cdot \sigma (T_3{}^4 - T_2{}^4)}{\frac{1}{\xi_2} + \frac{r_2}{r_3}\left(\frac{1}{\xi_3} - 1\right)} + \frac{N_Z \cdot \lambda \cdot S (T_3 - T_2)}{h} \tag{6-23}$$

式中，$\sigma$ 为斯忒藩-玻耳兹曼常量，5.670 51×$10^{-8}$ W/（$m^2$ · $K^4$）；$N_Z$ 为支块总数；$T_3$ 为外管温度（K）；$S$ 为绝热腔内外管之间支块的传热面积（$m^2$）；$\xi_2$ 为绝热层外表面辐射系数；$\xi_3$ 为绝热层内表面辐射系数；$r_3$ 为外管半径（m）；$h$ 为支块传热的有效高度（m）。

联立式（6-22）和式（6-23）求出 $T_2$，再将 $T_2$ 代入式（6-22）或式（6-23）中即可得 $Q_1$。

通过内外管之间的连接端面传入热流量 $Q_2$ 的计算方法为

$$Q_2 = 200 \frac{\bar{S}}{L_{tol}} \int_{T_1}^{T_3} \lambda(T) \, dT \tag{6-24}$$

式中，$\bar{S}$ 为绝热腔端面传热面积的平均值（$m^2$）；$L_{tol}$ 为端面传热路线的展开长度（m）。

### 6.5.2　管路防热

运载火箭尾舱、管路内部等存在高温环境，材料在高温条件下力学性能会大幅降低，许多仪器设备也无法在高温环境中正常工作，因此管路防热设计主要有两种作用：对于外部环境存在较高热流条件（含辐射、尾焰、高温喷流等）的，通过防热结构进行防护，保证管路结构强度满足使用要求；对于内部有高温介质的管路，要通过防热设计将管路外壁温升控制在一定范围内，避免相邻管路、仪器电缆等被过度加热导致无法正常工作，同时对于高温增压管路起到减小管路内气体热量损失、保证增压能力的作用。

管路高温防热设计，主要是在管路外表面包覆一定厚度的防热/隔热层，根据用途和温度不同，可采用不同的形式。其中以石英玻璃纤维为主材的柔性隔热毡具有隔热功能强、耐烧蚀、耐腐蚀、强度高、化学性质稳定等优点。

柔性隔热毡选择石英玻璃纤维棉毡作为内部隔热材料，石英玻璃纤维布作为外部包覆层，再通过石英玻璃纤维纱缝合成为整体，如图 6－33 所示。隔热毡各组成部分的厚度依据导管内介质温度和绝热要求分析确定。波纹管、金属软管等位置的隔热毡需预留一定长度的拉伸量；管路弯曲位置，在弯折内部将隔热毡褶皱堆积，外部平滑。

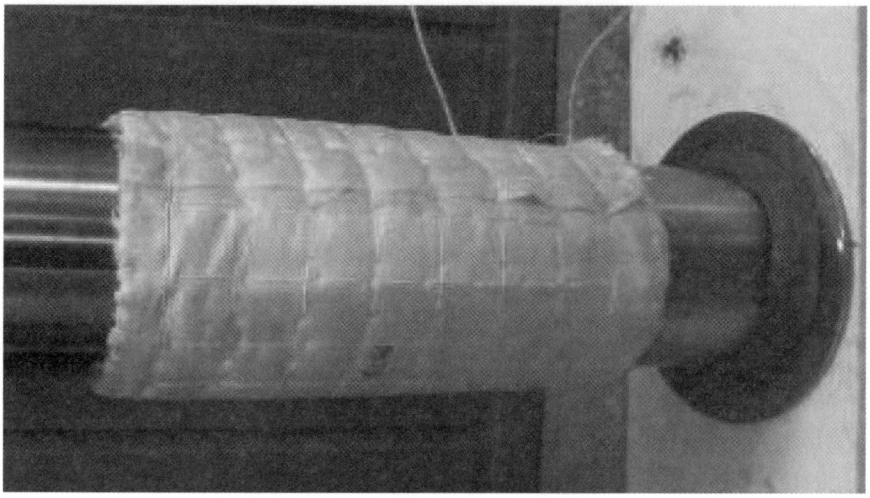

图 6－33　导管柔性隔热毡

## 6.6　管路应力分析与评定

增压输送系统管路在工作过程中要承受内压、水击、边界位移、高低温、振动等载荷，当管路应力水平超过安全极限时，管路结构发生破坏失效。管路应力分析与评定的任务就是依据载荷条件，计算管路结构应力，并给出安全性评定准则，判断管路结构是否满足承载要求。

管路应力分析按载荷工况的不同一般分为静强度分析和动强度分析两部分。静强度分析完成内压、水击、边界位移、高低温等载荷下的应力计算，动强度分析完成在各种振动条件下管路动应力及其振动疲劳寿命的计算。本节讨论管路静强度的分析与评定，管路在振动工况下的动强度分析在 6.7 节和 6.8 节中讨论。

管路静载应力计算有工程计算和有限元分析两种方法。对于静载应力的评定，尽管可以根据材料的强度理论直接进行基于综合应力的安全评定，但是对于管路而言，不同载荷产生应力的影响不同，进而也造成管路不同的失效机理和模式。如果简单使用综合应力校核，在工程上往往会得到偏于保守的结果，进而导致管路结构设计余量过大。在工业管道设计规范中，如 ASME B31.3[35]和 GB 50316—2000（2008 版）[36]中，均对不同载荷产生的应力使用了不同的校核准则。增压输送系统管路为箭上结构产品，从减轻重量、提高结构效率的角度，同样需要对应力加以区分并按不同的安全极限准则进行评定。

### 6.6.1 管路应力分析

（1）内压载荷下应力分析

对于薄壁管路模型，在内压作用下，管路的径向应力相比环向应力和轴向应力很小，可以近似认为 0，环向应力可以近似认为沿壁厚均匀分布，按下式计算为

$$\sigma_r = 0 \tag{6-25}$$

$$\sigma_\theta = \frac{p(D_o - \delta)}{2\delta} \tag{6-26}$$

式中，$\sigma_r$ 为管路在内压作用下的径向应力；$\sigma_\theta$ 为管路在内压作用下的环向应力；$p$ 为管路内压；$D_o$ 为管路外径；$\delta$ 为管路壁厚。

对于薄壁管路中的弯头，最大环向应力出现在弯管内弧线，最大环向应力按下式计算，即

$$\sigma_\theta = \frac{p(D_o - \delta)}{2\delta} \times \frac{4(R_1/D_o) - 1}{4(R_1/D_o) - 2} \tag{6-27}$$

式中，$R_1$ 为弯头的弯曲半径，如图 6-34 所示。

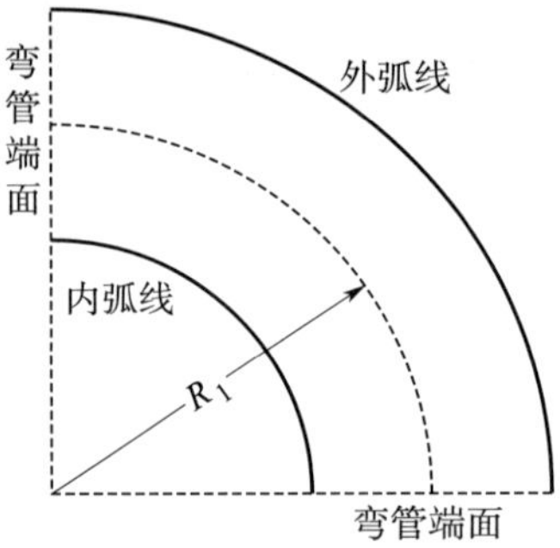


图 6-34　弯头应力计算

对于厚壁管路模型，在内压作用下，环向应力和径向应力是沿管路壁厚变化的，根据弹性力学，厚壁管路应力按下式计算，即

$$\sigma_r = \frac{pD_i^2}{D_o^2 - D_i^2}\left(1 - \frac{D_o^2}{4r^2}\right) \tag{6-28}$$

$$\sigma_\theta = \frac{pD_i^2}{D_o^2 - D_i^2}\left(1 + \frac{D_o^2}{4r^2}\right) \tag{6-29}$$

式中，$r$ 为管路径向坐标，取值区间为 $[D_i/2, D_o/2]$，$D_i$ 为管路内径。式（6－28）和式（6－29）即为厚壁管路应力分析的 Lamé 公式。

根据 Lamé 公式，可以绘制出厚壁管路的应力分布图，如图 6－35 所示。

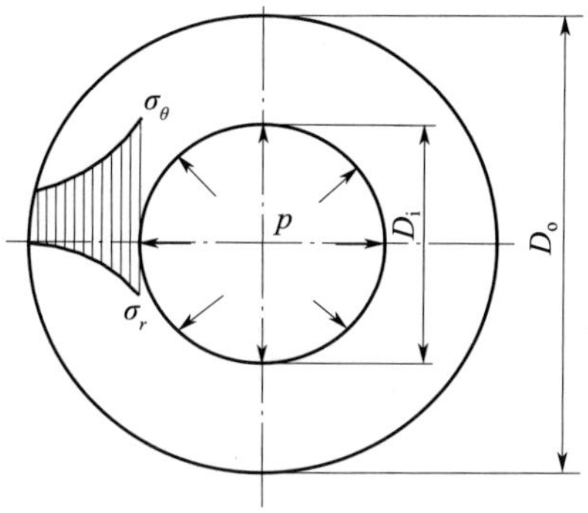


图 6－35　厚壁管路环向应力和径向应力的分布

可以看出，厚壁管路的径向应力和环向应力在数值上均呈现内大外小的趋势，同时径向应力小于环向应力，在管路外壁点径向应力为 0。环向应力仍为厚壁管路主要应力。

在内压作用下，两端闭口的管路承受内压产生的轴向拉力载荷，按圣维南原理[37]，认为管路轴向应力在主体管路结构中的横截面均匀分布，可按如下公式进行计算，即

$$\sigma_{L1} = \frac{pD_i^2}{D_o^2 - D_i^2} \tag{6-30}$$

式中，$\sigma_{L1}$ 为管路在内压作用下产生的拉应力。

对于薄壁管路模型，内压轴向应力可以按下式计算，即

$$\sigma_{L1} = \frac{p(D_o - \delta)}{4\delta} \tag{6-31}$$

在计算实际管路应力时，还应考虑在内压作用下管路中的普通波纹管、变径管等组件承压后对管路产生的附加轴向力[38]，其轴向应力计算式为

$$\sigma_{L2} = \frac{F}{A} \tag{6-32}$$

式中，$F$ 为普通波纹管、变径管等在内压作用下产生的附加轴向作用力；$A$ 为管材的横截面面积，计算式为

$$A = \frac{\pi}{4}(D_o^2 - D_i^2) \tag{6-33}$$

当管路为平面弯管或空间管路时，还应考虑承压后管路承受的弯矩，弯矩引起的管路轴向应力计算式为

$$\sigma_{L3} = \frac{M}{W} \tag{6-34}$$

式中，$M$ 为管路在内压作用下产生的弯矩；$W$ 为管路的抗弯截面模量，计算式为

$$W = \frac{\pi}{32D_o}(D_o^4 - D_i^4) \tag{6-35}$$

内压产生的总轴向应力计算式为

$$\sigma_{L}=\sigma_{L1}+\sigma_{L2}+\sigma_{L3} \tag{6-36}$$

（2）其他载荷下的应力分析

发动机启动与关机时，会对推进剂输送管路产生冲击压力，即水击压力。水击压力通常高于管路工作内压，持续时间很短，属于作用于管路上的偶然载荷。严格地说，对于管路水击压力，应该使用动力学方法进行分析。在工程实践中，ASME B31.3 中规定，工业地面管路的偶然载荷一次不超过 10 h 且每年累计不超过 100 h 时，综合应力可超过许用应力，但超出部分不大于许用应力的 33%，偶然载荷一次不超过 50 h 且每年累计不超过 500 h 时，综合应力可超出不大于许用应力的 20%[39]。对于增压输送系统管路而言，水击压力在发动机点火和关机时产生，持续时间极短，在开展水击压力应力评定时，也不应以静载许用应力作为判定准则，而应适当放宽。

此外，增压输送系统管路不可避免地在各个工况下受到边界位移约束，通常情况下管路的刚度要比发动机结构系统和箭体结构系统小很多，因此结构变形均由管路承担。例如在总装过程中，为补偿制造偏差产生的安装位移，在加注、增压或飞行过程中为适应发动机变形和贮箱变形产生的工作位移。增压输送系统部分管路还要承受高低温载荷，产生热变形，如低温推进剂加注时输送管路预冷收缩等。一般而言，高低温产生的热变形应力可以等效为边界位移载荷分析。对于边界位移和高低温产生的应力分析，简单的管路可以按梁模型进行工程计算，一般情况则通过有限元计算获得。

（3）应力分析实例

如图 6－36 所示为一段含波纹管和弯管的管路，两端法兰为固支法兰，承受的载荷为内压 $p$，分析法兰和管路焊缝截面（图中 $A$—$A$ 截面）的应力。

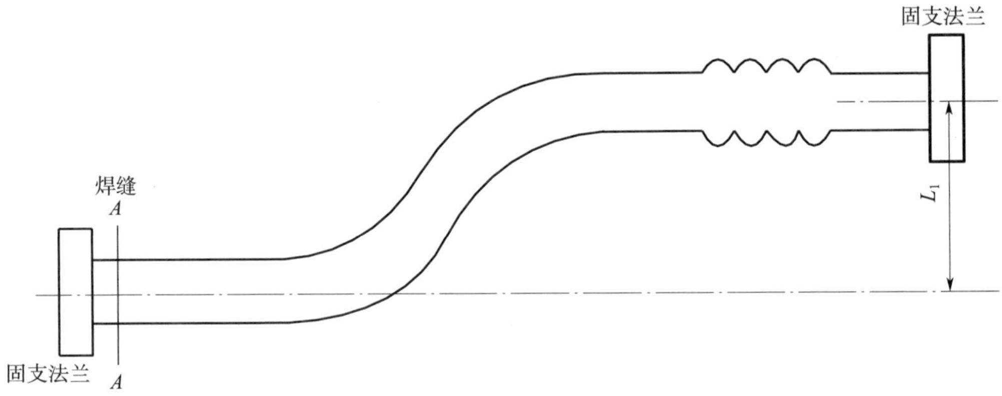


图 6－36　管路应力分析

在对管路进行应力分析时，固支法兰通常简化为无位移无转动的绝对刚性边界，这样计算结果偏保守，同时由于内压较大，忽略介质重力。

作用于截面 $A$—$A$ 的力矩为

$$M=TL_{1} \tag{6-37}$$

式中，$T$ 为波纹管的全面积推力，计算公式为

$$T = p \cdot \frac{\pi}{4} D_m^2 \tag{6-38}$$

式中，$D_m$ 为波纹管的中径。

截面 $A$—$A$ 上的弯曲轴向应力最大值为

$$\sigma_{L3} = \frac{M}{W} = \frac{8pD_m^2 D_o L_1}{D_o^4 - D_i^4} \tag{6-39}$$

波纹管内压推力引起的截面上均布轴向应力为

$$\sigma_{L1} = \frac{F}{A} = \frac{p\pi(D_m^2 - D_i^2)/4}{\pi(D_o^2 - D_i^2)/4} = \frac{p(D_m^2 - D_i^2)}{D_o^2 - D_i^2} \tag{6-40}$$

其中

$$F = p\pi(D_m^2 - D_i^2)/4$$

式中，$F$ 为波纹管内压推力；$A$ 为管材横截面面积。

截面 $A$—$A$ 上内压产生的环向应力计算式为

$$\sigma_\theta = \frac{p(D_o - \delta)}{2\delta} \tag{6-41}$$

最大总轴向应力为

$$\sigma_L = \sigma_{L1} + \sigma_{L3} \tag{6-42}$$

### 6.6.2　管路应力评定

(1) 应力分类

根据不同载荷产生的应力对管路结构造成的危险程度不同，ASME B31.3 和 GB 50316—2000（2008 版）中都对不同的载荷产生的应力进行了分类校核，将管路应力划分为一次应力和二次应力[40-43]。

一次应力是指管路结构为了平衡外力和内力（如波纹管、弯头、变径管等产生的力）等力载荷所产生的应力，一次应力随着力载荷的增大而增大，其特点是没有自限性。

二次应力是指由于管路结构为了满足位移边界约束而产生的应力，位移边界约束包括在高低温工况下管路自身热变形产生的位移以及外界强加于管路端部的位移。二次应力的特点是具有自限性，管路系统的局部塑性变形能够减小总体结构的二次应力，位移只要不往复加载，二次应力不会直接导致管路结构的失效。

一次应力和二次应力的核心区别在于应力是否具有自限性。所谓自限性，是指当外界载荷不再变化时，管路结构是否可以保持稳定，不发生持续不可限制的塑性流动。为了更好地解释一次应力和二次应力的区别，假设管路材料为理想弹塑性的，考虑在不同的载荷下产生的一次应力和二次应力分别达到屈服极限后管路的力学行为，如图 6-37 所示。

当管路在内压作用下，产生的一次应力达到屈服极限 $\sigma_s$ 时，内压载荷即使不再增加，但是只要持续存在，管路的应变将继续增大，塑性流动不可限制，直至破坏，最终一次应力以结构破坏为终点。

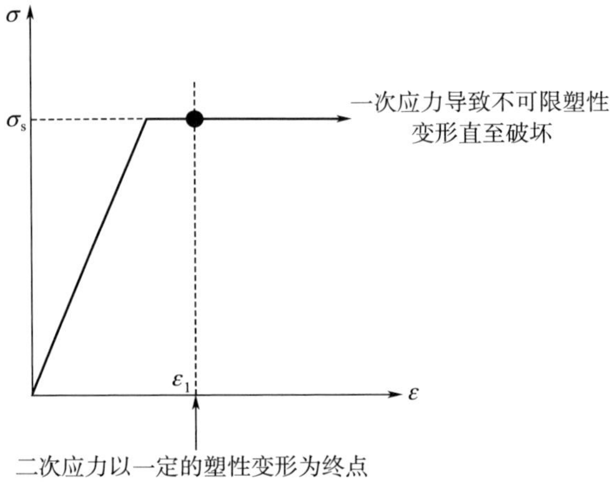


图 6-37 一次应力与二次应力的区别

当管路在位移约束作用下，产生的二次应力达到屈服极限 $\sigma_s$ 时，即使产生了弹塑性变形，如图 6-37 中 $\varepsilon_1$ 所示，只要位移约束不再增大，管路的应变将始终停留在 $\varepsilon_1$ 的位置，而不会无限发展下去，二次应力的自限性也就体现在这里。

实际情况下，常用管路材料，如不锈钢等韧性金属，尽管不是理想弹塑性模型，但是在其应力超过屈服极限后，其切线模量远小于弹性模型，因此上述一次应力和二次应力自限性的分析仍然成立。基于一次应力和二次应力有无自限性的特点，可以分别给出其评定方法。

（2）一次应力评定方法

一次应力没有自限性，因此对于一次应力而言，其评定准则应以屈服极限 $\sigma_s$ 为设计极限，并取安全余量，避免一次应力导致结构出现的不可限塑性变形。即管路内压等力载荷产生的一次应力小于屈服极限，评定准则为

$$\sigma_{\mathrm{I}} \leqslant \sigma_s^t / n \tag{6-43}$$

式中，$\sigma_{\mathrm{I}}$ 为一次应力；$\sigma_s^t$ 为管路工作温度下的屈服极限；$n$ 为安全系数。

对于增压输送系统管路常用的不锈钢等韧性金属材料，管路的一次应力计算一般使用 Mises 应力，计算式为

$$\sigma_{\mathrm{Mises}} = \sqrt{[(\sigma_{\mathrm{L}} - \sigma_\theta)^2 + (\sigma_{\mathrm{L}} - \sigma_r)^2 + (\sigma_\theta - \sigma_r)^2]/2} \tag{6-44}$$

式中，$\sigma_{\mathrm{Mises}}$ 为 Mises 应力。

（3）二次应力评定方法

在二次应力作用下，管路局部进入塑性，但只要位移约束不再增大，结构不会发生不可限制的塑性变形而导致破坏，二次应力导致结构破坏的模式是往复加载导致结构产生低周疲劳。因此对于二次应力的评定方法，不再是以屈服极限作为准则，而是以管路结构的安定性作为判定准则[41-43]，即往复位移加载下不会产生增量塑性变形，这样满足判定准则的二次应力就不会对管路产生低周塑性疲劳损伤，保证结构的安定性。

仍然假设管路材料为理想弹塑性的，考虑如图 6-38 所示的结构应力应变循环，管路

在边界位移的作用下，产生的二次应力从点 1 增大到点 2，进入塑性阶段，随后继续增大，应变超过了两倍的屈服应变 $2\varepsilon_s$ 后，继续产生了 $\varepsilon_p$ 的塑性应变，到达点 3，此时管路边界位移回到初始位置，应力点将从点 3 穿过坐标轴到达反向屈服极限点 4，进一步产生 $\varepsilon_p$ 塑性变形至点 5。当位移约束再次施加时，二次应力从点 5 位置出发，经过点 6 再次到点 3，这样如果位移往复加载，则结构进入如图 6-38 虚线所示的应力应变循环，每次循环都会产生大小为 $\varepsilon_p$ 的增量塑性变形。

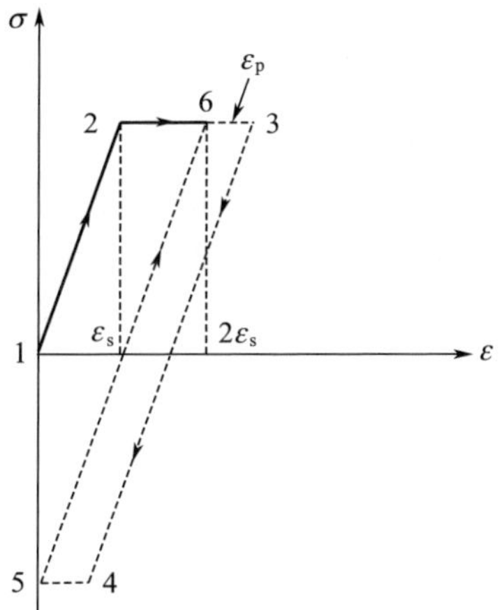


图 6-38　管路结构往复加载应力应变循环

在管路受位移约束条件下，应力从点 1 增大到点 2，随后继续增大，但是只要总应变在 $2\varepsilon_s$ 以内，结构就不会出现往复增量塑性变形。由此，为了保证管路结构安定性，管路总应力应满足下式，即

$$\sigma_{\mathrm{I}} + \sigma_{\mathrm{II}} \leqslant 2\sigma_s^t \tag{6-45}$$

式中，$\sigma_{\mathrm{II}}$ 为管路的二次应力。一次应力满足 $\sigma_{\mathrm{I}} \leqslant \sigma_s^t/1.5$（假设安全系数取 1.5），进一步获得管路二次应力的评定准则为

$$\sigma_{\mathrm{II}} \leqslant 1.333\sigma_s^t \tag{6-46}$$

二次应力的评定公式中应力均以弹性模型进行计算，如果使用弹塑性模型进行应力计算，对二次应力的校核应回归其本源，即总应变小于 $2\varepsilon_s$ 。

在运用一次应力和二次应力评定方法对增压输送系统管路进行评定时，还应注意如下条件：

1）管路承受的载荷中，内压载荷产生的应力是典型的一次应力；发动机虽然和管路存在机械连接接口，但是其产生的推力载荷受到发动机机架的约束，推力载荷不由管路承载，因此发动机接口位移产生的管路应力属于二次应力；此外由于高低温介质产生的热变形应力也属于二次应力。

2）对于地面管路设计而言，即使二次应力满足结构安定性条件，但对于循环次数过高（大于 7 000 次）的二次应力，应根据具体循环次数制定不同的安全系数，对二次应力校核进一步加严，保证其地面管路的安全余量[43]。对于非重复使用增压输送系统而言，管路的边界位移约束主要在试装配、安装、气检、加注等各工况下产生，实际二次应力往复次数较少，通常小于 100 次，因此二次应力的评定可以适当放宽，即使管路不满足安定性条件，产生了较大的塑性变形，但距离结构发生破坏仍有一定的安全余量，应结合管路在飞行振动条件下的疲劳寿命进行综合评定。

## 6.7 管路振动疲劳分析及评估

管路在工作过程中要承受内压、高低温、位移、振动等载荷，在研制过程中要进行正弦扫描、定频振动及随机振动力学环境考核试验[44-45]，边界条件复杂，其可能失效的形式包括强度破坏和疲劳破坏[46]。在运载火箭增压输送系统产品组件试验中曾多次发生结构振动疲劳破坏的现象。结构的振动疲劳涉及结构振动、结构动力学、随机振动以及结构疲劳等多个学科，振动疲劳一般属于应力疲劳。振动疲劳寿命分析一般需要先对结构进行应力响应分析，对于复杂结构的应力响应分析一般采用有限元分析方法，然后结合材料疲劳寿命曲线选择合适的疲劳损伤度模型进行振动疲劳寿命评估[47-50]。目前对于结构随机振动疲劳损伤度的计算研究较多[51-53]，随机振动是一种非确定性振动，振动幅值及频率是随机变化的，振动疲劳的响应为随机过程，它的特性只能用统计参数描述。结构的随机振动疲劳寿命分析方法主要包括时域分析方法和频域分析方法[54-56]。

本节根据 Miner 线性累积损伤理论和损伤模型，推导了结构的正弦扫描、定频振动、随机振动的疲劳损伤度计算公式，结合有限元方法，给出结构在正弦、定频、随机振动载荷下的疲劳损伤度仿真分析方法和分析流程，并研究了不同激励条件下结构振动疲劳损伤度等效关系及固有频率中心频带对结构疲劳损伤度的影响。

### 6.7.1 应力疲劳寿命曲线

应力疲劳寿命曲线（$S-N$ 曲线）是材料在交变载荷作用下应力幅值 $S$ 与破坏时循环周次 $N$ 之间的关系，反映了材料的抗疲劳性能。典型的材料应力疲劳寿命曲线如图 6－39 所示，可分为低周疲劳区（LCF）、高周疲劳区（HCF）、亚疲劳区（SF）和超高周疲劳区（VHCF）。

应力疲劳是指最大循环应力小于屈服应力、寿命循环次数较高（一般大于 $10^4$ 次）的疲劳问题，也称为高周疲劳。材料应力疲劳 $S-N$ 曲线一般由应力比 $R=\sigma_{\min}/\sigma_{\max}=-1$ 时的对称循环疲劳试验给出，可采用双对数线性关系的幂函数形式表达为

$$S^m \cdot N = C \tag{6-47}$$

式中，$m$ 和 $C$ 是与材料、应力比、加载方式有关的疲劳参数。在缺乏试验数据时，可依据材料的抗拉强度进行估计，即

$$S^m \cdot N = (0.9\sigma_b)^m \times 10^3 \tag{6-48}$$

疲劳曲线指数 $m=3/\lg(0.9/k)$ ，弯曲时 $k$ 取 0.5，拉压时 $k$ 取 0.35，扭转时 $k$ 取 0.29。如此估计的 $S-N$ 曲线，只适用于寿命为 $10^3 \sim 10^6$ 之间的疲劳强度的估计，不宜

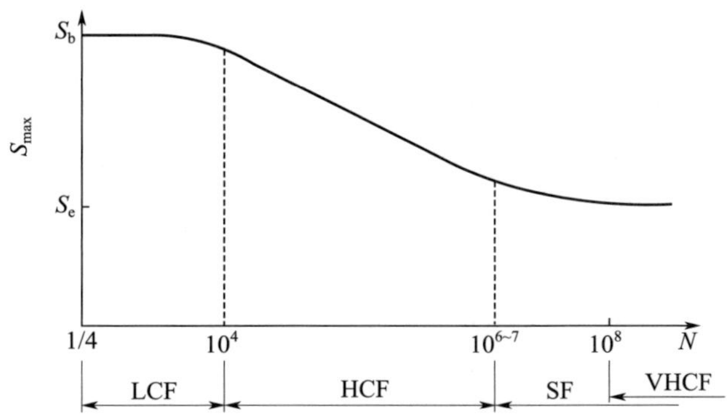


图 6－39　应力疲劳寿命曲线

外推。

一般材料的 $S-N$ 曲线是小尺寸试件在对称循环载荷作用下试验得到的。实际使用时，考虑零部件尺寸、表面粗糙度、表面处理对疲劳特性的影响，可引入缺口系数 $K_f$、尺寸系数 $\alpha$、表面质量系数 $\beta$ 等系数，对材料的疲劳性能进行修正[47-49]。

缺口系数 $K_f$ 的定义为

$$K_f = 1 + \frac{K_t - 1}{1 + \dfrac{\lambda}{r}} \tag{6-49}$$

式中，$K_t$ 为缺口处应力集中系数，等于缺口处最大实际应力与该处名义应力之比。$K_t$ 可由弹性理论分析、有限元计算或试验应力测量，也可查阅有关手册；$r$ 为缺口半径；$\lambda$ 为材料常数，对于铝合金，$\lambda = 0.635$ mm，对于钢材料，可查阅有关手册或通过下式估计，即

$$\lambda = 0.025\ 4\left(\frac{2\ 070}{\sigma_b}\right)^{1.8} \tag{6-50}$$

式中，$\sigma_b$ 为材料强度极限。

尺寸系数 $\alpha$ 是一个小于 1 的数，通常可由材料设计手册查得，对于常用金属材料，按下式估计，即

$$\alpha = 1.189d^{-0.097} \tag{6-51}$$

式中，$d$ 为材料的直径或者特征尺寸，适用于 8 mm $\leqslant d \leqslant$ 250 mm 的情况。当 $d <$ 8 mm 时，$\alpha = 1$。

表面质量系数 $\beta$ 按下式计算，即

$$\beta = K_r K_c K_y \tag{6-52}$$

式中，$K_r$ 为表面粗糙度系数；$K_c$ 为表层组织结构系数，与表面处理工艺相关，表面处理工艺一般包括渗碳、渗氮、氰化、淬火、激光处理等；$K_y$ 为表层应力状态系数。

一般通过表面冷作变形改变结构表层的应力状态来提高疲劳强度，表层应力处理方法一般有滚压、喷丸、挤压、激光强化等；$K_c$ 和 $K_y$ 的确定可通过试验或查阅有关手册获得。

考虑缺口系数 $K_f$、尺寸系数 $\alpha$、表面质量系数 $\beta$，一般常用金属材料 $S-N$ 曲线可按下式修正，即

$$S^m \cdot N=\left(\frac{\alpha\beta}{K_f}\right)^m \cdot C \tag{6-53}$$

对于非对称循环载荷的情况，需要考虑平均应力 $\sigma_m$ 的影响，应对应力寿命曲线进行修正。常用的修正方法包括 Goodman 法、Gerber 法和 Soderberg 法。平均应力修正如图 6-40 所示。

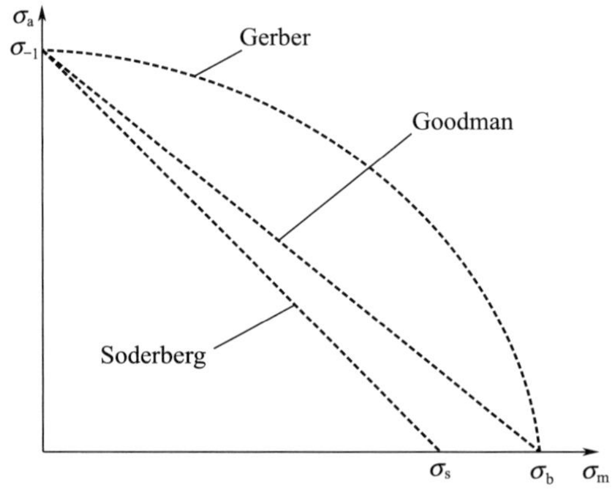


图 6-40　平均应力修正模型示意

Goodman 修正模型为

$$\sigma_a=\sigma_{-1}\left[1-\left(\frac{\sigma_m}{\sigma_b}\right)\right] \tag{6-54}$$

Gerber 修正模型为

$$\sigma_a=\sigma_{-1}\left[1-\left(\frac{\sigma_m}{\sigma_b}\right)^2\right] \tag{6-55}$$

Soderberg 修正模型为

$$\sigma_a=\sigma_{-1}\left[1-\left(\frac{\sigma_m}{\sigma_s}\right)\right] \tag{6-56}$$

以上三个模型中 Soderberg 模型过于保守，Gerber 模型可能偏于危险，一般采用 Goodman 模型修正。

### 6.7.2　疲劳损伤度理论和疲劳损伤度评估

管路结构的疲劳寿命可通过疲劳损伤度来表征。疲劳损伤度理论认为，结构的疲劳破坏过程在数学上可表示为损伤度的积累过程。根据对损伤积累过程的不同，疲劳损伤度理论可分为线性疲劳累积损伤理论、双线性疲劳累积损伤理论、非线性疲劳累积损伤理论等。

（1）线性疲劳累积损伤理论

线性疲劳累积损伤理论是工程上最常用的疲劳损伤度理论，其中 Miner 线性疲劳累积损伤理论最为经典[57-58]。按照 Miner 理论，结构在静载循环作用下的疲劳损伤度 $D$ 可根

据静载循环次数 $n$ 和对应应力水平下的疲劳寿命 $N$ 按照下式计算，即

$$D=\frac{n}{N} \tag{6-57}$$

在多级不同应力幅值作用下，结构的疲劳损伤度 $D$ 为

$$D=\sum_{i=1}^{m}\frac{n_i}{N_i} \tag{6-58}$$

式中，$n_i$ 为第 $i$ 级应力水平下的循环次数；$N_i$ 为第 $i$ 级应力水平下的疲劳寿命。Miner 线性疲劳累积损伤理论认为对于每一应力水平，不论在寿命的前期或后期，每次循环的损伤应该是相同的。

（2）双线性疲劳累积损伤理论

双线性疲劳累积损伤理论认为在全寿命周期内，疲劳损伤度的发展可分为裂纹形成和裂纹扩展两个阶段，且每个阶段都用线性累积损伤来表示。

裂纹形成阶段

$$D=\sum_{i}^{m}\frac{n_i}{N_{0i}} \tag{6-59}$$

裂纹扩展阶段

$$D=\sum_{i}^{m}\frac{n_i}{N_{pi}} \tag{6-60}$$

式中，$N_{0i}$ 和 $N_{pi}$ 分别为第 $i$ 级载荷对应的裂纹形成寿命和扩展寿命，疲劳寿命 $N_f=N_{0i}+N_{pi}$，对于两级变幅加载情况，Manson 等给出了转折点的计算公式为

$$\left(\frac{n_1}{N_{f1}}\right)_{knee}=0.35\left(\frac{N_{f1}}{N_{f2}}\right)^{0.25} \tag{6-61}$$

$$\left(\frac{n_2}{N_{f2}}\right)_{knee}=0.65\left(\frac{N_{f1}}{N_{f2}}\right)^{0.25} \tag{6-62}$$

式中，$n_1$、$n_2$ 分别是第一级和第二级载荷水平下作用的循环数；$N_{f1}$ 和 $N_{f2}$ 分别是对应于第一级和第二级载荷水平加载条件下的疲劳失效寿命。图 6-41 是双线性累积损伤模型应用于高低两级载荷水平的示意图，$\Delta n_1$ 和 $\Delta n_2$ 分别为第一级和第二级载荷水平下的剩余寿命。

双线性疲劳累积损伤理论考虑了加载的顺序效应，符合损伤在不同阶段发展规律不同的情况，但是该理论不够准确，有些概念缺乏明确的物理意义，裂纹形成和裂纹扩展两个阶段的分界点不易确定，模型不便于直接工程应用。

（3）非线性疲劳累积损伤理论

线性疲劳累积损伤理论形式简单、使用方便，但是线性累积损伤理论没有考虑载荷顺序之间的相互作用，有时预测结果与试验值相差较大或相差甚远，因此发展了非线性疲劳累积损伤理论，其中最典型的是 Carten - Dolan 理论和 Chaboche 理论。

Carten - Dolan 理论认为在试样表面的许多地方可能出现损伤，损伤核的数目 $m$ 由材料所承受的应力水平决定。在给定的应力水平作用下所产生的疲劳损伤度 $D$ 可用下式表示为

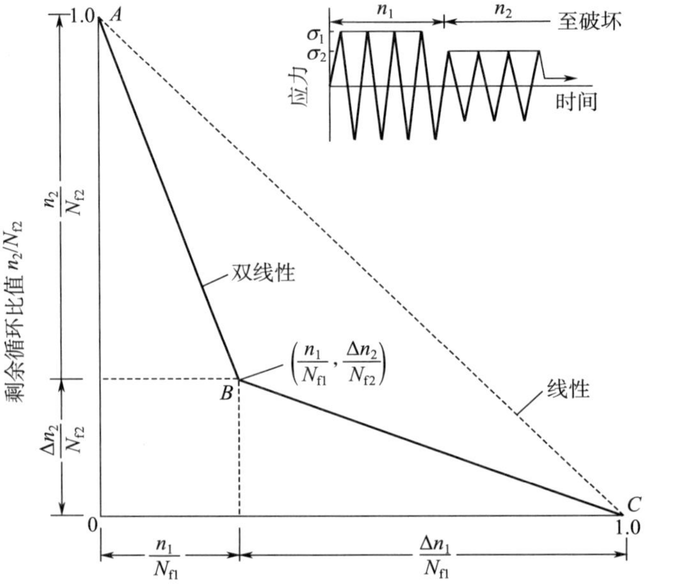


图 6-41　双线性累积损伤模型应用于高低两级载荷水平

$$D = nm^c r^d \tag{6-63}$$

式中，$m$ 为损伤核的数目；$r$ 为损伤发展速率；$n$ 为应力循环次数；$c$ 、$d$ 为材料常数。

Chaboche 理论基于连续损伤力学方法提出了一个非线性损伤累积模型，即

$$\mathrm{d}D = D^{\alpha(\sigma_{\max},\sigma_{\mathrm{m}})}\left[\frac{\sigma_{\max} - \sigma_{\mathrm{m}}}{M(\sigma_{\max})}\right]^{\beta}\mathrm{d}N \tag{6-64}$$

式中，$\sigma_{\max}$ 是最大应力；$\sigma_{\mathrm{m}}$ 是平均应力；$M(\sigma_{\max})$ 是平均应力 $\sigma_{\mathrm{m}}$ 的函数；$\beta$ 是材料常数；$\alpha$ 是与应力状态有关的函数。

对式（6-64）进行积分，当损伤等于 1 时，对应的 $N$ 即疲劳寿命。该模型考虑了中值应力和载荷次序的影响，但参数难以获得，计算复杂。

按照上述疲劳损伤度理论，结构在多工况或载荷下的总疲劳损伤度 $D$ 等于结构在所有工况下的损伤 $D_i$ 之和，即

$$D = \sum_{i=1}^{k} D_i \tag{6-65}$$

在计算得到结构疲劳损伤度后可对结构的抗疲劳能力进行评估，评估准则为

$$D = f_n \sum_{i=1}^{k} D_i \leqslant 1 \tag{6-66}$$

式中，$f_n$ 为安全系数。不考虑安全余量时，$f_n$ 取 1；考虑到结构安全余量，一般取 4～15 倍安全系数。

### 6.7.3　振动疲劳寿命分析

进行结构振动疲劳寿命分析时，一般需要先对结构在外部激励下的应力响应进行分

析，这一过程可通过有限元方法完成。结构的振动应力响应可在时域和频域内表示，相应地，结构振动疲劳寿命分析方法可分为时域分析方法和频域分析方法。对于有限元分析来说，处理长时间、高频率的时域加载信号相对耗时，而获取一个功率谱密度应力信号比获取一个时域应力信号要容易。因此，基于频域法的结构振动疲劳寿命分析方法具有计算量小、思路简单等特点，在工程问题中更为适用。

（1）基于频域的结构振动疲劳寿命分析

基于频域的结构振动疲劳寿命分析基本流程如图 6－42 所示。在完成管路结构有限元建模后，首先对结构进行模态分析，然后计算结构在单位载荷激励下的频域响应，进而可得到系统的传递函数。随后，结合不同类型的振动激励，可计算管路结构的应力响应，并对动强度危险点进行识别。管路结构振动激励主要包括正弦扫频振动激励、随机振动激励和定频振动激励。对于正弦扫频振动激励和定频振动激励，通过稳态动力分析可获得危险点的应力谱曲线 $S(f)$；对于随机振动激励，通过随机响应分析可获得危险点的应力谱密度曲线 $G(f)$。最后，根据危险点应力谱曲线 $S(f)$ 或应力谱密度曲线 $G(f)$ 对结构的疲劳寿命进行分析。

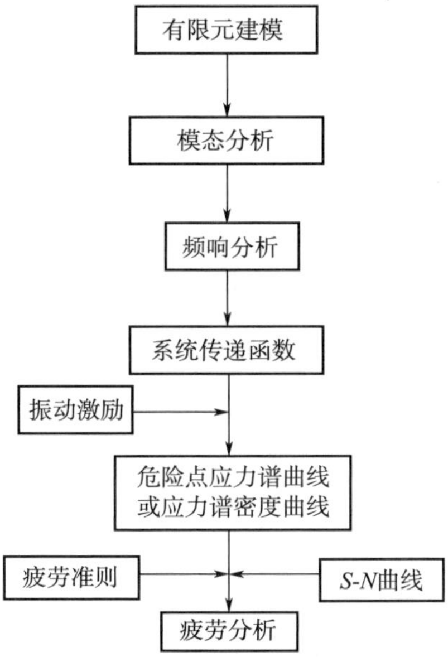


图 6－42　基于频域的结构振动疲劳寿命分析基本流程

①正弦扫频振动疲劳寿命分析方法

正弦扫频振动过程中振动时间 $t$、起始频率 $f_0$、终止频率 $f$ 和扫描率 $R_{oct}$ 的关系为

$$t=\frac{\ln f-\ln f_0}{R_{oct}\ln 2} \tag{6-67}$$

等式两边对频率 $f$ 求微分，则有

$$\frac{dt}{df}=\frac{1}{fR_{oct}\ln 2} \tag{6-68}$$

通过有限元计算获得危险点应力谱曲线 $S(f)$ 后，结合 Miner 线性疲劳累积损伤理论，由以上各式可得到

$$D=\int_{f_1}^{f_2}\frac{[S(f)]^m}{C}\frac{\mathrm{d}f}{R_{\mathrm{oct}}\ln 2} \tag{6-69}$$

考虑平均应力 $\sigma_{\mathrm{m}}$ 的影响，结构正弦扫频振动疲劳损伤度计算公式为

$$D=\left(\frac{\sigma_{\mathrm{b}}}{\sigma_{\mathrm{b}}-\sigma_{\mathrm{m}}}\right)^m\int_{f_1}^{f_2}\frac{[S(f)]^m}{C}\frac{\mathrm{d}f}{R_{\mathrm{oct}}\ln 2} \tag{6-70}$$

②定频振动疲劳寿命分析方法

在振动过程中，定频振动应力发生的次数为

$$n=fT \tag{6-71}$$

式中，$f$ 为定频振动频率；$T$ 为振动状态的持续时间，结合 Miner 线性疲劳累积损伤理论，可得到结构定频振动时的疲劳损伤度，即

$$D=T\frac{fS^m}{C} \tag{6-72}$$

考虑平均应力 $\sigma_{\mathrm{m}}$ 的影响，结构定频振动疲劳损伤度计算公式为

$$D=\left(\frac{\sigma_{\mathrm{b}}}{\sigma_{\mathrm{b}}-\sigma_{\mathrm{m}}}\right)^m T\frac{fS^m}{C} \tag{6-73}$$

③随机振动疲劳寿命分析方法

随机振动疲劳寿命频域分析常用的方法包括 Dirlik 法、三区间法、窄带法等。Dirlik 法、三区间法适用于宽带随机过程，窄带法适用于窄带随机过程。

(a) Dirlik 法

Dirlik 法采用三个统计参数从随机振动信号中估计振动应力水平及应力的周期数量，这三个参数分别为均值 $E(0)$ 、峰值 $E(P)$ 和不规则因子 $\gamma$ 。计算获得结构危险点应力谱密度曲线 $G(f)$ 后，可计算结构应力谱密度响应的 $n$ 阶谱矩为

$$M_n=\int_0^{\infty}G(f)\cdot f^n\mathrm{d}f \tag{6-74}$$

进而有

$$E[0]=\left[\frac{M_2}{M_0}\right]^{\frac{1}{2}} \tag{6-75}$$

$$E[P]=\left[\frac{M_4}{M_2}\right]^{\frac{1}{2}} \tag{6-76}$$

$$\gamma=\left[\frac{M_2^2}{M_0M_4}\right]^{\frac{1}{2}} \tag{6-77}$$

则每秒内应力水平 $S$ 对应的振动周次为

$$N(S)=E[P]\cdot p(S) \tag{6-78}$$

其中

$$p(S)=\frac{\dfrac{D_1}{q}\mathrm{e}^{-\frac{z}{q}}+\dfrac{D_2z}{R^2}\mathrm{e}^{-\frac{z^2}{2R^2}}+D_3z\mathrm{e}^{-\frac{z^2}{2}}}{2\sqrt{M_0}} \tag{6-79}$$

$$z=\frac{S}{2\sqrt{M_0}}\text{，}x_{\mathrm{m}}=\frac{M_1}{M_0}\left[\frac{M_2}{M_4}\right]^{\frac{1}{2}}\text{，}D_1=\frac{2(x_{\mathrm{m}}-\gamma^2)}{1+\gamma^2}\text{，}R=\frac{\gamma-x_{\mathrm{m}}-D_1^2}{1-\gamma-D_1+D_1^2}$$

$$D_2=\frac{1-\gamma-D_1+D_1^2}{1-R}\text{，}D_3=1-D_1-D_2\text{，}q=\frac{1.25(\gamma-D_3-D_2R)}{D_1}$$

基于 Dirlik 的经验估计方法和 Miner 线性累积损伤模型计算管路的随机振动疲劳寿命，采用 Goodman 修正考虑平均应力对疲劳寿命的影响。得到随机振动时结构的疲劳损伤度为

$$D=\frac{E[P]T}{C}\left(\frac{\sigma_{\mathrm{b}}}{\sigma_{\mathrm{b}}-\sigma_z}\right)^m\int_0^{\infty}S^m p(S)\mathrm{d}S \tag{6-80}$$

（b）三区间法

Steinberg 提出的应力服从高斯分布的三区间法将 VonMises 应力水平处理成三个阶段，以 $1\sigma$ 应力、$2\sigma$ 应力、$3\sigma$ 应力为边界来进行定义，即在应力区间 $-1\sigma\sim1\sigma$ 发生振动的时间为 68.3%，应力区间 $-2\sigma\sim-1\sigma$，$1\sigma\sim2\sigma$ 发生振动的时间为 27.1%，应力区间 $-3\sigma\sim-2\sigma$，$2\sigma\sim3\sigma$ 发生振动的时间为 4.33%，应力值大于 $3\sigma$ 的振动发生在 0.27%的时间内，结合线性疲劳累积损伤理论，三区间法计算损伤为

$$D=\sum_{i=1}^{3}\frac{n_i}{N_i}=\frac{n_{1\sigma}}{N_{1\sigma}}+\frac{n_{2\sigma}}{N_{2\sigma}}+\frac{n_{3\sigma}}{N_{3\sigma}} \tag{6-81}$$

式中，$n_i$ 为在应力作用下的实际振动循环次数；$n_{1\sigma}=0.683v^+T$；$n_{2\sigma}=0.271v^+T$，$n_{3\sigma}=0.0433v^+T$，$v^+$ 为振动平均频率，$N_i$ 为载荷作用下结构破坏的循环次数；$T$ 为载荷作用时间，$D=1$ 时可得到结构的振动疲劳寿命时间为

$$T=\frac{1}{v^+\left(\dfrac{0.683}{N_{1\sigma}}+\dfrac{0.271}{N_{2\sigma}}+\dfrac{0.0433}{N_{3\sigma}}\right)} \tag{6-82}$$

（c）窄带法

对于窄带随机过程，假设应力峰值概论密度函数为

$$p(s)=\frac{s}{\sigma^2}\exp\left(-\frac{s^2}{2\sigma^2}\right) \tag{6-83}$$

式中，$s$ 为应力幅值；$\sigma$ 为标准差。期望为零的随机过程为

$$\sigma=\sqrt{\int_0^{\infty}G(f)\mathrm{d}f} \tag{6-84}$$

式中，$G(f)$ 为应力幅值的功率谱密度函数。

设 $N_{\mathrm{T}}$ 为构件发生破坏时的总循环次数，$n_{\mathrm{s}}$ 为应力峰值为 $S$ 时的实际循环次数，对窄带随机振动有

$$p(s)=\frac{n_{\mathrm{s}}}{N_{\mathrm{T}}},n_{\mathrm{s}}=N_{\mathrm{T}}\frac{S}{\sigma^2}\exp\left(-\frac{S^2}{2\sigma^2}\right) \tag{6-85}$$

根据 $S^m\cdot N=C$，可得到

$$N_{\mathrm{s}}=\frac{C}{S^m} \tag{6-86}$$

对于循环应力为连续变化的情况，Miner 线性累积损伤理论可以表示为

$$D=\int_0^{\infty}\frac{n_s}{N_s}\mathrm{d}s \tag{6-87}$$

式中，$N_s$ 表示应力峰值为 $S$ 时的破坏循环数。当 $D=1$ 时，可得构件发生破坏时的总循环次数为

$$N_T=\frac{C\sigma^2}{\int_0^{\infty}s^{1+m}\exp\left(-\frac{s^2}{2\sigma^2}\right)\mathrm{d}s} \tag{6-88}$$

对应的发生破坏的循环时间为

$$T=\frac{1}{f_0}\frac{C\sigma^2}{\int_0^{\infty}s^{1+m}\exp\left(-\frac{s^2}{2\sigma^2}\right)\mathrm{d}s} \tag{6-89}$$

以某增压管路为例，采用有限元方法计算结构的振动应力响应，按照前文中的方法计算结构的疲劳损伤度并进行评估，管路材料为 1Cr18Ni9Ti，管路正弦扫描载荷条件见表 6－6，定频振动条件见表 6－7，随机振动条件见表 6－8，振动均为三方向，管路有限元分析模型如图 6－43 所示。

**表 6－6　正弦扫描载荷条件**

| 频率范围/Hz | 振动条件 |
|---|---|
| 2～8 | 4.66 mm |
| 8～30 | 1.2 $g$ |
| 30～200 | 3.6 $g$ |

扫描率：鉴定 $R$ =1.0 oct/min

**表 6－7　定频振动条件**

| 振动频率范围/Hz | 振动条件/ $g$ | 试验持续时间/min |
|---|---|---|
| 200 | 20 | 10 |

**表 6－8　随机振动条件**

| 频率范围/Hz | 振动条件 | | 试验持续时间/min |
|---|---|---|---|
| | 功率谱密度 | 总均方根加速度/ $g$ | |
| 20～150 | 6 dB/oct | 27.07 | 3 |
| 150～1 000 | 0.8 $g^2$/Hz | | |

管路两端固定，内压 1.5 MPa，并在一端施加振动激励，管路结构振动应力响应基于模态动力学分析方法，在求得结构传递函数的基础上，进而求得结构在振动条件下的应力响应。管路结构部分共振模态如图 6－44 所示。

正弦扫描条件下管路应力响应云图及结构应力最大点的应力响应曲线如图 6－45 所示，管路上最大应力为 177.9 MPa，对应管路的第三阶模态。

定频振动条件下管路应力响应云图如图 6－46 所示，管路上的最大应力为 120.4 MPa。

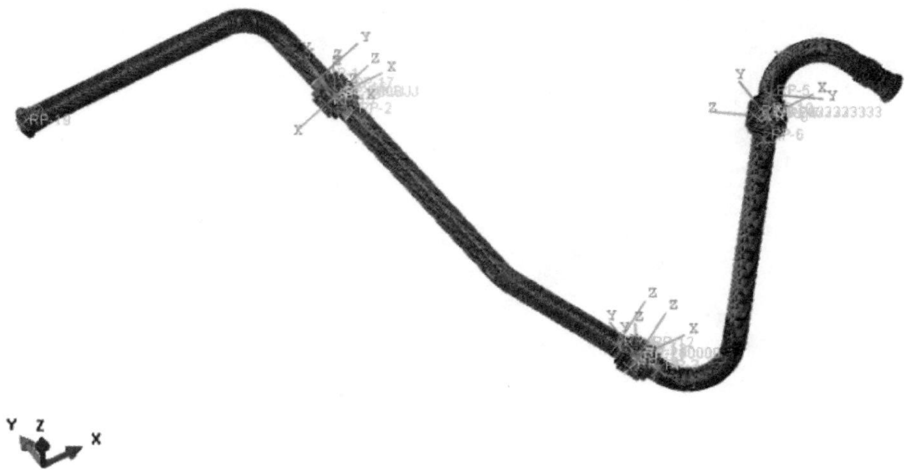


图 6－43　管路有限元分析模型

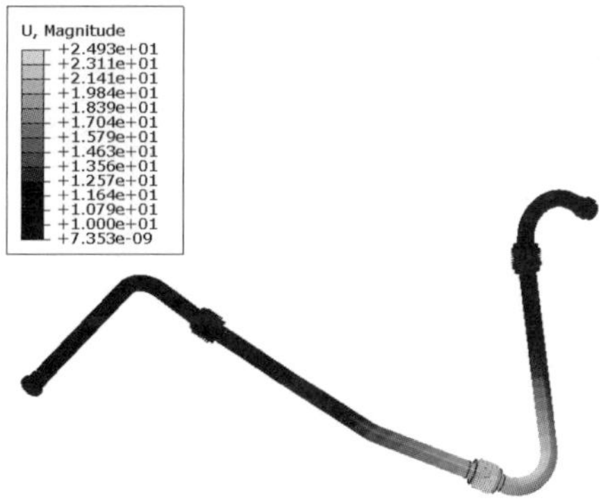


(a) 一阶模态$\omega_1$=9.01 Hz

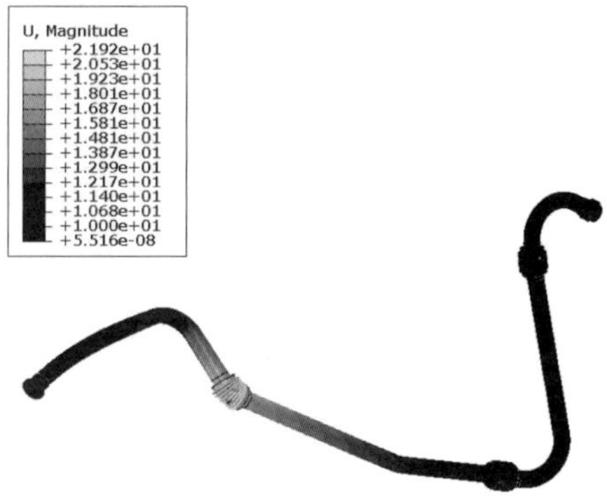


(b) 二阶模态$\omega_2$=27.67 Hz

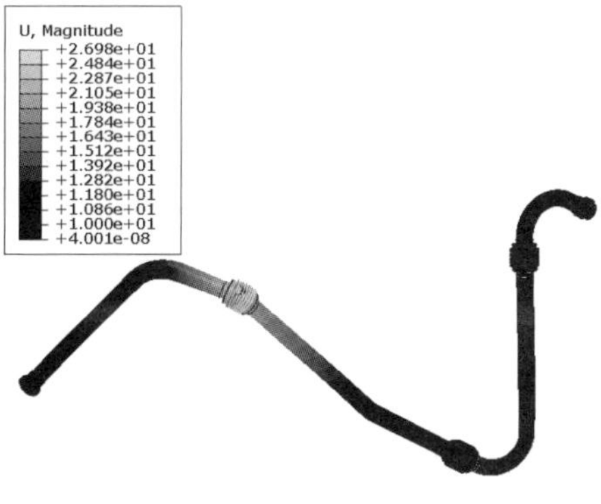


(c) 三阶模态$\omega_3$=33.92 Hz

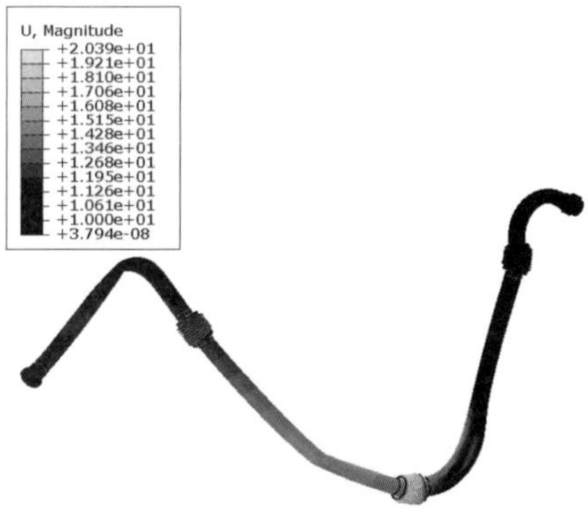


(d) 四阶模态$\omega_4$=49.34 Hz

图 6－44　管路共振模态

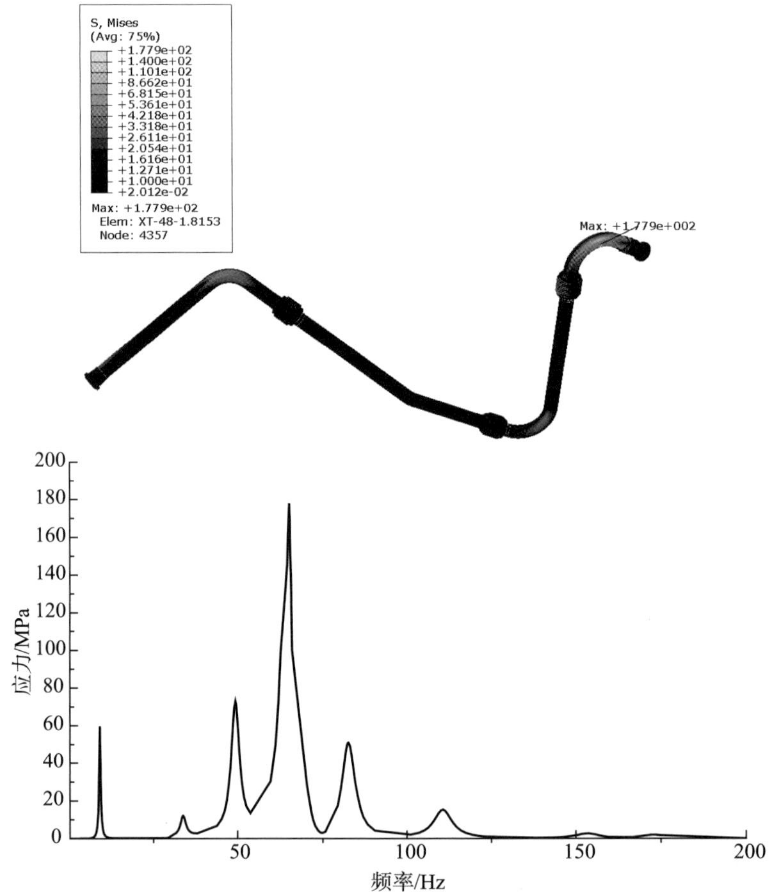


图 6-45　正弦扫描条件下管路应力响应云图及结构应力最大点的应力响应曲线

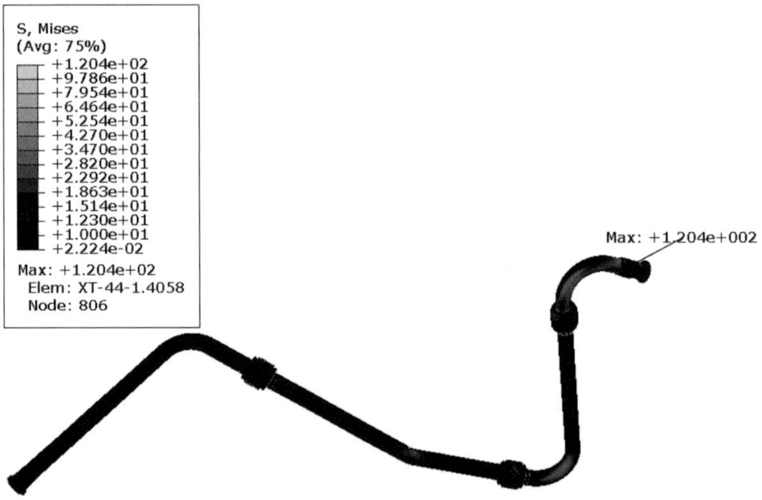


图 6-46　定频振动条件下管路应力响应云图

随机振动条件下管路应力响应云图及危险点应力谱密度曲线如图 6-47 所示，管路上的最大均方根应力为 81.56 MPa。

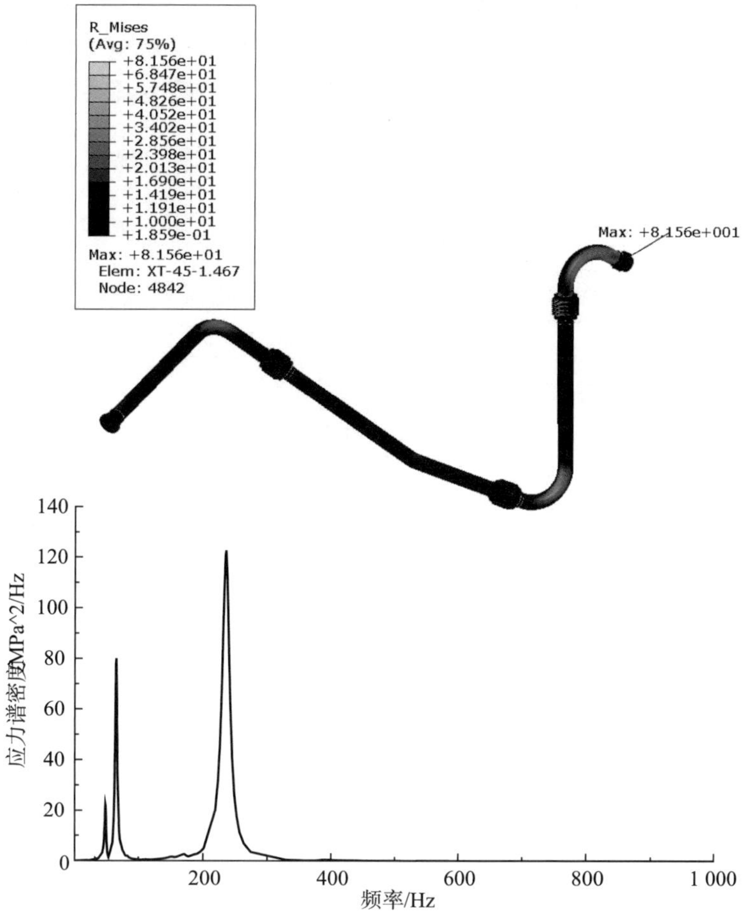


图 6-47 随机振动条件下管路应力响应云图及危险点应力谱密度曲线

根据给出的结构正弦、定频、随机振动疲劳损伤度分析方法计算得到结构上的最大疲劳损伤度及与试验结果的对比，见表 6-9。

**表 6-9 管路正弦、定频、随机振动疲劳损伤度预测及试验**

| 项目 | 正弦扫描 | 定频振动 | 随机振动 |
|---|---|---|---|
| $\sigma_b$ /MPa | 520 | 520 | 520 |
| 最大响应应力/MPa | 177.9 | 120.4 | 81.56 |
| $R$ /(oct/min) | 1 | — | — |
| $T$ /s | 398 | 600 | 180 |
| 疲劳损伤度 $D$ | 0.02 | 6E−4 | 0.05 |
| 损伤评估结论 | 不会发生疲劳破坏 | 不会发生疲劳破坏 | 不会发生疲劳破坏 |
| 振动试验结果 | 结构未发生疲劳破坏 | 结构未发生疲劳破坏 | 结构未发生疲劳破坏 |

管路在三种振动工况下的累积疲劳损伤度为 0.071，结构不会发生疲劳破坏。

（2）基于时域的结构振动疲劳寿命分析

结构振动疲劳寿命估算的时域法首先建立有限元模型，然后对随机过程进行时域模拟，进行瞬态动力学响应分析，得到应力时域响应，根据危险点响应应力，进行时间历程循环计数处理，再根据材料的 $S-N$ 曲线和疲劳准则进行疲劳寿命估算。基于时域结构的随机振动疲劳寿命分析流程如图 6-48 所示。

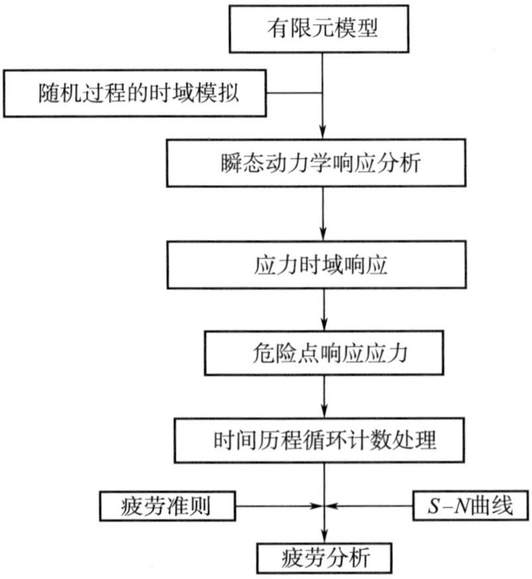


图 6-48　基于时域的结构振动疲劳寿命分析流程

基于瞬态动应力计算的时域方法，一般采用直接方法计算结构的动应力，应用隐式或显式积分算法求解任意指定时段内结构的瞬态动应力。无论是线性系统还是非线性系统，该方法都能够反映结构的振动特性。另一方面，直接动应力法能够准确反映多种载荷的综合贡献，比基于谐波应力分析的频域方法更准确。瞬态动应力计算时可直接采用试验得到的实际时域载荷谱，也可将随机振动功率谱密度转化为时域载荷，按照随机过程的时域模拟方法可以将时域振动疲劳分析法分为三角级数法、参数模型法、逆傅里叶变换（IFFT）法等。

①随机过程时域模拟的三角级数法

三角级数法也称为谐波叠加法[59-60]，是一种成熟的时域模拟方法，适用于各种谱形随机过程的时域模拟，基本思想是采用以离散谱逼近目标随机过程的模拟。其原理是将随机振动过程用很多个具有随机初始相位的正弦波之和来模拟，以满足给定的功率谱密度条件，其原理表达式为

$$a(t)=\sum_{i=1}^{n}\sqrt{2S(f_i)\cdot\Delta f_i}\cdot\sin(2\pi f_i\cdot t+\theta_i) \tag{6-90}$$

式中，$a(t)$ 为当前时刻下的加速度；$f_i$ 为谐波频率；$S(f_i)$ 为该频率下的功率密度函数；$\theta_i$ 为 $[0,2\pi]$ 上均匀分布的随机数，当区间划分足够细密即 $n$ 取值足够大时，由该方法生

成的时域模型的频率特征与给定的功率谱是一致的。

②随机过程时域模拟的参数模型法

参数模型法的基本思想是用一个数学模型模拟随机过程，然后通过适当的方法求出模型的参数。不同的随机过程，其数学模型不尽相同，目前使用最多的参数模型法主要有 AR 模型法、白噪声滤波法等[61-62]。

AR（Auto - regressive）模型和 ARMA（Auto - regressive and Moving Average）模型法基本思想是由给定随机过程的功率谱密度计算得到相关函数，然后导出其响应的 AR 模型和 ARMA 模型。$m$ 阶 AR 模型第 $r$ 个离散时刻的时间序列按下式拟合，即

$$Z(r \cdot \mathrm{d}t) = -\sum_{k=1}^{m} a_k Z[(r-k) \cdot \mathrm{d}t] + W(r \cdot \mathrm{d}t) \tag{6-91}$$

式中，$W$ 表示输入离散高斯白噪声序列，其均方值为 $\sigma_{\mathrm{W}}^2$，其中参数 $a_1$，$a_2$，…，$a_m$ 由如下的 Yule - Walker 方程确定，即

$$R(0) + \sum_{k=1}^{m} a_k R(k \cdot \mathrm{d}t) = \sigma_{\mathrm{W}}^2 \tag{6-92}$$

$$R(l \cdot \mathrm{d}t) + \sum_{k=1}^{m} a_k \cdot R[(k-l) \cdot \mathrm{d}t] = 0 \tag{6-93}$$

白噪声滤波法（即线性滤波法）的基本思想是将随机过程抽象为满足一定条件的白噪声，然后经某一假定系统进行适当变换而拟合出该过程的时域模型。对应于有理函数形式的 PSD，用以下滤波方程作为随机过程的时域数学模型，即

$$\dot{x}(t) + \lambda x(t) = \xi(t) \tag{6-94}$$

式中，$x(t)$ 为过滤生成的时间序列；$\lambda$ 为与过程相关的常数；$\xi(t)$ 为零均值高斯白噪声过程，其协方差满足

$$E[\xi(t)\xi(\tau)] = 2\lambda\beta^2\delta(t-\tau) \tag{6-95}$$

式中，$\beta$ 取决于过程有理 PSD 表示式中的系数。

③随机过程时域模拟的逆傅里叶变换法

逆傅里叶变化法[63]的基本思想是通过功率谱估计的直接法反推离散后的 PSD 与时间序列的关系式

$$S(k) = \frac{1}{M}\left|X(k)\right|^2 = \frac{1}{M}\left|DFT(x(k))\right|^2 \tag{6-96}$$

式中，$k$ 为采样数；$S(k)$ 为离散化功率谱密度；$DFT$ 为离散傅里叶变换。

式（6 - 96）以明确的数学关系表示了功率谱密度与频谱之间的联系。由此可知，若已知标准功率谱密度或实测统计计算功率谱密度，则可以由上式反算随机过程的傅里叶频谱值。进而通过对复序列 $X(k)$ 的逆傅里叶变换得时域模型

$$x(n) = \frac{1}{M}\sum_{k=1}^{N} X(k)\exp\left(\frac{i2\pi kn}{M}\right) \quad (n=1,2,\cdots,M) \tag{6-97}$$

式中 $X(k)$ 由下式计算

$$X(k) = M\exp(i\phi_n)\sqrt{G(f_k)\Delta f} \quad (k=0,1,\cdots,M/2) \tag{6-98}$$

式中，$\phi_n$ 服从 0～2π 的均匀分布。

结构随机振动时域疲劳寿命分析常采用雨流计数法结合 Miner 线性累积损伤理论[57-58]，在得到结构应力时域响应后，采用雨流计数法并结合 Miner 线性累积损伤理论计算疲劳寿命，雨流计数法过程如图 6-49 所示。

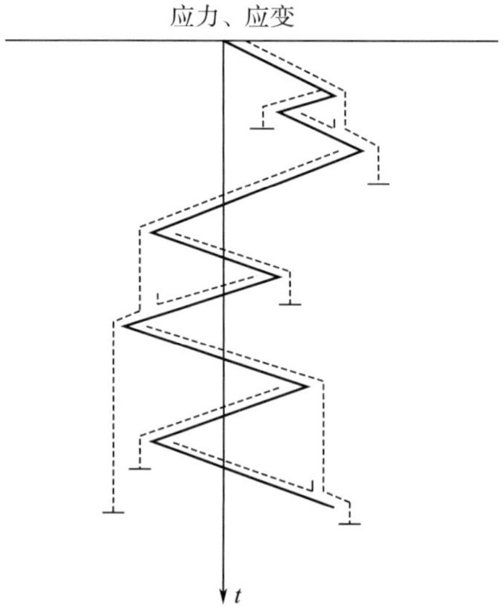


图 6-49　雨流计数法过程示意图

雨流计数法统计思路如下：

1）雨流的起点依次从每个峰值或谷值的内侧边开始；

2）雨点在下一个峰值落下，直到对面有一个比开始时的峰值更大的峰值为止，也就是说，比开始时的最大值更大的值或者比最小值更小的值为止；

3）当雨流遇到来自上面屋顶流下的雨时就停止；

4）按以上过程取出所有全循环，并记下各自的变程；

5）再按正负斜率去除所有半循环，并记下各自的变程；

6）把取出的半循环按修正的“变程对”计数法配成全循环。

经过雨流计数法统计载荷波形中的循环和半循环，可以得到应力峰值 $S_{max}$ 和应力谷值 $S_{min}$，应力幅值 $S_a$、应力均值 $S_m$ 和应力比 $R$ 分别为：$(S_{max}-S_{min})/2$、$(S_{max}+S_{min})/2$ 和 $S_{min}/S_{max}$。

然后结合各应力幅值 $S_a$ 出现的次数 $n_i$，根据累积损伤理论即可计算结构的损伤。当应力比 $R\neq -1$ 时，需考虑平均应力的影响采用 Goodman 方法进行修正。

以波纹管结构为例，计算结构在给定随机振动条件下的时域响应，随机振动功率谱密度如图 6-50 所示。

将上述随机振动功率谱密度按照三角级数法转化为时域加速度，如图 6-51 所示。

基于时域的直接动力学分析方法计算波纹管的应力响应云图，如图 6-52 所示。

计算得到波纹管某单元的 Mises 应力响应曲线，如图 6-53 所示。

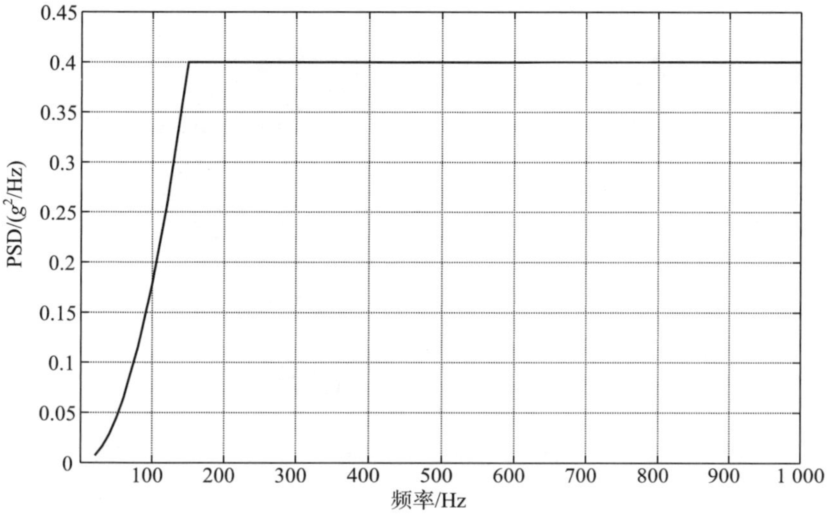


图 6-50　随机振动功率谱密度

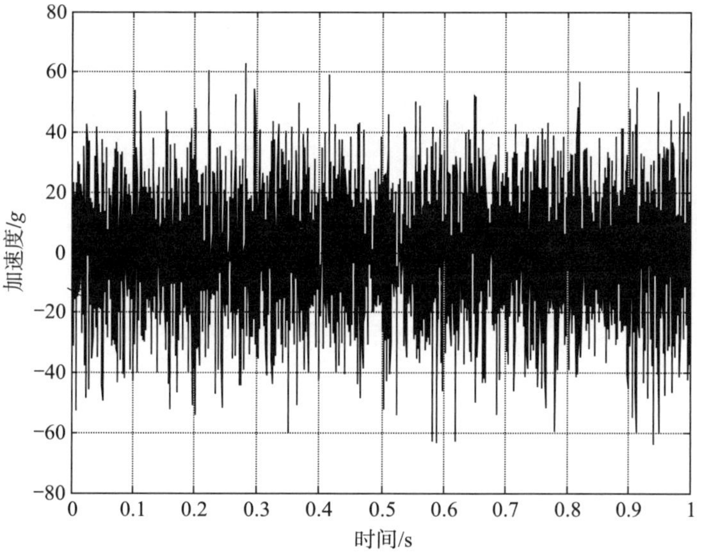


图 6-51　随机振动时域加速度

对单元的应力响应历程，采用雨流计数法结合 Miner 线性累积损伤理论，计算得到振动 3 min 时波纹管疲劳损伤度云图，如图 6-54 所示，波纹管结构上的最大损伤度 $D=2.297E-4$，结构不会发生疲劳破坏。

### 6.7.4　结构振动疲劳损伤度等效关系

一般导管需开展耐定频振动、正弦振动和随机振动试验，载荷条件包含验收量级和鉴定量级。本节对比例载荷下的线性结构响应关系和疲劳损伤度关系及加速试验进行分析。

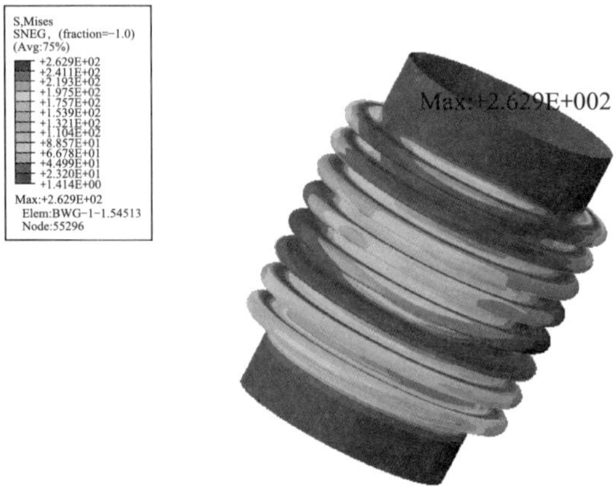


图 6－52　波纹管应力响应云图（对应 0.1s 时刻，见彩插）

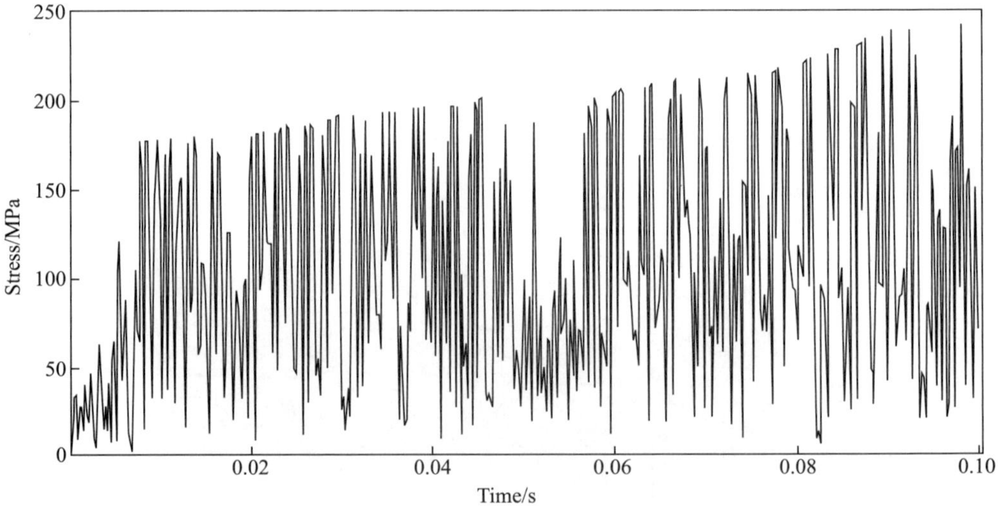


图 6－53　Mises 应力响应曲线

图 6－54　基于时域计算的波纹管疲劳损伤度云图（见彩插）

（1）比例载荷下的结构响应关系

同一结构处于两种成比例的载荷状态 $\{F\}$ 、$\{\bar{F}\}$ 下，即 $\{\bar{F}\}=K\{F\}$ ，$K$ 为常数时，对于正弦、定频振动，载荷以加速度或者位移的形式给出。在线性假设下，应力响应 $\{\bar{\sigma}\}$ 和 $\{\sigma\}$ 满足式（6－99）。对于随机振动，载荷以加速度功率谱密度的形式给出，应力谱密度响应 $\{\bar{\sigma}_{\mathrm{PSD}}\}$ 和 $\{\sigma_{\mathrm{PSD}}\}$ 满足式（6－100），均方根应力 $\{\bar{\sigma}_{\mathrm{RMS}}\}$ 和 $\{\sigma_{\mathrm{RMS}}\}$ 满足式（6－101）[64]

$$\{\bar{\sigma}\}=K\{\sigma\} \tag{6-99}$$

$$\{\bar{\sigma}_{\mathrm{PSD}}\}=K\{\sigma_{\mathrm{PSD}}\} \tag{6-100}$$

$$\{\bar{\sigma}_{\mathrm{RMS}}\}=\sqrt{K}\{\sigma_{\mathrm{RMS}}\} \tag{6-101}$$

（2）比例载荷下的疲劳损伤度关系及加速试验

根据正弦扫描和定频振动疲劳损伤度计算公式和应力响应的关系，正弦扫描和定频振动时，两种不同载荷条件下的疲劳损伤度满足

$$\frac{\bar{D}}{D}=\frac{\bar{T}}{T}K^{m} \tag{6-102}$$

根据随机振动疲劳损伤度计算公式和应力及功率谱密度响应的关系[65]，随机振动时，两种不同载荷条件下的疲劳损伤度满足

$$\frac{\bar{D}}{D}=\frac{\bar{T}}{T}(\sqrt{K})^{m} \tag{6-103}$$

根据比例载荷下疲劳损伤度等效的关系，可根据需要采用提高振动量级的方法开展加速试验[64,66]，则加速试验量级与原试验量级的关系为

$$\frac{G_{\mathrm{PSD}}}{\overline{G_{\mathrm{PSD}}}}=\left(\frac{\bar{T}}{T}\right)^{2/m} \tag{6-104}$$

$$\frac{G_{\mathrm{RMS}}}{\overline{G_{\mathrm{RMS}}}}=\left(\frac{\bar{T}}{T}\right)^{1/m} \tag{6-105}$$

式中，$G_{\mathrm{PSD}}$ 为随机振动功率谱密度量级（$g^2/\mathrm{Hz}$）；$G_{\mathrm{RMS}}$ 为振动加速度或者位移量级（$g$ 或者 mm）；$T$ 为振动时间。

对于不锈钢，在缺少试验数据时，可近似认为 $m=3/\lg(0.9/k)$ ，$k$ 弯曲时取 0.5，拉压时取 0.35，则弯曲时 $m=11.75$，拉压时 $m=7.314$。将其与 MIL－STD－810F《环境工程考虑和实验室试验》[66]中的疲劳等效关系对比，见表 6－10。

由对比可以看出，疲劳等效关系不仅与材料的疲劳数据 $S-N$ 曲线有关，而且由于受力状态的差异性，即使在同一结构件上，不同的部分也会产生不同的等价关系，而 MIL－STD－810F 中的公式无法反映上述情况，MIL－STD－810F 中给出的值在空军航空电子装备中广泛使用，航天器有时用 1/2，很多材料指数值在 1/6.5～1/6，需根据安全余量和材料的特性综合考虑选取。需要指出的是，上述关系均是在线性假设条件下成立的。

**表 6-10 疲劳等效关系对比**

| 疲劳等效关系 | 本书 | MIL-STD-810F |
|---|---|---|
| 一般表达式 | $G_{PSD}/\overline{G_{PSD}}=(\bar{T}/T)^{\frac{2}{m}}$<br>$G_{RMS}/\overline{G_{RMS}}=(\bar{T}/T)^{\frac{1}{m}}$ | $G_{PSD}/\overline{G_{PSD}}=(\bar{T}/T)^{\frac{1}{4}}$<br>$G_{RMS}/\overline{G_{RMS}}=(\bar{T}/T)^{\frac{1}{6}}$ |
| 不锈钢弯曲 | $G_{PSD}/\overline{G_{PSD}}=(\bar{T}/T)^{\frac{1}{5.875}}$<br>$G_{RMS}/\overline{G_{RMS}}=(\bar{T}/T)^{\frac{1}{11.75}}$ | $G_{PSD}/\overline{G_{PSD}}=(\bar{T}/T)^{\frac{1}{4}}$<br>$G_{RMS}/\overline{G_{RMS}}=(\bar{T}/T)^{\frac{1}{6}}$ |
| 不锈钢拉压 | $G_{PSD}/\overline{G_{PSD}}=(\bar{T}/T)^{\frac{1}{3.657}}$<br>$G_{RMS}/\overline{G_{RMS}}=(\bar{T}/T)^{\frac{1}{7.314}}$ | $G_{PSD}/\overline{G_{PSD}}=(\bar{T}/T)^{\frac{1}{4}}$<br>$G_{RMS}/\overline{G_{RMS}}=(\bar{T}/T)^{\frac{1}{6}}$ |

### 6.7.5 基于结构固有频率中心频带的随机振动疲劳影响分析

结构受随机振动载荷作用时，固有频率附近的激励产生的响应对其疲劳起主要作用[67-68]。本节内容针对线性系统的简单结构开展结构随机振动疲劳与固有频率中心频带宽度关系的定量研究，得出了固有频率中心频带激励下结构均方根应力和疲劳损伤度与全频段激励输入之间的关系。通过结构随机振动疲劳与固有频率中心频带宽度关系的研究，可以对振动试验方案提出优化建议，通过忽略远离中心频带的激励输入，适当提高中心频带宽度激励输入幅值，从而解决激励条件过大而无法实现振动试验的问题。同时对于仿真分析来说，由于减少大量的频段激励，可以大幅减少分析时间。

(1) 固有频率中心频带的均方根应力

结构在线性振动的范围内频响函数 $H(f)$ [69]可表示为

$$H(f)=\sqrt{\sum_{i=1,2,\cdots}\frac{K_i}{(f_{0i}^2-f^2)^2+4\xi_i^2f^2f_{0i}^2}} \tag{6-106}$$

式中，$f_{0i}$ 为结构的第 $i$ 阶固有频率；$\xi_i$ 为结构的第 $i$ 阶阻尼比；$K_i$ 为由结构尺寸、振型以及弹性常数决定的系数，三者均与输入加速度谱密度 $G_a(f)$ 无关。

根据均方根应力的定义，均方根应力 $\sigma_{RMS}$ 满足 $\sigma_{RMS}=\sqrt{\int_{f_1}^{f_2}G(f)df}$ ，则有

$$\sigma_{RMS}=\sqrt{\sum_{i=1,2,\cdots}\int_{f_1}^{f_2}\frac{K_i}{(f_{0i}^2-f^2)^2+4\xi_i^2f^2f_{0i}^2}G_a(f)df} \tag{6-107}$$

当 $G_a(f)$ 为平直谱，即 $G_a(f)=G_0$，并且 $G_0$ 为常数时，加速度谱密度全频域均方根应力响应为

$$\sigma_{RMS}=\sqrt{G_0}\sqrt{\sum_{i=1,2,\cdots}\frac{K_i}{f_{0i}^3}\frac{\pi}{4\xi_i}} \tag{6-108}$$

令 $f_1=f_{0i}(1-a\xi_i)$ ，$f_2=f_{0i}(1+a\xi_i)$ ，则不同频带宽下均方根应力响应为

$$\sigma'_{RMS}=\sqrt{G_0}\sqrt{\sum_{i=1,2,\cdots}\frac{K_i}{f_{0i}^3}\int_{1-a\xi_i}^{1+a\xi_i}\frac{1}{(1-u^2)^2+4\xi_i^2u^2}du} \tag{6-109}$$

不同频带宽下均方根应力 $\sigma'_{RMS}$ 与全频域下均方根应力 $\sigma_{RMS}$ 的比值 $F$ 满足[69]

$$F=\sqrt{\frac{\sum\limits_{i=1,2,\cdots}\lambda_i^2\frac{K_i}{f_{0i}^3}\frac{\pi}{4\xi_i}}{\sum\limits_{i=1,2,\cdots}\frac{K_i}{f_{0i}^3}\frac{\pi}{4\xi_i}}}\tag{6-110}$$

式中，$\lambda_i=\sqrt{\frac{4\xi_i}{\pi}}\sqrt{\int_{1-a\xi_i}^{1+a\xi_i}\frac{1}{(1-u^2)^2+4\xi_i^2u^2}\mathrm{d}u}$ ，显然，$\lambda_i$ 与固有频率 $f_{0i}$ 无关，仅与阻尼比 $\xi_i$ 及系数 $a$ 有关。

当 $\lambda_i=\lambda_0$，并且 $\lambda_0$ 为常数时，则有

$$F=\sqrt{\frac{\sum\limits_{i=1,2,\cdots}\lambda_0^2\frac{K_i}{f_{0i}^3}\frac{\pi}{4\xi_i}}{\sum\limits_{i=1,2,\cdots}\frac{K_i}{f_{0i}^3}\frac{\pi}{4\xi_i}}}=\lambda_0\tag{6-111}$$

通常工程结构件的阻尼比为 0.01～0.1，对 $\lambda_i$ 在 $a\in[1,8]$，$\xi_i\in[0.01,0.1]$ 范围内进行计算，可得到不同阻尼比 $\xi_i$ 及系数 $a$ 下的 $\lambda_i$ 值，见表 6－11。从表 6－11 中可以看出，随着 $\xi_i$ 由 0.01 增加到 0.1，系数 $a$ 不变时，同一频带宽下比值略有增大，最大约 2%，因此可以近似认为 $\lambda_i$ 与阻尼比 $\xi_i$ 无关，由系数 $a$ 决定。当 $a=3$ 时，从表 6－11 中可得到 $\lambda_i\approx0.9$，即 $F=0.9$，也即对于平直谱，以频带 $[f_{0i}(1-3\xi_i),\ f_{0i}(1+3\xi_i)]$，$i=1,2,\cdots$ 所计算得到的均方根应力 $\sigma'_{\mathrm{RMS}}$ 已达到全频域计算均方根应力 $\sigma_{\mathrm{RMS}}$ 的 90%。且对相同的 $a$（或 $\lambda_i$）值，阻尼越小需要计算的频带越窄，阻尼越大需要计算的频带越宽。

**表 6－11　不同阻尼比 $\xi_i$ 及系数 $a$ 下的 $\lambda_i$ 值**

| $\xi_i$ \ $a$ | 1 | 2 | 3 | 4 | 5 | 6 | 7 | 8 |
|---|---|---|---|---|---|---|---|---|
| 0.01 | 0.707 107 | 0.839 592 | 0.891 796 | 0.918 817 | 0.935 183 | 0.946 121 | 0.953 937 | 0.959 798 |
| 0.02 | 0.707 177 | 0.839 737 | 0.892 02 | 0.919 117 | 0.935 556 | 0.946 568 | 0.954 457 | 0.960 391 |
| 0.03 | 0.707 319 | 0.839 98 | 0.892 395 | 0.919 617 | 0.936 181 | 0.947 316 | 0.955 329 | 0.961 387 |
| 0.04 | 0.707 39 | 0.840 321 | 0.892 919 | 0.920 319 | 0.937 058 | 0.948 369 | 0.956 558 | 0.962 795 |
| 0.05 | 0.707 602 | 0.840 759 | 0.893 595 | 0.921 225 | 0.938 192 | 0.949 733 | 0.958 156 | 0.964 631 |
| 0.06 | 0.707 814 | 0.841 295 | 0.894 423 | 0.922 337 | 0.939 588 | 0.951 417 | 0.960 135 | 0.966 915 |
| 0.07 | 0.708 096 | 0.841 93 | 0.895 405 | 0.923 658 | 0.941 251 | 0.953 43 | 0.962 512 | 0.969 674 |
| 0.08 | 0.708 378 | 0.842 664 | 0.896 543 | 0.925 192 | 0.943 188 | 0.955 786 | 0.965 309 | 0.972 94 |
| 0.09 | 0.708 731 | 0.843 497 | 0.897 837 | 0.926 942 | 0.945 408 | 0.958 5 | 0.968 551 | 0.976 759 |
| 0.1 | 0.709 084 | 0.844 432 | 0.899 291 | 0.928 915 | 0.947 921 | 0.961 589 | 0.972 271 | 0.981 182 |

（2）基于固有频率中心频带的均方根应力对随机振动疲劳的影响

一般结构的随机振动疲劳损伤度为

$$D=\left(\frac{\sigma_{\mathrm{b}}}{\sigma_{\mathrm{b}}-\sigma_{\mathrm{z}}}\right)^m\frac{TE[p]}{C}\int s^m p(s)\,\mathrm{d}s\tag{6-112}$$

式中，$\sigma_b$ 为材料的强度极限；$\sigma_z$ 为结构的平均力；$m$ 、$C$ 均为疲劳曲线常数；$T$ 为作用时间；$E[p]$ 为应力在一个周期内的峰值循环次数；$s$ 为应力峰值；$p(s)$ 为应力峰值概率分布函数，即为具有平均应力的结构疲劳损伤的一般表达式。在窄带情况下，$p(s)$ 满足瑞利分布，结构的疲劳损伤度可表示为

$$D=\left(\frac{\sigma_b}{\sigma_b-\sigma_z}\right)^m \frac{TE[p]}{C}\int s^m \frac{s}{\sigma_{RMS}^2}e^{-\frac{s^2}{2\sigma_{RMS}^2}}ds \tag{6-113}$$

此时，基于固有频率中心频带宽激励计算得到的疲劳损伤度与基于全频率带宽计算的疲劳损伤度之间满足

$$\frac{D'}{D}=\left(\frac{\sigma'_{RMS}}{\sigma_{RMS}}\right)^m \tag{6-114}$$

若取 $a=3$，则 $\frac{\sigma'_{RMS}}{\sigma_{RMS}}=0.9$，则有

$$\frac{D'}{D}=(0.9)^{11.75}=0.29 \tag{6-115}$$

结构中 90%均方根应力对应频带计算出来的疲劳损伤度是全频域疲劳损伤度的 29%。

在进行振动试验考核时，为了考虑疲劳损伤的覆盖性，按照累积损伤相等原则，在按照中心频率 3 倍带宽激励输入时，可对输入谱密度进行加速至 $G'_0$，即

$$\frac{D'}{D}=\left(\frac{\sigma'_{RMS}}{\sigma_{RMS}}\right)^m=\left(\sqrt{\frac{G'_0}{G_0}}\right)^m(0.9)^m=1 \tag{6-116}$$

则有

$$G'_0=\left(\frac{1}{0.9}\right)^2 G_0=1.235G_0 \tag{6-117}$$

因此将输入谱密度提高为原输入谱密度的 1.235 倍，90%均方根应力对应频带振动试验考核所造成的疲劳损伤度与全频域激励谱造成的疲劳损伤度是一致的。当然，也可采用直接延长试验时间的方式模拟。

## 6.8　管路应变疲劳分析

管路结构中波纹管等补偿元件，在工作内压、位移等载荷条件下结构会发生屈服，且存在载荷循环作用的工况。当最大循环应力大于屈服应力时，应力疲劳寿命理论不再适用。此时，用应变作为疲劳控制参量更为恰当，相应的疲劳问题称为应变疲劳问题。应变疲劳的循环应力水平较高、结构疲劳寿命较低（一般小于 $10^4$ 次），因此应变疲劳也称为低周疲劳。

### 6.8.1　应变疲劳寿命理论

根据控制参数的不同，应变-疲劳寿命曲线分为 $\Delta\varepsilon-N$ 曲线和 $\varepsilon_{eq}-N$ 曲线两种，其中通过 Manson－Coffin 公式描述的 $\Delta\varepsilon-N$ 曲线应用最为广泛[70-71]。Manson－Coffin 公式适

用于中短寿命区，应力比 $R \neq -1$ 时需要做平均应力的修正[72]。

Manson - Coffin 公式给出了总应变幅与疲劳寿命的关系

$$\varepsilon_a = \varepsilon_{ea} + \varepsilon_{pa} = \frac{\sigma_f'}{E}(2N)^b + \varepsilon_f'(2N)^c \tag{6-118}$$

式中，$\sigma_f'$ 为疲劳强度系数；$\varepsilon_f'$ 为疲劳延性指数；$b$ 为疲劳强度指数；$c$ 为疲劳延性指数。疲劳寿命 $N$ 与总应变 $\varepsilon_a$ 的关系如图 6 - 55 所示。

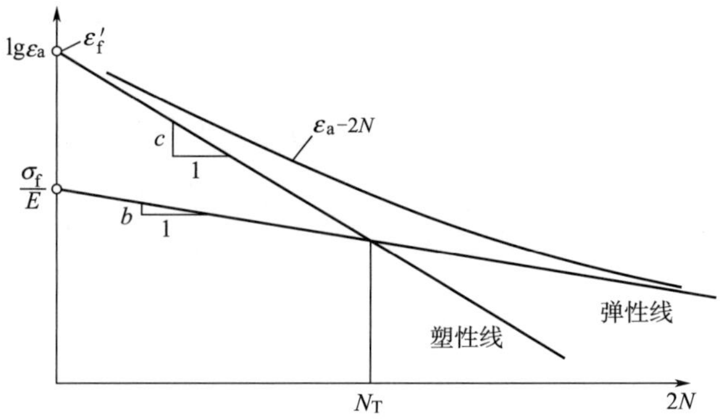


图 6 - 55　总应变与疲劳寿命的关系

材料的应变疲劳寿命曲线一般需通过材料的疲劳性能试验获取，在无试验数据时，可用材料抗拉强度 $\sigma_b$ 、弹性模量 $E$ 、真实断裂延性 $\varepsilon_f$（可使用断面收缩率 $A$ 计算得到）、真实断裂强度 $\sigma_f$ 等静拉伸性能近似估算材料的应变疲劳性能。Manson - Coffin 公式中参数的估算方法有通用斜率法、四点关联法、改进的四点关联法等[73]。

通用斜率法是 Manson 根据 29 种金属材料的性能数据拟合得到的结果，该方法给出的参数为

$$\begin{aligned} b &= -0.12 \\ c &= -0.6 \\ \sigma_f' &= 1.75\sigma_b \\ \varepsilon_f' &= 0.5\varepsilon_f^{0.6} \\ \varepsilon_f &= \ln\left(\frac{1}{1-A}\right) \end{aligned} \tag{6-119}$$

四点关联法是 Manson 建议的由弹性线和塑性线上四个特殊点的值去估算材料疲劳性能的方法，该方法给出的参数表达式为

$$\begin{aligned} b &= -[0.083 + 0.166\lg(\sigma_f/\sigma_b)] \\ c &= -\left\{0.52 + 0.25\lg(\varepsilon_f) - \frac{1}{3}\left[1 - 81.8\left(\frac{\sigma_b}{E}\right)\left(\frac{\sigma_f}{\sigma_b}\right)^{0.179}\right]\right\} \\ \sigma_f' &= 2.25\sigma_b(\sigma_f/\sigma_b)^{0.9} \\ \varepsilon_f' &= 0.413\varepsilon_f[1 - 82(\sigma_b/E)(\sigma_f/\sigma_b)^{0.179}]^{-\frac{1}{3}} \end{aligned} \tag{6-120}$$

改进的四点关联法是在 $\varepsilon - 2N$ 坐标系下，用四点关联法去估算材料的疲劳性能，该方

法给出的参数表达式为

$$
\begin{aligned}
&b=-[0.083+0.166\lg(\sigma_f/\sigma_b)] \\
&c=-\left\{0.52+0.25\lg(\varepsilon_f)-\frac{1}{3}\left[1-81.8\left(\frac{\sigma_b}{E}\right)\left(\frac{\sigma_f}{\sigma_b}\right)^{0.179}\right]\right\} \\
&\sigma'_f=2.383\sigma_b(\sigma_f/\sigma_b)^{0.950} \\
&\varepsilon'_f=0.413\times 2^{-c}\varepsilon_f[1-82(\sigma_b/E)(\sigma_f/\sigma_b)^{0.179}]^{-\frac{1}{3}}
\end{aligned}
\tag{6-121}
$$

实际疲劳载荷几乎都是非对称应变循环，因此在使用应力比 $R\neq-1$ 的应变寿命曲线时需要考虑平均应力 $\sigma_m$ 的影响，对曲线进行修正，修正方法主要有 Morrow 弹性应力线性修正、Gerber 弹性应力曲率修正、Morrow 总应变修正、Sachs 弹性修正等[74-76]。

采用 Morrow 弹性应力线性修正的 Manson - Coffin 公式为

$$\varepsilon_a=\frac{\sigma'_f-\sigma_m}{E}(2N)^b+\varepsilon'_f(2N)^c \tag{6-122}$$

采用 Gerber 弹性应力曲率修正的 Manson - Coffin 公式为

$$\varepsilon_a=\frac{\sigma'^2_f-\sigma^2_m}{E\sigma'_f}(2N)^b+\varepsilon'_f(2N)^c \tag{6-123}$$

采用 Morrow 总应变修正的 Manson - Coffin 公式为

$$\varepsilon_a=\frac{\sigma'_f-\sigma_m}{\sigma'_f}\left[\frac{\sigma'_f}{E}(2N)^b+\varepsilon'_f(2N)^c\right] \tag{6-124}$$

采用 Sachs 弹性修正的 Manson - Coffin 公式为

$$\varepsilon_a=\frac{\sigma'_f}{E}\left(1-\frac{\sigma_m}{\sigma_b}\right)(2N)^b+\varepsilon'_f(2N)^c \tag{6-125}$$

### 6.8.2 应变疲劳寿命分析

管路应变疲劳寿命分析时，通常先采用弹塑性有限元法给出结构的局部应力应变，随后根据 Manson - Coffin 应变—疲劳寿命分析理论计算疲劳寿命。

以波纹管结构为例：某波纹管材料弹性模量 $E=198$ GPa 、抗拉强度 $\sigma_b=700$ MPa 、断面收缩率 $A=0.6$，疲劳强度系数 $\sigma'_f=1\,225$ MPa，疲劳延性系数 $\varepsilon'_f=0.474\,44$，疲劳强度指数 $b=-0.12$，疲劳延性指数 $c=-0.6$，计算其在反复拉压位移循环载荷下的疲劳寿命。

建立波纹管的轴对称有限元分析模型，计算得到波纹管在一个拉压循环下发生塑性应变时轴向的最大应力和最大应变。

根据 Manson - Coffin 应变—疲劳寿命公式，采用通用斜率法和 Morrow 弹性应力线性修正，应变疲劳安全系数取 2。计算得到波纹管各部位的应变疲劳寿命见表 6 - 12，疲劳寿命最低为 1 650 次，发生在波峰内侧，分析数据结果与试验所测数据吻合较好。

表 6－12　波纹管应变—疲劳寿命结果

| 项目 | | 波峰外侧 | 波峰内侧 | 波谷外侧 | 波谷内侧 |
|---|---|---|---|---|---|
| 应力 S22/MPa | −10 mm | 518.5 | −510.6 | −527.4 | 448.8 |
| | +12 mm | −516.1 | 491.7 | 528.6 | −460 |
| | 平均应力 | 1.2 | −9.45 | 0.6 | −5.6 |
| 应变 LE22 | −10 mm | 0.003 546 | −0.005 3 | −0.001 45 | 0.002 002 |
| | +12 mm | −0.002 06 | 0.003 867 | 0.005 107 | −0.006 58 |
| | 应变幅 | 0.002 803 | 0.004 584 | 0.003 279 | 0.004 291 |
| 疲劳寿命 $N$（次） | 计算值 | 7 250 | 1 650 | 4 300 | 1 975 |
| | 试验值 | 1 850(1 号件)、1 200(2 号件)、2 000(3 号件) | | | |

## 6.9　管路稳定性

结构稳定性是指结构构件在一定载荷的作用下，维持整体或局部内力平衡状态的能力。失稳破坏则是指结构受载过大，打破原有内力的平衡形式，使承载能力降低而导致的破坏现象[77]。一些长度较长的导管、壁厚较薄的导管或者波纹管均有在工作条件下失稳的可能性，需要采取不同的措施进行预防。

### 6.9.1　直管稳定性

薄壁导管和长导管在外部压力、轴向压缩、弯曲、扭转等外力作用下容易发生结构倒塌，这一现象即为导管失稳现象。导管发生失稳时的应力水平通常显著小于管材的屈服强度。导管抵抗失稳的能力可通过临界载荷来描述。所谓临界载荷，是指使得承受外压、轴压、弯曲扭转载荷的导管无法继续保持其圆筒形状的同时，挠曲变形迅速增大时的外部载荷。

薄壁管失稳临界载荷不仅取决于管路本身的材料、几何尺寸，同时也受到外部载荷类型的影响。本节主要介绍管路产品涉及的几种稳定性问题和临界载荷计算方法。

（1）薄壁圆管均布外压失稳

薄壁圆管均布外压失稳问题常见于液氢输送管的外管。液体运载火箭液氢输送管采用双层真空管的结构，管路工作时内管、外管之间的夹层为真空状态，因此外管需要承受外部大气压力。

薄壁圆管承受均布外压时的临界载荷 $p_{cr}$ 和临界应力 $\sigma_{cr}$ 可通过以下公式计算[78]

$$p_{cr}=\frac{E}{4(1-\nu^2)}\cdot\left(\frac{\delta}{r_0}\right)^3 \tag{6-126}$$

$$\sigma_{cr}=\frac{E}{4(1-\nu^2)}\cdot\left(\frac{\delta}{r_0}\right)^2 \tag{6-127}$$

式中，$E$ 为导管材料弹性模量；$\nu$ 为导管材料泊松比；$\delta$ 为导管壁厚；$r_0$ 为薄壁管平均半径。

式（6－126）、式（6－127）适用于临界应力不超过材料比例极限 $\sigma_p$ 的情况。

在薄壁圆管失稳问题中，管路的初始几何缺陷也是必须考虑的因素之一。薄壁圆管在均匀外压作用下的失稳破坏在很大程度上取决于其初始几何缺陷，其中最重要的是管路的初始椭圆度。在考虑管路初始椭圆度的情况下，薄壁圆管的失稳临界压力 $p_s$ 可以表示为

$$p_s^2-\left[\frac{\sigma_s\delta}{r_0}+\left(1+\frac{6u_i}{\delta}\right)p_{cr}\right]p_s+\frac{\sigma_s p_{cr}\delta}{r_0}=0 \tag{6-128}$$

式中，$\delta$ 为导管壁厚；$r_0$ 为导管平均半径；$\sigma_s$ 为导管材料屈服强度；$u_i$ 为导管椭圆截面的最大径向偏差。式中压力值 $p_s$ 即为考虑了管路初始椭圆度以后的失稳临界压力。对于不存在初始椭圆度的薄壁圆管，两种临界压力 $p_s$ 和 $p_{cr}$ 在数值上相等。而当薄壁圆管出现初始椭圆度缺陷的时候，计算得到的临界压力 $p_s$ 将小于 $p_{cr}$ 。在设计过程中应用临界压力 $p_s$ 进行分析，有利于提高管路产品的安全性。

（2）管路在轴向压力下的全局失稳

对于各类小口径导管以及长跨距大口径导管，管路通径远小于其长度，可等效为细长结构单元。细长结构单元在承受轴向压力时易发生弯曲或横向挠曲。随着轴向载荷的增加，结构横向变形逐渐增大，最终出现不稳定状态，在压缩正应力未超过材料破坏应力时即发生倒塌。这一现象被称为轴向压杆的全局失稳现象（或称为欧拉失稳、欧拉屈曲）。失稳构型如图 6－56 所示。

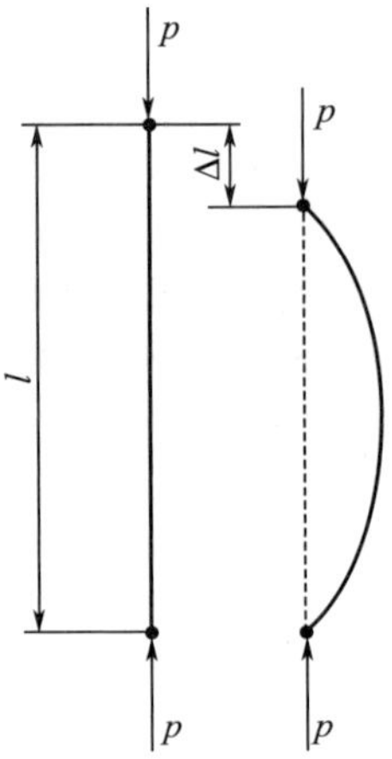


图 6－56　细长结构单元轴向压缩失稳[78]

图 6－56 所示杆件结构的不稳定弹性平衡临界压力载荷 $p_{cr}$ 可通过下式（欧拉方程）计算

$$p_{cr}=\frac{\pi^2}{L^2}EI \tag{6-129}$$

式中，$E$ 为杆件材料弹性模量；$I$ 为杆件横截面的最小截面矩；$L$ 为杆件等效长度（也称为自由长度）。设杆件真实长度为 $l$ ，则对于一端固支、另一端自由，两端铰支，一端铰支、另一端固支，两端固支的情况，杆件等效长度分别为 $2l$ 、$l$ 、$l/\sqrt{2}$ 、$l/2$。

给定横截面最小回转半径 $\rho_{\min}=\sqrt{I/A}$（$A$ 为杆件横截面面积），以及长细比 $\lambda=L/\rho_{\min}$（即杆件等效长度与最小回转半径之比），可将式（6-129）改写为

$$p_{\mathrm{cr}}=\frac{\pi^2}{\lambda^2}EA \tag{6-130}$$

同时有

$$\sigma_{\mathrm{cr}}=\frac{p_{\mathrm{cr}}}{A}=\frac{\pi^2}{\lambda^2}E \tag{6-131}$$

对于中间半径为 $r_{\mathrm{m}}$（$r_{\mathrm{m}}\approx r_0$）的薄壁圆管而言，$I=\pi r_{\mathrm{m}}^3 s$，$A=2\pi r_{\mathrm{m}} s$，$\rho=r_{\mathrm{m}}/\sqrt{2}$，则临界压力和临界应力计算式分别为

$$p_{\mathrm{cr}}=\frac{\pi^2}{L^2}Er_{\mathrm{m}}^3\delta \tag{6-132}$$

$$\sigma_{\mathrm{cr}}=\frac{\pi^2}{2L^2}Er_{\mathrm{m}}^2 \tag{6-133}$$

上式适用于临界应力不超过材料比例极限 $\sigma_{\mathrm{p}}$ 的情况。

（3）管路在轴向压力下的局部失稳

对于承受轴向压力的薄壁圆管，除了前文所述的欧拉屈曲，还存在图 6-57 所示的局部失稳模式。该模式下，圆管母线转变为等间距正弦波，圆管整体呈现出手风琴的形状。

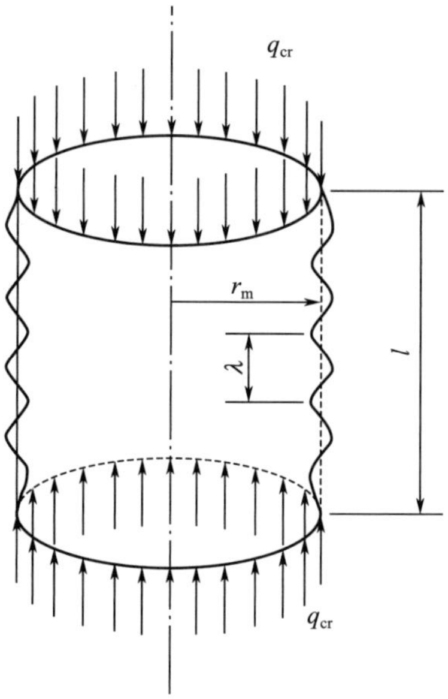


图 6-57　薄壁圆管在均布轴向载荷 $q_{\mathrm{cr}}$ 作用下发生局部失稳[78]

图 6-57 中薄壁圆管中间半径为 $r_{\mathrm{m}}$，长度为 $l$，厚度 $\delta$ 非常小，圆管铰支端承受环向单位距离强度为 $q$ 的均布轴向力。当薄壁圆管发生局部失稳时，临界环向均布力和临界应力可按照下式计算

$$q_{cr}=2\sqrt{\xi D}=\frac{Es^2}{r_m\sqrt{3(1-\nu^2)}} \tag{6-134}$$

$$\sigma_{cr}=\frac{E}{\sqrt{3(1-\nu^2)}}\cdot\frac{\delta}{r_m} \tag{6-135}$$

式（6－134）中，$D=E\delta^3/[12(1-\nu^2)]$ 是薄壁圆管的变形刚度；$\xi=E\delta/r_m^2$ 是与材料和几何尺寸相关的参数；$r_m$ 为导管中间半径。显然，总轴向临界载荷为：$p_{cr}=2\pi r_m q_{cr}$ 。圆管中面（位于圆管内外表面中间，其半径为 $r_m$ ）屈曲正弦形貌的半波长度 $\lambda_0$ 为

$$\lambda_0=\pi\sqrt[4]{D/\xi}=\frac{\pi}{\sqrt[4]{12(1-\nu^2)}}\cdot\sqrt{r_m\delta} \tag{6-136}$$

需要说明的是，式（6－134）给出的临界环向均布力是临界载荷的最小可能值（$q_{cr,\ min}$），当圆管总长度 $l$ 是半波长 $\lambda_0$ 的倍数且圆管两端可认为是铰支时，才会出现该失稳模式。同时，式（6－135）适用于临界应力 $\sigma_{cr}$ 不超过材料比例极限 $\sigma_p$ 的情况。该失稳模式通常出现于壁厚很薄的圆管，为了避免管路在轴向压力下发生局部失稳，在设计时应选择合理的管路壁厚。

（4）管路弯曲失稳

管路弯曲变形时通常伴随截面形状的改变，如图 6－58 所示。随着管路两端弯矩的增加，管路截面由圆形逐渐变为椭圆形。由于椭圆形截面上各弧形微元更靠近中性轴，因而截面惯性矩相应降低。当截面惯性矩下降，使得截面转角增加但是外部弯矩不再上升时，管路发生弯曲失稳。

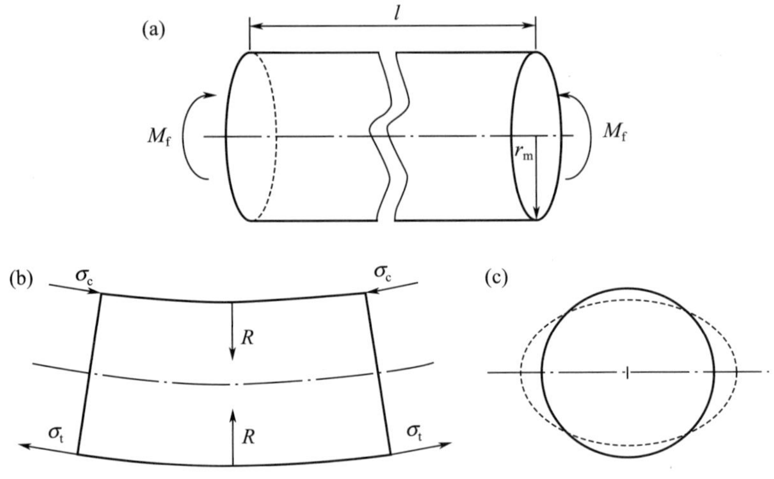


图 6－58　薄壁圆管在弯矩 $M_f$ 作用下发生弯曲失稳[78]

该失稳模式通常在弹性阶段产生，管路弯曲失稳的临界弯矩可通过下式计算[78]

$$M_{f,cr}=\frac{0.388\pi E r_m\delta^2}{\sqrt{1-\nu^2}} \tag{6-137}$$

### 6.9.2　波纹管稳定性

失稳在波纹管的失效形式中占有一定的比例。波纹管常见失稳形式为柱失稳和平面失稳。

(1) 柱失稳

柱失稳是指波纹管的中部整体产生侧向偏移，它使波纹管的中心线变成如图 6-59 所示的曲线。波纹管的柱失稳与细长压杆的柱失稳类似，失稳临界压力与端部的支撑条件有关。柱失稳只发生在波纹管承受内压的情况下，当受外压作用时不会发生柱失稳。波纹管柱失稳的机理一般认为是：随着压力的增加，波纹管将产生微弯曲，凸出侧的承压面积大于凹陷侧的承压面积，从而产生横向分力，当此横向力超过波纹管由于自身刚度而产生的回复力时，在其自身缺陷的推动下，波纹管就会产生大量的横向位移，即发生柱失稳[23]。波纹管总厚度不够、波数过多以及同轴度偏差过大等都是产生柱失稳的原因。

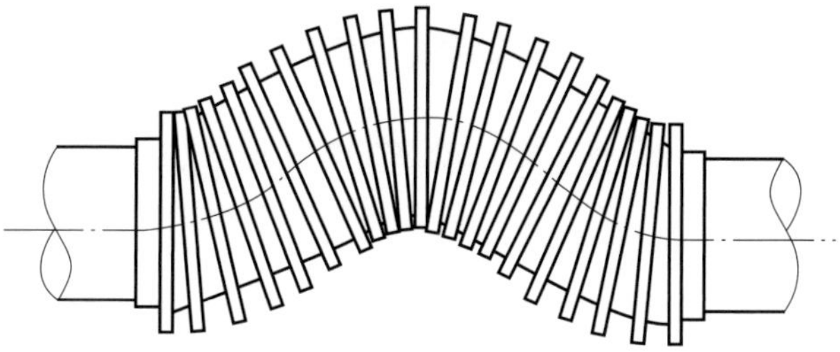

图 6-59　波纹管柱失稳形式[23]

GB/T 12777—2019《金属波纹管膨胀节通用技术条件》[24]给出：无加强 U 形波纹管，两端固支时，柱失稳的极限设计内压公式为

$$P_{sc}=\frac{0.34\pi f_{iu}C_\theta}{N^2q} \tag{6-138}$$

式中，$f_{iu}$ 为无加强 U 形波纹管单波轴向弹性刚度（N/mm）；$C_\theta$ 为由初始角位移引起的柱失稳压力降低系数；$N$ 为一个波纹管的波数；$q$ 为波距（mm）。

当无横向位移时

$$C_\theta=1-1.822\gamma+1.348\gamma^2-0.529\gamma^3 \tag{6-139}$$

当同时发生横向位移时

$$C_\theta=1 \tag{6-140}$$

$\gamma$ 为初始角位移与最终角位移之比，即

$$\gamma=\frac{0.0175D_m\theta}{0.0175D_m\theta+0.3L_b} \tag{6-141}$$

式中，$D_m$ 为波纹管平均直径（mm）；$\theta$ 为波纹管角位移（°）；$L_b$ 为波纹长度（mm）。

(2) 平面失稳

平面失稳是指波纹管的波纹所在平面不再与波纹管的轴线保持垂直，变形的特点是一个或多个波纹出现倾斜或弯曲，如图 6-60 所示。平面失稳只发生在无加强型波纹管中。

当波纹管的长度与直径之比较小时，常出现平面失稳。平面失稳的临界压力一般与波纹管的端部支撑条件无关，这与柱失稳有所不同。失稳压力的大小主要和波纹管的直径、壁厚、波距、波高、层数、材料、制造工艺方式有关。按 EJMA 标准规定的判据，内、外压作用下波纹管都可能发生平面失稳[79]。

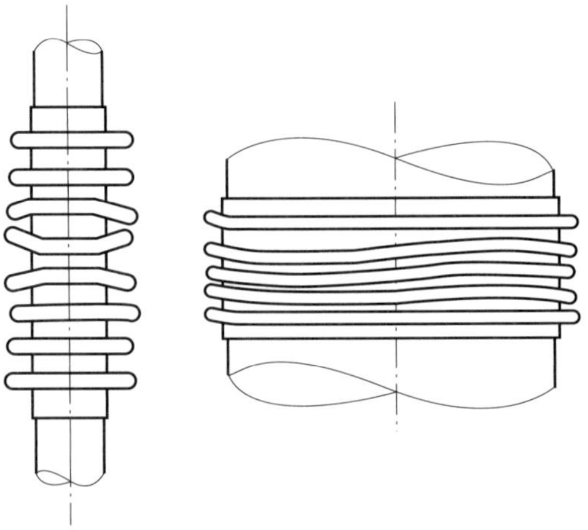

图 6-60　波纹管平面失稳形式[23]

EJMA 的规定：波纹管在内压作用下，最大波距与受压前的波距之比达到 1.15（无加强的波纹管）或 1.2（加强波纹管）时，即判为平面失稳[80]。GB/T 12777—2019《金属波纹管膨胀节通用技术条件》也给出了相同判据[24]。

目前被普遍接受的平面失稳的机理为“塑性铰”，其概念由 Becht C. 提出[81]，即在一定压力作用下，波纹管在波谷、波峰将形成一个塑性区，从而使结构活动起来。通常情况下，在内压和轴向压缩位移的联合作用下，波谷将首先进入塑性状态，因此波峰、波谷处是否产生塑性铰及环板区域是否同时出现塑性区可以作为平面失稳的判据[1,82]。

GB/T 12777—2019《金属波纹管膨胀节通用技术条件》给出[24]：无加强 U 形波纹管，两端为固支时，平面失稳的极限设计压力公式为

$$p_{si}=\frac{1.3A_cR_{0.2y}}{K_rD_mq\sqrt{\alpha}} \tag{6-142}$$

式中，$A_c$ 为单个波纹管的金属横截面面积（$mm^2$）；$R_{0.2y}$ 为材料在设计温度下的屈服强度；$D_m$ 为波纹管平均直径（mm）；$q$ 为波距（mm）；$\alpha$ 为平面矢稳应力相互作用系数；$K_r$ 为周向应力系数，取下列公式中较大值且小于 1。

拉伸状态

$$K_r=\frac{2(q+e_x)+e_\theta/\psi+e_y}{2q} \tag{6-143}$$

压缩状态

$$K_r=\frac{2(q-e_x)+e_\theta/\psi+e_y}{2q} \tag{6-144}$$

式中，$e_x$ 为轴向位移引起的单波轴向位移（mm）；$e_y$ 为横向位移引起的单波最大相当轴向

位移（mm）；$\psi$ 为角位移的压力影响系数。

当 $C_\theta < 1$ 时

$$\psi = \frac{e_\theta C_\theta}{e_\theta C_\theta + 0.15 q \phi} \tag{6-145}$$

当 $C_\theta = 1$ 时

$$\psi = 1 \tag{6-146}$$

式中，$\phi$ 为设计压力与临界柱失稳压力之比；$C_\theta$ 为初始角位移引起的柱失稳压力降低系数；$e_\theta$ 为角位移引起的单波相当轴向位移（mm）。

一般情况下，上述公式可满足工程使用要求，也可采用有限元方法进行更准确的计算。陈晔等[82]建立了 U 形无加强波纹管结构分析的有限元分析模型，采用 ANSYS 有限元软件对其在不同平面失稳工况下的应力响应进行了计算，计算模型和网格划分如图 6-61 所示。结果表明，U 形无加强波纹管平面失稳与否主要取决于波纹管环板表面塑性区的产生与扩展，同时证明了采用单层结构模拟多层波纹管进行平面失稳研究的可行性[82]。

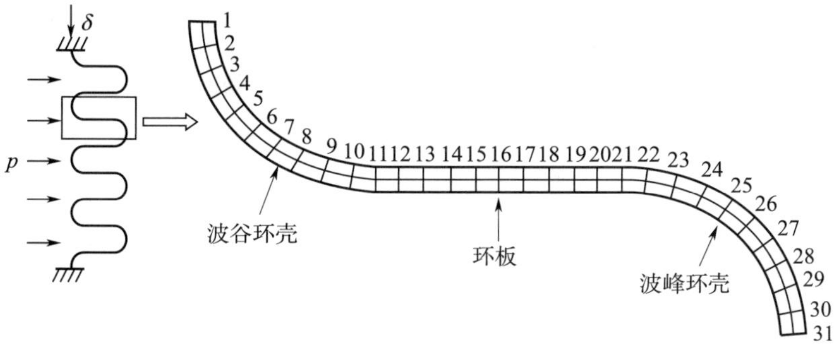


图 6-61　波纹管计算模型和网格划分

以某火箭用 U 形波纹管为研究对象，通过有限元分析方法对“受压后波距与加压前的波距相比最大变化率是否大于 15%”和“波峰、波谷处是否产生塑性铰及环板区域是否出现塑性区”两种波纹管平面稳定性判据进行比较，并通过试验对仿真结果进行验证。波纹管结构如图 6-62 所示[83]。

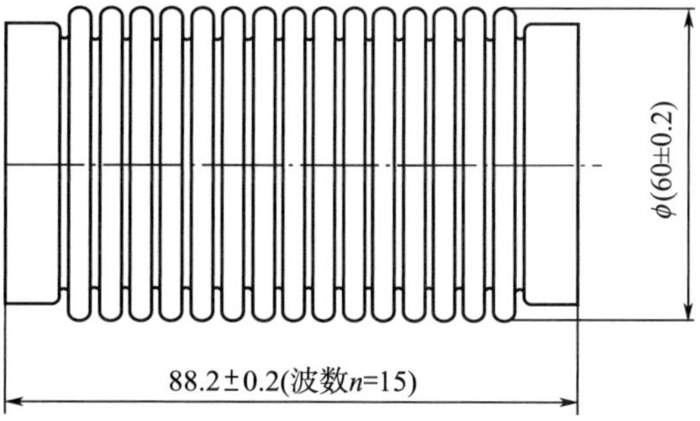


图 6-62　波纹管结构图

求解波距变化率为15%时的压力值，有限元分析如图6-63所示。根据仿真结果可知，当波纹管波距最大变形量为15%时，波纹管发生平面失稳，失稳压力为7.36 MPa。

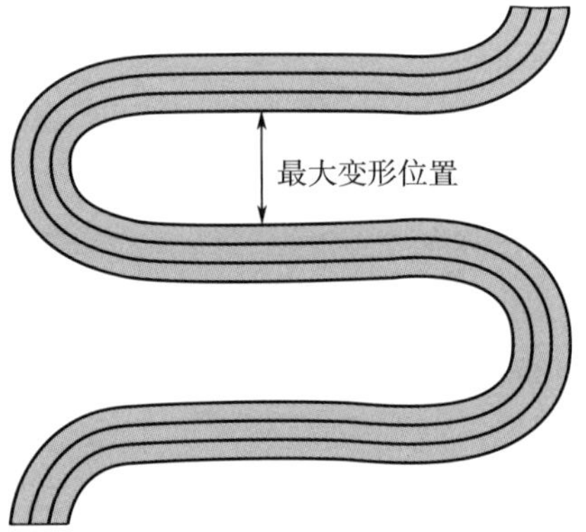


图6-63　波距最大变化率为15%时的失稳压力仿真结果

求解波纹管环板区域出现塑性变形时的压力值，有限元分析如图6-64所示。可知，前一个载荷步时波纹管环板区域有很小的区域出现屈服，相邻的下一载荷步，波纹管环板区域应力水平发生突变，较大区域发生屈服，此时波纹管发生平面失稳，失稳压力为7.35 MPa。

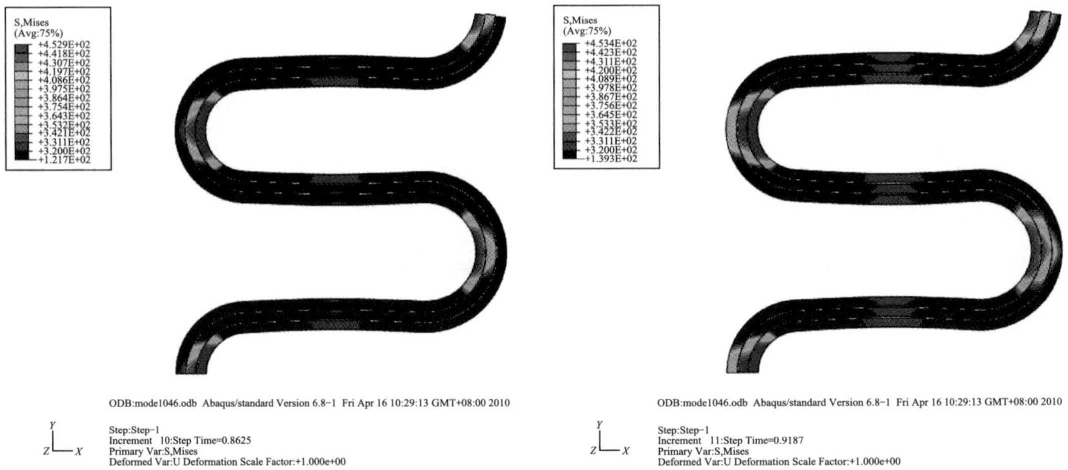


(a) 前一载荷步　　　　(b) 相邻的下一载荷步

图6-64　环板区域出现塑性变形时的失稳压力仿真结果（见彩插）

对该波纹管开展稳定性试验，试验结果显示平面失稳临界压力为8 MPa。

对比上述结果可知：两种波纹管平面稳定性判据的计算结果一致性好，采用有限元手段分析的结果与试验获得的结果偏差仅为9%，两种评价准则均可作为平面稳定性判据；计算与试验存在偏差的原因可能来自波纹管实际使用的材料经过成型处理后，其材料性能较原材料初始性能会有提高，因此在实际试验验证时，其承压能力较理论计算结果会有提高。

# 6.10　管路试验

管路在完成方案设计后，需要开展充分的地面试验，来验证管路方案是否满足箭上使用要求。一般通过开展静力试验、稳定性试验、动强度试验、热振联合试验，考核管路在各工况下的补偿能力、稳定性、强度、力热环境适应性等性能。管路静力试验主要考核管路产品在工作压力、工作温度、补偿位移以及其他外载荷下的静强度是否满足管路设计方案的基本要求。管路稳定性试验主要考核导管及补偿器在工作压力、温度及位移条件下是否会出现稳定性问题。管路动强度试验主要考核管路对飞行力学环境的适应性，包括火箭所经受的振动、冲击、噪声和加速度等力学环境，一般导管开展耐定频振动、正弦振动和随机振动试验。此外部分管路在工作时，会同时经历内热或外热、压力、振动等综合环境，为考核多种载荷综合作用下管路的强度及疲劳性能，需要对管路开展热振联合试验。

为保证试验结果的真实性，试验中需重点关注的因素包括：试验介质的选取，控制点与测量点的布置，压力、温度、边界位移等载荷的加载。

## 6.10.1　试验介质的选取

管路在开展试验时，试验介质的选取应尽量模拟管路真实的使用环境，包括温度、重量及物态（气态或液态）。

试验管路真实推进剂介质包括四氧化二氮、偏二甲肼、液氢、液氧。试验在尽量真实的前提下也要考虑试验介质的安全性问题，因此试验中一般考虑用温度和密度近似的介质来代替真实推进剂。针对不同的试验，为达到不同的考核目标，有时需要在温度和密度（重量）之间做出平衡性的选择，以达到理想的试验验证效果。

四氧化二氮有很强的毒性和腐蚀性，密度为 1 443 $kg/m^3$，早期管路试验使用一定浓度的重铬酸钾水溶液进行替代，试验后要注意对溶液的合理处理与排放。

液氧是不可燃的，但它能强烈地助燃，具有火灾、爆炸的危险性，也可能引起人员氧中毒[84]。一个大气压下液氧沸点为 90.188 K（−182.96 ℃），密度为 1 141 $kg/m^3$。液氮与液氧的熔点、密度等物理性能接近，更加安全，因此在进行管路液氧振动试验时，一般用液氮模拟液氧环境[85]。

液氢或气氢容易发生爆炸危险。在进行管路液氢试验时，可采用液氢温区的氦气代替液氢介质进行。一个大气压下液氢沸点为 20.37 K（−253.78 ℃），密度为 70.85 $kg/m^3$。试验过程中将氦气温度降低到液氢温区，达到模拟温度的目标。但液氢温区相同压力下液氢和氦气的密度存在一定差异，导致管路系统的整体密度有所差异，因此需探究介质差异带来的导管疲劳损伤度等效关系。

假定分析对象为一段长直导管，试验所用的加速度激励谱型 $\Phi_a(f)$ 为平直谱，不考虑流体介质与管路的耦合作用，并将介质质量对结构响应的影响通过等效结构密度代替。而当不考虑应力修正时，在窄带随机振动激励条件下，直导管的随机疲劳损伤度 $D$ 满足

$$D=\frac{Tf}{C}\int_{0}^{\infty}s^{m}\ \frac{s}{(\sigma_{\mathrm{rms}})^{2}}\mathrm{e}^{-\frac{1}{2}\left(\frac{s}{\sigma_{\mathrm{rms}}}\right)^{2}}\mathrm{d}s \tag{6-147}$$

式中，$T$ 为作用时间；$f$ 为管路基频；$m$ 、$C$ 是与材料、应力比、加载方式有关的疲劳参数；$s$ 为积分变量；$\sigma_{\mathrm{rms}}$ 为管路的均方根应力。

令 $\lambda_0=\int_{0}^{\infty}s^{m}s\mathrm{e}^{-\frac{1}{2}s^{2}}\mathrm{d}s$ ，则式（6－147）为

$$D=\frac{Tf\lambda_0\ (\sigma_{\mathrm{rms}})^{m}}{C} \tag{6-148}$$

各阶下直管基频 $f$ 的计算式为

$$f_i=\beta_i\sqrt{\frac{EI}{\rho A l^{4}}} \tag{6-149}$$

式中，$\beta_i$ 是与阶数有关的常数；$E$ 为材料的弹性模量；$I$ 为管路截面惯性矩；$\rho$ 为导管等效密度（将介质质量等效为导管质量）；$A$ 为管路截面面积；$l$ 为导管长度。

各阶下均方根应力 $\sigma_{\mathrm{rms}}$ 的计算公式为

$$\sigma_{\mathrm{rms},i}=\sqrt{\frac{K_i^{2}}{f_i^{3}}\int_{0}^{+\infty}\frac{\Phi_{\mathrm{a}}(f_i u)}{(1-u^{2})^{2}+4\xi_i^{2}u^{2}}\mathrm{d}u} \tag{6-150}$$

式中，$K$ 为结构刚度；$\Phi_{\mathrm{a}}$ 为基频处功率谱密度；$\xi$ 为结构阻尼；$u$ 为积分变量。

根据假定，$\Phi_{\mathrm{a}}(f)$ 为平直谱，即 $\Phi_{\mathrm{a}}(f)=\Phi_0$，采用密度分别为 $\rho_1$，$\rho_2$ 的两种介质作为试验介质时，导管疲劳损伤度与密度及振动时间的关系为

$$\frac{D_1}{D_2}=\frac{T_1}{T_2}\left(\frac{\rho_1}{\rho_2}\right)^{\frac{3m}{4}-\frac{1}{2}} \tag{6-151}$$

由此可见，在上述假设前提下，试验可以通过调整振动时间获得不同介质下等效的导管疲劳损伤度，达到试验考核的目的。

### 6.10.2 试验控制点与测量点的布置

振动试验时控制方法可以分为单点控制和多点控制。单点控制误差相对较大，并且存在控制点单点失效的风险，易造成试件损坏，一般管路试验不按此方法实施。多点控制又可分为多点最大值控制和多点平均控制[86]。

多点最大值控制的信号用于控制最大值，此方法对试件来说是降低了控制振动量级，因此，除非明确指出，一般比较少用。

多点平均控制，即在试件部位安装两个以上的传感器，其信号用于平均控制。此方法在尺寸规模较大的试件中应用较为普遍。当试验采用单振动台激励时，振动一般采取 3 点平均控制方式。当试验采用双振动台激励时，一般每个振动台采取 2～3 点平均控制方式。

控制点一般设置在管路与地面工装接口或管路支架的位置，这样得到的控制效果更能真实地模拟管路在箭上的受力状态。控制点的安装方式一般为粘接，在某些低温环境或需要布置于管路外壁面时，也可以采用更牢靠的螺接方式。

试验过程中为实时监测管路产品的状态，试验前需在管路产品表面粘贴动态应变花，

可对管路振动过程中的应变状态进行测量和记录。对于平面应变问题，某一点应变状态包括 2 个正应变和 1 个剪应变；而对于三维问题，某一点应变状态由 3 个正应变和 3 个剪应变来描述。通常情况下，剪应变难以通过直接测试的方法得到。因此，对于主应变方向未知的二维应变状态，一般需要布置 3 个应变片，在获得 3 个不同方向上的线应变后，再根据应变分量之间的关系获得某一点的应变状态。3 个应变片组合的形式主要有等边三角形、直角三角形、钝角三角形等，如图 6 - 65 所示，这就是所谓的应变花[87]。

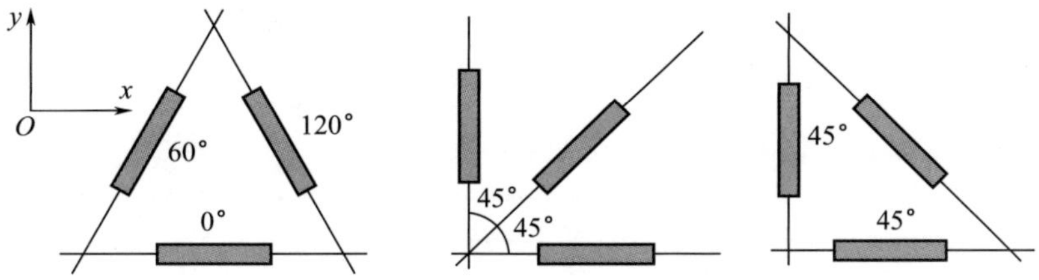


图 6 - 65　常用二维应变花的结构形式

对于主要载荷形式为内压的管路产品，导管承受的剪应力远小于正应力，因而在测量时通常忽略剪切应变分量。此时可使用相互垂直的两只应变片构成 T 形应变花，输出应变信号 $\varepsilon_x(t_i)$、$\varepsilon_y(t_i)$，如图 6 - 66 所示。相应的应力计算公式为

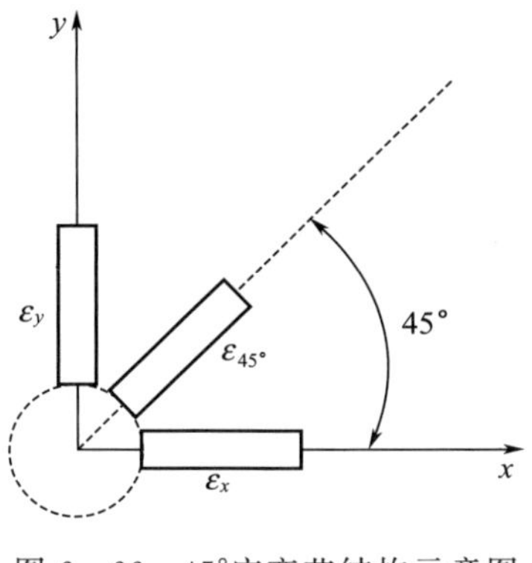


图 6 - 66　45°应变花结构示意图

$$\sigma_x(t_i)=E/(1-\nu^2)\cdot[\varepsilon_x(t_i)+\nu\varepsilon_y(t_i)] \tag{6-152}$$

$$\sigma_y(t_i)=E/(1-\nu^2)\cdot[\nu\varepsilon_x(t_i)+\varepsilon_y(t_i)] \tag{6-153}$$

$$\tau_{xy}(t_i)=0 \tag{6-154}$$

应变测点在设置时应注意：

1）振动试验应使用动态应变片，同时要求采样频率至少为结构振动频率的 10 倍以上。管路试验过程中产生的应变数据量非常庞大，因此需要控制应变测点数量，将测点设置在管路动强度薄弱位置附近。

2）应变片输出的应变值是敏感栅覆盖区域内的平均应变。应变花的 3 只应变片通常不重合，因此输出 3 个不同位置的平均应变。为了确保测量准确，应尽量将应变片设置在管路结构中应变梯度较小的位置。

### 6.10.3　试验载荷条件的加载

除试验介质和振动条件外，管路试验的载荷条件还包括试验压力、试验温度和边界位移，如何合理地施加载荷使得试验工况更真实地模拟管路箭上工作状态，对管路试验的真实性起到很大作用。

试验压力一般通过地面增压的方式实现。在管路进、出口布置压力测点（见图 6-67）监测试验管路压力值，试验前通过系统保压来判断整个试验系统的气密性。试验中通过实时监测压力测点反馈的结果以判断管路在试验过程中是否发生泄漏。

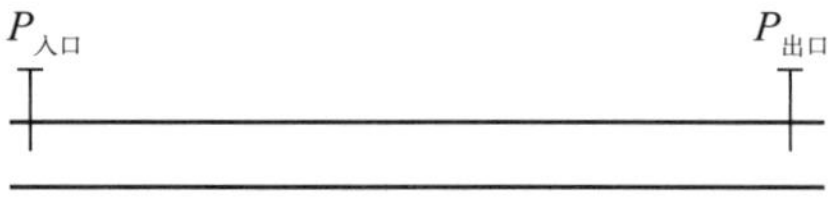


图 6-67　管路试验压力测点简化示意图

高温载荷的实现方法目前主要有石英灯外辐射加热和空气内加热两种[88-89]。外辐射加热方式，加热设备与管路系统不直接连接，有利于振动边界的正确施加，试验温度可达到 1 000 ℃以上。但对空间结构复杂的管路，加热设备设计复杂并且产品的温度均匀性及准确性不易保证[90]。空气内加热方式采用加热器将压缩空气加热后流经试验管路系统，可依靠 PID 调节对管内的加热系统进行反馈控制。因为加热系统的限制，空气内加热能力比辐射外加热要低，但空气内加热加压是一种最接近真实工况的试验方法，该方法同时模拟管内流体的压力及流动状态，与增压管的真实工作工况一致[88]。

低温载荷则通过管路内部充满低温介质实现。图 6-68 所示为低温管路试验系统。为了能更加真实地模拟箭上管路安装状态与边界条件，以及发动机工作时管路所处的真实工况环境，试验时管路与发动机连接端为激励端，与贮箱连接端为固支端。试验中，低温加载使用液氮加注，压力加载使用高压氮气瓶充压，同时利用压力平衡器保证试验过程中管路系统内部压力始终处于动态平衡状态。具体试验时，由于输送管和压力平衡器可看成一套连通器，因此试验操作时首先使用高压氮气瓶经压力平衡器对输送管进行氮气置换，以保证管路内介质单一；其次使用液氮加注系统对输送管进行低温液氮加注，直至压力平衡器自动排液阀打开，表明液氮加注已满，同时通过温度传感器观察温度[88]。

同时需要注意，无论是高温还是低温试验，为减少试验系统与自然环境换热，尽量真实地模拟管路工作状态，还需要对试验管路和试验工装等采取必要的热防护措施。

边界位移载荷通常根据管路各工况下边界变形量确定。对于一些长度不大的导管可以将一端固支，在另一端施加位移载荷。但是有些管路可能总长十余米，试验件会适当做简化处理，将风险相对较小的直边段进行缩短，这时要重新计算边界位移载荷，避免考核不充分或过考核。

如图 6-69 所示，总长度为 $L_1$ 的带补偿器导管在某工况下承受 $\delta_1$ 的边界位移，主要考核补偿器性能，如将试验件长度由 $L_1$ 缩短为 $L_2$，则需要分常温和高低温两种工况讨论边界载荷 $\delta_2$ 的施加。

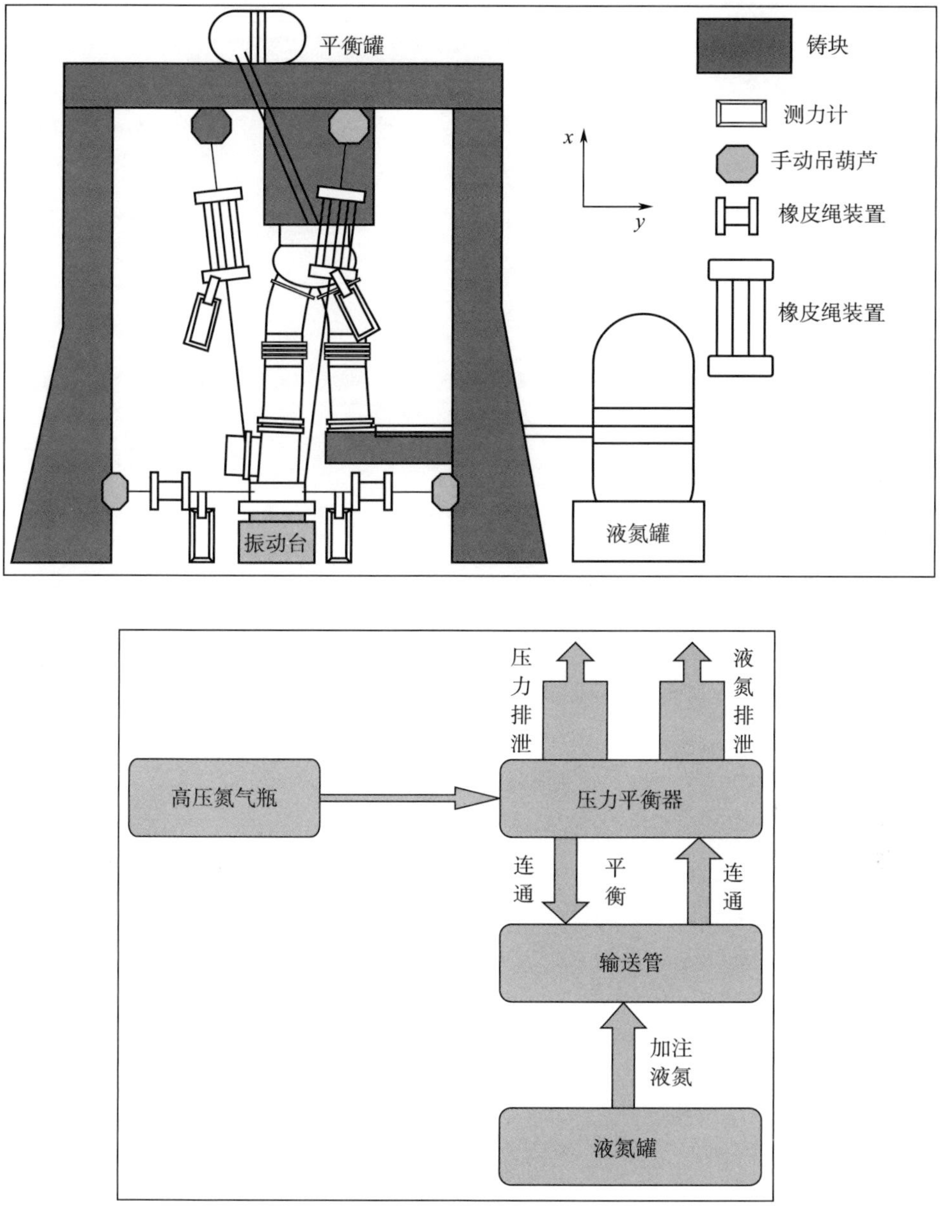


图 6-68　管路试验系统示意图[91]

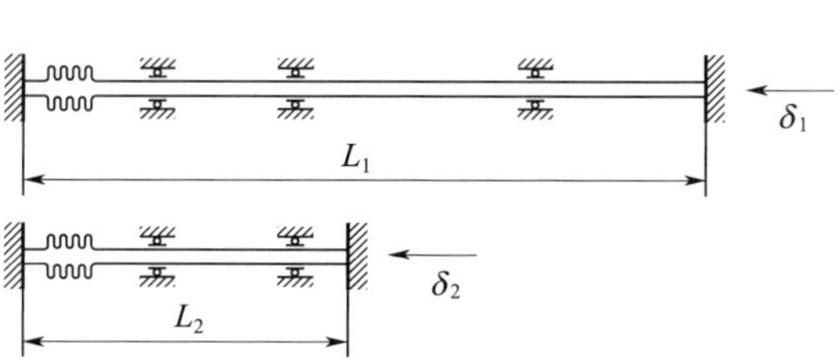


图 6-69　长度变化引起的边界位移载荷变化

常温工况下

$$\delta_2 = \delta_1 \tag{6-155}$$

高温或低温工况下

$$\delta_2 = \delta_1 + \delta' \tag{6-156}$$

$$\delta' = \alpha (L_1 - L_2) \Delta T \tag{6-157}$$

式中，$\delta'$ 为温度变化 $\Delta T$ 引起的硬直管 $(L_1 - L_2)$ 的长度变形；$\Delta T$ 为温度变化，温度升高为正、温度降低为负；$\alpha$ 为导管材料线胀系数。

# 参考文献


[1] 王心清，等．液体弹道导弹与运载火箭系列——结构设计［M］．北京：宇航出版社，1994.

[2] 吴姮，孙善秀，马方超，等．增压输送系统三维数字化设计技术［J］．导弹与航天运载技术，2016，1（343）：36－39.

[3] 何春全，严楠，叶耀坤．导弹级间火工分离装置综述［J］．航天返回与遥感，2009（30）：70－77.

[4] 林海燕，张宁香．航天产品用标准紧固件选用目录：在控制设计质量中的重要作用［J］．国防技术基础．2009（9）：17－19.

[5] 刘竹生，等．航天火工装置［M］．北京：中国宇航出版社，2012.

[6] 李宇，等．削弱槽式爆炸螺栓的结构设计及作用过程的数值分析［D］．南京：南京理工大学，2016.

[7] 苏晗．典型分离螺母降冲击设计方法和性能分析研究［D］．哈尔滨：哈尔滨工业大学，2016.

[8] 黄寅生，张春祥，沈瑞琪，等．小直径低爆速金属导爆索［J］．火工品．1999（4）：5－8.

[9] 卢红立，等．航天分离技术发展综述［J］．宇航系统工程（分离技术专刊）．2012，1（2）.

[10] 高思秘，等．液体推进剂［M］．北京：宇航出版社，1991.

[11] 龚利华，戚霞．焊接机热处理工艺对0Cr18Ni9Ti不锈钢耐蚀性的影响［J］．金属热处理，2009，34（6）：90.

[12] 江冶，张春刚，等．提高铝合金黑色阳极化抗腐蚀性能工艺研究［J］．涂装与电镀，2009（1）：24.

[13] 侯万钧，等．氧气管道发火原因分析［J］．深冷技术，1982（1）：52－55.

[14] 李信浩．氧气管道燃爆事故综合分析［J］．深冷技术，1988（4）：36－38.

[15] 崔海莉，胡登辉，张菁，等．氧气管道安全运行措施的分析［J］．管道技术与设备，2010，（4）：15－17.

[16] 王晓东．氧气管道设计方面的探讨［J］．河北冶金，2004（3）：22－24.

[17] 王万荣．化工装置中氧气管道的设计和施工问题的探讨［J］．小氮肥，2009（7）：7－9.

[18] 《钢铁企业燃气设计参考资料》编写组．钢铁企业燃气设计参考资料（氧气部分）［M］．北京：冶金工业出版社，1978.

[19] 马瀚英．航天煤油［M］．北京：中国宇航出版社，2003.

[20] 余锋，李娟娟，岳兵，等．材料与航天煤油相容性试验研究［J］．航天制造技术，2013（3）：17－21.

[21] 《动力管道手册》编写组．动力管道手册［M］．北京：机械工业出版社，1994.

[22] 李永生，李建国．波形膨胀节实用技术［M］．工业装备与信息工程出版中心，2000.

[23] EJMA. Standards of the Expansion Joint Manufactures Association［S］. Inc.，9th Edition 2011 Addenda.

[24] 全国船用机械标准化技术委员会．金属波纹管膨胀节通用技术条件：GB/T 12777—2019［S］．北京：中国标准出版社，2008.

[25] 戴经世．三铰链管系的坐标计算法 [J]. 石油化工设备，1998，27 (3)：20－22.
[26] 龙秀兰，张荣克．三铰链膨胀节角位移的计算 [J]. 石油化工设备技术，2003，24 (4)：11－15.
[27] 吴立夫，吴云峰，张萌，等．复杂三维走向三铰链管路补偿工况下的补偿器角位移研究 [J]. 导弹与航天运载技术，2021 (3)：11－21.
[28] 符锡理，唐平益，吴同文．聚氨酯发泡塑料绝热及其热导率测定 [J]. 低温工程，1994 (3)：36－40.
[29] Centuar Standard Shroud Cryogenic Unlatch Tests，《半人马座覆盖物（CSS 隔热系统）低温解锁测试》，1973.10.
[30] 姚娜，等．低温推进剂输送管绝热试验研究 [J]. 上海航天，2004 (2)：50－53.
[31] 徐烈，朱卫东，汤晓英．低温绝热与贮运技术 [M]. 北京：机械工业出版社，1999.
[32] 王占林，葛绍岭．液氢输送管路绝热性能试验技术 [J]. 低温工程，2014 (4)：27－30.
[33] CHARLES E HARRIS. Oribiter $LH_2$ Feedline Flowliner Cracking Problem [R]. NASA/TM－2005－213787.
[34] 李明蓬．二氧化碳冷凝真空多层绝热液氢输送管的研制 [J]. 低温工程，1996 (2)：1－5.
[35] ASME B31.3－1996 Edition，Process Piping [M].
[36] 中华人民共和国原化学工业部．工业金属管道设计规范：GB 50316—2000（2008 版）[M]. 北京：中国计划出版社，2008.
[37] 刘鸿文．材料力学 [M]. 北京：高等教育出版社，2004.
[38] 赵宝林，马凤琴，陈述曾．波纹管补偿器在管网中静压轴向推力的计算 [J]. 华北水利水电学院学报，2005，26 (4)：16－18.
[39] 于国鹏，赵广明，张彦新．LNG 罐区低温管路应力分析 [J]. 石油化工设计，2015，32 (3)：22－25.
[40] 李国成，等译．管道手册 [M]. 7 版．北京：中国石化出版社，2005.
[41] 唐永进．石化管道二次应力校核条件的来源 [J]. 石油化工设备技术，2001，22 (1)：14－17.
[42] 徐栓强，俞茂宏．厚壁圆筒安定问题的统一解析解 [J]. 机械工程学报，2004，40 (9)：23－27.
[43] 唐永进．压力管道应力分析 [M]. 北京：中国石化出版社，2003.
[44] 潘忠文，何咏梅，李国爱，等．运载火箭力学环境条件设计规范：Q/Y216 —2016 [S]. 北京：中国运载火箭技术研究院，2007.
[45] 马兴瑞，于登云，韩增尧，等．星箭力学环境分析与试验条件研究进展 [J]. 宇航学报，2006 (3)：323－331.
[46] 娄路亮，方红荣，欧阳芙．带有预应力的空间管路随机振动分析 [J]. 导弹与航天运载技术，2011 (2)：46－51.
[47] 姚卫星．结构疲劳寿命分析 [M]. 北京：国防工业出版社，2003.
[48] 吴富民．结构疲劳强度 [M]. 西安：西北工业大学出版社，1985.
[49] 殷之平．结构疲劳与断裂 [M]. 西安：西北工业大学出版社，2012.
[50] 陈传尧．疲劳与断裂 [M]. 武汉：华中科技大学出版社，2002.
[51] 方红荣，薛立鹏，李朝晖．基于有限元法的运载火箭管路随机振动疲劳寿命分析 [J]. 导弹与航天运载技术，2017 (4)：107－110.
[52] 王明珠．结构振动疲劳寿命分析方法研究 [D]. 南京：南京航空航天大学，2009.
[53] ANDREW HALFPENNY. 基于功率谱密度信号的疲劳寿命估计 [J]. 中国机械工程，1998，9

(11)：16－19.
[54] 曹明红，葛森，齐丕骞．随机振动疲劳频域分析方法的对比研究［J］．振动工程学报，2008（21）：94－98.
[55] 孟凡涛，胡愉愉．基于频域法的随机振动载荷下飞机结构疲劳分析［J］．南京航空航天大学学报，2012，44（1）：32－36.
[56] 白春玉，牟让科．多轴应力响应下结构振动疲劳寿命预估的时域方法研究［J］．机械科学与技术，2013，32（2）：289－293.
[57] MINER M A. Cumulative damage in fatigue［J］. Journal of the Applied Mechanics，1945，67（12）：159－164.
[58] 倪侃．结构疲劳可靠性二维概率 Miner 准则及其应用［D］．北京：北京航空航天大学，1994.
[59] M GRIGORIU. Simulation of stationary processes via a sampling theorem［J］. Journal of Sound and Vibration，1993，166（2）：301－313.
[60] J FIGWER. A new method of random time－series simulation［J］. Simulation Practice and Theory，1997（5）：217－234.
[61] Zhang Yonglin，Zhang Jiafan. Numerical simulation of tochastic road process using white noise filtration［J］. Mechanical Systems and Signal Processing，2006（20）：363－372.
[62] 陈果，翟婉明．铁路轨道不平顺随机过程的数值模拟［J］．西南交通大学学报，1999，34（2）：138－142.
[63] 姜丽丽．基于傅里叶反变换的路面随机激励时域建模与仿真［D］．长春：吉林大学，2006.
[64] 唐文，修建生，方红荣，等．结构动力学疲劳损伤度等效关系研究［J］．强度与环境，2013（6）：33－38.
[65] 周传月，郑红霞，罗慧强，等．MSC. Fatigue 疲劳分析应用与案例［M］．北京：科学出版社，2005.
[66] MIL－STD－810F. Test Method Standard for Environmental engineering considerations and laroratory test［J］. 2001（3）：30－34.
[67] 倪振华．振动力学［M］．西安：西安交通大学出版社，1989.
[68] 张亚辉，林家浩．结构动力学基础［M］．大连：大连理工大学出版社，2007.
[69] 唐文，方红荣，欧阳芙，等．基于结构固有频率中心频带的疲劳影响分析［J］．导弹与航天运载技术，2015（4）：78－83.
[70] MANSON S S. Behaviiour of material under condition of thermal stress［R］. NACA TN－2933，1954.
[71] COFFIN L F. A study of the effects of cyclic thermal stresses on a ductile metal［J］. Transactions ofthe American Society of Mechanical Engineers，1954（76）：931－950.
[72] JASKE C E，FEDDERSEN C E，DAVIS K B，et al. Analysis of fatigue，fatigue crack propagation，and fracture data. Final Report［J］. NASA CR，1973.
[73] MANSON S S. Fatigue behaviiour in strain cycling in the low and inter－cycle range. Fatigue－A Interdisciplinary Approach［M］. Syracuse：Syracuse University Press，1964.
[74] MORROW J D. Fatigue design handbook［M］. New York：SAE，1968.
[75] WANG C H. The Effeets of Mean Stresseson Shorr Fatigue Craek Growth Behaviour［D］. Sheffield：The Universitv of Sheffield，1990.

[76] GOODMAN J. Mechanics Applied to Engeneering Longman [M]. London: Greenand Company, 1899.

[77] 王悦，吴迪，苏玲，等．空天飞行器结构稳定性设计要求：QJA 353—2016 [S]. 北京：中国航天科技集团，2016.

[78] VINCENZO VULLO. Circular Cylinders and Pressure Vessels: Stress Analysis and Design [M]. Springer, 2014.

[79] 张小文，闫廷来，张道伟．波纹管的稳定性研究及失稳预防措施 [J]. 管道技术与设备，2011 (3).

[80] 宋林红，黄乃宁，李敏，等．金属波纹管平面失稳的有限元分析 [C]. 秦皇岛：第十届全国膨胀节学术交流会议，2008：73-75.

[81] BECHT C. Root bulge of bellows. ASME Paper81 - PVPVol 51, Metallic Bellows and Expansion Joints [J]. 1981: 105-117.

[82] 陈晔，李永生，顾伯勤，等．U形无加强波纹管平面失稳有限元分析 [J]. 石油化工设备，2001，30 (增刊)：35-37.

[83] 王占彬，周浩洋，石朝锋，等．一种U型波纹管强度及稳定性分析方法研究 [J]. 强度与环境，2012，39 (4)：19-24.

[84] 王爱玲．液氧的危险性分析及其安全防护技术措施 [J]. 载人航天，2008 (3)：19-21.

[85] 于韶明，芦田，韩文龙，等．管路振动试验的低温防护 [J]. 导弹与航天运载技术．2018 (1)：102-105.

[86] 常少莉，纪春阳，邝志礼．振动试验失控分析及例证 [J]. 环境技术，2008 (3)：41-43.

[87] 李顺群，高凌霞，冯慧强，等．一种接触式三维应变花的工作原理及其应用 [J]. 岩土力学，2015 (5)：1513-1520.

[88] 王伟，张志广，胡由宏，等．大型火箭增压管路试验空气内加热温度场数值研究 [J]. 强度与环境．2013 (3)：41-47.

[89] 王智勇，黄世勇，任冬辉，等．管路热力学环境试验技术综述 [J]. 导弹与航天运载技术，2010 (5)：38-42.

[90] 王智勇．飞行器贮箱增压管路内外热力综合环境试验研究 [J]. 强度与环境，2008，35 (1)：3-7.

[91] 韩文龙，张明明，卫国，等．复合载荷作用下火箭输送管动力特性试验与数值研究 [J]. 振动与冲击，2018，37 (11)：1-4.

# 第7章　阀　门

## 7.1　概述

阀门是运载火箭增压输送系统的重要产品，其功能主要是执行流体通路的通断、换向、流量和压力调节以及保护系统的安全等[1]。纵观国内外航天发展史，由阀门失效引起的运载火箭地面试验故障、发射推迟和飞行失败的比例很高，部分故障给运载火箭的试验、发射和飞行带来了一定的隐患，有些甚至对国家的航天发展计划产生了直接影响，如1960年10月24日，苏联东方号运载火箭由于二级发动机阀门提前打开导致火箭爆炸，战略火箭军总司令涅杰林元帅及发射台上的人员全部遇难，使苏联的探月计划被迫搁浅。

阀门设计需进行充分的设计分析和反复的迭代计算并不断进行修改完善，直至符合设计指标要求为止。设计一个合格的阀门产品，不仅要满足基本的功能和性能技术指标，还应满足可靠性、维修性、保障性、测试性、安全性、环境适应性等要求，并尽量提高阀门及其零组件的“标准化、系列化、通用化”程度。随着仿真设计手段和先进设计理念的不断推广和普及，对阀门流场、结构和性能的仿真分析已成为阀门设计中不可或缺的组成部分，诸如六西格玛设计等先进设计理念在设计中的应用也越来越广泛，这些都对提高阀门设计水平、改进性能参数、缩短研制周期等带来了益处。

阀门质量的优劣，不仅取决于其设计是否先进合理，还受其制造工艺、装配、调试、安装等诸多因素制约。尤其是在液氢液氧等低温环境下使用的阀门，一方面其关键零件的尺寸和几何公差精度要求极高，加工、成形、检测与计量均有一定难度；另一方面其装配、调试、安装等任一环节把控不当，如引入微小多余物、操作不当带来的损伤和缺陷等都有可能影响其性能，甚至导致功能失效。高质量的阀门还需对其各项参数和性能指标进行充分的测试和验证，如生产工艺的摸索试验、例行的检查试验和典型试验等。通过获取和分析试验数据，设计和工艺人员可以深入了解阀门的工作性能、生产工艺水平等，并由此不断完善设计和加工工艺。因此试验作为评定阀门参数和性能优劣的重要依据，试验内容以及试验系统的设计也十分关键，应尽量接近真实条件。

运载火箭增压输送系统阀门按功能不同可分为单向阀、加排阀、手动开关、破裂膜片、电爆阀、电磁阀、减压阀、安全阀（安溢阀）、过滤器等。单向阀可控制通路介质的单向流动。加排阀可通过与地面加注管路对接实现贮箱推进剂的加注或泄出，也可通过与箭上排气管路对接实现贮箱气体的排放。手动开关利用手动操作实现流体通路启闭。破裂膜片是流体通路中一个堵塞流体的组件，流体压力达到设定值时膜片破裂，流体就通过破裂后的膜片开始流动。电爆阀利用电起爆器（一般为电爆管）驱动实现流体通路的启闭，通常不能重复使用。电磁阀利用电驱动控制通路的启闭实现系统压力和流量的控制。减压阀可以稳定其出口压力并控制气体流量，以满足系统对压力和流量的调节需求。安全阀（安溢阀）是保护高低压系统的组件，使系统免受过压和破坏。过滤器可对流体通路内的介质进行过滤，避免介质中的多余物污染下游的管路、阀门等产品。

运载火箭增压输送系统的使用环境和工作要求，对阀门提出了一些特殊要求，如耐液氢液氧低温要求、高量级振动载荷要求、耐强腐蚀性介质要求、易燃易爆介质严格的密封要求、高可靠性要求等。这给阀门的设计和应用提出了新的问题和挑战。液氢、液氧低温阀门设计，要考虑选用适合的、耐低温的金属和非金属材料，以保证零组件在低温下不致失效，要避免导向配合副因无可用的低温润滑剂而导致的异常磨损和失效，要避免材料性能和结构尺寸随温度变化而引起的密封泄漏或导向配合副卡滞。高量级的振动载荷下要考虑如何避免结构破坏、连接处松动以及工作不稳定等。强腐蚀性介质中工作的阀门，要考虑材料的相容性和零组件的耐蚀性能，保证阀门不发生腐蚀性破坏或性能恶化等。结合增压输送系统的使用环境和工作要求，对增压输送系统阀门的常见问题进行总结，其失效模式主要包括导向异常磨损、卡滞，密封副泄漏，运动件冲击破坏，结构疲劳断裂，敏感元件疲劳破裂等。

本章在介绍增压输送系统阀门结构原理的基础上，重点介绍阀门滑动导向、稳定性、冲击振动与疲劳等问题的产生机理、研究思路和解决方法，阀门密封相关的介绍可参见本书第 10 章密封结构，对于阀门基础的设计分析和计算，由于各类阀门设计文献中的讲解颇为详细，因此本书不再重点论述。

## 7.2 阀门结构原理

### 7.2.1 单向阀

单向阀又名止回阀，其功能主要是使流体只朝着一个方向流动，如果流动方向相反，则阀芯能快速地自动关闭，以防止回流[1]。单向阀具有结构简单、尺寸小、重量轻等特点，通常应用于增压输送系统中的高压气瓶充压路、引射供气路、贮箱地面增压路、气封供气路和推进剂供给路等。

单向阀一般由壳体、阀芯、弹簧、密封垫片、接管嘴等组成，其工作原理如图 7-1 所示，入口气体压力作用在阀芯上的力推动阀芯，克服弹簧力运动，阀门打开；入口撤气后，阀芯在弹簧力的作用下复位，阀门关闭。

单向阀的主要性能参数一般包括工作压力、额定流量、漏率、流阻、打开压差等，各参数的定义为：

1）工作压力：阀门正常工作的压力范围（一般为表压），阀门在该压力下应保持一定的密封性能。

2）额定流量：阀门在额定工作压力下的介质流量，该参数与阀门的等效流通面积直接相关。

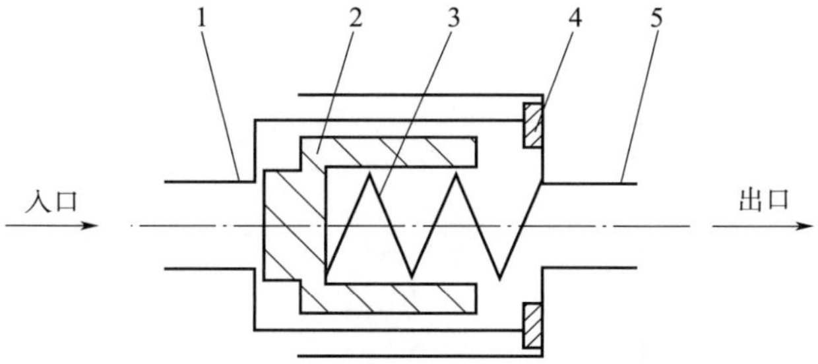


图 7 - 1　单向阀工作原理示意图

1—壳体；2—阀芯；3—弹簧；4—密封垫片；5—接管嘴

3）漏率：阀门在额定工作压力下，单位时间、特定压差对应的介质泄漏量。

4）流阻：在一定的入口压力和介质流量下，阀门前后的压差。

5）打开压差：单向阀的阀芯刚刚开启时的前后压差。

单向阀按阀门进出口相对位置可分为直通式和直角式，按阀芯运动形式可分为移动式和旋启式[1]。为了适应不同的工况和使用需求，有些单向阀产品还采用了不平衡面积式增力设计或双阀芯式冗余设计等特殊结构。

图 7 - 2 为直通式单向阀，工作时阀门入口气体作用力推动阀芯克服弹簧力、阻尼力和出口气压力运动，阀门打开；入口撤气后，阀芯在弹簧力和出口气压力的作用下克服阻尼力回位，阀门关闭[2]。该单向阀主要由壳体、阀芯、弹簧、密封垫片、接管嘴和阻尼圈组成，阀芯侧面通过设置阻尼圈来提高阀芯启闭的稳定性。

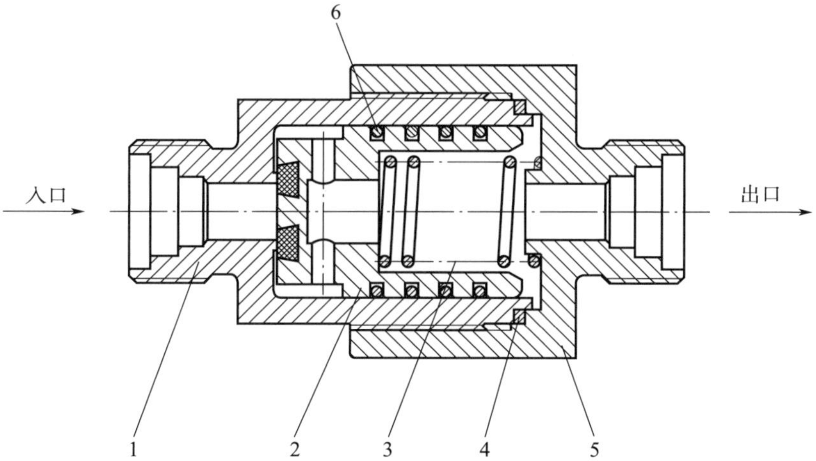


图 7 - 2　直通式单向阀

1—壳体；2—阀芯；3—弹簧；4—密封垫片；5—接管嘴；6—阻尼圈

图 7 - 3 所示为直角式单向阀，该阀的介质流入和流出方向成 90°，主要由阀体、端盖、阀芯、弹簧和密封垫片组成。直角式单向阀因存在转角，流阻要大一些，但工作的稳定性更好。同时，在某些管路布局走向和操作空间只允许单向阀出入口成 90°时，可采用直角式单向阀。

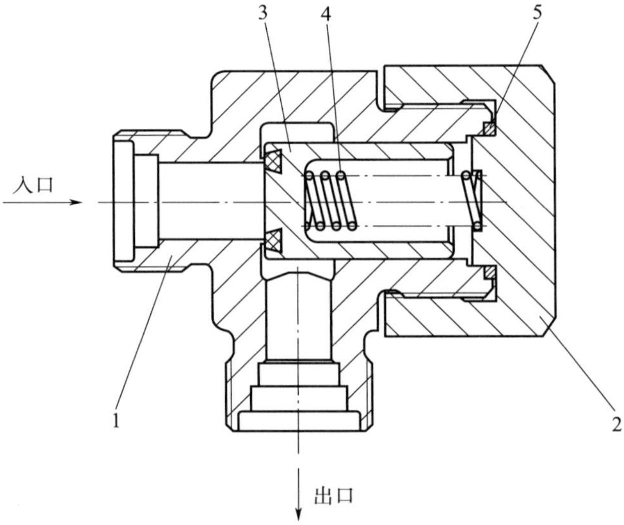


图 7-3　直角式单向阀

1—阀体；2—端盖；3—阀芯；4—弹簧；5—密封垫片

图 7-4 所示为一种旋启式单向阀[3]，该阀门有两个绕圆柱形铰链销转动的半圆形阀瓣，当上游压力较高时，推动阀瓣转动打开，流体通过。此时若其中一个阀瓣发生故障关闭，双阀瓣设计可以提供一个冗余通道；当上游压力降低时，阀瓣在反向流体动量的推动下关闭密封。该单向阀主要由套筒、壳体、阀瓣、支撑盘、密封垫片、铰链销、楔形块组成，楔形块用于限制阀瓣开启的角度。由于未使用弹簧，可以在一定程度上减少工作过程中阀瓣的振动，只要选取合适的楔角也能满足逆流关闭的要求，具有结构简单、工作可靠的特点。

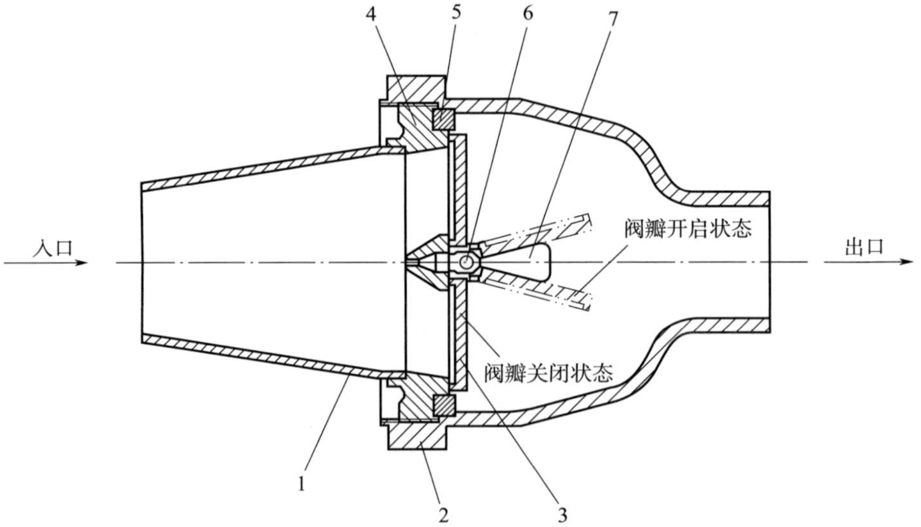


图 7-4　旋启式单向阀

1—套筒；2—壳体；3—阀瓣；4—支撑盘；5—密封垫片；6—铰链销；7—楔形块

图 7－5 所示为一种增力式单向阀[4]，该阀主要通过入口压力的不平衡作用面积实现增力打开。通过在滑套上设置两处 O 形密封圈，形成前后压力作用的不平衡面积，维持该阀打开状态的力，增加了入口压力作用在不平衡面积上的力，而不仅仅是前后压差的作用力。这种增力打开的结构可提高单向阀的稳定性，但在撤气关闭时若入口压力缓慢降低，作用在不平衡面积上的增力会使阀芯维持在开启状态而无法正常回位，因此关闭时需要入口迅速泄压。

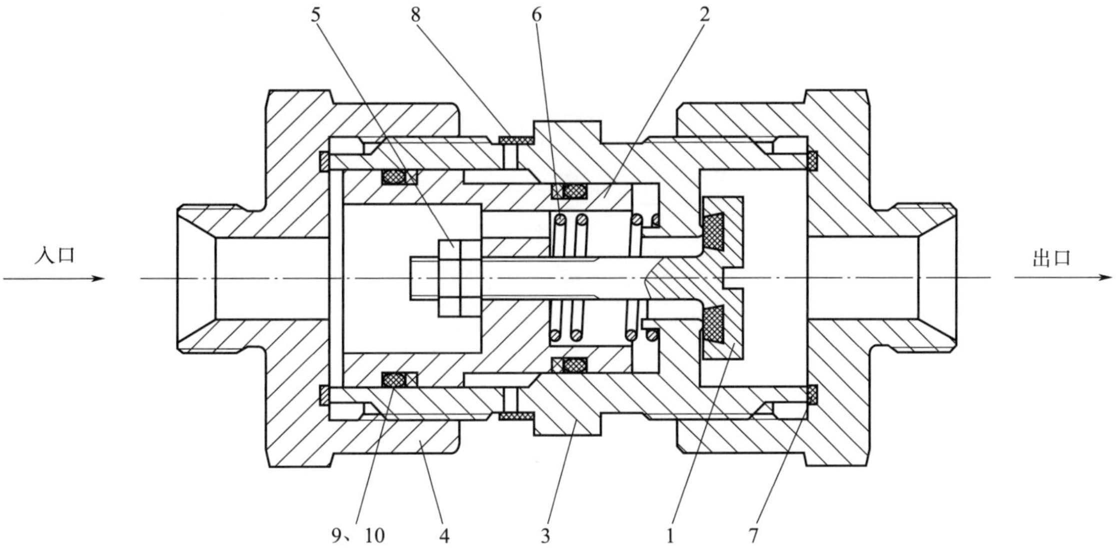


图 7－5　增力式单向阀

1—阀芯；2—滑套；3—壳体；4—接管嘴；5—锁紧螺母；6—弹簧；7—密封垫片；8—防尘套；9—密封圈；10—挡圈

图 7－6 是一种双阀芯单向阀[4]，该结构为双阀芯串联叠加结构，相比于其他类型的单向阀结构更复杂，一般在高压力、有压力波动和冲击条件下使用。该结构能实现冗余密封，提高阀门密封性能，在其中一个阀芯无法正常回位时也能实现可靠的关闭密封。

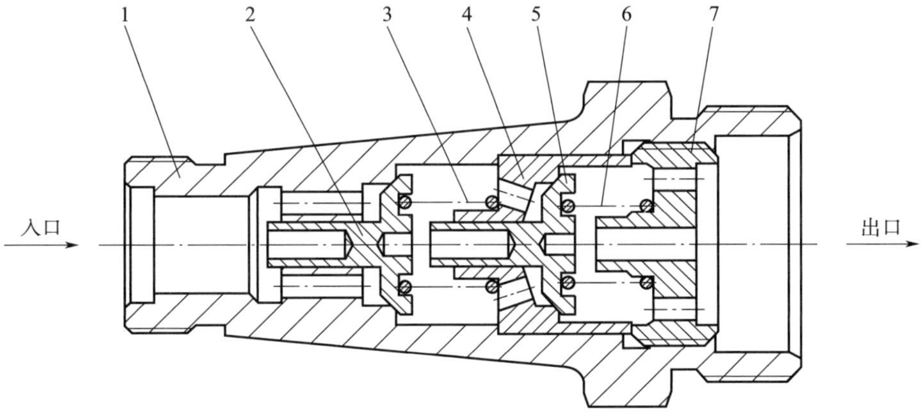


图 7－6　双阀芯单向阀

1—壳体；2—左阀芯；3—左弹簧；4—轴套；5—右阀芯；6—右弹簧；7—螺塞

### 7.2.2　加排阀

加排阀是加注阀和排气阀的统称，加排阀可通过与地面加注管路对接实现贮箱推进剂的加注或泄出，是贮箱推进剂加注泄出的“闸门”；也可通过与箭上排气管路对接实现贮箱气体的排放。

加排阀一般由壳体、阀芯、弹簧、阀盘等组成，其工作原理如图 7－7 所示，工作时通过作动机构打开阀芯，加泄推进剂或排放贮箱气体；不工作时通过弹簧力或气动力关闭，切断介质流动并确保介质不发生泄漏。

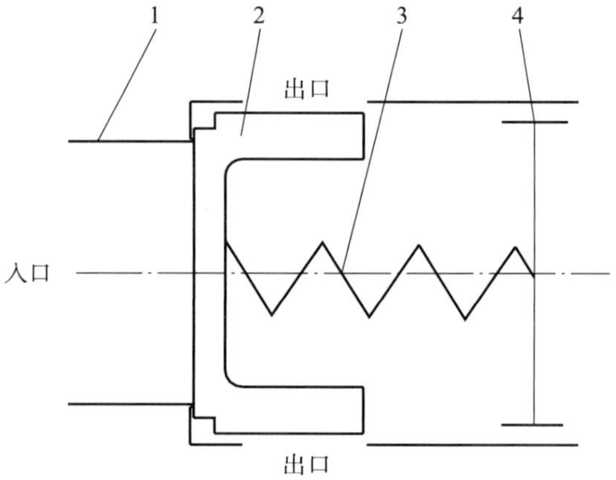


图 7－7　加排阀工作原理示意图

1—壳体；2—阀芯；3—弹簧；4—阀盘

加排阀的主要性能参数包括工作压力、介质流量、漏率、流阻（液流压降）和强制打开供气压力等，其中强制打开供气压力是指驱动加排阀作动机构实现阀门打开的气体压力。

加排阀按流道形式一般可分为直通式和直角式；按打开方式可分为机械顶开式和气动打开式；按开关状态信号反馈可分为无信号反馈式和有信号反馈式；按阀芯结构特征一般分为菌形加排阀、蝶形加排阀等。

图 7－8、图 7－9 分别为直通式和直角式机械顶开式加排阀，阀芯位置一般处于关闭状态。通常阀门工作时与连接器相连，并利用连接器内顶杆，手动或气动强制顶开阀芯，形成阀门内通路，使介质进入贮箱或从贮箱泄出。当顶杆回位时，阀芯借助弹簧力和箱内介质压力回位关闭，并确保密封。机械顶开式加排阀结构简单，可靠性高，由于需要与地面连接器插拔对接，因此只能安装于靠近火箭箭壁的位置。

图 7－10 所示为带位置信号器的气动式加排阀。气动式加排阀阀芯在阀门作动机构供气时打开实现推进剂加注或泄出；作动机构放气后，加排阀阀芯依靠弹簧力的作用回位，在弹簧力及介质压力作用下保证密封。此外，设置位置信号器，可反馈阀芯开关位置状态。气动式加排阀由于集成了作动机构，比机械顶开式加排阀复杂，但对安装限制较少，使用方便。

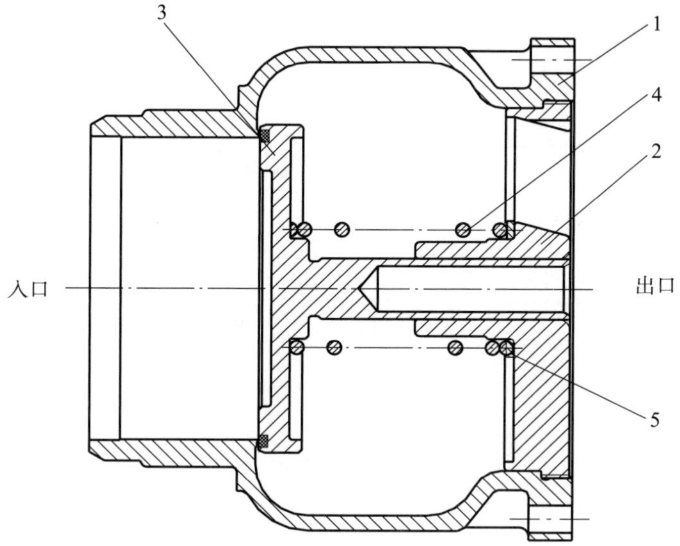


图 7-8　直通式加排阀

1—壳体组合件；2—导向盘；3—阀芯；4—弹簧；5—弹簧垫

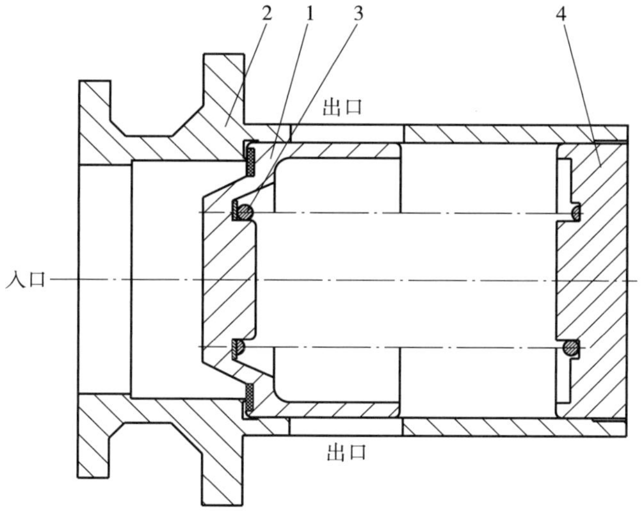


图 7-9　直角式加排阀

1—阀芯；2—壳体；3—弹簧；4—阀盘

图 7-11 所示为蝶形加排阀。蝶形加排阀由气动执行机构和蝶阀主阀通过阀轴连接，用圆形蝶板作为启闭件，气体进入气动执行机构驱动执行器，蝶板随阀轴旋转实现开启与关闭。蝶板的旋转角度为 0°～90°，旋转到 90°时，阀门为全开状态，实现推进剂的加注或泄出；旋转到 0°时，阀门为全关状态[5]。

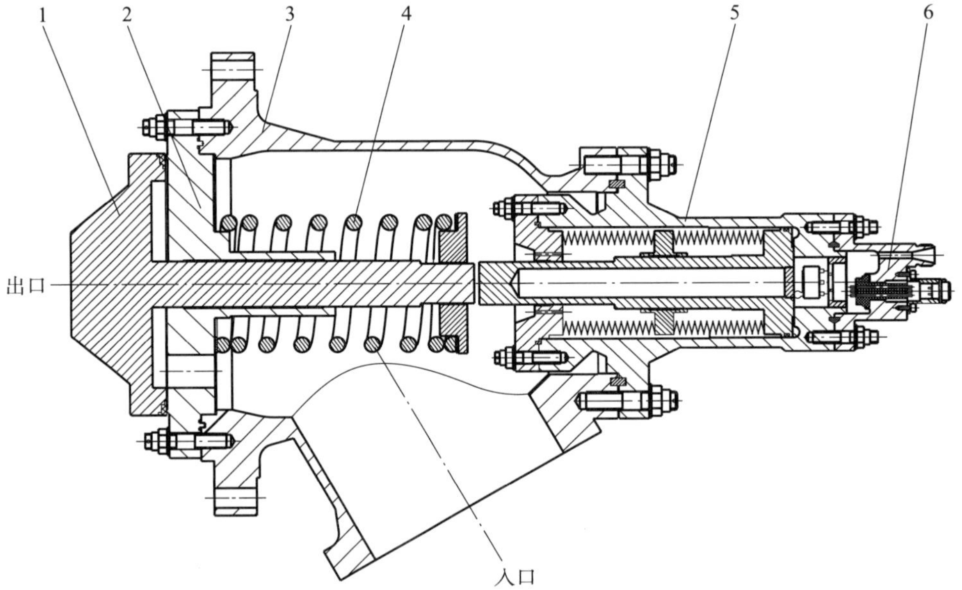


图 7-10　带位置信号器的气动式加排阀

1—阀芯；2—阀座；3—阀体；4—弹簧；5—作动器；6—位置信号器

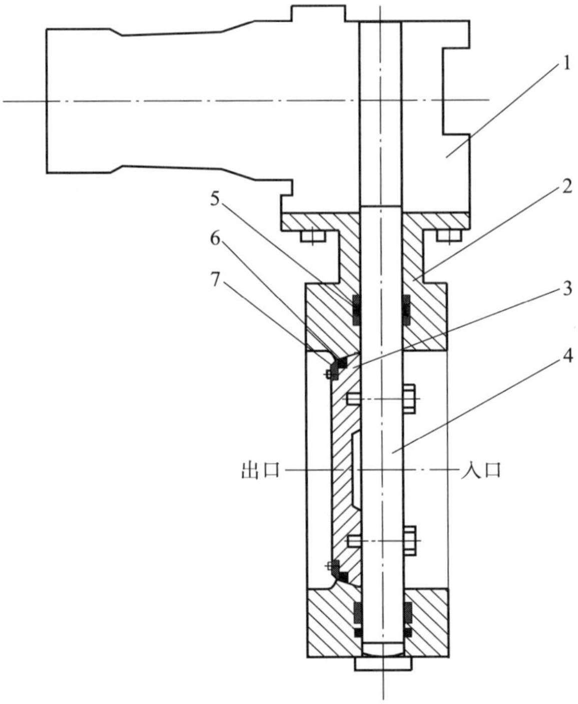


图 7-11　蝶形加排阀

1—执行机构；2—阀体；3—蝶板；4—阀轴；5—密封环；6—密封圈；7—压块

### 7.2.3　电磁阀

电磁阀是一种利用电磁力驱动的阀门，具有动作灵活、响应快速等特点，相比电爆阀，具备多次启闭的优点。增压输送系统中的电磁阀通常应用于贮箱增压路中，安装于气瓶与贮箱之间，一般按控制系统指令打开或关闭。电磁阀除应用于贮箱增压路外，还可用来控制气动阀或其他气动机构。

电磁阀一般由电连接器接口、电磁铁、衔铁（阀芯）和弹簧等组成，其工作原理如图 7-12 所示。电磁阀供电，电磁铁受激建立磁场，衔铁（阀芯）克服气压力和弹簧力与阀体组件吸合，电磁阀入口与出口的通道打开，即电磁阀打开；电磁阀断电，电磁铁受激磁场消失，衔铁（阀芯）释放，在弹簧和气体压力作用下回位，电磁阀入口与出口的通道关闭，即电磁阀关闭。为避免线圈绕组在低温下电阻大幅降低而产生过大的电流，对液氢、液氧环境下使用的电磁阀一般还需采用负温度系数的热敏电阻（NTC 热敏电阻）对线圈绕组进行补偿。

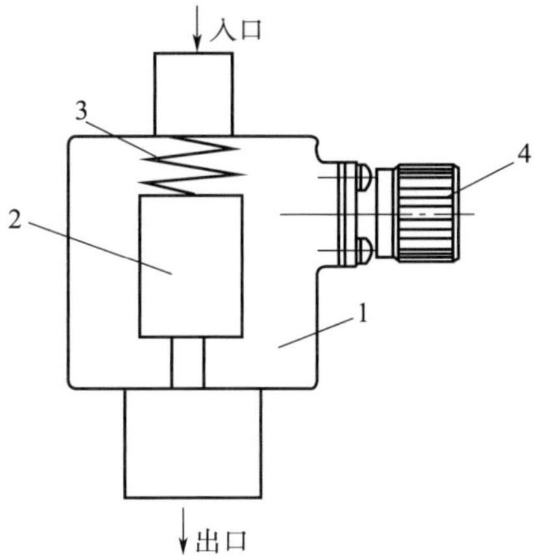


图 7-12　电磁阀工作原理示意图

1—电磁铁；2—衔铁（阀芯）；3—弹簧；4—电连接器接口

电磁阀的主要性能参数包括：工作压力、介质流量、漏率、流阻、工作电压、工作电流、响应时间等，相关参数的定义为：

1）工作电压：电磁阀正常工作的电压范围，在该电压范围内电磁阀可正常启闭。

2）工作电流：电磁阀正常工作的电流范围，在该电流范围内电磁阀可正常启闭。

3）响应时间：从电磁阀通电（断电）至电磁阀开启（关闭）所需的时间。

电磁阀按电磁铁结构形式分为螺管式和吸盘式；按阀芯初始状态分为常开式和常闭式；按工作压力分为高压型和低压型；按动作方式分为直动式和先导式；按是否长期供电分为自锁式和非自锁式。

图 7-13 所示为一种高压常闭直动式电磁阀，它由螺管式电磁铁、衔铁（阀芯）、弹簧、接管嘴等组成。电磁阀通电，螺管式电磁铁受激建立磁场，衔铁（阀芯）克服气压力和弹簧力脱离阀座，电磁阀入口与出口的通道打开；电磁阀断电，螺管式电磁铁受激磁场

消失，电磁力释放，衔铁（阀芯）在弹簧和气体压力作用下回位，电磁阀入口与出口的通道关闭，即电磁阀关闭。直动式电磁阀结构简单、响应速度快、可靠性高，适用于小流量的工作场合。

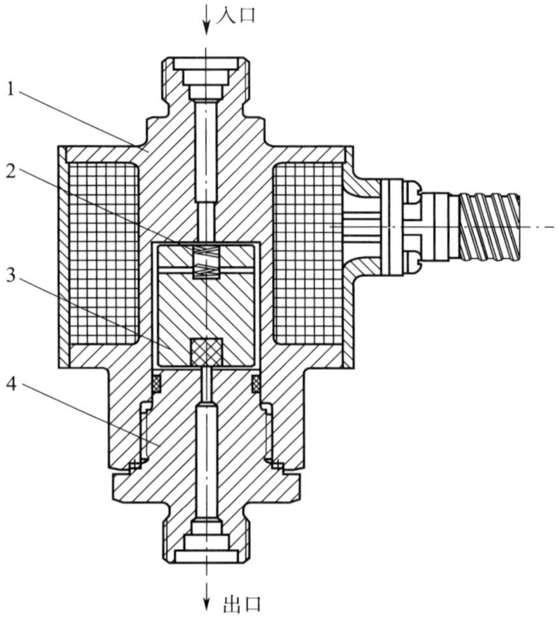


图 7-13　高压常闭直动式电磁阀

1—螺管式电磁铁；2—弹簧；3—衔铁（阀芯）；4—接管嘴

图 7-14 所示为一种高压常闭先导式电磁阀，它由螺管式电磁铁、主阀芯、衔铁（小阀芯）、小弹簧、主壳体、主弹簧等组成。当电磁阀通电后，衔铁（小阀芯）克服气动力和小弹簧力开启，主阀芯背压腔压力释放，主阀芯在不平衡面积的气体压差作用下，克服主弹簧力离开主阀座，电磁阀开启；当电磁阀断电后，电磁铁受激磁场消失，衔铁（小阀芯）在小弹簧力作用下回位，主阀芯背压腔与排气口的通道关闭，此时高压气体进入主阀芯背压腔，主阀芯在主弹簧力和气体压力共同作用下回位，电磁阀关闭。先导式电磁阀相比于直动式电磁阀结构复杂，由于主阀芯背压腔存在充放气环节，响应速度较慢，适用于大流量、高压力的工作场合。

图 7-15 所示为永磁自锁式电磁阀，它主要由电磁铁组件（含上下两个线圈）、副阀芯、主阀芯、副弹簧、主弹簧、压套、弹簧座、壳体组件组成。当电磁铁正向通电时，上线圈产生的磁场削弱衔铁上气隙处的永磁磁场，下线圈产生的磁场加强衔铁下气隙处的磁场，衔铁克服气动力和弹簧力开启，副阀芯打开，主阀芯在不平衡压力的作用下打开，电磁铁断电，利用永磁体产生的电磁吸力实现自锁，维持主阀芯的开启状态；当电磁铁反向通电时，下线圈产生的磁场削弱衔铁下气隙处的永磁磁场，上线圈产生的磁场加强衔铁上气隙处的磁场，当电磁力小于副弹簧力时，衔铁在副弹簧力及气压力作用下回位，主阀芯背压腔建压，主阀芯关闭。自锁式电磁阀保持打开或关闭状态时无须供电系统持续供电，不仅解决了长期供电带来的线圈发热问题，而且节能环保。

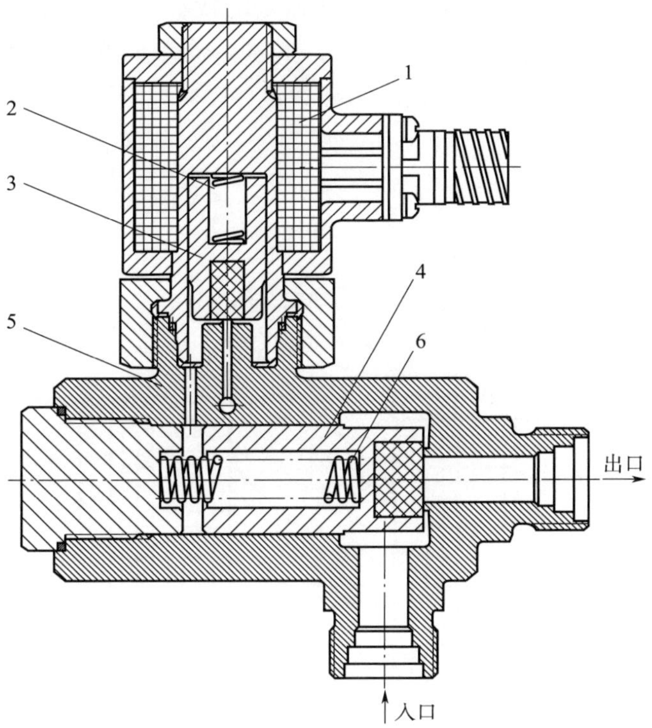


图 7-14　高压常闭先导式电磁阀

1—螺管式电磁铁；2—小弹簧；3—衔铁（小阀芯）；4—主阀芯；5—主壳体；6—主弹簧

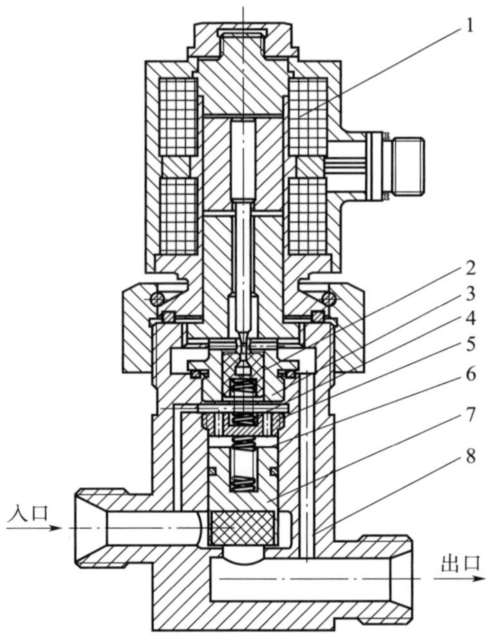


图 7-15　永磁自锁式电磁阀

1—电磁铁组件；2—副阀芯；3—压套；4—副弹簧；5—弹簧座；6—主弹簧；7—主阀芯；8—壳体组件

图 7－16 所示为一种吸盘式电磁阀，主要由电磁铁组件、密封组件（衔铁）、焊接组件、壳体、锁紧螺母等组成。电磁阀通电时，电磁铁组件受激建立磁场，密封组件（衔铁）与电磁铁组件吸合；电磁阀断电时，电磁铁组件受激磁场消失，衔铁释放。相比于螺管式电磁阀，吸盘式电磁阀在小行程时有着更大的吸力，但随着行程的增大，其吸力将迅速下降。

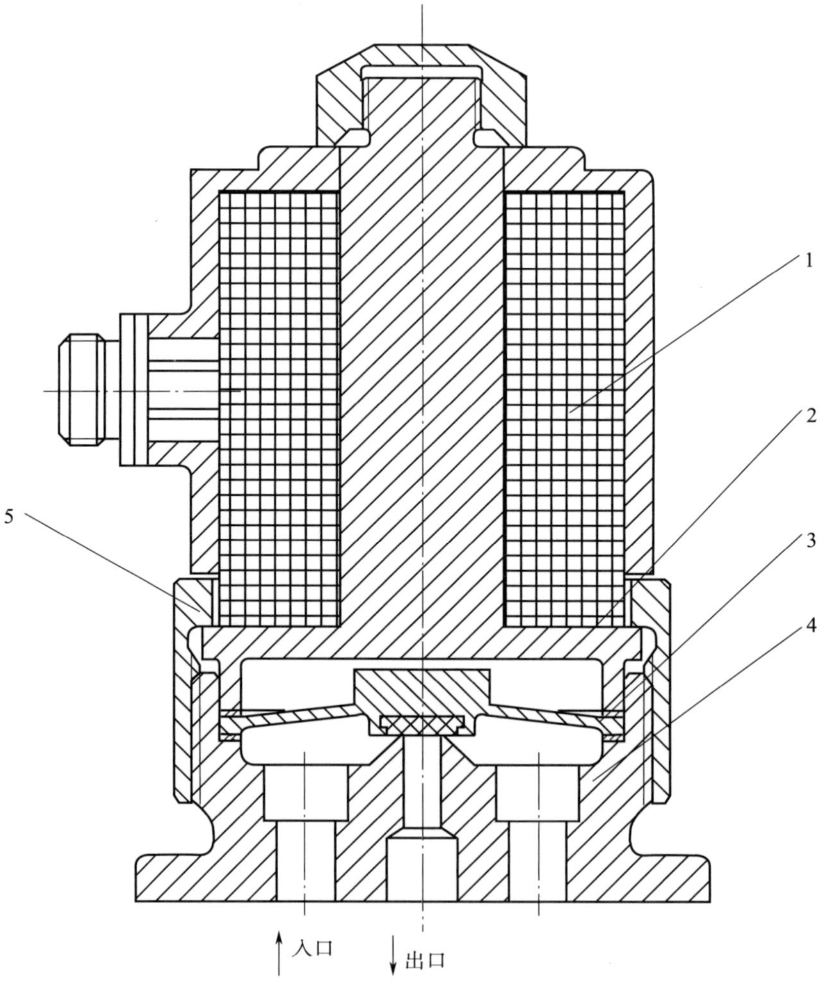


图 7－16 吸盘式电磁阀

1—电磁铁组件；2—焊接组件；3—密封组件（衔铁）；4—壳体；5—锁紧螺母

### 7.2.4 手动开关

手动开关又名手动截止阀，具有结构简单、密封可靠等特点；工作时处于常闭或常开状态，通过手轮或扳手操作使阀芯打开或关闭，可多次使用；适用于各种压力等级，起连通或切断介质通路的作用。手动开关通常用于增压输送系统气瓶充放气，安装于气瓶与地面管路中间；还可用于发动机测压，安装于发动机与压力传感器中间。

手动开关主要由阀芯、壳体、密封圈等组成。其工作原理如图 7－17 所示。

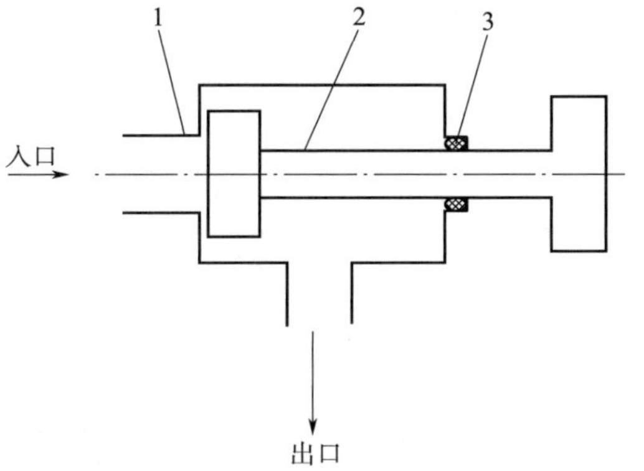


图 7－17　手动开关工作原理示意图

1—壳体；2—阀芯；3—密封圈

手动开关的主要性能参数包括工作压力、介质流量、漏率等。手动开关按照工作原理可分为卸荷式开关和非卸荷式开关。

图 7－18 所示为一种非卸荷式开关，其工作原理为：通过心轴转动旋入，使得阀芯与阀体密封，阻断入口与出口的连通；通过心轴转动旋出，使得入口与出口连通。非卸荷式开关结构简单，适用于操作力矩较小的情况。

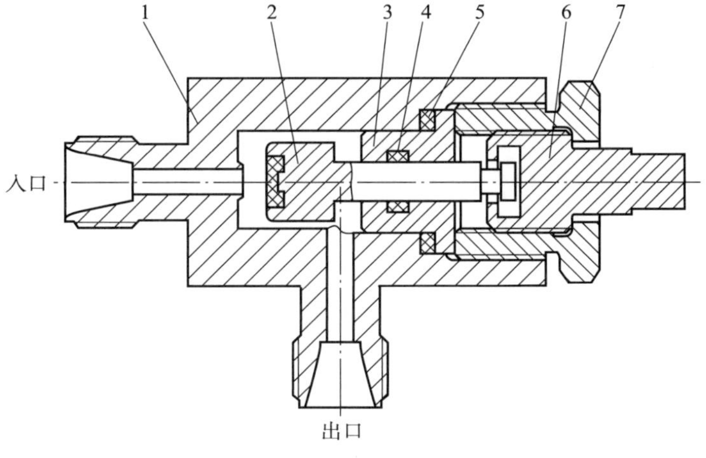


图 7－18　非卸荷式开关

1—阀体；2—阀芯；3—衬套；4—O 形环；5—垫片；6—心轴；7—螺母

图 7－19 所示为一种卸荷式开关，其工作原理为：当需要阀门打开时，通过旋进顶杆，顶开卸荷阀芯卸掉主阀芯背压，再通过限位结构带动主阀芯打开；当需要阀门关闭时，旋出顶杆，卸荷阀芯在回位弹簧力作用下带动主阀芯回位，并与气压力一起作用，实现主阀芯、卸荷阀芯的密封；此外，在顶杆旋出状态下，当入口压力与出口压力压差作用力大于弹簧力时，卸荷开关的卸荷阀芯可自动打开，实现自动充气。卸荷式开关相较于非卸荷式开关，增加了一个卸荷阀芯，利用压力平衡原理，使作用在主阀芯上的气压力通过卸荷阀芯的打开泄压而抵消，因此需要的操作力矩减小，适用于大流量和高压力的工况。

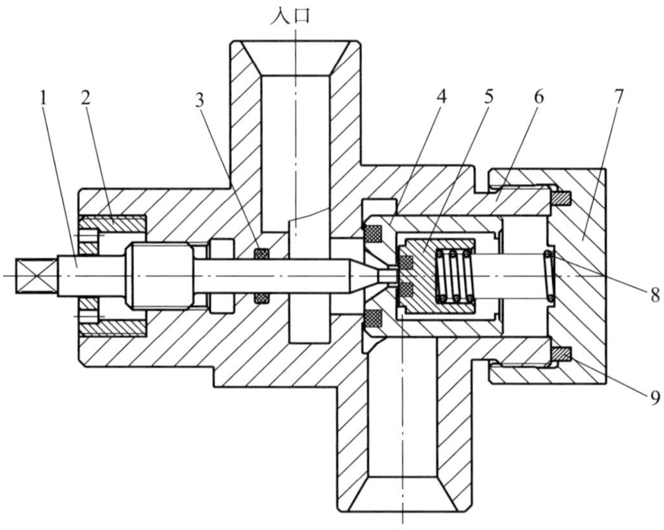


图 7-19 卸荷式开关

1—顶杆；2—限程盘；3—O 形环；4—主阀芯；5—卸荷阀芯；6—阀体；7—螺盖；8—弹簧；9—垫片

### 7.2.5 破裂膜片

破裂膜片是一种压力敏感元件，它能在容器或者管路内的气体介质超压时迅速打开。破裂膜片不同于安全阀类产品，其利用结构破坏实现打开，属于一次性作动产品，具有不可恢复性；同时膜片本身为整体结构，相比其他阀门产品，密封性更好。增压输送系统中的破裂膜片通常应用于自生增压管路中，安装在自生增压管路进入贮箱之前的部位（见图 7-20）。在火箭进行系统检查过程中，可以实现贮箱与发动机的隔离，方便贮箱与发动机的气密性检查；同时，对于带腐蚀性推进剂的自生增压管路，破裂膜片可以有效避免发动机长时间接触腐蚀性推进剂。当火箭发动机点火工作时，来自发动机的自生增压气体到达破裂膜片处，当压力达到一定值时，膜片破裂打开，增压气体进入贮箱，从而实现对贮箱的增压。

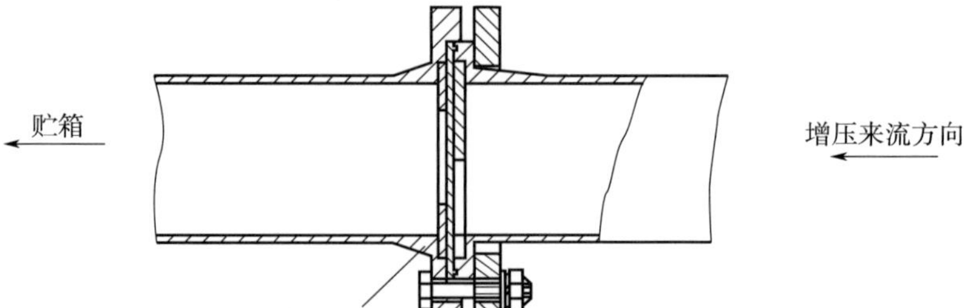


图 7-20 破裂膜片在管路中的安装示意图

破裂膜片的主要性能参数包括：漏率、内径、正向打开压力、反向打开压力、疲劳寿命，相关参数的定义为：

1）内径：破裂膜片适用的管路内径的规格参数。

2）正向打开压力：破裂膜片在工作条件下的正向打开压力，一般包括常温打开压力、低温打开压力和高温打开压力。

3）反向打开压力：破裂膜片能承受的最大反向压力，该指标衡量的是破裂膜片的反向承压能力，在正常使用工况下不会反向打开。

4）疲劳寿命：破裂膜片可承受反向脉动压力（0至反向要求压力）的循环次数。

破裂膜片按结构形式可分为三类（见图7-21），分别是平板型、正拱型和反拱型[6]。现役运载火箭增压输送系统中常用槽型破裂膜片结构形式的刻痕形貌如图7-22所示，该破裂膜片具有按预制刻痕开裂、打开形状规则、不易形成多余物、开启值相对准确等特点。

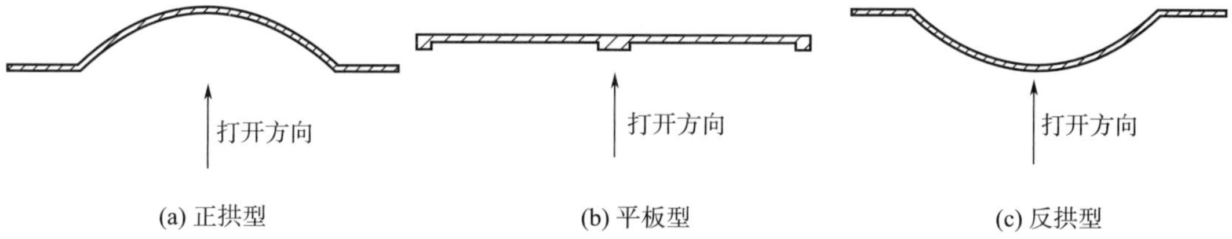


图7-21　破裂膜片的分类

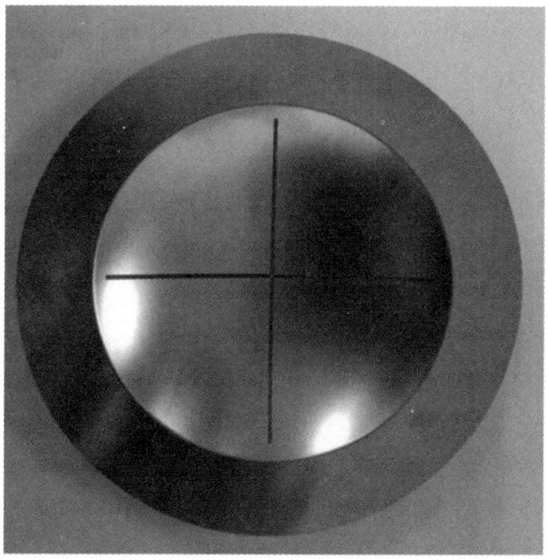

图7-22　带刻痕的膜片产品示意图

增压输送系统用平板型破裂膜片组件包括膜片、垫圈和栅等，根据安装方式不同可分为整体式和分体式，整体式破裂膜片将膜片、垫圈和栅等零件焊接在一起；分体式直接通过管路法兰结构固定在一起。整体式和分体式的结构形式分别如图7-23和图7-24所示。平板型破裂膜片在正向工作压力作用下，膜片刻痕处的应力水平逐渐提升，当应力达到材料的强度极限时，膜片会通过刻痕打开。在反向工作压力下，膜片的背面侧承受压力，膜片将压力传递到栅上，保证结构具有较好的反向承载能力。

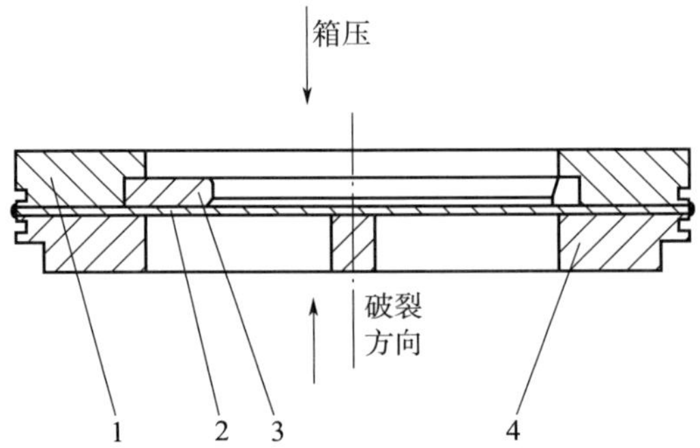


图 7-23　整体式破裂膜片组件结构示意图

1—挡圈；2—膜片；3—垫圈；4—栅

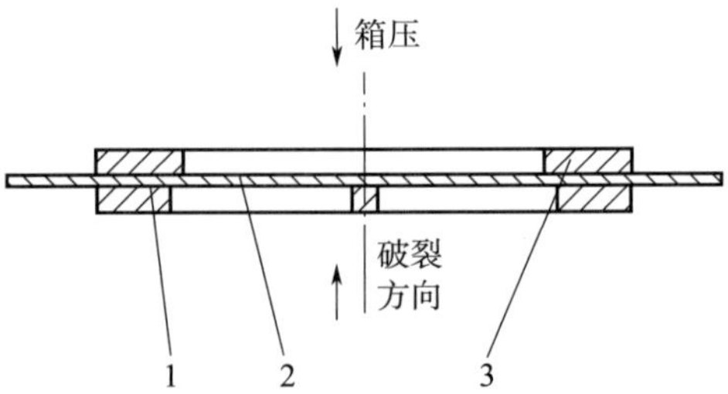


图 7-24　分体式破裂膜片组件结构示意图

1—栅；2—膜片；3—垫圈

图 7-25 所示为正拱带槽型破裂膜片结构示意图，该型破裂膜片的受力形式与平板型类似，膜片的内拱侧承受压力。随着压力增大，破裂膜片刻痕位置处应力迅速提升，当刻痕处的应力达到材料强度极限时，膜片在刻痕位置迅速破坏打开，开口形式规则，泄放面积大，流阻小，且不易形成多余物。

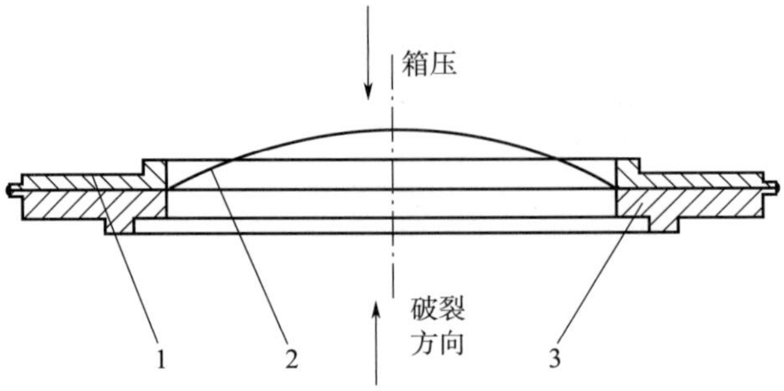


图 7-25　正拱带槽型破裂膜片结构示意图

1—上挡圈；2—膜片；3—下挡圈

图 7-26 所示为反拱带槽型破裂膜片结构示意图，该型破裂膜片结构形式与正拱型破裂膜片基本一致，但是安装方向与正拱型相反。膜片的起拱侧承受压力，在压力的作用下，结构首先发生失稳，并在压力失稳点结构迅速翻转，在翻转过程中，刻痕位置被瞬时

作用力扯开，实现打开的目的。不同于平板型和正拱型破裂膜片的强度破坏理论，反拱型破裂膜片属于稳定性破坏[7]，稳定性破坏压力一般相对较小，因此反拱型破裂膜片一般应用在打开压力较小的工况中。同时结构的稳定性主要取决于结构参数和材料的弹性模量，材料强度和延伸率影响较小，不同批次材料的弹性模量相对稳定。因此，相较于其他类型的破裂膜片，反拱型破裂膜片的批次一致性更好。

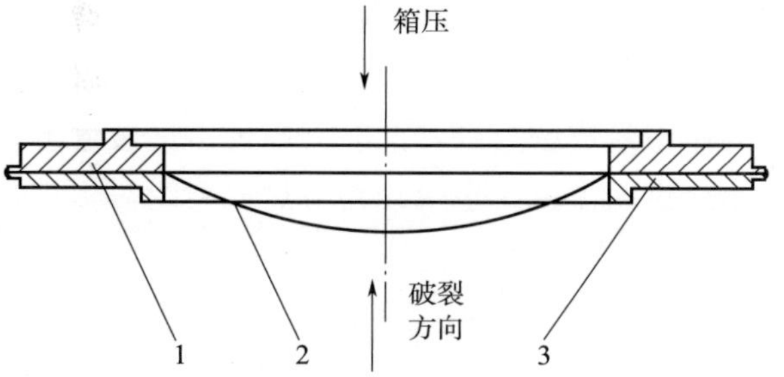


图 7-26　反拱带槽型破裂膜片结构示意图

1—上挡圈；2—膜片；3—下挡圈

### 7.2.6　电爆阀

电爆阀是一种利用电起爆器（一般为电爆管）通电爆燃产生的高压燃气或冲击波，推动内部作动元件，实现一次性开启或关闭的阀门，具有密封性好、尺寸小、质量小、响应速度快等特点。增压输送系统的电爆阀主要应用于贮箱增压、补压、排气等。以贮箱补压为例，补压前，常闭式电爆阀隔断补压气瓶与贮箱之间气路；补压时，电爆阀按照动作时序通电起爆并开启内部通道，连通气瓶与贮箱之间气路，气瓶内的高压气体进入贮箱，实现贮箱补压。

电爆阀一般由壳体、切破件、活塞和电爆管等组成，其工作原理如图 7-27[8] 所示。电爆管通电起爆，推动活塞，继而带动切破件运动，致使切破件被剪断，楔入壳体中，以实现开关气路的动作，启动或切断流体流动。

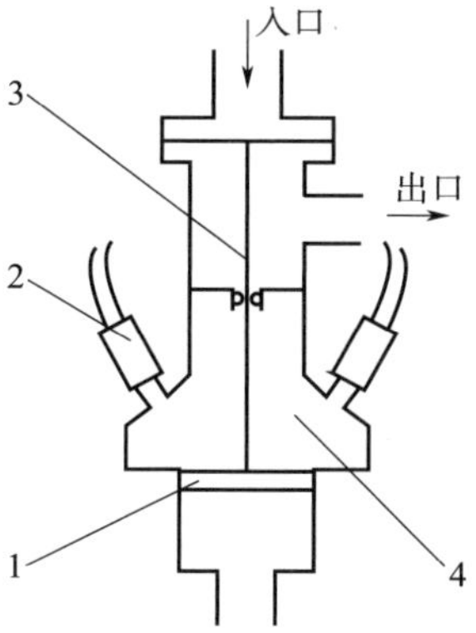


图 7-27　电爆阀工作原理示意图

1—活塞；2—电爆管；3—切破件；4—壳体

电爆阀主要性能参数包括工作压力、介质流量、漏率、响应时间等，其中响应时间是指从起爆器通电至电爆阀开启或关闭所需要的时间。

电爆阀按通道状态分为常开式和常闭式；按通道数量分为单通道电爆阀和多通道电爆阀；按爆燃产物是否留在阀内，可分为外排式和内排式；按驱动方式分为直接作用式和间接作用式（也称为指挥式或先导式）。

图 7－28 所示为常开直接作用式电爆阀，由阀体、柱塞、转接帽、电爆管等组成。通电前，阀芯与阀座未接触，阀门进出口通道相通，电爆管通电起爆后，爆燃压力推动柱塞向阀座处运动，并楔入阀座中形成密封副，此时阀门进出口通道被阻断。此类阀门结构简单，响应快。爆燃产物不会进入流道，也属于内排式电爆阀。

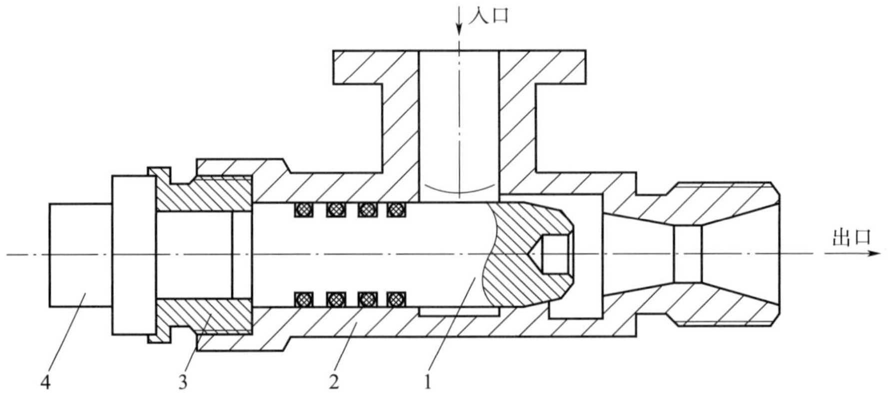


图 7－28　常开直接作用式电爆阀

1—柱塞；2—阀体；3—转接帽；4—电爆管

图 7－29[1]所示为常闭直接作用式电爆阀，由阀体、活塞、隔离件、电爆管、止动垫圈、接管嘴、垫圈、套筒、密封圈等组成。通电前隔离件将阀门进出口通道隔断，电爆管通电后起爆，爆燃压力剪断隔离件并推动活塞楔入壳体中，阀门进出口通道接通。此类阀门结构简单，响应快，但爆燃产物会排放至阀门外部。

图 7－30 所示为三通道直接作用式电爆阀，由壳体、活塞、切破件、电爆管、堵盖、切破件、密封环等组成。通电前隔离件将阀门第二路通道隔断，电爆管通电后起爆，爆燃压力剪断切破件并推动活塞运动，阀门第二路进出口通道接通。此类阀门结构简单，响应快，解决了爆燃产物进入阀门通道的问题，也属于内排式电爆阀。

图 7－31[9]所示为常开间接作用式电爆阀，主要由电爆管、解锁活塞、销子、弹簧和阀芯组成。通电前，销子由解锁活塞固定，阀芯由销子固定，阀芯处于打开状态，阀门入口与出口接通。电爆管通电起爆后，在爆燃压力的作用下，解锁活塞向下运动，在介质压力驱动下，销子一端进入解锁活塞的孔中，另一端脱离阀芯，阀芯解锁，在弹簧力的作用下阀芯关闭，切断入口与出口通道。此种结构的电爆阀，阀芯的解锁不需要电爆燃气直接驱动销子，电爆燃气被密封在解锁活塞上方，实现燃气与介质的有效隔离，也属于内排式电爆阀。

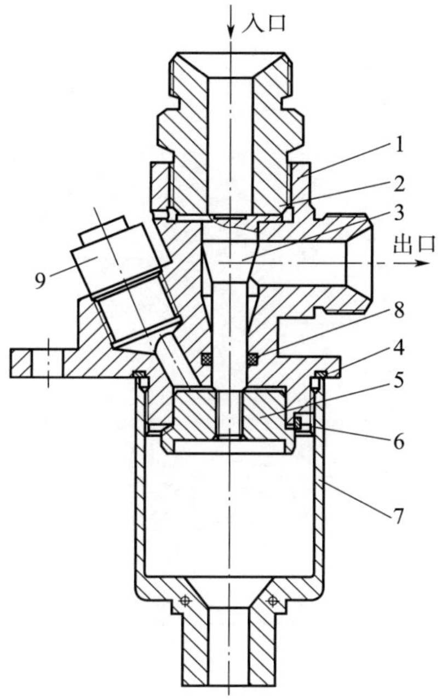


图 7 - 29　常闭直接作用式电爆阀

1—阀体；2—接管嘴；3—隔离件；4—垫圈；5—活塞；6—止动垫圈；7—套筒；8—密封圈；9—电爆管

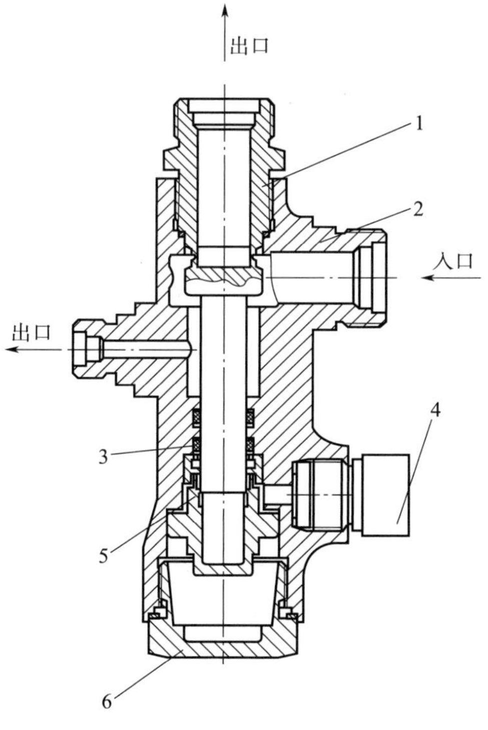


图 7 - 30　三通道直接作用式电爆阀

1—切破件（切断接管嘴）；2—壳体；3—密封环；4—电爆管；5—活塞；6—堵盖

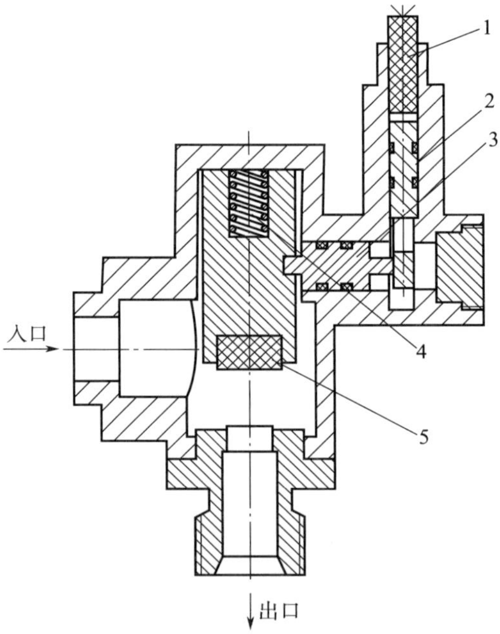


图 7-31　常开间接作用式电爆阀

1—电爆管；2—解锁活塞；3—销子；4—弹簧；5—阀芯

### 7.2.7　减压阀

减压阀是一种可将输入的流体介质进行减压和调压，并依靠流体介质本身的能量自动维持其出口压力相对稳定的阀门。增压输送系统中的减压阀通常应用于贮箱增压路中，安装于气瓶与贮箱之间，对气瓶中的高压气体进行减压和调压，再经限流元件节流后，以规定的流量进入贮箱。

减压阀一般由壳体、阀芯、阀座、主弹簧、副弹簧、顶杆、膜片等组成，其工作原理如图 7-32 所示。膜片感受出口压力的变化，通过顶杆等结构传递作用力，实现主弹簧、副弹簧和膜片受力的平衡，调节阀芯的开度，利用阀芯与阀座形成的节流截面的改变实现出口压力的稳定调节。

减压阀的主要性能参数包括工作压力、介质流量、漏率、锁闭压力、出口压力精度等，相关参数的定义为：

1）锁闭压力：减压阀出口关闭（流量为 0）时的出口压力。

2）出口压力精度：减压阀出口压力偏差相对于出口压力基准值的百分比。

减压阀按工作原理可分为直接作用式和先导式；直接作用式又可分为正向式、反（逆）向式两种；按是否卸荷可分为卸荷式和非卸荷式两种；按敏感元件类型可分为膜片式、柱塞式和波纹管式；按输出精度可分为一般精度、中等精度和高精度三种[1]。

图 7-33 所示为正向式减压阀。当减压阀入口通入高压气流后，高压气流从阀座与阀芯之间的缝隙流过，实现减压。当入口压力降低时，阀口流量降低，出口压力降低，主弹

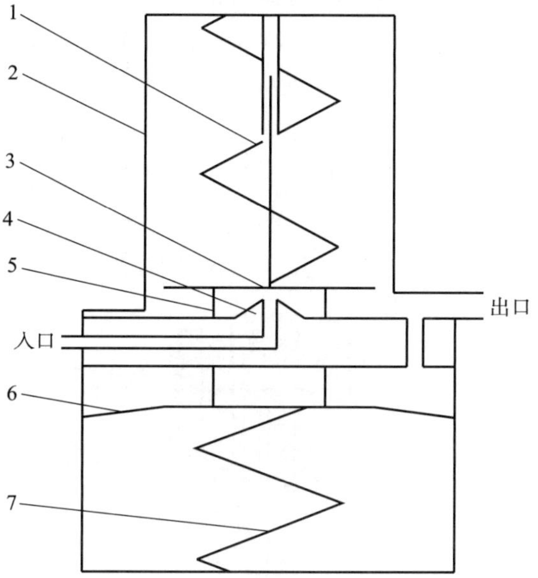


图 7-32 减压阀工作原理示意图

1—副弹簧；2—壳体；3—阀芯；4—阀座；5—顶杆；6—膜片；7—主弹簧

簧使阀芯开度变大，出口压力回升，如此建立了一个动态的连续调节过程，保证了出口处的气体压力。正向减压阀结构简单，适用于流量较小、精度要求不高的工况。

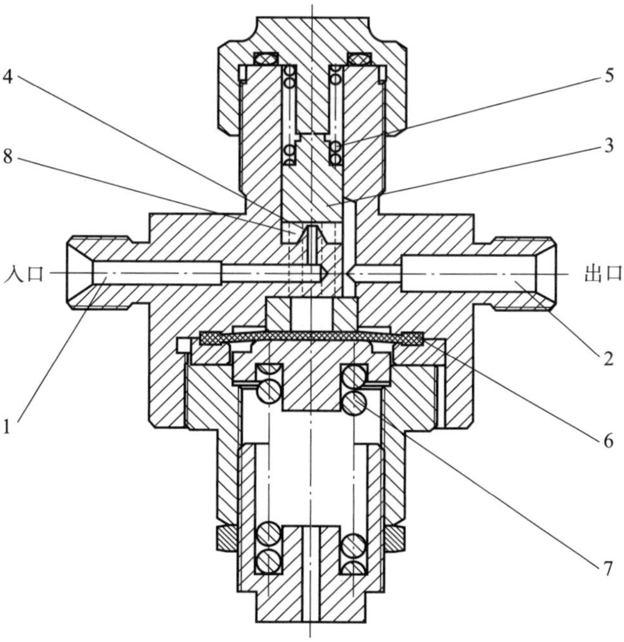


图 7-33 正向式减压阀

1—入口；2—出口；3—阀芯；4—阀座；5—副弹簧；6—膜片；7—主弹簧；8—顶杆

图 7-34 所示为反向减压阀，其工作原理与正向减压阀类似，入口气体经过阀芯与阀座之间的节流截面减压后进入出口低压腔，低压腔压力作用于敏感元件（波纹管）上，此时基准弹簧力、回位弹簧力、作用在波纹管和阀座上的气压力等组成力的平衡，减压器完成减压功能。当入口压力降低时，若阀芯开度不变，则出口压力将降低，作用于波纹管上的力降低，力平衡被破坏，阀芯开度在弹簧力作用下将增大，出口压力升高，从而保证减压阀的出口压力偏差在规定范围之内[10]。入口压力升高时同理。反向减压阀通常比正向减压阀结构复杂，但其适用的流量范围与压力精度略优于正向减压阀。

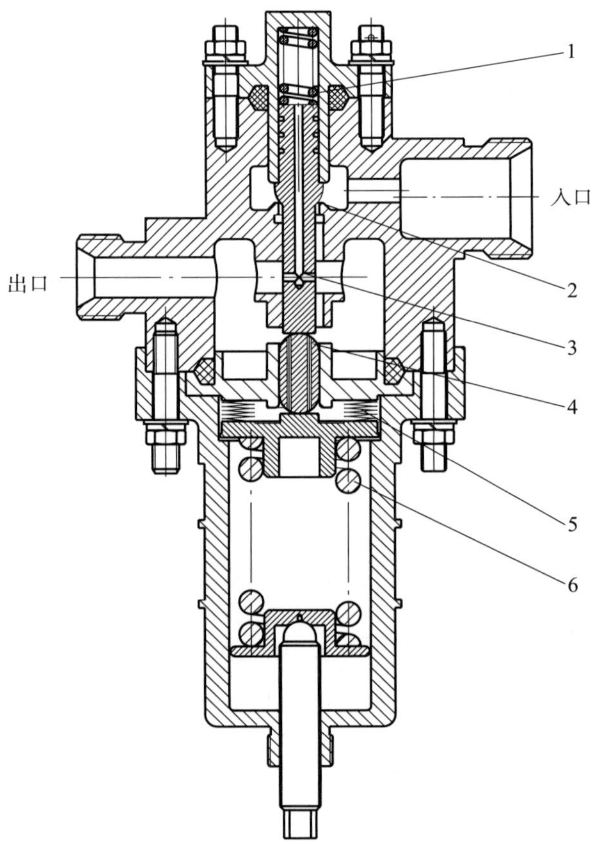


图 7-34　反向减压阀

1—副弹簧；2—阀座；3—阀芯；4—顶杆；5—波纹管；6—主弹簧

卸荷类减压阀（见图 7-35）使用卸荷元件（见图 7-36）减小影响稳压精度的入口压力作用面积，提高稳压精度。从图 7-36 中可以看出，除箭头所示部分外，作用在阀芯上的高、低压全部相互抵消。阀门的工作原理为：入口气体经过阀芯与阀座之间的节流截面减压后进入出口低压腔，同时，又经卸荷元件的中心孔流至卸荷腔，作用于卸荷元件上，低压腔压力除作用于敏感元件外，还作用于卸荷元件上，相当于加大了敏感元件的有效面积，有利于提高稳压精度[1]。由于卸荷元件的作用，卸荷类减压阀压力精度优于对应的非卸荷式减压阀。

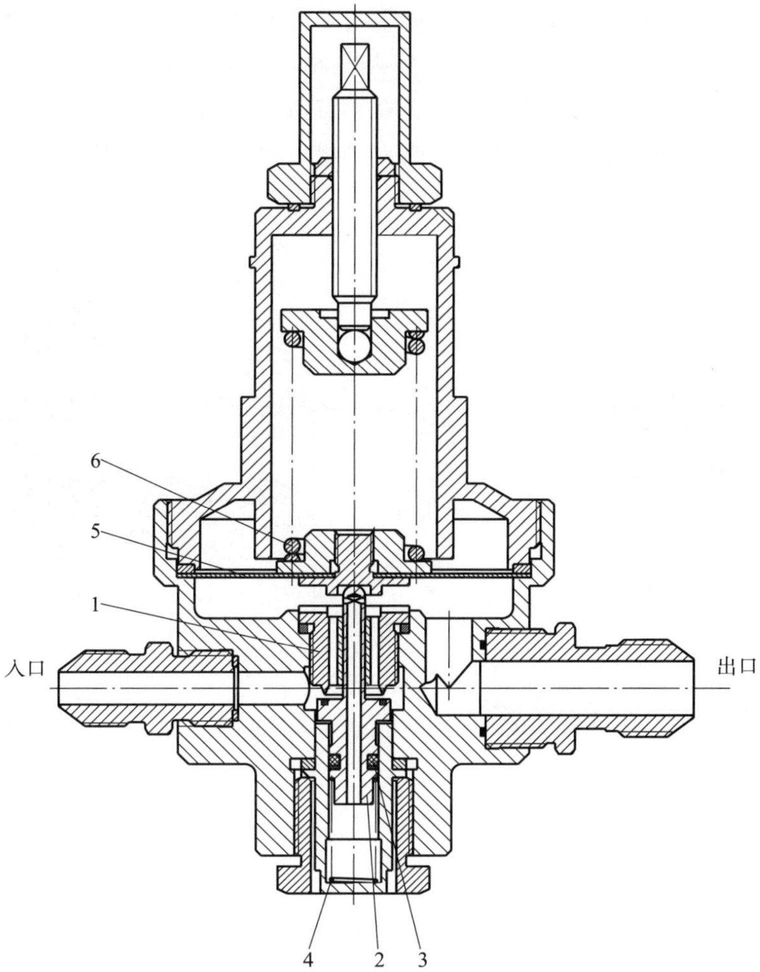


图 7-35　卸荷类减压阀

1—阀座；2—阀芯；3—卸荷元件；4—副弹簧；5—膜片；6—主弹簧

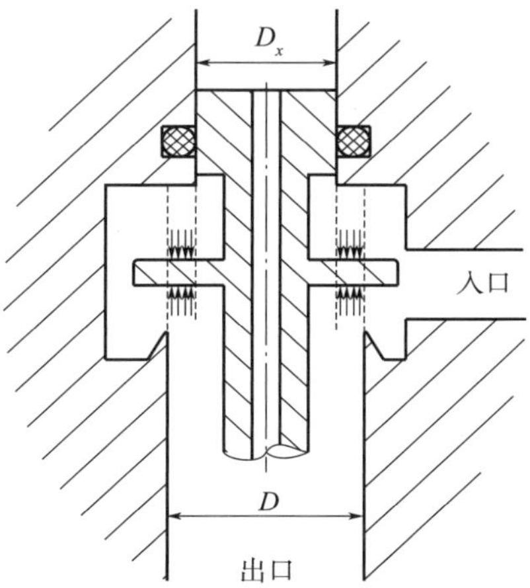


图 7-36　卸荷元件示意图

↑表示出口低压作用面积；↓表示入口高压作用面积

图 7-37 所示为一种先导式减压阀，由主阀和分流阀两部分组成。主阀出口与限流接管嘴分别连接出口压力容器。膜片感受出口压力容器的压力变化，进而控制主阀芯开度，改变出口流量，使出口压力容器的压力维持在额定值。分流阀是一个小流量的高精度直接作用式压力调节器，它给主阀背压腔一个略大于出口容器压力的接近恒定的加载压力，此压力作用在膜片上，作为基准力。

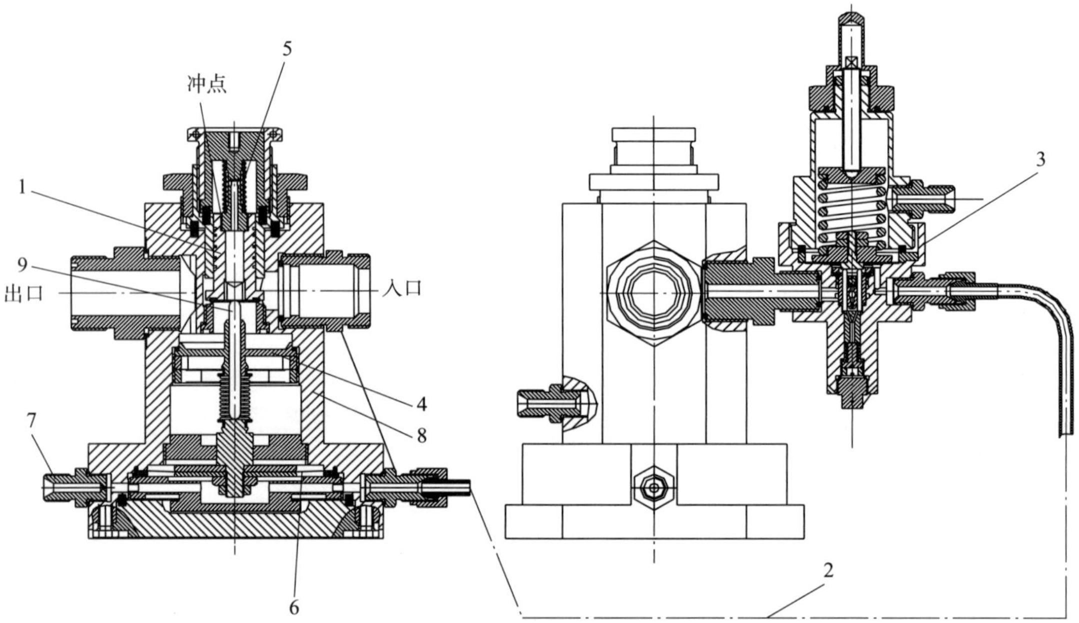


图 7-37 先导式减压阀

1—主阀；2—连通管；3—分流阀；4—波纹管组件；5—弹簧；6—膜片；7—限流接管嘴；8—主壳体；9—顶杆

不同类型减压阀的性能对比情况见表 7-1。

**表 7-1 减压阀性能对比**

| 类别 | | 精度高 | 流量大 | 简单性 | 质量小 | 动态稳定性 | 备注 |
|---|---|---|---|---|---|---|---|
| 直接作用式减压阀 | 正向 | 5 | 3 | 1 | 1 | 2 | 1、2、3、4、5 表示品质由高到低 |
| | 反向 | 4 | 2 | 1 | 1 | 2 | |
| | 卸荷正向 | 3 | 3 | 2 | 2 | 2 | |
| | 卸荷反向 | 2 | 2 | 2 | 2 | 2 | |
| 先导式减压阀 | 可变压力加载 | 1 | 1 | 4 | 4 | 4 | |

### 7.2.8 安全阀（安溢阀）

安全阀又名保险阀，是压力释放的安全装置，能按预定压力自动启闭，排放压力容器内多余的介质；安溢阀除了能按预定压力自动启闭外，还能通过强制作动机构实现强制启闭。安全阀应用于火箭贮箱超压的保护，是保证贮箱承压安全的关键阀门，在火箭测试、发射、飞行等各阶段，当贮箱压力超过规定值时，安全阀自动打开排放多余的气体；当贮箱压力降低到规定值时，阀门实现自动关闭，并保持密封。

安全阀一般由壳体、阀芯、弹簧、调节螺母等组成，其工作原理如图 7－38 所示。当入口气压力上升到设定压力时，在气压力作用下阀芯打开，当气压力降低到一定压力时，阀芯在弹簧力作用下回位并密封。

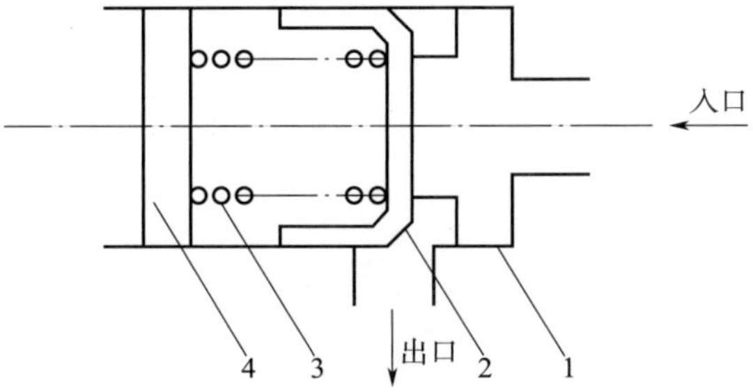


图 7－38　安全阀工作原理示意图

1—壳体；2—阀芯；3—弹簧；4—调节螺母

安全阀（安溢阀）的主要性能参数包括介质流量、漏率、整定压力、回座压力和强制打开供气压力（仅安溢阀）等，相关参数的定义为：

1）整定压力：也叫开启压力，指安全阀运行过程中阀芯开启时的介质压力。该压力是按设计指标人为设定的，一般通过调节弹簧压缩量来实现。

2）回座压力：也叫关闭压力，指安全阀开启后阀芯重新压紧阀座、介质停止排出时的介质压力。

3）强制打开供气压力：指安溢阀强制作动机构供气打开阀门的气体压力。

安全阀（安溢阀）根据产品结构形式可分为直接作用式和指挥式（先导式），直接作用式安全阀（安溢阀）又可分为正向作用式和反向作用式。

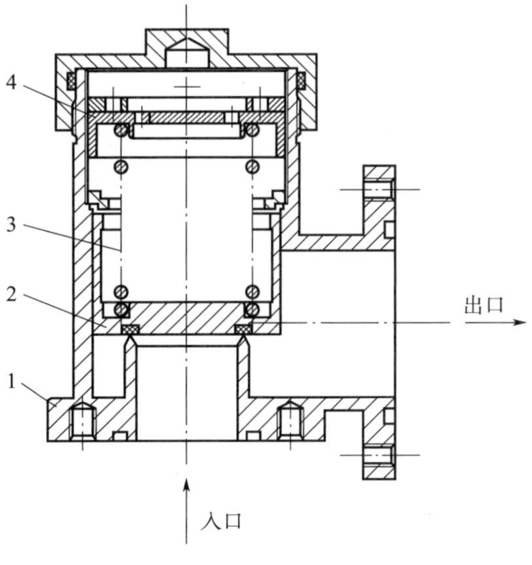


图 7－39　正向直接作用式安全阀

1—壳体；2—阀芯；3—弹簧；4—调节盘

图 7－39 所示为正向直接作用式安全阀，其工作原理为：气流方向与阀芯开启运动方向一致，贮箱气压力增大到一定值后克服阀门弹簧力将阀门打开，气压力减小到一定值后阀芯在弹簧力作用下回位，安全阀关闭，阀门在弹簧力作用下保持密封。正向直接作用式安全阀一般不需要敏感元件，结构简单，质量小，但启闭精度较差；由于密封力只有弹簧力没有气压力，密封性能也较差，正向直接作用式安全

阀一般应用于压力精度要求不高、流量较小的工况。

图 7 - 40 所示为反向直接作用式安全阀，气流方向与阀芯开启方向相反，气压力作用在敏感元件上，当贮箱气压力增大到一定值后，作用在敏感元件上的气压力克服主弹簧力、阀芯回位弹簧力和阀芯不平衡气压力，阀芯打开；当贮箱气压力减小到一定值后，阀芯在弹簧力作用下回位，阀芯在弹簧力及气压力作用下保持密封。反向直接作用式安全阀相比正向直接作用式安全阀结构复杂、质量大，但由于密封力为弹簧力和气压力，且通过敏感元件感受气压力来实现阀门启闭，其密封效果和启闭精度均优于正向直接作用式安全阀。

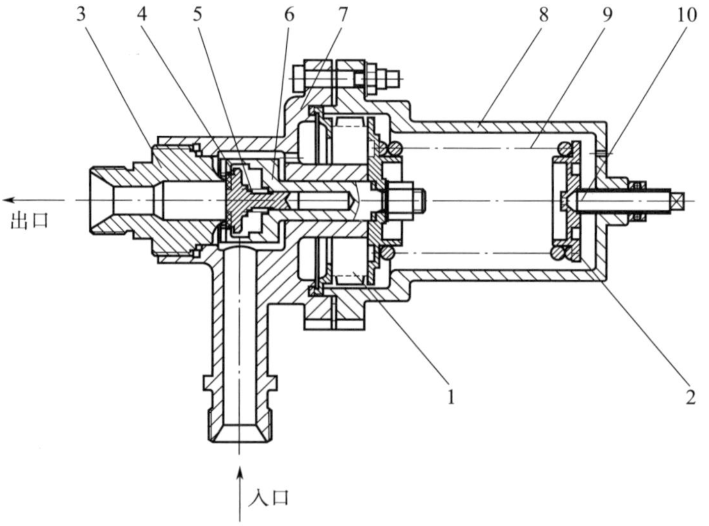


图 7 - 40　反向直接作用式安全阀

1—波纹管；2—弹簧座；3—阀座；4—阀芯；5—阀芯回位弹簧；6—拉套；7—壳体；8—弹簧罩；9—主弹簧；10—调整杆

图 7 - 41 所示为指挥式安全阀，指挥式安全阀启闭主要通过指挥阀来实现。安全阀入口压力低于规定压力时，指挥阀入口腔与主阀芯背压腔连通，主阀芯在主弹簧力和气压力作用下保证密封。当入口压力超过规定压力时，指挥阀敏感元件（指挥阀膜片）在气压力作用下动作，并克服指挥阀弹簧力，指挥阀开启，主阀背压腔泄压，主阀敏感元件（主膜片）在气体压差作用下拉起主阀芯，主阀芯开启排放泄压。指挥式安全阀相比直接作用式安全阀结构复杂，质量大，但启闭精度高，密封性能好，广泛应用于有高精度和大流量要求的场合。

图 7 - 42 所示为安溢阀，主要由壳体、阀芯、波纹管、弹簧、强制活塞、密封圈、进气管嘴、限程环、强制进气管嘴等结构组成。安溢阀除了在整定压力下能自动打开外，还能够通过强制气强制开启。强制启闭工作原理为：强制气通过强制进气管嘴进入阀体背压腔，并作用在强制活塞上，克服弹簧力和贮箱气体作用在阀芯上的气压力将阀芯打开，贮箱介质通过安溢阀排出。停止供强制气，阀芯在弹簧力作用下回位，阀门关闭并保持密封。

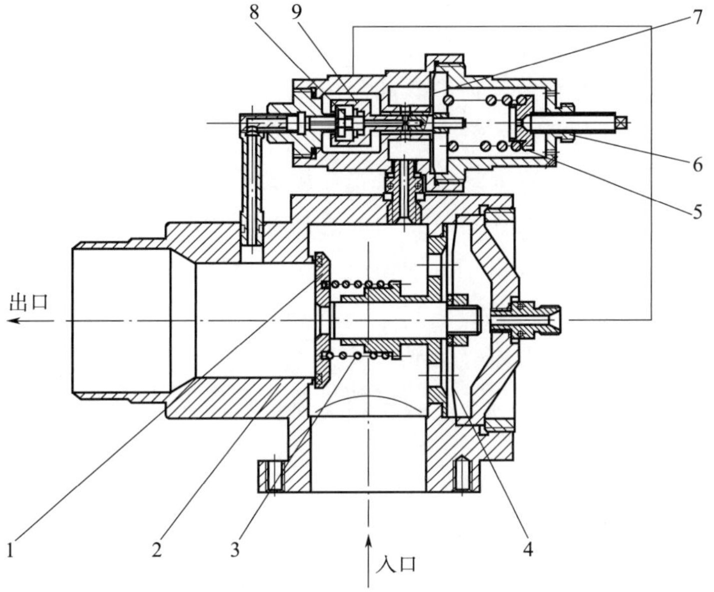


图 7-41 指挥式安全阀

1—主阀芯；2—主壳体；3—主弹簧；4—主膜片；5—指挥阀弹簧；6—指挥阀壳体；7—指挥阀膜片；8—小弹簧；9—拉套

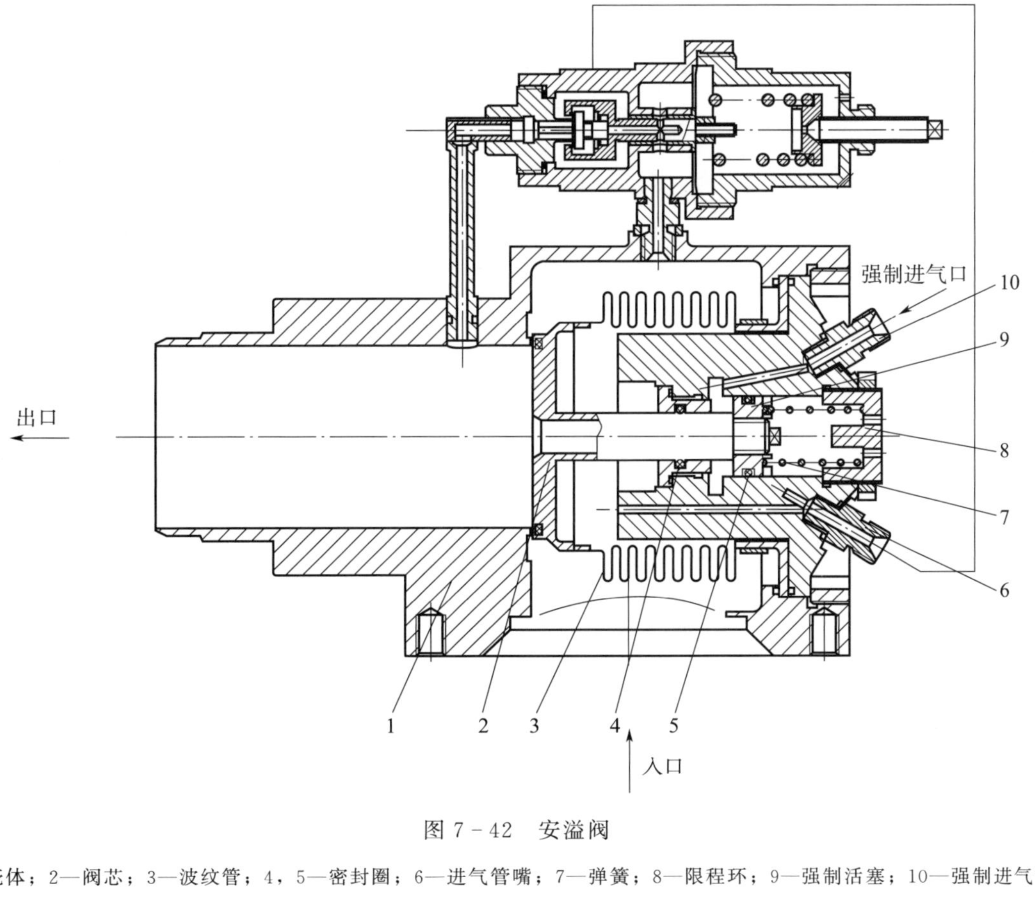


图 7-42 安溢阀

1—壳体；2—阀芯；3—波纹管；4，5—密封圈；6—进气管嘴；7—弹簧；8—限程环；9—强制活塞；10—强制进气管嘴

### 7.2.9　过滤器

阀门在使用过程中一旦有多余物进入阀门内部，轻微的可能使阀门性能下降，严重的将导致阀门功能失效而引发严重后果。为防止工作介质中的多余物进入阀门内部，在阀门结构允许的情况下，可在阀门内部集成多余物过滤装置；当阀门结构受限，无法自身集成过滤装置时，可在阀门出入口额外安装专用的过滤器，用于对工作介质中的多余物进行过滤。该类专用的过滤器已广泛应用于增压输送系统流体通路中，以提高系统防多余物的能力，保护阀门等产品免受多余物影响。

过滤器主要由滤芯组件和壳体等组成。其工作原理如图 7-43 所示，通过滤芯组件 2 上的滤网对工作介质进行过滤，将多余物阻挡于流体通路上游，使得下游的阀门等产品免受多余物影响。

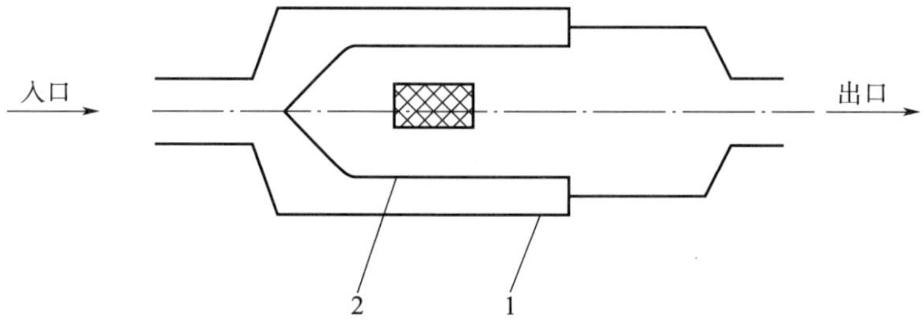


图 7-43　过滤器工作原理示意图

1—壳体；2—滤芯组件

过滤器的主要性能参数包括工作流量、过滤精度、流阻等。过滤器按照结构形式可分为板式过滤器和筒式过滤器。

图 7-44 所示为一种板式过滤器。板式过滤器具有结构简单、体积小、重量轻等特征，但受板型滤芯流通面积的限制，其流阻相对较大，适用于流量较小以及对流阻要求不高的场合。

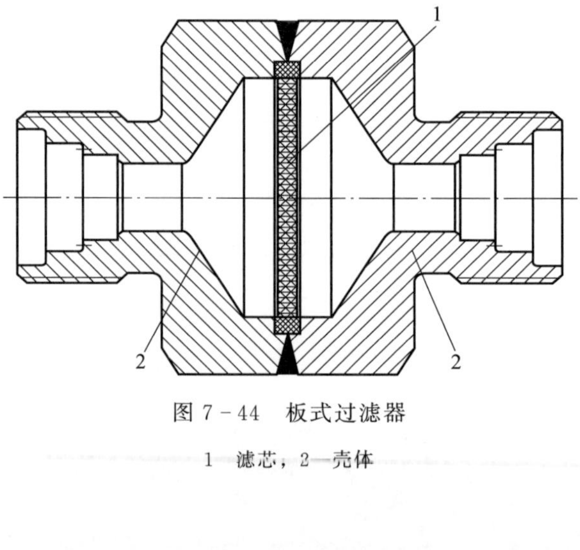


图 7-44　板式过滤器

1—滤芯，2—壳体

图7-45所示为一种筒式过滤器。筒式过滤器相较于板式过滤器，增加了一个导流盖，对过滤器内部的流道进行了优化；将滤网卷成筒状，增加了流通面积，相较于板式过滤器，相同介质流量下流阻更小，因此适用于工作流量较大以及对流阻要求较高的场合。

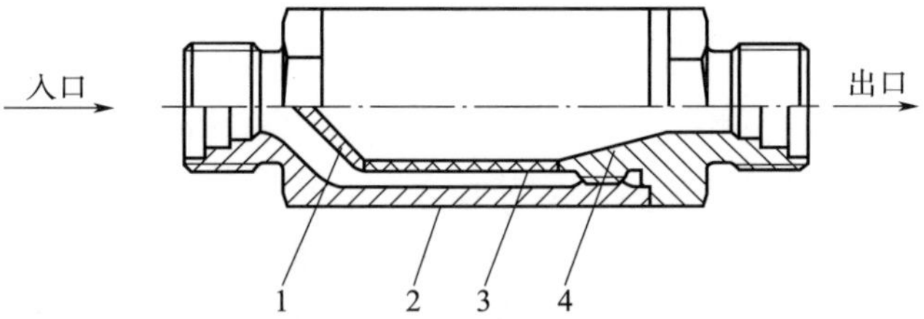


图7-45 筒式过滤器

1—导流盖；2—壳体；3—滤芯；4—接管嘴

## 7.3 阀门运动导向

阀门的一系列精准动作响应，依靠导向结构实现，导向结构失效会导致阀门的功能失效。增压输送系统阀门可靠性要求高、使用工况复杂，阀门从装配到完成飞行试验，所历经的周期长，试验项目繁杂。当设计不完善、加工存在缺陷或使用不当时，可能造成阀门导向失效，给运载火箭的正常发射和飞行带来隐患，因此，导向技术的研究一直是增压输送系统阀门基础研究的重点之一。

增压输送系统阀门的导向结构大多为轴孔滑动配合导向结构，主要通过阀杆与导向部件的配合来实现导向功能，其中导向部件根据阀门结构的差异主要有阀杆、导向衬套、导向盘等，增压输送系统阀门典型导向结构如图7-46所示。轴孔滑动配合的导向结构对配合副零件的加工精度要求高，同时为实现阀芯往复动作的一致性，导向轴孔之间的配合间隙小，配合精度高，对于加工制造误差及外界多余物的干扰比较敏感。特别是在液氢液氧等低温环境下工作的阀门，滑动导向配合副往往处于无润滑的干摩擦状态，一定程度上制约了导向动作的寿命和可靠性。

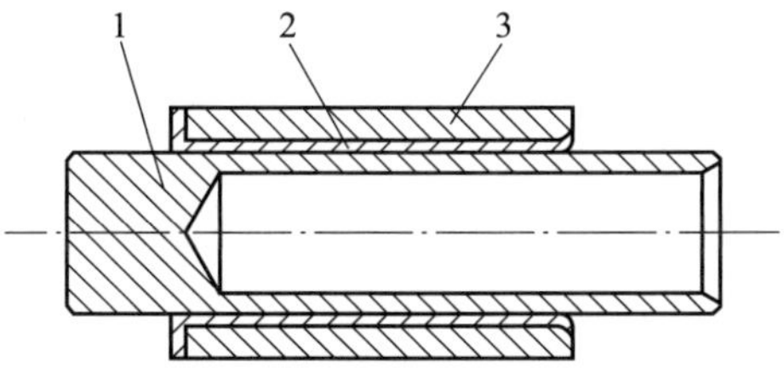


图7-46 增压输送系统阀门典型导向结构

1—阀杆；2—导向衬套；3—导向盘

为解决阀门滑动导向配合副由于疲劳、黏着等原因造成的导向失效故障，一方面可通过深入研究滑动导向结构的失效形式和失效机理，并结合工程实践制定有效的导向失效抑制措施；另一方面也可通过采用悬浮导向结构，从机理上彻底避免滑动导向配合副存在的摩擦、磨损和卡滞问题。

本节介绍增压输送系统阀门滑动导向结构的影响因素和失效机理，结合工程实践，提出滑动导向结构导向失效的抑制措施，最后对悬浮导向结构进行介绍。

### 7.3.1 滑动导向结构失效影响因素

增压输送系统阀门导向结构主要利用阀芯和阀座的轴孔内外表面的设计及制造精度保证两者之间的对中性。这种导向结构形式简单，配合精密，运行平稳，抗振性好，适合于温度及压力都较高的工况，必要时可采用套筒进行辅助导向。但是由于导向杆与导向孔之间的配合间隙小，这种导向结构对于制造误差及多余物的容纳能力较低。增压输送系统阀门在使用过程中出现的导向卡滞故障，因卡滞机理的不同而具有多种表现形式，其中机械卡滞和多余物卡滞最常见[11]。对导致导向卡滞的因素进行分析，主要包括如下几个方面。

（1）加工制造

导向配合副加工时出现的圆柱度、直线度偏差以及倒锥、顺锥等问题，可能使导向杆与导向孔之间存在一定的偏斜；阀芯在运动过程中受到不均匀的气体压力，迫使导向轴向一侧偏移，将直接压紧在导向孔上，接触部位应力集中，导向磨损导致卡滞。同时，如果导向长径比不匹配，导向部位长度与导向直径比值较小，也会造成在运动过程中导向杆和导向孔的几何中心线错位不平行，出现阀芯倾斜现象。若导向杆和导向孔在加工和转移过程中受到损伤，容易出现凸起，严重时还会产生毛刺，在阀芯运动过程中，凸起及毛刺部位容易造成应力集中，在凸起部位形成黏着磨损，造成卡滞。

（2）环境因素

部分阀门工作温差大，当阀门导向配合副采用的材料线胀系数差异较大时，在深低温或高温工况下，导向杆和导向孔的结构尺寸发生较大变化，与常温工况下的导向杆和导向孔的同轴度变化较大，而且导向的配合间隙尺寸也相应变化，加大了阀芯运动卡滞的风险。对于外部顶杆强制顶开的阀门，如外部顶杆轴线与阀芯轴线出现倾斜，在推动阀芯运动时，将使阀芯偏心、运动不灵活，严重时卡住阀芯，导致阀门失效。在使用过程中，部分阀门的阀芯在快速运动时，接触部位发热问题很难避免，导向杆和导向孔在高速动作过程中出现热变形后，导向结构的配合间隙尺寸也相应变化，加大了阀芯运动卡滞的风险。有的阀门长时间开启时，在气流作用下，阀芯处于往复微动状态，也易导致局部磨损，增加卡滞风险。

（3）多余物

阀门使用过程中，当出现杂质及固体颗粒物侵入导向配合间隙时，在加剧滑动副摩擦磨损的同时，会在间隙处滞留。当固体颗粒物的尺寸与导向配合间隙的尺寸相当时，滞留颗粒将阻碍导向相对运动，甚至卡死。

### 7.3.2 滑动导向结构失效机理

通过对导向失效影响因素分析，可知造成导向卡滞的直接因素为导向局部的疲劳损伤及黏着磨损[12]。

(1) 疲劳损伤

如图7-47所示，在导向接触表面，当导向杆与导向孔在微观局部接触表面产生弹性和塑性变形时，会产生接触应力。在接触表面循环应力的不断作用下，表面层下金属晶格发生错位、滑移导致缺陷的形成。在接触表面循环应力的不断作用下，在表层内形成微裂纹，裂纹的进一步增殖和延伸使材料表面产生了疲劳磨损。随着缺陷的不断扩展，造成导向元件表面宏观损伤，严重时造成导向运动的卡滞。

图7-47 疲劳损伤失效机理[12]

表面疲劳损伤在材料表层内的应力集中，会造成表层材料表面的点蚀与鳞剥磨损，点蚀磨损产生的磨屑多为扇形或三角形的颗粒，同时摩擦面上还有很多细小的麻点；而鳞剥磨损产生的磨屑形貌是片层状的，而且摩擦面上同时存在较浅的凹坑[13]。

造成导向副疲劳磨损的因素是多方面的，大致可以分为如下几点。

①加载载荷

载荷是影响疲劳磨损寿命的主要原因之一[14]。一般认为材料的寿命与载荷的立方成反比，即

$$NP^3 = C \tag{7-1}$$

式中，$N$ 为失效时的循环次数；$P$ 为施加载荷；$C$ 为常数。

通过对滑动导向结构分析可知，导向杆与导向孔的表面接触部位存在接触应力，在使用过程中，应尽量降低接触部位接触应力的影响。关于表面应力对接触疲劳的影响，ZARETSKY[15]提出的关系式为

$$\ln\left(\frac{1}{S}\right) = N\tau^c V \tag{7-2}$$

式中，$S$ 为存活率；$\tau^c$ 为接触体下最大正交剪应力；$V$ 为材料的应力单元体积。

导向接触表面的接触应力可分解为正应力及剪应力，此处的正应力为压应力。由于压应力的作用，可以减小在接触面表层产生的最大剪应力 $\tau^c$ ，从而提高材料的接触疲劳寿命。在工程应用中，可通过喷丸强化等手段来提高表面正应力，从而来提高材料表面的疲劳寿命。

②材料组织

金属材料中含有间隙氮原子和氧原子时，可以固定位错，加速疲劳裂纹的萌生，因此对于氮、氧含量越高的材料，其抗接触疲劳磨损的能力也就越差。此外，金属材料如果在冶炼过程中由于工艺不当存在夹杂物时，如硫化物和脆性氧化物等，都会破坏材料表面的连续性，对疲劳磨损产生严重不良影响。同时，如果材料中存在网状碳化物、过量的残余奥氏体以及组织粗大的马氏体，均会降低材料的抗接触疲劳磨损。这主要是因为网状碳化物或粗大的马氏体，会使相界面的强度降低，有利于疲劳裂纹沿着界面扩展。但是适量的残余奥氏体，在疲劳接触中发生塑性变形或应力诱发马氏体相变，从而提高材料的抗疲劳磨损性能。

③表面质量

（a）表面粗糙度

表面粗糙度的变化意味着接触体之间的实际接触面积的变化。在相同的加载载荷条件下，表面粗糙度值较大的接触面上产生较大的接触应力，容易引起接触面局部材料的坍塌，加速疲劳缺陷的形成。相反地，表面粗糙度值越小，应力集中现象越不明显，因而材料的抗疲劳磨损性能越好。

（b）表面烧伤

材料会在加工过程中产生瞬时高温而发生组织上的变化，使材料的强度有所降低，从而降低材料的疲劳极限。

（c）表面腐蚀

由于环境的作用，会导致材料表面发生化学反应，严重时会在表面形成凹坑，从而加速接触疲劳缺陷的形成。

④润滑状态

不同的润滑剂对材料抗疲劳磨损性能的影响也是不同的。润滑剂的化学成分不同也对疲劳寿命有一定的影响：当润滑剂中含氧和水分时，将严重降低材料的接触疲劳寿命；当含有对裂纹尖端有腐蚀作用的化学成分时，有利于裂纹的扩展，会显著地降低疲劳寿命。

（2）黏着磨损

在两个相对运动表面凹凸不平、细微粗糙区之间的液体或无机物薄膜层全部被挤出的情况下就会发生黏着磨损。黏着磨损指的是相对滑动的材料表面上的部分区域的接触点发生了焊合从而形成黏着点，随后黏着点发生剪切断裂，被剪切的材料会从摩擦表面脱落形成磨屑，或者从导向副的一个表面上转移到另一个表面上的现象[13]，如图 7－48 所示。

通常情况下摩擦表面间的实际接触面积要比宏观面积小很多。载荷和滑动速度很高时会导致滑动导向表面上接触点的瞬间温度达到 1 000 ℃以上。同时由于导向副的体积要远大于接触点的体积，因此接触点一旦分离，其温度会马上降低，这种接触点导致的局部高温通常持续的时间非常短，但这种瞬时高温也会导致润滑油膜等表面膜失效，使接触点发生黏着形成黏着点，在随后的滑动过程中，在切应力的作用下使黏着点发生剪切破坏[16]。

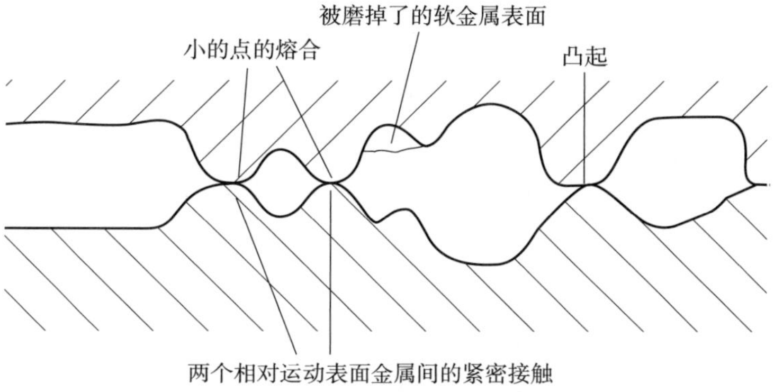


图 7-48　黏着磨损机理[12]

影响黏着磨损的因素如下。

①摩擦副材料的相溶性

在冶金工艺上，对于不同金属材料在不熔化的条件下就可以形成固态相溶体的金属材料的性能称为材料的相溶性[17]。摩擦副材料的相溶性越好，则黏着的倾向就越大。金属材料的相溶性主要表现为以下几个方面：一是不同金属材料的晶格类型相似，如都为立方体晶格类型等，则其相溶性越好；二是不同金属材料的原子半径相近，其相溶性越好，原子半径相近的金属元素一般具有相似的物理性质；三是异种金属元素在周期表中的位置相对靠近，其物理性质差异小，其相溶性越好。因此，在滑动配合副的选择上，要尽量避免选用相溶性好的金属材料。此外，一般条件下，面心立方晶体结构的金属的黏着倾向要大于密排六方的晶体，因为面心立方晶体结构的金属比密排六方晶体结构的金属更容易滑移[18]。

②摩擦副表面的润滑状态

摩擦副表面的状态对黏着磨损有很大的影响，主要与材料表面上的表面膜有关。传统理论认为，减小摩擦副间摩擦的合理方法之一是表面精加工，如对表面进行抛光研磨等，但受材料性质和加工精度的影响，表面粗糙度始终受到限制[19]。同时高精度的加工也带来了生产成本的大大增加。近代摩擦学研究表明，并不是表面越光滑，耐磨性越好[18,20]。材料表面的纹理密度、走向和图案形状、尺寸分布等特征将影响接触应力和润滑成膜能力及压力分布形态；沿深度方向的梯度结构将提高材料表层的力学强度和承载能力，沿表面方向的各向异性层叠结构将改变表面的接触应力分布，实现润滑和抗磨的协同作用。激光表面微织构技术已经广泛应用于汽车行业活塞环表面，通过活塞环表面进行织构设计，能够有效改善缸孔-活塞环摩擦副的摩擦学性能，减少摩擦磨损[21]。

③摩擦副的载荷、速度以及温度工况

对于导向部位的抗磨损性能，可通过 Archard 方程进行工程量化评价。在一定的载荷范围内，由 Archard 方程可得出磨损体积与载荷之间的对应关系[14]，即

$$V = K\frac{FL}{H} \tag{7-3}$$

式中，$V$ 为磨损体积；$F$ 为接触面的垂直作用力；$L$ 为切向相对滑移距离；$H$ 为摩擦副中较软材料的布氏硬度；$K$ 为磨损因子。

但是实际情况下存在一个临界载荷，临界载荷以下发生轻微磨损，而且磨损主要是氧化磨损的形式；临界载荷以上发生严重磨损，磨屑变大变厚。临界载荷的大小与材料的本身性能、配合端面的性能及摩擦速度有关。载荷不变时，黏着磨损会随着速度的升高而减轻。

④摩擦副表面质量

表面粗糙度的变化意味着接触体之间的实际接触面积的变化。在相同的加载载荷下，表面粗糙度值较大的接触面上产生较大的接触应力，相反地，表面粗糙度值越小应力集中现象越不明显，因而材料的抗黏着磨损性能越好。

### 7.3.3 滑动导向结构失效的抑制措施

为提高导向结构的强壮性，提升阀门可靠性，根据导向结构卡滞机理，可考虑从以下几个方面改进滑动导向。

（1）提高导向材料的匹配性

对于导向设计而言，导向材料的选择至关重要，既要保证合理的线胀系数，又要尽量避免同种材料配合导向。通过合理选用导向配合副的轴孔材料，可提高阀门的导向可靠性。导向表面也可通过调质及表面处理（喷丸强化、表面喷涂、激光表面处理）等措施，改善导向的表面组织状态，使材料表面具有较高的抵抗变形的能力，阻止或减缓晶体沿结晶面滑移，从而提高表面的极限强度，提高材料对于应力的耐受性，从而提高导向结构的使用寿命。

为提高阀门不锈钢导向配合副的硬度和耐磨性，可采用离子注入法对表面进行改性。以不锈钢材料 0Cr18Ni9 为例，研究了不同温度、不同注入电压、不同注入时间等条件下氮离子注入对导向配合副耐磨性的影响。耐磨性采用相对磨损量表征，即以未处理不锈钢基体的磨损量为单位 1，经离子注入处理试样的磨损量与未处理试样磨损量的比值作为该工艺处理试件的相对磨损量。图 7－49 给出了注入时间为 10 h，处理温度分别为 200 ℃和 250 ℃时，注入电压对不锈钢试件耐磨性的影响规律。由图可知，经氮离子注入处理后试件耐磨性均有大幅提高，其中以 250 ℃、45 kV 注入处理试件耐磨性提高最大，磨损量仅为原始试件的 1/10。图 7－50 给出了不同试件的磨痕形貌。

（2）改善润滑条件

在使用工况允许的条件下，导向结构通常可直接选用自润滑特性较好的配合副材料。对于滑动导向载荷较大的使用工况，可通过增加导向副间润滑剂的黏度，使润滑剂在滑动导向副间形成较强的表面膜并减少摩擦，来提高导向润滑副抗疲劳磨损性能。在实际使用中，应采用与使用工况相溶性好的润滑剂，或通过表面处理在导向配合副间形成润滑层，避免导向部位处于干摩擦或临界摩擦状态，提高导向结构的使用寿命。

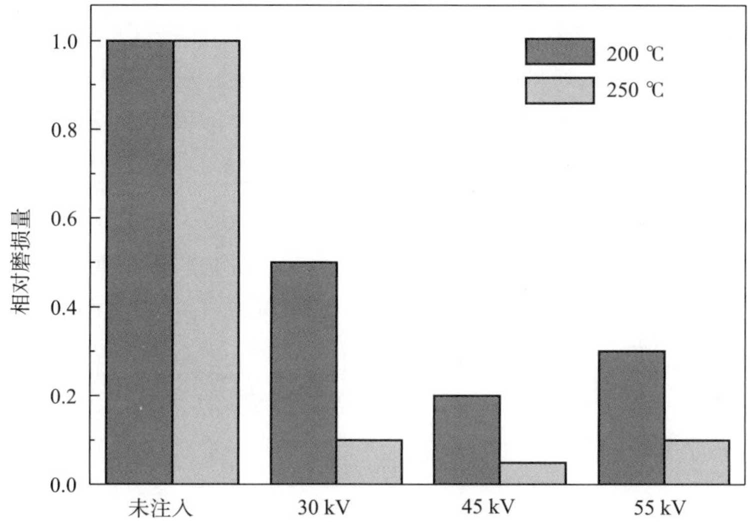


图 7－49　氮离子注入处理后试件的相对耐磨性

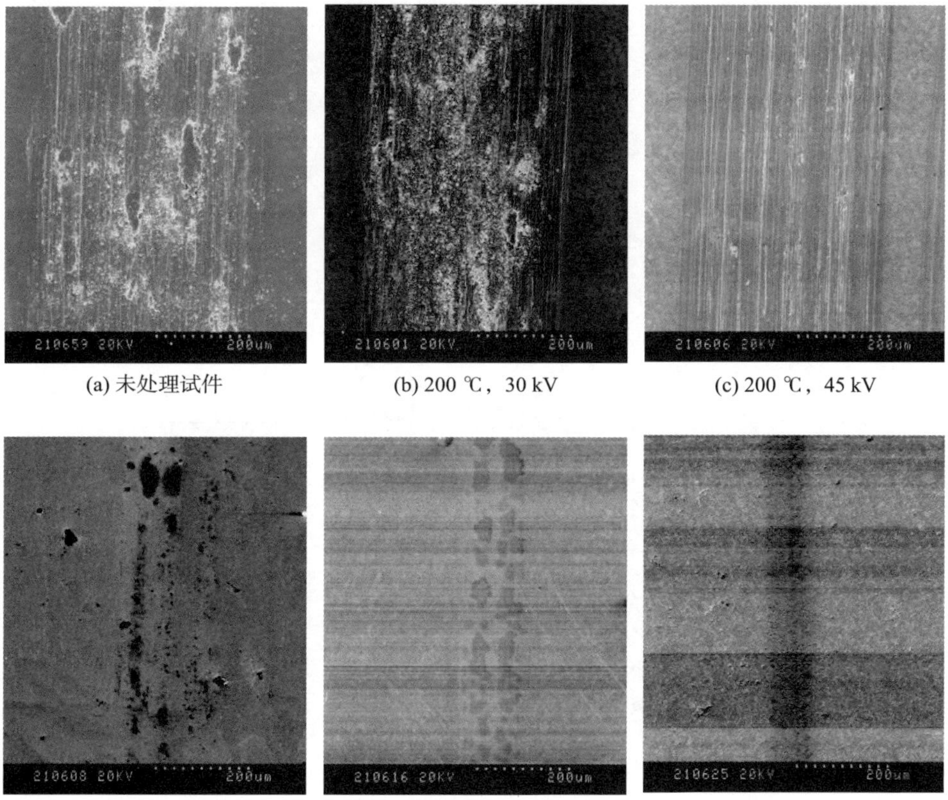


(a) 未处理试件　(b) 200 ℃，30 kV　(c) 200 ℃，45 kV

(d) 250 ℃，30 kV　(e) 250 ℃，45 kV　(f) 250 ℃，55 kV

图 7－50　未处理和氮离子注入处理后试件的磨痕形貌

（3）改善导向配合副接触部位表面应力状态

在加工中一般通过提高几何精度和导向部位表面质量来降低制造偏差造成的应力过高缺陷。在工程使用过程中，工件材料的表面完整性影响工件的使用性能和使用寿命。可通过选择经济有效的工艺参数，获得良好的表面完整性。在使用过程中应尽量降低局部接触切应力，提高疲劳寿命。

（4）导向结构改进，优化导向使用工况

结合使用工况，对传统导向结构进行改进，形成了台阶式导向结构（见图 7-51）、异型导向结构（见图 7-52），包覆型导向结构等多种导向结构形式。通过对导向孔中间段局部增大、导向孔上开槽等，可减小配合副接触面积，降低多余物造成卡滞的危险。

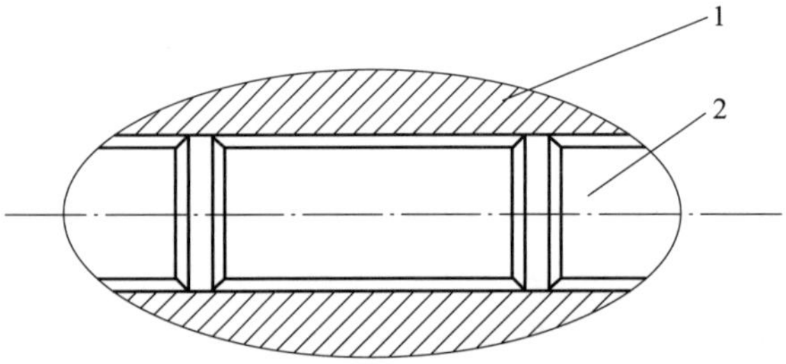


图 7-51　台阶式导向结构

1—导向孔；2—导向轴

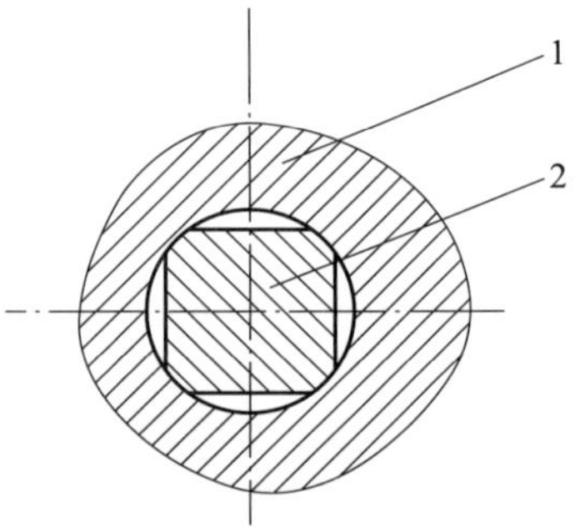


图 7-52　异型导向结构

1—导向孔；2—导向轴

为解决外来多余物进入阀门导向配合副的问题，将阀门导向结构置于波纹管内部，通过波纹管结构将流体介质与阀门的导向结构进行隔绝，有效降低了由外来多余物引起的阀门卡滞故障。该类导向结构如图 7-53 所示。

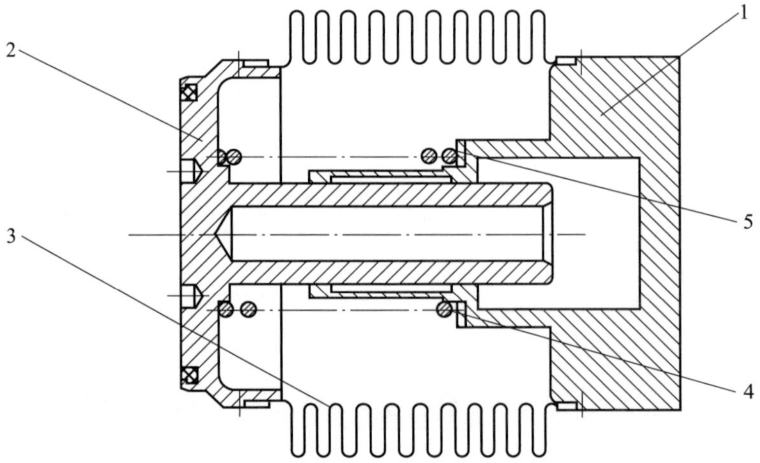


图 7-53　波纹管包覆的防多余物导向结构

1—导向盘；2—阀芯；3—波纹管；4—弹簧；5—垫片

为减少导向配合副接触部位的相溶性，可以选用物理性能差距比较大的不同种材料构成导向副。例如可采用不锈钢与铜合金、非金属与金属材料的导向匹配，来避免黏着磨损的倾向性。具体措施为：通过在导向孔端加非金属衬套；或是导向杆采用铝铜合金，导向孔采用不锈钢相匹配。通过材料的匹配可在一定程度上降低外来多余物对导向配合副的影响，还可对微小的多余物起一定的吸纳作用。

图 7-54 所示为导向滑动配合副增加氟塑料衬套和氟塑料轴套的结构形式。由于氟塑料与金属材料构成的滑动配合副自润滑效果较好，而且氟塑料表面硬度较低，该导向结构对易造成导向卡滞的金属多余物有一定的吸纳作用。在实际应用中，还需考虑导向材料间的线胀系数的匹配性，由于氟塑料线胀系数较常规金属材料大，对于工作温度变化较大的使用工况，需对导向间隙开展计算或仿真分析，确保各温度下导向间隙均在合适的范围内。通常情况下，氟塑料衬套结构适用于常温阀门导向，氟塑料轴套结构适用于深低温阀门导向结构。

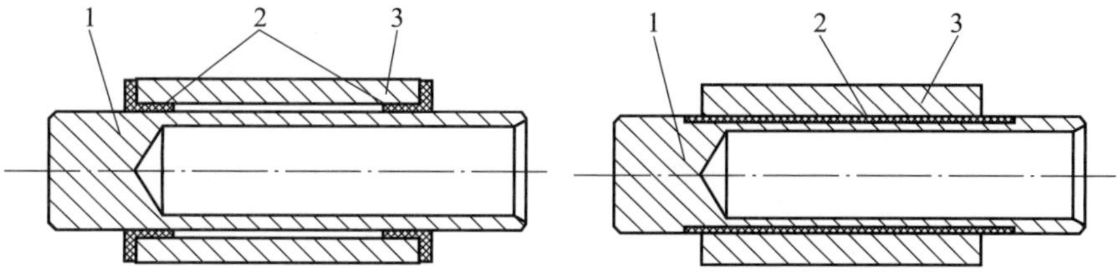


(a) 增加氟塑料衬套导向结构　　(b) 增加氟塑料轴套导向结构

图 7-54　增加氟塑料衬套和氟塑料轴套的导向结构

1—导向杆；2—氟塑料；3—导向套

### 7.3.4　悬浮导向结构

悬浮导向结构利用圆形弹簧片对其中心轴线对心性的原理进行导向，特点是无摩擦、导向精密稳定、可靠性高，因此悬浮导向结构的应用越来越多。与传统的滑动式导向结构相比，如图 7-55 所示，悬浮导向结构的主要优点是结构简单、循环寿命长、对工作环境和污染物有更好的适应力；主要缺点是需要较大的径向包络尺寸，由于受轴向刚度、径向刚度和结构应力等限制，一般只适用于小行程阀门。

从图 7-55 可知，柔性弹簧是悬浮导向结构的重要组成部件，悬浮导向结构的设计重点也是柔性弹簧的设计。柔性弹簧一般通过在中心开孔的圆形弹性片状材料上构造出一组具有适当几何尺寸的对称槽（型线），形成可轴向运动的弹性臂，从而使片状材料在保持较大径向刚度条件下具有较小的轴向刚度。

柔性弹簧的性能与几何结构密切相关，柔性弹簧的重要设计参数为：柔性弹簧的内外径、柔性弹簧厚度、柔性弹簧型线。各参数对于柔性弹簧刚度性能的影响为：弹簧厚度越大，轴向和径向刚度越大，在一定的材料疲劳极限的范围内，可提供的行程越小。当弹簧安装尺寸受限时，为获得较高的疲劳寿命和较大的行程，往往通过优化柔性弹簧的型线来实现。因此，在柔性弹簧的设计中，柔性弹簧型线设计显得尤为重要。

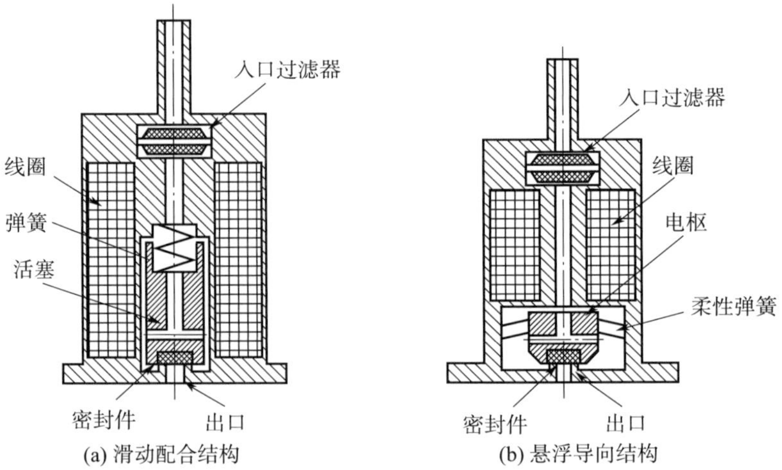


图 7 - 55　悬浮导向结构与滑动式导向结构对比[22]

T. E. Wong[23-24] 等人对图 7 - 56 所示的涡旋型弹簧进行了优化设计，提出了针对这种涡旋型线的无量纲设计曲线。针对这种弹簧，Marquardt[25] 和 Radebaugh[26] 提出了无量纲设计方法和涡旋臂近似设计方法。在随后的研究中，又分别利用有限元方法对柔性弹簧进行了详细分析，并且把分析结论表示成设计曲线。Carl D. Beckett 和 Laurence B. Penswick[27] 在他们的专利中使用了图 7 - 57 所示的柔性弹簧。这种弹簧的型线和结构经有限元软件优化设计，具有较大的刚度，并且能使应力分布趋于平均，大大提高了弹簧的使用寿命。M. Meijiers 和 A. A. J. Benschop[28] 利用有限元方法，对不同的型线进行了线性和非线性计算比较，设计了图 7 - 58 所示的涡旋线性弹簧，该弹簧具有较大的轴向应力和疲劳极限，有近 50% 的安全余量，四片弹簧构成的组件就能支撑线性压缩机的活塞稳定运行。Qiu Songgang[29] 在其文章中研究了图 7 - 59 所示的柔性弹簧，通过数值模拟分析了不同臂宽和不同臂数对弹簧刚度比的影响，研究表明，弹簧臂数越多，其轴向刚度越大，径向刚度越小。

图 7 - 56　T. E. Wong 柔性弹簧

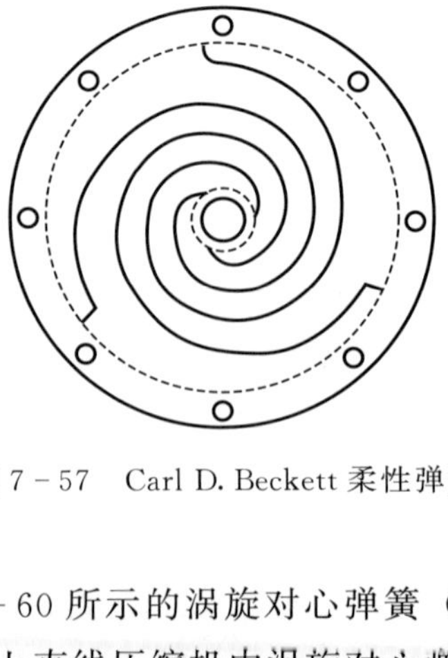

图 7 - 57　Carl D. Beckett 柔性弹簧

中国科学院上海技术物理研究所设计了如图 7 - 60 所示的涡旋对心弹簧（柔性弹簧）。陈楠和陈曦等[30-31] 提出了广泛用于小型低温制冷机上直线压缩机中涡旋对心弹簧（柔性弹簧）型线的设计方法，研究表明：在外形尺寸一定的情况下，渐开线转角和涡旋线圈数的增大都会引起径向刚度的减小，轴向刚度增大。当基圆半径增大和采用偏心布置时，轴向刚度和径向刚度都变小，弹簧的共振频率及弹簧刚度与质量成比例关系。

图 7－58　M. Meijiers 柔性弹簧

图 7－59　Qiu Songgang 柔性弹簧

图 7－60　上海技术物理研究所设计的涡旋对心弹簧（柔性弹簧）

（1）柔性弹簧型线几何设计方法

通过对已有弹簧型线的特性分析，可以看出，虽然其形式千变万化，但其均由一组渐开线组成，改变渐开线的参数及其空间位置排布，可以得到不同结构的柔性弹簧。

柔性弹簧的线型设计主要包括三部分工作：1）涡旋槽型线的设计；2）涡旋槽的首尾修正；3）涡旋槽的空间排列。

①涡旋槽型线的设计

柔性弹簧的基本结构为在一金属薄板上加工出一组涡旋槽，利用涡旋臂的位移来实现其轴向变形。涡旋槽由两条渐开线经首尾封闭组成，因此在 $xy$ 平面上，任意一条涡旋线可以用渐开线方程表示。

涡旋槽内外侧上任一点的坐标为[31]

$$
\begin{aligned}
x_i &= x_{si} + r[\cos(\varphi_i + \alpha) + \varphi_i \sin(\varphi_i + \alpha)] \\
y_i &= y_{si} + r[\sin(\varphi_i + \alpha) - \varphi_i \cos(\varphi_i + \alpha)] \\
x_o &= x_{so} + r[\cos(\varphi_o - \alpha) + \varphi_o \sin(\varphi_o - \alpha)] \\
y_o &= y_{so} + r[\sin(\varphi_o - \alpha) - \varphi_o \cos(\varphi_o - \alpha)]
\end{aligned} \tag{7-4}
$$

式中，i 表示涡旋槽内侧曲线上的参数；o 表示涡旋槽外侧曲线上的参数；s 表示渐开线起点坐标；$\alpha$ 为发生角；$\varphi$ 为渐开线渐开角；$r$ 为渐开线基圆半径。

为得到不同的涡旋槽，可以改变渐开线基圆半径 $r$、涡旋槽槽宽 $t$、发生角 $\alpha$，涡旋线圈数 $N$。基于圆渐开线的性质，涡旋槽的几何特征如图 7－61 所示。

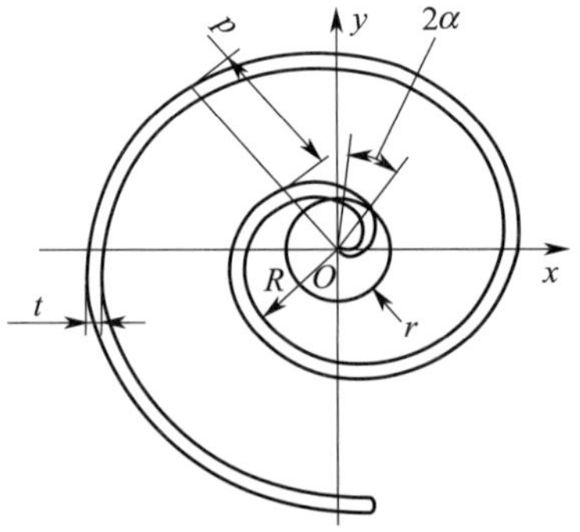


图 7－61　涡旋槽的几何特征[31]

涡旋槽的几何参数关系如下：

1）涡旋槽槽宽 $t = 2r\alpha$ ；

2）渐开线节距 $p = 2\pi r$ ；

3）渐开线半径 $R = r\sqrt{1+\varphi^2}$ 。

②涡旋槽的首尾修正

对于弹簧而言，涡旋槽首尾必须封闭。封闭的必需条件是其曲线必须与涡旋线光滑过渡，避免产生应力集中。

以涡旋槽的中心为圆心，以半槽宽为半径作圆，与涡旋线相切，取外切圆部分，从而使涡旋线封闭，完成单条涡旋线的设计。

③涡旋槽的空间排列

将上述方法构造出的涡旋槽型线按一定规律在空间排列即可得到一组辐射状涡旋槽。根据需求可以形成两三条或多条涡旋槽组成的柔性弹簧。根据涡旋槽空间分布规律的不同，可以分为同心型和偏心型两种。

1）同心型：各条涡旋槽中心重合于一点，如图 7－62（a）所示。自然频率和刚度相比同等条件下的偏心布置要高。

2）偏心型：通过偏移阵列中心轴获得，涡旋槽中心按一定角度均匀分布，如图 7－62（b）所示。

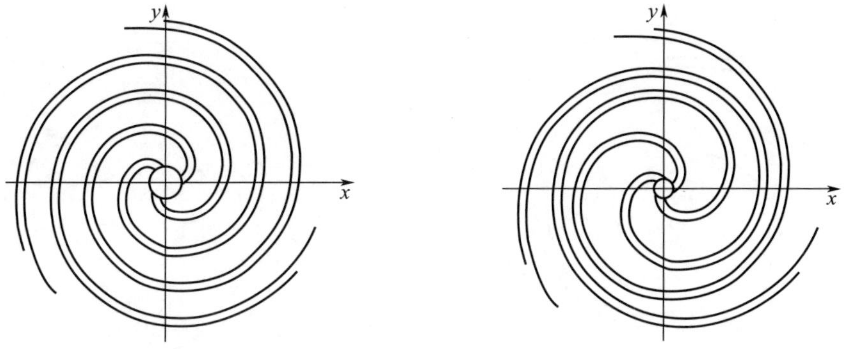


(a) 同心型　　(b) 偏心型

图 7-62　涡旋槽空间分布[32]

（2）悬浮导向阀门应用实例

基于上述理论研制的悬浮导向结构的电磁阀应用于增压输送系统中，如图 7-63 所示。

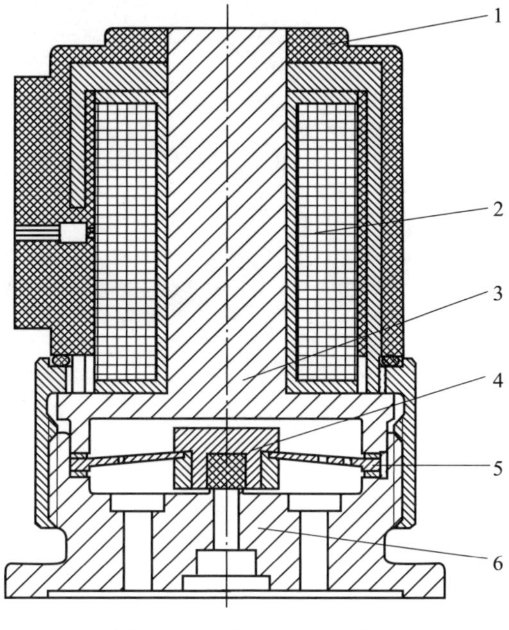


图 7-63　柔性弹簧电磁阀

1—壳体；2—电磁铁；3—挡铁；4—活阀；5—柔性弹簧；6—阀座

对柔性弹簧（见图 7-64）进行强度校核，弹簧预偏为 1 mm，行程为 1 mm，总位移为 2 mm。弹簧最大 Mises 应力为 411 MPa，小于材料屈服强度，如图 7-65 所示。轴向等效刚度为 12 N/mm，径向等效刚度为 260 N/mm。采用悬浮导向结构的电磁阀经过 100 万次寿命测试，状态良好。

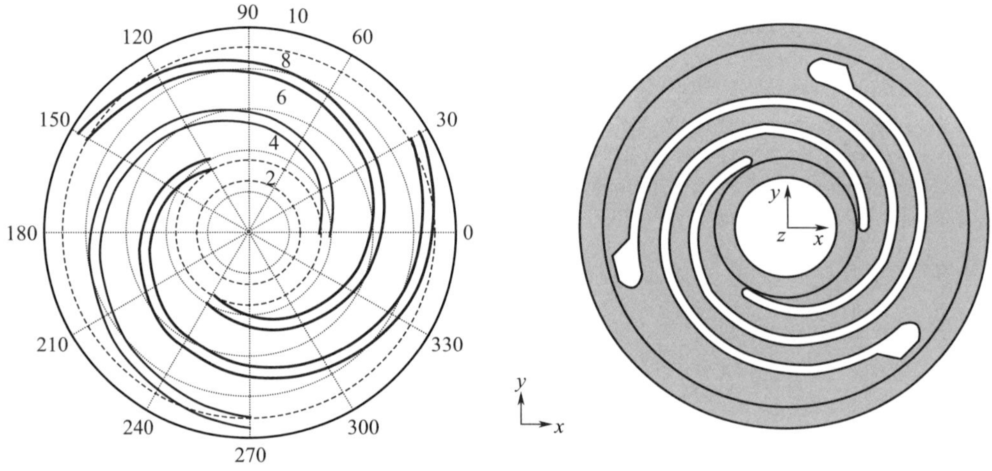


图 7-64　柔性弹簧结构

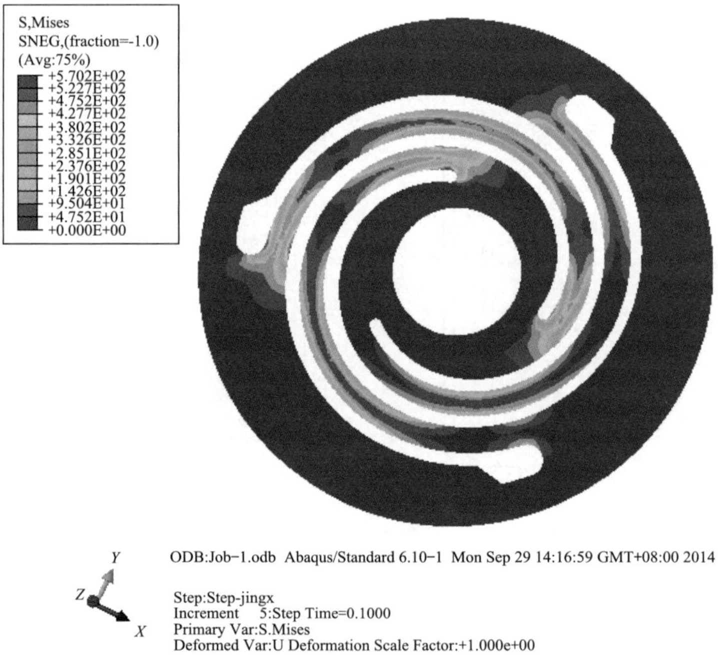


图 7-65　应力分析（见彩插）

## 7.4　阀门自激振动及稳定性

气动阀门的颤振、鸣叫等问题均属于流致振动范畴，涉及流体动力学、机械振动、流固耦合等多个学科，振动产生机理复杂，分析、验证难度大。根据扰动的形式，阀门中的流致振动通常分为受迫振动和自激振动，其中前者是由流道中的脉动来流所激发；后者是由系统本身的运动所激发（均匀来流），通常可分为颤振、弛振及涡激振动等[33]。国外对自激振动的研究起源于 20 世纪 20 年代航空工业中结构与气流耦合引发的机翼颤振问题，这是一种由于结构的变形而引发的结构、气流耦合动力学不稳定性问题，美国为此专门成立了振动-颤振专业委员会，开展了大量系统的研究，有效地抑制了颤振的产生；而对于阀门和管路的颤振问题，国内外学者已逐渐认识到这种结构、流体间耦合的动力学不稳定性问题，并通过建立相应的动力学模型，开展了阀门的动态特性及稳定性分析，研究工作主要集中在以下三个方面：

1）阀门动力学建模及动态特性研究方面，主要采用时程分析法数值研究阀门各状态参数随时间的变化规律，进而获得阀门的稳定特性及参数影响特性[34-40]，该方法偏重于定性分析，无法对稳定性裕度进行量化判别。

2）阀门线性稳定性研究方面，主要针对阀门的控制方程进行线性化处理，根据线性方程组的特征根进行稳定性及裕度判别，代表性的工作包括：Eric 等[41]理论分析了航天飞机主推进系统中压调器的稳定特性及主要影响因素，并通过优化系统参数，保证了压调器的稳定特性。Latyshev 等[42]通过线性分析获得了压调器在不同出入口管路参数时颤振的稳定区域和不稳定区域。王剑中等[43-45]以单向阀和电磁阀为研究对象，基于小扰动分析开展了阀门颤振的线性稳定性的研究，获得了表征系统稳定性的压力-流量临界稳定曲线。当系统工况位于临界稳定曲线以上时，阀门工作稳定，系统受到扰动后将很快能恢复到稳定的平衡位置，而在临界稳定曲线以下，阀门工作不稳定，一个微小的扰动都将导致阀芯产生周期性振荡，形成阀门的自激振动。叶奇昉等[46-47]以某先导式电磁阀为研究对象，通过构建流体流动与阀芯运动相耦合的动力学模型，基于线性分析获得了该电磁阀的压力-流量临界稳定曲线。

3）阀门非线性稳定性研究方面，国内外学者已逐渐认识到某些工况下阀门系统中的强非线性因素会放大系统初始条件的偏差，使其响应特性具有不确定性。Hayashi 等[48]针对某先导式减压阀，通过构建系统的非线性动力学模型，数值研究了不同进口压力条件下的阀芯自激振动特性，发现了减压阀的局部稳定特性，即存在小扰动稳定、大扰动不稳定的状态。刘上等[49]针对某液路单向阀在试验过程中颤振的随机性现象，通过数值分析证实了在一定条件下单向阀系统出现极限环，系统存在局部稳定、大范围不稳定的工况，计算结果与试验相吻合。

以上研究工作为气动阀门的颤振分析及抑制提供了方法及思路，但对于气动阀门自激振动的产生机理、线性及非线性稳定性分析方法等方面仍缺乏深入的研究。本节基于弹簧振子的扰动响应特性，阐述了气动阀门气固耦合自激振动的稳定性机理，并以某型号单向阀和安全阀为例，开展了典型阀门的线性、非线性稳定特性及参数影响特性分析和试验验证。在此基础上，应用泵阀专用的仿真软件 PumpLinx 及内嵌的动网格技术，开展了单向阀三维动态流场稳定性的仿真，并将理论计算结果与仿真结果进行了比较。

### 7.4.1　阀门自激振动的产生机理

阀门自激振动的物理机制属于流固耦合自激振动，为消除阀门工作过程中的自激振动，需从机理上分析阀门产生自激振动的原因。从系统动力学仿真分析的角度，阀门自激振动机理与稳定性理论有着直接的对应关系，因而对阀门的自激振动进行分析需首先对稳定性理论有深刻的认识。

（1）稳定性理论

稳定性是系统的重要特征，一个自动控制系统要能正常工作，首先必须是一个稳定的系统，即系统应该具有这样的性能：在它受到外界扰动后，虽然其平衡状态会被打破，但在扰动消失之后，它有能力自动地返回原平衡状态或者趋于另一个新的平衡状态继续工作。由于不稳定的系统一般不能付之实用，所以在工程实际中，稳定性问题一直是一个最基本和最重要的问题。虽然目前许多判据可应用于线性定常系统以判断系统的稳定性，但能同时有效地适用于线性、非线性、定常、时变系统的方法，则是俄国数学家李雅普诺夫在 19 世纪所提出的方法。因而李雅普诺夫稳定性理论是稳定性分析、应用与研究的最重要的基础[50]。

①李雅普诺夫稳定性定理

系统稳定性指的是系统处于平衡状态下，受到扰动之后，系统自由运动的性质。李雅普诺夫稳定性的定义表述为：

设 $x_e$ 是系统 $\dot{x}=f(x,\ t)$ 的平衡状态，如果对于每一个实数 $\varepsilon$ ，都对应存在另一个实数 $\delta(\varepsilon,\ t_0)>0$，使得满足不等式

$$\|x_0-x_e\|\leqslant\delta(\varepsilon,t_0) \tag{7-5}$$

的任一初始状态 $x_0$ 出发的运动都满足不等式

$$\|x(t,x_0,t_0)-x_e\|\leqslant\varepsilon \quad \forall t>t_0 \tag{7-6}$$

则称系统的平衡状态是李雅普诺夫意义下稳定的。

为使系统的平衡状态在李雅普诺夫意义下稳定和不稳定的概念更为清晰直观，在此给出两者在二维情况下的图形表示，如图 7-66 所示。图中取平衡状态 $x_e=\vec{0}$。

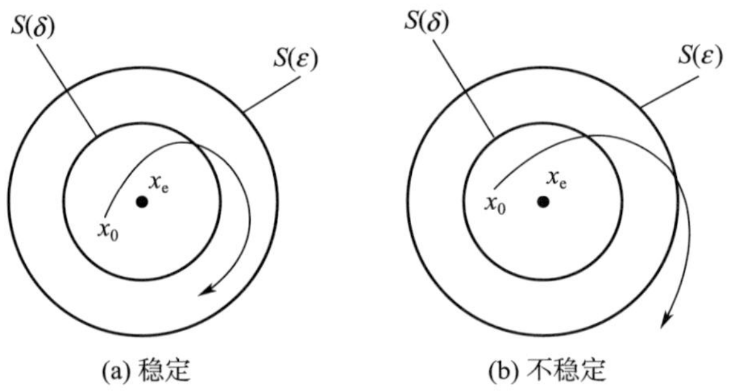


图 7-66　系统稳定和不稳定在二维情况下的几何示意图

根据李雅普诺夫稳定性定理，还可将系统的稳定性细化分类为：一致稳定、渐进稳定和大范围渐进稳定，其稳定性意义分别如下。

（a）一致稳定

在上面的讨论中，$\delta(\varepsilon,\ t_0)>0$ 表示 $\delta$ 的选取是依初始时刻 $t_0$ 和 $\varepsilon$ 的选取而定的，如

果 $\delta$ 只依赖于 $\varepsilon$ 而和 $t_0$ 的选取无关，则进一步称平衡状态 $x_e$ 是一致稳定的。通常要求系统是一致稳定的，以便在任意初始时刻 $t_0$ 出现的受扰运动都是李雅普诺夫意义下稳定的。

（b）渐进稳定

如果平衡状态 $x_e$ 是李雅普诺夫意义下稳定的，并且对于 $\delta(\varepsilon, t_0) > 0$ 和任意给定的实数 $\beta > 0$，对应地存在实数 $T(\beta, \delta, t_0) > 0$，使得由满足不等式 $\| x_0 - x_e \| \leqslant \delta(\varepsilon, t_0)$ 的任一状态出发的受扰运动都满足不等式

$$\| x(t, x_0, t_0) - x_e \| \leqslant \beta \quad \forall t > t_0 + T(\beta, \delta, t_0) \tag{7-7}$$

状态 $x_e$ 是渐进稳定的。渐进稳定性实质上是局部概念，只有渐进稳定性并不意味着系统就一定能正确运行，还需要考察渐进稳定性的最大作用范围。这种渐进稳定性的最大区域称为引力域，显然起源于引力域的每一个受扰运动都是渐进稳定的。系统渐进稳定在二维情况下的几何示意图如图 7-67 所示。

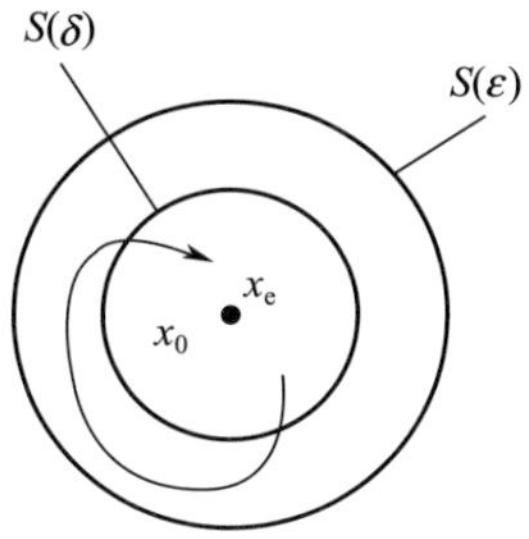


图 7-67　系统渐进稳定在二维情况下的几何示意图

（c）大范围渐进稳定

如果从整个状态空间的任一有限非零初始状态 $x_0$ 出发的受扰运动 $x(t; x_0, t_0)$ 都是有界的，并且满足在 $t \to \infty$ 时，$x(t; x_0, t_0) \to x_e$，就称平衡状态 $x_e$ 为大范围渐进稳定的。显然，大范围渐进稳定的必要条件是在整个状态空间只有一个平衡状态。

工程设计人员总是希望设计的系统具有大范围渐进稳定性，因为这样的系统是绝对稳定的。如果系统并非大范围渐进稳定，就需要确定渐进稳定的引力域，而这项工作通常是非常困难的。好在对于工程实际问题，只要确定出一个足够大的渐进稳定范围，使得初始扰动不超过它，就能保证系统正常工作。显然对于线性系统而言，若其平衡状态为渐进稳定的，那它必然是大范围渐进稳定的。

②线性系统稳定性判据

对于线性系统，稳定性的研究已经比较成熟，形成了以系统传递函数特征根分析、系统开环幅相特性曲线分析和李雅普诺夫能量函数法为代表的稳定性分析方法。可利用成熟的稳定性判据对线性系统稳定性直接开展研究。主要的稳定性判据包括：直接法、劳斯判据、乃奎斯特稳定判据和李雅普诺夫第二法等[51]。

（a）直接法

利用系统传递函数讨论系统稳定性，稳定条件为所有特征值都具有负实部。

(b) 劳斯判据

劳斯判据是一种代数判据，它不必求多项式的根，而是根据多项式根的位置与多项式系数的关系判别根平面的位置，继而判断系统的稳定性，即用多项式系数列劳斯表，若表中第一列元素都大于零，表明多项式的根都在左半 $s$ 平面；若第一列元素不全大于零，则多项式有右根。

(c) 奈奎斯特稳定判据

奈奎斯特稳定判据是一种几何判据，该判据依据系统开环幅相特性曲线包围（$-1$，$j_0$）点的圈数和系统开环传递函数落在右半 $s$ 平面上的极点个数之间的关系来判别闭环系统的稳定性。反馈系统稳定的充分必要条件是半闭合曲线不穿过（$-1$，$j_0$）点且逆时针包围临界点（$-1$，$j_0$）点的圈数等于开环传递函数的正实部极点数。

(d) 李雅普诺夫第二法

李雅普诺夫第二法属于时域法，它是根据系统的能量函数及其变化特征来判别零平衡状态的稳定性。利用李雅普诺夫第二法判别零平衡状态稳定性的过程，即是寻找系统李雅普诺夫函数的过程。寻找李雅普诺夫函数需要技巧和经验，应用有一定的难度。

③非线性系统稳定性特征

在动态系统中，只要有一个部件的输入输出特性是非线性的，就要用非线性微分方程来描述其状态和性能，并称此系统为非线性系统。

非线性系统微分方程的典型形式为

$$\frac{\mathrm{d}^n y(t)}{\mathrm{d}t^n}+a_n\frac{\mathrm{d}^{n-1} y(t)}{\mathrm{d}t^{n-1}}+\cdots+a_2\frac{\mathrm{d}y(t)}{\mathrm{d}t}+a_1 y(t)+\gamma f\left[y(t),\frac{\mathrm{d}y(t)}{\mathrm{d}t},\cdots,\frac{\mathrm{d}^{n-1} y(t)}{\mathrm{d}t^{n-1}}\right]=cr(t) \tag{7-8}$$

式中，$\gamma$ 为非线性程度的常数。

非线性系统的稳定性分析与线性系统相比有着不同的特点：按照平衡状态的定义，在无外作用且系统输出的各阶导数都等于零时，系统处于平衡状态。显然，对于线性系统，只有一个平衡状态 $y=0$，线性系统的稳定性即为该平衡状态的稳定性，而且只取决于系统本身的结构和参数，与外作用和初始条件无关。对于非线性系统，问题变得较复杂。首先，根据系统方程可知，非线性系统可能存在多个平衡状态。对每一个平衡状态来说，系统可能是稳定的，也可能是不稳定的。更重要的是，各平衡状态的稳定性不仅与系统的结构和参数有关，还与系统的初始条件有着直接的关系。平衡状态可能在一定范围的扰动下是稳定的，在其他范围的扰动下却是不稳定的。

在线性系统中，如果平衡状态是局部渐进稳定的，那么它一定是大范围渐进稳定的。然而在非线性系统中，在大范围内不是渐进稳定的平衡状态可能是局部渐进稳定的。反之，在线性系统中，局部的不稳定的平衡状态必然是大范围不稳定的，但在非线性系统中，局部不稳定并不能说明系统就是不稳定的。因此非线性系统的渐进稳定性和线性系统的渐进稳定性在含义上有很大不同。

非线性系统形式多样，受数学工具限制，一般情况下难以求得非线性微分方程的解析解，只能采用工程上适用的近似方法或利用数值分析软件进行数值分析。工程上适用的近似方法为局部小偏差线性化方法：是将系统近似简化为线性定常系统进行分析。通过选择系统的基准位置，将非线性运动微分方程在小扰动情况下进行线性化，变为线性时变的运动微分方程，然后选择特征点，利用“系数冻结”的思想，将线性时变的运动微分方程系数冻结在某些特征点上，转化为对应于多个特征点的多个线性定常系统。这样可以利用线性系统稳定性判据来判断系统的稳定性，但是分析结果只能体现系统的局部稳定性。考虑到非线性系统稳定性的局部性质，利用此方法获得系统的局部稳定性后，通常还要确定其平衡点周围邻域的最大稳定范围。数值分析的方法是利用数值解法直接求解非线性方程，试图利用中心流形定理、奇点稳定性判据、极限环、同宿轨、异宿轨、分叉、混沌的理论在数值求解的基础上进行系统的稳定性分析[52]，从不同的角度获得系统稳定性的全部特征。

（2）气动阀门线性与非线性稳定性机理分析

从典型气动阀门的基本结构中抽象出最基本的物理模型——弹簧振子模型，根据基本物理模型，构建其动力学微分方程，利用稳定性的分析方法，分析阀门系统线性稳定性与非线性稳定性的机理。

①气动阀门结构形式

图 7－68 所示为某单向阀和安全阀的结构原理。从图中可以看出，阀门的基本结构为

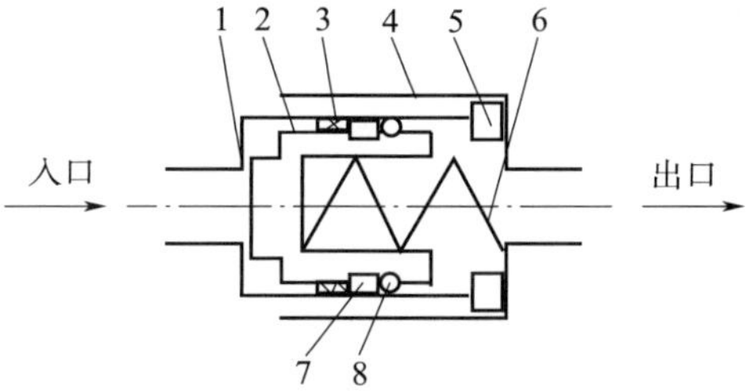


1—壳体；2—阀芯；3—阻尼圈；4—接管嘴；5—密封垫片；6—弹簧；7—阻尼圈挡板；8—挡圈

(a) 单向阀结构原理

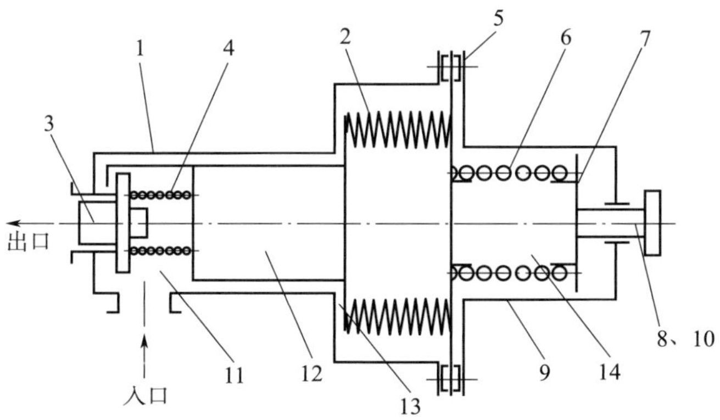


1—左壳体；2—膜盒组件；3—小阀芯；4—小弹簧；5—垫片；6—主弹簧；7—调整盘；8—调节杆；
9—弹簧罩；10—锁紧螺母；11—高压腔；12—大阀芯；13—敏感腔；14—低压腔

(b) 安全阀结构原理

图 7－68　典型气动阀门原理

由一个或多个放置在阀腔里的弹簧振子组成。为研究阀门的自激振动机理，首先从弹簧振子的振动响应来分析。

②弹簧振子的振动响应

弹簧振子的示意图如图 7-69 所示，其运动方程为

$$M_{\mathrm{f}}\ddot{z}+c\dot{z}+k_{\mathrm{s}}z=0 \tag{7-9}$$

式中，$z$ 为弹簧振子/阀芯的位移（m）；$M_{\mathrm{f}}$ 为弹簧振子/阀芯的质量（kg）；$c$ 为弹簧振子/阀芯的阻尼［N/（m/s）］；$k_s$ 为弹簧的刚度（N/m）。

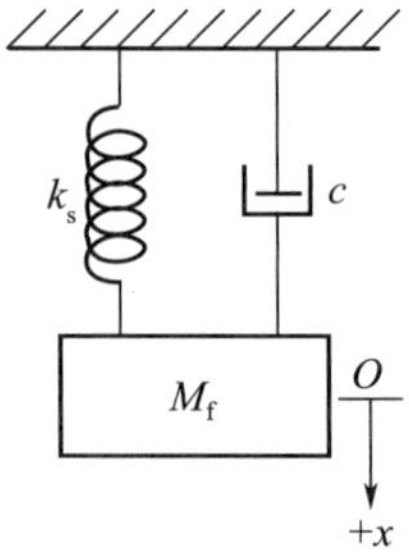


图 7-69　弹簧振子示意图

由于简单的弹簧振子系统为线性定常系统，可直接对其进行线性稳定性分析。假设解的形式为 $x(t)=Ce^{st}$，可得到如下特征方程

$$M_{\mathrm{f}}s^2+cs+k_{\mathrm{s}}=0 \tag{7-10}$$

该方程的特征根为

$$s_{1,2}=-\frac{c}{2M_{\mathrm{f}}}\pm\frac{1}{2}\left[\left(\frac{c}{M_{\mathrm{f}}}\right)^2-4\frac{k_{\mathrm{s}}}{M_{\mathrm{f}}}\right]^{1/2} \tag{7-11}$$

由于结构阻尼项 $c>0$，结构质量 $M_{\mathrm{f}}>0$，故特征方程的根有两种形式：

1）两负实根：振幅迅速衰减；

2）具有负实部的两共轭复根：振幅周期性衰减。

因此，对于具有阻尼的弹簧振子系统来说，给定初始的扰动，该扰动总是一个衰减的过程，不会形成稳定的振动。

③气动阀门稳定性机理

典型气动阀门可视为由一个或多个放置在阀腔里的弹簧振子组成，而将阀芯弹簧振子系统放置在阀腔中，其振动响应特性将完全改变。阀门动特性将由阀芯的运动规律决定，阀芯运动方程为

$$M_{\mathrm{f}}\ddot{z}+k_{\mathrm{s}}z=F \tag{7-12}$$

式中，$F$ 为阀芯两侧压差作用力和阀芯所受摩擦力之和。若系统为弱非线性系统，可将系统进行小偏差线性化，分析系统在平衡位置的局部稳定性，此时系统的局部稳定性可表征系统的全局稳定性。若系统为强非线性系统，则在局部稳定性分析的基础上，需继续开展非线性稳定性分析，获得系统的全局稳定性特征。

根据线性和非线性稳定性的特征，分别提出阀门的软自激振动和硬自激振动，其中阀

门的软自激振动是指阀门在静平衡点稳定工作时，受到任意小的扰动都将发生自激振动。阀门的硬自激振动是指阀门在稳定工况下受到扰动时，当扰动幅值小于硬自激振动的扰动阈值，阀门能够趋于稳定，若扰动幅值大于此阈值，则阀门将发生自激振动。

阀门在实际工作过程中存在诸多非线性因素，主要包括阀芯运动过程中的摩擦力、阀口的流量特性、阀芯与阀座及限位间的碰撞特性、容腔的膨胀及压缩效应等。阀芯运动过程中所受的摩擦力不仅具有强非线性特征，而且在阀芯振动的每个周期内总会有两次经过速度为零这一摩擦力间断点，因而相比其他非线性效应，阀芯所受摩擦力对阀芯运动特性的影响更大。

摩擦是一种复杂的非线性物理现象，产生于具有相对运动的接触界面之间，几个世纪以来，摩擦现象吸引了众多的学者对其进行深入系统的研究。以下简单介绍4种主要的摩擦现象[53]：

1）库仑摩擦：库仑摩擦是非零速下的摩擦，也可称为运动摩擦，是最早被发现的摩擦现象之一。库仑摩擦力独立于接触面积，与法向载荷成比例，与运动方向相反，而与速度的幅值无关。

2）黏性摩擦：黏性摩擦来源于接触表面间流体润滑层的黏性行为，该力与速度成比例关系，并且当速度为零时，其值也为零。

3）静摩擦：静摩擦是指使物体从静止开始产生相对运动所需的力。静摩擦力不依赖于相对速度，与外力的大小有关，静摩擦力要高于库仑摩擦力。

4）Stribeck 摩擦：Stribeck 摩擦也称为 Stribeck 效应，用来描述低速区的摩擦力行为。Stribeck 摩擦力是稳态速度的函数，在相对滑动速度较低的范围内，随着相对速度的增大，摩擦力反而下降。

针对上述摩擦现象，学者们先后提出了库仑模型、库仑＋黏性模型、静摩擦＋库仑＋黏性模型、静摩擦＋库仑＋黏性＋Stribeck 模型，各模型如图7-70（a）、（b）、（c）、（d）所示。从图中可以看出，库仑摩擦力是各个摩擦力模型的基础，其他模型均是在此基础上发展起来的，但另一方面，库仑模型仅局限于非零速下的摩擦，不能描述速度为零时的摩擦力情况，即库仑摩擦力在零速附近存在明显的跳变特性及非线性特性。

（a）弱非线性阀门系统稳定性机理分析

由于库仑摩擦力在零速附近存在明显的跳变特性和非线性特性，对式（7-12），若仅考虑黏性摩擦力（与速度成正比关系），忽略库仑摩擦力及静摩擦力等强非线性因素，可将阀芯的运动方程视为弱非线性方程。考虑到阀两侧的压差作用力是阀腔压力 $p$ 的函数，而阀腔压力 $p$ 随行程变化，故 $F$ 可简化表示为 $F=c_s\dot{x}-c_v\dot{x}+F_0$，其中 $c_s$ 为阀芯运动的气体阻尼系数，$c_v$ 为阀芯运动的黏性阻尼系数。对式（7-12）进行小偏差线性化处理，得到

$$M_f\delta\ddot{z}+(c_v-c_s)\delta\dot{z}+k_s\delta z=0 \tag{7-13}$$

其中 $\delta z$ 为阀芯平衡位置处的位移扰动量。此时，阀芯运动方程小偏差线性化后的特征根会出现以下情况：

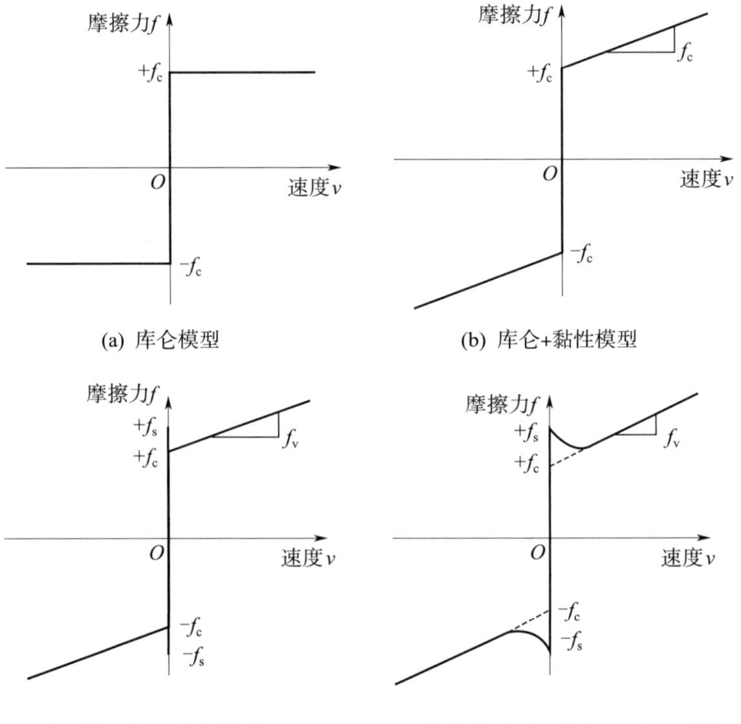


图 7-70　典型摩擦力模型

1）为两个正实根，系统出现负阻尼（黏性阻尼 $c_v$ < 气体力阻尼 $c_s$），阀芯运动将是发散的，阀芯两侧的气体力提供自激振动的能量来源。

2）为具有非负实部的共轭复根，系统出现负阻尼（黏性阻尼 $c_v \leqslant$ 气体力阻尼 $c_s$），阀芯运动将是周期性发散的，阀芯两侧的气体力提供自激振动的能量来源。

3）为具有负实部的两共轭复根或两负实根，系统仍为正阻尼（黏性阻尼 $c_v$ > 气体力阻尼 $c_s$），阀芯运动将是稳定的，任何小的扰动将会很快衰减至零。

由此可见，弱非线性阀门系统的稳定性机理为：在特定的工况下可能出现负阻尼，阀芯两侧的气体力提供自激振动的能量来源，其表现形式为系统线性化后的特征根存在正实部。对弱非线性系统开展稳定性分析，只需对系统运动微分方程进行小偏差线性化处理，研究线性化后的系统特征根的分布情况即可。若所有特征根都具有负实部，则系统稳定；否则，系统将出现自激振动。

（b）强非线性阀门系统稳定性机理分析

对于强非线性系统，一方面系统运动微分方程可能无法直接进行小偏差线性化处理，如考虑静摩擦力模型的系统，由于在平衡位置的受力与速度无关，只与外力有关，因而无法在平衡位置对运动微分方程进行线性化处理；另一方面即使能对系统进行小偏差线性化处理并分析系统的特征根，但系统的稳定性并不完全由特征根决定，即系统所有特征根都具有负实部，并不能表明系统绝对稳定，系统此时可能处于小范围渐进稳定，大范围不稳定工况。

为了对强非线性系统也利用小偏差线性化方法开展稳定性的初步分析，阀芯由静止到运动的转变特性（即静摩擦力），便不能引入到式（7-12）的摩擦力中。由于分析对象为阀门的非线性动态稳定特性，为简化计算，摩擦力模型采用库仑+黏性模型，如图 7-70（b）所示，通过库仑摩擦力的引入，体现系统的强非线性特性。考虑到库仑模型在速度为零时存在间断，在此采用 Mostaghel N. 等提出的连续函数[54]对库仑摩擦力模型进行修正，具体为

$$f = f_c \alpha_0 |v| / (1 + \alpha_0 |v|) + c_v |v| \tag{7-14}$$

式中，$f_c$ 为库仑摩擦力（N）；$c_v$ 为黏性摩擦阻尼；$v$ 为速度（m/s）；$\alpha_0$ 为系数；$f$ 为阀芯运动过程中的摩擦力（N），与速度方向相反。

从式（7-14）中可以看出，摩擦力公式中黏性摩擦力为线性，而库仑摩擦力具有典型的非线性特性，该连续模型的具体形式如图 7-71 所示。

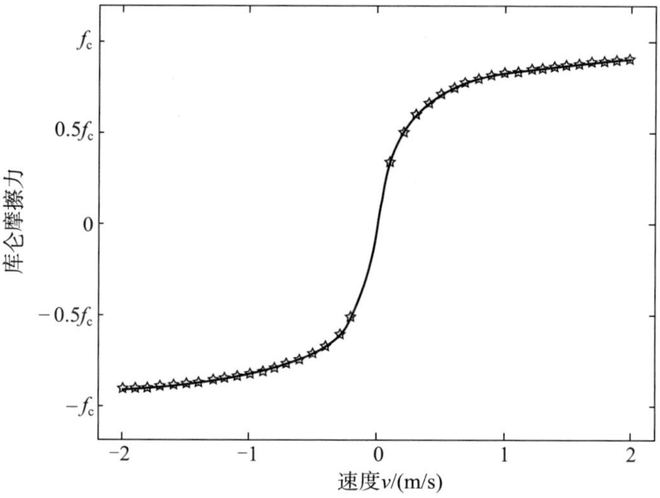


图 7-71　库仑摩擦力修正值

若仅考虑库仑摩擦力和黏性摩擦力，并应用式（7-14）对该摩擦模型进行连续函数模拟，则式（7-12）可改写为

$$M_f \ddot{z} + k_s \dot{z} = F_p - c_v v - \alpha v / (1 + \alpha |v|) \tag{7-15}$$

将气体力、摩擦力线性化为速度的函数，式（7-15）可转化为

$$M_f \ddot{z} + (c_v + c_c + c_s) \dot{z} + k_s z = F_{p0} \tag{7-16}$$

根据线性稳定性理论，当黏性摩擦阻尼 $c_v$ 和库仑摩擦阻尼 $c_c$ 之和大于气体力阻尼 $c_s$ 时，系统处于稳定状态；当黏性摩擦阻尼 $c_v$ 和库仑摩擦阻尼 $c_c$ 之和小于气体力阻尼 $c_s$ 时，系统处于不稳定状态。由于库仑摩擦阻尼 $c_c$ 是一个随速度变化的数值（即图 7-71 所示的斜率），对于平衡位置处的小扰动，阀芯运动速度较小，库仑摩擦阻尼较大，系统稳定性强；而当扰动较大时，平衡位置处的阀芯运动速度较大，库仑摩擦阻尼较小，系统稳定性变差。库仑摩擦力这一强非线性因素，使得阀门的稳定性仿真存在不确定性，即摩擦力的

引入可能使一个线性稳定的系统变得不稳定。由于小偏差线性化分析是基于小扰动的分析，因而线性稳定性理论只适用于研究小扰动下强非线性系统的稳定性，若系统的扰动量较大，则线性稳定性理论便不再适用，即系统可能出现小扰动稳定、大扰动不稳定的工况。因此对于强非线性系统而言，研究系统的稳定性不仅要确定系统的小扰动稳定点，还应研究各个稳定点对应的吸引域，即扰动量在多大的范围内，系统能够稳定。

综上所述，对于强非线性系统，非线性阻尼的变化将导致阀门在不同的扰动下表现出不同的稳定特征。具体表现为：小偏差线性化分析得到的系统局部稳定性存在一定的吸引域，若吸引域足够大，所有的扰动量都不超过吸引域范围，那么整个系统依然可看作全局稳定的系统；反之，系统将表现为局部渐进稳定，大范围不稳定。对于强非线性系统开展稳定性分析，不仅需要对系统进行小偏差线性化处理，研究系统特征根的分布情况，还应采用数值分析的方法，研究系统受扰后的响应，获得系统局部稳定点的吸引域以及平面相图等特征。

图 7－72 展示了某单向阀系统非线性稳定特性的示意图，从图中可以看出，软自激和硬自激两条临界稳定曲线将整个区间划分为三个区域：不稳定区域、局部稳定区域和全局稳定区域，其中软自激临界稳定曲线对应于系统的线性稳定特性，该曲线以下为不稳定状态，以上为局部稳定状态；硬自激临界稳定曲线对应于系统的非线性稳定特性，该曲线以下为局部稳定状态，以上为全局稳定状态。

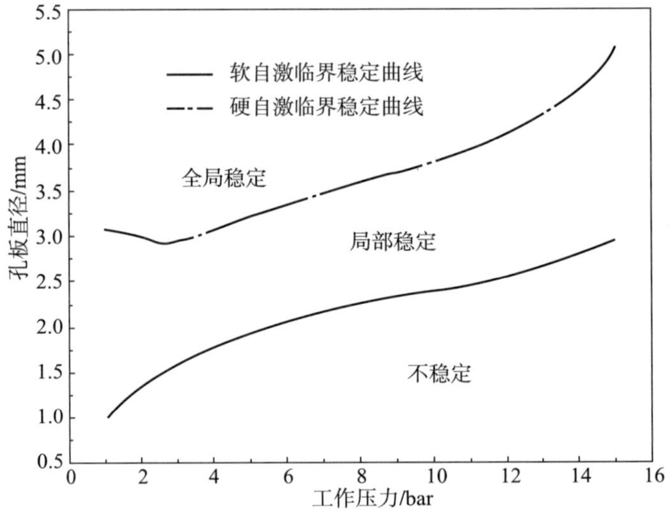


图 7－72　某单向阀系统非线性稳定特性的示意图

## 7.4.2　单向阀线性稳定性仿真分析及试验验证

（1）单向阀系统物理模型

单向阀系统进口为恒压恒温源，单向阀后为一孔板，孔板后为恒压恒温源，系统原理如图 7－73 所示。弹簧刚度 $k_s$ 为 4 350 N/m，弹簧预压缩量 $z_0$ 为 6.2 mm，阀芯质量 $M_f$ 为 0.015 7 kg，阀腔直径 $D$ 为 20 mm，阀腔入口直径 $D_{in}$ 为 8 mm。

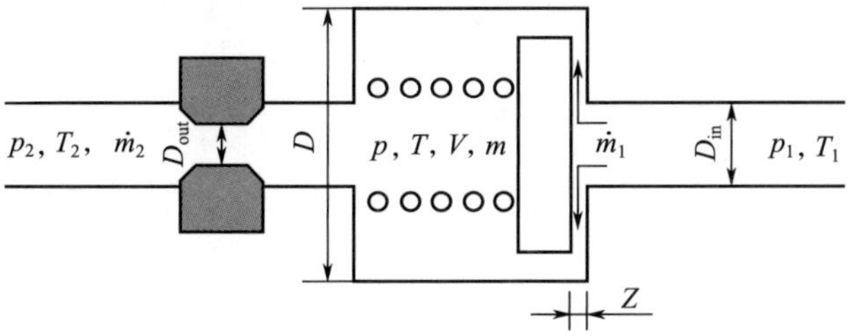


图 7－73　单向阀系统原理

(2) 单向阀动力学稳定性模型构建

①阀芯振动方程

假设阀芯为单自由度运动，振动方程式为

$$\begin{aligned} M_f \ddot{z} &= F_p - c\dot{z} - k_s(z + z_0) \\ v(t^+) &= -ev(t^-)；\ z(t^\pm) = 0 \end{aligned} \tag{7-17}$$

式中，$F_p$ 为阀芯气体力（N），$F_p = \pi d_{in}^2 \Delta p/4$；$v(t^+)$ 为阀芯碰撞阀座前的速度（m/s）；$v(t^-)$ 为阀芯碰撞阀座后的速度（m/s）；$e$ 为恢复系数，一般取 0.3。

②阀腔内参数变化

根据热力学第一定律，忽略阀腔内气体与外界的换热，对于理想气体，阀腔内的压力和温度变化可表示为

$$\frac{\mathrm{d}p}{\mathrm{d}t} = \frac{\dfrac{R_g T_1}{V}\dfrac{\mathrm{d}m_1}{\mathrm{d}t} - \dfrac{R_g T}{V}\dfrac{\mathrm{d}m_2}{\mathrm{d}t} - \dfrac{mR_g T}{V^2}\dfrac{\mathrm{d}V}{\mathrm{d}t}}{1 - \dfrac{R_g}{c_p}} \tag{7-18}$$

$$\frac{\mathrm{d}T}{\mathrm{d}t} = \frac{c_p T_1 \dfrac{\mathrm{d}m_1}{\mathrm{d}t} - c_p T \dfrac{\mathrm{d}m_1}{\mathrm{d}t}}{mc_p - mR_g} - \frac{p\dfrac{\mathrm{d}V}{\mathrm{d}t} + R_g T\left(\dfrac{\mathrm{d}m_1}{\mathrm{d}t} - \dfrac{\mathrm{d}m_2}{\mathrm{d}t}\right)}{mc_p - mR_g} \tag{7-19}$$

式中，$T_1$ 为单向阀前气体温度（K）；$R_g$ 为气体常数 [J/（kg/K）]；$c_p$ 为比定压热容 [J/（kg/K）]；$\mathrm{d}m_1/\mathrm{d}t$ 为阀腔入口的质量流量（kg/s）；$\mathrm{d}m_2/\mathrm{d}t$ 为阀腔出口的质量流量（kg/s）；$p$ 为单向阀阀腔内压力（Pa）；$T$ 为单向阀阀腔内气体温度（K）。

阀腔体积 $V = V_0 - \pi D_{in}^2 z/4$，其中 $V_0$ 为初始阀腔体积。

③流经阀口的流量

阀腔入口的质量流量为

$$\dot{m}_1 = \frac{\mathrm{d}m_1}{\mathrm{d}t} = A_{d1} C_{q1} C_{m1} \frac{p_1}{\sqrt{T_1}} \tag{7-20}$$

其中

$$\begin{cases} C_{m1} = \sqrt{\dfrac{2k}{R(k-1)}\left[\left(\dfrac{p}{p_1}\right)^{\frac{2}{k}} - \left(\dfrac{p}{p_1}\right)^{\frac{k+1}{k}}\right]} & \text{if} \quad \left(\dfrac{p}{p_1}\right) > p_{cr} = \left(\dfrac{2}{k+1}\right)^{\frac{k}{k-1}} \\ C_{m1} = \sqrt{\dfrac{k}{R}\left(\dfrac{2}{k+1}\right)^{\frac{k+1}{k-1}}} & \text{if} \quad \left(\dfrac{p}{p_1}\right) \leqslant p_{cr} = \left(\dfrac{2}{k+1}\right)^{\frac{k}{k-1}} \end{cases}$$

式中，$p_1$ 为单向阀前气体压力（Pa）；$k$ 为比热比；$C_{q1}$ 为流量系数，取 0.72；$A_{d1}$ 为节流面积（$m^2$）。

节流面积由两部分构成，阀芯开启的通道面积和通流孔的通道面积，两者取小值

$$A_{d1}=\min(\pi D_{in}z,\pi D_{in}^2/4) \tag{7-21}$$

阀腔出口的质量流量为

$$\dot{m}_2=\frac{dm_2}{dt}=A_{d2}C_{q2}C_{m2}\frac{p}{\sqrt{T}} \tag{7-22}$$

其中
$$\begin{cases}C_{m2}=\sqrt{\dfrac{2k}{R(k-1)}\left[\left(\dfrac{p_2}{p}\right)^{\frac{2}{k}}-\left(\dfrac{p_2}{p}\right)^{\frac{k+1}{k}}\right]} & \text{if}\quad \left(\dfrac{p_2}{p}\right)>p_{cr}=\left(\dfrac{2}{k+1}\right)^{\frac{k}{k-1}}\\ C_{m2}=\sqrt{\dfrac{k}{R}\left(\dfrac{2}{k+1}\right)^{\frac{k+1}{k-1}}} & \text{if}\quad \left(\dfrac{p_2}{p}\right)\leqslant p_{cr}=\left(\dfrac{2}{k+1}\right)^{\frac{k}{k-1}}\end{cases}$$

式中，$p_2$ 为孔板后压力（Pa）；$C_{q2}$ 为流量系数，取 0.72；$A_{d2}$ 为通道面积（$m^2$），$A_{d2}=\pi D_{out}{}^2/4$；$D_{out}$ 为孔板直径（m）。

④单向阀动力学模型

整理上述微分方程组，可得到单向阀的动力学模型为

$$\begin{cases}\dfrac{dz}{dt}=u\\ \dfrac{du}{dt}=[F_p-cu-k_s(z+z_0)]/M_f\\ \dfrac{dp}{dt}=k\left(\dfrac{R_gT_1}{V}\dot{m}_1-\dfrac{R_gT}{V}\dot{m}_2+\dfrac{p}{V}\cdot\dfrac{\pi D_{in}^2}{4}\cdot u\right)\\ \dfrac{dT}{dt}=\dfrac{c_pT_1\dot{m}_1-c_pT\dot{m}_1+pu\dfrac{\pi D_{in}^2}{4}+R_gT(\dot{m}_1-\dot{m}_2)}{mc_p-mR_g}\end{cases} \tag{7-23}$$

当单向阀稳定工作时，阀门开度为定值，流经单向阀进、出口的流量相等，系统各参数不随时间变化。给定单向阀的前后工作压力，令式中含有时间导数的项为零，可求得稳定状态下的各变量 $z$、$u$、$p$、$T$。稳定工作状态下的单向阀受到扰动时系统将出现动态响应，对系统动态响应进行模拟时，可采用四阶龙格-库塔法模拟阀芯振动以及系统各处的压力、流量波动。

⑤单向阀动力学稳定性分析模型

单向阀的动力学模型为一阶非线性方程组，其稳定性分析可采用小扰动分析原理，将系统动力学模型通过泰勒级数展开并进行线性化，构成系统的稳定性分析模型，具体如下。

（a）单向阀动力学模型线性化

假设扰动前，系统处于稳定状态。扰动发生后，对任一变量 $\xi$ 都可将其写成

$$\xi=\xi_0+\delta\xi\cdot e^{st} \tag{7-24}$$

式中，$s=b+i\omega$，i 是虚数单位，$b$ 是实部，$\omega$ 是角频率；$\delta\xi\cdot e^b$ 是扰动量的振幅，且有 $\delta\xi\ll$

$\xi_0$，则

$$(z,u,p,T)^{\mathrm{T}}=(z_0,u_0,p_0,T_0)^{\mathrm{T}}+(\delta z,\delta u,\delta p,\delta T)^{\mathrm{T}}\cdot \mathrm{e}^{st} \tag{7-25}$$

将式（7-25）代入单向阀的动力学模型式（7-23），根据小扰动原理，忽略二阶小量，可得关于 $(\delta z，\delta u，\delta p，\delta T)^{\mathrm{T}}$ 的线性齐次方程组

$$\begin{cases}\delta z\cdot s=\delta u\\ \delta u\cdot s=(-\pi D_{\mathrm{in}}^2\cdot\delta p/4-c\cdot\delta u-k_s\delta z)/M_{\mathrm{f}}\\ \delta p\cdot s\cdot V/k=R_gT_1\delta\dot{m}_1-R_gT\delta\dot{m}_2-R_g\dot{m}_2\delta T+p\dfrac{\pi D_{\mathrm{in}}^2}{4}\delta u+u\dfrac{\pi D_{\mathrm{in}}^2}{4}\delta p\\ \left(\dfrac{c_p}{R_{\mathrm{g}}}-1\right)\cdot\left(\dfrac{pV}{T}s\delta T\right)=c_pT_1\delta\dot{m}_1-c_pT\delta\dot{m}_1-c_p\dot{m}_1\delta T+p\left(\dfrac{\pi D^2}{4}-\dfrac{\pi D_{\mathrm{in}}^2}{4}\right)\delta u+\\ \qquad u\left(\dfrac{\pi D^2}{4}-\dfrac{\pi D_{\mathrm{in}}^2}{4}\right)\delta p+R_gT(\delta\dot{m}_1-\delta\dot{m}_2)+(\dot{m}_1-\dot{m}_2)R_g\delta T\end{cases} \tag{7-26}$$

（b）单向阀动力学稳定性求解

根据线性齐次方程组有解的条件：式（7-26）的系数矩阵 $\boldsymbol{A}$ 的行列式为零，即

$$\begin{vmatrix}a_{11}&a_{12}&a_{13}&a_{14}\\a_{21}&a_{22}&a_{23}&a_{24}\\a_{31}&a_{32}&a_{33}&a_{34}\\a_{41}&a_{42}&a_{43}&a_{44}\end{vmatrix}=0 \tag{7-27}$$

单向阀的稳定性依赖于行列式 $|\boldsymbol{A}|=0$ 的四个复系数根，若所有根的实部 $b_{\mathrm{j}}$ 均为负数，则在扰动项 $(\delta z，\delta u，\delta p，\delta T)^{\mathrm{T}}\cdot\mathrm{e}^{st}$ 中将出现衰减的时间函数，系统是稳定的；若一个或多个根有正实部，则扰动项中将包含一个或多个按指数规律增加的时间函数，系统将是不稳定的。据此，可根据劳斯准则[55]求解系统的临界稳定曲线。

（3）单向阀动力学稳定性及扰动响应分析

根据上述动力学模型和稳定性分析模型，以下对某单向阀开展了动力学稳定性分析及扰动响应分析。

①单向阀临界稳定曲线

图 7-74 展示了某单向阀的临界稳定曲线，介质为常温氦气，背压 1.0 bar。从图中可以看出：在曲线左侧，单向阀工作稳定，任何一个扰动经过有限长的时间都可以衰减至零；而在曲线右侧，单向阀工作不稳定，任何一个微小的扰动都会使阀芯在其平衡位置以某一固有频率振动。当进口压力一定时，单向阀后孔板直径越大、流量越大时，系统越稳定；而对于质量流量一定时，随着进口压力的逐渐增大，系统越来越不稳定，这是由于当进口压力增大时，若保持进口质量流量一定，单向阀开度应减小，根据稳定时的阀芯作用力平衡，$(p_1-p)\cdot\pi D_{\mathrm{in}}^2/4=k(z+z_0)$，即阀芯前后的压力差减小，相当于提高了单向阀的背压，因此当质量流量一定时，随着进口压力的逐渐增大，系统的稳定性将降低。

图 7-75 展示了单向阀临界稳定时的阀芯开度及阀芯两侧压差。从图中可以看出，单

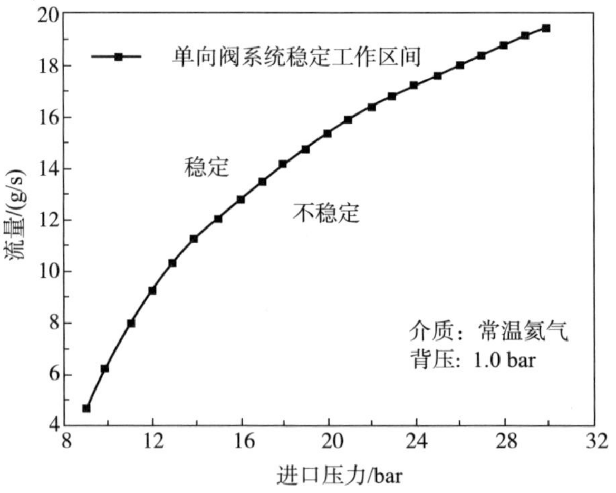


图 7-74　单向阀临界稳定曲线（进口压力-流量）

向阀不稳定时，存在阀芯的临界开度和阀芯两侧的临界压差；当阀芯开度小于临界开度时，单向阀不稳定。一般可认为，单向阀开度越小，越不稳定。

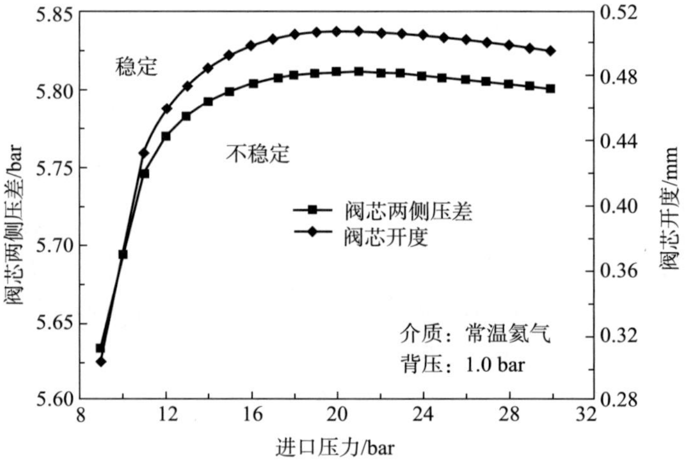


图 7-75　单向阀临界稳定曲线（进口压力-阀芯开度、进口压力-阀芯两侧压差）

当单向阀阻尼分别为 5 N/（m/s）、10 N/（m/s）和 20 N/（m/s）时，单向阀的临界稳定曲线如图 7-76 所示。从图中可以看出，阻尼增大时，系统将更加稳定，反之则系统将变得不稳定。

②单向阀动态响应分析

(a) 单向阀稳定状态时的动态响应

对于 10 mm 孔板的稳定单向阀而言，通过在阀芯施加速度扰动，研究单向阀稳定状态时的动态响应，如图 7-77 所示。从图中可以看出，对于该稳定系统，阀芯受到扰动后将很快能恢复到平衡位置。

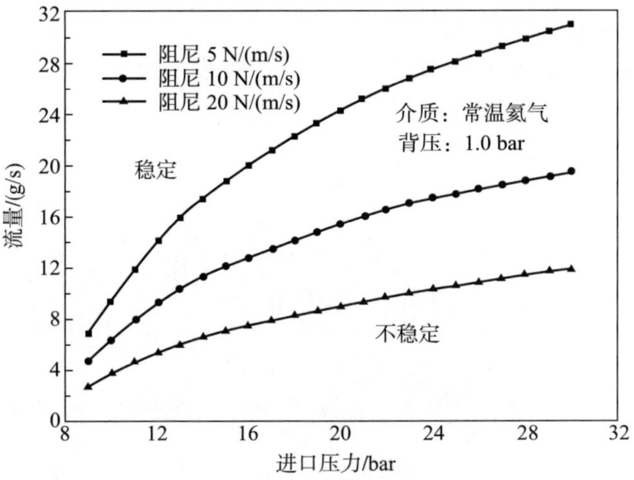


图 7-76　阻尼对系统稳定性的影响

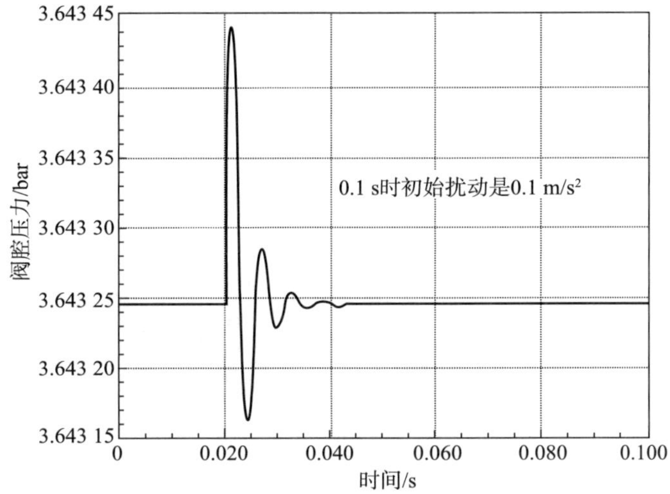


(a) 阀腔压力

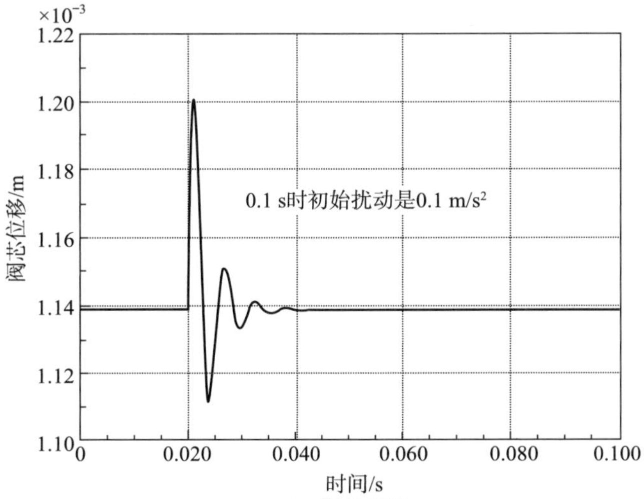


(b) 阀芯位移

图 7-77　单向阀稳定系统的扰动响应曲线

（b） 单向阀不稳定状态时的动态响应

对于 5 mm 孔板的不稳定单向阀而言，通过在阀芯施加速度扰动，研究单向阀不稳定状态时的动态响应，如图 7－78 所示。从图中可以看出，对于该不稳定系统，当受到微小扰动后，将会使阀芯在其平衡位置以某一固有频率振动。

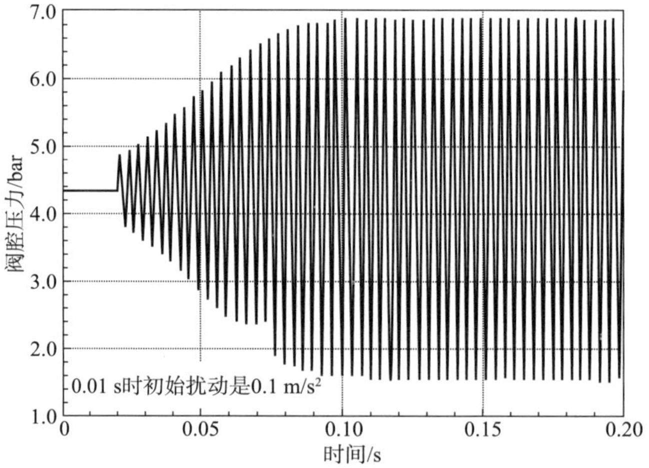


(a) 阀腔压力

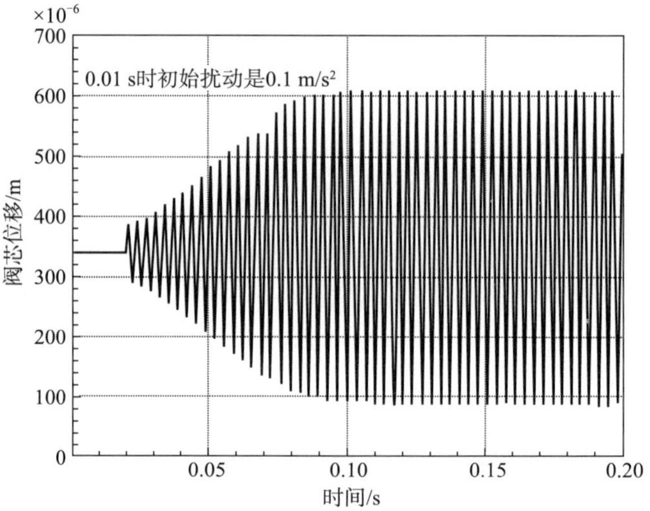


(b) 阀芯位移

图 7－78　单向阀不稳定系统的扰动响应曲线

（4） 单向阀动力学稳定性模型试验验证

针对上述仿真的单向阀产品，开展单向阀稳定性的试验验证，试验系统如图 7－79 所示。为考核单向阀的线性稳定性特征，试验中未安装阻尼圈，库仑摩擦力较小，可认为是一个弱非线性系统。单向阀前的压力恒定，通过手动开关控制通过单向阀的气体流量。试验表明：小流量条件下单向阀颤振现象明显，当流量逐渐增大到临界值时，颤振现象消失。图 7－80 展示了试验压力为 10 MPa 时的单向阀动态特性，较清晰地反映了流量逐步增加到约 180 g/s 时，颤振现象逐步消失的过程。单向阀的临界稳定曲线试验值与仿真值对比如图 7-81 所示。从图中可以看出，试验数据与仿真结果规律一致性较好。

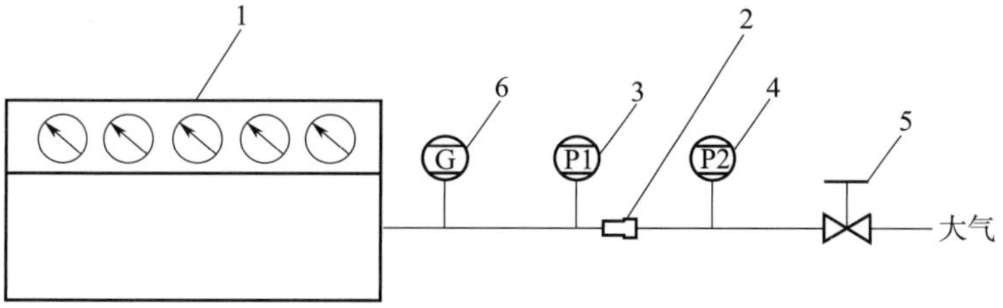


图 7-79　试验系统

1—配气台；2—单向阀；3、4—压力传感器；5—流量调节阀；6—质量流量计

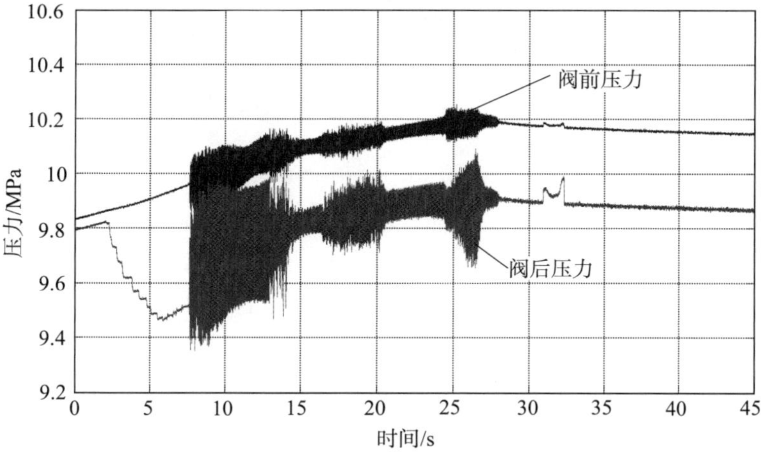


(a) 单向阀前后压力

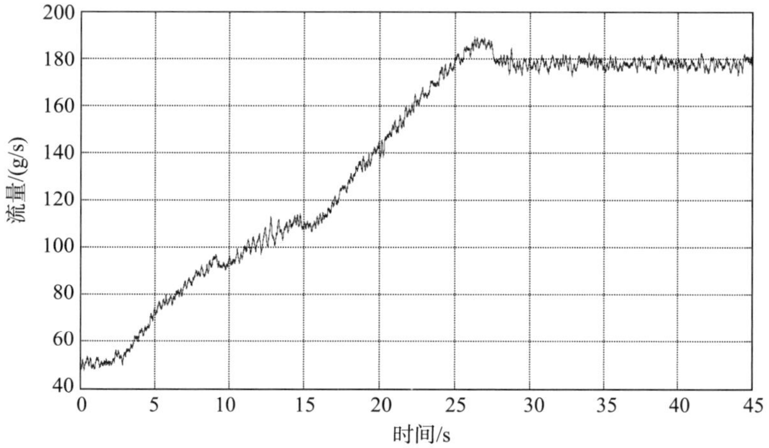


(b) 单向阀质量流量

图 7-80　试验压力 10 MPa 时的单向阀动态特性

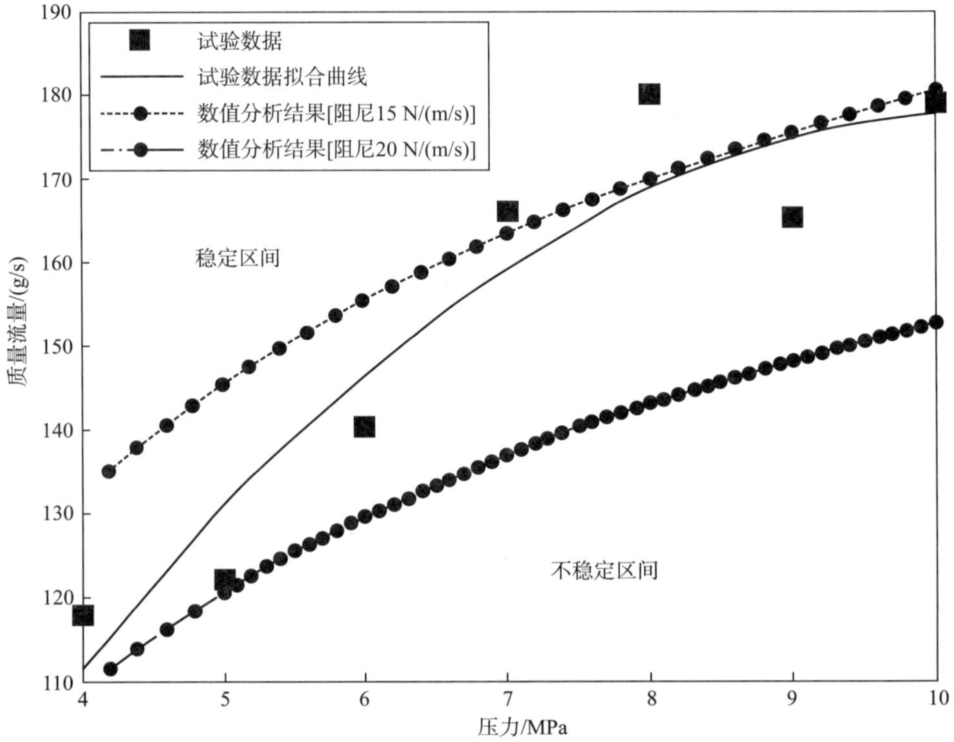


图 7-81　临界稳定曲线试验值与仿真值对比

### 7.4.3　安全阀非线性稳定性仿真分析及试验验证

(1) 安全阀工作原理

某安全阀结构原理如图 7-68 (b) 所示。由于该活阀组件库仑摩擦力较大（9 N 以上），因此可认为该安全阀系统是非线性的。

(2) 安全阀颤振现象描述

安全阀试验系统由气源、减压器、孔板、气瓶、安全阀、振动台及管路等组成，如图 7-82 所示。试验时，调节减压器出口压力为 0.5 MPa，安全阀处于微开状态，然后启动振动台，缓慢增压到减压器出口压力为 2 MPa，待压力稳定后再缓慢降压至 0.5 MPa。启动振动台后，安全阀原本平稳的排气发出“突突”异响，用手在安全阀出口可以明显感觉到排气不连续，气枕压力也出现幅度不稳定的波动，继续升高压力，气枕压力波动减小，压力变化较为稳定，但此时仍伴随有异响。当振动试验结束，振动台停止而继续通气时，安全阀仍有“突突”异响，持续时间较长，直到切断气源供气，异响逐渐停止。该试验过程具有三个明显特点：1) 扰动使一个稳定系统变得不稳定；2) 系统被扰动激发后将一直保持下去，即使扰动已不存在；3) 具有一定的随机性。

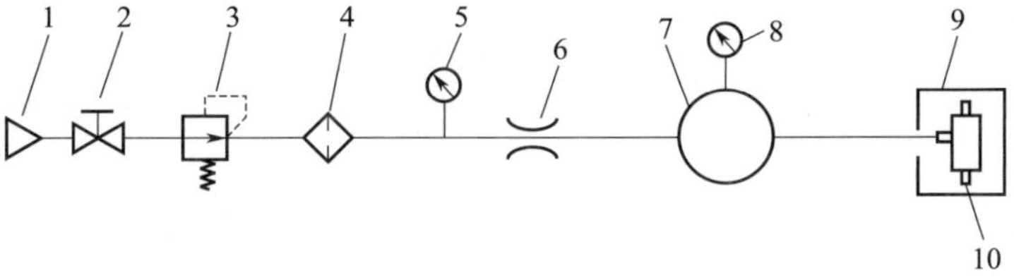


图 7-82 试验系统组成

1—气源；2—手动开关；3—减压器；4—过滤器；5，8—压力表；6—孔板（3.1 mm）；7—气瓶（容积 20 L）；9—振动台；10—安全阀

(3) 安全阀非线性动态特性仿真分析

①仿真模型构建

针对该安全阀的试验状态，构建如图 7-83 所示的安全阀仿真模型，由气源、孔板、20L 气瓶、管路、安全阀等组成，介质为氮气，阀芯摩擦力为 9 N。信号源为一扰动项，在某一时刻给阀芯提供瞬间作用力，用以分析扰动对安全阀稳定性的影响。

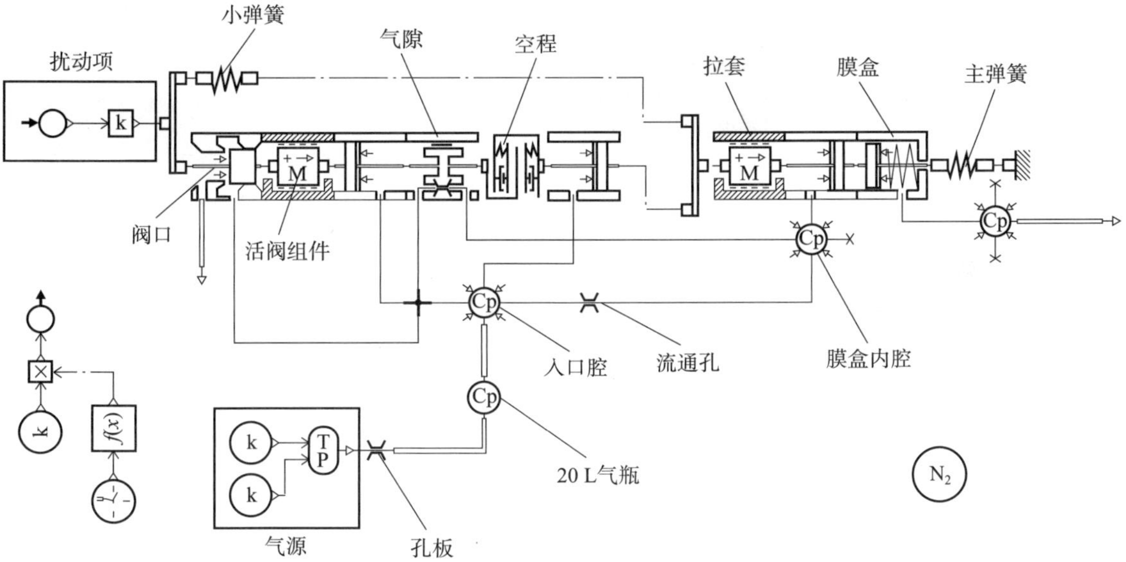


图 7-83 安全阀系统 AMESim 仿真模型

②安全阀通气振动试验过程仿真分析

当孔板前压力为 0.5 MPa 时，通气试验工况的扰动响应特性如图 7-84 和图 7-85 所示。其中前 3 s 为无额外扰动的通气试验，从图中可以看出，前 3 s 工作稳定，安全阀无颤振现象发生；3 s 时刻受额外扰动力的影响后，安全阀的工作呈现两种特性：小扰动时，安全阀很快能回到原平衡位置；而当受到大扰动时，会产生明显的大幅的自激振动。这个结果很好地解释了某型号用安全阀在通气试验中工作平稳、无颤振鸣叫的现象，但受振动台激励后，产生明显的自激振动特性，导致阀门颤振、鸣叫的现象发生。

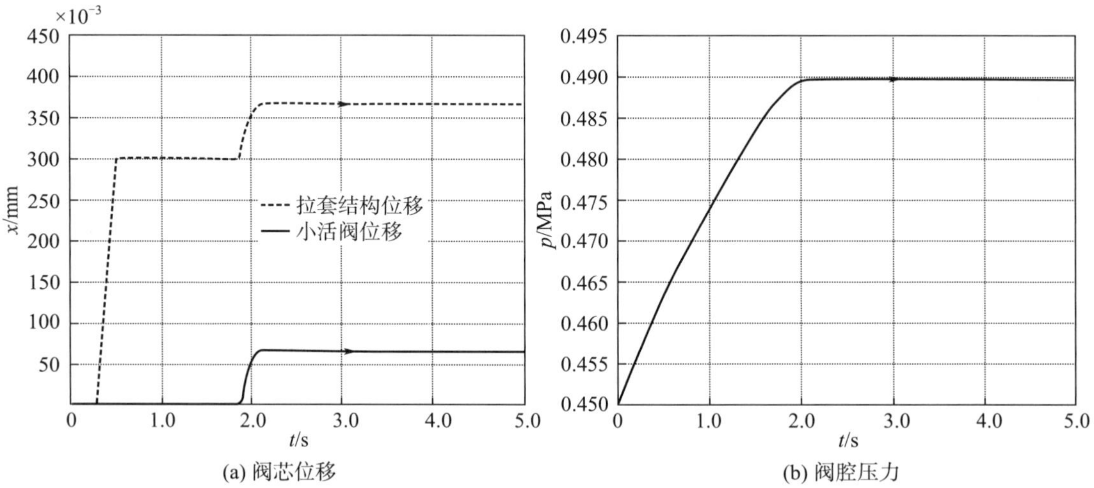


图 7-84　扰动响应特性（小扰动状态）

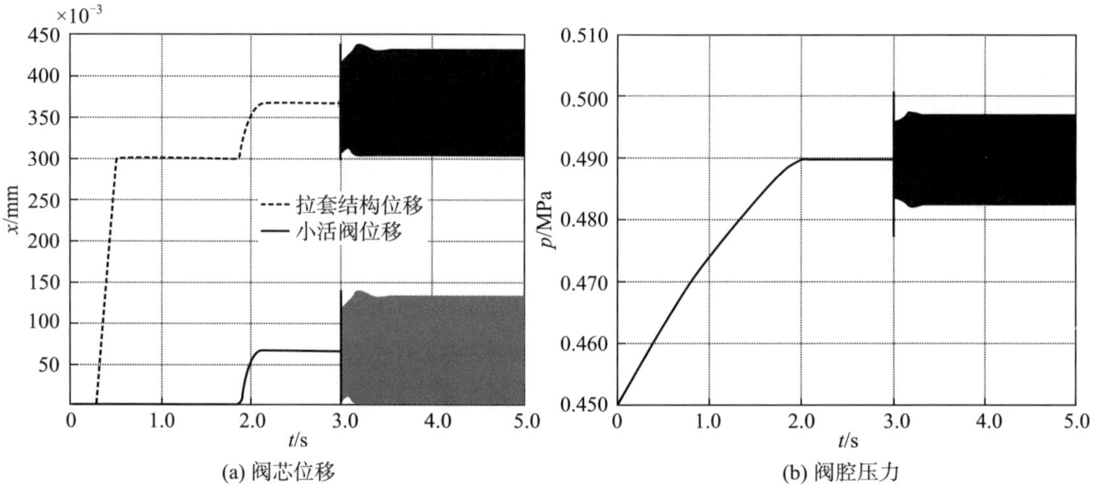


图 7-85　扰动响应特性（大扰动状态）

③安全阀抗扰动特性仿真分析

针对安全阀试验系统，利用 AMESim 建模研究处于平衡状态的阀芯在受到加速度扰动时的扰动响应，并通过迭代求解使安全阀在额定随机振动条件下（均方根加速度 15$g$）受扰动时恰能稳定的摩擦力，可得到安全阀系统在扰动量级为 15$g$ 时的硬自激临界稳定曲线，结合线性稳定性分析中得到的软自激临界稳定曲线，可获得扰动量级为 15$g$ 时，安全阀系统的软、硬自激临界稳定曲线，如图 7-86（a）所示。扰动量级为 30$g$ 时，安全阀系统的软、硬自激临界稳定曲线如图 7-86（b）所示。

从图中可以看出，在额定振动条件下，安全阀需要一定摩擦力保持系统的稳定性。摩擦力较小时，系统处于不稳定区域，任何小的扰动将会产生阀芯的颤振现象；摩擦力较大时，系统处于局部稳定状态，会产生小扰动稳定、大扰动不稳定的现象；摩擦力继续增人时，系统将处于全局稳定状态。对于阀芯摩擦力为 9 N 的试验状态，在扰动量级为 15$g$ 和 30$g$ 的条件下，均处于局部稳定状态，会出现地面试验过程中通气试验工作平稳，而在通气振动试验中却发生明显“突突”异响的现象；增加摩擦力，会明显提高安全阀系统的稳定性，当阀芯摩擦力大于 40N 时，系统将在扰动量级为 15$g$ 和 30$g$ 的条件下处于绝对稳定状态。

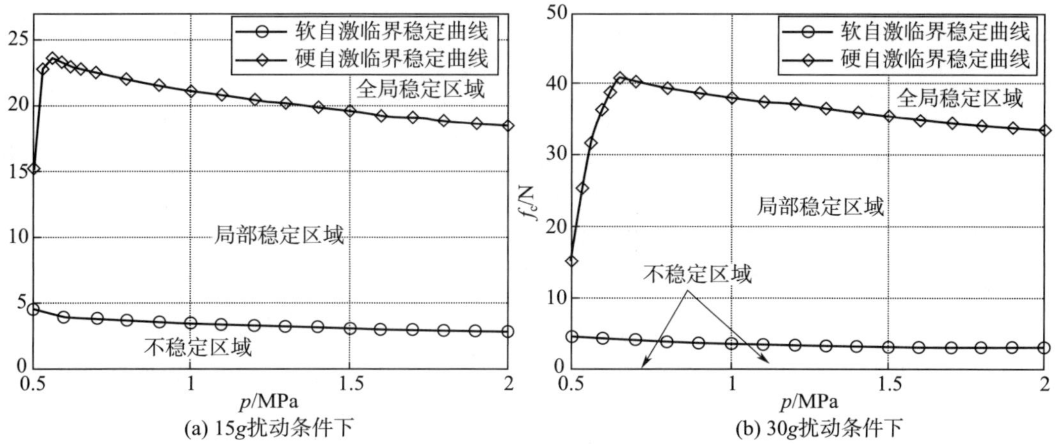


图 7－86　安全阀系统的软、硬自激临界稳定曲线

（4）安全阀非线性验证试验

通过调整阻尼圈的规格和尺寸，装配 3 件库仑摩擦力分别为 9 N、21 N、45 N 的安全阀。采用图 7－82 所示的试验系统，试验时，控制安全阀入口流量在高低之间反复切换，同时施加振动条件，观察是否有明显的压力脉动。试验工况包括：

1）不同库仑摩擦力（9 N、21 N、45 N）条件下安全阀的通气振动特性；

2）不同额定随机振动条件下安全阀的通气振动特性；

3）不同孔板直径、不同安全阀和气瓶间管路长度下安全阀的通气振动特性。

针对 3 件保险阀（库仑摩擦力分别为 9 N、21 N、45 N）开展了多轮通气振动试验，试验结果如下：

1）摩擦力 9 N 试验件：0.5 MPa 稳定通气时安全阀工作稳定，启动振动台后即发生“突突”异响，气源压力从 0.5 MPa 至 2.0 MPa 变化时，该现象一直维持。15$g$ 和 30$g$ 振动条件下该现象均发生。

2）摩擦力 21 N 试验件：0.5 MPa 稳定通气时安全阀工作稳定，启动振动台后，15$g$ 随机振动条件下部分试验工况发生“突突”异响，30$g$ 随机振动条件下两次试验均发生“突突”异响；另一方面，孔板直径、安全阀和气瓶间管路长度对安全阀通气振动特性影响并不明显。具体情况见表 7－2。

3）摩擦力 45 N 试验件：15$g$ 和 30$g$ 振动条件下均保持工作稳定，无异响。

表 7-2 安全阀通气振动试验结果（库仑摩擦力为 21 N 试验件）

| 试验工况 | 孔板直径/mm | 管长/m | 振动状态 | 试验结果 |
|---|---|---|---|---|
| 1 | 3.1 | 2 | 15 $g$ | 刚启动振动台时工作平稳，当供气压力在约 0.6～1.5 MPa 时曾发生“突突”异响 |
| 2 | 3.1 | 5 | 15 $g$ | 刚启动振动台时工作平稳，当供气压力在约 0.6～1.5 MPa 时曾发生“突突”异响，但压力表波动相比试验工况 1 较弱 |
| 3 | 3.1 | 5 | 15 $g$ | 两次试验工作平稳，无异响 |
| 4 | 2.7 | 5 | 15 $g$ | 两次试验工作平稳，无异响 |
| 5 | 3.1 | 2 | 15 $g$ | 一次试验工作平稳，另一次曾发生“突突”异响，发生时供气压力约 0.7～1.1 MPa |
| 6 | 3.1 | 2 | 30 $g$ | 两次试验均发生“突突”异响，发生时工作压力在 0.7 MPa 以上 |

（5）试验结果与仿真结果对比分析

对比试验结果和图 7-86 安全阀抗扰动特性的仿真结果，可得到以下结论：

1）库仑摩擦力 9 N 时，仿真结果表明，安全阀处于局部稳定状态，小扰动条件下安全阀工作稳定，不发生颤振，当扰动增大时，安全阀工作将趋于不稳定。这一点是与试验过程相一致的，即在通气试验中工作稳定，而在启动振动台后（15$g$ 和 30$g$ 振动条件）安全阀则发生明显颤振现象，产生“突突”异响。

2）库仑摩擦力 21 N 时，仿真结果表明，安全阀抗扰动的能力增强；在 15$g$ 振动条件下部分试验工况发生了明显颤振现象，部分试验工况却保持稳定，存在一定的偶然性，而随着扰动量级的增加，在 30$g$ 振动条件下两次均发生了明显颤振。

3）库仑摩擦力 45 N 时，仿真结果表明，安全阀在 15$g$ 和 30$g$ 振动条件下，均处于绝对稳定状态，不会发生明显颤振现象，试验结果也表明该安全阀均能保持工作稳定，无异响。

### 7.4.4 单向阀三维动态流场稳定性仿真分析

（1）仿真工况

应用泵阀仿真软件 PumpLinx 开展单向阀的三维动态流场仿真，进口为流量边界，出口为压力边界。考虑到三维动态流场及动网格仿真的计算量，仅选取工作压力为 80 bar 和 40 bar 两个压力工况开展单向阀三维动态流场稳定性分析，80 bar 条件下包括质量流量分别为 66 g/s、76 g/s、86 g/s、96 g/s 的四个工况，40 bar 条件下包括质量流量分别为 56 g/s、66 g/s、76 g/s、86 g/s 的四个工况。

（2）三维动态流场稳定性仿真结果分析

①工作压力 80 bar 工况

单向阀工作压力为 80 bar，单向阀阀芯位移随时间的变化如图 7-87 所示。从图中可以看出：

1）随着单向阀流量的增加，单向阀由不稳定变为稳定，表明在相同条件下，流量越大，单向阀越稳定；

2）随着单向阀流量的增加，单向阀平衡位置处对应的阀芯开度也随之增大，表明阀芯静平衡时开度越大，单向阀越稳定。

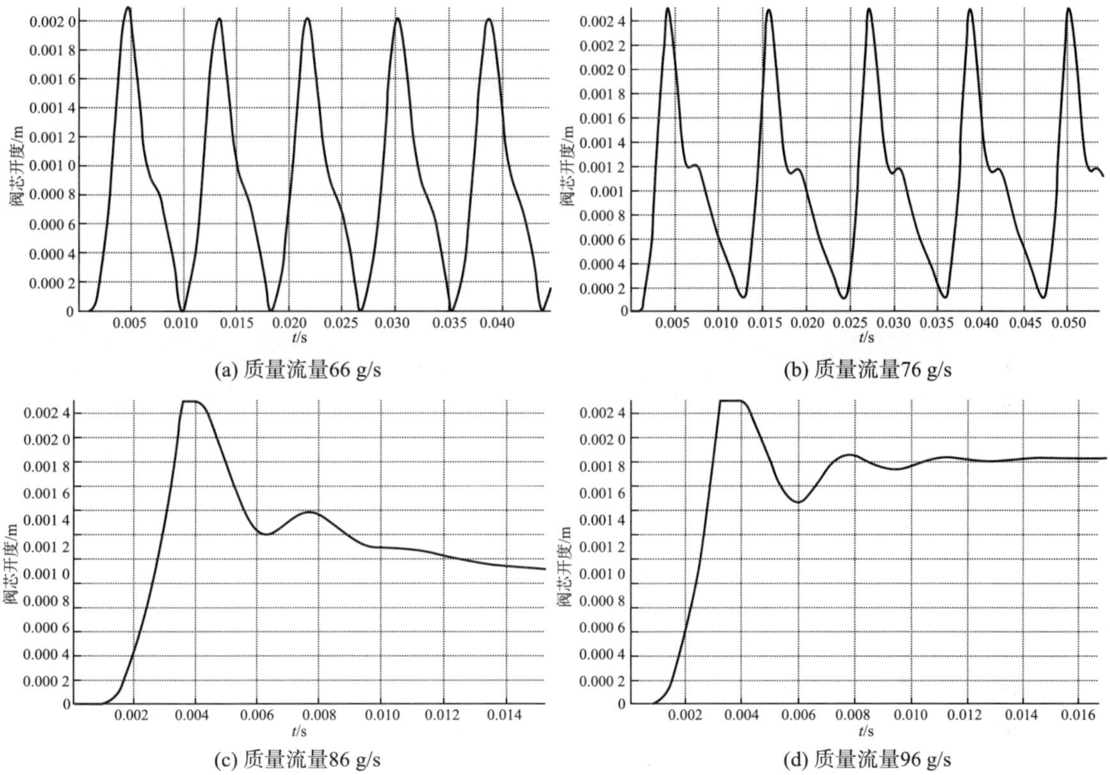


(a) 质量流量66 g/s　(b) 质量流量76 g/s

(c) 质量流量86 g/s　(d) 质量流量96 g/s

图 7－87　工作压力为 80 bar 时，不同质量流量下阀芯位移变化曲线

质量流量为 66 g/s、76 g/s 时，单向阀处于周期性的颤振状态，单向阀对称面上各时刻的压力云图分别如图 7－88 和图 7－89 所示。质量流量为 86 g/s、96 g/s 时，单向阀处于稳定状态，单向阀稳定后对称面上的压力云图分别如图 7－90 和图 7－91 所示。

(a) $t$=0.000 5 s　(b) $t$=0.002 s

(c) $t$=0.004 s　(d) $t$=0.014 s

图 7－88　流量为 66 g/s 时，单向阀不同时刻的压力云图（见彩插）

1）从图 7－88～图 7－91 三维压力云图可知，不论单向阀处于稳定或不稳定状态，尽管在单向阀阀座后与背压腔前之间的区域压力变化明显，但是单向阀入口和出口处压力作用面上的压力分布都较均匀，即在一定条件下，将单向阀入口腔和背压腔简化为零维模型

(a) $t$=0.000 5 s　(b) $t$=0.002 s

(c) $t$=0.004 s　(d) $t$=0.014 s

图 7-89　流量为 76 g/s 时，单向阀不同时刻的压力云图（见彩插）

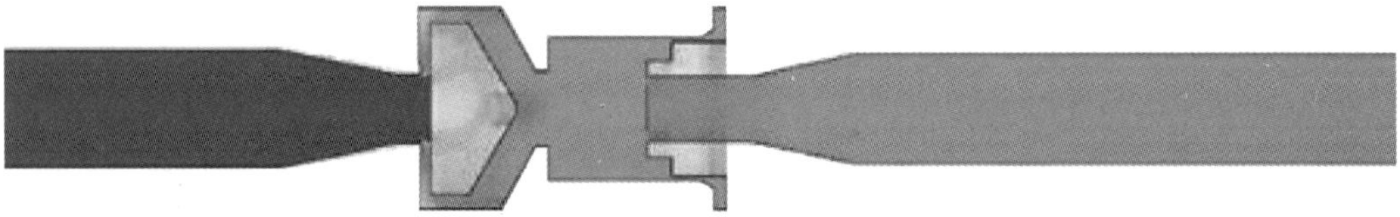

图 7-90　流量为 86 g/s 时，单向阀稳定时的压力云图（见彩插）

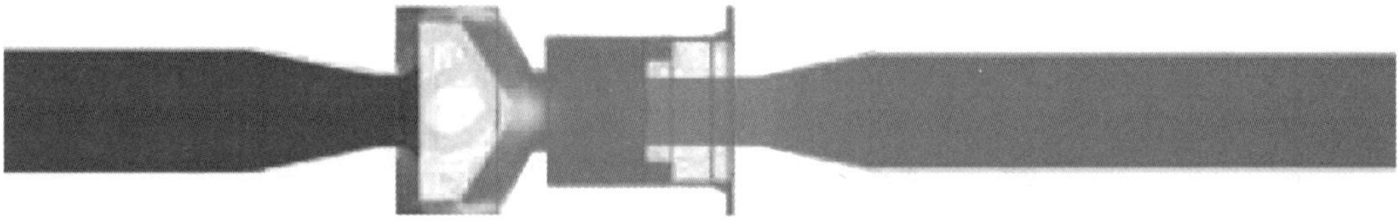

图 7-91　流量为 96 g/s 时，单向阀稳定时的压力云图（见彩插）

是合理的。

2）从图 7-88 和图 7-89 的压力分布云图可知，流量工况为 66g/s 和 76g/s 时，单向阀处于自激振动状态，单向阀前后及阀腔内的压力在工作过程中形成周期性的压力波动。

3）图 7-90 和图 7-91 中单向阀处于稳定状态，从图中可知，随着流量的增大，单向阀阀芯开度增大，单向阀稳定性增强。

②工作压力 40 bar 工况

单向阀工作压力为 40 bar，质量流量分别为 56 g/s、66 g/s、76 g/s、86 g/s 时，单向阀阀芯位移随时间的变化如图 7-92 所示。从图中可以看出，工作压力为 40 bar 时，单向阀的稳定特性随工作流量的变化同工作压力为 80 bar 时的规律一致，即：

1）随着单向阀流量的增加，单向阀由不稳定变为稳定，表明在相同条件下，流量越大，单向阀越稳定。

2）图 7-92 中质量流量为 76 g/s 时，阀芯达到了最大开度，当阀芯开度小于最大开度时，随着单向阀流量的增加，单向阀平衡位置处对应的阀芯开度也随之增大，表明阀芯静平衡时开度越大，单向阀越稳定。

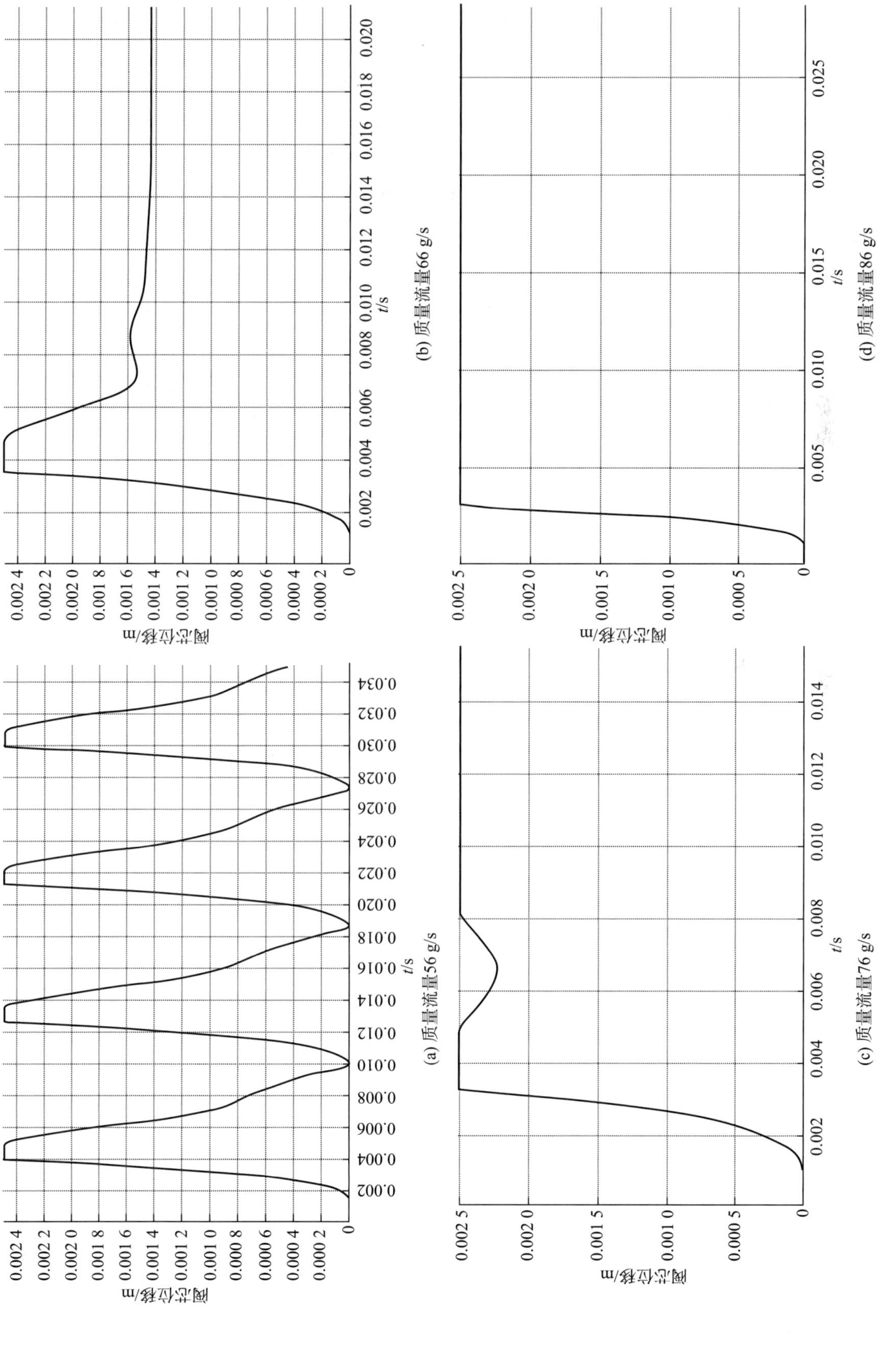


图 7－92　工作压力为 40 bar 时，不同质量流量下阀芯位移变化曲线

工作压力为 40 bar 时，单向阀不稳定工况和稳定工况下的压力分布云图分别与工作压力 80 bar 下的不稳定工况和稳定工况相似，不再赘述。

(3) 三维动态流场稳定性与线性稳定性结果对比分析

由三维动态流场分析中压力分布云图可知，单向阀入口腔和背压腔内的压力分布均匀，因而在自激振动机理和线性稳定性分析中采用的零维模型合理性好，两者可比性强。单向阀线性稳定性与三维动态流场分析的结果对比如图 7－93 所示，从图 7－93 可以看出，单向阀三维动态流场仿真结果与线性分析结果一致。

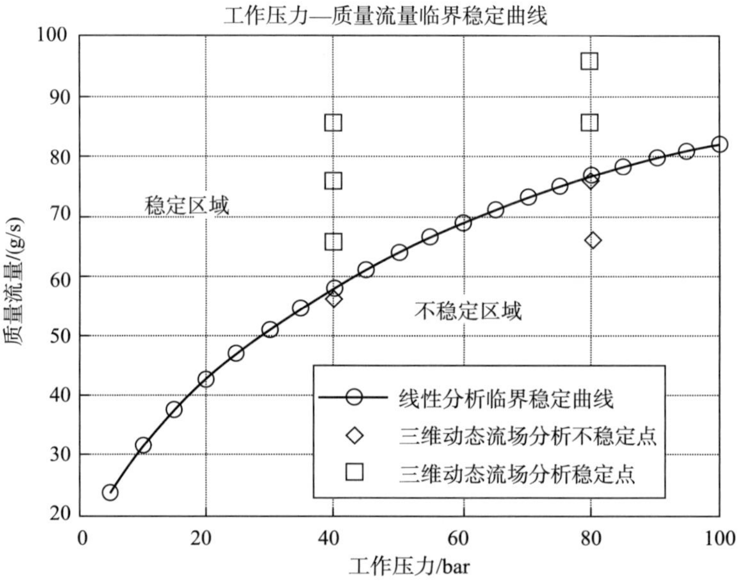


图 7－93　线性分析与三维动态流场分析结果对比图

## 7.5　阀门冲击、振动与疲劳

增压输送系统阀门发生结构破坏的主要原因包括冲击、振动、疲劳等，本节结合阀门结构破坏典型问题的仿真分析，对结构冲击破坏、结构振动疲劳、敏感元件应变疲劳问题的常用仿真分析方法和过程进行介绍。

### 7.5.1　结构冲击破坏

结构冲击是指结构件在极短的时间内受到快速的载荷作用。增压输送系统阀门冲击包括外部冲击和内部冲击。外部冲击主要由爆炸螺栓、分离火箭等火工品起爆、解锁、分离产生，冲击量级随着与冲击源距离的增加迅速衰减；内部冲击主要为阀门内部气动作用力下的阀杆、阀芯部件的撞击和电爆阀起爆瞬间的爆炸冲击。阀门结构冲击问题主要为内部冲击问题，如加注类阀杆、阀芯等运动件在冲击载荷下的强度问题和电爆类阀的瞬时动作响应问题。

加排阀、安溢阀等阀门的强制作动气一般为高压气，在高压气作用下，强制作动器内顶杆迅速运动，推动阀芯打开。随着阀门口径越来越大，顶杆、阀芯的运动速度产生的运动冲击，是设计者需要考虑的动强度问题。电爆阀利用高压爆燃气作动，阀门动作响应时间短，切破件受到的气动冲击载荷大，切破件能否正常工作以及切破件切破后的动作状态，直接影响了电爆阀的可靠性和稳定性。

对阀门结构冲击破坏可采用有限元仿真方法进行分析研究，如加排阀阀杆断裂问题的分析。为计算阀杆在撞击下是否会发生强度破坏，应用有限元软件 ABAQUS 进行冲击强度计算，分析阀杆由于惯性运动与顶杆撞击后的应力水平和撞击瞬间的载荷情况。首先采用 AMESim 对试验系统和加排阀气动过程进行建模[56]，如图 7－94 所示。分析加排阀在真实工况下的内部运动部件运动规律，阀杆与顶杆的相对速度如图 7－95 所示，阀杆与顶杆运动过程会发生反向碰撞，反向碰撞时的相对速度如图 7－96 所示，为 4.4 m/s。

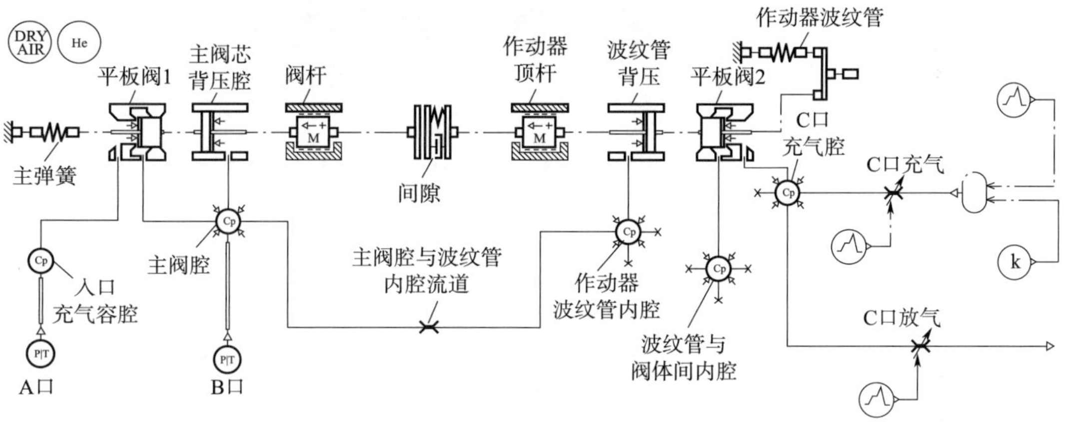


图 7－94　加排阀性能试验仿真模型

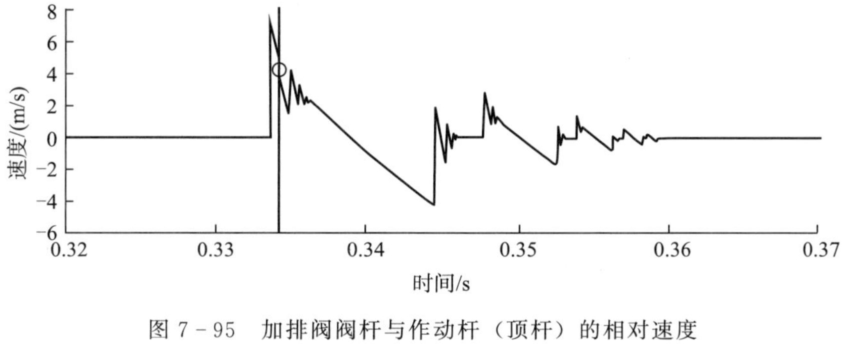


图 7－95　加排阀阀杆与作动杆（顶杆）的相对速度

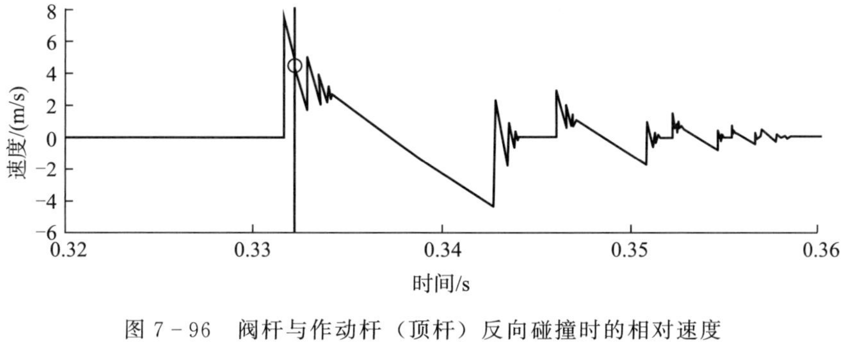


图 7－96　阀杆与作动杆（顶杆）反向碰撞时的相对速度

以阀杆撞击相对速度为4.4 m/s作为初始边界条件，建立加排阀阀杆、阀瓣和顶杆三维有限元模型如图7-97所示。加排阀开启过程中，顶杆、阀杆和阀瓣的相互作用过程中的峰值应力云图如图7-98、图7-99所示，可以看出在阀杆支耳位置的最大应力为422.5 MPa，超出铝合金材料的抗拉强度390 MPa，顶杆挂钩局部最大应力为659.6 MPa，低于固溶态GH4169的抗拉强度900 MPa，因此在冲击作用下支耳存在断裂破坏的可能。

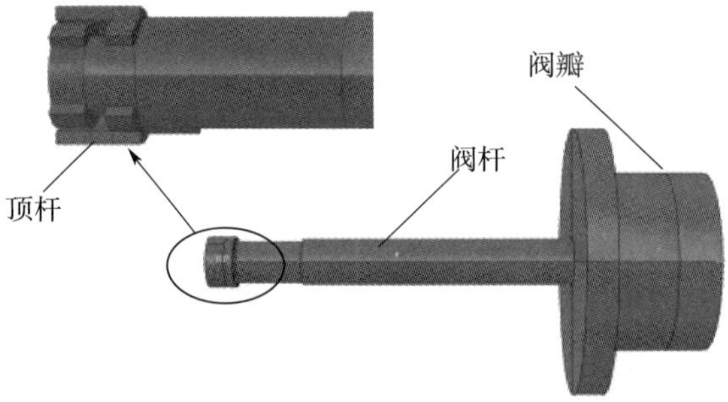


图7-97　加排阀顶杆、阀瓣与阀杆三维模型

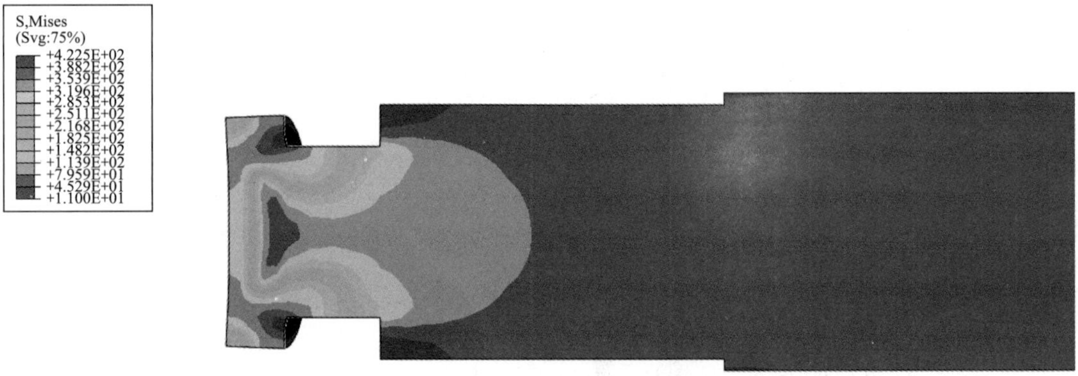


图7-98　加排阀开启过程中阀杆应力云图（见彩插）

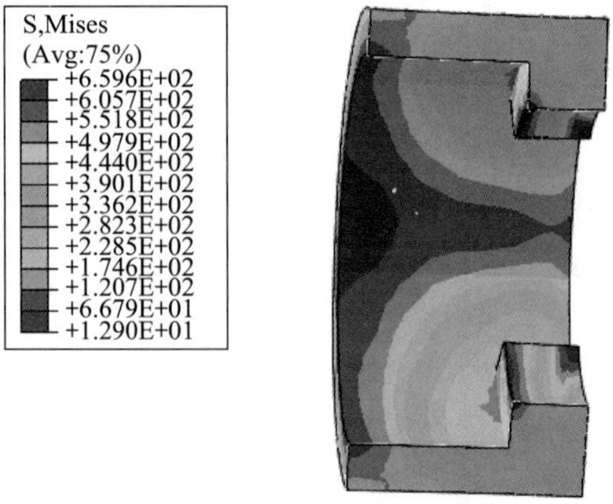


图7-99　加排阀开启过程中顶杆应力云图（见彩插）

为提高顶杆抗冲击能力，在顶杆处增加端头结构，材料为GH4169，对改进后结构进行冲击工况下的强度分析，顶杆处最大应力小于材料屈服应力，顶杆不会发生断裂故障。

### 7.5.2 结构振动疲劳

结构疲劳是指在交变载荷下结构中裂纹的形成和扩展过程。增压输送系统阀门产品单机试验中发生过结构振动疲劳破坏故障。阀门产品结构振动疲劳薄弱部位主要包括导向部位、悬臂结构连通管、膜盒、波纹管、螺纹根部等，对于阀门振动疲劳计算一般采用基于频域的结构振动疲劳寿命分析方法，参见6.7.2节。

安全阀工作过程中振动量级大、持续时间长，安全阀零件在振动过程中有可能发生结构振动疲劳破坏，安全阀进行振动试验过程中曾发生导向杆疲劳断裂故障，如图7-100所示，针对安全阀指挥阀导向杆疲劳断裂问题，建立仿真模型进行结构振动疲劳寿命分析。

图7-100 安全阀指挥阀导向杆断裂图

(1) 有限元分析

①有限元模型

安全阀指挥阀导向杆断裂有限元模型如图7-101所示。建模时取弹簧一半质量作为集中质量施加在弹簧盘上，不考虑导向杆与壳体间的导向配合。将安装状态下弹簧力等效成压力作用在弹簧盘端面上，振动载荷按频率-均方根加速度施加导向杆上。

②静强度分析

采用Static分析步，对指挥阀导向杆进行受力分析，指挥阀导向杆的应力云图如图7-102所示，导向杆最大应力在根部为46.7 MPa。导向杆材料为不锈钢0Cr18Ni9，材料抗拉强度为520 MPa，导向杆在静压力作用下不会出现断裂，导向杆能够承受气压和弹簧作用力。

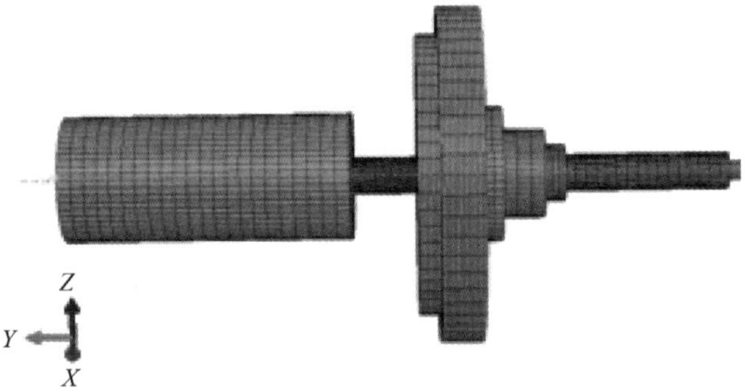


图 7-101　安全阀指挥阀导向杆有限元模型

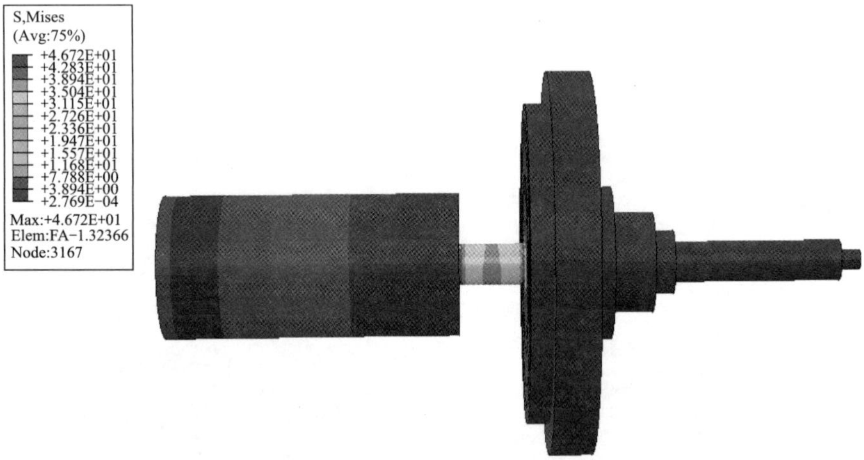


图 7-102　导向杆静力作用下 Mises 应力云图（见彩插）

③模态分析

一般来说，低阶共振的振幅较大，对结构的危害较严重，高阶共振振幅相对较小，危险程度低一些，对前 20 阶共振频率及模态进行分析，指挥阀导向杆前 4 阶共振频率及模态见表 7-3。

**表 7-3　指挥阀导向杆前 4 阶共振频率及模态（见彩插）**

| 阶数 | 共振频率/Hz | 共振模态(变形放大 10 倍) | 阶数 | 共振频率/Hz | 共振模态(变形放大 10 倍) |
|---|---|---|---|---|---|
| 1 | 294.93 | 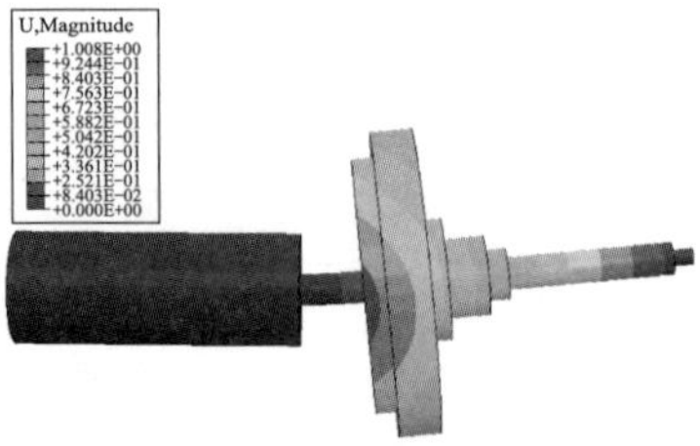 | 3 | 304.01 | 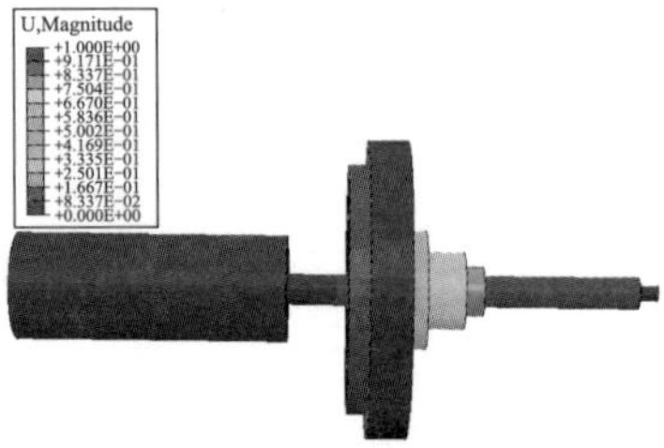 |

**续表**

| 阶数 | 共振频率/Hz | 共振模态(变形放大 10 倍) | 阶数 | 共振频率/Hz | 共振模态(变形放大 10 倍) |
|---|---|---|---|---|---|
| 2 | 295.10 | 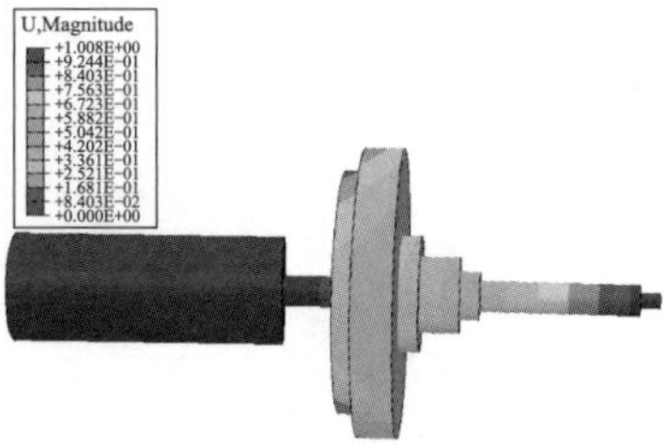 | 4 | 990.50 | 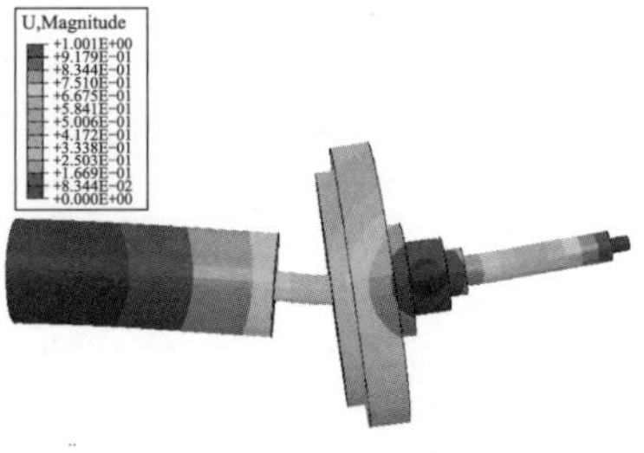 |

④随机响应分析

对指挥阀导向杆进行随机响应分析，按安全阀随机振动条件定义 PSD 功率谱密度。安全阀径向（垂直安全阀轴向）随机振动时，导向杆均方根应力云图如图 7－103 所示，最大均方根应力达到 529.8 MPa，最大应力位于导向杆螺纹根部，超过了材料抗拉强度 520 MPa。该点应力谱密度如图 7－104 所示，波峰出现在 294.9 Hz，结合安全阀导向杆模态分析结果，安全阀指挥阀导向杆应力主要来自第一阶、第二阶共振频率的激励，在此情况下导向杆有断裂可能。

图 7－103　径向随机振动导向杆均方根 Mises 应力云图（见彩插）

（2）导向杆振动疲劳寿命分析

导向杆振动疲劳寿命分析参见 6.7.2 节结构随机振动频域疲劳寿命分析理论，在随机振动试验时间 $T$ 内，材料的疲劳损伤度 $D$ 可表示为

$$D=\frac{E[p]T}{C}\left(\frac{\sigma_b}{\sigma_b-\sigma_z}\right)^m\int_0^{\infty}S^m p(S)\mathrm{d}S \tag{7-28}$$

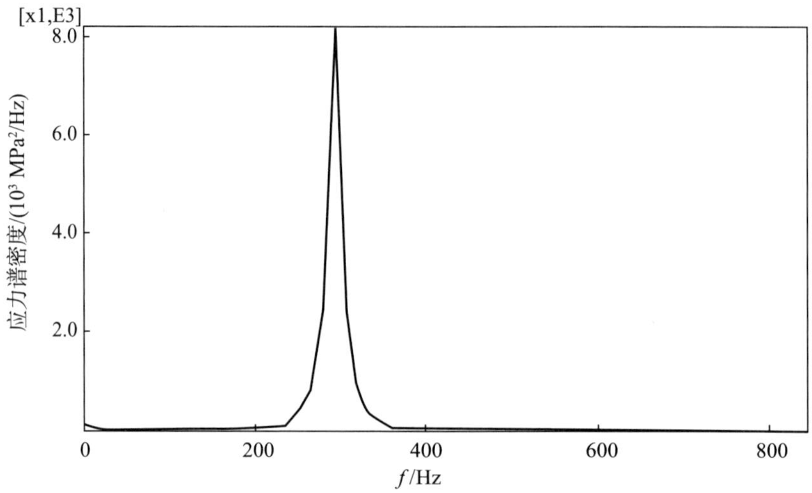


图 7-104 安全阀指挥阀导向杆 Mises 应力谱密度

$D$ 值表示在 $T$ 时间内元件发生疲劳破坏的可能性，1 表示材料发生了破坏，即保证结构不发生破坏的 $D$ 值应不大于 1。对径向随机振动过程中疲劳损伤度 $D$ 进行计算，20～1 000 Hz 范围内导向杆的疲劳损伤度 $D$ 为 $1.9\times10^{2}$，$D$ 值远大于 1，在振动时间内，导向杆会发生疲劳破坏，计算结果与试验结果相符。

（3）结构改进

为提高导向杆动强度，将导向杆直径增大 4 mm，增大应力集中处倒圆，导向杆材料改为高温合金材料。对改进结构进行分析，改进后导向杆最大均方根应力由 529.8 MPa 减小到 97.6 MPa，导向杆疲劳损伤度 $D$ 减小为 $3.45\times10^{-7}$，远小于 1，导向杆不会发生振动疲劳破坏。改进后结构经三轮鉴定级振动试验验证，导向杆未发生断裂。

### 7.5.3 敏感元件应变疲劳

阀门敏感元件如波纹管、膜盒、膜片等，在工作内压、位移等载荷条件下结构会发生屈服，且存在载荷循环作用的工况，易发生应变疲劳破坏。应变疲劳破坏一般采用应变疲劳寿命分析方法对其进行分析评估，通常先采用弹塑性有限元法计算结构的局部应力应变，然后结合应变疲劳寿命曲线和疲劳累积损伤理论对结构危险部位的疲劳寿命进行预测，具体见 6.8.1 节。

膜片是安全阀敏感元件，主要感受气压力指挥安全阀启闭，在阀门启闭过程中，由于气压力的波动，使膜片往复动作，在该工况下膜片易发生应变疲劳。针对膜片应变疲劳问题，采用有限元静应力-应变仿真及应变疲劳寿命分析理论结合方法对膜片疲劳寿命进行预估，并采用试验的方法对膜片疲劳寿命进行验证。

（1）结构及安装

某阀门用膜片的结构和安装形式如图 7－105 所示，阀门工作温度为常温和液氦温度。零件状态下，通过大硬芯、垫片、锁紧螺母和锁紧螺栓将膜片固定于大硬芯和垫片之间夹紧，螺母拧紧力矩约 20 N · m；将中心固定好的膜片置于壳体中间，膜片产生预偏；膜片预偏后膜片外边缘将翘曲，利用压套将膜片四周压紧，拧紧力矩约 200 N · m。

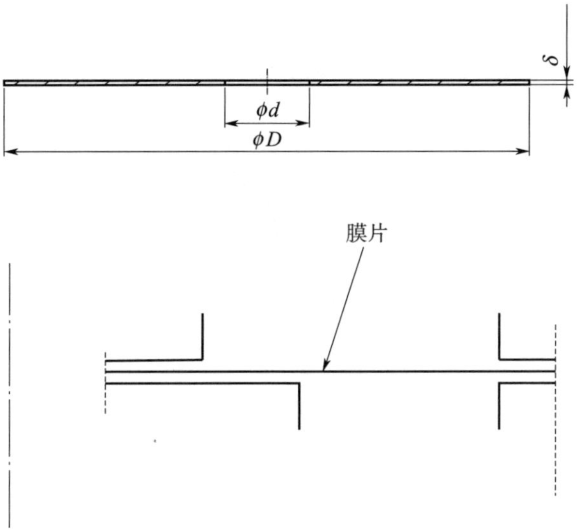


图 7－105　膜片结构及膜片安装

（2）有限元分析

膜片结构及受力为轴对称状态，采用轴对称建模，建立膜片和压紧结构的局部模型，膜片与压套、壳体之间设置接触，压套上拧紧力矩约 200 N · m（转换为轴向力约为 12 500 N），有限元分析模型如图 7－106 所示。膜片受内压，压力为 0.25 MPa，位移载荷为上偏移 2.5 mm、下偏移 1.1 mm，壳体及压套固定。膜片在预偏位置和动作到最大位移时的应力、应变分别如图 7－107（a）、（b）所示。从图中可知，在预偏位置时，膜片的最大应力为 946 MPa，最大应变为 0.008 13；动作到最大位移时，膜片的最大应力为 1 252 MPa，最大应变为 0.019 6；最大应力和应变位置均位于压套压紧膜片的边缘。

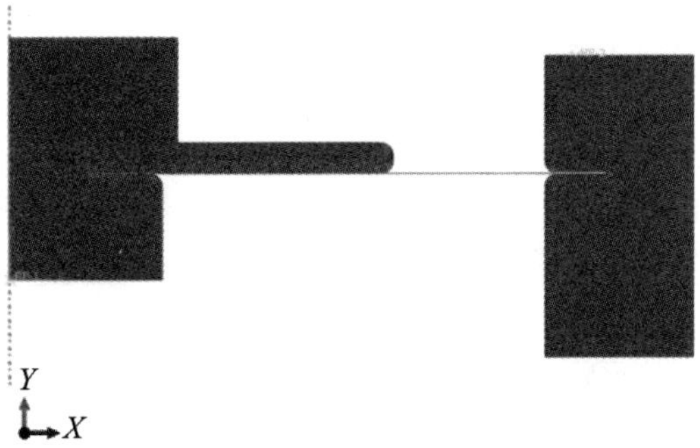


图 7－106　膜片有限元分析模型

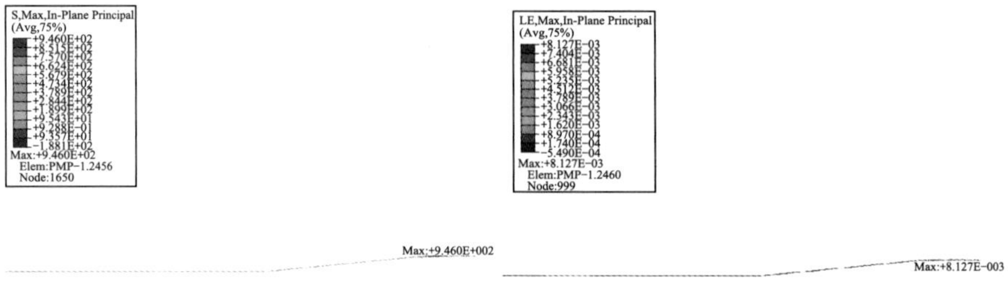


(a) 预偏位置

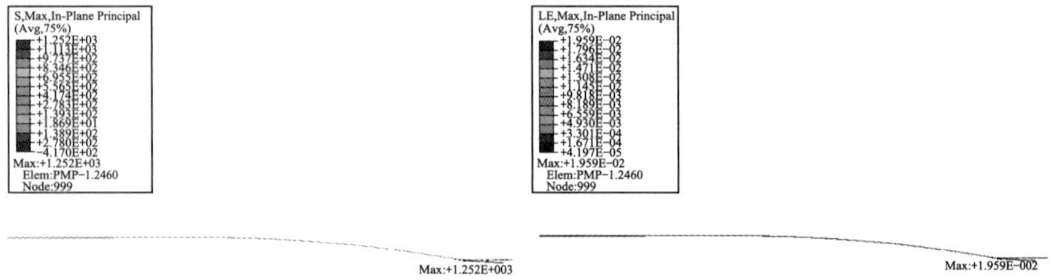


(b) 最大位移位置

图 7-107　膜片应力、应变云图

（3）应变疲劳寿命分析

膜片应力应变在反复作动后趋于稳定，形成预偏-回位-左动循环。膜片的疲劳行为为低周应变疲劳，根据 6.8.1 节 Manson - Coffin 应变-疲劳寿命分析理论，总应变-寿命由下式描述，即

$$\varepsilon_a = \frac{\sigma'_f - \sigma_m}{E}(2N)^b + \varepsilon'_f(2N)^c \tag{7-29}$$

依据计算得到的膜片最大应力应变，按 Manson - Coffin 应变-疲劳寿命分析理论计算得到膜片疲劳寿命曲线，常温工况膜片应变疲劳寿命曲线如图 7-108 所示，对应膜片应

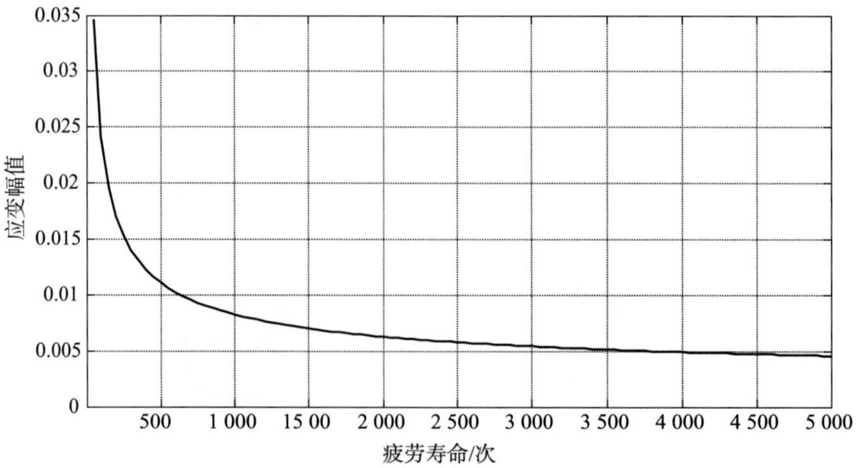


图 7-108　膜片应变疲劳寿命曲线（常温）

变幅值为 0.005 73，平均应力为 1 099 MPa，膜片寿命为 2 578 次。低温工况膜片应变疲劳寿命曲线如图 7－109 所示，对应膜片的应变幅值为 0.005 851，平均应力为1 187.95 MPa，寿命为 2 065.7 次。通过试验验证，三组膜片常温工况的疲劳寿命分别为 2 800 次、3 000 次、2 600 次，低温工况的疲劳寿命分别为 2 400 次、2 200 次、2 800 次（每 200 次对膜片状态进行一次检测），可见试验结果与仿真计算基本一致。

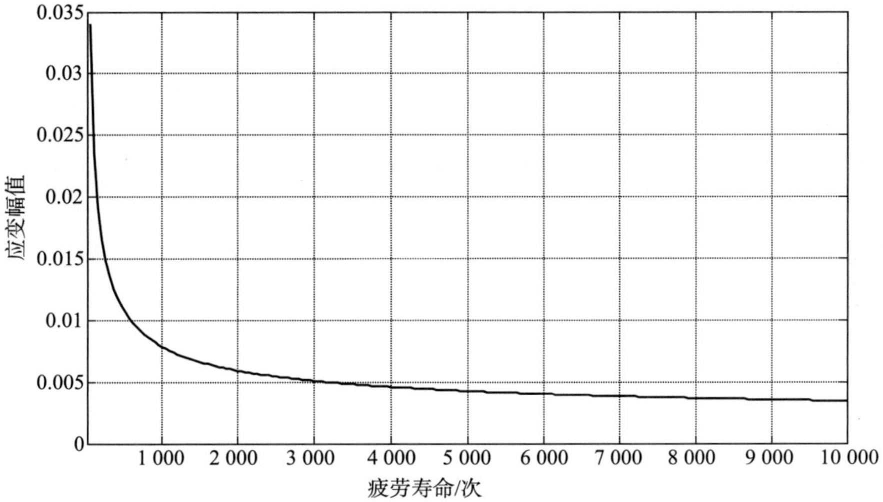


图 7－109　膜片应变疲劳寿命曲线（低温）

# 参考文献


[1] 王心清，等．导弹与航天-结构设计［M］．北京：中国宇航出版社，2005.

[2] 史刚，等．运载火箭气体单向阀防颤振技术研究［J］．航天制造技术，2016，4（2）：30－33.

[3] SUEME D R. Failure Analysis of $LO_2$ Bleed Check Valve from OV－104（R）. Rockwell International Space Systems Div.，IL284－204－91－199. Downey，CA. Nov. 1991.

[4] 张贵田．高压补燃液氧煤油发动机［M］．北京：国防工业出版社，2005.

[5] HUGO E. MARTINEZ，JOHN D. ALBRIGHT. Lessons Learned from the Design，Certification，and Operation of the Space Shuttle Integrated Main Propulsion System（IMPS）（C），AIAA. 2011－5838.

[6] 李志义．爆破片技术及应用［M］．北京：化学工业出版社，2006.

[7] 单辉祖．材料力学［M］．北京：高等教育出版社，2004.

[8] 刘竹生，等．航天火工装置［M］．北京：中国宇航出版社，2012.

[9] 张晓东，等．一种间接作用式常开电爆阀［J］．火箭推进．2012，38（1）：22－26.

[10] 朱宁昌，等．液体火箭发动机设计：下［M］．北京：中国宇航出版社，2007.

[11] 崔腾霞．滑阀间隙中单个微米颗粒物旋转现象的研究［D］．兰州：兰州理工大学，2018.

[12] 党兴武．基于35CrMo/GCr15摩擦副的疲劳磨损机理研究［D］．兰州：兰州理工大学，2017.

[13] 卢楠楠．SiCp/AZ91D镁基复合材料的摩擦磨损行为研究［D］．哈尔滨：哈尔滨工业大学，2015.

[14] LUSHNIKOV A A，ZARETSKY D F. Giant resonance in heavy nuclei［J］．Nuclear Physics，1965，66（1）：35－48.

[15] RAJKUMAR K，ARAVINDAN S. Tribological Performance of Microwave Sintered Copper－TiC－graphite Hybrid Composites［J］．Tribology International，2011，44（4）：347－358.

[16] 温诗铸，黄平．摩擦学原理［M］．4版．北京：清华大学出版社，2012.

[17] 王登杰．异种金属材料物理性质对焊接的影响分析［J］．世界有色金属，2019（6）：278－280.

[18] 万秩，熊党生．激光纹理化改善不锈钢摩擦性能的研究［J］．哈尔滨工业大学学报，2006，38（7）：137－139.

[19] WONG H C，UMEHARA N，KATO K. The effect of surface roughness on friction of ceramics sliding in water［J］．Wear，2001，218：237－243.

[20] ETSION I. Improving tribological performance of mechanical components by laser surface texturing［J］．Tribology Letters，2004，17（4）：733－737.

[21] 王玲．基于长脉冲激光的表面微织构加工及其润湿性能研究［D］．南京：南京工业大学，2017.

[22] Moog valves introduction［EB/OL］，www.moog.co.uk，2010.

[23] WONG T E，PAN R B，MARTEN H D，et al. Spiral Flexural Bearing［C］．Proc. 8th Cryo Conf，1994：305－311.

[24] WONG T E，PAN R B，JOHNSON A L. Novel Linear Flexure Bearing［C］．Proc. 7th Int. Cryo. Conf，1992：675－698.

[25] MARQUARDT E, RADEBAUGH R. Design Optimization of Linear - arm Flexure Bearing [C]. Proc. 8th Cryo Conf, 1994: 293.

[26] MARQUARDT E, RADEBAUGH R, KITTEL P. Design Equations and Scaling Laws for Linear Compressors with flexure springs [C]. Proc. 7th Int. Cryo. Conf, 1992: 783 - 804.

[27] BECKETT CARL D, LAUHALA VICTOR C, PENSWICK LAURENCE B. Flexure Bearing Support with Particular Application to Stirling Machines [P]. U. S. Patent 5522214, 1996 - 06 - 04.

[28] MEIJIERS M, BENSCHOP J. Flexure Bearing Cryocoolers at Thales Cryogenics [C]. Proceedings of the Cryogenic Engineering Conference - CEC. AIP Conference Proceedings, 2002, 613: 699 - 706.

[29] QIU SONGGANG, PETERSON ALLEN A, AUGENBLICK JACK E. Flexure Design and Testing for STC Stirling convertors [C]. 1st International Energy Conversion Engineering Conference, 2003, 6040: 1 - 7.

[30] 刘颖，陈曦，祁影霞，等．低温制冷机用柔性弹簧的研究进展及分析 [J]. 低温与超导，2010，38 (4)：8 - 14.

[31] 陈楠，陈曦，等．涡旋柔性弹簧型线设计及有限元分析 [J]. 中国机械工程，2006，17 (12)：1261 - 1264.

[32] 高威利，颜鹏达，等．用于高频脉管制冷机的涡旋板弹簧的优化设计 [J]. 低温工程，2009 (1)：5 - 7.

[33] 白莱文斯．流体诱发振动 [M]. 吴三，等译．北京：机械工业出版社，1983.

[34] DASGUPTA K, WATTON J. Dynamic analysis of proportional solenoid controlled piloted relief valve by bondgraph [J]. Simulation Modelling Practice and Theory, 2005, 13 (1): 21 - 38.

[35] DASGUPTA K, KARMAKAR R. Modelling and dynamics of single - stage pressure relief valve with directional damping [J]. Simulation Modelling Practice and Theory, 2002, 10 (1): 51 - 67.

[36] MAITI R, SAHA R, WATTON J. The static and dynamic characteristics of a pressure relief valve with a proportional solenoid - controlled pilot stage [J]. IMech E, Part Ⅰ, Journal of Systems and Control Engineering, 2002, 216 (2): 143 - 156.

[37] DAVIES R. A real - time approach to load adaptive electro - hydraulic motor speed control [D]. Cardiff, United Kingdom: University of Wales, 1994.

[38] 成兆义．溢流阀动态特性、噪声分析及降噪的研究 [J]. 流体传动与控制，2008 (5)：27 - 30.

[39] 陶玉静，范才智，田章福，等．两位五通电动气阀动态特性研究 [J]. 推进技术，2006，27 (6)：542 - 545.

[40] 戴佳，黄敏超，余勇，等．电磁阀动态响应特性仿真研究 [J]. 火箭推进，2007，33 (1)：41 - 48.

[41] ERIC A, HURLBERT T, JIMI ABE T. Methods used to investigate and resolve the Space Shuttle helium pressure regulator instability [C]. AIAA, 1990 - 2749, 1990.

[42] LATYSHEV V I, MALIOVANOV M V. Dynamics of a gas pressure regulator with attached piping [J]. Aviatsionnaia Tekhnika, 1987 (3): 87 - 90.

[43] 王剑中，陈二锋，余武江，等．气动阀门自激振动机理及动态稳定性研究 [J]. 航空动力学报，2014，29 (6)：1490 - 1497.

[44] 叶超，余武江，陈二锋，等．冷氦增压电磁阀动力学稳定性分析 [J]. 液压与气动，2015 (6)：97 - 100.

[45] 余武江，王海洲，陈二锋，等．单向阀三维动态流场稳定性仿真研究 [J]. 火箭推进，2015，41

(1)：82－86.

[46] 叶奇昉，严诗杰，陈江平，等．气动先导式电磁阀的自激振动 [J]. 机械工程学报，2010，46 (1)：115－121.

[47] 叶奇昉，陈江平，陈芝久．制冷系统用两级先导式电磁阀动力学特性的仿真与实验 [J]. 低温工程，2008，164 (4)：51－56.

[48] HAYASHI S，HYASE T. Chaos in a hydraulic controlvalve [J]. Journal of Fluids and Structures，1997，11 (6)：693－716.

[49] 刘上，刘红军，徐浩海，等. 单向阀流路系统自激振荡特性研究 [J]. 火箭推进，2011，37 (3)：1－6.

[50] 张嗣瀛，高立群．现代控制理论 [M]. 北京：清华大学出版社，2006.

[51] 程鹏．自动控制原理 [M]. 北京：高等教育出版社，2010.

[52] 高普云．非线性动力学 [M]. 长沙：国防科技大学出版社，2005.

[53] 刘丽兰，等．机械系统中摩擦模型的研究进展 [J]. 力学进展，2008，38 (2)：201－212.

[54] MOSTAGHEL N，DAVIS T. Representations of Coulomb friction for dynamic analysis [J]. Earthquake Engineering and Structural Dynamics，1997，26 (5)：85－88.

[55] CULLIMORE B A，BEER C N，JHONSON D A. Propulsion system simiulation software [C]. AIAA，2000－3723，2000.

[56] 石朝锋，薛立鹏，等．气动阀门运动特性研究 [J]. 导弹与航天运载技术，2018 (1)：41－44.

# 第8章 气 瓶

## 8.1 概述

气瓶是火箭中重要的单机产品之一，其功能主要是贮存高压气体介质，为贮箱增压。另外也可为动力系统、控制系统中的气动阀门提供控制气，为姿态控制系统中的惯性器件提供气态环境，以及为箭体舱段进行吹除等[1]。

液体火箭增压气瓶按照制造材料分类，一般可分为金属材料气瓶和复合材料气瓶；按照工作温度分类，一般分为低温气瓶、常温气瓶和高温气瓶。

气瓶研制水平的发展主要随着材料、制造工艺、设计分析手段和检测技术的进步而不断提高。早期液体火箭气瓶为金属材料气瓶，主要为铝合金、高强度钢、钛合金等。气瓶结构设计为球形、柱形等形状，主要采用冲压、模锻、焊接等工艺制造。设计方法主要依靠强度设计。气瓶质量检测手段比较简单，主要使用液压强度、目视检查等手段。目前液体火箭应用于低温或高温环境的气瓶仍主要为金属材料。金属气瓶加工已采用了超塑成型、数控自动加工等先进工艺。设计分析采用了断裂控制、损伤容限、可靠性等方法。质量检测方法采用了内窥镜检查、超声探伤、涡流检测、X光检测、工业CT检测、声发射等无损检测手段，气瓶质量得到有效保障。

复合材料是由多种材料组合而成的先进工程材料，材料间的性能协同效应使复合材料的综合性能优于原组成材料，具有比强度和比刚度高、加工周期短、结构整体性好、可靠性高、耐腐蚀等一系列特点及优点[2-3]。复合材料气瓶是随纤维材料和缠绕工艺的发展而设计产生的一种高压容器，复合材料气瓶将纤维按一定角度和铺层顺序在内衬上缠绕成型，利用纤维高强度性能实现内压承载。

复合材料气瓶的发展起始于20世纪50年代火箭发动机复合材料壳体技术。复合材料气瓶早期使用橡胶内衬，但橡胶内衬具有气体渗透率较大的缺点，20世纪60年代开始使用金属内衬，气体渗透率相对橡胶内衬显著改善，但金属内衬的疲劳寿命却受到限制[4]。20世纪60年代末，国外航天和导弹系统开始应用复合材料气瓶，增强纤维一般使用玻璃纤维或凯芙拉纤维。20世纪80年代中期，高强度碳纤维制造技术趋于成熟，性能优越的碳纤维与低费用无焊缝铝内衬制造技术结合，使得费用低、重量轻、可靠性高的复合材料气瓶的生产变为现实[5]。含有金属内衬的复合材料气瓶主要分为厚壁及薄壁两种。前者以厚壁金属内衬为主要承载结构，成本较低但质量大，多用于民用及工业领域；后者金属内衬的设计目的是使用过程中不泄漏，承受较小载荷，因而壁厚较薄，气瓶重量较轻，主要应用于航空航天领域[6]。

复合材料气瓶研制方法已趋于成熟，在设计、制造及测试等阶段广泛采用计算机辅助手段。使用有限元方法对气瓶结构强度、疲劳寿命、变形情况等进行充分仿真分析，为金属内衬的优化设计、纤维缠绕角度及厚度的局部优化提供依据。对缠绕铺层过程进行动态模拟，确定合适的缠绕参数。各种 CAD、CAE 方法使复合材料气瓶研制效率大幅提高。另外，为保证复合材料气瓶质量，采用超声探伤、声发射检测、X 光检测、工业 CT 等无损检测技术，对气瓶复合层内部、复合层和金属内衬界面进行检测。

复合材料气瓶相对金属气瓶具有明显优势：1）重量轻，相比同规格钛合金气瓶可节省约 25%～50%的重量；2）安全性好，具有泄漏先于爆破（LBB）的失效模式；3）耐腐蚀，复合材料可在潮湿、盐雾、化学等环境下长期应用；4）加工周期短。因此，复合材料气瓶在航天系统逐步取代金属气瓶，得到广泛应用。但树脂基复合材料低温下迅速脆化、高温下变性的问题尚未完全克服，因此复合材料气瓶主要应用于常温环境。

液体火箭增压输送系统气瓶的作用是安全、可靠地贮存高压气体介质，并在一定控制要求下排出。另外，由于是运载火箭使用，因此要求气瓶的结构重量尽可能低。运载火箭气瓶应在安全性、可靠性和结构重量间进行合理平衡，另外也要考虑成本、操作等因素。安全可靠、性能优异的气瓶，应基于已有经验，综合考虑材料、结构、加工制造、检测、验证等方面完成研制及测试。

## 8.2 金属材料气瓶

### 8.2.1 结构与材料

火箭用气瓶的容积都较小，一般为 10～200 L。结构形式基本有球、柱、环、球锥等几种，其中以球形最多（见图 8-1）。金属气瓶在设计上应尽可能使焊缝最少。

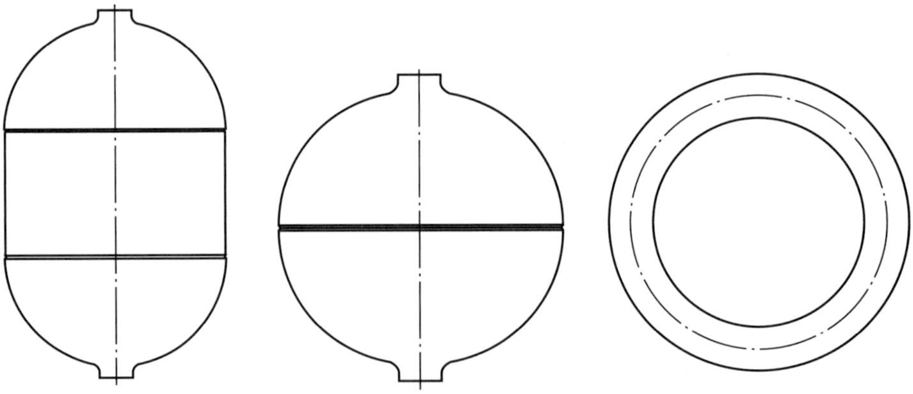

图 8-1 金属气瓶结构

金属气瓶材料选择要求一般如下[1]：

1）较高的比强度值。

2）良好的综合力学性能。由于气瓶基本采用高强度或超高强度材料，所以塑性、韧性指标就更为重要。材料塑性好，既能保证良好的成型性，还可在承载中产生足够的塑性变形吸收变形功，从而削弱了局部的应力峰值。同时也促使裂纹尖端钝化，使局部裂纹扩展趋于缓和或停止。足够的韧性使瓶体有充分抵抗裂纹失稳扩展的能力。

3）较好的耐蚀能力。

4）适当的屈强比值。高强度材料一般都有较高的屈强比值，优点是弹性极限高，避免了试验中的残余变形，但使材料变形储备能变少，变形量小，变形过程缩短，使破坏近似脆断。气瓶设计时需对此值进行约束，一般屈强比取 0.7～0.9，取上限时应适当提高设计安全系数。

5）与工作介质相容。

金属气瓶材料大多使用钛合金，且研究较为深入。钛合金材料比强度高，只有最高强度钢和高强铝合金的比强度可以超过钛合金。但钛合金材料在具有高比强度的同时，还具备了良好塑性、韧性、加工、焊接等优势，因此在航空航天领域得到广泛应用。其中应用最普遍、最成熟的是以 TC4、TA7 为代表的几种。TC4 钛合金一般用于常温环境，77 K 低温环境一般使用钛合金 TC4ELI 或 TA7ELI，低于 77K 深低温环境一般使用钛合金 TA7ELI。几种主要钛合金的力学性能见表 8－1。

**表 8－1　几种主要钛合金的力学性能**

| 材料 | 状态 | 温度 | 抗拉强度/MPa | 屈服强度/MPa | 伸长率(%) |
|---|---|---|---|---|---|
| TC4 | 退火 | 室温 | ≥895 | ≥825 | ≥10 |
| | 时效 | 室温 | ≥980 | — | ≥8 |
| TC4ELI | 退火 | 室温 | ≥895 | ≥825 | ≥9 |
| | 退火 | 77K | ≥1 200 | — | ≥8 |
| TA7ELI | 退火 | 室温 | ≥690 | — | ≥10 |
| | 退火 | 77K | ≥1 050 | — | ≥8 |
| | 退火 | 20K | ≥1 220 | — | ≥8 |

注：TC4 室温力学性能参考 GB/T 3621—2007，TA7ELI 室温和 20K 力学性能参考 GJB 2058—1994。其余力学性能根据工程经验设定。

#### 8.2.1.1　钛合金的腐蚀特性

钛是一种非常耐腐蚀的金属，是因为钛的表面非常活泼，会与大气中的氧气反应生成稳定而致密的氧化膜，这一层自然氧化膜使钛具有了良好的耐蚀性。实际上，也就是氧化膜的稳定性决定了钛的耐蚀性。

（1）钛在介质中的腐蚀行为

钛及钛合金在中性、弱还原性和氧化性介质中是耐腐蚀的，如海水、氯化物溶液、氧化性无机酸溶液、质量分数低于 3％的 HCl 和低于 4％的 $H_2SO_4$ 溶液等，而在还原性酸溶液中一般是不耐腐蚀的[7]。

将重金属盐添加在还原性酸中有明显的缓蚀作用，可以提高钛的耐蚀性。氧化性太强的环境，如干氯气、发烟硝酸等，由于破坏了原有的氧化膜，使得钛表面的氧化性过于激烈，则钛存在爆炸着火等非常危险的结果。

（2）钛合金的应力腐蚀（简称SCC）

有关钛合金应力腐蚀（SCC）的研究很多，目前钛合金的SCC机理主要包括阳极溶解型和氢致开裂型两类。关于阳极溶解型应力腐蚀机理的最新研究表明，SCC发生时，随着表面钝化膜或疏松层的形成和保持，会产生一个很大的附加拉应力，从而在很低的外应力下，位错就开始发生和运动。当腐蚀致使局部塑性变形发展到临界状态时，局部区域（如无位错区或位错塞积群前端）的应力集中就等于原子键合力，从而导致SCC微裂纹形成。由于介质的作用，这种微裂纹并不钝化成空洞，而是以解理方式扩展或沿晶界扩展，从而引起低应力脆断。氢致开裂型应力腐蚀涉及 $H^+$ 的迁移、$H^+$ 的放电。吸附在金属表面的一部分氢原子复合成分子，并以气泡的形式逸出；另一部分氢原子变成溶解型吸附原子，然后去吸附溶解在金属中的原子氢，在应力的作用下，富集在金属内部的应力集中区，导致金属材料低应力脆断[8]。

（3）钛的点腐蚀

点腐蚀是钝化型金属所特有的一种腐蚀形式。钛的抗点腐蚀性能优于不锈钢或铝合金。点腐蚀的发生和发展一般有三个阶段，即成核、生长和再钝化。点腐蚀的成核条件是钛所处的电位高于钝化膜的破裂电位，点腐蚀电流随时间的增长表明成核之后腐蚀点（孔）的生长情况。再钝化抑制“点腐蚀”的发展，在某些情形下点腐蚀可能停留在第二阶段，第三阶段不一定出现，此时原来的腐蚀孔停止发展。

钛的点腐蚀影响因素很多，主要有如下特征和规律：

1）铁含量的增加会提高钛点腐蚀的敏感性。

2）表面预处理状态对点腐蚀有明显影响。热氧化和阳极化的表面，点腐蚀敏感性最小；湿砂纸抛光的表面，点腐蚀敏感性最大。钛的氧含量提高可以改善抗点腐蚀性能。

3）表面粗糙，或用锌、铁、铝、锰、铜等摩擦的钛表面，均促进点腐蚀的发生。

（4）钛的接触腐蚀

接触腐蚀往往伴随着应力腐蚀、缝隙腐蚀和孔蚀等腐蚀形式发生。发生接触腐蚀时，钛合金大多都处于阴极状态，对钛合金来说不存在电偶腐蚀危险性，但必须对其接触的材料进行防护。电偶对阳极腐蚀速率的影响因素较为复杂，除了与组成电偶的阴、阳极材料本身性质（包括金属的自腐蚀电势、腐蚀电流、极化性能等）有关外，还受到阴、阳极金属材料表面积以及电解质溶液成分、温度和流速等因素的影响。电偶腐蚀的发生必须具备三个基本条件，即存在电位差、存在腐蚀电解液和导电介质。只要使其中一个条件不存在，就可避免电偶腐蚀的发生[7]。

#### 8.2.1.2 钛合金与推进剂的介质相容性

气瓶在液体火箭上可能接触的推进剂包含常温推进剂和低温推进剂，常温推进剂一般为四氧化二氮和肼类燃料，低温推进剂一般为液氢和液氧。钛合金与肼类推进剂相容，液氢环境中一般使用TA7ELI钛合金，其与液氢介质相容。钛合金与推进剂的介质相容性研究主要涉及四氧化二氮和液氧。

(1) 钛合金与四氧化二氮的介质相容性

由于四氧化二氮（$N_2O_4$）密度大、比冲高、具有强氧化性，常作为双组元液体推进系统的氧化剂使用，应用在运载火箭一、二级上。纯净的四氧化二氮具有良好的贮存性及不敏感性，缺点是易挥发、腐蚀性强及液态范围较窄。

四氧化二氮作为一种强腐蚀性介质，对大部分金属都有较强的腐蚀性，由于其使用的特殊性和差异性，对钛及其合金开展针对性的研究较少，特别是对于机理与理论并没有开展系统的研究，绝大部分都是以试验研究为主，并以此来判断腐蚀条件和应用条件。

国外对 TC4 在 71%（指质量分数，下同）硝酸中的腐蚀开展了长时间试验研究，发现钝化后 TC4 的相容性好于非钝化材料。同时对含 0.2%（指质量分数）水的 $N_2O_4$ 中的 TC4 进行了腐蚀试验，发现在含 0.2%水的 $N_2O_4$ 中，TC4 的腐蚀性并不明显，腐蚀速率较小，在短时间内没有发现明显腐蚀的发生，其相容性级别见表 8-2。

**表 8-2 $N_2O_4$ 中金属相容性级别**

| 材料 | 温度/K | 时间 | 速率 | 备注 |
|---|---|---|---|---|
| 纯钛 | 408 | 25d | C | 0.03% $H_2O$ |
| 6Al-4V(TC4) | 297 | 10y | C | — |
| 6Al-4V(TC4) | 316 | 1.5y | A | — |
| 6Al-4V(TC4) | 316 | 10y | C | — |
| 6Al-4V(TC4) | 347 | 4mon | C | 0.91% $H_2O$ |
| 65A | 311 | — | A | — |
| 75A | 328 | — | C | — |
| B120VCA | 289 | — | C | 2%～20% $H_2O$ |
| 5Al-2.5Sn(TA7) | 408 | 25d | C | 0.03% $H_2O$ |
| 8Al-1Mo | 408 | 25d | C | 0.03% $H_2O$ |

注：A=可接受的，C=相容的。

从年腐蚀速率相容性级别来看，TC4 相容性在短时间内为 A 级，即相容性可以接受，长时间的贮存条件下为 C 级，表现为相容，这可能与长时间的状态下 TC4 在表面形成了致密的氧化膜而阻止了腐蚀的进一步进行是有关系的。同时根据试验结果也可以发现，如果在 $N_2O_4$ 中有微量的水存在，短时间内不会对 TC4 材料的相容性产生明显的影响。

相关资料表明，TC4 在液体四氧化二氮及其蒸汽中在一定温度下会存在较为严重的应力腐蚀。在低于 68 ℃并且没有预应力的情况下，钛合金在液态或气态的纯 $N_2O_4$ 环境中几乎不会发生腐蚀[9-10]。在纯 $N_2O_4$ 环境中，TC4 钛合金在 275～620 MPa 应力水平时会发生应力腐蚀，带压预制裂纹的试样试验表明，应力腐蚀强度因子 $K_{ISCC}$ 为材料断裂韧度 $K_{IC}$ 的 70%～80%[11]。如液态 $N_2O_4$ 中含有多于 0.7%～0.8%的 NO，则 TC4 不会发生应力腐蚀。室温环境下，$N_2O_4$ 中含有 0.09%的 NO，试验结果显示 $K_{ISCC}/K_{IC}$ 小于 0.53。65 ℃ 环境下，如 $N_2O_4$ 中 NO 质量分数低于 0.18%，则 $K_{ISCC}$ 显著降低，试验得到的最低 $K_{ISCC}/K_{IC}$ 为 0.41[12]。

（2）钛合金与氧的介质相容性[13]

在迄今为止研究的金属中，钛在液氧中的冲击敏感性最大。在气氧中，即便是在中等压力下，钛的新生表面也会发生强烈反应。在－156.7 ℃～室温的温度范围内，0.69 MPa气氧中，钛在拉伸断裂时将发生剧烈燃烧。如果温度高于室温，引起燃烧所需的压力降低。当子弹、模拟微颗粒或其他机械装置，击穿装有液氧或气氧的钛制容器时，虽然内压接近零，也会引起钛制容器猛烈燃烧。但如果外部冲击、振动、声能、热能或缓慢传播的裂缝（如疲劳裂缝）没有造成容器发生破裂，则不会发生反应。

将钛在纯氧中加热，在稍低于熔点温度时将发生燃烧反应。爆炸或电击也会引发钛的燃烧。

① 钛在液氧中的冲击敏感性

是否洁净及表面状态对钛在液氧中的冲击敏感性有很大影响，因此试验前需将试样清洗干净，并且表面应光滑平整。

一般来说，非合金钛比合金的冲击敏感程度要低。钛合金热处理强化后，对冲击更为敏感。Ti－75A（TA23－1）、Ti－5A1－2.5Sn（TA7）、Ti－16V－2.5Al和Ti－6Al－4V（TC4）圆片试样（直径9.5～12.7 mm）在14 J的冲击能量下表现出敏感性。退火后，Ti－5Al－2.5Sn（TA7）冲击敏感能量提升至41～98 J。

Ti－75A（TA23－1）和Ti－6Al－4V（TC4）在98J能量冲击下，出现爆炸声和明亮的闪光。如果将Ti－6Al－4V（TC4）试样表面抛光至几乎镜面，处理至十分洁净，并在显微镜下再次检查确认，在98～140 J能量冲击试验中，未观察到反应。

② 钛在液氧和气氧中破坏的敏感性

试样研究发现，钛在液氧中以每分钟100～10 000的应变速率拉断，观察到明亮的闪光，但没有发生扩散燃烧反应。钛在气氧中以约每分钟2的应变速率拉断，Ti－75A（TA23－1）在－123 ℃、0.69 MPa的气氧或0.52 MPa的常温气氧中破裂时，会发生剧烈点燃和燃烧。钛合金Ti－6Al－4V（TC4）发生反应的压力需要提高，即在－123 ℃、0.86 MPa气氧或0.52 MPa的常温气氧中才能点燃。Ti－75A（TA23－1）和Ti－6Al－4V（TC4）在气氧中拉断反应压力阈值如图8－2所示。

当用水蒸气或氦稀释氧气时，需要更高的压力才能引起钛新生表面的燃烧。钛在氧气的体积分数低于35％的常温静态环境下拉断，在任何压力下都不会发生燃烧。

在氧气流动条件下，较低的压力便可引起反应，钛在0.34 MPa的流动氧气中拉断时引燃并引起扩散燃烧。

对于疲劳裂纹缓慢扩展时钛与氧的反应，在0.41 MPa纯氧气中，Ti－5Al－2.5Sn（TA7）试样约10 h疲劳断裂，没有发生扩散燃烧反应。但8个试样中的6个，发现了微小的烧焦点，说明当压力再升高时，可能就会发生反应。

③ 一些结论

1）在某些高压冲击条件下，钛及其合金可以与液态或气态氧剧烈反应。在高度放热的反应中，反应可以一直进行，直到钛或氧被完全消耗。

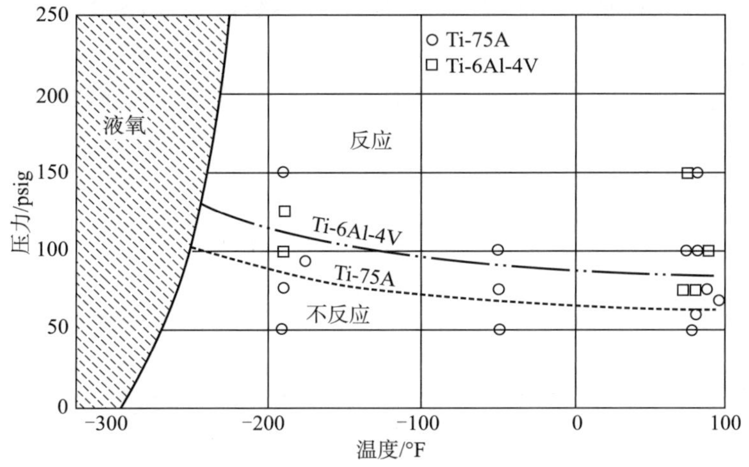


图 8－2　气氧中钛拉断的敏感性

2）尽管钛具有“冲击敏感性”，但采取适当的处理和预防措施后，钛可以在液氧系统中安全使用。例如，必须严格排除外来颗粒、油脂等夹杂，这些物质本身可能与液氧反应，进而引发钛与液氧的反应。当然，在液氧系统中涉及其他金属时，也需要采取相同的洁净处理和预防措施，因为在某些情况下，所有金属都可能在氧中燃烧。铝合金材料在液氧中进行机械冲击，有时也表现出液氧的“冲击敏感性”。

3）钛和液氧在正常接触条件下，无论是静态的还是动态的，都不足以引发反应。

4）钛合金在液氧环境中缓慢和快速两种速率的拉伸断裂试验，均证明液氧中形成的新生未氧化表面不足以促进反应的发生。虽然在某些情况下出现闪光，但没有证据表明在断裂面上出现了燃烧现象。钛合金在常温气氧中拉伸断裂，在较低压力下即可引起燃烧，当温度降低时，反应压力提高。

5）试验表明，液氧高速（数百米每秒）通过钛板上预制小孔时，不会引起钛的反应。

6）钛在液氧中冲击反应机理可解释为：a）局部输入高能量，局部区域温度达到某个阈值；b）氧需处于气态；c）由冲击热产生的气态氧必须被压缩并与钛表面紧密接触；d）钛产生新的未氧化表面。

### 8.2.2　强度分析

运载火箭金属气瓶的设计，一般按破坏失效准则。人们常见的地面使用及重复应用的气瓶，多按塑性失效设计，因为中等强度材料进入塑性状态，瓶体很快整体屈服并产生内表面微裂。而火箭气瓶使用次数很少，承载时间也短，选材一般为屈强比值较高的高强度或超高强度材料，按破坏失效设计不仅现实，而且有利于结构减小质量。但是其前提必须保证瓶体材料的完整性，或配合有效的断裂控制技术，否则，若存在大量的初始裂纹，不可能发挥出材料的极限强度。

液体火箭高压气瓶一般采用安全系数法进行强度设计。安全系数法简单方便，与概率方法和应力分析方法相比，火箭使用高压金属气瓶设计更为实用。例如各种形式的小容积气瓶的壁厚计算，一般只取一次薄膜应力。接管嘴连接部位采用整体加工或焊接补强，都可满足强度要求。

应用安全系数法进行球形气瓶设计，计算内容包括确定气瓶半球内径 $R$ 、确定气瓶壁厚及断裂控制校核三部分。

（1）确定气瓶半球内径 $R$

根据球体体积公式

$$V=\frac{4}{3}\pi R^3 \tag{8-1}$$

得到

$$R=\sqrt[3]{\frac{3V}{4\pi}} \tag{8-2}$$

代入给定的气瓶容积要求便可得出球体半径 $R$ 的值。

（2）确定气瓶壁厚 $S$

设计成薄壁球形容器，按球体内压薄膜应力公式

$$S_{\mathrm{j}}=\frac{pD_{\mathrm{i}}}{4[\sigma]^t-p}\,,\ S_{\mathrm{h}}=\frac{pD_{\mathrm{i}}}{4[\sigma]^t\phi-p} \tag{8-3}$$

式中，$p$ 为设计爆破压力；$D_{\mathrm{i}}$ 为球体内径；$S_{\mathrm{j}}$ 为基体壁厚；$S_{\mathrm{h}}$ 为焊缝区壁厚；$[\sigma]^t$ 为材料在工作温度下的许用强度极限；$\phi$ 为焊缝系数。

由此得到的焊接区壁厚比基底厚度稍大，设计气瓶应具有一定的焊接加厚区宽度，且有一定的加厚过渡区。

（3）断裂控制校核

气瓶的断裂控制，一是保证瓶体材料具有足够的断裂韧性及裂纹扩展稳定性。韧性偏低，则临界裂纹尺寸过小，造成初始裂纹漏检率加大，致使强度试验中过多低压破坏。另外应力强度界限值偏低，更导致瓶体在使用介质中亚临界裂纹扩展加快，瓶体过早破坏。其次是正确的设计验证试验，使气瓶承受一定载荷，以验证预测的缺陷量值，同时也达到质量筛选的目的。

按线弹性断裂关系

$$\left(\frac{a}{Q}\right)_{\mathrm{lj}}=\frac{1}{1.21\pi}\left(\frac{K_{\mathrm{IC}}}{\sigma}\right)^2 \tag{8-4}$$

式中，$(a/Q)_{\mathrm{lj}}$ 为临界裂纹尺寸；$K_{\mathrm{IC}}$ 为材料断裂韧度；$\sigma$ 为瓶体应力。

式（8－4）应用于相同初始裂纹时，可写成

$$\frac{K_{\mathrm{Ii}}}{K_{\mathrm{IC}}}=\frac{1.1\sqrt{\pi}\sigma\sqrt{(a/Q)_i}}{1.1\sqrt{\pi}\alpha\sigma\sqrt{(a/Q)_i}}=\frac{1}{\alpha}\text{ 或 }\alpha=\frac{K_{\mathrm{IC}}}{K_{\mathrm{Ii}}} \tag{8-5}$$

式中，$(a/Q)_{\mathrm{i}}$ 为初始裂纹尺寸；$K_{\mathrm{Ii}}$ 为瓶体初始应力强度因子；$\alpha$ 为验证试验系数。

试验中薄壁瓶体中的临界裂纹值比计算值小，为使用可靠，式（8－5）写为

$$\alpha=\left[\frac{K_{\mathrm{IC}}}{K_{\mathrm{Ii}}}\right]_{\text{许用}}\text{ 或 }\alpha>\frac{K_{\mathrm{IC}}}{K_{\mathrm{Ii}}} \tag{8-6}$$

式（8-6）说明，通过验证系数为 $\alpha$ 值的验证试验后，瓶体中就只存在小于 $(a/Q)_i$ 的初始裂纹，否则，瓶体会在试验中破坏，这就是该试验的目的。优点是其给出了试验后瓶体中残余裂纹量值概念，并保证气瓶在使用中安全可靠。

对于不同气瓶的不同初始裂纹值，设计者可求出不同的验证系数或试验应力，但对该应力需限制在 0.9 倍屈服强度值内，以保障不产生塑性变形。

在工作介质中，承受持续载荷下保证初始裂纹不扩展，要求初始应力强度不超过应力强度界限值

$$\frac{K_{\mathrm{I}i}}{K_{\mathrm{IC}}}<\frac{K_{th}}{K_{\mathrm{IC}}} \text{或} \alpha>\frac{K_{\mathrm{IC}}}{K_{th}} \tag{8-7}$$

式中，$K_{th}$ 为应力强度界限值。

常用钛合金介质下 $K_{th}/K_{\mathrm{IC}}$ 值见表 8-3。

**表 8-3　钛合金材料及环境介质组合情况的应力强度界限值[1]**

| 材料 | 温度/K | 介质环境 | $K_{th}/K_{\mathrm{IC}}$ |
|---|---|---|---|
| TC4(固溶退火)锻件 | 室温 | 甲醇 | 0.24 |
| | 室温 | $N_2O_4$(0.30%NO) | 0.74 |
| | 室温 | $N_2O_4$(0.60%NO) | 0.83 |
| | 室温 | $H_2O$+重铬酸钾 | 0.82 |
| | 室温 | $H_2O$ | 0.86 |
| | 室温 | 氮气,空气或氧气 | 0.90 |
| | 305 | $N_2O_4$(0.30%NO) | 0.71 |
| | 305 | $N_2O_4$(0.60%NO) | 0.75 |
| | 313.5 | 甲基肼 | 0.75 |
| TC4 焊缝(热影响区) | 室温 | 甲醇 | 0.28 |
| | 室温 | 氟利昂 MF | 0.40 |
| | 室温 | $H_2O$ | 0.83 |
| | 室温 | $H_2O$+重铬酸钠 | 0.82 |
| TA7ELI 板材 | 20 | 液氢 | >0.90 |

一般来说，钛合金抵抗疲劳裂纹萌生的能力随其显微组织的粗化而逐渐降低，也就是说细小等轴组织的疲劳强度大于粗大层片状组织。图 8-3 所示为经不同工艺处理的钛合金 TC4 试样的 Wohler 图。通过热加工处理获得的极小的等轴组织具有最高的疲劳强度，而铸态的粗大层片状组织的疲劳强度最低[14]。

疲劳损伤的第二阶段，即从裂纹萌生到最终断裂之前，是疲劳裂纹生长阶段。图 8-4 是 TC4 钛合金层片状组织和等轴组织，在载荷幅度和 $R$ 比值恒定的情况下，疲劳裂纹生长速率和裂纹尖端应力强度因子的关系曲线。从图中可见层片状组织比等轴组织更有利于疲劳裂纹生长[14]。

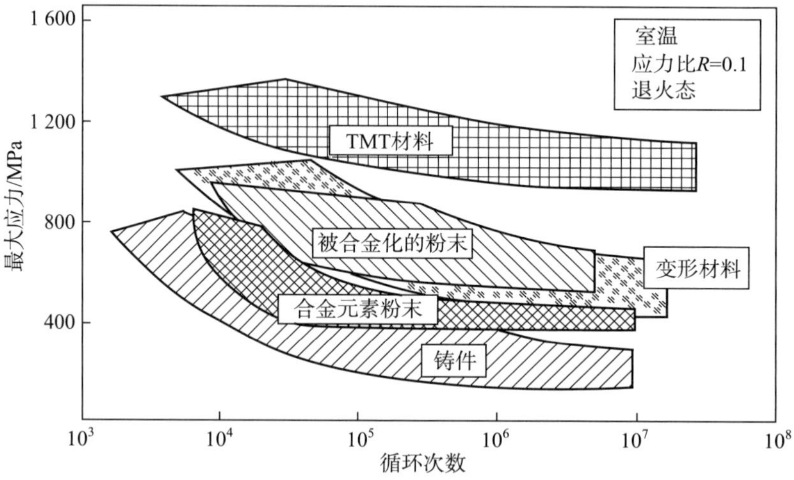


图 8-3　TC4 在不同合金条件下的室温高周疲劳性能

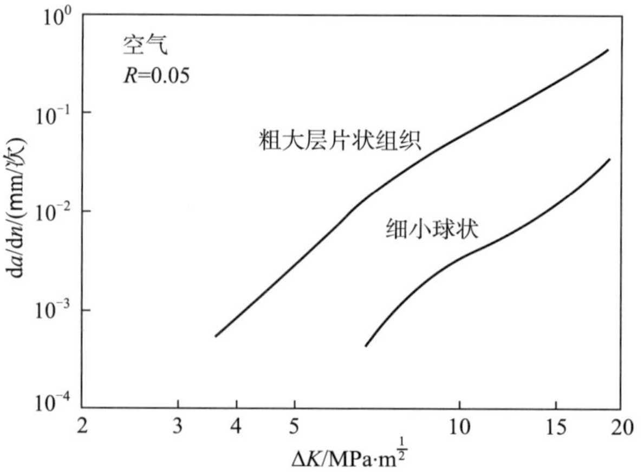


图 8-4　TC4 两种极端显微组织的疲劳裂纹生长速率

### 8.2.3 关键工艺

金属材料气瓶主要加工制造工艺为瓶体成型和焊接，通过瓶体成型制造半球体、直筒等各部段，通过焊接最终成型气瓶。

#### 8.2.3.1 钛合金瓶体成型

瓶体成型方法有板材冲压、旋压、超塑和饼材模锻。

对钛合金而言，成型难度较大。由于其允许的最大应变小，因流变应力高而引起的成型力和模具受力大，钛合金不能采用深冲和延展成型。然而，钛合金的塑性随温度升高将增大，这一特点可用于薄板成型。

容积较小的球形气瓶半球体可采用饼材模锻的成型方法。容积较大时采用模锻成型对锻压设备要求很高，且饼材加工难度大，成型成本高，因此一般采用板材冲压或超塑成型方式。

传统的 α+β 钛合金材料属于超塑性材料。材料的超塑性是指多晶体材料在失效前呈现出极高的拉伸伸长率的能力，通常具有各向同性。TC4 钛合金在 50%熔化温度下进行等温拉伸试验时，在无缩颈的情况下，其拉伸伸长率超过 1 000%。此外，在 900 ℃左右、低超塑性成型变形速率时，所获得的细晶材料只出现有限的晶粒长大。超塑性成型钛合金的典型晶粒尺寸小于 10 μm，呈等轴晶状，且显微组织较为均匀[14]。

钛合金的超塑成型过程温度高且同时流变应力较低，因此广泛采用气胀成型[14]。但对于高压钛合金气瓶，其壁厚一般达到 3～10 mm，难以采用气胀成型，可采用冲压+超塑成型的方法。图 8-5 所示为采用冲压+超塑成型的大尺寸钛合金半球毛坯和半环毛坯。

图 8-5　冲压+超塑成型钛合金毛坯

8.2.3.2　钛合金瓶体焊接

气瓶半球体、直筒、管路接口等各部件成型后，焊接成为整体。

（1）钛合金材料的焊接特性

大多数钛合金易于焊接，熔化焊、电子束焊、扩散焊都可采用。纯钛和 α 合金更易于焊接，一般认为钛合金随着 α 相体积分数的增大，其焊接更为容易。通常，α+β 合金（如 TC4）在退火态是可焊的，亚稳态 β 合金的焊接性有限。在焊接过程中，钛合金局部熔化，形成熔化区和热影响区两个区域。熔化区的温度超过钛合金的熔化温度，从而冷却后形成晶粒非常粗大的铸造组织。热影响区的温度介于熔化温度和 β 转变温度之间，由于存在温度梯度，从而该区域在冷却过程中形成了梯度式层状组织。

钛合金的焊接特点主要有[15]：

1）钛化学活泼，因此焊接过程中应注意保护。钛与氧、氮和氦等元素有很大的亲和力，在 400 ℃以上时极易被空气、水分、油脂、氧化物污染。钛表面吸收氧、氮、氢、碳等杂质，超过 600 ℃开始氧化；650 ℃以上，杂质扩散到钛中，达到足够的量，产生脆化；超过 700 ℃逐渐生成氧化膜；800 ℃以上氧化膜溶解在钛中。

2）焊接性好。钛合金比不锈钢或镍基合金焊接性好，可用钨极惰性气体保护电弧焊（TIG）、熔化极惰性气体保护电弧焊（MIG）、电子束焊（EB）、等离子电弧焊（PA）、空心阴极焊、激光焊、扩散焊和钎焊等方法焊接。其中钨极惰性气体保护电弧焊和真空电子束焊应用较广。

3）钛合金高温时有高的抗裂纹稳定性，焊接时对热裂纹不敏感。

4）高强度钛合金对热循环非常敏感。

5）易出现气孔。气孔是钛合金焊接最常见的缺陷，占缺陷的70%以上。

（2）钛合金的焊接方法

① 钨极惰性气体保护电弧焊

钨极惰性气体保护电弧焊焊接钛合金板材时，一般厚度超过2.54 mm需要添加焊丝。焊丝选择原则是[15]：

1）为了改善焊接高强度的钛合金接头的塑性，焊丝屈服强度比基体金属低，通过稀释焊缝的合金成分，使焊缝获得要求的强度和塑性。焊丝低间隙元素（O、H、N和C）或合金元素含量比待焊接的钛合金材料低。

2）焊接TC4和TA7钛合金时，推荐采用纯钛或α钛合金焊丝，这样可改善焊缝的塑性。

3）α+β钛合金焊丝能保证金属焊后无论是退火还是热处理强化状态，都有足够高的强度和最大冲击韧度。焊缝中β稳定剂的总含量应低于基体金属。

4）焊丝成分应保证能用于各种类型的单层焊和多层焊。在焊缝金属重复加热和局部熔化时，不应形成中间脆性相。焊丝的α→β温度变化应明显高于待焊合金，以便基体金属在焊后强化热处理时，焊缝金属保持退火状态或高温稳定化退火。

另外，钛合金经过电弧高温作用后，表面形成一层薄的氧化膜，不同温度下氧化膜的颜色是不相同的。钛合金的焊接质量从外部可以观察：保护好的焊缝是明亮的银色，焊缝表面轻微氧化是金属黄色或蓝色或两者兼有的颜色，均为正常的颜色。

② 电子束焊

电子束焊能量密度高，焊缝及热影响区小，焊缝强度高，焊接变形小。电子束焊接时需使用扫描电子束，扫描电子束能够对熔池进行充分搅拌，将熔池中成长的晶粒打碎，增多结晶中心，从而细化晶粒，控制凝固结晶过程。通过控制晶粒尺寸和形态，使焊缝金属凝固组织晶粒在获得细化的同时，使焊缝组织从方向性强的柱状晶向等轴晶转化，焊缝区晶界、晶内等处的成分均匀化，有效地抑制偏析的产生。电子束扫描还有助于气泡的上浮逸出，减少气孔的产生。对于组织疏松的地方，通过电子束扫描可以使组织重新结晶，夹杂物挥发，提高接头成分一致性，均匀细化组织，起到电子束熔炼、提纯的作用。

固溶处理TC4钛合金板材采用电子束焊接，焊缝区形成马氏体组织，热影响区非常窄，热影响区组织细小，为细小的针状马氏体和原始α相的混合物。TC4钛合金电子束焊接接头和热影响区的室温抗拉强度与母材很接近，焊接拉伸试件的韧性较好，焊缝对缺口不敏感，其缺口敏感系数均小于 1[16]。

TA7 钛合金中等厚度板材电子束焊缝区为锯齿状 α 组织，为较均匀的等轴晶，焊缝晶粒比母材晶粒细小，晶粒的大小主要受到形核率和枝晶长大速度的影响。电子束焊接时，由于其能量密度高，形成的焊缝窄小，母材金属对液态焊缝金属冷却作用相当大，在焊缝金属中形成较大的过冷度，提高了形核率，同时焊缝凝固速度很快，晶粒来不及长大就互相接触，所以晶粒尺寸相对细小。图 8－6 所示为 TA7 钛合金焊缝不同区域的金相图。热影响区的宽度为 1～2 mm，靠近母材区域组织为粗大等轴 α＋片块状 α 混合组织，靠近焊缝区域组织呈现过渡变化特征，出现针状 α，为细针状 α＋粗大等轴 α 组织。

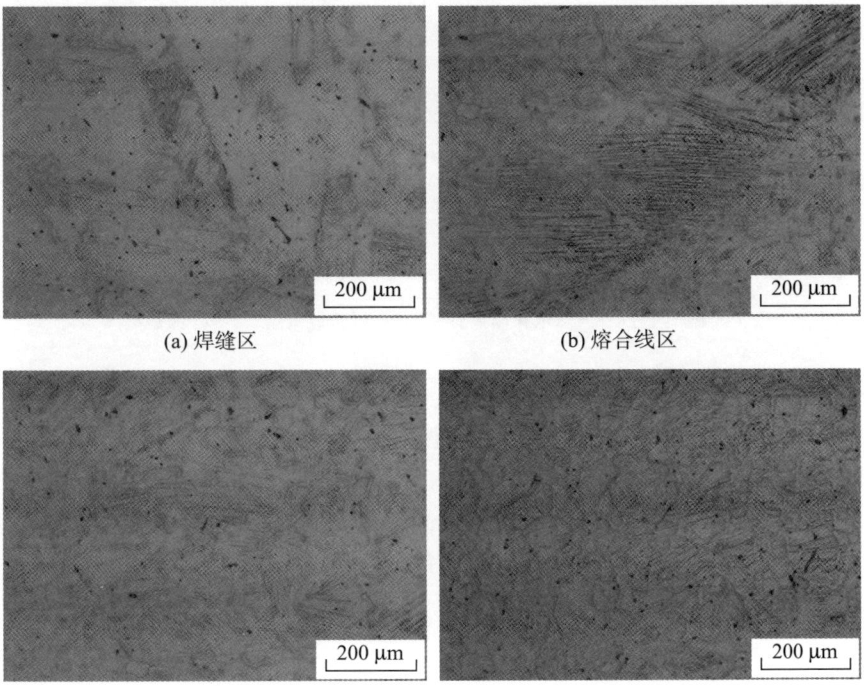


(a) 焊缝区　(b) 熔合线区　(c) 热影响区　(d) 母材区

图 8－6　TA7 钛合金焊缝不同区域的金相图

## 8.3　复合材料气瓶

### 8.3.1　结构与材料

复合材料气瓶一般为柱形或球形结构。液体火箭增压输送系统使用的复合材料气瓶一般由金属内衬及复合材料层组成，其结构如图 8－7 所示。金属内衬与复合材料之间常设置有防电化学腐蚀层，阻止金属内衬和复合层导电纤维间发生电化学腐蚀。由于碳纤维较脆，在外界硬物冲击下易发生断裂，复合材料外部可包覆保护层，保护层材料应具备较低的密度与较强的抗损伤性能，一般选用玻璃纤维。

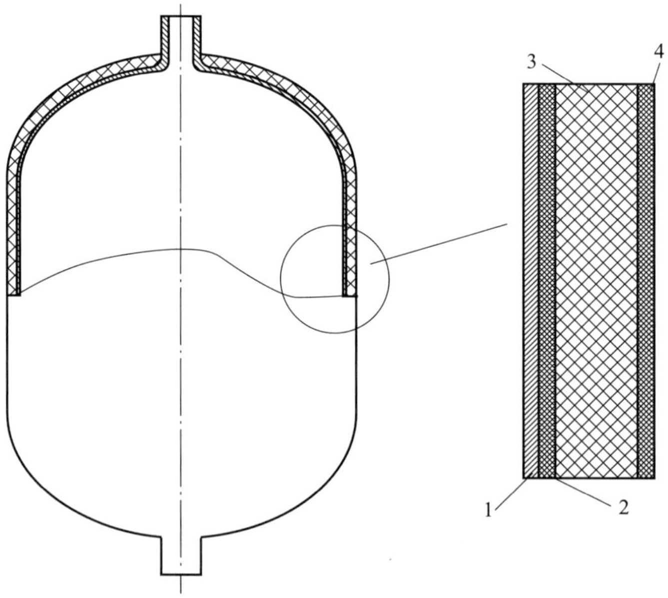


图 8-7 复合材料气瓶的组成

1—金属内衬；2—防电化学腐蚀层；3—纤维缠绕层；4—外保护层

（1）金属内衬

复合材料气瓶内衬一般使用金属材料，金属内衬主要起到气密作用，因此金属内衬对材料的要求一般为：

1）较好的塑性和韧性，满足气瓶充压后的变形要求，具有较好的抗裂纹扩展能力；

2）成型工艺性好，可以实现薄壁内衬的成型；

3）较好的耐蚀能力；

4）与复合层材料介质相容；

5）与接触介质相容。

复合材料气瓶金属内衬大多使用铝合金、钛合金、奥氏体不锈钢等材料，材料的力学性能见表 8-4。

**表 8-4 金属材料力学性能**

| 材料 | 状态 | 温度/K | 抗拉强度/MPa | 屈服强度/MPa | 伸长率(%) |
|---|---|---|---|---|---|
| 6061 | T6 | 室温 | ≥290 | ≥240 | ≥10 |
| | T6 | 77 | 510 | 382 | 17 |
| 0Cr18Ni9 | 固溶 | 室温 | ≥520 | ≥205 | ≥40 |
| | 固溶 | 77 | 1 610 | 230 | 38 |
| TC4 | 退火 | 室温 | ≥895 | ≥830 | ≥10 |

注：6061 室温力学性能参考 GJB 2662A—2008，低温力学性能为实测值。0Cr18Ni9 室温力学性能参考 GJB 2294—1995，低温力学性能为实测值。TC4 室温力学性能参考 GB/T 3621—2007。

（2）复合层材料

气瓶复合材料层由树脂基体和增强纤维组成，气瓶内压载荷主要由复合层承载，对复合材料的要求一般为：

1）高强度、高模量、较低密度；

2）良好的成型工艺性，成型过程中不对金属内衬性能造成不利影响；

3）良好的耐蚀性、抗老化性；

4）与接触介质相容。

①树脂基体

树脂基体黏结各缠绕层，为复合材料层基体相，应具有对纤维良好的黏结力和浸润性、较低的初始黏度、较长的适用期、较低的固化温度等。树脂基体还应具有较好的力学性能，其断裂延伸率一般应不小于纤维，还应具有良好的耐温性和耐老化性，树脂基体一般为环氧树脂。

环氧树脂是一种环氧低聚物，一个分子中含有两个以上环氧基，并在适当的化学试剂存在下形成三维交联网络状固化物的化合物总称。

环氧树脂通常在液体状态下使用，经常温或加热进行固化，达到最终使用的目的；作为一种液体体系的环氧树脂，具有在固化反应过程中收缩率小，其固化物的粘接性、耐热性、耐化学药品性及力学性能和电气性能优良的特点，是热固性树脂中应用较大的一个品种。缺点是耐候性和韧性较差（特殊品种除外），但可以通过对环氧低聚物和固化剂进行选择，或采用合适的改性方法在一定程度上加以克服改进。

复合材料气瓶使用的环氧树脂一般为双酚 A 型环氧树脂，国内双酚 A 型环氧树脂的技术指标见表 8-5。

**表 8-5　双酚 A 型环氧树脂（GB/T 13657—2011）**

| 型号 | 色(铂-钴色号)度,Hazen 单位 ≤ | 黏度(25 ℃)/(mPa·s) ≤ | 软化点/℃ | 环氧当量/(g/mol) | 易皂化氯/(w/%) ≤ | 无机氯/(w/%) ≤ | 挥发物(150 ℃,60 min)/% ≤ |
|---|---|---|---|---|---|---|---|
| EP01441 310(E-51) | 20 | 11 000～16 000 | — | 183～194 | 0.05 | 0.000 5 | 0.1 |
| EP01451 310(E-44) | 30 | — | 14～20 | 210～227 | 0.025 | 0.003 | 0.6 |
| EP01661 310(E-20) | — | — | 65～73 | — | 0.05 | 0.01 | 0.2 |
| EP01671 310(E-12) | — | — | 88～105 | 730～950 | 0.05 | 0.02 | 0.2 |

②增强纤维

增强纤维应具有较高的比强度与断裂伸长率、较好的抗磨损与耐折断性能，增强纤维一般使用芳纶纤维、碳纤维，以及近年新发展的 PBO 纤维（见表 8-6）。复合材料气瓶一般使用碳纤维材料。

芳纶纤维具有耐高温、高强度、高模量和低密度的特性，但芳纶纤维耐酸性、耐碱性和耐化学介质能力较差。其最突出的性能是具有高应力-断裂寿命，良好的耐循环疲劳性能和显著的振动阻尼特性。美国航天飞机中复合材料气瓶使用 Kevlar-49 制造。

碳纤维具有低密度、高强度、高模量、耐高温、耐化学腐蚀、低电阻、高导热、低热膨胀、耐化学辐射等特性，还具有纤维的柔曲性和可编性，比强度和比模量优于其他无机纤维。但碳纤维较脆，耐冲击性和高温抗氧化性较差。复合材料气瓶使用的碳纤维牌号一般为 T700S、T800H 和 T1000G。

PBO 纤维具有比碳纤维更低的密度、更高的比强度和比模量，是由美国 Dow 化学公司和日本东洋纺公司合作开发的产品。PBO 纤维没有熔点，其分解温度高达 670℃，可在 300℃下长期使用，是迄今为止耐热性最好的有机纤维；其阻燃性能优异，同时具有优异的耐化学介质性。PBO 纤维在受冲击时纤维可原纤化而吸收大量的冲击能，是十分优异的耐冲击材料。另外，PBO 纤维还表现出比芳纶纤维更为优异的耐蠕变性能和耐剪、耐磨性。但国内尚不能实现 PBO 纤维稳定量产。

**表 8-6　纤维力学性能**

| 纤维种类 | 牌号 | 拉伸模量/GPa | 抗拉强度/MPa | 延伸率(%) | 密度/(g/cm$^3$) |
|---|---|---|---|---|---|
| 芳纶纤维[17] | F-12 | 135～180 | 4 200～5 300 | 3.5～4.5 | 1.45 |
| | Kevlar-49 | 120～170 | 2 700～3 500 | 2.5～3.0 | 1.46 |
| 碳纤维 | T700S | 230 | 4 900 | 2.1 | 1.80 |
| | T800H | 294 | 5 490 | 1.9 | 1.81 |
| | T1000G | 294 | 6 370 | 2.2 | 1.80 |
| PBO 纤维 | Zylon-HM | 280 | 5 800 | 2.5 | 1.56 |

### 8.3.2　结构设计

复合材料气瓶结构设计应满足的基本性能要求如下：

(1) 在载荷和环境下满足安全使用的要求

复合材料气瓶应满足在指定载荷及环境下安全使用的要求，应综合考虑复合材料气瓶服役过程中载荷—工作压力—温度的变化历程。特别需关注极限载荷和最大工作压力，同时充分考虑所有可能的载荷和工作压力、环境因素以及其出现的频率、量级和持续时间。使用环境、温度变化会对材料特性产生一定影响，需进行严格分析并采取有效控制措施。

(2) 强度要求

复合材料气瓶应具有足够强度，以承受工作环境下的极限载荷与内部工作压力的联合作用。在服役过程中，气瓶各部位不应出现破裂或损坏。

(3) 刚度要求

复合材料气瓶应该具备足够的刚度，以抵抗在服役过程中由极限载荷和内压引起的有害变形。同时，还要求复合材料气瓶的刚度能够抵抗不稳定耦合振动。在气瓶生产过程中，缠绕与自紧有可能引起内衬的失稳，因此复合材料气瓶刚度分析还包括对缠绕和自紧过程内衬的失稳，尤其针对局部失稳的分析和校核。

(4) 疲劳寿命要求

复合材料气瓶应有足够的疲劳寿命，包括反复充放气压力循环疲劳寿命和振动疲劳寿命。

(5) 泄漏先于爆破的要求

气瓶在最大工作压力循环使用过程中，要求复合材料气瓶不会发生纤维断裂导致的爆破失效，只发生内衬开裂引起的泄漏失效，即泄漏先于爆破（LBB）的失效模式；泄漏先于爆破是确保复合材料气瓶安全使用的一个重要方面。

满足复合材料气瓶 LBB 设计准则的两个必要条件为：一是复合材料的循环寿命远大于内衬的循环寿命；二是复合材料缠绕层有足够的强度来承担内衬裂纹扩展所转移的载荷。

(6) 应力断裂寿命要求

复合材料气瓶的设计寿命应该考虑在持续载荷作用下的工况。在指定持续时间内，不允许出现纤维应力破坏失效模式。

(7) 工艺性要求

复合材料气瓶应具有良好的加工制造工艺性，包括金属内衬成型工艺性和纤维缠绕成型工艺性。

### 8.3.2.1　网格理论

复合材料气瓶可近似为薄壁容器（薄壁容器指容器最大截面圆的内径大于容器壁厚的 10 倍），分析过程不考虑其厚度影响。当压力容器受到均匀内压作用时，不论压力容器的形状是球形还是圆筒等形状，除了局部产生的弯曲和剪切之外，其主要承受着薄膜应力。

网格理论是纤维缠绕压力容器设计中最常用的分析方法之一。一般树脂基体材料的强度和弹性模量约为纤维的 2%～5%，压力容器的主要载荷都由纤维承担，气瓶接近爆破压力时，树脂完全开裂无加强作用。因此气瓶强度分析、计算时忽略树脂基体的作用，将缠绕壳体的纤维看成是一张套网，承载着容器的环向和轴向薄膜应力。这种不考虑基体作用，认为壳体的载荷完全由纤维缠绕的网状结构承载的理论称为网格理论。网格理论是一种刚度降级准则，利用网格理论来对壳体进行容器承载能力的力学分析，将静不定问题转化为静定问题，从而可以较容易地分析纤维缠绕壳体的受力情况。

复合材料气瓶一般设计为柱形或球形，柱形复合材料气瓶包含筒身和封头两个部分，封头一般设计为椭球形。对柱形复合材料气瓶的薄膜应力分析主要分为两个部分：筒身段及椭球封头部分。针对筒身段，其薄膜应力计算较简单，取圆筒的轴向坐标为 $z$ 、环向坐标为 $\theta$ ，壳体在内压 $p$ 作用下，圆筒段的轴向与环向薄膜应力分别为

$$\begin{cases} \sigma_{\mathrm{m}} = \dfrac{Rp}{2S} \\ \sigma_{\theta} = \dfrac{Rp}{S} \end{cases} \tag{8-8}$$

式中，$\sigma_{\mathrm{m}}$ 为圆筒段的轴向薄膜应力；$\sigma_{\theta}$ 圆筒段的环向薄膜应力；$R$ 为圆筒段的半径；$S$ 为壁厚。

椭球封头处的薄膜应力取微元进行平面应力状态分析，沿着过回转轴及母线的两个

“相邻”截面，通过母线的法线并垂直母线两个“相邻”截面对椭球封头进行切割，形成分析微元，具体如图 8-8 所示，其中 $R_1$ 为第一曲率半径，$R_2$ 为第二曲率半径，$a$ 为椭球封头母线椭圆的长半轴，$b$ 为椭球封头母线椭圆的短半轴。回转曲面在曲面微分几何上的第一曲率半径 $R_1$、第二曲率半径 $R_2$ 的具体定义如下：

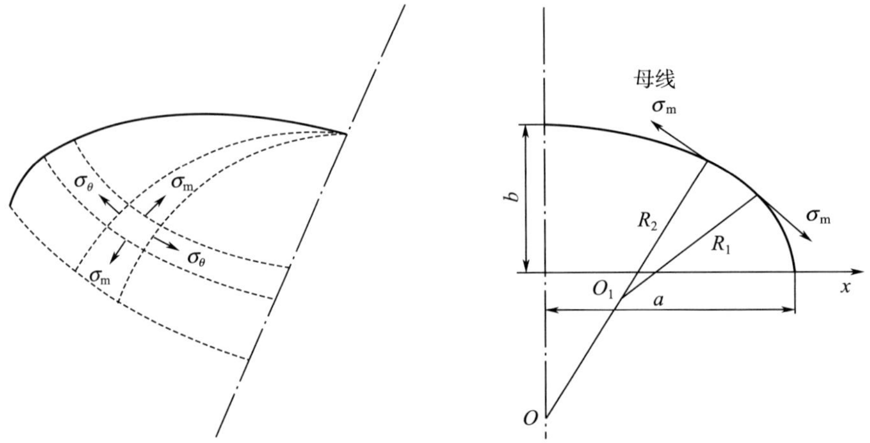


图 8-8 椭球封头处的薄膜应力计算示意图

第一曲率半径：回转面上任意一点在回转母线（经线）上的曲率半径，其数学表达式可以写成

$$R_1=\frac{(1+y'^2)^{\frac{3}{2}}}{|y''|} \tag{8-9}$$

第二曲率半径：通过母线任意一点的法线作垂直经线的平面与回转面相交形成的曲线，该点在此曲线上的曲率半径称为该点的第二曲率半径，其数学表达式可以写成

$$R_2=y(1+y'^2)^{\frac{1}{2}} \tag{8-10}$$

回转壳体径向应力分析，用截面法将壳体沿着经线的法线方向切开作为分析对象，建立静力平衡方程，可得回转体径向应力为

$$\sigma_m=\frac{pR_2}{2S} \tag{8-11}$$

$$\frac{\sigma_m}{R_1}+\frac{\sigma_\theta}{R_2}=\frac{p}{S} \tag{8-12}$$

式中，$p$ 为内压；$S$ 为指定位置处的壁厚。

在解析几何中椭球经线方程为

$$\frac{x^2}{a^2}+\frac{y^2}{b^2}=1 \tag{8-13}$$

椭圆形封头的第一曲率 $R_1$、第二曲率半径 $R_2$ 分别为

$$R_1=\frac{1}{a^4b}\ [a^4-x^2(a^2-b^2)]^{\frac{3}{2}} \tag{8-14}$$

$$R_2 = y(1+y'^2)^{\frac{1}{2}} = \frac{(1+y'^2)^{\frac{1}{2}} x}{y'} \tag{8-15}$$

将 $R_1$、$R_2$ 代入平衡方程可得

$$\begin{cases} \sigma_m = \dfrac{p}{2Sb}\sqrt{a^4 - x^2(a^2-b^2)} \\ \sigma_\theta = \dfrac{p}{2Sb}\sqrt{a^4 - x^2(a^2-b^2)}\left[2 - \dfrac{a^4}{a^4 - x^2(a^2-b^2)}\right] \end{cases} \tag{8-16}$$

椭圆形封头的中心处（$x=0$），径向应力和环向应力相等。径向应力 $\sigma_m$ 恒为正值（拉应力），且最大值在 $x=0$ 处，最小值在 $x=a$ 处。

环向应力 $\sigma_\theta$ ，在 $x=0$ 处，$\sigma_\theta>0$；在 $x=a$ 处，由于封头形状的不同，有三种可能情况，具体如图 8－9 所示。

1）$2-a^2/b^2>0$，即 $a/b<\sqrt{2}$ 时，$\sigma_\theta>0$；

2）$2-a^2/b^2=0$，即 $a/b=\sqrt{2}$ 时，$\sigma_\theta=0$；

3）$2-a^2/b^2<0$，即 $a/b>\sqrt{2}$ 时，$\sigma_\theta<0$。

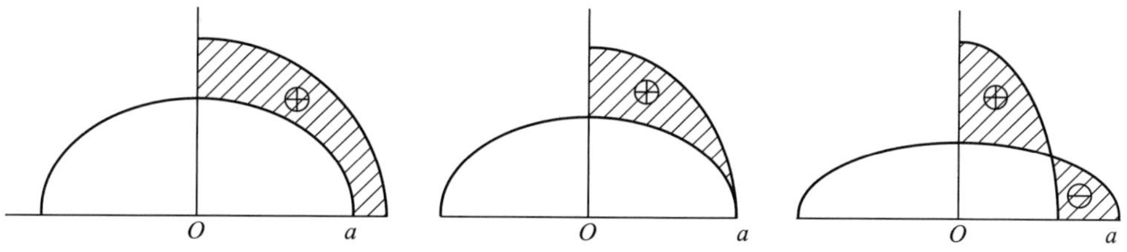


(a) $a/b<\sqrt{2}$　(b) $a/b=\sqrt{2}$　(c) $a/b>\sqrt{2}$

图 8－9　不同情况下的环向应力分布示意图

圆柱形复合材料气瓶筒身段通常采用螺旋加环向的缠绕方式，此时轴向薄膜内力 $\sigma_m$ 由螺旋向纤维承担，而环向薄膜内力 $\sigma_\theta$ 由螺旋与环向共同承担，这样由纤维应力表示薄膜内力可写为

$$\begin{cases} \sigma_m = \dfrac{2\sigma_{f\alpha} h_{f\alpha} \cos^2\alpha}{R} \\ \sigma_\theta = \dfrac{\sigma_{f\alpha} h_{f\alpha} \sin^2\alpha + \sigma_{f\theta} h_{f\theta}}{R} \end{cases} \tag{8-17}$$

式中，$\alpha$ 为纤维缠绕角（纤维缠绕方向与子午线的夹角）；$h_{f\alpha}$ 与 $h_{f\theta}$ 分别为螺旋向与环向纤维厚度；$\sigma_{f\alpha}$ 与 $\sigma_{f\theta}$ 分别为螺旋向与环向纤维应力。对于平衡型应变状态，环向缠绕与纵向缠绕纤维应力相等，此时，内力比 $\sigma_\theta/\sigma_m$ 可以表示为

$$\sigma_\theta/\sigma_m = \frac{\sin^2\alpha + \lambda_{\theta\alpha}}{\cos^2\alpha} = 2\ (\text{即 } \lambda_{\theta\alpha} = 3\cos^2\alpha - 1) \tag{8-18}$$

式中，$\lambda_{\theta\alpha} = h_{f\theta}/h_{f\alpha}$ 为环向纤维与螺旋向纤维厚度比。

若对筒身段进行等张力设计，且螺旋向缠绕纤维为单一角度，可得纤维厚度为

$$\begin{cases} h_{f\alpha} = \dfrac{Rp_b}{2\sigma_{fb}\cos^2\alpha} \\ h_{f\theta} = \lambda_{\theta\alpha} h_{f\alpha} \end{cases} \tag{8-19}$$

式中，$\sigma_{fb}$ 与 $p_b$ 分别为纤维的实际拉伸强度（即纤维拉伸强度乘以强度发挥系数）与气瓶的设计爆破强度。需要说明的是在复合材料气瓶铺层设计中，单一角度的螺旋向铺层已不再使用，但是可以根据式（8－19）进行筒身段铺层厚度粗略估算，进而估算出相同体积下不同几何尺寸气瓶的重量。

柱形复合材料气瓶封头段只有螺旋向缠绕，纤维分布具有以下特征：1）纤维排列关于子午线对称；2）纤维与子午线的夹角 $\alpha$ 是变化的，在封头几何形状确定的前提下，它是平行圆（垂直于旋转轴的平面与封头的相交线）半径 $r$ 的函数。赤道圆（封头与筒身段的交线）上的缠绕角等于圆筒上的缠绕角 $\alpha_0$，在极孔处，$\alpha=\pi/2$；3）由物质守恒可以得，通过平行圆法截面上的纤维总量等于通过赤道圆法截面上的纤维总量，即封头部分的纤维层厚度 $h_f$ 满足下述关系式，即

$$h_f = h_{f\alpha}\frac{R\cos\alpha_0}{r\cos\alpha} \tag{8-20}$$

工程上大多数采用椭球形封头，封头模数 $a/b$ 一般不大于 1.42。封头模数越大，缠绕难度越高。对于测地线缠绕椭球封头，可得筒身段厚度为 $h_{f\alpha}$ 、封头处缠绕角为 $\alpha$ 的螺旋向缠绕纤维在封头平行圆半径为 $r$ 处提供的爆破强度为

$$\begin{cases} p_\varphi = \dfrac{2\sigma_{fb}h_{f\alpha}R\cos\alpha_0\cos\alpha}{rR_2} \\ p_\theta = \dfrac{2\sigma_{fb}h_{f\alpha}R\cos\alpha_0\sin^2\alpha}{rR_2(2-R_2/R_1)\cos\alpha} \end{cases} \tag{8-21}$$

式中，$R$ 为筒身外半径；$p_\varphi$ 为纤维轴向应力分量；$p_\theta$ 为纤维环向应力分量。

由微分几何可知，测地线方程为

$$\sin\alpha = r_0/r \text{ ，或 } \alpha = \sin^{-1}(r_0/r) \tag{8-22}$$

式中，$r_0$ 为扩孔半径，在该处缠绕角为 $\pi/2$，在筒身段的缠绕角为 $\alpha_0=\sin^{-1}(r_0/R)$ 。

对于球形复合材料气瓶，$R_1$、$R_2$ 即为球的半径 $R$，由式（8－21）计算得到，其爆破强度计算公式为

$$\begin{cases} p_\varphi = \dfrac{2\sigma_{fb}h_{f\alpha}\cos\alpha_0\cos\alpha}{r} \\ p_\theta = \dfrac{2\sigma_{fb}h_{f\alpha}\cos\alpha_0\sin^2\alpha}{r\cos\alpha} \end{cases} \tag{8-23}$$

例：某柱形复合材料气瓶，其筒身外半径为 404 mm，封头为椭球形，封头外形面椭圆截面短半轴为 149 mm。计算缠绕角为 21°铺层在筒身处，以及封头平行圆半径为 110 mm 处，分别提供的纵向强度和环向强度。其中铺层筒身厚度为 1 mm，纤维方向强度为 2 300 MPa。

筒身强度计算：根据式（8－17），计算得到 21°铺层在筒身处提供的纵向强度和环向

强度分别为19.9 MPa和1.5 MPa。

封头处强度计算：根据式（8-22），计算缠绕角21°在封头处的扩孔半径$r_0$为72.4 mm，并计算得到封头平行圆110 mm处的缠绕角$\alpha$为41°。

根据式（8-14）和式（8-15）分别计算得到$R_1$和$R_2$分别为220 mm和255 mm。

代入式（8-23），计算得到21°铺层在封头平行圆110 mm处提供的纵向强度和环向强度分别为23.3 MPa和21.0 MPa。

#### 8.3.2.2　关键性能分析

使用网格理论对气瓶的铺层进行初步设计后，对气瓶的自紧压力、强度、疲劳、充放气特性等还应进一步采用有限元方法进行分析，并对气瓶结构和铺层参数进行优化。

（1）自紧压力

复合材料层强度和刚度明显高于内衬金属材料，当两者应变相同时，即使金属内衬材料已经屈服，但复合层纤维还处于低应力状态，纤维高强度性能得不到充分发挥。为解决这一问题，复合材料气瓶在生产过程中需要进行自紧处理[18]。自紧处理是气瓶固化完成后，给气瓶施加高于水压试验的自紧压力，使内衬产生屈服变形，卸压后内衬产生残余应变，当再次施加压力时，内衬的弹性应变与残余应变叠加，从而改变纤维层与内衬之间的应力分配，使得工作状态下内衬的应力降低[19]。

复合材料气瓶自紧压力分析有两项内容：1）确定合适的自紧压力；2）计算气瓶在自紧压力和零压力下，内衬和缠绕层的应力分布。

DOT CFFC设计准则要求：1）工作压力下，缠绕层的纤维应力不能超过强度极限的30%；2）工作压力下，内衬的最大拉伸应力不能超过材料屈服极限的60%；3）零压力下，铝内衬的压应力不能超过屈服极限的95%，但必须在屈服极限的60%以上[20]。DOT CFFC要求气瓶的爆破压力是工作压力的3.4倍，其对象为民用厚壁复合材料压力容器。航天器对复合材料气瓶重量要求苛刻，使用次数也不会达到民用的几千次，因此航天器复合材料气瓶设计准则不同于民用压力容器，很难达到DOT CFFC对内衬应力的要求。航天器复合材料气瓶合适的自紧压力应满足：1）充分发挥复合材料层纤维的强度；2）使气瓶具备足够的压力循环疲劳寿命；3）自紧压力不能造成复合层严重损伤；4）卸载后内衬不能发生屈曲失稳。

气瓶的自紧压力分析主要通过有限元方法进行计算，最终通过气瓶试验确定最优自紧压力。图8-10所示为考虑线性强化、随动强化和等向强化模式时，薄壁铝合金内衬复合材料气瓶自紧压力曲线图，可知：

1）随工作压力与屈服压力比值的增加，双线性材料内衬的自紧压力与工作压力的比值逐渐减小，并最终趋近于某一值。这是由于容器自紧压力必须超过材料屈服时的压力，由此导致在较小工作压力时，自紧压力也会处于一种较大的状态，从而使得该比例较大；随着工作压力的增加，该比例逐渐趋于稳定。

2）考虑随动强化特征时，在自紧压力达到某一特征值后，就无法通过增加自紧压力措施，使容器卸载后残余应力降低，其最佳自紧压力不会随着工作压力的增加而增加，因此曲线呈现突然下降的趋势。

3）考虑等向强化特征影响时，若卸载过程存在屈曲，则存在卸载模量下降的阶段，为达到与线性硬化材料同样的残余应力，自紧压力需要有所提高。

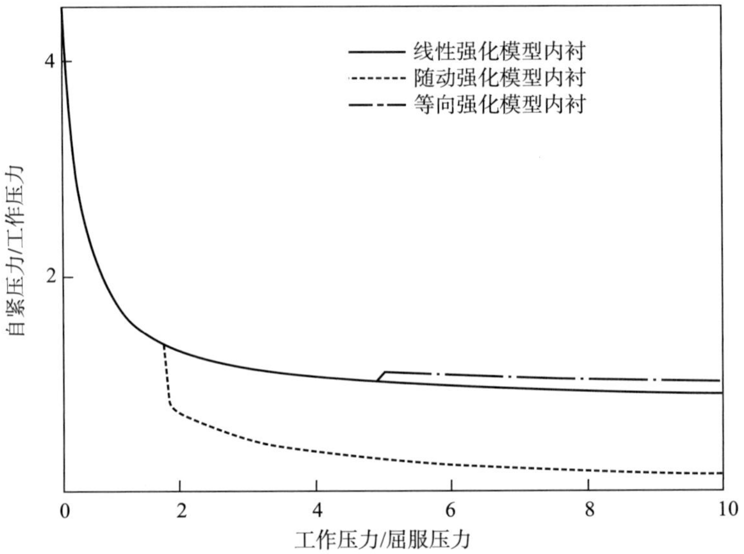


图 8-10　不同强化模型铝合金材料内衬容器自紧压力曲线图[21]

（2）强度

一般采用有限元方法对复合材料气瓶强度及爆破极限进行分析。复合材料的强度失效准则有几十种，但由于复合材料破坏的复杂性，没有一个失效准则可以应用于所有的复合材料。这里主要介绍应用较广的几种失效准则，在建立失效准则时，假设应力-应变关系是线弹性的。

①最大应力失效准则

最大应力失效准则认为，在应力 $\sigma_1$、$\sigma_2$、$\tau_{12}$ 共同作用下，只要其中之一达到该方向的基本强度，单层就失效。其表达式为

$$\left.\begin{array}{l} -X_c \leqslant \sigma_1 \leqslant X_t \\ -Y_c \leqslant \sigma_2 \leqslant Y_t \\ |\tau_{12}| \leqslant S \end{array}\right\} \tag{8-24}$$

式中，$X_t$、$X_c$ 分别为单层板纵向拉伸强度和纵向压缩强度；$Y_t$、$Y_c$ 分别为单层板的横向拉伸强度和横向压缩强度；$S$ 为单层板面内剪切强度（沿 $LT$ 轴方向）。三个不等式相互独立，其中任何一个不等式不满足，就意味着单层破坏。

最大应力失效准则的缺点是各应力分量对强度的影响相互独立，没有考虑相互影响。

②最大应变失效准则

最大应变失效准则认为，在复杂应力状态下，单层材料主方向的三个应变分量中，任何一个达到该方向基本强度对应的极限应变时，单层失效。其表达式为

$$\left.\begin{aligned}&-\frac{X_c}{E_1}\leqslant\varepsilon_1\leqslant\frac{X_t}{E_1}\\&-\frac{Y_c}{E_2}\leqslant\varepsilon_2\leqslant\frac{Y_t}{E_2}\\&|\gamma_{12}|\leqslant\frac{S}{G_{12}}\end{aligned}\right\}\tag{8-25}$$

由于单层的应力-应变关系一直到破坏都是线性的，因此式（8－25）也可用应力来表示，即

$$\left.\begin{aligned}&-X_c\leqslant\sigma_1-\nu_{12}\sigma_2\leqslant X_t\\&-Y_c\leqslant\sigma_2-\nu_{21}\sigma_1\leqslant Y_t\\&|\tau_{12}|\leqslant S\end{aligned}\right\}\tag{8-26}$$

比较式（8－26）和式（8－24）可知，最大应变失效准则考虑了泊松耦合效应。

③蔡-希尔（S. W. Tsai — R. Hill）失效准则

$$\frac{\sigma_1^2}{X^2}+\frac{\sigma_2^2}{Y^2}-\frac{\sigma_1\sigma_2}{X^2}+\frac{\tau_{12}^2}{S^2}=1\tag{8-27}$$

蔡-希尔失效准则综合了单层材料主方向的三个应力和相应的基本强度对单层破坏的影响，尤其是计入了 $\sigma_1$ 和 $\sigma_2$ 的相互作用，因此工程中应用较多。蔡-希尔失效准则原则上只适用于拉压强度基本相同的复合材料单层。但通常复合材料单层的拉压强度是不等的，工程上往往选取式（8－27）中的基本强度 $X$ 和 $Y$ 与所受的正应力 $\sigma_1$ 和 $\sigma_2$ 一致。如果正应力 $\sigma_1$ 为拉伸应力时，则 $X$ 取 $X_t$，若 $\sigma_1$ 为压应力，则 $X$ 取 $X_c$。

④蔡-吴（S. W. Tsai — E. M. Wu）张量失效准则

$$F_1\sigma_1+F_2\sigma_2+F_{11}\sigma_1^2+F_{22}\sigma_2^2+2F_{12}\sigma_1\sigma_2+F_{66}\tau_{12}^2=1\tag{8-28}$$

式中，$F_1$，$F_2$，$F_{11}$，$F_{22}$，$F_{12}$，$F_{66}$ 是与单层基本强度有关的 6 个强度参数，除 $F_{12}$ 外，其他都可以通过单层板的简单试验来确定

$$\left.\begin{aligned}&F_1=(X_c-X_t)/X_cX_t\\&F_2=(Y_c-Y_t)/Y_cY_t\\&F_{11}=1/X_cX_t\\&F_{22}=1/Y_cY_t\\&F_{66}=1/S^2\end{aligned}\right\}\tag{8-29}$$

已有研究表明，对于常用纤维增强复合材料，强度参数 $F_{12}$ 可以在 $-\sqrt{F_{11}F_{22}}/2$ 和 0 之间取值，$F_{12}$ 取为 $-\sqrt{F_{11}F_{22}}/2$ 或 0 时，代入蔡-吴失效准则后得到的差异在工程上是可以接受的。

⑤Chang－Chang（F. K. Chang－K. Y. Chang）失效准则

Chang－Chang 失效准则是一种可以用来表征复合材料层合结构多种破坏形式的破坏理论，对于线弹性层压板，其表达如下：

基体开裂准则

$$\left(\frac{\sigma_{\mathrm{y}}}{Y_{\mathrm{t}}}\right)^2+\left(\frac{\sigma_{\mathrm{xy}}}{S_{\mathrm{c}}}\right)^2=e_{\mathrm{m}}^2 \tag{8-30}$$

式中，$\sigma_{\mathrm{y}}$ 为横向拉伸应力；$\sigma_{\mathrm{xy}}$ 为每一层的剪切应力；$S_{\mathrm{c}}$ 为由 $[0/90]_{\mathrm{s}}$正交层合板测试获得的原位剪切强度；当 $e_{\mathrm{m}}\geqslant 1$ 时发生基体损伤；$e_{\mathrm{m}}<1$ 时不发生损伤。

分层和纤维失效准则

$$\left(\frac{\sigma_{\mathrm{x}}}{X_{\mathrm{t}}}\right)^2+\left(\frac{\sigma_{\mathrm{xy}}}{S_{\mathrm{c}}}\right)^2=e_{\mathrm{f}}^2 \tag{8-31}$$

式中，$\sigma_{\mathrm{x}}$ 为纤维方向拉伸应力；当 $e_{\mathrm{f}}\geqslant 1$ 时，发生纤维断裂或分层。

其中前四个失效准则没有考虑层合板的铺层特征对各子层破坏的影响，而 Chang－Chang 准则考虑了层合板铺层特征。

升压过程中复合材料层并不是同时破坏的，而是逐步发生破坏，分析计算中应给予考虑。文献［22］在进行气瓶复合层损伤分析时，在蔡氏准则基础上，根据 Chang－Chang 理论，提出如下损伤刚度退化准则：

1）树脂开裂，即 $e_{\mathrm{m}}>1$，不引起复合材料缠绕层的刚度变化；

2）分层损伤发生，即 $e_{\mathrm{D}}>1$，$E_2^*=eE_2$，$G_{12}^*=eG_{12}$，$\nu_{12}^*=\nu_{21}^*=0$；

3）纤维断裂，即 $e_{\mathrm{f}}>1$，$E_1^*=\varepsilon E_1$，$E_2^*=eE_2$，$G_{12}^*=eG_{12}$，$\nu_{12}^*=\nu_{21}^*=0$。此时认为该层发生“穿洞”。

文献［23］对低温复合材料气瓶的爆破极限进行有限元分析，其采用蔡-吴准则判断基体破坏和纤维断裂，采用 Chang－Chang 准则判断分层。

（3）疲劳

① 压力疲劳

纤维增强树脂基复合材料的抗疲劳性能一般比金属材料优越，复合材料气瓶的疲劳泄漏往往由金属内衬引起。复合材料气瓶金属内衬疲劳为典型多轴疲劳，采用单轴疲劳模型进行寿命预测并不适用。已有的多轴低周疲劳寿命预测方法大致可分为三种：等效应变法、能量法和临界面法。等效应变法最著名的是 Manson－Coffin 公式，其损伤参量为塑性应变，第 6 章已经介绍。能量法是基于功、能守恒的关系被提出来的，该观点认为材料不可逆的损伤进而疲劳破坏，是由于塑性功的不断累积造成的。能量法的优点在于应用范围广，适用于各种载荷，但是其判据并没有得到学者们的普遍认可，且需要一个精确的本构方程，难以在工程中得到实际应用。临界面法是构造疲劳破坏的临界面，以临界面上应力应变历程作为损伤参量来建立疲劳损伤模型。临界面法以最大剪应变幅和最大剪应变幅平面上的法向应变幅作为损伤参量。Brown－Miller 应变疲劳方程为

$$\frac{\Delta\gamma_{\max}}{2}+\frac{\Delta\varepsilon_{\mathrm{n}}}{2}=C_1\frac{\sigma_{\mathrm{f}}'}{E}(2N)^b+C_2\varepsilon'(2N)^c \tag{8-32}$$

式中，$\Delta\gamma_{\max}$ 为最大剪应变幅；$\Delta\varepsilon_{\mathrm{n}}$ 为垂直于最大剪应变幅平面的法向应变幅。若假设裂纹是沿着最大剪应变面产生的，则系数 $C_1=1.65$，$C_2=1.75$。对于复杂的载荷，在损伤参量 $(\Delta\gamma_{\max}+\Delta\varepsilon_{\mathrm{n}})/2$ 最大的平面计算得到的疲劳寿命与实验结果符合较好。

文献［24］对 Manson－Coffin 等效应变法和 Brown－Miller 临界面法对复合材料气

瓶疲劳寿命分析结果进行了比较，得出 Manson - Coffin 理论计算的结果偏于保守，比 Brown - Miller 理论计算结果低一个数量级，两种计算方法结果沿母线的变化趋势相似，且在直筒段中间区域的寿命很均匀。两种算法得到的疲劳寿命均在直筒段有最小值。

对气瓶进行压力疲劳性能验证时，若外部载荷（如安装结构）对气瓶的应力状态具有显著影响，压力循环试验工装应能模拟外部载荷。试验应充分考虑温度影响，应确保温度要与实际使用温度一致，或对试验压力进行适当调整来考虑温度对静力强度和断裂韧度的影响。

② 振动疲劳

航天器复合材料气瓶还要经历飞行过程中的振动环境，因此振动疲劳寿命也是重要考虑因素。通常气瓶的振动疲劳寿命远大于支架的振动疲劳寿命[25]，因此抗振疲劳设计主要是针对气瓶安装结构。复合材料气瓶的振动环境主要包括低频正弦扫描环境和高频随机振动环境。

气瓶的低频和高频振动疲劳寿命通过第 6 章的方法进行分析。分析时应考虑气瓶充压介质、压力的影响，安装结构应使用真实模型，考虑气瓶和舱段间耦合作用，以及环境温度载荷的影响。

力学环境试验用于验证气瓶及其安装结构的力学环境适应性，虽然通常是安装结构更易损坏，但仍建议采用真实气瓶开展试验，试验过程中气瓶应充压真实介质，充压压力按飞行工作压力，气瓶的安装结构及边界尽可能模拟真实安装状态。如环境温度、环境介质对气瓶力学环境适应性有显著影响，试验过程中应加载相应的环境条件。力学环境试验过程中，气瓶不发生泄漏、未出现不允许的结构损伤，则认为气瓶通过力学环境考核。

（4）其他

气瓶在服役过程中可能承受其他载荷，如热流、冲击等。必要时，也需进行分析。

某些情况下，复合材料气瓶需安装在火箭尾段发动机机架处，为适应发动机工作时产生的高温辐射，复合材料气瓶表面应包覆绝热层，避免复合材料的过度升温。可采用集总参数方法分析复合材料气瓶包覆绝热层的绝热性能，基于导热方程、能量守恒方程求解对应单元的温度和热流。根据气体状态方程、能量守恒方程、传热方程求解气体的平均温度和压力、复合材料层以及壁面的平均温度，分析材料绝热性能和复合材料层温度变化情况。图 8 - 11 为某复合材料气瓶外包覆绝热层的热流分析 AMESim 模型和结果，基于集总参数方法的传热学模型能够有效分析瓶体各材料层的平均温度变化及绝热材料的绝热性能，计算结果与试验数据吻合良好，集总参数方法虽然不能考虑结构细节及温度场的具体分布，但在建立起合理的壁面热容节点和传热模型时，仍是分析工程复杂传热问题的良好选择[26]。

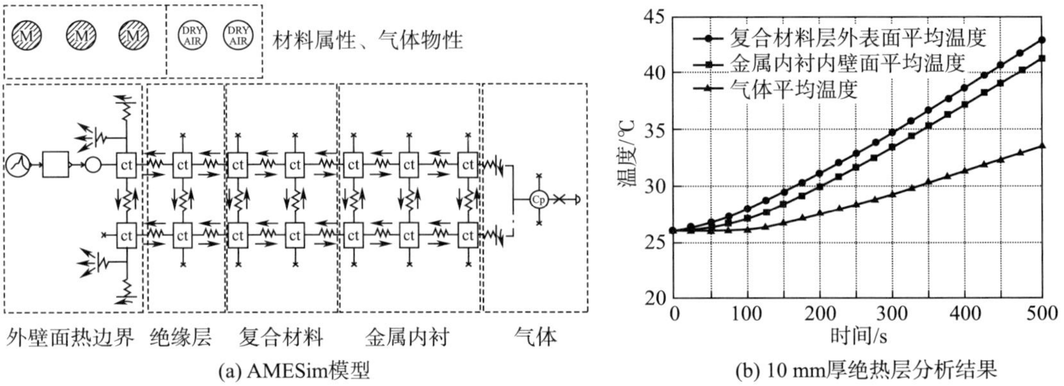


图 8-11 复合材料气瓶外包覆绝热层的热流分析 AMESim 模型及分析结果

## 8.3.3 关键工艺

复合材料气瓶加工制造工艺主要涉及金属内衬成型和缠绕成型。

### 8.3.3.1 金属内衬成型

金属内衬材料一般为钛合金或铝合金，钛合金内衬成型与上文钛合金气瓶成型类似，只是壁厚较小。

铝合金内衬可以实现整体没有焊缝，采用无缝筒体两端旋压收口成型，无缝筒体有两种成型方法：一是采用板材多道次冲压拉深成型，二是采用铝合金挤压管材毛坯经强力旋压碾薄成型。管坯加工完成后，封头收口旋压，然后进行 T6 热处理，热处理后精加工至设计尺寸，最后进行内衬检验验收。铝合金内衬加工工艺流程如图 8-12 所示。

铝合金内衬收口旋压成型的原理，是利用铝合金高温下良好的塑性，在旋轮径向和纵向两个方向反复碾压下，不断发生缩径和增厚变形，形成变壁厚气瓶封头，铝合金管坯收口旋压过程如图 8-13 所示。封头曲线形状是由旋轮的复合运动轨迹来实现的，并且是多道次、逐点变形完成的。

无缝内衬收口旋压成型质量与旋压设备、热旋温度、普旋道次及轨迹有关，在其成型过程中应防止过烧、内衬肩部隆起、橘皮纹过深等问题。通常采用数控收口旋压机进行金属内衬的收口旋压成型。收口旋压成型工艺需要通过调整旋压轨迹曲线，并合理匹配进给量和旋压速率等工艺手段来保障，国内内衬加工已经能够很好地解决收口旋压后内衬封头壁厚分布不均、管嘴短小、封头肩部出现环向突起、橘皮纹过深等问题，实现铝合金无缝内衬成型。成型后的内衬壁厚分布均匀、内壁光滑、无褶皱、瓶肩部位与筒体过渡圆滑，无凸凹痕迹，管嘴厚度与长度满足加工要求，收口旋压后的铝合金内衬如图 8-14 所示。

### 8.3.3.2 缠绕成型

纤维缠绕成型是在纤维张力和预定成型控制条件下，将浸过树脂胶液的连续纤维按照一定的规律缠绕到内衬上，然后经固化成型气瓶。

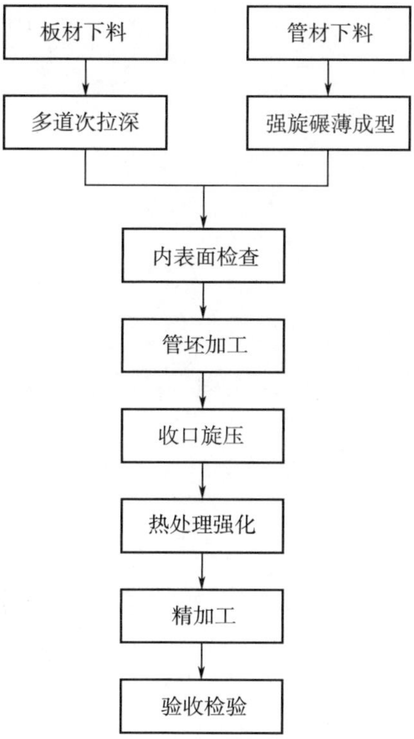


图 8－12 铝合金内衬加工工艺流程

图 8－13 铝合金管坯收口旋压过程

图 8-14　收口旋压后的铝合金内衬

(1) 纤维缠绕成型工艺

根据纤维缠绕成型时树脂基体的物理化学状态不同，分为干法缠绕、湿法缠绕和半干法缠绕三种。

①干法缠绕

干法缠绕是采用经过预浸处理的预浸带，在缠绕机上经加热软化至黏流态后缠绕到芯模上。干法缠绕可准确地控制产品质量，最大特点是生产效率高，缠绕速度可达 100～200 m/min。其缺点是缠绕设备贵，成本较高。另外干法缠绕制品的层间剪切强度较低。

②湿法缠绕

湿法缠绕是将纤维集束浸胶后，在张力控制下直接缠绕到芯模上。湿法缠绕的优点为：成本比干法缠绕低，产品气密性好，纤维排列平行度好，纤维上的树脂胶液可减少纤维磨损；其缺点是树脂浪费大，含胶量及成品质量不易控制，树脂品种较少。

③半干法缠绕

半干法缠绕是纤维浸胶后，到缠绕至芯模的途中，增加一套烘干设备，将浸胶带中的溶剂除去。与干法缠绕相比，省去了预浸胶工序和设备，与湿法相比，可使制品中的气泡含量降低。

国内复合材料气瓶缠绕多采用湿法缠绕。

(2) 纤维缠绕规律

纤维缠绕规律是绕丝嘴与芯模之间的相对运动关系规律。根据纤维在内衬上的排列状况，缠绕线型分为环向缠绕、纵向缠绕和螺旋缠绕三种。

**表 8-7　气瓶缠绕方式**

| 基本线型 | 图示 |
| --- | --- |
| 环向缠绕 | 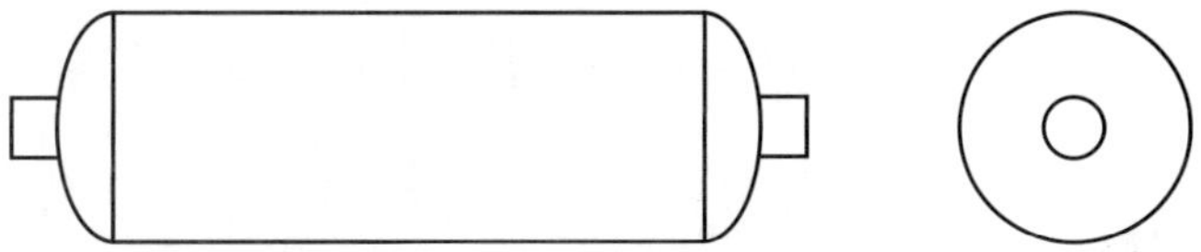 |
| 纵向缠绕 | 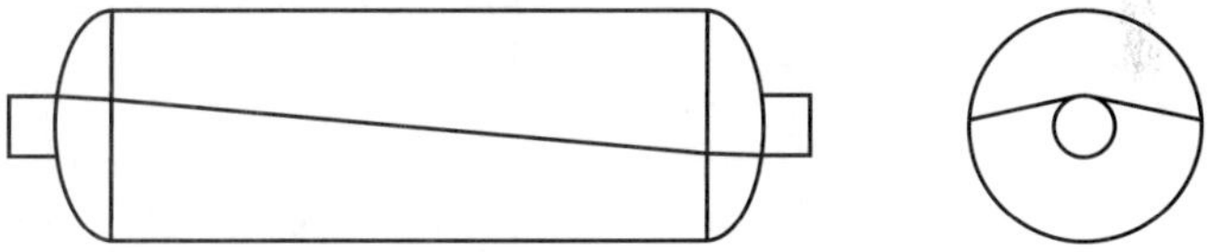 |
| 螺旋缠绕 | 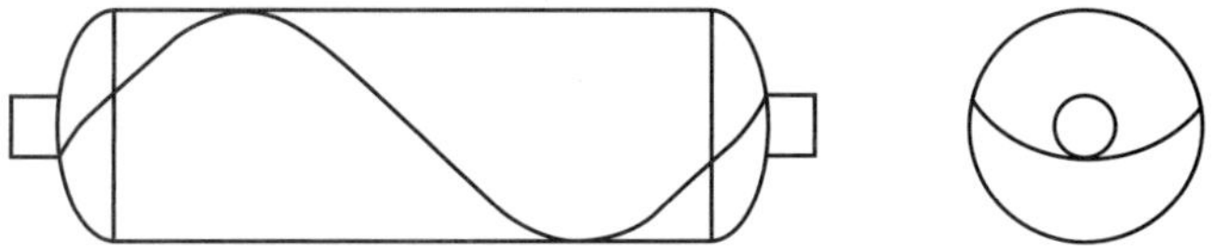 |

环向缠绕是内衬绕自身轴线匀速旋转，绕丝嘴沿内衬筒体轴线平行方向移动，内衬每转一周，绕丝嘴移动一个纱片宽度，如此循环直至纱片均匀地布满内衬筒身。环向缠绕只能在筒身进行，只提供环向强度，环向缠绕角通常为 85°～90°，环向缠绕参数计算公式为

$$
\begin{aligned} W &= \pi D \cot\alpha \\ b &= \pi D \cos\alpha \end{aligned} \qquad (8-33)
$$

式中，$W$ 为纱片螺距；$b$ 为纱片宽度；$D$ 为内衬筒身外径；$\alpha$ 为缠绕角。

纵向缠绕又称平面缠绕。缠绕时，缠绕机的绕丝嘴在固定的平面内做匀速圆周运动，内衬绕自身轴线慢速旋转，绕丝嘴每转一周，内衬旋转一个微小角度，相当于内衬表面上一个纱片宽度。各纱片均与两极孔相切，各纱片依次紧挨而不相交。纤维缠绕轨道近似为一个平面单圆封闭曲线。纵向缠绕适于球形、椭球形及长径比小于 1 的粗短柱形容器的缠绕。纵向缠绕气瓶封头纤维有严重的架空现象，为了减少纤维架空，一般在缠绕不同层次时，使缠绕角 $\alpha$ 在一定范围内变化，以分散纤维在端头的堆积。

螺旋缠绕的特点是内衬绕自身轴线匀速转动，绕丝嘴沿内衬轴向按缠绕角所需的速度往复运动——螺旋缠绕的基本线型由封头上的空间曲线和直筒段的螺旋线组成。一般螺旋缠绕的缠绕角 $\alpha$ 在 15°～85°之间。绕丝嘴完成一个单程后的纱带与下一单程缠绕的纱带不再相切，而留下很大缝隙。要使纤维均匀布满内衬表面，必须让绕丝嘴多次往复运动（纱带的轨迹是单线或多线螺旋线），以布满整个表面。往复的螺旋线缠绕纱带，在内衬上相互交叉，当纤维均匀布满内衬表面时，就构成了平衡纤维壳，所以螺旋缠绕的层数总是

偶数。

(3) 切点法缠绕规律[27]

一个完整循环的纤维螺旋缠绕是指在缠绕过程中，纤维由内衬上的某点开始，经过若干次往复缠绕后，又缠回到起始点上，这样在内衬上完成一次（不重复）布线，就是一个完整循环。

螺旋缠绕的纱片，在完成一个完整循环时，在内衬封头极孔圆周上只有一个切点，称为单切点。而在完成一个完整循环中有两个以上的切点时，称为多切点。由于内衬匀速旋转，绕丝嘴每次往返时间相同，因此各切点将等分极孔圆周。

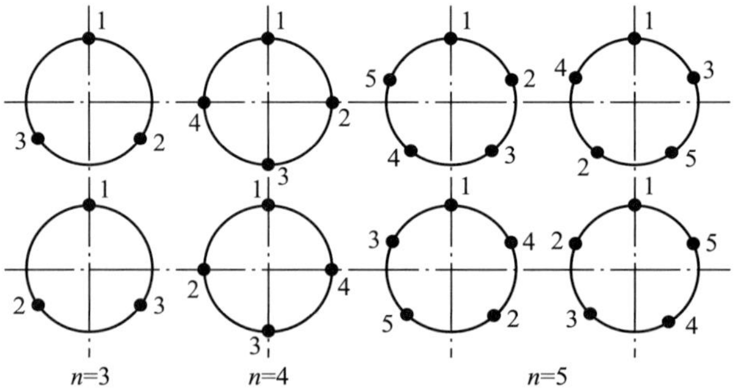

图 8-15　$n=3/4/5$ 时初始切点的排列顺序

由于内衬上的每条纱片都对应着极孔圆上的一个切点，所以只要满足两个条件就可以经若干完整缠绕循环，使纱片一片挨一片均布在内衬表面：1）一个完整循环的各切点等分内衬转过的角度，即各切点均布在极孔圆周上；2）前一个完整循环与相继的后一个完整循环所对应的纱片，在筒身段应错开一个纱片宽度距离。

绕丝嘴往返一次的内衬转角 $\theta_n$ 与一个完整循环内衬转角 $\theta$ 的关系为

$$\theta_n=\theta/n \tag{8-34}$$

式中，$n$ 为切点数量，不同切点线型的内衬转角 $\theta_n$ 不同。

单切点内衬转角 $\theta_1$ 至少为 $360°\pm\Delta\theta$，或再加上 360°的整数倍，即

$$\theta_1=(1+N)\,360°\pm\Delta\theta \tag{8-35}$$

式中，$N$ 为整数；$\Delta\theta$ 为微小增量，由纱片宽度决定。

$n$ 切点线型的 $\theta_n$ 为

$$\theta_n=(1/n+N)\,360°\pm\Delta\theta/n \tag{8-36}$$

当 $n\geqslant 3$ 时，各切点位置排布顺序与时序并不一致，如图 8-15 所示，式（8-35）变为

$$\theta_{n-k}=(k/n+N)\,360°\pm\Delta\theta/n \tag{8-37}$$

式中，$k$ 为正整数；$k/n$ 为最简真分数；$k/n+N$ 表示不同线型，它代表特定标准线，$\Delta\theta/n$ 为内衬转角微调量，保证纱片既不离缝，又不重叠。

单位时间内，内衬转数 $m$ 与绕丝嘴往返次数 $n$ 之比称为转速比 $i$，即

$$i=\frac{m}{n}=\left(\frac{k}{n}+N\right)\pm\frac{\Delta\theta}{n}\times 360^{\circ} \tag{8-38}$$

(4) 缠绕成型工艺参数

①含胶量

含胶量对气瓶的性能影响很大，过高会使气瓶强度降低，过低会使复合层孔隙率增加，剪切强度下降。在浸胶过程中，必须严格控制纤维的含胶量，保证整个缠绕过程中含胶量均匀，湿法缠绕复合材料气瓶含胶量一般控制在20%～30%。

浸胶过程中影响含胶量的因素很多，如胶液黏度、缠绕张力和浸渍时间等。温度影响胶液的黏度，应在浸胶槽上安装恒温水浴，水浴温度根据树脂而定。胶液黏度一般控制在0.35～1.0 Pa·s，另外树脂的凝胶时间应大于4 h，保证顺利完成缠绕过程。

浸胶方式主要有沉浸式浸胶和表面带浸胶两种，沉浸式浸胶通过调整挤胶辊来控制含胶量，表面带浸胶则通过调节刮刀间隙来控制含胶量。复合材料气瓶缠绕一般采用沉浸式浸胶，如图8-16所示。

图8-16 复合材料气瓶缠绕沉浸式浸胶

②缠绕张力

缠绕张力影响复合层的树脂含量，各层的应力状态还影响内衬的状态，如缠绕张力过大会使内衬失稳[28]。缠绕张力通过计算确定，一般初始张力可按纤维强度的5%～10%选取。为使得缠绕完成后复合层在内压下应力状态一致，避免出现内松外紧的现象，缠绕过程中张力应逐层递减。缠绕张力设计可以参考无限长圆筒失稳公式，缠绕各层纤维时所用的张力 $T_{0i}$ 应为[29]

$$\begin{aligned} T_{0i}&=T\frac{1+n\lambda}{\sqrt{(1+i\lambda)[1+(i-1)\lambda]}}\quad(i=1,2,\cdots,n)\\ \lambda&=\frac{E_f h_f}{E_0 h_0}\end{aligned} \tag{8-39}$$

式中，$T$ 为缠绕完成后纤维处于等张力状态时的每层张力；$n$ 为缠绕层数；$E_f$、$h_f$ 分别为纤维的纤维向弹性模量和缠绕后每层纤维的厚度；$E_0$、$h_0$ 分别为内衬的弹性模量和厚度。缠绕完成后金属内衬的环向预应力 $\sigma_0$ 为

$$\sigma_0=-\frac{nT}{h_0 t} \tag{8-40}$$

式中，$t$ 为纱片宽度。

③缠绕速度

在湿法缠绕中，缠绕速度受到浸胶时间和设备能力限制，缠绕速度过快，纤维浸胶时间短，不易浸透；缠绕速度慢，则生产效率低。在湿法生产过程中，缠绕速度一般不大于 1 m/s。

## 8.4 试验与检测

### 8.4.1 试验

将气瓶成品各项使用性能及其安全余量进行试验考核，内容一般包括强度试验、气密试验、疲劳试验和爆破试验。

(1) 强度试验

试验介质应与气瓶材料相容。试验压力下应至少保持 5 min，试验过程中气瓶不应发生泄漏、爆破或有害变形。试验过程中可同时进行声发射跟踪。

(2) 气密试验

对气瓶结构致密性及其密封结构可靠性进行综合检查，可采用氦质谱检漏法或水下气泡法。

(3) 疲劳试验

疲劳试验应使用无缺陷的试件，以证明气瓶的疲劳寿命满足设计要求。试件在规定的试验循环和持续时间内，在预期的极限载荷和压力作用下不发生泄漏，则认为满足疲劳寿命的要求。当气瓶使用过程中外部载荷对其应力状态有显著影响时，疲劳试验夹具应能模拟外部载荷的影响。

(4) 爆破试验

通过爆破试验验证气瓶在工作温度下的强度极限。气瓶充压至设计爆破压力时应保持一段时间，满足设计爆破压力后，继续增加压力直到气瓶发生爆破。当气瓶使用过程中外部载荷对其应力状态有显著影响时，试验夹具应能模拟外部载荷的影响。

### 8.4.2 检测

一般使用各种无损检测对气瓶质量进行检验。无损检测是保证压力容器质量的重要手段，气瓶可使用的无损检测手段主要有内窥镜检测、声发射检测、X 射线检测、工业 CT 检测、超声检测、涡流检测等，以及先进的射线康普顿散射成像、红外热波检测等。

（1）内窥镜检测

内窥镜检测主要用于检测气瓶内部的质量，如多余物、腐蚀、裂纹、型面等。使用内窥镜对气瓶内部质量进行检测非常便捷，是航天系统高压气瓶必备的检测手段。

（2）声发射检测

声发射技术是一种评价材料或构件损伤的动态无损检测技术，它通过对声发射信号的处理和分析来评价缺陷的发生和发展规律，并确定缺陷的位置。

声发射检测必须对被检件进行加载，加载方式可以是加力、加压、加热等。在载荷作用下材料内部结构发生变化，如晶体结构的变化、滑移变形、裂纹扩展等，声发射就是在材料内部结构变化过程中产生的。因此，声发射检测是一种动态无损检测方法，即：使构件或材料的内部结构、缺陷或潜在缺陷处于运动变化的过程中进行无损检测。裂纹等缺陷在检测中主动参与了检测过程。如果裂纹等缺陷处于静止状态，没有变化和扩展，就没有声发射发生，也就不能实现声发射检测。声发射检测的这一特点使其区别超声、射线、涡流等其他无损检测方法。

气瓶进行声发射检测时需要对气瓶进行加载，一般气瓶进行强度试验的同时进行声发射检测。通过对声发射事件计数、振铃计数、信号幅度、信号持续时间、能量计数、信号位置等声发射信号进行处理，判别对应的等级，给出气瓶是否满足质量要求的结论。

球形钛合金气瓶的声发射事件数量一般较少，信号多定位于焊缝区域内。这类容器的声发射严重性评价应格外注意高幅度信号的数量及定位集中度，高度集中的定位集中区对应着活动性缺陷的准确位置。定位集中区无论在焊缝区域还是在母材区域，都应高度重视。图 8－17 为球形钛合金气瓶的典型声发射检测定位结果，声发射信号主要分布在赤道焊缝区域，并集中在图中标记为 A 的椭圆处[30]。

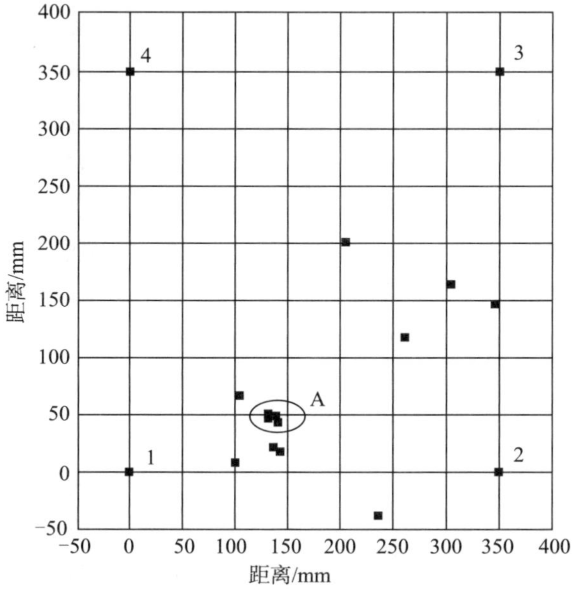


图 8－17　球形钛合金气瓶声发射检测定位结果

对于复合材料结构，费利西蒂比值不小于0.95，是传统认为结构没有受到严重损伤的重要依据之一。费利西蒂比是指在相同检测灵敏度下，二次加压出现“明显声发射”时的压力与先前所加最高压力之比。费利西蒂比值越大，说明二次加压声发射起始压力越高，先前的加压过程对被检件造成的损伤越轻。另外在试验中发现，复合材料气瓶液压疲劳过程中，声发射呈现收敛趋势，疲劳声发射起始压力越小，声发射事件数越多，则预示该气瓶声发射损伤越严重[31]。利用声发射技术可以检测复合层的冲击损伤，图8－18为复合材料气瓶在机械冲击（34J）前后的声发射检测数据，可以看出冲击后声发射计数显著增加[32]。另外通过柱状图和平面分布图可有效确定冲击损伤的位置[33]。

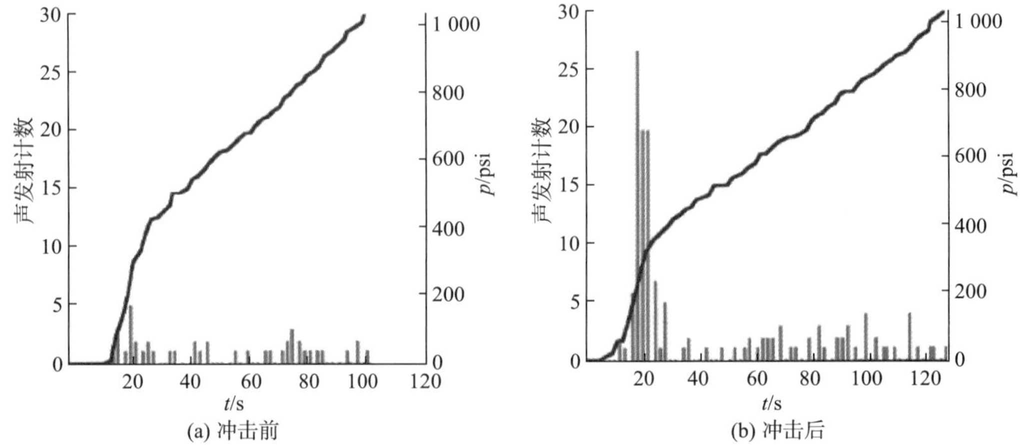


图8－18　复合材料气瓶在机械冲击前后声发射检测数据

（3）X射线检测

X射线检测是通过检测透过被检物体后的射线强度的差异，来判断被检物体中是否存在缺陷。

对于气瓶，X射线检测主要用于检测金属材料气瓶或金属内衬焊缝质量，也可以检查复合材料中孔隙和夹杂物等体积型缺陷，还可检查复合材料层和金属内衬界面是否发生脱离等缺陷。图8－19为复合材料气瓶X射线切向检测图，可以看出金属内衬和复合材料层界面脱开，金属内衬有轻微内凹现象。但X射线难以检测复合材料中的分层缺陷，一般只有当裂纹平面与射线束大致平行时方能检出。

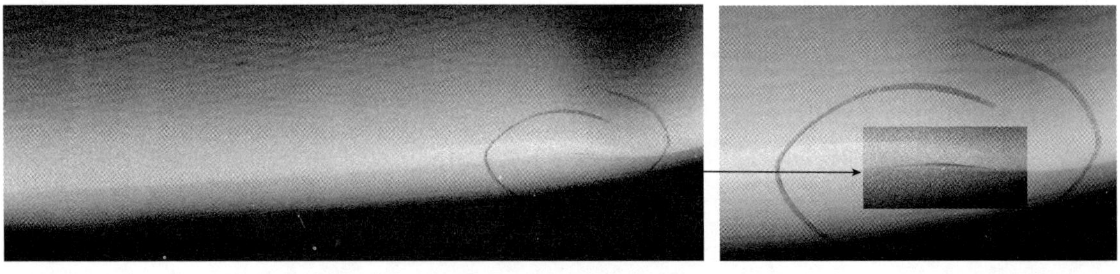

图8－19　复合材料气瓶X射线切向检测图

(4) 工业CT检测

工业CT检测是在无损状态下得到被检测断层的二维灰度图像，以图像的灰度来分辨被检测断面内部的结构组成、装配情况、材质状况、有无缺陷、缺陷的性质和大小等，检测时只需扫描得到足够多的断层二维图像就可以得到被检物的三维图像。CT的图像清晰，与一般透视照相法相比不存在影像重叠与模糊的情况，图像对比灵敏度比透视照相要高出两个数量级。

工业CT检测主要用于复合材料气瓶复合材料层内部分层、气孔、与金属内衬的界面分层、架桥、金属内衬变形等缺陷。图8-20为复合材料气瓶工业CT检测图像，可以看出内衬和复合层出现了严重的界面分离，内衬多处出现屈曲。CT检测技术一次检测可获得轴向上某一位置截面图像，可与X射线切向透照技术组合应用，形成网格化的检测区域。

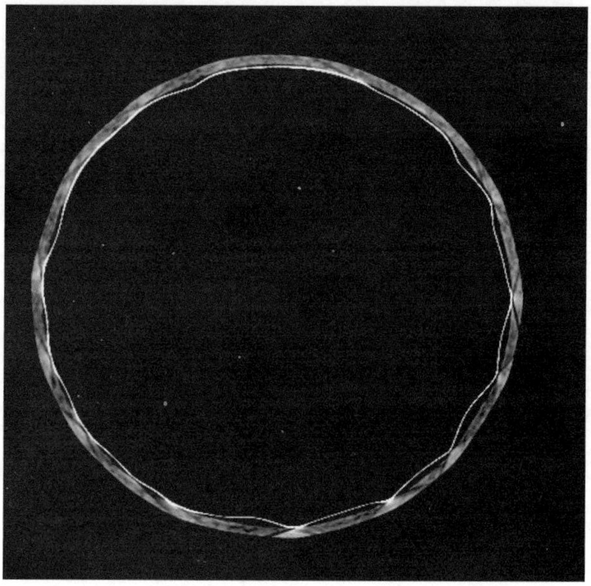

图8-20 复合材料气瓶工业CT检测图像

(5) 超声检测

超声检测是使用超声波与被检工件相互作用，根据超声波的反射、投射和散射的特性，对被检工件进行缺陷检测、几何特征测量、组织结构和力学性能变化的检测和表征，并进而对其应用性进行评价的一种无损检测技术。无论是金属、非金属，还是复合材料，都可以应用超声波进行无损检测。

超声检测尤其是超声C扫描，由于具有显示直观、检测速度快等优点，已成为航空器复合材料构件普遍采用的检测方法。超声C扫描根据声波的接收方式不同可分为反射法和穿透法。超声反射法通过超声波在材料内部缺陷的反射信号对材料内部缺陷进行判定，而超声穿透法则通过超声波透过材料后的变化情况对材料内部缺陷存在情况进行判定。采用超声反射法通常可以获得比穿透法更高的检测灵敏度，而且可以获得缺陷的深度位置信息，采用穿透法只能获得缺陷的水平位置信息；超声反射法检测时只需在产品单侧检测即可，容易实现复杂曲面构件的检测，超声穿透法检测时则需要将检测探头置于产品两侧。

图 8－21 为采用超声穿透法对复合材料气瓶复合层和内衬间的模拟脱粘缺陷进行检测的结果，可清晰检验出 10 mm×10 mm 尺寸的缺陷。但受探头行程限制，对复合材料气瓶肩部和底部检测比较困难。

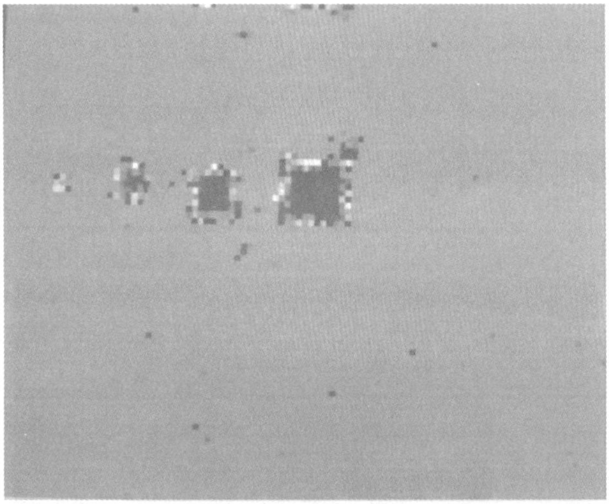

缺陷尺寸由左至右分别为：5 mm×5 mm，10 mm×10 mm，15 mm×15 mm，20 mm×20 mm

图 8－21　超声穿透法检测的复合材料气瓶模拟脱粘缺陷

图 8－22[34]为复合材料气瓶封头与筒身连接部位经过 30 J 能量冲击后，采用反射法超声检测的波形图。第 1 个回波波峰区域为复合材料层外表面，第 2 个回波波峰区域为复合材料层和内衬界面位置。可以看出冲击后第 1 个回波区域波峰数量明显增加，说明在复合材料层表层出现了损伤，冲击后第 2 个回波波峰高度降低，数量也减少，说明在复合材料层与金属内衬出现了脱粘现象。

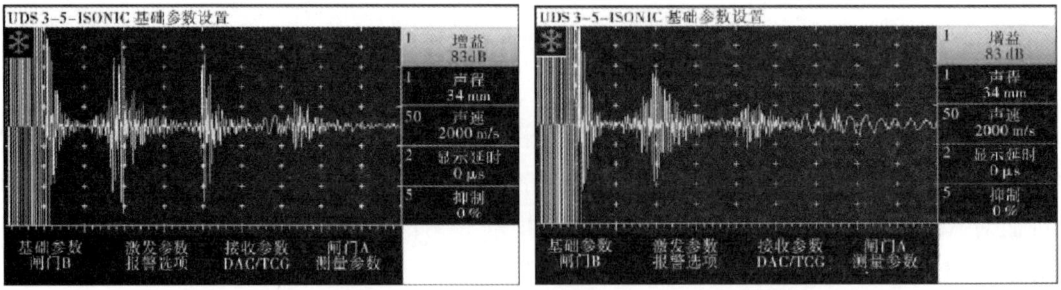


(a) 冲击前　　(b) 冲击后

图 8－22　复合材料气瓶封头与筒身连接部位经过 30 J 能量冲击前后超声检测波形图

对于金属材料气瓶和复合材料气瓶金属内衬，主要用超声检测检验材料内部是否有缺陷，对壁厚进行测量。

（6）涡流检测

利用电磁感应原理，通过测定被检工件内感生涡流的变化来无损评定导电材料及其工件的某些性能，或发现缺陷的无损检测方法称为涡流检测。常规涡流检测是一种表面或近似表面的无损检测方法。由于涡流因电磁感应而生，因此进行涡流检测时，检测线圈不必与被检材料或工件紧密接触，不需用耦合剂，检测过程不影响被检材料与工件的性能。

对于气瓶，涡流检测主要用于金属材料气瓶表面质量和金属内衬表面质量的检测。碳纤维导电，因此当检验频率低于 1 MHz 时，石墨/树脂复合材料对于涡流来说便成为透明，涡流可非常灵敏地检测出由于外界冲击导致的内衬凹陷。图 8 - 23 所示[32]为复合材料气瓶在不同能量冲击后的涡流检测图，可以看出冲击区域涡流检测显示为黑色，随着冲击能量增大，黑色区域增大，说明损伤越来越严重。

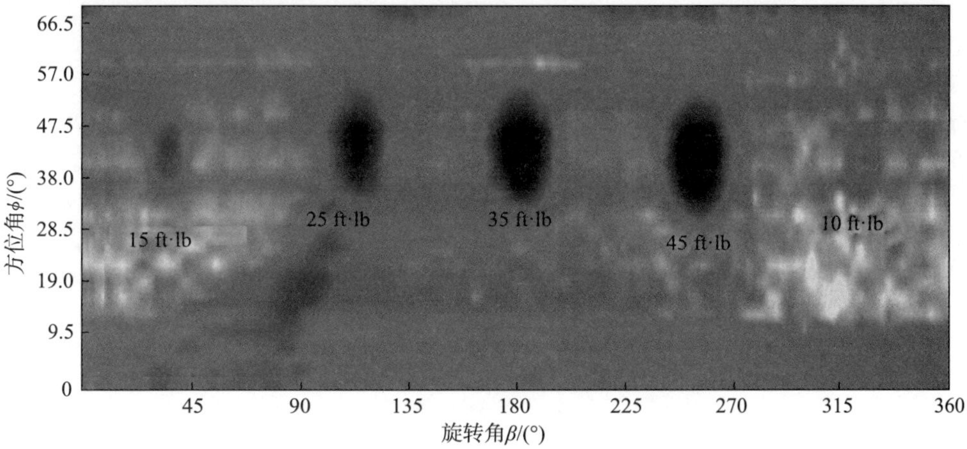


图 8 - 23　复合材料气瓶在不同能量冲击后的涡流检测图

（7）射线康普顿散射成像

康普顿散射成像（CST）技术是 20 世纪 80 年代末发展起来的一种射线检测新技术。康普顿散射成像具有单侧非接触、快速三维成像、灵敏度高，并且不受被检测构件几何尺寸限制等特点。康普顿散射成像技术在国外航空航天领域得到了广泛的应用，国内由于缺少相关的技术与设备，尚未开展复合材料气瓶检测的相关研究，但已应用于固体火箭发动机结构的分层检测，并可检测出 0.15 mm 的分层间隙[35]。

（8）红外热波检测

红外热波检测采用外部热源加热被检试样，利用被检材料内部热学性质的差异在试样表面局部区域产生的温度梯度，从而产生表面红外辐射能力的差异，再使用红外热像仪探测被检试件的辐射分布，分析其在热图上的反映，推断内部缺陷的情况。

红外热波检测方法尤其适合用于检测复合材料薄板与金属粘接结构中的界面脱粘类缺陷，能够准确地检测出复合材料中分层的深度。红外热波无损检测适用于各种压力容器、承载装置表面及表面下疲劳裂纹的探测，可用于大到航天飞机，小到纤维、薄膜，不同材料、不同结构和检测环境的各类探伤和检测问题。

红外热波无损检测具有非接触、实时、高效、直观的特点，一次测量可覆盖达平方米量级；能对大型检测对象的结果进行自动拼图处理；可直接测量缺陷的深度与厚度，并能进行表面下的识别；检测方便，适用于构件的现场与在役检测。其局限是对缺陷的检测深度不够深，检测分辨率低于超声 C 扫描，对于某些金属检测，表面需进行抗反射处理，且受周围环境温度的影响较大。

## 8.5　安装和减振

气瓶在箭体上安装一般可采用包带安装或支架安装的形式，根据安装位置的空间结构特点选择气瓶包带或支架安装结构，如图 8-24 所示。

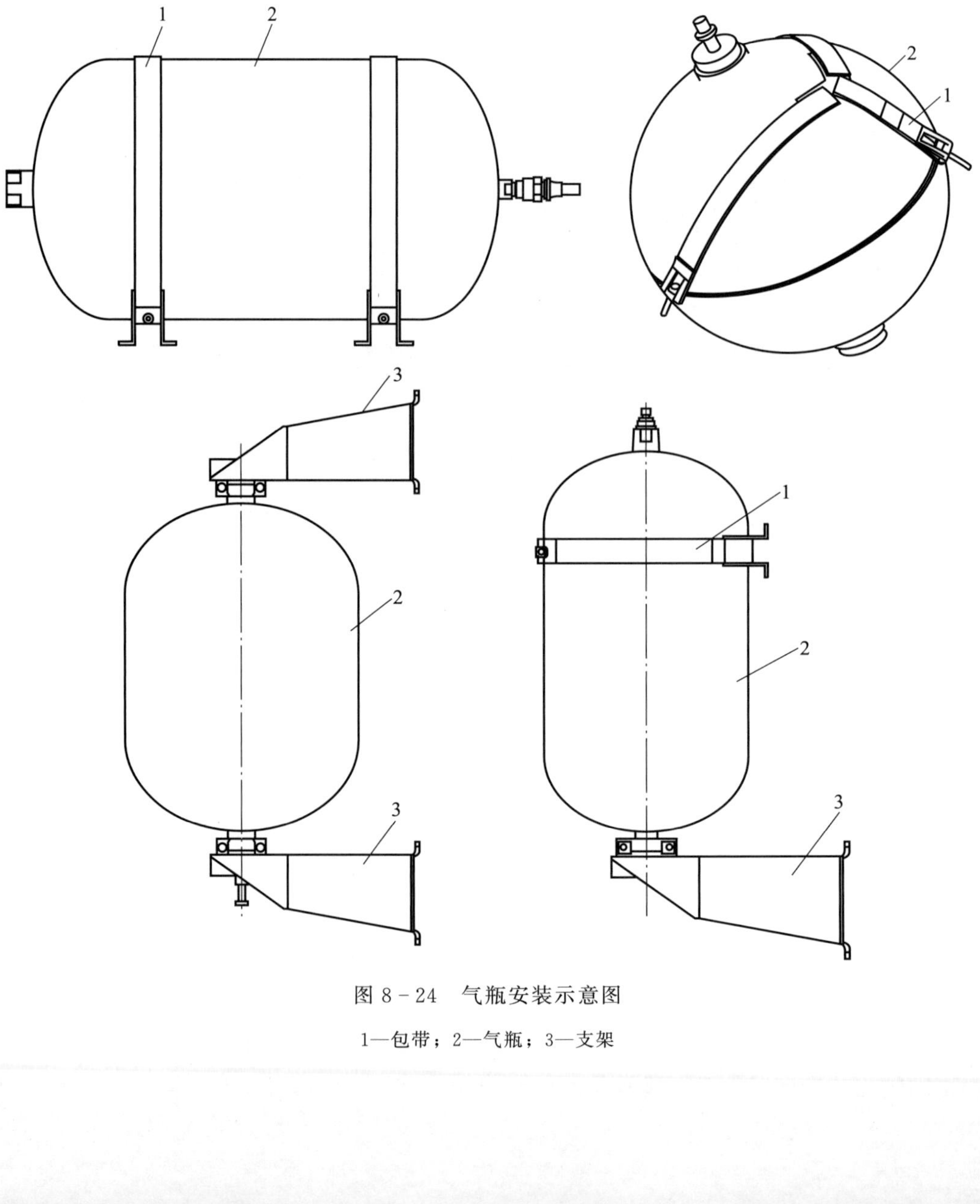


图 8-24　气瓶安装示意图

1—包带；2—气瓶；3—支架

安装结构需考虑气瓶充压变形的影响，不应对气瓶结构或材料造成损伤，影响气瓶的承压性能，另外安装结构设计还需充分考虑力学环境的影响。气瓶和支架系统的一阶固有模态应避开低频高量级区域。另外如高频振动环境非常恶劣，可采用减振设计。如在支架和气瓶连接的部位设置减振器，降低振动环境对气瓶的影响。

安装减振器的气瓶结构系统可简化为带有刚度（$K$）和阻尼（$C$）的单自由度物理模型，$M$ 为气瓶结构质量（见图 8-25）。气瓶的刚度一般比减振器高几个数量级，可看成刚体，系统的一阶模态振型为减振器的变形。

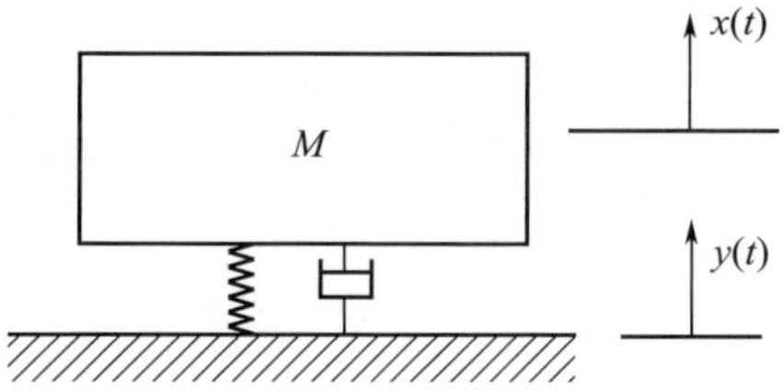


图 8-25　运动减振示意图

根据牛顿第二定律建立系统的数学模型为

$$M\ddot{X}(t)+C\dot{X}(t)+KX(t)=0 \tag{8-41}$$

式中，$X(t)=x(t)-y(t)$；$C$ 为减振器的阻尼系数，表征减振器耗散能量的能力；$K$ 为减振器的刚度系数，表征减振器储能的能力。

定义结构位移幅值与基座位移幅值之比为传递率 $T$，可表示为

$$T=\sqrt{\frac{1+(2\xi\lambda)^2}{\sqrt{(1-\lambda^2)^2+(2\xi\lambda)^2}}} \tag{8-42}$$

式中，频率比 $\lambda=\frac{\omega}{\omega_n}$；$\omega_n$ 为系统固有谐振频率，$\omega_n=\sqrt{\frac{K}{M}}$；$\omega$ 为外界激振频率；阻尼比 $\xi=\frac{C}{2M\omega_n}$。

根据式（8-42），以频率比 $\lambda$ 为横坐标，传递率 $T$ 为纵坐标，对不同阻尼可作出特性曲线，如图 8-26 所示。当激振力的频率远小于系统的固有频率时，振动是一比一传递到设备上；当频率比接近 1 时，即激振力频率接近系统固有频率时，系统进入共振区，其传递率与系统的阻尼有关，当阻尼比为 0 时，系统传递率为 $\infty$，随着阻尼的增大，其传递率不断减小；而当频率比大于 $\sqrt{2}$ 以后，系统进入减振区，传递率开始小于 1。

若已知基座加速度正弦激励 $A_e$，根据式（8-42）可以计算出减振后的响应加速度 $A_r$，即

$$A_r=|T|A_e \tag{8-43}$$

若已知基座加速度随机激励功率谱密度 $G_e$，根据式（8-43）可以计算出减振后的响应加速度功率谱密度 $G_r$，即

$$G_r=|T|^2G_e \tag{8-44}$$

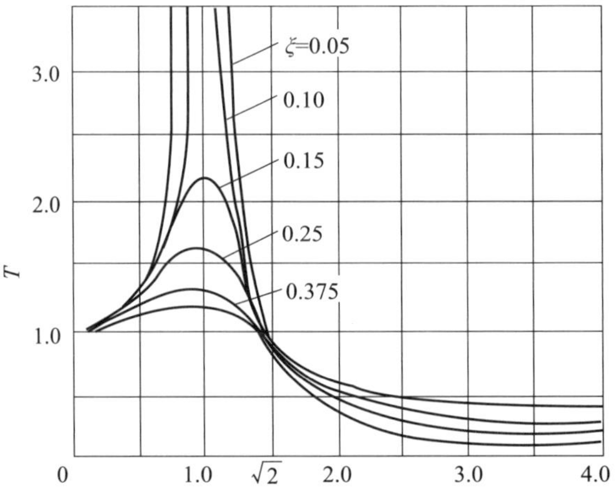


图 8-26　传递率随频率比变化曲线

将 $G_e$ 和 $G_r$ 在振动条件规定的频率范围内积分，便可得到基座加速度激励的总均方根值 $E_{rms}$ 和响应加速度的总均方根值 $R_{rms}$，进而计算出减振效率为

$$\eta=\left(1-\frac{R_{rms}}{E_{rms}}\right)\times 100\% \tag{8-45}$$

减振系统的设计本质主要就是根据外界激励力的频率特性对系统进行频率设计和阻尼设计，频率设计的目的是使减振系统的固有频率低于激振力中能量较高的频率，以实现减振功能；阻尼设计的目的是控制系统的共振传递率。

对于气瓶结构减振，金属橡胶减振器是一种较好的选择，其可以适应气瓶较大的载荷，且性能稳定，耐蚀性强，可应用于高温和低温环境。金属橡胶是将不锈钢丝挤压成一定形状的弹性体，通过金属丝间的摩擦提供良好的阻尼特性。图 8-27 所示为根据气瓶结构特征设计的金属橡胶减振器，高频减振效率可达 50%～80%。

图 8-27　金属橡胶减振器

# 参考文献


[1] 王心清．结构设计［M］．北京：宇航出版社，1994.

[2] 赵稼祥．先进复合材料的发展与展望［J］．材料工程，2000（10）：40－44.

[3] 杜善义．先进复合材料与航空航天［J］．复合材料学报，2007，24（1）：1－12.

[4] 周海成，阮海东．纤维缠绕复合材料气瓶的发展及其标准情况［J］．压力容器，2004，21（9）：32－36.

[5] 张天平．空间应用复合材料压力容器研制技术［J］．上海航天，2002（1）：54－62.

[6] 王荣国，矫维成，刘文博，等．轻量化复合材料压力容器研究进展［J］．航空制造技术，2009（15）：86－89.

[7] 杨东，郭金明．钛合金的腐蚀机理及耐蚀钛合金的发展现状［J］．钛工业进展，2011，28（2）：4－7.

[8] 褚洪．钛合金的应力腐蚀［J］．北京科技大学学报，2002，24（1）：47－48.

[9] G BUSSU，D TRAMACCIONI，I KALSCH. Experimental assessment of the susceptibility of stress－corrosions cracking of Ti－6V－4V alloy exposed to mon－1 propellant tank environment－background and test design［C］．ESA International propulsion Conference，2004.

[10] JACKSONM J D，BOYDM W K. Corrosion of Titanium，Defense metals Information Center，Battelle Memorial Insitute［R］．1966.

[11] BJORKLUND R A. Stress－corrosion crack－growth study of titanium alloy Ti－6Al－4V exposed to Freon PCA and nitrogen tetroxide MON－1，SD－TR－83－53［R］．JPL Publication 83－31.

[12] BIXLER W D. Flaw growth of 6Al－4V Titanium in nitrogen tetroxide with low nitric oxide contents［R］．NASA－CR－16094.

[13] J D JACKSON，W K BOYD，P D MILLER. Reactivity of metals with liquid and gaseous oxygen［R］．DMIC Memorandum 163，1963.

[14] C 莱茵斯，M 皮特尔斯．钛与钛合金［M］．陈振华，等译．北京：化学工业出版社，2005.

[15] 夏德顺．钛合金气瓶焊接［J］．导弹与航天运载技术，2005（2）：20－25.

[16] 许鸿吉，尹丽香，李晋炜，等．TC4 钛合金电子束焊接接头组织和性能［J］．焊接学报，2005，26（11）：43－46.

[17] 冯艳丽，赵海泉，胡淑芳，等．国产化高性能 F－12 芳纶纤维研究进展［C］．长沙：第十六届全国复合材料学术会议，2010.

[18] 稽醒，戴瑛，顾星若．碳纤维缠绕铝内胆气瓶的有限元分析与自紧设计［J］．力学季刊，2003，24（3）：385－389.

[19] 胡广辉，任明法，陈浩然，等．自紧工艺对复合材料压力容器金属内衬断裂强度的影响［J］．复合材料学报，2013，30（2）：201－205.

[20] DOT－CFFC Standard Carbon－Fiber Aluminum Cylinders［S］．2000.

[21] 孙直，任明法，陈浩然．含金属内衬的复合材料缠绕薄壁容器自紧设计的工程方法［J］．复合材

料学报，2011，28（2）：217－221.

［22］ 任明法．具有金属内衬复合材料缠绕结构成型和使用过程的一体化分析［D］．大连：大连理工大学，2005.

［23］ 王洪锐，许光，廖传军．低温复合材料气瓶爆破压力的有限元分析与试验研究［J］．压力容器，2016，33（3）：39－44.

［24］ 黄其忠，郑津洋，胡军，等．复合材料气瓶的多轴疲劳寿命预测研究［J］．玻璃钢/复合材料，2016（11）：39－45.

［25］ 王道连，许光，周浩洋，等．复合材料气瓶随机振动环境下疲劳寿命分析［J］．强度与环境，2015，42（1）：18－22.

［26］ 王道连，叶超，许光，等．箭上复合材料气瓶绝热性能数值分析和试验研究［J］．航天材料工艺，2015（2）：20－23.

［27］ 陈平，刘胜平，王德中．环氧树脂及其应用［M］．北京：化学工业出版社，2014.

［28］ 林松，王俊锋，穆晗，等．缠绕张力对薄壁金属内衬复合材料气瓶性能影响［J］．玻璃钢/复合材料，2015（10）：26－30.

［29］ 丁保庚，杨福江．缠绕张力公式的研究［J］．玻璃钢/复合材料，2000（6）：3－7.

［30］ 刘哲军，葛丽，伍颂，等．小型钛合金压力容器的声发射评价［J］．宇航材料工艺，2009（2）：21－24.

［31］ 刘哲军，葛丽，王俊峰，等．复合材料气瓶声发射检测初步研究［J］．宇航材料工艺，2011（2）：120－123.

［32］ YENYIH NI，JAMES B CHANG. COPV Standard Requirements Implementation Issues［C］. 51st AIAA/ASME/ASCE/AHS/ASC Structures，Structural Dynamics，and Materials Conference，2010.

［33］ F DAHMENE，S YAACOUBI，M EL MOUNTASSIR，et al. Towards efficient acoustic emission testing of COPV，without Felicity ratio criterion，during hydrogen－filling［J］. International Journal of Hydrogen Energy，2016（41）：1359－1368.

［34］ 许光，王洪锐，贺启林，等．碳纤维缠绕复合材料气瓶冲击试验研究［J］．压力容器，2014，31（11）：26－31.

［35］ 赫晓东，赵俊青，王荣国，等．复合材料压力容器无损检测研究现状［J］．哈尔滨工业大学学报，2009，41（12）：78－82.

# 第 9 章　蓄压器

## 9.1　概述

大型液体火箭飞行过程中，箭体结构同推进系统相互作用，使火箭产生不稳定纵向耦合振动（POGO 振动）。20 世纪 60 年代初，雷神/阿金纳、钻石运载火箭一级飞行段大多发现严重 POGO 振动，一般持续 10～40 s，振动频率大多在结构一阶纵向振动频率附近，少数情况以纵向高阶振型出现，也可能在某一级（一级或二级）的助推过程中出现几个不稳定区间，每个区间对应着不同振型[1]。POGO 振动严重危害飞行器飞行安全，需对其采取抑制措施。

抑制 POGO 振动的主要措施是分隔运载火箭箭体结构纵向振动固有频率与推进剂输送管路系统固有频率，阻止闭合回路自激振动产生。改变箭体结构或推进剂输送管路系统的固有频率是防止 POGO 振动的关键。实际应用过程中，改变全箭结构系统的固有频率，既复杂也不现实，而改变推进剂输送管路系统固有频率则既简便又可靠。因此，现有航天运载器多数在靠近发动机泵入口处设置容积补偿装置——蓄压器，以实现对推进剂输送管路系统固有频率的调节。

蓄压器是抑制火箭 POGO 振动的重要组件，常安装于火箭推进剂输送管路上，可有效改变输送管路系统振动频率。图 9-1 为某火箭安装蓄压器后箭体一阶、二阶振动频率及输送管路液体频率随飞行时间的变化曲线，避免了输送管路液体频率与箭体结构振动频率重叠而发生耦合振动，确保火箭飞行安全。

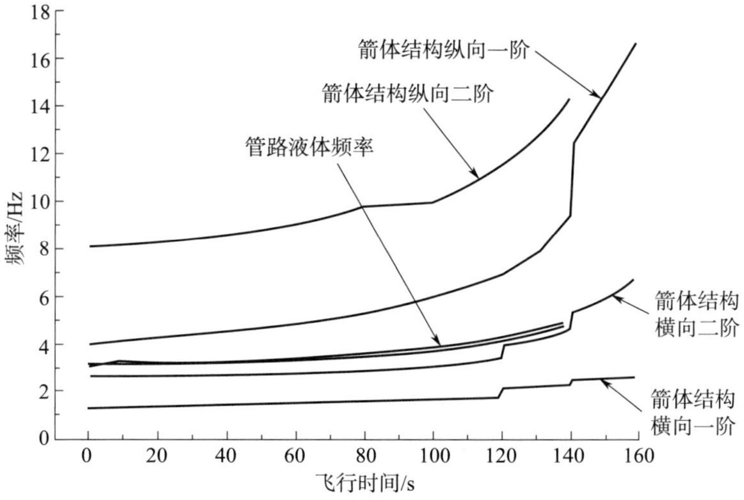


图 9-1　蓄压器错频、降频示意图

蓄压器 POGO 振动抑制机理可简单理解如下：发动机泵在工作时输出的推进剂流量存在波动，引起了压力脉动；这种压力脉动在输送管路内传播，使管路系统产生振动；若该振动频率与箭体结构频率耦合，则出现耦合振动。蓄压器利用其可变容腔，容纳泵的过剩排液量，吸收泵的压力脉动，从而降低压力脉动的频率和振幅，有效地减少推进剂脉动对箭体结构振动的影响，起到抑制 POGO 振动的作用[2]。

可变容腔是蓄压器的关键组成部分，根据火箭飞行过程中推进剂输送管路内的压力变化及脉动情况，结合降幅、错频需求确定可变容腔的容积、压力及其实现形式。蓄压器在近 60 年的应用发展过程中出现过三种类型，分别为弹簧式蓄压器、储气式蓄压器、注气式蓄压器。图 9－2 为蓄压器的三种类型。

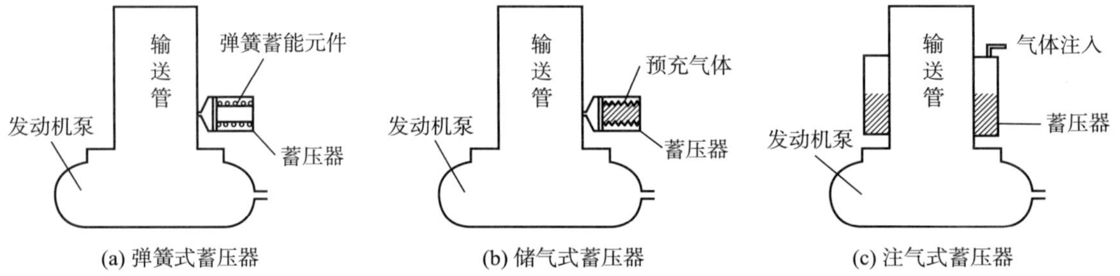


图 9－2　蓄压器的三种类型

弹簧式蓄压器需要根据降幅、错频需求，对蓄能弹簧的强度、刚度及稳定性、活塞阻尼及密封性能进行研究。该类蓄压器在使用过程中存在活塞动密封摩擦导致蓄压器灵敏度降低[3]、推进剂相容性导致结构腐蚀等问题，一般仅限于常温燃料系统应用。同时由于结构重量较重，目前该种类型蓄压器应用较少。

储气式蓄压器也称为具有隔离气腔的蓄压器，该类蓄压器通过控制隔离气腔容积及预充压值获得所需的蓄压器柔性。储气式蓄压器的主要缺点是蓄压器柔性在飞行过程中不可调或仅有限可调。储气式蓄压器应用的关键在于解决气液隔离膜的各种使用问题，历史上的非金属气囊、橡胶皮碗储气式蓄压器都曾出现过腐蚀、使用寿命短、与推进剂不相容、推进剂渗透等问题，推广应用受限于非金属材料的发展。金属膜盒式蓄压器是储气式蓄压器最常见的一种类型，其采用金属膜盒作为气液隔离膜，可以很好地解决腐蚀、渗透问题，但需解决膜盒充压强度、充压稳定性、往复循环运动疲劳、高频随机振动疲劳等问题。除应满足能量值（压力与容积的乘积）要求外，膜盒压力可变范围还需满足对火箭推进剂管路工作压力的包络，具体来说膜盒初始充气压力值应小于推进剂管路最小工作压力值，膜盒受压可达的最大压力值应大于推进剂管路的最大工作压力值，这就要求膜盒实际可达的最小容积应小于管路最大压力下的膜盒计算容积，确保整个飞行过程中膜盒不出现限位失效。火箭飞行过程中，膜盒容积随推进剂管路压力变化而变化，若忽略膜盒机械刚度影响，膜盒内气体压力基本与管路推进剂压力相等，因此膜盒强度问题主要是初始充压强度问题。同样膜盒柱失稳问题也主要发生在射前初始充压阶段，因涉及接触导致的变刚度问题，其分析过程比较复杂，需要着重进行研究。飞行过程中，膜盒工作状态非常复杂，首先膜盒与外部推进剂流体、内部密封腔气体存在强耦合；其次膜盒随箭体做随机振动；最后膜盒还受推进剂温度、压力脉动、飞行过载等因素影响。在箭上复杂力热环境作用的三相耦合状态下，膜盒疲劳开裂是主要的失效模式，因此金属膜盒疲劳问题也是研究的重点。相关性能参数分析、计算的准确性、有效性是确保金属膜盒式蓄压器可靠应用的关键。

注气式蓄压器也称具有自由表面的蓄压器，工作时气体注入蓄压器容腔，自由液面始终存在回到初始液位的趋势。管路压力脉动导致蓄压器内液面上升时，通过溢流管流出蓄压器的气体量减小，使容腔内压力上升，液面下降，直至回到初始液面。其中通过溢流管/溢流口流出的气体被注入推进剂管路或者排出箭外。这种蓄压器对反复压力脉动循环不敏感，不受推进剂相容性限制，可根据火箭飞行时序调节、控制气腔压力，实现了蓄压器柔性可调，增加了其应用的灵活性。但是注气式蓄压器一般需要设计一套气体补充、控制装置，导致 POGO 振动抑制系统较复杂。注入推进剂管路的气体有可能对发动机产生影响，需要进行系统分析。注气式蓄压器自由液面的晃动问题可能对蓄压器性能、POGO 振动抑制效果产生较大影响，因此防晃设计也是注气式蓄压器研究的重点。

## 9.2　结构形式

弹簧式蓄压器曾应用于大力神Ⅱ燃料系统[3]，取得了有益效果。该弹簧式蓄压器采用活塞可变容腔及弹簧蓄能元件，其中，活塞与蓄压器壳体之间采用 O 形圈作为动密封元件，同时在活塞后部设置聚四氟乙烯塑料导向件，避免活塞在运动过程中出现卡滞及过度损伤。蓄能元件为两个内外嵌套的大小弹簧，在满足外形尺寸要求的情况下，确保刚度满足要求。

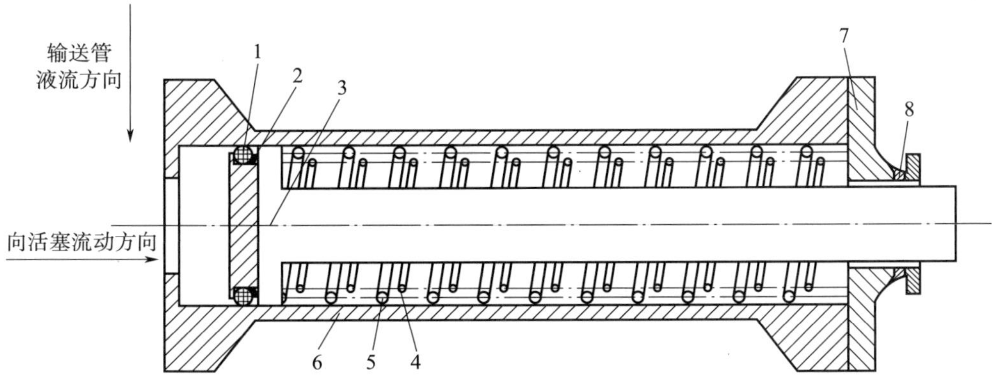


图 9-3　大力神Ⅱ燃料系统弹簧式蓄压器

1—O 形圈；2—聚四氟乙烯导向环；3—活塞；4—内弹簧；5—外弹簧；6—壳体；7—端盖；8—缓冲件

储气式蓄压器有多种形式，它们分别采用不同形式的气液隔离膜，包括非金属气囊、橡胶皮碗、金属膜盒、波纹管等。气液隔离膜是储气式蓄压器的关键元件，其性能优劣直接决定储气式蓄压器的先进与否。美国大力神Ⅲ运载火箭一级燃管路采用皮囊式蓄压器，中国 331 工程研制的皮囊式蓄压器与该蓄压器相似，蓄压器皮囊内充氮气，外部与推进剂接触，皮囊起气液隔离作用；皮囊采用羧基亚硝基氟橡胶制造，耐 $N_2O_4$ 腐蚀但易被 $N_2O_4$ 渗透。美国大力神Ⅲ一级氧管路采用金属膜盒式蓄压器，取得了有益的 POGO 振动抑制效果。近 30 年来，金属膜盒式蓄压器在我国现役常规推进剂火箭上得到了成功应用，研究人员陆续研制了多种规格的定能、变能金属膜盒式蓄压器，满足了多个不同型号运载火箭的使用需求。2009 年以来，为满足我国低温火箭的 POGO 振动抑制需求，研究人员开展了大容积低温金属膜盒式蓄压器的设计、研制，并获得成功应用。

国外大型液体运载火箭低温推进剂系统一般采用注气式蓄压器作为 POGO 振动抑制装置。国外火箭实际使用且经过飞行试验验证的注气式蓄压器统计情况见表 9-1。注气式蓄压器的主要结构形式通常呈环形或球形，蓄压器内腔通过连通孔与输送管主管路连通，其结构设计通常难度不大，关键在于补气系统的设计、注入气体对发动机影响的控制。

**表 9-1 国外注气式蓄压器简介[4-7]**

| 序号 | 火箭/蓄压器 | 蓄压器位置 | 蓄压器描述 |
|---|---|---|---|
| 1 | 德尔它 | 一级液氧输送管路泵前 | 在主管路的波纹管处安装一个环形蓄压器，其上部入口充氦气，下部通过底部的通孔与主管路相通，飞行过程中监测腔体压力和温度 |
| 2 | 土星Ⅴ/Apollo8 | 一级液氧输送管路泵前 | 液氧前置阀设置空腔，空腔内充入氦气，当前置阀的球阀打开后，空腔内液体与主管路连通 |
| 3 | 土星Ⅴ/Apollo9 | 二级液氧输送管路泵前 | 在主管路直管处安装环形气腔，直管上打孔，环形气腔与主管路相通，气腔使用的气体为氦气 |
| 4 | 航天飞机 | 液氧输送管高压泵前 | 球形容腔，内有表面张力网筛、浮子小球、防晃板、溢流管。蓄压器容腔内气体主要为气氧，发动机启动和关机时气体为氦气 |
| 5 | H-2 | 一级氧管路，由三通法兰引出 | 圆柱形容腔，充入氦气，内有防晃板、溢流管 |
| 6 | 阿里安Ⅴ | 芯级氧管路泵前 | 在管路上安装有环形蓄压器，通过小孔与主管路相连，蓄压器上部环形容腔内充有氦气 |
| 7 | 天顶号 | 一级氧管路泵前 | 加注阀直接向蓄压器加注液氧，液氧再通过主管路的连通孔进入主管路，蓄压器为球形，上部为氦气气腔，飞行中气腔容积保持不变，压力与管路内压平衡 |

由于弹簧式蓄压器应用很少，储气式蓄压器中的皮囊式蓄压器结构较简单，此处不再进行讨论。本节主要针对储气式蓄压器中的金属膜盒式蓄压器、注气式蓄压器的具体结构形式进行讨论。

### 9.2.1 金属膜盒式蓄压器

我国现役运载火箭均采用金属膜盒储气式蓄压器来进行 POGO 抑制，结构形式与大力神Ⅲ氧路蓄压器相类似，其关键部件——膜盒组件的结构形式如图 9-4 所示，包括筒体、焊接膜盒、底盘、充气开关及压力传感器。焊接膜盒通常由 $n$ 对膜片两两焊接而成，膜片常见的结构形式包括平板锥型、波纹型，具体如图 9－5 所示。将膜盒组件安装于输送管两侧即组成双侧金属膜盒式蓄压器。

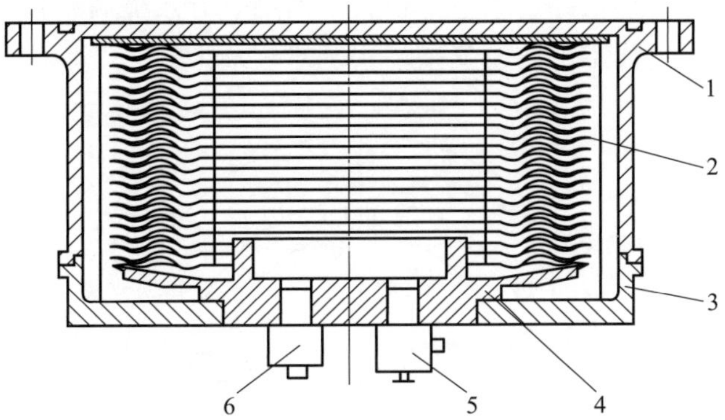


图 9－4　蓄压器膜盒结构示意图

1—法兰上筒；2—焊接膜盒；3—下筒体；4—底盘；5—充气开关；6—压力传感器

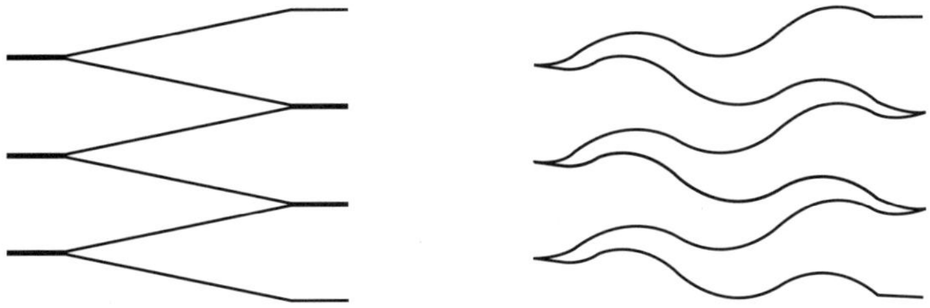

(a) 平板锥型膜片(3对)　　(b) 波纹型膜片(3对)

图 9－5　常见膜片结构形式示意图

为保持膜盒往复运动方向，避免膜盒在工作过程中出现异常失稳现象，通常为膜盒设置导向装置。常见的导向装置结构为轴孔配合式，具体结构示意如图 9－6 所示。导向杆焊接于膜盒顶部，并与膜盒组件外壳体的导向孔配合。该种导向装置结构简单，但在振动工况下容易出现轴孔碰撞，导向杆根部受力状态比较恶劣。应对导向装置的结构尺寸、材料、加工精度、配合状态进行严格分析、论证。

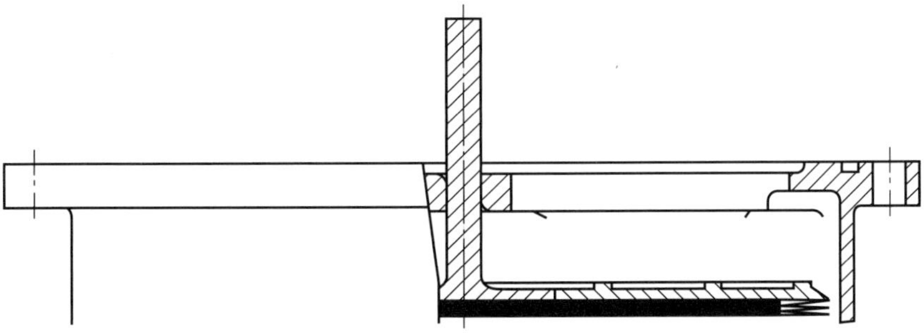

图 9－6　轴孔配合式膜盒导向结构示意图

除轴孔配合式的导向装置，还可在膜盒与外壳体之间设置数条滑轨进行膜盒导向。如图 9－7 所示，蓄压器膜盒工作时的往复运动通过四路滑轨进行导向，该形式可以很好地解决采用轴孔配合的导向杆根部受集中力较大的问题，有效提高结构的工作可靠性，保证膜盒运动的平稳可靠，但加工工艺较复杂，实现难度较大[8]。

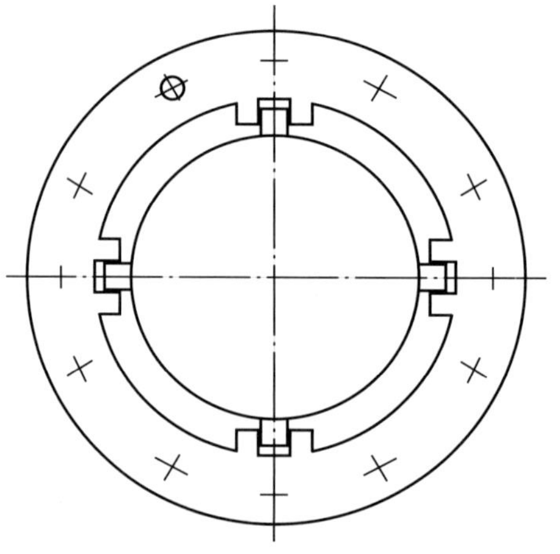

图 9－7　四路滑轨式膜盒导向结构示意图

金属膜盒式蓄压器根据工作过程中是否提供可变的 POGO 振动抑制所需的气体能量，可分为定能量蓄压器、变能量蓄压器。定能量蓄压器在工作过程中提供固定的气体能量，一般由壳体、膜盒组件、充气开关、压力传感器等部分组成，其结构如图 9－8 所示。变能量蓄压器在工作过程中可按需求在特定时刻改变 POGO 振动抑制所需的气体能量，根据不同需求进行一次变能、两次变能及多次变能，一般由壳体、高压膜盒、低压膜盒、电爆阀门组件、连通导管、充气开关、压力传感器等部分组成，其结构如图 9－9 所示。

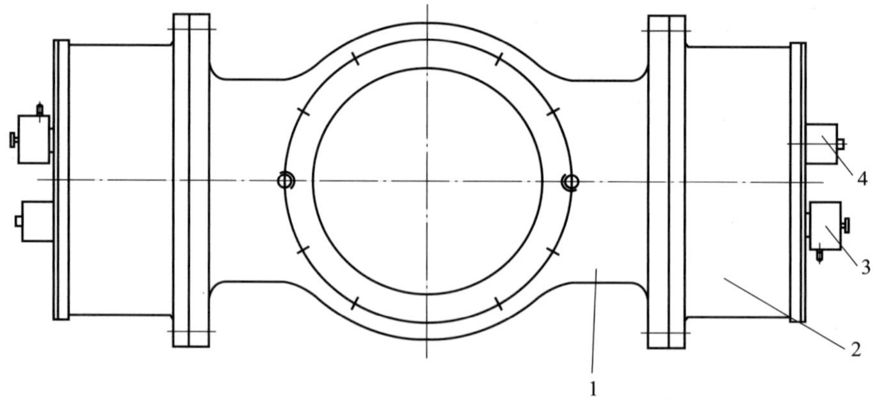


图 9－8　定能量金属膜盒式蓄压器结构示意图

1—壳体；2—膜盒组件；3—充气开关；4—压力传感器

根据蓄压器工作环境可将蓄压器分为常温蓄压器与低温蓄压器两类。常温蓄压器应用于常温推进剂输送管路系统，低温蓄压器应用于低温推进剂输送管路系统。低温蓄压器结

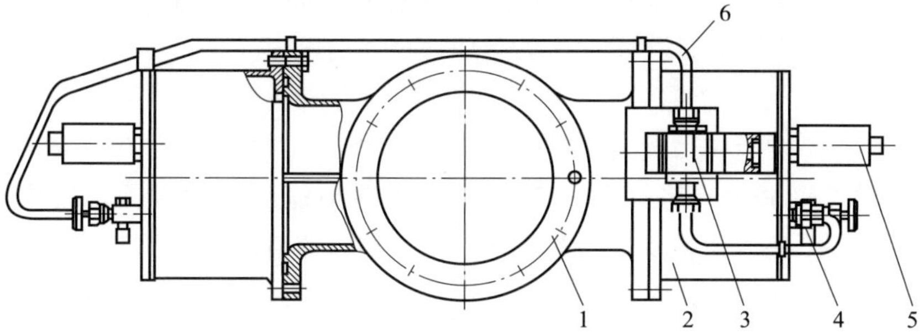


图 9-9　变能量金属膜盒式蓄压器结构示意图

1—壳体；2—膜盒组件；3—电爆阀门组件；4—充气开关；5—压力传感器；6—连通导管

构与常温蓄压器类似，但要考虑热缓冲设计，例如设置绝热支架防止充气手阀、传感器低温下失效，将膜盒内的低温气体由测压出口引出后设置一段热缓冲导管，避免其对常温传感器产生影响。具体如图 9-10 所示。

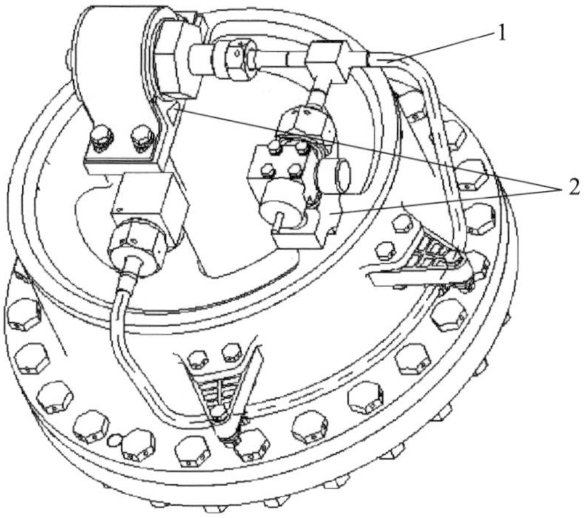


图 9-10　低温蓄压器热缓冲设计

1—热缓冲导管；2—绝热支架

低温蓄压器还需考虑膜盒压力随温度变化对蓄压器能量值的影响。温度变化对低温蓄压器的影响主要体现在两个方面：1）对蓄压器膜盒初始充气的影响；2）对充压完成后蓄压器膜盒压力变化的影响。

低温蓄压器的能量值应是低温状态下膜盒内气体压力与容积的乘积，若蓄压器采用常温充气、低温自然冷却的方式来达到能量值要求，则膜盒需承受较高的初始充气压力，膜盒需具有较高的初始充压强度，结构上则通常需采用较厚膜片。若蓄压器采用低温充气或低温补气的方式来达到能量值要求，则蓄压器结构上需考虑将膜盒充气阀门引出、布置于箭壁等便于操作的位置，避免低温下进舱进行膜盒充气。

蓄压器膜盒充压完成后，应消除膜盒压力随温度变化对能量值的影响，主要途径是提高蓄压器绝热效果，减少蓄压器加注后的温度变化。理论上可采用壳体真空绝热，但结构形式复杂。可采用在蓄压器外部包覆聚氨酯绝热泡沫的方法，相对简单易行。

### 9.2.2　注气式蓄压器

世界航天历史上实际应用过的注气式蓄压器结构形式多样，按注气式蓄压器的主要结构特点进行分类，可分为环形注气式蓄压器和支路型注气式蓄压器，具体结构示意如图 9-11 所示。环形注气式蓄压器的容腔环绕推进剂供应管路，通常又分为圆环形和球环形。支路型注气式蓄压器则是在推进剂输送管路一侧，通过三通连接。例如土星Ⅴ、阿里安、德尔它、阿瑞斯Ⅰ等火箭均采用环形注气式蓄压器；航天飞机、H-2 火箭蓄压器则为支路型注气式蓄压器。

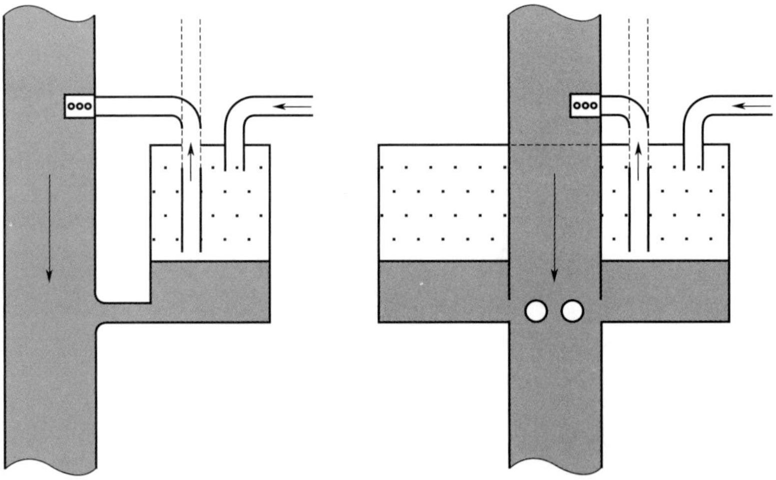

(a) 支路型注气式蓄压器　　(b) 环形注气式蓄压器

图 9-11　典型注气式蓄压器形式

环形注气式蓄压器采用环状封闭气室，通常该类蓄压器安装在输送管周围。典型环形注气式蓄压器是土星Ⅴ二级的注气式蓄压器[5]，其结构形式如图 9-12 所示，安装于输送管道周围，呈圆筒状。蓄压器体积为 850 $in^3$（13.93 L），通过 44 个分布于套筒下部的 $\phi$15.5 mm 小孔与输送管相连通。

同一类型的注气式蓄压器，在技术细节上也各有特点。例如阿里安火箭的注气式蓄压器结构形式如图 9-13 所示，设置有可动活塞、调压阀门、三处潜管及对应调节阀门。该蓄压器安装于阿里安火箭Ⅰ级、Ⅱ级氧化剂（$N_2O_4$）和燃料（UDMH）输送管道周围，呈圆筒状。蓄压器通过位于自由液面下方的许多连通孔（图示 $I_1$、$I_2$）与推进剂输送管相连通。通过调压阀 $V_1$控制可动活塞改变连通孔面积，实现蓄压器惯性的调节[9]。蓄压器液面通过气动控制维持不变，微量气体通过气路不断注入蓄压器，通过图示调节阀门 $S_1$、$S_2$的启闭，调节潜管的通断，从而调节自由表面液位高度。飞行过程中，随着过载的增加，泵前管路推进剂压力上升，蓄压器气枕容积缩小，补充氦气使液面下降到潜管端面，气体经潜管注入推进剂管路。当推进剂压力上升时，液面仍能平衡在原来位置，保证蓄压

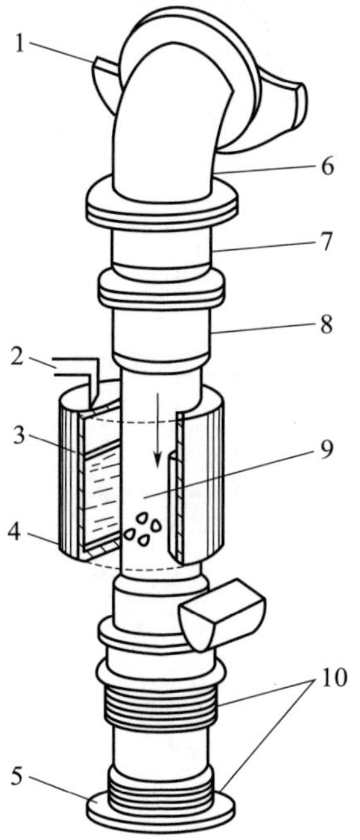


图 9－12　土星Ⅴ二级的环形注气式蓄压器

1—氧化剂贮箱底部；2—氦气注入管；3—液位；4—蓄压器壳体；5—泵入口；6—弯管；7—阀门；8—补偿接头；9—带孔套筒；10—波纹管

器在飞行过程中气体容腔不变。

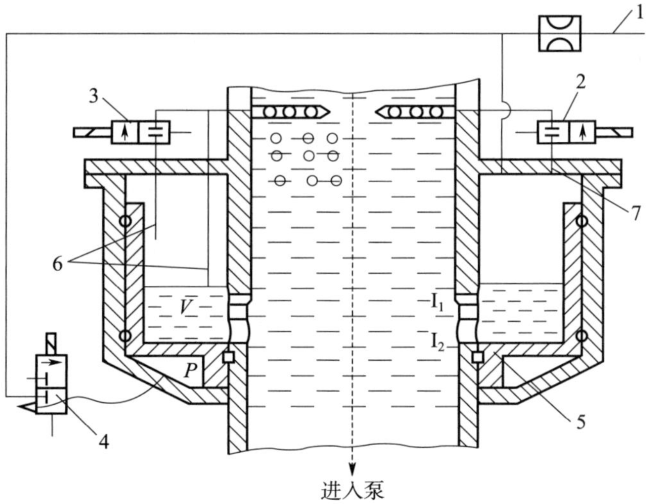


图 9－13　阿里安火箭的注气式蓄压器

1—气路；2—调节阀 $S_1$；3—调节阀 $S_2$；4—调压阀 $V_1$；5—可动活塞；6，7—潜管

中国 331 工程研制的注气式蓄压器同样采用环形结构[3]，液位控制方式与阿里安火箭注气式蓄压器类似。其原理如图 9－14 所示，结构如图 9－15 所示，其与阿里安火箭上的

注气式蓄压器的主要区别是不能改变惯性。工作过程中，氦气经声速喷嘴和进气扩散装置进入蓄压器。气体在蓄压器内积聚，随着压力升高，蓄压器内的液体经由惯性孔排至主管路。蓄压器内液面下降至限位管进口端，并维持在该平衡状态。

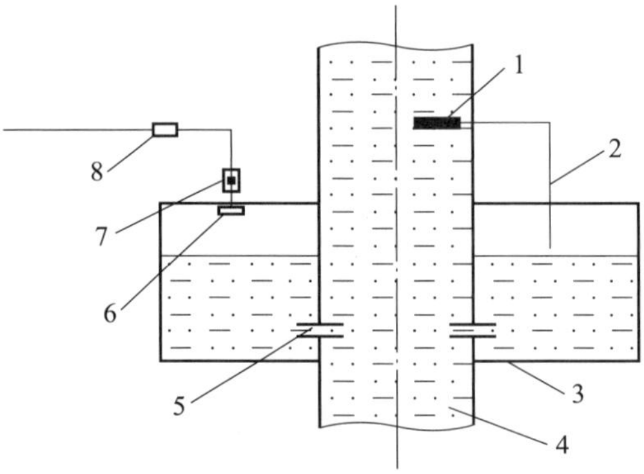


图 9-14　中国 331 工程液位可控的注气式蓄压器原理图

1—排气装置；2—限位管；3—蓄压器壳体；4—主管路；5—惯性孔；6—气体扩散装置；7—单向阀；8—限流孔板

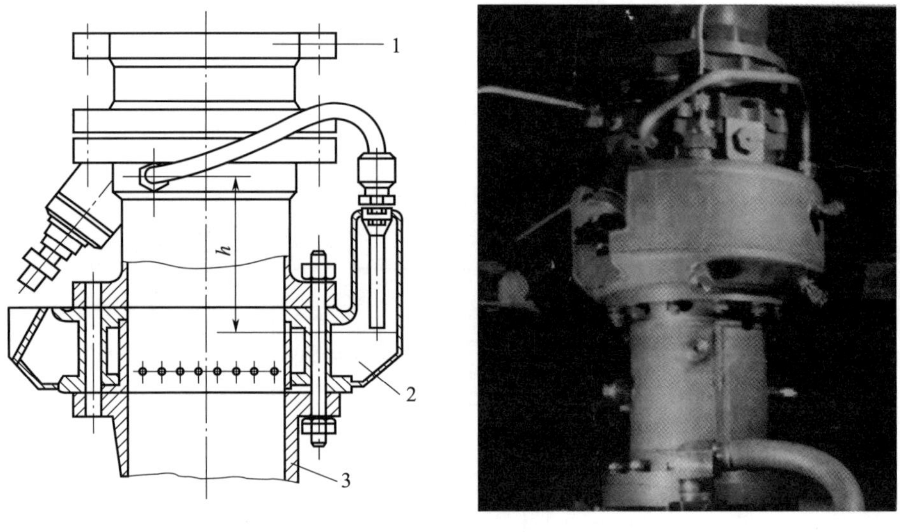


图 9-15　中国 331 工程液位可控的注气式蓄压器结构简图

1—启动阀；2—蓄压器；3—摇摆软管

德尔它火箭的蓄压器也是典型的环形注气式蓄压器[4,10]，其主要特点是在蓄压器与推进剂输送管路连通处设置有阻尼孔，可起节流作用，产生的阻尼可降低管路的响应频率。德尔它火箭采用的环形注气式蓄压器结构形式如图 9-16 所示，蓄压器采用环形壳体并以悬臂梁的形式安装于主输送管路的波纹管法兰处。蓄压器壳体上部设置氦气充气口，底部有一个多孔的圆环与主输送管路相连通，壳体上设置数个压力、温度传感器，以监测蓄压器工作状态。飞行过程中，向氦气充气口内注入一定压力氦气，使蓄压器壳体内保持有一定容积的空腔，从而提供必要的蓄压器柔度，以实现推进系统一阶频率与箭体结构二阶频率错开。圆环上的小孔可起节流作用，增大管路系统阻尼，降低管路二阶响应频率。

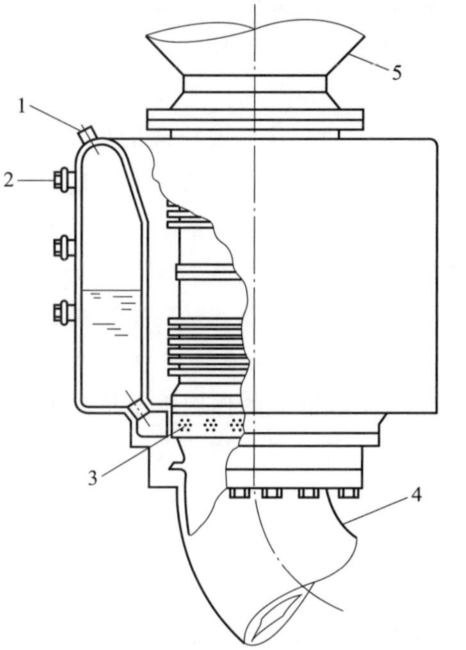


图 9-16　德尔它火箭的注气式蓄压器

1—氦气入口；2—压力温度测量接口；3—圆环；4—液氧泵入口弯管；5—氧输送管连接器

与德尔它火箭蓄压器类似的注气式蓄压器还在阿瑞斯 Ⅰ 上面级成功应用[11]，其具体结构如图 9-17 所示。蓄压器安装在输送管路的拐角处，通过小孔和管路相通，这样保证蓄压器有一定大小的阻尼，同时保持较低的惯性系数。在蓄压器初始充气时，气液界面逐渐向下移动，一旦液面低于排气端口，气体将从排气端口流出，液面不再下降。不论管路压力升高还是降低，都能保持恒定的液面，保证所需的气枕容积。

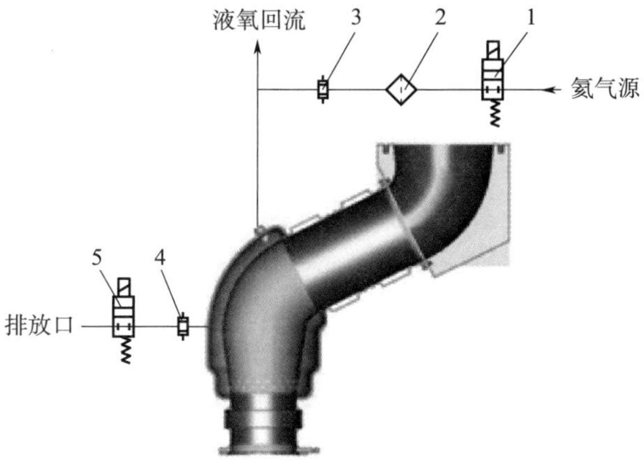


图 9-17　阿瑞斯 Ⅰ 环形注气式蓄压器

1，5—隔离阀；2—过滤器；3，4—孔板可以看出以上几种形式的注气式蓄压器的气腔均布置于竖直输送管路周围，均采用双层管环形结构。航天飞机输送管在末段采用横向布局[6,12]，无法沿输送管路方向布置夹层管以形成气腔，因此采用支路型注气式蓄压器。其在横向输送管路上端布置球状注气式蓄压器，航天飞机的注气式蓄压器结构如图 9-18 所示。由于液体晃动能够导致高温液氧汽化，蓄压器内设置挡板阻止液体运动。在气液分离面处，配置 3～4 层塑料浮子小球，能起到稳定液体波动的防晃效果，从而减小管路脉动压力对蓄压器性能参数的影响。航天飞机蓄压器高压充气时，气体扩散器可用于避免蓄压器内不必要的充气干扰。球形蓄压器与管路连接处，安装表面张力网栅，利用表面张力原理防止蓄压器内气体外渗。日本 H-2 火箭注气式蓄压器与航天飞机类似，也属于支路型注气式蓄压器[7,13]，该蓄压器由充气系统、气流扩散系统（消能器）、环形容腔组成。其中充气系统负责将氦气输送到环形容腔中并进行增压；气流扩散系统（消能器）的作用主要是防止过速气流对容腔内的液面产生影响。同样为了防止晃动效应可能引发的非预期现象，在蓄压器中安装了防晃板。

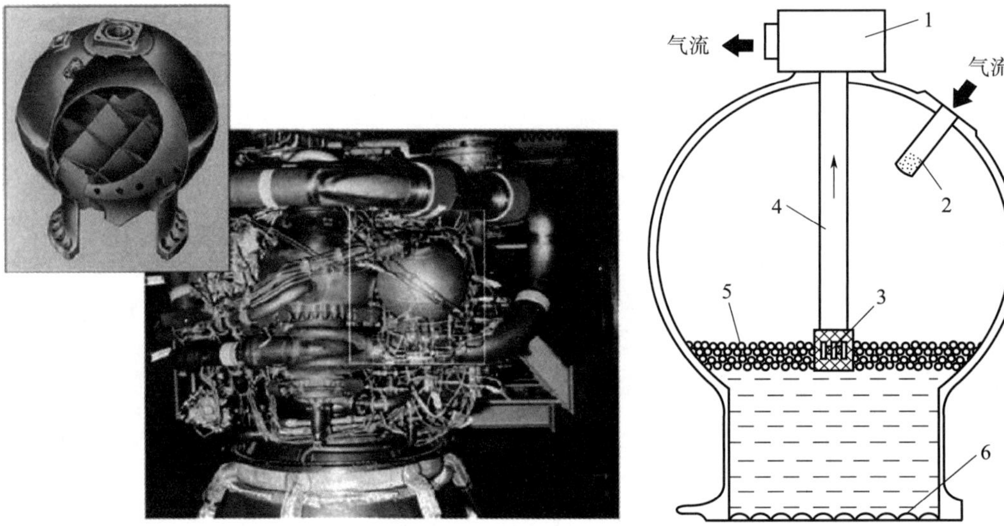


图 9-18　航天飞机的球状注气式蓄压器

1—回流隔离阀；2—氧气入口扩散器；3—氧气溢出孔；4—氧气溢出管；5—浮子（塑料小球）；6—表面张力网栅

## 9.3　金属膜盒柱失稳

金属膜盒是膜盒式蓄压器的核心部件，通常由 $n$ 对膜片两两焊接形成密闭容腔，内部贮存一定压力的气体，作为蓄压器抑制 POGO 振动的可变容腔。金属膜盒本质上属于特殊波形的焊接波纹管。在内压作用下，失稳是金属膜盒的主要失效模式之一，可分为平面失稳和膜盒柱失稳。平面失稳是指膜片所在平面不再与膜盒轴线保持垂直，一个或多个波纹出现了倾斜或者翘曲。根据美国膨胀节制造商协会（EJMA）对波纹管失稳的规定，对于无加强的波纹管，试验压力下，波距与加压前的波距相比，最大变化率大于 15%，即认为发生平面失稳。膜盒柱失稳（见图 9－19）是指膜盒中部波纹突然出现较大横向挠曲。一般来讲，焊接膜盒结构在焊接膜片对数相对少时，内压作用通常先导致平面失稳；当焊接膜片相对较多时，内压作用则通常先导致膜盒柱失稳。

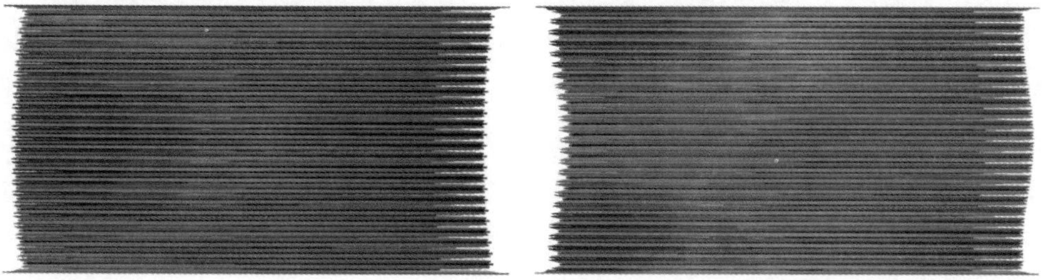

图 9－19　膜盒柱失稳形态

值得指出的是，火箭飞行过程中膜盒随推进剂管路压力变化而发生容积变化，若忽略膜盒机械刚度影响，膜盒内气体压力基本与管路推进剂压力相等，因此内充压膜盒的失稳及静强度问题仅存在于膜盒初始充压阶段，而飞行阶段并不存在该问题。蓄压器膜盒的平面失稳可参照管路章节中波纹管的方法进行分析，而膜盒柱失稳相对复杂。另外经研究膜盒柱失稳与膜盒刚度的关系密切，本节分别从膜盒刚度、膜盒柱失稳两部分进行论述，两者密切相关。

（1）膜盒刚度

蓄压器膜盒具有一定的机械刚度，尤其是在受到较大压缩时，机械刚度会很大。较大的膜盒机械刚度会降低蓄压器柔度，影响蓄压器对 POGO 振动的抑制效果。为定量描述蓄压器膜盒机械刚度对 POGO 振动稳定性分析的影响，可基于气液接触面力平衡条件和流量连续方程，推导考虑膜盒机械刚度的蓄压器动力学方程，可以证明考虑膜盒机械刚度的蓄压器动力学模型比传统模型有更高的计算精度[14]。实际应用过程中，通常要求膜盒机械刚度越小越好，实际上膜盒机械刚度相比膜盒充气刚度要小得多，约是气体刚度的 10％（气体刚度表征气体对膜盒变形的抵抗能力）。

膜盒轴向整体拉伸刚度计算式为[15]

$$K=\frac{\pi E(D+d)\cdot\delta^{3}}{2nw^{3}}\cdot\frac{D}{d} \tag{9-1}$$

式中，$K$ 为膜盒轴向整体刚度（N/mm）；$d$ 为膜片内径（mm）；$w$ 为波高（mm）；$E$ 为材料弹性模量（MPa）；$\delta$ 为膜片厚度（mm）；$D$ 为膜片外径（mm）。

通常情况下式（9－1）的计算精度满足使用要求，但其并未考虑膜片焊接直边段、内压导致的膜片形态变化等细节，因此某些情况下计算结果可能出现较大误差。膜盒焊接过程中，膜片与膜片之间通过直边段进行焊接，除一部分直边段经熔焊成为焊菇外，通常会剩余一定长度直边段。膜盒压缩时剩余直边段将发生接触，使膜盒刚度变大。实测的膜盒拉伸、压缩轴向刚度通常不一致，式（9－1）并未考虑该部分差异，可根据实际情况对外径、内径、波高、直边段长度进行修正，以提高刚度计算精度。

另外，式（9-1）默认膜片形态不变，但实际应用过程中膜盒受内部气体压力、拉伸压缩等因素的影响，膜片形态将发生变化。膜盒机械刚度会随膜盒内压、膜盒拉伸压缩工况的不同而发生变化。例如，在膜盒充气导致的相邻膜片贴合情况下，有必要考虑接触非线性对刚度的影响[16]。对不同结构尺寸的膜盒，在不同充压压力下的拉伸、压缩机械刚度进行仿真，得出机械刚度随压力变化的曲线如图9-20所示[17]。可以看出1号膜盒的刚度变化情况比较剧烈，2号膜盒则相对较稳定。1号膜盒充压压力值小于0.4 MPa时刚度相对稳定，且拉、压状态一致性良好；充压压力大于0.4MPa时膜片出现贴合（见图9-21），刚度急剧增大；当增大到0.5MPa时，刚度增大近200%；进一步增大膜盒充压压力，由于拉、压导致的膜片间接触、贴合状态差异更大，因此膜盒在拉伸、压缩过程中的刚度也出现较大差异。

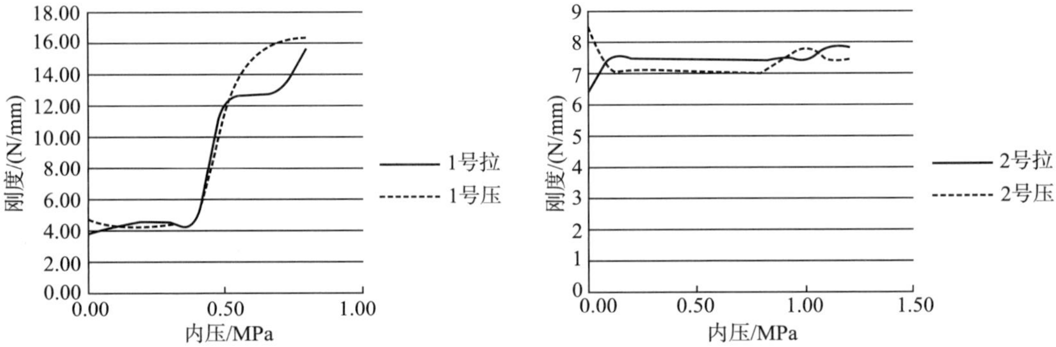


(a) 1号膜盒刚度变化情况　　(b) 2号膜盒刚度变化情况

图9-20　膜盒机械刚度随充压值变化情况

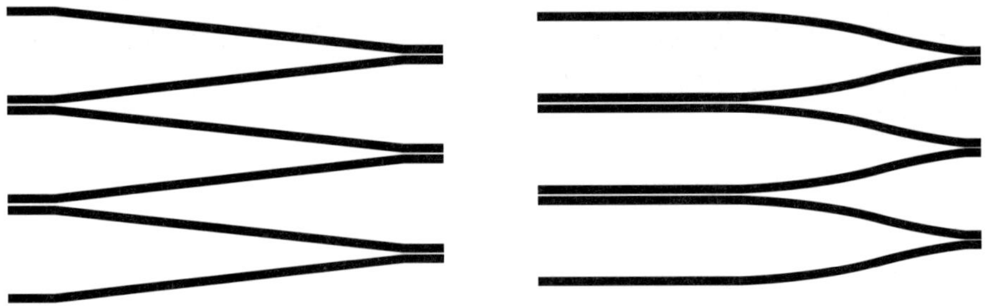

(a) 膜盒膜片充压前形态　　(b) 膜盒膜片充压后的贴合状态

图9-21　膜盒充压下的膜片贴合示意图

膜盒机械刚度变化的主要原因是充压状态下膜片形态发生变化，膜片与膜片之间贴合导致结构参数（等效内径、等效高度）发生变化，进而影响了膜盒的机械刚度；拉伸、压缩情况下膜盒膜片接触状态存在较大差别，因此拉伸、压缩机械刚度存在差异；不同结构尺寸膜盒可能出现不同的变化规律，实际应用过程中应针对具体情况进行分析、计算。

（2）膜盒柱失稳

膜盒柱失稳问题本质上属于非线性屈曲问题，近年来非线性有限元发展迅猛，使得求解非线性屈曲问题的方法越来越完善。针对不同目的和屈曲特点，有限元分析软件 ABAQUS 的屈曲分析方法有：弧长分析（static，riks）、隐式动力分析（dynamic）、显示动力分析（dynamic，explicit）、线性屈曲分析（BUCKLE）、通用静力分析（static）。由于 riks 法可以求解后屈曲过程，在已发表的文献中研究人员多使用 riks 法求解屈曲临界压力。但 riks 法求解后屈曲过程要求平衡路径必须连续，否则极容易出现求解不收敛问题。当存在接触分离的情况时，平衡路径就会出现不连续现象，而膜盒在充压状态下接触分离现象是不可避免的，因此膜盒柱失稳仿真不适合采用 riks 法求解。隐式动力分析法和显示动力分析法同样不适用于膜盒柱失稳仿真，因为膜盒结构较复杂，分析过程涉及几何非线性、物理非线性和接触非线性，计算费用高昂且耗时过长。线性屈曲法只考虑了弹性变形，而未考虑膜盒非线性变形，故所求得的失稳临界压力值为发生失稳的上限压力值，与实际失稳值相差较大。通用静力法考虑了非线性因素，在引入线性屈曲模态后，不能准确求解后屈曲状态，但可以用来判断进入失稳的临界压力值。综上，膜盒柱失稳问题研究仅依靠有限元手段还不能得到有效推进。

膜盒本质上属于特殊波形的焊接波纹管，国内外学者在研究焊接波纹结构失稳问题方面进行了大量研究[18-21]，采用微分方程描述焊接波纹结构的挠曲和不稳定性解，指出内压作用下与轴向均布压力作用下具有相同的膜盒柱失稳临界压力，并且在几种典型支撑边界条件下均成立，因此可以采用等效轴向载荷来评定内压载荷下的焊接波纹结构的失稳特性。通常将膜盒等效为受内压的薄壁圆筒，再将受内压的薄壁圆筒等效为受轴向力的薄壁圆筒，推导膜盒柱失稳临界压力[22]，膜盒等效简化过程如图 9－22 所示。等效简化过程中的参数及物理意义见表 9－2。

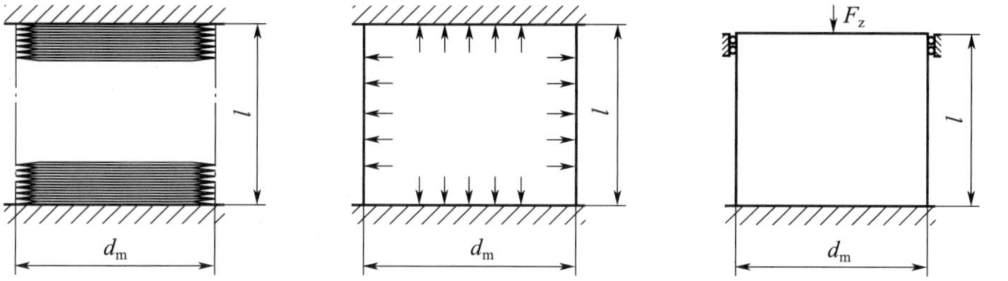


(a) 受内压$p$的波纹管　　(b) 受内压$p$的薄壁圆筒　　(c) 受轴向力$F_z(=p\pi d_m^2/4)$的薄壁圆筒

图 9－22　膜盒柱失稳计算的简化等效过程

**表 9－2　膜盒柱失稳研究参数符号及物理意义列表**

| 符号 | 物理意义 | 单位 | 符号 | 物理意义 | 单位 |
|---|---|---|---|---|---|
| $A_c$ | 单波横截面积(平行轴线) | $mm^2$ | $E_m$ | 材料弹性模量 | MPa |
| $q$ | 膜盒波距 | mm | $d_m$ | 薄壁圆筒中径 | mm |
| $f_i$ | 膜盒单波刚度 | N/mm | $t$ | 薄壁圆筒等效壁厚 | mm |
| $N$ | 膜盒波数 | — | $E$ | 薄壁圆筒等效弹性模量 | MPa |
| $K$ | 整体刚度 | N/mm | $A$ | 薄壁圆筒横截面面积 | $mm^2$ |

续表

| 符号 | 物理意义 | 单位 | 符号 | 物理意义 | 单位 |
|---|---|---|---|---|---|
| $l=Nq$ | 膜盒总高度 | mm | $\mu$ | 长度系数 | — |
| $D$ | 膜盒外径 | mm | $F_z$ | 薄壁圆筒端部受力 | N |
| $d$ | 膜盒内径 | mm | $F_{cr}$ | 欧拉临界失稳压力 | N |
| $W=EJ$ | 膜盒的抗弯刚度 | $N \cdot mm^2$ | $p$ | 膜盒柱失稳临界压力 | MPa |
| $J$ | 截面惯性矩 | $mm^4$ | | | |

将膜盒等效为受轴向力的薄壁圆筒，等效壁厚 $t=A_c/q$ 、等效横截面面积 $A=\pi d_m t=0.5\pi(D+d)t$ 。等效薄壁圆筒端部所受轴力为 $F_z$ 。根据压杆欧拉失稳公式计算临界失稳压力 $F_{cr}$ ，可以得到膜盒柱失稳临界内压 $p$ 为

$$F_{cr}=\frac{\pi^2 EJ}{(\mu l)^2} \tag{9-2}$$

$$F_z=p\cdot\frac{\pi}{4}d_m^2 \tag{9-3}$$

$$p=\frac{4\pi EJ}{\mu^2 l^2 d_m^2}=\frac{4\pi W}{\mu^2 l^2 d_m^2} \tag{9-4}$$

式中，$\mu$ 为反映不同支承影响的长度系数（两端固定 $\mu$ 取 0.5，两端铰支 $\mu$ 取 1，一端自由另一端固定 $\mu$ 取 2，一端铰支另一端固定 $\mu$ 取 0.7）。

假设薄壁圆筒在受到力 $F$ 作用下的轴向位移为 $e$ ，根据材料力学可得薄壁圆筒等效弹性模量 $E$ 为

$$E=\frac{f_i lq}{\pi N d_m A_c} \tag{9-5}$$

将圆筒截面惯性矩 $J$ 、薄壁圆筒等效弹性模量 $E$ 代入临界失稳内压 $p$ 计算公式，可得膜盒柱失稳临界内压为

$$p=\frac{\pi f_i}{2\mu^2 N^2 q} \tag{9-6}$$

实际上，通过上述对金属膜盒刚度的论述可知，金属膜盒存在压缩和拉伸轴向刚度不一致的问题，采用单波刚度理论计算的膜盒柱失稳临界压力值可能不准确。可以从膜盒抗弯刚度等效进一步开展失稳压力研究。

如图 9-23 所示，假设薄壁圆筒的外半径为 $R$ ，内半径为 $r$ ，壁厚为 $t$ 。$y_1$ 为横截面最顶部与 $y$ 轴交点的坐标，其大小为横截面最顶部距中性层的距离。薄壁圆筒承受 $x-y$ 平面内的弯矩。膜盒轴向压缩刚度 $K_1$、轴向拉伸刚度 $K_2$ 对应薄壁圆筒当量压缩弹性模量 $E_1$ 和当量拉伸弹性模量 $E_2$。

如图 9-23 所示，薄壁圆筒只受到了 $x-y$ 平面内的弯矩，中性层以上部分受压，中性层以下部分受拉。因为拉伸、压缩模量不一样，因此分两部分进行考虑。若横截面中性层以上部分面积为 $A_1$，中性层以下部分面积为 $A_2$，则内力 $N$ 以及弯矩 $M$ 可写为

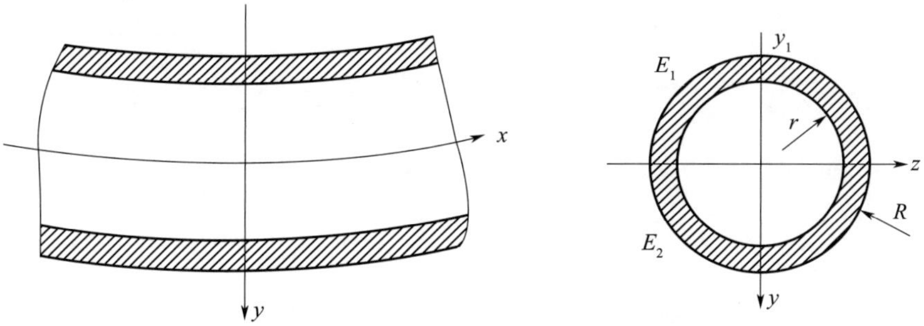


图 9 - 23　薄壁圆筒的弯曲示意图

$$N=\frac{E_1}{\rho}\int_{A_1} y\,\mathrm{d}A_1+\frac{E_2}{\rho}\int_{A_2} y\,\mathrm{d}A_2 \tag{9-7}$$

$$M=\frac{E_1}{\rho}\int_{A_1} y^2\,\mathrm{d}A_1+\frac{E_2}{\rho}\int_{A_2} y^2\,\mathrm{d}A_2 \tag{9-8}$$

式中，$y$ 为距离中性层的距离（mm）；$\rho$ 为中性层的曲率半径（mm）。

薄壁圆筒的抗弯刚度为

$$W=E_1\int_{A_1} y^2\,\mathrm{d}A_1+E_2\int_{A_2} y^2\,\mathrm{d}A_2 \tag{9-9}$$

由 $N=0$，将求解得到的结果再代入抗弯刚度的公式中，即可得出拉伸、压缩弹性模量不一致的薄壁圆筒的抗弯刚度 $W$。为简化计算，令 $E_1=aE_2$，$y_1=bR$，$r=cR$。其中 $y_1$ 为图 9 - 23 中横截面最顶部与 $y$ 轴交点的坐标。对内力 $N$ 和抗弯刚度 $W$ 分别进行积分，并写成由 $E_2$、$R$、$a$、$b$、$c$ 表示的式，即

$$\begin{cases} N=E_2R^3[(6-6a+4b-4ab+2b^2-2ab^2)\sqrt{-b(2+b)}+ \\ \quad(-2+2a-4b+4ab-2b^2+2ab^2-4c^2+4ac^2)\sqrt{-1-b(2+b)+c^2}+ \\ \quad 3(1+a+b+ab)(1-c^2)\pi-6(-1+a)(1+b)\arcsin(1+b)+ & r\geqslant|R+y_1| \\ \quad 6(-1+a)(1+b)c^2\arcsin\left(\dfrac{1+b}{c}\right)] \\ N=E_2R^3\{3(1+b)(1+a-2c^2)\pi-2(-1+a)[3+b(2+b)]\sqrt{-b(2+b)}- & 0<r<R+y_1 \\ \quad 6(-1+a)(1+b)\arcsin(1+b)\} \\ N=E_2R^3\{3(1+b)[-1+a(-1+2c^2)]\pi+2(-1+a)(3+2b+b^2)\sqrt{-b(2+b)}+ & 0\leqslant r<-(R+y_1) \\ \quad 6(-1+a)(1+b)\arcsin(1+b)\} \end{cases} \tag{9-10}$$

$$\begin{cases} W=\dfrac{E_2R^4}{12}\left\{\dfrac{3}{2}(5+8b+4b^2)\pi-\dfrac{3}{2}c^2(4+8b+4b^2+c^2)\pi+\right. \\ (15+19b+6b^2+2b^3)\sqrt{-b(2+b)}-(1+b)(2+4b+2b^2+13c^2)\sqrt{c^2-(1+b)^2}+ \\ 3(5+8b+4b^2)\arcsin(1+b)-3c^2(4+8b+4b^2+c^2)\arcsin\left(\dfrac{1+b}{c}\right)+ & r\geqslant|R+y_1| \\ a\left[\dfrac{3}{2}(5+8b+4b^2)\pi-\dfrac{3}{2}c^2(4+8b+4b^2+c^2)\pi-\right. \\ (15+19b+6b^2+2b^3)\sqrt{-b(2+b)}+(1+b)(2+4b+2b^2+13c^2)\sqrt{c^2-(1+b)^2}- \\ \left.\left.3(5+8b+4b^2)\arcsin(1+b)+3c^2(4+8b+4b^2+c^2)\arcsin\left(\dfrac{1+b}{c}\right)\right]\right\} \\ W=\dfrac{E_2R^4}{24}\{3[5+a(5+8b+4b^2)-8c^2-2c^4+b(8-16c^2)+b^2(4-8c^2)]\pi- \\ 2(-1+a)(15+19b+6b^2+2b^3)\sqrt{-b(2+b)}+ & 0<r<R+y_1 \\ 6(-1+a)(5+8b+4b^2)\arcsin(1+b)\} \\ W=-\dfrac{E_2R^4}{24}\{3\{-5-8b-4b^2+a[-5+8c^2+2c^4+8b(-1+2c^2)+ \\ b^2(-4+8c^2)]\}\pi+2(-1+a)(15+19b+6b^2+2b^3)\sqrt{-b(2+b)}+ & 0\leqslant r<-(R+y_1) \\ 6(-1+a)(5+8b+4b^2)\arcsin(1+b)\} \end{cases} \tag{9-11}$$

由 $N=0$ 可求出 $b$ 值，再求出 $W$ 值。由于每一次单独求解较为复杂，需要编程实现。在压缩弹性模量大于拉伸弹性模量，即 $E_1>E_2$ 时，采用数值拟合的方法将公式简化，可得到式（9-12），即

$$p=\frac{4\pi W}{\mu^2l^2d_m^2}=\frac{K_2}{l}\cdot\frac{-7.8976+19.218\alpha+28.3335\beta-2.0214\alpha^2-15.1184\beta^2}{-0.5687+\alpha+6.88\beta-0.1323\alpha^2-3.618\beta^2} \tag{9-12}$$

其中，$\alpha=K_1/K_2$，$\beta=(d_m-t)/(d_m+t)$，$t=0.5(D-d)\cdot\delta/h$；$t$ 为当量壁厚（mm）；$d_m$ 为等效薄壁圆筒的中径（mm）；$\delta$ 为膜片的厚度（mm）；$h$ 为单个膜片的高度（mm）；$K_1$ 为膜盒压缩刚度（N/mm）；$K_2$ 为膜盒拉伸刚度（N/mm）。不同压力下的 $K_1$ 和 $K_2$ 可以通过有限元分析得到。

针对刚度变化问题可采用理论计算与有限元分析相结合的方式进行膜盒柱失稳研究[23]。膜盒充压过程导致的膜片局部形态变化导致膜盒拉伸刚度、压缩刚度出现较大波动，如图 9-24 所示，从而影响膜盒柱失稳压力。

由式（9-4）知，膜盒抗弯刚度是抵抗膜盒柱失稳的一个重要因素。每一个抗弯刚度对应着一个膜盒柱失稳临界压力值。若给定的膜盒内压大于失稳临界压力，表明膜盒在该内压下会发生失稳。以抗弯刚度为横坐标，由抗弯刚度求出的临界失稳压力为纵坐标作曲线如图 9-25 所示，可以得到不同抗弯刚度下膜盒柱失稳压力线，位于该线上方的部分表示结构处于失稳状态。

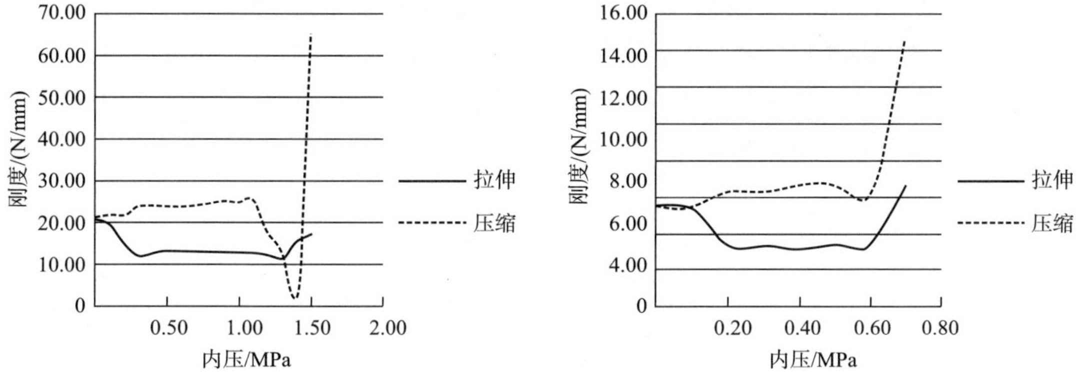


图 9-24　膜盒拉伸、压缩刚度随内压变化情况

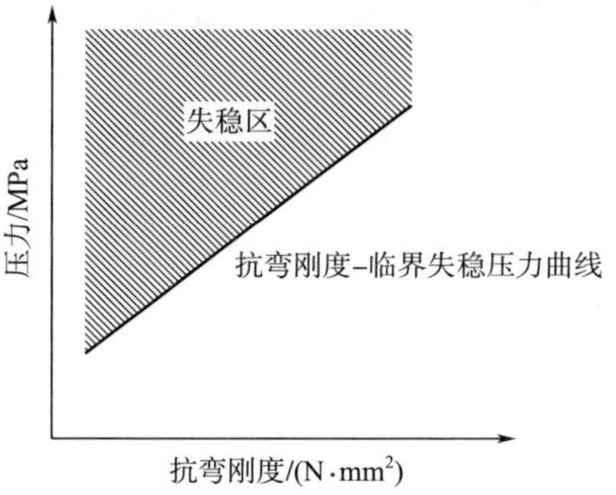


图 9-25　抗弯刚度-压力曲线与失稳区域

分别采用有限元通用静力法、式（9-12）进行膜盒柱失稳分析，并与试验实测进行比较。

有限元通用静力法分析时，膜盒上下两个端面设置为固支，根据线性屈曲分析获得一阶模态，并按照一定比例引入分析过程作为非线性屈曲分析的初始缺陷。分析得到结构尺寸不同的两件膜盒的载荷-横向位移曲线，具体如图 9-26 所示。通过观察膜盒在拐点后一定压力范围内的变形形态来确定具体的膜盒柱失稳临界压力值，当膜盒的中心轴线整体发生了侧移，呈现出一阶失稳模态与试验膜盒柱失稳模态一致时，认为该压力为膜盒柱失稳临界压力。

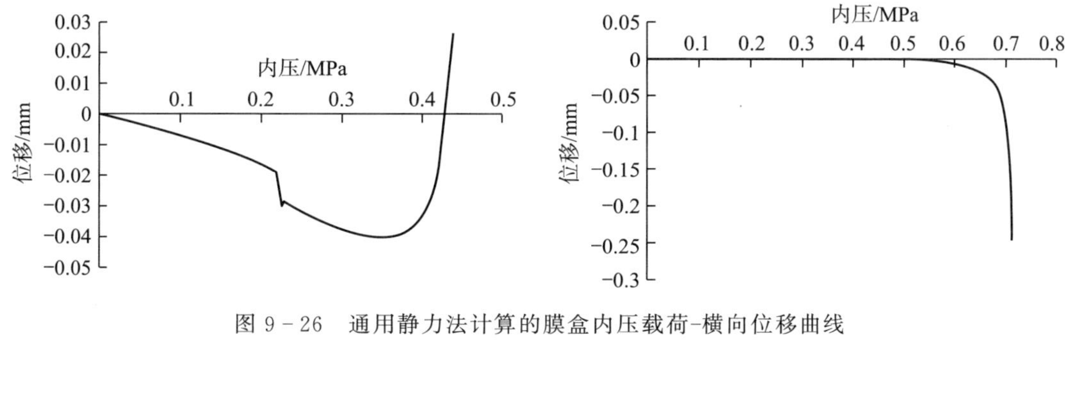


图 9-26　通用静力法计算的膜盒内压载荷-横向位移曲线

采用式（9－12）进行计算前，为充分考虑膜盒拉伸、压缩时机械刚度存在的差异，使用有限元软件获取不同膜盒在不同内压值下的拉伸、压缩机械刚度，再将所求刚度值代入到公式中求解膜盒柱失稳临界压力。计算结果如图 9－27 所示，抗弯刚度与膜盒柱失稳压力的第一个交点即认为是膜盒柱失稳压力。

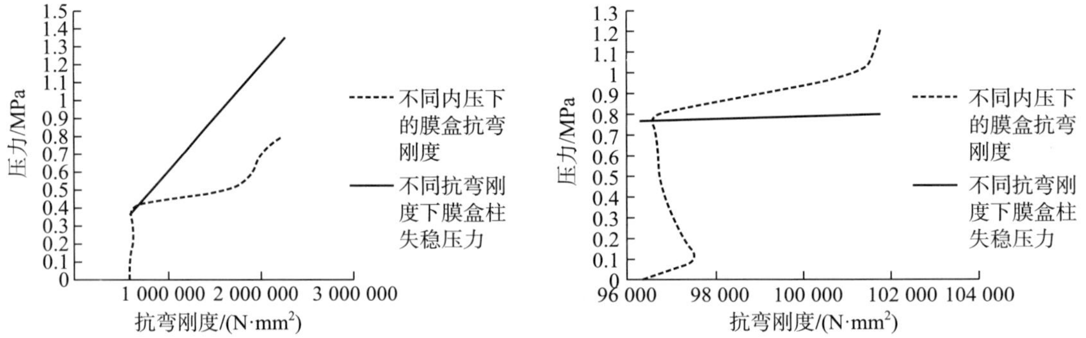


图 9－27　抗弯刚度、膜盒柱失稳压力计算实例

针对包括以上两个计算实例在内的多个金属膜盒，将采用上述方法对膜盒柱失稳分析的结果与试验实测膜盒柱失稳压力进行比较，见表 9－3。可以看出，相比通用静力有限元分析法，采用考虑刚度变化的理论计算方法精度较高。采用通用静力有限元方法分析得出的失稳压力误差在－52.1%～65%范围内变化，误差较大且偏向趋势不确定，难以判断分析计算结果较实际是偏大还是偏小，实际应用过程中只能提高安全余量进行包络。采用考虑刚度变化的理论计算方法得出的失稳压力误差在－1.25%～32.5%范围内变化，误差较小且偏向趋势较确定。

**表 9－3　膜盒柱失稳压力分析结果比较**

| 膜盒 | 失稳压力试验值/MPa | 通用静力有限元分析结果 | | 理论推导式(9－12)结果 | |
|---|---|---|---|---|---|
| | | 失稳压力/MPa | 误差 | 失稳压力/MPa | 误差 |
| 1 | 0.4 | 0.22 | －45% | 0.395 | －1.25% |
| 2 | 0.75 | 0.7 | －6.7% | 0.77 | 2.7% |
| 3 | 0.4 | 0.66 | 65% | 0.53 | 32.5% |
| 4 | 1.4 | 0.67 | －52.1% | 1.7 | 21.4% |
| 5 | 0.9 | 0.68 | －24.4% | 1.18 | 31% |
| 6 | 0.3 | 0.28 | －6.7% | 0.375 | 25% |
| 7 | 0.32 | 0.41 | 28.1% | 0.325 | 1.6% |

## 9.4　金属膜盒疲劳寿命

蓄压器膜盒在火箭飞行过程中受环境温度、压力脉动、飞行过载等因素的影响，与外部推进剂流体、内部密封腔气体存在耦合，同时随箭体做高频随机振动。疲劳开裂是膜盒的主要失效模式，在动特性分析基础上开展膜盒全寿命周期疲劳寿命评估是十分必要的。

（1）膜盒动特性研究

蓄压器膜盒在火箭飞行过程中的工作状态非常复杂，首先膜盒与外部推进剂液体、内部密封腔气体存在耦合；其次膜盒随箭体做随机振动；最后膜盒还受推进剂温度、飞行过载等因素影响。除了以上外部因素外，膜盒的复杂形状、膜盒导向间隙配合导致的边界不确定性，也给膜盒动特性分析带来了困难。

蓄压器在箭上工作过程中，膜盒受推进剂液路压力变化、脉动压力作用而往复运动，同时膜盒随箭体做高频随机振动。膜盒外推进剂在膜盒往复运动、高频振动过程中起液阻作用，膜盒往复运动、高频振动诱发周围推进剂运动，推进剂运动又反作用于膜盒表面，影响膜盒的振动特性。膜盒与推进剂之间是典型的流固耦合问题。流固耦合问题按耦合机理可分为两大类：第一类是流固两域部分或全部重叠在一起，难以明显地分开，使得描述物理现象的方程，特别是本构方程需针对具体的物理现象进行建立，耦合效应通过描述问题的微分方程体现。第二类是耦合作用仅发生在两相介质的交界面上，根据流固耦合面上的平衡及协调关系引入耦合方程。蓄压器金属膜盒的流固耦合问题属于第二类流固耦合。

流固耦合问题控制方程解法上可分为统一耦合解法和迭代耦合解法。统一耦合解法是将耦合项与流体域、固体域构造在同一控制方程中，所有变量在同一时间步内同时求解。迭代耦合解法是在每一时间步内依次求解流体控制方程和固体动力学方程，流体域和固体域的计算结果通过耦合界面交换数据。迭代耦合解法中，流固耦合界面上须满足力平衡条件及位移协调条件。迭代耦合又称作分区耦合，是处理多场耦合问题常采用的数值计算策略。有限元分析过程中当流体节点与固体节点重合时，流固耦合界面处的数据通过对应节点传递；当流体和固体网格不匹配时，则需采用映射算子进行插值计算，将结构变形由固体网格传递给流体网格，流体荷载传递给固体网格。蓄压器金属膜盒的流固耦合问题求解可以采用迭代耦合方法。

依据时间步中对流体、固体两种计算域物理量守恒条件的控制程度，可以分为分区弱耦合和分区强耦合。如果每一全局时间步中，流体域和固体域均严格满足守恒条件，则为强耦合；如果每一全局时间步中，流体域和固体域不能严格满足守恒条件，则为弱耦合。分区迭代耦合方法既可以通过双时间步技术实现真正的强耦合，也可以对流体域和固体域使用不同的求解技术和数值方法，可以充分利用现有数值方法的优势。

针对蓄压器膜盒在推进剂流体中的液固耦合状态，采用分区强耦合方法开展膜盒与推进剂流体间的双向流固耦合分析，膜盒双向流固耦合计算模型及数据传递示意如图 9－28 所示。

如图 9－29 所示，膜盒流固耦合分析可采用合理动网格技术避免膜盒尖角局部网格吸收过多运动，导致网格畸变，避免流场分析出现失真、不收敛等问题。在确保膜盒刚度等关键参数符合实际的情况下进行适当处理，确保计算的精度及速度。

实例计算分析得到流固耦合状态下膜盒顶部的敲击响应曲线如图 9－30 所示。可以看出外部推进剂在膜盒运动过程中，对膜盒运动的阻尼效应明显；另一方面，外部流体对膜盒的作用主要体现为附加质量。推进剂在膜盒运动过程中所起的阻尼及附加质量作用可以

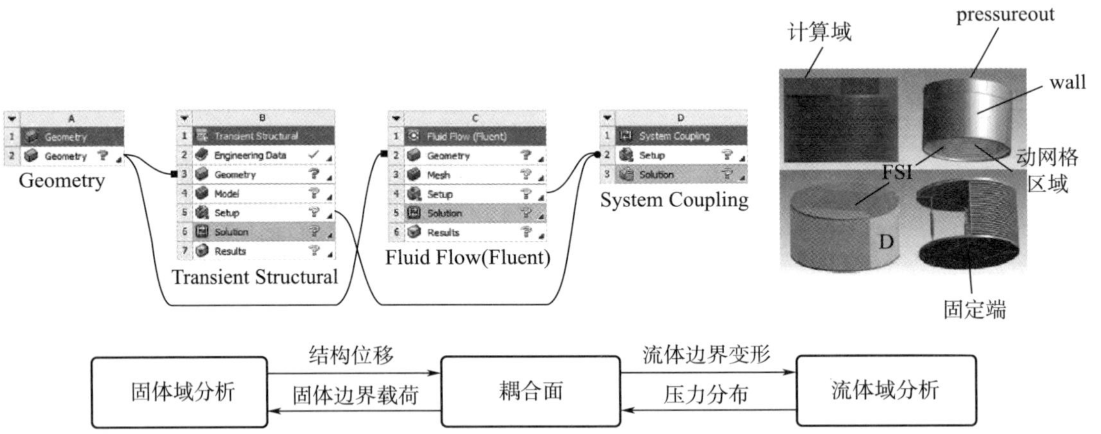


图 9-28　膜盒双向流固耦合计算模型及数据传递示意图

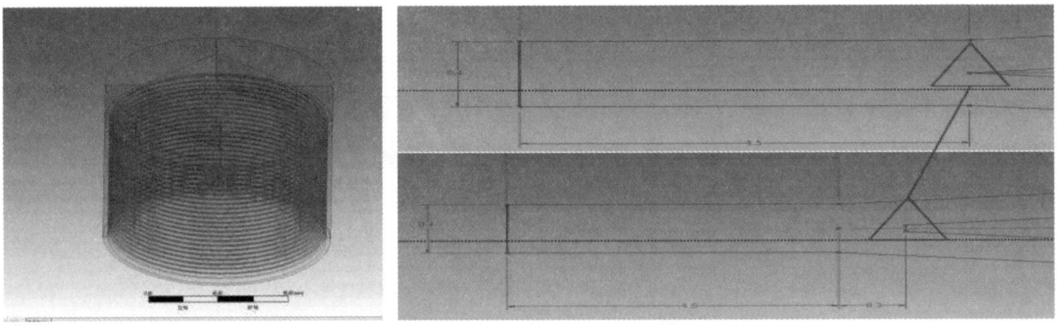

图 9-29　膜盒外流体域及膜盒膜片尖角处理

通过理论推导获得，从理论上分析，膜盒在流体中的流固耦合问题方程与结构自身运动时不同，多了流体作用导致的阻尼项增量及附加质量矩阵。

蓄压器膜盒内充压气体在膜盒变形时将起抵抗变形的作用，类比材料力学中的刚度定义，将膜盒内气体抵抗变形的这种能力称为膜盒内气体等效刚度，即 $K_{eqv}=\mathrm{d}F/\mathrm{d}x$ ，仅考虑膜盒轴向位移导致的体积变化，膜盒内气体等效刚度可由式（9-13）计算。若进一步将膜盒内部气体体积变化近似为绝热过程，则膜盒内气体等效刚度可以按式（9-14）进行计算。

$$K_{eqv}=A_e^2\cdot \mathrm{d}p/\mathrm{d}V \tag{9-13}$$

$$K_{eqv}=\frac{\gamma\cdot p^{\frac{\gamma+1}{\gamma}}A_e^2}{p_0^{\frac{1}{\gamma}}V_0} \tag{9-14}$$

式中，$p$ 为膜盒内气体工作压力（MPa）；$p_0$ 为膜盒内初始工作压力（MPa）；$A_e$ 为金属膜盒的有效面积（$mm^2$）；$V$ 为膜盒容积（$mm^3$）；$V_0$ 为膜盒初始充气容积（$mm^3$）；$\gamma$ 为膜盒内气体绝热指数，氮气、空气均为 1.4。

也可采用有限元分析结合试验验证的方法对膜盒内的气体影响进行研究，如采用与膜盒内表面共节点的流体单元对膜盒内气体进行模拟，获得充气膜盒的固有频率及振型。具

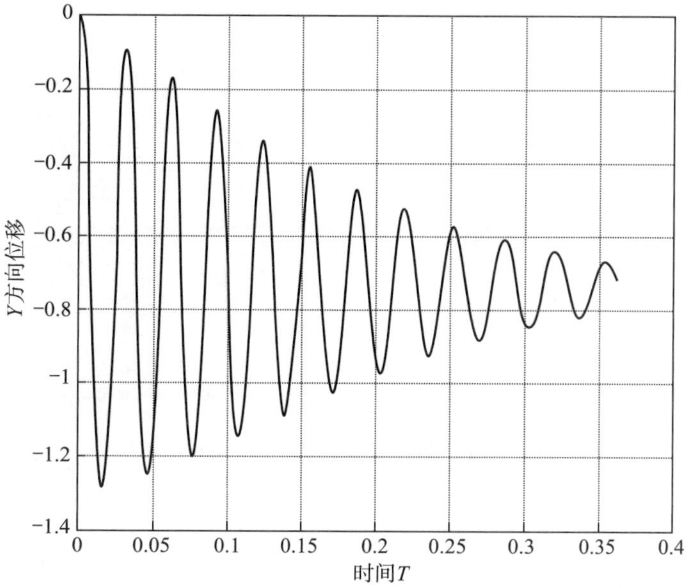


图 9－30　流固耦合状态下膜盒顶部的敲击响应曲线

体如图 9－31 所示；对充气膜盒敲击振动响应进行实测，采用频响函数法对充气膜盒模态参数进行识别，具体敲击响应时域实测曲线及频域模态识别如图 9－32 所示。相比不考虑气体影响的分析结果（见图 9－33），考虑气体充气影响的仿真分析具有较高的准确性[24]。

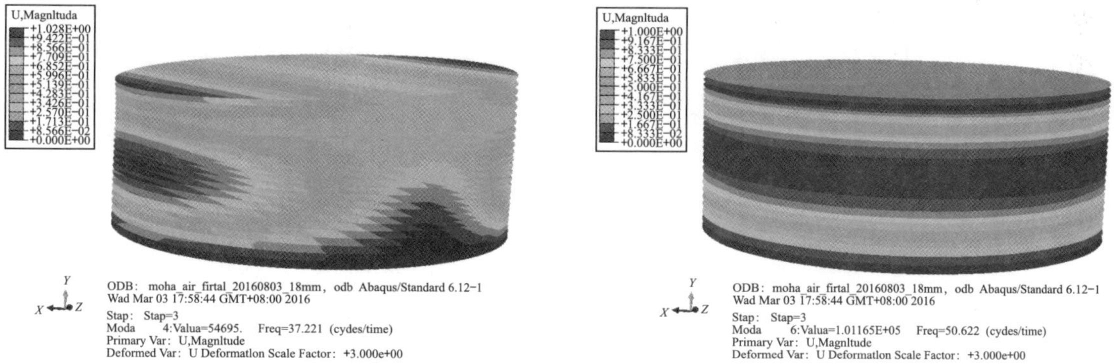


(a) 一阶固有频率，37.22 Hz　　　　(b) 二阶固有频率，50.622 Hz

图 9－31　考虑气体刚度的膜盒固有频率及振型（见彩插）

对于膜盒的一些振型（如膜盒弯曲、导向盘不动而膜片组间相互运动），膜盒变形导致的气体体积变化较小，膜盒内气体刚度对模态、频率产生的影响很小。某型膜盒在不同充气压力下的实测模态、固有频率变化见表 9－4，不充压状态与充压 0.55 MPa 状态对应的一阶弯曲模态振型、频率基本一致。在膜盒高频随机振动疲劳寿命分析过程中，弯曲模态常是影响疲劳寿命的主要模态，因此采用刚度等效方法开展膜盒疲劳寿命分析时，需要对影响膜盒疲劳寿命的主要模态进行具体分析。

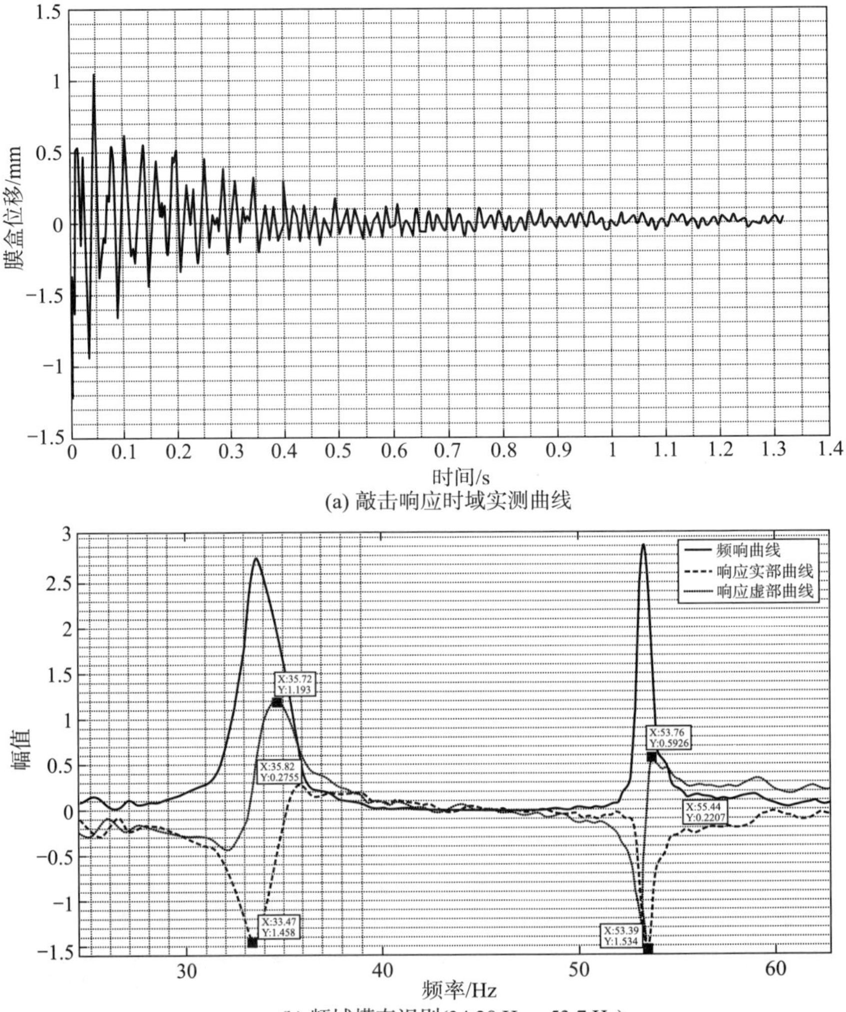


(a) 敲击响应时域实测曲线

(b) 频域模态识别(34.28 Hz、53.7 Hz)

图 9-32　膜盒敲击试验曲线及模态识别（见彩插）

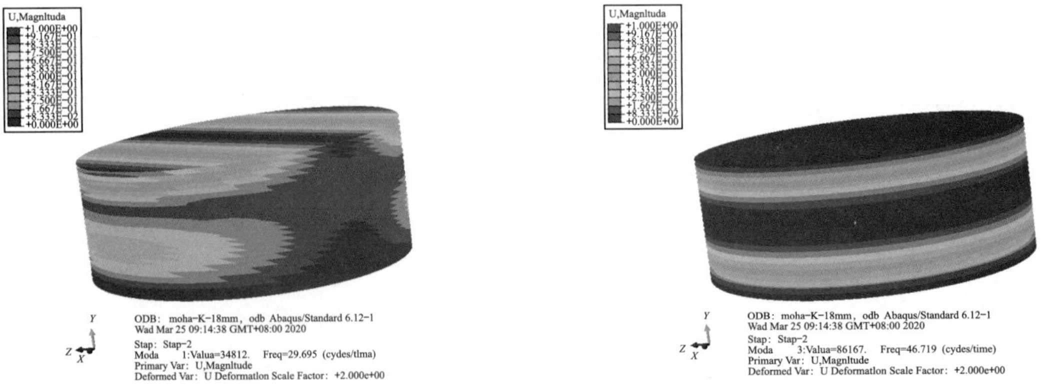


(a) 一阶固有频率，29.695 Hz　　　　(b) 二阶固有频率，46.719 Hz

图 9-33　不考虑气体作用的膜盒固有频率及振型（见彩插）

**表 9－4　某型膜盒不同充压状态的模态实测结果**

| 序号 | 充压压力/MPa | 振型 | 固有频率/Hz |
|---|---|---|---|
| 1 | 0 | 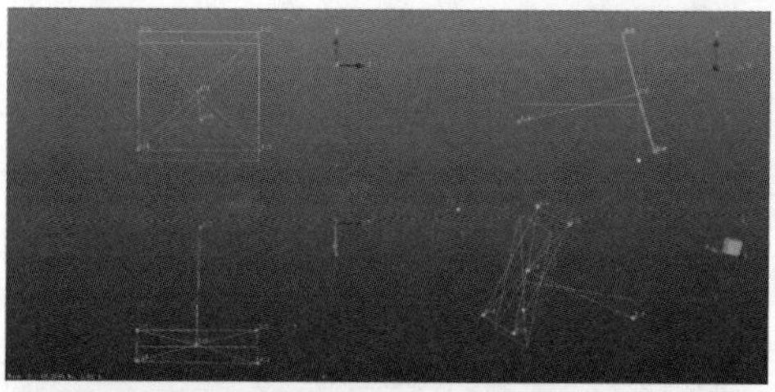 | 58.2 |
| 2 | 0.55 | 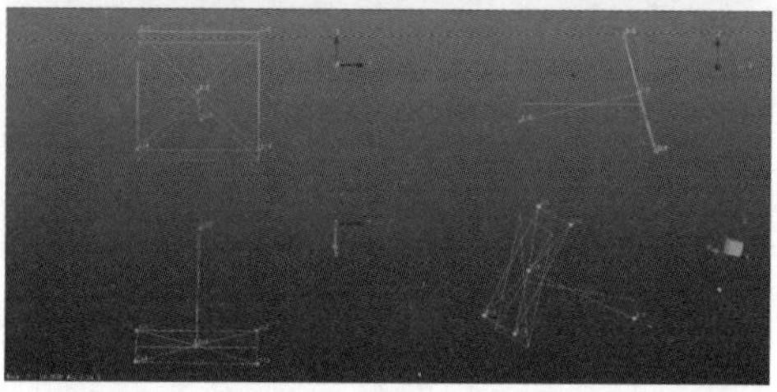 | 58.6 |

实际上，除了膜盒液固、气固之间的耦合作用，膜盒动力学边界状态的不确定性，也给膜盒动特性分析带来了困难。蓄压器膜盒工作时需往复运动，为了约束膜盒运动方向，常设置膜盒导向结构，通常为导向杆、导向孔的轴孔间隙配合形式。间隙配合在动特性分析过程中引入了边界的不确定问题。如图 9－34 所示，膜盒盖盘实测模态结果显示，导向部位的轴孔配合在不同模态下呈现出不同的约束性质，极大地影响了膜盒动力学特性，在一阶模态下导向杆孔之间的配合接近自由状态，将显著影响膜盒微幅振动，而二阶模态下导向杆却明显起铰支作用。

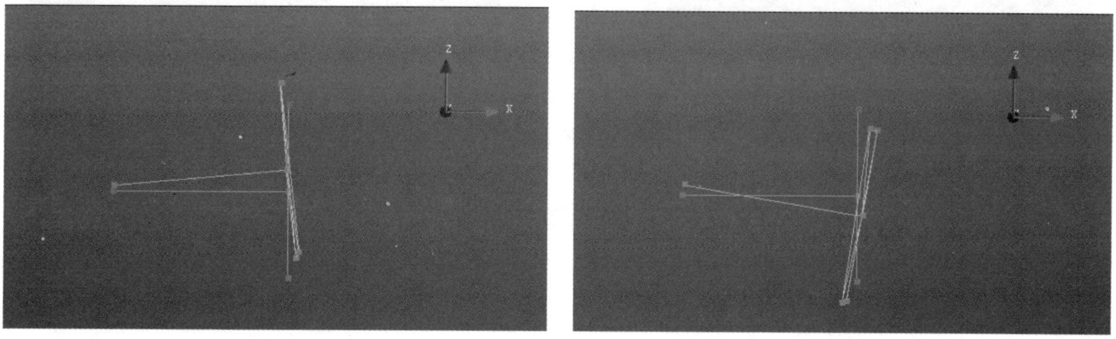

(a) 一阶模态振型　　(b) 二阶模态振型

图 9－34　膜盒盖盘实测模态振型图

由于导向杆、孔之间的不完全约束，飞行过程中膜盒导向杆、孔之间存在撞击、摩擦，进一步增大了膜盒动特性分析的复杂性。图 9－35 为蓄压器膜盒振动试验过程中测得的导向杆径向振动加速度响应曲线，从图中局部放大部分可以看出曲线整体呈现一定的周期变化规律，但局部变化剧烈，信号中包含了膜盒振动的周期性信号及尖锐的碰撞信号。

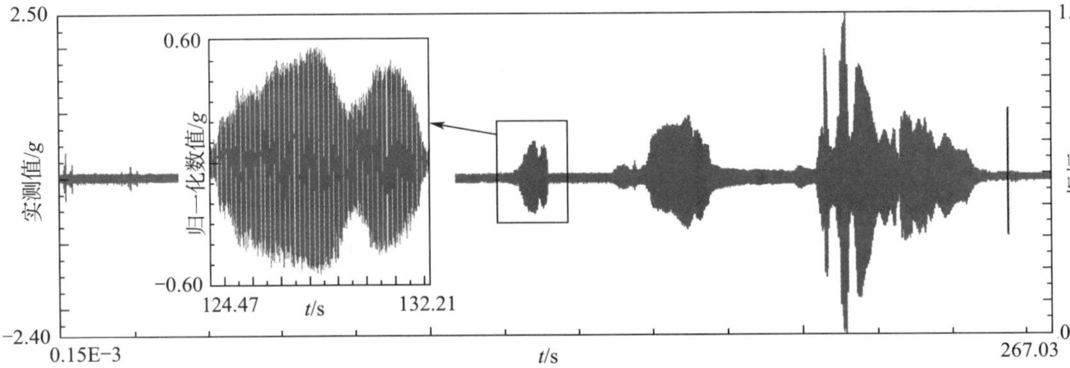


图 9-35　导向杆径向振动加速度响应曲线

膜盒导向杆根部受交变载荷作用，工作状况恶劣。图 9-36（a）为经振动试验考核的蓄压器膜盒导向杆与导向孔接触部位的表面形貌，可以看出存在明显的撞击、磨损痕迹；图 9-36（b）为某型号蓄压器振动试验后导向杆根部断裂形貌，断裂源区上下对称分布，为交变载荷作用下典型双向弯曲疲劳断裂形貌。

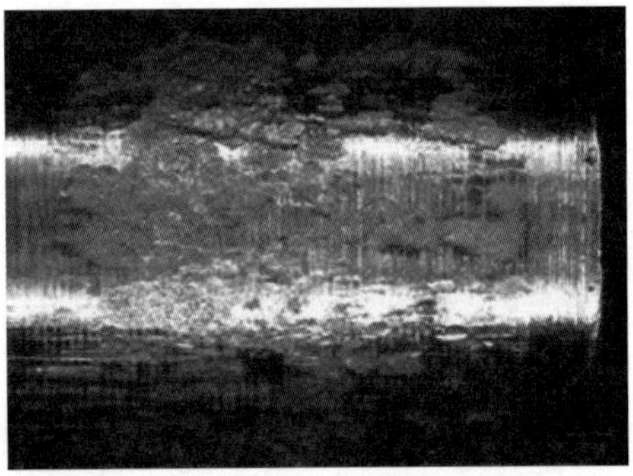

(a) 杆、孔接触部位表面形貌

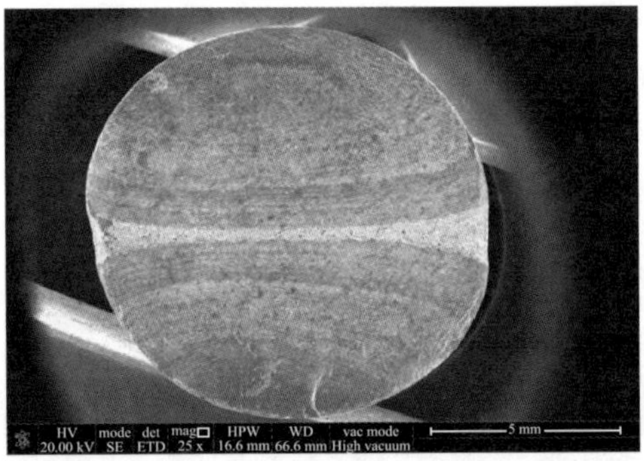

(b) 杆根部断裂形貌

图 9-36　导向杆撞击、磨损及根部疲劳断裂示意图

膜盒动响应分析采用有限元耦合分析方法的主要问题是计算量大，网格畸变导致的收敛问题及计算精度下降，对膜盒细节部位的分析精度较难满足疲劳寿命分析需求，因此，通常情况下采用耦合模型对膜盒的响应特性、推进剂流体的阻尼及附加质量作用、气体刚度作用进行分析，得出等效阻尼比、等效附加质量、等效气体刚度。仅考虑膜盒固体域，建立精确的膜盒分析模型，并将等效阻尼比、等效附加质量、等效气体刚度以合理的方式施加于分析模型，对膜盒的响应、应力及应变状态进行精确分析。除了对耦合影响进行等效外，还需要对膜盒导向杆接触变边界、膜盒变刚度、轴孔碰撞等问题进行简化处理。针对膜盒导向杆变接触边界问题、膜盒变刚度问题，可以采用分段离散的方式，对指定压力段、频段的主要矛盾进行分析，然后对所有分段离散的结果进行综合考虑。针对导向杆的轴孔碰撞问题，可采用有限元时域分析进行研究，针对碰撞导致的关键部位应力状态变化，可结合试验采用合理的应力修正来考虑其对膜盒疲劳寿命的影响。

(2) 蓄压器膜盒疲劳寿命分析

飞行过程中，蓄压器膜盒外部推进剂压力处于不断变化状态，膜盒长度随着压力变化不断变化，膜盒动特性也随之发生变化。为了简化分析，通常将膜盒外部推进剂压力曲线进行离散，分段估计膜盒疲劳损伤，然后根据疲劳累积损伤理论进行膜盒疲劳寿命预估。膜盒疲劳寿命预估的准确性取决于以下两个方面：1）膜盒应力、应变状态分析的准确性，这是膜盒动特性分析需要解决的问题；2）疲劳损伤分析的合理性，这是膜盒疲劳寿命分析的主要研究内容。疲劳损伤分析理论主要包括应力疲劳损伤理论、应变疲劳损伤理论。经过多年研究、发展，应力疲劳损伤理论和应变疲劳损伤理论均有多种疲劳估计、近似、修正方法。根据膜盒应力、应变状态选择合理的方法至关重要。

蓄压器膜盒地面试验包含充压疲劳试验、拉压疲劳试验。其中，充压疲劳试验过程中，膜盒膜片通常在首次充压后进入塑性状态，但由于材料的冷作硬化，后续反复充压过程膜盒膜片将始终处于线弹性范围内，因此针对反复充压过程中膜盒膜片的疲劳分析，可采用应力疲劳的相关理论；拉压疲劳试验过程中，由于膜盒受到反复拉伸、压缩，膜片应力状态在拉应力、压应力状态之间反复变化，若拉伸、压缩位移较大，膜盒应力水平超过材料屈服强度，则针对膜片的疲劳分析应采用应变疲劳的相关理论。

火箭飞行过程中，膜盒内气体压力基本与外部管路推进剂压力相等，因此由膜盒内外充气压力差产生的应力、应变基本可忽略。但不同充压状态下，膜盒受拉、受压状态存在差异，从而导致膜盒膜片的初始应力、应变状态存在差异，在进行膜盒膜片疲劳寿命分析时，应着重考虑不同初始应力状态下预应力的修正。例如，某型金属膜盒初始充内压 0.23 MPa、外部管路充压 0.8 MPa，膜盒在外压作用下受压缩。在该状态下进行膜盒飞行振动疲劳寿命评估时，初始充压状态下膜片表面大面积进入塑性，如图 9－37 所示，进行膜片疲劳分析时需要对预应力状态进行修正。同样，由于冷作硬化作用，该膜盒膜片受高频随机振动产生的疲劳问题仍可采用应力疲劳分析法。

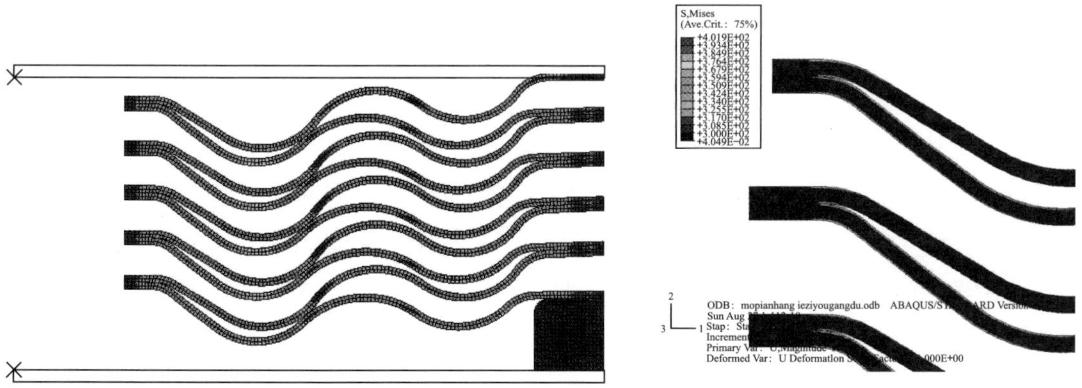


图 9－37　膜盒膜片应力云图（见彩插）

## 9.5 注气式蓄压器防晃设计

注气式蓄压器的主要特点是存在自由液面，低温液氧的自由液面与气枕直接接触，液氧与气枕的气液换热、气液传质等过程复杂。由于压力波动、箭体振动等造成的自由液面晃动，加剧了气液换热过程，会造成蓄压器气枕压力的波动。同时，晃动也影响蓄压器与输送管连接孔距溢出管距离的选取。因此，需要对注气式蓄压器自由液面的防晃技术进行研究。

注气式蓄压器的气腔常布置于竖直输送管路周围，基本采用双层管的形式，形成环形容腔。另外一些情况下，在管路侧面布置注气式蓄压器，以适应输送管走向及布局，具体结构如图 9－11 所示。根据结构形式的不同采取了不同的液面晃动抑制措施，例如航天飞机注气式蓄压器[6]采用浮子小球、环形孔挡板、十字形挡板和孔板等多种结构进行晃动抑制，具体结构如图 9－38 所示。日本 H－2 火箭注气式蓄压器[7]采用了环形挡板、竖直挡板及孔板结构进行晃动抑制。

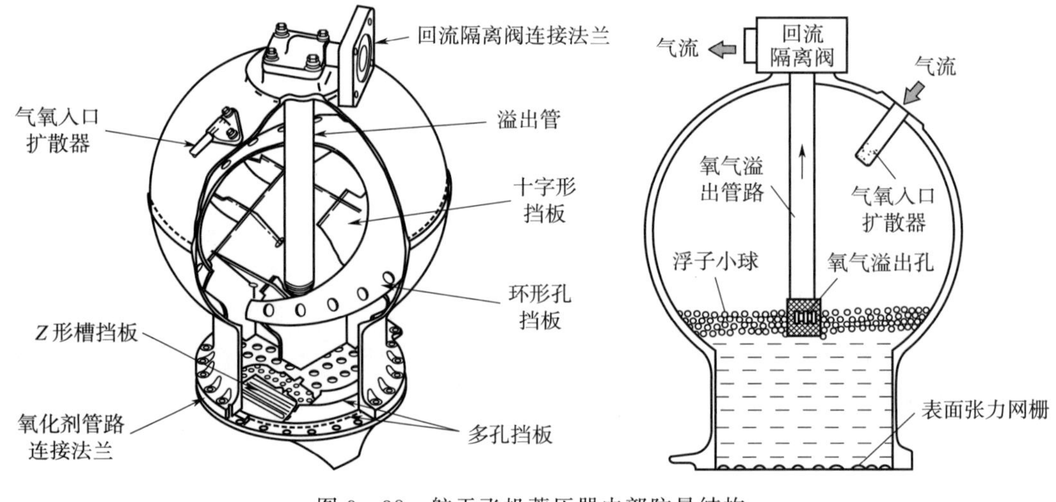


图 9－38　航天飞机蓄压器内部防晃结构

注气式蓄压器可看成是一个液体贮罐，贮液系统内液体晃动的问题一直受到关注。最早由 Hoskins 等[25]完成了刚性贮液罐的开创性研究。之后，Housner[26-27]提出将罐体内液体所产生的动水压力分成脉动分量和对流分量两部分进行研究。随着数字计算机的广泛应用，有限单元法也为解决这一问题提供了有效手段，Edwards[28]首次采用有限单元法计算了一个充液圆柱形罐在地震作用下的应力和位移。研究液体晃动问题的方法主要有有限单元法和解析法。有限单元法虽对罐体截面形状有广适性，但计算精度取决于划分单元数，而划分单元数又影响计算时间，不能兼顾两者。解析法虽计算结果理想，但都是针对矩形或圆形截面罐体[29]。

考虑如图 9－39 所示任意截面形状的柱形和环形容器内贮有深度为 $h$ 的液体，建立原点位于容器底部壁面上的主坐标系来描述液体的晃动[30]。

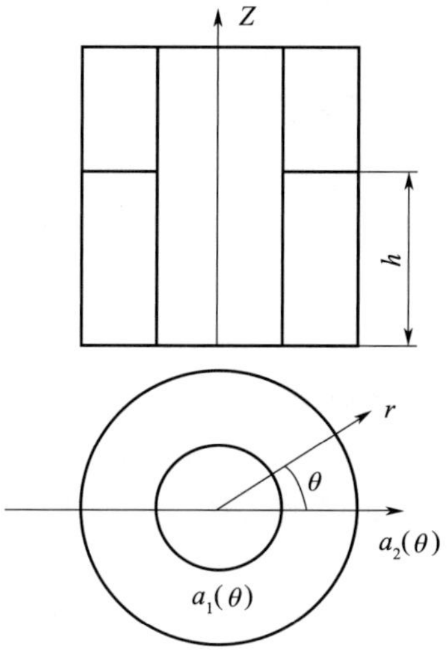


图 9 - 39　环形容器示意图

设液体为无旋无黏性的理想流体，流体可压缩，速度势 $\varphi(r,\theta,z,t)$ 满足三维波动方程

$$\frac{\partial^2\varphi}{\partial r^2}+\frac{1}{r}\frac{\partial\varphi}{\partial r}+\frac{1}{r^2}\frac{\partial^2\varphi}{\partial\theta^2}+\frac{\partial^2\varphi}{\partial z^2}=\frac{1}{c^2}\frac{\partial^2\varphi}{\partial t^2} \tag{9-15}$$

式中，$c$ 为液体中声波的传播速度；$r$ 为半径；$\theta$ 为角度；$z$ 为高度。

考虑表面波动，$\varphi$ 应满足以下边界条件

$$\frac{\partial\varphi}{\partial z}=0, z=0 \tag{9-16}$$

$$\frac{\partial^2\varphi}{\partial t^2}+g\frac{\partial\varphi}{\partial z}=0, z=h \tag{9-17}$$

由容器避免非渗透条件可知，对于环形容器，应有

$$\frac{\partial\varphi}{\partial n}=0, r=a_1(\theta), r=a_2(\theta) \tag{9-18}$$

以上两式中，$a_1(\theta)$，$a_2(\theta)$ 为环形容器壁面方程；$n$ 为壁面法向量。

当液体做自由振动时，可令

$$\varphi(r,\theta,z,t)=\mathrm{i}\omega\phi(r,\theta,z)\mathrm{e}^{\mathrm{i}\omega t} \tag{9-19}$$

式中，$\omega$ 为液体晃动固有圆频率；$\mathrm{i}=\sqrt{-1}$ 。

考虑到 $\phi(r,\theta,z)$ 在 $\theta$ 方向的周期性及边界条件式（9 - 16），得液体速度势的解为

$$\varphi(r,\theta,z,t)=\mathrm{i}\omega\mathrm{e}^{\mathrm{i}\omega t}\cosh(\lambda z)\Big\{\sum_{n=0}^{\infty}[A_n^1J_n(\lambda'r)+A_n^2Y_n(\lambda'r)]\cos(n\theta)+$$

$$\sum_{n=0}^{\infty}[B_n^1J_n(\lambda'r)+B_n^2Y_n(\lambda'r)]\sin(n\theta)\Big\} \tag{9-20}$$

式中，$A_n^j$、$B_n^j(j=1,2)$ 均为待定常数，$J_n(\lambda'r)$、$Y_n(\lambda'r)$ 分别是 $n$ 阶的第一类和第二类

Bessel 函数。将式（9－20）代入式（9－17）得到晃动频率

$$\omega^2 = g\lambda\tanh(\lambda h) \tag{9-21}$$

由此可见，晃动频率与飞行轴向过载、液面高度和系统刚度矩阵特征根有关。

晃动的阻尼是由抑制晃动装置产生的。它可以阻止液体的运动或使晃动很快衰减，晃动阻尼用振荡幅度的对数衰减来表示，即

$$\delta = \frac{1}{n}\lg\frac{\xi_0}{\xi_n} \tag{9-22}$$

式中，$\xi_0$ 为最大振荡幅度；$\xi_n$ 为衰减后的第 $n$ 个振荡幅度。

由于阻尼为非线性，所以振型衰减量与晃动振幅有关。

晃动阻尼装置的形式多种多样，诸如平环挡板、十字形挡板、浮力盒、充压排气囊、薄膜等。

刚性平环挡板是广泛使用的晃动阻尼装置，1958 年，密尔斯把圆柱贮箱中刚性环形挡板的阻尼归纳成一个半经验公式[31]

$$\zeta = \frac{\delta}{2\pi} = 2.83\mathrm{e}^{-4.6d/a}\left[\frac{2w}{a} - \left(\frac{w}{a}\right)^2\right]^{3/2}\left(\frac{\eta}{a}\right)^{1/2} \tag{9-23}$$

式中，$w$ 为挡板宽度；$a$ 为贮箱半径；$\eta$ 为壁面上的最大晃动波高；$d$ 为防晃板至液面的距离（液内为正）。

计算和试验表明，阻尼是挡板几何形状、距离液面深度和晃动波高的函数。挡板恰在自由液面稍下方的位置时，阻尼达到峰值。在其他深度位置时，阻尼迅速下降。

林宏、彭慧莲等[32]采用 CFD 软件进行了三维液体晃动仿真计算，得出了全部等效动力学模型参数，仿真结果与解析公式或试验结果符合得很好。还通过仿真计算进行了地面试验的相似准则分析，证明 CFD 对液体晃动仿真研究是可行的。晃动频率的误差在 1.0% 以内，晃动阻尼比的误差在 9%以内。

针对一种环形注气式蓄压器内部液体晃动问题，假设环形容器内部液体占容器总高度的 1/2，气枕压力为标准大气压，内环半径为 0.47 m，外环半径为 0.68 m，高度为 0.6 m。采用 FLOW3D 软件平台建立了三维晃动仿真模型，其中湍流模型采用 RNG 模型，模型中考虑重力并通过非惯性坐标系定义注气式蓄压器沿水平方向的激励，激励类型为正弦激励（幅值为－0.006 25 m，频率为 0.5～2.0 Hz）。

激振频率为 1.2 Hz 时的计算结果如图 9－40 所示。

随着激励频率的增大，液面波动响应呈先增大后减小的趋势。当激振频率与蓄压器固有频率接近时，晃动的幅度最大，如图 9－41 所示。

为了研究环形注气式蓄压器不同外圆半径与最大波高的关系，分别计算不同外圆半径下波动情况，如图 9－42 所示。不同外圆半径对最大波高的影响见表 9－5。从图 9－42 中可以看出，在相同的激励条件（正弦激励，方向为沿水平方向，幅值为－0.006 25 m，频率为 1.2 Hz）、保证容器容积不变的情况下，随着外圆半径的增大，最大波高逐渐减小。因此，在设计环形注气式蓄压器时，在内圆半径固定的情况下，尽量增大外圆半径，降低晃动最大波高。

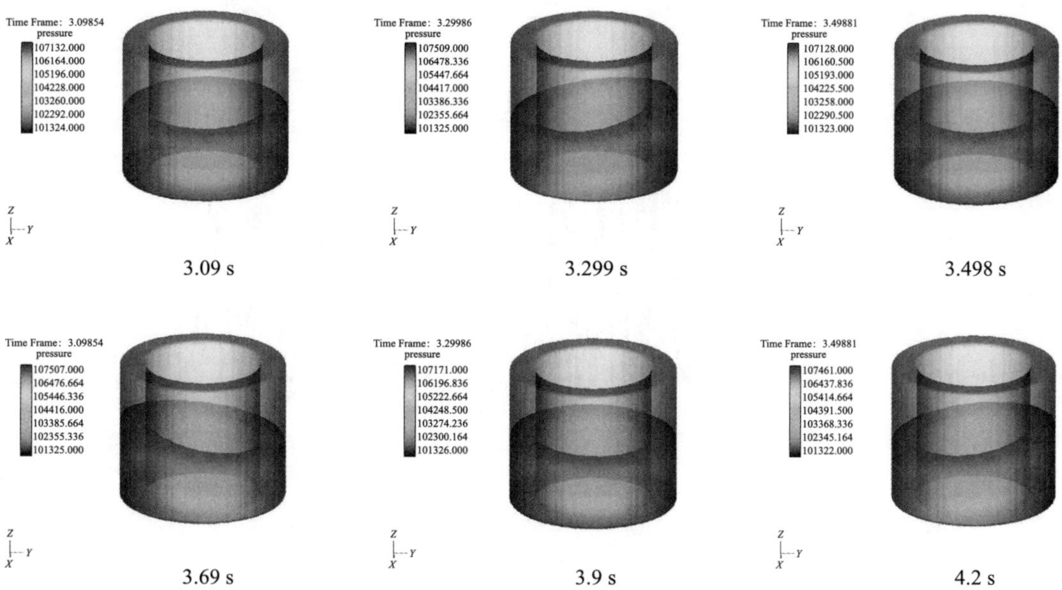


图 9-40　激振频率为 1.2Hz 时环形容器液面波动（压力云图，见彩插）

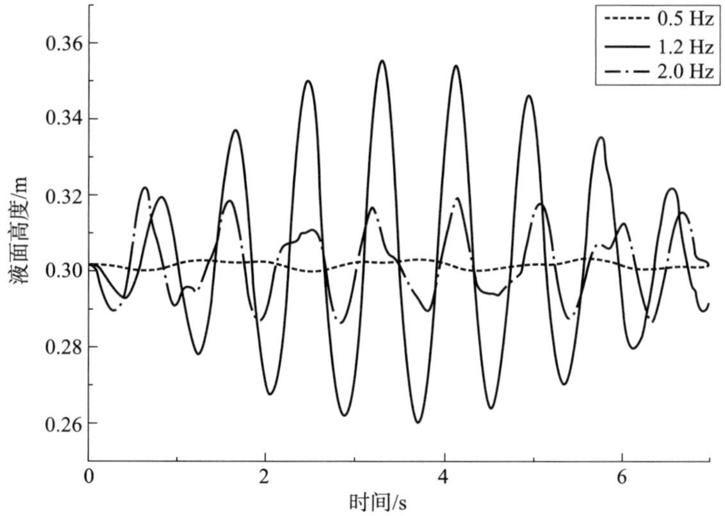


图 9-41　不同激励频率下环形蓄压器液面高度

**表 9-5　不同外圆半径对晃动波高的影响**

| 总容积/L | 外圆半径/m | 最大波高/m | 最大波高比率 | 波动衰减时间/s |
|---|---|---|---|---|
| 112 | 0.310 | 0.081 | 147% | 10.2 |
| 112 | 0.345 | 0.055 | 100% | 7.6 |
| 112 | 0.380 | 0.042 | 76.4% | 5.4 |

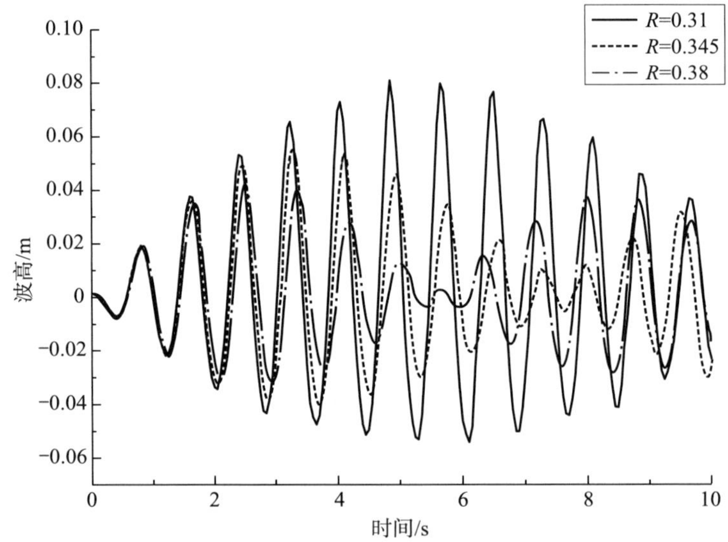


图 9－42　不同外圆半径对最大波高的影响

由式（9－23）可知，在蓄压器内部设置刚性环形防晃板，可以抑制蓄压器自由液面的晃动。防晃板距离液面高度是影响液面晃动的主要因素。为了验证防晃板距离液面高度对蓄压器自由液面晃动的影响，分别计算不同防晃板距离液面高度下自由液面晃动情况，在相同的激励条件下（正弦激励，方向为沿水平方向，幅值为－0.006 25 m，频率为 1.2 Hz），获得液面的波动情况如图 9－43 所示。最大波高降低比率是指增加防晃板后，最大波高与无防晃最大波高的百分比，见表 9－6。计算结果表明，液面最大波高随着防晃板距离液面高度的减小而显著降低，晃动衰减时间基本不变。防晃板越靠近液面，对液面的晃动抑制效果越明显。

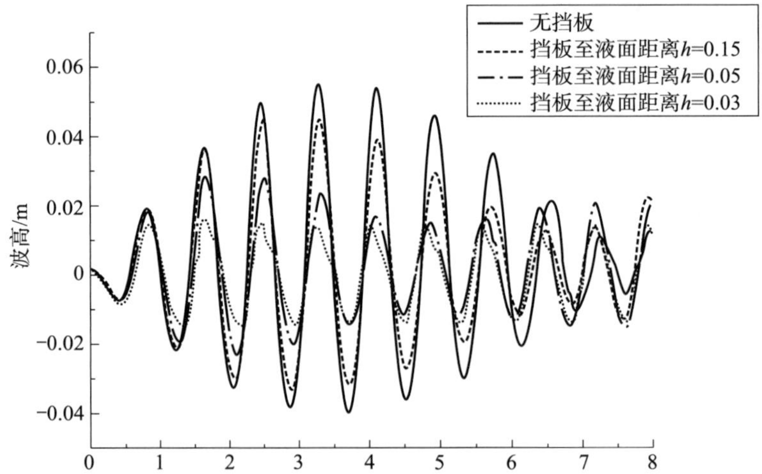


图 9－43　不同防晃板高度对液面波高的影响

表 9-6　防晃板高度对晃动波高影响

| 防晃板距离液面/m | 最大波高/m | 最大波高降低比率 | 阻尼 |
|---|---|---|---|
| 无 | 0.055 | — | 0 |
| 0.15 | 0.045 | 81.8% | 0.020 9 |
| 0.05 | 0.028 | 50.9% | 0.062 5 |
| 0.02 | 0.016 | 29.1% | 0.070 5 |

为了研究防晃板数量对蓄压器自由液面晃动的影响，分别计算得到不同防晃板数量情况下的自由液面晃动结果，取防晃板数量分别为单层、2 层、3 层，如图 9-44 所示。

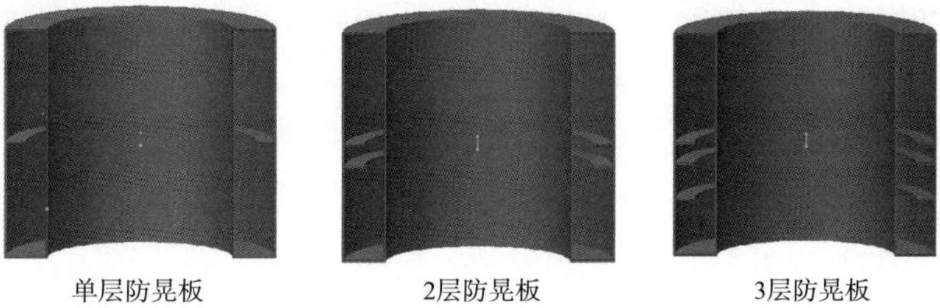


图 9-44　不同防晃板数量示意图

在相同的激励条件下，防晃板数量对晃动波高的影响见表 9-7，计算结果表明，液面最大波高随着防晃板数量的增加有所降低，但降低并不明显。如两层防晃板与一层防晃板效果相比，最大波高降低比率仅从 50.9%降至 45.5%。第一层防晃板最大波高降低 29.1%，再增加底部两层时，最大波高仅降低至 25.5%，因此，防晃效果主要取决于距离自由液面最近的那层防晃板。

表 9-7　防晃板数量对晃动波高的影响

| 数量 | 防晃板距液面高度/m | 最大波高/m | 最大波高降低比率 |
|---|---|---|---|
| 无 | 无 | 0.055 | — |
| 1 层 | 0.02 | 0.016 | 29.1% |
| 1 层 | 0.05 | 0.028 | 50.9% |
| 2 层 | 0.15/0.05 | 0.025 | 45.5% |
| 3 层 | 0.15/0.05/0.02 | 0.014 | 25.5% |

注气式蓄压器在发动机舱内工作，飞行过程中液面受到输送管路脉动压力、箭体激励、气液排出等多种因素影响，液面晃动是较为复杂的过程。此处所讨论的晃动问题是建立在水平正弦激励的假设下，未考虑轴向及法向激励，在进行防晃设计及计算时，如何确定符合实际工况的激励边界条件是问题的关键。

# 参 考 文 献


［1］ 王其政．结构耦合动力学［M］．北京：宇航出版社，1999.

［2］ 廖少英．POGO 蓄压器变频降幅特性分析［J］．上海航天，2002（1）：32－35.

［3］ 王小军，于子文，张兵．国内外运载火箭的 POGO 抑制技术研究进展［J］．中国科学，2014，44（5）：492－503.

［4］ J G PAYNE，S RUBIN. POGO Suppression on the Delta Vehicle［R］．TR－0074（4704）－1，1974：62.

［5］ HILL，R. D. MURPHY. Saturn Ⅴ longitudinal oscillation（POGO）solution［R］．AIAA，1968：548.

［6］ LANGER，SUSAN L. Mathematical model of the Space Shuttle Main Engine gaseous oxygen control valve［R］．AIAA，1992：8.

［7］ TAKUMI UJINO，TAKASHI SHIMURA. POGO Prevention of H－2 Launch Vehicle［R］．AIAA，1994：10.

［8］ 司徒斌，高普云．低温运载火箭 POGO 抑制系统研究［J］．低温工程，2006，150（2）：58－63.

［9］ PH. COUILLARD，W G NAUMANN，于海昌．运载火箭的振动—预防欧洲空间局研制的阿里安运载火箭 POGO 振动所采取的措施［J］．导弹与航天运载技术，1980（1）：10－12.

［10］ RILEY G，STERETT J. Saturn Ⅴ/Apollo vehicle POGO stability problems and solutions［R］．AIAA Journal，1970.

［11］ SWANSON L A，GIEL T V. Design Analysis of the Ares I Pogo Accumulator［C］．Denver：45th AIAA /ASME/SAE/ASEE Joint Propulsion Conference & Exhibit，2009.

［12］ Rocketdyne Propulsion & Power. Space shuttle main engine orientation［EB/OL］．［1998－06］．http：//large. stanford. edu/courses/2011/ph240/nguyen1/docs/SSME－PRESENTA－TION. pdf.

［13］ NAGAI H，NODA K，YAMAZAKI I，et al. Status of H－Ⅱ rocket first stage propulsion system［J］．Journal of Propulsion and Power，1992，8（2）：313－319.

［14］ 刘锦凡，孙丹，陈雪巍，等．蓄压器膜盒机械刚度对液体火箭 POGO 振动影响研究［J］．振动与冲击，2016，35（19）：168－171.

［15］ 北京化工学院三系机械密封组．焊接金属波纹管机械密封的结构设计问题［J］．化工与通用机械，1978（8）：13－21.

［16］ 史淑娟，朱礼文，赫崇智．考虑接触的膜盒刚度分析［J］．导弹与航天运载技术，2003（2）：41－44.

［17］ 王亚军，陈牧野，周浩洋．采用有限元方法的平板锥形金属膜盒内压柱失稳研究［J］．导弹与航天运载技术，2020（1）：7－13.

［18］ HARINGX J A. Instability of bellows subjected to internal pressure［J］．Philips Research Rep，1952（7）：189－196.

［19］ 朱卫平．波纹管在内压作用下柱失稳临界压力的计算［J］．力学与实践，2002（5）：32－35.

［20］ K TSUKIMORI，K IWATA. The Buckling Behavior of U - Shaped Bellows under Pressure Loads ［J］. Int. J. Pres. Ves & Piping，1990，44 (3)：365 - 380.

［21］ BROYLES R K. Bellows Instability. Metallic Bellows and Expansion Joints ［J］. ASME PVP，1989，168：37 - 43.

［22］ 陈立苏 . U 形无加强波纹管稳定性公式应用探讨 ［C］. 全国膨胀节学术交流会，1999：43 - 49.

［23］ 王亚军，陈牧野，周浩洋 . 平板锥形金属膜盒内压柱失稳理论公式研究 ［J］. 导弹与航天运载技术，2019 (6)：11 - 16.

［24］ 郑茂琦，张婷，满满，等 . 一种膜盒自振频率的分析方法及试验验证 ［J］. 导弹与航天运载技术，2018 (5)：98 - 106.

［25］ HOSKINS L M，JACOBSEN L S. Water pressure in a tank caused by a simulated earthquake ［J］. Bull Seism Soc Am，1934，24 (3)：31 - 32.

［26］ HOUSNER G M. Dynamic pressure on accelerated fluid containers ［J］. Bull Seism Soc Am，1957，47 (1)：15 - 35.

［27］ HOUSNER G M. The dynamic behavior of water tanks ［J］. Bull Seism Soc Am，1963，53 (2)：381 - 387.

［28］ EDWARDS N W. A procedure for dynamic analysis of thin walled cylindrical liquid storage tanks subjected to lateral ground motions ［D］. Michigan：University of Michigan，1969.

［29］ 秦念，等 . 水平激励下椭圆环形截面储液罐内液体的晃动响应 ［J］. 南京工业大学学报（自然科学版），2014，36 (4)：84 - 88.

［30］ 周叮 . 截面任意形状的柱形和环形容器内液体晃动特性的精确解法 ［J］. 工程力学，1995，12 (2)：58 - 63.

［31］ MILES J W. Ring damping of free surface oscillations in a circular tank ［J］. Journal of Applied Mechanics，1958，25 (2)：274 - 276.

［32］ 林宏，彭慧莲，董锴 . 推进剂贮箱液体晃动的仿真研究与验证 ［J］. 强度与环境，2011，38 (5)：25 - 30.

# 第 10 章　密封结构

## 10.1　概述

能够防止或减少泄漏的装置一般称为密封，装置中防止泄漏的结构称为密封结构，起到密封作用的零部件称为密封件[1]。在运载火箭增压输送系统中多数介质都是具有一定压力的液体和气体，系统中管路、阀门、气瓶、贮箱等组件的连接部位都是通过密封结构来确保密封的。另外，这些组件内部也存在许多相互连接或相对运动的部位需要密封。密封结构设计和使用不当会导致泄漏，并可能引起严重后果。美国航天飞机挑战者号因密封结构失效，升空后爆炸，导致 7 名航天员遇难，造成巨大的经济损失。

密封结构要满足具体的密封性能：一是要保证结构完整性，二是要保证结构密封性。一般而言，处理密封结构的密封性问题要比解决其结构完整性问题的难度更大。影响密封性的因素有很多，不仅有材料、制造和装配的影响，更有物理、化学因素的影响，且结构完整性与密封性两者又是相互关联的，因此寻求这些因素的影响规律是解决密封问题的关键。

密封是相对于泄漏而言，两种因素同时存在将导致密封结构发生泄漏：一是存在促使流体流动的因素，如压力差、浓度差；二是密封界面或密封件内部组织存在间隙。密封的作用就是将结合面的间隙封堵、隔离或者切断，或增加泄漏间隙中的阻力以阻止泄漏。密封的有效性是指在给定工作条件下，经密封结构泄漏出来的物质量不超过工作允许值，工作条件指压力、温度、介质特性及外部环境等。通常根据工作条件及漏率要求来设计合适的密封结构，包括连接形式、密封件、密封型面及预紧力等方面的设计，并通过试验手段验证密封结构的有效性。

按两个零件间的密封界面在工作过程中是否存在相对运动，可将密封分为静密封和动密封两类。典型的静密封结构有法兰、管接头密封等；典型的动密封结构有做往复或回转运动的阀杆、轴的密封等。静密封也不是完全静止的，工作中压力、振动、外载荷、热膨胀或冷收缩等导致密封结构产生的变形都是动态的[2-3]。动密封比静密封更为复杂，不单要满足密封要求，还涉及摩擦、磨损、润滑、接触变形、寿命等因素。增压输送系统中的密封部位存在于不同规格、种类组件外部接口和内部的结合部位，密封结构主要分为端面密封结构、圆周密封结构、锥面密封结构以及阀芯与阀座间的密封结构，其中阀门内的阀杆密封、阀芯与阀座之间的密封既有动密封性质，又有静密封性质[4]。增压输送系统中的端面密封结构一般为大口径管路、阀门、气瓶等产品外部接口和内部连接的法兰密封部位，也有部分小导管连接采用端面密封；圆周密封结构采用弹性的 O 形密封圈进行密封，常见于阀门内部的阀杆、活塞处，也可结合端面密封作为组合密封使用；锥面密封结构常用于小口径管路、阀门等产品的接口间密封，一般靠小型的 O 形圈或自身金属面紧密贴合进行密封。另外，鉴于增压输送系统阀门动作速度偏低，且更多关注其停止运动后的密封性能，因此在阀杆密封、阀芯与阀座间密封设计中常将其视作静密封结构，再引入运动影响因素进行设计。

密封结构的性能好坏及寿命长短，直接关系到运载火箭的可靠性、安全性和可维护性。因此，应彻底认识和理解密封的机理，研究密封结构的泄漏模型，深入研究和掌握密封的内在规律，从而正确设计、选用、安装、使用和维护密封结构。另外，漏率检测是密封研究中的关键技术，既可以通过它评价密封结构的有效性，也可以通过它提前或及时检测出失效部位，采取有效措施，避免泄漏事故的发生。

## 10.2　结构形式

如前所述，增压输送系统中密封结构形式有端面密封结构、圆周密封结构、锥面密封结构以及阀芯与阀座间的密封结构。

### 10.2.1　端面密封结构

增压输送系统的端面密封结构一般都是法兰密封结构，也有部分小导管连接采用轴向端面密封，其原理和法兰密封结构相类似。法兰密封结构通常是由连接件、密封件及紧固件三部分组成，分别对应法兰、密封件、螺栓、螺母及垫片。法兰密封结构借助连接螺栓通过法兰压紧面压紧密封件，使密封件在压紧力的作用下发生弹性或塑性变形，以填塞结合面间的缝隙而达到密封的目的。不同的法兰密封结构中的连接件和紧固件结构类型基本一致，而法兰密封面形式和密封件会根据不同的需求而进行适应性的设计。比较典型的针对螺栓法兰连接的设计方法有 ASME 法、PVRC 法以及 EN 法三种[5-7]。

法兰密封面是指密封件与法兰结合面直接接触的表面，有多种结构形式，一般根据使用工况选择合适的法兰密封面形式。增压输送系统使用工况一般有高低温、高压、高载荷等特点，系统内的介质一般有毒、易燃、易爆，密封性能要求高，为了适用不同的密封件，常用的法兰密封面可分为凹平面、平槽面、榫槽面、梯形槽密封面、菱形槽密封面等，具体结构形式如图 10－1 所示。其中梯形槽密封面的凹槽呈梯形，通过密封件与梯形槽两侧密封面的紧密接触实现密封，密封件常用橡胶-金属复合密封结构，可实现低温自紧，适用于低温环境密封；菱形槽密封面由一个凹面和一个凸面配合组成，凹面、凸面形成平行四边形密封结构，密封件放在四边形密封结构内，与两侧密封面紧密接触实现密封，可实现低温自紧，适用于低温环境密封。

#### 10.2.1.1　橡胶 O 形圈

橡胶 O 形圈具有结构简单、方便安装拆卸、价格低廉等优势，应用也最为广泛，可用作端面密封（法兰密封），也可用作圆周密封，这取决于使用场合和结构。O 形圈的工

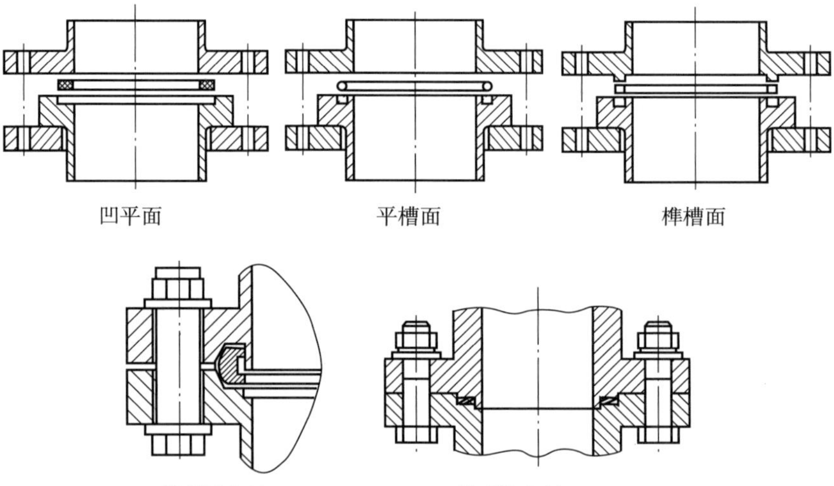


图 10－1 增压输送系统常用密封面形式

作范围广，工作压力从真空到高压（35 MPa），工作温度从低温（－60 ℃）到高温（300 ℃），O 形橡胶圈不适合用于深低温（90 K 及以下）环境，典型的橡胶 O 形圈结构如图 10－2 所示。

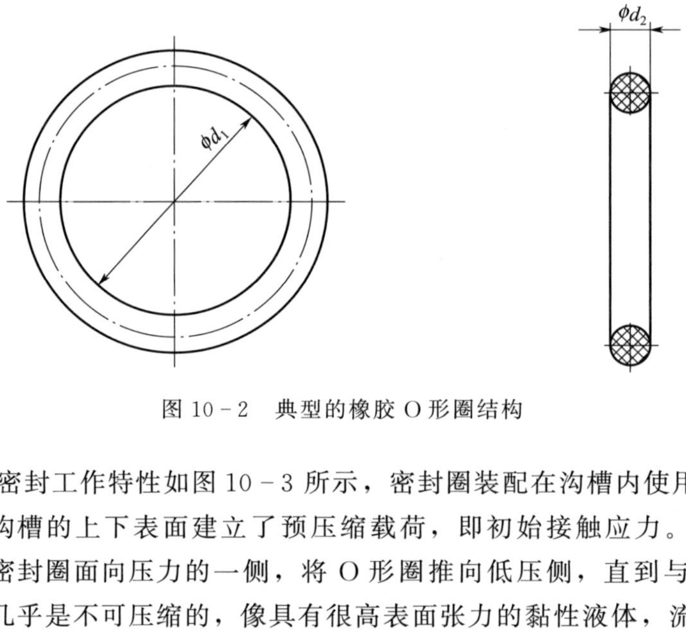


图 10－2 典型的橡胶 O 形圈结构

橡胶 O 形圈密封工作特性如图 10－3 所示，密封圈装配在沟槽内使用，在装配后和加压前，密封圈与沟槽的上下表面建立了预压缩载荷，即初始接触应力。当施加流体内压后，压力作用于密封圈面向压力的一侧，将 O 形圈推向低压侧，直到与沟槽的侧面相接触。因橡胶材料几乎是不可压缩的，像具有很高表面张力的黏性液体，流体内压直接传递给密封接触面，同时叠加初始接触力，使得密封面上的工作接触应力总比流体压力高，实现密封作用。橡胶 O 形密封圈具有自紧密封功能。值得关注的是，若密封间隙与 O 形圈的匹配不合理，即间隙相对 O 形圈过大，一旦流体压力达到阈值，O 形圈会被介质压力挤出、剪切或剪断而失去密封能力，如图 10－3（c）所示。因此，沟槽间隙尺寸的合理设计至关重要。

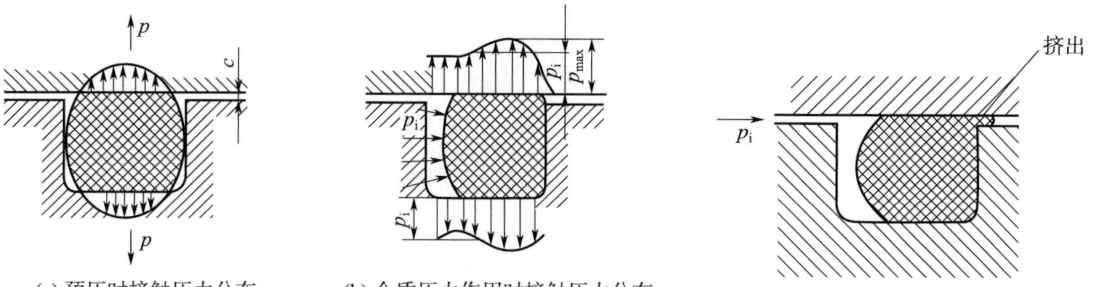


(a) 预压时接触压力分布　　(b) 介质压力作用时接触压力分布　　(c) 挤出现象

图 10－3　橡胶 O 形圈密封工作特性

10.2.1.2　金属空心 O 形圈

金属空心 O 形圈主要用在超出橡胶或塑料密封圈应用范围外的极端工况中，可满足较高的密封要求及苛刻的环境，如高真空、高温、高压、深冷、高速、振动等载荷工况。金属空心 O 形圈常用材料有铝、碳钢和不锈钢。根据介质、压力和温度确定使用的材料，由于工况比较苛刻，一般多选用不锈钢。为提高密封效果和耐蚀能力，可在其外表面上喷涂 0.03～0.10 mm 的金、银或铜等高延性的补偿镀层。金属空心 O 形圈有三种形式。第一种是基本型金属空心 O 形圈，如图 10－4（a）所示，这种形式是依靠螺栓拉紧时金属空心 O 形圈被压扁后产生回弹力，同时内压对金属空心 O 形圈的侧面有作用力，使金属空心 O 形圈张开，在这两个力的作用下，金属空心 O 形圈紧贴密封面，达到密封效果，可密封真空、低压力及有腐蚀性的液体或气体，一般用于工作压力小于 7.0 MPa 的密封场合。图 10－4（b）是开孔型金属空心 O 形圈，在金属空心 O 形圈上钻若干小孔，流体的内压通过工作介质传递进入金属空心 O 形圈，使金属空心 O 形圈张开并紧贴密封面，起到自紧作用。图 10－4（c）是充气型金属空心 O 形圈，即在金属空心 O 形圈内充有一定压力的惰性气体，如在高温下使用，管内的压力随着温度的上升而增大，进一步增加了回弹力，一般可以用于工作温度在200～600 ℃，压力在 7～280 MPa 的工况[8]。

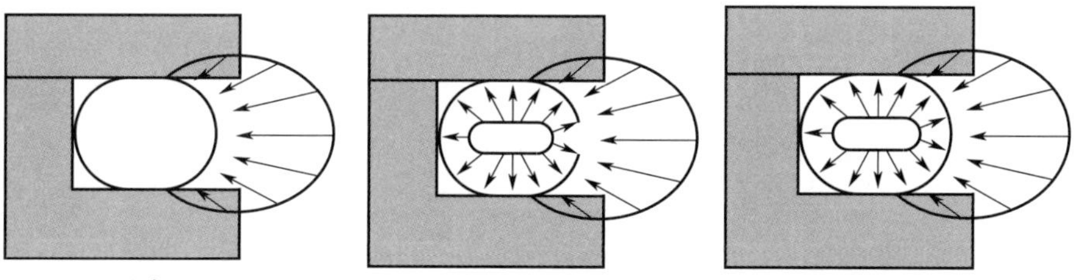

(a) 基本型　　(b) 开孔型　　(c) 充气型

图 10－4　金属空心 O 形圈结构示意图

10.2.1.3　金属 C 形圈

普通金属 C 形圈的横截面形状如图 10－5 所示，按开口朝向分为内压式和外压式，开口朝向被密封介质侧为内压式，否则为外压式。金属 C 形圈具有和开孔型金属空心 O 形圈同样的自紧作用，并且允许较大的变形，具有重量轻、使用安全、拆装方便等特点。

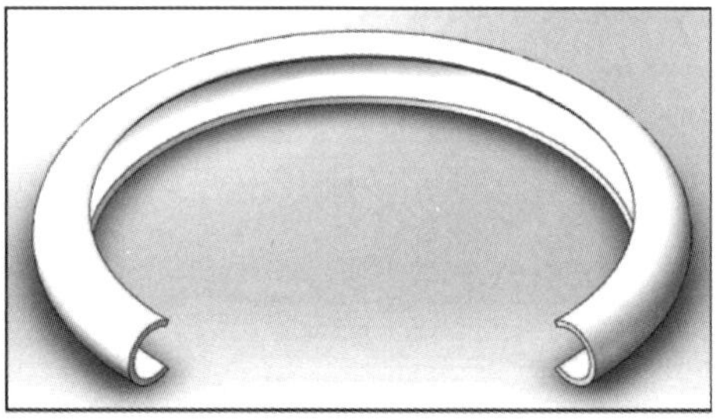

图 10-5 金属 C 形圈的横截面示意图

弹簧赋能型金属 C 形圈由最外层软金属包覆层、中间合金包覆层和最内螺旋弹簧组成，结构如图 10-6 所示。最外层的材料主要是较软的金属，如银、铝、镍等，形式既可以是包覆层，也可以是直接电镀或涂覆，螺旋弹簧的材料主要为不锈钢和高温合金。当压缩该密封圈时，螺旋形弹簧发生弹性变形并对合金包覆层产生附加反弹力，促使密封层发生塑性变形。这种弹性和塑性的协同作用，有效提高了密封环的密封性能和补偿因温度、压力波动引起法兰变形及密封圈松弛的能力[9]。

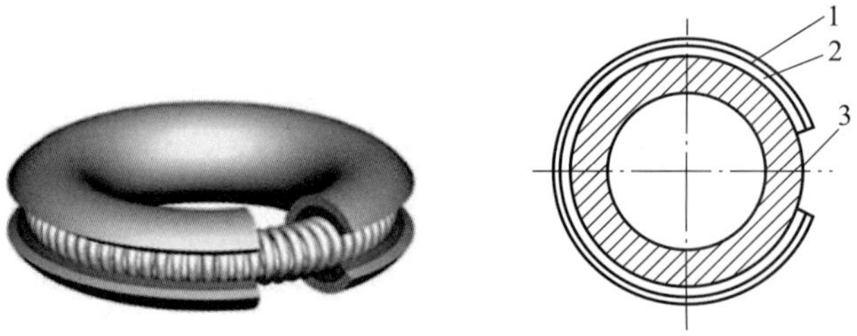


(a) 三维示意图　　(b) 截面示意图

图 10-6 弹簧赋能型金属 C 形圈

1—软金属包覆层；2—合金包覆层；3—螺旋弹簧

#### 10.2.1.4 金属碟形密封圈

金属碟形密封圈结构由碟形圈及其对接结构组成。金属碟形密封圈截面形状近似平行四边形，安装在由凹、凸法兰形成的平行四边形密封腔内。该密封圈可用于液氧煤油发动机推力室这种极端密封部位，适用于低压工况下的高、低温密封。其密封机理是依靠对密封面施加的压紧力，使碟形金属密封圈出现弹塑性变形，提高密封面的接触应力，减小密封面的间隙，堵塞泄漏间隙，达到密封的目的。通过优化的结构设计，也可实现自紧密封。碟形密封圈一般采用不锈钢材料，金属碟形密封圈实物及装配结构如图 10-7 和图 10-8 所示。

#### 10.2.1.5 异形金属密封圈

为了满足不同密封需求，目前航空、航天、石油、核电等工业领域广泛应用异形金属密封，这些密封圈多数能够实现压力作用自紧，如 λ 型、K 型、E 型、U 型和 W 型等金属密封圈，所用的材料有镍基合金、奥氏体不锈钢、铝材等，具有优良的高、低温性能。

图 10－7　金属碟形密封圈实物

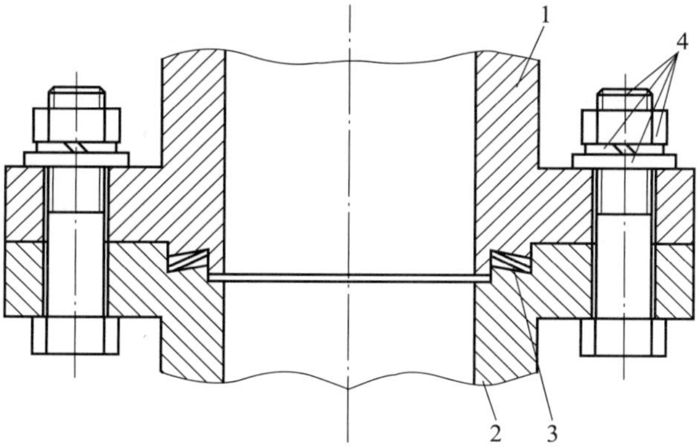


图 10－8　金属碟形密封圈装配结构图

1—凸法兰；2—凹法兰；3—金属碟形密封圈；4—紧固件

密封圈在压紧载荷的作用下较容易产生塑性变形，使之填平法兰密封面的微小凸凹不平，从而实现密封。不同的金属密封因结构、成型工艺及表面技术等方面的差异，具有各自的特性及适用条件，具体适用情况见表 10－1[10]。

**表 10－1　用于端面密封的异形金属密封圈**

| 序号 | 截面形状 | 材料 | 适用工况 | 镀层材料 | 连接形式 |
|---|---|---|---|---|---|
| 1 | 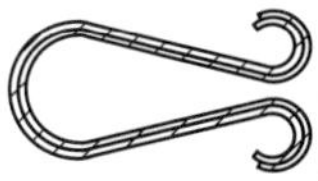 | | 高疲劳工况 | | |
| 2 |  | 高强度不锈钢、镍基合金 | 高压振动工况 | 镀金、银、聚四氟乙烯等 | 平面可拆卸连接 |
| 3 |  | | 600 ℃以上、振动工况 | | |

**续表**

| 序号 | 截面形状 | 材料 | 适用工况 | 镀层材料 | 连接形式 |
|---|---|---|---|---|---|
| 4 | 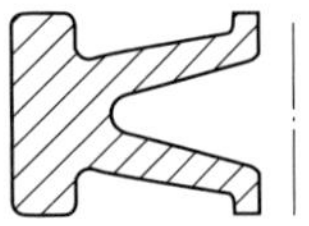 | 高强度不锈钢、高温镍基合金、铍青铜 | $p \leqslant 120$ MPa，$T=70 \sim 973$ K，$D_S=30 \sim 600$ mm | 铜、银、氟塑料、金、镍、铟等 | 平面可拆卸连接 |
| 5 | 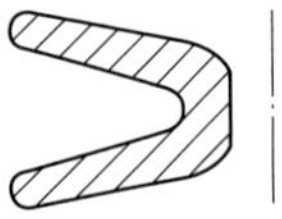 | | $p \leqslant 10$ MPa，$T=73 \sim 500$ K，$D_S=50 \sim 200$ mm | | |
| 6 | 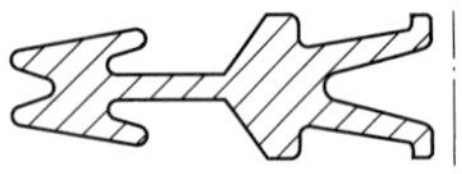 | | $p \leqslant 90$ MPa，$T=73 \sim 973$ K，$D_S=100 \sim 650$ mm | | |
| 7 | 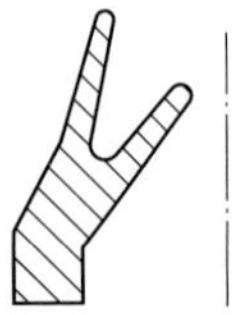 | 高强度不锈钢、高温镍基合金 | $p \leqslant 90$ MPa，$T=20 \sim 1\ 073$ K，$D_S=50 \sim 500$ mm | 铜、银、氟塑料、镍等 | 球面可拆卸连接 |
| 8 | 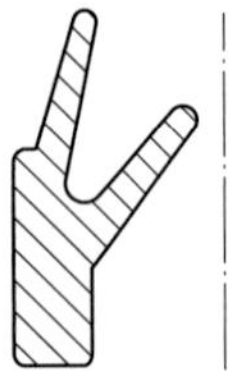 | | $p \leqslant 30$ MPa，$T=90 \sim 773$ K，$D_S=30 \sim 600$ mm | | |
| 9 | 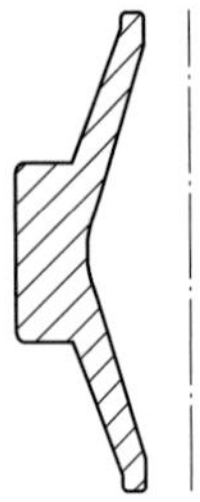 | 高强度不锈钢、高温镍基合金、铍青铜 | $p \leqslant 40$ MPa $T=20 \sim 1\ 073$ K $D_S=20 \sim 150$ mm | 铜、银、氟塑料、金、镍、铟等 | 平面、球面均可拆卸连接 |

### 10.2.1.6 密封垫片

垫片密封结构按材料可分为金属垫片、非金属垫片和半金属垫片密封。

（1）金属垫片

金属垫片主要用于高压、高温场合，包括平板形、波形、圆环形等垫片形式。在增压输送系统中常用的金属垫片主要是平板形，其厚度相对宽度较小，通过压缩垫片表面材料产生塑性流动实现密封，一般用于表面粗糙度、翘曲、偏移补偿需求不大的场合，同时需要法兰能够提供足够大压缩载荷。可适应于宽温区、高压工况。垫片密封对法兰密封面和垫片的表面粗糙度要求较高，并且要求垫片材料的硬度比法兰的低，常用的材料为纯铜、铝等软性材料，可在垫片表面加工包裹铟来提高金属垫片的密封性能和适应性。平板垫片实物如图 10－9 所示。

图 10－9　金属平板垫片实物

（2）非金属垫片

非金属垫片一般用于中、低压力工况，主要取决于材料的特性。增压输送系统常用的非金属密封垫片为柔性石墨密封垫和聚四氟乙烯（PTFE）垫片。柔性石墨密封技术是近年来较为成熟并广泛采用的密封技术，经过深加工的柔性石墨是一种非常优异的密封材料，优质的柔性石墨密封材料能够耐高温和耐腐蚀，通过制成各种石墨垫圈和垫片起到密封作用，具有耐高温、耐深冷、化学稳定性好、热膨胀率低、压缩率和回弹率优异、应力松弛低等特性，对法兰密封面加工要求低。柔性石墨密封圈与液氢、气氢、液氧、气氧和氦气具有良好的介质相容性，因此应用比较广泛。柔性石墨圈密封结构由柔性石墨圈及其对接结构组成，常用形式有榫槽型、平面—槽面型和凹凸面型，其结构如图 10－10 所示。

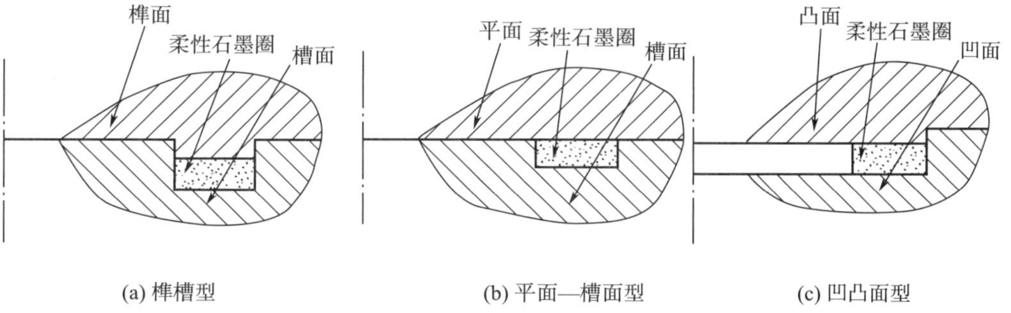


图 10－10　常用的柔性石墨密封圈结构

PTFE 材料具有突出的耐化学腐蚀性、电绝缘性、抗黏结性，与其他高分子材料相比，特别是在高温时具有较好的强度，低温时仍具有一定的韧性。正是这些优点，使得该材料得到了工业密封界的认可。随着应用越来越多，也暴露了一些缺点：如 PTFE 材料冷流引起泄漏、温度和（或）压力循环的工况下难以保持密封等。因此，在航天领域 PTFE 垫片多数在地面设备、试验中使用。

（3）半金属垫片

半金属垫片由非金属（软材料）作为填充料或覆盖层，与金属元件一起组成。按结构形式可分为缠绕式垫片、金属包覆垫片、金属骨架复合垫片。增压输送系统常采用的是金属骨架复合垫片，即非金属覆盖层结合在金属骨架上的密封结构，如橡胶-金属复合密封圈、柔性石墨金属波齿复合垫片。这类密封结构整合了非金属垫片和实心金属垫片两者的优点，在较低的垫片预紧力下具有良好的密封性能。

橡胶-金属复合密封圈结构如图 10－11 所示，主要采用低膨胀合金作为橡胶的载体，即以低膨胀合金为骨架，通过硫化黏结上橡胶，形成橡胶-金属复合结构。该结构起密封作用的橡胶部分较少，橡胶的压缩率较高，远超通常橡胶密封件的压缩率。在超低温度下，橡胶刚性急剧上升，由于高压缩率使得密封应力也相应增大；另一方面，因低膨胀合金的膨胀系数与普通合金（铝、钢）的差异性，产生温度自紧效应，两方面因素综合作用，使得低温下橡胶的密封力能够满足密封要求[11]。该密封结构已经大量应用于箭上的通径为 $\phi$ 100 mm 及以下的液氢、液氧流体的密封部位。

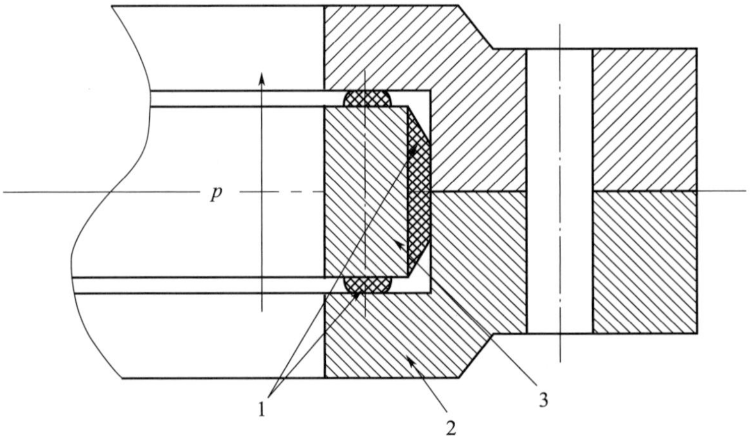


图 10－11　橡胶-金属复合密封圈结构

1—橡胶层；2—法兰盘；3—金属骨架

柔性石墨金属波齿复合垫片主要是由带多道同心圆波齿的金属骨架和柔性石墨复合而成，其结构形式分为基本型、带定位环型和带隔条型，基本型垫片的结构及组成如图 10－12 所示，图中斜线处为金属骨架，网格处为柔性石墨层。金属波齿垫片骨架结构有 V 形槽、梯形槽和圆弧形槽三种，齿型可分为对齿和错齿两种形式。柔性石墨波齿复合垫片的金属骨架起主要的支撑作用，当螺栓法兰上施加预紧力时，柔性石墨则被压入骨架与法兰的沟槽中，金属骨架的齿尖与法兰接触，进一步压缩时，金属骨架会产生弹性变形，柔性石墨也会进一步被压缩，从而密闭在金属与法兰之间的环形空间里。这样，就形成了金属材料和柔性石墨相结合的多重密封。该密封结构能适应较大的密封尺寸，可满足压力 0～42 MPa、温度 20～923 K 工况下的使用要求。

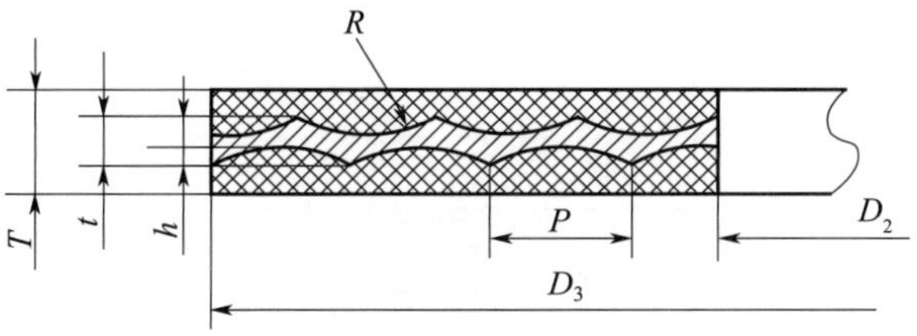


图 10－12　柔性石墨金属波齿复合垫片示意图

### 10.2.2　圆周密封结构

圆周密封结构常采用弹性的 O 形密封圈、弹簧赋能密封圈、塑料密封件等进行密封，可用作静密封，也可用于动密封。阀门内部的阀杆、活塞处的动密封部位常采用这种圆周密封结构，结构形式如图 10－13～图 10－15 所示。另外，圆周密封结构可结合端面密封构成静密封。

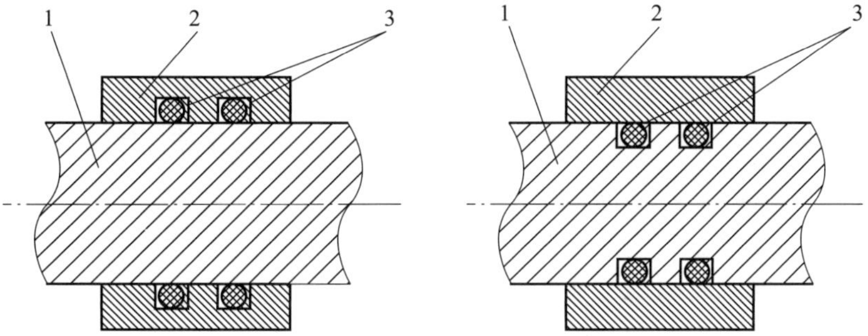


图 10－13　橡胶 O 形圈圆周密封结构

1—阀杆；2—阀套；3—O 形密封圈

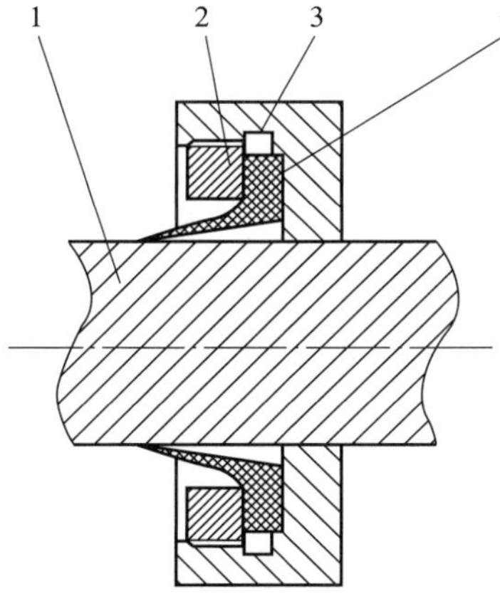


图 10－14　塑料圆周密封结构

1—阀杆；2—紧固螺母；3—阀套；4—塑料密封件

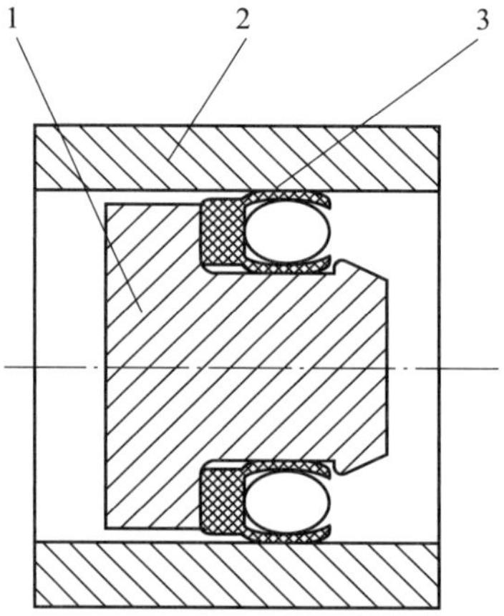


图 10－15　弹簧赋能圈密封结构

1—阀杆；2—阀套；3—弹簧赋能密封圈

### 10.2.3　锥面密封结构

航天系统中的小导管连接多数采用锥面密封结构，有的接头密封结构中没有密封件，完全靠金属接触塑性变形实现密封；有的安装密封件，通过对密封件施加载荷来封堵泄漏通道微小间隙达到密封目的；有的将上述两种密封方法综合在一起，以满足密封要求更高的场合。下面介绍两种锥面密封结构，具体如下。

1）利用带有不同锥度的圆锥面相互配合，提高接触面的密封比压及变形量实现密封。图 10－16 为某喇叭嘴与锥头接触密封结构，其密封性较好，接头加工简单，装配方便。

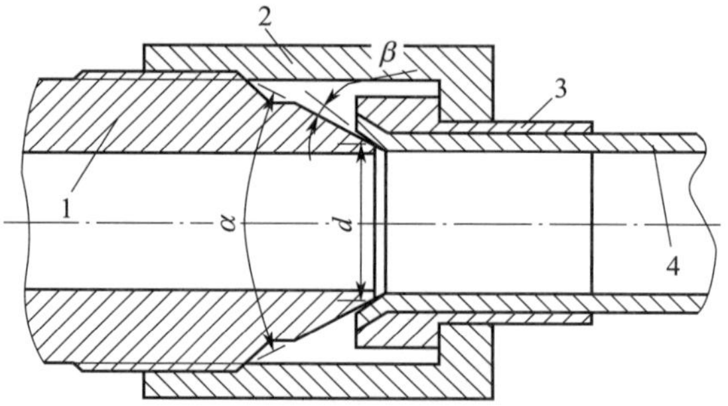


图 10－16　喇叭嘴与锥头接触密封

1—管接头；2—螺母；3—管套；4—扩口管

2）利用球形接头与锥面接触实现密封。图 10－17 为不同角度球头与锥面密封结构。该结构广泛用于国内航天产品，密封性较好，适用密封压力范围大。密封接头由于初始接触为一条环线，因此即使接头为高强度的金属材料，也可以通过较小的拧紧力矩使其发生塑性变形，进而形成一个密封环带。只要密封环带部位的法向变形量超过密封面的微观不平度以及加工几何偏差的总和，就可以保证密封。该接头的优点是零件数量少、加工简单、装配方便、适用范围广。缺点是不具备自对中性，装配时对中性好坏直接影响密封性；另外，密封面表面质量要求高，当密封面上存在划伤时，不容易保证密封，重复安装性差。

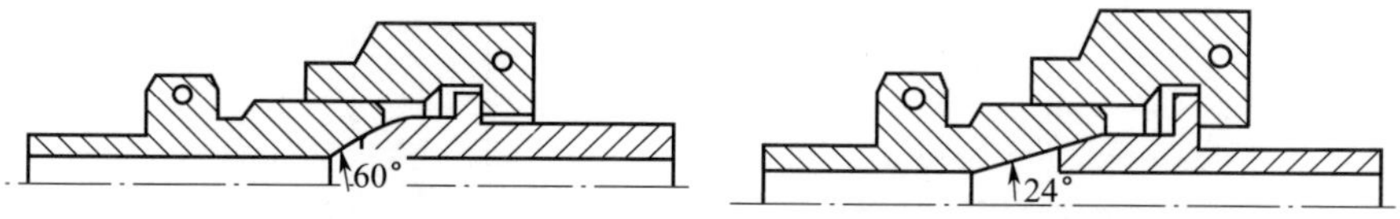


(a) 60° 球头喇叭嘴密封　(b) 24° 球头喇叭嘴密封

图 10－17　球头与锥面密封结构

3）锥面密封配合软质密封圈的复合密封结构如图 10－18 所示。通过金属接触密封和软质密封圈实现冗余密封功能，大幅度提高密封性能。

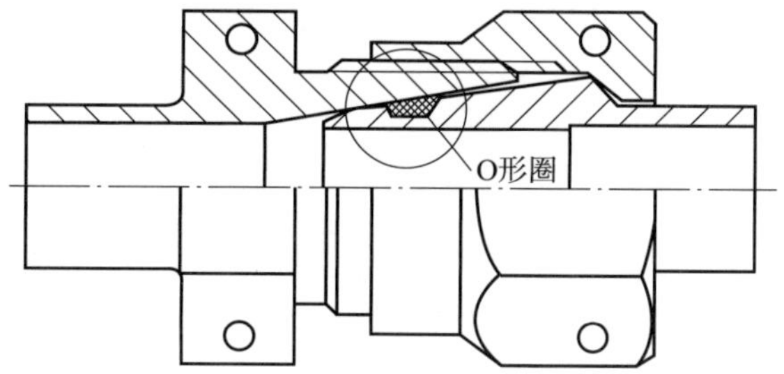


图 10－18　锥面加 O 形圈的复合密封结构

### 10.2.4　阀芯与阀座密封结构

增压输送系统阀门的阀芯与阀座密封结构形式主要分为平面型（见图 10－19）、R 角型（见图 10－20）、锥面型（见图 10－21）和球面型密封结构（见图 10－22）等。从宏观来看，只有当阀芯密封面与阀座密封面紧密结合在一起，并形成使管道内的介质不能通过的密封状态时，才能保证密封副的密封性。从微观而言，只有当密封副表面的间隙小于介质分子直径时，才能够保证介质的不渗漏。相比其他形式的密封，阀芯与阀座之间的密封相对复杂，既要保证密封要求，又要考虑响应时间、冲击力以及阀门其他性能指标等因素。短的开启时间，需要较小的弹簧力，但是弹簧力小时会增加阀芯的关闭时间，而且会降低阀芯与阀座之间的密封比压；过大的弹簧力又会使阀芯承受过大的冲击力，损伤阀芯与阀座的密封配合面，影响阀门的可靠性和寿命；而且对于单向阀、保险阀、减压阀等具备自动调节功能的阀门，由于弹簧力与阀门的其他性能直接相关，弹簧力的可选择范围还受到一定的限制。

阀芯与阀座密封结构按材料匹配形式还可分为硬密封和软密封两种形式，软密封利用非金属材料的接触变形补偿密封配合面的表面粗糙度和尺寸几何误差，可实现阀芯与阀座的高可靠密封。由于用于软密封的非金属材料难以在高温工况下长期稳定工作，且非金属的回弹量和变形量会影响阀门的开度，因此在高温工况或阀门性能对开度敏感的场合，阀芯与阀座更多地采用硬密封结构。在该类结构中，密封力在密封面上产生的接触变形较小，主要靠密封面的加工精度来保证密封，其密封性能一般低于软密封结构。

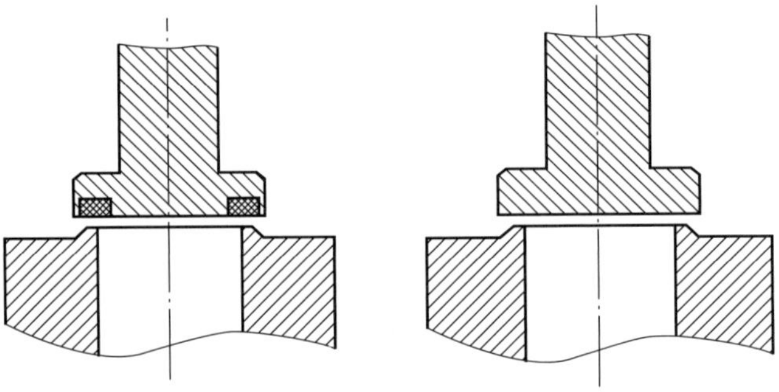

(a) 平面型软密封结构　　(b) 平面型硬密封结构

图 10－19　平面型密封结构

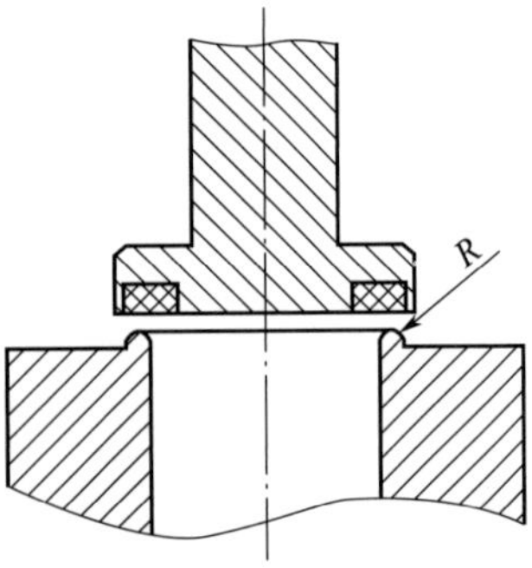


图 10－20　R 角型密封结构

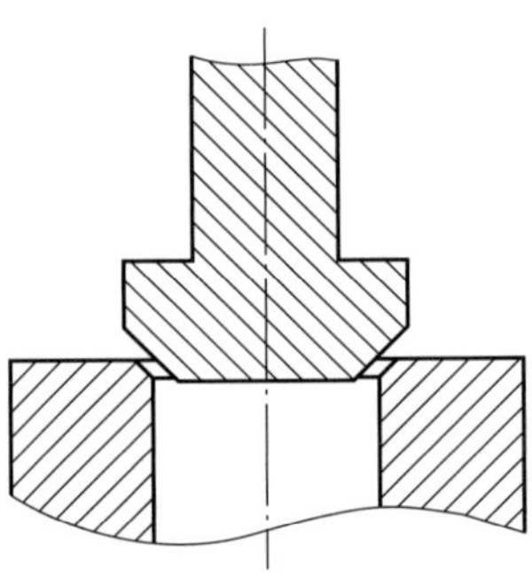

图 10－21　锥面型密封结构

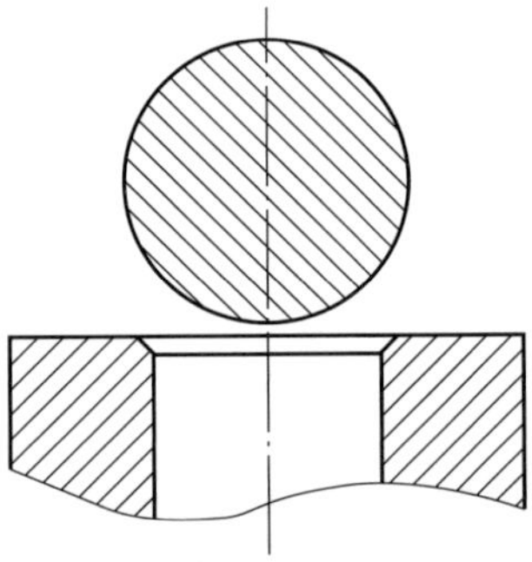

图 10－22　球面型密封结构

## 10.3　预紧力设计

预紧力是影响密封的一个重要因素，预紧力必须克服使密封部位分离的载荷，并达到密封圈（民用常指密封垫片）或密封面被压紧而实现初始密封的条件；同时预紧力也不能过大，否则将会使密封件或密封面被压坏。本节介绍法兰和管接头的预紧力设计。

### 10.3.1　法兰预紧力设计

#### 10.3.1.1　法兰连接形式

根据密封结构中的法兰连接面是否接触，将法兰密封连接分为浮动型（FL）连接和接触型（MMC）连接两大类。浮动型连接指密封垫片夹持在一对法兰的两个接合面间，自预紧安装到法兰连接的整个服役期间，法兰接合面不发生任何接触，因此螺栓预紧载荷完全作用在密封圈上，进入工作状态时，密封圈受到载荷将随外部载荷作用增加或减少，且密封圈上的载荷分布也是不均匀的。接触型连接的法兰面有限位结构，在预紧安装后法兰的两接合面发生金属之间的机械接触，除初始安装达到金属接触外，还要保证其在任何外部载荷作用下，整个法兰连接的全寿命周期内始终保持金属接触而不脱离，这样密封圈上的载荷也总是保持固定，且周向均匀分布[12]。两种类型的法兰密封连接载荷情况如图 10－23 所示。

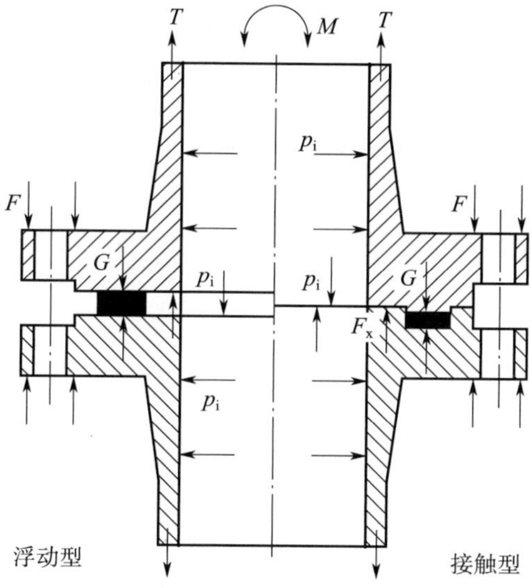


图 10－23　法兰密封连接载荷情况

### 10.3.1.2　法兰预紧载荷

作用在法兰上的载荷如图 10－23 所示，浮动型的连接预紧载荷要克服使法兰分开的外部载荷，保证在服役周期内作用在密封圈上的载荷满足密封圈变形、压紧面贴合的密封要求；接触型的连接预紧载荷要达到限位接触，保证在其后任何外部载荷作用下，整个法兰连接的全寿命周期内始终保持金属接触而不脱离，这样密封圈上的载荷也总是保持固定，并周向均匀分布。由于受到法兰型面或限位结构的限制，接触型法兰连接不论密封圈的形式和材料如何，密封圈的压缩量是预定的。作用在法兰上的外部载荷包括管道内压 $p_i$ 均匀作用在法兰内壁和密封圈内圆表面所引起的轴向力 $F_{Pi}$，以及外力 $T$、外力矩 $M$、温度交变、振动等其他因素所引起的轴向载荷 $T'$。因此，法兰预紧载荷为

$$F = G + T' + F_{Pi} \tag{10-1}$$

其中

$$G = \sigma_g \cdot A_g \tag{10-2}$$

式中，$G$ 为密封圈上的载荷；$\sigma_g$ 为密封圈载荷产生的应力，也称垫片比压；$A_g$ 为密封圈上的承压面积。影响法兰密封结构漏率的最直接、最重要的因素是螺栓的预紧载荷或垫片预紧应力的大小和分布情况。当管道内压上升，密封圈的工作应力会逐渐减小，最终将维持不了允许漏率的水平。垫片比压设计的极限范围包括：

1）最小垫片比压（最小垫片预紧应力），即法兰设计规范中的 $y$ 值，它是在无内压

时，迫使密封圈变形和压紧面贴合，以形成初始密封条件的最小垫片应力，单位是兆帕（MPa）。

2）最小垫片工作比压（最小垫片工作应力），比 $y$ 值高，与管道内设计压力有关，即法兰设计规范中的 $mp_i$，$m$ 为垫片系数，其大小反映了该密封圈在实际工况下实现密封的难易程度。要满足密封，垫片工作比压必须满足：$\sigma_g \geqslant mp_i$。

3）最大垫片比压，使垫片发生损坏，不能保持完整性和密封能力的垫片应力，一般要考虑安全系数。在最大垫片预紧应力下，垫片发生机械损伤，或过度的塑性变形，或压溃或破碎，其值取决于垫片本身的承载能力。

这些参数可通过相应的垫片性能试验方法予以测定。

以增压输送系统中某管路上柔性石墨密封圈结构为例，密封结构为浮动型，密封圈结构如图 10－24 所示，其结构参数主要包括内径 $d_1$、外径 $d_2$、厚度 $\delta$，宽度 $b=(d_2-d_1)/2$。

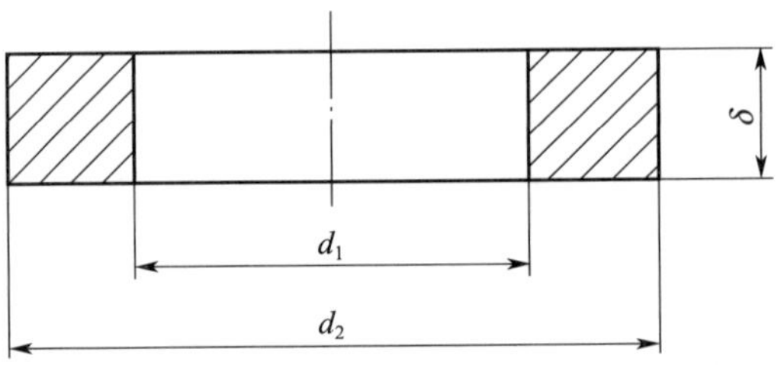


图 10－24　柔性石墨圈结构示意图

满足密封所需最小轴向力 $F_{min}$ 计算公式为

$$F_{min}=G_{min}+F_{Pi}+T' \tag{10-3}$$

式中，$F_{Pi}$ 为流体压力 $p_i$ 引起的轴向力；$T'$ 为附加载荷引起的轴向力，主要包括飞行过载、弹簧加载、管系传递到法兰的载荷弯矩转化得到的轴向力等；$G_{min}$ 为垫片的最小压紧力

$$G_{min}=\max(F_a, F_P) \tag{10-4}$$

预紧状态下需要的最小垫片压紧力 $F_a$ 按下式计算

$$F_a=\frac{1}{2}\pi(d_1+d_2)by \tag{10-5}$$

工作状态下需要的最小垫片压紧力 $F_P$ 按下式计算

$$F_P=\frac{1}{2}\pi(d_1+d_2)bmp_i \tag{10-6}$$

式中，$m$、$y$ 的具体值由柔性石墨圈生产厂家提供，一般分别为 3、27 MPa，$p_i$ 为介质压力（MPa）。

不同的密封圈压紧力的中心圆直径不同，假设中心圆在密封圈内、外径中间，则流体压力引起的轴向力 $F_{Pi}$ 计算公式为

$$F_{Pi}=\frac{1}{4}\pi\left(\frac{d_1+d_2}{2}\right)^2 p_i \tag{10-7}$$

在预紧状态和工作状态下，石墨密封面的接触压力 $\sigma_g$ 均应在合适的范围内，其表达式为

$$y \leqslant \sigma_g \leqslant \frac{\sigma_b}{S} \tag{10-8}$$

式中，$y$ 为最小密封比压力；$\sigma_b$ 为柔性石墨圈的抗压强度极限；$S$ 为安全系数，取值范围为 1.2～1.5。

根据上述的结论，法兰预紧载荷不能过大，在满足整个服役期内漏率控制在允许范围内的同时，预紧载荷也不能使密封圈、螺栓或法兰中的应力超过其材料的允许极限强度。

法兰的预紧载荷是通过对紧固件施加力矩而形成的，作用在螺母上的力矩和螺栓预紧载荷之间存在线性关系，工程上常采用下式进行计算

$$M_1 = KF_1D \tag{10-9}$$

式中，$M_1$ 为螺栓拧紧力矩（N · m）；$K$ 为螺母系数；$F_1$ 为螺栓预紧载荷（N）；$D$ 为螺栓名义直径（m）。显然，式（10－9）将所有影响螺栓紧固力矩和预紧载荷关系的变数都隐含在螺母系数 $K$ 中，影响因素较多，需要通过试验进行测定。预紧力通常按照规范设计，设计方法详见我国的钢制容器规范（GB 150.1～150.4—2011）、美国机械工程学会的锅炉和压力容器规范（ASME B&PV Code Ⅲ－1 或 Ⅷ－1）以及欧盟的非直接承压容器规范（EN13445）等。

### 10.3.2　管接头预紧力设计

管接头预紧力控制的关键在于把握预紧力与密封性之间的关系，在满足密封性的同时，保证结构的完整性。

以球头式管接头为例，如图 10－25 所示，其接头上的作用载荷与法兰连接相类似，预紧力是确保管接头在外部力、热载荷下，密封面始终保持密封的轴向力，一般为

$$F > F_{MF} + W + T' \tag{10-10}$$

式中，$F_{MF}$ 为密封面密封力，$W$ 为管路内压载荷，$T'$ 为管路发生位移、温度交变、振动等因素对接头产生的综合载荷。

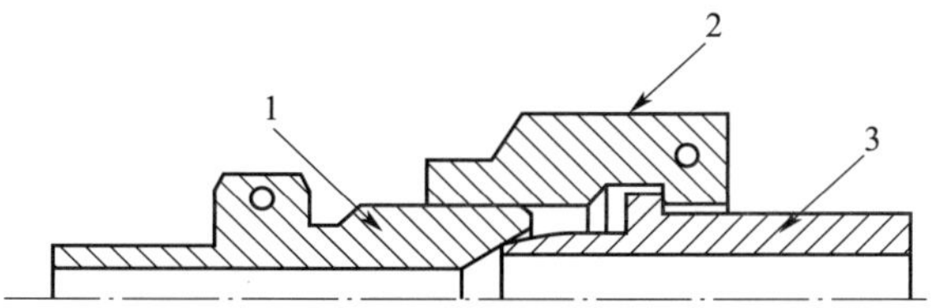


图 10－25　球头式管接头示意图

1—接管嘴；2—外套螺母；3—球头

$$W = \frac{\pi}{4} D_{MP}^2 p_i \tag{10-11}$$

$$F_{MF}=\frac{\pi}{4}(D_{MW}^2-D_{MN}^2)\left(1+\frac{f_N}{\tan\beta}\right)y \tag{10-12}$$

式中，$D_{MP}$为密封面等效直径；$D_{MN}$为密封面内径；$D_{MW}$为密封面外径；$f_N$为密封面摩擦系数；$\beta$ 为密封面法向与管路中心线夹角；$y$ 为设计的密封工作比压，需满足下式

$$y_{MF}\leqslant y\leqslant [y] \tag{10-13}$$

式中，$y_{MF}$为最小密封比压；$[y]$ 为材料许用密封比压。

$$y_{MF}=\frac{\sqrt{10}(C+kp_i)}{\sqrt{\dfrac{D_{MW}-D_{MN}}{2}}} \tag{10-14}$$

式中，$C$ 为与密封面材料有关的系数；$k$ 为介质压力对密封比压的影响系数。

预紧力不能大于外套螺母的拉伸强度 $F'_{wt}$、外套螺母螺纹牙剪切强度 $F'_{wtw}$ 和接管嘴螺纹牙剪切强度 $F'_{jgw}$，其中

$$F'_{wt}=[\sigma_{wt}]A_{wt} \tag{10-15}$$

式中，$[\sigma_{wt}]$ 为外套螺母的许用拉伸应力；$A_{wt}$ 为外套螺母横截面面积，其计算式为

$$A_{wt}=\frac{3}{2}\sqrt{3}a_{wt}^2-\frac{\pi}{4}d_{wt}^2 \tag{10-16}$$

式中，$a_{wt}$ 为外套螺母正六边形的边长，$d_{wt}$ 为外套螺母内部通孔的退刀槽直径（见图 10-26）。

$$F'_{wtw}=[\tau_{wt}]k_z\pi d_{wt1}bz \tag{10-17}$$

$$F'_{jgw}=[\tau_{jg}]k_z\pi d_{jg1}bz \tag{10-18}$$

式中，$[\tau_{wt}]$ 为外套螺母的许用切应力；$[\tau_{jg}]$ 为接管嘴的许用切应力；$d_{wt1}$ 为外套螺母螺纹大径；$d_{jg1}$ 为接管嘴螺纹小径；$b$ 为螺纹牙根的宽度（普通螺纹取 0.87$t$，$t$ 为螺距）；$z$ 为旋合圈数；$k_z$ 为考虑螺纹各圈载荷不均的系数。

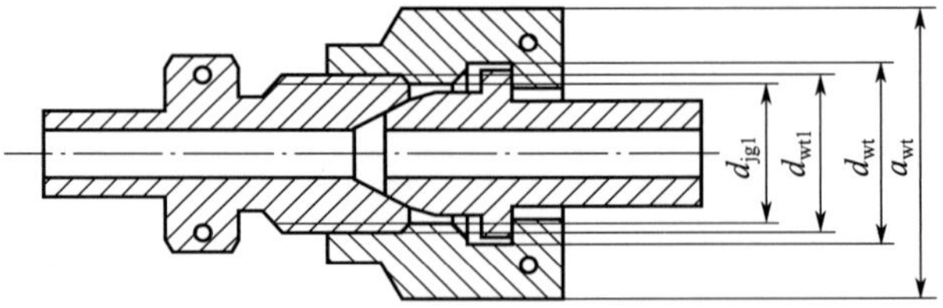


图 10-26　管接头尺寸示意图

最大预紧力为

$$F'<\min(F'_{wt},F'_{wtw},F'_{jgw}) \tag{10-19}$$

因此，管接头的预紧力 $F$ 要满足

$$F'>F>F_{MF}+W+T' \tag{10-20}$$

# 10.4　漏率模型

## 10.4.1　漏率

常用漏率来评估密封，一般采用单位时间通过间隙的流体体积或质量表示泄漏量的大小，该方法直观且方便测量。

对于液体，漏率一般指单位时间泄漏出来的液体质量，称为质量漏率。质量漏率 $q_m$（kg/s）计算公式为

$$q_m = \frac{\Delta m}{\Delta t} \tag{10-21}$$

式中，$\Delta m$ 为泄漏介质的质量（kg）；$\Delta t$ 为时间间隔（s）。

液体的质量等于体积和密度的乘积，对于特定的液体，在一定温度下的密度是已知的。因此，液体的质量漏率可以转换为该温度下的体积漏率 $q_V$，即

$$q_V = \frac{1}{\rho} \cdot \frac{\Delta m}{\Delta t} \tag{10-22}$$

式中，$q_V$ 为体积漏率（$m^3/s$）；$\rho$ 为液体的密度（$kg/m^3$）。

由于气体的体积随着压力和温度变化，对于同样质量的气体，当压力、温度不同时，其体积不相同，所以用体积表示气体量，一般转换为标准大气压下的体积，气体漏率的表示方法为体积漏率，公式为

$$q_V = \frac{\Delta V}{\Delta t} \tag{10-23}$$

式中，$\Delta V$ 为时间间隔 $\Delta t$(s) 内泄漏出气体在标准大气压下的体积（$m^3$）。在标况下一定体积的气体量是固定的，因此，国际常用 $Pa \cdot m^3/s$ 作为单位时间的气体泄漏量单位，即

$$q_m = \frac{\Delta V}{\Delta t} \cdot p^* \tag{10-24}$$

式中，$p^*$ 为标准大气压（Pa）。

## 10.4.2　泄漏流动形态

流体是由运动的分子组成的，分子间存在着空隙，大量分子做随机运动。分子的平均自由程 $\lambda$ 是分子运动过程中与另一个分子碰撞前的平均行程。因而，$\lambda$ 与气体的密度（或压力）及分子的尺寸成反比。如果气体运动空间不受限，$\lambda$ 与气体的绝对温度成正比。

克努森数（$Kn$）是分子自由程 $\lambda$ 与某宏观特征长度（例如对通过圆管的气体来说，圆管的直径 $d$ 为特征长度）的比值，即 $Kn = \dfrac{\lambda}{d}$ 。

容器中的气体既有分子间的碰撞，也有分子与容器壁的碰撞，当分子间碰撞占主导地位而且在界面处存在总压差时，流动是黏滞性的，即黏性流。当分子与容器壁的碰撞占主导地位时，发生的流动是分子流动，即分子流。当流动介于两者之间时，发生的是过渡流动，即过渡流。黏性流、分子流、过渡流由克努森数（$Kn$）界定，通常认为：黏性流：

$Kn<0.01$；过渡流：$0.01<Kn<1$；分子流：$Kn>1$，见表 10－2。

**表 10－2　泄漏的流动状态**

| 流动状态 | 分子运动主要形态 | 流动规律 | 克努森数($Kn$) |
|---|---|---|---|
| 黏性流 | 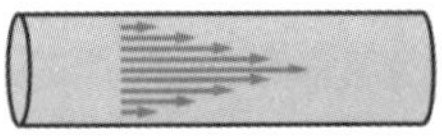 | 服从泊肃叶流动规律 | $Kn<0.01$ |
| 分子流 | 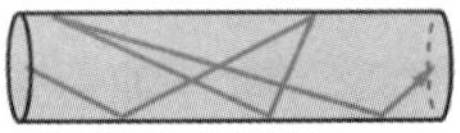 | 服从克努森规律 | $Kn>1$ |
| 过渡流 |  | 结合黏性流和分子流 | $0.01<Kn<1$ |

10.4.2.1　黏性流

一般来说，流体在间隙中的流动比较复杂，由于间隙的高度与长度、宽度相比通常很小，流体在这些很窄间隙中的流动方式主要由流体内分子间的结合力和流体与之接触的密封间隙壁面间的黏性力所决定，惯性力是次要因素。对于单相液体或气体来说，在一定压差作用下通过间隙时，由于间隙当量直径很小，介质本身黏性占主导作用，间隙中的气体或液体处于层流状态，而层流状态的流量计算存在精确解，即哈根-泊肃叶公式。

假设泄漏流道为线形和长度一致的细小光滑圆管，流道的数量和大小表征了气体流动区域的类型。为了简化计算，将泄漏气体视为不可压缩的黏性流体。以圆管假设为例，流道取直径为 $d$ 、长度为 $l$ 的一个圆柱体，如图 10－27 所示，得到通过圆管的体积流量 $q_V$ ($m^3/s$) 为

$$q_V=\frac{\pi(p_1-p_2)d^4}{128\mu l}\tag{10-25}$$

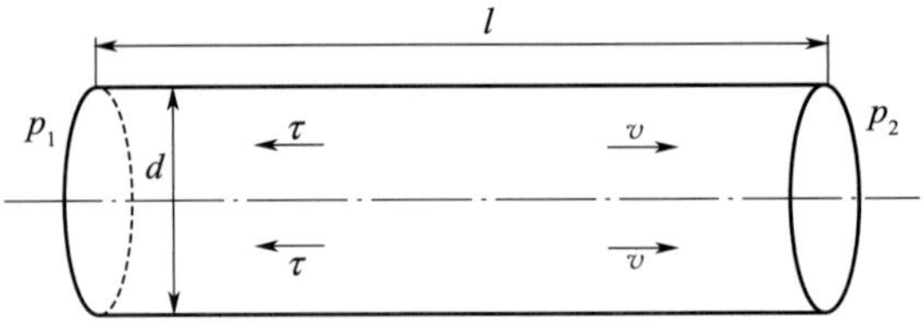


图 10－27　圆管层流

上式称为哈根-泊肃叶（Hagen－Poiseuille）公式，它与精密试验的测定结果完全一致，因而也常作为测定流体黏度的依据。对于理想气体，质量流量 $q_m$ 为

$$q_m=\frac{\pi d_1^4}{128\mu l}\cdot\frac{M}{RT}\cdot\frac{p_1^2-p_2^2}{2}\tag{10-26}$$

式中，$d_1$ 为圆管直径（单位为 m，下标 l、m、i 分别代表黏性流、分子流和过渡流）；$M$ 为气体的摩尔质量；$\mu$ 为气体的动力黏度（Pa · s）；$R$ 为摩尔气体常数，值为 8.134 Pa · m³/（mol · K）；$p_1$、$p_2$ 分别为圆管进、出口的绝对压力（Pa）；$q_m$ 为质量流量（Pa · m³/s）。

#### 10.4.2.2 分子流

克努森提出了解决分子流流动问题的基本理论及实验验证。对于长度为 $l$ 、横截面面积为 $A$ 、横截面周界为 $H$ 的任意横截面形状的泄漏通道，当其长度与横截面当量半径之比 $l/r \gg 100$ 时，通过该流道的质量流量[13]

$$q_m = \frac{4}{3} \cdot \frac{v}{\int \frac{H}{A^2} \mathrm{d}l} \cdot (p_1 - p_2) \tag{10-27}$$

式中，$v$ 为分子平均速度，$v = \sqrt{\frac{8RT}{\pi M}}$ 。对于直径足够小的圆管泄漏，漏率为

$$q_m = \frac{d_{\mathrm{m}}^3}{6l} \cdot \sqrt{\frac{2\pi RT}{M}} (p_1 - p_2) \tag{10-28}$$

#### 10.4.2.3 过渡流

目前没有可接受的关于过渡流的漏率求解理论，一般认为过渡流的流动介于黏性流和分子流之间，它的漏率考虑黏性流和分子流的结合。对于圆管型假设下的过渡流漏率有[14]

$$q_m = \frac{\pi d_{\mathrm{i}}^4}{128\mu l} \cdot \frac{M}{RT} \cdot \frac{p_1^2 - p_2^2}{2} + b \frac{d_{\mathrm{i}}^3}{6l} \cdot \sqrt{\frac{2\pi M}{RT}} (p_1 - p_2) \tag{10-29}$$

其中

$$b = \frac{1 + \sqrt{\frac{M}{RT\mu^2}} \cdot d_{\mathrm{i}} \frac{(p_1 + p_2)}{2}}{1 + 1.24\sqrt{\frac{M}{RT\mu^2}} \cdot d_{\mathrm{i}} \frac{(p_1 + p_2)}{2}} \tag{10-30}$$

#### 10.4.2.4 漏率总和[12]

研究表明泄漏时的总体流动包括服从上述三种流动规律的所有细小圆管流动的总和，因而

$$q_m = \frac{\pi (N_1 d_1^4 + N_{\mathrm{i}} d_{\mathrm{i}}^4)}{128\mu l} \cdot \frac{M(p_1^2 - p_2^2)}{2RT} + \frac{(N_{\mathrm{m}} d_{\mathrm{m}}^3 + N_{\mathrm{i}} b d_{\mathrm{i}}^3)}{6l} \cdot \sqrt{\frac{2\pi M}{RT}} (p_1 - p_2) \tag{10-31}$$

式中，$N_1$、$N_{\mathrm{m}}$、$N_{\mathrm{i}}$ 分别代表三种流动区域细小圆管的数量。

### 10.4.3 其他漏率模型

前文介绍了基于均匀圆形直管型泄漏通道假设下的不同流动形态下的漏率模型，工程中基于不同泄漏通道截面的假设还分为三角沟槽漏率模型、多孔介质流动模型。

#### 10.4.3.1 三角沟槽漏率模型

Roth 在研究航天机构密封性能时，提出了一种计算法兰粗糙表面密封间隙漏率的方法。通过试验表明在机械加工的表面上，90% 以上的峰值为 1°～ 4°的斜率。据此，将实

际的粗糙接触面的形式理想化为剖面为等腰三角波形状的泄漏通道，其泄漏通道的长度就是密封面的宽度，如图 10－28 所示[15-17]。

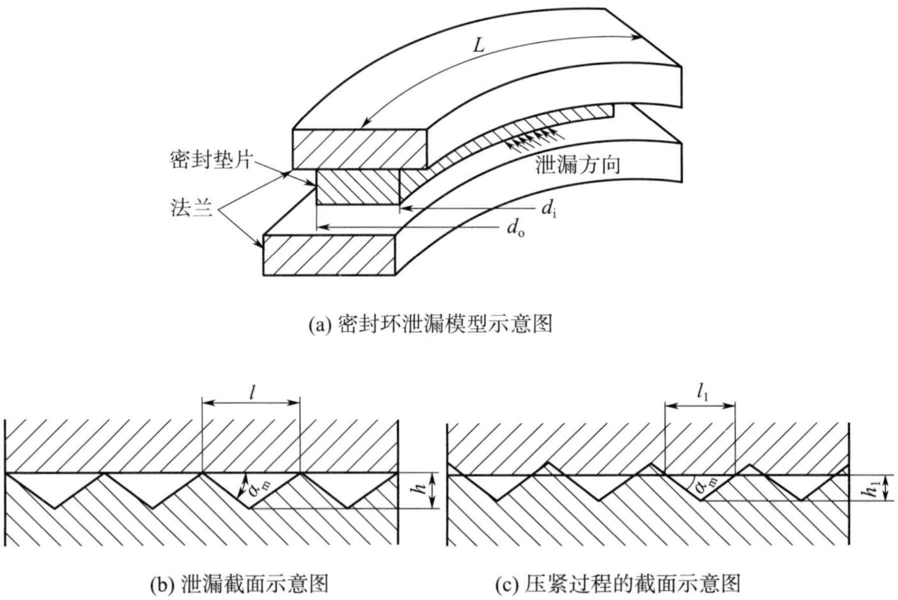


图 10－28　Roth 模型的密封接触面形式，其中 $\alpha_m=4°$

A. Roth 提出工作状态下的粗糙表面间隙高度与不受密封载荷时的初始间隙高度的比值满足 $h_1=h\cdot e^{Rc}$，该模型主要运用于漏率较低的分子流形态，整个密封环的总漏率模型为

$$q_m=19.3\times10^4\sqrt{\frac{T}{M}}\cdot\frac{2\pi h^2\times1.7}{8.12\ln(d_o/d_i)}e^{-3\frac{\bar{p}}{Rc}} \tag{10-32}$$

式中，$Rc$ 是反映接触中较软材料密封性能的系数（MPa），一般通过试验获得；$\bar{p}$ 为密封接触面平均载荷；$d_o$和 $d_i$分别是密封圈的外径和内径[18-20]。

#### 10.4.3.2　多孔介质泄漏模型[13]

多孔介质的内部有若干以规则的或任意形态分散的、连通的或不连通的孔洞或洞穴。多孔介质的固体部分称为固体骨架，孔洞或洞穴部分称为孔隙。多孔介质的另一个主要特点是孔隙比较狭窄，且在整个多孔介质范围内分布得比较好。孔隙可能是相互连通的，也可能是不连通的，相互连通的孔隙空间称为有效孔隙空间，就流体通过多孔介质的流动来说，不连通的孔隙可视为固体骨架部分。

对于多孔介质中气体流动的毛细管模型，通常认为多孔介质是各向同性的，气体通过 $n$ 个毛细管的多孔介质的黏性流量（漏率）为

$$q_V=\sum_{i=1}^{n}\frac{\pi d_1^4(p_1^2-p_2^2)}{256\mu l} \tag{10-33}$$

由于毛细管有的是直的，有的是弯曲的，并且毛细管的半径也不尽相同，因此引入弯曲度系数 $c$，可得出

$$q_V=\sum_{i=1}^{n}\frac{\pi d_1^4(p_1^2-p_2^2)}{256\mu cl} \tag{10-34}$$

气体通过多孔介质的分子流漏率为

$$q_V=\sum_{i=1}^{n}\frac{1}{6}\sqrt{\frac{2\pi RT}{M}}\frac{d_m^3(p_1^2-p_2^2)}{cl} \tag{10-35}$$

同理，气体通过多孔介质的总漏率为黏性流漏率和分子流漏率相结合。

### 10.4.4 漏率转换

在工程应用中的漏率测量，一般不采用直接检测工作介质的漏率，而采用示漏气体进行检漏。同时，检漏介质的压力、温度等条件与实际工质往往不同。由于推进剂介质与示漏气体的物性、流动状态不同，因此，在得到示漏气体的漏率之后，要对漏率进行转换。

10.4.4.1 气体间转换

不同气体和示漏气体的转换关系，若不考虑扩散流动，基于前文圆管型通道假设的总泄漏量看成由黏性流和分子流两部分组成。对于压力为 $p_1$ 的气体 1，则有

$$q'_{m1}=q_{l1}+q_{m1} \tag{10-36}$$

式中，$q'_{m1}$ 代表总泄漏量；$q_{l1}$ 代表黏性流泄漏量；$q_{m1}$ 代表分子流泄漏量。参考式（10－31），黏性流的泄漏量可表示为

$$q_{l1}=A_1(p_{i1}^2-p^{*2}) \tag{10-37}$$

分子流的泄漏量可表示为

$$q_{m1}=B_1(p_{i1}-p^*) \tag{10-38}$$

式中，$A_1=\frac{\pi(N_1d_1^4+N_id_i^4)}{128\mu l}\cdot\frac{M}{2RT}$，$B_1=\frac{(bN_id_i^3+N_m^3d_m)}{6l}\cdot\sqrt{\frac{2\pi M}{RT}}$，$\mu$ 为气体动力黏度；$p_{i1}$ 为气体 1 的压力；$p^*$ 为标准大气压。

如果要量化实际工作气体的漏率，应进行不同气体的漏率换算。在同样密封下，不同的气体 1 和气体 2 的质量漏率之间的关系为

$$\frac{q_{l2}}{q_{l1}}=\frac{\mu_1^*}{\mu_2^*}\cdot\frac{(p_{i2}^2-p^{*2})}{(p_{i1}^2-p^{*2})} \tag{10-39}$$

$$\frac{q_{m2}}{q_{m1}}=\sqrt{\frac{M_2}{M_1}}\cdot\frac{(p_{i2}-p^*)}{(p_{i1}-p^*)} \tag{10-40}$$

式中，$\mu^*$ 为标准大气压力下气体的动力黏度。

因此，对于压力为 $p_{i2}$ 的气体 2，漏率为

$$q'_{m2}=q_{l2}+q_{m2} \tag{10-41}$$

同理得

$$q'_{m2}=q_{l1}\cdot\frac{\mu_1^*}{\mu_2^*}\cdot\frac{(p_{i2}^2-p^{*2})}{(p_{i1}^2-p^{*2})}+q_{m1}\sqrt{\frac{M_2}{M_1}}\cdot\frac{(p_{i2}-p^*)}{(p_{i1}-p^*)} \tag{10-42}$$

由式（10－42）可计算不同压力的任何气体的质量漏率。

因此，通过垫片的漏率与压力、温度、介质种类和流动状态等有关。在分子流状态

（微小泄漏）时，气体通过它的漏率与其压力差成正比，与其相对分子质量的平方根成反比，故同一个泄漏间隙，氦的漏率（常温）是空气和氮气的 2.6～2.7 倍。因此，用氦气作为检漏介质更加灵敏。

10.4.4.2　气液间转换

液体推进剂对示漏气体间的转换，狭缝两侧压差略大，液体可以克服液体表面的自由张力而流出间隙，且间隙出口压力仍高于液体的饱和蒸气压，间隙中的流动为全液相流动。

示漏气体在一定压差下通过间隙的漏率通常用 $Pa \cdot m^3/s$ 来表示，漏孔中平均压力为 $\bar{p}=(p_1+p_2)/2$，根据哈根-泊肃叶公式计算通过漏孔的气体漏率为

$$q_{Vg}=\frac{\pi(p_1-p_2)d^4}{128\mu_g l}\cdot\frac{p_1+p_2}{2} \tag{10-43}$$

对于液体来说，我们通常用 $m^3/s$ 来表示漏孔的漏率，则通过圆管漏孔的液体漏率为

$$q_{Vl}=\frac{\pi(p_1-p_2)d^4}{128\mu_l l} \tag{10-44}$$

李明蓬对黏滞漏孔常温液体与气体漏率关系进行了分析并确定液体和气体的漏量关系[21]。由于液体漏率和气体漏率的单位分别为 $m^3/s$、$Pa \cdot m^3/s$，因此仍需进行液体和标准大气压下气体漏率等效。根据质量守恒原理，将液体每秒泄漏的体积量转换成同质量的该物质气态的量。

理想气体状态方程为

$$pV=\frac{m}{M_l}RT \tag{10-45}$$

式中，$M_l$ 为液体相对分子质量。

液体每秒泄漏的质量为

$$m=\rho_l q_{Vl} \tag{10-46}$$

可得到该液体气态下的漏率为

$$q_{Vlg}=pV=\frac{\rho_l q_{Vl}}{M_l}RT=\frac{\pi(p_1-p_2)d^4}{128\mu_l l}\cdot\frac{\rho_l RT}{M_l} \tag{10-47}$$

根据上述公式的推导，可得到液体工质和示漏气体漏率的比值 $N_1$ 为

$$N_1=\frac{q_{Vlg}}{q_{Vg}}=\frac{\mu_g}{\mu_l}\cdot\frac{2}{p_1+p_2}\rho_l\frac{RT}{M_l} \tag{10-48}$$

例如，增压输送系统某管路的工作介质为某肼类液体推进剂，管路的工作压力（检漏压力）为 $p_1=0.5$ MPa，环境压力（漏孔出口压力）$p_2=0.1$ MPa，推进剂密度 $\rho_l=1.0085\times10^6$ g/m$^3$，摩尔质量为 $M_l=32.05$ g/mol，动力黏度为 $\mu_l=9.74\times10^{-4}$ Pa·s。在检漏时采用空气作为示漏气体，在工作压力下进行检漏，$\mu_g=1.81\times10^{-5}$ Pa·s，漏孔中平均压力为 $\bar{p}=(p_1+p_2)/2=0.3$ MPa。根据上式，可得出该漏孔下推进剂泄漏质量与空气的泄漏质量的比值为

$$N_1=\frac{1.81\times10^{-5}\ \text{Pa}\cdot\text{s}}{9.74\times10^{-4}\ \text{Pa}\cdot\text{s}}\cdot\frac{2}{(0.1+0.5)\times10^{6}\ \text{Pa}}\times1.0085\times10^{6}\ \text{g/m}^3\times\frac{8.314\ \text{Pa}\cdot\text{m}^3/(\text{mol}\cdot\text{K})\times293\ \text{K}}{32.05\ \text{g/mol}}=4.74$$

也就是说，在其他条件不变时，检测空气漏率为 $1\times10^{-4}$ Pa · m³/s 时，则推进剂的漏率应为 $4.74\times10^{-4}$ Pa · m³/s。

#### 10.4.4.3　浓度转换[21-22]

运载火箭加注后通过测量推进剂浓度来检测漏率，因此需要得到密封结构的气体漏率（Pa · m³/s）和推进剂蒸气体积浓度（ppm）之间的量化等效公式，对提高检漏工作的准确性和针对性具有指导意义。

检测推进剂泄漏的大部分气体检测仪使用的均是体积浓度（ppm），即每百万份体积中含有的检测气体体积数。已知密封结构在时间为 $t$、容积为 $V$ 的外罩中积累的推进剂物质的量浓度为 $Y$，推导此时密封结构在充压压力 $p$ 下的示漏气体漏率的等效关系。

初始推进剂物质的量浓度为 0 时，单位时间 $t$ 外罩中推进剂物质的量浓度为

$$Y=\frac{n_t}{n_t+n_0}=\frac{q_{V1g}t}{q_{V1g}t+p_0V} \tag{10-49}$$

式中，$n_t$和 $n_0$分别为推进剂介质的气体分子物质的量和外罩中初始时刻的空气分子物质的量（mol）；$p_0$为外罩内气体初始压力（Pa）。

可得推进剂浓度（ppm）与示漏气体漏率的等效计算式

$$q_{Vg}=\frac{\mu_1}{\mu_g}\frac{p_0VY}{t(1-Y)}\cdot\frac{(p_2+p_1)}{2}\cdot\frac{M_1}{\rho_1RT} \tag{10-50}$$

初始推进剂物质的量浓度为 $Y_0$ 时，单位时间 $t$ 外罩中推进剂物质的量浓度为

$$Y=\frac{n_t+Y_0n_0}{n_t+n_0}=\frac{q_{V1g}t+Y_0p_0V}{q_{V1g}t+p_0V} \tag{10-51}$$

可得推进剂浓度（ppm）与示漏气体漏率的等效计算式为

$$q_{Vg}=\frac{\mu_1}{\mu_g}\cdot\frac{p_0V(Y-Y_0)}{t(1-Y)}\cdot\frac{(p_2+p_1)}{2}\cdot\frac{M_1}{\rho_1RT} \tag{10-52}$$

## 10.5　漏率检测方法

漏率检测简称检漏，增压输送系统中的检漏是针对其中的阀门、管路、气瓶等零部件的泄漏进行检测，是各零部件密封试验的关键技术。根据漏率检测原理不同，增压输送系统常用的检漏方式一般有气泡法、氦质谱法和压力变化法。

### 10.5.1　气泡法

气泡法是粗检漏中最常用的检漏方法之一，通常用于承压设备、容器和管路阀门的气密检测。一般漏率相对较小（$5\times10^{-4}\sim10^{-2}$ Pa · m³/s）时，采用气泡法；当漏率偏大

（$>10^{-2}$ Pa·m³/s）时，会采用收集法或流量计法进行测量。

气泡检漏是传统的检漏手段之一，其原理是当泄漏部位（以下简称漏孔）两侧存在压差时，泄漏的气体就可以在低压端的试验液体（如水、氟油、酒精、起泡液等）中吹起气泡，从而显示出漏孔的位置和泄漏量的大小。常用的气泡法大致分为液体膜法和收集（充压浸泡）法。

液体膜法是将起泡液直接喷涂到待检部位，然后根据起泡的间隔与大小判断泄漏量。增压输送系统中常用的液体膜法是将起泡液直接喷涂到待检部位。传统的起泡液一般使用肥皂液，因此，液体膜法也叫皂泡法。实际应用中为了防止碱性的液体腐蚀被测件，一般使用中性的肥皂（游离碱的质量分数小于0.05%），与蒸馏水或去离子水进行充分搅拌混合。皂泡调制后如果过稀则不易起泡，过稠则容易堵塞漏孔。同时，皂泡自身也会产生比较大的泡沫，容易造成漏判和误判。随着检漏技术的发展，起泡检漏液已广泛地运用到增压输送系统的地面试验中。批量生产专业气泡检漏液的厂家越来越多，其产品包装上都已明确地标识适用于QJ 3253[23]/ASTM/BSEN1593/JISZ2329等行业标准。

收集法是通过导气管将泄漏后的气体进行收集，或者将产品直接浸泡在试验液体中，根据漏泡间隔和大小（或者直接使用带刻度的集气容器收集气泡）计算、显示泄漏量。

容器收集气泡法常用计算方法为

$$Q = pV/t \tag{10-53}$$

式中，$Q$为被测件漏率（Pa·m³/s）；$p$为当地大气压（Pa）；$V$为集气容器的集气体积（m³）；$t$为积累时间（s）。

数泡法计算漏率方法为

$$Q_{\mathrm{i}} = \frac{n}{6}\pi D^3 p_{\mathrm{b}} \tag{10-54}$$

式中，$Q_{\mathrm{i}}$为被测件漏率（Pa·m³/s）；$D$为气泡直径（m）；$n$为气泡形成速率（$s^{-1}$）；$p_{\mathrm{b}}$为气泡内气体压力（Pa），如忽略液位高度及液体表面张力的影响，可简化为当地大气压。

## 10.5.2 氦质谱法

### 10.5.2.1 基本原理

氦质谱检漏是指使用氦质谱检漏仪进行检漏的方法，目前市场上常见的检漏仪可以检测到$10^{-12}$～$10^{-2}$ Pa·m³/s的泄漏量。配合吸枪，既可以实现定位，又可以实现定量。目前，氦质谱检漏技术已成为灵敏度最高、应用范围最广的一种检漏技术。其主要原理为被电子轰击的氦气（通过灯丝）变成离子，在质谱室中进行磁偏转，被质量分析器和离子检测器组成的质谱管收集，经放大器进行数据采集并最终计算出泄漏量，原理如图10-29所示。根据此原理开发的氦质谱检漏仪一般由质谱室、分子泵、机械泵及各种配套阀门组成。

检测时应事先使用已知漏率的标准漏孔进行检测，然后将实测结果进行比对，计算方法为[24]

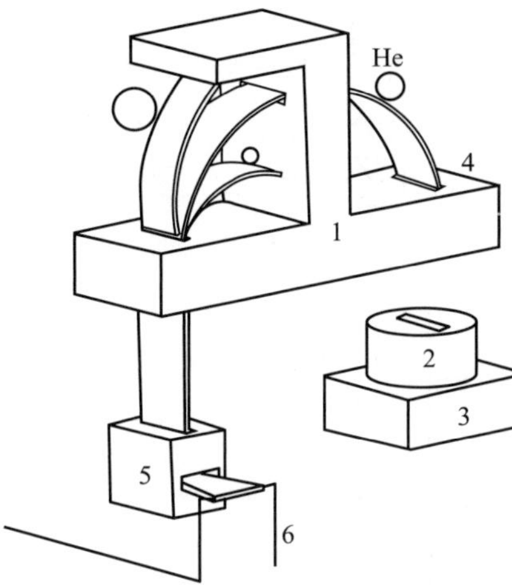


图 10－29　质谱室原理图

1—隔离板；2—质谱管；3—放大器；4—抑制极；5—离化室；6—灯丝

$$Q=\frac{I-I_0}{(I_s-I_0)C}Q_s \tag{10-55}$$

式中，$Q$ 为被测件实际漏率（$Pa\cdot m^3/s$）；$I_0$ 为检漏仪本底值（$Pa\cdot m^3/s$）；$I$ 为输出表示值（$Pa\cdot m^3/s$）；$Q_s$ 为标准漏孔的标称值（$Pa\cdot m^3/s$）；$I_s$ 为测量标准漏孔的输出值（$Pa\cdot m^3/s$）；$C$ 为检漏时的充氦体积分数，无量纲。

配合不同的检漏工装，氦质谱又细分出多种检测方式。对于阀门产品的内外泄漏检测，可以使用真空室法；对于管路及连接件可以使用直测法、简易包封法；真空阀门、容器可以使用喷吹法、氦罩法；对于压力容器焊缝，可以使用吸枪罩盒法。在增压输送系统检测中，真空室法和吸枪法最为常用。

#### 10.5.2.2　真空室法

真空室法是单机产品最常用的检漏方式。首先，使用检漏仪（或辅助泵）将真空室抽空，如果产品存在泄漏，则漏出的氦气被吸入检漏仪质谱室形成反应值。然后，通过对标准漏孔的反应值和充工作压力后的反应值进行比对，最终计算出产品的漏率。系统如图 10－30 所示。

#### 10.5.2.3　吸枪法

吸枪法是氦质谱检漏仪使用吸枪进行检漏的方式，当充压后的待检产品有泄漏时，通过吸枪将示漏的氦气与周围的空气一起被检漏仪获取，从而达到检漏的目的。吸枪连接管路应越短越好，同时要求内壁清洁，最好采用金属或专用塑料软管，不宜使用橡胶管。试验场地的空气不宜有太大的波动，以免造成漏孔附近的氦浓度降低过快。吸枪与待测产品表面距离不应超过 3 mm。有时为了进一步提高灵敏度，吸枪嘴部可加装有弹性的罩子，与被检产品表面有更好的密封接触，能够更加准确地定位[25]。

配合不同的工装又可分为直测法、简易包封法和吸枪罩盒法等。其中，直接使用吸枪

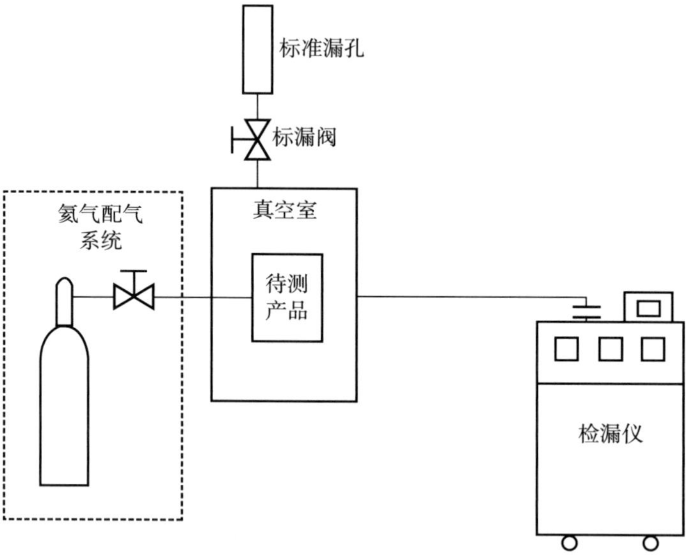


图 10－30　真空室法

对产品进行吸嗅的方式被称为直测法，是最常用的粗检漏方式。这种方式的操作最简单，通常仅用于定位。其系统如图 10－31 所示。

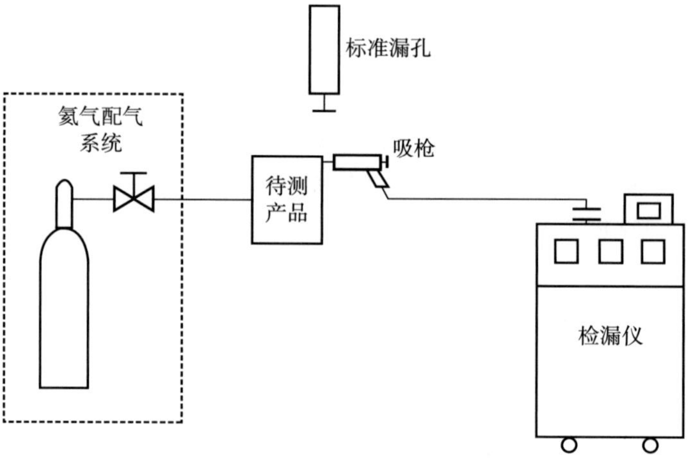


图 10－31　吸枪法

如需定量，可用塑料布、聚四氟乙烯薄膜（简易包封法）或者专用工装（吸枪罩盒法）[26]对待检部位进行包覆，然后与标准漏孔漏率进行比对后确定漏率。以简易包封法为例，如图 10－32 所示。

简易包封后形成的收集包容积为 $V$，由于其密封性无法保证（一般使用医用胶布包扎），在整个检漏过程中均被视为 1 atm。假设产品漏率为 $Q_1$，总气量为 $G_t$，在吸枪工作前，收集包内氦气浓度随着累积时间 $t$ 的增加而不断增加，则有浓度为

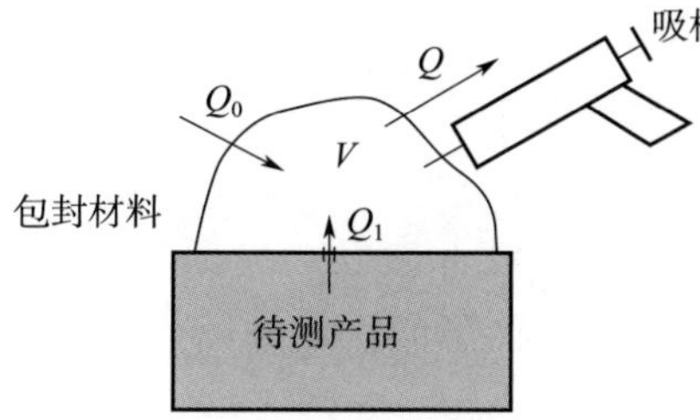


图 10－32　简易包封法

$$\gamma(t)=\frac{Q_1 t}{G_t}=\frac{Q_1 t}{p_{atm}V} \tag{10-56}$$

吸枪开始工作并插入收集包，实际测试状态如图 10－33 所示。

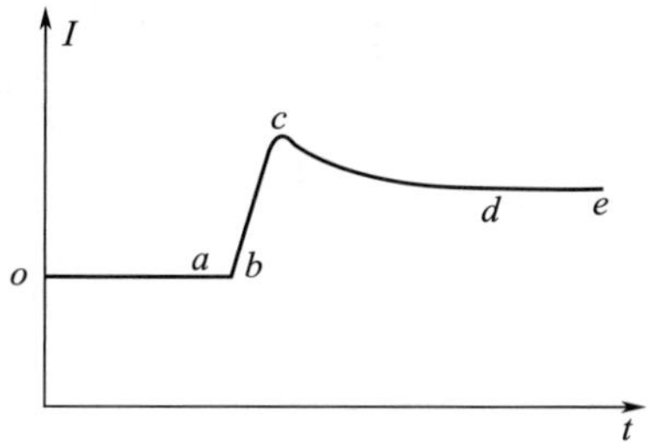


图 10－33　简易包封法检漏仪反应曲线

图 10－33 中 $o \to a$ 段为检漏仪测得的本底值，$a$ 点为吸枪插入的时刻；$a \to b$ 段为系统的反应时间；$b \to c$ 段为吸枪插入后收集包内累积的氦气，吸入检漏仪后 $c$ 点到达峰值；$c \to d$ 段由于吸枪的吸入量大于被测对象的供给量，因此，反应值呈下降趋势；$d \to e$ 段后反应值趋于平稳。

设吸枪抽出流量为 $Q$，吸枪的抽速为 $S_q$，吸枪入口压力为 $p_e$，则吸枪抽空时间 $t_1$ 为

$$t_1=\frac{G_t}{Q}=\frac{p_{atm}V}{S_q p_e} \tag{10-57}$$

通常情况下，收集包容积不大于 10 mL，吸枪抽速约 3～8 L/s，吸枪入口压力不大于 50 Pa，因此吸枪在几秒钟内就可以将收集包内的气体进行置换，并保持一种平衡状态。由于收集包在吸枪插入后未见压扁，可假设其体积、压力不变，同时假设此时大气向收集包内的流量为 $Q_0$，则在图 10－33 平衡段（$d \to e$ 段）有

$$Q=Q_1+Q_0=S_q \cdot p_e \tag{10-58}$$

则最终检漏仪的显示值 $I$ 为

$$I=k(Q) \tag{10-59}$$

式中，$k$ 为与分支泵叶片结构、转速和吸入介质的相对分子质量等相关的系数。经过推导最终可对应到式（10－55），并计算出 $Q_1$，即产品的漏率。

这里有个重要的推论：当吸枪抽取时间足够长时，收集包的容积与吸枪的入口压力与检漏仪最终反应值无关。当然，为了提高检漏效率，推荐采用容积较小的收集包。

10.5.2.4　大容器真空检漏

在检漏实际应用中，有一种基于氦质谱检漏的方法——大容器真空检漏。体积大于100 L的某些产品进行检漏时，由于其体积大（气量多）、表面积大（出气量多），漏孔也可能多，若直接使用检漏仪的抽气系统来抽气，可能需要很长时间，甚至无法工作。此时，就需要配备专门的检漏系统[27]。典型的系统如图10－34所示。

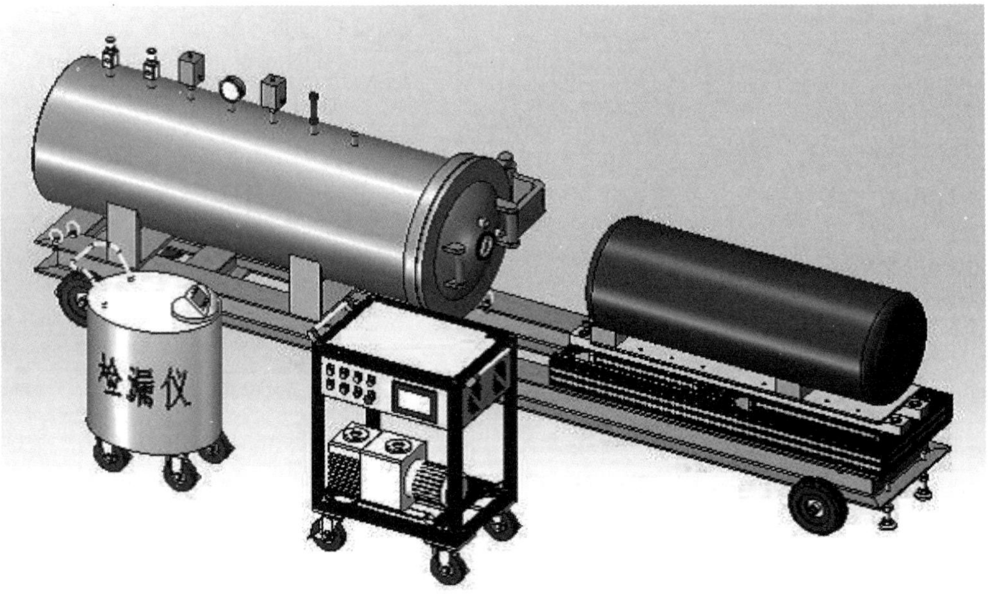


图10－34　典型大容器检漏系统

由于其自身具有很多特点，在设计和使用中需特别注意如下几个方面。

（1）检漏灵敏度变化

这里的检漏灵敏度也叫系统灵敏度，是指在检漏系统工作条件下，检漏仪能检测出的最小漏孔漏率。其数值一般低于仪器本身的灵敏度，反映了仪器性能发挥的程度。

检漏灵敏度与检漏系统的容积、材质、结构复杂程度等相关。当被检物容积很小时，可以直接使用检漏仪检漏。随着被检物体积的增大，检漏仪上的抽气系统的效率会逐渐降低，甚至无法工作。为此，需要单独增加辅助泵协助抽气，如图10－35所示。

假设容器的总气载（漏气与放气的总和）为$Q$，辅助泵抽速为$S_1$，节流阀后抽速为$S_2$，由于辅助泵的分流，流向检漏仪的气体流量为

$$Q_2 = Q \cdot \frac{S_2}{S_1 + S_2} \tag{10-60}$$

若质谱室抽速为$S_e$，则质谱室中平衡压强为

$$p = \frac{Q_2}{S_e} = \frac{Q}{S_e} \cdot \frac{S_2}{S_1 + S_2} \tag{10-61}$$

无辅助泵时，$S_1 = 0$，质谱室的平衡压强为$Q/S_e$，由于$S_2/(S_1 + S_2) < 1$，所以有辅

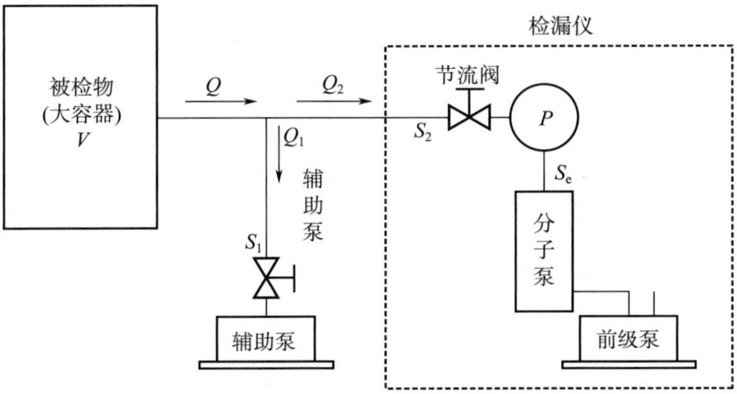


图 10-35　无次级泵的大容器检漏系统

助泵时质谱室中的压强要比无辅助泵时低。容器越大，所需辅助泵的抽速 $S_1$ 就越大，分流就越厉害。有辅助泵时，氦分压降低了（$1+S_1/S_2$），表明检漏的灵敏度降低了。容器越大，所需辅助泵的 $S_2$ 就越大，灵敏度降低得就越多。

因此在检漏时要尽量关小辅助阀，并调大节流阀，减小分流比例。同时，如果辅助泵换为对氦抽速很小但对其他气体抽速较大的选择性气泵（如分子筛吸附泵、升华泵），就可以有效地提高检漏灵敏度。不过这也存在氦气排除困难的问题，检漏结束后还需要利用另外一套对氦抽速大的辅助泵将氦气快速抽除。

（2）反应时间

容器外部施加的氦气从漏孔被吸入到容器内部，流经检漏管路最终进入质谱室需要一定的时间。通常我们把对漏孔喷氦到检漏仪指示的最大变化值的 63% 的时间称为反应时间。过长的反应时间是大容器检漏中一个比较突出的问题。为了减少反应时间，还可以在系统中串联一个更大抽速的泵，这个泵通常被称为“次级泵”，如图 10-36 所示。

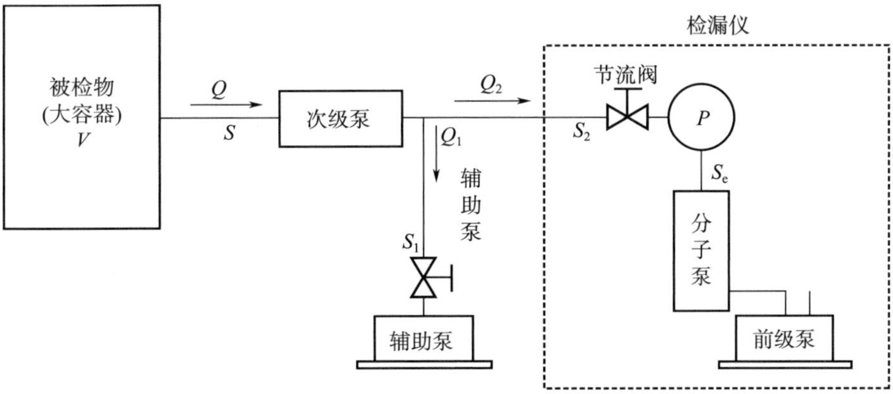


图 10-36　带次级泵的大容量检漏系统

次级泵通常选用抽速非常大的扩散泵，根据流量恒等原理，由于次级泵是串联在系统中，所以检漏灵敏度与次级泵的抽速 $S_0$ 无关（实际上由于次级泵的渗氦、吸附等原因使灵敏度有微小下降)。

辅助泵和次级泵的选择不仅关系到检漏灵敏度高低和反应时间长短，同时还关系到检漏费用的高低问题，需根据实际情况选择。特别是反应时间和灵敏度之间的相互矛盾：为了减少反应时间，势必选用抽速大的次级泵，这样就必须配置相应大的辅助泵，从而使检漏灵敏度降低更多。因此需要合理搭配：对于体积不大的被检容器，可以选择抽速小的次级泵和辅助泵，有时只要辅助泵就可以了；对于较大的容器，则必须加上相适应的次级泵和辅助泵。如果被检容器本身具有抽气系统，应该尽量利用它自身的抽气系统进行检漏。

### 10.5.3　压力变化法

工业上应用最广的是压力变化法，分为压差法和压降法。它们都是以压缩气体为介质，对被测产品充气加压，然后对其压力或压差进行采样分析，从而判断产品是否泄漏。这种方法易于实现生产的自动化检测，已得到较为广泛的应用。

#### 10.5.3.1　*压差法*

对于大批量、小容积产品（如箭上管路以及地面试验批量验收的工装等），采用压差法气密检漏是比较好的选择，其原理如图 10－37 所示。

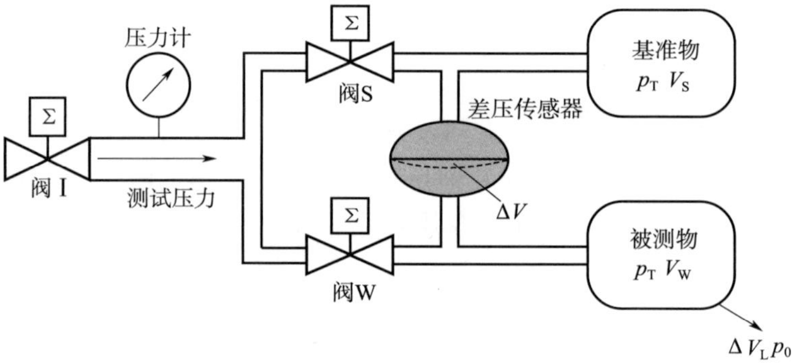


图 10－37　压差法原理

$p_T$ —测试压力（设定的允许充气压力，Pa）；$p_1$ —检测完成后被测物内的压力（MPa）；
$p_2$ —检测完成后基准物内的压力（MPa）；$p_0$ —大气压（漏出后进入大气中，MPa）；
$V_W$ —被测物侧容积（mL）；$V_S$ —基准物侧容积（mL）；$t$ —检测时间（s）；
$\Delta p$ —（$p_2-p_1$）的差值，即压差（Pa）；$\Delta V$ —压差 $\Delta p$（$p_2-p_1$）引起的传感器容积的变化量（mL）；
$\Delta V_L$ —排入大气的泄漏量（mL）；$V_L$ —漏率（mL/s）

压差法气密检漏的工作原理类似于天平：基准物相当于砝码，先保证其“准确”（即密封性良好），然后将两端分别充入相同压力的气体。如果被测物有泄漏，压差传感器随着时间的推移能够感受到压力的失衡，并产生输出信号。如果基准物和被测物的形状、大小都相同，内部回路又对称，就可以消除测试环境、温度、工作内应力的影响，进而提高测试的精度、速度和可靠性。

如图 10－37 所示，被测物中状态

$$p_T V_W = p_1 (V_W - \Delta V) + p_0 \Delta V_L \tag{10-62}$$

基准物中状态

$$p_T V_S = p_2 (V_S + \Delta V) \tag{10-63}$$

因为压差传感器非常灵敏，即使存在微小压差 $\Delta p$ 也可检测出变化。在整个检测过程中，有 $p_1 \approx p_2 \approx p_T$。将上面两式进行整理，并加入检测时间 $t$ 后得漏率 $V_L$[28] 为

$$V_L = \frac{\Delta V_L}{t} = \frac{\Delta p}{t \cdot p_0}\left[V_W + \frac{\Delta V}{\Delta p}\left(1 + \frac{V_W}{V_S}\right) \cdot p_T\right] \tag{10-64}$$

10.5.3.2　*压降法*

压降法是一种粗检方式，是通过监测压力上升或下降粗略计算整个系统的密封性的一种检漏方式。其中，真空系统由于泄漏导致压力上升，正压系统由于泄漏导致压力下降。其漏率可用以下公式进行估算

$$Q = \frac{\Delta p}{\Delta t} V_W \tag{10-65}$$

式中，$Q$ 为漏率（$Pa \cdot m^3/s$）；$V_W$ 为被测系统的容积（$m^3$）；$\Delta t$ 为保压时间（s）；$\Delta p$ 为保压时间后被测件压力变化的值（Pa）。

压降法中需要注意以下几个问题[29]：

（1）灵敏度问题

压降法检漏一般采用静态测试，其灵敏度主要与测试的间隔、测压仪器的最小可检压力有关。如果不考虑温度和出气效应，延长检漏初始到终止的测量时间，就可以提高测试灵敏度。但延长检漏时间，就会增加检漏周期，一般在单件产品的试验生产中，可容忍的检漏时间是 24～48 h。压降检漏中，当温度和压力测试的分辨率越高，灵敏度越高，则漏率测量也就越灵敏，因此，尽可能地选择分辨率和精度较高的测温计和压力计。

（2）被测容积确定

确定被测容积的方法有很多种，以正压被测系统泄漏（压降）为例：如式（10－65）所示，漏率可通过测量 $\Delta p$、$\Delta t$ 以及被测系统容积 $V_W$ 计算获得。对于较大泄漏，可以使用压力计直接测量压力变化值；对于压力计无法分辨的细微压力变化，可以使用如图 10－37 所示压差传感器，以提高检测的灵敏度。对于被测系统容积 $V_W$，可以采用预估体积或者使用玻意耳定律，将容积的测量转化为压力的测量[30]。方法为使用已知 $V_S$ 的基准物作为参照物，按照图 10－37 连接被测物 $V_W$；开启 $V_S$ 与 $V_W$ 之间的阀门（阀 S 和阀 W），充入已知压力 $p_1$ 的气体；平衡后，关闭阀 S，同时通过排气阀将 $V_W$ 中的气体排放至大气压 $p_0$；然后再次开启阀 S 和阀 W，使 $V_S$ 和 $V_W$ 压力再次平衡，测量压力 $p_2$。

根据玻意耳定律可知

$$p_1 \cdot V_S + p_0 \cdot V_W = p_2 \cdot (V_S + V_W) \tag{10-66}$$

则被测系统的容积有

$$V_W = (p_1 - p_2) \cdot V_S / p_2 \tag{10-67}$$

（3）温度影响

压降法检测一般要等到温度稳定后进行数据的采集，减少温差的影响。如果测试过程中温度发生明显变化，可以用以下公式确定压差[31]

$$\Delta p=(p_1+p_{O_1})-(p_2+p_{O_2})\cdot T_1/T_2 \tag{10-68}$$

式中，$\Delta p$ 为保压前后压差（Pa）；$p_1$ 为保压前被测件压力初值（表压，Pa）；$p_{O_1}$ 为保压前大气压初值（Pa）；$T_1$ 为保压前温度初值（K）；$p_2$ 为保压后被测件压力终值（表压，Pa）；$p_{O_2}$ 为保压后大气压终值（Pa）；$T_2$ 为保压后温度终值（K）。

（4）数据处理

在目前的压降检漏法中，大多数采用的是测试初值、终值两组测量数据的方法，这样测试数据较少，容易产生较大误差。而采用点到点的数据分析方法，每次测量漏率 $Q_n$ 都是通过两个相邻测试点按式（10－69）计算出

$$Q_n=\frac{W_n-W_{n-1}}{l_n-l_{n-1}} \tag{10-69}$$

式中，$W_n$ 为第 $n$ 次被检件测量时的气量值；$l_n$ 为单次的测量时间。

在整个测试时间内，当绝对压力、漏孔尺寸都保持不变时，可以认为被检件的漏率也是恒定的。在这种情况下，将漏率测试点拟合成直线，最小平方关系要求总的平方偏差值最小。在点到点的压力变化检漏测试中，测试时间间隔相等，平方拟合的漏率值和算术平均值相等。这样，可以简化数据计算，平方拟合的漏率值可以用算术平均值按式（10－70）代替

$$Q=\frac{Q_1+Q_2+\cdots+Q_K}{K} \tag{10-70}$$

通过多次测量，采用平均漏率计算法来降低测试的偏差，其漏率的偏差值可以通过最小均方根计算。

# 参考文献


［1］ 魏龙．密封技术［M］．北京：化学工业出版社，2019.

［2］ 吴晓铃，袁丽娟．密封设计入门［M］．北京：化学工业出版社，2013.

［3］ 徐灏．密封［M］．北京：冶金工业出版社，2005.

［4］ 刘国球．液体火箭发动机原理［M］．北京：中国宇航出版社，1993.

［5］ 姜全武，谢苏江，孙朕．螺栓-垫片-法兰连接设计方法及标准的发展和应用［J］．石油化工设备，2013，42（1）59－63.

［6］ 蔡仁良．EN1591 法兰计算标准简介［J］．压力容器，2003，20（11）：6－9.

［7］ BS EN1591－1：2001，Flanges and Their Joints－Design Rules for Gasketed Circular Flange Connections－Part1：Calculation Method［S］.

［8］ 李振环，杨书益．金属空心 O 形密封圈［J］．石油化工设计，1995，12（3）：51－55.

［9］ 李文静．反应堆压力容器金属 C 形密封环数值模拟与实验研究［D］．杭州：浙江工业大学，2016.

［10］ 廖传军，等．典型异型金属密封的特点及应用［J］．低温工程，2014，200（4）：55－60.

［11］ 牛保林．轴向温度作用自赋能（自紧）式深冷结构研究．导弹与航天运载技术，2000（6）：36－38.

［12］ 蔡仁良．流体密封技术—原理与工程应用［M］．北京：化学工业出版社，2013.5－20.

［13］ 顾伯勤，李新华，等．静密封设计技术［M］．北京：中国标准出版社，2004.

［14］ 付万发．TBM 氚系统的氚安全分析研究［D］．绵阳：中国工程物理研究院，2012.

［15］ 杜秋华，等．分子流状态平面密封结构漏率预估［J］．真空，2012，49（1）：36－38.

［16］ 周鑫，庞贺伟，等．球面密封结构的漏率预估［J］．宇航学报，2007，28（3）：762－766.

［17］ 马奇．隔离阀密封副密封特性及其漏率的研究［D］．武汉：华中科技大学，2015.

［18］ ROTH A. The interface－contact vacuum sealing processes［J］. Journal of vacuum science and technology，1972，9（1）：14－23.

［19］ ROTH A，INBAR A［C］. Proc．3rd Int．Cong. on Fluid Sealing，1965.

［20］ KNUDSEN M，ANN PHYSIK. Scientific Foundations of Vacuum Technique［M］. 2nd ed. 1962，104－111.

［21］ 李明蓬．粘滞漏孔常温液体与气体漏率比的分析计算［J］．导弹与航天运载技术，1996，22（4）：14－17.

［22］ 方红荣，叶超，司徒斌，等．低温推进剂与示漏气体的漏率和 PPM 浓度等效研究［J］．低温技术，2016：44（5）：6－9.

［23］ 中国航天标准化研究所，中国航天科技集团公司一院 211 厂．气泡检漏试验方法：QJ 3253—2005［S］．北京：中国航天标准化研究所，2005.

［24］ 中国航天科技集团公司第五一〇研究所．氦质谱真空检漏方法：QJ 3123—2000［S］．北京：中国航天标准化研究所，2000.

［25］ 王勇，闫荣鑫，黄锡宁．吸枪检漏法的原理研究［J］．航天器环境工程，2010，27（3）：351－353.

[26] 肖祥正．质谱检漏技术在我国航天工业领域中的应用 [J]. 真空与低温，2001，7 (4)：194-199.

[27] 肖祥正．大容器检漏的有效方法 [J]. 真空与低温，1985：1-7.

[28] 陈乃克．压差式气密检漏技术及应用 [J]. 轻型汽车技术，2002，152 (4)：29-32.

[29] 闫荣鑫，刘平，冯琪，等．压降检漏法的影响因素及改进措施 [J]. 中国空间科学技术，2006，8 (4)：37-41.

[30] 肖祥正．环境温度对压降法漏率测试的影响 [J]. 真空与低温，2002，8 (3)：154-156.

[31] 高慎斌．卫星制造技术 [M]. 北京：宇航出版社，1998.

# 第 11 章　展　望

增压输送系统的专业发展一方面离不开运载火箭的技术牵引，另一方面也支撑了运载火箭的技术进步。经过了几十年的发展，增压输送系统在提高结构效率和系统可靠性等方面已经取得了很大成效。随着运载火箭整体技术的提升和发展，增压输送系统在系统和组件设计、试验和仿真技术等诸多方面仍需不断开拓进取和深入研究。

## 11.1　运载火箭技术发展趋势

（1）智能技术将推动火箭技术发展

人工智能技术已经并将继续深刻改变世界，其已在深度学习、跨界融合、人机协同、群智开放、自主操控等方面呈现新特征。未来人工智能也将会是运载火箭的属性之一，涵盖从设计、制造、飞行、进化、管理等全寿命周期各环节[1]。

为加强人工智能技术与运载火箭技术的融合，提出了智慧火箭的概念。智慧火箭的核心概念是在全寿命周期研制模式下，运载火箭具备相当高的智能化水平。其本质是“运载火箭＋创新”，其发展方向是传统运载火箭与新一代信息与制造技术的结合，其表现形式是“智慧火箭＝智能研制＋智能组件＋智能制造＋智能过程控制”。其中智能组件的目标在于实现运载火箭飞行过程和地面测试发射过程信息应用水平的提升。火箭飞行过程中具备一定的故障检测、诊断和处理能力，能够保障火箭在一定的故障模式下完成飞行任务；具备地面信息综合应用能力，实现前后端协同的远程测发控；能全面提升电气组件可测试水平，实现结构、管路、阀门的机电一体化和物联网化[2]。

（2）重复使用运载火箭是降低成本的重要方式

随着国际航天发展，运载火箭技术已从解决“如何进入空间”转到“如何低成本进入空间”，如何降低航天发射费用是整个航天工业界面临的主要挑战之一。运载火箭的重复使用是降低成本的重要措施。自 20 世纪五六十年代开始，世界各航天大国就持续开展可重复使用航天运输系统的研究，重复运载技术一直是国际航天领域发展的热点之一[3]。

20 世纪 70 年代初，美国设计完成了首架部分可重复使用空间运输系统——“航天飞机”。航天飞机实现了轨道飞行器、固体助推器的重复使用，但维护成本高昂。2010 年后，美国 SpaceX 公司利用垂直起降技术回收一子级和二子级，完成了多次子级的重复使用，猎鹰-9 火箭发射报价 6 200 万美元，LEO 运载能力 22.8 t，相当于每千克有效载荷的发射价格仅约为 2 720 美元，价格优势明显[4]，且随着重复使用次数的增加，价格会进一步下降。

我国关于重复使用运载器的研究主要集中在方案和关键技术攻关层面，尚未经过系统级的飞行演示验证试验考核，后续需要开展相关研究工作。

(3) 提高运载能力仍是现阶段主要发展目标

研制近地轨道百吨级运载能力的重型运载火箭是世界航天强国航天运输系统的重要发展策略。美国和俄罗斯均已完成了多个运载火箭系列构型及新型上面级的开发，能够覆盖不同发射任务的需求。2011 年 NASA 正式对外公布了新一代运载火箭 SLS 的方案和研制计划，近地轨道运载能力可达百吨，2015 年 10 月 22 日通过关键设计评审（CDR），火箭各主要部段正在开展制造、试验工作。项目虽然遭遇诸多工程技术挑战，但也取得稳步进展。2018 年 2 月 7 日，SpaceX 公司发射了猎鹰重型火箭，使其成为现役运载能力最大的火箭，LEO 运载能力为 63.8 t[5]。2013 年 4 月俄罗斯总统普京批准《俄罗斯 2030 年前及未来航天活动领域国家政策原则的基本规定》，2018 年年底，俄罗斯正式确定采用俄罗斯进步国家航天火箭科研生产中心提出的重型火箭设计方案，计划在 2028 年实现火箭首飞[6]。

经过近 10 年的论证，中国重型运载火箭的总体方案基本收敛，进入关键技术攻关、方案深化论证及方案设计阶段，并取得了以 10 m 级直径整体锻环、500 t 级推力液氧煤油发动机涡轮泵与发生器联试、3 m 直径分段装药固体发动机试验成功的阶段性成果[7]。

(4) 新概念运载器研究持续开展

核能火箭利用核反应或放射性衰变释放的能量加热工作介质，工作介质通过喷管膨胀后排出产生推力。核能火箭能够提供广泛的空间任务支持，包括一些至关重要的独特的空间新任务，例如，对太阳系及其边远区域的详细探索，这些任务是不可能用化学推进单独完成。美国国家航空航天局通过“NASA 创新性先进方案”支持美国空间推进技术公司（MSNW）开展核聚变研究工作，目前已经完成了实验室验证，预计 2030 年投入使用[8]。

组合动力技术是未来重复使用运载器动力技术的主要发展方向，采用了组合动力的航天运载器理论上具有从零速度水平起飞、单级入轨的能力，与采用火箭发动机的传统航天运载器相比具有更丰富的飞行任务模式、更快的响应时间、更强的机动能力和更高的经济性，但面临的技术难度极大。云霄塔是英国喷气发动机有限公司联合欧洲其他研究机构正在研制的新一代单级入轨空天飞行器，采用可收放起落架进行起飞和降落。云霄塔在爬升阶段充分利用大气中的氧气，当离开大气层向近地轨道运动时，利用自身携带的液氧液氢以纯火箭模态工作。以单次发射进入近地轨道的载荷质量及发射成本来看，云霄塔费用较高，然而通过对运载器的多次使用，逐步体现出明显的价格优势，预期的工作寿命在 200 次以上，此时发射价格为 500 美元/kg[9]。

## 11.2 增压输送系统的发展趋势

(1) 重复使用增压输送系统技术

为适应可重复使用运载器的发展需要，需要开展重复使用增压输送系统研究工作，主要包括适应火箭动力和组合动力技术的可重复使用增压输送系统的方案和准则、增压输送系统可重复使用组件的方案和关键技术研究。在系统设计过程中应考虑系统布局、热防护与热管理、气动热对增压的影响、系统状态的监测、故障的识别与隔离等因素。建立可重复使用增压输送系统设计、试验的方法和准则，最终为可重复使用增压输送系统研制奠定技术基础。

（2）采取多种技术途径提高运载效率

减小结构重量、提高推进剂利用率是增压输送系统提高运载效率的重要手段。过冷推进剂加注技术使相同的贮箱容积下可加注更多质量的推进剂，有效提升运载火箭效率。采用该技术的猎鹰-9运载火箭的运载能力提高10%以上。国内后续也要开展深度过冷推进剂的制备及存储技术、过冷推进剂大流量加注技术和低温两相流体剧烈掺混状态下过冷推进剂停放规律等研究工作[10]。运载器流体集成系统（IVF）技术也值得关注，如应用IVF技术的火神半人马火箭可以提高运载能力450 kg，并延长在轨时间[11]。国内也在开展系统优化设计、热控技术和氢氧内燃机等技术和关键组件的研究。此外，箭上相关系统的一体化设计也可减小结构重量，如集中贮存的气体工质同时用于贮箱增压、冷气姿控、发动机启动吹除、冷气分离等。

（3）机电一体化增压输送系统技术

传统运载火箭增压输送系统以机械组件为主，为适应智慧火箭和可重复使用火箭的发展需求，增压输送系统需要开展自动化和电气化技术研究。增压输送系统采用机电一体化设计，与控制系统、测量系统及动力测控系统相结合，实现增压输送系统高度自动化水平，测发全过程的无人值守，测试数据自动判读、状态监测可控；研制机电一体化系统和组件，实现压力、流量等参数精确可调，实现功能冗余；开发系统健康监测网络，具备管路、阀门、气瓶等重要组件工作状态的在线监测能力；开展系统智能设计，实现故障工况的系统隔离与重构等。

## 11.3 增压输送系统组件发展趋势

1）标准化、系列化、通用化。当前运载火箭型号多，为满足各型号增压输送系统组件不同的使用需求，造成组件的种类繁多，不仅不利于组件的升级换代，还带来生产成本高、生产效率低、质量控制难等问题。未来组件的发展重点之一是将组件归核，形成相对集中的系列化组件，并在新组件研制时大力推动标准化、系列化、通用化的设计工作，提高组件可靠性、降低成本和缩短研制周期。

2）机电一体化和智能化。一方面微型传感器和智能材料技术快速进步，促进组件向机电一体化，甚至智能化的方向发展；另一方面系统需要感知组件状态是否正常，特别是对可重复使用运载火箭而言，组件的状态可准确、快速地进行检测、监测和控制，既可以评估组件的剩余寿命，也可以发现、识别和隔离故障。

3）更加轻质高效。追求更高的结构效率是运载火箭的不变目标，降低组件重量是提高增压输送系统结构效率的重要举措。设计工艺制造一体化、3D 打印增材制造、低温贮气容器设计、损伤容限等技术应用将使组件的结构更加优化；轻质铝合金、复合材料、高强合金等新材料应用将使组件更加轻质。

4）使用寿命和可靠性持续提升。需开展材料和结构的疲劳损伤、密封机理、摩擦磨损机制、流固耦合等基础研究，推动组件设计方法的革新，以适应组合动力、可重复使用等新发展需求，提高增压输送系统组件的使用寿命和可靠性。

## 11.4 增压输送系统试验技术发展趋势

1）系统级综合试验环境模拟技术。增压输送系统包含组件众多，各组件分布在箭体不同部位，其力热环境条件不同，且边界条件耦合紧密。目前多采取缩比、简化、分段试验等方法开展验证，与实际飞行状态存在差异。一次性火箭的系统采用加大安全余量方法解决，但重复使用增压输送系统对试验验证的准确程度要求更高，需开展包含温度、介质输送、力学环境的综合试验研究，以提高试验验证的真实性。

2）试验状态可视和精准测量技术。为了加强对机理规律的研究，提高设计能力，需要对增压和输送过程中的复杂流场进行深入研究，开展可视化技术和更准确的温度、压力测量技术。为了研究阀门颤振、结构振动疲劳问题，需要研究更小型、准确的应变、振动等参数的测量技术。

3）更安全的深低温试验技术。目前，20 K 低温环境模拟和介质供应主要依靠真实液氢介质，试验系统设计具有局限性且存在较大的安全风险。以大功率低温制冷机组、高压低温换热器、低温真空系统等所组成的 20 K 介质和环境模拟系统成为深低温试验技术发展方向之一，将提高系统的安全性和稳定性。

4）智能化和模块化试验技术。随着自动化和人工智能技术的发展，可根据组件的试验流程开展自动化和智能化试验系统及装置的开发。增压输送系统部分组件验收试验可将常规试验系统分为不同功能模块，根据需要匹配适用的模块。采用上述方法可提高试验效率。

## 11.5 增压输送系统仿真技术发展趋势

1）全系统、全过程精细仿真。增强系统和组件仿真建模能力，针对增压输送系统的全寿命周期，根据任务剖面开展系统和组件的全过程精细化仿真分析，优化从系统、组件到零件的性能，提前发现薄弱环节，提高系统在整个寿命周期中的工作效率和可靠性。

2）多体、多场及多相仿真。针对增压输送系统常见的流固热磁多物理场耦合、两相流动及传热传质、流致振动、结构振动疲劳等问题，进一步开展贮箱出流液面塌陷及漩涡夹气、阀门颤振、柔性管路流致振动、两相界面冷凝蒸发等仿真技术的研究，为增压输送系统产品精细化设计提供技术支撑。

3）增压输送系统仿真体系及平台建设。针对增压输送系统当前的“试制型”研制模式，推动由传统的“设计-试验驱动”向“设计-仿真驱动”的研制模式转变，逐步构建完整的增压输送系统仿真体系及企业级的综合设计仿真平台，实现规范化的仿真流程、仿真方法及仿真数据管理，从根源上提升设计水平及设计效率。

# 参 考 文 献

[1] 鲁宇．中国运载火箭技术发展 [J]．宇航总体技术，2017 (3)：1-8.

[2] 李洪．智慧火箭发展路线思考 [J]．宇航总体技术，2017 (1)：1-7.

[3] 鲁宇，汪小卫．重复使用运载火箭技术进展与展望 [J]．导弹与航天运载技术，2017 (5)：1-7.

[4] 刘嫕，陈亮，等．国外降低运载火箭成本途径分析及对策建议 [J]．航天系统与技术．2018 (5)：38-41.

[5] 任奇野，曲晶．美国SLS重型运载火箭最新进展分析 [J]．国际太空，2018 (5)：58-65.

[6] 张绿云，曲晶．2018年国外航天运载系统发展综述 [J]．国际太空，2019 (2)：56-63.

[7] 龙乐豪．关于重型运载火箭若干问题的思考 [J]．宇航总体技术，2017 (1)：8-12.

[8] 王浩苏，尕永婧．国内外先进推进技术发展综述 [J]．宇航总体技术，2019 (2)：62-70.

[9] 邓帆，陈林．英国空天飞机云霄塔的总体方案设计及任务需求分析 [J]．飞航导弹，2017 (2)：41-45.

[10] 邵业涛．低温推进剂深度过冷加注技术研究及对运载火箭性能影响分析 [J]．宇航总体技术，2019 (2)：18-25.

[11] 陈士强，黄辉，等．中国运载火箭液体动力系统发展方向研究 [J]．宇航总体技术 2020 (2)：1-12.

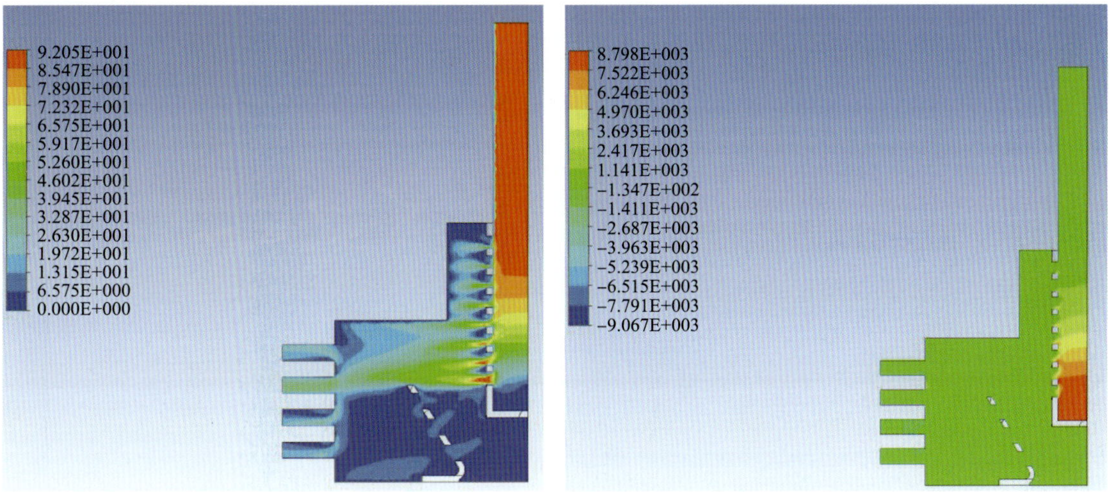


(a)对称面上的速度(m/s)　　(b)压力(Pa)

图 2-44　对称面上的速度和压力分布图（P77）

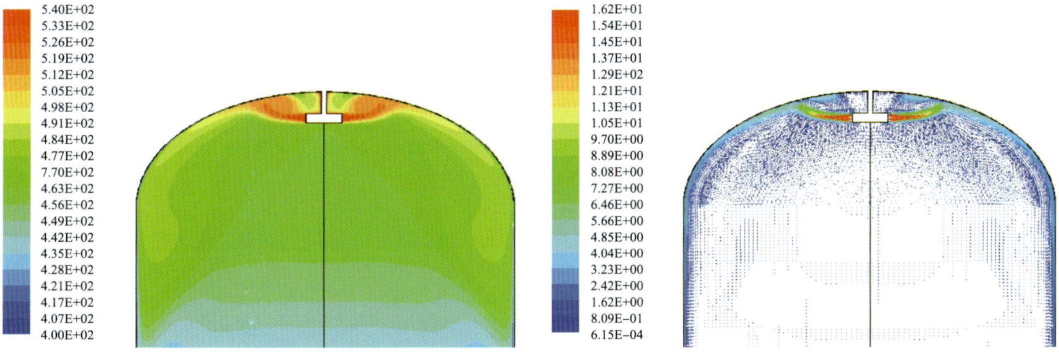


(a)气枕温度场分布云图　　(b)速度矢量图

图 2-47　增压口水平，$D=0.32$ m（P78）

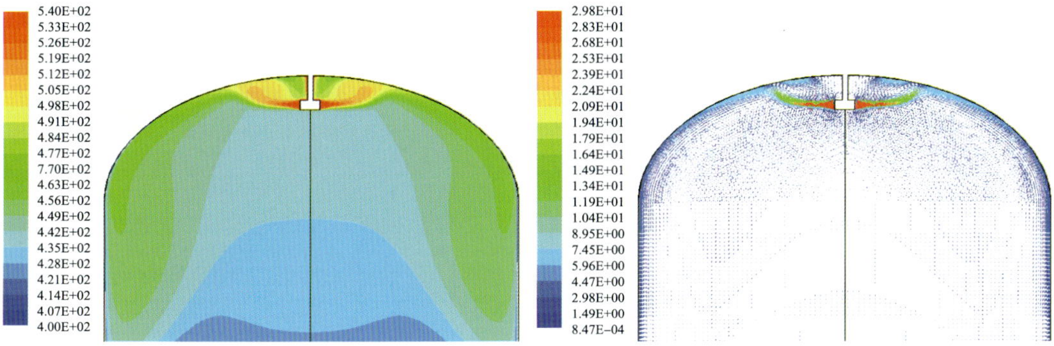


(a)气枕温度场分布云图　　(b)速度矢量图

图 2-48　增压口水平，$D=0.16$ m（P79）

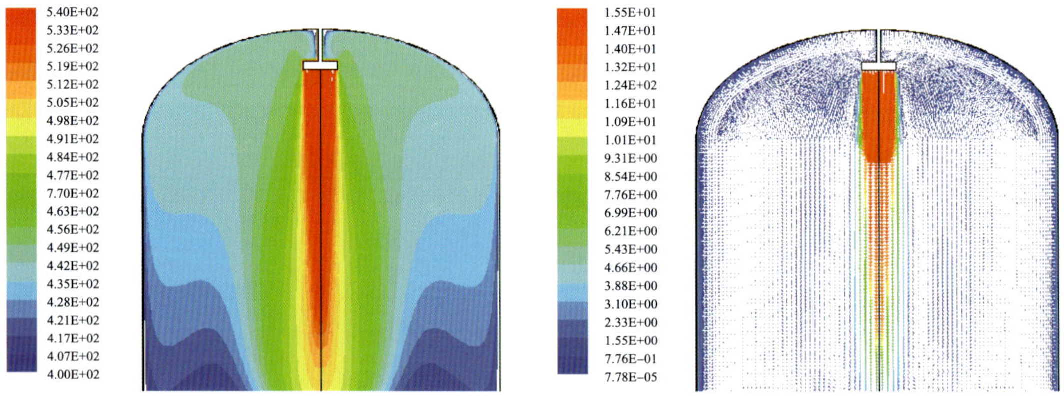


(a)气枕温度场　　(b)速度矢量图

图 2-49　增压口竖直向下（P79）

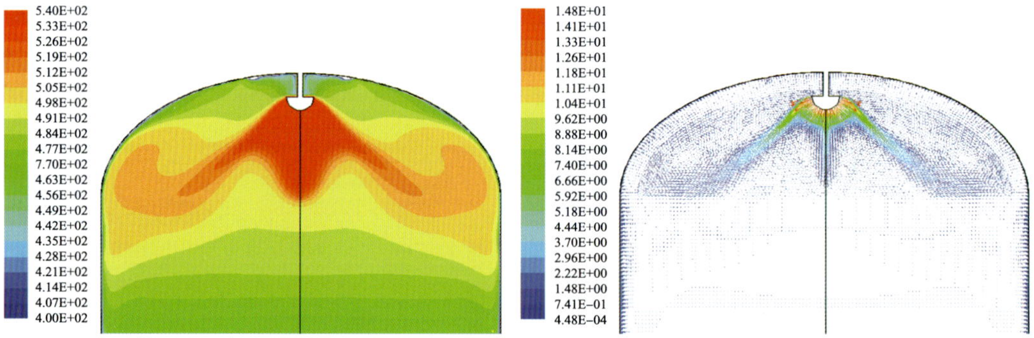


(a)气枕温度场　　(b)速度矢量图

图 2-50　半球形增压出口（P79）

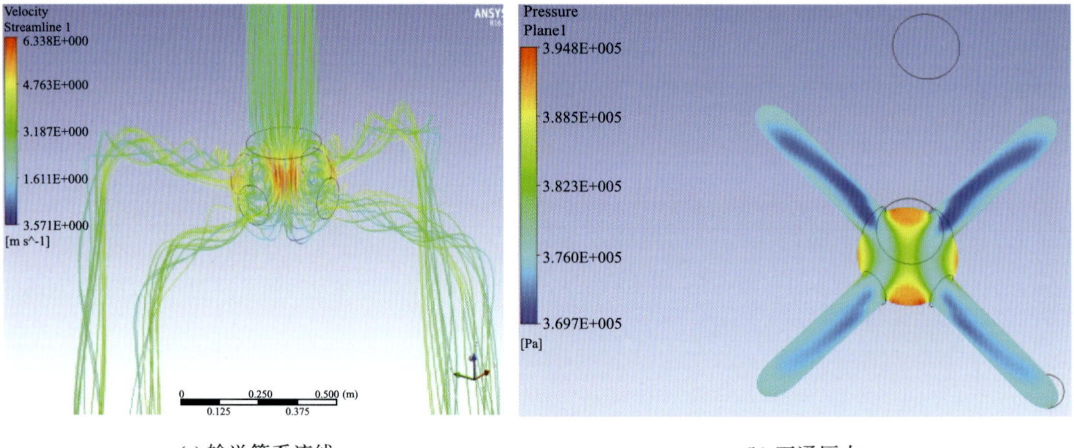


(a) 输送管系流线　　(b) 五通压力

图 3-91　氧输送管系流场图（边界条件对称，P190）

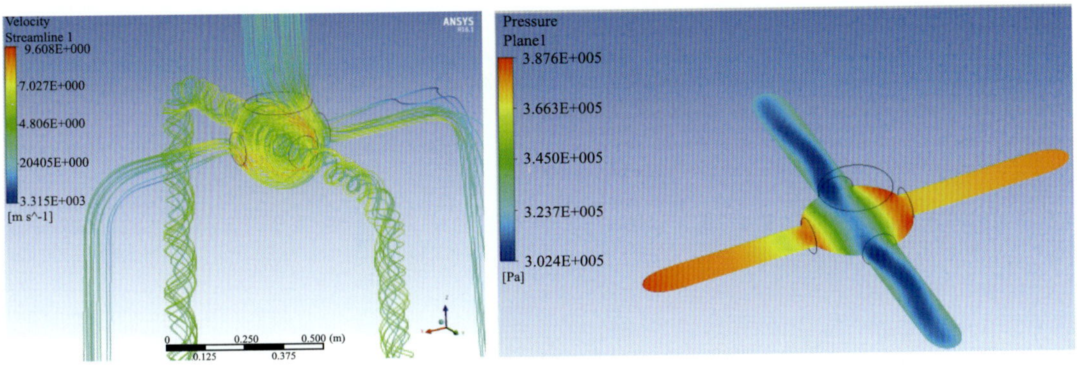


(a) 输送管系流线　　　　(b) 五通压力

图 3－92　氧输送管系流场图（入口有干扰，P191）

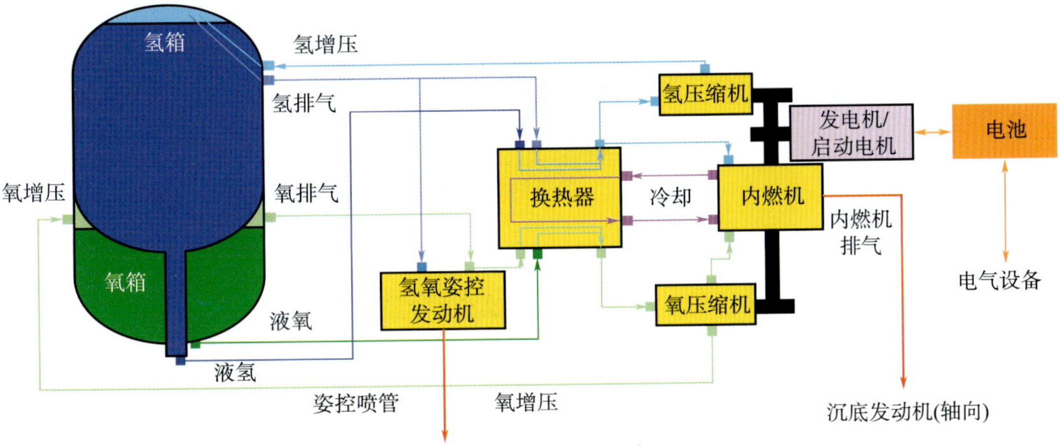


图 4－34　IVF 系统原理图（P226）

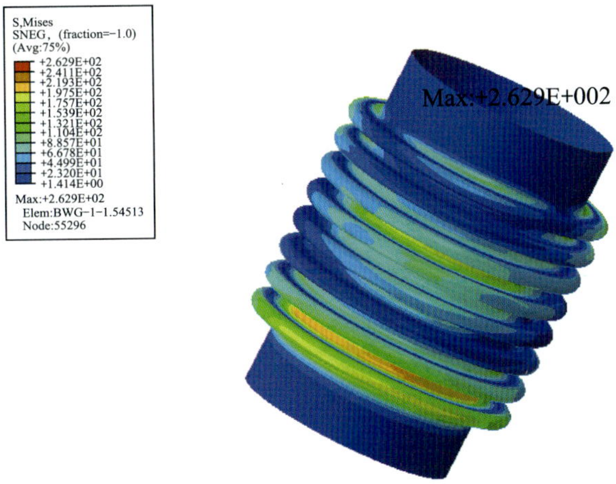


图 6－52　波纹管应力响应云图（对应 0.1 s 时刻，P322）

图 6－54　基于时域计算的波纹管疲劳损伤度云图（P322）

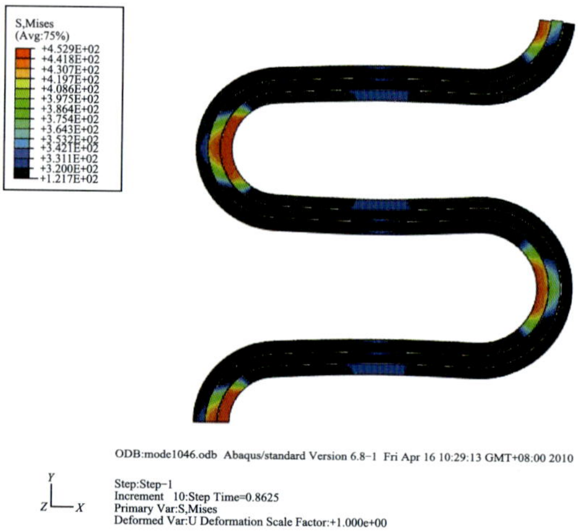


(a) 前一载荷步

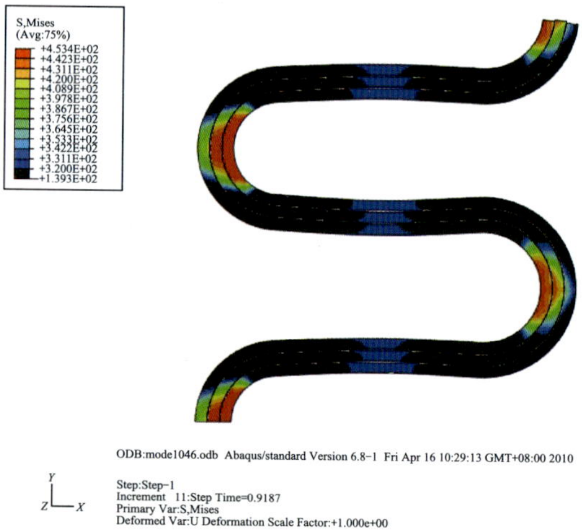


(b) 相邻的下一载荷步

图 6－64　环板区域出现塑性变形时的失稳压力仿真结果（P336）

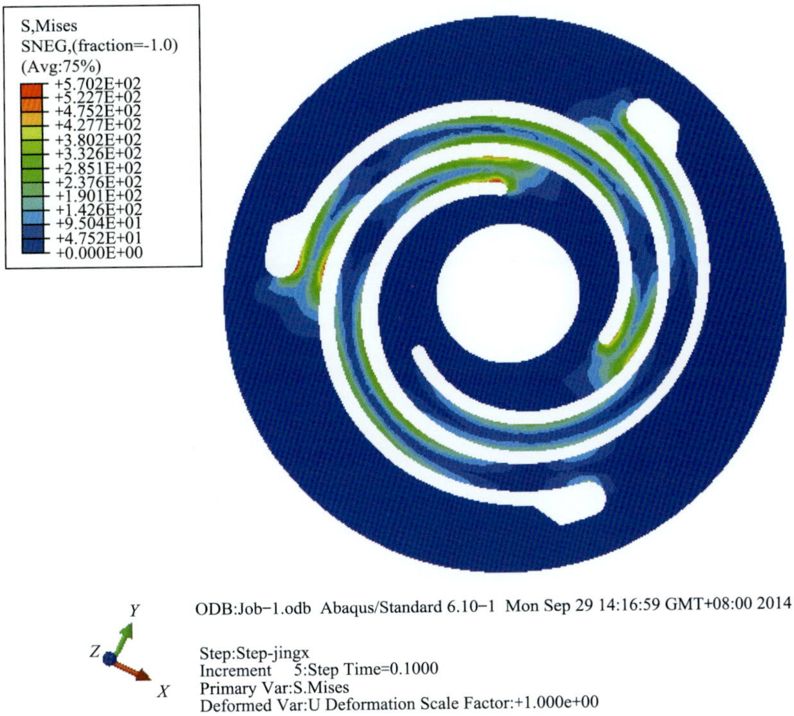


图 7-65 应力分析（P388）

(a) $t$=0.000 5 s (b) $t$=0.00 2 s

(c) $t$=0.00 4 s (d) $t$=0.01 4 s

图 7-88 流量为 66 g/s 时，单向阀不同时刻的压力云图（P411）

(a) $t$=0.000 5 s (b) $t$=0.002 s

(c) $t$=0.004 s (d) $t$=0.014 s

图 7-89 流量为 76 翅难飞 g/s 时，单向阀不同时刻的压力云图（P412）

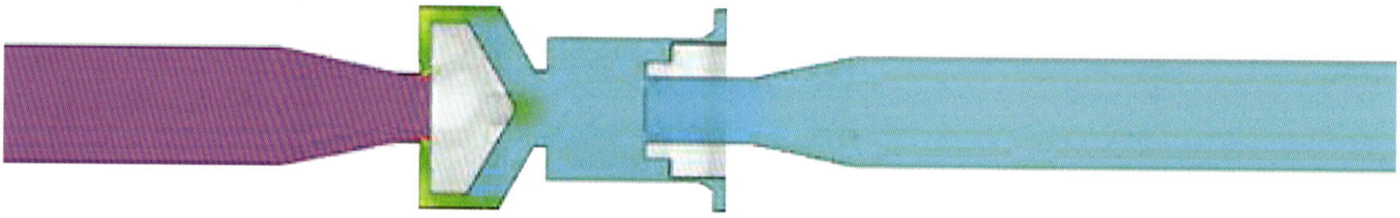

图 7-90　流量为 86 g/s 时，单向阀稳定时的压力云图（P412）

图 7-91　流量为 96 g/s 时，单向阀稳定时的压力云图（P412）

图 7-98　加排阀开启过程中阀杆应力云图（P416）

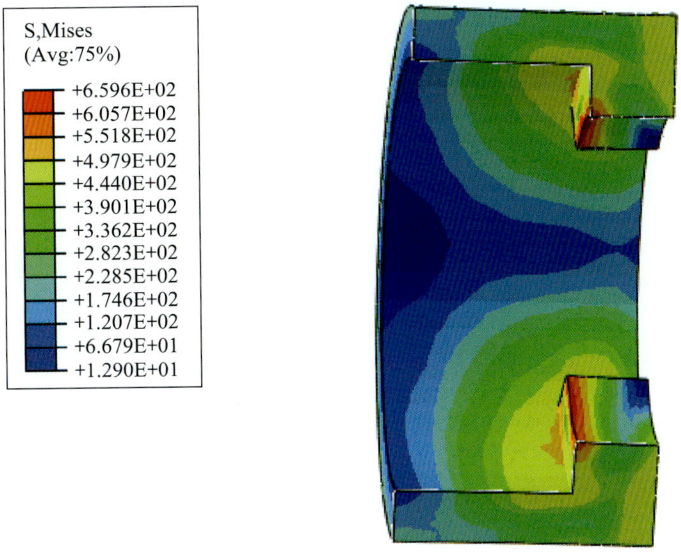


图 7-99　加排阀开启过程中顶杆应力云图（P416）

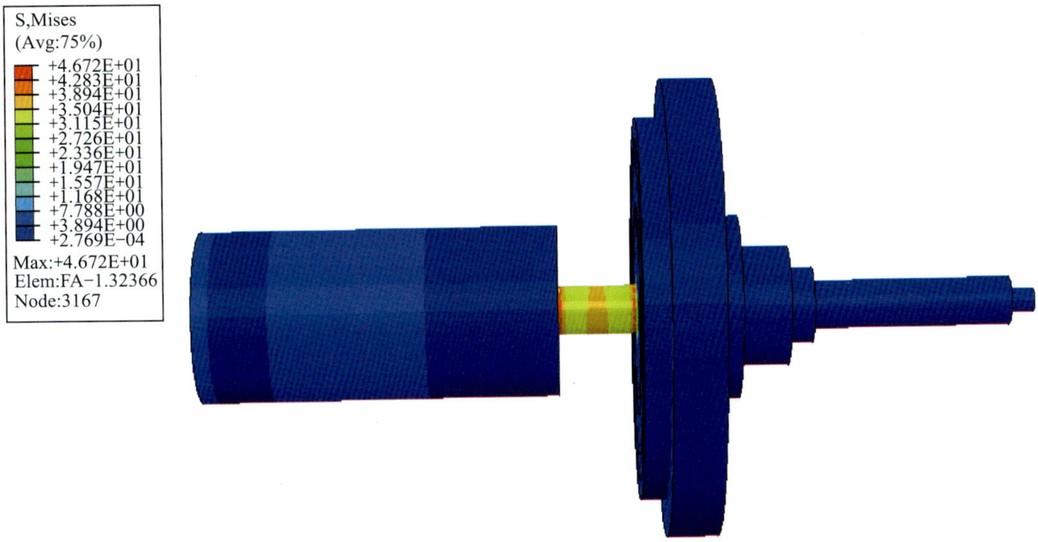


图 7-102　导向杆静力作用下 Mises 应力云图（P418）

表 7-3　指挥阀导向杆 4 四阶共振频率及模态（P418）

| 阶数 | 共振频率/Hz | 共振模态（变形放大 10 倍） | 阶数 | 共振频率/Hz | 共振模态（变形放大 10 倍） |
| --- | --- | --- | --- | --- | --- |
| 1 | 294.93 | 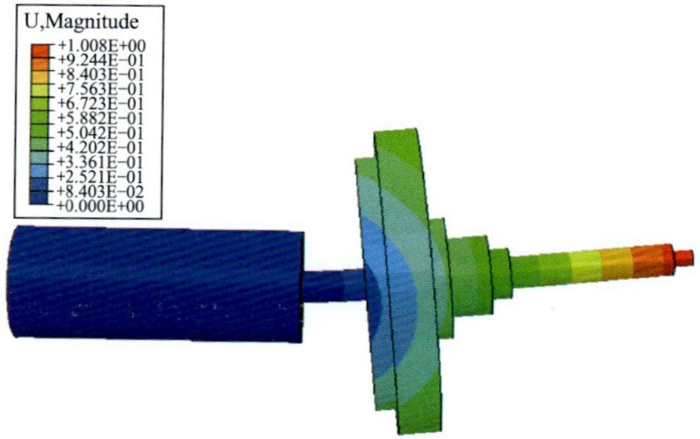 | 3 | 304.01 | 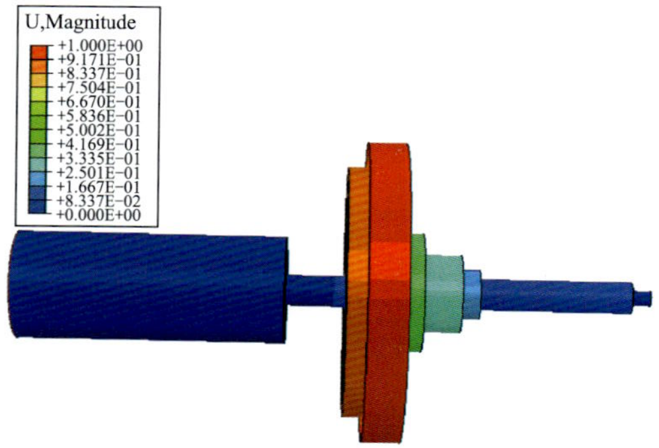 |
| 2 | 295.10 | 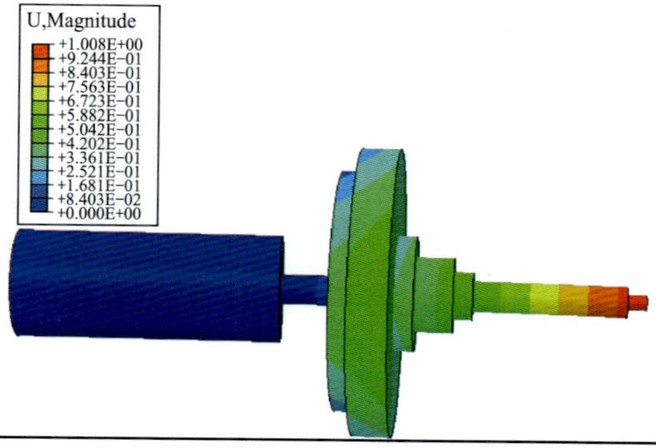 | 4 | 990.50 | 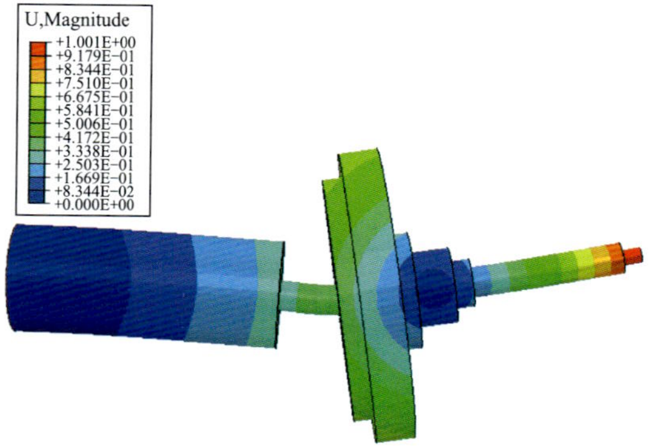 |

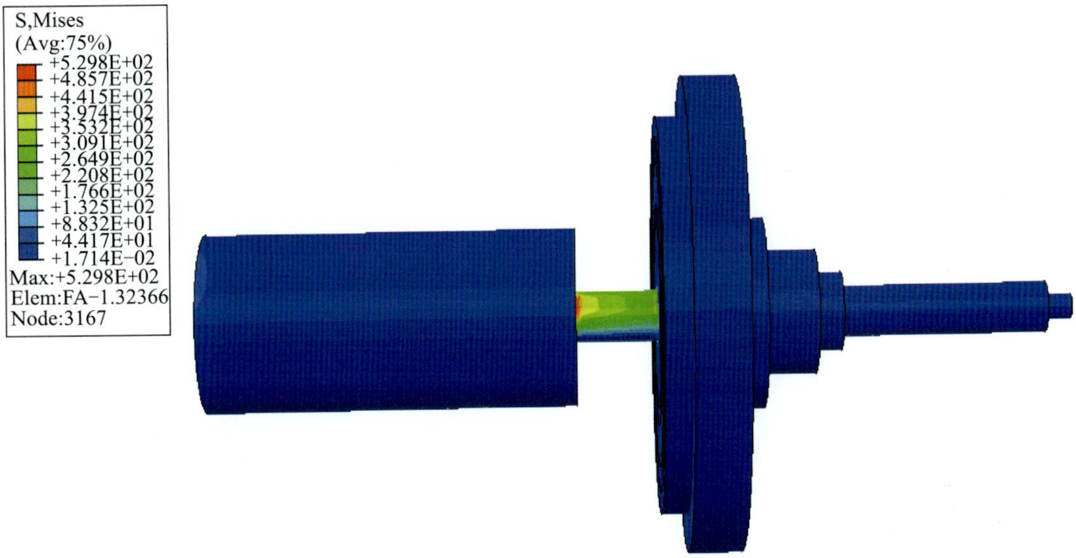


图 7 - 103　径向随机振动导向杆均方根 Mises 应力云图（P419）

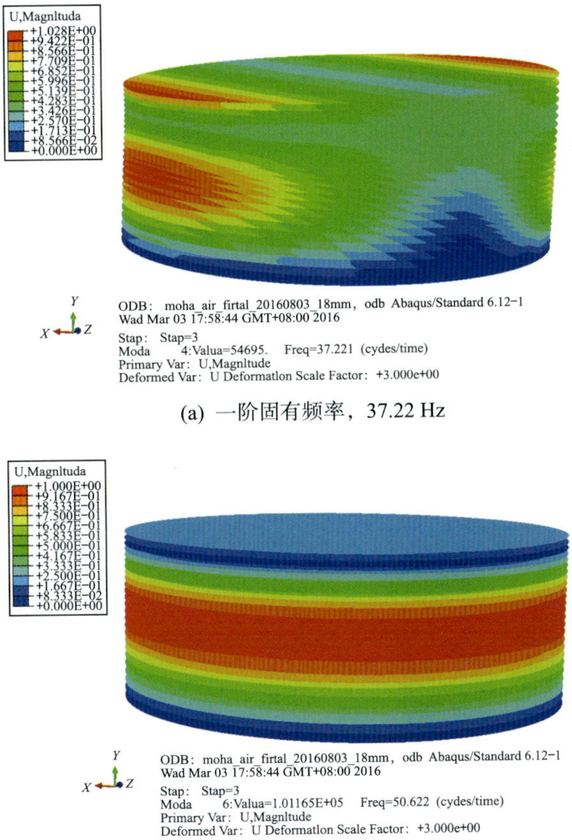


(a) 一阶固有频率，37.22 Hz

(b) 二阶固有频率，50.622 Hz

图 9 - 31　考虑气体刚度的膜盒固有频率及振型（P491）

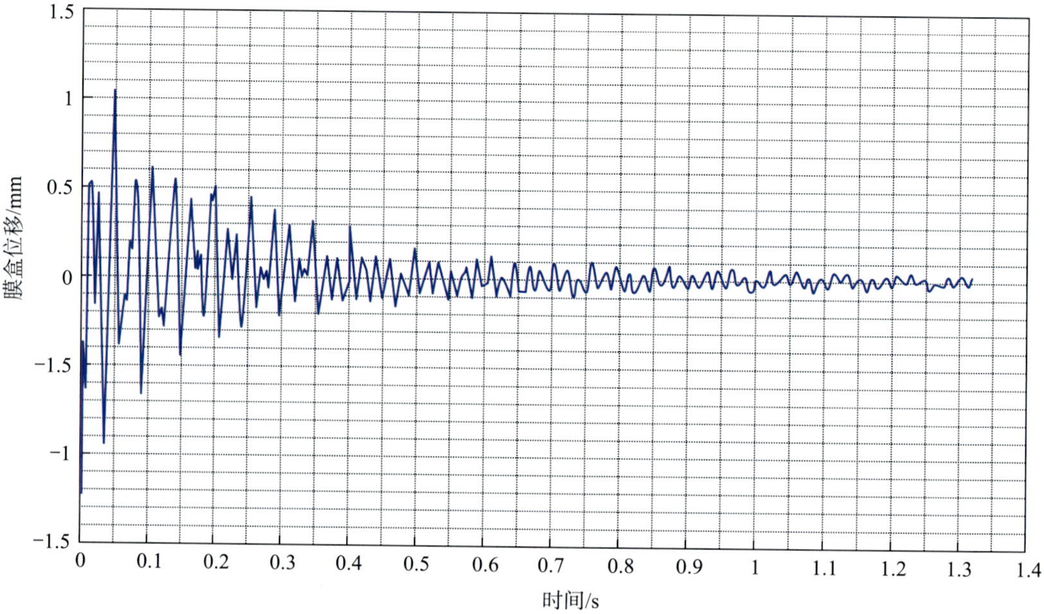


(a) 敲击响应时域实测曲线

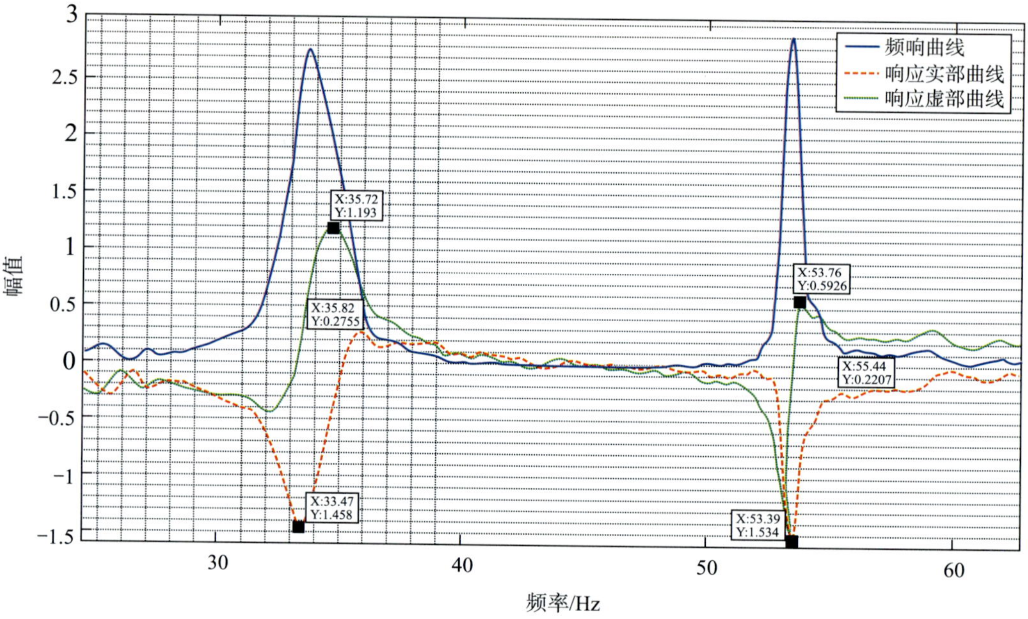


(b) 频域模态识别(34.28 Hz、53.7 Hz)

图 9－32　膜盒敲击试验曲线及模态识别（P492）

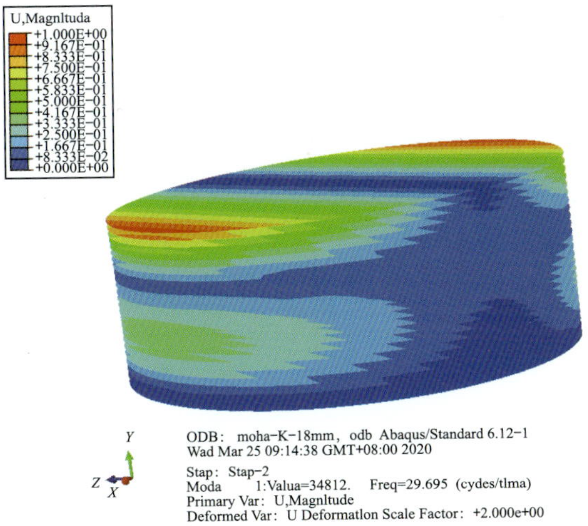


(a) 一阶固有频率，29.695 Hz

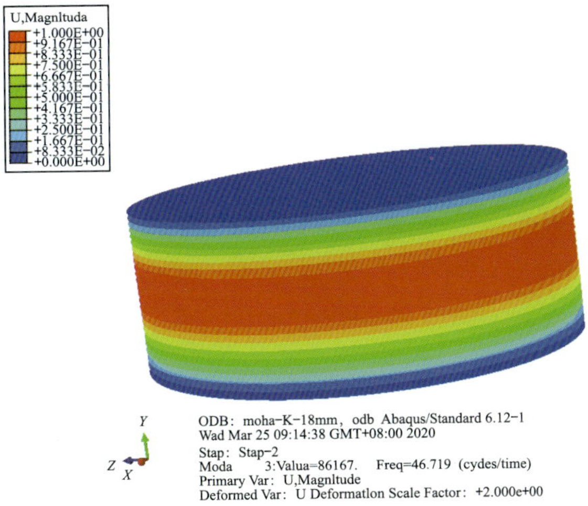


(b) 二阶固有频率，46.719 Hz

图 9－33　不考虑气体作用的膜盒固有频率及振型（P492）

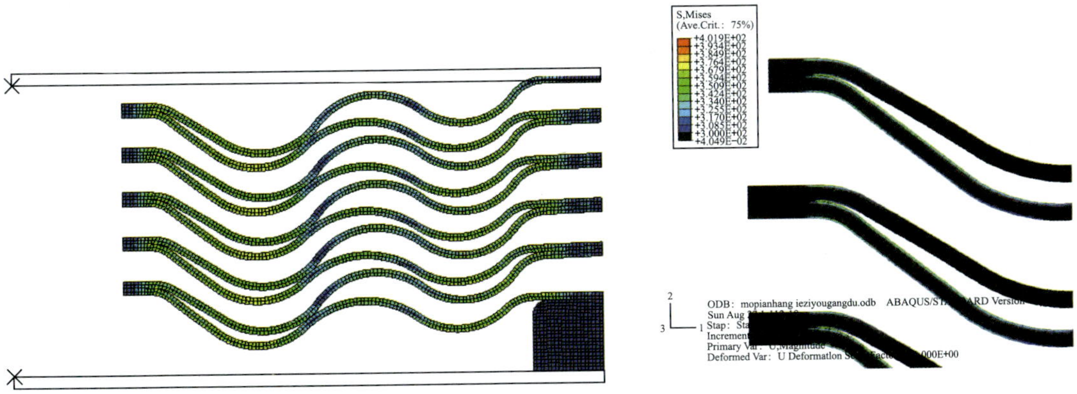


图 9－37　膜盒膜片应力云图（P495）

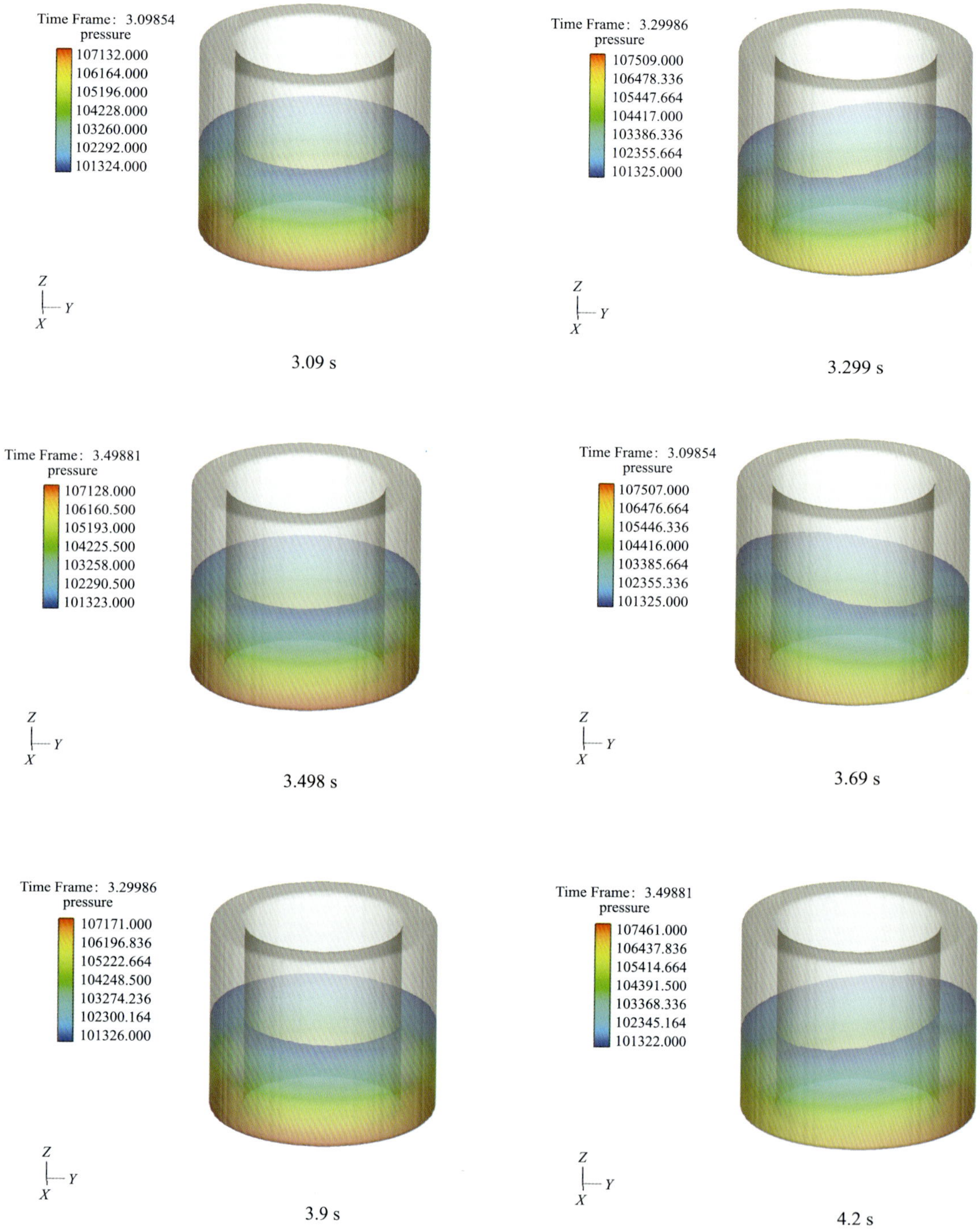


图 9－40 激振频率为 1.2 Hz 时环形容器液面波动（压力云图，P499）